DIE

MUTATIONSTHEORIE.

VERSUCHE UND BEOBACHTUNGEN

ÜBER DIE

ENTSTEHUNG VON ARTEN IM PFLANZENREICH

VON

HUGO DE VRIES,

PROFESSOR DER BOTANIK IN AMSTERDAM.

ERSTER BAND.

DIE ENTSTEHUNG DER ARTEN DURCH MUTATION.

MIT ZAHLREICHEN ABBILDUNGEN UND ACHT FARBIGEN TAFELN.

LEIPZIG,

VERLAG VON VEIT & COMP.

1901

Der zweite Band, mit dem das Werk abgeschlossen wird, soll längstens 1903 vollendet vorliegen.

DIE

MUTATIONSTHEORIE.

VERSUCHE UND BEOBACHTUNGEN

ÜBER DIE

ENTSTEHUNG VON ARTEN IM PFLANZENREICH

VON

HUGO DE VRIES,
PROFESSOR DER BOTANIK IN AMSTERDAM.

ERSTER BAND.

DIE ENTSTEHUNG DER ARTEN DURCH MUTATION.

MIT ZAHLREICHEN ABBILDUNGEN UND ACHT FARBIGEN TAFELN.

LEIPZIG,
VERLAG VON VEIT & COMP.
1901

Druck von Metzger & Wittig in Leipzig.

Vorwort zum ersten Bande.

Die Lehre von der Entstehung der Arten ist bis jetzt eine vergleichende Wissenschaft gewesen. Man glaubt allgemein, dass dieser wichtige Vorgang sich der directen Beobachtung und mindestens der experimentellen Behandlung entziehe.

Diese Ueberzeugung hat ihren Grund in den herrschenden Vorstellungen über den Artbegriff und in der Meinung, dass die Arten von Pflanzen und Thieren ganz allmählich aus einander hervorgegangen seien. Man denkt sich diese Umwandlungen so langsam, dass ein Menschenleben nicht genügen würde, um die Bildung einer neuen Form zu sehen.

Aufgabe des vorliegenden Werkes ist es, dem gegenüber zu zeigen, dass Arten stossweise entstehen, und dass die einzelnen Stösse Vorgänge sind, welche sich ebenso gut beobachten lassen, wie jeder andere physiologische Process. Die durch je einen solchen Stoss entstandenen Formen unterscheiden sich von einander ebenso scharf und in ebenso zahlreichen Punkten, wie die meisten sogenannten kleinen Arten, und wie viele nahe verwandte Arten der besten Systematiker, selbst von Linné.

Es eröffnet sich somit die Möglichkeit, durch die directe Beobachtung, sowie durch Culturen und Versuche die Gesetze kennen zu lernen, welche die Entstehung neuer Arten beherrschen. Die Ergebnisse solcher Studien können dann mit den Folgerungen verglichen werden, welche bis jetzt hierüber aus systematischen, biologischen und namentlich aus palaeontologischen Befunden abgeleitet worden sind. Es ergiebt sich dabei zwischen diesen Deductionen und den neuen Erfahrungen eine sehr befriedigende Uebereinstimmung.

Diese Stösse oder Mutationen, von denen die Sprungvariationen die bekanntesten Beispiele sind, bilden eine besondere Abtheilung in der Lehre von der Variabilität. Sie geschehen ohne Uebergänge, und sind selten, während die gewöhnlichen Variationen continuirlich und stets vorhanden sind.

Die ganze Lehre von der Variabilität zerfällt somit in zwei Hauptabtheilungen, deren eine die stets vorhandene individuelle oder fluctuirende Variabilität, deren andere aber die Mutabilität behandelt. Die Erscheinungen der ersteren werden von den bekannten Wahrscheinlichkeitsgesetzen beherrscht und sind wesentlich durch die Ernährungsverhältnisse bedingt; auf ihnen beruht die Bildung der veredelten Rassen, namentlich in der Landwirthschaft.

Durch Mutation entstehen nicht nur Arten, sondern auch Varietäten; sie spielen im Gartenbau, wie längst bekannt, eine hervorragende Rolle. Ein eingehendes, vergleichendes und experimentelles Studium der Gartenvarietäten ist daher unerlässlich, um eine möglichst vielseitige Uebersicht über die verschiedenen Entstehungsweisen neuer Arten zu erlangen.

Die angedeuteten Ueberlegungen gelten offenbar in derselben Weise für die Thiere wie für die Pflanzen. Als Botaniker habe ich aber meine Studien auf die letzteren beschränkt. Doch hoffe ich zuversichtlich, dass meine Ergebnisse später auch auf das Thierreich Anwendung finden werden. Auch bezüglich der Anwendung biologischer Forschungsresultate auf die Behandlung socialer Probleme ist die richtige Unterscheidung von Variabilität und Mutabilität von Bedeutung. Denn zu diesen hochwichtigen Fragen steht die Lehre von der Entstehung der Arten nur in sehr entfernter Beziehung, während das Studium der fluctuirenden Variabilität unmittelbar ihre empirischen Grundlagen berührt.

Der Gegensatz zwischen den beiden namhaft gemachten Hauptabtheilungen, der Variabilität im engeren Sinne und der Mutabilität, leuchtet sofort ein, wenn man annimmt, dass die Eigenschaften der Organismen aus bestimmten, von einander scharf unterschiedenen Einheiten aufgebaut sind. Das Auftreten einer neuen Einheit bedeutet eine Mutation; die neue Einheit selbst ist aber in ihren

Aeusserungen nach denselben Gesetzen variabel, wie die übrigen bereits vorher vorhandenen Elemente der Art.

Weit bequemer als auf dem Gebiete der Abstammungslehre lässt sich mit diesen Einheiten auf dem der Bastarde arbeiten. Denn hier führt dieses Prinzip die anscheinend so überaus complicirten Erscheinungen der Bastardirung auf die einfachsten Fälle der Kreuzung nächstverwandter Formen zurück. Aus der Combination solcher elementarer Vorgänge ist dann umgekehrt die Erklärung der gewöhnlichen Bastarde abzuleiten, und lässt sich sogar nicht selten ihr Verhalten in bestimmten Fällen vorhersagen.

Aufgabe des zweiten Bandes ist daher die Anwendung der Mutationstheorie auf die Bastardlehre und die Behandlung der Frage, welche Rückschlüsse diese Anwendung auf die Entstehung der Arten gestattet.

Die Kenntniss der Gesetze des Mutirens wird voraussichtlich später einmal dazu führen, künstlich und willkürlich Mutationen hervorzurufen und so ganz neue Eigenschaften an Pflanzen und Thieren entstehen zu lassen. Und wie man durch das Selectionsverfahren veredelte, ertragsreichere und schönere Zuchtrassen heranbilden kann, so wird man vielleicht auch dereinst im Stande sein, durch die Beherrschung der Mutationen dauernd bessere Arten von Culturpflanzen und von Thieren hervorzubringen.

Amsterdam, im August 1901.

Hugo de Vries.

Inhalt.

Die Entstehung der Arten durch Mutation.

Zweiter Abschnitt.

Die Entstehung von elementaren Arten in der Gattung Oenothera.

Dritter Abschnitt.

Ernährung und Zuchtwahl.

Vierter Abschnitt.

Die Entstehung von Gartenvarietäten.

DIE ENTSTEHUNG DER ARTEN

DURCH MUTATION.

Einleitung.

Als Mutationstheorie bezeichne ich den Satz, dass die Eigenschaften der Organismen aus scharf von einander unterschiedenen Einheiten aufgebaut sind. Diese Einheiten können zu Gruppen verbunden sein, und in verwandten Arten kehren dieselben Einheiten und Gruppen wieder. Uebergänge, wie sie uns die äusseren Formen der Pflanzen und Thiere so zahlreich darbieten, giebt es aber zwischen diesen Einheiten ebensowenig, wie zwischen den Molecülen der Chemie.

Selbstverständlich gelten diese Sätze in derselben Weise für das Thierreich und für das Pflanzenreich. In diesem Buche werde ich mich aber auf das letztere beschränken, in der Ueberzeugung, dass man die Richtigkeit des Grundsatzes für das eine Reich anerkennen wird, sobald er für das andere bewiesen ist.

Auf dem Gebiete der Abstammungslehre führt dieses Princip zu der Ueberzeugung, dass die Arten nicht fliessend, sondern stufenweise aus einander hervorgegangen sind. Jede neue zu den älteren hinzukommende Einheit bildet eine Stufe und trennt die neue Form, als selbständige Art, scharf und völlig von der Species, aus der sie hervorgegangen ist. Die neue Art ist somit mit einem Male da; sie entsteht aus der früheren ohne sichtbare Vorbereitung, ohne Uebergänge.

Ausser der Lehre von der Entstehung der Arten beherrscht die Mutationstheorie nach meiner Ansicht auch das ganze Gebiet der Lehre von den Bastarden. Hier führt sie zu dem Princip, dass nicht die Arten, sondern die einfachen Artmerkmale, die sogenannten Elemente der Art, die Einheiten sind, um die es sich bei den Bastardirungen handelt. Dieses Princip führt zu einer ganz neuen Behandlungsweise, bei der man von den einfachsten Erscheinungen allmählich zu den complicirteren hinaufsteigt, statt, wie es jetzt üblich ist, gerade die sehr verwickelten Fälle in den Vordergrund der Behandlung zu stellen.

Aus diesen Gründen zerfällt das vorliegende Werk in zwei Haupttheile, deren erster die Entstehung der Arten durch Mutation, und deren zweiter die Principien der Bastardlehre behandelt.

Auf dem ersteren Gebiete stellt sich die Mutationstheorie gegenüber der jetzt herrschenden Selectionstheorie. Letztere nimmt die gewöhnliche oder sogenannte individuelle Variabilität als den Ausgangspunkt der Entstehung neuer Arten an. Nach der Mutationstheorie sind beide aber von einander durchaus unabhängig. Die gewöhnliche Variabilität kann, wie ich zu zeigen hoffe, auch bei der schärfsten anhaltenden Selection, nicht zu einem wirklichen Ueberschreiten der Artgrenzen führen, viel weniger noch zu der Entstehung neuer constanter Merkmale.

Jede Eigenschaft entsteht zwar aus einer vorher anwesenden, aber nicht aus deren normaler Variation, sondern durch eine, wenn auch geringe, doch plötzliche Umänderung. Vorläufig kann man diese noch am einfachsten mit einer chemischen Substitution vergleichen.

Diese „artenbildende Variabilität" soll hier wieder mit dem alten, vor DARWIN allgemein gebräuchlichen Worte Mutabilität benannt werden. Die von ihr bedingten Veränderungen, die Mutationen, sind Vorgänge, über deren Natur wir noch sehr wenig wissen. Die bekanntesten Beispiele solcher Mutationen sind die sogenannten spontanen Abänderungen („single variations"), durch welche scharf unterschiedene neue Varietäten entstehen. Man nennt sie auch wohl Sprungvariationen. Trotz ihrer relativen Häufigkeit werden sie aber fast stets erst dann bemerkt, wenn die neue Form fertig dasteht, und wenn es also bereits zu spät ist, den Vorgang ihrer Entstehung experimentell zu verfolgen.

In den Arten der Cultur, welche ja häufig Gemische sind, lassen diese neuen Formen sich aufsuchen; ebenso in der Natur. Willkürlich hervorbringen lassen sie sich bis jetzt aber nicht.

In ähnlicher Weise hat man sich, nach meiner Ansicht, die Entstehung aller einfachen Merkmale sämmtlicher Thiere und Pflanzen zu denken.

Diesen beiden Grundformen der Variabilität entsprechen die Methoden der künstlichen Zuchtwahl durchaus. Die gewöhnliche Variabilität, welche auch individuelle, fluctuirende oder graduelle genannt wird, ist stets anwesend und wird von ganz bestimmten, jetzt zu einem grossen Theile bekannten Gesetzen beherrscht. Sie liefert dem Züchter das Material für seine veredelten Rassen. Daneben kennt er die spontanen Variationen, welche nicht der Züchtung, sondern höchstens der Reinigung von Beimischungen bedürfen, und welche fast stets von vornherein erblich constant sind.

Die ganze Lehre von der Variabilität zerfällt demnach in zwei Haupttheile: Die Variabilität im engeren Sinne und die Mutabilität.

Erstere ist vorzugsweise Gegenstand statistischer Untersuchungen. Die bahnbrechenden Arbeiten von QUETELET und GALTON haben auf anthropologischem Gebiete diese Lehre zu einer eigenen Wissenschaft erhoben. An deren Aufbau betheiligen sich auf biologischem Gebiete LUDWIG, WELDON, BATESON, DUNCKER, JOHANNSEN, MAC LEOD und viele andere Forscher.

Die fluctuirende Variabilität ist theils eine individuelle, im engeren Sinne des Wortes, theils eine partielle. Im ersteren Falle handelt es sich um die statistische Vergleichung verschiedener Individuen, im letzteren um die verschiedenen gleichnamigen Organe auf einem Individuum, z. B. um die einzelnen Blätter eines Baumes. In beiden Fällen wird die Variabilität oder genauer die Grösse des Abänderungsspielraumes von hervorragenden Forschern wohl mit Recht als ein Mittel zur Anpassung an die äusseren Lebensbedingungen betrachtet.

Die einzelnen Organe variiren theils nach Maass und Gewicht, theils nach ihrer Anzahl. Im ersteren Falle spricht man mit BATESON von continuirlicher, im letzteren von discontinuirlicher Variation, doch sind diese Bezeichnungen von anderen Forschern gelegentlich in anderer Bedeutung gebraucht worden.

Die Gesetze der Mutabilität sind ganz andere als jene der Variabilität, sie sind aber, soweit unsere jetzigen dürftigen Kenntnisse reichen, ebenso unabhängig von der morphologischen Natur des mutirenden Theiles. Man unterscheidet zunächst progressive und retrogressive Mutationen. Die ersteren umfassen die Entstehung neuer Eigenschaften, die letzteren beziehen sich auf den Verlust bereits vorhandener. Auf progressiver Mutation beruht nach dieser Theorie offenbar die Entwickelung des Thier- und Pflanzenreichs in den Hauptzügen des Stammbaumes; auf retrogressiver Mutation aber beruhen die zahllosen Abweichungen einzelner Arten von der Diagnose der systematischen Gruppe, zu der sie gehören.

Aus diesen Erwägungen ergiebt sich nun die Aufgabe des ersten Bandes des vorliegenden Werkes. Sie ist eine zweifache. Erstens bedarf es einer kritischen Revision der Thatsachen, welche zur Begründung der Selectionslehre von DARWIN, WALLACE und Anderen angeführt worden sind. Zweitens aber eines experimentellen Studiums über die Entstehung neuer Arten. Die Versuche zu letzterem Zwecke wurden im Herbst 1886 angefangen und sind jetzt, wenigstens in einer bestimmten Richtung, nahezu vollständig abgeschlossen. Ihre Beschreibung soll den Hauptinhalt des ersten Bandes bilden.

Die kritische Revision der Thatsachen bildet den Gegenstand des ersten Abschnittes.

Meine Kritik beschränkt sich auf die Thatsachen der Zuchtwahl, und auf das ihr von der Variabilität dargebotene Material. Die künstliche Selection stellt sich dabei, wie bereits hervorgehoben, als ein doppelter Process heraus. Einerseits isolirt sie die vorhandenen constanten Art-Typen aus ihren Gemischen, und indem sie die vortheilhaften auswählt, erhöht sie die Erträge. Andererseits verbessert sie die Rassen und liefert uns z. B. die nur vegetativ vermehrbaren herrlichen Früchte und die stets von ihrer Elite-Rasse abhängigen veredelten Gewächse der Grosscultur. Nie aber führt diese Selection, soweit die Erfahrung reicht, zur Entstehung neuer selbständiger Typen.

In diesem ersten Abschnitt handelt es sich somit darum, den Unterschied der beiden Grundformen der Variabilität so klar wie möglich darzuthun. Aus der richtigen Erkenntniss dieses Unterschiedes wird sich die Bedeutungslosigkeit der individuellen Variabilität und die hohe Bedeutung der Mutabilität für die Entstehung der Arten ohne Weiteres ergeben.

In Verbindung mit dieser Kritik habe ich durch eigene Versuche über die individuelle Variabilität vielfach die Grenzen der auf experimentellem Wege erreichbaren Veränderungen festzustellen gesucht. Es zeigte sich, dass diese stets viel geringer sind, als man gewöhnlich auf Grund der Selectionslehre anzunehmen geneigt ist.

Für den experimentellen Theil habe ich eine Pflanze gewählt, an der sich der Vorgang der Mutation während einer langen Reihe von Jahren und in sehr ausführlicher Weise verfolgen liess. Es war dieses die *Oenothera Lamarckiana*, welche mir bereits 1886 eine Aussicht in dieser Richtung eröffnete. Der zweite Abschnitt wird zeigen, dass sie mich nicht getäuscht hat. Die ausführliche Beschreibung der sämmtlichen an ihr beobachteten Mutationen soll aber den Inhalt des dritten Abschnittes bilden.

Erster Abschnitt.

Die Grundlagen der heutigen Selectionstheorie.

Eine Revision der Thatsachen.

I. Selection und Mutation.

Darwin hat in seiner Selectionstheorie zwei Principien über die Entstehung von Arten verbunden und je nach dem Uebergewichte des angeführten Beweismateriales oder nach dem Einfluss seiner Kritiker bald dem einen, bald dem anderen den grösseren Werth beigelegt.

Das eine war das Princip, um welches sich vor ihm der Streit über die Entstehung der Arten drehte. Es war die Annahme eines stufenweisen Fortschrittes in der Natur, bei der die neue Art plötzlich aus einer früheren hervorgehen würde. Man nannte einen solchen Vorgang Mutation. War die neue Form nur durch ein einziges Merkmal von der vorhergehenden unterschieden, so war das Mutiren offenbar ein verhältnissmässig einfacher Vorgang. Und die Anhänger der kleineren Arten haben sich die Frage wohl immer in dieser einfachen Weise vorgelegt, auch wenn sie, wie namentlich die französische Schule der Mitte des 19. Jahrhunderts, die Möglichkeit solcher Mutationen bestritten, weil sie sie niemals beobachteten. Sie kannten die individuellen Variationen und haben sie mehrfach beschrieben; sie sahen aber zwischen ihnen und der eventuellen Entstehung neuer Arten keine Beziehung.

Es ist mir unbegreiflich, wie das thatsächliche Vorkommen von Mutationen den damaligen Forschern entgangen sein kann. Denn sie fehlen weder in der Cultur, wo sie als *single variations* bekannt sind, noch in der freien Natur, wo, wie ich zu zeigen hoffe, sie den Erwartungen der damaligen Transmutationisten, wie man sie nannte, auffallend genau entsprechen.

Eine Schwäche der vor Darwin umstrittenen Meinungen lag in der Anwendung des Mutationsprincipes auf die Linné'schen Arten. Diese sind Sammelarten. Die Frage nach ihrer Entstehung ist offenbar eine andere, als jene nach der Entstehung ihrer einzelnen Componenten.

Das zweite Princip in der Darwin'schen Selectionstheorie war der Satz, dass durch stetige Auslese die gewöhnliche individuelle Variation zur Entstehung neuer Arten führen könne. Dieser Gedanke war damals ganz neu und fand sehr viele Anhänger, unter denen Wallace in seinem „*Darwinism*" wohl als der hervorragendste gelten darf. Gleichzeitig ist Wallace derjenige, welcher diese Form der Selectionstheorie am schärfsten als die einzig mögliche darzuthun versucht hat. Er verwirft durchweg die Entstehung der Arten durch Mutation; die *single variations* haben nach seiner Meinung keine Bedeutung für die Descendenzlehre.

Experimentelle Untersuchungen über Variabilität und Mutabilität lagen damals nur in völlig ungenügender Anzahl vor. Man war auf die Erfahrungen der Züchter und auf allgemeine biologische Betrachtungen angewiesen. Aber die letzteren sind zwar hervorragende Argumente für die Descendenzlehre, entscheiden aber nur selten zwischen den beiden fraglichen Möglichkeiten der Entstehungsweise der Arten.

Die Erfahrungen der Züchter bedürfen meiner Ansicht nach einer sehr sorgfältigen Kritik, wenn man sie zur Entscheidung wissenschaftlicher Probleme verwerthen will. Sie sind zu diesem Zwecke weder gemacht, noch bestimmt worden.

Sie fordern an erster Stelle zu einer kritischen Revision der Thatsachen, auf denen die Selectionslehre angeblich beruht, auf. Eine solche Revision ist nicht nur stets gestattet, sondern gegenwärtig durchaus nothwendig. Seitdem Darwin sein riesenhaftes und überwältigendes Thatsachenmaterial angehäuft hat, ist unsere Einsicht in die Bedeutung und Beweiskraft der einzelnen Thatsachen eine ganz andere geworden. Daneben sind neue Beobachtungen, namentlich über das Selectionsverfahren der Züchter, veröffentlicht worden, und diese stellen die Tragweite dieses Verfahrens in ein anderes Licht.

Die Züchter arbeiten, mit wenigen Ausnahmen, nicht im Dienste der Wissenschaft; den meisten liegt jedes wissenschaftliche Interesse fern. Sie stellen die Bedingungen für ihre Versuche nicht so einfach wie möglich, in der Hoffnung, eine experimentelle Erklärung zu finden. Im Gegentheil ziehen sie die complicirteren Verhältnisse in der Regel vor, namentlich dort, wo es auf die Production neuer Varietäten ankommt. Denn je mehr Factoren hier zusammengemischt werden, um so grösser ist die Aussicht, etwas Neues und Gutes aus dem Gemische hervorgehen zu sehen. Wissenschaftliche Versuche über Variabilität und Mutabilität sollen wo möglich rein sein von Bastardirungen. Dem Züchter aber sind die Kreuzungen meist wichtiger als die reinen Rassen und nur in ganz bestimmten Fällen hat er Veranlassung, Kreuzungen möglichst sorgfältig auszuschliessen. Mutationen sind ihm oft viel wichtiger als Variationen, doch behandelt er beide gewöhnlich nach derselben Methode, oft ohne sie zu unterscheiden.

Dazu kommt, dass eine regelmässige Buchhaltung über die Cultur, wie solche für wissenschaftliche Zwecke durchaus unerlässlich ist, den Züchtern fern liegt. Sie würde viel zu viel Zeit und Arbeit kosten. Notizen werden von vielen Züchtern fast nur zum Zwecke der Abfassung ihrer Cataloge gemacht. Und stellt sich dann nach Jahren eine neue Form als etwas besonders Gutes heraus, so stellt man deren Geschichte, wie mir einer der hervorragendsten Züchter (L.) selbst versicherte, theils nach den Angaben der älteren Cataloge, theils nach dem Gedächtniss so zusammen, wie es den Anforderungen der Reclame am besten entspricht. „Es ist ja selbstverständlich,“ sagte er, „dass man sich nach 3—4 Jahren seiner einzelnen Befruchtungen und Selectionen nicht mehr erinnern kann.“ In demselben Sinne haben mehrere andere hervorragende Züchter sich gegen mich geäussert.[1]

Sucht man zusammen, was man über das „Wie“ der Entstehung unserer so zahlreichen Culturpflanzen mit ausreichender Sicherheit weiss, so ist das auffallend wenig. Ueber weitaus die meisten weiss man gar nichts, als dass sie da sind; von anderen kennt man die Firma, welche sie in den Handel gebracht hat, und das Jahr der Einführung; wer sie aber gewonnen hat, wird meist verschwiegen, namentlich wenn es sich nicht um mit vollem Bewusstsein verfolgte Bastardirungsproducte handelt. Und wie die neuen Formen entstanden sind, diese Frage, auf welche für die Selectionstheorie alles ankommt, weiss man nur sehr selten zu beantworten.

Alle Angaben stehen unter dem Einflusse der Reclame. Ganz ausgezeichnete, veredelte Rassen, welche seit Jahrzehnten thatsächlich constant sind, können oft nur unter der Angabe fortwährenden Fortschrittes im Handel aufrecht erhalten werden. Solche Angaben sollten

[1] Rümker weist mit Nachdruck die vielen Bestrebungen zurück, welche „vielfach mit Unreellität und Schwindel verbunden waren, wie in zahlreichen Saatgutanpreisungen mit ungeheuerlich übertriebenen Abbildungen etc.“ Vergl. *„Der wirthschaftliche Mehrwerth guter Culturvarietäten.“* 1898. S. 2.

somit bei der Behandlung wissenschaftlicher Fragen nur mit grösster Vorsicht herangezogen werden.

Es liegt mir durchaus fern, den Züchtern irgend welchen Vorwurf machen zu wollen. Dem freundschaftlichen Entgegenkommen vieler unter ihnen verdanke ich zu einem guten Theile meine Ansichten über die Theorie. Was ich beanstande, ist nur die Anwendung ihrer Ergebnisse auf Fragen, für welche sie weder bestimmt noch berechnet sind. Mit genialer Behandlung hat DARWIN aus ihnen seine Descendenzlehre abgeleitet, dabei aber zahlreiche Punkte unberührt oder doch unentschieden gelassen. Zur Entscheidung solcher aber werden, wie ich fürchte, die Angaben der Züchter nur selten ausreichen.

Es ist ganz auffallend, dass die rein wissenschaftliche Forschung sich hier noch nicht an die Stelle der Erfahrungen der Praxis gestellt hat. Liegt hier doch ein weites Feld für die Bearbeitung offen, welches ohne Zweifel einmal reiche Früchte tragen wird.

Es wird meine Aufgabe in diesem Abschnitte sein, die Angaben der Praxis, soweit sie überhaupt eine Kritik zulassen, zu prüfen. Ihren hohen praktischen Werth verehre ich aufrichtig, um so mehr, als die Wissenschaft selbst uns hier meist im Stiche lässt. Ihre Anwendung auf die Theorie ist aber eine Sache für sich. Diese auf die gut bewiesenen Erfahrungen zu beschränken, kann nur im Interesse der Wissenschaft sein.

Ich folgere also: Die Entstehung neuer, den wilden Arten gleichwerthiger Formen in der Cultur bildet eine der Hauptstützen für die Descendenzlehre. Zwischen Selectionstheorie und Mutationstheorie entscheidet aber nicht die Thatsache ihres Entstehens, sondern nur die Art und Weise, wie sie entstanden sind, würde entscheiden können. Darüber aber lehren uns die Erfahrungen der Züchter nur sehr wenig.

Was sie uns lehren, wollen wir namentlich im dritten Kapitel dieses Abschnittes zu ermitteln suchen.

II. Mutabilität und Variabilität.

§ 1. Die Transmutationslehre vor DARWIN.

Bekanntlich hat DARWIN in der Einleitung zu seiner *Origin of Species* eine historische Skizze gegeben, und die Verdienste seiner Vorgänger um die Transmutationslehre hervorgehoben. LAMARCK war der erste, dessen Ansichten über die Entstehung der Arten die Aufmerksamkeit auf sich lenkten. Mit ihm vertheidigte namentlich Geoffroy Saint-Hilaire den gemeinschaftlichen Ursprung aller Arten. Ihre Ansicht war eine rein philosophische und stützte sich namentlich auf die damaligen Principien der Naturwissenschaft, welche die Erklärung sämmtlicher Erscheinungen mit Ausschluss der übernatürlichen Ursachen anstrebten.[1]

Ihre Nachfolger aber betraten ein ganz anderes Gebiet. Sie verzichteten einstweilen auf die Erforschung der Blutsverwandtschaft

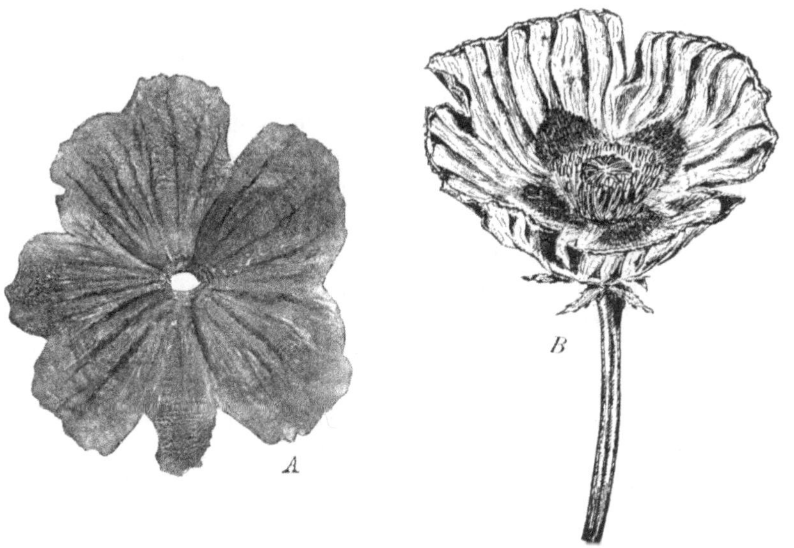

Fig. 1. *Papaver bracteatum monopetalum.* *A* Isolirte Krone, *B* Ganze Blüthe.[1]

sämmtlicher Organismen, und suchten den Verwandtschaftsursachen kleinerer Gruppen näher zu treten. Sie knüpften dabei wohl stets an den biblischen Begriff der Schöpfung an, und suchten zu ermitteln, welche Einheiten ursprünglich geschaffen seien. Einige Forscher betrachteten dabei die Gattungen als geschaffen, andere die Arten von

[1] In den Culturen der Firma Vilmorin-Andrieux in Paris werden jährlich auf den Feldern mit *Papaver bracteatum* einzelne Pflanzen gefunden, deren Blumenblätter mehr oder weniger vollständig verwachsen sind. Die Figur 1 ist nach Exemplaren gezeichnet, welche Hr. H. L. de Vilmorin die Freundlichkeit hatte, mir zuzusenden. Die Pflanze ist nicht im Handel. Wie hier die Sympetalie als Varietät auftritt, kann man sich denken, dass das Auftreten der ersten Vorfahren der ganzen systematischen Abtheilung der Sympetalen in alter geologischer Zeit vor sich gegangen ist.

LINNÉ und eine dritte Gruppe die sogenannten kleinen Arten, welche man wohl besser elementare Arten nennt.

Es sind somit unter den Vorgängern und Zeitgenossen DARWIN's vier verschiedene Richtungen zu unterscheiden, welche sich je nach ihren Principien in anderer Weise gegenüber DARWIN's Descendenzlehre verhielten:

1. Die philosophische Naturbetrachtung von LAMARCK und GEOFFROY ST.-HILAIRE.

2. Die übrigen Transmutationisten, welche die Gattungen als geschaffen, die Arten und Unterarten als aus diesen abgeleitet betrachteten.

3. Die Anhänger der LINNÉ'schen Arten, welche die Schöpfung für diese in Anspruch nahmen.

4. Die sogenannte JORDAN'sche Schule, welche die elementaren, im Versuch immutablen Formen für einzeln geschaffen erklärte.

Betrachten wir zunächst die Ansichten der Transmutationisten.

Vor LINNÉ hat man allgemein die Gattungen als die systematischen Einheiten gekannt und die Arten als deren Unterabtheilungen betrachtet. Zahlreiche Gattungen haben Volksnamen; diese Gruppen wurden vom Volke erkannt, während die Arten nur in selteneren Fällen unterschieden wurden. TOURNEFORT gab den ihm bekannten Gattungen ihre systematischen Namen; die Arten aber unterschied er mit Merkmalen, nicht mit besonderen Namen. Für ihn waren somit die Gattungen das Wesentliche, die Arten das Abgeleitete.

Die Ansicht, dass die Gattungen ursprünglich geschaffen und dass die Arten im Laufe der Zeiten durch Transmutation aus ihnen hervorgegangen seien, hat zahlreiche Anhänger gehabt. Zu ihnen zählt BUFFON, wenigstens in seinen älteren Werken, dann BORY DE SAINT-VINCENT, GMELIN, BURDACH, POIRET, FRIES und Andere.[1] Dieser Ansicht hatte sich Anfangs auch LINNÉ angeschlossen.[2] Er glaubte an eine einmalige Schöpfung aller Formen im Paradies; er vermuthete aber, dass diese Formen unseren jetzigen Gattungen entsprächen, während sich die Arten aus ihnen theilweise direct, theilweise durch Kreuzungen gebildet hätten.[3]

Es ist dies deshalb wichtig, weil es zeigt, dass der jetzige Artbegriff vor LINNÉ kaum vorhanden war, und dass jedenfalls nicht die

[1] GODRON, *De l'Espèce*. p. 8—10.

[2] „*Genus omne est naturale, in primordio tale creatum.*" Syst. Nat. Veg. 14. Philos. Bot. Nr. 159. p. 104.

[3] C. LINNÉ, *Oratio de Telluris habitabilis incremento.* Upsala 1743, Leyden 1744. — Idem *Amoenitates academicae.* 1749. T. 1. p. 71 (*de Peloriis*).

Arten als die eigentlichen Einheiten des Systems betrachtet wurden. Es geht solches auch aus der Bedeutung der damaligen Bezeichnung *Nomen specificum* hervor. TOURNEFORT und seine Zeitgenossen schrieben hinter dem Gattungsnamen jedesmal eine kleine Diagnose, um die einzelnen Arten von einander zu unterscheiden. So lange man in jeder Gattung nur wenige Arten kannte, reichte ein Merkmal aus. Als aber die Zahl der Arten zunahm, brauchte man mehrere Merkmale, bis schliesslich manche Arten nur durch eine mehrere Zeilen umfassende Bezeichnung anzudeuten waren. Eine solche Umschreibung nennen wir jetzt Diagnose; damals hiess sie *Nomen specificum*, und musste jedesmal ausgeschrieben werden, wenn man von einer bestimmten Art zu reden hatte.

An die Stelle dieser langwierigen *nomina specifica*[1] stellte LINNÉ seine binäre Nomenclatur, und um dieser die nöthige Autorität zu geben, erhob er die Arten zu den Einheiten des Systems. Er stellte den Satz auf: *Species tot numeramus, quod diversae formae in principio sunt creatae*[2] und schuf damit thatsächlich selbst den Artbegriff in seiner jetzigen Form. Und wie man bis dahin angenommen hatte, dass die Arten auf natürlichem Wege aus den Gattungen hervorgegangen wären, so behauptete LINNÉ, dass die kleineren Typen aus den Arten entstanden seien.[3] Um aber seinen Arten ihre übernatürliche Würde möglichst zu sichern, verbot LINNÉ seinen Schülern das Studium jener kleineren Typen: *Varietates levissimas non curat botanicus* lautete die Vorschrift.[4]

LINNÉ's Arten waren Sammelarten und keine wirklichen Einheiten. Es scheint sicher, dass LINNÉ selbst sich darüber völlig klar war, seinen Nachfolgern ist diese wichtige Thatsache aber allmählich unklar geworden. In verhältnissmässig seltenen Fällen unterschied er selbst Varietäten unter seinen Arten, und bekanntlich sind diese dann häufig von seinen Nachfolgern zu Arten „erhoben“ worden. Bekannte Beispiele liefern *Primula veris L.* mit den drei Varietäten *vulgaris* (*acaulis*) (Fig. 2), *elatior* und *officinalis*,[5] welche jetzt allgemein,

[1] *Philosophia Botanica.* Nr. 257. p. 207.

[2] Ibid. Nr. 157. p. 103.

[3] „Varietates sunt plantae eiusdem speciei, mutatae a caussa quacunque occasionali.“ Ibid. Nr. 306. p. 243; No. 158. p. 104.

[4] Ibid. Nr. 310.

[5] Die *Primula acaulis* unterscheidet sich von den beiden anderen Unterarten durch Blüthen, welche einzeln auf ihren Stielen in den Axen der Blätter stehen und nicht zu Schirmen vereinigt sind. Diese Art kommt in den Niederlanden an gewissen Stellen in grossen Mengen in wildwachsendem Zustande vor und bringt dort von Zeit zu Zeit einzelne Blüthenschirme hervor, von denen einer

nach JACQUIN's Vorgang, und ohne irgend welchen principiellen Grund, als Arten behandelt werden. So zerfiel *Lychnis dioica L.* in *L. diurna* und *L. vespertina, Platanthera bifolia L.* in *P. bifolia* und *P. chlorantha* u. s. w. Zahlreiche Beispiele dieser Abspaltungen sind Jedem bekannt. Umgekehrt hat man auch Arten von LINNÉ zu Varietäten „erniedrigt", so rechnet z. B. der *Index Kewensis*, welcher die *Primula*-Arten von JACQUIN anerkennt, das *Datura Tatula L.* als Varietät zu *D. Stramonium L.*[2]

Fig. 2. Ein Blüthenschirm von *Primula acaulis.*[1]

LINNE's Arten umfassten somit seine Varietäten und diejenigen *Varietates minores*, deren Studium er seinen Schülern verbot. Dass aber alle diese kleineren Typen aus den Arten entstanden seien, wurde von ihm nicht bewiesen; es sollte einfach aus der Definition des Artbegriffes hervorgehen. Und so lange die LINNÉ'schen Arten den Systematikern noch genügende Arbeit boten, lag keine Ursache vor, weder seinen Satz zu bezweifeln, noch gegen sein Verbot zu handeln. Als aber die „Arten" namentlich der europäischen Flora allmählich bis zur Erschöpfung studirt und beschrieben waren, stellte sich das Bedürfniss ein, das Augenmerk auf die bis dahin vernachlässigten *Varietates minores* zu richten.

Es ergab sich bald, dass diese viel zahlreicher waren, als LINNÉ auch nur vermuthete; dass sie aber unter sich durch ebenso zahlreiche und ebenso scharfe Merkmale unterschieden sind, als die Arten von LINNÉ. Für diese neuen Formen haben dann ihre Untersucher

in Fig. 2 abgebildet worden ist. Solche Fälle sind als Atavismus, als Rückschlag zu den gemeinschaftlichen Vorfahren derjenigen Primeln zu betrachten, welche auch jetzt noch Blüthenschirme besitzen. Dieser Atavismus wird aber auch von den besten Systematikern nicht als ein Grund betrachtet, um die *P. acaulis* wiederum als Varietät, und die Grossart *P. veris* wieder als Art in den beschreibenden Werken anzuführen. Es ist dieser Umstand für die Beurtheilung des systematischen Werthes des Atavismus im Allgemeinen von sehr hoher Bedeutung.

[1] Siehe Note [5] vorige Seite.

[2] Es ist sehr auffallend, dass in dem *Index Kewensis*, der ja auf Kosten DARWIN's nach dessen Tode herausgegeben wurde, die Varietäten und die als Varietäten betrachteten Arten durch gar kein Zeichen von den Synonymen unterschieden werden.

die „Würde" von Arten in Anspruch genommen, sie zu Arten „erhoben" an die Stelle der Arten LINNÉ's. Ja es behaupteten einzelne Verfasser sogar, durch solche Unterscheidungen neue Arten „geschaffen" zu haben.

Das bekannteste Beispiel bildet *Draba verna*, das von JORDAN sehr ausführlich und nach ihm zu wiederholten Malen und von verschiedenen Forschern studirt wurde. Unter den letzteren nenne ich DE BARY, dessen Resultate, mit denen JORDAN's völlig übereinstimmend, nach seinem Tode von F. ROSEN in der Botanischen Zeitung 1889 veröffentlicht wurden. Die europäische Flora umfasst etwa 200 Arten von *Draba*, welche zusammen die alte Art *Verna* ausmachen und welche, soweit cultivirt, sich als constant und von einander unabhängig gezeigt haben. Wie gross, bezw. wie klein ihre Unterschiede sind, zeigt für eine Reihe der wichtigsten Formen die Fig. 3.

Fig. 3. Unterarten von *Draba verna*.
1. *D. violacea*, 2., 3. und 4. *D. scabra*, 5. *D. subnitens*, 6. *D. majuscula*, 7. *D. obconica*, 8. *D. glaucina*, 9. *D. elongata*, 10. *D. graminea*.
(Nach F. ROSEN, Bot. Zeitg. 1889. Taf. VIII.)

Ueber die Frage, ob diese kleineren, wohl umschriebenen Typen Arten zu nennen seien oder nicht, ist ein sehr heftiger Streit entbrannt, an dem sich namentlich JORDAN und GODRON betheiligten. JORDAN und die Anhänger der kleineren Arten stützten sich dabei auf Culturversuche; sie haben dadurch die Wissenschaft mit einer ganz bedeutenden Anzahl höchst wichtiger experimenteller Thatsachen bereichert. Die Verwerthung des von ihnen beigebrachten Materiales wird einen wesentlichen Bestandtheil des Inhaltes unseres vierten Kapitels bilden.

Die Bezeichnung einer Form als Art, oder richtiger der vermeintliche Nachweis, dass eine Form eine Art sei, führte damals zur Berechtigung der Annahme, dass die betreffende Form als solche geschaffen sei. Die Zuverlässigkeit dieses Grundsatzes wurde von beiden Parteien, und namentlich von GODRON und JORDAN anerkannt. Aber gegenwärtig, wo der gemeinschaftliche Ursprung aller Arten fast nicht mehr bezweifelt wird, ist es sehr schwer, sich eine richtige Vorstellung von diesem Streite zu machen.

Fig. 4. Unterarten von *Viola tricolor*. 1. *V. agrestis*, 2. *V. segetalis* mit ähnlichem Habitus wie *V. agrestis*, 3. *V. gracilescens*, 4. *V. pallescens*, 5. *V. nemausensis*. (Nach A. JORDAN, *Observ. s. plusieurs plantes rares ou critiques*. II. 1846. Taf. I u. II.)

Die Entstehung einer Form aus einer anderen galt damals als Mutation. GODRON und JORDAN behaupteten jeder, dass die von ihm selbst vertretenen Arten immutabel seien. Namentlich der letztere Forscher hat durch seine Culturversuche diesen Satz zu beweisen gesucht. Er kannte die Variabilität (die jetzige individuelle Variabilität) ganz gut, beobachtete und erwähnte sie regelmässig.[1] Auch kannte er die localen Rassen,[2] deren Unterschiede verschwinden, sobald man sie durch einige Jahre neben einander und auf gleichem Boden cultivirt; er wusste sogar, dass es dazu in der Regel nur einiger weniger Generationen bedarf. Ferner kannte er die Folgen zufälliger Kreuzungen durch

[1] A. JORDAN, *De l'origine des arbres fruitiers*. 1853. p. 9.
[2] l. c. p. 10.

Insecten oder durch den Wind, und machte die Gattungen (*Cirsium* u. s. w.) namhaft, in denen solches zu befürchten ist.

Aber Variabilität und Mutabilität waren für ihn durchaus verschiedene Sachen; die erstere sah er stets, die letztere nie.[1] Und deshalb hielt er die Arten für immutabel.[2]

Auch GODRON unterscheidet ganz bestimmt zwischen geringen und zufälligen, rein „individuellen" Abweichungen, welche bald verschwinden, wenn die Umstände aufhören, die sie hervorbrachten, und Artmerkmalen. Die ersteren sind durch zahlreiche Zwischenstufen verbunden, die letzteren nicht.[3]

Als DARWIN's Werk über den Ursprung der Arten zum ersten Male erschien,[4] wüthete der Streit über den Artbegriff und die Mutabilität namentlich in Frankreich heftig. Aber es handelte sich nur um die Frage, ob die grösseren oder die kleineren Arten je einzeln geschaffen, oder ob sie aus einem gemeinschaftlichen Ursprunge hervorgegangen seien. Einen solchen Ursprungs-Typus dachte man sich aber nie grösser als eine Gattung.[5] Die damalige Transformationstheorie oder Transmutationstheorie war also etwas ganz anderes als die jetzige Descendenzlehre. Dennoch sagt DARWIN selbst, dass er 1858 auf Anregung von LYELL und HOOKER sich entschloss, ein Buch über die „Transmutation" der Arten zu schreiben, welches Buch im nächsten Jahre unter dem Titel *Origin of species* veröffentlicht wurde.[6]

Es ist sehr auffallend, dass die Bezeichnungen Mutation, Mutabilität, Immutabilität, Mutiren u. s. w. durch die Selectionstheorie so gänzlich ausser Gebrauch gerathen sind. DARWIN richtete sein ganzes Bestreben mit vollem Bewusstsein gegen das Dogma von der Immutabilität der Arten. Seine *Origin of species* fängt geradezu mit dem Satze an, dass bis vor Kurzem die grosse Mehrzahl der Forscher

[1] Sehr bekannt ist neben der gewöhnlichen *Viola tricolor*, die *V. arvensis* (MURRAY), welche von vielen Autoren zu der nämlichen Art gerechnet wird. Vergl. z. B. KOCH, *Synopsis Florae germanicae et helveticae*. Die *V. arvensis* selbst aber besteht wiederum aus einer Reihe constanter Formen, von denen unsere Fig. 4 einige der wichtigeren darstellt.

[2] JORDAN, *De l'Origine des arbres fruitiers*. 1853. In diesem Werke und in anderen Aufsätzen benutzt JORDAN stets die Wörter *mutation* und *immutabilité*, wo es sich um die fragliche Veränderung einer Art in eine andere handelt. Vergl. S. 7, 9, 11, 13, 34 u. s. w. Ebenso GODRON, *de l'Espèce*. Z. B. II. p. 422.

[3] GODRON, *De l'Espèce*. I. p. 175.

[4] 24. Nov. 1859.

[5] Vergl. WALLACE, *Darwinism*. p. 3—6.

[6] *Life and Letters*. I. p. 85.

glaubten „*that species were immutable productions*“.[1] „I had become, in the year 1837 or 1838, convinced that species were mutable productions“,[2] sagt er in seiner Autobiographie, und in dem citirten Aufsatze in der *Origin* discutirt er ausführlich die Frage, ob in der Palaeontologie die Immutabilität der Arten von den hervorragendsten Forschern angenommen werde oder nicht.[3]

Die herrschende Ansicht war somit, dass Variabilität und Mutabilität zwei getrennte Vorgänge seien. Die Variabilität kannte man sehr gut, sowohl bei cultivirten- als auch bei wildwachsenden Arten, am besten bei den damals üblichen, durch Reihen von Jahren fortgesetzten Culturen wildwachsender Arten. Man fand sie aber beschränkt, abhängig von den Einflüssen der Umgebung, und als Mittel zur Anpassung an diese Umgebung nützlich. Die Mutabilität kannte man nicht aus der Erfahrung. In den wissenschaftlichen Culturen entstand keine Art aus einer anderen, und die Entstehung neuer Formen im Gartenbau und in der landwirthschaftlichen Praxis bot, trotz eingehenden kritischen Studiums, keine hinreichend genau bekannten Beispiele.[4]

Die damaligen Anhänger der Transmutationstheorie behaupteten die systematische Verwandtschaft der einzelnen Formen (Arten, Varietäten u. s. w.) innerhalb der Gattungen durch gemeinschaftliche Abstammung erklären zu können. Aber die Gegner dieser Theorie behaupteten, soweit sie Anhänger der Linné'schen Arten waren, eigentlich genau dasselbe, nur hielten sie diese Arten für erschaffen und nicht die Gattungen. Zu ihnen gehörte bekanntlich in erster Linie Godron, der die Rassen, Varietäten und selbst die Jordan'schen Arten als auf natürlichem Wege aus den Linné'schen Arten entstanden ansieht und ein sehr umfangreiches Material an Thatsachen und Betrachtungen zusammenbringt, um diese Ansicht zu beweisen.

Diesen beiden Gruppen, den Transmutationisten, wie man sie nannte, und den Vertheidigern des Linné'schen Artbegriffes stand die dritte Schule gegenüber. Sie fusste ausschliesslich auf dem biblischen Satze der Schöpfung und auf dem Experiment. Jede Form, welche sich im Experiment als immutabel zeigte, war nach ihr eine selbständige, also für sich erschaffene Form. Und das Experiment war für sie die Cultur im Garten durch eine Reihe von Generationen.

[1] *Origin of Species*, 6. Ed. 1898. *Historical Sketch.* p. XIII.

[2] *Life and Letters.* I. p. 93.

[3] *Origin.* p. XVIII.

[4] Jordan, *De l'Origine des arbres fruitiers.* 1853, und Godron, *De l'espèce et des races.*

Die systematische Gruppirung solcher reeller Formen zu grösseren „Arten“ wies sie ab als künstlich oder als willkürlich. Die Gattungen und grösseren Gruppen erkannte sie als nothwendige, aber selbstverständlich künstliche Eintheilungen an.

So waren der Streit über den Artbegriff und derjenige über die Mutabilität der Arten stets innig verwebt. Je nachdem man in diesem Streite der einen oder der anderen Partei angehörte, war man für die neue Lehre DARWIN's mehr oder weniger vorbereitet. Die wenig zahlreichen Transmutationisten und die sehr zahlreichen Linnéaner gaben von vornherein die Entstehung von Rassen, Varietäten und JORDAN'schen Arten aus anderen Formen zu, und zwar trotz des völligen Mangels an experimentellen Beweisen. An sie wandte sich DARWIN, dessen Beweisführung ja in der Hauptsache dahin geht, zu zeigen, dass die Annahme einer gemeinschaftlichen Abstammung der Gattungen und Familien genau ebenso berechtigt ist, als die damalige Ansicht von dem gemeinschaftlichen Ursprunge der zu einer Art gerechneten Formen.

Die Anhänger der JORDAN'schen Schule, welche die elementaren Arten als erschaffen betrachteten, waren für DARWIN's Lehre am wenigsten vorbereitet. Sie waren aber wenig zahlreich, und die sehr unbequeme Handhabung ihres artenreichen Systems (*Draba verna* allein ist ja in über 200 „Arten“ zerfallen) stand der Verbreitung ihrer Ansichten allzu sehr im Wege. Aber durch DARWIN sind sie nicht, oder sehr unvollkommen überzeugt worden, sie nehmen zumeist noch den alten Standpunkt ein. Unter ihnen nenne ich hier nur MICHAELE GANDOGER, dessen *Flora Europae* wohl das umfangreichste und übersichtlichste Werk dieser Forschungsrichtung ist.

Der Streit vor DARWIN hat somit zu zwei sehr wesentlichen Resultaten geführt: Diese sind:

1. Der experimentelle Nachweis der Existenz zahlreicher, constanter, von einander unabhängiger Typen innerhalb der LINNÉ'schen Arten.

2. Die sehr allgemeine Ueberzeugung, dass solche constante Typen auf natürlichem Wege, durch Mutation, aus den grösseren Gruppen oder Arten hervorgegangen seien.[1]

[1] Die Bezeichnungen Immutabilität u. s. w. sind auch später nicht ganz verloren gegangen. Vergl. z. B. J. COSTANTIN, *Accomodation des plantes aux climats froid et chaud*, Bull. Scientif. publié par ALFRED GIARD. T. 31. p. 490. 1897 und BATESON, *Materials for the study of variation*. 1894. p. 2.

§ 2. Darwin's Selectionslehre.

Die Descendenzlehre ist die wissenschaftliche Erklärung der systematischen Verwandtschaft. Diesen Satz zur allgemeinen Anerkennung gebracht zu haben, ist Darwin's unsterbliches Verdienst. Er hat dadurch die ganze biologische, systematische, embryologische und palaeontologische Wissenschaft umgeformt, ihr unermessliche Quellen neuer Forschung eröffnend, überall Fundgruben anweisend, wo neue Thatsachen fast nur zu greifen waren. Und diese neuen Entdeckungen haben stets die Theorie bestätigt, zahllose Beweisgründe für sie beigebracht, und sie so zu einem stattlichen und unerschütterlichen Gebäude erhoben.

Die einzelnen Sätze und Hypothesen, welche Darwin damals als Stützen seiner Lehre verwandt hat, sollten deshalb jetzt nur noch als solche, und nur im Rahmen der Geschichte seiner Theorie betrachtet werden. Sie haben ihren Zweck erreicht und sind somit völlig gerechtfertigt. Ob sie Unbewiesenes und zum Theil Unrichtiges enthalten, hat dabei nicht geschadet. Aber sie enthalten ausserdem ein ganz bedeutendes Material von Thatsachen, welches auch jetzt noch dazu benutzt werden kann, im Einzelnen auf der von Darwin geschaffenen Grundlage weiter zu bauen. Namentlich gilt dieses von der Selectionstheorie. Denn es handelt sich jetzt nicht mehr darum, sie als Stütze für die Descendenzlehre zu verwerthen; glücklicher Weise bedarf diese heute einer solchen Stütze nicht mehr. Vielmehr handelt es sich jetzt darum, zu versuchen, die Entstehung der Arten in den Bereich experimenteller Forschung zu bringen. Als vergleichende Wissenschaft ist die Descendenzlehre völlig durch die seit Darwin errungenen Ergebnisse gesichert, als experimentelle Wissenschaft hat sie aber nur ganz unbedeutende Fortschritte gemacht.[1]

Die Ursache dieses letzteren Verhaltens liegt meiner Ansicht nach nur zum Theil in den Schwierigkeiten der Untersuchung selbst, zum grössten Theile aber in der Unklarheit der Theorie. Auf systematischem Gebiete liessen sich die Entdeckungen so zu sagen vorhersagen, in physiologischer Richtung aber keineswegs.

Ueber die physiologische Seite der Selectionstheorie ist Darwin sich nie völlig klar geworden. Stets hat er in seiner Meinung geschwankt, das eine Mal der einen, das andere Mal der anderen Richtung den Vorzug gebend, nie völlig für die eine oder die andere sich entscheidend. In seinen älteren Werken hat er vorwiegend die spon-

[1] Vergl. auch Bateson, *Materials for the study of Variation.* p. 7 und p. 11.

tanen Abänderungen (*single variations*) als jene betrachtet, welche der natürlichen Auslese das Material darboten, während er in späteren Werken, auf Grund der Ausführungen seiner Kritiker, auch den individuellen Variationen einen grösseren Antheil an der Entstehung neuer Arten einräumte. Aber scharf hat er diese beiden Vorgänge nie getrennt.

Auch war eine solche Unterscheidung nicht im Interesse seines Hauptzweckes. Sie hätte ihn auf viele schwierige Punkte geführt, deren Lösung für die Descendenzlehre nicht erforderlich war, und welche die Aufmerksamkeit nur zu sehr von dem grossen Ziele würden abgeleitet haben.

Dass die Rassen, Varietäten und Unterarten von wildwachsenden sowie von cultivirten Pflanzen durch gewisse Modificationen aus den „Arten“ entstanden seien, wurde damals, wie wir im vorigen Paragraph gesehen haben, hinreichend allgemein anerkannt. Für die cultivirten Gewächse hat Darwin die historischen Angaben über diese Umbildungen so vollständig wie möglich gesammelt.[1] Sie lehren uns die Geschichte der Culturgewächse, oft auch die Herkunft und den Zeitpunkt der ersten Cultur der Varietäten, entscheiden aber nicht, woher diese kommen, oder wie sie entstanden sind.[2]

„*Varieties are incipient species*“ und „*Species have descended, like varieties, from other species,*“ das sind die beiden bekannten Sätze, welche Darwin stets und überall betont, und um deren Nachweis es sich in erster Linie handelt.[3] Mit anderen Worten: Die Entstehung der Varietäten aus den Arten wird zugegeben, aber genau so entstehen Arten aus anderen Arten. Um diesen Satz zu beweisen, ist offenbar die Kenntniss der Art und Weise, wie die Varietäten selbst entstanden seien, nicht durchaus unerlässlich. Es ist nur darzuthun, dass das Verhältniss der Arten zu den Gattungen dasselbe ist, wie jenes der Varietäten zu den Arten.

Darwin betont zu wiederholten Malen, dass man nie vergessen darf, dass *under the term of variations mere individual differences are included*“.[4] Seine Variabilität ist also stets als ein doppelter Vorgang aufzufassen. Sie besteht aus „*individual differences*“ und „*single variations*“.[5] Die ersteren gehören zu denjenigen Erscheinungen,

---

[1] Man vergl. von späteren Arbeiten namentlich Alph. de Candolle, *Sur l'origine des plantes cultivées.*

[2] Vergl. auch Bateson, *Materials.* p. 17.

[3] *Origin of species.* 6. Ed. p. 2, 4, 86 u. s. w.

[4] *Origin*, ibid. p. 64, 80 u. s. w.

[5] *Life and Letters.* III. p. 108. Zu den *single variations* werden Fälle

welche wir jetzt individuelle Variabilität nennen, und welche von dem Gesetze QUETELET's beherrscht werden. Die letzteren sind zufällige, spontane Abänderungen, unseren Mutationen entsprechend (Fig. 5).

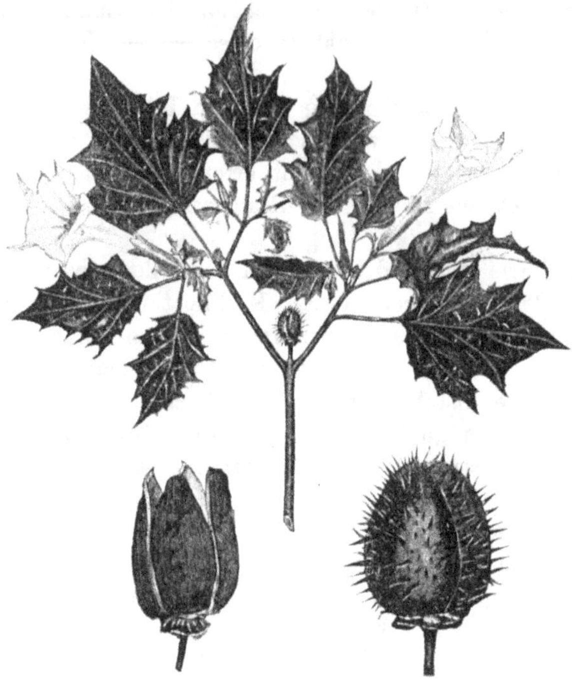

Fig. 5. 1. *Datura Tatula*, mit blauen Blüthenkronen und röthlich angelaufenem Laube. 2. Frucht von *D. Stramonium* mit Dornen, unreif. 3. Frucht von *D.* (*Stramonium*) *inermis*, ohne Dornen, reif, geöffnet und vertrocknet.

DARWIN nennt diese beiden Typen fast überall in seinen Ausführungen über die Selection, trennt sie aber nie, und zweifelt stets, welcher von beiden die grösste Bedeutung für die Entstehung der Arten beizulegen sei.

Dieser Sachlage gegenüber scheint es mir fast wie Unrecht, in einer kritischen Betrachtung von DARWIN's Meinung den Unterschied dieser beiden Typen völlig scharf hervorzuheben. Wenn ich solches dennoch thue, so geschieht es mit der ausdrücklichen Absicht, um zu zeigen, dass DARWIN die beiden Vorgänge zwar kannte, aber sie noch nicht, in Bezug auf ihre Bedeutung für seine Theorie, vollständig zu trennen wagte. Wie überall, war DARWIN auch hier so vorsichtig wie nur möglich.

Scharf formulirt heisst unsere Frage also: Wählt die natürliche Auslese behufs Bildung neuer Arten die extremen Varianten der gewöhnlichen individuellen Variation, oder wählt sie zufällige Mutationen?

Die gewöhnliche Variabilität ist immer da. Extreme Varianten

wie die Blüthenfarbe von *Datura Tatula* (eine zu der weissblühenden *D. Stramonium* gerechnete Form) und der Mangel der Bewaffnung der Früchte von *Datura inermis* gerechnet. Vergl. Fig. 5.

liefert sie bei hinreichender Individuenzahl stets in genügender Menge. Auch wählt der Kampf um's Dasein nicht die einzelnen ganz Vorzüglichen, sondern die Gruppe der Besten, da er einfach die am wenigsten geeigneten vorzugsweise ausrodet. Material für die Auslese fehlt also sozusagen nie: in keinem Jahre, für keine Art und für keine Eigenschaft. Aber die individuelle Variabilität ist, soweit die Erfahrung reicht, keine unbegrenzte; ihre Grenzen sind zwar keine scharfen, aber dennoch vom Quetelet'schen Gesetze fest bestimmte. Ob die Selection diese Grenzen je wesentlich wird überschreiten können, wissen wir nicht.

Die *„single variations"* sind zufällige Erscheinungen, von deren Gesetzen man bis jetzt noch keine Erfahrung hat. Dass sie vorkommen, weiss man, auch dass sie selten, aber nicht allzu selten sind. Wie sie stattfinden, weiss man nicht oder kaum, man nimmt allgemein an, dass sie sprungweise geschehen[1] und nennt sie daher auch Sprungvariationen. Sie verändern plötzlich eine Art in eine neue Form oder bilden aus der einen Varietät eine andere, völlig verschiedene. Sie umfassen oft nur Ein Merkmal und sind dann meist als durch Verlust oder Latenz eines bereits vorhandenen Charakters zu betrachten, z. B. weisse Blumen, Mangel von Dornen (*Datura inermis*, Fig. 5), Haaren, Ausläufern (z. B. *Fragaria alpina*, Fig. 6 und 7 S. 24 u. 25),[2] Samen, Verzweigung u. s. w.; sie gehören dann offenbar der retrogressiven Mutabilität an und haben für die Erklärung der Hauptlinien des Stammbaumes keine Bedeutung. Abgesehen von dieser ganz bestimmten Gruppe von Modificationen durch Verlust scheinen die *single variations* alle Merkmale umfassen zu können, in jeder Richtung aufzutreten und vermuthlich unbegrenzt zu sein.

Zusammenfassend sind die *individual differences* stets anwesend, in jeder Richtung und in jedem Merkmal, aber begrenzt und bekannten Gesetzen folgend. Die *single variations* sind zufällige, nur von Zeit zu Zeit auftretende, sprungweise die Formen verändernde Erscheinungen. Man kann sie nicht hervorrufen, sondern muss sie abwarten.[3] Es giebt also

[1] Wohl die meisten als Belege angeführten Beobachtungen gehören aber in das Gebiet der Bastardirungen, wie ich im zweiten Bande zu zeigen beabsichtige.

[2] Die Gaillon-Erdbeeren (Fig. 7), welche sich nur durch den Mangel der Ausläufer und der dementsprechend reichlicheren Verzweigung der Rosetten von den gewöhnlichen Monatserdbeeren (*Fragaria alpina*, Fig. 6) unterscheiden, werden gerade wegen dieses Mangels sehr oft vorzugsweise cultivirt. Vergl. Vilmorin-Andrieux, *Les plantes potagères.* 1883. p. 221—222.

[3] *Origin* l. c. p. 62.

1. eine Selection extremer Varianten;
2. eine Selection der Mutationen.

Und DARWIN's Frage war stets, welche von diesen beiden hat den grössten Antheil an der Entstehung der Arten gehabt?[1]

Die Züchter wählen beides, je nach der sich bietenden Gelegenheit. DARWIN betont wiederholt, dass ihre Methode auf der Accumulation von *successive slight variations* beruht.[2] Aber ob diese geringfügigen Abweichungen Variationen oder Mutationen sind, darüber spricht er sich nicht aus. Die natürliche Auslese wählt nun, genau wie die künstliche, solche *slight variations*,[3] aber welche von beiden Formen, wird auch hier nicht entschieden. Dazu kommt, dass die natürliche Auslese nach DARWIN nicht der einzige Factor ist, denn am Schluss der Einleitung zu seiner *Origin* sagt er: *I am convinced, that Natural Selection has been the most important, but not the exclusive means of modification.*[4]

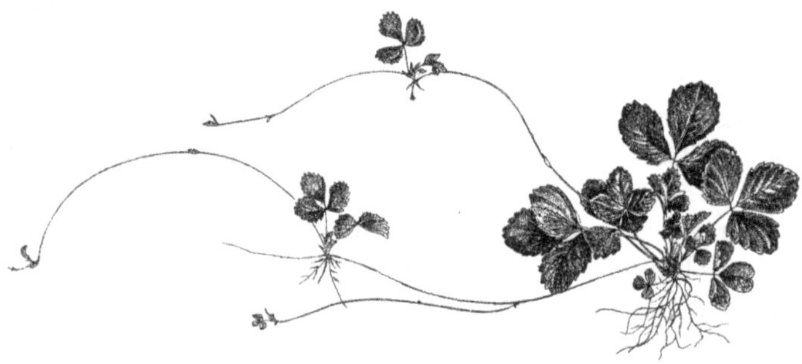

Fig. 6. *Fragaria alpina*, Monats-Erdbeere (Fraisier des quatre saisons).[5]

In fast allen Werken über DARWIN's Theorie findet man wiederholt, wie DARWIN durch das Lesen von MALTHUS' *Essay on Population* zu seiner Selectionstheorie gelangt ist.[6] Genau bekannt mit dem Kampf um's Dasein und der alljährlichen Vernichtung zahlloser Individuen, fand er darin die lange Zeit gesuchte Lösung. Er schloss:

---

[1] Die Selection extremer Varianten in der Natur bildet die sogenannten localen, vom Standorte bedingten Rassen, spielt bei der Acclimatisirung eine wichtige Rolle und scheint überhaupt in vielen Fällen der Anpassung an geänderte Lebensbedingungen zu dienen. Vergl. III. § 4.

[2] *Origin* l. c. p. 3, 63, 64 u. s. w.

[3] Ibid.

[4] Vergl. auch *Origin* p. 72.

[5] Siehe Note [2] p. 23.

[6] Vergl. *Life and Letters*. I. p. 83, 84.

Wie die Auslese unter den Menschen waltet, so waltet sie auch unter den Thieren und den Pflanzen, und in dieser Weise könnten vielleicht die Arten entstanden sein. Dieser letztere Schluss ist aber einfach ein genialer Gedanke, der nicht im geringsten aus MALTHUS' *Essay* sich ergiebt. Dieser Gedanke ist zu einer der wesentlichsten Stützen der Descendenzlehre geworden, ich möchte fast sagen zum Hebel mittelst dessen sie eingeführt wurde. Aber es war das Genie des grossen Denkers, nicht die Güte des Geräthes, welches im Grunde den glücklichen Erfolg bewirkte.

Nach unseren jetzigen Auffassungen[1] ist mit dieser Entstehungsweise der Hypothese der natürlichen Auslese DARWIN's eigene Meinung gar oft im Widerspruch. Die natürliche Auslese wirkt auf *chance variations.*[2] *Unless such occur natural selection can do nothing.*[3] Aus solchen Aeusserungen ist es klar, dass DARWIN den *single variations* ein sehr grosses und oft ein überwiegendes, vielleicht sogar ausschliessliches Gewicht beilegte. Denn die individuelle Variabilität bietet der natürlichen Auslese stets das erforderliche Material, es mag das eine Mal etwas mehr, das andere Mal etwas weniger stark vom Typus abweichen, aber es ist überall und in allen Richtungen vorhanden. Diese Thatsache war damals ganz gut bekannt, und auch DARWIN war sich darüber völlig klar. Allerdings kannte man die später von QUETELET entdeckten Gesetze nicht und war die Einsicht also keine so gründliche als jetzt; an dem allgemeinen Vorkommen der Variabilität zweifelte man aber nicht.

Fig. 7. *Fragaria alpina*, Monats-Erdbeere ohne Ranken (Fraisier des quatre saisons sans coulants, Fraisier de GAILLON).

Die *chance variations* waren somit nicht die überall zu beobachtenden extremen Varianten der gewöhnlichen Variabilität; sie waren zufällige Erscheinungen. Die natürliche Auslese lauert stets auf diese,

[1] Es war 1838, als DARWIN MALTHUS' Buch las, und QUETELET's *Anthropométrie* erschien erst 1870.

[2] *Life and Letters.* II. p. 87 u. s. w.

[3] *Origin.* p. 64 u. s. w.

sagt DARWIN in einem metaphorischen Bilde, und ergreift sie *whenever and wherever opportunity offers.*[1]

Solche zufällige Abweichungen, solche Mutationen, dachte sich DARWIN somit als von Zeit zu Zeit auftretend, und dabei im Grossen und Ganzen bestimmten, uns völlig unbekannten Gesetzen folgend. Diesen Gesetzen zufolge konnte es nicht fehlen, dass in grösseren Zeiträumen wenigstens einzelne günstige Abänderungen erreicht würden. Daher der Fortschritt im Laufe der Jahrhunderte, den die meisten lebenden Organismen aufzuweisen haben. Die lange Zeit giebt bessere Aussicht auf das Eintreten günstiger Abweichungen,[2] auch wenn diese nur nach langen Zeitintervallen kommen sollten.[3] Sie führen *intermittent results* herbei.[4]

Auch vermuthete DARWIN bereits eine gewisse Periodicität. „*Nascent species are more plastic,*" d. h. bilden zahlreichere Sprungvariationen aus, und haben dadurch bessere Aussicht, sich in weitere Arten zu spalten. DARWIN citirt NAUDIN und HERBERT als die Autoren dieses Satzes, den sie aus ihren vergleichenden Studien über die Formen innerhalb bestimmter Gruppen von Pflanzen abgeleitet haben.[5] SCHAAFHAUSEN[6] betonte die ungleiche Geschwindigkeit des Fortschrittes in den verschiedenen Zweigen des Stammbaumes, in einigen Linien seien die Veränderungen sehr rasche gewesen, während in anderen in langen geologischen Zeiten fast nur Stillstand die Regel war.

Somit muss, um eine neue wirkliche Art zu bilden, eine Varietät von Zeit zu Zeit, vielleicht jedesmal mit langen Zwischenräumen, Veränderungen in derselben Richtung hervorbringen. So geht es vorwärts *step by step.*[7]

Betrachten wir jetzt DARWIN's Ansichten über die Wirkung äusserer Einflüsse. Auch hierüber ist seine Meinung keine unabänderliche. Bisweilen meint er, dass sie sehr geringe Bedeutung für die Entstehung der Arten haben, bisweilen schreibt er ihnen dennoch grösseren Einfluss zu. Und da er die Beziehung der individuellen Variation zu den Wirkungen der *monde ambiant* sehr gut kannte, so geht auch hieraus hervor, dass es sich wesentlich um *single variations* handelte. In einem Briefe an HOOKER, 1856, schreibt er: „*my con-*

---

1 *Origin* l. c. p. 65, 66.
2 Ibid. p. 82, 86.
3 Ibid. p. 85, 92.
4 Ibid. p. 85.
5 Ibid. *Historical Sketch.* p. XIX.
6 Ibid. p. XX.
7 Ibid. p. 66.

clusion is, that external conditions do extremely little, except in causing mere variability." „*How much they do is the point of all others on which I feel myself very weak.*"[1]

Sehr bekannt ist die wichtige Rolle, welche bei DARWIN die *changed conditions of life* spielen. Namentlich der Transport einer Pflanze aus einem Klima in das andere und die ersten Jahre der neu in Cultur gebrachten Arten.[2] Arten mit grosser geographischer Verbreitung bieten daher auch mehr Aussicht auf die Entstehung neuer Formen.

In späteren Jahren hat DARWIN seine Meinung über diesen Punkt wiederum verändert, nachdem er HOFFMANN's bekannte Untersuchungen gelesen hatte: *No doubt I originally attributed too little weight to the direct action of conditions. Perhaps hundreds of generations of exposure are necessary. It is a most perplexing subject* (1881).[3]

Den grössten Einfluss auf DARWIN hat in Bezug auf diese Frage eine Kritik gemacht, welche 1869 von FLEEMING JENKIN in der *North British Review* veröffentlicht wurde.[4] Dieser versuchte durch Berechnungen darzuthun, dass die Aussicht der *single variations,* sich im Kampf um's Dasein aufrecht zu erhalten und schliesslich den Sieg davon zu tragen, im besten Falle nur eine ganz unbedeutende sei. DARWIN hat sich dadurch überzeugen lassen und sagt sogar: *I always thought individual differences more important, but I was blind, and thought that single variations might be preserved much oftener than I now see is possible.* Auf Veranlassung dieser Kritik hat er dann in den späteren Ausgaben der *Origin* manche Veränderungen in diesem Sinne vorgenommen.

Zum Schlusse weise ich noch auf die Folgerung, welche DARWIN aus seiner Pangenesis in Bezug auf die beiden Grundformen der Variabilität abgeleitet hat.[5] Es giebt zwei durchaus verschiedene Gruppen von Ursachen. Erstens die verhältnissmässige Zahl der Einheiten, ihr Fehlen, ihr Vorherrschen, ihre gegenseitigen Lagen und das Activwerden der seit langer Zeit inactiven. Solche Veränderungen finden statt, ohne dass die Einheiten selbst dabei modificirt würden. *Such changes will amply account for much fluctuating variability,* das heisst also für diejenige Variabilität, welche wir jetzt individuelle, graduelle oder fluctuirende nennen.

---

[1] *Life and Letters.* II. p. 87.
[2] *Origin.* p. 64 u. s. w.
[3] *Life and Letters.* III. p. 345.
[4] *Origin.* p. 71. *Life and Letters.* III. p. 108.
[5] *Animals and plants under domestication.* 2. Ed. 1875. II. p. 390.

Die zweite Gruppe von Ursachen umfasst die directe Wirkung der veränderten äusseren Umstände auf die Organisation, in welchem Falle DARWIN annimmt, dass die Einheiten selbst modificirt werden. Wenn die neuen Einheiten sich dann hinreichend vermehrt haben, um den früheren ebenbürtig zur Seite zu stehen, werden sie zur Ausbildung neuer Structuren Veranlassung geben.

Diese Citate führen mich zu der Ueberzeugung, dass DARWIN sich die grossen Züge des Stammbaumes als durch Modification seiner *gemmules* entstanden dachte, und dass er die fluctuirende Variabilität als eine Erscheinung ganz anderer Art ansah.[1]

Zusammenfassend sehen wir, dass DARWIN stets *individual differences* und *single variations* unterschied, und dass er den letzteren wenigstens eine ganz bedeutende Rolle bei der Entstehung der Arten zuschrieb. Nur unter dem Einflusse seiner Kritiker hat er diese Meinung gelegentlich aufgegeben und den überall vorhandenen individuellen Variationen den wesentlichsten Platz eingeräumt.

§ 3. WALLACE's Selectionslehre.

In seinem Buche über *Darwinism* hat ALFRED RUSSEL WALLACE in prachtvoller und überzeugender Darstellung ein überaus reiches Material von Beweisen für die Descendenzlehre zusammengestellt.[2] Neben DARWIN haben wenige Autoren einen so bedeutenden Antheil am Siege dieser Theorie gehabt, wie er.

„*Darwinism*" besteht vorwiegend aus zwei Theilen. In den ersten Abschnitten handelt WALLACE über Variabilität und Selection, in den letzteren beschreibt er die wundervollen Anpassungen von Thieren und Pflanzen an ihre Umgebung, und sucht er diese auf Grund der Theorie zu erklären, mit dem Zwecke, die Uebereinstimmung der Forderungen der Theorie mit den Thatsachen so ausführlich wie möglich darzuthun. Dieser letzte Theil ist unzweifelhaft der anziehendste des ganzen Werkes. Hier habe ich aber nur die Selectionstheorie zu besprechen.

WALLACE's Selectionstheorie unterscheidet sich von derjenigen DARWIN's in einem wichtigen Punkte. WALLACE betrachtet nur die stets vorhandenen individuellen Variationen als das Material, aus welchem die natürliche Auslese die Arten bildet. Es ist ihm eine

[1] Vergl. auch meine *Intracellulare Pangenesis.* p. 73—74, 210 u. s. w.

[2] A. R. WALLACE, *Darwinism, an exposition of the theory of natural selection with some of its applications.* London 1889. 2. Ed.

Hauptaufgabe, zu zeigen, *that animals and plants do perpetually vary in the manner and to the amount requisite.*[1] *Single variations* betrachtet er als ganz ohne Bedeutung; sie haben sich an der Entstehung der Arten nicht, oder doch in keinem wichtigen Falle betheiligt.[2]

Unser Autor glaubt damit im Wesentlichen mit Darwin einverstanden zu sein und dessen Selectionslehre nur schärfer und reiner wiedergegeben zu haben. Die vielen Zweifel, welche, wie wir im vorigen Abschnitt sahen, überall von Darwin vorsichtig hervorgehoben und discutirt wurden, fallen hier weg. Die Theorie ist eine sehr einheitliche, klare und überraschend einfache geworden. Sie trägt den systematischen und biologischen Thatsachen genau ebensogut Rechnung wie Darwin's schwankende Ansicht, ist aber viel bequemer und anziehender als diese.

Diese sehr scharfe Fassung macht es dem Kritiker leicht, den schwachen Punkt aufzudecken. Fast legt der Verfasser selbst den Finger darauf. Am Schlusse des ersten Abschnittes giebt er eine Uebersicht über sein ganzes Thatsachenmaterial und über die Methode seiner Beweisführung, und dieser Uebersicht hat man nur genau zu folgen, um zu finden, wo der logische Gedankengang unterbrochen ist.[3]

Es sei mir gestattet, diesen Gedankengang möglichst kurz zu wiederholen.

Wallace's Theorie der natürlichen Auslese beruht auf zwei Hauptreihen von Thatsachen. Die erste ist die rasche Vermehrung und das dadurch bedingte frühzeitige Absterben zahlloser Individuen. Die zweite ist die Variabilität und der *survival of the fittest.* Gegen diesen Theil seiner Beweisführung habe ich nichts einzuwenden. Dann aber haben wir einen anderen wichtigen Punkt zu betrachten, fährt er fort. Es ist dieser das Princip der Vererbung der Abweichungen und der Verbesserung der Rassen durch die Auslese der Züchter. In vielen Fällen seien dadurch die cultivirten Formen so verschieden geworden von ihren wilden Vorfahren, dass sie kaum als deren Nachkommen zu erkennen seien. Aber das Wort Rassen hat bekanntlich eine doppelte Bedeutung. Es bedeutet sowohl die durch Selection veredelten Rassen unserer Züchter, als auch die vorhandenen, constanten Unterarten unbekannter Abstammung.[4] Ohne Zweifel weichen

[1] *Darwinism.* 2. Ed. p. 13.

[2] „*My whole work tends forcibly to illustrate the overwhelming importance of Natural Selection.*" Wallace l. c. p. VII—VIII.

[3] *Darwinism.* p. 12, 13.

[4] Man denke z. B. nur an die Menschenrassen.

viele cultivirte Formen in dem fraglichen Maasse von den Arten ab, zu denen sie von den Systematikern gerechnet werden. Aber diese Formen sind Unterarten und ihre gemeinschaftliche Abstammung von einer einzigen Art ist genau ebenso gut eine Hypothese als der gemeinschaftliche Ursprung der Arten einer Gattung. Die cultivirten Unterarten sind in den bekannten Fällen meist älter als die Cultur, was WALLACE z. B. selbst für die Rassen der Hunde hervorhebt;[1] wie sie entstanden sind, weiss man gar nicht, auch nicht für die vielleicht in der Cultur entstandenen.

Auf diesem schwachen Grunde baut nun WALLACE weiter fort (p. 12): „*It is therefore proved that if any particular kind of variation is preserved and bred from, the variation itself goes on increasing in amount to an enormous extent; and the bearing of this on the question of the origin of species is most important.*“

Dieser Satz wird aber gar nicht bewiesen; im Gegentheil, seine Richtigkeit wird nur behufs der Beweisführung angenommen, sowohl von DARWIN und WALLACE, als von ihren sämmtlichen Anhängern.

WALLACE überspringt diesen Punkt in seinem Buche; er widmet ihm weder eine eingehende Kritik, noch einen besonderen Abschnitt. Auch bei der Behandlung der einzelnen Beispiele wird dieser Satz ohne weitere Prüfung als gültig angenommen. Am klarsten sieht man dieses bei der Besprechung der Aepfel:[2] Es sei bekannt, dass alle unsere Apfelsorten vom wilden *Pyrus Malus* abstammen und dass aus diesem über tausend verschiedene Sorten hervorgebracht sind. Es macht dies den Eindruck, als ob die Cultur diese zahllosen Formen erzeugt hätte. Thatsächlich aber ist der Apfel im wilden Zustande eine polymorphe, an Unterarten sehr reiche Species, und sind die gut unterschiedenen Typen, welche jetzt cultivirt werden, bereits unter den wilden Formen vorhanden. Nur sind jedesmal die Holzäpfel in grosse, saftige und schmackhafte Früchte durch die Cultur umgewandelt worden.

Dass die individuelle Variation durch Selection stets weiter gehe und *to an enormous extent* heranwachse, ist eine völlig unbewiesene Voraussetzung. Dieses ist der schwache Punkt der WALLACE'schen Selectionstheorie.

Ich gestehe, dass mit dieser Voraussetzung die Adaptationserscheinungen leicht und einfach zu erklären wären, und dass dieses ein

[1] l. c. p. 88.
[2] l. c. p. 87.

sehr kräftiges Argument für sie bildet. Und so lange es sich nur um jene Erklärung handelt, hätte es vielleicht keinen Zweck, sich gegen die Hypothese auszusprechen.

Aber sie ist in sich unrichtig. Zuchtwahl führt zwar zu praktisch enormen Ergebnissen, das ist aber etwas ganz anderes, als biologisch enorme Veränderungen. Wenn man den Ertrag seiner Aecker um die Hälfte vermehren kann, so braucht das vom Gesichtspunkte der Entstehung der Arten noch gar keine Bedeutung zu haben. Im dritten Kapitel werde ich dieses an der Hand der Thatsachen zu beweisen suchen.

Ich habe Wallace's Gedankengang hier nicht weiter zu verfolgen. Ist seine Voraussetzung einmal angenommen, so ergiebt sich alles Uebrige von selbst.

Auf S. 13 fasst er noch einmal seine Aufgabe zusammen. Es gilt dort zu beweisen, dass Variationen aller Art durch Selection vergrössert und angehäuft werden können, sowohl im cultivirten als im wilden Zustande. Ich gebe völlig zu, dass Wallace diesen Beweis in meisterhafter und überzeugender Weise beigebracht hat. Daneben gilt es aber auch zu beweisen, dass jene Vergrösserung und Anhäufung stattfindet *to the amount requisite* für die Entstehung neuer Arten und Unterarten, und diesen Beweis hat Wallace weder versucht noch erbracht. An Stelle dieses Beweises bringt er in seinem Buche überall nur Beispiele über die Zusammensetzung von cultivirten und wilden Arten aus sogenannten elementaren oder Unterarten,[1] aber wie diese entstanden sind, das lehrt er uns nicht. Ebenso wenig gelingt es ihm, zu beweisen, dass durch Selection entstandene Rassen nachher auch ohne weitere Zuchtwahl constant bleiben könnten.

Zusammenfassend sehen wir, dass Wallace in seiner Selectionstheorie ausschliesslich von der individuellen oder gewöhnlichen Variabilität ausgeht und den Antheil der *single variations* verwirft. Dass er zeigt, dass die so vereinfachte Hypothese den systematischen und biologischen Thatsachen in vorzüglicher Weise Rechnung trägt, dass er aber den Beweis schuldig bleibt, dass thatsächlich aus individuellen Verschiedenheiten durch Auslese Artmerkmale entstehen könnten.

---

[1] Vergl. z. B. p. 77—78, 85—86 u. s. w.

§ 4. Die verschiedenen Formen der Variabilität.

Nichts ist variabler als die Bedeutung des Wortes Variabilität. Manche Verfasser benutzen dieses Wort in einem so viel umfassenden Sinne, dass man gar nicht versteht, was sie meinen (Fig. 8)[1]. Es

Fig. 8. *Hedera Helix var. arborea.*[1]

ist deshalb wichtig, die verschiedenen hierher gerechneten Erscheinungen möglichst scharf von einander zu unterscheiden. Denn sie stehen zu unserer Aufgabe in ganz verschiedenen Beziehungen.

---

[1] Das bekannteste Beispiel bildet *Hedera Helix arborea*, welche von vielen Pflanzenhändlern als *var. arborea* angeführt wird. Es ist gar keine Varietät, sondern es sind einfach die aufstrebenden, nicht kriechenden Blüthenäste, welche von dem gewöhnlichen Epheu abgeschnitten, für sich gesteckt und als Bäumchen gezogen wurden. Im April 1888 habe ich selbst solche Stecklinge gemacht und von diesen den schönsten bis heute cultivirt. Er bildet jetzt ein reich verzweigtes Bäumchen von etwas über einem Meter Höhe (Fig. 8). Wie die Figur bei *a*, *b* und *c* zeigt, entstehen von Zeit zu Zeit einzelne kriechende Aeste. Von einem älteren ähnlichen, aber über zwei Meter hohen Epheubäumchen säete ich 1893 die Beeren und erhielt über tausend Keimlinge. Diese wachsen noch jetzt in unserem Garten und haben bis dahin ausschliesslich kriechende Stämme und Aeste getrieben. Selbstverständlich vererbt sich die *Arborea*-Form nicht. Aehnliche Erscheinungen kommen bei manchen anderen Gattungen, z. B. bei den kriechenden *Ficus*-Arten Südeuropa's vor; sie sind aber noch viel zu wenig untersucht worden.

Gewöhnlich bringt man in den Rahmen der Variabilität die folgenden Gruppen von Erscheinungen:

1. Die systematische Polymorphie und ihre vermuthlichen Ursachen;
2. die durch Bastardirung erzeugte Polymorphie;
3. die den QUETELET'schen Gesetzen folgende Verschiedenheit der Individuen und Organe;
4. die sogenannten spontanen Abänderungen.

Für die Mutationstheorie bildet die Erklärung der systematischen Vielgestaltigkeit die eigentliche Aufgabe, und die spontanen Abänderungen sind für sie die Thatsachen, auf welche sie diese Erklärung aufzubauen sucht. Die Richtigkeit dieser Erklärung soll alsdann auf dem Gebiete der Bastarde experimentell geprüft und womöglich bewiesen werden. Die individuelle Variabilität aber kommt dabei nur nebensächlich in Betracht.

Behandeln wir deshalb diese Gruppen zunächst einzeln für sich.

1. Die systematische Polymorphie und ihre vermuthlichen Ursachen. Die LINNÉ'schen Arten sind Collectivarten. Sie umfassen je eine kleinere, oft auch eine grössere Reihe von Formen, welche von einander ebenso scharf und vollständig unterschieden sind, als die besten Arten. Gewöhnlich nennt man diese kleineren Formen Varietäten und Unterarten; Varietäten, wenn sie durch ein einziges auffallendes Merkmal bezeichnet werden können, Unterarten aber meist, wenn sie sich in der Gesammtheit ihrer Eigenschaften, im sogenannten Habitus unterscheiden. Doch herrscht hierüber eine grosse Verschiedenheit der Meinungen. Andere Forscher betrachten alle diese besonderen Formen als elementare Arten, und geben ihnen dementsprechend binäre Namen, indem sie die LINNÉ'schen Arten auflösen. So sind bekanntlich *Draba verna*[1] in etwa 200, *Viola tricolor*[2] und viele andere alte „Arten" in kleinere Gruppen von wohl unterschiedenen und meist localen elementaren Arten „aufgelöst" worden. Im Versuch und in der Cultur sind diese Typen constant, sie gehen weder in einander über, noch bringen sie die ideale Mutterform der Art hervor. Ebenso constant sind weitaus die meisten Varietäten. Ob man ihnen binäre oder ternäre Namen geben will, ist zunächst gleichgültig. Man nimmt vor wie nach DARWIN an, dass sie gemeinschaftliche Abstammung haben, hat darüber aber nur in äusserst seltenen Fällen historische Nachrichten. Wann und wie *Datura Stramonium inermis*, *Robinia Pseud-Acacia inermis*, *Lychnis diurna glaberrima*,

[1] Vergl. Fig. 3 auf S. 15.
[2] Vergl. Fig. 4 auf S. 16.

ferner die ganze Reihe von unbehaarten, unbewaffneten, weissblüthigen, geschlitztblättrigen Formen u. s. w. entstanden sind, weiss man nicht.

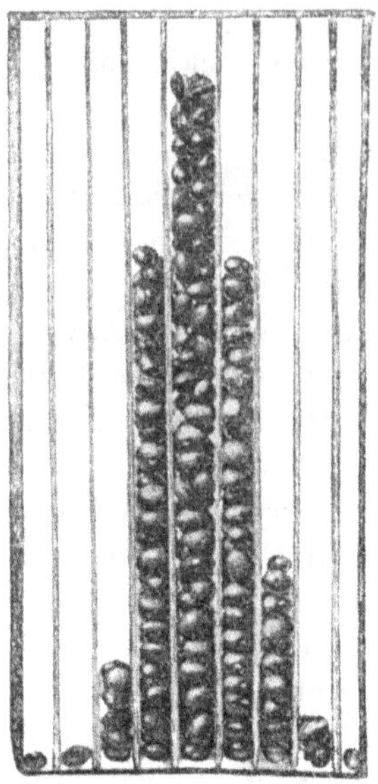

Fig. 9. Cuvette mit Bohnen.[1]

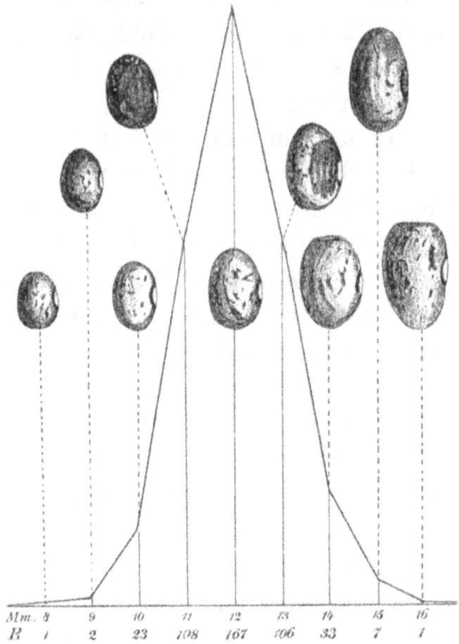

Fig. 10. Curve der Bohnen.[2]

Sie sind da und stehen gleichberechtigt mit den besten Arten. Es giebt nur wenige Ausnahmen, z. B.: *Chelidonium laciniatum* Mill. (Fig. 37 in V. § 25), *Fragaria alpina Gaillon* (Fig. 7 S. 25) u. s. w., deren Ursprung man kennt.

---

[1] Cuvette mit Bohnen, zur Demonstration der Variabilität in deren Länge. Das Glas ist mittelst Glasstreifen in neun gleiche Abtheilungen getheilt. Die Bohnen (rothgefleckte Samen von *Phaseolus vulgaris*) sind in der Anzahl von 450 einer käuflichen Probe entnommen und einzeln gemessen. Ihre Länge betrug 8—16 mm, und zwar in folgender Vertheilung:

Cuvettenabtheilung Nr.	1	2	3	4	5	6	7	8	9
mm	8	9	10	11	12	13	14	15	16
Anzahl	1	2	23	108	167	106	33	7	1

Die Bohnen wurden derart in die einzelnen Abtheilungen der Cuvette gebracht, dass in jedes Fach nur Bohnen gleicher Länge (in ganzen Millimetern gemessen) kamen, und zwar in der angegebenen Anordnung. Die Bohnen zeigen demzufolge ohne Weiteres die Gruppirung nach dem Quetelet'schen Gesetze. Für eine genauere Demonstration wäre allerdings eine Correction erforderlich, da die grösseren Bohnen ihre Fächer selbstverständlich etwas zu hoch ausfüllen.

[2] Curve der rothgefleckten Bohnen. Nach der in Fig. 9 dargestellten Beobachtung ist die Curve in Fig. 10 construirt. Sie entspricht der theoretischen

In der gärtnerischen Praxis steht es nicht viel besser. Man kennt zahllose Varietäten, aber nur in seltenen Fällen liegen historische Angaben über deren Entstehen vor.

Dieser Abschnitt der Variabilitätslehre ist also ein rein vergleichender, ihre Gesetze sind morphologische, nur sehr selten dem historischen oder gar dem experimentellen Studium zugänglich.

2. Die durch Bastardirung erzeugte Polymorphie beruht auf veränderten Combinationen der erblichen Eigenschaften der gekreuzten Formen. Es sind dabei im Wesentlichen zwei Gruppen von Erscheinungen zu unterscheiden: die wissenschaftlichen Versuche und die gärtnerischen und landwirthschaftlichen Kreuzungen. Der Forscher wählt möglichst wenig „variable“ Arten, der Landwirth und der Gärtner kreuzt vorzugsweise Formen, von denen wenigstens die eine sehr „variabel“ ist. Denn diese Variabilität kann vom Bastarde ererbt werden und erhöht dann die gewünschte Aussicht auf neue Formen. Neue elementare Eigenschaften entstehen in Kreuzungsversuchen nur durch diese Variabilität, nicht durch den Einfluss der Kreuzungen selbst, wie mir z. B. auch der berühmte Caladienzüchter ALFRED BLEU in Bezug auf seine Culturen versicherte.

3. Die Variabilität im engeren Sinne oder die individuelle Variabilität umfasst die Ungleichheiten der Individuen und der Organe, welche von den Gesetzen QUETELET's beherrscht werden.[1] Diese Gesetze, welche DARWIN nicht kannte, und welche WALLACE nur in unvollständiger Weise behandelte, sind seitdem Gegenstand zahlreicher und sehr sorgfältiger Untersuchungen geworden. Es zeigt sich dabei immer mehr, dass diese Variationen ganz anderer Natur sind, als wie die übrigen unter dem Namen der Variabilität zusammengefassten Erscheinungen. Sie haben das Typische, dass sie stets vorhanden sind, in jedem Jahre und in jeder nicht zu kleinen Gruppe von Individuen beobachtet werden. Sie gruppiren sich stets um eine mittlere Grösse und die Abweichungen von diesem Werthe sind um so

Form $(a + b)^n$, wie der Augenschein lehrt, hinreichend genau. Die Länge der Ordinaten ist der (corrigirten) Höhe der Bohnengruppen in jedem Fache proportional und nahezu gleich. Die Anzahl der in den Fächern der Cuvette befindlichen Bohnen befindet sich am Fusse der entsprechenden Ordinaten. Aus jedem Fache ist eine Bohne als Muster abgebildet, um den Grad der fluctuirenden Variabilität in der Länge zu demonstriren. Die Bohnen zeigen sich ausserdem sehr variabel in der Form und in der Färbung.

[1] Vergl. Figg. 9—13, ferner auch die Fig. 22 (Curve von 40000 Rüben) im dritten Kapitel § 11, bei der auch die theoretische Curve gezeichnet worden ist.

zahlreicher, je kleiner, um so seltener, je grösser sie sind. Sie lassen sich nach Maass und Zahl verfolgen und die Ergebnisse der Beobachtungen lassen sich in mathematischen Formen und Formeln behandeln.

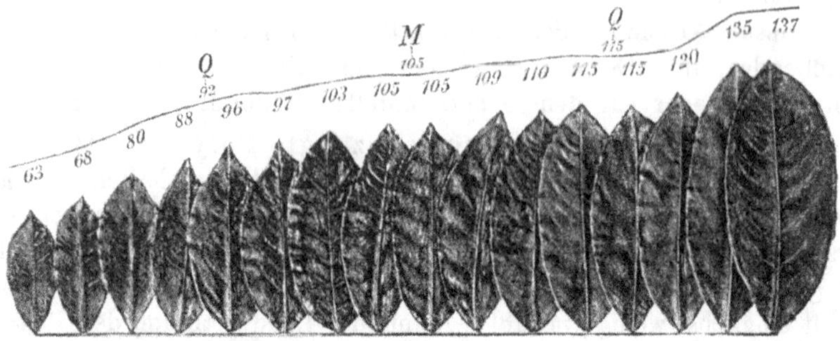

Fig. 11. Die Ogive-Form der Curve der individuellen Variabilität, dargestellt an den Blättern von *Prunus Lauro-Cerasus.*[1]

GALTON, WELDON, BATESON, LUDWIG, DUNCKER und viele andere Forscher haben dieses Forschungsgebiet zu einer besonderen Wissenschaft erhoben. Leider aber mangelt es an einer allgemein anerkannten Bezeichnung. Man hat diese Variabilität fluctuirende, graduelle, continuirliche, reversible, begrenzte, statistische und individuelle genannt. Letztere Bezeichnung scheint auf zoologischem und anthropologischem Gebiete die am weitesten verbreitete zu sein, während der

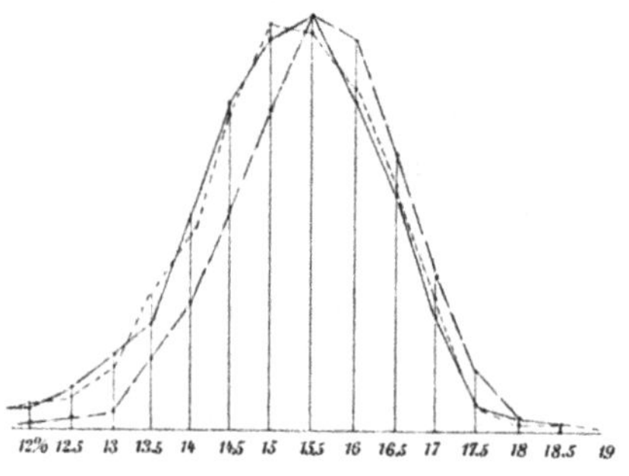

Fig. 12. Zuckergehalt der Zuckerrüben in Naarden.[2]

Am 24. Januar 1896.
——— Am 25. Januar 1896.
– – – Am 28. Januar 1896.

[1] Die individuelle Variabilität lässt sich in einfacher Weise demonstriren, wenn man Blätter eines Baumes neben einander aufklebt. Man ordnet sie nach der Grösse, stellt sie parallel in gleichen Entfernungen und auf gradliniger Basis auf und verbindet ihre Gipfel durch eine gebrochene Linie. In der Figur ist diese Linie der Deutlichkeit halber etwas in die Höhe geschoben. Die Linie (*Ogive* nach GALTON, der sie vorzugsweise anwendet) steigt anfangs rasch, im mittleren Theile nur wenig und am Ende wieder rasch aufwärts, dem QUETELET'schen Gesetze folgend. Die Punkte *Q*, *M*, *Q* theilen sie in vier gleiche Theile (*Q* = Quartil).

[2] Die drei Curven stellen den Zuckergehalt der Rüben einer Miethe nach drei successiven Probeentnahmen am 24., 25. und 28. Januar 1896 und bei genau

Name fluctuirend oder fliessend, welcher schon von DARWIN mehrfach gebraucht wurde, wohl der beste sein dürfte.[1] Auf botanischem Gebiete unterscheidet man dagegen zwischen individueller und partieller Variabilität, mit ersterer die Unterschiede zwischen den einzelnen Individuen, mit letzterer die ebenso häufigen Unterschiede zwischen den Organen eines Individuums andeutend.

Mehrfach hat sich das Bedürfniss herausgestellt, Unterschied zwischen räumlicher und zeitlicher Variabilität zu machen,[2] d. h. zwischen der Verschiedenheit in einer Gruppe gleichzeitig vorliegender Exemplare, und den Differenzen, welche zwischen Eltern und ihren Kindern und weiteren Nachkommen obwalten. PLOETZ hat vorgeschlagen, die gleichzeitigen Individuen Convarianten, die auf einander folgenden aber Devarianten zu nennen,[3] wie denn überhaupt die stark vom Mittel abweichenden Exemplare Varianten genannt werden.

Die individuelle Variabilität findet nach Maass und Gewicht oder nach Zahlen statt; die Blüthenzählungen LUDWIG's folgen den QUETELET'schen Gesetzen ebenso genau, wie die anthropologischen Messungen des grossen Meisters selbst. Die Variationen nach Maass und Gewicht pflegt man quantitative zu nennen, für die nach Zahlen schlägt BATESON den Namen discontinuirliche oder meristische vor.[4]

DARWIN hat wiederholt betont, dass diese Form der Variabilität *perpetually occurs.* Man könnte sie somit auch perpetuirliche oder

derselben Bestimmungsmethode dar. Die einzelnen Proben umfassen 6848, 6781 und 6191, zusammen also nahezu 20 000 Polarisationen je einer Rübe. Der Zuckergehalt wechselte von etwa 12 % bis 19 %. Die Zahlen verdanke ich dem freundlichen Entgegenkommen der Herren KUHN & Co., den Besitzern der Naardener Fabrik. — Trotz der ganz bedeutenden Anzahl der benutzten Zahlenwerthe decken sich die Curven nicht völlig. Die dritte Curve, um drei Tage später genommen, zeigt ihren Gipfel etwas nach rechts verschoben. Die Differenzen der beiden anderen sind offenbar unvermeidlichen Zufälligkeiten zuzuschreiben. — Bei Vergleichungen von empirischen Curven mit theoretischen darf man offenbar nie eine grössere Uebereinstimmung erwarten, als zwischen den Curven aus zwei gleichen Probeentnahmen. Für theoretische Betrachtungen sollte also womöglich nicht eine, sondern sollten zwei oder mehrere Curven derselben Erscheinung verglichen werden.

[1] Vergl. KOLLMANN im Correspondenz-Blatt d. d. Gesellsch. f. Anthropologie. Bd. 31. Nr. 1. Jan. 1900.

[2] W. WAAGEN, *Die Formen des Ammonites subradiatus* in BENECKE's *Geognostisch-Paläontologischen Beiträgen.* 1876. Bd. II. S. 186.

[3] ALFRED PLOETZ, *Die Tüchtigkeit unserer Rasse und der Schutz der Schwachen.* I. 1895. S. 31.

[4] *Materials for the Study of Variation.*

unausgesetzte nennen, und scheint mir dieser Gedanke am besten durch das Wort continuirlich ausgedrückt zu werden.[1]

Die individuelle Variabilität ist, bei Aussaat, in sich zurückkehrend, die Formen ihrer Varianten sind zusammenhängende, cohärente, nichtintermittirende. Sie ist centrisch, da ihre Formen stets um einen Mittelpunkt von grösster Dichte gruppirt sind. Endlich ist sie, was wohl am wichtigsten, linear, da die Abweichungen stets nur in zwei Richtungen, nach mehr oder nach weniger stattfinden. Letzteres hat zu den Bezeichnungen Plus-Variationen und Minus-Variationen Veranlassung gegeben.

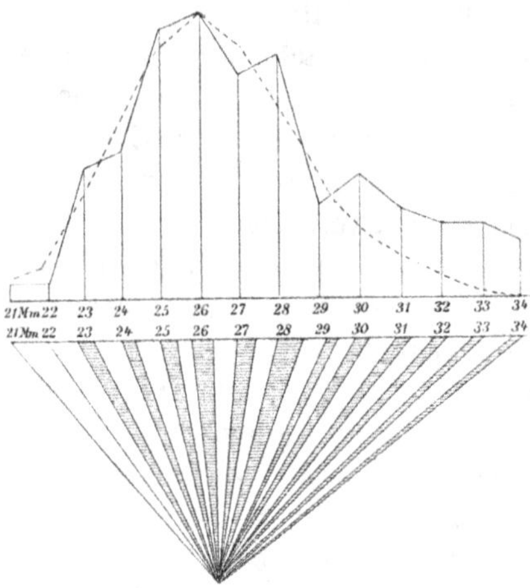

Fig. 13. Darstellung der Variabilität in Fächerform.[2]

Auf dem Gebiete der individuellen Variabilität führt die Selection zu der Entstehung der Rassen. Dabei ist aber, wie wir bereits gesehen haben,[3] dieses letztere Wort in einem anderen Sinne gebräuchlich, als in der Anthropologie. Die principielle Differenz dieser sogenannten

[1] In diesem Sinne habe ich die Bezeichnungen continuirlich und discontinuirlich in meinem Aufsatze „Ueber halbe Galton-Curven als Zeichen discontinuirlicher Variation“ angewandt (*Berichte d. d. bot. Ges.* 1894. Bd. XII. Heft 7). Bateson benutzt das Wort in etwas anderem Sinne, da er nur die quantitativen Variationen continuirlich, die meristischen aber discontinuirlich nennt (*Materials for the Study of Variation.* 1894).

[2] Die Variabilität kann statt in Quetelet'scher Curve (Fig. 10) oder Galton'scher Ogive (Fig. 11) auch in anderen Formen dargestellt werden. Handelt es sich darum, die auf einander folgenden Generationen mit einander zu verbinden, so empfiehlt sich die Fächerform, Fig. 13. Der Punkt, von dem die Strahlen ausgehen, entspricht dem Merkmal der Mutterpflanze. — Auf der oberen horizontalen Linie entspricht die Breite des Grundes jedes Dreieckes der Länge der Ordinaten in der gewöhnlichen Curve, wie sie darüber gezeichnet wurde. Diese Breite giebt also auf den ersten Blick die Häufigkeit der einzelnen Werthe an. Für die Figur sind Messungen der Länge der erwachsenen Früchte von *Oenothera Lamarckiana* aus dem Jahre 1891 benutzt (99 Früchte nach ganzen Millimetern gemessen). Die Längen waren in folgender Weise über die einzelnen Früchte vertheilt:

mm:	21	22	23	24	25	26	27	28	29	30	31	32	33	34.
Anzahl:	1	1	7	8	14	15	12	13	5	7	5	4	4	3.

Die gebrochene Linie stellt das Quetelet'sche Gesetz $(a + b)^n$ vor.

[3] Siehe S. 29.

veredelten Rasse einerseits mit Varietäten, Unterarten, elementaren Arten, *incipient species* u. s. w. andererseits, soll den Gegenstand unseres dritten Kapitels bilden.

4. Die spontanen Abänderungen. Von jeher kannte man in der gärtnerischen Praxis die Erscheinung, dass Varietäten von Zeit zu Zeit unerwartet und unvermittelt auftreten. Darwin nennt solche plötzliche Uebergänge *single variations*, was durch spontane Abänderungen übersetzt worden ist.

Die schönsten Beispiele sind die sogenannten Knospenvariationen. Die neue Form entsteht als Knospe oder Zweig an einem Individuum der alten Form und bleibt oft lange Zeit mit diesem verbunden. Die gegenseitige genetische Beziehung ist dann keinem Zweifel unterworfen, und die Thatsache, dass der Uebergang ein unvermittelter ist, ist augenfällig. Aber auch auf diesem Gebiete herrscht viel Unsicherheit, indem Knospenvariationen gar häufig von Bastarden hervorgebracht werden, und die Bastardnatur eines Individuums sich nicht immer ohne Weiteres verräth. Auch kommen Knospenvariationen vielfach an Varietäten mit unvollständig fixirten (gemischten) Eigenschaften vor, wie bei manchen Formen mit gestreiften Blumen (*Antirrhinum, Delphinium, Aquilegia, Dahlia* (Fig. 14) u. s. w.

5. Ueber die Grösse der Mutationen. Häufig findet man die spontanen Abänderungen als Sprungvariationen oder als sprungweise Variationen beschrieben. Diese Bezeichnung ist keine glückliche. *Natura non facit saltus* sagte bereits Linné. Was man anfangs für Sprünge ansieht, stellt sich bei eingehendem Studium als solche nicht heraus. Viel zweckmässiger ist es noch, die einzelnen Uebergänge als Stösse zu bezeichnen, und von stossweiser Variabilität zu sprechen.[1] Die Stösse können ja ganz kleine Veränderungen herbeiführen, aber jeder Stoss bleibt eine Einheit.

Galton hat den Unterschied zwischen der stossweisen und der gewöhnlichen Variabilität durch ein sehr hübsches Bild zu veranschaulichen gesucht. Man denke sich ein Polyeder, das auf ebener Fläche rollen kann.[2] Jedesmal, wenn es auf einer anderen Seite zu ruhen kommt, nimmt es eine neue Gleichgewichtslage ein. Kleine Erschütterungen können es zum Schwanken bringen, es oscillirt dann um die betreffende Gleichgewichtslage und kehrt in diese zurück. Ein etwas grösserer Stoss kann es aber so weit drehen, dass es auf eine neue Seite zu liegen kommt. Die Schwankungen um eine Gleich-

[1] „*Variation par secousses*“ einiger französischer Forscher.

[2] F. Galton, *Hereditary Genius.* 1869. p. 369.

gewichtslage sind die Variationen, die Uebergänge aus der einen Gleichgewichtslage in die andere entsprechen den Mutationen. Den vom Polyeder beim Rollen zurückgelegten Weg kann man als den Stammbaum einer Art betrachten; jede Strecke dieses Weges, welche

Fig. 14. Gestreifte Georginen (*Dahlia variabilis striata nana*), aus Samen erzogen. Die Hauptfigur mit gelbrothen Streifen auf blassröthlichem Grunde; in dem linken Blüthenköpfchen war die eine (dunkler schattirte) Hälfte völlig egal roth, die andere röthlichgelb und schwach roth gestreift. Die beiden Nebenfiguren von anderen Farbenvarietäten, rechts mit rothen Streifen auf weisslichem Grunde, links mit dunkelvioletten Streifen auf blassviolettem Grunde. Die erstere Pflanze brachte (1898) auch rein rothblühende Zweige hervor (Knospenvariation).

einer Seite entspricht, bedeutet dann eine besondere elementare Art, jede Ueberschreitung eines Winkels also eine Mutation.

Je zahlreicher man sich die Seiten eines solchen Polyeders denkt, desto kleiner sind natürlich die Mutationen. Aber über einen etwaigen Zusammenhang der Ursachen, welche die Schwankungen und die Umlagerungen hervorrufen, darf man meiner Ansicht nach aus diesem Bilde nichts folgern.

Die Betrachtung mancher *single variations* hat die Ansicht eingebürgert, dass die Mutationen jedesmal bedeutende Veränderungen sein müssen, namentlich, dass sie grösser sein sollten, als die Variationen. Solches ist aber durchaus nicht der Fall, und anscheinend sind wenigstens zahlreiche Mutationen kleiner als die Unterschiede zwischen extremen Varianten. Dieses leuchtet sofort ein, wenn man z. B. *Draba verna* oder *Typha angustifolia* und *latifolia* betrachtet. Die einzelnen, von Jordan, de Bary, Rosen und anderen Forschern unterschiedenen Arten von *Draba verna*, welche sich bei wiederholter Aussaat als constant zeigten, weichen weniger von einander ab, als dieses Variationen in denselben Merkmalen (Form und Grösse der Blätter, der Blumenblätter, der Schoten u. s. w.) bei anderen Pflanzen gewöhnlich thun, was am besten sichtbar ist, wenn man sie z. B. mit den partiellen Variationen der Blätter unserer Bäume, d. h. also mit den Differenzen der verschiedenen Blätter eines und desselben Baumes vergleicht. Und für *Typha latifolia* und *angustifolia* haben Davenport und Blankinship noch neuerlich in einer sehr wichtigen Arbeit gezeigt, dass die Curven ihrer verschiedenen Merkmale über einander greifen. Ein schmales Blatt von *latifolia* kann schmäler sein als die breitesten Blätter von *angustifolia* u. s. w. Die Curven überschreiten die Grenzen zwischen den beiden Arten, sie sind transgressiv, die Arten bilden *intergrading groups.*[1]

Ueberhaupt bilden die Unterschiede zwischen den einzelnen Arten von *Draba verna* (Fig. 3) eines der besten Beispiele, um sich die Natur und die Grösse der Mutationen im Allgemeinen klar zu machen.

§ 5. Die Elemente der Art.

Seitdem Darwin's Descendenzlehre allgemein als richtig anerkannt wird, liegt die Forderung nahe, die Entstehung von Arten zum Gegenstand experimenteller Studien zu machen. Von den wenigen Gegnern der Lehre wird diese Forderung stets in den Vordergrund gestellt. Solange man die Entstehung nicht willkürlich hervorrufen oder doch wenigstens direct beobachten könne, behaupten sie, die Grundsätze der ganzen Theorie als eine unbewiesene Hypothese bezeichnen zu dürfen.

Bei der Discussion dieses Einwurfes werden ganz gewöhnlich zwei durchaus verschiedene Sachen verwechselt. Die Entstehung der

[1] C. B. Davenport und J. W. Blankinship, *A Precise Criterion of species. Science.* N. S. Vol. II. Nr. 177. p. 685. 1898.

Arten ist nicht dasselbe wie die Entstehung der Artmerkmale. Erstere ist ein historischer Vorgang, letztere ein physiologischer. Wie, wann und wo die jetzt lebenden Arten entstanden sind, ist nur auf geschichtlichem Wege nachzuforschen, und nur in den ganz seltenen Fällen, wo von Zeitgenossen und Augenzeugen darüber Notizen gemacht worden sind, können wir darüber factisch etwas wissen. Die Frage, wie man sich die Bildung einer gegebenen Art zurecht legen kann, ist allerdings eine sehr anziehende; ihre Beantwortung aber gehört der vergleichenden Biologie an.

Die Entstehung der Artmerkmale ist eine Aufgabe physiologischer Forschung von der allerhöchsten Bedeutung. Was Artmerkmale sind, wissen wir kaum. Wir wissen allerdings, dass die elementaren Arten, auch die am nächsten verwandten, sich nicht in einem einzigen Merkmal von einander unterscheiden, sondern fast in allen ihren Organen und Eigenschaften.[1] Die Differenz zweier nächst verwandter Formen erfordert oft eine sehr lange und ausgedehnte Diagnose. Dennoch hat man diese ganze Diagnose als den Ausdruck eines einzigen Merkmales zu betrachten, als eine Einheit, welche als solche entstanden ist, als solche verloren werden kann, deren einzelne Factoren aber nicht von einander getrennt in die Erscheinung treten können. Theoretisch haben wir uns eine solche Gruppe von Eigenschaften gleichfalls als eine Einheit, als ein einziges Merkmal zu denken.[2] Sie bildet eine einzige Seite des GALTON'schen Polyeders (S. 39). DARWIN nannte solche Charaktere: die Elemente der Art, und daher rührt für die durch je ein solches Element unterschiedenen Formen, der Name elementare Arten.

Wie nun diese Elemente der Art entstehen, soll offenbar früher oder später Aufgabe experimenteller Forschung werden. Gelingt es einmal, diese Aufgabe zu lösen, so haben wir nicht nur eine viel sicherere Stütze für die Descendenzlehre, sondern es eröffnet sich auch die Hoffnung, die fragliche Entdeckung zum Nutzen der Menschen anzuwenden. Neue Formen kann der Züchter nur durch Bastardirung hervorrufen, durch Selection kann er vorhandene Eigenschaften in ihren Leistungen und in ihrem Ertrage möglichst steigern, neue Eigenschaften kann er bis jetzt nicht entstehen lassen. Jedermann kennt den Satz, dass es nicht gelinge, blaue Dahlien, hochgelbe Hyacinthen u. s. w. darzustellen. Um unsere grossblüthigen *Canna* weissblüthig

[1] Diese Thatsache bildet eine bis jetzt wenig berücksichtigte Stütze für die Lehre von den erbgleichen Zelltheilungen, wie sie von HERTWIG und Anderen, sowie auch in meiner *Intracellularen Pangenesis* aufgestellt wurde (vergl. z. B. S. 115).

[2] *Intracellulare Pangenesis.* S. 16.

zu machen, muss man die Entdeckung einer neuen, wilden, weissblüthigen Art abwarten, um diese mit den vorhandenen Formen zu kreuzen (Crozy), wie ja die Gladiolen winterhart und die Begonien grossblumig gemacht worden sind durch Uebertragung der fraglichen Eigenschaften aus anderen neu entdeckten Arten. Sobald es aber eine experimentelle Physiologie der Entstehung der Arten geben wird, wird man voraussichtlich manches, was jetzt unmöglich scheint, nach festen Regeln willkürlich und künstlich hervorbringen können.

Doch kehren wir zu den Thatsachen zurück. Wenn wir auch hoffen dürfen, dass die Bildung neuer elementarer Arten einmal Gegenstand directer Forschung werden wird, so verhält es sich doch ganz anders in Bezug auf die Entstehung der Linné'schen Arten.

Die Linné'schen Arten sind bekanntlich Gruppen von elementaren Arten. Was zu einer elementaren Art gehört, lässt sich in jedem gegebenen Falle durch Culturversuche entscheiden; wie viele solcher Formen zu einer Linné'schen Art verbunden werden sollen, ist Sache des sogenannten systematischen Tactes, genau so wie die Bestimmung des Umfanges der Gattungen und Familien.

Nehmen wir das Bild des rollenden Polyeders und betrachten wir den zurückgelegten Weg. Jede Strecke, welche von einer Seite gebildet wurde, stelle eine elementare Art vor, und von allen solchen Arten eines bestimmten Wegstückes denke man sich, dass noch Nachkommen am Leben seien. Es fragt sich nun, wo in einer solchen Gruppe die Grenzen der „Arten" zu wählen seien.

Statt einer ausführlichen Discussion gebe ich hier die Antwort, welche einer der berühmtesten älteren Systematiker, Hooker, in ganz bestimmten Fällen gegeben hat.

Erstens in Bezug auf *Oxalis corniculata.* Die Formen dieser collectiven Art, welche in Neu-Seeland wachsen, sind von Cunningham als sieben wohl unterschiedene Arten aufgeführt; sie wachsen nicht zusammen und weisen keine Zwischenformen auf. Würde man allein diese kennen, so würde auch Hooker sie als sieben gute Arten anerkennen, sagt er. Aber in anderen Ländern findet man die fraglichen Zwischenformen, welche diese sieben Typen genau mit einander verbinden und sogar eine noch grössere Gruppe umfassen. Und aus diesem Grunde vereinigt Kooker sie alle in eine einzige Art.[1]

Zweitens *Lomaria procera,* ein Farn aus Neu-Seeland, Australien. Südafrika und Südamerika. Würde man nur die Formen aus einem einzigen Vaterlande kennen, so würde eine Gruppe von Arten zu

[1] J. D. Hooker, *Introductory essay to the flora of New Zealand.* 1853. p. 18.

unterscheiden sein. Alle zusammen bilden sie aber eine geschlossene Reihe, und sie werden deshalb zu einer grossen Art vereinigt. Diese aber umfasst jetzt anerkanntermaassen einen weit grösseren Formenkreis, als alle übrigen Arten der Gattung *Lomaria* zusammen.

Die Grenzen der collectiven Arten entstehen somit durch die Lücken im Stammbaum der elementaren Arten. Diese Lücken sind scheinbare, solange man seine Aufmerksamkeit auf ein einzelnes Gebiet richtet; wirkliche, wenn sie auch bei der Betrachtung sämmtlicher Floren bestehen bleiben. Würde aber die *Oxalis corniculata* oder die *Lomaria procera* in einem Lande durch irgend welche Ursachen ausgerodet werden, so würde offenbar die jetzige Art in mehrere kleinere zu spalten sein.

Fig. 15. *Zea Mays tunicata* (oder *cryptosperma*). Drei Kolben einer Aussaat aus Samen desselben Mutterkolbens. Die einzelnen Samen sind von den Bälgen umschlossen; im Kolben *A* aber im mittleren Theile nur unvollständig und im oberen sind sie fast nackt. *C* ist die mittlere Form; *B* hat, namentlich im unteren Theile, sehr grosse Spelzen.

Oder mit anderen Worten: die LINNÉ'schen Arten entstehen durch den Untergang einzelner elementarer Arten aus der bis dahin ununterbrochenen Reihe. Dieses Entstehen ist also ein rein historischer Vorgang und kann nie Gegenstand experimenteller Forschung werden.[1]

Daher haben die „Arten“ für die Physiologie nur geringe Bedeutung, während das Studium der Merkmale voraussichtlich einmal sich als die höchste Aufgabe experimenteller Forschung auf biologischem Gebiete herausbilden wird.

[1] Der berühmte Ausspruch SPENCER's: *the survival of the fittest* ist demnach unvollständig und sollte heissen: *the survival of the fittest species.*

Das continuirliche Variiren der elementaren Artmerkmale. Der Unterschied zwischen Variiren und Mutiren zeigt sich in dieser Beziehung vielleicht noch am klarsten. Durch Mutiren entstehen neue Merkmale auf einmal. Solche Merkmale sind aber genau in derselben Weise variabel, wie die von altersher bekannten Artmerkmale.[1] Es giebt von dieser Regel so zahllose Beispiele, dass es schwer hält, daraus eine Wahl zu treffen.[2] *Zea Mays tunicata* oder *cryptosperma* hat ihre Körner von den Bälgen umschlossen, variirt aber in der Länge dieser Bälge in hohem Grade; mitunter bedecken sie die Samen kaum, in anderen Kolben erreichen sie die 3—4fache Länge oder noch mehr. Gar häufig sind sie im unteren Theile eines und desselben Kolbens viel länger als im oberen und nimmt ihre Länge somit nach oben allmählich ab (Fig. 15). Bunte Blätter, gefüllte Blumen, Ascidien (Fig. 16), gespaltene Blätter u. s. w. zeigen bekanntlich eine grosse Mannigfaltigkeit, und es würde nicht schwer sein, die Gültigkeit des QUETELET'schen Gesetzes für diese Fälle nachzuweisen. Denn für jeden giebt es einen mittleren, häufigsten Werth, um den sich die übrigen Werthe nach dem Wahrscheinlichkeitsgesetze gruppiren. In ähnlicher Weise variirt die Zerschlitzung der Blätter von *Chelidonium laciniatum*, und sogar unbehaarte und unbewaffnete Varietäten sind öfters nicht vollständig so, sondern mehr oder weniger variabel (*Biscutella laevigata glabra* in der Jugend, *Aesculus Hippocastanum inermis* u. s. w.). Der fünfblättrige Klee (*Trifolium pratense quinquefolium*) variirt mit 3—7 Blattscheiben, dabei dem QUETELET'schen Gesetze nachgewiesenermaassen folgend.[3] *Papaver somniferum polycephalum* (Fig. 27 und 28, Kapitel IV § 16) und *Papaver bracteatum monopetalum* (Fig. 1 S. 11) sind in ihrem speciellen Charakter

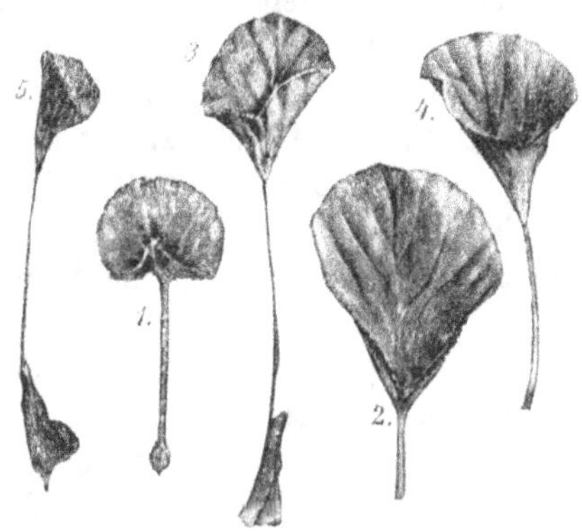

Fig. 16. Blätter von *Saxifraga crassifolia* in verschiedenen Graden der Becherbildung, in der Reihenfolge 1—5. Die Blätter denkt man sich oberseits zusammen gebogen und mit den Rändern von unten herauf verwachsen. Der Grad dieser Verwachsung zeigt sich sehr wechselnd.

[1] Vergl. auch *Intracellulare. Pangenesis.* p. 69—70.

[2] Ueber Beispiele aus dem Thierreiche siehe BATESON, *Materials.* p. 68.

[3] *Over het omkeeren van halve Galton-Curven, Botanisch Jaarboek d. Gesellsch. Dodonaea.* X. Jahrg. 1898. p. 46.

im höchsten Grade variabel. Ebenso verhält es sich mit Syncotylen und Tricotylen u. s. w. Höchste Variabilität und völlige Immutabilität finden sich gar häufig vereint vor.[1] Das Variiren ist somit ein Vorgang ganz anderer Ordnung als das Mutiren.

§ 6. Die Mutationshypothese.

Obgleich es meine Absicht ist, am Schlusse dieses Werkes die Meinungen meiner Zeitgenossen über Selection und Mutation ausführlich zu besprechen,[2] so möchte ich an dieser Stelle doch kurz hervorheben, dass gegen die Selectionslehre fast unaufhörlich und von den verschiedensten Seiten Einwände gemacht worden sind.[3] Mehr oder weniger bestimmt sprechen sich die betreffenden Autoren im Sinne der Mutationshypothese aus.

E. D. Cope hat wohl zuerst die Einwände gegen die Selectionslehre scharf formulirt. Die Selection erhält das Gute und rodet das Schlechte aus, wie aber entsteht das Gute? Offenbar reicht die gewöhnliche Variabilität dazu nicht aus, sondern es sind ganz besondere Ursachen anzunehmen, welche er als „*Bathmism*" zusammenfasst.

Karl Semper verwirft gleichfalls die Selectionshypothese, und schreibt dem directen Einflusse der Umgebung, dem sogenannten *monde ambiant* der französischen Schule, eine grosse Bedeutung für die Entstehung nützlicher Artcharaktere zu.

Louis Dollo ist wohl der erste, welcher, auf dem Boden der Descendenzlehre stehend, den Satz ausgesprochen hat: *L'évolution est discontinue.* Er stützt sich dabei auf eine lange Reihe von Thatsachen, theils zoologischen, theils botanischen Inhalts, namentlich aber auf seine eigenen Untersuchungen auf paläontologischem Gebiete. Er leitet ferner daraus ab: *L'évolution est irréversible et limitée.*[4]

Nach Wallace's Selectionslehre ist der Fortschritt durch Zuchtwahl und natürliche Auslese offenbar unbeschränkt und ohne die Aufstellung weiterer Hülfshypothesen gleichfalls umkehrbar; er muss umkehren, sobald die Umstände umkehren, welche die Auslese bedingen. Nach der Mutationslehre ist bis jetzt keine Ursache zu finden,

---

[1] *Alimentation et Sélection*, in *Volume Jubilaire de la Société de Biologie de Paris.* Dec. 1899.

[2] Für kritische Auseinandersetzungen ist namentlich auf O. Hertwig's *Zeit- und Streitfragen der Biologie* zu verweisen.

[3] Vergl. auch Bateson, *Materials.* p. 567.

[4] Louis Dollo, *Les lois de l'évolution. Bull. Soc. Belge de Géologie.* T. VII. p. 164. *Année* 1893.

welche eine Mutation reversibel machen würde, abgesehen von den sogenannten Verlustvariationen oder dem Latentwerden von Charakteren. Und jede Mutation bildet an und für sich eine begrenzte Einheit.

Etwa ein Jahr später erschien BATESON's berühmtes Werk: *Materials for the study of variation, treated with especial regard to discontinuity in the origin of species.* Der specielle Theil dieses Buches giebt eine ausführliche Zusammenstellung der Zahlvariationen oder sogenannten meristischen Variationen im Thierreich. Die Zahl der Wirbel, der Finger, der Tarsenglieder, der Strahlen u. s. w. ist überall Variationen und Mutationen ausgesetzt, welche hier als discontinuirliche Variationen zusammengefasst werden.[1]

Der allgemeine Theil liefert eine eingehende Kritik der jetzigen Descendenzlehre. Die Aufgabe der Descendenzlehre ist nicht nur, die verwandtschaftlichen Beziehungen der Organismen zu erklären. Dass sie dieses leistet, ist über allen Zweifel erhoben. Sie hat aber auch die Differenzen zwischen den einzelnen Formen zu erklären. Und in dieser Beziehung hebt BATESON mit grossem Recht hervor, dass die jetzt lebenden Arten scharf und völlig von einander getrennt sind, dass Uebergänge zwischen ihnen nicht oder doch nur sehr selten vorkommen. Die jetzt lebenden Arten bilden eine discontinuirliche Reihe; die Descendenzlehre hat also, neben der Verwandtschaft, vor Allem diese Discontinuität zu erklären.[2] Letztere bildet aber eine sehr grosse Schwierigkeit für die jetzt gültige Selectionstheorie. Denn nach dieser soll die Ahnenreihe eines jeden Organismus bis in die unteren Theile des Stammbaumes derart continuirlich gewesen sein, dass überall zwischen Eltern und Kindern nur sogenannte individuelle, der statistischen Variabilität angehörige Unterschiede bestanden. Woher aber rühren dann, frägt der Verfasser, die Lücken, welche jetzt die Arten so constant von ihren nächsten Verwandten trennen?

Man antwortet häufig mit dem Hinweise auf die Existenz zahlreicher Zwischenformen. Aber diese sind keine Uebergänge, sondern selbstständige Typen, elementare Arten oder Unterarten. BATESON weist ausdrücklich darauf hin, dass das Gesetz der elementaren Arten auch für das Thierreich gelte, dass man aber diese Formen bis jetzt noch viel zu wenig beachtet habe. Diese elementaren Arten aber sind es, welche scharf und völlig von einander geschieden sind, welche

[1] Vergl. namentlich p. 568 und 571. Ferner p. 15, 61 u. s. w. — DUNCKER's Einwand (*Biol. Centralbl.* 1899. S. 373) trifft also BATESON's Anwendung der Bezeichnung *discontinuirlich* nicht.

[2] p. 5, 17 u. s. w.

weder im wilden Zustand, noch auch in der Cultur (falls keine Kreuzung stattfindet) in einander übergehen.

Diese scharfe Umgrenzung der elementaren Arten ist eine so allgemeine Erscheinung, dass sie wenigstens bestimmt auf eine discontinuirliche Entstehung hinweist. Und Zweck des ganzen Buches ist es, das Material zu sammeln und zu ordnen, welches in eine solche Discontinuität einen Einblick zu eröffnen verspricht.[1]

Einen sehr wichtigen Einwand gegen die Selectionstheorie erhebt BATESON in Bezug auf die Nützlichkeit der Artcharaktere.[2] Es ist von DARWIN und Anderen wiederholt betont, dass die Merkmale, welche verwandte Arten von einander trennen, nicht in der Regel bedeutende, entscheidende Vortheile im Kampf um's Dasein sind, dagegen gar häufig sich als nutzlos und unbedeutend erweisen. Dennoch sind diese Unterschiede oft anscheinend sehr zusammengesetzte und constante Eigenschaften, aber „von problematischem Nutzen". Die WALLACE'sche Selectionslehre, welche die nützlichen Eigenschaften in so schöner und einfacher Weise erklärt, lässt uns hier im Stich. Dagegen trägt die Mutationstheorie der fraglichen Thatsache äusserst leicht Rechnung, denn nutzlose, aber unschädliche Mutationen müssen ja viel öfter stattfinden als nützliche, und haben neben diesen fast ebenso viele Aussicht, erhalten zu bleiben.

Zusammenfassend sagt BATESON am Schlusse seines Werkes: *The evidence of variation suggests in brief, that the Discontinuity of Species results from the Discontinuity of Variation.*[3]

W. B. SCOTT hat sich in einer ausführlichen Kritik gegen manche Sätze des BATESON'schen Buches erhoben.[4] Er tadelt namentlich den Ausspruch, dass die Arten discontinuirliche Reihen bilden. Er betont die schönen Entdeckungen der Paläontologen, welche die Stammbäume des Pferdes sowie vieler anderer Säugethiere, der Ammoniten und anderer Formen lückenlos oder fast lückenlos an's Licht gebracht haben. Wo man den Stammbaum genau kennt, weist dieser keine Lücken auf; nur dort, wo unsere Kenntniss aus anderen Gründen offenbar mangelhaft ist, scheint die Abstammungsreihe noch Lücken zu besitzen. Solche Reihen pflegt man in der Paläontologie continuirliche zu nennen. In diesen Reihen geschah der Fortschritt

[1] *Species are discontinuous; may not the Variation by which Species are produced, be discontinuous too?* p. 18. Ebenso p. 69 und 568.

[2] p. 11.

[3] l. c. p. 568.

[4] W. B. SCOTT, *On variations and mutations. Am. Journ. Sci.* 8. Serie. Vol. 48. Nov. 1894. p. 355—374.

by almost imperceptible gradations.[1] Diese *gradations* scheinen aber das zu sein, was Bateson *steps*, Schritte, nennt. Es sei gestattet, nochmals an das oben angeführte Bild Galton's vom rollenden Polyeder zu erinnern; ob man diese Bewegung continuirlich oder discontinuirlich nennen will, hängt offenbar ab von dem Standpunkte, den man einnimmt. Eine Reihe von Zahlen kann ja auch ununterbrochen sein.

Mehr als in anderen Wissenschaften ist in der Paläontologie das Wort Mutation gebräuchlich, um die Unterschiede zwischen verwandten Arten anzudeuten. Die Mutation selbst, die Umwandlung der einen Art in die andere, ist selbstverständlich nicht Gegenstand paläontologischer Forschung; nur die Reihe der auf einander folgenden Formen kann man studiren. Aus diesen Reihen lässt sich dann aber über die Grösse der einzelnen Schritte, der Mutationen, manches ableiten. Namentlich stellen sie sich als ganz klein heraus, sie sind um so minutiöser, je inniger verbunden die Schichten erscheinen, denen die Stücke entstammen, sagte bereits Waagen.[2] Ob die Mutationen aber zahlreicher oder vielleicht viel zahlreicher gewesen sind, als die Arten, deren Ueberreste man findet, kann man offenbar nicht wissen; zahllose Arten können entstanden sein, ohne je eine Spur zu hinterlassen, und ob darüber der Kampf um's Dasein, die natürliche Auslese, oder ein Fortschritt nach bestimmter Richtung entschieden hat, ist gleichfalls nicht mehr zu ermitteln. Die phylogenetischen Veränderungen gehen geradlinig auf das endliche Ziel los, sehr wenig seitlich abweichend, fast nie in Zickzacklinien fortschreitend.[3] Ob man dabei aber die natürliche Auslese als das Bestimmende annimmt, oder die Variation selbst in bestimmter Richtung stattfinden lässt, ist offenbar Sache persönlicher Auffassung.

Die Constanz der durch Mutation entstandenen Formen wird gegenüber der nie fehlenden Variabilität auch durch die paläontologischen Studien bewiesen. Sowohl Waagen, als Scott und Andere stellen sich aus diesem Grunde der Selectionslehre Wallace's entgegen. Sie betonen ausdrücklich, dass für die Abstammungslehre „auf die Mutationen ein weit grösseres Gewicht zu legen sei“.[4] Jede „Mutation“ (elementare Art) entwickelt dabei stets denselben Varietätenkreis.

Scott leitet ferner aus den paläontologischen Thatsachen eine Reihe von Folgerungen in Bezug auf den Vorgang der Mutation ab.

[1] p. 360.
[2] Waagen, *Benecke's Geogr. Paläontol. Beiträge.* II. S. 170.
[3] Scott, l. c. p. 370.
[4] l. c. p. 372, 373.

Mehrere unter diesen finde ich durch ein kritisches Studium der Variabilitätslehre im weiteren Sinne, oder in meinen eigenen Experimenten bestätigt. Ich werde darauf somit am Schlusse dieses Abschnittes und in dem ersten Kapitel des zweiten Abschnittes zurück zu kommen haben.

Im vorigen Jahre hat auch KORSCHINSKY sich ganz bestimmt gegen die jetzt gültige Selectionslehre ausgesprochen. Er nennt die Mutationen oder spontanen Variationen Heterogenesis, im Anschluss an die heterogene Zeugung KÖLLIKER's und an den Heterogenismus HARTMANN's.[1] Er stützt sich namentlich auf die Erfahrungen der gärtnerischen Praxis, und giebt eine inhaltreiche und sehr wichtige Uebersicht über eine Reihe von Fällen, in denen das erste Auftreten bestimmter Varietäten mehr oder weniger genau historisch bekannt ist, oder in denen das vereinzelte und nicht durch Zwischenformen vermittelte Vorkommen von neuen Formen auf ein plötzliches Entstehen schliessen lässt.

Solche heterogene Veränderungen (Mutationen der älteren Forscher) können fortschreitende oder rückschreitende sein, d. h. die Organe können complicirter oder einfacher werden; beiderlei Abweichungen sollen gleich oft entstehen, doch können selbstverständlich die rückschreitenden oft einen viel bedeutenderen Grad erreichen als die fortschreitenden. Hervorgerufen werden die Mutationen, wie auch DARWIN annimmt, durch die Häufung der Wirkung günstiger Entwickelungsbedingungen und guter Nahrung im Verlaufe mehrerer Generationen. Neu gebildete Formen unterscheiden sich bisweilen so stark vom ursprünglichen Typus, dass sie jeder Systematiker für besondere Arten halten würde, wenn nicht ihre Entstehung bekannt wäre.

KORSCHINSKY schliesst aus seiner Zusammenstellung der einschlägigen Thatsachen, dass bei Gartenpflanzen alle neuen Formen, oder richtiger, alle neuen Merkmale durch Heterogenese hervorgebracht werden. Gewinnung neuer Varietäten durch Zuchtwahl von individuellen Variationen, oder durch Cumulation solcher, finde in der Gärtnerei nicht statt. Die Selection ist ein conservatives Element. Sie fixirt die schon früher entstandenen abweichenden Merkmale und verhindert fernere Veränderungen, doch ist sie nicht im Stande, neue Formen hervorzubringen.

Die Grundprincipien der Selections- und der Mutationstheorie werden dann einander gegenüber gestellt und eingehend verglichen.

[1] S. KORSCHINSKY, Heterogenesis und Evolution, *Naturwiss. Wochenschrift.* 1899. Bd. XIV. Nr. 24. Eine ausführlichere Abhandlung soll später in den Abhandlungen der Petersburger Akademie der Wissenschaften erscheinen.

Dabei stellt sich heraus, dass das Problem von der Entstehung der Arten nach der Theorie der Selection individueller Variationen überall auf erhebliche Schwierigkeiten stösst, während die Annahme von Mutationen (heterogenetischen Variationen) in zahlreichen Fällen entweder eine befriedigende Erklärung giebt, oder doch in einfacher Weise sich mit den Thatsachen in Verbindung bringen lässt. Namentlich ist es der Mangel an Zwischenformen und die vielfach betonte Existenz von wenigstens anscheinend nutzlosen Eigenschaften, welche für die Mutationslehre sprechen.

Nach Darwin ist die Aussicht auf eine fortschreitende Entwickelung der Pflanzen und Thiere um so grösser, je energischer der Kampf um's Dasein ist. Korschinsky stellt dem gegenüber den Satz auf, dass nur fortdauernd sehr günstige Umstände zu Mutationen Veranlassung geben; die neu auftretenden Formen seien dabei häufig anfänglich schwach und würden zu Grunde gehen, wenn sie nicht die Gelegenheit fänden, um, ohne Gefahren ausgesetzt zu sein, im Laufe einiger Generationen ihre Lebenskraft und ihre Fruchtbarkeit auf das normale Maass zu bringen. Nach Darwin aber gehen die zahllosen schwächeren spontanen Variationen einfach zu Grunde, während nur die selteneren stärkeren am Leben erhalten bleiben.

Ich schliesse hiermit diese historische Uebersicht. Ich hoffe später die Meinungen der neueren Autoren mehr vollständig zusammen zu stellen; es wird sich dabei ergeben, dass ganz allgemein die Selectionslehre als unbefriedigend betrachtet wird. So sagt z. B. Duncker, dass die individuelle Variabilität ein Zustand sei und kein Vorgang, sie liefere keinerlei Material für die natürliche Zuchtwahl.[1] Ebenso Lord Salisbury in seiner Eröffnungsrede der Versammlung der *British Association* zu Oxford, 1894:[2] Die Selectionslehre ist keineswegs als bewiesen zu betrachten, denn von allen Seiten werden Einwürfe gegen die Erklärung der Evolution durch Häufung der gewöhnlichen (individuellen) Variationen gemacht. Und noch ganz kürzlich hat Rosa,[3] auf Grund von kritischen Stammbaumstudien, den Unterschied zwischen Mutation oder phylogenetischen Variationen und den statistischen Variationen, welche er Darwin'sche nennt, hervorgehoben.

[1] *Biolog. Centralblatt.* 1899. S. 373.

[2] *Nature.* 9. Aug. 1894.

[3] D. Rosa, *La riduzione progressiva della variabilita e i suoi rapporti coll'estinzione et coll'origine delle specie.* Torino. C. Clausen. 1899. p. 93.

III. Selection führt nicht zur Entstehung von Artmerkmalen.

§ 7. Die Zuchtwahl in der Landwirthschaft und im Gartenbau.

Wissenschaftliche Versuche über künstliche Zuchtwahl giebt es im Gebiete der Botanik noch sehr wenige. Und so lange dieses der Fall ist, ist man auf die Erfahrungen der Züchter in dieser Frage angewiesen.

Zu den besten Versuchen gehört Fritz Müller's Züchtungsversuch am Mais.[1] Er lenkte sein Augenmerk auf die Zahl der Reihen am Kolben (Fig. 17) und wählte die Kolben mit den zahl-

Fig. 17. *Zea Mays.* Kolben mit 8, 16 und 22 Reihen von Körnern, aus meinem Selectionsversuche von 1886—1894.

reichsten Reihen zur Aussaat aus; am häufigsten sind die mit 10—12 Reihen; die übrigen gruppiren sich darum in bekannter Weise nach dem Quetelet'schen Gesetze. Unter mehreren Hunderten von Kolben fand sich ein einziger mit 18, keiner mit 20 Reihen. Durch Zuchtwahl während dreier Jahre verschob sich der Mittelwerth auf 16 Reihen, während einzelne Kolben mit 26 Reihen erreicht wurden.

Ich habe diesen Versuch durch eine etwas längere Reihe von Jahren wiederholt, und das Ergebniss in der Form eines Stamm-

[1] *Kosmos.* 1886. II. Bd. S. 22.

baumes abgebildet und zwar unter Anwendung der Darstellung der Variabilität in Form eines Fächers, wie sie bei Fig. 13 S. 38 erklärt wurde. Die Fächer sind aber derart reducirt, dass statt der vielen Dreiecke von Fig. 13 nur die wichtigsten Linien gezeichnet sind. Die mittlere ausgezogene entspricht dem Mittel (dem Gipfel der Curve), die beiden unterbrochenen Linien entsprechen den Quartilen (Q und Q_1); zwischen ihnen liegt somit die mittlere Hälfte der Individuen. Die beiden äusseren Linien jedes Fächers deuten die Kolben mit der grössten und der kleinsten beobachteten Reihenzahl an; ihre Divergenz hängt wesentlich von der Grösse der Ernte ab; diese betrug im Mittel etwa 200 Kolben pro Jahr.

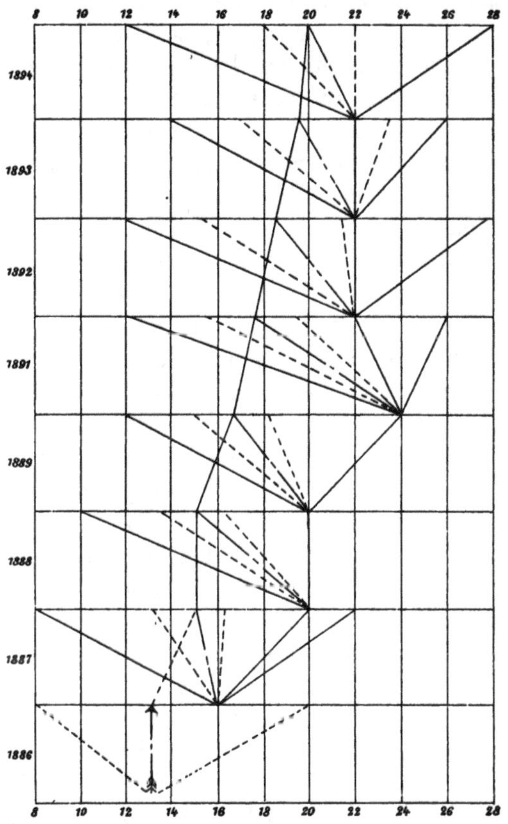

Fig. 18. Stammbaum eines Selectionsversuches mit Mais.
Die Zahlen oben und unten in der Figur deuten die Anzahl der Reihen pro Kolben an. Der Versuch fing 1887 an; die Linien für 1886 deuten die Eigenschaften der Rasse an, von der ich ausgegangen bin.

Von den beiden von unten nach oben durchgehenden Linien stellt die rechte den Stammbaum der jeweiligen für die Aussaat gewählten Kolben dar. Es wurde somit in den auf einander folgenden Jahren Samen ausgesät von Kolben mit 16 (1887), 20, 20, 24, 22, 22, und 22 Reihen; die Kolben mit grösseren Zahlenreihen waren meist zu arm an Samen, um für die Fortsetzung des Versuches dienen zu können.

Die linke von unten nach oben durchlaufende Linie vereinigt die Endpunkte der mittleren Strahlen, welche den Gipfeln der Curven der einzelnen Jahrgänge entsprechen. Sie zeigt uns somit den Fortschritt der Ernte in Bezug auf das gewählte Merkmal in Folge der

Selection. Diese Linie nähert sich im Laufe der Jahre derjenigen der Aussaatkolben immer mehr. Aber für ein genaues Studium ihres Verlaufes wäre selbstverständlich künstliche Selbstbefruchtung vorzunehmen, was beim Mais bekanntlich oft nicht zu einer vollen Ernte führt. Ich würde lieber eine andere Pflanze wählen, wenn nicht die Maiskolben sich so vorzüglich zur Demonstration eigneten.

Die Erfahrungen der Züchter bildeten bekanntlich für Darwin die wichtigste Stütze seiner Selectionslehre. In seinen grossen Zügen verläuft der Process der natürlichen Auslese ähnlich wie die künstliche Zuchtwahl. Sobald es sich aber darum handelt, diese Vorgänge in ihre einzelnen Factoren zu zerlegen, stösst man auf grosse Schwierigkeiten, wie ich bereits in der Einleitung bemerkt habe.

Die erste Ursache dieses Umstandes ist namentlich darin zu suchen, dass die Züchter nur selten mit einzelnen Merkmalen arbeiten, sondern im Allgemeinen ihre Pflanzen in jeder Hinsicht zu verbessern haben. Auf eine Trennung oder auch nur auf eine getrennte Beobachtung der besonderen Eigenschaften kommt es dabei nicht an. Die zweite Ursache ist aber, dass die Züchter kein Interesse daran haben, die verschiedenen Methoden zur Veredelung ihrer Gewächse aus einander zu halten. Im Gegentheil ist es in den meisten Fällen viel zweckmässiger, die verschiedenen Methoden der Auswahl günstiger Mutationen, der allmählichen Verbesserung durch methodische Zuchtwahl, der freien und der künstlichen Kreuzung, der Düngung u. s. w. zusammen ihren Einfluss ausüben zu lassen.

Es kommt ja nur auf das Ergebniss an. Die Art und Weise, wie dieses erhalten wird, ist Nebensache, darüber werden auch nur in seltenen Fällen Notizen gemacht.

Für das wissenschaftliche Studium des Selectionsverfahrens ist in erster Linie wichtig, alle Fälle auszuschliessen, in denen Kreuzung vorliegt, oder wo die letztere nicht mit Sicherheit ausgeschlossen ist. Viele Gattungen und Arten verdanken ihren gegenwärtigen Formenreichthum (also das, was die Züchter Variabilität nennen) fast nur den fortgesetzten Kreuzungen zwischen den ursprünglich eingeführten wilden Arten, sei es, dass verschiedene Linné'sche Arten oder dass zahlreiche elementare Arten einer solchen anfänglich in Cultur genommen wurden. Es sind dabei in der Hauptsache zwei Gruppen zu trennen.

Erstens diejenigen Gattungen, bei denen es auf möglichst grossen Reichthum an Formen ankommt, und bei denen zu diesem Zwecke fast alle denkbaren Kreuzungen zwischen den vorhandenen Formen ausgeführt werden. Die tüchtigsten, durch Nutzen oder Schönheit ausgezeichneten kommen dann in den Handel und bilden ein für den

Laien unübersichtliches Gemisch. *Fuchsia, Dahlia, Chrysanthemum, Weizen* und *Kartoffeln* bilden sehr bekannte Beispiele. Die Neubildungen der Züchter beruhen hier fast ausnahmslos auf zweckmässiger Combination der in den alten Typen bereits vorhandenen Eigenschaften.

Zweitens die Gattungen, welche im Laufe der Zeiten, seit dem Anfange ihrer Cultur, in einer bestimmten Richtung fortgeschritten sind, wie *Begonia, Gladiolus, Caladium, Amaryllis, Canna* und viele Andere. Die Verbesserung ist hier jedesmal das Resultat der Entdeckung neuer wilder Arten gewesen. Diese hat man mit der cultivirten Bastardrasse gekreuzt und so ihre gewünschten Merkmale auf diese übertragen. Die grossen Blumen, schön gebildeten Kronen, die bunten *Caladiumblätter*, die winterharten *Gladiolen* u. s. w. wurden auf diese Weise erhalten. Die neuen Merkmale der Rasse sind als solche, wohl ausgebildet, aber in anderen Arten, in der Natur aufgefunden worden. Sie waren neu für die Cultur, sind aber nicht in dieser oder durch diese entstanden.

Ich leugne selbstverständlich das Auftreten von Mutationen in der Cultur nicht, aber so viel ich aus den mündlichen Mittheilungen der hervorragendsten Züchter erfahren habe, sind dies relativ sehr seltene Erscheinungen.

Es kann nicht genug betont werden, wie trügerisch der vielfach so hoch gelobte Fortschritt der Culturpflanzen ist, wenn man den Antheil der Kreuzung ausser Acht lässt, oder ihn als den Erfolg der Zuchtwahl darstellt. Und solches geschieht nur zu häufig. Bastardirung ist ein so viel sichereres und so viel bequemeres Mittel, Neues zu erhalten, als die Selection, dass Züchter ihrem eigenen Interesse fast stets entgegen arbeiten würden, wenn sie nicht wenigstens die Gelegenheit zu freier Kreuzung so weit wie möglich offen stellten. Nur wo es sich um die Fixirung erhaltener Rassen, oder um methodische, nach festen Principien durchzuführende Selection handelt, wird die Möglichkeit von Kreuzungen selbstverständlich ausgeschlossen. Nur solche Versuche haben also für die Selectionslehre wirklichen Werth. Unglücklicher Weise sind sie aber viel seltener angestellt oder wenigstens viel seltener beschrieben worden, als man wohl erwarten sollte.

Weitaus die meisten sogenannten kurzen Angaben der Züchter, über anscheinend erhebliche Variabilität, sind dem Einwande ausgesetzt, dass die betreffenden Samen auf von Insecten oder vom Wind befruchteten Exemplaren gesammelt wurden. Und liest man z. B. das von DARWIN zusammengebrachte Thatsachenmaterial mit diesem Gedanken durch, so wird man finden, dass Vieles, was anscheinend Variabilität oder sogar Mutabilität war, viel einfacher durch eine stattgehabte Kreuzung, oder durch das Sammeln der Samen auf Bastarden erklärt werden kann. Ueberhaupt erleidet die angebliche Variabilität der Pflanzen sowohl im wildwachsenden, als auch im cultivirten Zustande eine ganz erhebliche Einschränkung, sobald man bei jeder einzelnen Angabe die Erfolge einer möglichen zufälligen Kreuzung mit berücksichtigt.[1]

Ich behaupte in Kurzem: Vieles, was bis jetzt zum Beweise von einer die Grenzen der elementaren Arten überschreitenden Variabilität (also Mutabilität) angeführt wurde, war die Folge unberücksichtigter, zufälliger Kreuzungen.[2]

Es lohnt sich ferner, den Gegensatz zwischen der landwirthschaftlichen und der gärtnerischen „Zuchtwahl" hervorzuheben. Denn eine klare Einsicht in die hier obwaltenden Verhältnisse wird unser Verständniss für den Unterschied zwischen Variationen und Mutationen bedeutend schärfer machen.

Von Handelsgärtnern werden jedes Jahr eine gewisse Anzahl sogenannter Neuheiten in den Handel gebracht, namentlich von Samenpflanzen, welche ich hier speciell im Auge habe.[3] Es sind theils Bastarde, theils wirklich neue Varietäten und Unterarten, theils neu aus ihrer fremden Heimath eingeführte Arten. Die Varietäten und Unterarten sind plötzlich entstanden, und als solche in einem oder in einigen wenigen Exemplaren vorgefunden. Sie treten nur selten in den Handelsgärtnereien selbst auf, meist aber in den Gärten der Kunden, deren Gesammtareal ja so erheblich viel grösser ist, als dasjenige der die Samen liefernden Gärtnerei, und wo oft viel mehr Zeit und Aufmerksamkeit den Pflanzen gewidmet wird. Die Handelsgärtner pflegen dann die Neuheiten zu hohen Preisen von den betreffenden Personen zu kaufen. Eine solche Neuheit braucht in der Regel 4—5 Jahre, bis sie in den Handel gebracht wird. Sie wird in dieser Zeit, wie es heisst, durch Zuchtwahl constant gemacht. Richtiger wäre es zu sagen, dass sie von dem verunreinigenden Einflusse freier Kreuzung befreit wird. Denn die Zuchtwahl besteht

[1] Vergl. auch HOFFMANN, *Bot. Ztg.* 1881. S. 381: „Die Samen von isolirt blühenden Exemplaren haben keine Neigung zur Bildung von Varianten gezeigt."

[2] Ich beabsichtige diesen Gegenstand in einem späteren Abschnitte ausführlich auf Grund eingehender Versuche zu behandeln.

[3] Zucht und Handel auf diesem Gebiete sind am eingehendsten beschrieben von C. FRÜWIRTH: Züchtungsbestrebungen in den Vereinigten Staaten, in FÜHLING's *Landwirthsch. Zeitung.* 1887. Jahrg. 36. S. 16.

darin, dass man, wenn es Blumenpflanzen gilt, zur Blüthezeit die sogenannten Atavisten ausrodet, um nur von den echten Exemplaren Samen zu gewinnen. Diese Atavisten aber sind nichts weiter als Bastarde, durch die freie Kreuzung des vorhergehenden Sommers entstanden. Dieses Ausroden habe ich mehrere Male die Gelegenheit zu beobachten gehabt. Es geschah in voller Blüthe. Die Erben waren somit bis dahin auch von den „Atavisten" befruchtet, die Saat konnte aus diesem Grunde im nächsten Jahre nicht rein sein. Die Zuchtwahl hat einfach den Zweck, diese Beimischung anderer Formen bis auf ein Minimum herabzudrücken; die Befruchtung ist von der ersten Generation ab den Insecten überlassen und also niemals rein gewesen. Ich habe nicht finden können, dass die Zuchtwahl in den gewöhnlichen Fällen irgend einen anderen Zweck hätte, als diese Reinigung der neuen Form von beigemischten Kreuzungsproducten.

Die 4—5 Jahre braucht der Gärtner überhaupt, um sein Samenquantum so weit zu vergrössern, dass es sich lohnt, die Neuheit in den Handel zu bringen. Der erwähnte Reinigungsprocess ist, dieser Rücksicht gegenüber, fast Nebensache. Sobald das erforderliche Quantum von Samen da ist, wird es verkauft. Absolute Reinheit wird dabei nicht garantirt. Ich habe mehrfach Samen von Neuheiten gekauft und durch umfangreiche Aussaaten auf ihre Reinheit geprüft. Sie enthalten fast stets Beimischungen. Wenn ich dann aber einige Exemplare der neuen Form unter Ausschluss des Insectenbesuches mit ihrem eigenen Pollen befruchtete, stellte sich in der nächsten Generation die Reinheit als eine völlige heraus. Jedermann weiss, dass man bei Blumensamen mit einer Reinheit von 97—99 Proc. in der Regel sehr zufrieden sein darf; die übrigen 1—3 Proc. heissen Atavisten, sind aber fast stets Ueberreste der Folgen freier Kreuzung auf dem Felde.

Den ganzen Gewinn einer gärtnerischen Neuheit liefert das erste Jahr ihrer Veröffentlichung.[1] Denn sobald sie in anderen Gärten Samen trägt, steht der Urheber in Bezug auf den Verkauf genau auf derselben Linie wie jeder andere Gärtner. Aus diesem Grunde werden die Neuheiten im Spätjahr mittelst besonderer Preislisten an möglichst viele Handelsgärtner verkauft; diese bringen sie in ihre Handelscataloge, und so findet man jährlich die meisten Neuheiten oft gleichzeitig von zahlreichen Firmen zum ersten Male in den Handel

[1] Den Ertrag einer solchen Neuheit hörte ich mehrfach auf 2—3000 Mark schätzen.

gebracht. Ihr Preis ist ein entsprechend hoher, sinkt dann aber in wenigen Jahren auf die Norm herab, indem jetzt bald überall eine beliebige Menge von Samen producirt werden kann.

Einmal entstanden, von Kreuzungsproducten gereinigt und in genügender Menge in den Handel gebracht, ist die gärtnerische Neuheit das Eigenthum eines Jeden. Für ihren Urheber hat sie später keinen weiteren Werth als jede andere gute Sorte. Sie hält sich überall constant, wenn sie nur von fremdem Blüthenstaub und beigemischtem Samen hinreichend rein gehalten wird.

Ganz anders verhält es sich mit den landwirthschaftlichen Culturvarietäten. Ich habe hier nur die wirklich veredelten Rassen im Auge.[1] Sie entstehen nicht durch Zufall, es bedarf keiner seltenen, plötzlichen Variation. Für sie liefert die gewöhnliche, stets vorhandene Variabilität das Material. Der Züchter sucht im Anfange auf seinen Aeckern die Pflanzen aus, welche ihm zu seinem Zwecke als die besten erscheinen, und sammelt deren Samen getrennt. Diese Pflanzen weichen für das Auge des Laien nur ganz wenig von den übrigen, schönen Exemplaren des Ackers ab. Von diesen Samen züchtet er im Kleinen, alljährlich von genau denselben Principien ausgehend, und in dieser Weise die Abweichungen von der ursprünglichen Form allmählich in der gewünschten Richtung vergrössernd. Er hat dabei ein oder zwei Merkmale hauptsächlich im Auge, berücksichtigt aber, wo möglich, auch alle anderen Eigenschaften. Es ist nicht die Sache eines Jeden, eine solche Cultur zu betreiben. Dazu gehört viel Talent im Aussuchen, eine sehr gründliche Kenntniss der fraglichen Pflanzenart, Ausdauer und ein vieljähriges Festhalten an dem Vorbilde, das man sich einmal als Ziel seiner Rasse gesteckt hat. Und trotz dieser Eigenschaften gelingt auch den hervorragendsten Züchtern bei Weitem nicht jeder Versuch; die berühmtesten unter ihnen, d. h. die Urheber der am meisten verbreiteten Rassen, haben deren oft nur eine einzige oder doch nur einige wenige hervorgebracht.

Allmählich steigert sich der Werth einer solchen Rasse. Zuerst als Saatgut für die eigene Saat, bald als Saatgut zum Verkauf. Dieser aber findet nicht in einem einzigen Jahre statt, sondern jährlich, solange die Zucht fortgesetzt wird. In Folge der Regression gehen die verbesserten Eigenschaften zurück, sobald behufs der Grosscultur die Aussaat ohne die betreffende scharfe Wahl stattfinden muss; denn die ausgewählten Exemplare liefern selbstverständlich an sich

[1] Ueber die älteren constanten Zuchtwahlproducte, z. B. denen PATRICK SHIRREFF's, vergleiche man das folgende Kapitel.

nicht Samen genug für die ganze Cultur. Der Nachbau hat somit geringeren Werth als das sogenannte Originalsaatgut. Und so bleibt dem Züchter sein ganz bedeutender Gewinn viele Jahre hindurch gesichert, bis vielleicht einmal seine Rasse von einer anderen, besseren, überflügelt wird.

Wie der Züchter einer solchen Rasse um die Steigerung des Ertrages ganzer Länder Verdienste hat, denen gegenüber die Leistungen der gärtnerischen Neuheiten ganz zurücktreten, genau so verhält es sich mit seinem eigenen Gewinn. Mehrfach hörte ich Landwirthe aus diesem Grunde mit Stolz ihre eigenen Leistungen mit denen der Gärtner vergleichen.

Ich erwähne zuletzt noch ein sehr klares Beispiel des fraglichen Unterschiedes. BESELER in Anderbeck hat durch ausgezeichnete und mühevolle Züchtung seinen Hafer derart verbessert, dass er ihn unter dem Namen Anderbecker Hafer als Saatgut in den Handel bringen konnte. Die Sorte war aber begrannt, eine Eigenschaft, welche von vielen Seiten getadelt wurde und welche den Absatz beeinträchtigte. Aber den Anderbecker Hafer unbegrannt zu machen, war eine Kleinigkeit, vorausgesetzt, dass der Zufall einzelne unbegrannte Exemplare liefern würde. Solches war der Fall, und seitdem ist BESELER's Hafer grannenlos.[1]

Dieser sehr auffallende Unterschied zwischen der Praxis der landwirthschaftlichen und der gärtnerischen Züchtung hat nach meiner Meinung sehr wesentlich dazu beigetragen, der wissenschaftlichen Selectionslehre ihre jetzige Form zu geben. Was nur mit Aufwand von vielem Scharfsinn und vieler Ausdauer von einigen Wenigen geleistet werden kann, imponirt; aber was der Zufall einem Jeden in die Hände spielen kann, macht viel geringeren Eindruck. Daher mag es kommen, dass man für die Erklärung der Entstehung der Arten das erstere Verfahren in den Vordergrund gestellt und das zweite als nebensächlich oder unbedeutend ausser Acht gelassen hat. Aber den landwirthschaftlichen veredelten Rassen fehlt die Constanz echter Arten, während die Varietäten und Unterarten des Gärtners von echten Arten nur historisch und systematisch, nicht aber auf experimentellem Wege zu unterscheiden sind.

Zusammenfassend kommt es bei der Verwerthung der Erfahrungen der Züchter für wissenschaftliche Betrachtungen darauf an, so viel wie möglich nur die einfachsten Processe zu benutzen. Auszuschliessen ist für die Selections- und Mutationslehre alles, was mittelst Kreuzungen

---

[1] v. RÜMKER, *Getreidezüchtung.* 1889. S. 60, 75 und 94.

erhalten wurde, oder solche auch nur zuliess. Ferner ist scharf zu trennen zwischen den durch fortgesetzte Zuchtwahl willkürlich erhaltenen veredelten Rassen, und den constanten Sorten, welche ihren Ursprung einer zufälligen plötzlichen Umgestaltung verdanken.

Im Gartenbau entstehen die Varietäten durch Mutationen, und Varietäten sind elementare Arten. In der Landwirthschaft entstehen die hoch veredelten Rassen allmählich durch Selection, sie werden aber nie zu Arten.

§ 8. Zuchtwahl behufs vegetativer Vermehrung.

Anschliessend an den vorigen Paragraph ist hier die wissenschaftliche Bedeutung der Zuchtwahl in jenen Fällen zu beleuchten, wo ihre Producte auf vegetativem Wege vermehrt werden können.

Es haben diese Fälle für die Descendenzlehre eigentlich keine Bedeutung. Aber sie sind viel auffallender, als die Leistungen der Zuchtwahl bei Samenpflanzen, so dass sie gerne als Beispiele angeführt werden.

Wenn man durch umfangreiche Aussaat oder durch wiederholte Selection von irgend einer Art ein Exemplar mit sehr grossen Blumen oder Früchten, oder sonst mit irgend einer guten Eigenschaft in extremer Ausbildung erhalten hat, so giebt es zwei Möglichkeiten.

Erstens, es handle sich um eine Samenpflanze, d. h. um eine Art, welche nur durch Samen vermehrt werden kann, oder in der Praxis nur auf diesem Wege vermehrt zu werden pflegt.

Zweitens kann es sich um eine auf vegetativem Wege der Vermehrung fähige Art handeln, sei es, dass dieses durch Zertheilung des Rhizoms, durch Stecklinge, durch Griffeln, durch Wurzelknospen oder auf irgend einem anderen Wege geschehe.

Im ersteren Falle gehorchen die Samen ganz allgemein dem Gesetze der Regression, wie dieses bereits von VILMORIN erkannt und später von GALTON genauer studirt wurde. Nehmen wir einstweilen GALTON's Zahl als allgemeingültig an, so weicht das Mittel der Aussaat vom Mittel der Art um einen Werth ab, der nur $^1/_3$ von der Abweichung der Eltern beträgt. Für jeden Fortschritt der ganzen Familie würde es dann eines dreifach grösseren Fortschrittes der auserwählten Samenträger bedürfen.

Um die Bedeutung dieser Regression klar zu machen, wähle ich eine Cultur von *Madia elegans* als Beispiel (Fig. 19). Die mittlere Anzahl der Zungenblüthen im Köpfchen ist 21, um diese Zahl schwanken die übrigen nach dem Gesetze QUETELET's. Aus meiner

Aussaat von 1892, deren Zahl im Mittel 21 war und zwischen 16 und 25 wechselte, wählte ich 6 Exemplare mit je 16—19 Strahlen in der Endblüthe. Aus ihren Samen erhielt ich 1893 eine Gruppe mit 12—22, im Mittel 19 Strahlen. Ich wählte jetzt 13 strahlige Samenträger und hatte 1894 eine Generation mit 13—22, im Mittel 18 Strahlen. Die Regression betrug in diesem Versuche somit etwa $^1/_3$; d. h. die Kleinkinder wichen im Mittel nur um ein Drittel so stark vom Typus der Art ab, als ihre ausgewählten Eltern.[1]

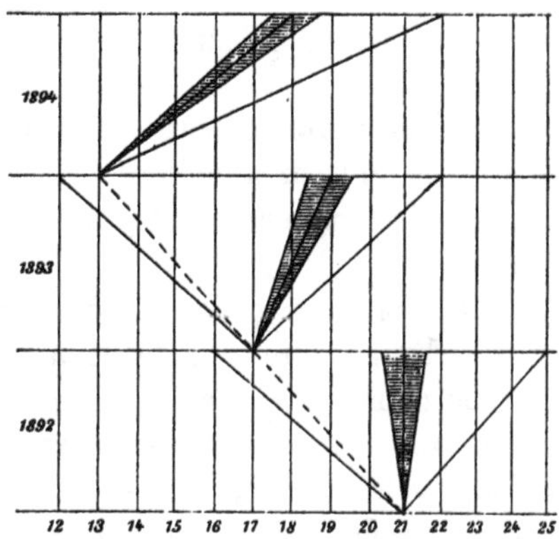

Fig. 19. *Madia elegans*. Successive Generationen bei Auslese von Exemplaren mit möglichst geringer Anzahl von Zungenblüthen. Die Zahlen am Fusse der Ordinaten geben die Anzahl dieser Blüthen an.

Bei vegetativer Vermehrung erhalten sich aber die einmal erreichten Eigenschaften ganz oder doch nahezu unverändert. Die neuen Exemplare sind eigentlich nur Theile des ursprünglichen, aus einem Samen hervorgegangenen Individuums. Sie können zu Hunderten oder zu Tausenden in den Handel gebracht werden, bilden aber eigentlich zusammen nur eine einzige Pflanze.

Die ganze sogenannte Varietät stellt hier somit ein einziges Individuum vor. So bei Aepfeln und Birnen und zahlreichen anderen Obstbäumen, ferner bei Hyacinthen, Tulpen und anderen Zwiebelgewächsen, bei Dahlien, Canna u. s. w. Unter den landwirthschaftlichen Pflanzen bei den Kartoffeln, unter den Gewächsen aus wärmeren Gegenden bei den Bananen, beim Zuckerrohr u. s. w.

Wissenschaftlich darf man eine solche Varietät nicht mit derjenigen einer Samenpflanze vergleichen. Sie ist vielmehr den einzelnen auserwählten Samenträgern analog, aus denen die Handelsrassen unter Regression hervorgehen. Nehmen wir nochmals Galton's Zahl als allgemeingültig an, so können wir sagen, dass die Leistungen der Zuchtwahl bei vegetativer Vermehrung im Allgemeinen dreimal so gross ausfallen sollten, als bei der Fortpflanzung durch Samen.

Wenn man also die Blumenpracht unserer Zwiebelgewächse, die Grösse unserer Kartoffeln, die Herrlichkeit unseres Obstes als Beispiele hoher Variabilität und als bedeutende Leistungen des Selections-

[1] Vergl. auch den Stammbaum des Mais-Versuches auf S. 53.

verfahrens anführt, so darf man nie vergessen, dass bei einer etwaigen Anwendung auf die Descendenzlehre diese Verbesserungen um etwa $^2/_3$ zu verkleinern sind, wenigstens beim jetzigen Stande unseres Wissens. Und dann bleibt, vom biologischen Standpunkte betrachtet, nicht sehr viel übrig.

§ 9. Ueber die Dauer des Selectionsverfahrens.

Die jetzige Selectionslehre gründet sich auf zwei völlig unbewiesene Sätze:

1) Der durch Selection vermittelte Fortschritt kann durch Tausende von Jahren anhalten.

2) Das Ergebniss der Selection kann von dieser unabhängig werden.

Die Erfahrung der Züchter widerspricht beiden Sätzen, soweit sie überhaupt durch Thatsachen widerlegt werden können.

Betrachten wir beide Sätze für sich. Der erste ist in zwei Theile zu zerlegen, je nachdem die angeblichen tausend Jahre der Zukunft oder der Vergangenheit angehören, d. h. je nachdem es sich darum handelt, eine vorhandene Form zu erklären, oder die möglichen Veränderungen einer Art vorherzusagen.

Fangen wir mit der Vergangenheit an. *These changes have been the result of some 1000 of years of domestication and selection* sagt WALLACE.[1] Und DARWIN sagt unter dem Einflusse einer Aeusserung HOFFMANN's: „*Perhaps hundreds of generations of exposure are necessary.*“[2] Und an anderer Stelle: *I cannot doubt that during millions of generations individuals of a species will be born with some slight variation profitable to some part of its economy.*[3] Ebenso ALPH. DE CANDOLLE, über Acclimatisirung sprechend: *Il faut, parait-il, pour une modification permettant de supporter des degrés plus intenses de froid, des périodes beaucoup plus longues que 4 ou 5000 ans, ou des changements de forme et de durée.*[4] Ebenso von neueren Schriftstellern J. COSTANTIN: *Mais si pendant 50, 100, 1000 ans l'action du milieu se maintient toujours la même, les caractères héréditaires qui évoluent lentement, se consolident, deviennent de plus en plus stables.*[5]

---

[1] WALLACE, *Darwinism.* 2. Ed. p. 89.

[2] *Life and Letters.* III. p. 345.

[3] Ibid. II. p. 124.

[4] *Origine des plantes cultivées.* p. 371.

[5] J. COSTANTIN, *Accomodation des plantes aux climats froid et chaud.* Bull. Scientif. de GIARD. T. 31. 1897. p. 489.

Aehnliche Citate kann Jeder leicht in grösserer Zahl zusammenfinden. Aber wenn er sie genauer betrachtet, so wird er Folgendes sehen. Für DARWIN giebt der lange Zeitraum eine Aussicht auf das zufällige Entstehen einer nützlichen Abweichung. Für WALLACE dagegen wirken die Jahrhunderte durch die allmähliche Häufung stets vorhandener Variationen in derselben Richtung. Die übrigen Verfasser schliessen sich das eine Mal der einen, das andere Mal der anderen Auffassung an.

Es sind dieses aber offenbar grundverschiedene Gedanken. Nach DARWIN's Meinung, obgleich er diese vielleicht nie ganz scharf formulirt hat, sind es die zufälligen *single variations,* durch welche die stetige Ausbildung des Formenreichthums der Organismen zu Stande gekommen ist. Die natürliche Auslese häuft somit im Laufe der Zeiten solche kleine Sprünge, wenn sie nützlich sind, an und dieses bildet das wichtigste Element in der Production neuer Formen.[1]

Nach WALLACE's Theorie liefert die stets vorhandene, durch Curven darstellbare Variabilität das Material für die artenbildende Selection; wenn diese kleinen Abweichungen stetig in demselben Sinne angehäuft werden, sollen sie allmählich die Grösse von Artmerkmalen erreichen.

Wenn es sich, wie für viele Culturpflanzen, nachweisen lässt, dass sie nach 1000—2000 Jahren andere sind, als vorher, so ist es doch wohl fast nie möglich, auf historischem Wege zwischen diesen beiden Ansichten zu entscheiden. Ausnahmen bilden fast nur die Fälle, in denen ein plötzlicher Ursprung einer neuen Form von Zeitgenossen beobachtet und beschrieben wurde; diese Fälle sprechen aber für DARWIN's Ansicht. Für WALLACE's Meinung liegen historische Beweise nicht vor.

Und ist eine Entscheidung auf historischem Wege nicht möglich, um so weniger kann man sie auf dem Wege der Analogie erhoffen, so lange nicht wenigstens einzelne gut beobachtete Fälle vorliegen, um darauf einen so hochwichtigen Analogieschluss zu bauen.

Solches ist aber anerkanntermaassen nicht der Fall. Und wir gelangen dadurch von selbst zur Behandlung des zweiten Theiles unserer Frage: was man in der Zukunft von anhaltender Selection erwarten darf.

Man nimmt an, dass die individuelle Variabilität eine unbeschränkte sei, und dass namentlich bei stetiger Selection in einer Richtung das Variiren in dieser Richtung stets weiter schreite. Empirische Gründe für diese Annahme liegen aber nicht vor. Die Er-

---

[1] *Life and Letters.* II. p. 125.

fahrungen der Züchter, und namentlich die Erfahrungen über das Acclimatisiren sprechen nur für sehr beschränkte, wenn auch landwirthschaftlich höchst wichtige Umänderungen.[1] Das Einzige, was in dieser Sache wissenschaftlich festgestellt worden ist, ist die Regression: das ganz bedeutende Zurückbleiben des Mittels einer Rasse bei den extremen, jährlich als Samenträger ausgewählten Individuen.

Durch verbesserte Methoden kann man das Selectionsverfahren allerdings wesentlich beschleunigen und das Ziel um einige Jahre früher erreichen. Man bekommt dadurch für die Praxis sehr bedeutende Resultate, die aber dennoch für die Descendenzlehre uns nicht viel weiter zu bringen im Stande sind.

Ich habe bereits einige Male hervorgehoben, dass unsere Kenntnisse über die Regression im Verhältniss zur hohen Bedeutung dieses Vorganges noch sehr dürftige sind, und dass Vieles noch zu erforschen übrig bleibt. Sollte es sich herausstellen, dass bei anhaltender Selection der jährliche Rückschritt allmählich kleiner wird, so würde dieses für die Selectionstheorie sehr wichtig sein. Sollte sich aber das Gegentheil herausstellen, so wäre diese Theorie damit wohl endgültig widerlegt. So lange aber eine Entscheidung nicht vorliegt, bleibt es Thatsache, dass jener Theorie der unbedingt erforderliche Boden fehlt.

Die bisherigen Erfahrungen sprechen allgemein dafür, dass oft nach 2—3 Generationen, bisweilen erst nach 4—5 oder einigen wenigen mehr, erreicht wird, was im Grossen und Ganzen erreicht werden kann. Selbstverständlich, wenn es sich um die Verbesserung eines einzelnen Merkmales handelt. In der Praxis, wo es die Berücksichtigung mehrerer oder gar vieler Eigenschaften gilt, kann das Selectionsverfahren viel länger dauern. Ebenso wenn allmählich verbesserte Methoden eine viel schärfere Auswahl aus viel grösseren Anzahlen von Individuen ermöglichen, wie in der Zuckerrübencultur, wobei es sich aber oft nur um Zehntelprocente handelt.

In wissenschaftlichen Versuchen, mit einem einzigen Merkmal als Zweck, ist nach meiner Ansicht die Dauer des Selectionsverfahrens im Allgemeinen auf 2—4 Generationen zu stellen.[2] Weitere Fortsetzung hätte nur dann einen Sinn, wenn es sich um die oben discutirte Frage über die Regression handeln würde.[3]

---

[1] Vergl. die nächsten Paragraphen.

[2] Vergl. Fritz Müller's Züchtungsversuch am Mais. *Kosmos*, l. c.

[3] Eine bekannte praktische Schwierigkeit bildet der Umstand, dass man eine Pflanze, welche man zum ersten Male cultivirt, oft erst nach einigen Generationen hinreichend genau auf ihre Anforderungen an Cultur, Düngung, künstlicher Befruchtung, Zuchtwahl u. s. w. kennen lernt.

Es ist nach meiner Ueberzeugung ein ganz erheblicher Nachtheil der Selectionstheorie, dass sie die Dauer von Züchtungsversuchen übertrieben vorgestellt und dadurch ohne Zweifel viele Forscher vom Anstellen solcher Versuche abgehalten hat.

Ich stelle daher aus der älteren Literatur einige solche Versuche hier kurz zusammen. Sehr bekannt ist ein Aufsatz von P. P. A. Lévêque de Vilmorin über die Cultur wilder Mohrrüben (*Daucus Carota*).[1] Es gelang ihm innerhalb 3—5 Generationen, die wilde Form so weit zu verbessern, dass die Wurzeln ebenso fleischig und als Gemüse ebenso brauchbar waren, wie die gewöhnliche cultivirte. Ebenso hat Carrière in fünf Jahren aus dem wilden Radis mit kleinen, nicht essbaren Wurzeln eine als Gemüse verwerthbare Form, mit Rüben von 300 bis 600 g gewonnen.[2] Auch die Wurzeln der wilden Pastinake können durch die Cultur schnell vergrössert werden, wie Buckmann fand.[3]

Es wird somit in wenigen Jahren aus den wilden Formen genau dasjenige erreicht, was sich in der Cultur, bei fortgesetzter Zuchtwahl, auf die Dauer constant erhält.[4]

Im Anfang dieses Paragraphen haben wir als den zweiten Grundsatz der Selectionslehre die Annahme bezeichnet, dass das Ergebniss der Selection von dieser unabhängig werden könne.

Denn die Artmerkmale sind augenblicklich überall von der Selection unabhängig. Ich meine selbstverständlich die mittleren Merkmale einer jeden elementaren Art, denn die Abweichungen vom Mittel sind ja eben das Selectionsmaterial. Man kennt von *Draba verna* über zweihundert Arten; diese sind samenbeständig und als solche von jeglicher Zuchtwahl unabhängig, auch wenn sie in demselben Garten neben einander cultivirt werden. Und so von sehr zahlreichen „Arten". Es ist das besondere Verdienst Bateson's, in seinem bahnbrechenden Buche: *Materials for the study of variation*, diese Lücke in der Selectionslehre allseitig kritisch beleuchtet zu haben. Als Hauptanforderung an diese Lehre hat er die Aufgabe gestellt, die nicht zu leugnende Discontinuität in den Reihen der Arten aus der Continuität der gewöhnlichen Variation zu erklären. Eine solche Erklärung bleibt sie aber schuldig. Denn die künstliche Zuchtwahl führt nicht zur Ent-

[1] L. de Vilmorin, *Notices sur l'amélioration des plantes par le semis.* 1886. Vergl. p. 10—12. Ebenso Carrière, *Gardeners Chronicle.* 1865. p. 1154.

[2] J. Costantin in *Bull. Scientif. de Giard.* 1897. p. 499. Vergl. auch Lindley, *Theory of Horticulture.* p. 313.

[3] Darwin, *Das Variiren der Pflanzen und Thiere.* I. S. 408.

[4] Hört die Zuchtwahl auf, so können die Pflanzen in ebenso kurzer Zeit wieder in die wilde Form zurückkehren.

stehung selbstständiger Typen. „Jede Pflanzenrasse besitzt nur eine verhältnissmässig geringe Beständigkeit," sagt eine der bedeutendsten Autoritäten auf landwirthschaftlichem Gebiet, Prof. KURT VON RÜMKER.[1] Ohne fortgesetzte Zuchtwahl würde sie ihre guten Eigenschaften bald verlieren. Sie verhält sich in dieser Beziehung ganz anders als eine wirkliche Art oder als eine constante Varietät.

Ich brauche hierauf an dieser Stelle nicht weiter einzugehen, denn es wird in den nächsten Paragraphen meine Aufgabe sein, zu zeigen, was uns die Erfahrungen der Züchter über diese Frage lehren.

Zum Schlusse möchte ich noch ein sehr schönes Beispiel etwas ausführlicher besprechen. Ich meine die wichtigen Beobachtungen R. VON WETTSTEIN's über den Saison-Dimorphismus als Ausgangspunkt für die Bildung neuer Arten im Pflanzenreich.[2] Es handelt sich namentlich um die Gattungen *Gentiana*, *Euphrasia* und *Alectorolophus (Rhinanthus)*. Auf den Alpenwiesen kommen von manchen Arten dieser Gattungen je zwei Formen (Varietäten, Unterarten oder elementare Arten) vor, von denen die eine früh, die andere aber spät blüht. Ausserdem unterscheiden sich die früh- und die spätblühende Form derselben Gruppe noch gewöhnlich durch eine Reihe weiterer Eigenschaften, vom Werthe der üblichen Merkmale elementarer Arten, von einander. Zwischen der Blüthezeit der frühen und der späten Arten liegt der Höhepunkt in der Entwickelung der mitteleuropäischen Wiesen und das plötzliche Ende derselben durch die erste allgemeine Heumahd. Die frühen Arten reifen ihren Samen vor diesem Zeitpunkt, die späten fangen ihr hauptsächliches Wachsthum erst nachher an.

Die Ausführungen VON WETTSTEIN's dürften das Zusammengehören der betreffenden Arten zu Paaren über allen Zweifel erhoben und die Ursache ihrer Trennung durch die natürliche Auslese auf den Wiesen nachgewiesen haben. Ob aber die betreffenden Arten auf dem Wege langsamer Veränderung oder plötzlicher Umgestaltung entstanden sind, ist damit offenbar keineswegs bestimmt. Diese hochwichtigen Thatsachen entscheiden für den betreffenden Fall meiner Ansicht nach nicht nur nicht zwischen der Zulässigkeit der Mutationshypothese und der Selectionstheorie, sondern sie lassen es gleichfalls unbestimmt, wenn letztere zutreffen sollte, ob die Umgestaltung in wenigen Generationen vollzogen oder erst im Laufe der Jahrhunderte erreicht worden ist.

[1] Der wirthschaftliche Mehrwerth guter Culturvarietäten. 1898. S. 136 des Separatabdruckes.

[2] *Berichte d. d. bot. Gesellsch.* 1895. Bd. XIII. S. 303 und *Botan. Centralblatt.* 1900. Nr. 1. S. 15.

§ 10. Das Acclimatisiren.

Es giebt wenige Abschnitte in der Selectionslehre, welche in so hohem Grade geeignet sind, uns eine Einsicht in die Leistungsfähigkeit dieses Processes zu geben, als das Acclimatisiren. Die Zuchtwahl, welche sonst so häufig mit der natürlichen Auslese auf dem Felde zu kämpfen hat, wirkt hier mit dieser in derselben Richtung. Dazu kommt eine sehr grosse Uebereinstimmung des Selectionsprocesses in diesem Falle mit dem, was in der freien Natur, sei es bei den Migrationen der Organismen, sei es bei wesentlichen Veränderungen in ihrer klimatologischen oder biologischen Umgebung vermuthlich stattfinden wird.

Was natürliche Auslese leisten kann, kann also hier am besten beurtheilt werden.

Die Ernte fällt aber äusserst dürftig aus, so dürftig, dass die Vertheidiger der Selectionslehre es kaum wagen, sie in den Vordergrund ihrer Beweisführung zu stellen.

In der Praxis ist der Process der Acclimatisation ein vielfach verwickelter. In den meisten Fällen handelt es sich nur darum, zu untersuchen, ob eine Art für das Wachsthum in einer neuen Gegend geeignet ist, oder nicht. Es kann dabei sein, dass der Unterschied zwischen der alten und der neuen Heimath ohne Weiteres ertragen wird, oder dass partielle Adaptationen vorkommen, wie wir solche z. B. durch BONNIER's Versuche über die Natur der Alpenpflanzen kennen.[1] Es kann ferner vorkommen, dass in der alten Heimath die Art aus einer Gruppe von Unterarten besteht, von denen die eine oder die andere für das neue Klima taugt; es gilt dann nur, diese auszusuchen.

Auf wissenschaftlichem Gebiete kann es sich endlich um die Erklärung der Verbreitung einer Art über Gegenden unter sehr verschiedenen Breitegraden handeln, wie z. B. beim Mais in Amerika. Je nach dem Klima hat diese Pflanze sehr verschiedene Unterarten, von denen die einen hoch, anspruchsvoll und mit grossen körnerreichen Aehren beladen, die anderen aber klein, in wenigen Wochen reifend, mit kleineren Kolben und Samen erscheinen (Fig. 20). Ob aber solche Unterarten durch allmähliche Selection oder durch Mutationen entstanden sind, darüber lässt sich eine empirische Entscheidung nicht mehr treffen.

Diesen sämmtlichen Fällen gegenüber steht der Process, der uns hier interessirt: die bewusste oder unbewusste Auswahl der das neue

[1] Vergl. auch § 17, S. 102—103.

Klima am besten ertragenden Individuen; die Herstellung also einer neuen Rasse aus den stets vorhandenen individuellen Variationen.

Ehe ich dazu übergehe, diesen Fall genauer zu besprechen, möchte ich hier ein Beispiel erwähnen, das uns, mehr als viele andere, zeigt, wie vorsichtig man in der Verwerthung praktischer Erfahrungen für die Beantwortung wissenschaftlicher Fragen sein muss. Es handelt sich um eine Cultur eines der hervorragendsten Landwirthe Deutschlands, J. Metzger, und um deren wissenschaftliche Verwerthung durch Darwin selbst. Es betrifft den sehr bekannten und oft citirten Fall der Umwandlung einer amerikanischen Mais-Varietät in gewöhnlichen badischen Mais, innerhalb etwa drei Jahren nach der Einfuhr in Deutschland.

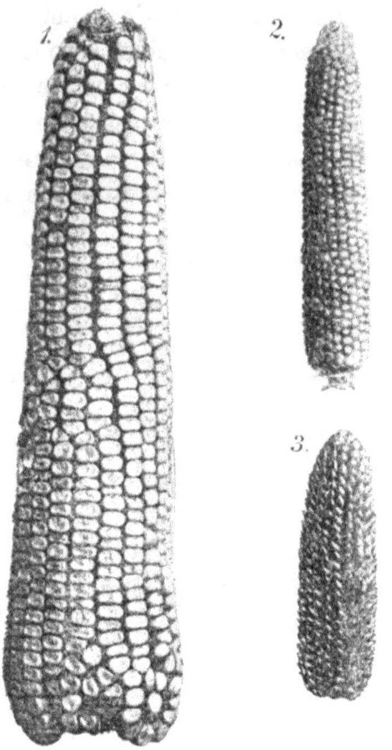

Fig. 20. Maiskolben des Handels bei gleicher Verkleinerung (1/3).
1. Gelber Riesen-Pferdezahn (*Giant yellow Dent field Corn*).
2. Miniatur-Mais (*Zea gracillima*).
3. Weisser Reis-Mais (*Pop-corn*).

Darwin citirt Metzger's „Getreidearten“ in anscheinend fast wörtlicher Uebersetzung; mir liegt Metzger's Landwirthschaftliche Pflanzenkunde vor, wo die Beobachtung im ersten Band S. 208 beschrieben ist.[1] Darwin nennt diesen Fall *the most remarkable instance known to me of the direct and prompt action of climate on a plant,* und Wallace betrachtet diese Umgestaltung als eine Folge von *that „reversion to mediocrity“, which invariably occurs, and is more especially marked in the case of varieties which have been rapidly produced by artificial selection. It may be considered as a partial reversion to the wild or unimproved stock.*“

Hören wir jetzt, was Metzger sagt. Es handelt sich um den weissen, breitkörnigen amerikanischen Mais (*Tarascora Corn* aus St. Louis):

[1] Darwin, *Variations of Animals and plants under domestication.* I. p. 340. Metzger, *Getreidearten.* S. 208. *Landwirthschaftliche Pflanzenkunde* (dasselbe Werk?). 1841. I. S. 208. Vergl. auch Wallace, *Darwinism.* 2. Aufl. p. 419.

„Wir cultivirten diese Form[1] und erhielten in den ersten Jahren 12 Fuss hohe Stengel und nur wenige reif ausgebildete Samen, wovon die untersten am Kolben der Urform gleich, die oberen aber ohne Eindrücke erschienen und einige Annäherung zum europäischen Mays zeigten.

„Von diesen erlangten Samen, die wir im nachstehenden Jahre aussteckten, erhielten wir Pflanzen mit 9—10 Fuss hohen Stängeln und eine frühere Samenreife. Die Samen waren bedeutend mehr ausgebildet als im vorigen Jahre, die ursprünglichen Eindrücke der äusseren Fläche[2] waren bereits verschwunden und die schöne weisse Farbe zeigte sich mehr dunkel und schmutzig. Einige Samen waren gelb und die jetzt rundliche Form derselben näherte sich ganz unserem Mays und verläugnete die Verwandtschaft mit der Stammform fast gänzlich. Im dritten Jahre der Cultur waren vollends alle Annäherungen zur amerikanischen Form verschwunden, und dieser sonst so sehr verschiedene amerikanische Mays war bereits in die Unterart 5 Spielart *b*[3] übergegangen. Ferner erhielten wir amerikanische Originalsamen, die ebenfalls zu dieser Form gehörten, die im dritten Jahre ebenfalls sich der Unterart 5, *b* näherten und nach sechsjähriger Cultur ganz dieselbe repräsentirten. Derselbe Mays wird jetzt in unserer Gegend häufig cultivirt und unterscheidet sich von unserer landesüblichen Maysart nur noch durch etwas kräftigere Bestockung.“

Ueber die Ursache dieser Umgestaltung finde ich bei METZGER nichts erwähnt, auch keine Vermuthung. Wer aber mit den Erscheinungen der Bastardirung und des sogenannten Verlaufens der Getreidearten bekannt ist, der sieht in dem Versuche METZGER's gar kein Beispiel klimatologischer Veränderung einer Sorte. Die Culturen des *Tarascora*-Kornes standen zwischen anderen, und konnten offenbar zum Theil durch den Wind mit deren Blüthenstaub befruchtet werden. Ein Theil der Samen konnte somit Bastarde liefern, und aus diesen könnte in der dritten Generation der europäische Mais rein hervorgehen.[4]

Die Bastarde und ihre reinen europäischen Nachkommen mussten aber die fremde, dem Klima weniger angepasste Sorte gänzlich verdrängen, und solches in viel kürzerer Zeit, als wie man zu vermuthen geneigt sein würde. Und da dieses Verdrängen einer Sorte durch eine andere in der Literatur auch sonst häufig mit einer vermutheten

[1] Der Beschreibung nach ein Pferdezahn-Mais.

[2] Das Merkmal des Pferdezahn-Mais.

[3] Weisser grosser europäischer Mais. *Zea praecox L.* S. 213.

[4] Genaueres hierüber im zweiten Bande.

Umgestaltung oder der Bildung einer neuen Art verwechselt worden ist, lohnt es sich, ein paar Beispiele hier ausführlicher zu citiren. Ich entnehme diese aus dem vorzüglichen Werke RIMPAU's: RISLER's Weizenbau. Das erste Beispiel ist eine Beobachtung RISLER's,[1] das zweite rührt aber von RIMPAU selbst her.

RISLER beschreibt eine Entartung des *Galland*-Weizens in den ersten Jahren nach der Einfuhr auf seinem Gute zu Calèves am Genfer See. Die Aehren dieser Sorte haben zur Zeit, wo sie sich zeigen, Grannen, aber sie verlieren dieselben beim Reifen. Das erste Jahr hatten fast alle Aehren, mit sehr wenigen Ausnahmen, diesen Charakter; das zweite Jahr war aber bereits die Hälfte unbegrannt, und im dritten Jahre bildeten die grannenlosen die grosse Mehrzahl; sie wichen von der ursprünglichen Form auch durch den hornigen statt mehligen Bruch ihrer Körner ab.

Fig. 21. *A* Behaarter Landweizen, RIVETT's Grannenweizen oder Rauhweizen, nebst gewöhnlichem, grannenlosem Landweizen *B*.

Um nun die Ursache dieser Entartung zu ermitteln, hat RISLER auf einem Felde abwechselnd Reihen von *Galland*-Weizen und grannenlosem Weizen gesäet; es zeigte sich, dass der erstere von der Winterkälte mehr leidet als der letztere, und dass seine Reife um 8—14 Tage später eintritt; diese beiden Unterschiede reichten aus, um den anfänglich geringen Beimischungen im ersteren Versuch innerhalb drei Jahre das Uebergewicht zu verschaffen.

RIMPAU's Beobachtung gilt dem Rauhweizen (RIVETT's *Bearded*, Fig. 21 *A*), von welcher Sorte oft behauptet wird, dass sie leicht

[1] *Der Weizenbau* von EUG. RISLER, übersetzt vom Amtsrath W. RIMPAU, *Thaer-Bibliothek*. P. PAREY. 1888. S. 73—74.

ausarte, indem ihr stets nach einigen Jahren grannenlose Exemplare untermischt sind. Bei Reinzüchtung erhielt sich die Form in RIMPAU's Versuchen in Sachsen aber rein, wie sie sich in Schottland über 100 Jahre constant erhalten hat. „Da er aber leichter als irgend ein anderer bei uns angebauter Weizen durch den Winter leidet und sich später als andere Sorten im Frühjahr entwickelt, so ist es sehr begreiflich, dass alle zufälligen Beimischungen, die ja im Grossbetriebe unvermeidlich sind — vor allem durch den Stallmist —, sich viel reichlicher vermehren und bald das Uebergewicht bekommen.“[1]

Acclimatisationsversuche sind für wissenschaftliche Zwecke also nur dann brauchbar, wenn die Gefahr von Kreuzungen oder von Entartung durch zufällige Beimischung der Landessorten völlig ausgeschlossen ist.

Die besten Beispiele sind von SCHÜBELER, theils nach seiner eigenen Erfahrung, zusammengestellt.[2] Sie beziehen sich vorwiegend auf die Acclimatisation von Mais und anderen Getreidearten an höhere Gebirgsgegenden oder mehr nördlich liegende Provinzen, mit anderen Worten auf die Verschiebung der arctischen und Höhegrenzen der Getreidecultur. Diese gelingt im Allgemeinen dadurch, dass man die Vegetationszeit verkürzt und dementsprechend auch mit einer etwas geringeren Ernte zufrieden ist. Für den Hühner-Mais gelang es z. B. innerhalb fünf Jahren die Dauer des Lebens von vier auf drei Monate zu verkürzen. Aehnlich mit Roggen und Weizen u. s. w. Da in den ersten Jahren der Cultur nur die zuerst blühenden Individuen ihre Samen reifen, so genügt offenbar eine unbewusste Zuchtwahl, um das Ziel zu erreichen. In derselben Weise hat man bekanntlich die Blüthezeit des *Chrysanthemum indicum* theils bis zum Juli vorfrüht, theils bis in den Februar verspätet. Aehnliches gilt von zahlreichen anderen Blumensorten, von den verschiedenen Varietäten von Kürbissen u. s. w.

Aber sehr viel weiter gehen die zuverlässigen Erfahrungen über Acclimatisation nicht;[3] und neue Artmerkmale sind dabei wohl sicher nie entstanden.

[1] In schlechten Jahren vermehrt sich bekanntlich die *Avena fatua* gewaltig unter dem Hafer; sie giebt keine Ernte. GODRON, *De l'Espèce.* I. p. 163.

[2] SCHÜBELER, *Die Pflanzenwelt Norwegens.* 1875. ID., *Die Culturpflanzen Norwegens.*

[3] Eine Uebersicht giebt die vorzügliche Abhandlung J. COSTANTIN's, *Accomodation des plantes aux climats froid et chaud. Bull. Scientif. de* GIARD. XXXI. 1897. p. 489.

§ 11. Die Zuckerrüben.

Weitaus das schönste Beispiel eines künstlichen Selectionsverfahrens liefern die Zuckerrüben. Bei keiner anderen Culturpflanze hat die Technik der Zuchtwahl eine so hohe Ausbildung erhalten als hier; bei keiner wird die Methode so ausnahmslos und so zielbewusst betrieben. Zuckerrübensamen, welche ohne Selection gewonnen sind, werden wohl überhaupt nicht mehr verbaut.

Der Beginn einer Auslese nach Zuckergehalt fand um das Jahr 1850 statt. Was innerhalb eines halben Jahrhunderts durch fortwährende Zuchtwahl nach einer und derselben Richtung und mittels sich stets verbessernder Methoden erreicht werden kann, kann also an diesem Beispiel beurtheilt werden.

Gross sind die Fortschritte: der mittlere Gehalt der Betriebsrüben, der anfänglich etwa 7—8 % betrug, erreicht jetzt ganz allgemein den doppelten Werth. Form, Grösse und Gewicht, Bau der Blattkrone, aber vor Allem der an holzigen Bestandtheilen arme anatomische Bau haben ebenso wichtige Veränderungen erfahren, und die Rübe immer für die Zwecke der Fabrik tauglicher gemacht.

Dieses alles ist durch systematische Auslese der vorzüglichsten, von der gewöhnlichen individuellen Variation gelieferten Individuen erreicht. Spontane oder Sprungvariationen haben daran keinen Antheil gehabt. Ebenso wenig Kreuzungen. Der ganze Process liegt uns hier in reinster Form vor.

Es ist hier nicht der Ort, weder das Genie Louis Vilmorin's, des Begründers dieser Methode, noch die Leistungen seiner zahlreichen, namentlich deutschen Nachfolger zu loben. Ebenso wenig habe ich die wundervolle Vollkommenheit des technischen Processes zu schildern, der es gestattet, innerhalb weniger Wochen von mehreren 100000 einzelnen Rüben die Polarisationszahlen zu ermitteln.[1]

Ganz im Gegentheil habe ich zu versuchen darzuthun, wie gering diese technisch so grossartigen Leistungen für die rein biologische Frage nach der Art und Weise der Entstehung der Arten sind. Für die Selectionstheorie würde es auf botanischem Gebiete kein besseres Beispiel geben können. Dennoch ist hier nichts erreicht, was der Entstehung einer neuen Art auch nur entfernt ähnlich wäre, oder was auch nur in uns die Hoffnung erwecken dürfte, dass auf diesem

---

[1] Ich möchte meinen wissenschaftlichen Lesern namentlich das Studium der kurzen und klaren Broschüre Prof. Kurt von Rümker's empfehlen: *Die Zuckerrübenzüchtung der Gegenwart.* (Blätter für Zuckerrübenbau. 1894. S. 1—48.)

Wege je eine Form vom systematischen Werthe einer Art entstehen könnte.

Selbstverständlich spreche ich nicht über die Entstehung der Zuckerrübe selbst. Woher sie kommt, wissen wir ebenso wenig, als woher die übrigen Rübensorten stammen. Die Römer hatten wahrscheinlich nur zwei Sorten, welche sie als Gemüse genossen, und von denen man nicht einmal weiss, ob sie dieselben cultivirten oder in wildem Zustande aufsuchten. Im Anfang des neunzehnten Jahrhunderts gab es sehr zahlreiche Sorten. Sind sie aus jenen älteren in der Cultur entstanden, oder als verschiedene Unterarten in der Natur vorgefunden? Man weiss es nicht. Ueber ihre gemeinschaftliche Abstammung braucht kein Zweifel zu bestehen, ob sie aber vor der Cultur oder während der Cultur entstanden sind, bleibt unbekannt.

Die Zuckerrübe, mit der VILMORIN vor einem halben Jahrhundert begann, ist einfach als gegeben zu betrachten; was seitdem daraus entstanden ist, ist das Resultat der künstlichen Selection.

VILMORIN hatte bereits seit 1830—1840 seine Rüben nach der äusseren Form ausgewählt. Im Jahre 1851 untersuchte er gelegentlich den Zuckergehalt der einzelnen Rüben und fand, dass dieser von 7—14 % wechselte, doch liess die damalige, umständliche Bestimmungsmethode die Ermittelung dieser Zahl für nur verhältnissmässig sehr wenige Exemplare zu. Er entschloss sich sofort, die Samen der besten Rüben getrennt auszusäen, suchte diese nach ihrem specifischen Gewicht in Salzlösungen aus, und erhielt bereits in der zweiten Generation Rüben mit 21 % Zucker.[1]

Diese Zahlen (7—14—21 %) sind für uns sehr wichtig. Allerdings lassen sie sich nicht sehr genau mit den Ergebnissen der neueren Untersuchungen vergleichen, da die Methode, namentlich seit der allgemeinen Anwendung der Polarisation, in hohem Grade bequemer und schärfer geworden ist. Es ist aber eher anzunehmen, dass VILMORIN zu wenig Zucker fand, als dass er zu grosse Zahlen erhalten habe.

Erst im Jahre 1874 hat man angefangen, die Rüben zu polarisiren und nach dem Ergebnisse dieser Methode auszuwählen. Der normale Gehalt war damals 10—14 %. In schlechten Jahren meist im Mittel 10 %, in guten Jahren 12—14 %.[2] Abweichungen bis 9,5 % und 17,5 % waren nicht selten.[3] Von 1878—1881 breitete sich das

[1] L. LÉVÊQUE DE VILMORIN, *Notices sur l'amélioration des plantes par le semis.* 2. Ed. 1886. Vergl. namentlich S. 27.

[2] LANGETHAL, *Landwirthschaftliche Pflanzenkunde.* III. 1874. S. 69.

[3] *Jahresbericht der Zuckerindustrie.* Bd. 9. S. 39 ff.

Polarisationsverfahren in Deutschland und Oesterreich allgemein aus; ich nenne nur die Namen von Dippe in Quedlinburg, Rimpau, Heine und die Kleinwanzlebener Fabrik. Es fand ein stetiger, wenn auch langsamer Fortschritt statt.

In den meisten Fabriken werden die Rüben nur vergleichsweise untersucht, indem nur für die besten die Polarisationszahl direct ermittelt wird. In der Fabrik der Herren Kuhn & Co. in Naarden (Holland) wird aber jährlich für etwas über 300 000 Rüben diese Zahl einzeln bestimmt. Durch die Güte der genannten Herren erhielt ich im Jahre 1896 die Zahlen von 40 000 Rüben; sie lieferten mir eine sehr schöne Curve, deren Gipfel auf 15,5 % lag (Fig. 22).

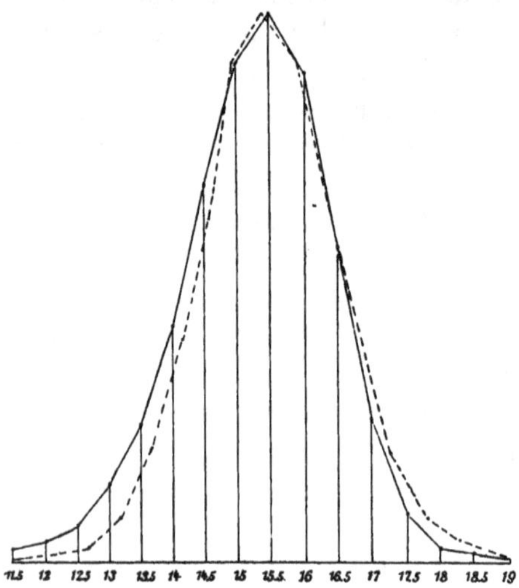

Fig. 22. Zuckergehalt von 40 000 Rüben.[1]

Nach diesen Zahlen findet die Selection statt, und zwar derart, dass stets eine genügende Menge von Rüben für den Samenbau erhalten wird. Das Ergebniss der Polarisation bestimmt also die Grenzen der Gruppen. Ich theile einige Zahlen für 1892 mit. Rüben mit weniger als 14 % wurden nicht für die Samengewinnung ausgepflanzt. Diejenigen mit 14—16 % bildeten die Samenträger für den Verkauf der Samen, es waren deren etwa 20—30 auf je 100 polarisirte Rüben. Diejenigen mit 16—18 % waren die Samenträger für die eigene Rasse, die sogenannte Elite, aus deren Samen die Rüben gewonnen wurden, welche in der nächsten Generation polarisirt werden sollten. Höhere Zahlen als 18 % lieferte das Jahr 1892 in der genannten Fabrik nur vier (auf 180 000 Polarisationen). Seitdem wurde

[1] Die betreffenden Polarisationen sind vom 23. Januar bis zum 5. Februar 1896 ausgeführt, und ergaben die folgenden Zahlen:

% Zucker:	12	12,5	13	13,5	14	14,5	15	15,5	16	16,5	17	17,5	18	18,5	19
Indiv.:	340	635	1192	2205	3597	5561	7178	7829	6925	4458	2233	692	133	14	5

Die Individuen mit weniger als 12 % sind in dieser Reihe nicht aufgenommen. — Die unterbrochene Linie stellt das Gesetz von Quetelet für $(a + b)^{20}$ dar; die Abweichung auf der linken Seite ist vielleicht zum Theil einzelnen fehlerhaften Rüben zuzuschreiben.

die jährliche Anzahl der Polarisationen, wie bereits bemerkt, auf etwa 300 000 gebracht, und ist die obere Grenze bis 21 % herangestiegen; auch die übrigen angegebenen Grenzen konnten entsprechend erhöht werden. Die Betriebsrüben, welche aus dem Verkaufssamen im Grossen aufgehen, enthalten im Mittel etwa 13—14 % Zucker.

Ohne die hohe landwirthschaftliche Bedeutung dieser Ergebnisse irgendwie zu verkennen, leuchtet es doch ein, dass die beschriebene Verbesserung in Bezug auf die Theorie der Entstehung von Artmerkmalen nur einen ganz geringen Anhaltspunkt giebt. Ob nach einer Selection von fünfzig Jahren (also 25 Generationen) die obere Grenze des Variationsspielraumes wesentlich verschoben ist, ist kaum mit Sicherheit zu entscheiden. Zufällig bildet bei VILMORIN (1853) und auf der Fabrik zu Naarden (1892—1898) dieselbe Zahl (21 %) die obere Grenze, doch giebt es andere Rassen, unter anderen Bedingungen der Cultur, deren Grenze bis zu 26 % angegeben wird. Der grössere Umfang der jetzigen Zuckerbestimmungen liefert aber an sich eine Aussicht auf höhere Maxima.

Der mittlere Ertrag der Aecker hat ganz gewiss bedeutend zugenommen, von 7—8 % bis auf 14—16 % und mehr. Diese Verbesserung ist aber vom Fortdauern der Selection abhängig; sie wird nur durch diese auf einer solchen Höhe erhalten. Jeder Zuckerfabrikant weiss, dass die Selection unerlässliche Bedingung einer befriedigenden Ernte ist. Allerdings werden zur Vermehrung des Samenertrages sogenannte Zwischengenerationen zwischen der Polarisation und dem Verkauf eingeschoben; von diesen darf man aber nur eine oder höchstens zwei haben, sonst würde der Nutzen des Polarisirens und Selectionirens völlig verloren gehen. Irgendwie unabhängig von der Züchtung ist die Verbesserung nicht; im Gegentheil ist eine weitere Vervollkommnung der Polarisationsmethode und überhaupt die grösstmögliche Anstrengung von Seiten der Züchter durchaus erforderlich, um den gestellten Anforderungen genügen zu können.

Langsam und stetig ist seit dem Anfange des Polarisationsverfahrens die Zuckerrübe verbessert worden. Nicht aber dadurch, dass die Selection ein Merkmal auf die Dauer zu bedeutend höherer Ausbildung bringen würde als in einigen wenigen Generationen. Wenigstens lässt sich diese Behauptung aus den Erfahrungen auf diesem Gebiete nicht beweisen. Ursache des Fortschrittes ist offenbar die stetige Verbesserung der Selectionsmethode gewesen. Erstens dadurch, dass die zu wählenden Rüben selbst polarisirt wurden mittels der bekannten Bohrcylinder; — VILMORIN und seine ersten Nachfolger mussten noch jede zu untersuchende Rübe ganz der chemischen Bestimmung opfern, und wählten daneben, nach dem specifischen Gewicht, für die Cultur. Zweitens durch die Auswahl aus stets grösseren Gruppen, welche ja jetzt auf den besten Fabriken jährlich einige 100000 einzelne Rüben umfassen. Und in der grösseren Menge wird sich auch selbstverständlich eine grössere Anzahl ausgezeichneter Individuen vorfinden.

Die Rüben werden nicht nur nach dem Zuckergehalt, sondern auch nach äusseren Merkmalen selectirt. Solches geschieht auf dem Felde, bei der Ernte, also vor der Polarisation. Es wird dabei auf vielen Fabriken etwa $^9/_{10}$ verworfen, während nur etwa $^1/_{10}$ behalten wird. Die Züchter sind überzeugt, dass im Grossen und Ganzen jene $^9/_{10}$ auch die in Bezug auf Zuckergehalt minderwerthigen Individuen umfassen, dass also durch diese Vorwahl auch auf den Zuckergehalt ein verbessernder Einfluss ausgeübt wird.[1] Bei dieser Vorwahl giebt man zuerst Acht auf die Blätter; ihre Form, Grösse, der Winkel, den sie mit der Vertikale bilden sowie ihre Beschaffenheit in Bezug auf Assimilation, Verdunstung und Ableitung des Regenwassers u. s. w. sind zu berücksichtigen. Die einzelnen Sorten von Zuckerrüben, in denen diese Wahl nach verschiedenen Principien stattfindet, sind an ihrer Krone auf dem Felde bereits zu erkennen, so namentlich die VILMORIN's. Sehr wichtig ist die Form der Wurzel, welche namentlich unverzweigt sein soll; je gleicher die Wurzeln unter sich sind, um so besser geschieht in der Fabrik ihre Reinigung. Höhe und Breite des Stengeltheiles oder des sogenannten Kopfes und zahlreiche andere Punkte sind noch zu berücksichtigen. Namentlich auch die Grösse, resp. das Gewicht der ganzen Rübe.

Einzelne Züchter geben nebenbei auf nebensächliche Merkmale Acht, wie z. B. auf die mehr oder weniger röthliche Farbe in der Jugend, in der Absicht, ihre Rasse auf den Aeckern leicht von anderen kenntlich zu machen.

Trotz aller Anstrengung und Sorgfalt muss man auf allen diesen Punkten in jeder einzelnen Generation sehr genau aufmerksam sein. Keine Eigenschaft kann der Selection entbehren. Und die Nichtbeachtung der einzelnen Vorschriften würde bald einen Rückschritt der ganzen Rasse verursachen.

„Jede Pflanzenrasse besitzt nur eine verhältnissmässig geringe Beständigkeit," und gerade darin unterscheidet sich die veredelte Rasse von einer Art. Dieser bereits oben citirte Ausspruch v. RÜMKER's[2]

[1] v. RÜMKER, *Zuckerrübenzüchtung.* S. 5.

[2] v. RÜMKER, *Der wirthschaftliche Mehrwerth.* l. c. S. 136.

giebt der Bedeutung der landwirthschaftlichen Erfahrungen auf dem Gebiete der Selection für die Descendenztheorie wohl am klarsten und am schärfsten Ausdruck.

§ 12. Die Getreidearten.

Neben den Zuckerrüben bilden die Getreidearten den wichtigsten Gegenstand für das Studium der wissenschaftlichen Bedeutung der praktischen Erfahrungen auf dem Gebiete der Selection. Doch liegen hier die Verhältnisse schon viel weniger klar und einfach.

Erstens hat die neuere Cultur mit einer sehr grossen Anzahl von Sorten angefangen, deren Ursprung man nicht kennt. Jede grössere oder kleinere „Art“ umfasst mehr oder weniger zahlreiche solche Sorten. Zweitens ist es eine Hauptaufgabe der rationellen Cultur, diese Sorten so viel wie möglich mit einander zu kreuzen, und ihre verschiedenen Eigenschaften derart mit einander zu verbinden, als es für die Anforderungen jeder einzelnen Cultur am vortheilhaftesten ist. Von vielen solchen Bastarden kennt man die Herkunft nicht, oder es sind die bezüglichen Angaben unvollständig oder unsicher.

Die Vorzüglichkeit und der grosse Formenreichthum unseres Getreides sind somit nur zu einem kleineren Theile als Folgen der Selection zu betrachten.

Von Rümker unterscheidet in seinem ausgezeichneten Werke: Anleitung zur Getreidezüchtung, zwischen empirischer und methodischer Zuchtwahl.[1] Die empirische Zuchtwahl ist das allgemeine Verfahren, das jeder intelligente Landwirth ausüben sollte, und dem gewisse Gegenden, wie vor Allem die Probstei, ihren Ruhm und die fast gänzliche Verwerthung ihrer Getreideernte als Saatgut verdanken. Die empirische Zuchtwahl wählt wenigstens das beste Stück der Aecker, um darauf die Saat für das nächste Jahr zu ernten. Oder die Ernte wird erdroschen, die grössten und schwersten Körner werden zur Saat aufbewahrt, indem sie durch Sieben, mit der Hand oder mit Centrifugen vom übrigen, minderwerthigen Theile getrennt werden. Drittens sortirt man nach den Aehren, indem man beim Mähen die schönsten und schwersten Aehren, welche vom festesten Halme getragen werden, in solcher Menge bei Seite legt, dass sie gerade das erforderliche Saatgut für das nächste Jahr liefern können.

---

[1] Dr. Kurt v. Rümker, *Anleitung zur Getreidezüchtung auf wissenschaftlicher und praktischer Grundlage.* Berlin 1889. Vergl. auch Risler-Rimpau, *Der Weizenbau* in der Thaer-Bibliothek. 1888.

Die empirische Zuchtwahl hat zuerst den Zweck, die Sorten rein zu halten, und die gar zu leicht eintretende Entartung durch Beimischung minderwerthiger Sorten (vergl. S. 70) zu verhindern. Bereits aus diesem Grunde sollte sie nie unterlassen werden. Dann aber hält sie die durch Zuchtwahl verbesserten Sorten auf ihrer Höhe; ohne sie würde die Sorte stets zurückgehen, und würde der Ankauf von neuem Originalsaatgut nur zu häufig nöthig sein. Endlich passt sie die Sorten an die localen Bedingungen der Cultur an; diese sind, in Rücksicht auf Boden, Klima, Düngung u. s. w. fast überall verschieden.

In gewissen Gegenden (Probstei, Ostsee, Hanna, Tirol) wird die empirische Zuchtwahl im Grossen und fast von der ganzen Getreide bauenden Bevölkerung regelmässig betrieben, oft seit mehr als einem Jahrhundert. Sie verkaufen demzufolge ihre ganze Ernte zu hohen Preisen als Originalsaatgut. Um ihren Sorten aber den guten Ruf zu bewahren, muss die Selection ohne Aufhören fortgesetzt werden. Ob dadurch die Rassen jetzt noch fortschreiten, lässt sich sehr schwer beurtheilen, namentlich da von Zeit zu Zeit durch Verbesserung der verschiedenen Selectionsverfahren wirkliche Zunahmen der Erträge erreicht werden. Eine von der Selection unabhängige Rasse ist aber bis jetzt in dieser Weise nicht entstanden.

Die methodische Zuchtwahl beruht auf einem ganz anderen Princip. Sie wird von einzelnen hervorragenden Züchtern ausgeübt und hat den Zweck, neue Rassen von hohem Culturwerth in den Handel zu bringen. Jede solche Rasse besteht aus zwei Theilen. Erstens der Stammbaum (*Pedigree*) oder die sogenannte Elite, und zweitens das Saatgut für den Verkauf und für den Betrieb.

Der Stammbaum einer jeden solchen Rasse wird von ihrem Züchter auf seinem Gute gehalten, er umfasst jährlich nur wenige oder nur wenige Hunderte von Individuen, welche aus den auserlesenen besten Samen der vorigen Generation hervorgegangen sind, und aus deren Samen wiederum nur das allerbeste zur Aussaat und zur Fortsetzung des Stammes gewählt wird. Die Handelsrasse ist nicht im eigentlichen Sinne des Wortes eine Rasse, denn ihre einzelnen Generationen gehen nicht aus einander hervor. Es sind jedesmal Seitenzweige des Hauptstammes, dessen Ernte nach Ausschuss der Elitesamen (und andererseits nach Verwerfung etwaiger minderwerthiger Körner) auf besonderen Aeckern während meist 2—3 Generationen vermehrt wird, um dann das Saatgut für den Handel zu bilden. In jedem folgenden Jahre baut der Grossbetrieb somit einen neuen Zweig des kleinen Hauptstammes an; die Verbesserungen in diesem kommen also stets erst nach 2—3 Jahren in der Grosscultur zur Verwerthung.

Es geht hieraus in einfacher Weise hervor, dass die Rasse nie von der Zuchtwahl unabhängig wird, wie eine wirkliche Art oder Unterart. Auch beim Getreide giebt es ganz vorzügliche Unterarten, welche nicht durch Selection entstanden sind, wie z. B. die älteren Sorten PATRICK SHERRIFF's; diese sind von der Zuchtwahl unabhängig, und oft so vortrefflich, dass sie von dieser auch nicht zu verbessern sind, wie z. B. der *Talavera*-Weizen. Es ist somit zwischen Arten oder Unterarten und Rassen stets scharf zu unterscheiden.

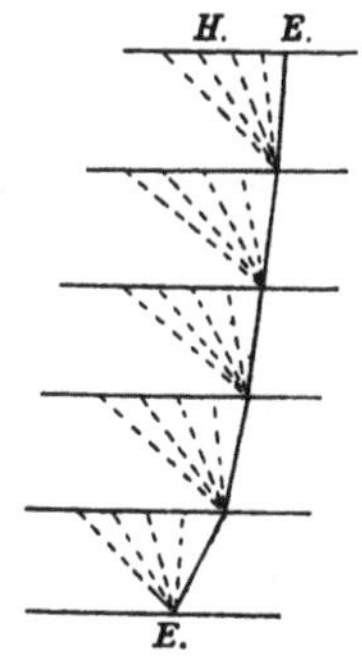

Fig. 23. Schema der Beziehung zwischen der Eliterasse und der sogenannten Handelsrasse. Die ausgezogene Linie (*E—E*) stellt den Stammbaum der Eliterasse in den aufeinander folgenden Jahren vor, die punktirten Seitenzweige liefern direct, oder nach 1—2jähriger weiterer Vermehrung die Handelswaare.

In der Grosscultur gehen die Rassen zurück, um so mehr, je höher der Grad ihrer Veredelung war; die betreffenden Samen dürfen nur ausnahmsweise als Saatgut verwandt werden.[1]

Es giebt in der methodischen Zuchtwahl zwei wesentlich verschiedene Richtungen. Ihre hervorragendsten Vertreter sind HALLET in Brighton (England) und W. RIMPAU in Schlanstedt (Sachsen), jetzt in Langenstein. Ich will versuchen, so weit es der Raum gestattet, eine kurze Uebersicht über ihre Methoden zu geben.

HALLET[2] cultivirt seine Stammrasse unter möglichst guten Bedingungen, indem er überzeugt ist, dass Düngung, freier Stand und überhaupt günstige Lebensumstände die gewünschten Variationen hervorrufen. Beim Anfang einer solchen Cultur sucht er auf dem besten Felde der betreffenden Sorte eine Aehre als die schönste aus, und säet deren einzelne Körner in guter Gartenerde möglichst früh und in grossen gegenseitigen Entfernungen aus. Er erhält dann schwere reichverzweigte Pflanzen, mit bis 100 Stengeln und bis 3000 Körnern pro Pflanze, und im Mittel etwa 100 Körnern pro Aehre. Dieser gewaltige Vorsprung dient ihm zur Verbesserung der Rasse, er geht aber selbstverständlich wieder verloren, wenn später die neue Rasse wieder auf dem Felde unter normalen Umständen cultivirt wird. In der Stammesrasse bleibt er. In dieser wird jährlich die beste Pflanze und auf dieser die beste Aehre mit vieler Sorgfalt ausgesucht; nur von dieser einen

[1] Ich komme hierauf in § 14 dieses Abschnittes ausführlicher zurück.

[2] FREDERIC F. HALLET, *On Pedigree-Wheat as a means of increasing crop. Journal of the Royal. Agricult. Soc.* Febr. 1862.

Aehre wird weiter cultivirt. Es finden dadurch regelmässige Fortschritte im Ertrag statt und diese, behauptet HALLET, bleiben später der Grosscultur in ihrer Leistungsfähigkeit erhalten.

Fig. 24. Genealogischer Weizen, HALLET's *Pedigree-Wheat,* von der breiten und von der schmalen Seite gesehen. Daneben bei *a* Körner aus solchen Aehren und bei *b* von gewöhnlichem Weizen (vergl. Fig. 21 S. 70).

Im Versuchsgarten lässt sich nun zwar die Verbesserung constatiren, nicht aber entscheiden, ob diese auch in der Grosscultur sich als solche ergeben wird. Dieses lehren die jährlich abgehenden Seitenzweige, in denen der Samen für den Verkauf, wie oben beschrieben, vermehrt wird. Nicht alle Culturen gelingen (z. B. *Original red wheat*), aber nur über die gelungenen werden ausführliche Mittheilungen gemacht.

Den Fortschritt seiner Rassen lehrt am besten das praktische Ergebniss.[1] Wissenschaftlich brauchbare Zahlen werden nur sehr wenige mitgetheilt. Mehrere seiner Züchtungen haben namentlich in England weite Verbreitung gefunden, wie z. B. HALLET's *Pedigree-Wheat, Victoria white* und *Goldendrop,* drei sehr berühmte Weizensorten. Bekannt sind ferner die Chevalier-Gerste und die Hafersorten *Pedigree white Canadian oats* und *Pedigree black Tartarian oats.*

HALLET giebt an, dass die Zunahme in jeder Rasse allmählich abnimmt, bis nach mehreren Jahren die Sorte ganz constant wird. Es bedarf dann aber selbstverständlich der unausgesetzten jährlichen Selection im Versuchsgarten, um sie auf der erreichten Höhe zu erhalten.

RIMPAU's Methode ist eine ganz andere. Er cultivirt seine Stammrasse unter Umständen, welche den normalen Lebensbedingungen auf den Aeckern möglichst ähnlich sind. Nur stehen die Pflanzen etwas weiter und werden sie in jeder Hinsicht mit mehr Sorgfalt gepflegt. Im Anfang des Versuchs sucht er auf den Aeckern eine Handvoll der besten Aehren aus, säet diese auf einem besonderen

[1] *Pedigree alone has increased my crops from 25—30%.* HALLET 1868.

kleinen Felde und sucht auf diesem jährlich wieder die besten Aehren als Saatgut für die nächste Elite-Generation aus.

RIMPAU und VON RÜMKER empfehlen ganz besonders, die durch auffallende äussere Umstände bevorzugten Pflanzen nicht für die Selection zu wählen, also namentlich nicht die Aehren an den Rändern der Aecker oder auf Geilstellen.[1] Ihre Eigenschaften seien, wenn auch noch so vorzüglich, nicht erblich. Ob diese, der Meinung HALLET's entgegengesetzte Ansicht auf Versuchen beruht, finde ich nicht mitgetheilt. Aber die Nachkommen der Aehren des Ackerrandes und der Geilstellen würden für ihre vollkommene Ausbildung ähnliche Anforderungen an Raum und Boden stellen, und es kommt gerade darauf an, eine Rasse zu erzeugen, welche solchen ausnahmsweisen Bedingungen nicht angepasst ist. Denn die Veredelung der Rassen besteht ja im Allgemeinen ganz wesentlich in der Anpassung an besondere Lebensmedien; die grosse Bedeutung der hochveredelten Rassen liegt gerade darin, dass sie die gegenwärtig so viel reicheren Düngungen besser auszunützen verstehen, als die alten Landessorten. Jede Rasse taugt nur für die speciellen Bedingungen, denen sie angepasst wurde; die Frage, wie weit sie sich in der Grosscultur verbreiten wird, hängt namentlich davon ab, über wie grosse Gegenden sie diese Bedingungen zurückfinden wird.

Fig. 25. Schlanstedter Riesenroggen, gezüchtet von W. RIMPAU. *b* Körner dieser Rasse; *c* gewöhnliche Roggenkörner bei gleicher Verkleinerung.

RIMPAU's Methode bietet also eine grössere Aussicht, als diejenige HALLET's, eine taugliche Rasse zu gewinnen. Dafür braucht sie aber auch eine längere Zeitdauer, um ihren Erfolg zu erreichen. Und auch bei ihr gelingt bei Weitem nicht jeder Versuch. So erwähnt RIMPAU z. B. speciell, dass er sich

[1] v. RÜMKER, *Getreidezüchtung.* 1889. S. 58.

vergeblich bemüht habe, den braunen sächsischen Landweizen nach seiner Methode zu verbessern.[1]

Sehr berühmt ist Rimpau's Schlanstedter Roggen (Fig. 25) geworden.[2] Dieser Versuch fing 1867 an. Als ich 1876 Herrn Rimpau auf seinem Gute Schlanstedt besuchte und er mir die Stammescultur zeigte, lieferte diese ihm bereits das Saatgut für nahezu seine ganze Domäne. Und seit 1886 setzt sie ihn in die Lage, seine ganze Ernte als Saatgut zu verkaufen.[3] Seitdem fand die Rasse sowohl in Deutschland, als auch im Norden Frankreichs allgemeine Anerkennung und Verbreitung,[4] jetzt gehört sie anerkanntermaassen zu den allerbesten europäischen Getreidesorten.[5] Aehren und Körner sind etwa doppelt so gross, wie bei anderen Roggensorten; sie reifen etwas früher und liefern, was die Hauptsache ist, pro Hectar einen wesentlich grösseren Ertrag.

Unaufhörliche Selection und gute Düngung sind aber auch hier die Bedingungen, um die Rasse auf der erreichten Höhe zu erhalten. „Düngergierigkeit" ist nach Risler-Rimpau sogar ein Merkmal veredelter Rassen, im Gegensatz zu den constanten Varietäten.[6]

Es würde sich sehr lohnen, die Erfahrungen der Züchter ausführlicher zu behandeln, und im Einzelnen zu zeigen, welche Anhaltspunkte sie bieten für die Lehre von der Entstehung der Arten. Ich muss aber hier darauf verzichten, obgleich sowohl die citirten Werke, als eine Reihe anderer Schriften manchen brauchbaren Versuch und manche gute Beobachtung enthalten. Vielleicht finde ich später Gelegenheit, darauf zurück zu kommen.

Auf die Versuche von Henri de Vilmorin, Beseler, Heine, Mokry, Drechsler, Dippe, von Proskowetz u. A. sei hier nur hingewiesen; sie führen alle zu der Ueberzeugung von dem tiefgreifenden Unterschiede zwischen Rassenverbesserung und der Bildung neuer Sorten oder Unterarten. Letztere werden aufgesucht und auf ihre Constanz geprüft, erstere werden von hochgebildeten, genialen Männern mit grosser Anstrengung und Ausdauer geschaffen.

---

[1] Risler's *Weizenbau.* S. 66, Anmerkung.
[2] v. Rümker, *Getreidezüchtung.* S. 74.
[3] *Weizenbau.* S. 65—66.
[4] Schribaux, *Seigle de Schlanstedt, Almanach du Cultivateur.* 1892. p. 66.
[5] Vergl. z. B. den Samen-Catalog von Vilmorin-Andrieux in Paris.
[6] *Weizenbau.* S. 80.

§ 13. Die Grenzen des durch die Selection Erreichbaren.

Die Selection führt nicht zur Entstehung von Artmerkmalen.[1] Sollte es mir gelungen sein zu zeigen, dass auf dem Gebiete der Pflanzenzüchtung dieser Satz den Thatsachen entspricht, so wäre damit die wesentlichste Stütze für die Selectionstheorie erschüttert. Ich möchte deshalb die wichtigsten Punkte meiner Beweisführung hier in kurzen Sätzen zusammenfassen.

1. Die lineare Variation. Die statistische Untersuchungsmethode der Variabilität wird jetzt so allgemein betrieben, dass ihre Principien wohl ohne Weiteres als bekannt und anerkannt behandelt werden dürfen. Hauptprincip bei der Ermittelung der Curven ist aber, dass die Eigenschaften nur nach zwei Richtungen variiren, nach Plus und nach Minus. Die alte, vage Vorstellung einer allseitigen Variabilität der einzelnen Charaktere ist wie von selbst verschwunden. Sowohl die Eigenschaften, welche nach Maass und Gewicht bestimmt werden, als auch jene, welche den Inhalt der meristischen Variabilität ausmachen und welche nach der Anzahl gleichnamiger Theile gemessen werden, folgen diesem Grundgesetze.

Das Bestehende kann verringert oder vergrössert werden, Neues entsteht aber dabei nicht. Die Differentiation der Organismen beruht aber im Grossen und Ganzen auf der Entwickelung neuer Eigenschaften; sie findet somit das erforderliche Material nicht in der linearen Variation der bereits vorhandenen Merkmale.

2. Die Dauer des Fortschrittes. Ganz unbegründet ist die Meinung, dass die lineare Variation in dem Sinne eine unbeschränkte sei, dass durch die Selection im Laufe der Jahrhunderte oder der Jahrtausende wichtigere Umgestaltungen zu Stande gebracht werden könnten, als im Laufe einiger weniger Jahre. Es handelt sich selbstverständlich um die Verbesserung jedes einzelnen Merkmales für sich betrachtet. Dazu aber sind vielmehr unter günstigen Bedingungen 2—3, unter gewöhnlichen aber 3—5 Generationen völlig ausreichend. Weiter fortgesetzte Selection dient einfach, um die Rasse auf der einmal erreichten Höhe zu erhalten, falls nicht besondere Umstände eintreten (vergl. Satz 6 und 7).

3. Die Grenze der Selection. Allerdings giebt es bei der Selection genau ebenso wenig eine scharfe Grenze, als bei der linearen

[1] Beim Menschen sind abnorme Merkmale fluctuirend, sie verschwinden wieder, es entsteht keine monströse Varietät. Vergl. Kollmann im *Correspondenzblatt d. deutsch. Ges. f. Anthropologie.* 1900. Nr. 1. S. 3.

Variabilität selbst. Die Grenzen der letzteren kann man „erweitern“, indem man die Anzahl der untersuchten Individuen vergrössert; es braucht aber hundertfache Vergrösserung dieser Zahl, um eine irgendwie erhebliche Verschiebung der Grenzen zu beobachten. Ebenso bei der Selection, welche ja wesentlich den Vortheil hat, die Zahl der zu untersuchenden Individuen durch Ausschluss der minderwerthigen zu verringern.

Man findet bisweilen die Ansicht vertreten, dass durch die Selection in bestimmter Richtung die Variabilität in dieser Richtung zunehmen würde. Beobachtungen oder genauere Angaben darüber fehlen, aber durch den Ausschluss der minderwerthigen Exemplare entsteht leicht scheinbar eine solche Zunahme. In den genauer bekannten Fällen findet aber stets das Gegentheil statt, der Fortschritt wird bald schwieriger, um allmählich aufzuhören.

Die Meinung Darwin's, dass Pflanzen in den ersten Jahren, nachdem sie in Cultur genommen wurden, allmählich stärker variiren, beruht wohl theils auf dem zunehmenden Umfang der Cultur, theils auf dem Auffinden bis dahin übersehener oder latenter[1] Unterarten.

4. Die Regression. Auf jede Selection folgt eine Regression, um so grösser, je schärfer die erstere war. Mag die Selection auch noch so lange anhalten, dieser stetige Rückschritt lässt nicht nach. Anscheinend geht jedesmal mehr als die Hälfte des Fortschrittes verloren. Auch verschiebt sich dabei der Nullpunkt der Scala, d. h. der mittlere Werth der betreffenden Eigenschaft, so weit wir wissen, nicht; die Regression zielt immer wieder auf die ursprünglichen Artmerkmale. Doch komme ich hierauf im nächsten Paragraphen zurück.

Im Allgemeinen kann man sagen, dass im besten Falle nicht viel mehr als eine Verdoppelung, oder andererseits als eine Halbirung des ursprünglichen Werthes erreicht wird. Meistens muss man mit viel geringeren Verbesserungen zufrieden sein.[2] Das auffallendste Beispiel der Variabilität, die Zunahme der Fleischigkeit von Früchten und Wurzeln, bildet nur eine scheinbare Ausnahme.[3]

5. Unbeständigkeit der Rassen. Die Hauptdifferenz zwischen veredelten Rassen und Arten, auch den kleinsten elementaren Arten, ist die Unbeständigkeit der ersteren und die Beständigkeit der letzteren. Die durch Züchtung entstandene Rasse wird nur durch Züchtung

[1] Vergl. den betreffenden Abschnitt im zweiten Bande.

[2] Vergl. auch die entsprechenden Zahlen bei Wallace, *Darwinism.* S. 81.

[3] Die Holzäpfel sind mehr als halb so gross als unsere meisten Speiseäpfel.

aufrecht erhalten; es kostet dieselbe Mühe, sie zu erhalten, als sie auszubilden. Hört die Züchtung auf, so hören auch die Rassenmerkmale auf, und zwar innerhalb etwa derselben Zeitdauer, welche für die Entstehung der Rasse erforderlich war, also innerhalb einiger weniger Generationen.

6. Stetige Verbesserung der Selectionsmethode. Die Praxis bedarf im Allgemeinen eines steten Fortschrittes, theils zur wirklichen Verbesserung der Waare, theils als Handelsreclame, um nicht von Anderen überflügelt zu werden. Sie erreicht dieses mit verschiedenen Mitteln, unter denen die Verbesserung der Selectionsmethode und die Züchtung nach so vielen Merkmalen wie nur möglich für uns die wichtigsten sind. Jede Verbesserung in der Methode gestattet eine schärfere Auslese; bleibt nachher diese Auslese dieselbe, so bleibt auch die Grenze des Erreichten constant.

7. Allseitige Verbesserung. Wissenschaftliche Versuche sollten sich womöglich auf je eine einzige Eigenschaft beschränken. Aber die Gesetze der Correlation erlauben nur selten, diese Vorschrift genau zu befolgen. Und gleichfalls zwingen die Versuchsbedingungen zu einer Art unwillkürlicher Selection, ähnlich der sogenannten natürlichen Auslese auf den Aeckern, oder sie lesen gar selbst aus, indem sie die stärkeren zur Blüthe gelangen lassen und die schwächeren nicht. Der praktische Züchter aber richtet sein Augenmerk auf möglichst zahlreiche Eigenschaften. Und dadurch wird es wesentlich bedingt, dass seine Versuche so viel länger dauern. Denn bei demselben Umfange der Cultur braucht man, um auf zwei Merkmale zu züchten, genau doppelt so viele Generationen, als für eine einzige Eigenschaft, wie eine einfache Berechnung zeigen kann. Auf je mehr Charaktere man achtet, um so langsamer wird man sich also der endlichen Grenze nähern.

8. Anpassung an besondere Culturbedingungen. Jede veredelte Rasse ist an specielle Lebensmedien angepasst, an Boden, Klima und Düngung. Sie sind daher sowohl local, als auch anspruchsvoll. Viele englische Rassen ertragen das deutsche Klima nicht; die meisten amerikanischen Obstbaumsorten gedeihen in England nicht, u. s. w. Viele Rassen taugen nur für kleine Gegenden oder sogar für einzelne Wirthschaften. In Bezug auf Boden und Dünger haben sie ihre ganz bestimmten Ansprüche, und nur wenn diesen genügt wird, darf man auf die versprochenen Ernten rechnen. Sie verhalten sich genau wie die localen oder Standortsrassen unserer wilden Gewächse.

9. Natürliche Auslese auf dem Acker. Diese Erscheinung, von so grosser praktischer Bedeutung, wird bei der wissenschaftlichen

Verwerthung der Ergebnisse gar häufig viel zu wenig berücksichtigt. Kälte, Fröste, Feuchtigkeit, dichter Stand, zu spätes Reifen u. s. w. züchten auf dem Acker ebenso tüchtig, wie der beste Züchter. Bisweilen wirken sie mit ihm in gleicher Richtung, meist aber in entgegengesetztem Sinne. Bei der Acclimatisation wirken sie häufig mit, indem sie nur die das neue Klima ertragenden Individuen schonen, ebenso bei der Reinerhaltung gewöhnlicher Landesrassen. Bei der Cultur besserer Sorten und der empirischen Zuchtwahl dürfte die Arbeit des Züchters zumeist wohl einfach darin bestehen, die schädlichen Wirkungen der natürlichen Auslese aufzuheben. Halten Natur und Kunst einander das Gleichgewicht, so bleibt die Rasse in derselben Tüchtigkeit erhalten. Bei der methodischen Zuchtwahl der hochveredelten Rassen wirkt die Natur fast ausschliesslich dem Züchter entgegen, indem sie stets die kräftigeren, minderwerthigen Individuen bevorzugt. Die Aufgabe des Züchters ist also erstens, seine Rasse zu erhalten, und zweitens, sie zu verbessern.

§ 14. Das Verhalten der veredelten Rassen beim Aufhören der Selection.

Sobald die Selection aufhört, gehen die guten Eigenschaften einer veredelten Rasse wiederum verloren. Was durch angestrengte Arbeit von vielen Jahren erreicht worden ist, kann in wenigen Generationen völlig verschwinden. Die hervorragendsten Züchter warnen davor, die Auslese in keiner einzigen Generation zu vernachlässigen. Ebenso muss das einmal gewählte Princip der Auslese durchaus festgehalten werden, sonst ist nichts zu erreichen.

Zu einem völligen Rückschritt braucht es gar nicht einer langen Reihe von Jahren. Ebenso wenig kann auch die am längsten fortgesetzte Zuchtwahl die Gefahr eines solchen Rückschrittes aufheben oder auch nur vermindern. Während der Züchter mit Aufwand von vieler Mühe, vieler Zeit und mit Aufopferung einer grossen Anzahl von Individuen eine gewisse Gruppe von Merkmalen berücksichtigt und verbessert, greift die Natur in alle Eigenschaften ein, und scheidet aus, was in irgend einer Hinsicht die individuelle Kraft herabsetzt.

„Je höher und edler die Culturform gezogen ist, desto weniger darf eine Unterbrechung der künstlichen Zuchtwahl stattfinden," sagt v. Rümker am Schlusse seiner so lehrreichen Auseinandersetzungen über diese, sowohl praktisch als auch wissenschaftlich keineswegs leichte Frage.[1] Die fortgesetzte Zucht befestigt somit keineswegs

[1] v. Rümker, *Anleitung zur Getreidezüchtung.* 1889. S. 81. Vergl. auch Lindley, *Theory of Horticulture.* 1840. S. 314.

den ausgewählten Charakter, sondern indem sie die Rasse immer mehr vom ursprünglichen mittleren Typus entfernt, vergrössert sie stetig die Gefahr der Regression. Unaufhörlich bleibt die Veredelung von der Zucht abhängig, stets strebt die Natur danach, dem ursprünglichen mittleren Charakter wieder die Oberhand zu geben. Dieser bildet die Gleichgewichtslage, aus der die Kunst eine Pflanze auf gewisse Zeit, nicht aber für die Dauer, herauszubringen vermag.

Fig. 26. *Triticum turgidum compositum*, verzweigter, Wunder- oder Smyrna-Weizen.

Ueber den Rückgang der Veredelung liegen einige wenige Versuche vor, von denen es sich lohnt, die folgenden anzuführen.

Erbsen, mehrere Jahre auf warmem, trockenem Boden cultivirt, reifen ihre Samen regelmässig in kurzer Zeit, z. B. in vierzig Tagen; säet man diese in anderem Boden oder anderem Klima, so behalten sie die Eigenschaft der Frühreife im ersten Jahre bei, werden in den nächsten Jahren aber wieder langlebiger.[1] Durch eine Auslese weniger Generationen hat Buckman bekanntlich die cultivirte Pastinake in die wilde Form zurückgeführt; innerhalb drei Generationen konnte Watson mit dem schottischen Kohl dasselbe erreichen. Darwin sagt dazu: Mit Hülfe einer geringen Zuchtwahl, die wenige Generationen hindurch auszuüben wäre, könnten die meisten unserer cultivirten Pflanzen wahrscheinlich zu einem wilden oder nahezu wilden Zustande zurückgeführt werden.

Schübeler's Versuche über die Verschiebung der nördlichen Grenze der Getreidecultur in Norwegen habe ich bereits oben erwähnt. Er fand, dass, wenn man die auf der Grenze gezüchteten, also kurzlebigen Formen nach einigen Jahren wieder in ihre Heimath zurückführt, sie auch dort früher reifen und schwerere Samen trügen, als die in der Heimath gebliebenen Formen der nämlichen Sorten. Aber nach einigen Generationen verschwindet dieser Unterschied.

Obstbäume kehren bei Aussaat rasch zu dem ursprünglichen

[1] Darwin, *Das Variiren.* II. S. 42.

wilden Typus zurück, die Olive wird zum Oleaster, Aepfel und Birnen geben kleinere und weniger saftige Früchte, Kastanien werden ganz ungeniessbar.[1] Doch sind diese Verhältnisse bis jetzt noch viel zu wenig untersucht worden.

Betraf die Veredelung nicht eine sogenannte Art, sondern eine Unterart, so kehrt die Form beim Aufhören der Selection nach dem mittleren Typus der Unterart zurück, und nicht oder nur scheinbar nach demjenigen der Grossart. Gefüllte Balsaminen und Ranunkeln werden weniger gefüllt, *Triticum compositum turgidum* (Fig. 26) wird weniger verzweigt, die Hahnenkämme, *Celosia cristata* werden viel ärmer an Kämmen. Aber die Füllung, Verzweigung und Fasciation gehen nie völlig verloren, und sollten sie einzelnen Individuen anscheinend ganz mangeln, so kommen sie aus deren Samen doch stets wieder zurück. Ebenso verhält es sich nach meinen Versuchen beim *Papaver somniferum polycephalum* und bei *Trifolium pratense quinquefolium*. Die stark veredelten Formen dieser Pflanzen verlieren beim Aufhören der Selection den hohen Grad der Veredelung sehr leicht, nicht aber das ganze Merkmal.

Ich habe früher (S. 52 Fig. 17 und 18) über einen ausführlichen Versuch berichtet, den ich mit Mais angestellt habe. Durch Auswahl der Kolben mit den meisten Körnerreihen hatte ich von 1886—1891 aus der gewöhnlichen Form mit meist 12—14 Reihen, eine Rasse gezüchtet, welche im Mittel 20 Reihen hatte, eine Zahl, welche die ursprüngliche Form nur höchst selten erreicht. Von 1892—1896 erhielt ich die Rasse durch fortgesetzte Selection auf ungefähr derselben Höhe. Von 1897—1899 wählte ich die Kolben mit der geringsten Reihenzahl aus. 1897 hatte ich von einem sechzehnreihigen Kolben gesäet, das Mittel der erhaltenen Ernte lag aber noch auf 20. Im nächsten Jahre, 1898, lag das Mittel der Ernte auf 18, und 1899 auf 14—16 Reihen. In drei Jahren war also der ganze Einfluss der früheren Züchtung verschwunden.

Nachbau. Auf diesem Rückschritte beim Aufhören der Selection beruht der bereits mehrfach erwähnte principielle Unterschied zwischen den hochveredelten landwirthschaftlichen Rassen und den sogenannten Varietäten oder Unterarten. Die rationelle Wirthschaft bezieht ihr Saatgut direct von der Quelle, wo es, sei es durch methodische Auslese, sei es durch empirische Zuchtwahl, oder auch nur durch die besonders günstigen Bedingungen von Klima und Boden, welche als eine Art natürlicher Auslese wirken, auf der grösstmöglichen Höhe

[1] De Candolle, *Origine des plantes cultivées.* p. 372.

der Leistungsfähigkeit erhalten wird. Solche Originalsaat ist selbstverständlich theuer. Man baut daher vielfach auch das in erster oder zweiter Generation von diesem gewonnene Saatgut sowohl beim Getreide, als namentlich auch beim Lein.[1] Länger aber halten die guten Eigenschaften nicht nach, und es liegt im Interesse eines hohen Ertrages, jedesmal wiederum neue Originalsaat zu beziehen.

Originalsaat und Nachbau können im Ertragswerthe somit etwas ganz Verschiedenes sein.[2] Der Unterschied ist um so grösser, je verschiedener die Culturverhältnisse, und je länger der Nachbau von demselben Samen ausgeübt wird. Im ersten Jahre behält die Sorte ihre guten Eigenschaften bei; sobald aber die Lebensbedingungen andere werden, oder auf die Herrichtung des Saatgutes nicht dauernd dieselbe Aufmerksamkeit verwendet wird, wie am Orte ihrer Entstehung, lassen die Vorzüge nach.

Samenwechsel ist in der landwirthschaftlichen und gärtnerischen Praxis sehr üblich. Ueber seine Bedeutung scheint aber noch viel Unsicherheit zu herrschen; auch scheint er in verschiedenen Fällen verschiedenen Zwecken zu dienen.

In den am besten bekannten Fällen schliesst sich diese Handlung aber genau den oben aus einander gesetzten Principien des Originalsaatgutes und des Nachbaues an. Seine Samen wechselt der kleine Landwirth und der Gärtner einfach dadurch, dass er nicht weiter von der eigenen Ernte säet, sondern neuen Samen kauft. Das heisst also, dass er vom Nachbau zum Originalsaatgut zurückkehrt. Diese Gewohnheit ist eine sehr alte. So sagte z. B. Munting bereits 1671[3] vom Blumenkohl und vom Savoy-Kohl, dass das eigene Saatgut nichts tauge, sondern dass man Samen aus Italien beziehen müsse. Jordan hat vielfach Gemüsesamen gesäet zu dem Zwecke, sie entarten zu lassen und regelmässig eine baldige Rückkehr zu wilden Typen beobachtet.[4] Lindley betont in seiner bereits citirten *Theory of Horticulture,* dass die besten Samenhändler den Samen für ihre frühen Sorten von einjährigen Pflanzen von wärmeren und mehr trockenen Gegenden beziehen.

Risler sagt hierüber:[5] „Wenn ein Landwirth den Anbau von Weizenvarietäten versucht, welche anderwärts gut gediehen, aber für ihn und seine Gegend neu sind, so thut er gerade das Gegentheil

[1] Langethal, *Landwirthschaftliche Pflanzenkunde.*
[2] v. Rümker, *Der wirthschaftliche Mehrwerth.* l. c. S. 136.
[3] Abraham Munting, *Waare Oeffeninge der Planten.* p. 319.
[4] *Arbres fruitiers.* 1853. p. 57.
[5] *Weizenbau.* S. 79.

von der Zuchtwahl.“ Die Varietäten sind dem Boden und dem Klima ihres Ursprungsortes angepasst. Indem man sie zur rechten Zeit einführt, kann man unmittelbar von aller Arbeit Nutzen ziehen, durch welche dieselben vervollkommnet wurden, und so sehr schnell zu vorzüglichen Resultaten gelangen; aber auf die Dauer werden sie nur gedeihen, wenn sie ungefähr dieselben Bedingungen vorfinden.

J. H. VAN MANSHOLT, einer der ausgezeichnetsten Niederländischen Züchter, hat im Jahre 1894 eine Uebersicht über den Samenwechsel in seinem Vaterlande gegeben. Es giebt gewisse Gegenden, in denen bestimmte Getreidesorten ihre vorzüglichen Eigenschaften unausgesetzt behalten; von diesen beziehen die anderen, weniger glücklichen Gegenden ihr Saatgut. So behält z. B. der Zeeländer Weizen nur in Zeeland seine schöne weisse Farbe, in Groningen und Friesland geht diese Eigenschaft jedesmal nach wenigen Generationen verloren. Leinsamen wird von Riga bezogen und nur ausnahmsweise kann davon während drei oder vier Jahren nachgebaut werden, denn bald tritt Degeneration ein, namentlich nimmt der Widerstand gegen Krankheiten ab. Eine lange Reihe weiterer Beispiele führt zu der Folgerung, dass ganz allgemein in den nicht besonders bevorzugten Gegenden der wiederholte Bezug neuen Saatgutes aus besseren Landestheilen unerlässlich ist.

Zwischengenerationen sind namentlich beim Rübenbau üblich. Zwischen der Ernte der Samen der polarisirten Rüben und dem Verkauf der Samen wird eine, oder werden bisweilen zwei Generationen eingeschoben. Der Zweck ist, die Samen so stark zu vermehren, dass die hohen Kosten des Polarisationsverfahrens und der Auslese den Preis des Saatgutes nicht übermässig erhöhen.

Denn je strenger die Auslese gehandhabt wird, desto kleiner ist naturgemäss die Zahl der Eliterüben, desto kleiner ist dementsprechend das von diesen erzeugte Samenquantum. Dieses Quantum muss somit erst vermehrt werden, und zwar muss dieses in möglichst kurzer Zeit geschehen, damit nicht zu viele Generationen zwischen den Eliten und ihrem Nachbau zu Fabrikzwecken liegen, weil sonst die Degeneration zu gross würde. Um dieser Degeneration möglichst vorzubeugen, bedient man sich eines eigenthümlichen Mittels. Die Samenträger werden nicht in den üblichen Entfernungen cultivirt, sondern so dicht neben einander, dass ihre Rüben etwa nur fingerdick werden. Sie treiben dann nur wenig verzweigte Stengel, und bilden nur die besten Samen aus, denn die Samen der schwächeren, an normalen Samenrüben so überaus zahlreichen Nebenzweige sind bekanntlich minderwerthig. Es findet durch diese Cultur eine sehr starke Samenauslese statt, viel besser, als sie mit Sieben oder Centrifugen erreicht werden könnte, und es scheint, dass diese Auslese die Nachtheile der Degeneration durch das Wegfallen der Zuchtwahl nach dem Zuckergehalte, ganz oder doch nahezu ganz aufhebt.

Zwischengenerationen sind selbstverständlich sehr häufig unerlässlich, namentlich auch beim Getreide. Je kleiner der Umfang der Stammrasse, und je grösser der Saatgutverkauf ist, um so stärker muss die Saat vermehrt werden. Mehr als 2—3 Zwischengenerationen scheint aber keine Cultur zu ertragen. Auch müssen diese mit ganz besonderer Sorgfalt gepflegt werden, sonst würden sie ihren Rassenwerth dennoch verlieren.

Schluss. Ueberall in der Landwirthschaft beruht die Cultur auf dem Satze von der Unbeständigkeit der Rassen. Ueberall ist Originalsaat dem Nachbau überlegen, wenn auch nicht im ersten Jahre, so doch regelmässig im zweiten oder dritten. Keine, auch noch so lange Dauer der Veredelung ist im Stande, diesen Nachtheil aufzuheben.

IV. Einige Streitfragen aus der Selectionslehre.

§ 15. Erworbene Eigenschaften und Ernährungsmodificationen.

Es ist nicht meine Absicht, die vielumstrittene Frage nach der Erblichkeit erworbener Eigenschaften hier gründlich zu erörtern. Ich wünsche nur zu zeigen, wie eine genaue Unterscheidung zwischen Selectionstheorie und Mutationslehre hier in hohem Grade zu einer Vereinfachung, vielleicht sogar einmal zu einer befriedigenden Lösung der Probleme wird führen können.

Es handelt sich ja im Wesentlichen um einen Wortstreit. Je nachdem man seine Definition für erworbene Eigenschaften wählt, betrachtet man sie als erblich oder nicht.

Versuchen wir es deshalb, auf Grund der im vorigen Kapitel erreichten, auf den Thatsachen gegründeten Einsicht in das Wesen der Selection und der veredelten Rassen, zu einer möglichst klaren Fragestellung auf diesem Gebiete zu gelangen.

Die Mutationen fallen offenbar ausserhalb des Begriffes der erworbenen Eigenschaften. Darüber scheint mir ein Zweifel überhaupt unmöglich. Sie treten plötzlich, unvermittelt und ohne Beziehung zu der Lebenslage auf; sie sind Keimvariationen im reinsten Sinne des Wortes.

Da nun nach der Mutationshypothese die Arten durch solche Mutationen entstanden sind, stellen bei dieser Ansicht die Artmerkmale selbstverständlich nie erworbene Eigenschaften dar. Die ganze vergleichende Biologie und Descendenzlehre fallen somit auch ausserhalb des Gebietes der erworbenen Eigenschaften.

Die Lehre von diesen Eigenschaften liegt also auf dem Gebiete der Variabilität im engeren Sinne, der individuellen, fluctuirenden oder statistischen Variabilität, oder wie man sie nennen will. Sie liegt innerhalb der Grenzen der Arten, auch wenn man diese Grenzen so enge zieht, dass sie nur die reinen, elementaren Arten von einander trennen.

Aber auch innerhalb dieser Grenzen giebt es Erblichkeit.[1] Die Familiencharaktere, die veredelten Rassen der Züchter und die wenigen vorliegenden wissenschaftlichen Selectionsversuche beweisen dieses ganz offenbar.

Ob die Variationen durch äussere oder innere Ursachen bedingt sind? „Zu guter Letzt liegen die Ursachen natürlich in äusseren Einwirkungen," sagt PLOETZ.[2] Für das statistische Studium ist es allerdings bequemer, zunächst auf die Beziehung zu den Lebensmedien zu verzichten und anzunehmen, dass die Variationen nicht mit Abänderungen der äusseren Lebensbedingungen in zeitlichen oder causalen Zusammenhang zu bringen sind.[3] Eine solche Annahme ist aber offenbar nur eine vorläufige, zur besseren Beherrschung der zu studirenden Erscheinungen eingeführte.

Ueberhaupt spricht sehr Vieles dafür, dass die individuellen Variationen durch äussere Einflüsse bedingt sind. Und wenn dem so sein sollte, so würden sich die Begriffe dieser Variationen und der erworbenen Eigenschaften in den wesentlichsten Punkten decken. Denn erworben nennt man fast allgemein die Eigenschaften, welche der directen Einwirkung der Umgebung auf den fraglichen Organismus zugeschrieben werden.[4]

---

[1] Von Verwundungen oder Verstümmelungen soll hier nicht die Rede sein. Sie vererben sich *perhaps exclusively when followed by disease*, wie DARWIN sagte (Var. II. 57), also durch Ansteckung.

[2] ALFRED PLOETZ, *Die Tüchtigkeit unserer Rasse und der Schutz der Schwachen.* 1895. S. 82. Vergl. auch S. 90. Ebenso *Intracellulare Pangenesis.* S. 29.

[3] G. DUNCKER, *Die Methode der Variationsstatistik.* ROUX's *Archiv f. Entwick. mech. d. Org.* Bd. VIII. I. p. 115. (1899.)

[4] Andere Fassungen der Definition, namentlich diejenige, welche den Begriff der Keimbahnen enthalten, führen leicht zu Missverständnissen. Vergl. *Intracellulare Pangenesis* S. 206 und *Kruidkundig Jaarboek.* Bd. I. 1889. p. 152.

Den erworbenen Eigenschaften, wie man sie namentlich in der Zoologie und Anthropologie nennt, stehen auf botanischem Gebiete die sogenannten Ernährungsmodificationen zur Seite.

Versuchen wir, beide Gruppen von Erscheinungen mit einander zu vergleichen.

Man findet in der Literatur häufig, dass ein Unterschied gemacht wird zwischen sogenannten Ernährungsmodificationen und individuellen Variationen. Die ersteren sollen nicht erblich sein und somit auch kein Material für die Selection bilden können. Die letzteren rühren aus unbekannten Ursachen her, sollen erblich und durch Selection fixirbar sein.

Die Erscheinung der Ernährungsmodificationen ist sowohl in der Landwirthschaft als im Gartenbau eine sehr bekannte. Die Ränder der Aecker und die Geilstellen (zu stark gedüngte Stellen) tragen zu üppige Pflanzen. Andererseits pflegt das im Hochsommer keimende Unkraut kleine Pflänzchen hervorzubringen, welche es nach wenigen Blättern zur Ausbildung einzelner Blüthen und Samen bringen. Auch die Culturpflanzen bilden mitunter an trockenen oder nahrungsarmen Stellen oder bei verspäteter Keimung solche Kümmerlinge. Neben reichverzweigtem *Datura*, neben meterhohem *Amarantus*, neben normalem Buchweizen oder vielblüthigem Mohn sieht man häufig einzelne Exemplare, welche oft nur 1 Decimeter hoch, unverzweigt oder fast unverzweigt, kleinblüthig und wenigblüthig sind, welche aber dennoch einzelne Samen zu reifen im Stande sind.

Sucht man nach den Gründen für die namhaft gemachte Unterscheidung zwischen Ernährungsmodificationen und individuellen Variationen, so findet man solche nur selten angegeben. Und wo es der Fall ist, hat es allen Anschein, dass gewisse Unsicherheiten über die Bedeutung des Wortes „Erblichkeit“ Schuld tragen. Die Ernährungsmodificationen sind erhebliche Abweichungen und gehen also bei der Aussaat, in Folge des Regressionsgesetzes, sehr stark zurück; sie ähneln aber den spontanen oder Sprungvariationen, von denen man wenigstens einen sehr hohen Grad von Erblichkeit zu erwarten pflegt. Daher mag die Auffassung rühren, dass sie nicht erblich seien.

Die gewöhnlichen Variationen haben selbstverständlich auch Ursachen, und diese liegen in letzter Instanz natürlich auch in äusseren Einflüssen. Also in der Ernährung, wenn man mit dem alten Sprachgebrauch dieses Wort in seinem weitesten Sinne auffasst.

Nach meinen bisherigen Erfahrungen scheint mir der fragliche Unterschied nicht berechtigt zu sein. Bedeutende Aenderungen in der Ernährung geben erhebliche Umgestaltungen mit starker Regression. Und da die Abhängigkeit von der Ernährung bestehen bleibt, wird eine veränderte Düngung in der nächsten Generation den Erfolg selbstverständlich beeinträchtigen.

Die Ernährung im weitesten Sinne, die Lebenslage, wie man sie nennen kann, beherrscht nach meiner Ansicht das ganze Gebiet der individuellen Variabilität.[1] Jede Eigenschaft variirt nur nach Plus oder nach Minus. In der einen Richtung wirken günstige, in der anderen ungünstige Lebenseinflüsse. Und auf die Frage, welche Einflüsse besonders günstige sind, kommt es gar nicht an, wie bereits der Engländer KNIGHT betont hat. „Ueberfluss von Nährstoffen ist der mächtigste Factor der Variabilität, die Art der Nährstoffe kommt dabei nicht in Betracht,“ sagte er. Vielleicht gelingt es der späteren Forschung, die einzelnen Factoren des Lebensmediums in ihrer Wirkung getrennt zu studiren, vorläufig müssen wir damit zufrieden sein, ihre Gesammtwirkung zu beobachten.

Zwischen diesen Ernährungsmodificationen und den individuellen Variationen im engsten Sinne eine Grenze zu ziehen, ist einfach unmöglich. Es giebt alle Uebergänge, in denen der Einfluss der äusseren Umstände von ganz auffallend, wie er bei den ersteren Erscheinungen ist, allmählich zurückzutreten scheint. Aber es handelt sich nur um einen trügerischen Schein; je genauer man die Sache untersucht, um so mehr findet man überall eine Beziehung der Variabilität zu der wechselnden Einwirkung der Lebensmedien.

In der gärtnerischen Praxis ist es wohl bekannt, dass üppige und möglichst abgewechselte Bedingungen zur Häufung und Vermehrung der individuellen Unterschiede führen, während einfache und einförmige Umstände diese nach und nach verschwinden lassen und also die Gleichförmigkeit aller Exemplare befördern.[2]

Ebenso bekannt ist es, dass die Kümmerlinge den Merkmalen der Varietät, zu der sie gehören, keineswegs untreu werden, dass sie aber in Bezug auf manche Erscheinungen der fluctuirenden Variabilität sich gar häufig als Minusvarianten darthun.

Genauere Untersuchungen werden ohne Zweifel ganz allgemein einen Parallelismus zwischen echten, individuellen Variationen und Ernährungsmodificationen auffinden lassen. Sehr lehrreiche Experimente sind in dieser Richtung namentlich von MAC LEOD gemacht wordon. Er verglich die Zahl der Randblüthen der gewöhnlichen Kornblume (*Centaurea Cyanus*) auf üppigen und auf kümmerlichen

[1] *L'Unité dans la Variation. Revue de l'Université de Bruxelles.* III. 1898.
[2] *Intracellulare Pangenesis.* S. 30.

Exemplaren und fand eine fast genaue Uebereinstimmung: Je kräftiger die Pflanze, um so reicher ist ihre Blüthe (Endkörbchen des Hauptstengels) an Randblüthen. Die Ueppigkeit der Pflanze ist aber direct von der Ernährung abhängig und somit dürfen wir solches auch für die Zahl der Randblüthen folgern. Genau dasselbe gilt für die Scheibenblüthen, und dasselbe Gesetz bestätigt sich bei der Vergleichung kräftiger und schwächerer Zweige auf einer und derselben Pflanze.[1]

Wir folgern also, dass, sobald die Mutationen völlig ausgeschieden sind, die erworbenen Eigenschaften, sowie die Ernährungsmodificationen sich als individuelle Variationen ergeben. Der einzige Unterschied ist, dass sie in weit auffälligerer Weise von äusseren Ursachen abhängig sind.

§ 16. Ueber die Vererbung erworbener Eigenschaften.

Herbert Spencer ist der geniale Vertheidiger der Lehre von der Erblichkeit erworbener Eigenschaften.[2] Er gründet sich auf die ganz allgemeine Beobachtung, dass die Verschiedenheiten der Organismen innerhalb jeder Art von den Lebensmedien bedingt werden und dass diese Verschiedenheiten erblich sind.

Im vorigen Paragraphen haben wir gesehen, wie die erworbenen Eigenschaften sich als individuelle Abweichungen von den mittleren Eigenschaften des betreffenden Typus ergeben. Die Frage nach ihrer Erblichkeit ist also von diesem Gesichtspunkte zu beurtheilen.

Die Erblichkeit auf dem Gebiete der individuellen Variabilität kennzeichnet sich derjenigen auf dem Gebiete der Mutabilität gegenüber durch zwei Erscheinungen: die Regression und die Steigerung durch Selection.

Die Mutationen sind erblich und gewöhnlich sofort nach ihrem Auftreten constant. Rückschläge zu der früheren Form fehlen dabei allerdings nicht; sie sind aber meist sehr selten und finden als Sprünge statt, ohne Vermittelung. Man nennt das Atavismus.

Die Variationen oder Abweichungen vom Mittel des Typus sind in ganz anderer Weise erblich. Die Kinder weichen im Durchschnitt bedeutend weniger vom Typus ab als die Eltern; dagegen pflegen

---

[1] J. Mac Leod, *Over de veranderlykheid van het aantal randbloemen by de Korenbloem. Handelingen Vlaamsch Natuurk. Congres.* 1899.

[2] Vergl. namentlich dessen verschiedene Aufsätze in *The contemporary Review.*

einzelne stärker abzuweichen, und mittels deren Nachkommenschaft kann man die Abweichung vergrössern.

Bei der Frage nach der Erblichkeit erworbener Eigenschaften handelt es sich also nicht um eine absolute Constanz, sondern um eine nach GALTON's Regel meist etwa $^2/_3$ betragende Reduction. Auf der anderen Seite bildet die Steigerung der Abweichung durch Selection ein Mittel, die Erblichkeit zu beweisen.

Die Frage, ob solche Variationen erblich sind, fällt somit zusammen mit derjenigen, ob sie durch Selection verstärkt werden können. So weit mir bekannt, liegen noch keine Versuche vor, in denen die Unmöglichkeit der Steigerung irgend welcher individuellen Variationen nachgewiesen wurde.

Die sogenannten anerzeugten Eigenschaften, welche man den erworbenen gegenüber zu stellen pflegt und welche manche Verfasser ihnen gegenüber als erblich betrachten, sind offenbar einfach Abweichungen vom Durchschnitt, welche die Vorfahren zwar besassen, welche sie aber selbst unter dem Einfluss äusserer Bedingungen erworben haben. Es würde zu weit führen, hier diesen Gedanken auszuarbeiten, aber zur Klärung der Frage dürften auf diesem Wege wichtige Stützen zu erreichen sein.

Fasst man die individuellen Variationen als allgemein durch die Lebenslage oder durch die Ernährung im weitesten Sinne bedingt auf, so gelangt man zu dem Satze, dass die Selection die Wahl der am besten ernährten ist.[1] Offenbar kann die Ernährung ihre volle Wirkung nicht in einer einzigen Generation erreichen. Die Samen reifen auf der Mutterpflanze; im reifenden Samen durchläuft das junge Individuum einen sehr wichtigen, namentlich sehr empfindlichen Abschnitt seiner Entwickelung. In dieser Zeit ist es offenbar von dem Ernährungszustande der Mutter abhängig. Nur wenn die Mutter selbst eine kräftige, aus kräftigem Samen hervorgegangene Pflanze ist, kann sie ihre Samen zu vollster Entwickelung bringen. Es braucht somit einige Generationen, um den Einfluss der Lebensmedien zur vollsten Geltung kommen zu lassen. Und in so weit Variationen durch die Ernährung bedingt sind, in so weit können sie durch die Selection der am besten ernährten Individuen im Laufe einiger Generationen verstärkt oder accumulirt werden.[2]

---

[1] Es ist nicht als unmöglich zu betrachten, dass sogar Uebung einer dadurch bedingten besseren, localen Ernährung einen Theil ihrer Erfolge verdanke.

[2] *L'Unité dans la Variation.* p. 21—22. (*Revue de l'Université de Bruxelles.* Tome III. 1898. Avril.)

Die Auseinandersetzungen dieses Paragraphen sollten dazu beitragen, eine Klärung der Frage nach der Erblichkeit erworbener Eigenschaften auf Grund der kritischen Sichtung der Selectionstheorie herbeizuführen. Sie eröffnen ausserdem, nach meiner Ansicht, den Weg, durch experimentelle Untersuchungen der Sache näher zu treten. Es handelt sich dabei zunächst um den Nachweis, dass Variationen, welche von den Lebensmedien direct und in hohem Grade abhängig sind, durch Selection in der gewöhnlichen Weise verstärkt resp. geschwächt werden können.

Zum Schlusse soll dieses, in Ermangelung ausführlichen Beweismateriales, durch ein Beispiel erläutert werden. Ich wähle dazu die Polycephalie von *Papaver somniferum.*[1]

Es giebt eine Varietät oder Unterart dieser vielgestaltigen (sogenannt sehr variablen, aber in allen ihren Formen sehr constanten) Art, welche sich durch die Umwandlung der inneren Staubgefässe in Carpelle auszeichnet. Sie wird unter den Namen *P. s. monstruosum* oder *P. s. polycephalum* in sehr vielen Gärten cultivirt (Fig. 27). Sie ist nach meinen Erfahrungen völlig constant und höchst variabel (Fig. 28). Die Anzahl ihrer überflüssigen Carpelle kann bis zu 150 und mehr heransteigen, und sich bis auf ganz einzelne, sehr kleine Rudimente vermindern, vollständig fehlt die Eigenschaft aber, soweit meine Erfahrung reicht, nie.

Die Variabilität des fraglichen Merkmales ist in hohem Grade von den Lebensmedien abhängig. Aus den Samen von Früchten mit schöner Carpellenkrone kann man willkürlich gute oder schlechte Erben erzeugen. Je günstiger die Umstände sind, um so zahlreicher werden die Neben-Carpelle. Selbstverständlich kann man auf einem Beete die Umstände nicht für jede Pflanze gleich gut machen, denn bereits zur Zeit der Keimung finden Unterschiede in Beleuchtung, Feuchtigkeit, Dünger u. s. w. statt, deren Einfluss in der Regel sich später nicht ausgleicht, sondern die Unterschiede immer grösser werden lässt. Es handelt sich also bei vergleichenden Versuchen um die Mittelwerthe ganzer Beete. Es zeigt sich dann, dass gute Erde, starke Düngung, sonnige Lage, gleichmässige Feuchtigkeit und vor Allem ein weiter Stand die Anzahl der Carpelle pro Pflanze vergrössern, während sandiger Boden, Beschattung, Kälte, Trockenheit und dichter Stand diese Anzahl herabsetzen, und zwar in sehr erheblichem Maasse; die kräftigsten Individuen haben eine volle Krone, die Kümmerlinge fast keine Spur der Monstrosität.

Sucht man nun auf den Beeten die besten Erben für Zucht-

[1] *Alimentation et sélection.* Volume jubilaire de la Société de Biologie. Paris 27. Déc. 1899. p. 17. Ref. im *Biolog Centralblatt.* Bd. XX. No. 6. 1900.

wahlversuche aus, so beobachtet man, dass die individuelle Kraft der Pflanze und die Zahl ihrer überflüssigen Carpelle stets ungefähr parallel gehen. Die Dicke des Stengels, die Höhe der Pflanze, namentlich aber die Grösse und das Gewicht der Frucht geben ein Maass für die individuelle Kraft ab. Ordnet man die einzelnen Pflanzen eines Beetes nach diesen letzteren Merkmalen, so bilden sie eine fast regelmässig ansteigende Reihe in Bezug auf die Monstrosität.

Es geht daraus hervor, dass eine Selection nach der Ausbildung der carpellären Krone von dem Ernährungszustande der Pflanze gar nicht unabhängig ist. Im Gegentheil, eine solche Selection wählt einfach die am besten ernährten Individuen aus.

Genau so, wenn man nach der anderen Seite, jener der Minus-Variationen, arbeitet. Nur Kümmerlinge haben keine überzähligen Carpelle und nur 1—2 Rudimente; ihre Kapseln sind oft so klein, dass sie keinen guten Samen bringen. Sucht man etwas kräftigere Samen aus, so findet man auch etwas grössere Spuren der Monstrosität. Die retrogressive Zuchtwahl oder die Selection nach Minus wählt also nothwendiger Weise die schwächsten Individuen.

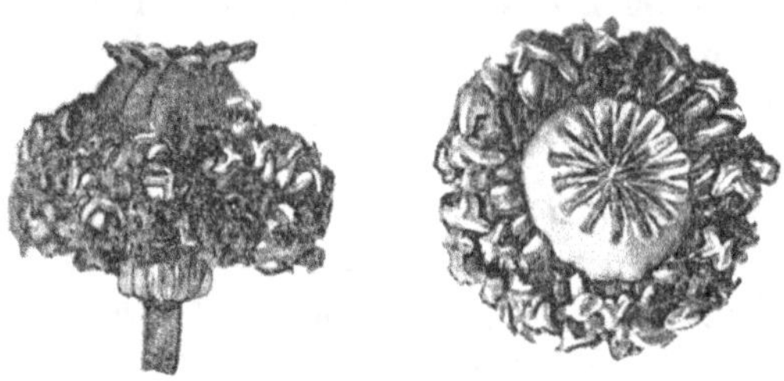

Fig. 27. *Papaver somniferum polycephalum s. monstruosum,* mit vollem Kranze von Neben-Carpellen. Von oben und von der Seite.

Dennoch hat die Zuchtwahl in beiden Fällen die Wirkung, welche dieser Process auch sonst zu haben pflegt. Aus den (nach Selbstbefruchtung geernteten) Samen der carpellenreichen Früchte geht eine Nachkommenschaft mit zahlreicheren umgewandelten Staubfäden hervor, aus den nach Minus selectirten eine sehr wenig monströse Rasse. Wiederholung der Selection während einiger Generationen erhöht in üblicher Weise den Erfolg. Es ist dabei selbstverständlich vorausgesetzt, dass die Lebensbedingungen mittlere sind, und dass die Versuche in möglichst grossem Maassstabe ausgeführt werden, mehrere Quadratmeter pro Versuch umfassend.

Die äusseren Lebensbedingungen wirken also in demselben Sinne auf die Monstrosität ausserhalb der Kapsel und auf die jungen Samen innerhalb derselben. In den fraglichen Versuchen fängt ihre Wirkung erst mit der Keimung der Muttersamen, aus denen die Versuchspflanzen hervorgehen, an. Die übliche Bezeichnungsweise nennt den Grad der Ausbildung der Monstrosität in solchen Fällen eine erworbene Eigenschaft. Es liegt offenbar gar kein Grund vor, die gleichsinnige und zu gleicher Zeit von denselben äusseren Ursachen bewirkte Verbesserung der Rassentüchtigkeit der im Versuch geernteten Samen nicht gleichfalls erworben zu nennen.

Der Parallelismus zwischen individueller Kraft und Ausbildung der Monstrosität ist kein absoluter. Im Gegentheil, es giebt ein sehr einfaches Mittel, ihn völlig aufzuheben und sehr kräftige Pflanzen fast ohne Neben-Carpelle heranwachsen zu lassen. Dieses Mittel ergiebt sich aus einer genaueren Bestimmung der sogenannten empfindlichen Periode der Monstrosität. Untersucht man ganz junge Blüthenknospen unter dem Mikroskop zu verschiedenen Zeiten, so findet man, dass etwa in der sechsten Woche nach Anfang der Keimung die Staubgefässe und Neben-Carpelle als kleine Wülste am Vegetationspunkte sichtbar werden. Offenbar ist dann ihre relative Zahl entschieden: Versuche, diese nachher noch durch veränderte Behandlung zu ändern, sind ohne Erfolg geblieben. Während der ersten Wochen des Lebens findet somit die Entscheidung statt; durch störende Eingriffe zu dieser Zeit muss es also gelingen, die Ausbildung der Monstrosität zu unterdrücken oder doch wesentlich herabzusetzen. Ich erreiche dieses einfach durch Verpflanzen der jungen Keimlinge und führe dieses in der üblichen Zeit, also etwa beim zweiten oder dritten Blatte oberhalb der Cotylen, aus. Wenn ich dann alle sonstigen Verhältnisse so günstig wie möglich mache, so erhalte ich wahre Prachtpflanzen, aber mit nur ganz wenigen, in Carpelle umgewandelten Staubfäden.

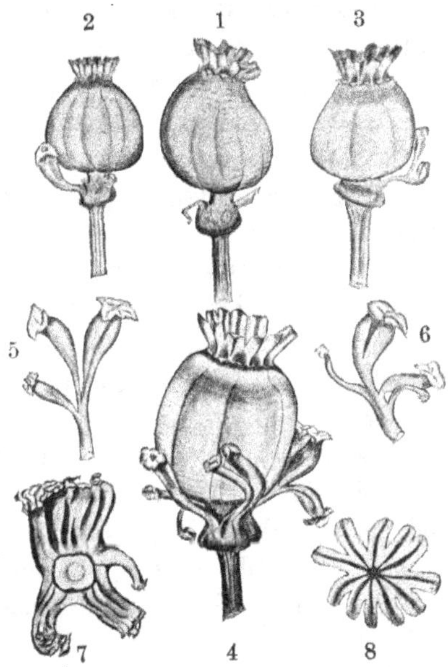

Fig. 28. *Papaver somniferum polycephalum*, mit geringer Carpellomanie. 1 mit rudimentären Neben-Carpellen; 2—4 mit 1, 2 oder wenigen Kranzfrüchtchen; 5, 6, 7 verschiedene Grade der Verwachsung der Nebenfrüchte, in 7 zu einem gespaltenen Kranze um die (weggelassene) centrale Kapsel herum, von oben gesehen. 8 Narben der centralen Frucht, von oben gesehen.

Durch diesen Kunstgriff gelingt es also, die beiden sonst parallelen, erworbenen Eigenschaften zu trennen. Die Erwerbung der sichtbaren Monstrosität wird gestört, die Samen aber erreichen ihre volle Ausbildung und Güte.

Parallelversuche mit anderen Arten und anderen Merkmalen führten mich zu der Ueberzeugung, dass hier ein allgemeines und sehr wichtiges Princip vorliegt. Ich meine die gleichsinnige Wirkung der Lebensmedien auf die sichtbaren Eigenschaften eines Organismus und auf seine Keimzellen. Oder, um das Wort „Ernährung" in seinem alten, weiten Sinne zu benutzen, und abgesehen von Ausnahmefällen:

Die Zuchtwahl ist die Wahl der am besten ernährten Individuen.

Dieser Satz soll nur ein allgemeines Princip angeben. In speciellen Fällen erleidet seine Anwendung Abänderungen. So in erster Linie bei der Selection in der Richtung der Minus-Variationen. Sodann, wenn ganz besondere Bedingungen vorliegen, wie z. B. bei der landwirthschaftlichen Züchtung, wo die erforderliche Anpassung an die nie überreichen Düngungsverhältnisse[1] eine wichtige Beschränkung auferlegt u. s. w.

Zusammenfassend ergiebt sich aus diesem Paragraphen, dass die richtige Unterscheidung zwischen Selections- und Mutationstheorie eine Aussicht auf eine einstmalige Lösung des Problems von der Erblichkeit erworbener Eigenschaften eröffnet. Auf Grund dieser Auffassung sind die Artmerkmale von diesem Gebiete auszuschliessen; sie entstehen plötzlich durch Mutation und werden nicht erworben. Die individuellen Abweichungen von den mittleren Artmerkmalen sind als erworbene Eigenschaften zu betrachten; sie hängen, so weit die geringe Erfahrung bis jetzt reicht, in ihrer Grösse von den Lebensmedien ab; diese aber können ihren Einfluss durch einige Generationen hindurch häufen.

Zahlreiche und umfangreiche Versuche über die Bedeutung der „Ernährung" im weitesten Sinne für die Selection dürften hier das beste Mittel sein, das Ziel zu erreichen.

§ 17. Ueber partielle Variabilität und Selection bei vegetativer Vermehrung.

Die partielle Variabilität, d. h. die Verschiedenheit der gleichnamigen Organe desselben Individuums, spielt im Pflanzenreich eine sehr viel wichtigere Rolle als im Thierreich. Sie ist ebenso verbreitet, wie die Verschiedenheit zwischen den Individuen, und fällt in der Regel weit stärker auf als diese.

Sie folgt genau denselben statistischen Gesetzen. Das Curven-

[1] Vergl. hierüber das vorige Kapitel, namentlich § 12.

gesetz von QUETELET beherrscht die Grösse der Blätter, der Blüthen und der Früchte, die Zahl der Blätter am Triebe, der Blüthentheile, der Strahlen in den Inflorescenzen der Umbelliferen und Compositen auch dann, wenn man seine Messungen und Zählungen auf die Theile einer einzigen Pflanze beschränkt. Die Gesetze der Regression bei partieller Variabilität hat namentlich VERSCHAFFELT studirt; sie ergaben sich als dieselben, wie die bekannten Gesetze GALTON's für die individuelle Variabilität.[1] Schliesslich lassen sich auch die Regeln der Selection auf diese Erscheinungen anwenden.[2]

Diese grosse Uebereinstimmung zwischen individuellen und partiellen Verschiedenheiten dürfte wohl geeignet sein, den Gegensatz zwischen Variabilität und Mutabilität in ein schärferes Licht zu stellen.

Aus diesem Grunde möchte ich hier zum Schlusse einige Beispiele partieller Variabilität kurz berühren.

Zu den besten Arbeiten auf biologischem Gebiete gehören die klassischen Untersuchungen STAHL's über den Einfluss des sonnigen oder schattigen Standortes auf die Ausbildung der Laubblätter.[3] Die Sonnenblätter sind im Allgemeinen kleiner, dicker, ärmer an Lufträumen und reicher an Chlorophyll, haben stärkere Nerven u. s. w.; sie sind, mit einem Worte, der Verwerthung des starken Sonnenlichtes angepasst. Die Schattenblätter sind breiter und dünner, mit vieler Luft und schwacher Oberhaut, ganz dazu eingerichtet, die geringeren Lichtmengen möglichst vollständig auszunutzen. *Lactuca, Iris, Fagus* sind die bekannten Beispiele, je mehr eine Art Sonnenpflanze ist, wie *Pinus*, oder Schattenpflanze, wie *Chelidonium*, um so geringer ist ihr Vermögen der Anpassung in dieser Beziehung.

Womöglich noch wichtiger wie STAHL's Untersuchungen sind die neueren Studien GASTON BONNIER's über die Anpassung der Pflanzen an arktische und alpine Klimate.[4] Die ersteren bilden den Gegenstand einer vergleichenden, die letzteren aber einer experimentellen Behandlung. Es handelt sich stets um partielle Variabilität: von jeder zu untersuchenden Art wurde ein einziges Individuum in zwei

[1] ED. VERSCHAFFELT, GALTON's „*Regression to mediocrity*" by ongeslachtelyke Voortplanting. Livre jubilaire dédié à CHARLES VAN BAMBEKE. Bruxelles 1899.

[2] Vergl. den Schluss dieses Paragraphen.

[3] *Jenaische Zeitschr. f. Naturw.* XVI. N. F. IX. 1. 2. 1883.

[4] C. BONNIER, *Recherches expérimentales sur l'adaptation des plantes au climat alpin.* Ann. Sc. nat. 7. Serie T. 20. *Les plantes arctiques comparées aux mêmes espèces des Alpes et des Pyrénées.* Revue générale de Botanique. Tome 6; *Influence de la lumière électrique continue sur la forme et la structure des plantes.* Ibid. T. 7. 1896.

Theile getrennt; der eine Theil wurde auf den Alpen oder auf den Pyrenäen, der andere in der Ebene weiter cultivirt. In kurzer Frist nahm dann die eine Hälfte den bekannten Zwergbau der Alpenpflanzen an, während die andere den Habitus der Gewächse des flachen Landes zeigte. Auf den Alpen sind die Blätter kleiner, dicker, fester und dichter in ihrem Bau, ärmer an Luft und reicher an Chlorophyll, dunkelgrün; sie zerlegen in derselben Zeit viel mehr

Fig. 29. *Helianthemum vulgare* nach G. BONNIER (l. c. Tafel 20). Die Pflanze ist in zwei Hälften getrennt, deren eine (*a*) in der Ebene, die andere (*b*) aber auf den Alpen weiter cultivirt wurde. Beide Hälften sind in der Figur in demselben Maassstabe verkleinert.

Kohlensäure als die entsprechenden, in der Ebene gewachsenen Theile. Sie sind dem herrlichen Lichte und dem kurzen Sommer der Alpen genau angepasst: in wenigen Monaten haben sie das Nährmaterial für das ganze Jahr herzustellen. Die unterirdischen Stengel sind auf den Alpen kräftig und reich verzweigt, die in die Luft ragenden Theile aber kurz, aus wenigen, kürzeren Internodien gebildet, die Blüthen gross u. s. w. In allen diesen Beziehungen benehmen sich die Versuchshälften wie die wilden Alpenpflanzen.

Die arktischen Gewächse zeigen eine ähnliche Anpassung; das Klima ist zwar kalt, die Luft aber feucht, wodurch namentlich der anatomische Bau der Blätter ein anderer wird. Auch hier handelt es sich um partielle Variabilität.

Anschliessend an die Untersuchungen BONNIER's habe ich eine, einer Crassulacee ähnliche Composite, die *Othonna crassifolia*, untersucht.[1] Sie ist eine südafrikanische Pflanze mit fast cylindrischen,

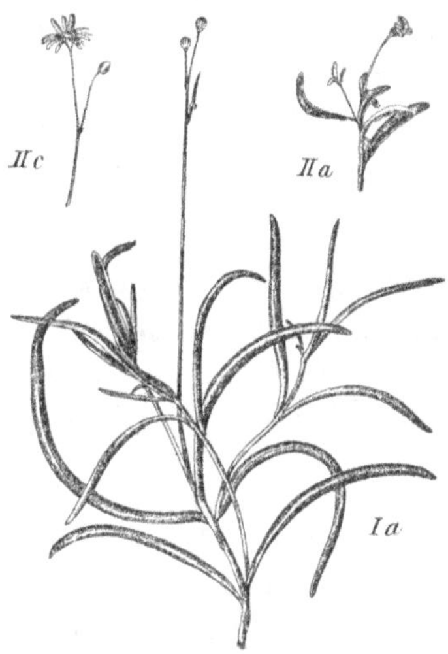

Fig. 30.

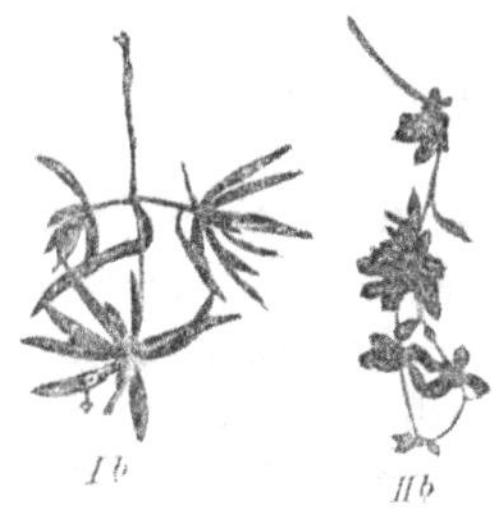

Fig. 31.

Othonna carnosa. *Ia* in feuchter und *Ib* in trockener Erde cultivirt; die erstere langblätterig und ohne Rosettenbildung, sehr kräftig; die zweite überall Rosetten von kurzen, starken, dichter gebauten Blättern bildend.[2]
Othonna crassifolia. *IIa* in feuchter und *IIb* in trockener Erde cultivirt, *IIc* eine Blüthe. *Ib* und *IIb* von über dem Rande des Topfes herabhängenden Zweigen.

an den Enden zugespitzten, fleischigen Blättern. Ihre Entwickelung ist in hohem Grade von der Feuchtigkeit der Luft und des Bodens abhängig. Im feuchten Zustande dunkelgrün, mit langen Blättern, reich verzweigt und sehr üppig wachsend; im trockenen Zustande sehr blassgrün, mit kurzen, bisweilen fast kugeligen Blättern und geringer Verästelung. Aber sie zeigt auch in ihren Blüthen dieselbe Abhängigkeit, und zwar an einem Merkmale, das auch sonst sehr vielfach Gegenstand variationsstatistischer Untersuchungen ist und

[1] *Kruidk. Jaarboek Dodonaea* Bd. XII. 1900. Taf. I.

[2] Die *Othonna carnosa* sieht der *O. crassifolia* sehr ähnlich, nur hat sie bedeutend längere Blätter und etwas grössere Blumen. Gegenüber Feuchtigkeit u. s. w. verhält sie sich wie diese.

wohl von Jedem als diesem Gebiete zugehörig anerkannt wird. Ich meine die Zahl der Zungenblüthen. Diese wechselt nach dem bekannten Curvengesetze; der Gipfel liegt für die reichlich begossenen, dunkelgrünen Exemplare auf 13, für die trocken gehaltenen Theile desselben Individuums aber auf 12.

Aus den genannten Beispielen ergeben sich die Ernährungsmodificationen als Anpassungserscheinungen; in dem letzteren gehen sie mit einem Falle sogenannter normaler Variabilität genau parallel und sind offenbar durch dieselben Ursachen bedingt. Es spricht dies ohne Weiteres für ihre Zusammengehörigkeit.

Eine fernere sehr wichtige, aber viel zu wenig berücksichtigte Thatsache ist die Accumulation mittelst vegetativer Selection. Darwin citirt davon bereits ein Beispiel:[1]

Der bekannte englische Pflanzenzüchter Salter verbesserte bunte Pflanzen durch Auswahl der als Stecklinge zu benutzenden Zweige. Findet man an einer Pflanze einzelne Blätter mit geringer Andeutung der Variegation, so muss man deren Achselknospen zur Entwickelung bringen. Ihre Blätter bieten die Aussicht auf einen stärkeren Grad von Buntheit, und durch Wiederholung dieses Processes gelang es ihm, mehrere schön bunte Varietäten in den Handel zu bringen.

Dasselbe Princip wurde neuerdings mit bestem Erfolg von J. Kobus bei der Cultur des Zuckerrohres auf Java angewandt.[2] Die Selection auf sexuellem Wege stösst hier auf grosse Schwierigkeiten, namentlich durch die Sterilität der besten Sorte: des Cheribonrohres. Kobus suchte nun unter den Exemplaren einer guten Sorte die zuckerreichsten aus, um nur diese als Stecklinge (*bibit*) zu verwenden. Die Exemplare einer Sorte sind aber selbst durch vegetative Vermehrung erhalten, jede Varietät ist hier, wie wir oben (S. 61) aus einander gesetzt haben, ein einziges Individuum. Die Stecklinge der zuckerreichsten Exemplare geben aber selbst wieder zuckerreiche Stengel. In dieser Weise lassen sich erstens minderwerthige Stöcke sehr vollständig ausschliessen und zweitens die besten stets als Zuchtmaterial benutzen; die Erträge werden hierdurch viel rascher und in viel einfacherer Weise erhöht, als durch das gewöhnliche Zuchtverfahren.

Zusammenfassend glaube ich gezeigt zu haben, dass zwischen partieller und individueller Variabilität ein sehr vollkommener Parallelismus besteht; dass beide, so weit untersucht, durch dieselben Ursachen bedingt werden. Die Ursachen sind äussere; sie liegen in

[1] *Variations of animals and plants.* I. p. 443, 444.
[2] *Archief voor Java-Suikerindustrie.* 1898 Nr. 16, 1899 Nr. 15—16.

Beleuchtung, Feuchtigkeit und anderen Factoren, welche man von Alters her als „Ernährung" zusammenfasst; ihre Wirkung lässt sich in beiden Fällen durch Selection im Laufe einiger (Samen- oder Knospen-) Generationen häufen.

§ 18. Variabilität und Anpassung.

Es ist mehrfach hervorgehoben worden, dass durch die Variabilität Gruppen von Individuen den wechselnden äusseren Einflüssen besser angepasst sind, als es Gruppen von völlig gleichen Individuen sein würden.

Die Variabilität als solche ist selbstverständlich nicht als eine Anpassungserscheinung aufzufassen. Aber die Thatsache, dass die Amplitude des Variirens, die sogenannte Variationsweite oder der Abänderungsspielraum, wie Ammon ihn mit einem glücklichen Namen bezeichnet hat,[1] bei verschiedenen Organen und Eigenschaften und ebenso bei verschiedenen Arten von Pflanzen und Thieren eine sehr wechselnde ist, muss offenbar in jedem einzelnen Falle auf speciellen Ursachen beruhen.

Jede einfache, dem Quetelet'schen Gesetze folgende Variationscurve ist bekanntlich durch zwei Grössen bestimmt: die Grösse des mittleren Werthes und die Variationsweite. Als solche bezeichnet man den Betrag der Abweichung beiderseits von der mittleren Grösse, welcher von der einen Hälfte der Individuen nicht, wohl aber von der anderen überschritten wird. Mittelwerth (*M*) und Variationsweite (*Q*) sind von einander durchaus unabhängige Grössen. Beide gehören zu den Artcharakteren, zum mindesten überall dort, wo sie von der Norm abweichen. Und dass Artcharaktere jedenfalls gar häufig adaptive Eigenschaften sind, braucht hier nicht betont zu werden.

Ich möchte von diesem Gesichtspunkte aus hier zwei wichtige Erscheinungen betrachten. Erstens die oft grosse Variabilität vegetativer Organe und die häufig ebenso auffallende Gleichförmigkeit in den Organen des generativen Lebens, dann aber die Ungleichheit der Samen einer und derselben Pflanze.

Die Organe des vegetativen Lebens sind im Allgemeinen in viel höherem Grade variabel als diejenigen, welche die sexuellen Vorgänge vermitteln. Alle Eigenschaften der Blüthen sind weniger

[1] Otto Ammon, *Der Abänderungsspielraum.* Naturwissensch. Wochenschrift. 1896. Nr. 12—14.

variabel; um so weniger, je genauer sie dem Insectenbesuche angepasst sind. Blumenblätter und Staubfäden sind in ihrer Anzahl äusserst constant, so lange ihrer nur wenige da sind, sobald ihre Anzahl aber so gross wird, dass einige mehr oder weniger auf die Form der Blüthen keinen merklichen Einfluss haben, sieht man sie variiren. Am wenigsten variabel ist bekanntlich die Symmetrie der Blüthen. Je genauer eine Blüthe dem Besuche einzelner Gattungen oder Arten von Insecten angepasst ist, um so schädlicher würde für sie jede Abweichung vom normalen Bau sein; um so geringer und seltener kommen auch thatsächlich solche Abweichungen vor. Umgekehrt ist es im vegetativen Leben vom höchsten Gewicht, jede gegebene Menge von Licht, Feuchtigkeit, anorganischen Nährstoffen, Raum u. s. w. ausnützen zu können, also unter günstigen Umständen sich üppig, unter dürftigen sich kümmerlich entwickeln zu können.

Es giebt eine ganze Reihe von Pflanzen, welche sich in dieser Beziehung durch eine auffällige Plasticität auszeichnen.

Es wird häufig angenommen, dass die Culturbedingungen auf einer kleinen Stelle, z. B. auf einem Beete, von selbst sehr gleichförmige sind, oder doch leicht so gemacht werden können. Meine Erfahrung in mehr als zehnjährigen Culturversuchen hat mich die sehr grossen Schwierigkeiten, welche hier obwalten, kennen gelehrt. Und wenn im Versuche die Ungleichheiten nicht zu überwinden sind, so wird offenbar in der Natur ihr Einfluss ein ganz hervorragender sein können.

Und so wird eine Aussaat aus gleichem Samen in der freien Natur eine viel geringere Aussicht auf eine kräftige Generation geben, als eine Saat sehr ungleicher Samen. Denn die Keimungs- und Wachsthumsbedingungen sind an einem und demselben Standorte sehr verschieden, theils wegen der Differenzen in Feuchtigkeit und Fruchtbarkeit (Grad der Erschöpfung) des Bodens, theils wegen der thierischen Feinde, theils wegen der anderen Pflanzen, zwischen denen die Entwickelung stattfindet. Je zahlreicher die Samen und je grösser ihre individuellen Verschiedenheiten sind, um so grösser ist die Aussicht, dass an vielen Stellen gerade für diese geeignete Exemplare sich entwickeln werden.

Vergleichen wir dazu in einem bestimmten Falle die Variabilität, wie sie thatsächlich in der Natur stattfindet, mit derjenigen, welche bei künstlicher Aussaat der Samen einer einzigen Mutterpflanze erhalten wird. Ich wähle als Beispiel die gelben Kornrosen (*Chrysanthemum segetum*) unserer Aecker, und von ihnen die Variabilität in der

Anzahl der Strahlen der Köpfchen.[1] Die mittlere Anzahl der Strahlen pro Köpfchen pflegt 13 zu sein; um diesen Werth schwanken die einzelnen Individuen meist zwischen etwa 6 und 21 Strahlen.

Herr Dr. H. W. Heinsius hatte die Freundlichkeit, eine Beobachtung für mich auf den Aeckern der niederländischen Provinz Nord-Brabant zu machen; sie umfasst Zählungen an 325 Blüthen. Andererseits habe ich 1894 Samen von dreizehnstrahligen Pflanzen ausgesäet, und von der so erhaltenen Cultur die Zungenblüthen der Endköpfchen der Hauptaxe für jede einzelne Pflanze gezählt. Es waren 338 Pflanzen. Beide Zahlenreihen sind, um sie besser vergleichbar zu machen, in Procente umgerechnet; es ergab sich:

Anzahl d. Strahlen:	6	7	8	9	10	11	12	13	14	15	16	17	18	19	20	21
Im Freien:	0,3	0,3	6,8	4,3	3,1	7,1	9,9	34,2	14,2	8,0	3,7	5,2	0,9	0,9	0,9	0
Nach Auslese:	0	0	0	0,3	0,9	2,3	9,3	65,3	14,8	2,3	1,5	1,2	0,9	0,3	0,6	0,3

In Fig. 32 sind die beiden Curven nach diesen Zahlen construirt. Man sieht sofort, dass die punktirte Linie (Curve der Cultur von 1894) einen viel höheren Gipfel hat und viel steiler ist als die andere; sie hat eine viel geringere Amplitude. Mit anderen Worten, die Abweichungen vom Mittel sind im Freien bedeutend erheblicher, als unter den Kindern einer einzigen Pflanze, auch wenn diese selbst genau den mittleren Typus trug.

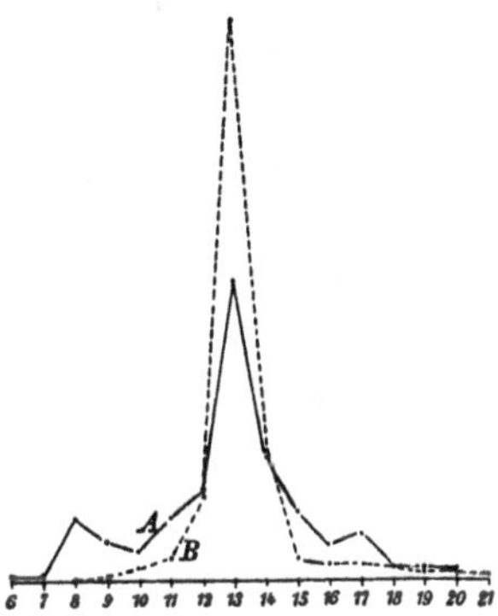

Fig. 32. Curven mit grosser und kleiner Amplitude. *A*, — Curve der Variabilität der Anzahl der Strahlenblüthen von *Chrysanthemum segetum* im Freien. *B*, ····· dieselbe Curve für eine 1894 gemachte Aussaat von Samen einer 13strahligen Pflanze. Die Zahlen am Fusse der Ordinaten entsprechen der Anzahl der Zungenblüthen pro Köpfchen.

Es ist klar, dass eine der Curve *A* entsprechende Generation leichter die ihr zusagenden Bedingungen finden wird, als eine weniger variable, wie sie durch *B* dargestellt ist. Die Aussaat der Samen varirender Samenträger bietet also einen wesentlichen Vortheil.

Dazu kommt nun noch die Bedeutung der Kreuzung. Der Befruchtungsprocess besteht in seinem Wesen nicht in der Vereinigung der beiden Geschlechter, sondern in der Vermischung der erblichen Eigenschaften zweier Individuen verschiedener Herkunft,

[1] *Ueber Curvenselection bei Chrysanthemum segetum*, Berichte d. d. bot. Ges. 1899. XVII. S. 87—89. Die dort gegebenen Zahlen sind hier in Procente umgerechnet worden.

oder doch von solchen, welche verschiedenen äusseren Bedingungen ausgesetzt gewesen sind. Eine Verschiedenheit in den erblichen Eigenschaften ist offenbar Bedingung für die Erreichung des vollen Nutzens der Befruchtung.[1]

DARWIN's bekannter Satz: *nature abhorrs perpetual selffertilisation*, drückt nach meiner Ueberzeugung die Sachlage nicht ganz genau aus. Es bedarf nicht einzelner von Zeit zu Zeit vorkommender Kreuzungen; es ist im Gegentheil erforderlich, dass stets wenigstens ein gewisser Procentsatz von Individuen gekreuzt sei. Denn dadurch wird die Variabilität erhöht;[2] es handelt sich ja nicht darum, diese so gross wie möglich zu machen, sondern sie einfach auf der von den äusseren Umständen geforderten Höhe zu erhalten.[3]

Der Grad individueller Abweichung ist bereits im Samen bestimmt. Die Samen aber sind nicht nur verschieden je nach den Eigenschaften hrer Eltern, sondern auch auf derselben Pflanze je nach dem Orte ihrer Entstehung und je nach ihrem Gewicht. Die Bedeutung dieser Factoren für die Variabilität ist vielfach untersucht worden; es liegen zahlreiche Angaben in der Literatur vor, doch bedürfen sie gar sehr einer einheitlichen und eingehenden Behandlung.[4]

Die Beziehungen zwischen der Variationsweite der verschiedenen Eigenschaften und dem Grad der Anpassung an wechselnde Lebensbedingungen sind noch in vielen Hinsichten ungenügend studirt und unklar. Auch hier dürfte aber das weitere Studium bald zu einer schärferen Trennung zwischen Variabilität und Mutabilität auffordern.

§ 19. Die Variabilität des Menschen und die socialen Fragen.

Es ist in den letzten Jahrzehnten üblich geworden, die Ergebnisse der Descendenzlehre auf die Lösung der grossen Probleme der socialen Verhältnisse anzuwenden. Auf dem Wege, den der grosse englische Philosoph HERBERT SPENCER eröffnet hat, sind Viele gefolgt, und eine umfangreiche Literatur ist entstanden. In dieser sind leicht zwei Richtungen als maassgebend nachzuweisen. Vertreter der einen ist OTTO AMMON; seine Methode ist die Anwendung der Ergebnisse statistischer Forschungen. Weit zahlreicher aber sind die Anhänger der anderen Richtung, welche die Errungenschaften der Biologie,

[1] *Intracellulare Pangenesis.* S. 29.

[2] A. GIARD in *Comptes rendus des séances de la Soc. de Biologie.* 4. Nov. 1899. p. 2, und LIGNIER in der *Festschrift zu Ehren GIARD's.* Nov. 1899.

[3] Vergl. namentlich AMMON, *Der Abänderungsspielraum.* l. c. S. 53.

[4] Vergl. VON RÜMKER, *Der wirthschaftliche Mehrwerth.* l. c. S. 140—141.

namentlich aus dem Thierreich, für die Lösung der socialen Probleme zu verwenden suchen.

Die Methode AMMON's scheint mir durchaus berechtigt und sehr fruchtbar; die zoologischen und die sonst auf der Biologie fussenden Schriften scheinen mir aber in manchen Hinsichten einer Klärung zu bedürfen.[1]

Hier dürfte eine genaue und consequent durchgeführte Unterscheidung zwischen Variabilität im gewöhnlichen Sinne, und Mutabilität das Mittel sein, manche Irrthümer zu vermeiden.

Denn die Variabilität des Menschen ist eine fluctuirende, während die Arten durch Mutation entstehen. Beide Erscheinungen sind principiell verschieden.[2] Eine Uebertragung der Vorgänge, welche bei der Entstehung von Arten thatsächlich oder vermuthlich stattgefunden haben, erscheint somit als durchaus unberechtigt.

Der Mensch ist ein Dauertypus, wie weitaus die meisten Arten von Pflanzen und Thieren, wenigstens gegenwärtig, gleichfalls permanent sind. Die Gesetze der Dauertypen dürfen also auf menschliche Verhältnisse angewandt werden, wenn auch vielleicht oft nur versuchsweise, nicht aber die Gesetze der Umwandlungen, durch welche die einzelnen Dauertypen aus einander entstanden sind. Die Dauertypen aber zeigen ganz allgemein einen gewissen Grad fluctuirender Variabilität; ebenso ist es beim Menschen.

Und so ist es die Lehre von der Variabilität im gewöhnlichen Sinne und nicht die Theorie über die Entstehung der Arten, welche auf die socialen Fragen Anwendung finden kann.

Den geistigen Anlagen am nächsten liegen selbstverständlich die körperlichen Eigenschaften des Menschen selbst. Diese aber folgen anerkanntermaassen denselben Gesetzen, wie die Variabilität im ganzen Thier- und Pflanzenreiche.

Den Unterschied zwischen der Persistenz der Rassenmerkmale und den fluctuirenden Eigenschaften innerhalb der einzelnen Rassen beim Menschen — einen Unterschied, den namentlich VIRCHOW so oft betont hat — hat in der letzten Zeit wohl KOLLMANN am schärfsten hervorgehoben.[3] Günstige und ungünstige Lebenslage, Migration in

---

[1] Für eine übersichtliche Darstellung und für die Literatur auf biologisch-socialem Gebiete lese man O. HERTWIG's Festrede: *Die Lehre vom Organismus und ihre Beziehung zur Socialwissenschaft.* 1899.

[2] *L'Unité dans la Variation.* l. c. p. 17.

[3] KOLLMANN, *Die angebliche Entstehung neuer Rassentypen* im Correspondenzblatt der d. Gesellsch. für Anthropologie. Bd. 31. Nr. 1. Jan. 1900. S. 1. Die Literatur ist S. 5 zusammengestellt.

ein anderes Klima u. s. w. können die fluctuirenden Eigenschaften des Menschen in wesentlicher Weise verändern. Aber nicht auf die Dauer; sobald die Wirkung aufhört, verschwindet auch der Erfolg. Aber die morphologischen Eigenschaften der Rasse erfahren dadurch nicht die allergeringsten Abänderungen. Es entstehen keine neuen Varietäten. Seit dem Anfange des Diluviums hat der Mensch keine neuen Rassen oder Typen ausgebildet. Er ist jetzt, kurz gesagt, immutabel, wenn auch sehr variabel.

Um eine Einsicht in die Ursachen und die Bedeutung der individuellen Unterschiede beim Menschen zu erlangen, muss man also offenbar zunächst dieselben individuellen Unterschiede bei einzelnen ausgewählten Arten von Pflanzen und Thieren studiren. Hier liegt ein weites und fruchtbares Feld für Analogieschlüsse offen, ein Feld, das aber leider an Thatsachen und Versuchen noch ziemlich arm ist.

Unter den anthropologischen Schriftstellern ist, wie gesagt, namentlich AMMON hier der Führer. Ohne zwischen Selections- und Mutationstheorie zu entscheiden, weist er die Anwendung der Artentstehung auf sociale Fragen klar und scharf ab. Und da die meisten socialen Schriftsteller gerade in diesem Punkte abweichen, so lohnt es sich, die betreffende Stelle wörtlich anzuführen.[1]

AMMON fasst die übliche Selectionslehre in fünf Sätze zusammen, deren vier ersten die Vererbung, die Variabilität, den Kampf um's Dasein und die natürliche Auslese[2] behandeln.

Der fünfte Satz behandelt die Descendenztheorie. Er lautet: „Die in Folge der Variabilität auftretenden, für die Erhaltung der Individuen vortheilhaften Formen und Eigenschaften werden durch die natürliche Auslese weiter verbreitet, die ungünstigen werden ausgemerzt. Durch die von Geschlecht zu Geschlecht erfolgende Steigerung des Betrages vortheilhafter Abweichungen vom ursprünglichen Typus können neue Varietäten und Arten entstehen.“

Und daran schliesst er: „Der fünfte Satz ist vielfach angefochten worden, indem man in Zweifel zog, dass die Abweichungen von einem bestimmten Typus sich in Folge der natürlichen Auslese bis zur Entstehung einer neuen Art steigern können. Wir brauchen glücklicher Weise auf den Austrag dieses Streites nicht zu warten. Ich habe den Satz 5 nur angeführt, um eine vollständige Uebersicht über die

[1] OTTO AMMON, *Die Gesellschaftsordnung und ihre natürlichen Grundlagen.* 2. Aufl. 1896. S. 9—10.

[2] Diesen sehr glücklichen Ausdruck AMMON's sollte man stets statt „natürliche Zuchtwahl“ anwenden.

DARWIN'sche Theorie zu geben: für unsere gegenwärtige socialanthropologische Untersuchung ist Ziffer 5 bedeutungslos."

Es ist hier nicht der Ort, auf diese Frage näher einzugehen. Schon mehrfach ist von berufenen Männern auf die Gefahr hingewiesen, die durch die Anwendung der Descendenztheorie auf den Socialismus entstanden ist. Und noch jüngst hat KARL PEARSON eine scharfe Kritik über BENJAMIN KIDD's Buch der Social-Evolution, das in England von vielen Seiten als den besten Werken ebenbürtig empfohlen wird, geliefert. Wer über die hier drohenden Gefahren sogenannter „wissenschaftlicher" Uebertreibung noch nicht im Klaren ist, möge diese Kritik aufmerksam lesen.[1]

So lange die directe Erforschung der socialen Eigenschaften des Menschen noch unüberwindliche Schwierigkeiten bietet, wird es unabweislich sein, nach Analogien zu suchen. Zu solchen Analogieschlüssen soll das Material aber von der Variabilität im engeren Sinne geliefert werden, die Entstehung der Arten sollte davon völlig ausgeschlossen sein.[2] Das Studium der Variabilität, sowohl der Pflanzen und Thiere, als auch der körperlichen Eigenschaften des Menschen, hat bei dieser Anwendung ein weit höheres Ziel, als ohne sie je erreicht werden könnte.

Und diese Forderung einer Beschränkung der fraglichen Analogien auf die eigentliche Variabilität ist bei dem gegenwärtigen Stande der Forschung sehr glücklich zu nennen. Die Variabilität ist jetzt der Forschung fast auf allen Punkten zugänglich, die Mutabilität bei Weitem noch nicht. Manche Variabilitätsgesetze sind von QUETELET, GALTON und ihren Nachfolgern gründlich erkannt worden; sie lassen sich entweder direct auf die Geisteseigenschaften übertragen oder erleichtern doch die Erforschung dieser in wesentlichem Maasse.

Namentlich für den Botaniker liegt hier ein weites und fruchtbares Feld offen.[3] Bei Selectionsversuchen hängt die Genauigkeit in erster Linie von der Anzahl der Individuen in jeder Generation ab, und Pflanzen lassen sich leicht zu Hunderten von Exemplaren unter ganz natürlichen Umständen cultiviren. Viel schwieriger geht solches bei Thieren, nicht oder fast gar nicht beim Menschen. Hier, wie auf so vielen anderen Gebieten, sollte der Botaniker dem Zoologen und dem Anthropologen stets vorangehen.

---

[1] KARL PEARSON, *Darwinism and Socialism*, The forthnightly Review. 1898.

[2] Vergl. auch H. J. HAYCRAFT, *Darwinism and Race-progress*, und ferner über die Möglichkeit, die Selection durch bessere Ernährung zu ersetzen: *L'Unité dans la Variation.* p. 21.

[3] *L'Unité dans la Variation.* l. c. p. 14—15.

Die Statistik der Variabilität ist in den letzten Jahren, namentlich durch die Arbeiten LUDWIG's auf botanischem Gebiete, BATESON's und WELDON's in der Zoologie, und KARL PEARSON's und DUNCKER's in mathematischer Richtung zu einem schönen wissenschaftlichen Gebäude geworden. An dessen Aufbau bethätigten sich auf botanischem Gebiete ausser LUDWIG vorwiegend VERSCHAFFELT, BURKILL, HAACKE, DAVENPORT und BLANKINSHIPP, MAC LEOD und viele Andere.[1]

Fassen wir unsere Auseinandersetzungen dieses Paragraphen kurz zusammen. Die geistigen und socialen Eigenschaften des Menschen gehören in das Gebiet der fluctuirenden Variabilität. Die hier geltenden allgemeinen Gesetze können somit auf sie eine fruchtbare Anwendung finden. Und auf solche Anwendungen wird man so lange und in so weit wesentlich angewiesen sein, als eine directe Erforschung nach den Methoden der Variabilitätsstatistik und nach der Selectionsmethode sich noch nicht durchführen lässt. Die Biologie kann hier der Socialwissenschaft eine sichere Grundlage bieten. Und hoffentlich ist die Zeit nicht mehr fern, in der in dieser Weise ein fruchtbares Zusammenwirken dieser beiden anscheinend so nahe verwandten und doch vorläufig einander noch so fern stehenden Wissenschaften eintreten wird.

Die Lehre von der Entstehung der Arten hat dabei aber ausser Betracht zu bleiben.

§ 20. Einige Aufgaben für die weitere Forschung.

Zu wiederholten Malen habe ich mich gezwungen gesehen, nicht nur auf die hervorragenden Leistungen meiner Vorgänger, sondern auch auf die vielen noch offenen Lücken in unseren Kenntnissen hinzuweisen.

Die Variabilität im engeren Sinne stellt ein Gebiet menschlichen Wissens dar, das in den letzten Jahren in rascher Ausbildung begriffen ist. Allgemein wird aus nahe liegenden Gründen dabei die statistische Richtung bevorzugt, doch brechen sich auch die vergleichenden und die experimentellen Methoden allmählich ihre Bahn.

Ich erlaube mir, an dieser Stelle auf eine Reihe von Fragen hinzuweisen, deren Beantwortung mir für eine definitive Klärung der Begriffe über Variabilität und Mutabilität durchaus wünschenswerth zu sein scheint.

1. Das QUETELET'sche Gesetz bedarf immer weiterer Beispiele; die Zahl dieser kann nie gross genug werden.

---

[1] Literaturübersicht bei G. DUNCKER, *Die Methode der Variationsstatistik*; ROUX' *Archiv f. Entwickelungsmech.* T. VIII. 1899. S. 167; und OSTERHOUT, *Problems of Heredity* in *Contributions Bot. Semin. Univ. California.* 1898.

2. Die betreffenden Curven sollten an denselben Exemplaren oder an demselben Standorte einige Jahre hinter einander ermittelt werden. Die Constanz ihres Mittels (Gipfels) und ihrer Amplitude (GALTON's *Q* und *Q'*) ist festzustellen. Aenderungen dieser Grössen, sowie Abweichungen von der Symmetrie sind auf ihre Ursachen zurückzuführen.

3. Die mehrgipfeligen Curven sind aufzusuchen und zu analysiren. Sie können auf die Existenz von Gemischen hinweisen, indem scharf getrennte elementare Arten durch einander wachsen, oder es können antagonistische Merkmale in derselben Art vorkommen (z. B. ein- und zweijährige Individuen von *Daucus, Beta* u. s. w.). Sie können ferner durch Krankheiten bedingt sein. Sie können endlich vielleicht „doppelte Curven" sein, in denen die einzelnen Gipfel als die Ordinaten einer Curve höherer Ordnung zu betrachten sind, diese Gipfel somit nicht auf Mutabilität hindeuten.

4. Die correlative Variabilität gehört zu den wichtigsten Aufgaben.[1] Es bestehen beim Menschen offenbar Correlationen zwischen körperlichen und geistigen Anlagen. Es bestehen zwei Gruppen von Correlationen. In die eine gehören jene Erscheinungen, in denen zwei Eigenschaften in derselben Weise, wenn auch nicht in demselben Grade von äusseren Einflüssen abhängen. Zu der anderen gehören die Fälle, wo die Variation eines Merkmales ursächlich Variationen anderer Merkmale bedingt.[2] So werden z. B. alle Eigenschaften, von denen das Vermögen der Kohlensäurezerlegung abhängt, verschiedene Wachsthumsvorgänge in gleichem Sinne zu variiren veranlassen. Es ist wohl fast überflüssig, auf das Studium der Correlation nach GALTON's Methode hinzuweisen.[3]

5. Die Beziehungen zwischen den Lebensmedien und der Variabilität sind zu erforschen. Giebt es von ersteren unabhängige Variationen oder giebt es solche nicht? Und falls ja, welches sind dann ihre Ursachen? Kommt den einzelnen Factoren des Lebensmediums eine besondere Wirkung zu oder nicht? Besteht zwischen ihrer Grösse und der Grösse der Variation ein bestimmtes Verhältniss? Variiren alle Eigenschaften bei besserer Ernährung nach Plus, bei schlechterer nach Minus?[4]

---

[1] J. H. BURKILL, *Variations in the number of stamens and carpells.* Journ. Linn. Soc. Bot. Vol. 31.

[2] DUNCKER, ROUX' *Archiv.* Bd. VIII. S. 163.

[3] GALTON, *Natural Inheritance* und *Proceedings Roy. Soc.* Bd. 40 u. 45, und ED. VERSCHAFFELT, *Correlatieve Variatie by planten.* Botan. Jaarboek. VIII. p. 92.

[4] Auch durch Griffeln- und Oculiren kann die Variabilität beeinflusst werden. Vergl. L. DANIEL, *Compt. rend.* 1894. T. CXVIII. p. 992.

6. Die empfindliche Periode in der Entwickelung der Eigenschaften ist zu bestimmen. Wenn die betreffenden Anlagen bereits unter dem Mikroskop sichtbar sind, wird es in der Regel zu spät sein, auf ihre Entwickelung einen hemmenden Einfluss auszuüben. Doch mag es Ausnahmen von dieser Regel geben. In der ganzen Entwickelungsphase jeder Eigenschaft giebt es wahrscheinlich einen Zeitpunkt höchster Empfindlichkeit; letztere wird wohl allmählich erreicht werden, um auch allmählich wieder zu verschwinden. Der Verlauf dieser Periode wäre zu bestimmen.

7. Sehr wichtig ist GALTON's Regression. Man säe Samen von einer selbstbefruchteten Pflanze, von der man weiss, um wie viel sie in bestimmten Eigenschaften vom mittleren Werthe ihrer Vorfahren abweicht. Man ermittele die Curve für die betreffende Aussaat. Im Allgemeinen wird deren Mittelwerth weniger von der Norm abweichen, als die Eigenschaft der elterlichen Pflanze. Nach GALTON ist das Verhältniss dieser beiden Abweichungen zu einander ein constantes; die mittlere Abweichung der Kinder betrage gewöhnlich etwa $^1/_3$ von der der Eltern. Es fragt sich, ob diese beiden Sätze allgemein gültig sind; meine bisherigen Erfahrungen sprechen einstweilen dafür.

8. Bleibt diese Regression bei anhaltender Selection im Laufe mehrerer Generationen dieselbe? Mit anderen Worten, erreicht der mittlere Werth einer Rasse stets nur $^1/_3$ von dem Werthe (= Abweichung vom Mittel) der jedesmal ausgewählten Samenträger? Bleibt somit die Rasse, trotz ihres Fortschrittes, immer in demselben Verhältnisse, und somit absolut immer weiter hinter ihren Samenträgern zurück? Es scheint dies der Fall zu sein, und es ist hier offenbar in Bezug auf die Entstehung der Arten auf Grund der Selectionstheorie eine wichtige Entscheidung zu treffen.

9. Aus dem QUETELET'schen Gesetze lässt sich berechnen, auf wie viele Individuen bei einer Variation, deren Curve man kennt, eine bestimmte gewünschte Grösse der Abweichung zu erwarten ist. Es scheint diese Aussicht bei nicht allzu unerheblichen Differenzen sehr allgemein eine ganz kleine zu sein, bald Millionen von Individuen erfordernd. Es wäre sehr wünschenswerth, solche Berechnungen so zahlreich wie möglich anzustellen.[1]

10. Die Selection ist ein Mittel, eine gewünschte Grösse irgend einer Abweichung vom Durchschnitt mittelst einer geringeren Anzahl von Individuen zu erreichen. Ist dieses vielleicht ihre einzige Be-

[1] Vergl. DUNCKER, *Biolog. Centralbl.* 1898. S. 571. Für jedes folgende Tausend nimmt der Variationsumfang nur im Verhältniss von 1—1,049 zu.

deutung? Und vermindert sie die Zahl der Individuen nur in dem im Voraus zu berechnenden Grade? Ist dann die Regression unabhängig von den Vorfahren des betreffenden Samenträgers, mit anderen Worten, ist es gleichgültig, ob dieser durch wiederholte Selection oder durch einmalige Aussaat in viel grösserem Maassstabe, erhalten worden ist?

11. Die Versuche sind stets zunächst auf ein einziges Merkmal zu richten, obgleich sehr häufig auch ein zweites und drittes mit gutem Erfolg nebenbei gemessen werden kann. Die Selectionen der Züchter berücksichtigen möglichst viele Merkmale; durch die Correlationen können dabei die Hauptmerkmale weiter verbessert werden, als dies sonst möglich wäre. Auch solche Versuche sind rein wissenschaftlich auszuführen.

12. Beim Selectionsverfahren ist stets auf die individuelle Kraft der als Samenträger zu wählenden Individuen zu achten. Falls diese mit dem Grade der fraglichen Abweichung nicht parallel ist, sollte man einerseits die kräftigsten Individuen und andererseits diejenigen mit dem grössten Betrage der Abweichung als Samenträger wählen und die Nachkommenschaft beider vergleichen.

13. Retourselection sollte vielfach versucht werden. Ich meine die Wahl von Samenträgern mit den kleinsten Petalen, den kleinsten Früchten, der schwächsten Behaarung oder Bewaffnung, der blassesten Blüthenfarbe, der geringsten Anzahl von Staubfäden und Carpellen u. s. w. Nach der Selectionslehre muss eine solche Zuchtwahl leiten zu apetalen, fruchtlosen, unbehaarten, unbedornten, weissblüthigen, eingeschlechtlichen oder sterilen Pflanzen u. s. w. Nach der Mutationslehre aber nicht, vorausgesetzt, dass Kreuzungen ausgeschlossen sind.

14. Im Allgemeinen und zusammenfassend handelt es sich um möglichst vollständige Variationsbeherrschung. Die statistischen und die ursachlichen Gesetze muss man so weit kennen, dass man die Versuchsresultate im Voraus berechnen kann.

V. Die Entstehung der Arten durch Mutation.

§ 21. Arten, Unterarten und Varietäten.

Im zweiten Kapitel haben wir gesehen, dass die Arten nicht durch weitgehende individuelle oder fluctuirende Variabilität, mittelst Selection in bestimmten Richtungen, entstanden sein können.

Es ist somit jetzt unsere Aufgabe, nachzuweisen, dass die vorhandenen Beobachtungen in einfacher und ausreichender Weise durch die Annahme von sprungweisen Umwandlungen erklärt werden können. Wo solche Umwandlungen in der Cultur nachweislich stattfinden, nennt man sie spontane Abänderungen oder *single variations*; solche sind fast stets entweder völlig oder doch in hohem Grade erblich.

Auf dem Gebiete der Descendenzlehre lautet der Grundsatz der Mutationstheorie somit: Die Arten sind in der Weise der sogenannten spontanen Abänderungen entstanden. Und in unserer „Revision der Thatsachen" handelt es sich also darum, zu untersuchen, in wie weit die vorhandenen Kenntnisse diesen Ausspruch als berechtigt erscheinen lassen.

Vor allen Dingen ist dabei entscheidend, sich darüber klar zu werden, was man unter dem Begriffe „Arten" zu verstehen, oder vielmehr, welche Formen man als Einheiten des natürlichen Systems aufzufassen hat. Denn nur für die wirklich existirenden Einheiten kann es sich um einen experimentellen Beweis ihrer gemeinschaftlichen Abstammung handeln; für die Gruppen von Einheiten wird die Descendenzlehre wohl stets eine vergleichende Wissenschaft bleiben.

Früher galt der Linné'sche Satz, dass die Arten einzeln geschaffen seien, und war es aus diesem Grunde eine höchst wichtige Frage, welche Formen man Arten zu nennen habe. Den Streit, der hierüber namentlich in der letzten Periode vor Darwin geführt wurde, habe ich oben in seinen Hauptzügen zu schildern gesucht.[1]

Seitdem jene Bedeutung aufgegeben wurde, knüpfte sich der Artbegriff eigentlich nur noch an die binäre Nomenclatur. Wir sind daran gewöhnt, die Arten als die Einheiten unserer systematischen Betrachtungen zu behandeln, und sie mit doppelten Namen zu belegen.

Dass diese Arten aber nicht wirklich in der Natur vorhandene Formen vergegenwärtigen, sondern Gruppen von solchen, wird dabei ganz gewöhnlich vergessen. Und zwar trotzdem die Thatsache von den besten Systematikern anerkannt und wiederholt betont wird.[2] Auch Linné betrachtete seine Arten nicht als einfache, sondern als Gruppen,[3] und De Candolle nennt sie wiederholt collective.

Die Gruppirung der Pflanzen zu Arten hat genau denselben Werth und denselben Zweck als ihre Gruppirung zu Gattungen, Familien u. s. w. So lange die Kenntniss der wirklich existirenden Einzelformen noch eine so unvollständige ist, wie jetzt, braucht sowohl

[1] Vergl. Kapitel II. § 1. S. 10—20.

[2] Alph. De Candolle, *La Phytographie;* und *De l'Origine des espèces cultivées.* 1883. p. 372.

[3] So als bekanntestes Beispiel die Art *Homo sapiens.*

die Systematik als auch die Pflanzengeographie, namentlich aber auch die Descendenzlehre, den jetzigen Begriff der sogenannten guten Arten, Grossarten, Stammarten, LINNÉ'schen, collectiven oder Sammelarten, und müssen sie die kleinen, localen, floristischen oder elementaren Arten als diesen untergeordnet behandeln.[1]

Dennoch ist es klar, dass diese Auffassung gar häufig theils zu unvollständiger Forschung, theils zu Trugschlüssen führen muss. So sind z. B. bekanntlich die geographischen Gebiete der Arten denen der Gattungen ganz analog; dieser Satz erreicht aber seine volle Bedeutung erst, wenn man dabei vergisst, dass Arten ebenso wie Gattungen collective Begriffe sind. Die Vertheilung der elementaren Arten auf dem geographischen Gebiete der einzelnen Grossart bildet in geographischen Werken nur selten Gegenstand der Betrachtung, doch wäre gerade sie für die Erkenntniss der Entstehung und der Verbreitung der Organismen von grösster Bedeutung. Nach JORDAN hat jede Art, ebenso gut wie jede Gattung, ein geographisches Centrum, dort findet man ihre Elemente (Unterarten) am dichtesten zusammen, häufig, trotz bleibender Trennung, an denselben Standorten durch einander wachsend, während nach dem Umfange des Gebietes der Art die elementaren Arten seltener und spärlicher werden.[2]

Am wichtigsten ist aber eine richtige Würdigung des Artbegriffes für die Descendenzlehre. Diese Lehre, welche auf morphologischem, embryologischem, systematischem, biologischem und vergleichend-anatomischem Gebiete als das belebende Princip aller Forschung und Wissenschaft zur vollen Anerkennung gelangt ist, hat auf die experimentelle Forschung nur geringen Einfluss gehabt. Anfangs eröffnete sie die Hoffnung, dass es der Wissenschaft einmal gelingen würde, nicht nur den gemeinschaftlichen Ursprung aller Arten zu erkennen, sondern auch die Entstehung der Arten selbst in das Gebiet der directen Beobachtung und selbst des willkürlichen Eingreifens in die Vorgänge der Natur hereinzubringen.

Von diesem Ziele ist man aber heute noch ebenso weit entfernt, wie zu DARWIN's Zeit. Nicht einmal die Fragestellung ist eine völlig klare. Die Gegner der Descendenzlehre haben von Anfang an die Forderung gestellt, man solle die Entstehung von Arten wenigstens beobachten, eigentlich aber auch experimentell hervorrufen können.

[1] Ebenso in der Lehre von den parasitischen Pilzen, wo man Species von höherem Range unterscheidet, welche als Obergruppe eine gewisse Anzahl Arten von niedrigerem Range umfassen. Vergl. z. B. KLEBAHN in PRINGSH., *Jahrb. für wiss. Bot.* Bd. 34. S. 395.

[2] A. JORDAN, *De l'existence d'espèces végétales affines.* 1873. p. 4—8.

Und diese Anforderung muss auch jetzt als eine völlig berechtigte anerkannt werden, wenn auch selbstverständlich nicht mehr als eine Bedingung für die Erkennung der Descendenzlehre selbst.

Hier aber wirkt die herrschende Verwirrung über den Artbegriff wohl am meisten nachtheilig. Was soll man der Beobachtung und dem Experiment zugänglich machen? Die Gegner antworten: „Die Entstehung der üblichen systematischen LINNÉ'schen Arten.“ Aber diese sind künstliche Gruppen, deren Umfang Jeder nach seinen persönlichen Einsichten abändern kann und thatsächlich auch nur zu häufig abändert. Die Entstehung einer Gross-Art ist ebenso wie diejenige einer Gattung ein historischer Vorgang, der weder experimentell nachgeahmt, noch in seinem ganzen Verlaufe der directen Beobachtung zugänglich gemacht werden kann.

Nur dadurch, dass irgend eine Form eine Reihe neuer hervorbringt, während ihre nächsten Verwandten aussterben, kann sie den Rang einer systematischen Art erreichen. Die Entstehung einer solchen willkürlich begrenzten Gruppe zu beobachten wird selbstverständlich ebenso unmöglich bleiben, wie die Entstehung einer Gattung oder Familie.

Es kann sich für die experimentelle Wissenschaft nur darum handeln, die Entstehung solcher Formen der Beobachtung und dem Experiment zugänglich zu machen, als wirklich in der Natur bestehen. Nicht um die von uns gemachten Gruppen, sondern um die thatsächlich vorhandenen Gebilde handelt es sich, also um die Entstehung sogenannter elementarer Arten.

Dass solche in Gärten und in der landwirthschaftlichen Cultur gar häufig entstehen, daran zweifelt wohl Niemand. Aber einerseits findet man sie erst, wenn sie fertig da sind, also wenn die Gelegenheit, die Art und Weise ihrer Entstehung zu beobachten, bereits unwiderruflich vorbei ist. Und dann pflegt man sich diese Erscheinung dadurch bequem zu machen, dass man solche neuen Formen „Varietäten“ nennt.

Was sind Varietäten? Sie sind bei wild wachsenden Pflanzen meist etwas ganz anderes als in der Cultur. Oder richtiger, es giebt verschiedene Definitionen, deren Grenzen nicht genau angegeben sind. Um die übernatürliche Würde der „Arten“ zu retten, heissen alle Formen, deren Entstehung man mehr oder weniger genau historisch kennt, wenn sie nicht etwa Kreuzungsproducte sind: „Varietäten“. Also die meisten elementaren Arten in der Cultur. Von Gärtnern wird überhaupt zwischen Varietäten und Sorten allgemein, zwischen diesen und Arten oder Bastarden gar häufig kein Unterschied gemacht.

Die Bezeichnung aller Formen, deren Ursprung man mehr oder weniger genau kennt, als Varietäten, ist eine solche, welche zu allerhand Missbräuchen Veranlassung giebt. Man sollte sie aus diesem Grunde gänzlich aufgeben. Vor Darwin glaubten die besten Verfasser den gemeinschaftlichen Ursprung einer Gruppe von Arten einfach dadurch beweisen zu können, dass sie diese als Varietäten einer grösseren Art beschrieben. So hat z. B. Naudin nach Wallace's Angabe von dreissig bis dahin unterschiedenen Arten von Melonen „nachgewiesen“, dass sie nur Varietäten seien.[1] Und nach Darwin wird es selbstverständlich so lange unmöglich bleiben, die Entstehung einer „Art“ direct zu beweisen, so lange dieser Beweis selbst die Form zu einer Varietät „erniedrigt“. Es handelt sich hier fast nur um ein Wortspiel.

Bei den besseren Autoren beruht der Begriff Varietät auf dem Satze, dass auf einem einzigen Merkmale keine „Art“ gebildet werden sollte. Ein sehr schönes Beispiel liefert der bereits erwähnte Fall von *Datura Stramonium* und *D. Tatula.* Beide sind Arten von Linné selbst, werden aber von neueren Autoren zu einer einzigen Art zusammengezogen, weil die *Tatula* sich nur durch den Besitz des blauen Farbstoffes, in Blüthe, Stengeln, Blattstielen u. s. w. von ersterer unterscheidet.[2]

Diese Umschreibung des Varietätsbegriffes ist offenbar eine wissenschaftlich brauchbare. Sie ist solches um so mehr, als sehr häufig das unterscheidende Merkmal auf Verlust bezw. Latenz einer Eigenschaft beruht: Mangel der Petalen, der Haare, der Dornen, der Blüthenfarbe u. s. w. Denn solche Fälle bilden anerkanntermaassen die besten Beispiele von dem, was man eine Varietät zu nennen habe. Nur vergesse man nicht, dass die Zugehörigkeit solcher Formen zu ihren Arten meist nur auf der vergleichenden Untersuchung und nicht oder nur selten auf einem wirklichen Beweise beruht.

Solche Varietäten sind überhaupt ebenso selbstständig, bei der Cultur ebenso constant, wie die besten Arten. Will man sie Varietäten nennen, so sind Varietäten weiter nichts als eine besondere Form von Arten. *Varieties are only small species,* sagt Darwin.[3]

---

[1] Wallace, *Darwinism.* p. 87.

[2] Wobei fälschlich *Stramonium* für die Art und *Tatula* für die Varietät angesehen zu werden pflegt. Denn nach allen Analogien ist die blaue die ältere und die weisse die jüngere Form. Siehe auch Fig. 5 auf S. 22.

[3] *Life and Letters.* II. p. 105. Weniger zutreffend ist Darwin's mehr bekannter Ausspruch, dass Varietäten beginnende Arten seien. Ueber das Alter der meisten Varietäten weiss man gar nichts.

Die elementaren Arten JORDAN's unterscheiden sich von ihren Verwandten nicht in einem Merkmale, sondern in nahezu allen ihren Eigenschaften. Es ist dies ein sehr wichtiger Punkt. Diese Formen als Varietäten aufzufassen, liegt gar kein Grund vor. Will man sie als Unterabtheilungen der alten Arten behandeln, so sind sie als Unterarten zu bezeichnen. Ich nenne sie am liebsten elementare Arten. DARWIN spricht wiederholt von den Elementen der Art, den *specific elements*, wenn er die einzelnen Eigenschaften meint.[1]

Es besteht wenig Aussicht, dass in Bezug auf alle diese Fragen je Einigkeit zwischen den verschiedenen Autoren erreicht werden wird. Theoretisch ist meiner Ansicht nach den wirklich existirenden elementaren Arten mit vollem Rechte die noch stets so hoch angeschlagene Würde der „Art“ zuzuerkennen. Praktisch ist es allerdings bequemer, die künstlich gebildeten Gruppen solcher, d. h. also die collectiven Arten, kurzweg Arten zu nennen. Ueberall, wo es sich darum handelt, dem Ursprung der einzelnen Arten experimentell nachzuforschen, sind die elementaren Formen die Arten. Die anderen sind Gruppen oder historische Gebilde, welche sich bereits aus diesem Grunde dem Experiment entziehen.

Zusammenfassend sehen wir, dass die LINNÉ'schen Arten collectiv und künstlich, die JORDAN'schen Arten aber einfach und nachweisbar sind. Jede collective Art besteht aus einer grösseren oder kleineren Gruppe von Unterarten oder elementaren Arten; in der Bestimmung der Grenzen jener Gruppen lässt sich der Systematiker wesentlich von den Lücken leiten, welche durch Absterben mehr oder weniger zahlreicher Unterarten entstanden sind.

In Bezug auf die Nomenclatur wäre es vielleicht erwünscht, die binäre durch eine ternäre zu ersetzen; die LINNÉ'schen Artnamen so viel wie möglich zu behalten und diesen als Dritten im Bunde den Namen der elementaren Form hinzu zu setzen.[2] Der Begriff Varietät wäre gänzlich auf die Culturformen zu beschränken.[3]

---

[1] Z. B. *Variations* II. p. 23. Diese „*elements*“ entsprechen nach der Pangenesis je einem materiellen Träger (*Pangene*).

[2] Ebenso WAAGEN in BENECKE's *Geognostisch-paläontologischen Beiträgen.* 1876. Bd. II. S. 187. — Ein Beispiel: Die Bedeutung von *Draba verna leptophylla* kann jeder leicht errathen, während *Erophila leptophylla* nur für die Eingeweihten einen Sinn hat.

[3] Ebenso sind die Unterarten nicht stets als neben der Art, oder aus dieser entstanden zu beschreiben; denn jede Art besteht nur aus einer Gruppe von Unterarten. Eine *forma genuina* anzunehmen, wie jetzt üblich, dafür spricht nur die Bequemlichkeit.

§ 22. Die Arten in der Natur.

Die Arten der Systematik sind Sammelarten; sie bestehen aus einer grösseren oder kleineren Reihe von Unterarten, welche bei der Cultur sich beständig zeigen. Je grösser das geographische Gebiet einer Art ist, um so grösser ist die Zahl der Unterarten; im Centrum des Gebietes sind sie angehäuft, nach der Peripherie treten sie mehr vereinzelt auf.

In localen Floren hat somit jede Grossart in der Regel nur eine oder sehr wenige elementare Arten,[1] aber diese Arten entsprechen sich in den Floren benachbarter Gegenden nicht genau.[2] Je grösser das Gebiet, um so zahlreicher werden die Formen. Aus Frankreich allein hat JORDAN von *Draba verna*[3] etwas über 50 Arten in seinem Garten zusammengebracht,[4] aus den übrigen Ländern Europas, namentlich aus England, Italien und Oesterreich, noch etwa 150 andere, so dass er 1873 etwas über 200 Formen in Cultur hatte.[5]

Dieser Formenreichthum oder diese Polymorphie der sogenannten guten Arten ist eine allgemeine Erscheinung.[6] DARWIN hat wiederholt auf sie aufmerksam gemacht und aus einander gesetzt, wie gerade durch sie die am weitesten verbreiteten Arten die meiste Aussicht haben, wiederum neue Arten hervorzubringen, und so allmählich sich in Gattungen zu verwandeln.[7] Bei seltenen Arten sei diese Aussicht eine viel kleinere.

So reich an Unterarten wie *Draba verna* sind nur sehr wenige Arten. Vielleicht kommt *Viola tricolor* ihr am nächsten,[8] von der sogar die bekannte Unterart *Viola arvensis* selbst noch eine Collectivart ist.[9] Man kann für Deutschland oder Frankreich die Anzahl der Unter-

---

[1] Von *Draba verna* wächst in der Umgegend von Amsterdam und den benachbarten Städten, so viel ich bis jetzt ermitteln konnte, nur eine elementare Art, welche nach ihren Merkmalen mit JORDAN's *D. leptophylla* übereinstimmt.

[2] So fand sich früher z. B. in der Umgegend von Haarlem die *Senecio Jacobaea* allgemein, aber stets ohne Zungenblüthen, während sie in den benachbarten Dünen unweit Leiden nur mit solchen Blüthen gefunden wurde.

[3] Vergl. Fig. 3 auf S. 15.

[4] *De l'origine des arbres fruitiers.* 1853.

[5] *Des espèces végétales affines.* p. 13. 1873.

[6] Sie wird vielfach als „Variabilität" bezeichnet; damit lässt sich aber die Thatsache der gegenwärtigen gegenseitigen Unabhängigkeit und Beständigkeit der die Art zusammensetzenden elementaren Typen nicht wegleugnen.

[7] WALLACE, *Darwinism.* p. 80 und 98.

[8] A. JORDAN, *Observations sur plusieurs plantes nouvelles.* 1846—1849. T. II. p. 7.

[9] Vergl. Fig. 4 auf S. 16.

arten pro Oberart im Mittel auf nicht viel mehr als 2—3, für ganz Europa im Mittel vielleicht auf etwa 10 stellen. Bei Berücksichtigung und Beschreibung aller dieser Formen würde eine Flora von Europa also den zehnfachen Umfang erreichen, was allerdings sehr unbequem wäre. Aber wie es vorzügliche Werke giebt, welche nur die Gattungen, oder nur diese und ihre wichtigeren Arten behandeln, so würden die meisten Floren auch nur die Arten und ihre wichtigsten Unterarten zu beschreiben haben. Eingehenderen Werken würde dann die Zusammenstellung aller wirklich bestehenden Einzelformen überlassen bleiben.[1]

Fig. 33. *Potentilla Tormentilla*, mit schmalen, breiten und mittleren Blumenblättern, drei constante, wild wachsende Unterarten vergegenwärtigend.

Wo es sich um die Entstehung der einen Art aus der anderen im Einzelnen handelt, bedarf die Descendenzlehre dieses Materiales ganz unbedingt. Wo es sich um das Studium der Verwandtschaft grösserer Gruppen handelt, ist es ihr allerdings ein widerwärtiger Ballast, dessen Existenz man nur zu oft zu verschweigen sucht. Es ist aber gar nicht einzusehen, weshalb diese beiden Richtungen nicht neben einander sollten bestehen können. Nur die übernatürliche Würde des Linné'schen Artbegriffes scheint hier noch immer den Stein des Anstosses zu bilden.

Die elementaren Arten unterscheiden sich in der Natur nur selten durch ein einziges oder durch einige wenige Merkmale[2] (Fig. 33), meist aber in allen ihren Organen und Charakteren. Eine vollständige Diagnose erfordert oft eine ganze Druckseite. Die ganze Tracht ist eine andere; von Weitem sind die Formen für das geübte Auge von einander zu unterscheiden.[3] Namentlich in den Culturen, wenn

---

[1] Vergl. z. B. die *Flora Europae* von M. Gandoger, welche die elementaren Arten in allen wichtigeren Grossarten anführt, ihre Merkmale aber nur in kurzen dichotomischen Tabellen angiebt (27 Bände).

[2] Von *Potentilla Tormentilla* wächst auf der Haide unweit Amsterdam eine Form mit schmalen, eine mit breiten und eine mit mittleren Petalen; sie zeigten sich mir bei einem Aussaatsversuche als beständig.

[3] Oder sie sind äusserlich gar nicht oder fast gar nicht unterschieden, und weichen von einander nur in wichtigen physiologischen Eigenschaften ab, wie in der Wahl der Nährpflanzen bei den Rostarten, wie die umfangreichen und hochwichtigen Untersuchungen Ericksson's uns lehren.

Gruppen von zahlreichen Individuen der einzelnen Typen neben einander stehen. Oft sind die Merkmale derart, dass sie auch am getrockneten Material leicht kenntlich sind; oft aber verschwinden sie beim Pressen ganz oder zum Theil.

Die Beständigkeit der localen Arten, und damit ihre Selbstständigkeit, lässt sich nur durch Culturversuche nachweisen.[1] Solche sind von Koch und Fries und vielen anderen hervorragenden Systematikern zahlreich angestellt worden, namentlich aber von Jordan und dessen Schülern. Vielfach sind diese Versuche controlirt worden, und stets mit demselben Erfolg. Thuret und Bornet cultivirten 14 Jordan'sche Arten von *Draba verna*, 4—6 Arten von *Papaver dubium* u. s. w. während etwa 7 Jahren und überzeugten sich von ihrer Beständigkeit.[2]

Auch die hohe Autorität de Bary's stützt diesen wichtigen Satz. In einer sehr bekannten, nach seinem Tode von F. Rosen fortgesetzten und veröffentlichten Untersuchung erklärt er sich von der Samenbeständigkeit und der völligen systematischen Trennung der zahlreichen Arten von *Draba verna* völlig überzeugt.[3] Diese ausgezeichnete Abhandlung hat zwar volle Anerkennung gefunden, nicht aber auf die Fachgenossen die offenbar von de Bary gehoffte Wirkung gehabt, die Forschung mehr allgemein auf dieses Gebiet hinzuleiten.

Auf zoologischem Gebiete verhält sich die Sachlage genau so. Jeder Zoologe weiss, sagt Bateson,[4] dass von sehr vielen Arten die Individuen, welche in verschiedenen Gegenden leben, einander ungleich sind, und dass man mittelst dieser Verschiedenheiten die Arten in locale Formen zerspalten kann. Die Unterschiede können äusserst geringe, oft nur dem Eingeweihten sichtbare, und dennoch beständige sein. Aber diese Thatsachen werden bei Weitem noch nicht so gewürdigt, als sie es verdienen.[5]

---

[1] Analogieschlüsse sollte man auf diesem Gebiete möglichst vermeiden, vergl. die *Flora Europae* von Gandoger.

[2] J. Costantin, *Accomodation des plantes*, Bull. scientif. publié par Giard. T. XXXI. p. 507.

[3] F. Rosen, Systematische und biologische Beobachtungen über *Erophila verna*. Bot. Zeitung 1889. Nr. 35.

[4] W. Bateson, On progress in the study of variation. *Science progress.* Vol. I und II. 1897—98. Vol. II p. 1.

[5] Ebenso G. Duncker, Roux' *Archiv*. Bd. VIII. 1899. S. 164.

§ 23. Die Arten in der Cultur.

Genau so, wie die wild wachsenden Arten aus einer grösseren oder kleineren Anzahl von beständigen und unabhängigen Unterarten bestehen, wird es sich vermuthlich mit jenen Arten verhalten haben, welche der Mensch in Cultur genommen hat.

Plinius kannte von vielen Gewächsen bereits verschiedene Sorten, z. B. 43 Sorten von Birnen, 29 von Aepfeln, 10 von Pflaumen, 8 von Kirschen u. s. w. Die Römer kannten wenigstens zwei Sorten von Rüben (*Beta*) und im Gebiete des Mittelmeeres wachsen deren mehrere im wilden Zustande.

Etwa im Jahre 1600 beschreibt Olivier de Serres in seinem *Théâtre d'agriculture* die damals bekannten Culturpflanzen. Von Birnen nennt er 61 und von Aepfeln 51 Sorten. Ebenso die Haupttypen unserer jetzigen Runkelrüben u. s. w. Woher alle diese Formen stammen, weiss man nicht. Es ist möglich, dass sie in der Cultur entstanden sind; es ist sogar möglich, dass sie durch die Cultur entstanden sind. Es ist aber ebenso gut möglich, dass sie vor der Cultur schon da waren, zusammen oder in verschiedenen Gegenden wild wachsend, und dass sie alle, oder doch die meisten, als solche in die Cultur übergegangen sind. Denn es liegt gar kein Grund vor, anzunehmen, dass von den Gewächsen des landwirthschaftlichen Grossbetriebes jedes nur einmal vom Menschen in der freien Natur vorgefunden und in Cultur gebracht worden sei.

So lange es galt, die Descendenzlehre zu begründen, lohnte es sich, die Wahrscheinlichkeiten auf diesem Gebiete auszuarbeiten. Jetzt scheint es mir, dass es hinreicht, den Mangel an historischen Angaben als Thatsache anzuerkennen.

Es ist ein sehr beliebtes Thema, die Frage zu discutiren, ob der Weizen von einigen wenigen oder von mehreren wilden Formen abstammt. Denn davon hängt es bekanntlich ab, ob man annehmen darf, dass der Weizen in der Cultur stark oder nur wenig „variirt" hat. Aber es liegt die Annahme viel näher, dass der Weizen stets, ähnlich wie die wilde *Draba verna*, aus sehr zahlreichen Unterarten zusammengesetzt gewesen ist.[1] Und da der Weizen bei ungeöffneten Blüthen sich selbst zu befruchten pflegt, so liegt es auf der Hand, dass zahlreiche Sorten auf demselben Acker sich neben einander im Laufe der Jahre behaupten können, vorausgesetzt, dass sie beständig sind.

[1] Von allen Culturpflanzen haben die Getreidearten am wenigsten variirt, sagt de Candolle in *l'Origine des espèces cultivées.*

Die Geschichte hat uns in dieser Beziehung eine sehr wichtige Thatsache berichtet. Sie gilt den Culturen des Obersten Le Couteur auf der Insel Jersey im Anfange des neunzehnten Jahrhunderts.[1] Ihn besuchte der Professor La Gasca, der ihm zeigte, dass sein Weizenfeld keineswegs eine einheitliche Cultur war, sondern dass wenigstens 23 wohl unterschiedene Sortentypen durch einander wuchsen. Die Vermuthung lag nahe, dass die eine Sorte einen grösseren Antheil an der Ernte haben würde, als die andere. Le Couteur erntete daher die Körner der einzelnen typischen Pflanzen getrennt, und trieb während einiger Jahre vergleichenden Anbau der rein gezüchteten Sorten, um unter ihnen die werthvollsten herauszufinden. Die Nachkommenschaft dieser Sorten zeigte sich dabei rein und beständig; sein ursprüngliches Feld war einfach eine Mischung von diesen Sorten gewesen. Die besten der so gereinigten Sorten hat Le Couteur mit grossem Vortheil weiter gebaut und in den Handel gebracht; noch jetzt sind unter ihnen verschiedene sehr bekannte, z. B. *Bellevue de Talavera*.

Der Weizen war also damals eine Mischung verschiedener Sorten; der Versuch Le Couteur's scheint überhaupt der erste gewesen zu sein, reine Sorten darzustellen.[2] Auch jetzt sind die sogenannten Landessorten noch Mischungen; ohne künstliche Auslese erhält sich die Mischung, nicht aber die reine Form.[3]

In demselben Sinne wie Le Couteur arbeitete später Patrick Shirreff in Schottland mit verschiedenen Getreidearten. Er suchte auf den eigenen Aeckern und denen seiner Freunde einzelne auffallende und anscheinend bessere Exemplare aus, säete deren Samen getrennt und prüfte die Nachkommenschaft. In der Regel zeigte sich diese als beständig, oft als ertragsreich. So fand er 1819 die Urpflanze seiner *Mungo swells wheat*, 1824 seinen *Hopetown oats* (Hafer), 1832 seinen *Hopetown wheat* und später seinen *Shirreffs oats*.[4] Sie waren ganz beständig und konnten nach einer starken Vermehrung durch zwei oder mehrere Generationen ohne Weiteres in den Handel gebracht werden.

Es würde hier viel zu weit führen, die Erfahrungen Le Couteur's

[1] v. Rümker, *Getreidezüchtung*. S. 67.

[2] An Veredelung dachte damals noch Niemand; dieser Gedanke ist erst etwa ein halbes Jahrhundert später entstanden.

[3] Vergl. S. 70.

[4] v. Rümker, l. c. S. 90. Vergl. ferner den Reisebericht von Dr. R. Hesse. *Landw. Jahrb.* VI. 1877. S. 853 ff. und Shirreff's *Improvement of Cereals*. London 1873.

und PATRICK SHIRREFF's ausführlich zu schildern. Sie lehren uns ganz allgemein, dass Weizen, Hafer und Gerste[1] damals Gemische völlig beständiger Unterarten waren, genau so, wie wir es für die wild wachsenden Pflanzen gesehen haben. Ueber die Herkunft dieser Unterarten liegen aber in dem einen Falle ebenso wenig Nachrichten vor, als in dem anderen.

Zu den vielfach discutirten Erfahrungen der Praxis gehört die Frage nach dem Ursprunge der Obstbäume, namentlich der jetzigen, veredelten Sorten von Aepfeln und Birnen. Ueber den gemeinschaftlichen Ursprung der fraglichen Formen braucht kein Zweifel zu bestehen. Es fragt sich nur, ob dieser Ursprung aus der Descendenzlehre gefolgert wird, oder ob er historisch nachweisbar ist. Letzteres ist aber für die lange Reihe der Haupttypen nicht der Fall; eigentlich ist die Herkunft nur für einige der neueren Sorten mit Sicherheit bekannt.

Die wichtigsten diesbezüglichen Angaben rühren vom belgischen Züchter VAN MONS her, der in der ersten Hälfte des neunzehnten Jahrhunderts viele der jetzt am meisten bekannten Sorten in den Handel gebracht hat.[2]

VAN MONS sagt ausdrücklich, dass er selbst keine neuen Formen hervorgebracht hat, „*La nature seule crée*".[3] Alle von ihm cultivirten und in den Handel gebrachten Sorten hat er als solche auch im wild wachsenden Zustande,[4] und zwar fast ausnahmslos in den Ardennen vorgefunden. Die wilden Sträucher sind dornig, ihre Früchte klein, derb, holzig. Durch Aussaat im Garten und unter einem anderen Klima[5] verlieren sie aber regelmässig die Dornen und die derbe Beschaffenheit der Früchte; diese werden grösser, fleischiger und saftiger. Aber die Unterschiede in Form, Farbe und Geschmack und die sonstigen werthvollen Eigenschaften entstehen nicht in dieser Cultur oder durch sie;

[1] Der Roggen verhält sich wegen der Bestäubung durch den Wind anders.

[2] Die diesbezügliche Literatur scheint wenig bekannt und schwer zugänglich zu sein; auch mir gelang es nicht, die Arbeiten von POITEAU und CHANDÈZE zu sehen. Folgende Uebersicht enthält das Wichtigste.

VAN MONS, *Arbres fruitiers ou Pomonomie belge.* 2 Bde. 1835. Excerpte findet man in JORDAN, *Arbres fruitiers.* p. 38 und 94.

POITEAU, *Théorie de VAN MONS on notice historique sur les moyens qu'emploie VAN MONS pour obtenir d'excellents fruits de semis.* Ann. Soc. d'agric. Paris 1834. T. 15.

G. CHANDÈZE, *La Théorie de VAN MONS concernant la production de nouvelles variétés fruitières.* Belgique horticole 1877. p. 354. *Bot. Jahrb.* V. p. 761.

GODRON, *De l'Espèce.* II. p. 101.

[3] *Pomonomie.* I. p. 445.

[4] l. c. p. 406, 444.

[5] l. c. p. 410.

sie sind in den wild wachsenden Formen bereits vorhanden. Seine neuen Sorten sind einfach bereits bekannte und cultivirte Formen,[1] welche er durch Zuchtwahl während zwei oder drei Generationen[2] in Bezug auf Grösse und Saftigkeit wesentlich verbessert hat, ohne aber dabei an ihren Varietätsmerkmalen auch nur das Geringste abzuändern.[3] van Mons war von der Selbstständigkeit und Beständigkeit dieser Sorten völlig überzeugt; auch bezeichnet er sie nicht als Varietäten, sondern als Unterarten.

Um eine neue Sorte in den Handel zu bringen, soll man also nicht die Samen der besten schon cultivirten Sorten aussäen; viel zweckmässiger, sagt van Mons, ist eine kleine schlechte Frucht, aber von bis dahin unbekanntem Typus.

Anscheinend sind die meisten, von Anderen gewonnenen Sorten in ähnlicher Weise entstanden. So stammt die vorzügliche *St. Germain*-Birne von einem vereinzelten, zufällig im *Forêt de St. Germain* bei Paris gefundenen Baume; ebenso sind die *Bézy de Chaumontel*, die *Bergamotte Sylvanche* und die *Virgouleuse* zufällig gefundene Sorten.

Ein sehr auffallendes Beispiel zur Illustration obiger Sätze theilte Bailey[4] neuerdings mit: Herr Peter M. Gideon säete grosse Mengen von Apfelsamen und unter diesen erhielt er eine Pflanze, welche ihn reich machte, und deren Früchte er als *Wealthy Apple* in den Handel brachte. Es ist diese Sorte jetzt, wie ich hörte, in Minnesota eine der am meisten verbreiteten und beliebtesten Apfelsorten.

Wie er diese vorzügliche Sorte erhielt, erzählt Mr. Gideon in folgender Weise. Während neun Jahren säete er so viel Apfelsamen, dass er jährlich etwa tausend Bäumchen erhielt. Alles dieses führte aber zu keinem Erfolg. Dann kaufte er zufällig in Maine ein kleines Körbchen mit Aepfeln einer fremden Sorte; er fand in ihnen ungefähr 50 Samen, welche er säete und aus denen er seinen *Wealthy-apple* erhielt. Die Aussaat im Grossen hatte also keinen Erfolg; die Aussaat im Kleinen, aber von einer neuen Form, erfüllte seinen Wunsch.

Mit diesen Erfahrungen stimmt auch Folgendes überein. Wenn man Aepfel und Birnen verwildern lässt, so kehren sie nach einigen Generationen bekanntlich zum Typus der Holzäpfel und Holzbirnen zurück. Aber jede Sorte behält dabei ihre Sortenmerkmale und keineswegs werden sie alle zu einer und derselben wilden Form.

Woher stammen die vielen wilden Sorten von Aepfeln und Birnen?

[1] l. c. II. p. 208.
[2] l. c. p. 462 und II. p. 208.
[3] l. c. I. p. 415.
[4] L. H. Bailey, *Plant-breeding.* New York 1896. p. 108.

Man weiss es nicht. Einige behaupten, sie seien in der Cultur entstanden und verwildert; dieses würde aber kaum die Gewinnung so zahlreicher neuer Sorten erklären.

Wie das Getreide und die Obstbäume verhalten sich die meisten cultivirten Pflanzen; fast jede Art besteht aus mehr oder weniger zahlreichen Unterarten, deren Ursprung man nicht kennt.

Flachs und Rothklee zeigen solche Unterarten sehr deutlich, ebenso der Mohn. Von *Chrysanthemum indicum* sind die Haupttypen als solche aus Japan in Europa eingeführt; die neueren Sorten sind

Fig. 34. *Sedum crispum.* Nach Munting 1671.[1]

fast alle durch Kreuzung solcher erhalten. Zahlreiche Beispiele liessen sich leicht zusammenstellen.

---

[1] Abraham Munting, *Waare Oeffeninge der Planten.* 1671. S. 357. Der *Sedum crispum* Munting's ist wohl derselbe wie der *Sedum cristatum* Schrad. (= *Sedum reflexum cristatum*); die Monstrosität somit älter als zwei Jahrhunderte. Seit Munting's Zeiten sind Fasciationen in dieser Art häufig beobachtet und erwähnt worden. Vergl. Penzig, *Teratologie.* I. S. 467. Sie ist in hohem Grade erblich; ich erhielt aus Samen ein Beet von über 1 □ m mit sehr zahlreichen, mehr oder weniger verbreiteten Aesten, von denen ich einige photographirt und in Fig. 35 abgebildet habe. Atavistische (normalcylindrische) Aeste zeigt sowohl die obige Abbildung Munting's, als auch meine Cultur (Fig. 35 *at*).

Sehr viele sogenannte Varietäten, selbst viele Monstrositäten sind fast so alt, wie die Cultur der betreffenden Arten selbst, und werden in älteren Werken bereits beschrieben und abgebildet. Eine lange Liste zählte ABRAHAM MUNTING im Jahre 1671 auf.[1] So z. B. Formen mit gefüllten Blumen von *Vinca, Colchicum, Hepatica, Cardamine, Cheiranthus Cheiri, Papaver, Viola, Caltha, Althaea* u. s. w.; mit weissen Blumen von *Ononis, Syringa, Centaurea, Digitalis, Fritillaria, Hepatica* u. s. w., ferner weisse Erdbeeren, weisse Himbeeren und rothe Stachelbeeren, gefüllte *Bellis* und *Matricaria.* Ferner proliferirende Formen von *Bellis, Calendula, Helianthus* und *Scabiosa*, die fasciirten Kaiserskronen, *Plantago major rosea, Primula veris* und *Auricula* mit doppelter Krone, fasciirte *Sedum* (Figg. 34 u. 35), *Celosia cristata, Amarantus cristatus* u. s. w.

Fig. 35. *Sedum reflexum cristatum.* Nach der Natur, 1900, mit verbreiterten und gewöhnlichen Aesten (*at*).

Und von den wichtigsten Gartenpflanzen, wie Hyacinthen, Tulpen, Ranunkeln, kannte man damals schon Hunderte von Varietäten.

Viele Formen, welche als neue in den Handel gebracht werden, sind in wissenschaftlicher Hinsicht ganz alte. Als Beispiel nenne ich die berühmten gefüllten Syringen, welche von VICTOR LEMOINE in Nancy in den achtziger Jahren in den Handel gebracht worden sind. Es sind zahlreiche neue, zum Theil sehr prachtvolle Sorten, welche jetzt sehr allgemeine Verbreitung in Gärten und Parkanlagen gefunden haben. Sie galten als neu gewonnen, und ich war neugierig zu erfahren, durch welche Mittel die Füllung erhalten worden war. Ich

[1] *Waare Oeffeninge der Planten.* Groningen 1671.

reiste deshalb im Jahre 1892 nach Nancy und legte Herrn LEMOINE meine Frage vor. Als er mir seine ausgedehnten Fliederculturen gezeigt hatte, erzählte er mir über deren Ursprung Folgendes: „Im Jahre 1870 hatte ich zufällig in einem Garten in Luxemburg ein gefülltes Exemplar von *Syringa vulgaris azurea plena* gesehen; eine in Gärten seltene und wenig berücksichtigte Form. Als ich später auf den Gedanken gekommen war, Syringen zu züchten, kaufte ich einfach diese Pflanze, und kreuzte mit ihr fast sämmtliche Sorten des Handels.“ So erhielt er seine Neuheiten. Wie die Füllung selbst aber entstanden war, darüber wusste auch er nichts. Später fand ich, dass MUNTING bereits 1671 die gefüllte Form erwähnt hatte.

Etwa ebenso viel weiss man über den Ursprung der Cactus-Dahlien, welche jetzt in so grosser Zahl und Blumenpracht alle übrigen Sorten zu verdrängen drohen. Sie stammen von einer einzigen Pflanze durch Kreuzung mit den älteren Varietäten ab. Als ich den Urheber des neuen Typus, Herrn VAN DEN BERG in Jutphaas besuchte, theilte er mir darüber Folgendes mit. „Vor Jahren ersuchte ich einen Correspondenten in Mexico, mir eine Kiste mit Zwiebeln, Wurzeln, Rhizomen u. s. w. von allerhand fremden Gewächsen zu senden, was er eben zusammenfinden könnte. Die Kiste kam in schlechtem Zustande in Holland an; fast alles war verdorben; nur eine Knolle trieb einen Stengel hervor. Diese Pflanze wurde die erste *Cactus*-Dahlia. Alle Mühe, in der Heimath des Absenders dieselbe Form zurückzufinden, war vergeblich.“ Die Pflanze war da, wie sie aber entstanden, weiss man nicht.

So verhält es sich in den meisten Fällen und bei den hervorragendsten Typen. Der Züchter ist zufrieden, wenn er eine neue Form auftreten sieht; wie sie entstanden ist, weiss er aber meist nicht. Gar oft treten sie einzeln in grösseren Aussaaten auf; solche bieten selbstverständlich mehr Aussicht, dass die Samen verschiedenen Ursprunges sind, als kleinere Culturen. So erhielt D. B. WIER seinen *cutleaved maple* (Ahorn mit geschlitzten Blättern) in einer Cultur von etwa einer Million Sämlingen,[1] so erhielt bekanntlich DONKELAAR die ersten gefüllten Dahlien in einer Cultur von etwa 10000 Pflanzen u. s. w.

Es würde zu weit führen, zahlreiche Beispiele zusammen zu stellen. Die älteren sind übrigens in genügender Zahl in DARWIN's Werken zu finden.

Wir finden überall dasselbe Resultat, dass auch unter den Culturpflanzen die Arten Gemische sind, aus mehreren, oft aus zahlreichen

[1] L. H. BAILEY, *Plant-breeding.* 1896. p. 109.

im wild wachsenden Zustand aufgefundenen, selbstständigen Sorten oder Unterarten bestehend. Vielen Züchtern und vielen, namentlich älteren Botanikern ist dieser Satz wohl bekannt, daher das geflügelte, oft wiederholte Wort:[1] „Die erste Bedingung, um eine Neuheit hervorzubringen, ist sie bereits zu besitzen!"

§ 24. Arten und Artmerkmale.

Es ist hier der Ort, hervorzuheben, dass es sich eigentlich gar nicht um die Entstehung von Arten, sondern um die Ausbildung von Artmerkmalen handelt.

Darauf kommt es an. Wie sind die verschiedenen Eigenschaften entstanden, auf denen die Differenzirung der Organismen beruht?

Zu Arten werden Unterarten einfach dadurch, dass die Zwischenformen aussterben. Durch Kreuzung können neue Arten entstehen, wenn die vorhandenen Eigenschaften zweier Formen in eine einzige vereinigt werden u. s. w. Artmerkmale entstehen aber in diesen Fällen nicht. Durch Verlust oder Latenz sind zahlreiche Arten, auch Gattungen und grössere Gruppen entstanden, und solches hat oft für die Systematik eine sehr hohe Bedeutung, wie z. B. bei der Entstehung der Monocotylen aus den Dicotylen (Delpino). Aber Verlust und Latenz sind offenbar specielle Fälle, welche die Hauptfrage nach dem Vorgange der allmählichen Differenzirung im Stammbaum nur nebensächlich berühren.

Für den Begriff der Art fordert der Eine zwei oder drei besondere Eigenschaften, der Andere deren mehrere. Darauf kommt es aber offenbar nicht an. Die Frage ist, wie die einzelnen Eigenschaften entstanden sind, resp. entstehen können.[2]

Mit anderen Worten: die Mutation, das Mutiren selbst soll Gegenstand der Forschung werden. Und gelingt es uns einmal, die Gesetze des Mutirens aufzufinden, so wird nicht nur unsere Einsicht in die gegenseitige Verwandtschaft der jetzt lebenden Organismen eine viel tiefere werden, sondern wir dürfen auch hoffen, selbst einmal in das Getriebe der Artbildung eingreifen zu können. Ebenso gut wie der Züchter jetzt die Variabilität beherrscht, muss es einmal möglich werden, auch die Mutabilität zu beherrschen.

Selbstverständlich nur in kleinen Schritten, einzelne Mutationen

[1] Jordan, *Arbres fruitiers.* p. 96.

[2] „Diese Factoren sind die Einheiten, welche die Wissenschaft von der Vererbung zu erforschen hat." *Intracell. Pangenesis.* S. 9. Ueber deren Verbindung zu Gruppen vergl. ibid S. 21—22 und 33.

umfassend. Aber auch solche würden die landwirthschaftliche und gärtnerische Praxis in hohem Maasse bevortheilen können. Vieles, was jetzt unerreichbar scheint, wird vielleicht in unsere Macht kommen, wenn wir nur erst die Gesetze kennen lernen, auf denen das Mutiren der Arten beruht.

Offenbar wartet hier ein unabsehbares, wissenschaftlich wie praktisch hochwichtiges Feld auf fleissige Bearbeitung. Es ist das vielversprechende Gebiet der Mutationsbeherrschung!

§ 25. Die Mutationen in der Cultur.

Im vorletzten Paragraph habe ich die Ansicht zu begründen gesucht, dass sehr viele elementare Arten der Cultur vor dieser entstanden sind. Es folgt daraus aber keineswegs, dass solches mit allen der Fall sein müsse, wie es die Ansicht von JORDAN, KERNER und vielen anderen Forschern ist.

Im Gegentheil, in vielen Fällen liegen historische Angaben vor, welche es wenigstens höchst wahrscheinlich machen, dass auch in der Cultur ebenso gut Mutationen stattfinden, als solches in der Natur der Fall sein muss. Aber meistens hat man die neue Form erst bemerkt, als sie bereits fertig dastand; wie, wo und wann sie entstanden ist, konnte man dann nicht mehr ermitteln, oder doch nur mit einem gewissen Grade von Wahrscheinlichkeit.

Was man in Bezug auf die Selectionstheorie erwarten würde, dass die Form allmählich auftrete, und bereits während ihrer Entstehung bemerkt werde, scheint nicht vorgekommen zu sein. Allerdings sind auch plötzlich aufgetretene Formen fluctuirend variabel, und sie bedürfen also der Selection, um ihre neue Eigenschaft in höchster Entwickelung zu entfalten. Das ist aber etwas ganz anderes, als dass die neue Eigenschaft selber allmählich entstanden wäre.

Wichtige Beispiele in grosser Zahl liefert sowohl die landwirthschaftliche als auch die gärtnerische Zuchtwahl. Bevor ich eine Auswahl aus diesen anführe, möchte ich aber noch einmal hervorheben, wie gründlich der Unterschied zwischen Rassen und Unterarten auch von praktischen Schriftstellern gewürdigt wird. Prof. KURT VON RÜMKER, in seiner oft citirten Anleitung zur Getreidezüchtung, theilt seine Behandlung der methodischen Zuchtwahl in zwei Abschnitte ein. Der eine behandelt die Zuchtwahl zum Zwecke der Veredelung, der andere die zur Bildung neuer Formen.[1] Die erstere „hat die Auf-

[1] S. XIV, ferner S. 56 und 83.

gabe, bereits vorhandene Charaktere zu festigen, schärfer auszuprägen und ihre Vorzüge zu steigern".

Neue Formen aber entstehen, sobald die Veränderungen „nicht nur in der Richtung geradlinig fortschreitender Verbesserung, sondern in der Richtung abzweigender Neubildungen" stattfinden. Solche finden sich mitunter in den Beständen der Felder als spontane Variationen vor. „Ueber die Entstehung spontaner Variationen und die Ursachen ihrer Entstehung ist bis jetzt mit Sicherheit nichts bekannt," sie sind aber vererbbar.

Nach diesen Auseinandersetzungen unseres Verfassers erscheint der übliche Ausdruck „Bildung neuer Formen" als wenigstens übertrieben; sachlicher wäre es gewiss, nur vom Aufsuchen neuer Formen (und deren späteren Veredelung in der auch sonst gebräuchlichen Weise) zu sprechen.

Die grannenlose Form des BESELER'schen Anderbecker Hafers ist ein sehr bekanntes Beispiel einer solchen, auf dem Felde fertig vorgefundenen Sorte.

Ich führe jetzt eine Reihe weiterer Beispiele an. Fast stets sind die neuen Sorten völlig samenbeständig gewesen, und zwar von Anfang an, wenn keine Kreuzungen zu befürchten waren. Bisweilen traten sie zuerst in schwachem Grade auf, wie z. B. viele gefüllte Blumen, welche bei ihrem ersten Auftreten nur halbgefüllt waren oder nur Andeutungen einer Füllung zeigten. In solchen Fällen mussten sie durch Selection verbessert werden. Viele Typen sind nur einmal, andere zu wiederholten Malen entstanden.

Es ist ein sehr bekannter Satz: Jeder Züchter spürt ängstlich nach möglichen Neuheiten; hat er einmal eine solche gefunden, so hängt es weiter nur von ihm ab, sie zu ihrer vollen Schönheit auszubilden.

Aber den Anfang liefert stets der Zufall, und nicht, wie bei der Veredelung von Rassen, die Kunst des Züchters.

Chelidonium laciniatum MILLER, eine Unterart von *Chelidonium majus*, bildet eins der besten Beispiele, weil durch die eingehenden historischen Untersuchungen E. ROZE's[1] über seinen Ursprung mehr bekannt ist, als über denjenigen fast aller anderen Pflanzen. Er berichtet darüber Folgendes:

Ungefähr im Jahre 1590 fand ein Heidelberger Apotheker, SPRENGER, in seinem Garten, wo er die Pflanzen für seine Apotheke,

[1] E. ROZE, *Le „Chelidonium laciniatum" MILLER*, Journal de Botanique. 1895. No. 16—18.

und unter diesen auch das *Chel. majus* cultivirte, eine neue Form von *Chelidonium*, welche sich durch stark vertheilte Blätter und geschlitzte Blumenblätter von *C. majus* unterschied. Er nannte sie *Chelidonia major foliis et floribus incisis*, und sandte Muster an JEAN BAUHIN, GASPARD BAUHIN, CLUSIUS, PLATER und andere bekannte Botaniker seiner Zeit. Alle erklärten die Form als ihnen unbekannt und neu. Sie war bis dahin nie wild wachsend gefunden und ist auch seitdem in diesem Zustande nie beobachtet, obgleich sie von Zeit zu Zeit aus Gärten verwildert ist. Sie war aus Samen völlig constant, hat sich bis auf unsere Zeit unverändert erhalten und wird in botanischen Gärten jetzt allgemein cultivirt. MILLER, ROZE und viele andere Forscher haben ihre Samenbeständigkeit durch langjährige Culturen geprüft und keinen „Atavismus" zu *C. majus* beobachtet. Ich habe diesen Versuch mit demselben Erfolg wiederholt.

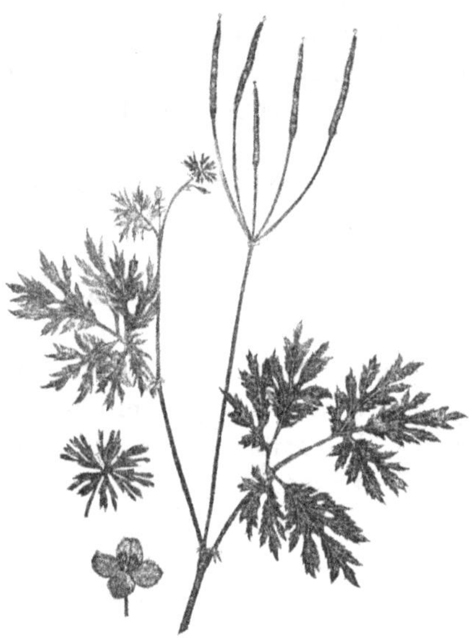

Fig. 36. *Chelidonium laciniatum.* Links eine Blüthe. Darunter eine solche von *C. majus.*

Es ist somit anzunehmen, dass *C. laciniatum* um das Jahr 1590 entstanden ist. Leider sagt SPRENGER nicht, woher die betreffenden Samen stammten, ob sie von seiner eigenen Ernte von *C. majus* herrührten oder aber von woher er sie bezogen hatte. Ersteres ist wahrscheinlich, da sonst die Stammform nicht unbekannt geblieben sein würde.

Uebergänge zwischen den beiden fraglichen Arten kennt man jetzt ebenso wenig wie zu SPRENGER's Zeiten; die jüngere Form ist somit vermuthlich plötzlich aus der älteren entstanden.

W. T. THISELTON DYER beschreibt eine Reihe von spontanen Variationen für *Cyclamen latifolium*, welche Art deshalb wichtig ist, weil sie zu den sehr wenigen Gartenpflanzen gehört, mit denen Kreuzungen bis jetzt nicht gelungen sind.[1] Die Vermuthung eines hybriden Ursprunges für ihre Unterarten ist somit völlig ausgeschlossen. Eine

[1] W. T. THISELTON DYER, *The cultural evolution of Cyclamen latifolium.* Proceed. Roy Soc. Vol. LXI. No. 371. p. 135.

Form mit quer ausstehenden Blumenblättern, eine mit geschlitzten Petalen und eine mit an die haarigen Gebilde der *Iris* erinnernden Kämmen in den Blüthen werden beschrieben. Die erste Form ist zu wiederholten Malen entstanden; sie wurde anfangs weggeworfen als für die Cultur ungeeignet, neuerdings aber in den Handel gebracht. Auch die geschlitzten Blätter sind mehrfach entstanden, so z. B. 1827; sie wurden damals im *Botanical Register* abgebildet, doch gingen sie wieder verloren. Seit 1850 sind sie in verschiedenen Gärtnereien aufgetreten. Die Kämme entstanden 1890 in der Gärtnerei der Herren Hugh Low & Co., plötzlich aber in sehr unausgebildeter Form; sie sind seitdem durch wiederholte Aussaat und Selection bedeutend verbessert und nach einigen Jahren in den Handel gebracht. Sie traten in Frankreich gleichfalls auf, und zwar bereits 1885, wurden aber dort nicht weiter cultivirt; sie sind sowohl in der rothen als auch in der weissen Varietät vorhanden.

Fig. 37. *Chelidonium majus.*

Die Erdbeeren ohne Ausläufer gehören zu *Fragaria alpina* und sind unter dem Namen *Gaillon*-Erdbeeren bekannt.[1] Man kennt sie mit rothen und mit weissen Früchten.[2] Die Geschichte ihrer Entstehung ist von P. P. A. de Vilmorin im *Bon Jardinier* beschrieben.[3] Er fand sie in einem einzigen Individuum in einer Aussaat der gewöhnlichen *Fragaria alpina*. Die Samen dieses Exemplares brachten nur Pflanzen ohne Ausläufer hervor; die neue Sorte war von Anfang an völlig constant.

Der Blumenkohl und der Kohlrabi sind aus vereinzelten Monstrositäten der *Brassica oleracea* gezüchtet.[4] Der *Chou de Milan des Vertus* ist gleichfalls spontan in einer anderen Sorte von Kohl entstanden, und bald eines der beliebtesten Gemüse auf dem Pariser Markte ge-

[1] Vergl. Fig. 7 auf S. 25.

[2] Vilmorin-Andrieux & Cie., *Les plantes potagères*. p. 222.

[3] L. de Vilmorin, *L'amélioration des plantes par le semis*. 2. Ed. p. 48.

[4] A. P. de Candolle, *Transact. hortic. Soc.* 5. p. 1, citirt in Hofmeister, *Allgemeine Morphologie*. S. 565.

worden.[1] *Mercurialis annua laciniata* ist 1719 von MARCHANT als neue Form entdeckt worden; sie ist seitdem samenbeständig geblieben.[2] Ich verzichte auf die Anführung weiterer Beispiele.

Einige Arten sind zwei oder mehrere Male an weit von einander entfernten Standorten aufgetreten, unter Umständen, welche die Annahme eines gemeinschaftlichen Ursprunges wohl völlig ausschliessen. Ich citire die Blutbuche, der Prof. J. JÄGGI eine eingehende historische Monographie gewidmet hat.[3] Man kennt von ihr drei Fundorte: Den Stammberg bei Buch am Irchel im Canton Zürich, einen Wald bei Sondershausen in Thüringen; einen Wald über Castellano bei Roveredo in Südtirol. Der erste Standort war schon im 17. Jahrhundert bekannt; der zweite in der zweiten Hälfte des 18. Jahrhunderts; der dritte erst im Anfang des 19. Jahrhunderts. Ebenso wurde *Fragaria monophylla* (Fig. 38) von LINNÉ in Lappland aufgefunden, und sie entstand etwa 1800 in einer Gärtnerei unweit Versailles, von wo aus sie in die botanischen Gärten Verbreitung fand.

Fig. 38. *Fragaria vesca monophylla.* *a* zwei Blätter; *b* eine Ausläuferpflanze mit 1—2—3-zähligen Blättern (Atavismus).

Ferner wurde *Fagus sylvatica aspleniifolia* in einem Walde in Lippe-Detmold und in der Nähe von Paris beobachtet.[4] *Alnus glutinosa laciniata* (Fig. 39) und *Betula alba laciniata* sind in Schweden und Lappland hier und da im wilden Zustande gefunden.[5] In Gärtnereien entsteht oft dieselbe Neuheit gleichzeitig an verschiedenen Orten, so z. B. *Ageratum mexicanum nanum luteum* etwa 1892 bei Paris und zu Erfurt.[6]

Es giebt im Handel eine Reihe von Varietäten der verschiedensten botanischen Arten, von denen es unwahrscheinlich ist, dass sie im wilden Zustande würden wachsen können. Sie sind zu wiederholten Malen als

[1] VILMORIN, *L'amélioration* l. c. p. 19.
[2] GODRON, *De l'espèce.* I. p. 160.
[3] J. JÄGGI, *Die Blutbuche zu Buch am Irchel.* Zürich 1893.
[4] E. FAIVRE, *L'espèce* p. 44; die erstere Angabe nach BRAUN, *Verjüngung.*
[5] BRAUN, l. c. S. 332.
[6] Nach mündlicher Mittheilung eines Erfurter Züchters, Herrn OTTO PUTZ.

Beispiele für die Wahrscheinlichkeit plötzlicher Entstehung in der Cultur, durch sogenannte spontane Variation (Mutation) angeführt worden. Ich erinnere an die Früchte, welche sich nicht öffnen können, wie *Papaver somniferum inapertum* und *Linum usitatissimum* (von letzterem öffnet nur *Linum crepitans* seine Früchte behufs Samenausstreuung). Ferner an die grossen und schweren Körner des Getreides und einiger Hülsenpflanzen, namentlich aber an den Mais, deren Samen anscheinend keine Mittel zur Verbreitung besitzen. Endlich an die sterilen

Fig. 39. *a Alnus glutinosa laciniata* mit Früchten; *b* Blatt von *Alnus glutinosa.*

Fig. 40. ***Ranunculus acris petalomana,*** eine durch unbeschränkte Petalenbildung völlig sterile Form. Nach einer auf einer Wiese gefundenen Pflanze.

Varietäten: Corinthen, Bananen, mehrere Sorten von Aepfeln und Birnen, die Astrachan-Trauben, einige Erdbeeren, an die grüne Rose, das grüne *Pelargonium zonale* und die grünen Dahlien (von denen ich zwei verschiedene Sorten, mit breiten und mit schmalen Körbchen, cultivirt habe), an die durch Petalomanie sterilen *Ranunculus acris* (Fig. 40), *Caltha palustris* und zahlreiche andere Fälle dieses Füllungstypus,[1] endlich an den sterilen Mais (Fig. 41), der in meinen eigenen Culturen in zahlreichen Exemplaren auftrat, aber sonst, so viel mir bekannt, nirgendwo beobachtet wurde.[2]

[1] K. Goebel, Pringsheim's *Jahrbücher für wissensch. Bot.* Bd. XVII. p. 207.

[2] *Over steriele Maisplanten,* Botan. Jaarboek Dodonaea. Bd. I. 1889. Mit Taf. V. p. 141. *Steriele Mais als erfelyk ras,* ibid. Bd. II. 1890. p. 109.

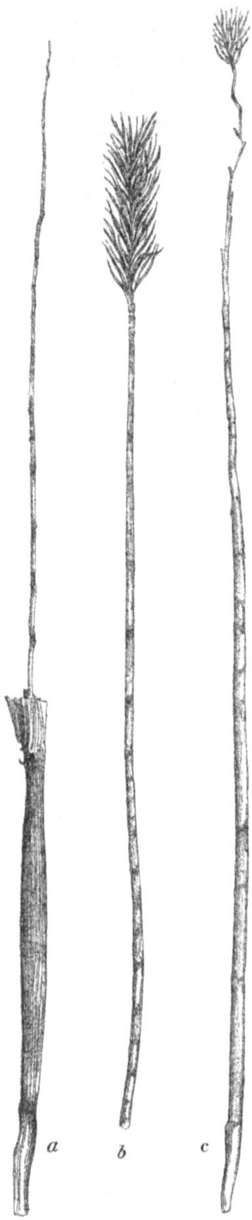

Fig. 41. *Zea Mays sterilis.* Drei unverzweigte Rispen. *a* ohne Bracteen; *b* und *c* mit geringer Bracteenbildung an der Spitze.

Weitaus die meisten plötzlich entstandenen Formen, Varietäten oder Unterarten sind samenbeständig, und zwar völlig, d. h. dass sie aus allen ihren durch reine Befruchtung entstandenen Samen die neue Form wiederholen. Es gehört die Samenbeständigkeit zum Typus der elementaren Art. Ausnahmen von dieser Regel liegen allerdings in der Literatur sehr zahlreich vor, so zahlreich, dass man an der Gültigkeit der Regel zweifeln möchte. Sie rühren aber in sehr vielen Fällen offenbar daher, dass auf etwaige Fremdbefruchtung durch Insecten oder durch den Wind keine Rücksicht genommen wurde. Sie lassen sich durch Kreuzung meist ganz einfach erklären. Der ganze sogenannte Atavismus im Pflanzenreich bedarf sehr einer kritischen Sichtung, denn was wenigstens in Gärtnereien und gewöhnlichen Gärten für solchen ausgegeben wird, ist nach meinen Erfahrungen wohl zumeist auf zufällige Kreuzungen zurückzuführen.

Ich werde aber auf diesen Punkt in einem späteren Abschnitt ausführlich zurückkommen und stelle deshalb hier nur einige, mehr oder weniger wichtige Fälle zusammen.

Von vielen Varietäten ist die völlige Samenbeständigkeit wohl bekannt. So z. B. von *Matricaria Chamomilla discoidea* und den gleichnamigen Formen von *Bidens tripartita* und *Senecio Jacobaea.* Ferner von *Datura Tatula inermis*,[1] von *Ranunculus arvensis inermis*,[1] von *Antirrhinum majus* mit Pelorien,[2] von *Nigella sativa apetala*,[3] von *Ilex Aquifolium* mit gelben Beeren,[4] von Trauereichen und Trauerbirken,[4] vom rothblätterigen *Berberis*,[4]

---

[1] *Botan. Zeitung.* 1873. S. 687.

[2] Masters, *Vegetable Teratology.* p. 227.

[3] Hoffmann, *Botan. Zeitung.* 1881. S. 410; hier auch viele weitere Beispiele.

[4] Darwin, *Das Variiren.* II. p. 24, 26.

Pelorien von *Corydalis solida*,[1] *Hordeum trifurcatum*, *Rubus fruticosus laciniatus*, zahllosen Gartenformen und Gemüsepflanzen (Zuckererbsen, dornloser Spinat u. s. w.).

Von den entgegengesetzten Angaben, welche nach meiner Ansicht, wie bereits bemerkt, meist auf Kreuzung beruhen, hebe ich hier nur diejenigen über die Blutbuche hervor. Diese ist, je nach dem Standorte, angeblich in sehr wechselndem Grade erblich; die Erblichkeit schwankt von 20—75 % und ist in einigen Fällen eine vollkommene. Da aber die betreffenden Bäume wohl meist zwischen gewöhnlichen Buchen wachsen und selbstverständlich keine künstliche Befruchtung vorliegt, so sind die Samen wohl stets zu einem grösseren oder kleineren Theile von den umwachsenden Bäumen befruchtet. Nur wenn die Blutbuche hinreichend isolirt blüht, darf man also ihrer Nachkommenschaft eine wirkliche Beweiskraft zuerkennen.

Zum Schlusse sei hier auch des allgemein bekannten Umstandes gedacht, dass Mutationen auf einander folgen und eine Pflanze allmählich in mehreren Merkmalen vom ursprünglichen Typus entfernen können, ähnlich wie es in der freien Natur vor sich gehen muss. Viele lange Namen von Gartenpflanzen deuten uns dieses an, wie z. B. *Scabiosa atropurpurea nana purpurea*, aus der ferner eine *Forma carnea* und eine *Forma rosea* entstanden sind; *Calliopsis tinctoria pumila purpurea*, *Tagetes patula nana* mit dunklen und derselbe Zwerg mit hellgelben Blüthen u. s. w. Die successiven Namen weisen die historische Entwickelung der betreffenden Formen nach.

Zusammenfassend sehen wir, dass ein allmähliches Entstehen elementarer Arten bis jetzt nicht bekannt ist, dass aber sehr zahlreiche Fälle vorliegen, in denen neue „Arten“ plötzlich aufgetreten sind, oder wo ein solches Auftreten doch im höchsten Grade wahrscheinlich ist. Fast nie ist eine neu auftretende Form sofort isolirt worden, meist wurde sie einfach der Insectenbefruchtung zwischen verwandten Arten überlassen. Soweit dieser Umstand es zu beurtheilen gestattet, sind solche neue Arten aber sehr allgemein samenbeständig, ebenso constant wie die älteren, sogenannten guten Arten.

§ 26. Die Hypothese der allseitigen Mutabilität.

Der hohe Charakter der Darwin'schen Selectionslehre liegt anerkannter Weise in der Erklärung der Zweckmässigkeit in der organischen Natur aus rein natürlichen Principien, und ohne Zuhülfenahme

[1] Godron, *Mém. Acad. Stanislas.* 1868. p. 3.

irgend eines teleologischen Gedankens. Diesem Charakter verdankt die Descendenzlehre ihre jetzige allgemeine Anerkennung. Ihrerseits ermöglicht jetzt die feste und unerschütterliche Ueberzeugung der Blutsverwandtschaft der lebenden Organismen ein genaues kritisches und experimentelles Studium der Art und Weise, wie die eine Form aus der anderen hervorgeht. Ja sie fordert dazu auf. Wie die jetzt lebenden Arten entstanden sind, ist selbstverständlich eine historische, nur in seltenen Fällen der Forschung direct zugängliche Frage. Wie aber Arten überhaupt entstehen, wird in der Zukunft ebenso gut Gegenstand experimenteller Forschung werden, wie jeder andere physiologische Process.

Das DARWIN'sche Princip fordert, dass die artenbildende Variabilität[1] — die Mutabilität — richtungslos sei. Abweichungen müssen in jedem Sinne auftreten, ohne Bevorzugung irgend welcher bestimmten Richtung, und namentlich ohne Bevorzugung der von der Theorie zu erklärenden fortschreitenden Richtung. Jede Hypothese, welche von diesem Princip abweicht, muss als teleologisch, mitunter sogar als unwissenschaftlich verworfen werden.

Zwischen den allseitig auftretenden Mutationen wählt der Kampf um's Dasein die zweckmässigen aus; nur auf diese Weise ist deren Ueberleben zu erklären.

Die Selectionslehre von WALLACE und deren Anhänger lässt die Selection ausschliesslich zwischen den Individuen einer und derselben Art stattfinden. In der Mutationslehre wählt die natürliche Auslese zwischen den Arten. Die einen siegen, und vergrössern ihr Gebiet, die anderen werden vernichtet; die ersteren können wiederum neue Arten hervorbringen, die anderen verschwinden ohne Nachkommenschaft. Der Grundgedanke dieser Theorie führt uns zu der Ueberzeugung, dass in gewissem Sinne Arten durch die natürliche Auslese nicht entstehen, sondern vergehen.

Sobald man in der Selectionslehre DARWIN's unterscheidet zwischen der WALLACE'schen Form dieser Theorie und der Mutationstheorie, muss man selbstverständlich die Forderung der Richtungslosigkeit an diese beiden stellen. Die individuelle Variabilität, welche für WALLACE das Princip der Entstehung der Arten ist, genügt dieser Forderung offenbar; dazu kommt, dass die Variabilitätslehre ein reiches Material von Thatsachen bietet, welches wenigstens in dieser Beziehung für die Theorie eine unanfechtbare Grundlage bildet.

Die Mutationstheorie leidet an dem Uebel, dass die Mutationen

[1] *Intracellulare Pangenesis.* S. 73, 210 u. s. w.

selbst nur in seltenen Fällen direct beobachtet und nur äusserst selten hinreichend genau studirt worden sind. Mutationen sind selbstverständlich viel seltener, als die überall vorhandenen, nie fehlenden Variationen; sie bieten sich dem Studium nicht in der Weise dar, wie diese. Dennoch sind sie der Forschung zugänglich und sie sollten aus den verschiedensten Gründen ebenso eifrig untersucht werden, wie die Variationen.

Es ist nach meiner Meinung einer der grössten Nachtheile der jetzigen Selectionslehre. dass sie die Aufmerksamkeit zu einseitig auf die Variations- und Selectionserscheinungen lenkt und die Mutationen zu sehr in den Hintergrund drängt. Ohne Zweifel ist das eine der wichtigsten Ursachen unserer mangelhaften Kenntniss der diesbezüglichen Thatsachen.

Dieser Umstand erklärt es, weshalb es sich bei der jetzigen Sachlage kaum darum handeln kann, die Hypothese der allseitigen Mutabilität an der Hand der Thatsachen auf ihre Richtigkeit zu prüfen, sondern fast einfach darum zu ermitteln, in wie fern die von den verschiedenen Autoren aufgestellten speciellen Hypothesen mit dem Grundgedanken Darwin's im Einklang sind.

Auch diese Aufgabe ist keine leichte. Es kommt offenbar darauf an, welchen Antheil an der Entstehung der grösseren oder collectiven Arten man der Mutabilität, und welchen man der natürlichen Auslese zwischen den entstandenen elementaren Arten zuschreibt. Viele Autoren nehmen z. B. eine directe Einwirkung veränderter äusserer Lebensbedingungen auf Pflanzen und Thiere in der Weise an, dass dadurch die Eigenschaften sich in einer der neuen Umgebung besser adaptirten Form ausbilden würden. Die Umgebung würde somit unmittelbar eine zweckmässige Umänderung hervorrufen.

Eine solche Annahme scheint aber nicht viel mehr als eine Umschreibung der zu erklärenden Thatsache zu sein. Darwin nimmt in solchen Fällen allseitige Mutabilität mit Auslese der Passendsten an. Und diese Annahme scheint mir so lange die einfachste und wahrscheinlichste zu bleiben, bis es gelingt, über das Vorhandensein oder das Fehlen einer solchen Mutabilität experimentellen Aufschluss zu bekommen.

Etwas eingehender ist hier die Ansicht von W. B. Scott zu erörtern, eines der bedeutendsten Vorfechter der Mutationslehre, der aber aus paläontologischen Gründen sich gegen die Hypothese der allseitigen Mutabilität erklärt. Denn es scheint mir, dass diese Hypothese sich mit den paläontologischen Thatsachen, und namentlich mit der wundervollen Entdeckung der continuirlichen Entwickelungsreihen ganz gut verträgt. Die untauglichen Arten können so zahlreich entstanden sein, wie man sie sich nur irgendwie vorstellen will, ohne jemals auch nur eine Spur in den geologischen Schichten zu hinterlassen zu brauchen. Die continuirlichen Serien deuten auf eine Auslese in constanter Richtung während langer Zeiträume, fordern aber zu ihrer Erklärung eine Mutabilität in constanter Richtung, nach meiner Ansicht, durchaus nicht.

Eine eingehendere Betrachtung von Scott's Auseinandersetzungen wird uns zeigen, in wie fern die hier geäusserte Meinung ihre Berechtigung hat. Scott betont namentlich den Satz, dass gut bekannte paläontologische Reihen lückenlos sind, während die lückenhaften Reihen offenbar diejenigen sind, welche nur unvollständig bekannt sind. Diese Unvollständigkeit rührt entweder von dem Fehlen einzelner geologischer Schichten aus bestimmten Perioden her, oder von dem Umstand, dass es bis jetzt noch nicht gelang, die fraglichen Schichten gründlich zu untersuchen. Wo aber die Schichtenreihe eine lückenlose ist, und die Untersuchung eine eingehende, dort haben sich die Entwickelungsreihen gleichfalls als lückenlos herausgestellt. Es gilt solches zunächst von dem bekannten Stammbaume des Pferdes, dann von mehreren anderen Säugethierstämmen, von den Ammoniten u. s. w.

Solche Reihen zeigen nun das Auffallende, dass sie so zu sagen geradlinig sind. Die Entwickelung geht direct auf das Ziel ab, ohne Schwankungen, namentlich ohne ein zielloses Hin- und Herschwanken in einer Zickzacklinie. Gabelungen des Stammbaumes kommen vor, aber selten.[1]

Es fragt sich nun, wie eine solche anscheinend zielstrebige Entwickelung aus natürlichen Voraussetzungen zu erklären sei, und zwar auf Grund der allgemeinen, von Darwin entdeckten Principien der Descendenzlehre. Mit anderen Worten, es fragt sich, wie man sich die Mutabilität und die natürliche Auslese vorzustellen hat, um zu einer befriedigenden Erklärung zu gelangen. Zwei Erklärungsweisen stellen sich dann als möglich heraus.

1. Die Mutabilität ist eine allseitige; die natürliche Auslese aber fand in langen geologischen Perioden in einer und derselben Richtung statt.

2. Die Mutabilität ist eine einseitige; sie bestimmte die Richtung des Fortschrittes.

[1] Weldon nennt diesen Einwand gegen die Selectionslehre den bedeutendsten. Vergl. sein *presidential Address: On the three principal objections which are urged against the theory of Natural Selection.* 8. Sept. 1898. *Brit. Ass. Advanc. Science.* Bristol 1899. p. 887.

Die erstere Auffassung ist offenbar diejenige DARWIN's, die letztere wird von SCOTT vertreten.

Zunächst ist zu bemerken, dass man auf Grund paläontologischer Thatsachen wohl kaum zwischen Mutabilität und Auslese wird unterscheiden können, und dass, wie ja auch SCOTT bemerkt, jede „Erklärung" nicht viel mehr als eine Voraussetzung sein kann.

Es liegt kein Grund vor, anzunehmen, dass in jedem paläontologischen Stammbaume nicht zahlreiche Arten entstanden sein sollten, welche es nie zu einer hinreichenden Individuenzahl gebracht haben, um geologisch erhalten zu bleiben, und welche ohne Nachkommenschaft und somit spurlos verschwunden sein müssen. Ueber die Zulässigkeit einer solchen Annahme können offenbar die paläontologischen Befunde nicht entscheiden. Vergleichen wir aber den Artenreichthum der geologischen Reihen mit dem Reichthum unserer jetzigen collectiven Arten an elementaren Typen. Es liegt auf der Hand, diesen letzteren Reichthum auch für frühere Perioden anzunehmen. Aber hinter dieser Annahme bleibt der geologische Befund weit zurück; von den meisten Formen ist also nicht die Spur erhalten geblieben.

Wählen wir das bekannteste Beispiel, das durch die Experimente von JORDAN, THURET, DE BARY, ROSEN u. A. über allen Zweifel erhoben ist. Ich meine die Zusammensetzung der gewöhnlichen *Draba verna* aus elementaren Arten. Im Süden Frankreichs sammelte JORDAN deren etwa 50; sie zeigten sich auch bei vieljähriger Cultur völlig constant. Jetzt ist die Zahl für das mittlere Europa auf etwa 200 herangestiegen. Aehnlich verhält es sich, wenn auch in geringerem Grade, wohl mit den meisten collectiven Arten.

Niemand bezweifelt, dass die sämmtlichen elementaren Arten der *Draba verna* von einem gemeinsamen Urtypus abstammen; sie weichen aber in jeder denkbaren Richtung von einander ab. Sind sie durch Mutationen dieses Urtypus entstanden, so war diese ganz offenbar allseitig und richtungslos. Sie bieten der natürlichen Auslese ein wohl für jede Theorie genügendes Material.

Falls die Vorfahren des Pferdes eine ähnliche allseitige Mutabilität besessen haben würden, wie gross würde dann die Aussicht sein, dass davon Anzeichen in den geologischen Schichten zu finden wären? Es dürfte dieses schwer zu entscheiden sein. Und dazu kommt noch die folgende Ueberlegung. Der jetzige Reichthum einer Art an elementaren Arten ist keineswegs das Maass für die Anzahl der Mutationen, welche in ihr seit ihrem ersten Entstehen stattgefunden haben. Weitaus die meisten Mutationen werden voraussichtlich ohne Erfolg bleiben, da die natürliche Auslese die betreffenden Individuen all zu früh ausrodet. Andere Formen werden sich mehr oder weniger vermehren, um aber nach einigen Jahren wieder zu verschwinden. Nur wenige werden sich schliesslich an dem grossen Kampf um's Dasein betheiligen.

Vieles muss bald zu Grunde gehen. Es findet ja sogar zwischen den männlichen und den weiblichen Individuen einer und derselben Art ein sehr starker Wettkampf statt, der das normale Verhältniss beider ganz erheblich zu verändern im Stande ist. Meist sind die männlichen Individuen die schwächeren und an ungünstigen Stellen findet man daher ganz regelmässig die weiblichen im Verhältniss zu den männlichen zugenommen. Solches wurde z. B. von Hoffmann an *Spinacia, Rumex, Lychnis,* von anderen Autoren an mehreren anderen Arten beobachtet. Bei *Matthiola incana* liefern die kräftigsten Samen die gefüllten Individuen, daher schwankt der Gehalt an solchen je nach den Culturbedingungen; bei Aussaat im Freien erreichen sie meist nur 50%, bei Topfcultur meist 60% und bisweilen bis 70%.

Es scheint mir daher die Annahme nicht sehr gewagt, dass in geologischen Zeiten sehr viele neu entstandene Formen in ihrer Jugend untergegangen sein werden, ohne irgend eine Spur zu hinterlassen.

Soll die Hypothese einer einseitigen Mutabilität die Annahme einer in constanter Richtung wirkenden Auslese überflüssig machen, so muss man sich die Mutationen in hohem Grade beschränkt denken. Fast nur die paläontologisch gefundenen Arten dürfen entstanden sein; eigentlich nur die in der Hauptlinie des Stammbaumes liegenden. Alle Nebenzweige, welche ohne Nachkommenschaft ausgestorben sind, werden auf Auslese deuten, und zwar auf eine stets in der Richtung der Hauptlinie wirkende Wahl. Es will mir scheinen, als ob eine in's Einzelne gehende Ausarbeitung der Scott'schen Ansicht die Differenzen zwischen ihm und Darwin immer mehr würde verschwinden lassen.

Die Frage, in wie weit sich die Annahme einer durch lange Zeiten in bestimmter Richtung wirkenden Auslese würde begründen lassen, liegt ausserhalb des Rahmens dieses Buches; mir scheint aber 1. dass man sie bis jetzt nur scheinbar eliminirt hat, 2. dass diese Annahme wenigstens eine gleiche Berechtigung hat, wie jene einer in derselben Weise gerichteten Mutabilität.

Ich komme somit zu dem Schlusse: dass die Mutationstheorie eine allseitige Mutabilität der Organismen fordert. Weder die paläontologischen, noch die systematischen Befunde sind mit dieser Ansicht unvereinbar. Und die Zusammensetzung der gewöhnlichen oder collectiven Arten aus Gruppen von elementaren Arten, deren Merkmale in jeder Richtung von einander abweichen, deutet klar auf frühere allseitige Mutabilität hin.

§ 27. Die Hypothese der periodischen Mutabilität.

Die Constanz der Arten ist Beobachtungsthatsache; ihre Veränderlichkeit eine Forderung der Theorie. Dieses ist der alte Einwurf gegen die Descendenzlehre. LAMARCK, DARWIN, WALLACE begegnen dieser Schwierigkeit durch die Annahme, dass die Constanz nur eine scheinbare sein sollte, und dass die Veränderungen so langsame seien, dass man sie in den kurzen Zeiträumen der Beobachtungen gar nicht sehen könne.

Diese Annahme ist aber, wie ich bereits gezeigt habe, eine völlig willkürliche. Es haben ohne Zweifel viele Arten im Laufe der Jahrhunderte wichtige Veränderungen erlitten, aber ob diese langsam und allmählich stattgefunden haben, oder stufenweise und in Sprüngen, weiss man gar nicht.

Die gegentheilige Voraussetzung, dass Arten durch lange Perioden völlig unverändert bleiben können, aber unter bestimmten Bedingungen anfangen werden, neue Formen hervorzubringen, scheint mir wenigstens gleichberechtigt. Die Vorfahren unserer jetzigen Arten würden dann immutable und mutable Perioden durchlaufen haben; die Spaltung der grösseren Arten in elementare würde dann das Resultat der letzten oder einiger der letzten solcher Perioden sein.[1]

Die Vorstellung einer periodischen Veränderlichkeit der Arten findet man in DARWIN's Werken zu wiederholten Malen ausgesprochen. „*Changed conditions of life*" sind ja der Hauptfactor der Veränderlichkeit, und nur in den seltensten Fällen dürfte sich DARWIN die Veränderung der Lebensbedingungen als eine andauernde gedacht haben. In demselben Sinne hat DARWIN öfter auf die Thatsache hingewiesen, dass Pflanzen in den ersten Jahren, nachdem sie in Cultur genommen wurden, noch wenig variiren, aber nach 3—5 Jahren anfangen, neue Typen erscheinen zu lassen. Und dürfte die Erklärung dieser Thatsache vielleicht auch eine andere sein, als die von DARWIN angenommene,

[1] Ebenso KOLLMANN: „Dieser Bildungsprocess neuer Rassen — dauert bei keiner Species weder des Thier- noch des Pflanzenreiches beständig fort, sondern schliesst an einer bestimmten Grenze ab, sonst gäbe es ja nur Umwandlungen, stets neue Species und keine Dauerformen, wie sie die Systematik kennt." *Correspondenzblatt d. d. Ges. f. Anthropologie.* Bd. XXXI. Nr. 1. S. 3. Jan. 1900.

so spricht doch die so häufige Hervorhebung der Beobachtung für Darwin's Ansicht von Perioden grösserer oder geringerer Veränderlichkeit.[1] Ueber das Wesen dieser Perioden vermuthet Darwin, dass die äusseren Einflüsse wahrscheinlich erst durch mehrere Generationen wirken müssen, ehe sich die Veränderlichkeit zeigen kann.

Ist aber die Mutabilität eine periodische Erscheinung, so brauchen die einzelnen Mutationen nicht allmählich vor sich gegangen zu sein. Die Voraussetzung lässt offenbar die Annahme stufenweiser Veränderungen zu. Und die Existenz langer Perioden von unveränderten Merkmalen ist doch wohl für zahllose Arten als völlig sicher zu betrachten. Das häufige, wenn nicht ganz allgemeine Vorkommen derselben elementaren Art an seit Jahrhunderten von einander isolirten Fundorten ist in dieser Hinsicht durchaus entscheidend.

Moritz Wagner's bekannte Migrationstheorie stammt aus demselben Grundgedanken.[2] So lange keine äusseren Ursachen der Mutabilität vorliegen, hat man auch keinen Grund, eine solche zu erwarten oder anzunehmen; so lange somit die äusseren, klimatischen, physikalischen und biologischen Lebensbedingungen dieselben bleiben, muss man annehmen, dass die Arten sich nicht verändern. Zieht aber die Pflanze aus oder ändern sich in ihrer Gegend die Pflanzen und Thiere, mit denen sie im Kampf um's Dasein stand, so scheinen die Bedingungen für das Auftreten von Mutationen gegeben. Beide Umstände können auf kürzere oder längere Zeit eine sehr rasche und bedeutende Vermehrung der Individuenzahl zur Folge haben, und es wäre möglich, dass diese eine der Ursachen eintretender Mutabilität wäre. Denn eine rasche Vermehrung setzt die Keimung von solchen Samen voraus, welche unter anderen Umständen entweder nicht keimen oder bald zu Grunde gehen würden, Samen von Seitenzweigen hoher Ordnung, von Infloreszenzgipfeln, von Blüthen aus accessorischen Knospen u. s. w.

Ich deute diese Möglichkeiten nur an. Es sollte nach meiner Ansicht Aufgabe experimenteller Untersuchungen sein, Arten aufzusuchen, welche sich gerade in einer Mutationsperiode befinden, und noch mehr die Bedingungen zu ermitteln, durch welche man künstlich Arten in solche Perioden bringen könnte. Neben der so blühenden morphologischen Descendenzlehre sollte doch auch eine experimentelle Descendenzlehre begründet werden!

---

[1] I do believe that natural selection will generally act very slowly, only at long intervals of time (*Origin*, 6. Ed. p. 85).

[2] Wagner, *Das Migrationsgesetz der Organismen.*

§ 28. Der Vorgang des Mutirens innerhalb der Mutationsperioden.

Beobachtungen hat man über die Mutationsperioden noch nicht gemacht. Dagegen hat man mehrfach versucht, von gewissen Voraussetzungen ausgehend, zu berechnen, was man von dem Vorgang des Mutirens etwa erwarten dürfte.

Es sind dabei zwei Sätze aufgestellt, welche geeignet scheinen, viele Schwierigkeiten der Mutationstheorie aufzuheben. Es sind dies die folgenden:

1. Die Annahme, dass die neue Form (Art) von der Mutterart nicht einmal, sondern während der betreffenden Periode vielfach und zwar mit einer gewissen Regelmässigkeit hervorgebracht wird.

2. Die Möglichkeit, das Auftreten nutzloser oder gar schädlicher Artmerkmale zu erklären — ein nicht unbedeutender Vorzug vor der Selectionslehre.

Zweck dieser Auseinandersetzungen war es zunächst, zu zeigen, dass neu entstandene Formen auch ohne Hülfe der natürlichen Auslese sich wenigstens so weit vermehren können, dass sie nachher den Kampf um's Dasein mit genügender Aussicht auf guten Erfolg beginnen können. Aber der Umstand, dass man das thatsächliche Verhalten beim Auftreten neuer Formen noch nicht hinreichend kannte, und dass man somit von rein willkürlichen Voraussetzungen ausgehen musste, hat für diese Betrachtungen bisher nur geringe Berücksichtigung finden lassen. Es sind namentlich Gulick und Delboeuf, welche diese Ansichten vertreten haben.

Gulick's Satz lautet: *An initial tendency due to accidental variation can increase and develop in succeeding generations, without reference to the advantage of the species.* Angenommen wird dabei nicht eine extreme Variante der individuellen Variation, sondern eine Mutation. Und zwar das Auftreten einer solchen neuen Form, auf welche die natürliche Auslese wenigstens anfangs keinen Einfluss hat.[1]

J. Delboeuf ist bestrebt, deutlich zu machen, dass das endliche Ueberwiegen der Anzahl der umgewandelten Individuen über diejenigen Wesen, welche den primitiven Typus bewahrt haben, eine nothwendige Consequenz der Fortdauer der Ursache ist, welche die erste Abweichung herbeigeführt hat, so schwach sie auch sein möge.[2]

Eine scharfe Trennung zwischen Selections- und Mutationstheorie

[1] Vergl. *Journ. Linn. Soc. Zool.* Vol. XI. S. 496 und Vol. XX. (1888.) S. 215.

[2] J. Delboeuf, *Ein auf die Umwandlungstheorie anwendbares mathematisches Gesetz.* Kosmos 1877—1878. 1. Jahrg. II. Bd. S. 105—127, namentlich S. 112.

lag zu Delboeuf's Zeiten noch nicht vor, und so wendet er seine Ansicht durch einander auf beide an. Ich habe hier aber nur ihre Bedeutung für die letztere zu berücksichtigen. Auch will ich meine Auseinandersetzung noch weiter beschränken, indem ich nur solche Fälle betrachte, in denen die neue Form sofort samenbeständig ist, eine Voraussetzung, von der wir im § 25 gesehen haben, dass sie wohl zumeist zutrifft.

Delboeuf geht von der Annahme aus, dass eine Mutation nicht einmal auftrete, sondern in der Reihe der Generationen jedesmal in einer gewissen, sei es auch noch so kleinen Anzahl von Individuen sich wiederhole, indem die Ursache der Mutation so lange fortdauere. Er stellt ferner den Fall, dass die neue Form sich unbeeinträchtigt fortpflanzen könne, dass sie vom Kampf um's Dasein weder in ihrer Vermehrung beschränkt, noch bevortheilt werde. Unter diesen Voraussetzungen muss die neue Form im Verhältniss zur Stammform stets an Individuenzahl zunehmen, und zwar um so rascher, in je grösserer Procentzahl sie in jeder Generation neu hervorgebracht wird. Es lässt sich für jede beliebige (im Laufe der Generationen mittlere) Procentzahl berechnen, nach wie langer Zeit z. B. die neue Form in gleicher Anzahl von Individuen zwischen der Stammform vorkommen werde, und wie sie später im Laufe der Zeit sie allmählich zu ersetzen bestrebt sein wird.

In Zahlentabellen findet man die wichtigsten Fälle ausgearbeitet. Das Princip ist aber an sich klar: Auch ohne irgend welche Vorzüge im Kampf um's Dasein wird eine neue Form sich behaupten, vorausgesetzt 1. dass sie hinreichend kräftig und fruchtbar sei, um sich zu vermehren, und 2. dass sie nicht bloss einmal, sondern während einer längeren Periode wiederholt entstehe.[1]

Delboeuf's Gesetz hat nur wenig Beachtung gefunden. Dennoch scheint es mir im Princip und auf dem Boden der Mutationstheorie richtig. Es erklärt in einfacher Weise die Existenz so zahlreicher Artmerkmale, welche völlig nutzlos sind, oder von deren Nutzen wir doch keine Ahnung haben, wie die Unterschiede der schon vielfach citirten Arten von *Draba verna.*

Nach der Selectionstheorie können eigentlich nur nützliche Eigenschaften entstehen; nach der Mutationstheorie auch nutzlose und sogar

---

[1] In Bezug auf die Wahrscheinlichkeit dieser letzteren Voraussetzung verweise ich auf die Beispiele in § 25 S. 136—138, namentlich auf das dieser Voraussetzung völlig entsprechende, von mir beobachtete wiederholte Auftreten des sterilen Mais.

in geringem Grade schädliche. Und nach DELBOEUF's Gesetz können sich diese wenigstens in vielen Fällen während langer Perioden neben den nützlichen Umgestaltungen behaupten, denn die von ihm gemachten Voraussetzungen finden in der Erfahrung ihre ausreichende Berechtigung.

VI. Schluss.

1. In der morphologischen und historischen Descendenzlehre handelt es sich um die Entstehung der LINNÉ'schen oder collectiven Arten, der Gattungen, Familien und grösseren Gruppen. In der experimentellen Descendenzlehre handelt es sich um die Entstehung der elementaren Arten, oder vielmehr um die Entstehung der Artmerkmale.

2. „Die wahre Klippe der DARWIN'schen Theorie ist der Uebergang von der künstlichen Zuchtwahl zu der natürlichen Auslese“ (PAUL JANET). Diese Klippe kann nur umgangen werden, wenn man die Veredelung der Rassen und die Entstehung neuer Formen als zwei durchaus verschiedene, nur scheinbar in einander übergehende Vorgänge anerkennt.

Für DARWIN standen diese neben einander, die eine schloss die andere keineswegs aus, wenn er sie auch in der Regel nicht scharf unterschieden hat.

3. „Keine zwei Individuen einer Aussaat sind einander völlig gleich.“ Dieser bekannte Satz ist auf das Gebiet der eigentlichen, fluctuirenden Variabilität zu beschränken, zur Descendenzlehre steht er, wenn man die Mutationstheorie annimmt, in keiner Beziehung.

4. „Die Arten sind durch natürliche Auslese im Kampf um's Dasein entstanden.“ Auch dieser Ausspruch bedarf einer Klärung. Der Kampf um's Dasein, d. h. der Wettbewerb um die Existenz, umfasst zwei durchaus verschiedene Punkte. Einmal findet der Streit zwischen den Individuen einer und derselben elementaren Art statt, dann aber auch zwischen den verschiedenen Arten als solchen. Der erstere Streit gehört in die Variabilitätslehre, der zweite in die Lehre der Mutationen. Im ersteren Falle überleben die Individuen, welche die gerade für sie günstigsten Lebensbedingungen finden, und deshalb im Allgemeinen die kräftigsten. Durch diesen Process entstehen die localen Rassen, durch ihn ist das Acclimatisiren ermöglicht. Hören die neuen Lebensbedingungen auf, so kehren die ihnen adaptirten Rassen zum ursprünglichen Typus zurück.

Ganz anders ist die natürliche Auslese im Kampf um's Dasein

zwischen den neu entstandenen, elementaren Arten. Diese entstehen plötzlich, unvermittelt, und vermehren sich, wenn nichts im Wege steht, da sie meist völlig, oder doch in hohem Grade erblich sind. Wenn dann die Vermehrung zu einem Kampf um's Dasein führt, wird die schwächere erliegen und ausgerodet werden. Je nachdem die ältere oder die jüngere Form zufällig besser für die gegebene Lebenslage passt, wird die eine überleben oder die andere. Durch diesen Kampf um's Dasein entstehen Arten ebenso wenig wie durch jenen zwischen den Varianten eines und desselben Typus, aber offenbar aus einem ganz anderen Grunde. Um mit einander in Wettstreit treten zu können, müssen die Arten erst da sein; der Streit entscheidet, welche von ihnen am Leben bleiben und welche vergehen. Diese „Artenauslese" hat ohne Zweifel im Laufe der Entwickelung deren zahllose ausgerodet und nur verhältnissmässig wenige behalten.

Kurz gesagt, behaupte ich somit auf Grund der Mutationstheorie, dass Arten durch den Kampf um's Dasein und durch die natürliche Auslese nicht entstehen, sondern vergehen.

5. Herbert Spencer's bekannter Ausspruch: „*The survival of the fittest*" zerfällt somit in zwei Sätze: Das Ueberleben der geeignetsten Individuen innerhalb der constanten Arten oder bei der Bildung localer Rassen, und das Ueberleben der geeignetsten Arten („*the survival of the fittest species*"), als Grundlage für die Descendenzlehre. Beide Sätze sind von einander unabhängig und gehören verschiedenen Gebieten an.

6. Nach der Mutationstheorie sind die Arten nicht durch allmähliche, während Jahrhunderte oder Jahrtausende fortgesetzte Selection entstanden, sondern stufenweise, durch plötzliche, wenn auch ganz kleine Umwandlungen. Im Gegensatz zu den Variationen, welche geradlinig fortschreitende Veränderungen sind, zweigen die als Mutation zu bezeichnenden Umgestaltungen in neuen Richtungen ab. Sie finden dabei, soweit die Erfahrung reicht, richtungslos, d. h. in den verschiedensten Richtungen statt. Sie treten nur von Zeit zu Zeit, und wahrscheinlich unter der Wirkung bestimmter Ursachen, periodisch auf.

Die Lehre von der Erblichkeit erworbener Eigenschaften ist ein Abschnitt aus der Variabilitätslehre im engeren Sinne. Zu der Lehre von der Entstehung der Arten steht sie in keiner Beziehung. Ebenso wenig findet die Descendenzlehre auf die Discussion socialer Fragen Anwendung.

Zweiter Abschnitt.

Die Entstehung von elementaren Arten in der Gattung Oenothera.

I. Die Culturfamilien.

§ 1. Oenothera Lamarckiana, eine mutirende Pflanze.

(Tafel I.)

So lange man die Bedingungen nicht kennt, unter denen neue Arten entstehen, wird es schwierig bleiben, geeignetes Material für eine derartige Untersuchung zu finden. Ich habe aus diesem Grunde im Jahre 1886 und in den nächstfolgenden Jahren im Freien in der Umgegend von Amsterdam vielfach nach Arten gesucht, welche durch Monstrositäten oder sonstige Abweichungen für meinen Zweck günstig schienen. Ich habe im Laufe der Jahre weit über hundert solcher Arten in Cultur genommen, doch hat im Wesentlichen nur Eine thatsächlich meinen Wünschen entsprochen.

Ich vermuthe daher, dass die meisten Arten unserer Gegend sich in einer immutablen Periode befinden, und dass Pflanzen, welche gerade in einer mutablen Periode sind, uns verhältnissmässig selten begegnen.

Die fragliche Pflanze ist *Oenothera Lamarckiana*, welche wohl, wie ihre nächsten Verwandten *O. biennis* und *O. muricata*, aus Amerika zu uns gekommen sein wird. Sie zeicnnet sich vor diesen aus durch höheren Wuchs, durch weit grössere und schönere Blumen, welche sich in der Regel nicht selbst befruchten können, durch andere Blätter u. s. w.[1] Die Einführung aus Amerika wird aber wohl so zu ver-

[1] Ueber die Synonymie und die verwandtschaftlichen Beziehungen sowie für die eigehende Beschreibung des Fundortes vergl.: *Sur l'introduction de l'Oenothera Lamarckiana dans les Pays-Bas*, in: *Nederlandsch Kruidkundig Archief.* T. VI. 4. 1895, sowie die späteren Paragraphen dieses Abschnittes.

stehen sein, dass sie bei uns in Gärten cultivirt wurde und von dort aus verwildert ist. Wenigstens war dies der Fall auf dem von mir beobachteten Fundort.

Dieser lag in der Nähe von Hilversum und forderte durch ganz besondere Eigenthümlichkeiten zu einem genaueren Studium auf. Ich besuchte ihn in den Sommern der Jahre 1886—1888 fast wöchentlich, und seitdem in den meisten Jahren wenigstens ein- bis zweimal. Es war ein verlassenes Kartoffelfeld, auf welches sich die Pflanze von einer benachbarten Anlage aus verbreitete. Diese Verbreitung hatte ungefähr im Jahre 1875 angefangen, in den zehn Jahren 1875—1885 hatte die Pflanze sich in vielen Hunderten von Exemplaren über etwa die Hälfte des Feldes ausgedehnt; in den nächsten Jahren vermehrte sie sich in zunehmendem Maasse, bis schliesslich das Terrain für Waldcultur verwerthet wurde. Jetzt ist die Pflanze dort sehr zurückgegangen.

Fig. 42. *Oenothera Lamarckiana.* Eine Blüthe in fast natürlicher Grösse. Eins der vier Blumenblätter ist entfernt worden, um die 8 Staubgefässe und den Griffel mit den Narben zu zeigen.

Eine solche rasche Vermehrung im Laufe von verhältnissmässig wenigen Jahren ist vielleicht eine der Bedingungen des Eintretens einer mutablen Periode. Wenigstens vermuthete ich solches damals. Die genauere Durchforschung des Feldes führte zu derselben Folgerung.

Erstens variirte die Pflanze in fast allen ihren Organen und Eigenschaften fluctuirend in auffälliger Weise. Dann brachte sie zahlreiche Abweichungen hervor, unter denen ich hier nur die Fasciationen[1] und die Ascidien[2] hervorhebe. In ihrer Lebensdauer

[1] *Over de erfelykheid der fasciatiën. Kruidkundig Jaarboek Dodonaea.* 1894. S. 72. cf. S. 92—95.

[2] *Over de erfelykheid van Synfisen.* Ebendaselbst. 1895. S. 129. cf. S. 165. V

war die Mehrzahl der Individuen zweijährig, viele aber einjährig und einige wenige dreijährig, wie bei den Rüben.

Entscheidend war aber die ein Jahr später gemachte Entdeckung von zwei wohl charakterisirten Formen, welche sich sofort als neue elementare Arten zu erkennen gaben. Die eine war eine kurzgriffelige Form, die *O. brevistylis*, welche anfangs rein männlich zu sein schien, später aber dennoch in mehreren Individuen das Vermögen zeigte, kleine Kapseln mit einzelnen keimfähigen Samen hervorzubringen. Die andere war eine glattblätterige Form mit bedeutend schönerer Belaubung als die *O. Lamarckiana*, und dadurch auffallend, dass sie im Herbst schmälere Blumenblätter trägt, denen die herzförmige Ausbuchtung am oberen Rande fehlt. Diese Form habe ich unter dem Namen *O. laevifolia* in Cultur.[1]

Sowohl die *O. brevistylis*, wie die *O. laevifolia* sind aus Samen völlig constant, wie ich in einem späteren Paragraphen ausführlich darthun werde. Sie unterscheiden sich von der *O. Lamarckiana* in zahlreichen Merkmalen und bilden daher gute elementare Arten.

Als ich sie zuerst entdeckte (1887), fanden sie sich nur in sehr wenigen Exemplaren vor. Und zwar jede Form an einer einzigen Stelle des Feldes. Die *O. brevistylis* in der unmittelbaren Nähe des Punktes, von dem aus die Verbreitung stattgefunden hatte, die *O. laevifolia* in einer kleinen Gruppe von 10—12 theils blühenden, theils nur Wurzelblätter tragenden Exemplaren auf einem weiten, sonst noch nicht von der *O. Lamarckiana* besetzten Theile des Feldes. Es machte den Eindruck, als ob diese Gruppe an Ort und Stelle aus den Samen einer einzigen Pflanze aufgegangen wäre. Seitdem haben sich beide Formen mehr oder weniger über das Feld verbreitet.

Beide Formen fand ich in den Herbarien von Leiden, Paris und Kew nicht vertreten; auch sind sie, so viel ich sehen konnte, in der Literatur, ausser von diesem Standorte, nicht beschrieben worden. Ob sie an Ort und Stelle entstanden sind, lässt sich selbstverständlich nicht mehr nachweisen. Ich halte solches, bis auf Weiteres, für wahrscheinlich. Soviel ist gewiss, dass die Entdeckung dieser beiden Arten meine Hoffnung, aus demselben Stamme noch mehrere Arten entstehen zu sehen, erhöhte, und dass diese Hoffnung mich nicht getäuscht hat.

Für die Cultur im Versuchsgarten zu Amsterdam habe ich im Herbst 1886 zwei Proben dem Standorte bei Hilversum entnommen.

[1] Beide Formen sind beschrieben und theilweise abgebildet von Prof. Julius Pohl: *Ueber Variationsweite der Oenothera Lamarckiana*, in: *Oesterr. Botan. Zeitschr.* 1895. Nr. 5 und 6. (Die *O. laevifolia* ist dort als *O. oxypetala* bezeichnet.)

Erstens neun möglichst grosse, sehr schöne Rosetten mit fast fleischigen Wurzeln. Zweitens Samen einer fünffächerigen Frucht aus dem mittleren Theile des Feldes. Endlich sammelte ich im Herbst 1887 Samen der *O. laevifolia.* Ich erhielt dadurch drei Gruppen, welche ich in Uebereinstimmung mit der Nomenclatur der Zuckerrübenzüchter Familien nenne, und welche ich, von einander getrennt, bis auf den heutigen Tag weiter cultivirt habe.

Aus diesen drei Familien und ihren zahlreichen Seitenzweigen stammt nahezu meine ganze Cultur, welche in den meisten Jahren mehrere Tausende von Individuen umfasst hat, und in der in der letzten Zeit jährlich einige Hunderte von Pflanzen künstlich befruchtet wurden, um als Samenträger zu dienen.

Ausserdem habe ich mir direct von dem Hilversumer Standorte die *O. brevistylis* verschafft, da diese in meinen Culturen nicht auftrat. Auch habe ich bisweilen Samenproben für Controlversuche auf jenem Felde gesammelt.

In jeder der drei genannten Familien sind in meinem Garten neue elementare Arten aufgetreten; im Wesentlichen dieselben in den drei Gruppen. Ich werde daher zunächst jede von ihnen gesondert behandeln, und zwar zuerst die aus den Rosetten hervorgegangene, welche ich die *Lamarckiana*-Familie nennen werde. Von dieser Familie sind die Hauptlinie (§ 2) und ein Nebenzweig (§ 5) der Uebersichtlichkeit wegen getrennt darzustellen, doch bestätigen die mit letzterem erhaltenen Ergebnisse im Allgemeinen die aus der ersteren abgeleiteten Folgerungen.

Aus Samen der *O. laevifolia* entstand die *Laevifolia*-Familie (§ 6); aus den Samen der namhaft gemachten fünffächerigen Frucht eine Gruppe, welche als *Lata*-Familie bezeichnet werden soll (§ 7).

§ 2. Die Lamarckiana-Familie.

Die Urpflanzen dieser Familie wurden, wie bemerkt, im Herbst 1886 nach dem botanischen Garten in Amsterdam übergepflanzt. Sie blühten 1887 sehr üppig aus dem Hauptstamme und zahlreichen Seitenästen und Zweigen und trugen reichlich Samen. Sie standen auf einem isolirten Beete und bildeten die erste Generation.

Aus diesen Samen hatte ich 1888—1889 eine zweite Generation, welche auf demselben isolirten Beete blühte. Es waren sechs sehr kräftige Samenträger. Die dritte Generation hatte ich 1890—1891; sie stand nicht isolirt, aber blühte in 1891 bevor die übrigen Culturen der *Oenothera* zu blühen anfingen; einige Tage bevor dieses geschah, wurden die Pflanzen aller noch blühenden Blüthen und Blüthenknospen beraubt.

Aus den Samen der ersten und zweiten Generation sind, ausser den normalen Pflanzen, drei neue, bis dahin unbekannte Formen hervorgegangen, die *O. nanella* und *O. lata* in mehreren, die *O. rubrinervis* in einem einzigen Exemplare.

Meine Hoffnung war somit erfüllt. Aber die Schwierigkeiten der Cultur waren inzwischen so bedeutend geworden, dass ich sie dann einstweilen aufgegeben habe. Die *Laevifolia*-Familie wurde inzwischen fortgesetzt, und Versuche über Culturmethode, Düngung, künstliche Befruchtung u. s. w. in grossem Maassstabe ausgeführt. Das Resultat war, dass ich 1895 die Familie wieder aufnehmen konnte und zwar mit ganz auffallend besserem, kaum zu erwartendem Erfolge, wie ein Blick auf den Stammbaum (S. 157) sofort zeigt. Ich habe seitdem meine Pflanzen stark gedüngt, die abweichenden Individuen, sobald ich sie als solche erkennen konnte, isolirt und die kräftigsten Rosetten möglichst früh als Samenträger ausgewählt. Ich habe ferner meine Pflanzen so viel wie möglich als eine einjährige Form behandelt, und die Samenträger für die Hauptlinie stets unter solchen ausgewählt. Ich hatte daher von 1895—1899 jedes Jahr eine neue Generation. Die Befruchtung geschah stets künstlich; die Blüthen geben mit ihrem eigenen Pollen reichlich Samen; sie wurden in Pergamin-Düten[1] vom Besuch der Insecten abgeschlossen. Die Production neuer Arten hat unter all diesen Maassregeln nicht merklich gelitten.

Ich stelle jetzt zunächst die ganze Geschichte dieser Familie in der Form eines Stammbaumes zusammen (S. 157). Und zwar nur die Hauptlinie, und die unmittelbar von dieser hervorgebrachten mutirten Individuen. Ueber diese selbst sowie über ihre Nachkommenschaft werde ich im nächsten Paragraphen berichten.

Man sieht im Stammbaum die acht aus einander hervorgegangenen Generationen; die erste 1886—1887 umfasst die neun Pflanzen, welche ich auf dem Hilversumer Felde sammelte; diese und die beiden folgenden umfassen je zwei Jahre. Die 1891 geernteten Samen säete ich erst 1895; seitdem umfasst jede Generation nur Ein Jahr. Die mit *O. Lam.* überschriebene Spalte giebt für jedes Jahr, in einer runden Zahl, den ungefähren Umfang der Cultur, d. h. die Anzahl der in ihrer Jugend oder später auf die betreffenden Merkmale ge-

[1] *„On the use of transparent paper bags for artificial fertilisation"* in: *Hybrid Conference Report; Journal Royal Horticult. Society.* Vol. XXIV, April 1900. p. 266.

prüften Individuen (also nicht etwa die Zahl der gesäeten Samen oder der vor der Auswahl ausgejäteten Keimpflanzen).

Für jede Generation sind dann weiter die in ihr aufgefundenen mutirten Individuen angewiesen, soweit solche mit Sicherheit erkannt werden konnten. Vermuthlich sind diese Zahlen hier und dort zu klein ausgefallen, da der Raum bei Weitem nicht immer zuliess, alle Keimpflanzen bis zum Eintreten der vollen Sicherheit über ihre Eigenschaften heranwachsen zu lassen.

Die Angaben über die Mutationen habe ich auf die sieben wichtigsten Formen beschränkt; es sind fast stets noch andere entstanden, welche aber entweder nicht geblüht, oder wegen partieller Sterilität keine Samen getragen haben, oder welche aus anderen Gründen erst in zweiter Linie Berücksichtigung verdienen. Als solche seien vorläufig *O. sublinearis* und *O. subovata* genannt, von welchen je zwei oder drei verwandte Formen sich noch nicht sicher unterscheiden lassen, weil sie keine Samen trugen. Von einer *O. leptocarpa*, einer *O. elliptica*, und einer *O. semilata* habe ich mit gutem Erfolg Aussaaten gemacht, jedoch nur in geringem Umfange (vergl. § 16—20). Von einer *O. spathulata* hatte ich bis jetzt nur Rosetten, und dasselbe gilt von anderen Formen, welche mit Namen zu belegen sich nicht lohnen würde.

Die obengenannten *O. laevifolia* und *O. brevistylis*, welche ich auf dem ursprünglichen Fundorte antraf, sind in meinen Culturen nie aufgetreten.

Aus den Zahlen des Stammbaumes ersieht man, dass meine Cultur in sieben Generationen etwa 50 000 Individuen umfasste, und dass von diesen etwas über 800 mutirt sind. Also etwa 1,5 $^0/_0$, eine Zahl, welche aus manchen Gründen eher zu klein als zu gross ausgefallen ist. Von jedem mutirten Individuum ist es gewiss, dass seine Vorfahren seit 1886 normale *O. Lamarckiana* waren.

Ob dieses auch von den früheren Vorfahren gilt, ist selbstverständlich nicht mehr nachzuweisen, darf aber, nach den Befunden auf dem Hilversumer Felde, wegen der grossen Seltenheit der daselbst vorgefundenen abweichenden Formen, mit Wahrscheinlichkeit angenommen werden.

Oenothera Lamarckiana.

A.

Die Lamarckiana-Familie.

I.

Stammbaum über die Entstehung neuer Arten aus der Hauptform.

(Die Ziffern der Tabelle weisen die Anzahl der Individuen nach.)

Generation		Arten:							
		O. gigas	albida	oblonga	rubrinervis	*O. Lam.*	nanella	lata	scintillans
VIII	8. Gener. 1899 (einjährig)		5	1	0	1700	21	1	
VII	7. Gener. 1898 (einjährig)			9	0	3000	11		
VI	6. Gener. 1897 (einjährig)		11	29	3	1800	9	5	1
V	5. Gener. 1896 (einjährig)		25	135	20	8000	49	142	6
IV	4. Gener. 1895 (einjährig)	1	15	176	8	14000	60	73	1
III	3. Gener. 1890—91 (zweijähr.)				1	10000	3	3	
II	2. Gener. 1888—89 (zweijähr.)					15000	5	5	
I	1. Gener. 1886—87 Hilversum und Amsterdam (zweijähr.)					9			

§ 3. Die Mutationen in der Lamarckiana-Familie.

Für die sieben im Stammbaume erwähnten neuen Arten sollen jetzt die Art und Weise ihres Auftretens sowie ihre wichtigsten Merkmale einzeln beschrieben werden.

I. *O. gigas.*[1] Eine kräftige, breitblätterige, grossblüthige und kurzfrüchtige Pflanze, anscheinend in jeder Beziehung besser ausgerüstet als *O. Lamarckiana.* Sie macht den Eindruck, als ob sie auch im Freien den Kampf um's Dasein wenigstens ebenso gut führen könnte, wie ihre bei uns einheimischen Verwandten.

Die Blätter der Wurzelrosette sind bereits an den ganz jungen Pflänzchen leicht und sicher zu erkennen. Sie sind breit, mit breiter Basis an den langen Stiel verbunden, nicht allmählich in diesen übergehend, wie bei *O. Lamarckiana.* Die späteren Blätter zeigen diesen Unterschied in geringerem Grade, jedoch immer deutlich genug. Uebrigens variirt die Blattform ganz bedeutend, viel stärker als bei irgend einer anderen Form der Untergattung *Onagra*; sehr schmalblätterige und ausserordentlich breitblätterige Exemplare kommen schon in kleinen Gruppen von Individuen vor.

Die Stengel sind dicker, etwa ebenso hoch wie die der *O. Lamarckiana,* viel dichter beblättert, indem die Internodien kürzer und die Blätter abwärts mehr dem Stengel angedrückt sind.

Die Inflorescenzen sind ausserordentlich kräftig, mit kurzen Internodien, breiten Tragblättern und sehr grossen Blüthen, welche eine viel vollere und schönere Krone bilden als bei *O. Lamarckiana.* Die Früchte sind kurz, dick, mehr oder weniger conisch; die Samen sehr gross.

---

[1] In Bezug auf die Nomenclatur sei hier vorläufig bemerkt, dass meine Pflanzen gleich bei ihrer Geburt mit einer stattlichen Reihe von synonymen Namen belegt werden müssen. Einige Autoren rechnen die *O. Lamarckiana* als Varietät zu *O. biennis.* Andere trennen die Untergattung *Onagra* als Gattung ab. Es entstehen dadurch z. B. für *O. gigas* die folgenden gleichberechtigten Namen:

Oenothera gigas.
Oenothera Lamarckiana gigas.
Oenothera biennis gigas.
Oenothera biennis Lamarckiana gigas.
Onagra gigas.
Onagra Lamarckiana gigas.
Onagra biennis gigas.
Onagra biennis Lamarckiana gigas u. s. w.

Dasselbe gilt von den übrigen anzuführenden neuen Formen. Dazu kommt noch, dass *Oenothera* von mehreren Autoren *Onothera* geschrieben wird.

Die Pflanzen sind in jedem Stadium ihrer Entwickelung, trotz ihrer bedeutenden Variabilität, leicht und sicher von allen Verwandten zu unterscheiden und fallen bereits in bedeutender Entfernung auf.[1]

Diese Art ist nur einmal in der fraglichen Familie entstanden, wie der Stammbaum auf S. 157 zeigt. In den anderen Familien zeigte sie sich ausserdem nur noch zwei Male.

Das Auftreten fand in folgender Weise statt. Im Jahre 1895 hatte ich als 4. Generation der *Lamarckiana*-Familie eine Aussaat von etwa 14000 Exemplaren, aus denen die mutirten Individuen ausgepflanzt und die meisten als *Lamarckiana* deutlich kenntlichen ausgerodet wurden, um dem Nachwuchse fortwährend hinreichenden Raum zu geben. Anfang August hatte ich nahezu 1000 dieser Pflanzen in Blüthe, viele aber waren Rosetten geblieben. Aus diesen letzteren suchte ich die 32 schönsten und kräftigsten aus und pflanzte sie auf einem besonderen Beete in der erforderlichen gegenseitigen Entfernung.

Diese Pflanzen trieben im nächsten Jahre Stengel und blühten im Juli und August. Unter ihnen zeigte sich ein Exemplar, welches durch dickeren Stengel, mehr gedrängte Inflorescenz und bedeutend grössere Blüthen auffiel. Es wurde am 10. August aller blühenden und verblühten Blüthen beraubt, worauf die Inflorescenz in einer Pergamindüte eingeschlossen und fernerhin mit dem eigenen Blüthenstaub künstlich von mir befruchtet wurde. Die Pflanze liefert reichlich Samen; die Früchte waren kurz und dick, die Samen gross.

Diese Pflanze bildet den Ursprung der neuen Art *O. gigas*. Ihre Vorfahren waren, wenigstens in den drei letzten Generationen, gewöhnliche *O. Lamarckiana*. Die neue Form entstand ohne irgend welche Vermittelung oder vorherige Andeutung; sie ist während der Blüthe so auffällig, dass sie wohl nicht übersehen werden könnte, wenn sie schon vorher dagewesen wäre. Ich bemerke dazu, dass die Zahl der Samenträger in jenen drei Generationen nur 9, 6 und 10 betrug, und dass sie fortwährend sorgfältig beobachtet wurden.

Die selbstbefruchteten Samen der Urpflanze wurden nun 1897 getrennt ausgesät. Sie lieferten etwas über 450 Pflanzen, welche sofort durch ihre völlige Constanz auffielen. Sie bildeten zweifelsohne einen einheitlichen Typus, der schon gleich anfangs sich von *O. Lamarckiana* unterschied. Nur eine Pflanze wich ab; sie hatte zwar auch die Merkmale von *O. gigas*, dazu aber die Zwerggestalt der

[1] Für die ausführliche Beschreibung dieser und der übrigen Arten vergleiche man das nächste Kapitel.

O. nanella, und charakterisirte sich auch weiterhin als eine Form zweiter Ordnung: *O. gigas nanella.* Keine einzige unter den 450 Pflanzen kehrte zum Typus *O. Lamarckiana* zurück.

Wegen Mangel an Platz habe ich nur ein Viertel dieser Aussaat den ganzen Sommer über weiter cultiviren können. Viele blieben Rosetten, andere trieben Stengel und blühten; alle waren reine *O. gigas.* Von einigen gewann ich, nach künstlicher Befruchtung in Pergamindüten, Samen.

Es geht aus diesem Versuche hervor, dass diese Art sogleich bei ihrem ersten Auftreten völlig constant war. Sie erhielt sich so in den drei folgenden Generationen 1898—1900.

Weitere Einzelheiten auf einen späteren Paragraphen verschiebend, können wir also schon jetzt folgenden Satz als völlig bewiesen betrachten:

Eine neue elementare Art kann in einem einzelnen Individuum völlig unvermittelt auftreten und von Anfang an ganz constant sein.

Wie bereits bemerkt, ist diese Form später noch zwei Male in meinen Culturen aufgetreten.

II. *O. albida.* Eine blassgrüne, schmalblätterige, etwas spröde, sehr schwächliche Form, welche viel kleiner bleibt als die *O. Lamarckiana*, und blassere Blüthen und schwächliche Früchte mit nur wenigen Samen trägt.

Sie tritt jährlich in den meisten Culturen in einer grösseren oder geringeren Anzahl von Individuen auf; und diese sind schon als junge Rosetten leicht kenntlich. Sie sind so schwächlich, dass ich sie während der ersten Generationen für kränkliche Individuen hielt und nicht zählte; daher fehlen die Angaben über ihr Vorkommen in den Jahren 1888 und 1890 im Stammbaum auf S. 157.

Trotz des häufigen Auftretens ist es mir erst 1896 gelungen, eine *O. albida* zum Blühen zu bringen. Ich hebe dieses auch deshalb hervor, weil dadurch jede Vermuthung einer möglichen Kreuzung als Ursache des wiederholten Auftretens wenigstens bis zur 6. Generation völlig ausgeschlossen ist.

Es war 1896 auch nur eine einzige Pflanze, aus der Aussaat von 1895 stammend und somit zweijährig. Sie brachte ganz einzelne Blüthen hervor, welche fast keinen Pollen führten und keine Samen ansetzten, nachdem ich sie in einer Pergamindüte mit dem eigenen Blüthenstaub befruchtet hatte.

Im Jahre 1897 gelang es mir, fünf zweijährige Pflanzen zur Blüthe zu bringen und unter künstlicher Bestäubung Samen zu gewinnen. Aus diesen Samen hatte ich dann 1898 eine zweite und 1899 eine dritte Generation, beide mit einjährigen Individuen. Beide Generationen waren völlig constant, ohne Rückschlag, bestanden aber, wegen der jedesmaligen geringen Ernte, nur aus wenigen Exemplaren (86 in 1898 und 36 in 1899).

III. *O. rubrinervis.* Eine schöne Art, mit meist rothen Blattnerven und breiten rothen Streifen auf den Kelchen und den Früchten. Solche fehlen allerdings der *O. Lamarckiana* bisweilen nicht, sind dort aber nicht so kräftig entwickelt, dass eine Verwechselung leicht stattfinden könnte. Blüthen etwas grösser und etwas dunkler gelb. Stengel, namentlich in den einjährigen Culturen constant etwas niedriger, meist roth angelaufen. Als ganz junge Rosetten ist die Art meist noch nicht zu erkennen, dieses fängt oft erst mit dem 10.—20. Blatte an, und wenn die Pflanzen zu dicht stehen, noch später. Erst nachdem die *O. lata* und *O. nanella* abgezählt sind, fängt die *O. rubrinervis* gewöhnlich an sich zu zeigen. Schmale, lange Blätter mit rothen Nerven und sehr kräftiger Wuchs sind dann ihre auffallenden Merkmale.

Eine ganz besondere Eigenschaft ist die Sprödigkeit, welche namentlich in einjährigen, viel weniger in zweijährigen Individuen ausgeprägt ist. Die Stengel und Blätter zerbrechen bei jedem etwas kräftigen Stoss. Schlägt man von oben auf die blühende Pflanze, so zerspringt der Stengel förmlich in mehrere Stücke mit glatten Bruchflächen. Die Ursache liegt in der äusserst geringen und schwachen Entwickelung der Bastfasern, welche aber, wie die mikroskopische Untersuchung lehrt, nicht völlig fehlen. Reisst man eine Frucht ohne sehr grosse Vorsicht ab, so zerbricht man gewöhnlich den Stengel, ein Umstand, der mir öfter bei der Ernte sehr unbequem gewesen ist.

In allen sonstigen Eigenschaften ist die *O. rubrinervis* eine sehr kräftige, der *O. Lamarckiana* wenigstens ebenbürtige Pflanze. Sie ist die einzige meiner neuen Arten, welche der Mutterart im Reichthum an Blüthenstaub und Samen nicht im geringsten nachsteht. Abgesehen von ihrer Sprödigkeit scheint sie für den Kampf um's Dasein im Freien wohl berechnet. Versuche in dieser Richtung habe ich aber noch nicht angestellt.

Die *O. rubrinervis* ist im Hauptstammbaum, wie S. 157 zeigt, in der 3., 4., 5. und 6. Generation aufgetreten. Im Ganzen in 32 Exemplaren. Sie ist auch in den übrigen Familien von Zeit zu Zeit beobachtet worden und trat namentlich bereits 1889 in der *Laevifolia*-Familie auf. Im Jahre 1897 entstanden in der Hauptlinie der *Lamarckiana*-Familie nur drei, in Nebenzweigen dieser Familie aber noch 10, im Ganzen also 13 Exemplare *O. rubrinervis.* Sie hatten, wenigstens in den fünf letzten Generationen, keine derartigen Individuen unter ihren Vorfahren.

Die *O. rubrinervis* treten jedesmal völlig unvermittelt auf, und was dabei am meisten auffällt, ist die völlige Constanz der Merkmale, trotzdem diese von keinem der Vorfahren getragen wurden. Habe ich einmal eine Pflanze an ihrer Rosette als *rubrinervis* erkannt, so weiss ich im Voraus, dass sie einen sehr spröden, etwas brüchigen Stengel und rothe Kelche und Früchte tragen wird. Diese Constanz der Merkmale ist allerdings bei allen neuen elementaren Arten vorhanden, und z. B. bei der *O. lata* noch weit auffallender als hier.

Fig. 43. *Oenothera rubrinervis.* Gipfel der Pflanze mit Blüthen, Knospen und unreifen Früchten.

Erst in den Jahren 1896 und 1897 habe ich Versuche über die Samenbeständigkeit der neu auftretenden *rubrinervis*-Exemplare angestellt. Im Jahre 1895 hatte ich die acht im Stammbaum verzeichneten Individuen in Pergamindüten mit ihrem eigenen Blüthenstaub befruchtet. Aus ihren Samen hatte ich 1896 eine ziemlich grosse Cultur; die Samen waren in Schüsseln ausgesäet und die jungen Pflänzchen sämmtlich auf den Beeten ausgepflanzt. Sie wurden von August bis October, mit Ausnahme einiger Samenträger, während der Blüthe ausgerodet, d. h. jede Pflanze, sobald an Stengel, Kelch, Blüthe und junger Frucht die *rubrinervis*-Merkmale kenntlich waren. Am Schlusse blieben junge Stengel und Rosetten übrig, welche aber gleichfalls sich als *rubrinervis*-Exemplare erwiesen. Die Anzahl der blühenden Exemplare betrug etwas über 1000. Es war unter diesen eine

Lamarckiana, vermuthlich aus einem im Boden des Beetes von früheren Jahren übrig gebliebenen Samen herstammend, also als Unkraut zu betrachten. Sonst waren alle Pflanzen *rubrinervis*, nur mit der Ausnahme, dass einige die Merkmale der *O. leptocarpa*, einer damals neuen Art zeigten, sonst gab es unter ihnen keine Abweichungen.

Die eine beigemischte Pflanze war mir selbstverständlich sehr unangenehm. Ich habe daher den Versuch theils fortgesetzt, theils wiederholt.

Zur Fortsetzung dienten die Samen von den gesparten Samenträgern von 1896. Aus ihren Samen hatte ich 1897 1114 Pflanzen, welche nun ausnahmslos *rubrinervis* waren.

Zur Wiederholung wählte ich selbstbefruchteten Samen von vier Pflanzen, welche 1896 aus der *Lamarckiana*-Familie entstanden waren, welche also vier Generationen von *Lamarckiana*-Vorfahren aufweisen konnten. Aus diesen Samen hatte ich im Ganzen 1862 Pflanzen, welche ausnahmslos *rubrinervis* waren.

Ich folgere also

1. dass die *rubrinervis* eine völlig constante elementare Art ist;
2. dass jedes aus einer anderen Familie als *rubrinervis* auftretende Exemplar sofort eine völlig constante Nachkommenschaft geben kann.

Fig. 44. *Oenothera oblonga.* Oberer Theil einer Pflanze beim Anfang der Blüthe.

IV. *O. oblonga.* Meist etwa am sechsten Blatte sind die jungen Pflänzchen dieser Art mit Sicherheit zu erkennen, also etwas später als *O. lata* und *O. nanella*, und wesentlich früher als *O. rubrinervis* und *O. scintillans.* Die Blätter sind schmal, lang gestielt, ziemlich scharf vom Stiele abgesetzt, mit breiten, blassen, auf der Unterseite oft röthlichen Nerven. In Aussaaten sind die *O. oblonga* nur bei sehr weitem Stande früh und gleichzeitig zu erkennen, aber wenn man in den Versuchen von Zeit zu Zeit die unzweifelhaften *oblonga*-Exemplare auszieht, so zeigen sich die Merkmale bald in weiteren und weiteren Individuen, ohne dass diese dazu viel Raum brauchten.

In den ausgepflanzten Rosetten erhält sich die angegebene typische Blattform. Einige Exemplare treiben Stengel, andere werden zweijährig. In beiden Fällen bleiben die Pflanzen niedrig, erreichen kaum 1 m Höhe und sind auffallend kleiner, als die in derselben Weise cultivirten Exemplare von *O. Lamarckiana*. Die einjährigen verzweigen sich wenig, die Zweige bleiben meist kurz. Die Aehren sind dicht mit Blüthen und Knospen besetzt; die Blüthen kleiner als bei *O. Lamarckiana*, sehr arm an Blüthenstaub und nur ganz winzige Früchtchen mit wenigen Samen ansetzend. Die zweijährigen verzweigen sich kräftiger und sind mit Pollen reichlich versehen; sie bilden zwar kurze, aber dicke Früchte, welche eine reiche Samenernte geben.

Bei fortschreitender Blüthe erkennt man die *oblonga*-Exemplare schon von Weitem an den dichtgedrängten, aber kleinen unreifen Früchten.

In den Jahren 1895 und 1896, als ich die vierte und fünfte Generation meiner *Lamarckiana*-Familie cultivirte, hatte ich auf 14000 resp. 8000 Exemplare 176 und 135 Individuen der *O. oblonga*. Somit 1,3—1,7 %. In der sechsten Generation erhielt sich diese Zahl (29 auf 1800 = 1,6 %); in den beiden letzten war sie viel geringer, weil die Zählungen zu früh abgebrochen werden mussten.

Im Jahre 1896 gewann ich Samen nach künstlicher Selbstbefruchtung in Pergaminbeuteln, und zwar theils auf zweijährigen Individuen der vierten, theils auf einjährigen der fünften Generation. Die ersteren waren sieben zweijährige Pflanzen, deren Samen getrennt geerntet wurden; von jeder dieser Mutterpflanzen keimten 200—300 Samen; im Ganzen wurden 1683 Exemplare beurtheilt. Sie waren sämmtlich *oblonga*, mit Ausnahme eines Exemplares, welches die Merkmale der *albida* hatte. *Lamarckiana*-Exemplare gab es unter ihnen nicht.

Von den einjährigen Pflanzen der fünften Generation lieferten 12 Exemplare Samen, der aber sehr spärlich ausfiel und schlecht keimte. Es keimten im Ganzen 64 Exemplare; von diesen entwickelte sich eins als *O. rubrinervis*, die übrigen als *oblonga*; *Lamarckiana* gab es auch unter diesen nicht.

Ich habe auch noch einige weitere, in anderen Familien entstandene *oblonga*-Exemplare auf ihre Constanz untersucht, und zwar mit demselben Resultat.

Die *O. oblonga* ist somit bereits bei ihrem ersten Auftreten aus anderen Formen völlig constant, behält dabei aber das Vermögen, selbst neue Formen zu erzeugen.

Fig. 45. *Oenothera nanella.* Ein unverzweigtes und ein reich verzweigtes Exemplar, wenige Tage vor dem Anfang der Blüthe. Die Pflanzen waren etwa 25 und 40 cm hoch, während einjährige Pflanzen von *O. Lamarckiana* gewöhnlich erst bei etwa 1 m Höhe zu blühen anfangen.

V. *O. nanella (O. Lamarckiana nanella).* Zwerg-*Oenothera.* Es ist selbstverständlich gleichgültig, ob man eine bestimmte Form als Varietät oder als Art beschreiben will. Es kommt nur darauf an, durch genaue Aussaatversuche die Constanz der betreffenden Form nachzuweisen; solche Versuche aber entscheiden nicht zwischen der Bezeichnung als Art oder Varietät.

Zeigt sich die Form als constant und unterscheidet sie sich nur in einem Merkmal von einer anderen Form, so wird sie von den meisten Autoren als Varietät bezeichnet, und speciell ist solches der Fall mit den Zwergformen, welche man von einer ganzen Reihe von Arten kennt und welche meistens nur die halbe Höhe oder noch weniger der betreffenden Arten erreichen.

Aus diesem Grunde darf die *O. nanella* als Varietät aufgefasst werden, mit dem ausdrücklichen Bemerken, dass sie, in experimenteller Hinsicht, genau ebenso gut eine elementare Art ist, wie die bisher beschriebenen.[1]

Die Zwerge sind in meinen Culturen wohl stets am leichtesten zu erkennen gewesen, höchstens mit Ausnahme der *O. lata.* Sie entstanden fast regelmässig, alljährlich, und nahezu in allen nicht allzu beschränkten Culturen. Der Stammbaum der *O. Lamarckiana*-Familie weist im Ganzen auf etwa 50 000 Individuen 158 *nanella* auf; somit etwa 0,3 $^0/_0$, und zwar ohne sehr erhebliche Schwankungen in den einzelnen Jahren.

Die Zwerge sind während der ganzen Dauer ihrer Entwickelung leicht und sicher zu erkennen. Bei guter Beleuchtung und freiem Stande sind sie kenntlich, sobald das zweite Blatt sich zu zeigen beginnt; das erste Blatt ist dann breit, mit breitem, fast herzförmigem Grunde gegen den kurzen Stiel abgesetzt. Im Jahre 1897 habe ich sie nach diesem Merkmal gezählt; etwaige zweifelhafte Exemplare liess ich sich dann etwas weiter entwickeln.

Auf die ersten breiten kurzgestielten Blätter folgen einige rautenförmige, sehr langgestielte; die Pflänzchen sehen aus, als ob sie zu der *O. Lamarckiana* zurückkehrten. Solches ist aber nicht der Fall, denn bald folgen wieder sehr breite, ganz kurzgestielte, gedrängte Blätter, welche eine schöne, wohl charakterisirte Zwergrosette bilden. Um die Pflänzchen in diesem Stadium zu zählen, wie ich es z. B. 1896 that, werden sie, nach Ausbildung des zweiten Blattes in gut gedüngte Erde und in ausreichenden Entfernungen von einander ausgepflanzt, und dann etwa $1^1/_2$ Monate nach der Aussaat beurtheilt.

Die Rosetten treiben fast stets im ersten Jahre Stengel; nur durch späte oder gedrängte Aussaat erhielt ich zweijährige Individuen. Diese sind meist reich verzweigt, die einjährigen meist arm an Seiten-

[1] Jordan, *De l'origine des arbres fruitiers.* 1853, hat bereits aus einander gesetzt, dass Varietäten nur eine besondere Form elementarer Arten sind.

zweigen (Fig. 45). Die Internodien sind zahlreich und sehr kurz, die breiten, kurzgestielten Blätter daher sehr gedrängt, die Blattstiele spröde. Die ersten Blüthen öffnen sich nicht selten, wenn die Pflanze kaum mehr als 10 cm Höhe erreicht hat; dann folgen die Blüthen regelmässig oder auch mit Unterbrechungen auf einander. Sie sind fast so gross wie die der *O. Lamarckiana*; die blühenden Pflanzen sind also sehr zierlich. Auch die Früchte sind nicht wesentlich kleiner wie die der Mutterart.

Um die ersten Blüthen vor Insectenbesuch zu schützen, überstülpte ich die ganze Pflanze mit einer Glocke von Pergamin, deren unterer Rand aus Metall gebildet ist und fest in den Boden eingedrückt wird. Erst wenn die Aehren hinreichend lang geworden sind, kann man sie in der gewöhnlichen Weise in Pergaminbeuteln einbinden.

In dieser Weise habe ich zum ersten Male in 1893 einige Zwerge mit eigenem Pollen befruchtet, nachdem ich sie durch die vorhergehenden Generationen bei Insectenbestäubung und unvollständiger Isolirung nahezu constant gefunden hatte. Ich erhielt im Ganzen 440 Keimpflanzen, welche sämmtlich *O. nanella* waren.

Im Jahre 1895 befruchtete ich in der angegebenen Weise eine Reihe von Zwergen, welche in der vierten Generation meiner *Lamarckiana*-Familie entstanden waren, und wenigstens drei Generationen von hohen Vorfahren hatten. Ich hatte in diesem Jahre auch Samen der zweiten Generation (1888—1889) ausgesät und habe auch in dieser Cultur Zwerge mit eigenem Pollen befruchtet. Es waren im Ganzen zwanzig Exemplare; sie trugen reichlich Samen und lieferten zusammen 2463 Keimpflanzen, welche ausnahmslos *O. nanella* waren.

Jeder der zwanzig aus *O. Lamarckiana* ohne Vermittelung entstandenen Zwerge bildete somit eine völlig constante Nachkommenschaft. Die Pflänzchen wurden, wie bereits mitgetheilt, als kräftige Rosetten im Alter von $1^1/_2$ Monaten oder mehr, beurtheilt.

Ich habe diesen Versuch im nächsten Jahre in grösserem Maassstabe wiederholt, als ich gelernt hatte, die Pflänzchen ohne Verpflanzen zu beurtheilen. Ich benutzte Samen der *nanella*-Pflanzen, welche 1896 in der fünften Generation der *Lamarckiana*-Familie entstanden waren, und deren Vorfahren somit durch wenigstens vier Generationen rein dieser Art angehört hatten. Ich erhielt aus den Samen von 36 Pflanzen etwas über 18000 Keimpflanzen. Diese waren ohne Ausnahme *nanella*; unter ihnen gab es aber drei, welche gleichzeitig die Merkmale der *O. oblonga* zeigten, also eine elementare Art zweiten Grades bildeten: *O. nanella oblonga*.

Auch wenn die *nanella* in anderen Familien auftrat, zeigten sich die Samen der ersten Generation sofort constant. Und ebenso constant waren die Culturen der folgenden Generationen.

Combinationen mit anderen Merkmalen traten auch hier auf, jedoch sehr selten. Mehrfach hatte ich Pflanzen von *O. lata nanella* und von *O. nanella elliptica*, bisweilen bunte oder becherbildende *O. nanella* u. s. w.

VI. *O. lata.* Diese Art ist rein weiblich; sie bildet niemals auch die geringste Spur von Blüthenstaub. Mit dem Pollen der *O. Lamarckiana* und deren übrigen Nachkömmlingen ist sie aber so gut wie völlig fruchtbar und liefert dann eine ziemlich stark wechselnde, um 15—20 % schwankende Anzahl von *lata*-Exemplaren.

Ob sie völlig constant sein würde, wenn sie ohne andere Hülfe Samen bilden könnte? Es liegt bis jetzt in meinen Versuchen kein Grund vor, dies zu bezweifeln, aber einstweilen lässt es sich nicht beweisen.

Bei der Befruchtung mit *O. Lamarckiana* und den von dieser abgeleiteten Arten verhält sich *O. lata* wie die constanten Arten und nicht wie *O. scintillans.*[1] Dieses spricht meines Erachtens mit ausreichender Wahrscheinlichkeit dafür, dass auch sie constant sei.

Die Ursache ihrer Sterilität ist von Julius Pohl untersucht worden.[2] Die Pollensäcke fühlen sich in der geöffneten Blüthe trocken an; sie sind scheinbar leer, führen aber einen spärlichen Pollen, der unter dem Mikroskop fast ausschliesslich aus tauben Körnern besteht, welche nicht nur protoplasma-arm, sondern verkrüppelt und verkümmert sind. Die Entwickelung der Antheren ist anfangs normal, bis zur Tetradenbildung. Um diese Zeit verlängern sich die Tapetenzellen; sie wachsen in die Höhlung hinein, statt zu verschleimen, und vermehren sich sogar durch Theilung. Stellenweise verdrängen sie die Pollenkörner und füllen das ganze Lumen aus. Erst viel später verschwinden sie, dann liegen die tauben Pollenkörner in ihrem Schleime.

Ich habe mir viele Mühe gegeben, die spärlichen Pollenmassen auf die Narben zu bringen, um womöglich einzelne Samen zu erhalten. Diese Versuche sind aber stets ohne Erfolg geblieben. War der Insectenbesuch ausgeschlossen, so setzten die Pflanzen gar keinen Samen an.

---

[1] Vergl. Band II.

[2] Julius Pohl, *Ueber Variationsweite der Oenothera Lamarckiana.* Oesterr. bot. Zeitschrift. 1895. Nr. 5—6.

Es ist diese reine Weiblichkeit auch deshalb wichtig, weil bei dem alljährlichen, sehr regelmässigen Auftreten der *O. lata* in der *Lamarckiana*-Familie sowie in anderen Familien jeder Zweifel an die

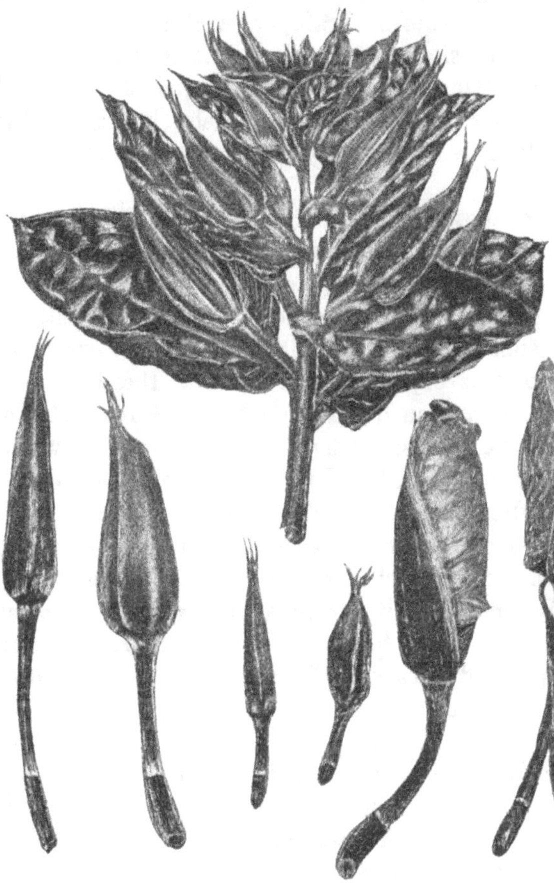

Fig. 46. ***Oenothera lata.*** Gipfel eines Stengels mit Blüthenknospen in den Achseln der sehr breiten Bracteen; *a*, *b*, *c* einzelne Knospen in verschiedenen Graden der Ausbildung; *A*, *B*, *C* Knospen von *Oenothera Lamarckiana* in den entsprechenden Entwickelungsphasen. Die *lata*-Knospen zeigen sich stets bedeutend dicker als die von *O. Lamarckiana*.

Reinheit des Stammbaumes durch die Unmöglichkeit zufälliger Kreuzungen von vornherein ausgeschlossen ist.

Die *O. lata* ist während ihres ganzen Lebens sehr leicht von allen verwandten Arten zu unterscheiden. Bereits das zweite oder dritte Blatt zeichnet sie aus: diese Blätter sind breit, mit breiter

Basis und langgestielt. Namentlich aber ist die Spitze breit und rund, ein Merkmal der *O. lata,* welches während der ganzen weiteren Entwickelung mehr oder weniger scharf ausgebildet ist. Die Pflanzen bleiben stets niedrig, wenn auch die Rosetten der Wurzelblätter ganz gross und kräftig, bisweilen kräftiger wie die der *O. Lamarckiana* waren. Die Stengel sind schlaff, ihre Spitzen hängen seitlich über, auch in den stärksten Exemplaren. Sie sind dicht und breit beblättert; die Blätter oben abgerundet, sehr buckelig. Die jungen Triebspitzen bilden gedrängte Rosetten, auch die der blühenden Inflorescenzen.

Alles ist bei diesen Pflanzen dick und breit, derart, dass sie im Versuchsgarten gewöhnlich die Dickköpfe genannt werden. Auffallend dick sind namentlich die Blüthenknospen kurz vor dem Aufblühen, wie auch die Zahlen Pohl's beweisen. Die Blumenblätter entfalten sich nicht vollständig, sondern bleiben mehr oder weniger runzelig. Die Narben sind ganz eigenthümlich geformt. Ihre Zahl wechselt wie bei der *O. Lamarckiana* von der Norm 4 bis auf 8 und mehr, eine halbe Galton-Curve bildend, wie solches eingehend von Verschaffelt für *O. Lamarckiana* studirt wurde. Und wie es bei dieser oft vorkommt, dass zwei oder drei Narben seitlich an einander wachsen, so auch bei *O. lata.* Die ungleiche Entwickelung der Narben, welche bei der Mutterart allerdings nicht fehlt, ist hier aber sehr stark ausgeprägt; dadurch entstehen, in Verbindung mit der genannten Verwachsung, eigenthümliche Missbildungen.[1] Diese beeinträchtigen die Befruchtung aber nicht.

Die Früchte sind kurz und dick, und enthalten verhältnissmässig wenige, aber meist grosse Samen.

Die *O. lata* trat in meinen Culturen nahezu regelmässig, aber in sehr schwankenden Zahlen auf. Und da sie auch an ganz jungen Pflänzchen und unter ungünstigen Bedingungen, z. B. bei zu dichtem Stande, leicht und sicher zu erkennen ist, sind diese Schwankungen wohl unabhängig von den meisten Fehlern, welche den Zahlenwechsel bei den anderen Arten beeinflussten. Bisweilen nur 0,1 $^0/_0$ betragend oder anscheinend ganz fehlend, erreichte die Zahl der *lata*-Exemplare in der fünften *Lamarckiana*-Generation etwa 1,8 $^0/_0$, also ungefähr ebenso viel wie die für *O. oblonga* gefundene.

VII. *O. scintillans.* Abgesehen von den erst später zu beschreibenden neuen elementaren Arten wie *O. spathulata*, *O. subovata*, *O. leptocarpa* u. s. w., und mit Ausnahme von *O. gigas*, welche bis jetzt nur dreimal auftrat, ist *O. scintillans* bei Weitem die seltenste

[1] Figuren bei Pohl, l. c. Taf. X. Fig. 27.

Form in meinen Culturen. In der *O. Lamarckiana*-Familie entstand sie nur achtmal, in anderen Familien noch weit seltener.

Sie ist bei künstlicher Befruchtung nicht constant, wie die übrigen Arten, und verhält sich in ganz eigenthümlicher Weise. Es kommen nämlich aus ihren Samen stets drei Formen in bedeutender procentischer Anzahl hervor: die *O. scintillans*, die *O. oblonga* (Fig. 44 auf S. 163) und die *O. Lamarckiana*.

Fig. 47. *Oenothera scintillans.* Gipfel einer einjährigen Pflanze.

Es ist dieses etwas ganz anderes als die Thatsache, dass die anderen elementaren Arten bisweilen, vielleicht einmal auf tausend Individuen, nochmals mutiren. Dabei entstehen häufig elementare Arten zweiter Ordnung, d. h. solche, welche die Merkmale zweier Arten in sich vereinigen. Diese Erscheinung tritt auch bei *O. scintillans* auf; so beobachtete ich bisweilen *O. scintillans nanella* und *O. scintillans elliptica.* Dann aber stets nur ganz vereinzelt auf Tausenden von normalen *O. scintillans.*

Was den Mangel an Constanz noch merkwürdiger macht, ist der Umstand, dass die Erbzahlen, d. h. die procentische Zusammensetzung der aus den Samen entstandenen Culturen, nicht etwa anfänglich niedere sind und sich durch Selection steigern lassen. Sie scheinen an feste Regeln gebunden, und jedesmal, wo in irgend einer Familie ein *scintillans*-Exemplar aus anderen Vorfahren auftritt, findet man, dass es denselben Regeln gehorcht, wie die *scintillans*-Exemplare anderer Abstammung.

Ich kenne bis jetzt hauptsächlich zwei Gruppen von *O. scintillans*, eine mit etwa 35—40 % Erben und eine mit etwa 70 % oder mehr Erben. Beide Gruppen scheinen, bei wiederholter Aussaat, d. h. in den folgenden Generationen, diese Zahlen ungefähr beizubehalten.

Zum ersten Male beobachtete ich die *O. scintillans* im Jahre 1888 in einer Cultur aus Samen einer *O. lata*-Familie (§ 7). Die Pflanze war zweijährig: ihre Samen säete ich erst 1894 und befruchtete dann einige in 1895, also zweijährig blühende *scintillans*-Individuen mit ihrem eigenen Pollen. Es waren 14 Pflanzen, welche aber nur eine geringe Ernte gaben. Aus ihren Samen hatte ich 1896 nahezu 400 junge Pflanzen, und zwar:

68 % *O. Lamarckiana,*
15 % *O. scintillans,*
15 % *O. oblonga,*
2 % *O. lata,*
1 Exemplar *O. nanella.*

In einer anderen *O. lata*-Familie entstand 1898 ein Exemplar von *O. scintillans,* welches einjährig war und in Pergamin mit dem eigenen Pollen befruchtet wurde. Seine Samen gaben 148 junge Pflanzen, nämlich:

55 % *O. Lamarckiana,*
37 % *O. scintillans,*
7 % *O. oblonga,*
1 % *O. lata.*

In der *O. Lamarckiana*-Familie habe ich im Ganzen drei unvermittelt aufgetretene Exemplare auf ihre Erbziffer geprüft. Erstens eine Pflanze von 1895, welche zweijährig war und also erst 1896 blühte; sie hatte zahlreiche Nebenstengel, von denen fast sämmtliche Blüthen künstlich befruchtet wurden. Ihre Samen ergaben bei wiederholten Probeentnahmen:

52—59 % *O. Lamarckiana,*
34—36 % *O. scintillans,*
3—10 % *O. oblonga,*
1 % *O. lata.*

Von zahlreichen Pflanzen von *O. scintillans* dieser Cultur gewann ich wiederum nach Selbstbefruchtung Samen; ihre Erbziffern schwankten selbstverständlich stärker, doch gaben sie im Wesentlichen dieselben Verhältnisse wieder.

Von den sechs Pflanzen der fünften Generation der *O. Lamarckiana*-Familie, welche der Stammbaum auf Seite 157 für das Jahr 1896 angiebt, gelang es mir nur zwei zu überwintern und in 1897 zur Blüthe zu bringen. Sie wurden in Pergamindüten mit ihrem eigenen Pollen befruchtet. Die Samen der einen Pflanze gaben Zahlen, wie die bisher mitgetheilten:

51 % *O. Lamarckiana,*
39 % *O. scintillans,*
8 % *O. oblonga,*
1 % *O. lata,*
1 % *O. nanella.*

Die zweite Pflanze gab aber ein viel günstigeres Resultat, denn es kamen auf 200 Keimpflanzen:

8 % *O. Lamarckiana,*
69 % *O. scintillans,*
21 % *O. oblonga,*
2 % *O. lata, O. nanella* u. A.

Ich habe dann zahlreiche Exemplare von *O. scintillans* auf diesem Beete mit eigenem Pollen bestäubt. Es waren etwas über 25 Pflanzen. Für jede von ihnen säete ich den Samen getrennt und fand nun von 66—93 % *scintillans,* im Mittel 84 %. Eine Pflanze schien sogar, bei geringer Ernte, eine reine Nachkommenschaft zu haben. In den Jahren 1899—1900 habe ich nun die Cultur in derselben Weise fortgesetzt, um zu erfahren, ob etwa durch Auswahl die Art sich ebenso rein wird machen lassen, als die übrigen Arten bereits bei ihrem ersten Auftreten waren.

Vielleicht tritt später in der Familie der *O. Lamarckiana* oder in den anderen einmal auch ein Individuum mit reiner Nachkommenschaft auf.

Es ist somit die *O. scintillans* viermal beim Auftreten aus einer anderen Familie auf ihre (anfängliche) Constanz geprüft. Dreimal war diese 34—39 %, und erhielt sich dann in der zweiten Generation, soweit untersucht, auf derselben Höhe. Das vierte Mal war sie 69 %, und stieg in der zweiten Generation auf im Mittel 84 %. Es weisen diese Zahlen meines Erachtens darauf hin, dass *O. scintillans* an sich wohl eine constante Art ist, die aber durch irgend welche Umstände, sofort bei ihrem ersten Auftreten, mehr oder weniger mit anderen, namentlich mit *O. oblonga,* vermischt zu werden pflegt.[1]

Es erübrigt noch, eine kurze Beschreibung der Artmerkmale beizufügen.

Die *scintillans*-Pflanzen werden in der Jugend meist erst sehr spät kenntlich. Gewöhnlich erst, wenn die Rosetten vielblätterig, die Blätter über 10 cm lang sind, können sie gezählt werden. Die Blätter sind klein, schmal, langgestielt, von glänzender Oberfläche (daher der Name), dunkelgrün und ganz oder doch fast ganz ohne Buckeln, mit weissen, oft breiten Nerven. Am Grunde aufstehend und an der Spitze abwärts gebogen. Die Stengel bleiben stets klein, sie sind schmal und kurzbeblättert, fangen früh an zu blühen und bilden dann lange Aehren. Die einjährigen Pflanzen sind meist schwach

[1] Hierauf deutet vielleicht auch die auf der vorigen Seite mitgetheilte abweichende Zahl 15 % einer zweiten Generation hin, für welche die Erbzahl der ersten Generation leider unbekannt geblieben ist.

verästelt, die zweijährigen reicher. Die Blüthen sind klein, ebenso gross oder noch kleiner als die der *O. biennis*, aber mit über den Antheren hervorragenden Narben, wie die *O. Lamarckiana*. Früchte klein, Samenernte auf den einjährigen Individuen meist sehr gering; viele Exemplare fangen erst zu spät im Sommer zu blühen an, um noch Samen zu tragen.

Die dunkelgrüne Farbe und glänzende Oberfläche findet sich auf den Stengelblättern wieder und giebt der Pflanze ein ganz eigenthümliches, weit von der *O. Lamarckiana* verschiedenes Aussehen.

§ 4. Die Gesetze des Mutirens.

Jetzt fasse ich die aus meinen Culturversuchen sich ergebenden Folgerungen für die beschriebenen elementaren Arten zusammen. Sie verhalten sich im Wesentlichen in derselben Weise. Solches war auch der Fall im Nebenzweige dieser Familie und in den beiden anderen Hauptfamilien, deren Beschreibung in den nächsten Paragraphen folgen wird, ebenso in verschiedenen Seitenzweigen und Nebenculturen. Ueberhaupt walten auf dem Gebiete der Mutabilität ebenso feste Gesetze als auf dem der Variabilität.

Die folgenden Sätze gelten zunächst für die aus *O. Lamarckiana* entstandenen Formen; man wird aber leicht sehen, dass sehr viele vereinzelte, namentlich gärtnerische Beobachtungen in anderen Geschlechtern und Familien sich gut an sie anschliessen.

I. Neue elementare Arten entstehen plötzlich, ohne Uebergänge. Einer der wesentlichsten Punkte in meinen Culturen ist der Umstand, dass die Vorfahren der neu auftretenden Formen genau und meist durch eine Reihe von Generationen bekannt sind, und dass man weiss, dass sie entweder als Gruppe isolirt (1887—1891) oder bei künstlicher Bestäubung in Pergamindüten blühten (1894 bis 1899). Diese Bedingung fehlt den gärtnerischen Angaben durchweg. Es ist also sicher, dass jede neue Form aus Samen einer ganz normalen *O. Lamarckiana*-Pflanze entstand. Und stets zeigte sie die neue Form in allen ihren Einzelheiten ausgebildet; hatte man sie als Keimpflanze erkannt, so liessen sich ihre späteren Eigenschaften stets in allen Merkmalen vorhersagen. Und die Erfahrung hat stets die Erwartung erfüllt.

In den Culturen selbst fand diese Eigenschaft regelmässig Verwendung, z. B. so oft es sich darum handelte, Individuen derselben Art auf denselben Beeten oder in denselben Reihen zu pflanzen.

Es kommt selbstverständlich bisweilen vor, dass man bei der

Beurtheilung von einigen Hunderten von Individuen in Zweifel bleibt über einige wenige. Namentlich über solche, welche zwischen anderen standen und für ihre Entwickelung keinen genügenden Raum fanden. Soviel wie möglich habe ich dann solche Exemplare noch einige Zeit, oft den ganzen Sommer, weiter cultivirt. Meist zeigten sie dann bald einen reinen Typus, bisweilen waren es Combinationsformen, wie *O. lata nanella*, *O. scintillans elliptica* u. s. w., bisweilen neue, noch nicht beobachtete Typen. Als Zwischenformen stellten sie sich aber nicht heraus. Uebergänge zwischen den verschiedenen elementaren Arten gab es nicht.

Allerdings habe ich bisweilen geglaubt, solche in ganz vereinzelten Exemplaren zu finden. So beobachtete ich einmal eine Pflanze, welche der *O. lata* in vielen Hinsichten glich, aber reichlich Pollen producirte. Ich befruchtete die Pflanze künstlich und hatte aus ihren Samen 270 Exemplare, welche den Typus der Mutter wiederholten und nur 1 $^0/_0$ echter *O. lata* enthielten, also nicht mehr, wie die *O. Lamarckiana*-Familie selbst hervorbringen kann. Ich bezeichne diese Form als *O. semilata* (§ 17). Aehnlich verhielt es sich in anderen Fällen.

Aus den Samen eines in neuer Form aufgetretenen Individuums geht diese Form stets mit genau denselben Eigenschaften hervor, und so erhält sie sich auch in den weiteren Generationen:

II. Neue elementare Arten sind meist völlig constant, vom ersten Augenblicke ihrer Entstehung an. Die Samen, nach künstlicher Selbstbefruchtung auf einem Exemplar einer neuen Art gewonnen, welches unmittelbar aus einer anderen Art entstanden war, bringen die neue Art wieder hervor, und zwar sämmtlich ohne Rückschlag auf die Mutterform. Auch in den weiteren Generationen dieser neuen Arten konnte ein Rückschlag bis jetzt nicht festgestellt werden.

Es gilt dieses sowohl für die nur dreimal aufgetretene *O. gigas*, als für die wiederholt und häufig auftretenden Formen *O. albida*, *O. oblonga*, *O. rubrinervis* und *O. nanella*.

Für *O. lata* bleibt es unentschieden, weil diese Pflanzen ausschliesslich weiblich sind.

Für *O. laevifolia* und *O. brevistylis*, welche beide Arten auf dem ursprünglichen Standort neben der *O. Lamarckiana* gefunden waren, aus dieser in meinen Culturen aber nicht wieder entstanden sind, gilt dasselbe. Bei Selbstbefruchtung sind auch diese völlig constant, ohne Rückschlag. Die *O. brevistylis* verhält sich so trotz ihrer kleinen, nur bisweilen einige vereinzelte Samen bildenden Früchte, welche sie anfangs für ganz steril halten liessen.

Eine Ausnahme bildet *O. scintillans.* Sie bringt bei Selbstbefruchtung aus ihren Samen nur etwa ein Drittel *scintillans*-Pflanzen, und solches auf drei verschiedenen, von einander unabhängig entstandenen Individuen. Ein viertes Exemplar brachte aber 69 % Erben, und diese wiederum von 60—90 % Erben, so dass es vielleicht gelingen wird, auch diese Art constant zu erhalten.

Die Inconstanz der *O. scintillans* ist vermuthlich nur eine scheinbare Ausnahme, und vielleicht zu einem wesentlichen Theil von der Beimischung einer so erheblichen Zahl von *O. oblonga* bedingt.[1] Diese erreichte 7—10 %, bisweilen selbst 21 % in den Aussaaten.

Die Constanz der neuen Arten ist eine sehr wichtige Eigenschaft. Sie hat es der *O. laevifolia* und der *O. brevistylis* ermöglicht, sich seit ihrer ersten Entstehung auf dem wilden Standort neben der so unverhältnissmässig viel zahlreicheren *O. Lamarckiana* zu behaupten. Und zwar rein, in allen ihren Eigenschaften, abgesehen natürlich von etwaigen Kreuzungen.

Der Kampf um's Dasein waltet auf jenem Felde sehr stark. Jede blühende Pflanze kann auf dem Hauptstamm und den Seitenzweigen leicht über 100 Früchte tragen; jede Frucht bildet etwa 200—300 Samen aus. Das ganze Feld umfasst höchstens einige Tausend Exemplare, also nicht viel mehr als aus den Samen von einem oder zwei Individuen hervorgehen können. Alles Uebrige keimt nicht oder stirbt jung. Und dennoch haben die *O. laevifolia* und *O. brevistylis* während mehr als zwölf Jahren ihren Platz behalten.

III. Die meisten neu auftretenden Typen entsprechen in ihren Eigenschaften genau den elementaren Arten, und nicht den eigentlichen Varietäten.

Elementare Arten unterscheiden sich von ihren nächsten Verwandten mehr oder weniger in allen ihren Merkmalen. Es sind oft geringe Unterschiede, welche nur dem geübten Auge auffallen, und welche, wie ja die Systematiker so oft hervorheben, an getrockneten Exemplaren oft nicht mehr sicher zu erkennen sind. Letzteres fällt bei den von mir beschriebenen Formen glücklicherweise weg; sie unterscheiden sich als Herbarexemplare von einander und von der *O. Lamarckiana* weit besser und sicherer, als z. B. diese von der *O. biennis.*

Eine sehr sorgfältige, überall in's Einzelne gehende Beschreibung aller Organe, in jedem Entwickelungsstadium, führt erst zu einer ausreichenden Kenntniss; einmal genau studirt, sind die Pflanzen fast in jedem Alter leicht und sicher zu erkennen.

---

[1] Vergl. hierüber den zweiten Band dieses Werkes.

Varietäten unterscheiden sich von ihrer Mutterart durch eine einzige Eigenschaft, oder durch zwei oder doch nur wenige solcher, wenn auch Färbung, Behaarung u. s. w. sich auf den meisten Organen in gleicher Weise wiederholen. Uebrigens ist, wie bekannt, die Unterscheidung zwischen Varietäten und Arten eine völlig willkürliche; experimentell untersucht zeigen beide dieselbe Constanz und gegenseitige Unabhängigkeit.

Es ist sehr merkwürdig, dass die in meinen Versuchen aufgetretenen Formen in dieser Beziehung durchweg Arten und nicht Varietäten sind. Ich habe stets gehofft, eine weissblühende Form oder irgend eine andere auffällige Varietät zu bekommen, aber vergeblich. Nur die *O. nanella* kann, dem gärtnerischen Brauche entsprechend, als Varietät betrachtet werden.

Dieselbe Varietät kehrt oft in einer grossen Reihe von Arten, Gattungen und Familien wieder, z. B. Var.: *rosea, alba, laevis, inermis, laciniata, prolifera, bracteata, pendula.* Ebenso die Monstrositäten: Var.: *plena, fasciata, torsa, adnata, fissa* u. s. w. Dasselbe gilt von den Zwergen, der Var.: *nana.*

Aber mit Ausnahme der *O. nanella* finde ich für meine neuen Arten solche Analoga in anderen Gattungen und Familien nicht. Auch aus diesem Grunde sind sie nicht als Varietäten zu bezeichnen.

Man behauptet oft, dass Varietäten solche Formen sind, welche nachweislich aus anderen entstanden seien. Dieses ist aber unrichtig. Für einzelne gärtnerische Varietäten mag solches nachgewiesen sein, für weitaus die meisten und namentlich für die wilden Varietäten fehlt dieser Nachweis durchaus. Es handelt sich ja um eine historische Thatsache, und wenn der betreffende Vorgang, wie gewöhnlich, nicht von Menschenaugen gesehen wurde, so beruht der sogenannte Nachweis meist einfach auf Deduction oder auf Analogie.

Und wo es sich nicht um directe Beobachtungen handelt, ist die Abstammung von Varietäten in keiner einzigen Beziehung sicherer wie die der collectiven Arten, der Gattungen u. s. w.

Ich bin völlig überzeugt, dass viele Leser meine neuen Arten, gerade weil ich ihre Entstehung beobachten konnte, Varietäten nennen werden. Sie verfallen dann aber in einen Wortstreit, der für die Wissenschaft durchaus unwichtig ist.

IV. Die elementaren Arten treten meist in einer bedeutenden Anzahl von Individuen gleichzeitig oder doch in derselben Periode auf. Aus paläontologischen Ergebnissen hat Scott abgeleitet, dass die artenbildende Variabilität, welche auch er als Mutabilität bezeichnet, in grossen Gruppen von

Individuen auftreten müsse, und dass die Ursachen dieser Transformation vermuthlich durch längere Zeiten in derselben Richtung wirksam gewesen sein werden.[1]

Die Paläontologie erforscht die Descendenz der Arten in ihren grossen Zügen; die experimentelle Physiologie arbeitet mit den einzelnen Individuen und deren Nachkommenschaft, von der doch wohl nie auch nur der hunderttausendste Theil fossil erhalten bleiben wird. Es ist somit eine in's Einzelne gehende Uebereinstimmung zwischen den Ergebnissen dieser beiden Forschungsrichtungen wohl nicht zu erwarten.

Um so mehr glaube ich eine solche Uebereinstimmung, wo sie sich finden lässt, hervorheben zu sollen.

Von den in meinem Versuchsgarten entstandenen Arten sahen wir nur *O. gigas* einmal auftreten. Die übrigen erschienen jährlich oder fast jährlich, in wechselnder, aber oft erheblicher Menge. Es waren im Ganzen über 800 Individuen der sieben beschriebenen Arten, welche unabhängig von einander aus der *Lamarckiana*-Familie entstanden sind. Und da der ganze Umfang dieser zehnjährigen Cultur etwa 50 000 Pflanzen erreichte, so kann man die fragliche Zahl auf 1—2 % stellen.

Mit anderen Worten: Die neuen elementaren Arten traten in einem Verhältnisse von 1—2 %, bisweilen etwas mehr, oft aber auch weniger, aus ihrer Mutterart hervor. Und dieses Verhältniss erhielt sich, soweit die sich im Laufe der Jahre abändernde Methode der Untersuchung es zu beurtheilen gestattet, wohl über die ganze Dauer meiner Versuche nahezu constant.

Die angegebene Zahl — 1—2 % — ist eher zu klein als zu gross. Denn nur in den Jahren 1895 und 1896 habe ich mich bemüht, sie so genau wie möglich zu bestimmen. In den anderen Jahren war die Anzahl der Individuen durch andere Rücksichten beschränkt, was namentlich das Verhältniss der erst später erkenntlichen Typen (wie *O. oblonga, O. rubrinervis* und *O. scintillans*) beeinträchtigen muss. Für die beiden genannten Jahre weist die Tabelle auf S. 157 22000 Individuen des *O. Lamarckiana*-Typus und 711 für die anderen Formen aus. Also etwas über 3 %.

Auf dem wilden Standorte standen die *O. laevifolia* und *O. brevistylis* in verhältnissmässig geringerer Zahl; dennoch erhielten sie sich im Laufe der Jahre. Für eine im Kampfe um's Dasein siegreichere Form

---

[1] W. B. Scott, *On Variations and mutations.* Americ. Journ. Sci. 3. Serie. Vol. 48. Nr. 287. Nov. 1894. Vergl. S. 378: Forces both external and internal similarly effect large numbers of individuals.

dürfte ein alljährliches Entstehen in 1—3 % der Individuen somit völlig ausreichen, um ihr ihren gebührenden Platz zu sichern.[1]

V. Die neuen Eigenschaften zeigen zu der individuellen Variabilität keine auffällige Beziehung. Die *Oenothera Lamarckiana* variirt in nahezu allen ihren Eigenschaften bedeutend, wohl jedenfalls nicht weniger als andere Pflanzen. Die neuen Arten fallen aber ausserhalb des Rahmens dieser Variabilität; solches geht am einfachsten daraus hervor, dass sie nicht durch Uebergänge oder Zwischenformen mit ihr verbunden sind.

Durch wiederholte Selection in bestimmten Richtungen kann man selbstverständlich Rassen von *O. Lamarckiana* ebenso gut machen wie von anderen Arten. Solche habe ich auch bisweilen bewirkt, wie z. B. eine langfrüchtige und eine kurzfrüchtige Rasse. Es bleiben aber selectionsbedürftige, vom Typus nicht wesentlich oder doch nur in einem Punkte abweichende Rassen; sie zeigen auch nicht die entfernteste Aehnlichkeit mit elementaren Arten.

Diese variiren selbst fluctuirend, oft sogar stärker als die Mutterart. Sie zeigen sich in nahezu allen ihren Organen und Eigenschaften individuell variabel, erreichen dabei die Mutterart aber nicht, bilden sogar keine anscheinenden Zwischenformen.

VI. Die Mutationen bei der Bildung neuer elementarer Arten geschehen richtungslos. Die Abänderungen umfassen alle Organe und gehen überall in fast jeder Richtung.

Die Pflanzen werden stärker (*gigas*) oder schwächer (*albida*), mit breiteren und schmäleren Blättern. Die Blumen werden grösser (*gigas*) und dunkler gelb (*rubrinervis*), oder kleiner (*oblonga, scintillans*) und blasser (*albida*). Die Früchte werden länger (*rubrinervis*) oder kürzer (*gigas, albida, lata*). Die Oberhaut wird unebener (*albida*) oder glätter (*laevifolia*); die Buckeln auf den Blättern nehmen zu (*lata*) oder ab (*scintillans*). Die Production von Pollen nimmt zu (*rubrinervis*) oder ab (*scintillans*); die Samen werden grösser (*gigas*) oder kleiner (*scintillans*), reichlicher (*rubrinervis*) oder spärlicher (*lata*). Die Pflanze wird weiblich (*lata*) oder fast männlich (*brevistylis*); manche hier noch nicht beschriebenen Formen waren völlig steril, einige nahezu ohne Blüthen.

O. gigas, O. scintillans, O. oblonga neigen mehr zur Zweijährigkeit als *O. Lamarckiana*, *O. lata* bedeutend weniger und *O. nanella* bildet bei gewöhnlicher Cultur fast nie zweijährige Individuen.

Es liesse sich diese Liste leicht noch viel weiter ausdehnen, doch möge sie augenblicklich genügen.

[1] Vergl. Delboeuf's Gesetz in dem vorhergehenden Abschnitt § 28.

Von einem anderen Gesichtspunkte aus sind die neuen Formen theils vortheilhaft, theils gleichgültig, theils nachtheilig. Ohne Aussaatversuche im Freien lässt sich hierüber selbstverständlich nicht viel aussagen, und die bisherigen Beobachtungen auf dem wilden Fundorte bringen auch keine Entscheidung.

Jedoch ist offenbar die weibliche *O. lata* im Nachtheil, und ist *O. albida* mit ihren sehr schmalen Blättern wenigstens in der Jugend viel zu schwach. *O. rubrinervis* sieht ganz robust aus, aber ist durchaus spröde, leicht zerbrechlich. *O. oblonga* trägt auf einjährigen Individuen fast keinen Samen, während *O. nanella* sehr klein ist und spröde Blattstiele hat. Alle diese Formen scheinen mir der *O. Lamarckiana* gegenüber im Nachtheil zu sein.

Dagegen scheint die *O. laevifolia* ihr wenigstens ebenbürtig, und die *O. gigas* ihr in mancher Hinsicht überlegen zu sein. Alle ihre Organe sind breiter, kräftiger, anscheinend ihren Functionen besser angepasst; der ganze Wuchs mehr gedrungen. Aussaatversuche im Freien mit dieser Art dürften wohl am ehesten ein günstiges Resultat erwarten lassen.

Die bis jetzt nicht beschriebenen Formen (*O. spathulata, subovata* u. s. w.) sind meist durch ihre bedeutende Sterilität ungeeignet für den Kampf um's Dasein. Die *O. sublinearis* ist durch die fast grasartigen Blätter in ihrer Jugend viel zu schwach, u. s. w.

Es ist zu wiederholten Malen und von Autoren verschiedener Richtung hervorgehoben, dass die artenbildende Variabilität völlig regellos sein muss. Die Annahme einer bestimmten Variirungstendenz, welche das Auftreten zweckmässiger Abänderungen bedingen oder doch nur begünstigen sollte, liegt ausserhalb des Rahmens unserer jetzigen Naturwissenschaft. Darin liegt ja der grosse Vorzug der Darwin'schen Selectionslehre, dass sie die ganze Entwickelung des Thier- und Pflanzenreiches ohne die Hülfe aussernatürlicher Voraussetzungen zu erklären strebt. Nach ihrer Vorstellung findet die artenbildende Variabilität ohne Rücksicht auf die Befähigung der neuen Arten statt, sich im Leben zu behaupten. Sie liefert einfach dem Kampf um's Dasein das Material für die natürliche Auslese. Und sei es, dass diese Auslese zwischen Individuen stattfindet, wie Darwin und Wallace es sich dachten, sei es, dass sie zwischen der Existenz ganzer Arten entscheidet, wie es die Mutationstheorie verlangt, in beiden Fällen ist es zu guter letzt einfach die Existenzfähigkeit unter den gegebenen äusseren Umständen, welche über das Erhaltenbleiben einer neuen Form entscheidet.

Man kann noch einen Schritt weiter gehen und folgern, dass viel zahlreichere nutzlose und schädliche Abweichungen entstehen müssen als nützliche. Es ergiebt sich dieser Schluss ohne weiteres aus den sehr complicirten Bedingungen, denen eine Pflanze genügen muss, um ihren sämmtlichen Nachbarn überlegen zu sein.

Die Mutabilität der *Oenothera Lamarckiana* genügt nun allen diesen theoretischen Forderungen in sehr befriedigender Weise. Nahezu alle Organe und alle Eigenschaften mutiren, und fast in jeder denkbaren Richtung und Combination. Viele Combinationen werden selbstverständlich das Leben des Keimes nicht einmal gestatten, und sind somit von der Beobachtung ausgeschlossen. Andere beeinträchtigen die Entwickelung der jungen Keimpflanzen, und ganze Reihen von Versuchen mit anscheinend mutirten Pflänzchen sind mir trotz aller Sorgfalt, wegen des zu frühen Todes, misslungen. Viele Combinationen setzen die Fertilität herab und beschränken dadurch nur zu oft die Beobachtung auf die einzelnen mutirten Individuen selbst. Sehr viele andere Combinationen gehen vermuthlich in meinen Culturen verloren, da sie erst zu spät sichtbar werden können, wenn wegen Mangel an Raum weitaus die grösste Zahl der Individuen bereits ausgejätet sind.[1] Solche Ueberlegungen und Beobachtungen erklären meines Erachtens die geringe Zahl neuer Arten, von denen es mir gelang, einige Generationen zu cultiviren. Und es bleibt vorläufig fraglich, wie viele von diesen für den Kampf um's Dasein geeignet sind.

Ich folgere also: Die Mutationen sind richtungslos; ein Theil der neuen Typen geht ohne Nachkommenschaft zu Grunde. Zwischen den übrigen, den neu entstandenen und sofort völlig ausgebildeten Arten muss später die natürliche Auslese entscheiden, wenn nicht die Cultur dazwischen tritt.

VII. Die Mutabilität tritt periodisch auf. Diesen Satz leite ich vorläufig mit aller Reserve aus meinen Versuchen ab. Und zwar aus dem Umstande, dass von allen untersuchten Arten bis jetzt nur eine sich in dieser Weise mutabel gezeigt hat. Weitere Untersuchungen sind aber zur Begründung dieses Satzes durchaus erforderlich; solche habe ich aber erst vor kurzem angefangen.

Die experimentelle Entscheidung über die Existenz mutabler und immutabler Perioden behalte ich mir somit ausdrücklich für später vor; vorläufig stelle ich den Satz nur auf, weil er im Einklange mit der Theorie die einfachste Erklärung giebt für die sehr auffällige Thatsache, dass ich Mutationen bis jetzt fast nur bei einer einzigen Art, dort aber zahlreich, vorfand.

---

[1] So sind z. B. *O. brevistylis* und *O. leptocarpa* erst kurze Zeit vor der Blüthe zu erkennen.

Die mitgetheilten Sätze gelten zunächst für den beobachteten Fall, die Mutabilität der *Oenothera Lamarckiana*. Da aber andere experimentelle Untersuchungen zur Zeit nicht veröffentlicht sind, muss es einstweilen gestattet sein, sie als die Norm für die Entstehung von Arten überhaupt zu betrachten.

§ 5. Ein Nebenzweig der Lamarckiana-Familie.

Neben dem bisher beschriebenen Stammbaume habe ich im Jahre 1895 noch eine weitere Cultur gemacht, welche als ein Zweig dieses Stammbaumes betrachtet werden kann. Zweck war dabei, die Aussaat auf den grösstmöglichen Umfang auszudehnen und dadurch die Aussicht auf Mutanten möglichst zu erhöhen. Ich benutzte die 1889 geernteten Samen, von denen ein kleiner Theil bereits 1890 für die S. 157 dargestellte Cultur verwandt worden war. Die verfügbare Quantität war etwa 230 ccm und wurde gänzlich ausgesäet.

Im November des Jahres 1888 hatte ich von den während des Sommers gesparten, besonders kräftigen Individuen die zwölf besten ausgesucht und auf einem entfernteren Beete bei sehr günstiger, sonniger und von sonstigen *Oenothera*-Culturen völlig isolirter Lage gepflanzt. Im Frühjahr 1889 beschränkte ich die Zahl auf sechs, welche zu sehr schönen, reich verzweigten Pflanzen heranwuchsen. Sie blühten theils auf dem Hauptstamm und dessen Zweigen, theils auf den zahlreichen, aus den Achseln der Rosettenblätter aufsteigenden Aesten. Ueberflüssige Seitenzweige wurden aber im Juli weggeschnitten. Sie lieferten pro Pflanze etwa 25—50 ccm Samen, welche getrennt geerntet wurden. Die Befruchtung war aber theilweise eine gegenseitige gewesen wegen der freien Bestäubung durch Insekten. Die Samen säete ich auf einer Fläche von etwa 12 qm möglichst breit und gleichmässig aus und zwar wiederum getrennt für die sechs Samenträger. Sobald die jungen Keimpflanzen deutliche Merkmale zeigten, wurden sie gezählt und entfernt. Diejenigen, welche den Typus der Eltern trugen, wurden einfach ausgerodet, mit Ausnahme einiger, welche die Keimung ihrer Nachbarn nicht beeinträchtigten und welche somit für die Blüthe bestimmt wurden. Die Mutanten wurden stets vorsichtig ausgehoben und einzeln in Töpfe mit guter, gedüngter Gartenerde übergepflanzt, um sie weiter zu controlliren. Dieses Sortiren dauerte von etwa Mitte Mai bis Mitte Juni.

Die *Lata*- und *Nanella*-Pflänzchen waren bereits sehr früh kenntlich, konnten daher grossentheils verpflanzt werden, bevor sie von den umstehenden Individuen beschattet und überwachsen wurden.

Dasselbe galt von den *Albida*, welche aber stets sehr schwächlich waren. Erst viel später wurde *Oblonga* sichtbar und am spätesten *Rubrinervis*. Zu dieser Zeit stand das ganze Beet dicht von den Rosetten bedeckt, die stärkeren überwuchsen die schwächeren. Es sind dabei ohne Zweifel viele Mutanten, namentlich von *Rubrinervis* und den übrigen seltenen Sorten, zu Grunde gegangen, bevor ich sie erkannt hatte. Die schliesslich erhaltenen Zahlen sind somit eher zu klein als zu gross.

Mitte Juni standen die Pflanzen so dicht, dass die Aussicht für etwaige spätere Mutanten, sich noch zu behaupten, zu klein wurde. Ich habe dann einfach so weit gedünnt, dass noch gerade so viele Pflanzen übrig blieben, als auf dem gegebenen Raume zur Blüthe gelangen konnten. Es blühten im August etwa 700 Exemplare. Unter diesen fielen später zwei Stengel auf, da sie viel länger waren, als alle übrigen, und also aus der Menge hervorragten. Sie ergaben sich als eine neue Form, welche in späteren Jahren auch in anderen Familien wiederkehrte und als *O. leptocarpa* beschrieben werden soll. Sonst enthielten die Beete nur reine *O. Lamarckiana*; ich habe sie während der ganzen Blüthezeit wiederholt und eingehend darauf geprüft.

Im October erntete ich die Samen und achtete darauf, dass möglichst wenige auf den Boden fielen, denn dieser enthielt noch einen guten Theil von der ursprünglichen Aussaat, von der ich eine zweite Keimung im nächsten Frühjahre erwartete.

Vorher hatte ich mich von diesem nachträglichen Keimen durch einen besonderen Versuch überzeugt. Im März 1887 hatte ich einige Tausend Samen ausgesäet; sie keimten während des ganzen Sommers und wurden jedes Mal nach einem Monat gezählt und ausgejätet. Bis Mitte April keimten 908, bis Mitte Mai 288 Samen. Vom 14. Mai bis zum 14. Juli nur 64, und von da ab bis zum 14. September 130 und bis Mitte October nur 6. Während des Winters stand die Keimung fast völlig still, obgleich die Schüsseln frostfrei und unter günstigen Bedingungen gehalten wurden. Es keimten bis Mitte März 1888 nur drei Samen. Dann aber, im zweiten Frühjahre also, trat plötzlich eine ganze Menge ans Licht. Es entfalteten innerhalb 14 Tagen 272 Pflänzchen ihre Blätter, und andere folgten, wiederum in allmählich abnehmender Anzahl. Die letzten Samen bleiben zwei und mehr Jahre im Boden, bevor sie keimen.

Es war daher im Frühjahre 1896 von den im Boden gebliebenen Samen eine kräftige Keimung zu erwarten. Ich zählte während dieser die Mutanten und verpflanzte sie wiederum einzeln in Töpfe; die normalen Individuen rodete ich möglichst früh und möglichst vollständig aus, ohne sie zu zählen. Ich fand im Ganzen 102 Mutanten, aber in ganz anderen Verhältnissen, als wie im Vorjahre. Namentlich waren die *Albida* und *Lata* jetzt sehr selten und die *Rubrinervis* verhältnissmässig zahlreich.

Ich stelle jetzt das Ergebniss dieser Cultur in Form eines Stammbaumes, ähnlich wie der Hauptstammbaum auf S. 157, zusammen und füge die zwei vorhergehenden, beiden gemeinschaftlichen Generationen hinzu.

Oenothera Lamarckiana.

A.

Die Lamarckiana-Familie.

II.

Stammbaum über die Entstehung neuer Arten aus einem Nebenzweig der Hauptcultur.

(Die Ziffern weisen die Anzahl der Individuen nach.)

Generation		Arten								
		albida	oblonga	rubrinervis	*O. Lam.*	nanella	lata	scintillans	elliptica	leptocarpa
III B	3. Gener. zweites Jahr: 1896	1	54	8	—	35	3	0	1	0
III A	erstes Jahr: 1895	255	69	1	10 000	111	168	1	7	2
II	2. Gener. (zweijähr.) 1888-1889				6					
I	1. Gener. (zweijähr.) 1886-1887				9					

Die ganze Anzahl betrug somit im Jahre 1895 614 oder etwa 6%, von denen *O. albida* 2,5%, *O. lata* 1,7%, *O. nanella* 1,1%, *O. oblonga* 0,7% und die übrigen zusammen etwa 0,1% ausmachten. Für das Jahr 1896, welches 102 Mutanten lieferte, habe ich den Procentgehalt nicht bestimmt.

Diese Zahlen stimmen in der Hauptsache mit den im Hauptstammbaume (S. 157) gefundenen überein. In den Einzelheiten zeigen sie, wie zu erwarten, vielfach Abweichungen. Aber ähnliche Unterschiede ergaben sich zwischen den für die sechs verschiedenen Mütter gefundenen Zahlen. Es lohnt sich nicht, diese hier alle anzuführen, nur bemerke ich, dass die häufigeren Mutanten in jeder der sechs Aussaaten gefunden wurden, aber in wechselnden Verhältnissen.

Unter diesen sechs Saaten war eine, welche zu einer ganz unerwarteten, sehr wichtigen Beobachtung Veranlassung gab. Sie war die umfangreichste; es waren 75 ccm auf 4 qm ausgestreut. Es war dies pro Quadratmeter genau ebenso viel, wie für die fünf übrigen Abtheilungen. Dieser Samen ging aber sehr schlecht auf. Es keimten in 1895 im Ganzen nur 350 Exemplare, also etwa 5 pro Cubikcentimeter, während sonst etwa 70 Samen pro Cubikcentimeter keimten.[1] Diese 350 Samen enthielten die folgenden, in der Spalte *A* angegebenen Mengen von Mutanten.

Anzahl der Mutanten pro 4 qm.

	A	*B*
O. albida	64	95
O. oblonga	9	30
O. rubrinervis	1	0
O. nanella	0	55
O. lata	61	54
Summa	135	234

Zum Vergleiche gebe ich in Spalte *B* die von den fünf übrigen Müttern producirten Mutanten an, berechnet für eine gleiche Bodenoberfläche bei der Aussaat (4 qm, also die Hälfte der auf voriger Seite angegebenen Zahlen, nach Abzug von *A*).

Berechnet man für die fragliche Mutter den Procentgehalt an Mutanten unter den Keimlingen, so findet man etwa 40 % statt 6 % für die ganze Cultur (oder 5 % für die fünf übrigen Mütter).

Berechnet man aber denselben Werth pro Cubikcentimeter Samen, so findet man für die eine Pflanze 1,8, für die fünf anderen aber 3,2 Mutanten.

Der absolute Gehalt an Mutanten ist also durch die schlechte Keimung fast auf die Hälfte reducirt, während der Gehalt an keimenden Samen im Ganzen von 70 auf 5 pro Cubikcentimeter zurückging. Der procentische Werth stieg dadurch von etwa 5 % auf 40 %.

Das schlechte Keimen war aller Wahrscheinlichkeit nach eine Folge des fünfjährigen Aufbewahrens; warum es nur bei einer Saatprobe auftrat und nicht bei den fünf anderen, bleibt aber fraglich.

[1] Ein Cubikcentimeter enthält im Mittel etwa 500 Samen.

Beim Aufbewahren sterben die Samen allmählich ab, der eine früher, der andere später.

Aus der beschriebenen Beobachtung ergiebt sich, dass die mutirten Samen im Allgemeinen weniger rasch absterben resp. länger keimfähig bleiben, als die normalen *Lamarckiana*-Samen. Nur die Samen der Zwergform scheinen schwächer, als die der Art, vielleicht auch die der *O. elliptica.*

Sollte sich diese Erfahrung allgemein bestätigen, so würde man durch ein künstliches Beschleunigen des Absterbens der Samen, sei es im trockenen, sei es im feuchten Zustande, ein Mittel gewinnen können, um den Procentgehalt von Samenproben an Mutanten bedeutend zu erhöhen. Und es würde dadurch das Aufsuchen von Mutationen im Pflanzenreiche sehr wesentlich erleichtert werden.

Ich kehre jetzt zu den ausgepflanzten Keimpflanzen zurück. Mehrere unter ihnen waren schwach und starben früher oder später; namentlich die am leichtesten kenntliche *O. albida.* Von anderen war die erhaltene Zahl zu gross, um sie alle zur Blüthe gelangen zu lassen. Die meisten aber cultivirte ich während des ganzen Sommers; theils blühten sie, theils blieben sie Rosetten. Samen gewann ich von *O. albida* (1897, aus der 1896 gekeimten Pflanze), von *O. rubrinervis,* von *O. nanella* und von *O. scintillans.* Die drei ersteren zeigten sich bei Selbstbefruchtung constant, die letztere nicht (vergl. S. 172). Genaueres darüber findet man im zweiten Kapitel bei den betreffenden Arten.

§ 6. Die Laevifolia-Familie.

Auf dem Standorte der *Oenothera Lamarckiana* bei Hilversum beobachtete ich im Jahre 1887 eine Gruppe von Individuen, welche sich durch besondere Merkmale sofort als eine eigene Form ergaben. Ich erntete daher ihre Samen und säete diese im nächsten Jahre in meinem Versuchsgarten aus. Es entstanden daraus, der freien Bestäubung auf dem Felde entsprechend, zwei Formen, deren eine die gewöhnliche *O. Lamarckiana* war, deren andere aber mit der Mutterform übereinstimmte. Ich nenne diese Unterart wegen den glatten Blättern, welche keine oder fast keine Buckeln bilden: *O. laevifolia.*

In den ersten Jahren habe ich beide Typen durch einander blühen lassen und hielt sie nur von den übrigen Culturen getrennt. Im Jahre 1894 habe ich angefangen, die *O. laevifolia* in Pergaminbeuteln blühen zu lassen und sie mit ihrem eigenen Pollen befruchtet. Sie war seitdem rein, brachte keine *O. Lamarckiana* mehr hervor, aber es sind seitdem in ihr auch keine Mutationen mehr beobachtet worden.

Wie und wann die *O. laevifolia* entstanden ist, weiss ich selbstverständlich nicht. Sie war da, als ich den Fundort zum ersten Male besuchte. Aber sie stand dort an einer besonderen, isolirten Stelle in nur wenigen Exemplaren, derart, dass die Wahrscheinlichkeit einer gemeinschaftlichen Abstammung für diese sich sofort aufdrängte. Es lag auf der Hand, anzunehmen, dass sie erst vor kurzer Zeit an Ort und Stelle entstanden war.

Aus diesem Grunde gebe ich jetzt eine ausführliche Beschreibung des ursprünglichen Fundortes. Ich werde später, bei den anderen Familien und den einzelnen neuen Arten, mehrfach mich darauf zu beziehen haben.

Auf dem Gute Jagtlust des Herrn Dr. jur. J. Six zwischen Hilversum und 'S Graveland in der Niederländischen Provinz Nord-Holland, lag früher ein Kartoffelfeld, das auf der Südseite an einen vor langer Zeit gegrabenen Canal grenzte. Um das Jahr 1870 hat der Eigenthümer einen neuen Zweig dieses Canals graben lassen, der, auf der Westseite des genannten Feldes sich abzweigend, den Zugang auf der Nordseite bald völlig abschloss. Das Feld war also nur noch von der Ostseite, wo keine Kunstwege liegen, zugänglich, und konnte somit nicht mehr vermiethet werden. Es lag seitdem brach, und ist in den erstfolgenden Jahren nur an einzelnen kleinen Stellen umgegraben worden behufs Anlage neuer Pfade und Einpflanzung der dazu erforderlichen Bäume.[1] Es bot somit den wildwachsenden Pflanzen eine schöne Gelegenheit, sich in kurzer Zeit in bedeutender Weise zu vermehren. Die *Oenothera* hat diese Gelegenheit etwas später ergriffen als die übrigen in der Gegend wildwachsenden Arten, und sie erheblich langsamer, aber mit um so grösserem Erfolg, ausgebeutet.

In der Nähe dieses Feldes lag, in einer Anlage, ein kleines Beet, das jährlich mit verschiedenen Arten von Ziergewächsen besäet wurde. Unter diesen war auch die *Oenothera Lamarckiana*, und von hier aus hat sie sich auf dem Feld verbreitet. Als ich den Standort zum ersten Male besuchte, war das kleine Beet längst verlassen, aber doch noch zu erkennen. In seiner unmittelbaren Nähe an der nordöstlichen Ecke des Feldes waren die *Oenothera*-Pflanzen am zahlreichsten, zu Hunderten ein dichtes Gebüsch von mannshohen, weit verzweigten Stämmen bildend. Das ganze Feld hatte eine Oberfläche von etwa 5000 qm.

Um den erwähnten Kern herum erstreckte sich eine breite Zone,

[1] Augenblicklich ist das frühere Feld nahezu gänzlich bewaldet.

wo stellenweise blühende Pflanzen und Wurzelrosetten durch einander wuchsen, während nach Westen die Zone nur vereinzelte Rosetten aufwies. Auf dem weitaus grössten Theil des Feldes aber sah man damals auf den ersten Blick noch keine *Oenothera*; bei näherer Durchforschung fand ich an zwei Stellen ein blühendes Exemplar und an fünf oder sechs anderen Stellen die Rosetten mit Wurzelblättern, welche also im Frühling desselben Jahres aus Samen entstanden sein mussten.

Von der nordöstlichen Ecke aus kann man also schliessen, dass die fernere Ausdehnung etwa in den Jahren 1884—1886 angefangen hat. Bereits 1888 waren überall auf dem Felde vereinzelte Gruppen von jungen und von blühbaren, zweijährigen Individuen zerstreut.

Von der nordöstlichen Ecke wurde in den Wintern 1886—1887 und 1887—1888 ein Theil, mehr als die Hälfte des *Oenothera*-Standortes umfassend, tief umgegraben und mit Eichenwaldung bepflanzt. Der Boden war aber so reich an Samen, dass in den beiden, der Bodenbearbeitung folgenden Sommern dieser Abschnitt ganz dicht mit *Oenothera* bewachsen war, und zwar theils mit einjährig blühenden Pflanzen, theils mit Wurzelrosetten. Es ergab sich hieraus ein erheblicher Grad der Variabilität in der Lebensdauer, zumal da in den Monaten August und September zwischen den Rosetten und den blühenden Stengeln Stämme in jeder Höhe, von den kaum treibenden Rosetten bis zu den blühenden, gefunden wurden.

Im Jahre 1889 liess der Eigenthümer, als Vorbereitung zur späteren Bewaldung und Anlage des nichts eintragenden Feldes, darauf zwei gerade Wege im Kreuz, und einen halbkreisförmigen Weg auf der Ostseite zur Abrundung nach dieser von den Canälen nicht abgegrenzten Seite anlegen. Auf beiden Seiten dieser Wege wurde der Boden, der ein ziemlich reiner Sandboden ist, bis zu $1—1^1/_2$ m Tiefe umgearbeitet und mit Bäumchen bepflanzt. Zahllose *Oenothera* sind dabei zu Grunde gegangen, aber ihre Ausdehnung ist seitdem um so rascher fortgeschritten. Namentlich der umgegrabene Boden sagte ihnen zu; hier wuchsen sie bald überall und in Menge, und von hier aus dehnten sie sich in allen Richtungen über das übrige Feld aus, dessen östliche Hälfte sie bereits 1894 nahezu gänzlich bedeckten.

Es ist fast selbstverständlich, dass die Pflanze von einem so reichen Standorte aus allmählich sich auch sonst in der Umgegend verbreitet hat. Schon 1888 fand ich sie auf einzelnen mehr oder weniger entfernten verlassenen Aeckern, und seitdem hat sie sich auch an anderen Stellen gezeigt. Aber immer nur in verhältnissmässig wenigen Exemplaren.

Sobald ich den Standort auf dem verlassenen Kartoffelfelde kennen lernte (1886), wurde mir klar, dass hier eine ausgezeichnete Gelegenheit vorlag, um mich über die Art und Weise des Variirens einer Pflanze bei rascher Vermehrung zu orientiren. Schon die grosse Mannigfaltigkeit der Blattformen, der Stengelhöhe, der Art der Verzweigung u. s. w. deutete auf eine ausserordentliche Variabilität hin, und als die Blüthezeit im Juli und August die grossen und leuchtenden gelben Blumen sich zahllos öffnen liess, gelangte ich bald zu der Ueberzeugung, dass fast jedes einzelne Merkmal in auffallender Weise variabel war. Eine ganze Reihe der gewöhnlichen Abweichungen im Blüthenbau, bis jetzt für unsere Art noch nicht beschrieben, war in den ersten Tagen zu finden, und liess sich bei weiteren Besuchen immer mehr vervollständigen.

In den Jahren 1886, 1887 und 1888 wohnte ich den ganzen Sommer in einer Entfernung von wenigen Minuten von dem betreffenden Felde, und hatte ich also wöchentlich, oft sogar täglich die Gelegenheit, mich Stunden lang mit dieser einen Art zu beschäftigen. Seitdem besuchte ich den Standort fast jährlich, oft einige Male im Jahre, oder erhielt ich Nachrichten darüber von Anderen, wodurch es mir möglich war, den Fortschritt Schritt für Schritt zu verfolgen, und über die Erhaltung der bereits gefundenen Varietäten auf dem Felde und das Auftreten neuer fortwährend Aufschluss zu bekommen.

Ein eingehenderes Studium war aber nur auf dem Wege der Cultur möglich. Mit gefälliger Zustimmung des Herrn Six entnahm ich dem Felde, wie bereits erwähnt (S. 153), einmal einige einjährige Wurzelrosetten und zu verschiedenen Zeiten Samen. Es hatte dieses einen doppelten Zweck. Erstens, in so weit man die sich später in einem Individuum zeigenden Abweichungen vom Typus als bereits im Samen vorhanden betrachten kann, lehrt die Aussaat von Fundortsamen im Garten, in sicherer und weniger Gefahren ausgesetzter Weise, welche neue Formen bereits auf dem Felde entstanden sind. Zweitens aber habe ich von den betreffenden Pflanzen im Garten wieder Samen genommen, und diesen wiederum ausgesäet, und bin so zu meinen „Familien" gelangt, deren jede ihren Ursprung auf dem Hilversumer Felde hat, und welche in meinem Versuchsgarten und unter täglicher Controlle den auf dem Felde vor sich gehenden Process des Mutirens zu einem grossen Theile wiederholt haben. Hier liess sich selbstverständlich über die Vererbung weit grössere Sicherheit erhalten als im Freien. Solcher Familien besitze ich drei, wie bereits erwähnt. Die der *Lamarckiana* stammt von den Rosetten, die der *Lata* von Samen von 1886, und die hier zu besprechende *Laevifolia*-

Familie von der kleinen Gruppe der auf dem Felde aufgefundenen Exemplare dieser Form (1887). Die Thatsachen der Vererbung, welche sie boten, ermöglichten eine klarere Einsicht in die Vorgänge, als wie die Beobachtungen auf dem ursprünglichen Standorte.

Es ist hier der Ort, einiges über die Unvollständigkeit der Beobachtungen im Freien und über die Schwierigkeiten der Culturversuche einzuschalten. Wäre jede Mutation eine günstige, lieferte sie Individuen, welche im Kampf mit ihren Gattungsgenossen, mit dem Unkraut des Feldes, und in der Cultur mit der Ungunst von Witterung und Jahreszeit, wenigstens eben so viel Aussicht auf guten Erfolg hätten als die normalen Exemplare, so würde manche neue Form zur Beobachtung gelangen, welche jetzt in früher Jugend zu Grunde geht. Aber die meisten neuen Arten sind viel schwächer als die Stammesart, z. B. durch schmälere Blätter, und wachsen also langsamer; manche ist theilweise oder in einem Geschlecht steril, und erhält sich also nicht oder doch nur durch Kreuzung, während andere aus unbekannten Gründen verloren gehen.

Namentlich ist hier die Variabilität in der Lebensdauer schädlich und in der Cultur äusserst gefährlich. Völlig einjährige und normal zweijährige Individuen kann man leicht zu Blüthen und Samen bringen, wenn auch Fehler in dem Widerstande gegen das Erfrieren manche interessante Rosette in meinen Culturen haben verloren gehen lassen. Gar häufig sind aber Individuen, welche zwar einjährig werden, aber zu spät Stengel treiben, und dann oft nicht blühen, oder nach der Blüthe doch keinen Samen mehr reifen, bevor sie im Winter sterben. Von mehreren neuen Arten ist es mir erst nach vielen Jahren gelungen, einzelne Exemplare zur Blüthe und zur Fruchtreife gelangen zu lassen, wie z. B. bei *O. albida* und *O. elliptica.*

Ich kehre jetzt zu der *O. laevifolia* zurück. Zum ersten Male fand ich sie im Jahre 1887, und zwar in zehn Exemplaren, welche namentlich an den eirunden, nicht herzförmigen Blumenblättern der Seitenzweige als neuer Typus erkannt wurden.

Fünf dieser Pflanzen bildeten den Kern, sie standen in einer kleinen Gruppe von etwa hundert Individuen, weit von allen übrigen Oenotheren entfernt, im nordwestlichen Theile des Feldes. An dieser Stelle hatte ich im vorigen Jahre zwar einjährige Rosetten, aber keine blühenden Pflanzen gesehen. Um diesen Kern herum standen fünf weitere Exemplare in grösseren und kleineren Entfernungen, meist ganz isolirt auf dem Felde, das hier noch sehr arm an Oenotheren war.

Im folgenden Jahre fand ich denselben Typus an der nämlichen Stelle, und wiederum nur an dieser zurück.

Die *O. laevifolia* hat sich seitdem auf dem Felde erhalten, und zwar in derartiger Verbreitung, dass die erste, an gewissen Merkmalen leicht kenntliche Stelle stets deutlich den Kern der ganzen Gruppe bildete. Auf anderen Theilen des Feldes fand ich sie in späteren Jahren auch, aber selten und ganz isolirt. Die Zahl der Exemplare an jener Stelle aber hat allmählich, wenn auch langsam zugenommen, sie sind, wegen der freien Bestäubung, theils *O. laevifolia*, theils *O. Lamarckiana*. Seit etwa 1894 ist der betreffende Theil des Feldes gänzlich von den Oenotheren überwuchert, und sind die Grenzen der früheren Gruppe verwischt worden.

Die Art und Weise der Verbreitung um einen, während etwa acht Jahren an derselben Stelle befindlichen Kern herum, deutet entschieden auf Vererbung, trotz vielfacher Kreuzung mit normalen Individuen, hin. Ob die zehn Pflanzen des ersten Jahres (1887) eine gemeinschaftliche Abstammung hatten, lässt sich natürlich nicht entscheiden, obgleich man es ohne Zweifel für sehr wahrscheinlich halten muss.

Ich komme jetzt zu den Culturen in meinem Versuchsgarten. Für diese sammelte ich, wie erwähnt, die Samen einiger *O. laevifolia*-Exemplare auf dem Hilversumer Fundort im Spätsommer 1887.

Dieser Same lieferte in meinem Garten 1888 über zweihundert Pflanzen, von denen etwa 60 % einjährig waren; und zwar theils *O. Lamarckiana*, theils *O. laevifolia*. Von den kräftigsten Exemplaren dieser Aussaat, welche am frühesten blühten, entnahm ich die Samen für die Fortsetzung der Familie, und zwar getrennt für die beiden Typen.

Mit dem Samen der *O. Lamarckiana*-Pflanzen wurden 1889 drei Beete von je etwa 10 Quadratmeter besät, theils in der Hoffnung, neue Formen zu gewinnen, theils behufs eines später zu besprechenden Versuches über die Bedingungen der Ein- oder Zweijährigkeit.

Aehnlich wie die beiden umfangreichen Aussaaten in der *Lamarckiana*-Familie zeigte sich auch diese Aussaat reich an Mutanten. Ich glaube dieses betonen zu sollen, weil die verhältnissmässige Seltenheit des Auftretens von Mutanten in dem anderen Zweige dieser Familie dadurch auf den geringeren Umfang der einzelnen Generationen dieser Culturen zurückgeführt werden kann.

Im Ganzen erhielt ich 41 Mutanten, deren Vorkommen in den einzelnen Jahren und Culturen ich jetzt zunächst in der Form eines Stammbaumes zusammenstelle. Dieser ist wiederum in derselben Weise gebildet als die beiden vorigen (vergl. S. 157 und 184).

Oenothera Lamarckiana.

B.

Die Laevifolia-Familie.

Stammbaum über die Entstehung neuer Arten aus *O. laevifolia.*

(Die Ziffern weisen die Anzahl der Individuen nach.)

Generation		O. laevifolia	Mutanten: lata	ellip-tica	na-nella	rubri-nervis	spathu-lata	lepto-carpa	O. La-mar-ckiana
IX	9. Generation 1895	—				44		5	
VIII	8. Generation 1894		2			96			
VIII	1894	1500	2	1	2				
VII	7. Generation 1893	—		1	2	—			
VI	6. Generation 1892	—				—			
V	5. Generation 1891	53	2	3		—			
IV	4. Generation 1890	25				—			
III	3. Generation 1889	8	3	2	12	2	2		400
II	2. Generation 1888	2							—
I	1. Generation Hilversum 1886—1887 (zweijährig)	—							

NB. In den durch — angedeuteten Aussaaten wurde die Anzahl der Individuen nicht genau ermittelt.

Betrachten wir jetzt das Auftreten der verschiedenen neuen Arten in dieser Familie etwas eingehender.[1] Wir fangen dabei mit der Aussaat von 1889 an. Diese enthielt neben etwa 400 *Lamarckiana*-Pflanzen zunächst zwei Rosetten von *O. lata* und ein einjähriges Exemplar derselben Art. Da ich diese aber bereits in Cultur hatte, wurden sie nicht weiter behalten. Ferner zwei Wurzelrosetten von *O. elliptica* und zwei andere von einer neuen Form, *O. spathulata*, welche zu überwintern mir nicht gelang. Zwerge waren in dieser Aussaat ziemlich zahlreich; zwei von ihnen bildeten Stengel, aber brachten es nicht zur Blüthe; zehn bildeten Wurzelrosetten und von diesen gelang es mir zwei zu überwintern. Sie bildeten den Anfang einer *Nanella*-Familie, von der ich fünf Generationen cultivirt habe, wie später beschrieben werden soll (vergl. § 18). Einer der Zwerge von 1889 hatte zu gleicher Zeit die schmalen Blätter der *O. elliptica*, war aber sonst in allen Hinsichten *Nanella*. Er blieb eine Rosette und ging im Winter zu Grunde.

Ausser den genannten Mutationen fanden sich in der oben erwähnten Cultur von 1889 zwei Exemplare einer damals neuen Form, der *O. rubrinervis*. Das eine war eine Wurzelrosette und konnte nicht überwintert werden, das andere trieb schon früh einen kräftigen Stengel, blühte und trug reichlich Samen, der am 8. October 1889 geerntet wurde.

Dieser Samen wurde am 5. Mai 1890 auf einem kleinen Beete ausgesät. Bald nach der Keimung waren die rothnervigen Individuen deutlich zu erkennen, und wurden die übrigen entfernt. Im September hatte ich vierzig *Rubrinervis*-Exemplare, von denen neun zur Blüthe und Fruchtreife gelangten. Die übrigen waren theils einjährig, aber zu jung, theils nur Wurzelrosetten.

Im nächsten Jahre (1891) diente dieser Samen theilweise zu einer Cultur auf ziemlich sterilem Sande, theilweise zur Controle auf gutem Boden. Nur die Exemplare des letzteren Beetes liess ich zur Blüthe kommen, und unter diesen wählte ich Anfang September die dreizehn besten Individuen, mit rothpunktirten Kelchen und rothem Anflug auf dem Stengel, als Samenträger aus.

Seitdem erhielt sich diese neue Art, bei freier Bestäubung ohne oder doch fast ohne Kreuzung rothnervig. Später wurde sie zur Ausbildung einer tricotylen Rasse bestimmt, indem jährlich nur die so gestalteten Keimlinge, nach Zerstörung aller übrigen, ausgepflanzt

[1] In dem Stammbaum auf S. 192 sind für 1894 zwei *O. nanella* angegeben an Stelle von zwei *O. rubrinervis*. Die *O. nanella* fehlte in jenem Jahre.

wurden. Auch erhielt sich die *O. rubrinervis*, bei geeigneter Cultur, fast völlig einjährig. Sie lieferte in den beiden ersten Jahren der tricotylen Zuchtwahl (1892 und 1893) auf 30—60 Individuen keine hier zu erwähnenden Mutanten, im Jahre 1894 traten unter den tricotylen aber zwei *Lata*-Individuen auf, welche beide einjährig waren und zur Blüthe gelangten, dann aber aus dem Beete entfernt wurden.

Seit 1894 habe ich die Samenträger meiner verschiedenen neuen Arten in Pergaminbeuteln blühen lassen und mit ihrem eigenen Pollen künstlich befruchtet, um sie auf ihre Samenbeständigkeit zu prüfen. Es soll deshalb hier die Thatsache hervorgehoben werden, dass ihre Constanz schon vor dieser Zeit, wenngleich keine absolute, doch eine sehr bedeutende war. Es war dazu nur erforderlich, die einzelnen Arten auf getrennten Beeten, in der geringen Entfernung von wenigen Metern, blühen zu lassen.

Der zweite Hauptzweig der *Laevifolia*-Familie entsprang, wie bereits bemerkt, aus den Samen der glattblätterigen Pflanzen von 1888.[1] Es waren dieses zwei kräftige einjährig blühende Exemplare. Ihre Samen säte ich im nächsten Jahre auf einem kleinen Beete aus. Dort blühten im Sommer acht völlig glattblättrige Individuen, deren Samen wiederum im Herbst geerntet wurden. Mutanten lieferte das Beet aber nicht.

Im folgenden Jahre (1890) säte ich ein Beet von etwa 3 qm, entfernte im Sommer alle zweijährigen Individuen, ferner alle jüngeren Stengel und alle diejenigen, deren Blätter mehr oder weniger gebuckelt waren. Es blieben im September 25 glattblättrige Exemplare übrig, welche aber erst spät blühten und verhältnissmässig wenig Samen lieferten. Doch hatte ich von ihnen zusammen im Ganzen 25 ccm Samen, und konnte somit 1891 eine etwas umfangreichere Cultur anstellen. Diese umfasste 14 qm und bot wiederum einige Mutanten. Es waren zwei Exemplare der *Lata*, ein einjähriges und eine Rosette, zwei schwache Rosetten der *Elliptica* und eine *Elliptica*, welche einen Stengel trieb, dann aber starb, da auch sie zu schwach war.

In den folgenden Jahren habe ich diese Familie ohne Zuchtwahl auf ihr eigentliches Merkmal, die glatten Blätter, zu anderen Versuchen benutzt. Die Glattblättrigkeit erhielt sich in ihr, trotz der freien Befruchtung durch die Insecten, in den meisten Individuen, nur mit der gewöhnlichen *O. Lamarckiana* vermischt. Die fraglichen Versuche wurden im Jahre 1894 abgeschlossen und seitdem habe ich

[1] Vergl. den Stammbaum auf S. 192.

mittelst künstlicher Befruchtung die Familie wiederum rein gezüchtet. Sie hat dann aber aufgehört zu mutiren.

Die angedeuteten Versuche waren drei an der Zahl und sollen hier kurz erwähnt werden; zwei von ihnen werde ich später noch ausführlicher zu behandeln haben. Der erste Versuch hatte zum Zweck, eine tricotyle Rasse zu bilden. Es gelang dieses zwar, jedoch war sie in den beiden ersten Generationen nicht so reich an den betreffenden Individuen, wie die oben erwähnte, gleichzeitig unternommene, tricotyle Cultur der *O. rubrinervis.* Da es nur meine Absicht war, eine von diesen beiden Rassen fortzusetzen, habe ich, nach der Keimung 1893 diesen Zweig der Familie aufgegeben.

Die beiden anderen Versuche hatten zum Zweck, eine Rasse mit langen und eine mit kurzen Früchten zu bilden, um über die Art und Weise, wie sich diese Eigenschaft accumuliren liess, einige Erfahrungen zu erlangen (vergl. Abschnitt III). Die langfrüchtige Rasse brachte in den Jahren 1892—1894 keine Mutanten hervor; die kurzfrüchtige war daran, im Verhältniss zu der geringen Ausdehnung dieses Versuches (4—6 qm jährlich), ziemlich reich (vergl. S. 192). Sie lieferte 1893 eine hübsche Rosette der *Elliptica* und zwei Zwerge (ein- und zweijährig), und 1894 zwei einjährige *Lata*, welche Mitte September noch nicht zur Blüthe gelangt waren, zwei *Rubrinervis*,[1] eine Rosette und einen schwachen, nicht blühenden Stengel, und eine Rosette von *Elliptica*, welche zu überwintern mir nicht gelang.

Zum Schluss bemerke ich über den S. 192 gegebenen Stammbaum dieser Familie, dass davon die erwähnten tricotylen und langfrüchtigen Rassen ausgeschlossen sind, während die kurzfrüchtige (1892—1894) als geradlinige Fortsetzung der eigentlichen *Laevifolia* aufgeführt worden ist.

In dieser Familie haben somit im Ganzen 41 Mutationen stattgefunden, 13 in der Hauptlinie, 21 aus *Lamarckiana*-Exemplaren und 7 aus *Rubrinervis*-Pflanzen. Die Nachtkerzen-Cultur von 1889 umfasste einen ziemlich grossen Raum und brachte somit die Merkmale der jungen Pflanzen vollständiger zur Geltung als die übrigen; dieses mag wenigstens zum Theil ihren grösseren Gehalt an Mutanten erklären. Der Ursprung dieser Familie war der 1887 unweit Hilversum gesammelte Samen. Seit 1894 führte ich für *O. laevifolia* künstliche Selbstbefruchtung ein, und seitdem hat sie nicht mehr mutirt.

[1] Vergl. den Stammbaum auf S. 192 und die Anmerkung auf S. 193.

§ 7. Zwei Lata-Familien.

Die *Oenothera lata* gehört zu denjenigen neuen Arten, welche in meinen Culturen am häufigsten aus der *O. Lamarckiana* entstanden sind. Sie ist auch die älteste, da sie bereits im ersten Jahre, 1887, aus den unweit Hilversum gesammelten Samen in meinem Versuchsgarten auftrat. Im nächsten Jahre entstand sie auch aus den Samen der zweijährigen Pflanzen, welche den Anfang meines Hauptversuches bildeten, wie im § 1 auf S. 154 erwähnt wurde.

Aus diesen beiden Mutationen habe ich zwei getrennte Familien abgeleitet, deren eine ich bis zum Jahre 1890 cultivirte, während die zweite, mit einigen Unterbrechungen, bis auf den heutigen Tag fortgesetzt worden ist.

Wie bereits hervorgehoben, ist die *Oenothera lata* rein weiblich. Um Samen zu tragen, muss sie somit von anderen Arten befruchtet werden. Ich liess sie 1887 von den Nachtkerzen-Pflanzen befruchten, welche aus derselben Samenprobe entstanden waren. Durch diese Kreuzung lieferte sie im nächsten Jahre theils *Lata*-, theils *Lamarckiana*-Individuen, die ersteren meist im Verhältniss von etwa 15—20 %.[1] Bis 1894 liess ich diese beiden Formen zusammen wachsen, und überliess ich die Befruchtung den Insecten; seitdem habe ich die *Lata*-Blüthen in Pergaminbeuteln gegen Insectenbesuch geschützt und künstlich befruchtet. Ich benutzte dazu meist den Pollen der aus derselben Mutter hervorgegangenen *O. Lamarckiana*-Pflanzen, theils aber auch von *O. Lamarckiana* anderer Herkunft.

Die umfangreichste und an Mutationen fruchtbarste Aussaat in diesen Familien habe ich im Jahre 1900 gemacht; ich werde daher mit dieser anfangen. Im August 1899 hatte ich 18 Exemplare der *O. lata* in Pergaminbeuteln künstlich befruchtet, und zwar sämmtlich mit Pollen von *O. Lamarckiana*-Pflanzen, welche theils aus *Lata*-Samen aufgewachsen, theils von reiner Abstammung waren. Ich säte den geernteten Samen, für jede Mutter getrennt, im Frühjahr 1900 in Schüsseln aus[2] und versetzte die jungen Keimpflanzen, sämmtlich und ohne Auswahl, in hölzerne Körbe mit gedüngter Erde. Es geschah dieses, sobald die ersten Blättchen sich völlig entfaltet hatten, und

---

[1] Ueber erbungleiche Kreuzungen. *Ber. d. d. bot. Ges.* Nov. 1900. Bd. XVIII. S. 435.

[2] Die Erde in den Schüsseln war, wie stets in meinen Versuchen, vor der Aussaat bei 90—100° C. sterilisirt und dadurch von Unkrautsamen völlig befreit. Sie war nicht gedüngt. In solcher sterilisirten Erde wachsen meine Keimpflanzen vorzüglich.

somit bevor die Merkmale etwaiger Mutanten kenntlich wurden. Bis zur Ausbildung kleiner kräftiger Rosetten blieben die Pflänzchen in den Holzkästen; hier wurden die Mutanten allmählich sichtbar. Wie eine solche Cultur dann aussieht, zeigt unsere Tafel IV und die Fig. 48.

Die Tafel IV ist nach einer photographischen Aufnahme gezeichnet, welche ich am 18. Mai 1900 gemacht habe. Der Apparat war derart aufgestellt, dass die optische Achse vertikal stand; der Holzkasten mit den jungen Pflänzchen wurde einfach in der erforder-

Fig. 48. Eine Mutation in der *Lata*-Familie (1900). Auftreten von *O. albida*, *O. oblonga*, *O. rubrinervis* und *O. subovata*. Es stehen auf den drei Zeilen:

Obere Zeile:	*Lam.*	*Lam.*	*lata.*	*Lam.*	*Rubrinervis*
2. „	*Lata*	*albida*	*albida*	*lata*	*Lam.*
3. „	*Lam.*	*subovata*	*albida*	*oblonga*	*Lam.*

lichen Entfernung unterhalb der Camera geschoben. Die Pflanzen brauchten somit in ihrem Wachsthum gar nicht gestört zu werden, sie wurden später ausgepflanzt und weiter cultivirt.

Der ganze Versuch umfasste etwas über 2000 Keimlinge. Ich konnte daher für die Photographien die besten Stellen aussuchen, und wählte solche, welche dicht neben einander entweder einige Mutanten derselben Art (Taf. IV), oder auch verschiedene Mutanten darboten (Fig. 48). Es entsteht dadurch allerdings beim Betrachten der Abbildungen der Eindruck, als ob Mutationen viel zahlreicher wären, als sie wirklich zu sein pflegen. Sie betrugen in dieser Cultur für die verschiedenen neuen Arten zusammen 60 auf 2070 Keimpflanzen, also etwa 3 %. Wollte ich diesen Zahlen bei der Photographie Rechnung tragen, so könnte jede Abbildung höchstens eine Mutation zeigen. Aber die Mutanten sind sehr ungleichmässig zwischen anderen Keimlingen zerstreut, und ich wählte selbstverständlich die Gruppen, in denen sie angehäuft waren. Am häufigsten trat in diesem Versuch, wie auch sonst, die *O. albida* auf. Auf Tafel IV sieht man sie in drei Exemplaren und zwar als Nr. 3 in der oberen, als Nr. 2 in der dritten und als Nr. 1 (links) in der vierten Reihe. Denn die Pflänzchen stehen in Reihen, wie sie beim Verpflanzen gesetzt wurden, um den Raum möglichst gleichmässig auszunutzen.

Es ist zu bemerken, dass diese Cultur in ihrem Stammbaume sieben ihr vorangehende *Lata*-Generationen hatte, deren erste aus in meinem Garten cultivirten *O. Lamarckiana* hervorgegangen war. Die abgebildete Gruppe stammte selbstverständlich von einer einzigen Mutter, welche mit dem Pollen einer Pflanze von Lamarck's Nachtkerze von gleicher Abstammung befruchtet worden war. Die Abstammung war eine so reine, als die Eingeschlechtlichkeit der *Lata* es überhaupt zulässt.

Die Pflänzchen von *O. albida* fallen sehr leicht auf. Allerdings sind alle diese Erscheinungen an den lebenden Culturen weit leichter und schöner zu sehen als an Abbildungen, doch werden auch diese genügen, um den Eindruck einer Mutation wiederzugeben. Die Tafel zeigt ausser *O. albida* fünf Pflänzchen von *O. lata* und sechs von *O. Lamarckiana*. Die ersteren sind an der hellgrünen Farbe und an den gerundeten, die letzteren an den mehr oder weniger zugespitzten Blättern und dem dunkleren Grün leicht zu erkennen. Die drei *O. albida* sind viel kleiner, von blasserer Farbe und haben schmälere Blätter.

Ausserdem zeigt die Tafel noch einen anderen Fall. Ich meine die rechte Pflanze auf der zweiten Reihe. Sie hat schmale Blätter und sah auch sonst den bekannten Typen meiner Cultur nicht ähnlich aus. Ob sie eine neue Form darstellte? Ich habe sie mit möglichster Sorgfalt weiter cultivirt; sie war aber zu schwach und ging zu Grunde, bevor sie weitere Merkmale entfaltet hatte. Auch die drei *Albida*-Exemplare brachten es nicht weiter als zu Wurzelrosetten.

Eine andere Gruppe aus derselben Cultur ist in Fig. 48 nach einer Photographie naturgetreu dargestellt. Sie wurde am 25. Mai in der oben beschriebenen Weise aufgenommen und stammte aus Samen einer anderen Mutter derselben Cultur von 1899, welche gleichfalls mit *Lamarckiana*-Pollen verwandter Individuen befruchtet worden war. Es standen hier zufällig vier Mutationen so dicht neben einander, dass sie zusammen photographirt werden konnten; und zwar auf einem Raume von kaum 13 × 18 cm, wodurch ich sie auf eine Platte dieses Umfanges in natürlicher Grösse aufnehmen konnte.

Die abgebildeten Mutationen waren *O. oblonga*, *O. rubrinervis*, *O. subovata* in je einem Exemplar, und *O. albida* in drei Individuen. Ausserdem sieht man sechs *O. Lamarckiana* und drei *O. lata*. Die drei *Albida*-Pflänzchen sind sofort zu erkennen, es sind die Nr. 2 und 3 in der mittleren, und Nr. 3 in der unteren Reihe. *O. rubrinervis* findet man rechts in der oberen Zeile, an den schmalen Blättern leicht kenntlich, *O. subovata* und *O. oblonga* als Nr. 2 und 4 auf der unteren Linie. Diese beiden waren an dem Tage, wo sie photographirt wurden, noch kaum mit Sicherheit zu unterscheiden, namentlich die *Subovata*.

Fig. 49. *Oenothera rubrinervis.* Ein Individuum ohne gleichnamige Vorfahren. Es ist dieselbe Pflanze, wie in Fig. 48 in der rechten oberen Ecke, jetzt aber blühend. Abstammung aus sechs Generationen *O. lata*, und vorher aus *O. Lamarckiana*.

Von den in Fig. 48 abgebildeten Pflanzen habe ich eine *O. lata* und die Mutanten weiter cultivirt, indem ich sie auf ein besonderes Beet auspflanzte. Die *O. lata* und *O. rubrinervis* bildeten Stengel und blühten im August, die übrigen verhielten sich als zweijährige Pflanzen und blieben Rosetten. Als das Exemplar von *O. rubrinervis* blühte und die Merkmale dieser Art in voller Ausbildung zeigte, habe ich es aus der Erde genommen und photographirt (Fig. 49); es war ein recht schönes Beispiel für die Regel, dass die neuen Arten nicht nur plötzlich und ohne Vermittelung, aber auch mit vollständiger Ausbildung aller ihrer Eigenschaften aus der Mutterart hervorgehen.

Fig. 50. *Oenothera oblonga.* Ein durch Mutation entstandenes Exemplar, von derselben Abstammung wie die in Fig. 49 abgebildete Pflanze.

Von *O. albida* gingen zwei Pflanzen im Laufe des Sommers zu Grunde, die dritte, sowie die *O. oblonga* entwickelten sich bis in den Herbst kräftig. Die *O. subovata* wurde durch Insectenfrass stark beschädigt, erhielt sich aber dennoch am Leben.

Von *O. oblonga* hat eine andere durch Mutation in dieser selben Cultur entstandene Pflanze einen Stengel getrieben und im August geblüht. Ich habe sie in Fig. 50 abgebildet. Sie stammt aus dem Samen derselben Mutter wie die Cultur der Tafel IV, und fand sich in demselben Holzkasten dicht neben der photographirten Gruppe.

Ausser den abgebildeten Mutanten enthielt die Aussaat von 1900 deren noch eine ganze Menge, theils von denselben Arten, theils von anderen. Diese letzteren waren drei *O. nanella*, eine *O. elliptica* und eine *O. sublinearis.* Das letztere Exemplar, welches einer in meinen Culturen sehr seltenen Art angehört, habe ich, wie die beiden oben erwähnten, im August während der Blüthe photographirt und werde ich die Abbildung bei der betreffenden Beschreibung geben (vergl. Fig. 85).

In früheren Generationen war diese Familie sehr arm an Mutanten, und zwar aus dem einfachen Grunde, dass sie nur in geringem Umfang cultivirt wurde. Es entstand in ihr einmal (1898) ein Exemplar der bereits erwähnten *O. scintillans* und einmal eine ganz neue Form, *O. semilata*. Diese sieht der *O. lata* sehr ähnlich, ist aber viel kräftiger und bringt reichlich Blüthenstaub. Sie ist eine der seltensten meiner neuen Arten, da sie im Ganzen nur zweimal auftrat.

Ich gebe auf S. 202 den Stammbaum dieser ganzen Familie. Ihr Anfang ist derselbe wie derjenige des S. 154 erwähnten Hauptstammbaumes der *Lamarckiana*-Familie. Die Samen der dort erwähnten neun zweijährigen Individuen von 1886—1887 lieferten zehn Mutanten: fünf Zwerge und fünf *O. lata* und von den letzteren stammt die zu beschreibende Familie ab. In den meisten Jahren mutirte sie, wie erwähnt, nicht.

Jetzt kommen wir zu der Besprechung der zweiten *Lata*-Familie. Diese entstand in meinem Garten im Jahre 1887 aus Samen, welche ich im vorigen Herbst auf dem Hilversumer Fundort aus einer fünffächerigen Frucht einer sonst normalen Pflanze von *O. Lamarckiana* genommen hatte. Aus diesen Samen keimten nur wenige Individuen und unter ihnen blühten nur fünf im ersten Jahre in meinem Garten; die übrigen wurden ausgerodet. Von jenen fünf waren zwei *O. lata* und drei *O. Lamarckiana*. Die Samen der beiden ersteren wurden getrennt geerntet und dienten im nächsten Frühling (1888) zur Fortsetzung der Cultur.

Im Jahre 1887 blühten in meinem Versuchsgarten ausser den genannten fünf Individuen keine anderen Oenotheren. Die *Lamarckiana*-Familie blühte damals im eigentlichen botanischen Garten, durch eine Parkanlage von meinem Versuchsgarten getrennt, und etwa 150 Meter von diesem entfernt. Aus den Samen der beiden *Lata*-Stammpflanzen keimten im April und Mai 1888 614 Individuen, von denen 21 % den *Lata*-Typus zeigten. Gegen Ende des Sommers stellte es sich heraus, dass etwa ein Drittel Rosetten geblieben waren, während zwei Drittel Stengel getrieben hatten. In dieser Beziehung verhielten sich die *Lata* und die *Lamarckiana* nahezu gleich.

Von den einjährigen *Lata*, welche bis Mitte September von den anderen befruchtet sein konnten, sparte ich die 39 besten Individuen, während alles übrige, mit einer einzigen Ausnahme, ausgerodet wurde.

Diese Ausnahme war ein Exemplar von *O. scintillans*, das erste, was überhaupt in meinen Culturen vorgekommen ist. Seine Mutter ist also eine der beiden *Lata* von 1887, sein Vater einer der drei *Lamarckiana* derselben Familie. Dieser *Scintillans* war zweijährig,

Oenothera Lamarckiana.

C.

Stammbaum der ersten Lata-Familie.

(Die Ziffern weisen die Anzahlen der Keimpflanzen nach; das Zeichen — bedeutet, dass diese nicht gezählt worden sind.)

Generation		Arten:							
		albida	nanella	*O. lata* + *O. Lam.*	oblonga	rubri-nervis	sub-linearis	ellip-tica	sub-ovata
VIII	8. Gener. 1900	42	3	**2000**	7	3	1	1	3
VII	7. Gener. 1899			—					
VI	6. Gener. 1898			**164**		1 scintillans			
V	5. Gener. 1897			—					
IV	4. Gener. 1895			12 lata		1 semilata			
III	3. Gener. 1894			16 lata					
II	2. Gener. (zweijähr.) 1888—89	Lam.		5 lata		5 nanella			
I	1. Gener. (zweijähr.) 1886—87	Lam.							

blühte und reifte seine Früchte 1889, und gab aus seinen Samen, welche theils 1890, theils 1894 ausgesäet wurden, wiederum dieselbe Form, wenn auch nicht ausschliesslich. Die Cultur von 1890 war zum Theil einjährig (10 Erben), zum Theil zweijährig (26 Erben); die erstere blühte reichlich, aber zu spät, die anderen erfroren im Winter, wodurch ich von dieser Cultur keine Samen erhielt. Die Cultur von 1894 war gänzlich zweijährig (11 Erben) und trug im Jahre 1895 Samen.

Kehren wir jetzt zu dem Hauptstamme unserer Familie zurück. Ich säte am 18. April 1889 die geernteten Samen aus und erhielt ein Beet von ungefähr drei Quadratmetern, welches mit etwa zweihundert Pflanzen ziemlich dicht besetzt war, als Ende Mai die *Lata* von den *Lamarckiana* leicht zu unterscheiden waren. Darauf wurden die letzteren zum grossen Theile ausgezogen. Ende Juli blühten zwölf einjährige *Lata*, einige zu junge *Lata*-Stämme und Rosetten wurden ausgerodet. Von den blühenden trugen elf Exemplare Samen: diese wurden zusammen geerntet.

Ein Theil dieser Samen wurde im nächsten Jahre ausgesät, ein kleinerer Theil bis 1894 aufbewahrt, in welchem Jahre er auf 340 Keimlingen 52 *Lata* gab, welche aber nicht weiter cultivirt wurden.

Die Aussaat des Jahres 1890, also der vierten Generation, fand am 5. Mai statt und umfasst wiederum ein Beet von etwa drei Quadratmeter. Anfang Juli standen hier 79 *Lata*-Exemplare und viele *Lamarckiana*. Die ersteren waren theils einjährig, theils zweijährig. Das Blühen fing erst Mitte September an, nur sechs *Lata* trugen Samen, welcher spät reifte und erst im December geerntet werden konnte.

Ausser den beiden elterlichen Typen lieferte die Aussaat von 1890 noch drei Mutanten, eine *Elliptica* und zwei *Spathulata*, welche aber nicht blühten und nicht weiter cultivirt wurden.

Ferner ist hier eine *Lamarckiana* aus der Aussaat von 1889 zu erwähnen, welche in einigen Blüthen die Zipfel der Kelchblätter blattartig verbreitert hatte und deren Samen deshalb ausgesät wurde. Diese Abweichung wiederholte sich nicht; dagegen waren unter den Nachkommen drei *Lata* und eine *Elliptica*. Sie wurden nicht weiter cultivirt.

Die drei folgenden Jahre (1891—1893) habe ich diese *Lata*-Familie wie auch die andere nicht cultivirt, eben wegen der Schwierigkeiten der Befruchtung. Im Jahre 1894 habe ich sie dann wieder aufgenommen und säte dazu den 1890er Samen aus. Er lieferte 20 Exemplare von *O. Lamarckiana* und 6 *Lata*, im Ganzen nur 26 Keimlinge. Die 6 *Lata* waren einjährig, blühten reichlich und dienten zu einem später zu erwähnenden Versuch über die Unfruchtbarkeit des Pollens.

Fassen wir jetzt das Mitgetheilte übersichtlich zusammen, so erhalten wir den folgenden Stammbaum:

Oenothera Lamarckiana.

D.

Stammbaum der zweiten Lata-Familie.

(Die Ziffern weisen die Anzahl der Keimpflanzen nach.)

Generation		Arten:				
		elliptica	*Lamarckiana*	*lata*	spathulata	elliptica
V	5. Generation 1890	1	Lam.	3 lata lata	2	1
IV	4. Generation 1889		Lam.	lata		
III	3. Generation 1888		Lam.	lata	1 scintillans	
II	2. Generation 1887		3 Lam.	2 lata		
I	1. Generation Hilversum 1886		Lam.			

Es ist schliesslich noch die Frage zu besprechen, ob die Mutabilität in dieser Familie vorwiegend den Müttern oder den Vätern zuzuschreiben sei. Ich vermuthe das letztere, da meine neuen Arten bei reiner Cultur und soweit sie constant waren, im Allgemeinen viel weniger mutirt haben, als die *O. Lamarckiana* selbst. Dagegen scheinen Kreuzungen das Auftreten von Mutationen zu befördern.

§ 8. Mutationen in anderen Familien.

Ausser in den beschriebenen Familien sind Mutationen in meinen Culturen von *O. Lamarckiana* und deren Nachkommen noch vielfach aufgetreten. Man kann fast behaupten, dass jede umfangreiche Aussaat sie bietet. Allerdings ist dabei erforderlich, dass die jungen Pflanzen hinreichenden Raum finden, um sich ohne Beeinträchtigung durch ihre Nachbarn entfalten zu können, und dass man die Beete stets genau durchmustert. Denn bevor sie anfängt, ihren Stengel zu treiben, bildet jede Pflanze eine Rosette von 20—30 cm Strahl, und es haben zur Blüthezeit nur wenige Exemplare auf einem Beete Platz (höchstens 20—40 pro Quadratmeter).

Fast stets waren meine Mutanten, wenigstens in der Jugend, schwächer als die ursprüngliche Art, sie wurden also leicht von den übrigen verdrängt.

Fig. 51. Eine Mutation in einer Keimschüssel. Die mittlere Pflanze ist eine *O. lata* ohne gleichnamige Vorfahren. Die übrigen Pflänzchen sind theils *O. Lamarckiana*, theils *O. nanella* und aus einer Kreuzung dieser beiden Arten entstanden.

Es lohnt sich daher, hier einiges über die Culturmethode und namentlich über das Aufsuchen der Mutationen sowie über die Merkmale der jungen Pflänzchen zu sagen. Ausführlicher werde ich diese Merkmale allerdings erst im nächsten Kapitel beschreiben können, doch scheint es mir zweckmässig, eine kurze vergleichende Uebersicht voranzuschicken.

Früher säte ich im Garten aus. Es blieb dann aber, wie bereits erwähnt (S. 183), ein Theil der Samen im Boden, um in späteren Jahren zu keimen. Es konnte also jeder Theil des Gartens nur einmal für eine Aussaat benutzt werden. Ich habe daher später in Schüsseln ausgesät; die Erde wurde von ausserhalb bezogen und ausserdem sterilisirt, etwa vorhandene *Oenothera*-Samen wurden dabei, wie jährlich ausgeführte zahlreiche Controlversuche lehrten, völlig getödtet. In diesen Schüsseln blieben die Pflänzchen, wenn es möglich war, sie ohne Verpflanzen zu sortiren und die einzelnen Sorten zu zählen; war dies nicht möglich, so wurden sie in Holzkästen von 30 × 50 cm und 10 cm Tiefe verpflanzt. Hier blieben sie, bis sie auf die Beete gelangten.

Nur wenn es erforderlich war, die Pflänzchen möglichst sorgfältig zu behandeln und sie möglichst kräftig werden zu lassen, wurden sie nicht in die Kästen, sondern einzeln in Töpfe versetzt.

Es ist stets zwischen solchen Aussaaten zu unterscheiden, welche zur Blüthe gelangen sollen, und solchen, welche ohnehin vor der Entwickelung des Stengels abgezählt und ausgerodet werden. Die ersteren werden fast stets aus den Schüsseln verpflanzt, bevor die Merkmale der neuen Arten kenntlich sind, die letzteren sehr häufig bis zum Ende in den Schüsseln gehalten.

Einige Formen sind bereits bei der Ausbildung der ersten Blätter zu erkennen. So fast stets die *O. lata,* sehr oft, und namentlich bei nicht zu dichter Keimung, die *O. nanella.* Ebenso häufig *O. albida.* Viel später kommen *O. oblonga* und *O. rubrinervis*, am spätesten *O. scintillans.* Die drei letzteren erkannte ich nur ausnahmsweise in den Schüsseln; sie werden beim Verpflanzen gewöhnlich einfach für schwache Exemplare angesehen und mit solchen verwechselt.

Die Schüsseln haben eine Erdoberfläche von 25 × 25 Quadratcentimeter und werden mit $^1/_2$—$^2/_3$ ccm Samen bestreut. So lange die Pflänzchen jung sind, haben sie dann ausgiebigen Raum. Wachsen sie aber so weit heran, dass man die Mutanten unter ihnen erkennen kann, so stehen sie meist so dicht, dass eine photographische Aufnahme nicht mehr möglich ist. Solches gelingt fast nur bei geringerer Aussaatmenge oder ungenügender Keimung.

Einen solchen Fall stellt die Fig. 51 dar. Es war eine Aussaat von durch Kreuzung gewonnenen Samen. *O. Lamarckiana* war mit *O. nanella* im August 1899 befruchtet; es keimten etwa 250 Samen, von denen etwa 30 % *Nanella* waren. Man erkennt auf dem Bilde zwischen den lockeren Rosettchen der ursprünglichen Art hier und dort die durch ihre inneren sitzenden Blätter dichtere Form der Zwerge. Genau in der Mitte steht, ziemlich isolirt, eine *O. lata,* an den runden, nicht zugespitzten Blättern leicht kenntlich. Sie war von ihren Nachbarn allseitig bedeckt, doch habe ich beim Photographiren ihre Blätter über die anderen geschoben. Sonst wurde an der Gruppe nichts verändert.

Die beiden gekreuzten Eltern waren von reiner Abstammung; die *Lamarckiana* aus dem Hauptstammbaum meiner Versuche (8. Cultur-Generation), die *Nanella* 1895 aus dieser entstanden und seitdem durch fünf Generationen rein erhalten. Die in Fig. 51 abgebildete *Lata* hat also, wenigstens während dieser Zeit (1886—1899), keine gleichnamigen Vorfahren gehabt. Nur in den Seitenzweigen der Stammbäume war dieselbe Form, und zwar fast alljährlich, aufgetreten.

Die Merkmale der jungen Rosetten beim Sortiren gehen am deutlichsten aus den später zu gebenden Abbildungen der Rosetten selbst hervor. Einstweilen bringe ich hier aus je einer solchen Rosette ein erwachsenes Blatt zusammen (Fig. 52 und 53), so gewählt, dass es die typische Blattform möglichst genau darstellt. Die Abbildungen sind in halber natürlicher Grösse gemacht worden, die Blätter Anfang Juni den noch in den Holzkästen befindlichen Pflanzen entnommen. Die Culturen waren rein, da sie durch Aussaat von Samen gleichnamiger Pflanzen gewonnen waren; es hielt somit nicht schwer, daraus mittlere Formen zu wählen.

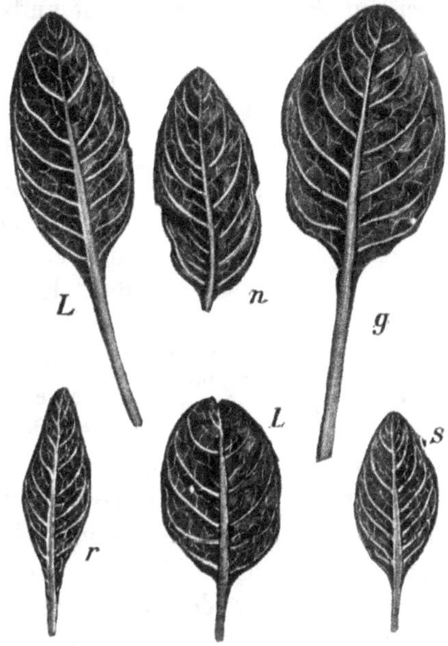

Fig. 52. Erwachsene Blätter junger Rosetten im Juni. *L Oenothera Lamarckiana*, *n O. nanella*, *g O. gigas*, *r O. rubrinervis*, *l O. lata*, *s O. scintillans*.

Am leichtesten und sichersten zu erkennen sind *O. nanella* (Fig. 52 *n*) und *O. lata* (*l*). Die erstere hat sehr kurzgestielte, etwas wellige Blätter mit breitem Grunde; die Rosetten sind daher im Herzen dicht. Die zweite hat langgestielte, runde Blätter, namentlich ist die Spitze abgerundet. Sie sind sehr bucklig und haben einen umgebogenen Rand, der leicht zerreisst, wenn man versucht, das Blatt flach zu legen (daher der kleine Riss am Gipfel). Die *Oenothera gigas* unterscheidet sich durch viel kräftigere, etwas breitere Blätter von der *O. Lamarckiana* (Fig. 52 *g* und *L*). *O. rubrinervis* (Fig. 52 *r*) und *O. scintillans* (*s*) haben schmälere Blätter, die ersteren sind graugrün, die anderen dunkelgrün, beide haben keine oder fast gar keine Buckeln.

O. albida (Fig. 53 *a*) und *O. oblonga* (*o*) sind in diesem Alter an der Blattform kaum, ja oft gar nicht zu erkennen. Die *O. albida* ist sehr wechselnd, je nachdem man die gewöhnlichen schwächlichen Formen, oder durch besondere Sorgen kräftig herangewachsene Pflänzchen hat. Die ersteren sind klein und schmal, blassgrün und oft fast weiss, die letzteren eigentlich nur durch die weissliche Farbe gekennzeichnet. *O. oblonga* hat Blätter mit sehr breiten Hauptnerven; diese Breite ist aber auf der Vorderseite weit auffallender, als auf der abgebildeten Rückseite. Sie sind zugespitzt, jetzt noch breit, später aber sehr schmal.

Fig. 53. Erwachsene Blätter junger Rosetten im Juni. *a O. albida*, *o O. oblonga*.

Zum Vergleich mit den Blättern der jungen Pflanzen findet man in Fig. 54 die erwachsenen Blätter der blühenden oder fast blühenden Exemplare, wie sie am Stengel, unterhalb der Blüthenregion gefunden werden. Es sind dieselben Arten mit Ausnahme von *O. Lamarckiana*, *O. lata* und *O. nanella*.[1] Die Blätter von *O. gigas* sind durch ihre grössere Breite gekennzeichnet; die übrigen abgebildeten sind jetzt sämmtlich schmäler, als die von *O. Lamarckiana*. In *O. oblonga* erkennt man die breiteren Mittelnerven; die *O. rubrinervis* ist etwas mehr zugespitzt als die beiden anderen; dazu ist sie meist buchtig und selten flach ausgebreitet. Doch unterscheiden sich diese drei Typen eigentlich nur durch Farbe und Consistenz in dem oben angegebenen Sinne.

Die verschiedenen neuen Arten können aber (mit Ausnahme der *O. leptocarpa*, welche erst gegen die Blüthezeit kenntlich wird) fast in jedem Alter an ihren Blättern mit Sicherheit erkannt werden. Aus den Blättern lassen sich die späteren Merkmale, die Form der Blüthenäste und der Blüthen selbst, bei *O. lata* der Mangel an Blüthenstaub, Grösse und Samenreichthum der Früchte stets vorhersagen, wenn man die betreffende Art einmal blühend und mit Samen beobachtet hat. Ich habe selbstverständlich fast jährlich die in der Jugend sortirten Pflanzen in grösserer oder geringerer Anzahl zur Blüthe gebracht; rein ausgepflanzte Culturen zeigen sich dann auch zu dieser Zeit rein.

[1] Die Blätter habe ich photographisch copirt, indem ich sie im lebenden, etwas welken Zustand auf Positivpapier ausbreitete und dieses unter Glas in einem gewöhnlichen Copirrahmen andrückte. Die erhaltenen Copien sind dann später photographisch auf die Hälfte verkleinert worden.

Mittelst dieser Merkmale habe ich, so oft wie irgend möglich, in Aussaaten von *Oenothera*-Samen aus meinen Culturen die Mutanten aufgesucht. Wie bereits hervorgehoben, hängt es sehr wesentlich vom Umfang der Aussaat ab, ob sie sich zeigen und wie viele. Ohne Zweifel wirken verschiedene andere Umstände darauf ein, theils bei der Keimung (vergl. S. 185), theils bei der Befruchtung, theils vor dieser.

Fig. 54. Stengelblätter blühender Pflanzen von *g Oenothera gigas*, *r O. rubrinervis*, *o O. oblonga*, *a O. albida*, *s O. scintillans*.

Im Allgemeinen zeigten sich die neuen Arten viel weniger mutabel, als die ursprüngliche *O. Lamarckiana*, aus der sie hervorgegangen sind. Doch giebt es auch gerade sehr stark mutable Formen unter ihnen, wie z. B. *O. scintillans*.

Bei Kreuzungen erhält sich die Mutabilität und wo aus Kreuzungen die ursprüngliche Form, *O. Lamarckiana*, hervorgeht, scheint sie solches mit ihrem vollen, ich möchte fast sagen normalen Mutationsvermögen zu thun.

Einige Beispiele mögen diese Sätze hier erläutern, indem die mehr vollständigen Beweise später bei der Beschreibung der einzelnen neuen Arten gegeben werden sollen.

Reine Aussaaten von *O. leptocarpa*, *O. nanella* und *O. oblonga* lieferten diese drei Typen rein, mit Ausnahme der folgenden Mutanten. Ich füge die Jahreszahl der Aussaat und die Anzahl der Keimlinge bei.

Mutanten aus neuen Arten.

Arten	Jahr	Anzahl der Keimpflanzen	Mutanten
O. leptocarpa	1896	500	2 *nanella*
O. nanella	1897	760	1 *oblonga*
O. oblonga	1897	2150	2 *albida*
			1 *elliptica*
			1 *rubrinervis*
	Summa	3410	7 Mutanten.

Zusammen also etwa 0·2 %, während *O. Lamarckiana* deren meist 1—3 % und oft mehr hat.

O. scintillans dient als Beispiel einer sehr mutablen neuen Art, indem sie sich meist nur in etwa einem Drittel ihrer Nachkommen wiederholt (vergl. S. 172); die beiden anderen Drittel sind theils *O. oblonga*, theils *O. Lamarckiana*, zu einem kleinen Theile aber auch verschiedene Mutanten, welche namentlich zu den beiden auch sonst häufigeren Formen *O. lata* und *O. nanella* gehören.

Von diesen beiden fand ich in den einzelnen Culturen und Generationen von *O. scintillans*, indem stets die Samen von künstlich mit ihrem eigenen Pollen befruchteten typischen Individuen gewonnen waren, die folgenden Anzahlen:

Mutanten aus *O. scintillans*.

Jahr	Anzahl der Keimpflanzen	*lata*	*nanella*
1896	268	8	1
1897	572	3	3
1897	447	1	0
1898	587	3	2
1899	148	2	0
1899	5850	21	23
Summa	7872	38	29
		67	

Somit etwa 1 % oder ungefähr ebenso viel wie bei der *O. Lamarckiana* selbst.

Ein ähnliches Resultat erhält man bei Kreuzungen. Bei diesen entstehen, da sie erbungleich sind, die beiden elterlichen Formen und falls keine von beiden die *O. Lamarckiana* selbst ist, in der Regel auch diese.[1] Ausserdem treten aber Mutanten auf. Ich führe die folgenden Beispiele an:

Mutanten aus *O. Lamarckiana* × *O. nanella.*

Jahr	Anzahl der Keimpflanzen	*albida*	*lata*	*oblonga*	*rubrinervis*	*elliptica*
1897	1341	1	7	20	—	—
1897	1051	—	5	12	2	—
1898	474	—	2	5	—	—
1899	3815	—	3	1	—	1
1899	1606	—	5	—	—	—
Summa	8283	1	22	38	2	1

Zusammen 64 oder fast 1 %.

Mutanten von *O. lata* × *O. nanella.*

Jahr	Anzahl der Keimpflanzen	*albida*	*oblonga*	*rubrinervis*
1895	63	—	—	1
1897	837	6	7	—
1898	101	1	1	—
1898	146	—	3	—
1899	280	5	3	—
1900	159	3	—	1
Summa	1586	15	14	2

Zusammen 31 oder etwa 2 %.

Mutanten aus Kreuzungen mit älteren Arten.

Kreuzung	Jahr	Anzahl der Keimpflanzen	Mutanten
O. Lam. × *O. biennis*	1896	80	2 *oblonga*
„ „	1900	80	1 *lata*
			1 *nanella*
O. Lam. × *O. suaveolens*	1897	200	8 *oblonga*
			1 *elliptica*
O. lata × *O. biennis*	1899	299	2 *nanella*
			1 *scintillans*
O. lata × *O. suaveolens*	1900	743	13 *albida*
	Summa	1352	29 Mutanten.

Also etwas über 2 %.

[1] Vergl. den zweiten Band und *Ber. d. d. bot. Gesellschaft.* Bd. XVIII. 1900. Heft X. S. 435.

In allen diesen Kreuzungen ist also das Mutationsvermögen ungefähr dasselbe wie bei *O. Lamarckiana.*

Schliesslich habe ich noch die Nachkommenschaft der Kreuzungen in der zweiten Generation untersucht. Wählt man die Samen von Exemplaren, welche ihrer Form nach einer der neuen Arten angehören, so erhält man Zahlen, welche den S. 210 aufgeführten entsprechen. Wählt man die Samen von selbstbefruchteten *Lamarckiana*-Exemplaren, so findet man dagegen ein Mutationsvermögen, wie es solche Pflanzen auch bei reiner Abstammung zeigen.

Mutanten aus *Lamarckiana*-Exemplaren, welche selbst aus Kreuzungen hervorgegangen waren.

Versuchsjahr 1898.

Kreuzungen in 1896	Anzahl der Keimpflanzen	Mutanten in 1898 *albida*	*lata*	*nanella*	*oblonga*
O. Lam. × *O. nanella*	1063	1	—	5	2
O. lata × *O. Lam.*	427	—	3	—	2
O. lata × *O. nanella*	1693	1	1	12	1
„ „	390	—	1	6	1
O. lata × *O. brevistylis*	1026	—	2	3	2
Summa	4599	2	7	26	8

Zusammen also 43 oder etwa 1 % Mutanten.

Fassen wir alles zusammen, so finden wir stets nur unsichere Abweichungen vom ursprünglichen Mutationsvermögen der *O. Lamarckiana.* Sie scheint dieses Vermögen durch alle Generationen und durch alle Kreuzungen hindurch einfach beizubehalten; wenigstens im Laufe meiner Versuche. Dagegen behaupten die aus ihr entstandenen neuen Arten, falls sie sonst constant sind, auch darin diese Constanz, dass ihre Fähigkeit zu mutiren merklich abgenommen hat. Aber nicht völlig, denn das Vermögen, dieselben neuen Formen hervorzubringen wie die Stammart, ist von dieser offenbar auf sie übergegangen.

§ 9. Das Mutiren in der Natur.

Die Culturen in meinem Versuchsgarten hatten nicht den Zweck, Mutationen hervorzurufen, sondern sollten einfach ein genaueres Studium der Vorgänge ermöglichen, als es in der freien Natur möglich war.

Selbstverständlich betrachte ich das Hervorrufen von Mutationen als eine weit höhere Aufgabe, an deren Lösung ich gerne herangetreten wäre. Aber schon in den ersten Jahren meiner Untersuchung ergab sich die Nothwendigkeit ausführlicher Vorarbeiten. Es schien unerlässlich, zunächst zu wissen, wie die neuen Arten in der Natur thatsächlich auftreten. Bis jetzt hatte man ja überhaupt diese Erscheinung im Freien nicht beobachtet. Das Aufsuchen der Ursachen dieses Auftretens konnte erst in zweiter Linie in Aussicht gestellt werden. Dazu kam die damalige sehr unvollständige Bekanntschaft mit den Folgen und Einflüssen etwaiger Kreuzungen, welche auf das experimentelle Eingreifen in die Erscheinungen des Mutirens sehr hemmend einwirkte. Es war durchaus erforderlich, wenigstens für die Oenotheren selbst, die Bastardirungsgesetze zu ermitteln.

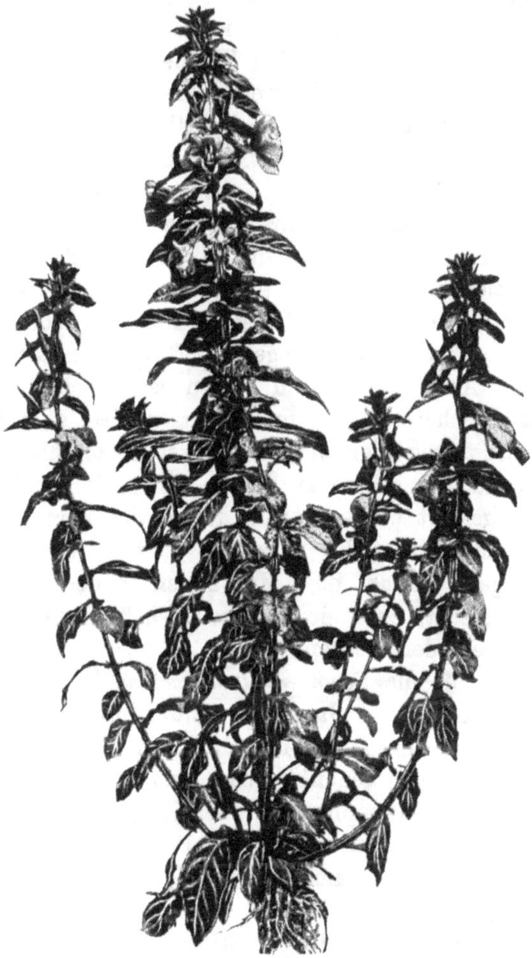

Fig. 55. *Oenothera Lamarckiana*, eine ganze Pflanze, aus dem Hauptstamm und den Achselzweigen der Wurzelblätter blühend.

Aus diesen Gründen habe ich das Studium der Ursachen des Mutirens bis auf die Fertigstellung dieser Vorarbeiten verschoben.

Um das Mutiren in der freien Natur zu studiren, giebt es zwei Wege. Erstens die directe Beobachtung, das Aufsuchen und Sammeln der Mutanten auf dem Fundorte der Stammesart. Zweitens das Einsammeln von Samen an Ort und Stelle, und deren Aussaat unter möglichst günstigen Keimungsbedingungen.

Es leuchtet sofort ein, wie unvollkommen die erstere, und wie bedeutend viel besser die letztere Methode ist. Denn offenbar ist die Mutation im Samen bereits entschieden; die Keimung bringt nur an's Licht, was darin schon vorhanden war. Aber wie viele Samen gehen bei der Keimung in der freien Natur in den ersten Tagen oder doch in den ersten Wochen ihres Lebens zu Grunde! Namentlich von den schwächeren Samen; und unter ihnen wohl die grösste Zahl der Mutanten. Eine mittlere Pflanze von *Oenothera Lamarckiana* trägt im Freien oft weit über hundert Früchte, und in jeder Frucht etwa 100—200 Samen. Auch in den Jahren der raschesten Vermehrung gelangt somit nur ein sehr kleiner Theil zur völligen Ausbildung. Wenn also die Pflanzen auch noch so zahlreiche mutirte Samen hervorbringen, so besteht dennoch stets die Möglichkeit, dass man davon am natürlichen Fundort entweder gar nichts bemerkt, oder nur von Zeit zu Zeit geringe Spuren entdeckt.[1]

Aussaaten von im Freien gesammelten Samen sind das einfache und sichere Mittel, um zu entscheiden, ob irgend eine Art an einem bestimmten Fundort sich in einer mutablen Periode befindet oder nicht. Sie sollten zu diesem Zweck in möglichst grossem Maassstabe ausgeführt werden. Eine Reihe von Versuchen, welche ich in dieser Richtung anstellte, ergab bis jetzt noch kein positives Ergebniss. Ich folgere daraus, dass Mutationen in der Natur selten sind, bin aber überzeugt, dass sie bei weiterem Suchen dennoch mehrfach werden aufgefunden werden.

Für die *Oenothera Lamarckiana* habe ich beide Methoden durch eine Reihe von Jahren in Anwendung gebracht. Ich habe fast jährlich das Feld selbst besucht oder doch von anderen besuchen lassen. Mehrere der neuen Formen sind dabei beobachtet worden, meist als schwache Keimpflanzen oder junge Rosetten, nur äusserst selten in Blüthe. Ferner habe ich dort, namentlich im Anfang meiner Cultur (1886—1888), Samen gesammelt und in meinem Versuchsgarten ausgesäet. In den beiden ersten Jahren in kleinerem, 1888 aber in grösserem Maassstabe. Seitdem habe ich von Zeit zu Zeit diesen Versuch wiederholt, bis ich genügende Sicherheit über den Vorgang hatte.

Ich theile jetzt die einzelnen Funde auf dem Hilversumer Felde oder aus den dort gesammelten Samen mit.

Oenothera lata. Aus Samen, welche ich im Herbst 1886 aus fünf-

[1] *Sur l'introduction de l'Oenothera Lamarckiana dans les Pays-Bas.* Nederl. Kruidk. Archief. Aug. 1895.

fächerigen Früchten sonst normaler Pflanzen entnahm, erhielt ich 1887 drei *Lata*-Exemplare, welche alle einjährig waren. Zwei standen in meinem Garten und bildeten den Ausgangspunkt für die eine der im § 7 beschriebenen *Lata*-Familien (S. 204), das dritte keimte mit drei Cotylen und wurde nach einem Garten bei Hilversum versetzt, wo es blühte, aber keine keimfähigen Samen trug.

Aus Samen, welche ich im Herbst 1888 von anscheinend normalen Exemplaren des Feldes sammelte, erhielt ich in meinem Garten unter zahlreichen normalen Pflanzen sieben Exemplare von *O. lata*, von denen vier Stengel bildeten, eins eine Rosette blieb und die beiden anderen erst spät im Sommer keimten. In demselben Sommer (1889) fand ich auf dem Hilversumer Felde eine schöne blühende *Lata*-Pflanze und einige andere Exemplare, welche sich gleichfalls als zu dieser neuen Art gehörig erkennen liessen.

Im Jahre 1894 wurde die *Lata* auf dem Felde in zwei blühenden Pflanzen und einer Rosette wiedergefunden.

O. elliptica. Eine Rosette fand ich 1886, eine andere wurde 1894 gefunden.

O. nanella erhielt ich 1889 aus den im vorigen Herbst auf dem Felde gesammelten Samen und zwar in drei Rosetten, welche leider im nächsten Winter zu Grunde gegangen sind. Eine von diesen war eine *Lata-Nanella*; sie vereinigte die Merkmale beider Formen in sich, wie solches auch später in meinen Culturen vorgekommen ist. Auch 1894 wurde ein Zwerg auf dem Hilversumer Felde gefunden.

O. rubrinervis. In einem Exemplar als Rosette aus den oben mehrfach erwähnten 1888er Samen entstanden.

O. spathulata. Diese Form wurde als Rosette auf dem Hilversumer Felde 1886 und 1894 gesammelt.

Es kamen also fünf der neuen Arten bereits auf dem Hilversumer Felde und in dessen Samen vor. Sie traten sehr selten, aber doch meist mehrfach und in verschiedenen Jahren auf, ohne dass die späteren direct von den früheren abstammen konnten.

Fassen wir das Mitgetheilte tabellarisch zusammen, so bekommen wir die folgende

Uebersicht der Funde zu Hilversum.

Pflanzen	Aus Samen
O. lata 1889, 1894	*O. lata* 1887, 1889
O. nanella 1894	*O. nanella* 1889
O. spathulata 1886, 1894	*O. lata-nanella* 1889
O. elliptica 1886.	*O. rubrinervis* 1889.

Diese Tabelle enthält gerade die auch in meinen Culturen am leichtesten kenntlichen und am häufigsten beobachteten Arten. Von den anderen habe ich bis zu 1894, dem letzten in der Tabelle genannten Jahre, überhaupt nur *O. scintillans*, und diese nur einmal bei mir auftreten sehen.

Der Ursprung dieser Typen ist also sicher dort und nicht in meinen Culturen zu suchen. Auch traten sie dort in derselben Weise auf wie im Versuchsgarten, unvermittelt, in den Samen normaler *O. Lamarckiana*-Pflanzen, und in verschiedenen Jahren.

So unvollständig diese Beobachtungen auch sind, so genügen sie doch völlig, um die Identität der Vorgänge der Mutation im Freien und im Garten darzuthun. Die Culturen sind nur ein bequemeres und sichereres Mittel, um zu erfahren, was in der Natur geschieht.

Ob die *O. scintillans* und die später in meinem Garten zum ersten Male beobachteten Arten auch von Zeit zu Zeit in den Samen des Hilversumer Feldes entstanden sind, weiss ich nicht. Ich betrachte es aber als sehr wahrscheinlich. Mehrere unter ihnen traten bei mir so selten auf, dass es kaum Aussicht auf Gelingen hätte, wenn ich ein nochmaliges Auftreten durch sehr umfangreiche Aussaaten hervorrufen wollte. Und um so geringer wäre die Aussicht, sie aus im Freien eingesammelten Samen zu bekommen.

Es liegt andererseits gar kein Grund vor, anzunehmen, dass die erste Beobachtung einer neuen Form stets auch gerade mit dem ersten Sichtbarwerden zusammenfiel. Die *O. elliptica* und *O. spathulata* fand ich dort bereits im ersten Jahre meiner Besuche (1886); die *O. lata* im folgenden. Es ist sehr wahrscheinlich, dass diese und andere Typen auch in früheren Jahren aufgetreten sein werden, sei es als Pflänzchen, sei es auch nur in den Samen.

Jedenfalls ergiebt sich, dass das Mutiren unserer Nachtkerzen bereits im vollen Gange war, als meine Beobachtungen und Versuche anfingen, dass diese somit nicht das wirkliche erste Entstehen der neuen Arten betreffen, sondern nur die Art und Weise, wie die im latenten Zustande vorhandenen Formen im Laufe der Jahre an's Licht treten.

Die allererste Entstehung wird sich aber wohl so lange der sicheren Beobachtung entziehen, bis es möglich sein wird, Mutationen willkürlich hervorzurufen. Und davon sind wir noch weit entfernt.

Für die Meinung, dass die *O. Lamarckiana* sich im Jahre 1886 bereits in einer mutablen Periode befand, sprechen auch die beiden damals dort in voller Ausbildung gefundenen Unterarten. Ich meine die bereits mehrfach erwähnten *O. laevifolia* und *O. brevistylis.* Die letztere fand ich dort 1886 in zwei Exemplaren in Blüthe, die erstere in Rosetten, welche 1887 blühten und mir die Samen für die oben beschriebene *Laevifolia*-Familie lieferten. Da diese beiden neuen Arten sonst nirgends beobachtet wurden, darf man annehmen, dass sie an Ort und Stelle entstanden sind. Dafür spricht auch der Umstand, dass ich sie zum ersten Male nur in einigen wenigen Exemplaren, und diese an einer ganz kleinen Stelle beisammenstehend fand, die *O. laevifolia* an der nordwestlichen, die *O. brevistylis* an der nordöstlichen Ecke des Feldes. Ob sie aber erst vor Kurzem oder bereits vor mehreren Jahren entstanden waren, lässt sich nicht mehr entscheiden. Dass sie sich behaupten konnten, während dies den übrigen neuen Arten niemals gelang, liegt wohl zu einem grossen Theile daran, dass sie beim Keimen und im Rosettenalter den gewöhnlichen Nachtkerzen in keiner Beziehung nachstehen.

Es ist schliesslich noch die Frage zu besprechen, ob man annehmen soll, dass die beobachtete Mutationsperiode auf dem Felde zu Hilversum angefangen hat, oder bereits vorher. Die rasche Vermehrung auf jenem Felde, seit der ersten Aussaat 1870, wäre nach den gewöhnlichen gärtnerischen Erfahrungen eine plausible Ursache des Mutirens. Innerhalb etwa 8 Generationen (1870—1886) hatten es die Pflanzen von einigen wenigen zu vielen Hunderten von Individuen gebracht, und dabei nicht nur die Samen des Hauptstammes, sondern auch diejenigen der Zweige und Nebenzweige ausgestreut.

Vielleicht war aber die Mutationsperiode bereits viel älter, wenn auch nicht für sämmtliche neue Formen, doch wohl für die am häufigsten auftretenden (z. B. *O. lata* und *O. nanella*). Da ich jedoch den Anfang nicht beobachtet habe, so scheint es mir einstweilen gleichgültig, wann und wo dieser stattgefunden hat.

Hauptsache ist, dass die Culturen im Garten uns verrathen, was in der freien Natur stattfindet, was sich dort aber der Beobachtung grossentheils entzieht.

II. Das Auftreten der einzelnen neuen Arten.

A. Die beiden älteren Arten.

§ 10. Oenothera laevifolia.

Wie bereits mehrfach hervorgehoben, wuchsen auf dem ursprünglichen Fundorte bei Hilversum zwischen den zahlreichen Pflanzen von Lamarck's Nachtkerze zwei neue Arten, *O. laevifolia* und *O. brevistylis.* Diese Formen sind, so viel ich habe erfahren können, sonst nirgendwo beobachtet. Es ist somit klar, dass sie entweder an Ort und Stelle (also nach 1870) oder einige Zeit vor der Einfuhr der Stammesart aus dieser entstanden sein müssen. So lange meine Beobachtungen dauern, haben sie sich dort behauptet und auch regelmässig geblüht, weshalb es unmöglich ist, zu entscheiden, ob sie sich einfach, bezw. unter Kreuzungen fortgepflanzt haben, oder gelegentlich neu von der *Lamarckiana* hervorgebracht worden sind.

Fig. 56. *Oenothera laevifolia*, blühender Sprossgipfel.

In meinen Culturen sind sie nie entstanden. Ich habe mir stets viele Mühe gegeben, sie aufzusuchen, aber sie nie gefunden. Die *O. brevistylis* kann Einem nicht entgehen, für die *Laevifolia* habe ich meine Beete genau durchmustert. So suchte ich z. B. 1895 während der Blüthe über tausend Pflanzen von der *O. Lamarckiana*-Familie nach, ohne darunter auch nur eine Spur einer glattblätterigen Pflanze anzutreffen. Ebenso in späteren Jahren, als ich jährlich mehrere Tausend blühende Oenotheren in Cultur hatte.

Zu wiederholten Malen habe ich die *Oenothera laevifolia* (Fig. 56) aus Hilversum nach Amsterdam übergebracht. Theils als Samen, theils indem ich Blüthenstaub auf castrirte Blumen meiner *O. Lamarckiana* legte. Aus den im Freien frei befruchteten Samen erhielt ich z. B. 1888 nur 2 %, dagegen 1895 etwa 50 % *O. laevifolia.* Erstere Zahl ist offenbar durch die damalige Seltenheit der fraglichen Art bedingt, indem dadurch die Aussicht auf gegenseitige Befruchtung dieser Pflanzen zwischen den vielen anderen eine sehr geringe war.

Die Merkmale unserer Art liegen theils in den Blättern, theils in den Blüthen.

Die Blätter der *Oenothera Lamarckiana* sind unschön durch die vielen Buckeln, welche die Spreite zwischen den Nerven, und namentlich im mittleren Theile den Hauptnerven entlang, trägt. Sie rühren offenbar von einem unrichtigen Verhältniss im Wachsthum von Spreite und Nerven her; die Spreite wächst zu stark in die Fläche, oder die Nerven wachsen zu wenig in die Länge.

Meiner *O. laevifolia* mangeln diese Buckeln als Regel; die Blätter sind meist völlig glatt, dadurch schöner und gleichmässiger in ihrer grünen Farbe. Dazu sind sie etwas schmäler und meist etwas kleiner als die der Stammesart, obgleich die Differenz so gering ist, dass sie in den Bereich der individuellen Variationen fällt. Es deutet dieses darauf hin, dass das Fehlen der Buckeln durch geringeres Wachsthum der Spreite zwischen den Nerven hervorgerufen wird.

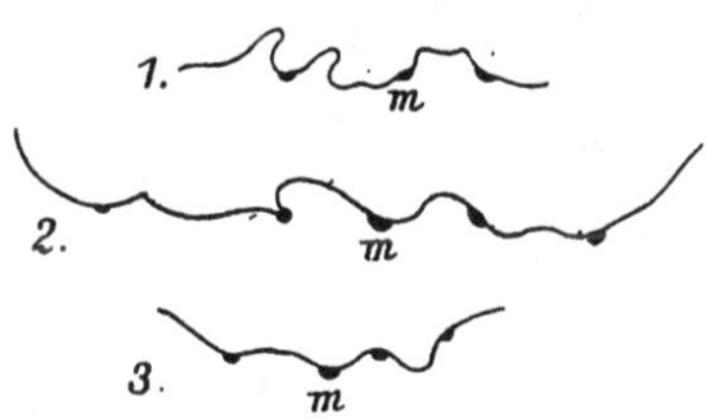

Fig. 57. Querschnitte von Blättern in $^2/_3$ der natürl. Grösse, um die Buckeln zu zeigen. 1. Theil eines Blattes von *O. lata*, 2. ganzer Querschnitt durch *O. lata*, 3. ganzer Querschnitt durch ein Blatt von *O. albida*. *m* Mittelnerven.

Ausser bei *O. Lamarckiana* kommen Buckeln auch bei einigen von dieser abstammenden neuen Arten vor, z. B. bei *O. lata* und *O. albida.* Ich habe daher in Fig. 57 Querschnitte dieser Blätter abgebildet, da deren buchtiger Lauf die Unebenheiten der Oberfläche am deutlichsten wiedergiebt.[1] Ganz ähnlich wie die letztere Art verhält sich die *O. Lamarckiana*, während die Blätter von *O. lata* viel stärker mit Buckeln bedeckt sind (Fig. 58). Die normalen Blätter von *O. laevifolia* würden im Querschnitt einfach eine gerade Linie mit hier und dort hervorspringenden Nerven bilden.

[1] Um die Figuren möglichst naturgetreu zu machen, habe ich die frischen Blätter ganz in eine dicke Schicht von Glycerin-Gelatine eingebettet und sie darin geschnitten, nachdem diese erstarrt war. Ich nahm Querschnitte von z. B. 1 cm Dicke, legte auf deren Fläche ein Blättchen trockener Gelatine und zeichnete darauf die grüne Linie in ihrer normalen Dicke nach. Würde man Streifen aus dem Blatte oder gar dünnere Querschnitte isolirt behandeln, so würden offenbar sehr leicht einzelne Buckeln sich abflachen.

Unvollkommene Ausbildung des Merkmales kommt bei der *Laevifolia,* auch nach vieljähriger Zuchtwahl, noch stets vielfach vor. Bisweilen findet man an einer glattblätterigen Pflanze hier und dort ganz vereinzelte Buckeln auf den Blättern, oder die Blätter haben alle, oder fast alle, einige wenige Buckeln. Oder es nimmt am Stengel von oben nach unten die Glätte der Blätter allmählich ab. Es ist sogar bisweilen nicht möglich, eine scharfe Grenze zwischen der *Lamarckiana* und den glattblätterigen Pflanzen zu ziehen, oder den Procentsatz der letzteren genau zu ermitteln.

Fig. 58. Wurzelblatt aus einer Rosette von *Oenothera lata*, von der Rückseite gesehen, um die sehr zahlreichen Unebenheiten (Buckeln) der Blattfläche zu zeigen.

Wenn man von seinen Pflanzen nicht nur den Hauptstamm wachsen lässt (wie ich es jetzt gewöhnlich in meiner Cultur der Raumersparniss wegen thue), sondern auch die Seitenstämme, welche aus den Achseln der Wurzelblätter entstehen, so beobachtet man häufig, dass diese das *Laevifolia*-Merkmal ausgeprägter besitzen, als der centrale Stengel; sie können dann wesentlich dazu beitragen, etwaigen Zweifel aufzuheben.

Die vereinzelten Buckeln hat die *O. laevifolia* offenbar von der Stammesart geerbt; sie sind als rudimentär gewordene Eigenschaft oder als Atavismus aufzufassen.[1] Dergleichen Ueberbleibsel scheinen, bei genauem Studium, in der Natur viel allgemeiner zu sein, als man gewöhnlich anzunehmen geneigt ist. Sie gehören in eine Gruppe mit Delpino's Subvariationen.[2]

[1] Aehnlich wie die gestielten Blätter der jungen Pflänzchen von *O. nanella*. Vergl. § 18 dieser Abtheilung und die Zusammenfassung am Schlusse des ganzen Abschnittes.

[2] Subvariationen nennt Delpino die häufig am unteren Ende von Aesten vorkommenden Abweichungen vom Typus der Art in Blattform, Blattstellung u. s. w. Sie sind meist atavistischer Natur. Vergl. Delpino, *Teoria generale della Fillotassi.* 1883.

Buckeln findet man auch bei vielen anderen Pflanzen. Sie sind vom biologischen Standpunkte als nützliche Einrichtungen zu betrachten. „Je mehr die Form der Blattspreite dazu angethan ist, durch mulden- oder blasenförmige Vertiefungen das durch Thau oder Regen zugeführte Wasser auf der Blattspreite zu erhalten," sagt von Rümker[1], „um so länger kann die Pflanze dieses Wasser zu ihrem Nutzen ausbeuten." In wie fern die *O. laevifolia* im Freien durch den fraglichen Mangel den anderen Nachtkerzen nachsteht, ist schwer zu entscheiden; sicher ist nur, dass ich sie dort stets viel schwächer und kleiner fand, als die Stammesart. Im Versuchsgarten, wo Wassermangel fast nie eintritt, haben diese Eigenschaften keine Bedeutung.

Ein ganz besonderes Merkmal der *O. laevifolia* bilden die Blüthen an den schwächeren Trieben. Sie haben schmale Blumenblätter, und zwar in allen Graden von der breiten, umgekehrt-herzförmigen Figur der kräftigsten Blüthen, bis zu ovalen oder elliptischen Formen, wie sie in Fig. 59 bei *c* und *d* abgebildet sind.

Diese Eigenschaft ist sehr constant. Mittelst dieser habe ich die neue Form überhaupt zuerst aufgefunden; erst in der Cultur lernte ich nachher die glatten Blätter kennen. Schwache Pflanzen tragen solche Blüthen bereits am Hauptstengel, stärkere entweder nur oder doch anfangs nur an den Seitenzweigen.

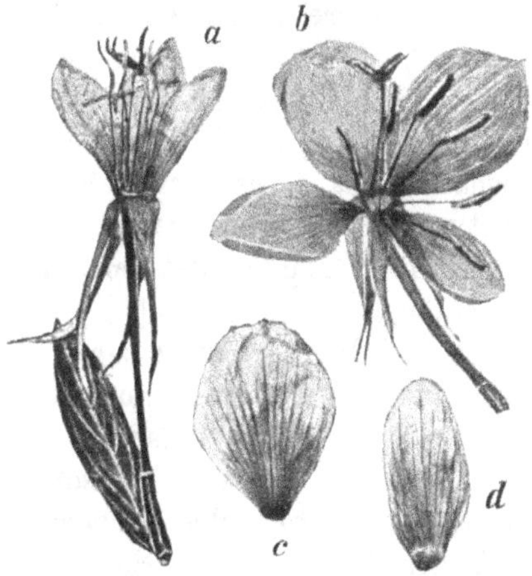

Fig. 59. *Oenothera laevifolia.* Blüthen mit schmalen Blumenblättern: *a* von der Seite, *b* von oben gesehen, *c*, *d* einzelne Blüthenblätter, ausgebreitet. In *a* ist das vordere Blumenblatt entfernt worden. *a*, *c*, *d* von 1894, *b* von 1899.

Im Hochsommer sind diese Blüthen noch selten, aber gegen den Herbst, oft schon Anfang September, nimmt ihre Anzahl allmählich zu. Cultivirt man nur starke Pflanzen und diese ohne Seitenzweige, so kann ein Jahr vorübergehen, ohne dass die Erscheinung sich zeigt, sonst aber sah ich sie alljährlich.

Diese Blüthen haben etwas besonders Anziehendes. Als nachträgliche Bildungen sind sie kleiner und oft zarter als die normalen, grossen und starken Blumen; ihre Farbe ist häufig blasser, ihre Form

[1] von Rümker, *Zuckerrübenzüchtung.* 1894. S. 6.

freier, da die Petalen einander oft nicht oder nur wenig berühren. Ich habe sie vielfach in meine Notizbücher eingeklebt oder auch photographirt. Ich finde sie vom Jahre 1887 an bis heute stets dieselben, in derselben Abwechselung der Formen, aber ohne Fortschritt in irgend einer Richtung, wie denn meine neuen Arten überhaupt sich in ihren Eigenschaften vom ersten Auftritt an constant zeigen.

Die Form der Petalen schwankt oft in derselben Blüthe (Fig. 59 *b*). Im Freien, auf dürrem Sandboden waren die Blumenblätter schmäler als in der Cultur auf gedüngter Erde. Dort waren sie meist doppelt so lang als breit, hier war das Verhältniss der Breite zur Länge meist wie 2 : 3. Die Ausbuchtung am oberen Ende der normalen Blumenblätter fehlt ihnen; sie sind hier stumpf abgerundet. Ihre grösste Breite liegt in der Mitte. Zu den schmälsten Petalen, welche ich beobachtet habe, gehören solche, welche bei 3 cm Länge nur 1 cm breit waren. Aber wie gesagt, zwischen diesen und den breiten, umgekehrt-herzförmigen Petalen der kräftigsten Blumen findet man alle Uebergänge.

Ovale Blumenblätter sind keineswegs auf die *O. laevifolia* beschränkt. Sie sind z. B. normal für *O. elliptica.* An sehr schwachen Trieben fand ich sie sogar bei *O. biennis* vereinzelt vor.

In ihren übrigen Eigenschaften steht die *O. laevifolia* der *O. Lamarckiana* sehr nahe. Eigentlich weicht sie von dieser in keinem wichtigen Punkte ab. Sie ist ebenso gross, hat ebenso grosse Blumen und Früchte, denselben Habitus u. s. w. Allerdings ist ein Beet von *O. laevifolia* bereits in einiger Entfernung von einer Gruppe *O. Lamarckiana* zu unterscheiden, und zwar an Merkmalen, welche oft mehr, oft weniger ausgebildet sind, welche aber stets in derselben Richtung liegen. Die Farbe der Blüthen, namentlich der späteren, pflegt etwas blasser zu sein; die conischen Blüthenknospen etwas dünner, die Bracteen der Inflorescenz etwas schmäler, das Ganze feiner und zarter.

Aus früher erwähnten Gründen (§ 6) habe ich in den ersten Jahren die *O. laevifolia* sich mit der *O. Lamarckiana* frei kreuzen lassen. Seit 1894 habe ich sie, unter Ausschluss des Insectenbesuches mittelst Beuteln von Pergamin, mit ihrem eigenen Pollen befruchtet. Seitdem ist die Art völlig constant, und wähle ich jährlich die schönsten Exemplare mit den glattesten Blättern als Samenträger aus.

§ 11. Oenothera brevistylis.

Diese Form wurde von Julius Pohl ausführlich untersucht und beschrieben.[1] Und da ich sie in meinen Culturen fast ausschliesslich zu Kreuzungsversuchen benutzt habe, verweise ich für eine eingehende Beschreibung und für die Abbildungen auf den zweiten Band. Hier habe ich nur ihre äusseren Merkmale, den ersten Fund auf dem Felde und ihre Samenbeständigkeit zu erwähnen. In meinen eigenen Culturen ist diese, während der Blüthe leicht kenntliche Art, niemals aus einer anderen hervorgegangen.

Im Rosettenalter und vor der Blüthe ist sie nur ganz unsicher zu unterscheiden. Mehr abgerundete Blätter ändern das Bild ein wenig, und in den Bastardculturen ist oft bereits vor der Stengelbildung zu sehen, ob viele oder nur wenige *Brevistylis*-Pflanzen zu erwarten sind. Erst wenn die Stengel sich zur Blüthenentfaltung anschicken, wird der Unterschied deutlich, und kann man anfangen, die beiden Formen abzuzählen. Die junge Inflorescenz bildet am Gipfel des Stengels eine Rosette von abgerundeten Blättern bei *O. brevistylis*, und von zugespitzten bei *O. Lamarckiana.* Kurze Zeit darauf erscheinen die Blüthenknospen, kürzer, dicker und stumpfer als die zierlich conischen Knospen der Stammart. Dann öffnen sich die Blüthen, ebenso gross und ebenso schön, sogar noch etwas kräftiger als bei Lamarck's Nachtkerze. Auf den ersten Blick sieht es aus, als ob sie weder Griffel noch Narben hätten; bei näherer Untersuchung liegen diese im Schlunde der Blüthenröhre verborgen. Daher der Name *O. brevistylis* oder kurzgrifflige Nachtkerze. Die Länge des Griffels ist sehr variabel; oft liegen die Narben ganz innerhalb der Röhre, oft ragen sie daraus 1 cm weit hervor. Aber zwischen den längsten Griffeln der *O. brevistylis* und den kürzesten der *O. Lamarckiana* bleibt stets ein grosser Unterschied vorhanden.

Sind die Blüthen verblüht, so vertrocknen sie bis zur Frucht, werden dann aber nicht abgeworfen, wie bei *O. Lamarckiana*, sondern bleiben noch lange Zeit an der unreifen Frucht haften. Von Weitem sind die Pflanzen daran zu erkennen, mehr aber noch an dem Kleinbleiben ihrer Früchte. Diese sind im ausgewachsenen Zustande kaum grösser als die Fruchtknoten der blühenden Blumen; sie bleiben auswärts gebogen, dem Tragblatte angedrückt, und zwischen den breiten Ohren an dessen Grunde fast verborgen. In einiger Entfernung sieht

[1] Julius Pohl, Ueber Variationsweite bei *Oenothera Lamarckiana.* Oesterr. bot. Zeitschrift. Jahrgang 1895. Nr. 5 und 6. Tafel X.

es aus, als ob die Pflanze unbefruchtet geblieben wäre. Inzwischen trägt die *Lamarckiana* ihre grossen und schönen, aufgerichteten Früchte weit zur Schau (Taf. I).

Völlig verblühte Exemplare sind also fast noch leichter zu erkennen als blühende, aber gewöhnlich blüht die *Brevistylis* bis noch später in den Herbst hinein als die *O. Lamarckiana.*

Die Narben sind abweichend gebaut, nicht dick und cylindrisch, sondern mehr blattartig verbreitert. Sie nehmen den reichlich von den Hummeln angeführten Pollen ganz gut auf, und gestatten die Entwickelung der Pollenschläuche, welche sich in normaler Weise verlängern, den Fruchtknoten zahlreich erreichen, aber nur wenige Samenknospen befruchten. Manche Exemplare setzen überhaupt keinen Samen an, andere nur sehr wenig. Der Fruchtknoten erstreckt sich etwas oberhalb der Einpflanzung der Blüthenröhre in den Griffel hinein.[1]

Die *O. brevistylis* war die erste Unterart von *Oenothera Lamarckiana,* welche ich beobachtete. Ich fand sie im ersten Jahre meiner Untersuchungen, 1886, und zwar im August, als die Art, wie früher erwähnt (S. 187), nur noch eine kleine Ecke in Nordosten des Feldes bedeckte. Es waren zwei Individuen, die eine im dichtesten Theile des Standortes, die andere mehrere Hundert Schritt davon entfernt. Beide waren kräftig entwickelt, an mehreren Stengeln blühend, und schienen mir zweijährig zu sein. Ich fand sie zuerst am 20. August, wo sie mir aus einiger Entfernung durch die fast völlig mangelnde Fruchtbildung auffielen. Mittelst dieses Merkmales war es leicht, sicher zu stellen, dass nur diese beiden Individuen kurzgrifflig blühten, denn alle übrigen waren fertil.

Der Theil des Feldes, wo diese beiden kurzgriffligen Exemplare standen, wurde 1889 ganz ausgerodet und ausgegraben, dagegen fand ich Ende Juli des genannten Jahres eine Gruppe von zwölf kurzgriffligen Individuen fast in der Mitte des Feldes, wo 1886 noch keine Oenothera gestanden hatte. An dieser Stelle hat sich die neue Art seitdem erhalten, und sie wurde nahezu jährlich beobachtet. Im Sommer 1894 sah ich dort sechs solche Pflanzen in Blüthe; im August 1898 waren sie ziemlich zahlreich, in den übrigen Jahren meist nur vereinzelt.

Bis 1895 meinte ich, dass die *O. brevistylis* überhaupt keinen Samen geben könnte, und hielt ich sie somit für rein männlich. In diesem Jahre sammelte ich sehr zahlreiche Früchte und erhielt

[1] Vergl. die Abbildungen im zweiten Band.

eine geringe Menge von Samen, welche mir aber leer zu sein schienen. Ich säte sie daher im nächsten Frühling nicht. Als ich dann im folgenden Herbst nochmals meine Cultur eifrig untersuchte, kam ich zu der Ueberzeugung, dass es sich dennoch lohnen würde, jene Samen auszusäen. Es keimten aus der ganzen Samenmenge von 200 Früchten etwas über 300 Samen. Also 1—2 Samen pro Frucht. Diese Samen waren durch Hummeln, inmitten anderer Culturen, befruchtet, also theilweise gekreuzt. Dennoch lieferten sie auf 83 blühenden Pflanzen 69, also 83 % *O. brevistylis.*

In diesem Ergebniss fand ich ausreichende Veranlassung, eine künstliche Selbstbefruchtung in Pergaminbeuteln zu versuchen. Ich wählte dazu 1897 diejenigen Exemplare aus, deren Narben am meisten aus der Blüthenröhre hervorragten. Denn ich hatte mich überzeugt, dass diese im Allgemeinen auch die grössten Früchtchen liefern. Den geernteten Samen säte ich 1898 aus, und zwar getrennt für die fünf Samenträger. Die Pflanzen blühten vom August bis zum October fast sämmtlich; sie waren ohne Ausnahme kurzgrifflig. Es waren 175 Exemplare, theils blühend, theils mit Blüthenknospen, in denen ich die Grösse des Griffels beobachten konnte.

Bei Selbstbefruchtung ist die *Oenothera brevistylis* somit völlig constant, trotz ihrer sehr geringen Fruchtbarkeit.

B. Die constanten jüngeren Arten.

§ 12. Oenothera gigas.

Tafel II.

Oenothera gigas ist in meinen Culturen die schönste, aber seltenste neue Art. Während die meisten neu auftretenden Formen schwächer sind als die Mutterart, ist sie in fast jeder Hinsicht kräftiger, grösser, schwerer gebaut. Allerdings mit geringen Unterschieden. Eine Vergleichung unserer beiden farbigen Tafeln I und II zeigt solches ohne Weiteres; beide sind Gipfel der Hauptstämme im September, zur Zeit, wo die unteren Früchte bereits völlig ausgewachsen sind. Eine Krone von Blumen und Knospen ziert dann die Gipfel der Pflanzen. Den Anfang der Blüthe zeigen die Figuren 60 und 61.

Bei warmem Wetter öffnen sich die Blüthen der Oenotheren Abends, meist 3 pro Tag, selten mehr, bisweilen weniger, je nach dem Wetter. Sie werden von Hummeln und Noctuiden (*Plusia Gamma*, *Agrotis segetum* u. s. w.) befruchtet und welken häufig bereits während der Nacht. Die ganze Pracht der Blüthe, welche meine

Beete jeden Abend mit einem leuchtenden hellgelben Kleide überzieht, ist dann am nächsten Morgen verschwunden. Nur bei kühlerem oder gar kaltem Wetter sind die Blumen am nächsten Tage noch geöffnet; selten aber so weit wie am Abend.

Das Oeffnen der Blüthen ist von E. ROZE beschrieben worden.[1] Wenn man an einem schönen Sommerabend, früh, wenn die Pflanzen fast nur Knospen und verwelkte Blüthen zeigen, mit künstlichen Befruchtungen oder Castrirungen längere Zeit zwischen den Pflanzen beschäftigt gewesen ist, und man blickt dann auf, so sieht man plötzlich alles überall in Blüthe. Eine halbe Stunde genügt, um den ganzen Garten in volle Pracht zu bringen.

Fig. 60. *Oenothera gigas.* Gipfel des Stammes beim ersten Anfang der Blüthe. Von der linken Blume *a* ist ein Kronenblatt abgebrochen worden, *b* verwelkende Blume.

Während des Tages bereitet sich der Vorgang vor. Die Knospen sind gelb geworden; ihre Antheren sind völlig geöffnet. Die Kelchzipfel haften noch an einander, doch werden sie im Laufe des Tages längs einer Naht aufgerissen. Allmählich schwellen die Kronenblätter an, zersprengen den Kelch förmlich, werfen ihn rückwärts und entfalten sich in ihren äusseren Hälften. Es geschieht solches plötzlich, in wenigen Minuten oder Secunden. Dann stehen die Kronenblätter in einem Kreuz; ihre inneren Längshälften noch zusammengerollt. Doch auch diese entrollen sich bald und befreien die Antheren und den Griffel.

[1] E. ROZE, L'épanouissement de la fleur de *l'Oenothera suaveolens Desf.* Bull. Soc. bot. France. T. XLII. 8. Nov. 1895. p. 575.

In allen diesen Punkten verhalten sich meine neuen Arten wie die Mutterart und wie die übrigen verwandten Formen, *O. biennis* u. s. w.

Ein Hauptmerkmal der *Oenothera gigas* liegt in der Breite der Petalen. Diese bedingt einerseits die mehr geschwollenen Blüthenknospen, und andererseits die am Grunde mehr gerundete Form der geöffneten Blumen. Die Petalen sind in dieser Art, wie bei LAMARCK's Nachtkerze, umgekehrt-herzförmig, in der Mitte des breiten Gipfels mehr oder weniger tief ausgebuchtet. Bei beiden Arten sind sie meist etwa 3 cm hoch; dazu kommt aber bei *O. Lamarckiana* eine Breite von 5, bei *O. gigas* von etwa 6 cm.

In den übrigen Maassen und Verhältnissen der Blüthen fand ich keine nennenswerthen constanten Unterschiede. Die Grösse der Blumen nimmt bei beiden Arten gegen den Herbst allmählich ab, und ist auch sonst individuellen Verschiedenheiten unterworfen. Ebenso die Länge der Kelchröhre und der Kelchzipfel, die Höhe der Narben und der Antheren u. s. w. Im Allgemeinen ist die *Gigas* mehr gedrungen, und bilden die Blüthen bei gleicher Anzahl eine mehr geschlossene und deshalb schönere Krone um den Stammesgipfel herum.

Fig. 61. *Oenothera Lamarckiana.* Gipfel des Stammes beim ersten Anfang der Blüthe, *a* die unterste Blume, im Verwelken begriffen, auf das Tragblatt herabgefallen.

Einen sehr erheblichen Unterschied bilden die Früchte, sie sind bei *O. gigas* etwa halb so lang, aber ebenso dick wie bei der Mutterart. Daher sind die Samen weniger zahlreich; sie sind aber grösser und schwerer.

Oenothera gigas ist fast in jeder Beziehung stärker als die anderen Arten. Man sieht das zunächst an ihrem Stengel, von dem es sowohl auf den Tafeln I und II, als in den Figuren 60 und 61 sofort auffällt. Bereits von unten herauf ist der Stamm kräftiger, daher auch mehr gerade aufwärts wachsend, die jungen emportreibenden Pflanzen scharf unterscheidend. Noch in der Blüthenregion ist der Durchmesser fast doppelt so gross als bei *O. Lamarckiana*, bei dieser meist 5—6 mm, bei *Gigas* oft 10 mm erreichend.

Fig. 62. Ausgewachsene Wurzelblätter im August, den Unterschied in der Breite zeigend. *L Oenothera Lamarckiana. G O. gigas.*

Der ganze Stengel ist viel dichter besetzt mit zahlreichen breiten, dem Stengel abwärts mehr oder weniger angedrückten Blättern. Die zahlreichen Blätter bedingen kürzere Internodien; im blühenden Theile fand ich diese zwischen den nahezu ausgebildeten Früchten oft nur 0·5 cm lang. Auch sind die Blätter breiter, die Bracteen grösser, und daher die fruchttragende Aehre weniger nackt.

An den kurzen, dicken, dicht zusammengedrungenen Früchten sowie den grösseren, mehr gerundeten Blumen habe ich überhaupt die Art erkannt, als sie sich im Jahre 1896 zum ersten Male in meinen Culturen zeigte.

Obgleich die *Gigas*-Pflanzen sich auch vor der Blüthe, in jeglichem Alter, leicht von den übrigen unterscheiden lassen, so hält es doch schwer, eine genaue Beschreibung von ihren Blättern zu geben und zwar wegen der sehr starken individuellen Variabilität, welche bei ihr noch bedeutender ist, als bei der Mutterart. Es ist namentlich die grössere

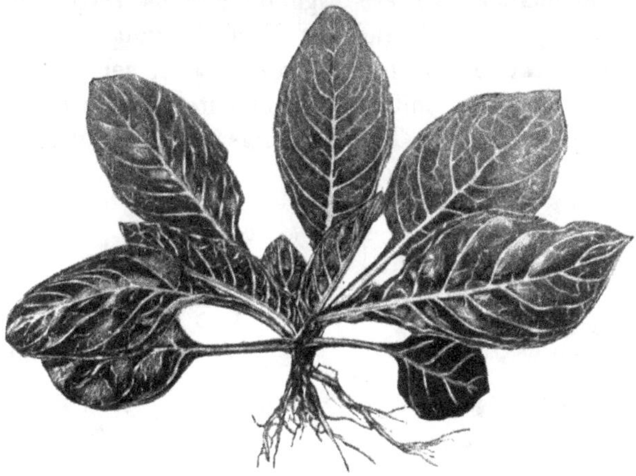

Fig. 63. *Oenothera gigas.* Junge Pflanze im Juni, einige Tage vor dem Verpflanzen ($^1/_2$).

Breite, welche den Unterschied bildet; die Länge und die Form sind sonst dieselben. Auch sind die Blätter der *Gigas* eher mehr als weniger von Buckeln überdeckt (vergl. S. 210 und Fig. 62). Die Breite aber, welche gewöhnlich etwa 4—6 cm beträgt, kann in einzelnen Individuen auf 2 cm herabsinken, ohne dass sonst der Habitus der *Gigas* dadurch beeinträchtigt würde. Die Stengelblätter pflegen auf kürzerem Stiel zu sitzen und stärker gezähnt zu sein, namentlich am Grunde, als bei *O. Lamarckiana.* In ihren Achseln entwickeln sich die Zweige zahlreicher zu kleinen beblätterten Stielen, die Beblätterung des ganzen Stengels noch dichter machend, ähnlich wie bei der *O. oblonga* (Fig. 71.)

Fig. 64. *Oenothera Lamarckiana.* Junge Pflanze im Juni, einige Tage vor dem Verpflanzen ($^1/_2$). *c* die Keimblätter.

Sehr auffallend ist der Unterschied zwischen den jungen Rosetten der Wurzelblätter im Juni, zur Zeit, wenn sie auf den Beeten ausgepflanzt zu werden pflegen. Die Cotylen sind dann noch anwesend und im Absterben begriffen, oder bereits abgefallen. Unsere Figg. 63 und 64 zeigen die Pflanzen in diesem Alter; bei fast gleicher Verkleinerung ($^1/_2$); die *Gigas*-Rosetten sind dicht, rund, in sich geschlossen, sehr stark; die *Lamarckiana* sind lockerer, mit länger gestielten Blättern, welche den verfügbaren Raum auf dem Boden weniger gut ausnützen.

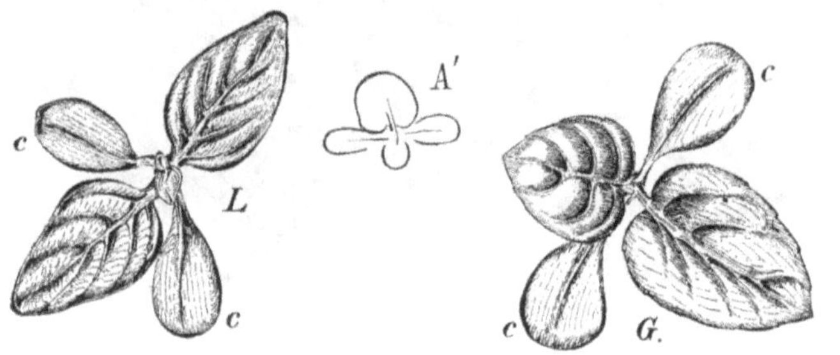

Fig. 65. Keimpflanzen von *Oenothera Lamarckiana* (*L*) und von *O. gigas* (*G*). Bei *c* die Cotylen. Vergrössert, in der Mitte oben die natürliche Grösse.

Die *Oenothera gigas* ist in meinen Culturen der *O. Lamarckiana* nur einmal aufgetreten, und zwar im Jahre 1895 in einem einzigen Exemplar. Ich habe dieses im § 3 (S. 158) beschrieben. Schon bei der ersten Keimung ihrer Samen zeigte sie sich als constant.

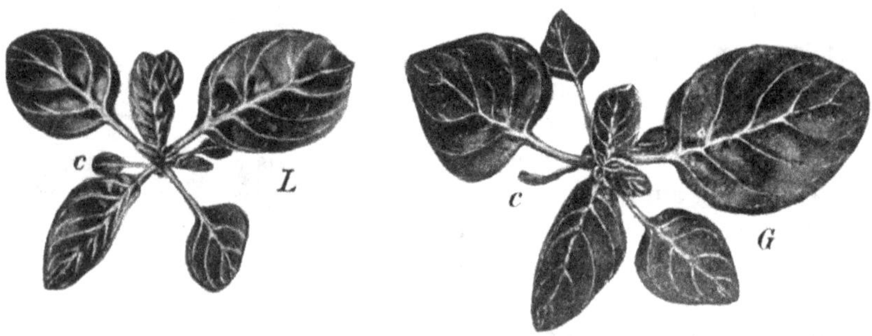

Fig. 66. Aeltere Keimpflanzen von *Oenothera Lamarckiana* (*L*) und *O. gigas* (*G*). *c* die Cotylen. Verkleinert auf $^2/_3$.

Die Keimlinge sind bereits beim ersten und zweiten Blatte leicht und deutlich von denen der Mutterart zu unterscheiden (Fig. 65). Ihre Blätter sind nicht nur breiter, sondern auch am Grunde mehr oder weniger deutlich herzförmig. Das letztere Merkmal verliert sich in den nachfolgenden Blättern allerdings allmählich, doch bleibt der breitere Grund noch längere Zeit ein bequemes Merkmal (Fig. 66).

Mittelst dieser Merkmale habe ich mich in der zweiten, dritten und vierten Generation (1897, 1899, 1900) von der Constanz der neuen Art überzeugt, indem ich stets nur eine verhältnissmässig kleine Anzahl (etwa 20—40) bis zur Blüthe und zur Fruchtreife heranzog.

Ausser in den Hauptculturen ist die *O. gigas* noch zwei Mal aufgetreten, und zwar 1898 aus den Samen einer Pflanze von *O. sublinearis*, welche selbst unmittelbar aus der *Lamarckiana*-Familie hervorgegangen war, und 1899 aus einer Kreuzung von *O. lata* mit *O. hirtella*, einer nicht zu meinen mutirenden Familien gehörigen, in aus dem Handel bezogenen Samen zufällig gefundenen neuen Art.

Es gelang mir, die ersten dieser beiden *Gigas*-Pflanzen zur Blüthe zu bringen, aber die Pflanze war einjährig und das Blühen begann erst Anfang October; zu spät, dass die Samen noch reifen könnten. Ich habe die Pflanze darauf sehr genau mit der gleichzeitig blühenden Cultur, welche ich aus *Gigas*-Samen erhalten hatte, verglichen; sie stimmte mit dieser in allen wesentlichen Punkten überein.

Die aus *O. lata* mutirte Pflanze starb als Rosette, ohne einen Stengel zu treiben.

§ 13. Oenothera rubrinervis.

Im Gegensatz zu der äusserst seltenen *Oenothera gigas* gehört die *O. rubrinervis* zu den häufigeren meiner neuen Arten. Sie ist im Ganzen 66 Mal aus der *O. Lamarckiana* oder aus anderen Familien oder Culturen durch Mutation entstanden. Unter den Vorfahren dieser 66 Mutanten war selbstverständlich von Anbeginn meiner Versuche an keine gleichnamige Pflanze gewesen, und wie die oben mitgetheilten Stammbäume zeigen, waren den einzelnen Mutationen meist mehrere controlirte Generationen vorangegangen.

Diese 66 unvermittelt entstandenen Pflanzen gehörten einem einzigen Typus an. Sie wichen von einander nicht weiter ab, als die Individuen einer Cultur, welche aus den Samen von Einer unter ihnen hervorgegangen war. Die einzelnen, bereits S. 161 kurz aufgezählten und demnächst ausführlicher zu beschreibenden Merkmale waren an jeder dieser Pflanzen, soweit untersucht, genau dieselben.

Einmal als junge Rosette erkannt, konnten die späteren Eigenschaften vorhergesagt werden, wie in dem Beispiel der Mutation Fig. 48 S. 197, wo dieselbe Pflanze auch nachher im blühenden Zustand photographirt wurde (Fig. 49 S. 199). Sehr oft habe ich die Mutanten einzeln oder gruppenweise zusammen gepflanzt, nachdem ich sie erkannt hatte, um dann im Laufe des Sommers ihrer weiteren Entwickelung folgen zu können.

Es scheint mir sehr wichtig, dass die verschiedenen Eigenschaften, wie die rothe Färbung, die Sprödigkeit, die schmalen Blätter, das behaarte Aussehen u. s. w. niemals getrennt aufgetreten sind. Dass solches unter den 66 Einzelfällen dem Zufall zuzuschreiben sein sollte, ist offenbar unmöglich. Es ist völlig unzweifelhaft, dass irgend eine Verbindung zwischen ihnen besteht.

Fig. 67. *Oenothera rubrinervis.* Ganze blühende Pflanze, 1900. Vierte Generation einer *Rubrinervis*-Familie, welche 1895 aus Samen von *O. Lamarckiana* entstanden war, und zwar in dem S. 184 dargestellten Stammbaume, also aus der zweiten *Lamarckiana*-Generation der Hauptcultur.

Es ist dieser Schluss um so sicherer, als auch bei Kreuzungen die *Rubrinervis*-Charaktere bisher stets verbunden geblieben sind, wie wir im zweiten Bande sehen werden. Und genau dasselbe gilt, sowohl in Bezug auf die Mutationen als für die Kreuzungen, von den übrigen, in meinen Culturen aufgetretenen neuen Arten. Jede Art hat ihren Typus, welcher ihren ganzen Habitus ändert; dieser Typus greift so zu sagen in das ganze Getriebe ihres Wesens ein, nahezu keine Eigenschaft und kein Organ völlig unberührt lassend.

Dieses innige Band zwischen den gleichzeitig und unvermittelt, aber auch ausnahmslos zusammen auftretenden Eigenschaften bedarf offenbar der Erklärung. Zwei Möglichkeiten bieten sich dar. Erstens wäre es denkbar, dass alle jene sichtbaren Eigenschaften nur Aeusserungen einer einzigen Umwandlung sind, dass nur eine einzige elementare Eigenschaft bei jeder Mutation neu auftritt. Andererseits aber könnte man annehmen, dass die

Elemente der Art bei den Mutationen gruppenweise sich verändern. Dass die Eigenschaften in den Pflanzen zu kleineren oder grösseren Gruppen derart verbunden sind, dass oft vorzugsweise ganze Gruppen statt der einzelnen Einheiten auf äussere Einwirkungen reagiren, oder bei Kreuzungen und Züchtungen fest mit einander im Zusammenhang bleiben, kann kaum einem Zweifel unterliegen, und ist namentlich aus theoretischen Gründen mehrfach hervorgehoben worden.[1]

Sollte es später gelingen, die Gruppe der *Rubrinervis*-Eigenschaften in ihre Einheiten zu zerlegen, so wäre natürlich deren zusammengesetzte Natur bewiesen. So lange dieses aber nicht der Fall ist, scheint es mir einfacher und mit den Thatsachen besser in Uebereinstimmung zu sein, die andere Annahme zu wählen, und jene Merkmale sämmtlich als Aeusserungen einer einzigen elementaren Eigenschaft aufzufassen.

Wie es kommt, dass dieselbe Eigenschaft die Bastfasern dünnwandig, die Blätter schmal und graugrün, die Nerven und Früchte röthlich macht, ist dann allerdings eine vorläufig nicht zu beantwortende Frage. Aber auch die chemischen Verbindungen haben mehrere Eigenschaften, deren Zusammenhang man noch bei Weitem nicht immer erklären kann, von denen man aber dennoch überzeugt ist, dass sie sich sämmtlich einmal aus der Constitution des Körpers werden ableiten lassen.

Ohne hierauf eingehen zu wollen, möchte ich nur hervorheben, dass der sogenannte Habitus einer Art durch eine einzige Mutation entstehen kann. Oder richtiger, dass er durch eine solche derart verändert werden kann, dass die neue Art in jedem Alter und in jedem Organ sich von derjenigen unterscheidet, aus der sie entstanden ist.

Vergleichen wir die in § 1—8 gegebenen Stammbäume und Mutationstabellen, so finden wir für *O. rubrinervis* die in der Tabelle I, S. 234 verzeichneten Fälle erwähnt. Es kommt hier im Mittel auf tausend Keimpflanzen etwa ein Exemplar von *O. rubrinervis.*

Ausserdem entstand *O. rubrinervis* noch 12 Mal aus anderen Culturen, welche Seitenzweige der erwähnten Stammbäume waren oder aus Kreuzungsversuchen stammten. Ich fasse diese in der in Tabelle II, S. 234 gegebenen Uebersicht zusammen.

Wie man sieht, ist in diesen speciellen Culturen das Verhältniss der *O. rubrinervis* zu der Gesammtzahl der Keimpflanzen weit günstiger, als in den Versuchen der ersten Tabelle. Es beträgt jetzt

[1] *Intracellulare Pangenesis.* S. 21, 33 u. s. w.

etwa 6 pro Tausend. Doch ist nicht zu vergessen, dass hier nur diejenigen Fälle angeführt sind, in denen die fragliche Art wirklich auftrat, und dass eine sichere Verhältnisszahl somit erst dann gewonnen werden würde, wenn die Versuche, in denen keine *Rubrinervis* entstand, mit aufgezählt würden. Die Anzahl würde dann etwa auf das erstere Maass von 0·1 Proc. zurückgehen, wenn nicht noch geringer ausfallen.

Durch Mutation entstandene Individuen von *Oenothera rubrinervis.*

I.

Entstanden aus:	Jahr	Keimlinge Gesammtanzahl	Keimlinge *Rubrinervis*
O. Lamarckiana	1890, 1895, 1896, 1897	33 800	32
Nebenzweig derselben Familie . . .	1895, 1896	10 000	9
O. laevifolia	1889, 1894	—	4
O. lata	1900	2 000	3
O. oblonga	1897	45	1
O. Lamarckiana × *O. nanella* . . .	1897	1 051	2
O. lata × *O. nanella*	1895, 1900	222	2
O. Lamarckiana auf dem wilden Standort	1889	—	1
		Zusammen	54 Ex.

Durch Mutation entstandene Individuen von *Oenothera rubrinervis.*

II.

Entstanden aus:	Jahr	Keimlinge Gesammtanzahl	Keimlinge *Rubrinervis*
O. Lamarckiana, zweijährige Cultur .	1897	164	2
O. lata, durch Mutation aus *O. Lamarckiana* entstanden, 1. Generation	1896	326	4
O. lata × *O. Lamarckiana*	1898, 1900	750	2
O. lata × *O. brevistylis*	1896	266	1
O. nanella × *O. brevistylis*	1895	270	1
O. scintillans × *O. nanella*	1898	95	1
O. Lamarckiana, entstanden aus *O. Lam.* × *O. scintillans*	1900	80	1
	Zusammen	1951	12 Ex.

Es ist bereits oben hervorgehoben, dass die *O. rubrinervis* schon als junge Pflänzchen zu erkennen sind. Schüssel oder Kästen mit reiner Saat fallen bereits ganz früh auf; die zwischen anderen Arten stehenden Mutanten aber werden erst später kenntlich (Fig. 48 auf S. 197). Die schmäleren Blätter mit ihren röthlichen Nerven und ihrer graufilzigen Oberfläche, die viel weniger stark ausgebildeten Buckeln und die Sprödigkeit, namentlich der Stiele, unterscheiden sie aber deutlich von der *O. Lamarckiana* und den übrigen Formen (vergl. Fig. 68 mit den früher für *O. Lamarckiana* gegebenen Figg. 64—66).

Fig. 68. Keimpflanzen von *Oenothera rubrinervis* in verschiedenen Altersstadien: *c* die Cotylen, *A* mit den zwei ersten Blättern, Anfang Mai; bei *A'* die natürliche Grösse derselben. *B* 14 Tage älter, *C* Rosetten gegen Ende Juni, kurz vor dem Verpflanzen, bei dichtem Stand. Vergl. Fig. 64 S. 229 und Figg. 65 und 66 S. 230.

Auch in den Sammelfiguren 52 und 54 (S. 207 und 209) fällt die schmale Form sofort auf. Je älter die Pflänzchen werden, um so grösser wird der Unterschied, um so sicherer also die Diagnose. In den meisten Fällen habe ich die Mutanten nach einer etwas späteren Zeit ausgeschieden, als die Rosetten etwa die doppelte Anzahl der Blätter von der in Fig. 68 *C* dargestellten hatten. Die abgebildeten Pflanzen sind selbstverständlich keine Mutanten gewesen, sondern aus Samen von *O rubrinervis* hervorgegangen, und in ihren Culturen als möglichst typische ausgewählt.

Im späteren Leben verliert sich die blassrothe Farbe der Nerven mehr oder weniger, je nach der Cultur und namentlich je nach der Besonnung. Dagegen tritt der rothe Farbstoff in den Inflorescenzen, den Blumen und den unreifen Früchten wieder stärker hervor und trägt dann sehr wesentlich zur Charakteristik der Art bei. Die jungen Internodien der Traube zeigen sich roth angelaufen, namentlich sind die kleinen Hügel, auf denen die grösseren Haare stehen, in der Mehrzahl röthlich. Die Kelchzipfel sind röthlich gefleckt, die Blumenblätter dunkeln beim Verwelken stärker nach als die der *O. Lamarckiana*, darin an die beim Verwelken roth werdenden Blüthen anderer Arten, wie *O. stricta*, *O. missouriensis*, und namentlich der weissen *O. acaulis* erinnernd. Die Früchte zieren sich mit vier breiten dunkelrothen Längsstreifen, einem auf der Mitte jeder Klappe. Aber auch hier wechselt die Rothfärbung nach der Lage und nach den Individuen, und wie es scheint, innerhalb ziemlich weiter Grenzen; bisweilen hat man sogar Mühe, sie aufzufinden.

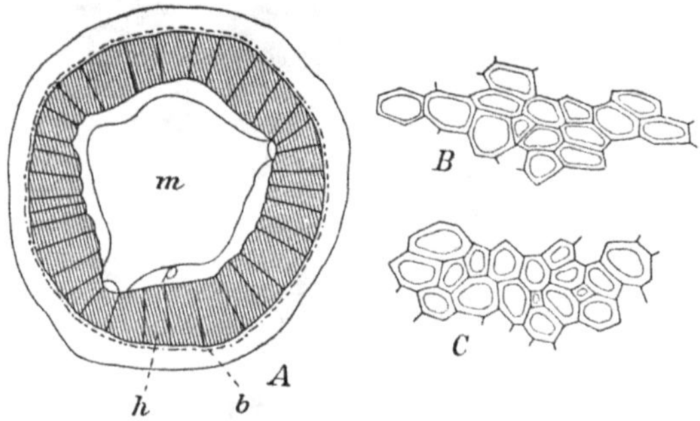

Fig. 69. ***Oenothera rubrinervis.*** ***A*** **Querschnitt des Stengels,** ***m*** **Mark,** ***p*** **inneres Phloëm,** ***h*** **Holz,** ***b*** **Bastbündel auf der Grenze zwischen dem äusseren Phloëm und der Rinde.** ***B*** **Ein Theil eines solchen Bündels, stärker vergrössert.** ***C*** **Ein solcher Theil eines Bastbündels von** ***O. Lamarckiana.***

Rothfärbung tritt auch bei *O. Lamarckiana* auf, namentlich auf den unreifen Früchten. Aber nur in untergeordneter Weise, während bei der *O. rubrinervis* die rothen Streifen weit zierlicher und auffallender sind.

Im Bau der ganzen Pflanze zeigt die *O. rubrinervis* grössere Neigung, Seitenzweige aus dem Stengel zu bilden, und geringere, solche aus der Rosette hervorzutreiben (vergl. die Figg. 49 und 67 mit Fig. 55). Doch hat hierauf die Cultur einen sehr grossen Einfluss.

Inflorescenz und Blüthen sind zwar bereits in einiger Entfernung von denen der gewöhnlichen Nachtkerzen zu unterscheiden, doch lässt eine eingehende Vergleichung fast keine Merkmale finden, welche man beschreiben könnte. Unsere Tafel I könnte, abgesehen vom Mangel der rothen Farbe, ebenso gut eine *O. rubrinervis* vorstellen, wie eine *O. Lamarckiana* (vgl. Fig. 43 auf S. 162).

Die weissgraue Farbe der Blätter, welche auch bei *O. albida*, dort aber in höherem Grade, gesehen wird, beruht nur scheinbar auf stärkerer Behaarung. . In Wirklichkeit ist es die gewölbte Oberfläche der nicht zu Haaren ausgewachsenen Zellen der Epidermis, welche diesen Lichteffect bewirkt. Diese Wölbung ist bei der *O. Lamarckiana* nur eine unbedeutende.

In § 3 dieses Abschnittes (S. 161) wurde bereits hervorgehoben, dass eine ganz besondere Eigenschaft der *O. rubrinervis* durch die Sprödigkeit ihrer Stengel gebildet wird. Diese, sowie die Blattstiele, sind sehr zerbrechlich, brechen bei Stössen leicht quer ab, in Folge der zu schwachen Ausbildung der Bastbündel. Nur zweijährige Pflanzen oder sehr kräftige einjährige zerbrechen im Spätherbst wie die *O. Lamarckiana* unter Abreissung der Bastbündel.

Fig. 70. *Oenothera rubrinervis.* Junge einjährige Pflanze, bei 30 cm Höhe, in etwa $^1/_3$ natürlicher Grösse, um den buchtigen Lauf des spröden Stengels zu zeigen.

Auf dem Querschnitt[1] des unteren Theiles eines blühenden, fast 1 Meter hohen Stengels sieht man im August die Bastfasern in einem Kreise auf der Aussenseite des Holzkörpers und der Innenrinde. Es sind, wie die Fig. 69 *A* zeigt, zerstreute Bündelchen. Auf ihrer Innenseite liegt das Leitbündelgewebe oder Phloëm. Vergleicht man einen Querschnitt mit einem solchen aus *O. Lamarckiana* bei völlig gleichem Alter, so sieht man auf den ersten Blick keinen Unterschied. Hier wie dort sind Bastbündel vorhanden, und zwar in gleicher Menge und Stärke. Betrachtet man aber die einzelnen Bündel bei stärkerer Vergrösserung, so sind die der *O. Lamarckiana* etwas kräftiger, namentlich in der Richtung des Radius, und tangential weniger ausgedehnt. Hauptsache ist aber die Dicke

[1] Ueber die Anatomie des Stengels im Allgemeinen vergl. Francis Ramsay, *On the Stem-Anatomy of certain Onagraceae.* Minnesota botanical studies. Bull. Nr. 9. Nov. 1896. S. 674.

der Wände, welche, wie unsere Fig. 69 bei *B* und *C* zeigt, bei der *O. rubrinervis* oft nur halb so stark ist, als wie bei der Mutterart.

Je nach der Stärke der Individuen, d. h. also je nach dichterem oder lockererem Stande, nach später oder früher Aussaat u. s. w. variiren die Stengel in diesem Merkmale sehr. Schwache Exemplare entbehren der Bastbündel allerdings nicht, doch sind sie wenigzellig und ihre Zellen radial zusammengedrückt und tangential ausgedehnt. Sie behalten diese Eigenschaften oft bis zur Zeit der Fruchtreife bei.

Im Spätherbst wird auf der Innenseite des Bastbündelkreises eine dünne Korkschicht sichtbar, welche ohne Zweifel bereits lange vorher angelegt war und welche vielleicht zu den äusserlich sichtbaren Eigenschaften der Pflanze in ursächlicher Beziehung steht.

Vermuthlich im Zusammenhang mit der beschriebenen geringeren Festigkeit steht die ganz eigenthümliche mangelhafte Streckung des Stengels, welche namentlich bei schwächeren Individuen und Culturen ein auffallendes Merkmal unserer Art bildet. Die Fig. 70 zeigt dieses für eine junge Pflanze aus einer Topfcultur im Anfang des Juli. Der Stengel ist nicht gerade, sondern hin und her gebogen; die Biegungsstellen liegen in den Knoten, und die Insertion des Blattes findet sich auf der äusseren, convexen Seite. Diese Biegungen gleichen sich beim späteren Wachsthum nicht aus, sondern sind oft an den fruchttragenden Pflanzen noch sehr charakteristisch. Je stärker die Stengel sind, um so weniger ist dieses Merkmal ausgebildet, doch auch an ganz kräftigen, einjährigen, mit Früchten schwer beladenen Hauptstämmen fand ich es zurück.

Ueber die Constanz der *O. rubrinervis* aus Samen habe ich oben in § 3 (S. 162) und § 5 (S. 193) Versuche mitgetheilt. Sie lehrten, dass bereits die durch Mutation entstandenen Individuen aus ihren Samen eine gleichförmige Nachkommenschaft geben, und dass diese Eigenschaft in den nächsten Generationen unverändert bleibt. Auch scheint die Mutabilität der *O. rubrinervis* eine sehr geringe geworden zu sein, und sich auf die Production von *Lata* und *Leptocarpa*, welche wir bereits S. 192 kennen lernten, zu beschränken.

§ 14. Oenothera oblonga.

Tafel VI.

Noch weit häufiger als *O. rubrinervis* trat *O. oblonga* in meinen Culturen aus der *O. Lamarckiana*, sowie aus anderen Arten und aus Kreuzungen auf. Ich habe sie im Ganzen etwa 700 Mal aus einer anderen Form hervorgehen sehen, indem jedesmal der Stammbaum der Vorfahren und ihre reine Befruchtung gesichert waren. Der Gesammtumfang der betreffenden Aussaaten betrug dabei etwa 70 000 Keimpflanzen.

Man könnte somit fast von einem Mutationscoëfficienten sprechen, und diesen dann für unsere Art auf etwa 1 %, für *O. rubrinervis* auf etwa 0·1 %, für *O. gigas* aber auf 0·01 % veranschlagen.

Fig. 71. *Oenothera oblonga.* Oberer und mittlerer Theil einer Pflanze im September, um den eigenthümlichen Verzweigungstypus mit rosettenähnlichen Seitenzweiglein zu zeigen (vergl. dazu die Fig. 67 auf S. 232). Auf 1/3 der natürl. Grösse gebracht. Die Nebenfiguren bei derselben Verkleinerung: *a* Blüthe; ein Kronenblatt ist abgebrochen und bei *b* isolirt dargestellt; *c* eine Blüthe ohne die Krone, die anfangs abwärts, im oberen Theile aber aufwärts gebogenen Staubfäden und den Griffel mit den 4 Narben zeigend; *d* ausgewachsene Früchte; *e* eins ihrer Tragblätter.

Woher rühren diese Unterschiede? Sie können wohl nicht der Unvollständigkeit der Beobachtung zugeschrieben werden. Die *O. oblonga* habe ich zum ersten Male im Jahre 1895 unter meinen damaligen umfangreichen Aussaaten bemerkt; in früheren Jahren wird sie ohne Zweifel auch wohl dagewesen, aber meiner Aufmerksamkeit entgangen sein. Ihre jungen Rosetten sind ebenso leicht kenntlich, wie die der *O. rubrinervis*, in der Regel schon in einem etwas früheren Alter (beim 6. Blatt), aber ohne dass solches eine wesentliche Differenz bedingen könnte.

Die fraglichen Unterschiede erhielten sich in den verschiedenen Familien im Laufe der Jahre ziemlich constant. Selbstverständlich nicht genau, aber doch wohl stets derart, dass bei etwas grösseren Saaten die *Oblonga*-Mutanten wesentlich zahlreicher auftreten als die *Rubrinervis*. Die Beobachtungen erstrecken sich nur über sechs Jahre (1895—1900), einen vermuthlich kleinen Abschnitt der ganzen Mutationsperiode. Dennoch scheint mir die Folgerung gestattet, dass die einzelnen neuen Arten wenigstens eine gewisse Zeit lang in constanten und unter sich wesentlich verschiedenen Zahlenverhältnissen aus der Mutterart hervorgehen.

Diese Betrachtung führt zu zwei, wie mir scheint, nicht unwichtigen Folgerungen. Erstens der Wahrscheinlichkeit, dass die *O. Lamarckiana* andere Mutationen in noch geringerer Menge hervorzubringen im Stande ist, z. B. eine auf die Million. Und in diesem Fall hätten sie grosse Aussicht, in meinen Culturen nicht aufgetreten zu sein. Mit anderen Worten, könnte man den Umfang der Versuche noch 10, 100 oder mehr Male grösser machen, so würde man wohl noch weitere Mutationen erhalten, und unter diesen vielleicht bessere als die bisher aufgetretenen. Vielleicht wären dann auch wohl gelegentlich die *O. laevifolia* und die *O. brevistylis* noch einmal durch Mutation entstanden.

Eine zweite Folgerung bezieht sich auf die ursächlichen Verhältnisse. Kann man vielleicht durch künstliches Eingreifen den „Mutationscoëfficienten" verändern? Kann man die Verhältnisszahl für die selteneren Mutanten günstiger machen?[1] Und wenn man einmal die Methode dazu ausgearbeitet hat, kann man dann auch diejenigen Mutationen erhalten, welche bis jetzt vermuthlich zu selten sind, um sich zu zeigen?

Es leuchtet ein, dass ein derartiges experimentelles Studium des Mutirens innerhalb der Mutationsperiode grosse Aussicht bietet, auch einmal den Anfang einer solchen Periode bewirken zu können. Oder mit anderen Worten, eine augenblicklich immutable Art mutabel zu machen.

Doch kehren wir zu den Zahlen zurück, welche die Grundlage für diese Auseinandersetzungen bilden.

Ich stelle zunächst die Werthe aus den Hauptfamilien zusammen und füge daran zwei Versuche mit Nebenzweigen dieser Gruppen.

[1] Vergl. die S. 185 in § 5 mitgetheilte Beobachtung, bei der die Anzahl der Mutanten bei schlechter Keimung bis zu 40 % heranstieg.

Durch Mutation entstandene Individuen von
Oenothera oblonga.

I.

	Jahr	Keimlinge Gesammtzahl	*Oblonga*	°/₀ *Oblonga*
	A. Aus *O. Lamarckiana.*			
Hauptfamilie	1895	14 000	176	1·3
„	1896	8 000	135	1·7
Nebenzweig	1995	10 000	69	0·7
Zweijährige Cultur . . .	1897	1 660	31	1·9
	Summa	33 660	411	1·2
	B. Aus *O. lata.*			
Lata-Familie	1900	2 000	7	0·3
Lata-Culturen	1895—1898	2 350	28	1·2
	Summa	4 350	35	0·8
	C. Aus *O. nanella.*			
O. nanella	1897	760	1	0·1

Trotz der erheblichen Abweichung, durch die *Lata*-Familie 1900 verursacht, stimmen die Zahlen der Gruppen A und B im Allgemeinen mit einem ziemlich constanten Verhältniss von etwa 1 $^0/_0$ hinreichend überein, während die Zahl für *O. nanella* die Regel bestätigt, dass die neuen Arten weniger mutiren als die *Lamarckiana* selbst, oder die mit ihrem Pollen befruchtete *Lata.*

In Kreuzungen erhält sich das Verhältniss im Allgemeinen auf derselben Höhe. Ich stelle die früher mitgetheilten mit einer Reihe später zu besprechenden Versuchen zusammen:

Durch Mutation entstandene Individuen von
Oenothera oblonga.

II.

Nach Kreuzungen.

Entstanden aus:	Jahr	Keimlinge Gesammtzahl	*Oblonga*
O. Lamarckiana × *O. nanella* . .	1897—1899	8 283	38
O. Lamarckiana × *O. brevistylis* .	1898	293	4
O. lata × *O. nanella*	1895—1900	1 586	14
O. lata × *O. brevistylis*	1895—1899	498	6
O. lata × *O. laevifolia*	1895	127	4
O. rubrinervis × *O. nanella* . . .	1895	1 500	4
O. scintillans × *O. nanella* . . .	1898	95	3
O. Lamarckiana × *O. biennis* . .	1896	30	2
O. Lamarckiana × *O. suaveolens* .	1897	200	8
	Summa	12 612	83 = 0·7 °/₀.

Bei diesen Zählungen habe ich, je nach Umständen und je nach den Jahren, die Keimpflanzen beim 6.—8. Blatte oder später beurtheilt. In vielen Fällen habe ich sie ausgepflanzt, um sie noch während des ganzen Sommers beobachten zu können. Fig. 72 stellt den Moment der Beurtheilung in ähnlicher Weise dar, wie dieses bereits früher (Taf. IV und Fig. 48 auf S. 197) bei der Beschreibung der *Lata*-Familie geschehen ist. Es gilt hier aber eine Cultur der *O. Lamarckiana*, welche am 14. März 1900 ausgesät und am 14. April

Fig. 72. Eine Mutation in einer Cultur von *Oenothera Lamarckiana*. Entstehung von *O. albida* und *O. oblonga* aus ihnen ungleichen Vorfahren. Nach einer Ende Mai 1900 gemachten Photographie. Auf der mittleren Querreihe in der Mitte die kleine *Albida*-Pflanze; auf der unteren Reihe in der Mitte die *O. oblonga*; die übrigen Keimlinge sind *O. Lamarckiana*. $^2/_3$ der natürl. Grösse.

in Holzkästen ausgepflanzt wurde. Der Samen war 1895 auf drei in Pergaminbeuteln mit ihrem eigenen Pollen befruchteten Pflanzen geerntet. Die ganze Aussaat lieferte auf 188 Keimpflanzen vier Mutationen, zwei zu *O. albida* und zwei zu *O. oblonga*. Zufällig standen von beiden neuen Formen je ein Exemplar so dicht neben einander, dass sie zusammen photographirt werden konnten, und habe ich deshalb diese Stelle für die Fig. 72 ausgewählt. Die Pflanzen standen in den Kästen in Reihen; in der Mitte der Figur sieht man das durch seine Kleinheit sofort auffallende Pflänzchen von *O. albida*, darunter die im Bilde kaum zu unterscheidende *O. oblonga.* Beim Auspflanzen auf dem Beete habe ich diese beiden Exemplare von den übrigen getrennt und auf ein besonderes Beet gepflanzt, um ihre weitere Entwickelung zu verfolgen. Sie wuchsen zu kräftigen Rosetten heran, welche die Merkmale der betreffenden Typen schön und deutlich zeigten, sind aber im Herbst von Erdraupen zerfressen worden.

So lange das 6. bis 8. Blatt noch nicht ausgewachsen ist, sind die Pflänzchen allerdings oft zu erkennen, aber schwer zu beschreiben. In Fig. 73 ist bei *A* ein ganz junger Keimling mit den beiden ersten Blättern, bei *B* eine Rosette im Alter von zwei Monaten dargestellt. Es sind dazu keine Mutanten gewählt, sondern Aussaaten von auf künstlich befruchteten *Oblonga*-Exemplaren gewonnenen Samen. Diese Culturen keimten völlig rein und zeigten eine grosse Einförmigkeit. Die beiden ersten Blätter oberhalb der Cotylen sind breit, mit breitem Grunde, sogar etwas breiter als die der *O. Lamarckiana* im entsprechenden Alter (Fig. 65 *L* auf S. 230). Man sieht dieses in

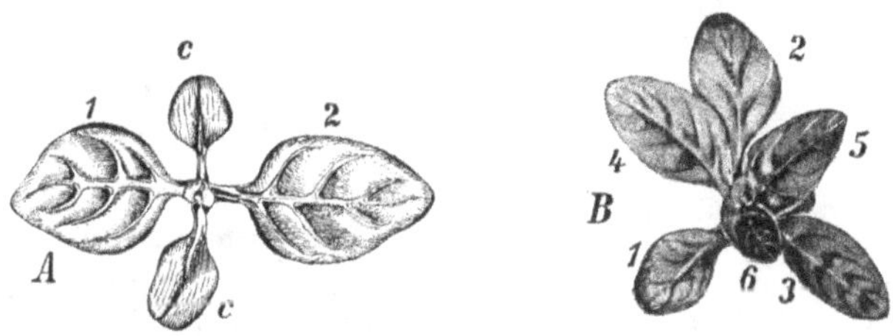

Fig. 73. Keimpflanzen von *Oenothera oblonga*. *A* wenige Wochen alt, vergrössert ($^{2.5}/_1$). *B* zwei Monate alt, verkleinert ($^2/_3$). *c* Cotylen. 1—6 Altersfolge der Blätter.

Fig. 73 *A* und *B* bei 1 und 2, und ebenso in Fig. 72. Darauf folgen aber bald schmälere Blätter, oft in langsamer, oft aber auch in rascher Abnahme der Blattbreite in den auf einander folgenden Nummern. Die Fig. 73 *B* ist in dieser Beziehung mehr typisch als die *O. oblonga* der Fig. 72, aber die übrigen in demselben Kasten befindlichen Keimlinge verhielten sich im Allgemeinen in derselben Weise. Ich habe deren mehrere zu gleicher Zeit photographirt, aber es lohnt sich nicht, auch die anderen abzubilden.

Beim Fortsetzen der Cultur wurden die Merkmale immer deutlicher, die Blätter länger und schmäler, die Nerven breiter, blasser und auffallender. Das Wachsthum im dritten Monat ist ein viel rascheres oder doch viel ausgiebigeres als in den beiden ersten; am Ende jenes Zeitraumes waren die Rosetten vielblätterig und kräftig, und fähig, mit dem Hervortreiben des Stengels anzufangen (Fig. 74). Thun sie das nicht, so wachsen sie während des Sommers zu bedeutenderer Grösse und viel höherer Blätterzahl heran, ohne dabei ihr Aussehen wesentlich zu ändern. Ein sehr typisches Blatt mit seiner Nervatur findet man in Fig. 54 auf S. 209 abgebildet.

Treiben die Rosetten im Juni und Juli ihre Stengel, so bekommt man im ersten Sommer blühende Pflanzen. Diese sind äusserst typisch, schmal und steif, und nicht oder fast gar nicht verzweigt. Auf einem Beete von etwa 200 blühenden Pflanzen fand ich fast keine Unterschiede im Aussehen. Das höchste Exemplar hat bei 60 cm Länge angefangen zu blühen, und blüht Ende September in einer Höhe von 1 m. Es hat einen einzigen Seitenzweig, nur 10 cm lang und mit nur zwei Blumen; übrigens trägt es in den Blattachseln kurze, rosettenartig beblätterte Zweiglein am ganzen mittleren Stengeltheil entlang. Es entsteht dadurch ein ganz charakteristisches Bild (Fig. 71 *B*), das sich in sämmtlichen Exemplaren der Cultur wiederholt, und auch in früheren Jahren genau dasselbe war. Die erwähnte Cultur trug mit der genannten Ausnahme keine blühenden Seitenzweige.

Fig. 74. *Oenothera oblonga*, eine Rosette mit Wurzelblättern, Ende Juni.

Zur Zeit, wo die Pflanze anfängt zu blühen (Fig. 44 auf S. 163), ist der blühende Sprossgipfel noch reich beblättert. Höher hinauf werden die Bracteen kürzer. Und da auch die Früchte kurz bleiben, entsteht wiederum ein sehr auffallendes Merkmal, welches man sofort erkennt, wenn man Tafel VI mit Tafel 1 vergleicht. Denn die Früchte erreichen im ausgewachsenen Zustande nur etwa ein Drittel der Länge von jenen der *O. Lamarckiana*. Dementsprechend sind die Samen schwach und spärlich entwickelt und ist die Ernte meist nur eine sehr dürftige, oft sogar völlig versagende.

Viel besser verhalten sich in dieser Beziehung die zweijährigen Pflanzen, welche bei grösserer individueller Kraft zahlreiche gut ausgebildete, wenn auch kleine Früchte mit ausreichendem Samenquantum hervorbringen. Diese Früchte sind zwar nicht länger, aber viel dicker wie diejenigen der einjährigen Exemplare, etwa so gross wie die der *O. lata*.

Bei kräftiger Cultur treiben sowohl die einjährigen als auch die zweijährigen Exemplare aus den Achseln der Wurzelblätter einige oder mehrere Seitenstengel hervor, wie solches früher für eine Mutante aus der *Lata*-Familie abgebildet wurde (Fig. 50 auf S. 200). Aber auch dann bleiben die Stengel selbst fast unverzweigt, was namentlich bei einer Vergleichung mit *O. rubrinervis* (Fig. 49 auf S. 199) auffällt.

Ueber die Blüthen und Blüthenknospen der *O. oblonga* ist wenig mitzutheilen (vgl. Taf. VI). Sie haben denselben Bau wie die der Mutterart; nur sind sie, dem schwächeren Wachsthum der ganzen Pflanze entsprechend, etwas kleiner.

Samen von *O. oblonga* habe ich zum ersten Male 1895 geerntet; da die Pflanzen aber zu spät blühten, hatte ich sie nicht künstlich befruchtet, und erhielt somit aus den Samen nur einen geringen Procentsatz von *Oblonga*-Pflanzen. Im Jahre 1896 erntete ich dagegen, theils auf zweijährigen, theils auf einjährigen Pflanzen, Samen nach künstlicher Selbstbefruchtung. Die Pflanzen waren sämmtlich Mutanten, d. h. also ohne gleichförmige Vorfahren aus der *Lamarckiana* hervorgegangen, und zwar aus der Hauptlinie der *Lamarckiana*-Familie (Stammbaum S. 157). Die zweijährigen hatten somit drei Generationen reiner *Lamarckiana* vor sich; die einjährigen aber deren vier. Es waren sieben Pflanzen in der ersten und zwölf in der zweiten Gruppe.

Diese Samen habe ich Mitte April 1897 ausgesät, und etwa Mitte Juni zeigte es sich, dass sie in den Keimschüsseln bei hinreichend weitem Stand ihre Merkmale deutlich ausgebildet hatten. Mit Ausnahme der beiden ersten breiten Blätter (S. 242) waren die übrigen schmal, langgestielt und mit den charakteristischen breiten, weisslichen Hauptnerven versehen. Eine Vergleichung mit Culturen gleichen Alters von gewöhnlichen Nachtkerzen zeigte dann bald, dass in den *Oblonga*-Saaten überhaupt keine *Lamarckiana*-Pflänzchen vorhanden waren. Die Saaten waren völlig rein, mit alleiniger Ausnahme von einem in *O. rubrinervis*, von einem in *O. elliptica* und von zwei in *O. albida* umgewandelten Keimlingen (S. 210). Ausserdem war an einer Pflanze ein Blatt in einen Becher umgebildet. Ich habe die Keimpflanzen für 17 von den 19 erwähnten Samenträgern gesondert gezählt und bereits oben (S. 164) mitgetheilt, dass sie mit den genannten Ausnahmen alle *O. oblonga* waren (1683 + 64 = 1747 Exemplare).

In demselben Jahre habe ich noch von drei weiteren Mutanten, welche in anderen Culturen entstanden waren, nach künstlicher Selbstbefruchtung Samen gewonnen, um zu erfahren, ob sie auch bei anderer Abstammung sofort, in der ersten Generation, samenbeständig sein würden. Es ist erforderlich, die Abstammung der drei fraglichen Pflanzen einzeln zu beschreiben.

Die erste stammte aus der *Laevifolia*-Familie, deren Stammbaum auf S. 192 dargestellt wurde, und zwar in der folgenden Weise:

1895—1896	*O. oblonga*	
1894	*O. rubrinervis*	
1893	*O. rubrinervis*, 5. Gen. ×	*O. nanella*, 4. Gen.
Gleichnamige Zwischengenerationen		
1889	*O. rubrinervis*	*O. nanella*
1888	*O. Lamarckiana*	
1886—1887	*O. laevifolia* aus Hilversum.	

Die drei ersten Generationen dieses Stammbaumes, sowie die *Rubrinervis* von 1893 sind auf S. 192 erwähnt; die *O. nanella* war 1889 zweijährig und seitdem einjährig. Im Sommer 1893 befruchtete ich castrirte Blumen von *O. rubrinervis* mit Blüthenstaub von *O. nanella* und erhielt aus diesen Samen 1894 gewöhnliche *Rubrinervis*-Pflanzen, welche mit ihrem eigenen Pollen befruchtet wurden, und hauptsächlich wiederum *Rubrinervis* lieferten. Unter diesen waren aber vier *O. oblonga* (S. 241), von denen es gelang, eine als Rosette zu überwintern. Sie blühte 1896 in einer Pergamindüte und lieferte aus ihren Samen 16 Keimlinge, welche sämmtlich *O. oblonga* waren; diese wurden einzeln in Töpfen weiter cultivirt.

Die zweite *Oblonga*-Mutante stammte gleichfalls aus der *Laevifolia*-Familie, und zwar von einer selbstbefruchteten *Lamarckiana*-Pflanze aus der Hauptlinie in 1894, welche selbst also theils *Laevifolia*, theils *Lamarckiana*-Vorfahren, aber wenigstens bis 1886 zurück keine anderen gehabt hatte. Diese *Oblonga* gehörte also der neunten Generation der Familie an. Sie war zweijährig, wurde in Pergamin selbstbefruchtet und gab aus ihren Samen 297 Keimlinge. Unter diesen befand sich wiederum eine *O. albida*; alle übrigen waren aber reine *O. oblonga*.

Die dritte Pflanze gehörte einem Seitenzweig der *Lamarckiana*-Familie an. Im Stammbaum S. 157 sind für 1888 fünf *Lata*-Pflanzen verzeichnet. Eine von ihnen, durch eine schöne Ascidie ausgezeichnet, blühte 1889; ihre Samen wurden aber erst 1894 ausgesät. Diese zweite Generation war einjährig, aus ihren Samen erhielt ich 1895

128 *Lamarckiana*, 18 *Lata*, 3 *Nanella* und 10 *Oblonga*. Von letzteren blühte eine Pflanze, nachdem sie überwintert war, also 1896, in Pergamin. Von ihren Samen keimten 91, welche sämmtlich *O. oblonga* waren.

Es geht aus diesen Versuchen hervor, dass die Samenbeständigkeit der *O. oblonga*, wenn sie als Mutante auftritt, von der Natur ihrer Vorfahren unabhängig ist. Diese dürfen *Lamarckiana*, *Laevifolia*, *Rubrinervis*, *Nanella* rein oder gemischt sein, stets ist die *O. oblonga* bereits in der ersten Generation constant. Nur mit der Ausnahme, dass sie auch die Mutabilität ihrer Vorfahren geerbt hat, und wie diese im Stande ist, andere Typen (*Albida, Rubrinervis*) hervorzubringen.

Im Ganzen sind somit in diesem Jahre 1747 + 16 + 297 + 91 = 2151 Keimpflanzen behufs dieser Versuche beurtheilt worden. Ich habe später, 1899 und 1900, von denselben Samen nochmals ausgesät, und zwar mit demselben Erfolg. Von der zweiten Generation habe ich bis jetzt noch keine Samen geerntet, obgleich die Pflanzen in den genannten drei Jahren reichlich blühten. Sie waren aber einjährig und trugen somit nur unvollkommene Früchte.

§ 15. Oenothera albida.

Tafel III und IV.

Eine schöne, aber schwächliche Art, welche namentlich als Keimpflanze sehr zurückbleibt, aber gerade dadurch in den jungen Aussaaten sehr leicht auffällt. Vergl. Fig. 48 auf S. 197 und Fig. 72 auf S. 242. Zwischen den viel stärkeren Keimpflanzen der Mutterart leiden die Schwächlinge sehr stark, und es gelingt nur selten, die Mutanten zu blühenden Pflanzen heranzuziehen.

Erst im Jahre 1895 gelang es mir, wie bereits § 3 S. 160 bemerkt wurde, eine Rosette zu überwintern; sie lieferte mir 1896 die ersten Blüthen der neuen Art, aber noch keine Samen. Früher hatte ich die *Albida* allerdings jährlich und meist in nicht unerheblicher Zahl beobachtet, aber sie für krankhafte Individuen gehalten und daher nicht weiter beachtet. Aus diesem Grunde beziehen sich die jetzt folgenden Zahlen ausschliesslich auf die Jahre 1895—1900.

Die jungen *Albida*-Pflänzchen sind so schwach, dass sie nur mit der grössten Sorgfalt am Leben erhalten werden können. Auf dem wilden Fundort fand ich sie nie (S. 215), und wenn es ihnen etwa dort gelingen sollte zu keimen, würden sie sicher zu Grunde gehen, bevor sie einen Blüthenstengel bilden könnten. Denn genau so war es in der ersten Periode meiner Culturen im Versuchsgarten bis 1896. Ich habe aus diesen Thatsachen bereits oben (S. 160) die Folgerung abgeleitet, dass es geradezu unmöglich ist, dass meine früheren *Albida*-Mutanten jemals eine ähnliche Pflanze unter ihren Vorfahren gehabt haben, weder als Pollen lieferndes, noch als Samen tragendes Exemplar.

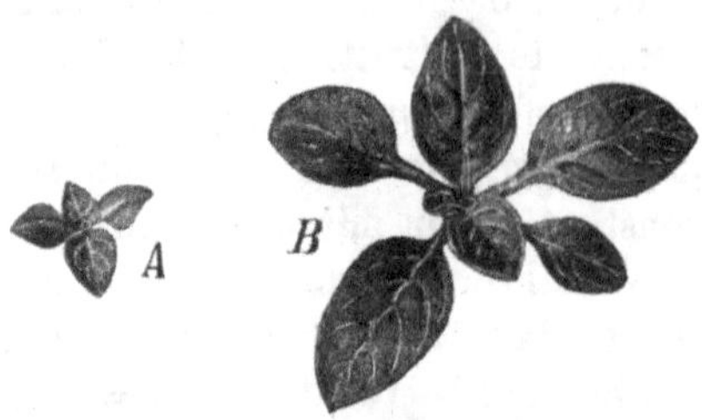

Fig. 75. *Oenothera albida.* Junge Keimpflanzen, *A* mit den beiden ersten Blättern, *B* zwei Monate alt.

Ist es einmal gelungen, Samen von *O. albida* zu erhalten, so sind die Schwierigkeiten der Keimung stets noch bedeutende, aber es gelingt doch, die Pflänzchen von Anfang an kräftiger werden zu lassen. Einzelne bleiben stets schwach, sehen genau aus wie die jungen Mutanten, andere treiben breitere Blätter und wachsen allmählich zu kleinen Rosetten heran, welche anscheinend ebenso stark sind, wie z. B. die der *O. oblonga* im gleichen Alter (vergl. Fig. 75). Auch weichen sie von diesen (Fig. 73) in der Form zuerst ein wenig ab. Aber die Farbe ist stets weissgraulich, was auch die Veranlassung zu ihrem Namen gewesen ist. Sogar $1^1/_2$ Monate nach der Keimung sind die Blätter dieser beiden Arten noch von derselben Breite (Fig. 53 auf S. 208); nur sind die der *O. albida* etwas stumpfer an der Spitze als die anderen. Beim weiteren Wachsthum nehmen die Blätter der Rosette gewöhnlich an Breite zu (Fig. 76), die am Stengel werden aber wieder schmäler (Fig. 54 *a* auf S. 209).

Fig. 76. *Oenothera albida.* Junge Pflanze, $3^1/_2$ Monate alt.

An den beschriebenen Merkmalen gelingt es stets leicht, die *Albida*-Mutanten zu erkennen. Viele unter ihnen habe ich weiter cultivirt, namentlich 1895 und in den nächstfolgenden Jahren, in der Hoffnung, sie blühen und Samen tragen zu lassen. Ich hatte dadurch eine sehr ausreichende Gelegenheit, mich von der Richtigkeit der anfänglich gestellten Diagnose zu überzeugen.

Gerade weil sie so frühe und so leicht kenntlich ist, eignet sich diese Form besonders zu vergleichenden Studien über die Häufigkeit ihres Auftretens aus der *O. Lamarckiana* und aus anderen Arten. Es ergab sich dabei, dass diese Häufigkeit, dieser Mutationscoëfficient, ein sehr wechselnder ist, und womöglich noch stärkeren Schwankungen unterliegt, als sie die drei oben beschriebenen Arten, unter sich verglichen, zeigen (0·01 % für *O. gigas,* 0·1 % für *Rubrinervis* und 1 % für *Oblonga*).

Die beiden folgenden Tabellen weisen dieses aus. Ich stelle in ihnen wiederum die früheren Zahlen, aus § 2—5, mit den aus anderen Culturen erhaltenen zusammen:

Durch Mutation entstandene Individuen von *Oenothera albida.*

I.

Entstanden aus:	Jahr	Keimlinge Gesammtzahl	*O. albida*	% *Albida*
O. Lamarckiana-Familie	1895—1899	28 500	56	0·2
O. Lamarckiana, Pflanzen aus Kreuzungen	1898	4 599	2	0·05
Nebenzweig der *Lamarckiana*-Familie	1895	10 000	255	2·5
O. lata	1900	2 000	42	2·1
„	1896—1899	751	31	4·0
O. Lamarckiana, zweijährig	1896	164	15	9·0

Der Gehalt an *Albida*-Mutanten wechselt somit zwischen 0·05 % und 9 %.

Aehnlich, wenn auch mit geringeren Schwankungen, verhält es sich bei den Aussaaten, für welche die Samen durch Kreuzungen gewonnen waren:

Durch Mutation entstandene Individuen von *O. albida.*

II.

Nach Kreuzungen.

Kreuzung:	Jahr	Keimlinge Gesammtzahl	*O. albida*	% *Albida*
O. Lamarckiana × *O. nanella*	1897	1341	1	0·1
O. lata × *O. nanella*	1895—1900	1586	15	1·0
O. lata × *O. rubrinervis*	1900	1844	37	2·0
O. lata × *O. scintillans*	1900	636	2	0·3
O. scintillans × *O. nanella*	1898	95	3	3·0
O. lata × *O. suaveolens*	1900	748	13	2·0

Die in diesen beiden Versuchsreihen erhaltenen Mutanten, deren Zahl im Ganzen 472 beträgt, stimmten stets in allen ihren Merkmalen, soweit diese untersucht werden konnten, überein.

Blühende Pflanzen von *O. albida* (Tafel III) unterscheiden sich von allen übrigen Unterarten von *O. Lamarckiana* und von dieser selbst ebenso leicht und sicher wie die Keimpflanzen und die Rosetten der Wurzelblätter. Sie erreichen selbst im Spätherbst nur eine Höhe von höchstens einem Meter, dagegen pflegen sie im mittleren Theil des Stengels eine Gruppe blühender Zweige zu tragen, ähnlich wie *O. rubrinervis.* Ihre Blätter sind schmal (Fig. 54 *A*, S. 209), zugespitzt und sehr uneben, die Buckeln zahlreicher und stärker entwickelt als auf der Mutterart (Fig. 57, Querschnitt eines Blattes, S. 219).

Die Blüthen sind, den schwächeren Pflanzen entsprechend, stets etwas kleiner als die der *Lamarckiana*; auch pflegen sie mehr aufrecht zu stehen und sich nicht so weit zu öffnen (vergl. Tafel III mit Tafel I); im Uebrigen zeigen sie genau denselben Bau, auch ragen die Narben deutlich über die Antheren hinaus. Die Farbe der Blüthen ist häufig etwas blasser gelb. Die Früchte bleiben etwas kleiner und dünner als die der *O. Lamarckiana*, und bilden in der Regel nur spärliche Samen aus.

Die grauliche Farbe, welche ebenso wie bei der *O. rubrinervis* nicht auf stärkere Behaarung, sondern auf die Wölbung der Aussenwand der gewöhnlichen Oberhautzellen zurückzuführen ist, ist sehr stark individuell variabel, bisweilen sogar so wenig entwickelt, dass Zweifel über die Diagnose entstehen, welche aber stets durch fortgesetzte Cultur aufgehoben werden können.

§ 16. Oenothera leptocarpa.

Aus den vorhergehenden Beispielen ist ersichtlich, dass Mutationen bei *Oenothera Lamarckiana* in sehr wechselnden Verhältnissen auftreten, und dass ihre Anzahl zwar bisweilen auf einige Procente hinansteigt, oft aber nur eine pro Tausend oder noch weniger beträgt. Ferner haben wir gesehen, dass in derselben Mutationsperiode dieselben Mutationen sich regelmässig wiederholen.

Es darf daraus abgeleitet werden, dass bei einem eingehenden Studium einer solchen Periode bald die gewöhnlichen Mutanten, welche die fragliche Art hervorzubringen im Stande ist, aufgefunden sein werden. Es gilt dann aber auch die selteneren zu suchen, und dazu werden selbstverständlich immer umfangreichere Aussaaten erforderlich sein.

Sind nun die gesuchten selteneren Mutationen bereits als Keimpflanzen oder doch als junge Rosetten kenntlich, so hat man nur viel auszusäen, die jedesmal sich zeigenden Abweichungen zu verpflanzen und die nicht mutirten Individuen auszuroden. Bei dieser Methode können viele Tausende von Exemplaren auf wenigen Quadratmetern bis zum Momente der Beurtheilung wachsen.

Aber wenn sich die Merkmale nicht in so früher Jugend zeigen, sind die Bedingungen viel ungünstiger. 40—50 Pflanzen ist meist das Höchste, was man pro Quadratmeter zur Blüthe bringen kann, oft viel weniger.

Es bedarf dann sehr ausgedehnter Culturen, um eine geringe Aussicht auf neue Mutationen zu bekommen. Man ist deshalb sehr vom Zufall abhängig, wie beim ersten Auftreten der *O. gigas.*

Ich schreibe es diesem Umstande zu, dass meine Mutationen nahezu sämmtlich als Keimpflanzen zu erkennen sind, während gerade die beiden auf dem wilden Standorte gefundenen neuen Arten sich in der Jugend nicht von der *O. Lamarckiana* unterscheiden.

Die einzige Ausnahme bildet die *Oenothera leptocarpa*, wenigstens die einzige, welche aus dem reinen Stamme der *O. Lamarckiana* hervorgegangen ist. Unter den Aussaaten gekreuzter Samen kamen solche Fälle, wenn auch selten, doch etwas häufiger vor, aber es hält oft schwer, hier die Mutationen von den regelmässigen Producten der Kreuzung zu unterscheiden. Die Besprechung solcher Fälle gehört also dem zweiten Bande an.

Die *O. leptocarpa* unterscheidet sich von der *O. Lamarckiana*, auch in reinen Saaten, weder als Keimpflanze, noch als Rosette, noch auch in der ersten Zeit der Entwickelung des Stengels. Bisweilen habe ich einzelne Exemplare in der Jugend als vermuthliche Mutanten auf ein besonderes Beet gepflanzt, und ergaben sie sich nachher als *O. leptocarpa.* Meist habe ich sie aber erst kurz vor oder zu Anfang der Blüthe bemerkt.

Aus diesen Gründen lässt sich über die Häufigkeit ihres Auftretens wenig Sicheres sagen. Im Stammbaume des Nebenzweiges der *Lamarckiana*-Familie (S. 184) ist das Auftreten von zwei Exemplaren dieser Art verzeichnet worden. Es war in einer Cultur von 10 000 Keimlingen im Jahre 1895, von der etwa 1000 zur Blüthe gelangten. Es wäre die Häufigkeit somit auf 0·2 % zu stellen. In früheren und in späteren Jahren habe ich sie ebenso vereinzelt erscheinen sehen, ohne genauere Zahlen über das wirkliche Verhältniss anführen zu können.

Ausser aus *O. Lamarckiana* entstand die *O. leptocarpa* auch aus

O. rubrinervis, nicht aber aus anderen neuen Arten. Und nachdem ich einmal darauf aufmerksam geworden war, habe ich sie hier ziemlich häufig gefunden. Ein besonderes Merkmal der *O. leptocarpa* ist, dass sie erst sehr spät zu blühen anfängt. Hierdurch wird die Aussicht, sie zu finden, wesentlich vermindert. Denn sobald auf einem Beete das Blühen anfängt, pflegen die Samenträger für die künstliche Selbstbefruchtung ausgewählt zu werden. Und um diesen mehr Raum zu geben, sei es für ihr Wachsthum, sei es behufs der grösseren Bequemlichkeit bei den Operationen, werden oft von den umstehenden Exemplaren eine gewisse Anzahl entfernt. Dieses betrifft im Allgemeinen die schwächeren, und mit ihnen werden die spätblühenden Leptocarpen sehr leicht verwechselt.

Die *Rubrinervis*-Culturen waren häufig zu ganz besonderen Zwecken angestellt, und umfassten oft nicht viel mehr Pflanzen, als für eine sichere Wahl von Samenträgern erforderlich war. So z. B. behufs im Voraus bestimmter Kreuzungen, oder in der bereits oben erwähnten *Tricotylen*-Cultur, in welch' letzterer die Auswahl ja bereits bei der ersten Keimung stattfindet. Treten nun in solchen Aussaaten *O. leptocarpa* auf, so scheinen die Verhältnisszahlen sehr hohe, fast ohne Zweifel viel zu hohe zu sein.

So fand ich z. B. 1895 zwischen 44 tricotylen *Rubrinervis* 5 *Leptocarpa* (S. 192), 1897 unter 20 tricotylen Rothnerven eine der dünnfrüchtigen Art angehörige. Im Jahre 1900 hatte ich 24 *Lamarckiana*-Pflanzen ausgesetzt, welche aus einer 1899 gemachten Kreuzung von *O. rubrinervis* × *O. nanella* hervorgegangen waren. Bei der Blüthe zeigte es sich aber, dass nur etwa die Hälfte wirkliche *Lamarckiana* waren, und die übrigen *O. leptocarpa*. In demselben Jahre entstanden aus einer Kreuzung von *O. rubrinervis* × *O. Lamarckiana* auf 90 Pflanzen zwei *Leptocarpa*.

Merkmale der *O. leptocarpa* sind vorwiegend das sehr späte Blühen und die langen dünnen Früchte. Das späte Blühen beruht nicht auf verzögertem Wachsthum, denn die Pflanzen sind ebenso kräftig und ebenso hoch wie die übrigen zur Zeit, wo diese zu blühen anfangen. Sie wachsen dann aber noch einige Wochen vegetativ weiter. Die untere Grenze ihrer Blüthenähre liegt somit bedeutend höher und es ragen um diese Zeit die *Leptocarpa*-Exemplare über alle übrigen desselben Beetes derart hervor, dass man sie daran leicht auffindet. Dazu sind sie meist etwas schlaff, die blühenden Gipfel in weitem Bogen seitwärts hängend. Blüthen und Blüthenknospen weichen nicht wesentlich von *O. Lamarckiana* ab; die Blüthenknospen sind, kurz vor dem Oeffnen, noch mehr glänzend grün, weniger gelblich. Die Früchte und Bracteen bieten aber ein ganz anderes Bild. Die Bracteen sind breiter an ihrem Grunde, mehr dreieckig, mehr flach ausgebreitet, während die der *O. Lamarckiana* häufig längs der Mittelrippe mehr oder weniger zusammengebogen und wellig sind. Sie sind dem Stengel viel stärker angedrückt, umkleiden diesen fast mit einem geschlossenen Mantel, statt nach abwärts mehr oder weniger schief abzustehen. Sie sind endlich mit viel zahlreicheren, kleineren Buckeln dicht bedeckt, wodurch auch die grüne Farbe eine andere zu sein scheint.

Die Früchte sind lang und dünn und dadurch von *O. Lamarckiana* und *O. rubrinervis* auffallend verschieden. Wegen des späten Blühens werden sie nur selten und nur in geringer Zahl reif. Im Jahre 1896 habe ich auf zwei Beeten von *O. leptocarpa* Mitte November die Früchte gemessen, und zwar von jeder einzelnen Pflanze die Länge und Dicke der fünf unteren reifen, oder doch ausgewachsenen Kapseln. Darauf wurde die Dicke durch die Länge dividirt, und der Quotient als Maass der Dicke betrachtet. Die erhaltenen Zahlen geben ein deutliches Bild, die mittlere Dicke lag bei 15—17, während sie für *O. Lamarckiana* 22—24 beträgt. Die Kapseln der *O. leptocarpa* erreichen somit im Mittel etwa $^2/_3$ von der für die Mutterart normalen Dicke.

Ich fand die folgenden Zahlen:

$\frac{\text{Dicke}}{\text{Länge}}$	1896 Anzahl der Individuen *A*	 *B*
12	0	1
13	1	3
14	5	3
15	6	8
16	11	2
17	15	3
18	13	5
19	3	1
20	5	1
21	2	0
22	2	1
23	1	0
24	0	0
Summa	64	28
Mittel	17	15

Die Cultur *A* stammt aus den Samen von einem der beiden S. 184 erwähnten Exemplare von 1895; die Gruppe *B* aus der künstlichen Selbstbefruchtung eines anderen Exemplars aus einer parallelen Cultur desselben Jahres.

Es erübrigt nur noch hervorzuheben, dass in den beiden mitgetheilten Culturen die *O. leptocarpa* sich als samenbeständig ergab. Man sieht solches aus den beiden Zahlenreihen deutlich, denn die gemessenen Individuen bilden eine deutliche Gruppe, wenn auch selbstverständlich die Curve ihrer individuellen Variabilität die entsprechende Curve von *O. Lamarckiana*, deren Gipfel bei 22—24 D/L liegt, schneidet. Die Curven sind somit transgressive, wie in so zahlreichen Fällen bei nahe verwandten Arten.[1] Die dicksten Früchte der *O. leptocarpa* sind dicker als die dünnsten der *O. Lamarckiana*, und wenn man nur ein einziges Merkmal in Betracht ziehen würde, würden die Artgrenzen somit über einander greifen.

Die beiden genannten Culturen umfassten 300 Pflanzen für *A*, 150 für *B* und zeigten dabei auch in denjenigen Pflanzen, welche keine ausgewachsenen Früchte brachten, sämmtlich die oben beschriebenen Merkmale der *O. leptocarpa*, mit Ausnahme zweier *O. nanella*. Einige Exemplare trugen den reinen Typus, andere näherten sich mehr oder weniger den Eigenschaften der Mutterart, ohne diese genau zu erreichen. Denn die individuelle Variabilität verhält sich auch in den übrigen Merkmalen ähnlich, wie es für die Früchte angegeben wurde.

Trotz dieser transgressiven Variabilität wiesen die Culturen die Samenbeständigkeit der neuen Art, ohne wirklichen Atavismus, deutlich nach.

§ 17. Oenothera semilata.

Diese Pflanze trat in meinen sämmtlichen Culturen nur dreimal auf. Und zwar jedesmal in einer Aussaat von Samen der *O. lata*. Einmal 1894, die beiden anderen Pflanzen in zwei von einander unabhängigen Culturen von 1895. Sie sahen der *O. lata* sehr ähnlich, aber ihre Eigenschaften waren in jeder Beziehung weniger ausgeprägt. Daher der Name *Semilata*. Die Pflanze von 1894 wurde durch einen Sturm zerbrochen, eine von 1895 blühte reichlich, aber anfangs ohne Früchte anzusetzen. Erst im November, bei einer Stengelhöhe von 2 Metern, bildete sie einige gute Früchte, welche aber wegen des bald eintretenden Winters keine reifen Samen lieferten.

Mit der dritten Pflanze war ich in dieser Beziehung glücklicher. Sie entstand aus der ersten *Lata*-Familie im Jahre 1895, hatte also in den zwei vorhergehenden Generationen *O. lata* als Mutter und

[1] Vergl. hierüber § 25 dieses Abschnittes.

Grossmutter, und *O. Lamarckiana* als Vater und Grossvater. Vergl. den Stammbaum auf S. 202. Sie unterschied sich anfangs nur wenig von den echten *Lata*-Exemplaren derselben Cultur, doch waren die Blüthenknospen weniger dick, die Inflorescenz lockerer und länger, die Blätter schmäler und an der Spitze weniger gerundet. Bei der Blüthe zeigte sich aber, dass die Staubfäden anscheinend guten Blüthenstaub hervorbrachten, wenn auch nicht so viel als wie bei *O. Lamarckiana.* Ich habe dann die Pflanze in Pergamin gehüllt und sie mit ihrem eigenen Pollen befruchtet. Ausserdem habe ich mit ihrem Pollen zwei echte *Lata*-Exemplare bestäubt. Der Blüthenstaub zeigte sich dabei als völlig kräftig, denn ich erhielt in beiden Fällen eine hinreichend gute Ernte von Samen.

Den selbstbefruchteten Samen der *Semilata*-Pflanze säte ich im Jahre 1897. Ich erhielt daraus eine Cultur von 276 blühenden und 82 nicht blühenden Exemplaren. Es befanden sich darunter drei Zwerge (*O. nanella*), drei blühende *Lata*-Pflanzen des echten Typus, und eine Rosette, welche sich von den übrigen deutlich unterschied und als eine echte *Lata* zu erkennen war. Die *Nanella* waren offenbar Mutanten, die *Lata* vielleicht solche, vielleicht Atavisten. Die übrigen Pflanzen zeigten deutlich die Merkmale der *O. semilata,* und berechtigen somit zu der Auffassung dieser Form als einer constanten Art. Ich habe die Cultur aber nicht für wichtig genug gehalten, um sie fortzusetzen.

Die oben erwähnte Kreuzung *O. lata* × *O. semilata* führte zu keinen besonderen Aufschlüssen; sie ergab auf 105 Keimlinge 39 *Lata,* 2 *Nanella,* 2 *Oblonga* und 1 *Albida,* während die übrigen Exemplare *O. Lamarckiana* waren. Es sind das genau ähnliche Verhältnisse, wie sie die *O. lata* auch bei der Kreuzung mit anderen, von ihr unabhängigen neuen Arten geben kann.[1] Für die auch sonst unwahrscheinliche Vermuthung, dass die *O. semilata* vielleicht ein Bastard oder sonst eine Zwischenform von *O. lata* und *O. Lamarckiana* wäre, geben diese Zahlen somit keine Stütze.

§ 18. Oenothera nanella (Oenothera Lamarckiana nanella).

Bei der grossen Bedeutung, welche von vielen Seiten der Unterscheidung von Art und Varietät beigelegt wird, lohnt es sich, in dieser Beziehung den Gegensatz zwischen der *Oenothera*

[1] Vergl. den zweiten Band.

nanella[1] und den übrigen neuen Arten hier etwas genauer auszuarbeiten.[2]

Die übrigen in meinem Versuchsgarten aufgetretenen neuen Arten finden keine Analoga, weder in anderen Arten derselben Gattung, noch sonst wo im Pflanzenreich. Jede für sich bildet einen neuen Typus, und ein solcher verdient in jeder Hinsicht als elementare Art betrachtet zu werden.

Fig. 77. *Oenothera nanella.* Ganze Pflanze mit Blüthen und fast ausgewachsenen Früchten, in $^1/_3$ der natürlichen Grösse.

Von diesen unterscheiden sich die Varietäten nach der allgemeinen Auffassung einerseits dadurch, dass sie abgeleitete Formen, andererseits aber, indem sie nicht samenbeständig sind, sondern von Zeit zu Zeit zum Typus der Art zurückkehren. Letztere Ueberzeugung ist nun seit langer Zeit nicht mehr mit der Erfahrung im Einklang, denn sehr viele Varietäten sind ebenso samenbeständig wie die besten Arten. Als abgeleitete Formen kennzeichnen die Varietäten sich wesentlich dadurch, dass dieselbe Variation bei mehreren, oft bei sehr zahlreichen Arten und Gattungen wiederkehrt. Ihr Typus ist nicht neu, sondern wiederholt sich nur unter verschiedenen Formen.

Wenden wir dieses auf unsere Zwerg-*Oenothera* an. Zwergvarietäten giebt es ebenso zahlreiche wie z. B. unbehaarte. Ich nenne als bekannte Beispiele *Tagetes patula nana*, *Tagetes signata nana*, *Scabiosa atropurpurea nana*, *Papaver somniferum*

[1] *Oenothera nanella*, oder die Zwerg-Nachtkerze, kurzweg der Zwerg genannt, ist eine erbliche, constante Form. Häufig benutzt man die Bezeichnung Zwerge auch für die kleinsten Exemplare bei der fluctuirenden Variabilität, welche offenbar ganz anderer Natur sind. Vergl. über solche Zwerge: P. Gauchéry, *Recherches sur le nanisme végétal*, *Ann. sc. nat. Bot.* 8. Serie. T. IX. 1899. p. 61—156 und ferner: D. Clos, *Du nanisme dans le règne végétal. Acad. sciences Toulouse.* Tome XI. 1889.

[2] Ausführlicheres im vierten Abschnitt dieses Bandes.

nanum, *Dianthus Caryophyllus nanus*, *Dianthus barbatus nanus*, *Cheiranthus Cheiri nanus*, *Matthiola incana nana*, *Calliopsis bicolor nana*, *Cuphea purpurea nana*, *Impatiens Balsamina nana* u. s. w.[1] Es sind meist sehr beliebte Zierpflanzen.

In systematischer Hinsicht sind unsere Zwerge somit ohne Zweifel *Oenothera Lamarckiana nana*, oder, da sie sehr klein sind, *O. Lam. nanella* zu nennen. Aber in experimenteller Hinsicht verhalten sie sich genau wie die übrigen elementaren Arten, denn sie sind, wie bereits in § 3 mitgetheilt wurde, völlig samenbeständig. Und da der Name *O. nanella* zu keiner Verwechslung Veranlassung geben kann, werde ich diesen in der Regel vorziehen.[2]

Sieht man aber genauer zu, so zeigen sich bald noch andere Gründe für die Auffassung unserer Zwerge als elementare Arten. Denn keineswegs sind sie einfach ein Miniaturbild der *O. Lamarckiana*. Im Gegentheil unterscheiden sie sich von dieser, wie die übrigen neuen Arten, in nahezu allen Eigenschaften. In keinem Alter kann man sie etwa mit schwachen Exemplaren der Mutterart verwechseln. Oder, um es noch deutlicher auszudrücken, man findet bei einer Vergleichung genauer, aber auf dieselbe Grösse reducirter Abbildungen die Zwerge stets durch ganz deutliche Merkmale ausgezeichnet.

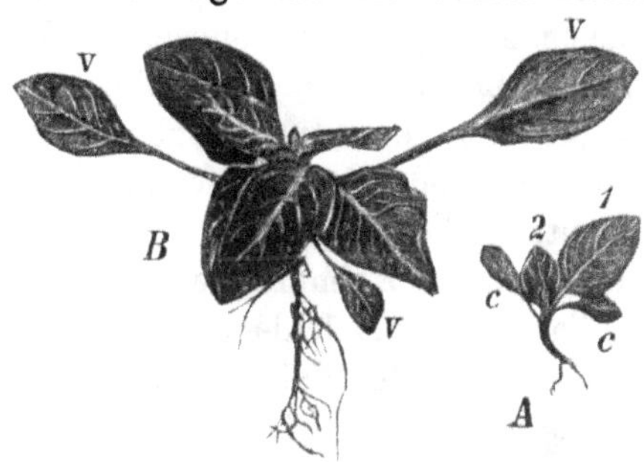

Fig. 78. *Oenothera nanella.* *A* Keimpflanze mit zwei Blättern; *c* die Cotylen. *B* Aeltere Keimpflanze, die langgestielten Vorblätter (*v*) oder die Fahnenblätter der atavistischen Periode zeigend, welche auf jene ersten Blätter folgen.

Am klarsten ist dieses im Rosettenalter. Bereits am ersten Blatte sind die Zwerge zu erkennen (Fig. 78 *A*). Dieses erste Blatt ist breiter und hat namentlich eine breitere Basis und einen viel kürzeren Stiel als bei *O. Lamarckiana*. Dasselbe gilt von dem zweiten Blatte. Es entsteht dadurch sofort ein gedrungener Bau des ganzen kleinen Pflänzchens, welcher, namentlich wenn die Keimlinge hinreichend weit auseinander stehen, um sich nicht oder fast nicht zu berühren, es ermöglicht, bereits in den Keimschüsseln die *Nanella* abzuzählen. Allerdings bleiben dabei oft einige zweifelhafte Individuen übrig,

[1] Vergl. ferner die Liste in Carrière, *Production et fixation des Variétés.* 1865. p. 10.

[2] Ich erinnere dabei nochmals an Darwin's Ausspruch: *Varieties are only small species.*

z. B. wenn sie in kleinen Gruppen zu dicht standen; diese lässt man sich dann aber weiter entwickeln.

Auf das beschriebene Stadium folgt jetzt eine atavistische Periode. Die Zwergmerkmale verschwinden, es sieht aus, als ob die Pflänzchen sämmtlich hohe *Lamarckiana* werden wollten. Zwei, drei oder vier Blätter entwickeln sich mit schmaler Spreite auf langen Stielen (Fig. 78 *B, v v v*), und indem sie die beiden ersten viel kleineren Blätter in den Hintergrund drängen, bestimmen sie während einer kurzen Zeit den ganzen Habitus. Bald darauf zeigt sich aber, dass dieser Zustand nur ein vorübergehender ist, und bildet sich im Herzen der fahnenartigen Blätter die gedrängte Rosette des echten Zwergtypus aus (Fig. 78 *B* und Fig. 79 *A*).

Ich fasse diese Periode auf als eine atavistische, wie sie bei Keimpflanzen ja sehr allgemein verbreitet ist.[1] Jedermann kennt die Erscheinung, dass die Keimpflanzen der Phyllodien tragenden Arten von *Acacia* in der Jugend gefiederte und doppelt gefiederte Blätter bilden und dadurch auf die Abstammung der betreffenden Arten von doppeltfiederblätterigen Vorfahren schliessen lassen. Nicht anders verhalten sich die Keimpflanzen von *Ulex, Sarothamnus* und die sonstigen Papilionaceen mit fehlender oder reducirter Belaubung.[2] Auffallend ist die decussirte Blattstellung der jungen Bäumchen von *Eucalyptus Globulus,* welche im späteren Alter (anscheinend) zerstreute, langgestielte Blätter tragen werden.[3] *Sium latifolium* und *Berula angustifolia* mit einfach gefiederten Blättern haben an jungen Pflanzen und jungen Rosetten die vielfach zusammengesetzten Spreiten der übrigen Umbelliferen, d. h. also zweifelsohne die ihrer Vorfahren. Zahlreiche ähnliche Beispiele[4] beweisen, dass Arten mit abweichenden Merkmalen in der ersten Jugend oft die Eigenschaften der grösseren Gruppen, zu denen sie gehören, zur Schau tragen. Es sind dieses offenbar die schönsten und sichersten Fälle von Atavismus.

Diesen reiht sich die Zwerg-*Oenothera* an. Nur dass hier die Abstammung durch die directe Beobachtung bekannt ist, während sie sonst nur aus vergleichenden Studien abgeleitet wird. Aber es scheint mir wichtig hervorzuheben, dass die *O. nanella* sich in dieser Beziehung darstellt als eine gute Art, oder vielmehr umgekehrt, dass

---

[1] Vergl. hierüber namentlich die ausgezeichnete Zusammenstellung in GOEBEL's *Organographie.* I. 1898. S. 121—151.

[2] J. REINKE, Untersuchungen über die Assimilationsorgane der Leguminosen. *Jahrb. für wissensch. Botanik.* Bd. XXX. Heft 1 und 4. 1896—1897.

[3] F. DELPINO, *Teoria generale della fillotassi.* Genova 1883. p. 242.

[4] Für die Coniferen vergl. L. BEISSNER, *Handbuch der Nadelholzkunde.* 1891.

sich die besten systematischen Arten, in Bezug auf Jugend-Atavismus, nicht anders verhalten, als ganz junge, soeben erst aus ihren nächsten Vorfahren hervorgegangene elementare Formen.

In dem „Fahnenalter" entscheidet es sich in der Regel, ob die Pflanze ein- oder zweijährig werden wird. Ist ersteres der Fall, so fängt oft bereits jetzt die Stengelbildung an; die länglichen Blätter waren dazu die Vorbereitung, da dieselbe Blattform am unteren Theile des Stengels beibehalten bleibt, wie die linke Abbildung in der Fig. 45 auf S. 165 zeigt. Wird die Rosette zweijährig und sind die Wachsthumsbedingungen ihr günstig, hat sie namentlich den genügenden Raum zu ihrer Ausbildung, so kehrt sie wieder zur Entwickelung breiter und kurzgestielter Blätter zurück, und ist bis zum Winter stets auf dem ersten Blick und von Weitem als Zwergrosette zu erkennen. Oft werden dabei die Blätter nicht länger als 7—8 cm, während die Wurzelblätter der Mutterart 30 cm und mehr erreichen.

Zwischen den beiden angedeuteten Extremen liegt der in meinen Culturen häufigste Entwickelungsgang. In diesem folgt auf die Fahnenblätter eine Rosettenperiode, welche oft bis in den Monat Juni dauert, die aber dennoch mit der Ausbildung eines Stammes im ersten Jahre abschliesst. In dieser Periode sind die Spreiten wiederum sehr breit und mit breitem Grunde dem kurzen Stiele angeheftet, oft fast gleichseitig dreieckig, meist etwas länglich dreieckig. Haben die Pflänzchen genügenden Raum, d. h. berühren sie sich nicht, so drücken sie die äusseren Blätter dicht an den Boden an; diesen folgen die übrigen in einer eng geschlossenen Gruppe. Die äusseren Blätter sind jetzt noch kurz gestielt (Fig. 79 *A*), die inneren aber nahezu ungestielt, mit ihrer breiten Basis fast die jüngeren umfassend. Ein ausgewachsenes Blatt aus einer solchen Rosette ist, mit dem ganzen Stiel, in Fig. 52 bei *n* auf S. 207 abgebildet worden.

Stehen die Pflänzchen aber so dicht, dass sie keinen genügenden Raum finden, so wird ihre Tracht eine ganz andere, aber dafür nicht weniger deutlich ausgeprägte (Fig. 79 *B*). Die auf die Fahnenblätter (*v v*) folgenden stehen jetzt mehr oder weniger aufrecht, sind etwas schmäler und etwas länger gestielt, aber dem Stiele noch mit breitem Grunde eingepflanzt. Die Stiele pflegen dabei in eigenthümlicher Weise gedreht zu sein, was allerdings in der Abbildung nicht sehr auffällt, was aber die Pflänzchen oft am ersten kenntlich macht. Uebrigens weichen sie deutlich von den gleichalterigen Individuen von *O. Lamarckiana* ab. Vergl. z. B. Fig. 64 auf S. 229.

Die Beurtheilung der jungen Pflanzen habe ich je nach Umständen in einem der vier abgebildeten Stadien und Formen (Figg. 78

und 79) vorgenommen. Je weiter die Saat, um so früher ist das Sortiren möglich. Aber auch bei weiter Saat fallen die Samen hier und dort zu dicht neben einander; es entstehen Gruppen von Keimpflänzchen, welche noch lange undeutlich bleiben, nachdem die übrigen bereits gezählt und ausgerodet wurden. Es dauert daher oft 4—6 Wochen, bis die letzten Individuen ihre Merkmale deutlich zeigen. Sehr oft habe ich die Pflänzchen auch ausgepflanzt, bevor ich sie zählen konnte; ich setzte sie dann in ausreichenden Entfernungen, um Rosetten, wie Fig. 79 *A* zu bilden, und zählte sie dann etwa einen Monat später in den Holzkästen. Galt es, eine Pflanze als Mutante in einer Cultur anderer Herkunft zu erkennen, so habe ich selbstverständlich stets das Stadium Fig. 79 abgewartet, meist auch die Pflänzchen nachher ausgepflanzt, um ihre weitere Entwickelung zu verfolgen. Galt es umgekehrt, in Aussaaten von Samen der *O. nanella*

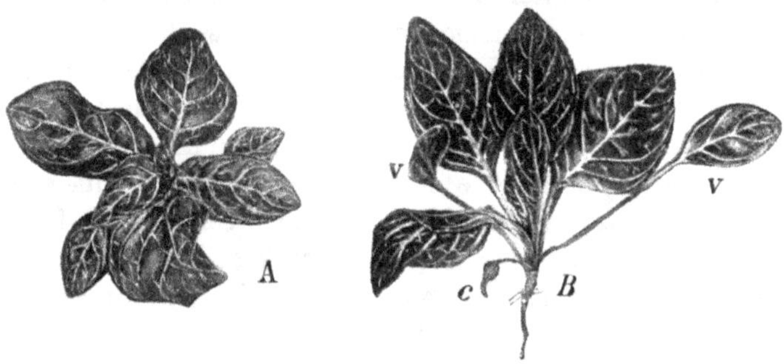

Fig. 79. *Oenothera nanella.* Junge Rosetten im Mai und Juni, *A* bei freiem Stande, *B* in gedrängter Lage; *v v* die Fahnenblätter der atavistischen Periode.

zu untersuchen, ob etwa noch *Lamarckiana*-Pflänzchen vorkamen, wie solches namentlich bei freier Befruchtung oder in Kreuzungsversuchen der Fall zu sein pflegt, so wurde das Sortiren meist in einem früheren Alter vorgenommen. Denn es leuchtet ein, dass man eine um so grössere Anzahl von Individuen beurtheilen kann, auf je jüngerem Stadium sich die Operation vornehmen lässt.

Bei Aussaat auf den Beeten, statt in Schüsseln, wie ich sie in den ersten Jahren auszuführen pflegte, ist selbstverständlich stets entweder die volle Ausbildung der Rosette oder die Entwickelung des Stengels abzuwarten.

Mittelst dieser Merkmale habe ich die früher mitgetheilten Zahlen über das wiederholte Auftreten der *O. nanella* aus *O. Lamarckiana* und anderen neueren Arten erhalten. Ich stelle jetzt diese Ergebnisse mit den in einigen anderen Culturen erhaltenen wiederum zusammen, um dadurch eine Einsicht in die Häufigkeit der *Nanella*-Mutationen zu erlangen. Die Thatsache, dass sie jährlich auftreten, und in um so grösserer Menge, je umfangreicher die Saaten waren, geht aus den Stammbäumen in § 2—7 ohne Weiteres hervor; darauf habe ich hier somit nicht mehr zurück zu kommen.

Durch Mutation entstandene Individuen von *O. nanella*.

I. Aus *Oenothera Lamarckiana*.

Die *Lamarckiana*-Exemplare waren entstanden:	Jahr	Keimlinge Gesammtzahl	*Nanella*	°/₀ *Nanella*
In der *Lamarckiana*-Familie . . .	1889—1899	50 000	158	0·3
In dem Nebenzweig derselben . .	1895	10 000	111	1·1
Aus der *Laevifolia*-Familie . . .	1889	400	12	3·0
Aus verschied. Kreuzungen (S. 212)	1898	4 599	26	0·6
Aus *O. scintillans*	1897—1898	1 654	15	0·9
In zweijähriger Cultur	1897	1 529	9	0·6
In buntblätteriger Cultur	1899	1 972	9	0·5
	Summa	70 154	340	0·5

Abgesehen von der *Laevifolia*-Familie, wo vielleicht besondere Umstände eingewirkt haben, ist das Verhältniss, in welchem *Lamarckiana*-Pflanzen Zwerge hervorbringen, ein ziemlich constantes, und ist es dabei namentlich gleichgültig, ob die Exemplare von reiner Abstammung oder aus Kreuzungen entstanden sind.

Diese Folgerung findet eine weitere Stütze, wenn wir das Auftreten der *Nanella* in den Aussaaten solcher Samen vergleichen, welche unmittelbar aus Kreuzungen hervorgegangen waren, d. h. also, welche sich in der ersten Generation nach der Kreuzung zeigten, während die Mutanten der vorigen Tabelle der zweiten Generation nach der Kreuzung angehörten, soweit es sich um Kreuzungen oder freie Bestäubung (*O. laevifolia*) handelt.

Durch Mutation entstandene Individuen von *O. nanella*.

II. Aus Kreuzungen.

Kreuzung:	Jahr	Gesammtzahl	Keimlinge *Nanella*	°/₀ *Nanella*
O. Lam. × *O. biennis*	1900	80	1	1·0
O. lata × *O. biennis*	1899	299	2	0·7
O. Lam. × *O. brevistylis*	1898	293	5	1·7
O. Lam. × *O. gigas*	1899	100	2	2·0
O. Lam. × *O. scintillans*	1899	112	1	1·0
O. lata × *O. Lam.*	1900	2000	3	0·2
„ × „	1895—1900	2387	26	1·1
O. lata × *O. brevistylis*	1896—1899	425	6	1·4
	Summa	5696	46	0·8

Vergleichen wir diese Zahlen mit den für die anderen neuen Arten bisher mitgetheilten, so finden wir eine grosse Uebereinstimmung mit den von *O. oblonga* (etwa 1 %), und wir dürfen somit schliessen, dass die *O. nanella* zu den häufigeren Formen gehört. Von den später zu besprechenden Typen reiht sich diesen nur noch die *O. lata* an, und vielleicht ist ihnen die in sehr wechselnder Menge auftretende *O. albida* an die Seite zu stellen. Diesen gegenüber bilden die *O. rubrinervis*, *O. gigas* und *O. scintillans* die selteneren Mutationen, während *O. semilata* und die übrigen weniger wichtigen Typen eine dritte Gruppe sehr seltener Umwandlungen darstellen.

Aus anderen neuen Arten entstand die *O. nanella* in ungefähr gleichen Verhältnissen; aus *O. leptocarpa* im Jahre 1896 zu 0·4 %, aus *O. scintillans* in verschiedenen Versuchen von 1896—1899 auf 7872 Keimpflanzen in 29 Individuen, also gleichfalls zu 0·4 %.

Die *Nanella*-Mutanten sind sofort bei ihrem ersten Auftreten völlig constant und samenbeständig. Etwa 400 solcher Exemplare ohne gleichförmige Vorfahren habe ich im Laufe der Jahre beobachtet; sie gehörten alle einem und demselben, in allen Merkmalen leicht zu erkennenden Typus an. Sie bilden offenbar zusammen eine Art, obgleich ihre sämmtlichen Eltern und Grosseltern dieser Art nicht angehörten.

Ueber die Samenbeständigkeit habe ich bereits in § 3 S. 167 die wichtigsten Thatsachen mitgetheilt. Es erübrigt aber noch, die dort kurz erwähnten Versuche weiter auszumalen.

Ich habe über die Constanz der *O. nanella* vier Versuchsreihen gemacht. Den ersten Versuch fing ich 1889 an, mit den 12 auf S. 192 erwähnten Mutanten der *Laevifolia*-Familie. Da ich damals die Pergaminbeutel nicht kannte, habe ich meine Pflanzen, obgleich sie jedesmal auf einem möglichst isolirten Beete standen, nicht völlig gegen Insectenbesuch beschützen können. Somit war eine Entscheidung über völlige Constanz noch nicht möglich. Dennoch zeigte sich der Zwergtypus in hohem Grade erblich. Die ersten Samen gewann ich 1890, da die Pflanzen erst im zweiten Jahre ihre Blüthen öffneten. Ich erhielt daraus 20 Exemplare, von denen 18 Zwerge waren; sie blühten in demselben Sommer und trugen sämmtlich Samen. Mit diesem besäte ich 1892 ein Beet von etwa 4 Quadratmetern (6 ccm Samen). Diese ganze Cultur bestand fast ausnahmslos aus Zwergen. Von jetzt an blühten die Pflanzen regelmässig im ersten Sommer, und hatte ich somit 1893 die vierte und 1894 die fünfte Generation. Die dritte umfasste 400 Pflanzen und war wiederum so gut wie ganz rein; in ihr befruchtete ich einige Exemplare in Pergaminbeuteln mit ihrem eigenen Pollen. Demzufolge trat nun 1894 völlige Reinheit ein. In einer Cultur von 440 Pflanzen, von denen ein grosser Theil im August und September blühte, trugen jetzt alle den Zwergtypus.

Ferner habe ich diese Cultur nicht fortgesetzt, da es mir wichtiger schien, mit neuen Mutanten zu arbeiten, und somit die Constanz in der ersten Generation genau zu prüfen.

Ich benutzte dazu die im Jahre 1895 in der *Lamarckiana*-Familie und deren Nebenzweig neu auftretenden *Nanella*. Von den ersteren befruchtete ich zwölf, von den letzteren acht unter Ausschluss des Insectenbesuches mit ihrem eigenen Blüthenstaub. Ich sammelte ihre Samen getrennt, säte sie im nächsten Frühling ebenso aus, und verpflanzte die Keimlinge nach etwa einem Monat, und zwar sämmtlich, ohne Wahl und ohne Ausnahme. Sie kamen dabei in Holzkästen mit gedüngter Erde und hatten hinreichenden Raum, um sich zu Rosetten, wie Fig. 79 *A* (S. 260), auszubilden. Einzelnen, welche etwas zu dicht standen und den Typus von Fig. 79 *B* zeigten, liess ich, nachdem sie von den umstehenden befreit waren, die Zeit, um ihre Blätter wie *A* auszubreiten. Die Zählungen fanden somit zu verschiedenen Zeiten, aber alle im Laufe des Juni statt.

Die zwanzig Samenträger von 1895 stammten aus den Samen von neun verschiedenen *Lamarckiana*-Pflanzen, von denen fünf der dritten (S. 157) und vier der zweiten Generation (S. 184) angehörten. Die zwanzig Mutanten selbst gehörten also dem vierten und dritten Geschlechte an. Ich bezeichne mit *Lam.* die Grossmütter, mit *Nan.* die Mütter oder Mutanten, mit *K.* die aus ihren Samen erhaltenen Keimpflanzen. Die Buchstaben *A—E* bedeuten somit die fünf *Lamarckiana*-Pflanzen der dritten, *L—O* die vier der zweiten Generation; ihre Kinder sind die *Nanella*-Mutanten (Spalte *Nan.*), deren Samen ich aussäte. Diese Kinder sind in der betreffenden Spalte für jede Mutter besonders nummerirt.

Oenothera nanella.

Nachkommenschaft der Mutanten aus der dritten, dritten, zweiten *Lamarckiana*-Generation.

Lam.	*Nan.*	K.	*Lam.*	*Nan.*	K.	*Lam.*	*Nan.*	K.
A	Nr. 1	277	*C*	Nr. 1	30	*L*	Nr. 1	55
A	„ 2	124	„	2	21	„	„ 2	99
B	„ 1	89	*D*	„ 1	80	„	„ 3	302
„	„ 2	66	*E*	„ 1	38	„	„ 4	22
„	„ 3	292		2	71	*M*	„ 1	30
„	„ 4	68				*N*	„ 1	339
„	„ 5	34				*O*	„ 1	105
						„	„ 2	321
	Summa	950		Summa	240		Summa	1273

Zusammen also 2463 Keimpflanzen, welche sämmtlich, ohne Ausnahme, *O. nanella* waren.

Es darf hieraus wohl gefolgert werden, dass auch die übrigen *Nanella*-Mutanten von 1895, falls ich ihre Samen gesammelt und ausgesät hätte, sich als constant ergeben haben würden.

Inzwischen war es mir bei diesen umfangreichen Aussaaten klar geworden, dass die Zwerge bereits in einem früheren Stadium, und zwar in den Keimschüsseln selbst, vor dem ersten Verpflanzen, gezählt und beurtheilt werden konnten. Und da gerade das Verpflanzen in solchen Versuchen die meiste Arbeit macht, und wegen der Gefahr von Verwechselungen keinem Gehülfen überlassen werden darf, so eröffnete sich die Aussicht, die Beurtheilung der Constanz in grösserem Maassstabe vorzunehmen.

Ich benutzte hierzu zunächst die S. 184 erwähnten *Nanella*, welche im Jahre 1896 aus Samen aufgingen, welche während eines Jahres in der Erde verweilt hatten. Solche Pflanzen hatte ich auch aus der S. 157 erwähnten Hauptcultur, obgleich sie dort nicht aufgeführt wurden. Ich befruchtete 38 Exemplare in Pergamin mit dem eigenen Blüthenstaub. Es waren somit sämmtlich Mutanten aus *Lamarckiana*, und zwar theils mit drei, theils mit zwei Generationen von hohen Vorfahren. Ihre Samen erntete und säte ich getrennt; die Keimpflanzen zählte ich im Fig. 78 *B* abgebildeten Stadium. Etwaige zweifelhafte liess ich sich dann noch weiter entwickeln. Von 20 Samenträgern hatte ich je über 300 Keimlinge, von allen im Mittel etwa 500, als Maximum 860 und nur in drei Fällen weniger als 100.

Die ganze Summe der Keimlinge betrug 18 649, sie waren ohne Ausnahme Zwerge. Drei von ihnen waren gleichzeitig *oblonga* und eine gleichzeitig *elliptica*.

Die 38 Samenträger dieses zweiten Versuches ergaben sich somit, wie die 20 der ersten Probe, als völlig constant.

Es schien mir wichtig, nun auch eine *Nanella* anderer Herkunft auf ihre Constanz zu prüfen. Ich wählte dazu zwei Pflanzen aus einer *Scintillans*-Familie. Diese Familie entspringt dem Nebenzweig der *Lamarckiana*-Gruppe (S. 184) und zwar dem einzigen dort erwähnten Individuum. Dieses war zweijährig und blühte somit in 1896. Von seinen selbstbefruchteten Samen säte ich einen Theil 1898 und befruchtete die *Scintillans*-Pflanzen wiederum mit ihrem eigenen Pollen. Aus diesen Samen erhielt ich neun Exemplare von *Nanella*, welche ich auspflanzte und mit sich selbst befruchtete. Aber nur zwei von ihnen lieferten Samen. Sie hatten somit zwei Generationen von *Scintillans* und vor diesen zwei Generationen von *Lamarckiana* als Vorfahren.

Die Pflanzen waren sehr schwach gewesen; ihre Ernte war eine sehr dürftige. Es keimten nur 22 bezw. 42 Samen, zusammen also 64. Diese waren aber sämmtlich *Nanella* und bewiesen damit, dass die Zwerge, auch wenn sie aus einer anderen neuen Art entstehen, doch in der ersten Generation nicht nur dieselben sichtbaren Merkmale tragen, sondern auch ebenso gut samenbeständig sind, als diejenigen, welche unmittelbar aus der *Lamarckiana* hervorgehen.

Um die späteren Generationen auf ihre Constanz bei künstlicher Selbstbefruchtung zu prüfen, habe ich den zweiten oben genannten Versuch als Ausgangspunkt gewählt (S. 263). Aus den dort genannten 2463 Exemplaren wurden einige als Samenträger ausgesucht und mit sich selbst befruchtet. Von vier unter ihnen wurden 1897 die Samen ausgesät; sie lieferten 94, 135, 154 und 164, zusammen also 547 Keimpflanzen, welche ohne Ausnahme Zwerge waren, als sie im Juli, als kräftige Rosetten, beurtheilt wurden. Von diesen Pflanzen liess ich etwa hundert zur Blüthe gelangen und befruchtete darunter wiederum einige mit ihrem eigenen Blüthenstaub. Aus ihren Samen hatte ich 1898 die vierte *Nanella*-Generation, welche wiederum völlig constant war und von der ich auch dieses Jahr etwa 100 Exemplare zur Blüthe gelangen liess. Auch die fünfte und sechste Generation (1899 und 1900) waren völlig constant; aus der grossen Zahl ihrer Keimlinge (etwa 400 in 1900) erzog ich 70 bezw. 30 Exemplare für Blüthe und Samenernte.

Die dritte bis sechste Generation, welche zusammen über tausend Pflanzen umfassten, boten somit keinen einzigen Fall von Atavismus. Die neue Art ist also als völlig constant zu betrachten.

Diese Constanz erleidet aber insoweit eine Ausnahme, als die *Nanella* das Vermögen, zu mutiren, von ihrer Mutterart geerbt hat. Sie bringt dann Individuen hervor, welche zwar *Nanella* sind, dazu aber noch die Merkmale irgend einer der übrigen abgeleiteten Arten tragen.

Und umgekehrt kommt es von Zeit zu Zeit vor, dass aus anderen neuen Arten Zwerge auftreten, welche dann gleichfalls die Merkmale der beiden Typen mit einander verbinden. Man hat dann die Anfänge von Arten zweiten Grades, welche den früher behandelten Culturvarietäten zweiter und dritter Ordnung entsprechen.[1]

Solche Combinationen treten theils in reinen Culturen, theils nach Kreuzungen auf. Ich habe bis jetzt die folgenden Fälle beobachtet.

[1] Vergl. z. B. *Scabiosa atropurpurea nana purpurea* u. s. w. auf S. 139.

Am häufigsten traten Zwerge auf, welche gleichzeitig die Charaktere der *Lata*, und zwar in voller Ausbildung trugen. Die ersten beobachtete ich 1892 in meiner *Nanella*, welche damals, wie oben beschrieben, übrigens schon constant war. Es waren drei Exemplare, welche wie die anderen einjährig waren, in Mitten dieser blühten und mit ihrem Pollen befruchtet wurden. Sie trugen einige Früchte mit wenigen Samen. Sie erreichten eine Höhe von 25 cm und waren bereits vor der Blüthe als *Nanella-lata* zu erkennen. Ihre breiten, abgerundeten Blätter, die gedrungene Inflorescenz mit den breiten Bracteen, ihre dicken, geschwollenen Blüthenknospen und gerunzelten Blumen waren ganz so, wie bei der echten *Lata*. Aus den *nanella*-befruchteten Samen gingen aber nur gewöhnliche *Nanella*-Pflanzen auf.

Im Sommer 1896 hatte ich nochmals aus Samen künstlich mit sich selbst befruchteter *Nanella* eine *Nanella-lata*, welche genau mit denen von 1892 übereinstimmte.

In den Jahren 1898 und 1899 trat dieselbe Combination aus Samen zum Vorschein, welche durch Kreuzungen erhalten worden waren, und zwar einerseits aus *O. Lamarckiana* × *O. nanella*, andererseits aus *O. lata* × *O. nanella*. In der erstgenannten Cultur gab es zwei solche Exemplare (1898) auf etwa 100 Zwergen, in der anderen (1899) nur eins auf 133 *Nanella*- und 79 *Lata*-Pflanzen. Die letztere Cultur war ausschliesslich zu dem Zwecke vorgenommen worden, um zu versuchen, durch Kreuzung der beiden fraglichen Formen die Combination hervorzurufen. Es gelang dies zwar, und auch mit der gleichzeitigen vollen Ausbildung der Merkmale beider Eltern, aber nur in diesem einzigen Exemplare.

Ausser *Nanella-lata* habe ich noch die folgenden Combinationen beobachtet:

Combinationstypen von *Oenothera nanella.*

Aus Samen von:	Combination:	Jahr
O. Lamarckiana × *O. nanella*	*O. nanella-oblonga*	1898
O. lata × *O. nanella*	*O. nanella-albida*	1899
„ „	*O. nanella-elliptica*	1899
„ „	*O. nanella-scintillans*	1899
O. nanella	*O. nanella-oblonga*	1897
O. scintillans	*O. scintillans-nanella*	1899
O. gigas	*O. gigas-nanella*	1897
O. Lamarckiana	*O. nanella-elliptica*	1889

Es geht aus dieser Aufzählung hervor, dass die Zwergmerkmale sich mit denen der verschiedenen anderen neuen Arten verbinden können. Und andererseits verbinden sich diese unter einander, falls je, in noch viel geringerem Maasse. In dieser Hinsicht verhält sich die *Nanella* somit in abweichender Weise, und dieses hängt vermuthlich damit zusammen, dass sie auch ihrer sonstigen Natur nach jenen anderen gegenübersteht.

Fasst man, nach den im Anfang dieses Paragraphen gegebenen Auseinandersetzungen, die *Nanella* als Varietät auf, so kann man sagen, dass diese Varietät ebenso gut von den neuen elementaren Arten meiner Cultur, als von der *O. Lamarckiana* selbst vorkommen kann. Es ist dabei zu bemerken, dass ausser *O. nanella-lata* von den sechs erwähnten Combinationen nur eine durch Samen von *Nanella*-Eltern hervorgebracht worden ist.

Es erübrigt noch, Einiges über die Blüthen der Zwerge nachzutragen (Fig. 77 S. 256).

Die Blüthen der Zwerge sind im Verhältniss zu den kleinen Pflanzen auffallend gross, namentlich auf kräftigen zweijährigen Individuen. Auf diesen erreichen sie nahezu dieselbe Grösse wie bei den hohen *O. Lamarckiana*. Auf den einjährig blühenden Exemplaren (Fig. 77) sind sie meist etwas kleiner, der Schwäche des ganzen Pflänzchens entsprechend. Die Petalen erreichen oft nur $2^1/_2 \times 4$ cm, gegen 3×5 cm bei der *Lamarckiana*.

Fig. 80. *Oenothera nanella.* Blüthenknospen am Gipfel des Stengels. Daneben die häufigsten Missbildungen solcher Knospen.

Auf einjährigen Exemplaren sind die Blüthen vielfach unvollständiger Ausbildung ausgesetzt. Aber meist nur eine oder wenige Blumen pro Pflanze. Bisweilen fehlt der Blüthenstaub oder er ist nur in spärlicher Menge entwickelt; ziemlich oft können die Narben sich nicht öffnen und bleiben somit zu einem vierseitig-conischen Gebilde zusammengefügt. Dieses Gebilde ist oft nur sehr klein und so schwach, dass es vor der Bestäubung sich schwärzt und vertrocknet. Oder der Griffel ist zu kurz, bisweilen kaum aus der Blüthenröhre hervorragend.

Sehr auffallend ist der schiefe Stand der Blüthenknospen auf den Kelchröhren (Fig. 80). Die Kelchzipfel mitsammt der Krone sind dann an ihrem Grunde gebogen; im ersteren Fall derart, dass sie senkrecht auf der Röhre stehen. Das Oeffnen des Kelches ist dadurch erschwert und geht in abnormaler, oft mangelhafter Weise vor sich. Die Blumenblätter entfalten sich unvollständig und die Geschlechtstheile sind meist mehr oder weniger steril.

Alle diese Abweichungen sieht man namentlich an den untersten Blüten der Traube, zumal wenn die Pflanze bereits bei einer Stengelhöhe von 10—15 cm zu blühen anfängt. Aber auch bei der gewöhnlichen *Lamarckiana* misslingen oft mehrere von den untersten Blüthen. Wächst die *Nanella* durch diese Periode hindurch und wird sie dabei auffallend kräftiger, so bildet sich nach einer kürzeren oder längeren blüthenlosen Zwischenstrecke in der Traube meist eine volle und schöne Krone grosser Blumen aus. Diese erhebt sich auf dem dürren, wenig beblätterten blüthenlosen Stengeltheil hoch über die untere Hälfte der Inflorescenz empor. Aber bei Weitem nicht alle Individuen werden hinreichend stark, um solches zu erreichen.

Handelt es sich somit darum, die Zwerge in möglichst schöner Entwickelung und voller Blüthenpracht zu cultiviren, so empfiehlt es sich, sie stets durch späte Aussaat zu zweijährigen Exemplaren zu erziehen.

C. Die nicht constanten jüngeren Arten.

§ 19. Oenothera scintillans.

(Tafel V.)

Soviel man weiss, sind die Arten in der Natur constant. Und dasselbe gilt von den elementaren Arten und den meisten sogenannten Varietäten. Zwar meinten die älteren Systematiker, wie Koch, Spach und viele Andere, gerade durch den Mangel an Samenbeständigkeit die Varietäten von den Arten unterscheiden zu können. Aber in ihren zahlreichen diesbezüglichen Versuchen haben sie nur selten die Blüthen gegen Insektenbesuch geschützt und somit Kreuzungen ausgeschlossen. Nimmt man diese Fürsorge, so sind wenigstens viele Varietäten ebenso samenbeständig wie die Arten.

Die allgemeine Ueberzeugung von der Constanz der Arten hat dazu geführt, diese Eigenschaft als zum Wesen der Art gehörig zu betrachten. Und von diesem Standpunkte aus wäre es ein Widerspruch, von nichtconstanten Arten zu reden.

Ein solcher Widerspruch besteht aber nur für die Anhänger der herrschenden Selectionslehre. Die Mutationstheorie hebt auch diese Schwierigkeit auf. Mangel an Constanz ist offenbar eine der nachtheiligsten Eigenschaften, welche eine Art besitzen kann, und die

Selectionslehre, welche ja nur die Ausbildung nützlicher Eigenschaften erklären kann, muss selbstverständlich einen solchen Fall durchaus verwerfen.

Nach der Mutationstheorie kann jede Art, wenn sie nur nicht so schwach ist, dass sie überhaupt nicht bestehen und sich fortpflanzen kann, wenigstens eine Zeit lang sich neben der Mutterart behaupten. Und die *Oenothera brevistylis* (II, § 11), welche fast keine Samen bildet und sich dennoch seit 1887 auf dem wilden Fundort zwischen der *O. Lamarckiana* behauptet, beweist die Berechtigung dieser Auffassung. Ohne Zweifel wird sie später einmal, wenn der Kampf um's Dasein sie zu sehr beengen wird, der *Lamarckiana* unterliegen oder im Kampf gegen andere Gewächse verschwinden, während diese siegt. Aber wenn die Lebensbedingungen solche bleiben, wie sie bis jetzt waren, ist wenigstens die Möglichkeit gegeben, dass die *O. brevistylis* sich fortwährend zwischen der *Lamarckiana* behauptet.

Man kann sich aus dieser Schwierigkeit heraushelfen, wenn man sich entschliesst, nur solche Formen Arten zu nennen, welche den Kampf um's Dasein in der Natur siegreich bestanden haben. Eine solche Beschränkung ist aber eine völlig willkürliche und nur dazu geeignet, die ohnehin schwierige Frage auf diesem Gebiete noch mehr zu verwickeln.

Auf Grund der Mutationslehre ist es viel einfacher, die Möglichkeit zu erkennen, dass Arten entstehen, welche auf die Dauer nicht existenzfähig sind. Die Mutabilität ist ja eine allseitige (I, § 26, S. 139), sie wird von der grösseren oder geringeren Zweckmässigkeit ihrer Producte in keiner Weise beeinflusst. Sie bringt einfach deren viele hervor, es dem Kampf um's Dasein überlassend, darunter zu wählen, was existenzfähig und tüchtig ist. Aber der Kampf um's Dasein wählt in dem einen Falle das Eine, im anderen das Andere, je nach den gerade obwaltenden Lebensbedingungen. Was zum Schlusse überlebt, ist nicht principiell, sondern nur quantitativ von den verschwindenden Formen verschieden.

Die Mutationstheorie lässt somit die Möglichkeit einer Production auch solcher Typen zu, welche aus irgend einem Grunde früher oder später wieder zu Grunde gehen werden, ohne je einen wesentlichen Antheil an der Flora oder der Fauna eines Landes genommen zu haben. Die Ursachen dieses Verschwindens aber können hauptsächlich drei sein: 1) Sterilität oder doch ungenügende Fertilität, 2) individuelle Schwäche, 3) unvollkommene Samenbeständigkeit.

Und es liegt gar kein Grund vor, zu erwarten, dass mehr existenzfähige als existenzunfähige Arten entstehen sollten.

In meinen Culturen sind, neben krättigen (*O. gigas* und *O. rubrinervis*) und schwächeren Arten (*O. oblonga* und *O. albida*), auch eine Reihe solcher entstanden, welche entweder steril oder, bei völliger Fertilität, nicht samenbeständig waren. Wären nicht alle Arten auf Erden vorübergehend, so würde ich vorschlagen, sie vorübergehende zu nennen. Jetzt nenne ich die eine Gruppe die inconstanten, die andere die infertilen Arten.

Beide können im Freien auf die Dauer nicht bestehen. Unter den Arten, welche die gewöhnliche Durchforschung der Natur uns kennen lehrt, müssen sie also nothwendiger Weise fehlen. Nur wenn man eine Art in einer Mutationsperiode untersuchen kann, hat man Aussicht, solche Typen neben ihr anzutreffen.

Ich behandle zunächst einige Typen inconstanter Arten und fange mit der am ausfürlichsten untersuchten unter ihnen an.

Es ist dieses die *Oenothera scintillans*, welche auf Tafel V und in Fig. 47 auf S. 171 abgebildet wurde. In § 3 dieses Abschnittes habe ich bereits mitgetheilt, dass, nach sorgfältiger künstlicher Befruchtung mit dem eigenen Blüthenstaub, unter Ausschluss jeglichen Insectenbesuches, aus ihren Samen drei verschiedene Formen hervorgehen.[1] Sie bilden theils wiederum *O. scintillans*, theils *O. oblonga*, theils *O. Lamarckiana*. Und zwar in ziemlich festen Verhältnissen, das eine Mal etwa 35—40 %, das andere Mal etwa 70 % *Scintillans* hervorbringend.

Um die Folgen dieser Inconstanz berechnen zu können, ist zunächst die Frage zu beantworten, wie sich die folgenden Generationen verhalten werden. Ich werde darüber unten einige Versuche mittheilen; sie lehren, dass die *O. oblonga* und *O. Lamarckiana* ebenso constant sind, als wenn sie aus dem Hauptstamme der *Lamarckiana*-Familie ohne Vermittelung von *O. scintillans* hervorgegangen wären. Die *Scintillans*-Exemplare verhalten sich dagegen bei Selbstbefruchtung wie ihre Mütter; sie spalten sich in ihren Samen in derselben Weise wie diese.

Welche wird nun die Zusammensetzung der auf einander folgenden Generationen sein? Wir setzen dabei voraus, dass sie sich selbst befruchten, aber dass keine Auswahl stattfindet, und stellen ferner behufs einer Berechnung in runden Zahlen die Anzahl der *Scintillans*-Pflanzen jedesmal auf etwa ein Drittel der ganzen Generation. Den Umfang der Generationen beschränken wir stets auf 1000 Pflanzen. Es werden dann offenbar enthalten[2]:

---

[1] Für die Erklärung dieser Erscheinung vergleiche man den zweiten Band.

[2] Die $x$te Generation muss dann $(^1/_3)^x$ *Scintillans*-Pflanzen enthalten.

	Scintillans	*Lamarckiana + Oblonga*
1. Generation	333	667
2. „	111	222 + 667 = 889
3. „	37	74 + 889 = 963
4. „	12	25 + 963 = 988
5. „	4	8 + 988 = 996
6. „	1	3 + 996 = 999
7. „	0	1000

Nach sieben Generationen würde die *Scintillans* auf einem Fundorte von etwa 1000 Pflanzen somit ausgestorben sein, wenn keine Wahl stattgefunden hätte. Im vorliegenden Fall aber würde eine solche Wahl den Process wesentlich beschleunigen, da die *Scintillans*-Pflanzen so viel schwächer sind als die *Lamarckiana.*

Es ist somit klar, dass die Eigenschaft, neben solchen Kindern, welche den Eltern gleichen, noch andere, aber constante Typen hervorzubringen, eine Art früher oder später, aber unvermeidlich, zum Verschwinden bringen muss.

Sind die constanten Nebentypen in jeder Generation in geringerer Anzahl vertreten, wie bei der *O. scintillans* mit etwa 70 % Erben (S. 173), so wird es längere Zeit dauern, bis die Form verschwindet, aber verschwinden muss sie doch.[1] Nur wenn sie ihren Nebenproducten an individueller Kraft weit überlegen wäre, würde sie diese offenbar jedesmal unterdrücken können. Sie käme dann in dieselbe Lage, in der sich die *O. Lamarckiana* augenblicklich selbst auf dem wilden Fundort den aus ihr entspringenden Arten gegenüber befindet.

Das Mitgetheilte giebt eine einfache Erklärung von dem Mangel (oder der grossen Seltenheit?) nichtconstanter Arten in der Natur. Denn es ist gar nicht erforderlich anzunehmen, dass solche nicht entstehen könnten oder nicht vielleicht häufig entstünden. Es genügt der Nachweis, dass sie auf die Dauer sich nicht behaupten können. Sich selbst überlassen, sind sie nach wenigen Jahren auf 1 % oder gar 1 ‰ der Gesammtanzahl ihrer eigenen Nachkommenschaft reducirt, um bald darauf gänzlich zu erlöschen. Nur wenn sie fortwährend oder doch von Zeit zu Zeit neu hervorgebracht werden, also in der Mutationsperiode ihrer Mutterart, werden sie sich behaupten können.

Existenzunfähige Typen können somit nach der Mutationstheorie auftreten und wieder verschwinden, und die

[1] Die 12. Generation wird die Form auf etwa 1 % herabbringen, die $x$te im Allgemeinen auf $(^7/_{10})^x$.

Erfahrung bestätigt auch hier die Theorie. Für die Selectionstheorie aber dürften solche Fälle wohl unübersteigliche Schwierigkeiten bilden.

Nach diesen Auseinandersetzungen komme ich jetzt zu der speciellen Behandlung unseres ersten Beispiels, der *O. scintillans*, und knüpfe zunächst an die Abbildungen Fig. 47 und Tafel V an. Diese stellen die blühenden Gipfel einjähriger Exemplare dar und fallen sofort durch die langen, spitzen, knospentragenden Internodien oberhalb der blühenden Blüthen auf. Dieses Merkmal bestimmt den Habitus der Pflanzen vom Juli bis spät in den Herbst, während bei den

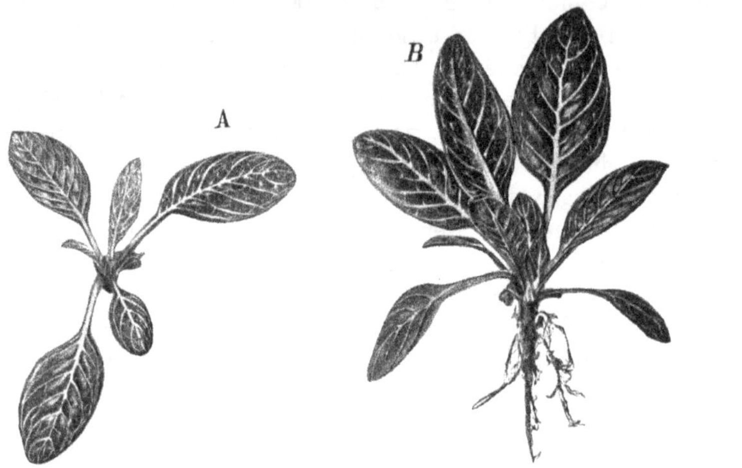

Fig. 81. *Oenothera scintillans. A* Junge Pflanze mit 6 Blättern oberhalb der Cotylen. *B* Junge Rosette im Alter von zwei Monaten.

meisten anderen Arten die Blüthenknospen nicht erheblich über die Krone leuchtender Blumen hervorragen. Auch sind die Bracteen in diesem Theile verhältnissmässig gross, der jüngste Stengeltheil somit stark beblättert.

Die Blüthen sind wesentlich kleiner als bei der *O. Lamarckiana*, was aber ohne Zweifel auf die allgemeine Schwäche der Pflanze zurückgeführt werden muss. Sonst ist der Bau der Blüthe derselbe wie bei der Mutterart; namentlich reichen die Narben über die Antheren hinaus und befruchten die Blumen sich somit nur ausnahmsweise selbst. Der Blüthenstaub ist in seiner Entwickelung in hohem Grade von äusseren Einflüssen abhängig. Oft ist er sehr reichlich, oft sehr spärlich, bisweilen fehlt er völlig. Diese Variationen findet man auf derselben Pflanze; sie scheinen hauptsächlich von der Temperatur abzuhängen, indem bei warmer Witterung der Pollen zurückgeht. Bei künstlicher Befruchtung in Pergaminbeuteln, an heissen Tagen in voller Sonne, habe ich durch die schlechte Ausbildung des Pollens manche Frucht verloren, da die Blume nicht hinreichenden Staub enthielt, um Samen anzusetzen.

Die einjährigen Individuen sind nur wenig verzweigt und fangen bereits bei $^1/_2$ Meter Höhe oder noch weniger zu blühen an. Ihre Seitenzweige tragen sie auf einer kleinen Strecke dicht unterhalb der blühenden Region, und auf ihnen bilden sich meist erst gegen Ende September oder noch später einzelne Blüthen aus. Die zweijährigen Exemplare sind meist stärker verzweigt, oft, wenn der Vegetationspunkt im Winter erfror, einen Kranz von Nebenstengeln bildend. Sie sind in jeder Hinsicht kräftiger und tragen namentlich grössere Früchte mit besseren Samen.

Fig. 82. *Oenothera scintillans.* Eine Rosette von Wurzelblättern. Ende Juni.

Glänzende, dunkelgrüne, glatte, schmale Blätter bilden das eigentliche Merkmal dieser Art.

Die Wurzelrosetten der jungen Pflanzen (Fig. 81 und 82) fallen sofort durch diese Eigenschaften auf und sind leicht von den Individuen anderer beigemischter Arten zu trennen (Fig. 52 auf S. 207). Anfangs sind die Blätter noch nicht sehr schmal, dieses tritt eigentlich erst nach 2—3 Monaten deutlich ein, prägt sich dann aber im Sommer allmählich stärker aus, sowohl wenn die Pflanzen Rosetten bleiben, als auch wenn sie Stengel treiben. Der Mittelnerv ist breit und ebenso wie der Blattstiel blassgrün, fast weisslich, ohne Spur von rother Farbe. Die Blätter der erwachsenen Rosetten sind langgestielt, etwa vier Mal so lang wie breit, oder noch schmäler. Buckel fehlen ihnen, ebenso der grünlichweisse Ueberzug der *O. albida* und der *O. rubrinervis*; sie sind meist völlig glatt und durch ihre dunkelgrüne Farbe gänzlich von der *Lamarckiana* verschieden. Ueberhaupt hat die *Scintillans* mit dieser, abgesehen von den Blüthen, fast keine Aehnlichkeit.

Die Stengelblätter (Fig. 54 S. 209) stimmen mit den Wurzelblättern in den wesentlichen Punkten überein und bedürfen deshalb keiner besonderen Beschreibung.

In Bezug auf das Auftreten durch Mutation gehört die *O. scintillans*, mit *O. gigas* und *O. semilata*, zu den seltensten Typen. Sie trat im Ganzen 14 Mal als Mutante auf. Obgleich die meisten dieser Fälle bereits oben erwähnt sind, lohnt es sich doch, sie hier zusammenzustellen.

Oenothera scintillans.

Durch Mutation entstandene Individuen.

Entstanden:	Jahr	Keimlinge Gesammtzahl	Keimlinge *O. scintillans*	Samen tragend
Aus *O. lata*	1888	—	1	1 (2)
In der *Lamarckiana*-Familie .	1895	14 000	1	0
	1896	8 000	6	2 (2)
	1897	1 800	1	0
Im Nebenzweig dieser Familie .	1895	10 000	1	1 (2)
Aus *O. Lam.*, Nebencultur . .	1897	3 000	2	0
Aus *O. lata*	1898	164	1	1 (1)
Aus *O. lata* × *O. biennis* . . .	1899	300	1	0

Wie die letzten Spalten der Tabelle angeben, gelang es mir nur von fünf dieser Mutanten, reife Früchte zu gewinnen, darunter trugen vier im zweiten (2) und nur eins im ersten Jahre Samen (1). Die übrigen gingen als Rosetten oder doch vor der Samenreife zu Grunde. Die aus diesen Samen erhaltenen Culturen sind nach ihrer procentualen Zusammensetzung auf S. 172—173 aufgeführt und sollen jetzt ausführlicher beschrieben werden.

Ich fange mit der ältesten an. Sie keimte in der S. 204 erwähnten *Lata*-Familie im Jahre 1888, war zweijährig und blühte im Juli 1889 reichlich, wurde aber der freien Bestäubung inmitten der *Lamarckiana*-Pflanzen überlassen. Sie hatte alle Merkmale, welche später sowohl in ihren Nachkömmlingen als in den übrigen Mutanten beobachtet wurden. Ich säte ihre Samen theils im Jahre 1890, theils 1894 und erhielt in beiden Jahren einige einjährig blühende *Scintillans*-Pflanzen und einige, welche Rosetten blieben. Die Rosetten von 1894 blühten 1895; die Pflanzen wurden dann in Pergaminbeuteln mit ihrem eigenen Pollen befruchtet. Es waren 14 kräftige, nahezu unverzweigte Pflanzen, welche in ihren kleinen Früchten etwa 1—3 ccm Samen pro Individuum lieferten. Die Samen wurden auf getrennte Beete ausgesät und die jungen Pflanzen Ende Juni gezählt.

Da die Samen breit ausgestreut waren und nicht reichlich aufkamen, standen die Pflänzchen weit, und hatten sie vollen Raum, ihre Merkmale schön auszubilden.

Ich zählte[1]:

	Pro Samenträger	Im Ganzen	In %
Keimpflanzen	16—52	399	—
O. scintillans	2—9	62	15
O. Lamarckiana	7—36	268	68
O. oblonga	1—11	60	15
O. lata	0—2	8	2
O. nanella	0—1	1	—

Es geht aus diesem Versuche hervor, dass jeder der 14 Samenträger bei Selbstbefruchtung aus seinen Samen die drei Hauptformen hervorbrachte. Sie thaten dieses, soweit die kleinen Zahlen es zu beurtheilen gestatteten, in nicht zu sehr von einander abweichenden Verhältnissen.

Bei dieser Cultur war die Mutante oder Urpflanze von Insecten befruchtet; die nachher aufgetretenen Mutanten habe ich aber jedes Mal, sobald sie zu blühen anfingen, in Pergaminbeuteln eingeschlossen und künstlich befruchtet. Es geschah solches zum ersten Male im Jahre 1896 mit der S. 184 erwähnten *Scintillans*-Pflanze im Nebenzweig der *Lamarckiana*-Familie. Sie bildete sechs Stengel aus den Achseln ihrer Wurzelblätter und trug reichlich Samen. Auch gelang es mir, von ihren übrigen Rosettenzweigen Stecklinge zu nehmen, diese zu überwintern und sie also im dritten Jahre zur Blüthe gelangen zu lassen. Die Samen von 1896 säte ich theils 1897, theils 1898 aus, und zwar im erstgenannten Jahre theils in Schüsseln, theils auf einem Beete im Garten. Diese drei Proben lieferten mir die folgenden Zahlen[2]:

	1897 in Schüsseln	1897 im Garten	1898 in Schüsseln
Anzahl der Keimpflanzen	572	275	165
O. scintillans	36 %	34 %	36 %
O. Lamarckiana	52 „	52 „	60 „
O. oblonga	10 „	13 „	3 „
O. lata	1 „	1 „	1 „
O. nanella	1 „	0	0

Im Sommer 1897 habe ich in dieser Cultur fünf *Lamarckiana*-Exemplare mit ihrem eigenen Blüthenstaub künstlich befruchtet,

[1] Vergl. S. 172, die erste Tabelle.

[2] Vergl. auf S. 172 die dritte Tabelle.

Sie trugen je 12—13 ccm Samen, von denen ein Theil im nächsten Jahre ausgesät wurde, und zwar theils im Garten, theils in Schüsseln. Es gingen im Garten 117, in den Schüsseln 1079 Pflanzen auf. Unter diesen war kein einziges Exemplar der *Scintillans*. Es waren fast nur *Lamarckiana*-Pflanzen, aber mit einer nicht unerheblichen Anzahl von Mutanten. Diese waren auf dem Beete: 4 *O. rubrinervis*, 3 *O. lata*, 1 *O. nanella*, 1 *O. albida* und dazu 2 *O. oblonga*. In den Schüsseln nur *O. nanella* und zwar in sieben Exemplaren. Die aus *O. scintillans* hervorgehenden *Lamarckiana*-Pflanzen sind somit samenbeständig, haben aber die Mutabilität der ursprünglichen *Lamarckiana*, somit ihrer Grosseltern, zurückerlangt.

Eine Spaltung in *Lamarckiana*, *Scintillans* und *Oblonga* bei der Fortpflanzung, wie sie für die *Scintillans*-Exemplare normal ist, fehlt aber den *Lamarckiana*-Individuen derselben Aussaaten.

Von den aufgezählten Mutanten haben *O. rubrinervis*, *O. lata* und *O. nanella* in demselben Sommer geblüht.

Es entstand jetzt die sehr wichtige Frage, wie sich die *Scintillans*-Exemplare selbst bei künstlicher Selbstbefruchtung verhalten würden. Ich habe zu diesem Zweck in der Cultur von 1898 etwas über 50 Pflanzen dieser Operation unterworfen und ihre Samen getrennt geerntet und ausgesät. Sämmtliche Keimpflanzen wurden in der Jugend ausgepflanzt, um ihnen hinreichenden Raum für die Entfaltung der Rosetten zu geben, und anfänglich unter Glas gehalten. Das Zählen der Rosetten fand im Alter von 2—3 Monaten von Mitte Mai bis Mitte Juni statt (vergl. Fig. 82). Es wurden im Ganzen etwa 5850 Rosetten beurtheilt, welche von 42 Müttern abstammten (die Saaten, welche pro Mutter weniger als etwa 50 Keimpflanzen enthielten, wurden zwar gezählt, aber von den Berechnungen ausgeschlossen). Es kamen also im Mittel etwa 140 Exemplare pro Mutter.

Die Anzahl der *Scintillans*-Exemplare wechselte selbstverständlich in den Aussaaten sehr, namentlich auch wegen der geringen Anzahl der gezählten Exemplare. Ich habe für jede Mutter die procentische Anzahl bestimmt und bringe diese Werthe in Gruppen von 1—10 %, 10—20 % u. s. w. Ich fand:

	Anzahl der Mütter
7 %	1
19 „	1
21—30 %	9
31—40 „	12
41—50 „	15
51—55 „	4

Im Mittel etwa 40 %, also eine Zahl, welche mit der Erbziffer der Grossmutter (36 %) hinreichend genau übereinstimmt.

Die *Oblonga*-Exemplare betrugen in dieser Cultur 0—12 pro Mutter, im Ganzen 197. Also im Mittel etwa 3 %. Die übrigen waren, mit Ausnahme von ungefähr 1 % *O. lata* und *O. nanella*, sämmtlich *O. Lamarckiana*. Wir haben somit im Mittel:

	2. Generation	1. Generation
O. scintillans	40 %	36 %
O. Lamarckiana	56 „	60 „
O. oblonga	3 „	3 „
O. lata und *nanella*	1 „	1 „

Die Uebereinstimmung zwischen den beiden auf einander folgenden Generationen ist somit so gross, als sie bei derartigen, vielen Fehlern ausgesetzten Versuchen überhaupt nur erwartet werden darf.

Es gab vier Mütter mit 52, 52, 54, 55 % *Scintillans* auf 111, 61, 161 und 95 Keimpflanzen. Die Verhältnisszahlen sind also wohl etwas zu hoch ausgefallen; sie würden bei umfangreicherer Ernte gewiss vom Mittel weniger abweichen. Aber sie weichen ohne Zweifel ab. Bilden sie einen Fortschritt? Würde man durch Selection die Procentanzahl der Erben erhöhen können?

Mir scheint solches nicht der Fall zu sein, der ganze Fortschritt liegt wohl noch innerhalb der Grenzen der gewöhnlichen individuellen Variabilität.

Im Hauptstamm der *Lamarckiana*-Familie keimten im Jahre 1896 sechs Pflanzen von *O. scintillans* (S. 157 und S. 274). Von diesen gelang es mir, zwei zu überwintern und 1897 zur Blüthe zu bringen. Die Befruchtung geschah wiederum unter Ausschluss des Insectenbesuches. Die Samenernte war nur eine geringe, $^1/_2$ und 2 ccm umfassend; die Aussaat fand im März 1898 statt und zwar für die beiden Mütter getrennt.

Die eine Mutter gab 365 Keimlinge, unter denen die einzelnen Typen in denselben Verhältnissen vertreten waren, wie im vorigen Versuch.[1] Die andere gab nur etwa 200 Kinder, aber mit einer ganz anderen Zusammensetzung.[2] Es fanden sich jetzt 69 % *Scintillans*, also doppelt so viel wie in den bisherigen Versuchen. Ebenso war die Anzahl der *Oblonga* etwa verdoppelt und auf 21 % gekommen. Dem

[1] Vergl. die Zahlen in der unteren Tabelle auf S. 172.

[2] S. 173.

entsprechend war die Zahl der *Lamarckiana*-Exemplare sehr zurückgegangen (8 %), während die der Mutanten (*O. lata*, *O. nanella* u. s. w.) auf etwa 2 % geblieben war.

Es giebt somit bei der *O. scintillans* verschiedene Grade der Erbkraft, wenn wir durch dieses Wort den procentischen Gehalt an Erben (d. h. an der Mutter in den Artmerkmalen gleichen Kindern) in den Aussaaten der Samen nach Selbstbefruchtung andeuten.

Die Erbkraft kann entweder etwa 35—40 % oder etwa 69 % sein; und die letztere Zahl ist etwa doppelt so gross, wie die erstere. Sie bleibt im ersten Falle in der zweiten Generation im Wesentlichen constant und im zweiten wird bei weiterer Cultur die Grenze ebenso wenig verwischt.

Es ergiebt sich dieses aus der Fortsetzung des besprochenen Versuches (vergl. S. 173). Es wurden 1898 etwas über 30 Pflanzen mit sich selbst befruchtet; sie lieferten allerdings geringe Ernten. Von 26 unter ihnen keimte eine etwa genügende Anzahl, zusammen etwas über 2200 Exemplare, im Mittel etwa 90 Pflanzen pro Mutter. Ich bringe die für die einzelnen Mütter ermittelten Erbziffern wiederum in Gruppen:

% *Scintillans*	Anzahl der Mutterpflanzen
66—69 %	2
71—74 „	2
76—80 „	5
81—85 „	6
86—90 „	9
92—93 „	2

Im Mittel war der Gehalt 84 %, während die Erbziffer der Mütter, wie erwähnt, 69 % betrug. Irgend eine Annäherung an die 35 %ige Rasse gab es aber gar nicht.

Die mittlere Zusammensetzung der ganzen Cultur für die 26 Mutterpflanzen von 1898 war:

O. scintillans	84 %
O. Lamarckiana	13 „
O. oblonga	2 „
O. lata	1 „

Der Gehalt an *O. oblonga* war also stark abgenommen, jener an *O. Lamarckiana* eher zugenommen (vergl. S. 173).

In dieser Cultur habe ich im Sommer 1899 wiederum eine möglichst grosse Reihe von blühenden Pflanzen der künstlichen Selbstbefruchtung unterworfen. Ich wählte diese unter der Nachkommenschaft von zwei Müttern, welche darin 87 % bezw. 90 % *Scintillans* aufwiesen, welche also zu den besten Erben der Rasse zu gehören schienen. Ich befruchtete nur *Scintillans*-Individuen. Die Ernte fiel aber sehr schlecht aus; die Aussaat gab nur für zehn Samenträger mehr als 60 Keimpflanzen, welche im Juni beurtheilt werden konnten. Diese gaben aber hohe Erbziffern:

Mutter	Anzahl der Keimpflanzen	% *Scintillans*
1	146	86
2	122	91
3	113	76
4	112	92
5	98	89
6	96	87
7	77	83
8	75	80
9	74	81
10	68	74

Die ganze Aussaat aber gab aus den Samen von 29 Müttern:

	Anzahl der Keimlinge	In %
O. scintillans	1126	79
O. Lamarckiana	93	6
O. oblonga	209	15
Summa	1428	—

Diese Zahlen stimmen, trotz der Auswahl von zwei Samenmüttern mit 87 und 90 % *Scintillans*, fast genau mit dem mittleren Werthe der Cultur in der vorigen Generation überein, abgesehen davon, dass die Verhältnisszahlen für die beiden Nebentypen hier umgewechselt erscheinen.

Es spricht dieses Ergebniss, wie das oben (S. 277) für die 35 %ige Rasse mitgetheilte, dafür, dass die Abweichungen von der mittleren Erbziffer als Erscheinungen individueller Variabilität, und somit als von der Mutabilität unabhängig zu betrachten sind.

Die fünfte Mutante von *O. scintillans*, von der ich Samen gewinnen konnte, stammte aus der S. 202 beschriebenen *Lata*-Familie im Jahre 1898 ab. Es war eine einzige Pflanze, welche aber im Gegensatz zu allen früheren sehr bald einen Stengel trieb und somit bereits im ersten Sommer blühte. Sie wurde unter Ausschluss des Insectenbesuches mit sich selbst befruchtet, trug wenig Samen und lieferte 1899 148 sortirbare Keimpflanzen, von denen 37 % *Scintillans* waren.[1]

Hier kam also, trotz ganz verschiedener Abstammung und trotz der Einjährigkeit, dieselbe Zahl wiederum zum Vorschein, als bei zwei der drei anderen, auf ihre Erbziffer geprüften Mutanten.

Ich fasse jetzt die gefundenen Erbziffern zusammen. Es sind dies somit die Procentzahlen für die in der Aussaat der Samen je einer Mutter gefundenen *Scintillans*-Pflanzen:

Abstammung aus:	Jahr der Mutation	*Scintillans*-Pflanzen 2. Generation %	3. Generation %	4. Generation %
O. lata	1888	—	15	
„	1898	37		
O. Lamarckiana	1895	34—36	40	
„	1896	39		
„	1896	69	84	79

Man sieht jetzt deutlich, wie diese Zahlen sich in Gruppen ordnen. Diese Gruppen, 15 %, 34—40 %, 69—84 %, verhalten sich zu einander ungefähr wie 1:2:4. Es wäre offenbar sehr wichtig, für eine grössere Zahl von *Scintillans*-Mutanten diese Erbzahlen zu bestimmen; vielleicht würde sich dabei mehr Abwechselung zeigen, vielleicht auch würden sich die jetzigen Gruppen nur als scheinbare herausstellen. Vielleicht würde man auch wohl eine constante Rasse von *O. scintillans* bekommen.

§ 20. Oenothera elliptica.

Es kommen fast alljährlich unter meinen Saaten vereinzelte Exemplare mit ganz schmalen Blättern vor. Unter diesen giebt es drei Typen. Erstens solche, deren Blätter durch Missbildung zu schmal sind. Dann ist meist die eine Spreitenhälfte mehr reducirt als die andere, und das Blatt demzufolge mehr oder weniger gekrümmt. Solche Pflanzen gehen früher oder später zu der normalen *O. Lamarckiana* zurück und verhalten sich nachher ganz wie diese. Die Schmalblätterigkeit ist hier vermuthlich eine pathologische Erscheinung; die betreffenden Fälle sollen weiter nicht berücksichtigt werden.

Die beiden anderen Typen sind constant, sie erhalten sich zeitlebens. Der eine hat längliche Blätter, welche in der Mitte am breitesten sind und von dort aus sehr allmählich in die Spitze und

[1] Vergl. die zweite Tabelle auf S. 172.

in den Blattstiel übergehen. Ich nenne diese Form *O. elliptica.* Die andere, viel seltenere, hat lineare, fast grasähnliche Blätter und soll im nächsten Paragraphen als *O. sublinearis* besprochen werden.

Die jungen Pflanzen von *O. elliptica* fallen bereits früh auf (Fig. 83 *B,* zu vergleichen mit Fig. 64—66 auf S. 229—230). Ihre Blätter sind langgestielt, sehr schmal; sie erreichen bei einer Spreitenlänge von 8—10 cm oft nur 0·5—0·7 cm Breite. Demzufolge assimiliren sie selbstverständlich viel weniger Kohlensäure wie die *O. Lamarckiana*, bleiben schwach und werden von dieser leicht überwuchert. Aber auch wenn man sie früh verpflanzt und möglichst für sie sorgt, wachsen sie nur ganz langsam heran. Die in Fig. 83 *B* abgebildete Pflanze wurde im Juli photographirt.

Fig. 83. *Oenothera elliptica. A* Beblätterter Zweig einer älteren Pflanze (1895). *B* Eine Keimpflanze von 1893. *C* Wurzelblatt einer erwachsenen Rosette (1890).

Weitaus die meisten durch Mutation aufgetretenen Exemplare dieser Art blieben im ersten Sommer Rosetten; sie waren so schwach, dass es nur selten gelang, sie zu überwintern. Andere trieben zwar Stengel, brachten es aber nicht bis zur Blüthe. Im Ganzen habe ich nur auf zehn Exemplaren die Blumen beobachtet und von diesen wiederum nur auf fünf Pflanzen Samen erhalten.

Die blühenden Pflanzen bleiben schwach; ihre Blätter behalten dieselbe länglich-schmale Form (Fig. 83 *A*). Sie sind meist niedrig, aber stark verästelt und sind einer *Oenothera Lamarckiana* so unähnlich, dass man sie gar nicht für verwandt halten würde. Die jungen Pflanzen sind aus diesem Grunde mehrfach der Gefahr ausgesetzt gewesen, für Unkraut gehalten und ausgerodet zu werden.[1]

Die Blumen zeigen die Zugehörigkeit zu der *O. Lamarckiana* ohne Weiteres. Sie sind gross und schön, grösser als sich auf so schwachen Pflanzen, nach den Erfahrungen bei *O oblonga*, *O. scintillans* u. s. w. erwarten liesse. Sie haben denselben Bau wie bei der Mutterart, namentlich reicht die Narbe über den Antheren heraus und bedürfen sie somit der Hülfe der Insecten oder des Versuchsanstellers für die Befruchtung. Nur die Form der Blumenblätter ist eine andere, was sofort auffällt, wenn man die Fig. 84 mit Fig. 42 auf S. 152 vergleicht. Die Petalen von *O Lamarckiana* sind breiter als lang, am Gipfel ausgerandet, und somit mehr oder weniger umgekehrt herzförmig. Sie bedecken sich mit ihren Seitenrändern derart, dass sie eine geschlossene Krone bilden. Die Blumenblätter der *O. elliptica* sind elliptisch, die grösste Breite liegt auf der Mitte oder nur wenig oberhalb dieser, an der Spitze sind sie gerundet. Sie sehen den Herbstblumen der *O. laevifolia* sehr ähnlich (Fig. 59 auf S. 221), nur haben sie hier diese Form vom ersten Anfang des Blühens an. Und wie jene diese Eigenschaft vielleicht der herabgesetzten Ernährung im Herbst verdanken, so ist hier vielleicht eine ursächliche Beziehung zu den schmäleren Blättern vorauszusetzen.

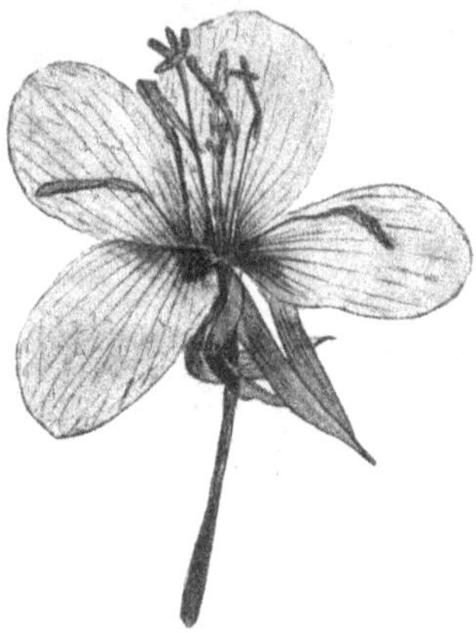

Fig. 84. *Oenothera elliptica.* Eine geöffnete Blüthe, die an der Spitze gerundeten Blumenblätter zeigend (1895).

Einige Male war der Blüthenstaub leer, doch kommt solches bisweilen auch bei anderen Arten, wie bei *O. scintillans* und sogar bei *O. gigas* vor. Ueberhaupt besteht der Pollen bei vielen Oenotheren, wie z. B. bei *O. biennis L.* und *O. muricata L.* zu einem beträchtlichen Theile aus sterilen Körnern. Die Früchte waren schmal und arm an Samen.

In den Stammbäumen der verschiedenen Familien (Abschn. II,

[1] Dieser Umstand erhöht die Arbeit in meinem Versuchsgarten sehr wesentlich. Denn Unkraut darf nur von solchen Gehülfen ausgejätet werden, welche die einzelnen Pflänzchen der Art nach gut kennen und unbekannte Typen sparen. Solche können ja zu leicht mit den seltensten Mutanten verwechselt werden. Meist habe ich diese Arbeit deshalb selbst ausgeführt.

§ 1—7) ist das Auftreten von *O. elliptica* mehrfach erwähnt worden. Ich fasse diese Fälle hier zunächst zusammen:

Familie	Jahr	Anzahl der *O. elliptica*
O. Lamarckiana, Nebenzweig	1895, 1896	8
O. laevifolia	1889, 1891, 1893, 1894	7
O. lata	1900	1
„	1890	2

Im Hauptstamm der *Lamarckiana*-Familie (S. 157) habe ich die *O. elliptica* nicht mit aufgeführt; ihr Vorkommen in den einzelnen Jahren möge also hier nachgetragen werden:

	Jahr	Anzahl der *O. elliptica*
2. Generation	1888	2
3. „	1890	2
5. „	1896	7

Auch in anderen Culturen trat die *O. elliptica* von Zeit zu Zeit unvermittelt auf. Ich stelle noch einige Beispiele zusammen:

Oenothera elliptica.

Durch Mutation entstandene Individuen.

Aus	Jahr	Anzahl der Keimpflanzen Gesammtzahl	*O. elliptica*
O. Lamarckiana (Nebenculturen in der *Laevifolia*-Familie)	1889, 1891, 1893, 1894	3200	6
O. Lamarckiana (aus *O. scintillans*)	1898	1080	2
O. oblonga	1896	1680	1
O. Lamarckiana × *O. nanella*	1899	3815	1
O. Lamarckiana × *O. brevistylis*	1898	290	1
O. Lamarckiana × *O. suaveolens* Desf.	1897	200	1
	Summa	10265	12

Im Ganzen also etwa 1 pro Mille. In ähnlichen Verhältnissen ist die *O. elliptica* auch noch in anderen Culturen aufgetreten. Zusammen sah ich von ihr etwas über 50 Mutanten.

Blühende Pflanzen fand ich unter ihnen in den Jahren 1890 (1), 1891 (1), 1895 (3), 1896 (3), 1897 (1) und 1899 (1). Zusammen also zehn Exemplare. Samen erhielt ich von den drei Pflanzen von 1895, von einer von 1896 und jener von 1899, in allen diesen Fällen nach künstlicher Befruchtung mit dem eigenen Pollen, unter Ausschluss des Insectenbesuches mittelst Beuteln von Pergamin.

Die erste Pflanze von 1895 trug reichlich Samen, und es keimten einige Hunderte von Pflänzchen, welche sich zu kräftigen Rosetten heranbildeten, aber sämmtlich *O. Lamarckiana* vom gewöhnlichen Typus waren. Viele Exemplare blühten im ersten Sommer, viele andere habe ich als Rosetten überwintert.

Die zweite Mutante gab etwa 500 Nachkömmlinge, unter denen eine *O. elliptica*, welche bis Mitte August sich als eine schöne, vielblätterige Rosette entwickelte, dann aber von einer Erdraupe getödtet wurde. Die übrigen Keimpflanzen waren normale *O. Lamarckiana.*

Die dritte Pflanze von 1895 lieferte nur wenig Samen und nur 27 Keimlinge, unter denen sich der *Elliptica*-Typus nicht wiederholte.

Die Mutante von 1896 war eine auffallend schöne Pflanze, mit sehr schmalen Blättern und schmalen elliptischen Petalen, einer gewöhnlichen *Oenothera* durchaus unähnlich. Ihre Früchte waren lang und dünn, und enthielten nur wenige keimfähige Samen. Es keimten 32 Samen; von ihnen waren 27 zu *O. Lamarckiana* zurückgekehrt, 5 aber waren *O. elliptica.* Also etwa 15 $^0/_0$. Diese fünf Pflanzen bildeten Stengel, aber blühten erst im November; sie wiederholten genau den Typus der Mutter. Ihre Blätter erreichten nicht über 2—3 cm Breite, ihre Blumenblätter waren elliptisch und ohne die Ausbuchtung am Gipfel. Samen bildeten sie nicht aus.

Die letzte Mutante, welche Samen trug, war eine Pflanze von 1899, welche aus Samen von *O. scintillans* aufging. Es war die Cultur von 5850 Rosetten (S. 276), welche als dritte Generation im Mittel 40 $^0/_0$ *Scintillans* lieferte. Sie enthielt nur eine *O. elliptica,* welche ich früh auspflanzte, und welche zu einer sehr reich verzweigten und reichlich blühenden Pflanze von niederem Wuchs, mit sehr schmalen Blättern und verhältnissmässig grossen Blumen heranwuchs. Die Breite der Petalen war auf dieser Pflanze in hohem Grade variabel. Ihre dünnen Früchte gaben aber nur eine geringe Ernte. Es keimten etwa 100 Samen, welche sämmtlich zu normalen Rosetten von *O. Lamarckiana* wurden.

Zusammenfassend war die Erbziffer für *O. elliptica* in drei Fällen gleich Null, in einem Falle 1 pro 500 und im letzten Falle etwa 15 $^0/_0$. Die drei ersten Pflanzen hatten zusammen nur wenige Hundert Kinder und es liegt auf der Hand, anzunehmen, dass diese geringe Zahl, bei geringer Erbschaft, die Ursache war, weshalb keine Erben sichtbar wurden. Es wären somit die zwei letzten Mutanten (mit 0·2—15 $^0/_0$) vorläufig als die Norm zu betrachten.

§ 21. Oenothera sublinearis.

Diese Form unterscheidet sich von der vorhergehenden namentlich durch die grasartigen Blätter, welche sehr schmal und über den

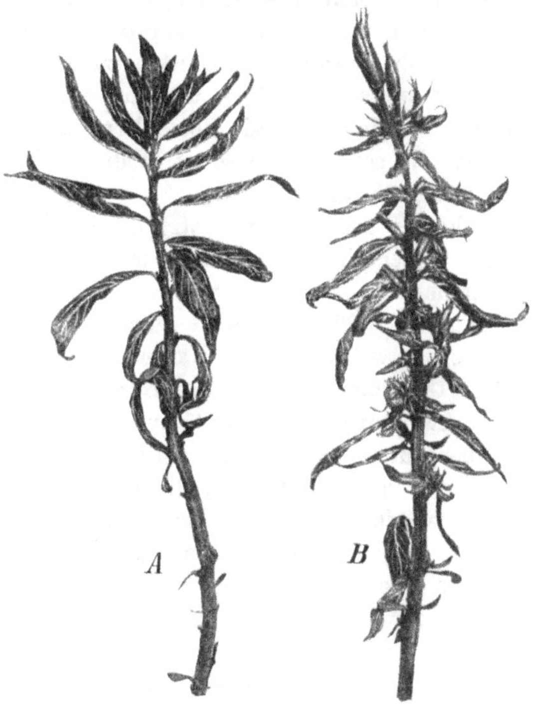

Fig. 85. *Oenothera sublinearis.* Zwei einjährige Pflanzen, Ende August 1900. *A* ohne und *B* mit Blüthenknospen.

Fig. 86. *Oenothera sublinearis.* Ein Wurzelblatt, 1895.

grössten Theil ihrer Länge von gleicher Breite sind (Figg. 85 und 86). Die Wurzelblätter sind länger und merklich schmäler, die Stengel sind dicht beblättert statt locker, die Früchte sind kurz und nicht dünn, wie bei der *O. elliptica.* Obgleich ich von dieser Art bis jetzt nur sehr wenige Exemplare hatte, so ist sie doch als ein eigener Typus gut charakterisirt und stimmen die Herbar-Exemplare und Photographien, welche ich von den ersten Individuen aufbewahre, gut mit den Mutanten des letzten Jahres überein.

Fig. 87. *Oenothera sublinearis.* Blumenblätter mit einem Staubfaden, Juli 1896, von derselben zweijährigen Pflanze wie Fig. 86.

In den Blumen (Fig. 87) fand ich keinen Unterschied von der *O. elliptica.* Sie haben dieselbe Grösse, d. h. sind etwas kleiner als bei der *O. Lamarckiana*, aber gross in Bezug auf die schwachen Pflanzen. Ihre Kronenblätter sind nicht umgekehrt herzförmig, sondern am oberen Ende schmäler und abgerundet oder sogar etwas zugespitzt. Staubfäden und Narben sind aber gebaut wie bei der Mutterart.

Von der *O. sublinearis* traten in verschiedenen Jahren in meinen Culturen Mutanten auf, welche aber als junge Rosetten zu Grunde gingen. Nur vier Pflanzen sind weiter gewachsen und nur eine von diesen gab keimfähigen Samen, aus dem sich die neue Form in etwa 10 % der Kinder wiederholte. Sie schloss sich somit in dieser Hinsicht an *O. scintillans* und *O. elliptica* an.

Von den vier stengelbildenden Mutanten ist jetzt die Herkunft und die Entwickelung kurz zu beschreiben. Ich fange mit dem einzigen Samen tragenden Exemplare an.

Diese Pflanze ging aus dem 1895 ausgesäten Samen der *Lamarckiana*-Familie hervor, welche während eines Jahres im Boden verweilt hatte, wurde im Juni 1896 als besondere Form erkannt und einzeln ausgepflanzt. Sie war zweijährig, blühte 1897 auf zahlreichen kurzen Seitenzweigen, trug aber auf jedem Aste nur einzelne Blüthen. Die ganze Pflanze war klein und sehr gedrungen, die Blüthen verhältnissmässig sehr gross. Sie wurden in Pergaminbeuteln gegen den Besuch der Insecten geschützt und mit dem eigenen Blüthenstaub befruchtet. Die Ernte war aber eine sehr geringe. Es keimten überhaupt nur einunddreissig Pflanzen, welche mit möglichst grosser Sorgfalt verpflanzt und weiter cultivirt wurden.

Die Zusammensetzung dieser Nachkommenschaft war eine so vielförmige, wie ich sie in meinen sämmtlichen Culturen fast nie wieder gesehen habe. Sie bestand aus:

19 *O. Lamarckiana,*	1 *O. albida,*
3 *O. sublinearis,*	3 *O. subovata,*
1 *O. lata,*	1 *O. gigas,*
1 *O. nanella,*	2 *O. oblonga.*

Die *Lamarckiana* habe ich im Juni als kräftige Rosetten von Wurzelblättern ausgerodet, als aller Zweifel über ihre Identität aufgehoben war. Die *O. sublinearis* und *O. subovata* blieben Rosetten und gingen im Winter zu Grunde. Die übrigen Pflanzen haben sämmtlich geblüht, theils im August und September, theils (*O. gigas*) im November desselben Jahres. Ihre Identität mit den aus dem Samen früherer Mutanten desselben Namens gewonnenen Exemplaren wurde genau festgestellt, namentlich für die beiden selteneren Formen *O. albida* und *O. gigas*.

Dieser auffallende Reichthum an Mutanten hängt wahrscheinlich mit der sehr geringen Ernte zusammen, ähnlich wie in dem S. 185 beschriebenen Versuch. Doch bedarf dieser ohne Zweifel sehr wichtige Punkt noch sehr ausführlicher Untersuchung.

Die zweite Pflanze gehörte gleichfalls der *Lamarckiana*-Familie an, keimte 1895 und blühte 1896. Eins ihrer Wurzelblätter vom ersten Jahre ist in Fig. 86, zwei ihrer Blumenblätter von 1897 sind in Fig. 87 abgebildet. Sie war blassgrün und so schwach, dass es fast unmöglich schien, sie zu überwintern. Dennoch blühte sie prachtvoll mit zwei aus den Achseln von Wurzelblättern herrührenden Stengeln und grossen Blumen; im Ganzen etwa ein Dutzend. Sie erreichten eine Höhe von ungefähr einem halben Meter. Trotz vieler Mühe gelang es mir nur tauben Samen zu ernten.

Die dritte Mutante entstand 1900 in der ersten *Lata*-Familie und ist im Stammbaum auf S. 202 verzeichnet worden. Sie ist in Fig. 85 *B* abgebildet. Sie wurde im Juni ausgepflanzt, wuchs kräftig, blieb aber sehr niedrig und unverzweigt. Sie bildete wiederum grosse Blumen und kleine Früchte und wurde Ende August abgeschnitten, um photographirt zu werden.

Die vierte Mutante (Fig. 85 *A*) stammt aus einer Kreuzung von *O. rubrinervis* mit *O. nanella*, welche 1899 ausgeführt wurde. Sie trieb ebenfalls im ersten Jahre einen Stengel, welcher eine Länge von etwa einem halben Meter erreichte, unverzweigt blieb und nicht blühte.

D. Die unfruchtbaren Arten.

§ 22. Oenothera lata.

Einer der schwierigsten Punkte der Mutationstheorie ist die Frage nach dem primären Vorgange der Mutationen, deren Folgen und Aeusserungen die verschiedenen Eigenschaften und Merkmale sind, durch welche sich die neue Form von der Mutterart unterscheidet. Ich habe bereits mehrfach betont, wie es auch von den hervorragendsten Forschern öfter hervorgehoben wurde, dass die elementaren Arten sich nicht, wie echte Varietäten, in einem einzigen Punkte von der ursprünglichen Art unterscheiden, sondern in fast allen ihren Organen und Eigenschaften. Es gilt dieses sowohl für die im Freien aufgefundenen elementaren Arten, wie sie von Jordan, Gandoger, Thuret, de Bary, Rosen und vielen anderen Systematikern beschrieben worden sind, wie für die in meinen Culturen aufgetretenen Species.

Ich behaupte nun, dass die sämmtlichen neuen Eigenschaften und Merkmale einer Mutante Aeusserungen einer einzigen in ihr vorgegangenen Aenderung sind. Morphologisch lässt sich dieser Satz vorläufig noch nicht beweisen, physiologisch geht er aber meines Erachtens mit Nothwendigkeit daraus hervor, dass solche Aeusserungen stets zusammen vorkommen und, soweit die Erfahrung reicht, untrennbar sind.

Die *Oenothera lata* ist vielleicht das schönste Beispiel. Ich habe ihre Eigenschaften in § 3 auf S. 168—171 (Fig. 46) beschrieben, und werde unten diese Beschreibung in weiteren Einzelheiten auszuarbeiten haben. Sie ist erstens eine der häufigsten und zweitens eine der am leichtesten, auch in früher Jugend zu erkennenden Mutanten. Sie trat im Hauptstammbaum der *O. Lamarckiana* (S. 157) 229 Male, im Nebenzweig 171 Male, in der *Laevifolia*-Familie 9 Male und in sonstigen Culturen noch sehr häufig auf. Zahlreiche solche Mutanten habe ich bis zur Blüthe und zur Samenreife cultivirt; stets zeigten sie in allen Merkmalen völlige Uebereinstimmung.

Fig. 88. *Oenothera lata.* Ein blühender Seitenzweig am Ende des August, beim Anfang seiner Blüthe.

Eine Trennung ihrer Eigenschaften ist dabei nicht vorgekommen, denn die *Oenothera semilata* (§ 17), welche anfangs eine solche zu sein schien, stellte sich bald als eine besondere Form heraus.

Besser als bei den anderen neuen Arten lassen sich die Merkmale der *O. lata* in Gruppen zusammenfassen. Jede Gruppe bildet dabei offenbar eine Einheit, wie aber die einzelnen Gruppen von derselben Ursache abhängen sollen, bleibt einstweilen unbekannt. Solche Gruppen sind die Form der Blätter, die dickeren Blüthenknospen, der Mangel des Blüthenstaubes, die monströse Ausbildung der Narbe, und die kurzen, samenarmen Früchte.

Betrachten wir die Blätter, so sind sie sehr stark buckelig, am Gipfel gerundet, statt spitz; der Rand ist für die Spreite zu klein und daher umgebogen; die Bracteen sind am Grunde viel breiter als bei der Mutterart; die Zweiggipfel und die kleineren Seitenzweige bilden eigenthümliche Rosettchen. Eine vollständige Beschreibung würde sich fast auf eine ganze Druckseite ausdehnen lassen und viele Figuren erfordern (Fig. 89). Dennoch ist es einleuchtend, dass alle diese Einzelheiten enge zusammen gehören, und ohne jeden Zweifel einmal sich auf ein einziges Prinzip werden zurückführen lassen.

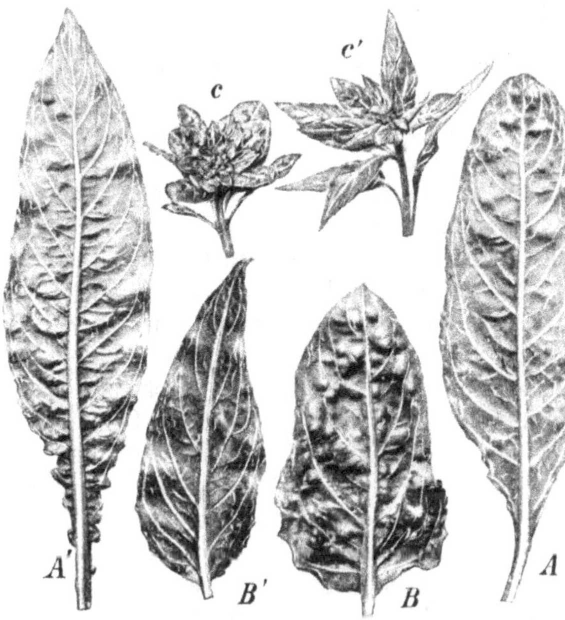

Fig. 89. *Oenothera lata.* *A* ein Wurzelblatt. *B* die Bractee, in deren Achsel die unterste Blüthe stand. *C* Spitze eines kleinen Seitenzweiges. *A'*, *B'*, *C'* die entsprechenden Theile von *O. Lamarckiana* bei gleicher Verkleinerung.

Vielleicht ist dieses Prinzip das viel zu starke Wachsthum des Blattparenchyms in der Fläche, im Vergleich zu dem der Nerven und Randnerven, vielleicht liegt es noch tiefer.

Aber wie dieselbe Ursache die Narben abnormal, die Früchte klein und den Pollen steril machen kann, leuchtet nicht ein. Andererseits ist es, wenn man für jede dieser Veränderungen eine unabhängige Ursache annehmen will, gar nicht einzusehen, weshalb diese stets zusammen und nie getrennt auftreten würden. Der reine Zufall könnte dieses offenbar nicht bewirken.

Ich stelle mir vor, dass die Ursache jeder solchen Mutation eine einheitliche ist. Ihre Natur ist uns einstweilen verborgen. Aber es ist deutlich, dass sie sich nicht, oder doch in der Regel nicht, für sich allein äussern kann; das ist ja gerade der Unterschied gegenüber den Varietäten, deren Merkmal auf Farbe, Behaarung u. s. w. beschränkt ist. Sie äussert sich in Verbindung mit den übrigen Eigenschaften der Pflanze, und die Natur der Aeusserung hängt also nur zum Theil von ihr selbst, zum Theil aber von diesen ab.

In dieser Weise betrachtet, könnte man sich denken, dass eine einzige innere Eigenschaft das Blattparenchym, die Tapetumzellen der Antheren, die Petalen, die Früchte und die Narben zu abnormalem Wachsthum in einer ungewöhnlichen Richtung veranlassen könnte, und dadurch die breiten, buckeligen Blätter, das Taubwerden des Blüthenstaubes, die Dicke der Blüthenknospen und der Früchte sowie die abweichenden Narben hervorrufen würde.

Aber dieses ist nur eine Vorstellung. Ich erwähne sie zunächst zur Klarstellung und Vereinfachung des Problems, dann aber, weil sie vielleicht die Richtung andeutet, in der eine empirische Behandlung dieses Themas zu versuchen ist.

Mit allem Vorbehalt möchte ich ferner, nur um meine Ansicht klarer zu machen, auf die Uebereinstimmung mit gewissen Erscheinungen parasitärer Natur hinweisen. Dass der prachtvolle, so äusserst zusammengesetzte und zweckmässige Bau der Cynipiden-Gallen, mit ihrem Nährgewebe, ihrer Steinzellenschicht und ihrem schwammigen, gerbstoffhaltigen und, in Bezug auf Dicke, der Länge der Legeröhren von Parasiten und Inquilinen angepassten äusseren Parenchym[1] nicht durch einen einfachen chemischen Reiz bedingt werden kann, leuchtet ohne Weiteres ein. Aber ganz anders verhält es sich mit den Vergrünungen, welche offenbar nur im Allgemeinen und nicht in allen ihren Einzelheiten den Parasiten nützlich sind. Die Vergrünungen von *Lysimachia vulgaris*, welche durch einen Phytoptus bewirkt werden, sind vielleicht das schönste Beispiel einer vollständigen Reihe von Uebergängen der Blüthen in beblätterte Zweiglein.[2] Diese Veränderung ist offenbar das Ziel der Reizwirkung seitens der Acarinen, aber ob dabei hier und dort die Anzahl der Blattorgane in den einzelnen Kreisen variirt, dürfte höchst gleichgültig sein. Dennoch sind solche und andere Monstrositäten bei Vergrünungen keineswegs selten.

[1] M. W. Beyerinck, Beobachtungen über die ersten Entwickelungsphasen einiger Cynipiden-Gallen. *Verh. d. k. Akad. d. Wet.* Amsterdam 1882.

[2] A. B. Frank, *Pflanzenkrankheiten.* 1880. S. 691.

Sehr lehrreich ist die von TREUB studirte Vergrünung auf den Gallen von *Aulax Hieracii* in den Stengeln von *Hieracium vulgatum*, *H. umbellatum* u. s. w.[1] Diese Gallen liegen gewöhnlich in den Stengeln, weit von den Blüthen entfernt, in seltenen Fällen aber im Blüthenboden. Und dann treten eine Reihe höchst merkwürdiger Vergrünungen in den Blüthen auf, anfangend mit dem Kelche, welcher schöne grüne Zipfel hervorbringt. Ganz offenbar sind diese Vergrünungen für die gallenbewohnenden Cynipiden durchaus nebensächlich und unwesentlich, denn die *Aulax*-Larven wachsen ebenso gut heran, wenn die Gallen, wie gewöhnlich, überhaupt keine Blüthen tragen.

Gallen rufen nicht selten monströse Abweichungen hervor, vorausgesetzt, dass die Anlage dazu vorhanden war. So fand ich z. B. bei *Hieracium vulgatum* einen Stengel, der unterhalb der *Aulax*-Galle normal war, oberhalb dieser breit verbändert. So sah ich im Sommer 1887 mehrere Stengel von *Eupatorium cannabinum*, die in der Mitte eine Galle von *Pterophorus microdactylus* trugen und unterhalb dieser in allen Blättern grün, oberhalb aber bunt waren, u. s. w. Der Gallenreiz äussert seinen Einfluss also nicht nur auf die für die Gallenbildung wesentlichen Eigenschaften, sondern auch auf andere nebensächliche und gleichgültige.

Und wie ein Gallenreiz kann vielleicht auch eine einheitliche Mutation sich in den verschiedensten, wichtigen und nebensächlichen Eigenschaften einer Pflanze äussern. Aber wie die Natur der Gallenreize sich vorläufig dem chemisch-physiologischen Studium entzieht, ebenso, und in noch viel höherem Grade, entzieht sich die chemische Natur der primären Mutationen unserer jetzigen Forschung.

Kommen wir jetzt zu einer eingehenderen Beschreibung der Eigenschaften unserer *Oenothera lata*, so fangen wir diese am besten mit den Staubfäden an. Diese sind von Prof. J. POHL[2] auf ihre anatomische Structur untersucht worden (Fig. 90) und zwar theils an den Pflanzen meiner ersten *Lata*-Familie (S. 202) im Jahre 1894, theils an einer grösseren Cultur, welche ich in jenem Jahre aus Samen der zweiten *Lata*-Familie (Samen von 1889 und von 1890, vergl. S. 204) gewonnen hatte, theils an vereinzelten neuen Exemplaren. Der Bau der Staubfäden zeigte sich dabei als überall derselbe, unabhängig von der Herkunft der Pflanze.

---

[1] M. TREUB, Notice sur l'aigrette des Composées, à propos d'une monstruosité de l'*Hieracium umbellatum*, *Archives Néerlandaises d. sc. phys. et nat.* T. VIII. p. 1 und Tafel I.

[2] JULIUS POHL, Ueber Variationsweite von *Oenothera Lamarckiana*. *Oesterr. Botan. Zeitschr.* 1895. Nr. 5 und 6 und Tafel X.

In der jetzt zu gebenden Beschreibung folge ich der Darstellung POHL's möglichst genau. Bei der *Oenothera Lamarckiana* erfolgt die Pollenbildung ganz nach dem gewöhnlichen Schema: die vom Tapetum umschlossenen Mutterzellen theilen sich in je zwei Tochterzellen und jede dieser in vier Enkelzellen. Das Loculament vergrössert sich durch Lösung des Tapetums und die Pollenkörner entwickeln sich frei in der umgebenden Flüssigkeit weiter. Der reife Pollen besteht aus zwei Formen von Körnern, etwa 70 $^0/_0$ grosser normaler Körner,[1] nebst kleineren protoplasma-armen Körnern. Hingegen zeigte der Pollen der *O. lata* verkrüppelte, verkümmerte Formen, welche zwischen ganz leeren Zellhäuten und anscheinend normal ausgebildeten Zellen alle denkbaren Uebergänge bilden. Doch sind die leeren und fast leeren in der Mehrzahl, die anscheinend gut ausgebildeten zwischen ihnen nur sehr spärlich vertreten. Auch scheinen die Viscinfäden, welche bei der *O. Lamarckiana* den Pollen zu einer klebrigen, reichlich in Fäden und Netzen umherhängenden Masse machen, hier zu fehlen. Die geöffneten Antheren fühlen sich trocken an, berührt man sie mit den Fingern, so hinterlassen sie auf diesen keine Spur einer klebrigen Pollenmasse.

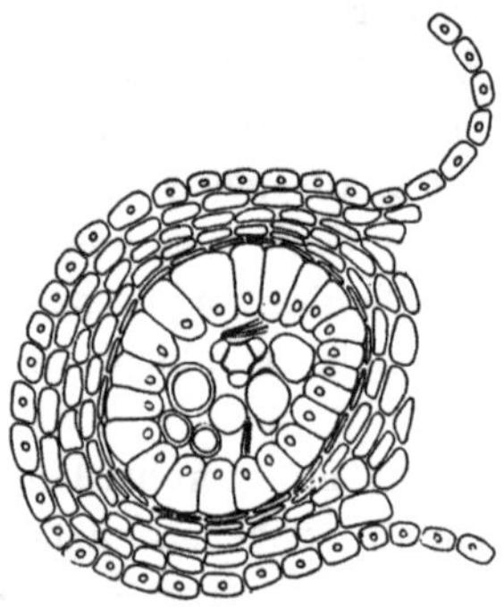

Fig. 90. *Oenothera lata.* Querschnitt eines Staubbeutels, die vergrösserten Zellen des Tapetums zeigend. Nach J. POHL, Oesterr. Bot Zeitschrift 1895. Taf. X Fig. 28.

Verfolgt man bei *O. lata* die Entwickelung der Antheren an Knospen zunehmender Grösse, so findet man sie bis zur Tetradenbildung normal. Zu dieser Zeit fällt in einigen Querschnitten bereits eine radiale Verlängerung der Tapetumzellen auf. In den nächsten Stadien findet nun, nach dem allgemeinen Schema, und ebenso bei den verwandten Arten der Zerfall des Tapetums statt. Bei der *O. lata* aber nicht. Sie bleiben erhalten, wachsen in die Höhlung des Antherenfaches hinein (Fig. 90) und vermehren sich der Zahl nach durch radiäre Theilung. Auf das Doppelte verlängert, springen sie mit ihren abgerundeten freien Seiten papillenartig in das Lumen des Pollensackes vor. In einzelnen Fällen, wohl an den Enden der langen Pollensäcke, wachsen sie so weit hinein, dass sie das ganze Lumen ausfüllen. Selbst in Knospen von 2·4 cm Länge (Fig. 46a auf S. 169) fand

[1] Abgebildet von LUERSSEN in PRINGSH. *Jahrbüch.* Bd. VII. S. 35—42 und Tafel IV Fig. 1—14 (Pollen von *Oenothera biennis*).

Pohl das Tapetum noch erhalten und an Zellenzahl und Zellengrösse vermehrt, während doch bei *O. Lamarckiana* schon bei halb so grossen Knospen der Tapetumzerfall einzutreten pflegt. In 3 cm langen Knospen ist schliesslich auch bei der *O. lata* dieser Zerfall erfolgt: im Lumen schwimmen neben einzelnen anscheinend normal entwickelten tetraëdrischen Pollenkörnern zahlreiche ganz verkümmerte, theils ganz runde, theils einseitig ausgebuchtete.

Pohl schliesst hieraus, „die Zellenvermehrung und relative Persistenz der Tapetumzellen hemmt die Pollenentwickelung, macht die sonst zwitterige Pflanze zu einer fast rein weiblichen. Dasselbe Phänomen, Zellenvermehrung im Ueberschwang, sowohl in Antherenblättern wie in den vegetativen Blättern. Hier führt es zu gesteigertem Assimilationsvermögen, dort bedingt es eine Entwickelungshemmung."

Ich habe mir im Jahre 1894 viele Mühe gegeben, die *O. lata* unter Ausschluss des Insectenbesuches mit dem eigenen Blüthenstaub zu befruchten, in der Meinung, dass vielleicht die vereinzelten anscheinend guten Körner Samen hervorbringen könnten. Ich habe den Staub so viel wie möglich auf die Narben einzelner Blüthen angehäuft, aber ohne Erfolg. Ich habe ferner den Pollen, da er sich schwer aus den Antheren befreien lässt, mit Nadeln aus diesen herauspräparirt, auf kleine Glasscheiben zusammengebracht und von diesen auf die Narben übertragen, aber gleichfalls ohne Erfolg.

Ferner habe ich Blüthen, ohne sie zu castriren, mit dem Pollen einer wenig verwandten Art, die einer anderen Untergattung angehört, bestäubt. Es war dies die *O. odorata.*[1] Diese giebt mit *O. Lamarkiana, O. biennis* und *O. muricata* zwar nicht leicht, aber doch ausreichend Bastarde; ich habe mich davon durch besondere Versuche überzeugt und die Bastarde zu Dutzenden in Blüthe gehabt. Sie wird also ohne Zweifel auch die *O. lata* befruchten können. In meinem Versuche geschah solches aber so gut wie nicht, trotzdem ich auf vier Pflanzen viele Blüthen befruchtete. Es keimte nur ein einziger Samen; dieser lieferte eine Bastardpflanze. Da aber die Blüthen nicht castrirt waren, zeigt dieser Versuch, dass auch keine Selbstbefruchtung stattgefunden hatte.

Ferner habe ich einerseits *Lata*-Blüthen castrirt und nicht castrirt, und ihre Narben in derselben Weise mit dem Blüthenstaub der *O. Lamarckiana* belegt. Andererseits habe ich auf Narben nicht castrirter Blüthen nur ganz spärliche Mengen von *Lamarckiana*-Staub gebracht,

[1] Aus der Untergattung *Oenothera* (*Euoenothera*), während die *O. Lamarckiana* u. s. w. zu der Untergattung *Onagra* gehören.

in der Meinung, dass daneben vielleicht noch Selbstbefruchtung möglich sein würde. Alle diese Versuche geben aber genau denselben Erfolg, meist 15—25 % der Samen waren *O. lata*, die übrigen *O. Lamarckiana.*[1] Irgend welche erhebliche Beimischung eigenen Pollens würde diese Zahlen aller Wahrscheinlichkeit nach wesentlich verändert haben.

Aus diesen und zahlreichen anderen Versuchen folgere ich, dass der Blüthenstaub der *O. lata*, trotz der vereinzelten, anscheinend guten Körner, dennoch völlig taub ist. Es ist dieser Nachweis namentlich deshalb wichtig, weil bei Kreuzungsversuchen dadurch das Castriren unnöthig wird.

Bei den sehr zahlreichen Mutanten und ihren Nachkömmlingen, welche ich im Laufe der letzten sechs Jahre künstlich befruchtet habe, wäre es mir ohne Zweifel aufgefallen, wenn jemals eine unter ihnen

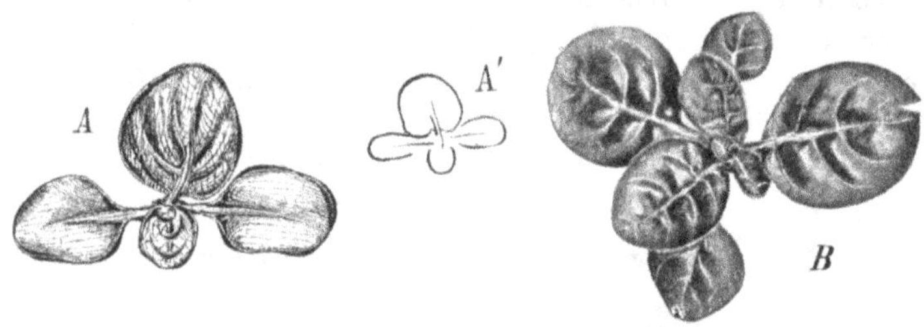

Fig. 91. *Oenothera lata* Junge Keimpflanzen. *A* die Cotylen und die beiden ersten Blätter zeigend. *A'* natürliche Grösse. *B* mit 7—8 Blättern ($^2/_3$), zwei Monate alt, von oben gesehen. Der Riss im rechten Blatt war eine Folge des umgebogenen Randes.

auch nur deutliche Spuren von Pollen in einzelnen Blüthen gehabt hätte. Solches ist aber nie der Fall gewesen.

Auch die Narben sind von Pohl beschrieben und abgebildet worden.[2] Sie unterscheiden sich von denen der *O. Lamarckiana* dadurch, dass sie meist mehr oder weniger unter sich oder mit dem Griffel verwachsen sind. Ihre Anzahl wechselt, wie bei der Mutterart, wo vier die Norm ist, Abweichungen bis acht aber gar nicht selten sind. Durch die betreffenden Verwachsungen entstehen bei *O. lata* eigenthümliche, in der Verlängerung des Griffels liegende, mehr oder weniger handförmige Gebilde, deren einzelne Finger oft theilweise frei sind, oft aber bis zur Spitze zusammenhängen. Es geht dieses meist mit einer Verkürzung und Verdickung, oft auch mit Krümmung der einzelnen Narben Hand in Hand. Die Fähigkeit, Blüthenstaub

[1] Vergl. den zweiten Band.

[2] Julius Pohl, l. c. S. 8 und Fig. 27.

aufzunehmen und dessen Pollenschläuche sich normal entwickeln zu lassen, scheint durch alle diese Umbildungen nicht beeinträchtigt zu werden.

Die Früchte sind kurz und dick und arm an Samen. Sie erreichen kaum die halbe Länge von derjenigen der *O. Lamarckiana*, sind aber nicht merklich dünner wie diese.

Die erwähnten Abweichungen vom Typus der *O. Lamarckiana* habe ich bereits beim ersten Auftreten der *O. lata* im Jahre 1887 beobachtet, soweit sie ohne mikroskopische Untersuchung sich feststellen lassen, und seitdem alljährlich, sowohl bei den neuen Mutanten, als bei ihren Nachkömmlingen wiedergefunden.

Fig. 92. *Oenothera lata.* Rosette mit Wurzelblättern im Alter von etwa drei Monaten.

Wie die *O. Lamarckiana*, so ist auch die *O. lata* ein- und zweijährig. Ich cultivire sie aber vorzugsweise einjährig. Schon die ersten Blätter nach den Cotylen lassen den Charakter deutlich erkennen (Fig. 91*A*). Denn am oberen Ende sind sie abgerundet, statt spitz, und dadurch im Verhältniss zu ihrer Breite kürzer. Etwa ein Monat nach der Aussaat ist dieses Merkmal so scharf und deutlich, dass ich um diese Zeit die durch die Kreuzbefruchtung stets in dem Samen der *Lata* auftretenden *Lamarckiana*-Exemplare auszujäten pflege, um nur die echten *Lata*-Exemplare weiter wachsen zu lassen. Diese Form der Blätter erhält sich bei zunehmender Grösse im ganzen Leben der Rosette (Fig. 92) und im unteren Theile des Stengels.

Die Runzeln und Buckeln, welche die Schönheit der Blätter der *O. Lamarckiana* so sehr beeinträchtigen, sind in dieser Art viel stärker ausgeprägt und fehlen nur äusserst selten (Fig. 57 und 58 S. 219 und 220). Es mag dies wohl durch die gedrungene Blattform bedingt sein.

Der Hauptsache nach bleibt die abnormale Breite der Blätter am Stengel entlang bis in die Spitzen der Inflorescenz und der Zweige (Fig. 89). Aber wie hier, bei der *O. Lamarckiana* selbst, die Blätter allmählich spitzer und schmäler werden, so geschieht es auch bei der *Lata*. Unsere Figur macht dieses deutlich (Fig. 89 *A*, *A'*); eine feine Spitze ist am sonst abgerundeten Ende zu finden. Wählt man das unterste Blatt, welches in seiner Achsel eine Blüthe oder unreife Frucht trägt, und vergleicht man dieses mit dem entsprechenden Blatte einer *Lamarckiana*-Pflanze (Fig. 89 *B B'*), so verhalten sich die Breiten, bei gleicher Länge, wie 4:3. Höher in der Inflorescenz nimmt die Differenz zu; die Blätter, in deren Achsel die Blumen im August blühen, sind etwa doppelt so breit, wie bei der Mutterart. Und wenn man einen Spross von oben betrachtet, sieht er aus wie eine dichte Rosette breiter Blättchen (Fig. 89 *C*), während hier bei der *Lamarckiana* die Blätter als schmale und kleine Bracteen wiederzufinden sind und auf den ersten Blick eine ganz spitzblätterige Gruppe bilden (Fig. 89 *C'*). Auch die blühenden Triebe bleiben an ihrem Gipfel dicht beblättert (Fig. 88).

Die ansehnliche Dicke der Blüthenknospen, von der Jugend an bis zum Oeffnen, wird durch unsere Abbildungen (Fig. 46 auf S. 169) hinreichend verdeutlicht. Die Blumenblätter haben in der dicken, aber kurzen Knospe nicht den erforderlichen Raum für ihre Entwickelung; sie bekommen Falten und Runzeln, welche sie nach dem Oeffnen der Blüthe nie ganz ausgleichen können. Dadurch sind die Blumen stets unschön, bei Weitem nicht so gross und glänzend und so weit geöffnet wie bei der Stammesart.

Stengel und Zweige sind bei der *O. lata* schwach, meist am schwerbeladenen Gipfel abwärts gebogen, oft einer Stütze bedürftig, um nicht umzufallen. Oft hängen die blühenden Seitenzweige im September am Stengel ganz abwärts, dadurch die eigenthümliche Tracht der Species erhöhend. Die Pflanzen bleiben meist niedrig; sie erreichen meist nur wenig mehr als die halbe Höhe der *O. Lamarckiana*.

Nach allen diesen Merkmalen ist die *O. lata* vielleicht diejenige meiner neuen Arten, welche sich von der Mutterart am meisten unterscheidet. Auch ist sie schon in der frühesten Jugend zu erkennen (Taf. IV und Fig. 51 auf S. 205 und Fig. 91) und zwar ebenso leicht als sicher. Dementsprechend ist sie auch die erste Mutante, welche ich überhaupt beobachtete, die einzige, welche ich bereits in meiner ersten Aussaat von 1887 vorfand. Seitdem trat sie jährlich als Mutante auf. Und da sie in jeder Aussaat so bald auffällt und es deshalb nicht wahrscheinlich ist, dass sie je in merklicher Anzahl übersehen sein sollte, so können die Procentzahlen ihres Auftretens als hinreichend gesichert betrachtet werden, um auch geringe Differenzen in ihrem „Mutationscoëfficienten" nachweisen zu können (vergl. S. 239). Es zeigt sich dann, dass diese Zahlen merklich schwanken, oft zu 0·1 % oder noch weniger hinabfallend, oft bis zu etwa 2 % oder etwas mehr aufsteigend. Aeussere Einflüsse können also wahrscheinlich die Häufigkeit des Auftretens der *O. lata* aus der *O. Lamarckiana* wesentlich verändern. Welche diese Einflüsse sind, ist aber noch zu untersuchen. Vielleicht liegen sie nur in der Saatreife und der Keimung (vergl. S. 185), vielleicht auch spielen sie bereits bei oder vor der Befruchtung ihre Rolle.

Um die Variationsweite dieses „Mutationscoëfficienten" im Einzelnen vorzuführen, stelle ich jetzt wiederum die früher gegebenen Zahlen (§ 2—7) mit einigen neuen Beobachtungen zusammen.

Durch Mutation entstandene Individuen von *Oenothera lata.*

I. Aus *O. Lamarckiana.*

Lamarckiana aus:	Jahr	Keimlinge Gesammtzahl	Keimlinge *O. lata*	% *Lata*
Hauptstammbaum S. 157	1888—1890	25 000	8	0·03
„	1895	14 000	73	0·5
„	1896	8 000	142	1·8
„	1897—1899	3 500	6	0·2
Nebenstammbaum S. 184	1895	10 000	168	1·7
Einjährige Cultur	1897	4 132	11	0·3
Zweijährige Cultur	1897	164	8	5·0

II. Aus Kreuzungen.

O. Lam. × *O. nanella*	1897—1899	8 283	22	0·3
O. Lam. × *O. gigas*	1899	100	2	2·0
O. Lam. × *O. biennis*	1900	80	1	1·0
O. Lam. aus Kreuzungen (S. 212)	1896	4 600	7	0·2

III. Aus anderen Familien.

O. Lam. aus *O. laevifolia*	1889	400	3	0·8
O. laevifolia	1894	1 500	2	0·1
O. rubrinervis	1894	96	2	2·0
O. scintillans	1896—1899	7 872	38	0·5

Betrachten wir diese Zahlen näher, so finden wir Folgendes. Eine hohe Mutationszahl (5 %) lieferte nur die mit vieler Sorgfalt ausgeführte Cultur sehr kräftiger zweijähriger Pflanzen (1897). Die Zahlen 1, 2, 2 % kommen bei zu kleinen Saaten vor, um von Bedeutung zu sein. Dagegen lieferten die Culturen von 1895 und 1896, welche 8000, 10000 und 14000 Pflanzen umfassten, und welche ganz auf eine genaue Ermittelung der Mutationszahlen eingerichtet waren, 0·5, 1·7 und 1·8 %. Diese sind also wohl die am meisten zuverlässigen Zahlen, denen sich die übrigen, mit Ausnahme der erstgenannten (5 %) gut anschliessen. Die übrigen Zahlen, pro Mille 0·3—1—2—2—3—3—5—8 betragend, rühren theils aus älteren Jahren, theils aus speciellen Culturen her.

In der ganzen Tabelle sind 493 *Lata*-Mutanten auf etwa 130000 Keimpflanzen verzeichnet, oder ungefähr 0·4 %.

§ 23. Artanfänge.

Nach der Mutationstheorie wählt die natürliche Auslese zwischen den Arten; die einen rodet sie aus, während die anderen sich vermehren und verbreiten. Die durch Mutation einer einzigen Mutterart entstehenden neuen Formen können sehr zahlreiche sein; oft sind sie auch in grosser Zahl ziemlich gleich gut für den Kampf um's Dasein ausgerüstet und unterscheiden sich von einander vorwiegend nur durch in dieser Hinsicht bedeutungslose Merkmale, wie in dem gewöhnlichen Beispiele der *Draba verna*.

Sollten aber aus *Draba verna* neben den jetzt existirenden elementaren Arten noch andere, für den Kampf um's Dasein nicht hinreichend geeignete Formen entstanden sein, so würden diese offenbar früher oder später zu Grunde gegangen sein. Und es liegt kein Grund vor, anzunehmen, dass nur gerade die jetzt vorhandenen Formen ausgebildet worden seien.

Solche untaugliche Mutationen habe ich in meinen Culturen von *Oenothera* fast jährlich, und oft in nicht unbedeutender Anzahl beobachtet. Der Vollständigkeit halber werde ich hier einige von ihnen beschreiben. Sie sind allerdings von den echten neuen Arten durch keine scharfe Grenze geschieden, und vielleicht giebt es unter ihnen solche, von denen es dennoch später, bei besseren Methoden, gelingen wird, samenbeständige Typen zu gewinnen.

Es sind Anfänge zu neuen Arten, aus denen es, aus irgend einem Grunde, bis jetzt nicht gelang, die Arten selbst zu gewinnen. Ebenso wie es mir erst nach vielen mühsamen Versuchen, im Laufe von etwa sechs Jahren, gelang, die *O. albida* zur Blüthe und zum Samentragen zu bringen (§ 15 S. 247). Ich werde sie deshalb unter dem Namen „Artanfänge" zusammenfassen.[1]

Diese Artanfänge waren mehr oder weniger von den übrigen abweichende Typen, welche auch mit den bisher beschriebenen neuen Arten nicht übereinstimmten. Ich habe mir namentlich in den späteren Jahren viele Mühe gegeben, sie weiter zu cultiviren, aber mit sehr wechselndem Erfolg.

Mehrere unter ihnen gingen schon als junge Rosetten zu Grunde; andere bildeten schöne und dichte Kronen von Wurzelblättern aus, aber trieben keinen Stengel. Einige konnte ich überwintern, andere schossen bereits im ersten Jahre. Mehrere bildeten Blüthen, oft schon im August, oft aber erst gegen den Herbst. Im letzteren Fall fehlt in unserem Klima jegliche Aussicht auf reife Samen; im ersteren habe ich sie stets in Pergaminbeuteln mit sich selbst zu befruchten versucht. Meist war dann aber der Blüthenstaub taub; die Operation hatte nicht die gewünschten Folgen. Ich griff dann zu der Bestäubung mit gutem Pollen von *O. Lamarckiana* oder einer anderen, neuen Art, aber mit ebenso geringem Erfolg; es schien auch der Fruchtknoten befruchtungsunfähig zu sein.

Die Sterilität ist bekanntlich eine äusserst variable Eigenschaft. So ist es auch bei den Oenotheren. Die älteren Arten, *O. biennis*, *O. muricata* und *O. Lamarckiana* führen stets, soviel bekannt, einen Pollen, der zum Theil, oft zu einem Drittel, aus tauben Körnern besteht. Es wäre sehr wichtig, den Grad dieser Fertilität zu ermitteln, er würde ohne Zweifel dem QUETELET'schen Gesetze der individuellen Variabilität folgen, und wahrscheinlich auch partiell sehr variabel sein, namentlich auf schwachen Seitenzweigen.[2] Sterile oder fast sterile Individuen können also von Zeit zu Zeit vorkommen. So fand ich z. B. einmal ein Exemplar von *Oenothera gigas*, welches trotz wiederholter Versuche künstlicher Selbstbefruchtung keinen Samen ansetzte. Und die *Oenothera brevistylis* ist in den meisten Exemplaren trotz völliger Ausbildung des Pollens durchaus steril, und solches im offenbaren Zusammenhang mit der individuellen Variabilität in der Grösse ihrer Früchtchen.

Es ist möglich, dass eine junge Art stets ohne Pollen sei, wie wir solches bei der *O. lata* gesehen haben. Daraus folgt aber nicht,

---

[1] *Ebauches d'espèces*, nach französischer Terminologie.

[2] Vergl. u. A. A. JENCIC, Untersuchungen über den Pollen hybrider Pflanzen. *Oesterr. Bot. Zeitschr.* T. 50. 1900.

dass jede neu auftretende Form, wenn man sie zum ersten Male in einem sterilen Exemplare findet, auch bei späterem Entstehen stets steril sein müsste. Ebensowenig als die Möglichkeit ausgeschlossen ist, von der *Oenothera scintillans* einmal eine völlig samenbeständige Mutante zu bekommen.

Die Artanfänge in meinen Culturen waren meist einzelne Individuen, jedes Exemplar stellte einen eigenen Typus dar. In anderen Fällen trat die Form in derselben Aussaat in zwei oder drei Keimpflanzen auf, oder ich fand sie in verschiedenen Jahren wieder. Waren es nur Rosetten von Wurzelblättern, so war offenbar die Sicherheit der Identität keine absolute; aber es ist immerhin besser, in solchen Fällen anscheinend Zusammengehöriges zu verbinden, als die Zahl der neuen Typen über Gebühr zu vergrössern. Denn eigentlich haben solche misslungene Artanfänge weiter keine Bedeutung, als dass sie für den Satz von der allseitigen Mutabilität eine nicht zu vernachlässigende Stütze abgeben.

Fig. 93. *Oenothera spathulata.* Ein Wurzelblatt in $^2/_3$ der natürl. Gösse.

Dieses ist auch der Hauptgrund, weshalb ich hier einige solche Artanfänge etwas eingehender besprechen werde. Ich wähle dazu drei unter ihnen aus, und werde diese, der Bequemlichkeit wegen, mit gewöhnlichen Artnamen belegen. Es sind die *O. spathulata*, von der ich nur Rosetten von Wurzelblättern hatte, die *O. subovata*, welche mehrfach blühte, aber stets steril war, und die *O. fatua*, welche trotz reichlicher Verzweigung bis jetzt so gut wie keine Blüthen hervorbrachte.

Diesen drei Typen schliessen sich dann eine Reihe weiterer Formen an, welche es sich weder lohnt mit Namen zu belegen, noch alle zu beschreiben.[1]

Von der *O. spathulata* habe ich im Jahre 1889 in der *Laevifolia*-Familie zwei Rosetten von Wurzelblättern gehabt (S. 192); im Jahre 1890 sieben Rosetten in dem Hauptstamm der *Lamarckiana*-Familie und 1895 eine im Nebenzweig dieser Gruppe (S. 184).

Das wiederholte Auftreten in verschiedenen von einander unabhängigen Familien ist somit auch für diese seltene Art festgestellt. Die Pflanzen von 1890 waren meist bereits Ende Juni sehr starke

[1] Einige unter meinen neuen Arten sind nicht aus dem reinen Stamme der *O. Lamarckiana*, sondern aus gekreuzten Samen verschiedener Herkunft hervorgegangen, und zwar sowohl sterile als fertile und gleich beim Anfang aus Samen constante. Ihre Beschreibung werde ich erst im zweiten Bande geben.

Rosetten, wuchsen den ganzen Sommer hindurch kräftig, gingen aber im Winter zu Grunde, ohne einen Stengel gebildet zu haben. Einige ihrer Blätter habe ich aufbewahrt und photographirt (Fig. 93). Sie waren sehr lang gestielt, der Stiel war ganz allmählich in die Spreite verbreitert; von dieser lag die grösste Breite nahe am abgerundeten Gipfel.

Eine andere Mutante mit ähnlichen Blättern blühte in demselben Sommer mit kleinen Blüthen und leeren Antheren; ob sie zu demselben Typus gehörte, konnte ich nicht entscheiden.

Als *O. fatua* bezeichne ich eine Pflanze, welche im Jahre 1896 aus der *Lamarckiana*-Familie entstand, zweijährig war und 1897 sich reichlich verzweigte. Sie trug zahlreiche Inflorescenzen mit grünen Bracteen, aber keine Blüthen (Fig. 94).

Fig. 94. *Oenothera fatua*. Ein Zweig im Herbst, mit zahlreichen blüthenlosen Bracteen.

Im Sommer 1896 hatte ich die Rosette mit den Wurzelblättern als eine eigene Form isolirt; die Blätter waren oval und deutlich anders als bei der *O. Lamarckiana*. Sie wuchs im zweiten Jahre kräftig, erreichte eine Höhe von etwa einem Meter und verzweigte sich viel stärker, als irgend eine andere Form, Inflorescenzen in übermässiger Anzahl hervorbringend. Erst spät im Herbst fing sie an, normale Blüthenknospen auszubilden, zu spät, um diese noch entfalten zu können.

Aehnliche Pflanzen habe ich sehr vereinzelt auch in anderen Jahren beobachtet.

Als letztes Beispiel bespreche ich die *Oenothera subovata*, welche zuerst 1889 und später von Zeit zu Zeit in einzelnen Exemplaren in meinen Culturen auftrat. Vier von diesen Mutanten haben geblüht, die übrigen starben als Rosetten von Wurzelblättern.

Anschliessend an die früheren Mutationsabbildungen gebe ich zuerst in Fig. 95 eine photographische Aufnahme einer Gruppe von Pflanzen, welche aus Samen von *Oenothera lata*, nach Befruchtung mit *O. Lamarckiana* gekeimt, und in frühester Jugend in einem Holzkasten in guter Erde auf Reihen ausgepflanzt waren. Es ist ein Theil der S. 202 im Stammbaum der *Lata*-Familie verzeichneten Mutantenreihe, und zwar eine Gruppe, in der zufällig viele solche neue Formen zusammen standen. Ausser *O. lata* und *O. Lamarckiana* zeigt die Abbildung zwei Exemplare von *O. albida* (rechts), an ihren kleinen schmalen Blättern kenntlich, und zwei von *O. oblonga* (in der Mitte), welche im Bilde kaum von der Mutterart zu unterscheiden sind. Von den photographirten *Lata*-Pflanzen haben die meisten später geblüht. Die *Albida* und *Oblonga* entwickelten sich zu Rosetten, starben aber im Laufe des Sommers. Die *Lamarckiana* wurden nicht ausgepflanzt.

Die *O. subovata* (oben in der Mitte) fiel bereits früh nach dem ersten Verpflanzen dadurch auf, dass sie sehr klein blieb, während die übrigen

Fig. 95. Eine Mutation in der *Lata*-Familie. Nach einer Photographie vom 25. Mai 1900. In der rechten Reihe sieht man oben *O. albida*, in der Mitte *O. lata*, unten wieder *O. albida*. In der zweiten Reihe *O. Lamarckiana*, *O. oblonga* (Mitte) und *O. Lamarckiana*. In der dritten Reihe *O. lata* (unten), *O. oblonga* und *O. subovata* (oben, sehr klein). In der linken Reihe drei *O. lata* und in der Mitte die grösste Rosette: *O. Lamarckiana*. Die *O. lata* und *O. Lamarckiana* gleichen den beiden Eltern, die übrigen sind als Mutanten aufgetreten.

Exemplare kräftig heranwuchsen. Ihre Blätter waren fast kreisrund und kurz gestielt. Sie wurde Ende April mit den übrigen Mutanten auf ein besonderes Beet versetzt und wuchs zu einer kräftigen, reich beblätterten Rosette mit elrunden, langgestielten Blättern heran, welche während des ganzen Sommers sich auffallend von den übrigen Exemplaren desselben Beetes unterschied. Sie starb im Herbst.

Auch die beiden anderen (S. 202) erwähnten Exemplare von *O. subovata* gingen im Spätsommer zu Grunde, nachdem sie ganz ähnliche, dichte Rosetten von Wurzelblättern gebildet hatten (vergl. auch Fig. 48 auf S. 197).

Rosetten mit derselben Blattform und von derselben Tracht hatte ich früher in verschiedenen Jahren beobachtet. So 1895 im Hauptstammbaum der *Lamarckiana*-Familie (S. 157) in sieben Exemplaren auf 14000 Keimlingen, also eins pro 2000. Sie wuchsen bis in den Winter, aber es gelang mir nicht, sie zu überwintern. Dann 1898 die drei auf S. 286 erwähnten Mutanten aus Samen von *O. sublinearis* und zwei andere aus Samen von *O. scintillans*. Endlich zwei Rosetten aus Samen von *Oenothera lata* nach Befruchtung mit *O. biennis*.

Blühende Pflanzen von *O. subovata* hatte ich im Ganzen vier, und zwar 1889, 1895 und zwei im Jahre 1899. Die erstere war aus *Lamarckiana*-Samen entstanden, einjährig, reich verzweigt, aber niedrig. Sie trieb neben ihrem Hauptstengel noch eine Gruppe von Seitenstengeln aus den Achseln der Wurzelblätter. Von diesen hat eine einzige geblüht, mit normalen Blumen, wie die der Mutterart. Die übrigen und der Hauptstengel aber blieben bis in den Herbst hinein steril, mit kleinen, grün beblätterten Zweiglein in den Achseln der Blätter (Fig. 96), welche der Pflanze ein ganz eigenthümliches Aeussere verliehen.[1]

Fig. 96. *Oenothera subovata.* Steriler Stengel, 1889.

Die Mutante von 1895 stammte aus der *Lamarckiana*-Familie und blühte im August des ersten Lebensjahres. Die Blumen waren vom Bau derjenigen der Mutterart, aber, der schwächeren Pflanze entsprechend, kleiner. Später aber erstarkte die Pflanze, und als sie Ende September aus den Seitenzweigen blühte, hatten ihre Blumen die völlige Grösse der *Lamarckiana*.

[1] Diese Verlaubung war eine aus inneren Ursachen entstandene und keine pathologische Vergrünung, wie sie von Parasiten (*Phytoptus*, Blattläusen u. s. w.) hervorgerufen zu werden pflegt. Eine solche habe ich bisweilen auch an meinen *Oenothera*-Pflanzen beobachtet (*Botan. Jaarboek*, Gent 1896, S. 88); ihre Merkmale sind aber, namentlich durch die Vergrünung der Blüthen selbst, ganz andere wie die der oben beschriebenen Pflanze.

Die beiden *Subovata*-Pflanzen von 1899 gehörten der *Lata*-Familie an. Die eine stammte aus *Lata*-Samen, welche mit *O. nanella*, die andere aus Samen, welche mit *O. Lamarckiana* befruchtet waren. Beide waren schon als junge Pflanzen erkannt, trieben einen Stengel und blühten reichlich. Die erstere war schwach und hatte verhältnissmässig kleine Blumen, die andere war stark und trug Blüthen, welche ebenso gross waren wie bei der *O. Lamarckiana*. Beide waren völlig steril; anfangs befruchtete ich sie mit ihrem eigenen Blüthenstaub, später mit fremdem, gutem Pollen, beides aber ohne Erfolg.

Ohne Zweifel muss es möglich sein, wenigstens von der *O. subovata* einmal eine samentragende Pflanze zu bekommen und sie auf ihre Samenbeständigkeit zu prüfen.

Und voraussichtlich wird solches auch von weiteren, bis jetzt in meinen Culturen nicht oder nur in ungenügender Weise aufgetretenen Typen gelten.

III. Der systematische Werth der neuen Arten.

§ 24. Die Natur der Grenze zwischen verwandten Arten.

Nach der Mutationstheorie unterscheiden sich die durch je eine Mutation entstandenen Arten ebenso scharf von einander, als nächstverwandte anerkannte systematische Arten.

Im vorigen Kapitel haben wir gesehen, dass neue Arten in der Regel, von ihrem ersten Auftreten an, ebenso constant sind, wie andere Species. Diese Constanz zeigt sich in zwei Beziehungen. Erstens sind die einzelnen Exemplare einander in allen ihren wesentlichen Merkmalen gleich, sowohl wenn sie aus einander oder aus ihnen gleichen Eltern hervorgegangen sind, als wenn man die zahlreichen, unabhängig von einander und oft aus entfernten Familien derselben Mutterart als Mutationen aufgetretenen Individuen vergleicht. Zweitens sind sie samenbeständig, ohne Rückkehr zu der Mutterart. Fehlt diese letztere Eigenschaft, wie z. B. bei *Oenothera scintillans*, so ist die Form in der freien Natur auf die Dauer nicht existenzfähig, und somit von einem Vergleiche mit echten wilden Arten ausgeschlossen.

In diesem Kapitel werde ich zu zeigen versuchen, dass in der Gattung *Oenothera* die Merkmale der neuen Arten denselben systematischen Werth haben wie die unterscheidenden Charaktere der älteren, von Linné und den besten späteren Systematikern unterschiedenen Arten. Ich werde mich dabei auf die nächsten Verwandten der *O. Lamarckiana*, und somit auf die Untergattung *Onagra* beschränken. Ich habe dabei den Vortheil, mich auf sehr allgemein bekannte Formen (*O. biennis L.*, *O. muricata L.*, *O. suaveolens Desf.* u. s. w.) beziehen und diese als Vergleichsobjecte benutzen zu können. Meine neuen Arten weichen in einigen Hinsichten ebenso viel, in anderen mehr, in noch anderen weniger von einander und von der Mutterart ab, als diese allgemein anerkannten Formen.

Bei dieser Behandlung sind zwei Punkte in den Vordergrund zu setzen, welche das Studium wesentlich erschweren. Ich meine unsere gegenwärtig sehr ungenügende Kenntniss von den Einheiten, aus denen die Eigenschaften der Organismen aufgebaut sind, und die Erscheinung der transgressiven Variabilität.[1]

Nach meiner Ansicht ist jede Mutation in der Regel durch eine einzelne neue Eigenschaft bedingt (vergl. S. 287). Diese innere oder primäre Eigenschaft tritt in den einzelnen Organen mit den dort bereits vorhandenen in Wechselwirkung, und es ist diese Wechselwirkung, durch die sie sich äusserlich zeigt. Der äussere, sichtbare Erfolg hängt also nur zum Theil von der Mutation, zum Theil aber auch von den älteren Merkmalen ab. Oder mit anderen Worten, die neue Art kennzeichnet sich in der Regel nicht durch eine einzige neue Eigenschaft, sondern dadurch, dass viele oder alle Organe in bestimmter Weise umgestaltet wurden.

So lange wir die fraglichen einheitlichen Ursachen nicht kennen, haben wir somit diese Umgestaltungen der neuen Mutationen mit den sichtbaren Unterschieden der älteren Arten zu vergleichen.

Die transgressive Variabilität ist eine der wesentlichsten Stützen der Selectionstheorie. Sie ermöglicht es, Reihen von Individuen auszusuchen, welche zu verwandten, aber verschiedenen Arten gehören, und in denen dennoch bestimmte Merkmale sich ganz allmählich und ohne Sprünge vom einen Ende der Reihe bis zu dem entgegengesetzten ändern. Sind keine Arten aus solchen Gruppen ausgestorben, oder sind ihre Ueberreste in genügender Menge erhalten, so können solche völlig continuirliche Reihen in einer fast willkürlichen Länge aufgestellt werden.

Dieses gilt in der Regel nur, wenn man einzelne Merkmale in Betracht zieht, und wenn man auf die Anzahl der Individuen, welche auf den verschiedenen Stufen der Reihe stehen, nicht achtet.

Ein Beispiel wird dies sofort klar machen. Die *Oenothera La*

[1] Vergl. S. 41 und den folgenden Paragraph.

marckiana unterscheidet sich von der *O. biennis* durch ihre prachtvollen, grossen Blumen. Von Weitem erkennt man die Arten von einander. Die Blumenblätter der ersteren sind etwa doppelt so lang wie die der letzteren. Aber auf beiden Species ist diese Länge variabel, sie folgt dem gewöhnlichen QUETELET'schen Gesetze der individuellen Variabilität und ist dabei in hohem Grade von der Ernährung abhängig. Sie ist auch partiell variabel, und namentlich nimmt sie gegen das Ende der Blüthezeit, mit der allmählichen Erschöpfung der Pflanze durch die Samenproduction sehr wesentlich ab. An fast verblühten Stammgipfeln, kleinen Seitenzweigen oder schwachen Individuen findet man die kleinsten Blüthen, an reich ernährten Exemplaren im ersten Anfang der Blüthe, und an den sehr kräftigen Seitenzweigen grosser, aber durch irgend einen Zufall ihres Hauptstammes beraubter Pflanzen dagegen die grössten. Es gilt dieses sowohl im Freien als in der Cultur.

Nun suche man die allergrössten Blumen von *O. biennis* und die allerkleinsten von *O. Lamarckiana* aus. Man wird die Grenze überschritten finden.[1] Denn in diesen extremen Fällen sind die *Biennis*-Blüthen grösser als die *Lamarckiana*-Blüthen.[2]

Hat man solche extreme Blüthen gesammelt, so ist es offenbar leicht, von ihnen aus durch die *Biennis* abwärts und durch die *Lamarckiana* aufwärts eine ununterbrochene Reihe von Petalen zusammen zu suchen. In einer solchen Reihe ist die Grenze auch für das geübteste Auge einfach nicht zu finden. Und dennoch gehen *O. biennis* und *O. Lamarckiana* nie in einander über.

Man kann diese Reihe vervollständigen, indem man die kleinblüthige *O. muricata* in genau derselben Weise an sie anschliesst.[3] Und würde man auf die Verwandtschaft nicht achten wollen, so könnte man bis zu der *Oenothera minutiflora* mit ihren millimetergrossen Blüthen continuirlich hinabgehen. Solche Reihen lassen sich im Pflanzenreich für fast alle messbaren Eigenschaften und in beliebiger Menge auf-

---

[1] Dass solches allgemein so sein muss, lässt sich ohne Weiteres aus dem Gesetze der Variabilität ableiten. Man denke sich zwei Variabilitätscurven auf derselben Abscisse aufgestellt. Je grösser die Anzahl der untersuchten Exemplare, um so weiter laufen die Schenkel der Curven aus, bis die beiden einander zugekehrten schliesslich einander berühren und schneiden. Und es leuchtet ein, dass solches bei einer um so geringeren Anzahl von Exemplaren eintreten wird, je näher die Gipfel der Curven (die mittleren Werthe der Eigenschaften) einander liegen und je grösser die Amplitude oder Variationsweite (Q) ist.

[2] Beispiele im nächsten Paragraphen.

[3] Vergl. den folgenden Paragraphen.

stellen.[1] Sie verwischen die Grenze zwischen verwandten Arten für die einzelnen Merkmale überall.

Berücksichtigt man also bei der Unterscheidung von Pflanzen und Thieren nur eine einzelne Eigenschaft, so trifft man überall solche ganz lange, ununterbrochene Reihen an. So bekanntlich bei den Schalen von Schnecken, den Muscheln, den Flügeln der Falter u. s. w. Erst die Vergleichung anderer Merkmale lässt die einzelnen Typen erkennen.

Aufgabe exacter Forschung ist es somit erstens, solche continuirliche Reihen so zahlreich wie möglich aufzustellen. Zweitens aber, sie in ihre einzelnen Componenten zu zerlegen und in der Erscheinungen Fluth die ruhenden Pole zu suchen.

Diese Zerlegung kann mit Hülfe der statistischen oder der experimentellen Methode erreicht werden. Betrachten wir zunächst die erstere.

Die Ueberschreitung der Grenzen geschieht nur von einzelnen, verhältnissmässig seltenen Individuen; weitaus die meisten gehören dem mittleren Typus ihrer Art an. Wenn man also nicht die Uebergänge aufsucht, oder einfach sucht die Reihen zu vervollständigen, sondern seine Messungen so zahlreich wie möglich in diese hineinträgt, so werden die Curven zum Vorschein kommen. Es wird genau das herauskommen, von dem wir bei der Betrachtung der *Oenothera*-Blumen ausgegangen sind. Es entstehen die bekannten, von Bateson, Ludwig und vielen anderen Forschern studirten mehrgipfeligen Curven. Jeder Gipfel entspricht einer Gruppe von zusammengehörigen Individuen, einem Typus, event. einer elementaren Art.

Und die Uebergangsformen fallen leicht durch ihre Seltenheit auf. Es leuchtet sofort ein, dass sie die Grenzen nur scheinbar verwischen, dass sie eine Vermischung der Centren grösster Dichte gar nicht herbeiführen können. Sie beweisen weiter nichts als die Thatsache, dass benachbarte Curven auf derselben Abscisse mit ihren Schenkeln über einander greifen können.

Die experimentelle Methode werden wir am einfachsten klar machen können, wenn wir zunächst wiederum das Beispiel der *Oenotheren*-Blumen wählen. Wir ernten die Samen in den Früchten von zwei gleich grossen Blumen. Die eine sei eine der grössten *Biennis*-Blumen, die andere eine der kleinsten *Lamarckiana*. Es kann keinem Zweifel unterliegen, was aus solchen Samen hervorgehen wird. Es

[1] So sind z. B. die schmälsten Blätter von *Typha latifolia* schmäler als die breitesten von *T. angustifolia*.

lässt sich sogar, mit Hülfe des Regressionsgesetzes (S. 53, 84 u. s. f.), ziemlich genau der Erfolg im Voraus berechnen. Die Samen der *Biennis*-Blüthe werden Pflanzen geben, deren Blumengrösse im Allgemeinen zum Typus der *Biennis* zurückkehrt; die Samen der gleich grossen *Lamarckiana*-Blume werden aber zur Norm dieser Art hinneigen.

Mit anderen Worten: Wenn auf der Grenze zwischen verwandten Arten die sichtbaren Eigenschaften uns im Stiche lassen, so entscheidet die Nachkommenschaft der einzelnen (selbstbefruchteten) Individuen. Zwei in Bezug auf das fragliche Merkmal völlig gleiche Exemplare können sich bei der Aussaat ihrer Samen als grundverschieden ergeben. Und wenn, wie es ja oft vorkommt, zwei verwandte Gruppen sich nur in einem einzigen Merkmal unterscheiden, so können ihre extremen Varianten einander völlig gleich sein. Und dennoch ergeben ihre Samen sie als grundverschieden.[1]

Das Studium der Artgrenzen ist also keineswegs ein rein beschreibendes. Die auf Reihen von Formen basirten Gruppirungen haben nur vorläufigen Werth.[2] Erst die statistische Methode weist die wirklichen Grenzen an,[3] und weitaus das beste Verfahren ist dasjenige der Culturversuche.

§ 25. Transgressive Variabilität.

Die Auseinandersetzungen des vorigen Paragraphen sollen jetzt durch einzelne Zahlenbeispiele näher beleuchtet werden. Denn die Natur der Grenzen zwischen verwandten Arten gehört zu den schwierigsten Aufgaben der Systematik. Weitaus die meisten systematischen Arten sind nach der Untersuchung einiger weniger Exemplare aufgestellt und beschrieben worden, und wo zahlreiche Individuen verglichen wurden, hat man sich meist mit dem allgemeinen Eindruck zufriedengestellt. Man gelangt dadurch zur Kenntniss der typischen Form der betreffenden Arten, nicht aber zu einer genauen Würdigung ihrer Grenzen.

Um diese Grenzen zu beurtheilen, sind somit statistische Studien

---

[1] Ebenso sind unter den echten Bastarden die constanten Nachkommen mit dominirendem Merkmal von den sich in jeder Generation spaltenden Bastard-Individuen nicht zu unterscheiden. Vergl. den zweiten Band.

[2] DE CANDOLLE, *La Phytographie*, p. 80.

[3] C. B. DAVENPORT, *Statistical Methods with special Reference to Biological Variation.*

erforderlich.[1] Sie lehren uns einerseits die mittleren Eigenschaften kennen, andererseits aber auch die Abweichungen. Im vorigen Paragraphen haben wir gesehen, dass diese Abweichungen oft so gross sind, dass sie die Grenzen thatsächlich überschreiten. Es ist das die Erscheinung der transgressiven Variabilität.

Um die Bedeutung dieser Erscheinung in einfacher Weise klar zu machen, wählen wir also jetzt ein bestimmtes Beispiel.

Im Anschluss an die vorhergehenden Besprechungen wählen wir die gewöhnlichen Arten *O. biennis L.* und *O. muricata L.*, von denen wohl jeder weiss, dass sie sich vorwiegend und am leichtesten durch ihre Blüthen unterscheiden. Diese sind bei ersterer abstehend und gross, bei letzterer aufgerichtet und klein.

Unterwerfen wir aber jetzt dieses bekannte, auffallende und bequeme Merkmal zwischen zwei sehr allgemein anerkannten, von Linné selbst aufgestellten Arten[2] der statistischen Analyse. Wir messen dazu die Länge der Kelchzipfel, der Kronenzipfel und der Kelchröhre für eine gewisse Anzahl von Blüthen; es ist gar keine grosse Reihe erforderlich. Wir stellen diese Messungen in einfacher aber übersichtlicher Weise zusammen, jedes Mal die Zahl der Blüthen aufschreibend, welche eine bestimmte Länge haben. Für *O. biennis* habe ich in einer Gruppe von Exemplaren von jeder Pflanze eine einzelne Blüthe gemessen; von *O. muricata* gleichfalls (I), daneben aber auch von einigen Pflanzen mehrere Blüthen pro Pflanze (II). Die sämmtlichen Exemplare von beiden Arten rühren von demselben wilden Fundorte, auf Sandboden, her (Zandvoort, Sept. 1894). (Siehe Tabelle S. 310.)

Diese Messungen[3] lehren einmal, dass die mittlere Länge der Kelch- und Kronenzipfel für *O. muricata* an jenem Fundorte etwa 14—15 mm, für *O. biennis* etwa 19—20 mm war. Sie bestätigen also den bekannten Unterschied. Aber sie zeigen ferner, dass dieses Merkmal keineswegs so aufzufassen ist, dass nun auch alle Blüthen von *O. biennis* grösser wären als die von *O. muricata*, oder dass in jedem einzelnen

[1] Schöne Beispiele transgressiver Curven giebt auf zoologischem Gebiete P. P. C. Hoek, *Neuere Lachs- nud Maifischstudien*, in Tydschrift d. Nederl. Dierk. Vereeniging. (2) VI. 3. S. 231—235. Vergl. ferner G. Duncker, *On variation in the rostrum in Palaemonetes vulgaris.* Americ. Naturalist. Vol. 34. Nr. 404. 1900, und Derselbe, *Variation und Asymmetrie bei Pleuronectes flesus L.* Wiss. Meeresunters. Helgoland. Bd. III. Heft 2. 1900.

[2] Auch der Monograph der Gattung, Spach, trennt diese beiden Formen als Arten (*O. vulgaris Spach = O. biennis; O. chrysantha Spach = O. muricata*).

[3] Aehnliche Zahlenreihen habe ich oben für die Früchte von *Oenothera leptocarpa* mitgetheilt. Vergl. S. 253.

Länge der Kelchzipfel.

Millimeter	*Muricata* I.	*Muricata* II.	*Biennis*
8	0	1	—
10	2	1	—
11	1	3	—
12	2	6	—
13	6	13	—
14	13	24	2
15	**20**	**35**	7
16	6	11	3
17	3	7	9
18	4	0	8
19	—	—	**9**
20	—	—	8
21	—	—	4
22	—	—	6
23	—	—	1
24	—	—	1
25	—	—	1
26	—	—	3
27	—	—	1
28	—	—	1
33	—	—	1
Anzahl der Blüthen	57	101	64

Länge der Kronenzipfel.

Millimeter	*Muricata* I.	*Muricata* II.	*Biennis*
8	0	1	—
10	1	0	—
11	3	6	—
12	8	4	—
13	12	21	—
14	14	**34**	1
15	**16**	29	4
16	3	5	6
17	—	1	6
18	—	—	9
19	—	—	9
20	—	—	**12**
21	—	—	5
22	—	—	3
23	—	—	1
24	—	—	6
25	—	—	1
Anzahl der Blüthen	57	101	63

Fall diese Grösse entscheidend wäre. Im Gegentheil, die grössten Blüthen von *O. muricata* sind grösser als die kleinsten Blüthen von *O. biennis.*

Die mittleren Unterschiede sind fest und typisch. Die Grenzen werden aber überschritten, die Variabilität ist eine transgressive.

Soll man hieraus ableiten, dass es keine Grenze giebt? dass beide Arten fliessend in einander übergehen? Keineswegs. Denn die Blüthen sind ja auf unanzweifelbaren *Muricata-* und *Biennis*-Pflanzen gepflückt.

Mit anderen Worten: Die Grenzen werden überschritten, aber nicht verwischt. Und umgekehrt kann die Zusammengehörigkeit einer ununterbrochenen Reihe von Formen nicht bewiesen werden, so lange nicht bekannt ist, ob sie sich um ein einzelnes Centrum grösster Dichte gruppiren. Die Existenz zweier solcher Centren deutet auf unterschiedene Typen, auch wenn die Grenzen verwischt zu sein scheinen.

Ein Vergleich der Länge der Kelchröhre führt zu derselben Folgerung. Die Pflanzen sind demselben Fundort entnommen, die Blüthen sämmtlich von den Hauptstengeln gepflückt.

Länge der Kelchröhre.

Millimeter	*O. muricata* I.	*O. muricata* II.	*O. biennis*
21	0	1	—
22	1	0	—
23	0	0	—
24	1	2	—
25	3	6	—
26	6	8	—
27	8	11	—
28	8	15	—
29	12	15	—
30	10	17	—
31	4	15	1
32	3	7	2
33	1	1	2
34	0	1	2
35	1	1	0
36	0	1	1
37	—	—	0
38	—	—	3
39	—	—	3
40	—	—	4
41	—	—	3
42	—	—	3
43	—	—	1
Anzahl der Blüthen	58	101	25

Aehnliche Tabellen lassen sich zahlreich aufstellen und es wird sehr wichtig sein zu zeigen, dass das Gesetz der transgressiven Variabilität ganz allgemein herrscht, dass es aber die gegenseitige Unabhängigkeit und Immutabilität der Arten nicht im mindesten beeinträchtigt.

Betrachten wir daneben eine zweite Gruppe von Merkmalen. Ich meine diejenigen, durch welche sich verwandte Arten nicht, oder nur unwesentlich unterscheiden. Hier werden die mittleren Werthe einfach zusammenfallen, oder doch nur geringe, von äusseren Einflüssen abhängige Differenzen zeigen. So fand ich z. B. die Samen von *O. biennis* und *O. muricata* in Form und Grösse einander genau gleich, trotz der erheblichen Verschiedenheit der Körner in einer und derselben Frucht. Aehnlich verhält es sich mit einem anderen bekannten Merkmal, dem Verhältniss zwischen der Länge der Kronenzipfel und derjenigen der Filamente. Ich mass diese für *O. muricata* in zehn, für *O. biennis* in zwanzig Blüthen und fand im Mittel für erstere Art 14·6 und 8·3, für die andere Art 10·0 und 5·5 mm, für beide also das Verhältniss 100 : 55. Für *O. Lamarckiana* ist dieses Verhältniss aber 100 : 44.

Länge der Früchte von *Oenothera*-Arten in Millimeter.
(*O. muricata* 1894, die anderen 1893.)

Millimeter	*Lamarckiana*	*Biennis*	*Muricata*
15	1	—	—
16	1	—	—
17	5	—	—
18	11	1	—
19	17	4	—
20	27	9	—
21	37	13	—
22	62	10	—
23	74	23	2
24	**83**	24	1
25	79	28	3
26	51	30	6
27	43	**36**	12
28	32	32	18
29	18	27	34
30	13	21	**36**
31	5	22	34
32	5	26	32
33	3	28	24
34	1	7	14
35	—	5	5
36	—	6	2
37	—	3	2
38	—	1	2
40	—	0	1
Anzahl	568	356	228

Die Früchte sind in Bezug auf ihre Länge von der Lebenslage sehr abhängig. Untersucht man Exemplare, welche unter denselben Bedingungen cultivirt worden sind, so findet man die mittlere Länge der Früchte im Wesentlichen gleich. Sobald aber die Lebenslage eine verschiedene ist, können Unterschiede in der Fruchtlänge auftreten und man bekommt dann Zahlenreihen, welche den vorhergehenden ähnlich, aber durch andere Ursachen bedingt sind. (Vergl. vorstehende Tabelle.) Ich mass die Früchte im reifen, fast vertrockneten Zustande, und zwar für jede Pflanze nur die untere Kapsel des Hauptstengels; die Pflanzen waren auf den wilden Standorten, aber in verschiedenen Gegenden eingesammelt. Die Differenzen haben keinen specifischen Werth und rühren offenbar von Ernährungsbedingungen her. Sie lassen sich durch veränderte Ernährung sogar leicht umkehren.

Es würde mich zu weit führen, die Variabilität der neuen, aus *Lamarckiana* entstandenen Arten hier in ähnlicher Weise darzustellen. Sie sind ohne Zweifel in den meisten Merkmalen transgressiv variabel; es lassen sich leicht von den Blättern der *O. sublinearis* zu denen der *O. lata*, von den Früchten der *O. oblonga* zu denen der *O. rubrinervis* ununterbrochene Reihen zusammenstellen. Aber bei einer genügenden Anzahl von Individuen sind solche Reihen nicht monocentrisch, sondern polycentrisch, jede einzelne Art bildet in ihr eine wohl charakterisirte Gruppe. Nur ist der Charakter jedesmal dem Centrum grösster Dichte zu entnehmen, unbeeinflusst von der scheinbaren Verwischung der Grenzen.

§ 26. Oenothera Lamarckiana Seringe.

Die *Oenothera Lamarckiana* gehört zu der Untergattung *Onagra*, welche von einigen Autoren als Gattung abgetrennt wird.[1]

Ihre wichtigsten Merkmale liegen in den Samen, welche unregelmässig kantig, häufig berandet und ziemlich glatt sind (Figg. 97 und 98). Durch diesen Bau sind sie von den Samen aller anderen Abtheilungen der Gattung *Oenothera* leicht zu unterscheiden;[2] diese sind entweder glatt mit feinen Buckeln oder Vertiefungen, oder nur am oberen Ende

[1] Die wichtigste specielle Literatur über diese Gruppe ist die folgende:
E. Spach, *Monographia Onagrearum*, Nouv. Ann. Mus. IV. 3. 1835.
S. Watson, *Revision of the extra-tropical North American species of Oenothera.* Proceed. Am. Acad. of Arts and Science. Vol. VIII. 1868–1873.
Engler und Prantl, *Die natürl. Pflanzenfam.* III. 7. S. 199, wo auch die allgemeine Literatur zusammengestellt ist.
Ferner sind hervorzuheben:
J. Torrey and Asa Gray, *Flora of North America.* Vol. I. 1838—1840. p. 492.
A. S. Hitchcock, *Les Onothéracées du Kansas.* 1898.
H. Léveillé, *Monographie du genre Onothera* (soll im Laufe dieses Jahres erscheinen).
Die Untergattung *Onagra* findet sich als solche bei Endlicher, *Genera plantarum.* S. 1190 sub Nr. 6115. Als Gattung in den *Natürlichen Pflanzenfamilien* von Engler und Prantl, l. c. S. 214 und bei Britton and Brown, *An illustrated flora of the Northern United States, Canada and the british possessions.* Vol. II. 1897. S. 475.

[2] Verwechselungen von Arten von *Oenothera* aus verschiedenen Untergattungen kommen im Tausch der botanischen Gärten häufig vor, könnten aber bei der Aussaat mittelst des erwähnten Merkmales grossentheils vermieden werden.

gekrönt. Die äussere Samenhaut, welche in der Jugend glatt ist, wächst bei *Onagra* in Bezug auf den Keim zu stark heran, sie wird für diesen zu weit und bildet daher Runzeln und Falten, welche sich nach dem zwischen den Samen verfügbaren Raum modelliren (Fig. 98). Demzufolge ist die Form der Samen eines Faches meist eine sehr verschiedene. In diesem Baue stimmen die einzelnen Arten von *Onagra* so genau mit einander überein, dass es sehr schwer hält, ihre Samen zu unterscheiden.

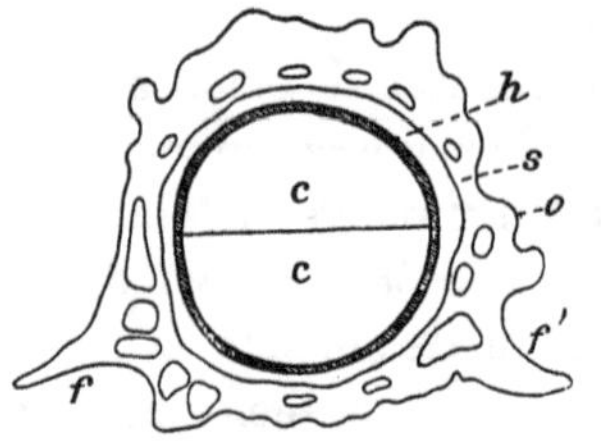

Fig. 97. Querschnitt eines Samens von *Oenothera Lamarckiana*. *c c* die Keimblätter (ein Endosperm fehlt); *o* Oberhaut; *s* Schwammgewebe mit Höhlungen; *h* Hartschicht; *f f'* Samenflügel.

Die Frucht ist eine vielsamige, fachspaltig aufspringende Kapsel. Die Blüthen haben eine lange Blüthenröhre oder Kelchröhre, sind vierzählig und anscheinend regelmässig, thatsächlich aber mehr oder weniger symmetrisch ausgebildet, was namentlich an den Filamenten sich ausspricht. Vorblätter fehlen.

Die Arten, welche diese Merkmale führen, sind von LINNÉ unterschieden, soweit sie damals bekannt waren. Namentlich gilt solches von *O. biennis L.*, *O. muricata L.* und *O. parviflora L.* Diesen sind später als allgemein bekannte Formen *O. suaveolens Desf.* (= *O. grandiflora Ait.*) und *O. Lamarckiana Ser.* (= *O. grandiflora Lamarck*) angereiht worden.[1] Ausser diesen gehören zu der fraglichen Gruppe noch eine Reihe anderer amerikanischer, in Europa aber wenig bekannter Arten.

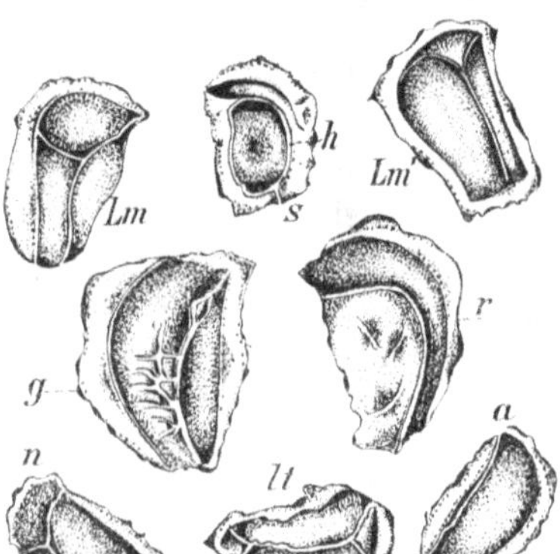

Fig. 98. Samen. *Lm* von *O. Lamarckiana*, vom Rücken gesehen; *Lm'* von der scharfen Vorderkante gesehen; *g O. gigas*; *r O. rubrinervis*; *n O. nanella*; *lt O. lata*; *a O. albida*; *s O. scintillans*, geöffnet und leer, *h* die Hartschicht, welche die innere Höhlung umgiebt.

Alle diese Formen werden von späteren Systematikern entweder zu einer einzigen Grossart zusammengefasst, oder in sehr verschiedener Weise gruppirt. Im ersteren Falle wird als Grundform die *O. biennis* angenommen. Die übrigen Arten

[1] Obgleich der Name *O. grandiflora* für diese beiden Arten Anspruch auf die Priorität hat, ziehe ich es vor, ihn nicht zu verwenden, da er schon zu vielen Verwechselungen Veranlassung gegeben hat. Vergl. *Nederl. Kruidk. Archief.* Aug. 1895.

werden dieser als Varietäten untergeordnet. So namentlich von TORREY und GRAY in ihrer berühmten Flora von Nordamerika und von WATSON in seiner Monographie. Es ist dieses für uns wichtig, weil es zeigt, dass eine eingehende Vergleichung der verschiedenen Formen auf die Abstammung aller übrigen von der *O. biennis* hinweist.

SPACH ist in dieser Beziehung anderer Ansicht. Er unterscheidet sechs Arten von *Onagra*. Zwei von diesen umfassen sämmtliche uns hier interessirende Formen; die übrigen sind seltene und in Europa weder cultivirte noch verwilderte Arten. Jene beiden sind 1. *Onagra vulgaris Spach* = *Oenothera biennis L.*, aber auch die *O. suaveolens Desf.* und *O. Lamarckiana Ser.* umfassend und 2. *Onagra chrysantha Spach*, welche aus *O. muricata L.*, *O. parviflora L.*, *O. cruciata Nutt.* und einer mir noch unbekannten *Var. latifolia* aufgebaut ist.

Ich folgere hieraus, dass man annehmen darf, dass die ursprüngliche *Oenothera biennis* die übrigen Arten namentlich in drei Richtungen hervorgebracht hat und zwar durch Vergrösserung (*Lamarckiana*) oder Verkleinerung (*Chrysantha*) oder ohne Grössenveränderung der Blumen. Die übrigen Eigenschaften der Blüthen sind sehr eng mit der Grösse verbunden, zum Theil anscheinend von ihr bedingt.

Ausser im Bau der Blüthen weichen die Arten von *Onagra* namentlich in der Form und Ausbildung der Blätter von einander ab. Ferner hat *O. parviflora* eine am Gipfel achtspaltige, statt vierspaltige Frucht und hat *O. Lamarckiana* eine auffallend andere Tracht. Die Behaarung u. s. w. bilden weitere, untergeordnete Merkmale.

Ob die *Oenothera biennis* einmal eine Mutationsperiode durchlaufen hat, ähnlich der gegenwärtigen von *O. Lamarckiana*? Ob sie zu dieser Zeit die übrigen Arten in derselben Weise hervorgebracht hat, wie diese solches jetzt thut? Ob die jetzt lebenden Formen jede unmittelbar aus ihr hervorgegangen, oder ob sie durch wiederholte Mutationen gebildet sind und also Combinationsformen darstellen? Ob es schliesslich von der *O. biennis* irgendwo jetzt noch eine mutable Familie giebt, welche vielleicht jetzt noch einige der bekannten Arten, oder auch andere hervorbringt? Diese und andere Fragen müssen einstweilen der weiteren Forschung anheim gestellt werden.

Für uns haben sie aber die Bedeutung, die Aufgabe des vorliegenden Kapitels klar zu machen. Die *Onagra*-Gruppe erscheint uns als eine, der Mutationsgruppe der *O. Lamarckiana* durchaus analoge Abtheilung. Nur ist sie älter und vielleicht umfangreicher. Sind die Artunterschiede in beiden Gruppen von demselben systematischen Werth, so wird dadurch die Uebereinstimmung meiner neuen Arten mit anerkannten älteren Arten auch von dieser, rein systematischen Seite bewiesen.

Indem hierdurch die Aufgabe für die nächstfolgenden Paragraphen angedeutet ist, kehren wir jetzt zu der *O. Lamarckiana* zurück.[1] Zunächst geben wir die von LAMARCK selbst aufgestellte Beschreibung in möglichst genauer Uebersetzung. Um diese zu verstehen, hat man darauf aufmerksam zu sein, dass LAMARCK sie nicht in Vergleichung mit den nächstverwandten Formen, sondern mit einer, einer anderen Untergattung angehörigen, aber ebenfalls sehr grossblumigen Art, der *O. longiflora Jacq.* geschrieben hat. Auch hat er weder Exemplare aus der amerikanischen Heimath, noch sonst wildwachsende Individuen studirt, noch auch die Pflanze im lebenden Zustand untersucht. Seine Beschreibung bezieht sich auf die getrockneten Exemplare des Pariser Herbars, welche im *Jardin du Muséum d'histoire naturelle* cultivirt worden waren.

LAMARCK schreibt:

Blätter ganzrandig, ei-lanzettlich, Blumenblätter uneingeschnitten,

---

[1] Ueber *Oenothera grandiflora Ait.* = *O. suaveolens Desf.*, eine oft mit der *Lamarckiana* unter einem dieser Namen, oder auch als *O. macrantha Hort.* verwechselte Form ist Folgendes zu bemerken: Sie wurde zuerst von WILLDENOW in seiner Bearbeitung der *Species plantarum* (Vol. II, 1799 S. 306) beschrieben, scheint aber schon von L'HÉRITIER, *Stirpes novae*, Tom. II, Tab. 4 abgebildet worden zu sein. DE CANDOLLE führt in seinem Prodomus *O. grandiflora Ait.* und *O. suaveolens Desf.* als vielleicht verschiedene Arten an. DESFONTAINES, der in seinem *Tableau* (1. Aufl. 1804 S. 169; 2. Aufl. 1815 S. 195) keine Beschreibungen giebt, scheint beide Namen als synonym zu betrachten.

Im allgemeinen Herbar des *Muséum d'histoire naturelle* in Paris fand ich im Umschlage der *O. biennis* ein Papier, auf dem zwei Stengel von *Oenothera grandiflora Ait.* geklebt waren. Der eine führte diesen Namen, von MICHAUX geschrieben. Neben den anderen hatte DESFONTAINES *Oenothera suaveolens Hort. paris.* gestellt. Darüber haben Andere *Oenothera grandiflora* und *Poiret Encycl.* geschrieben, und darunter steht in der Handschrift von SPACH: *Onagra vulgaris grandiflora Spach*, welcher Name in SPACH's Monographie (S. 353) synonym ist mit *O. grandiflora Lam.* Somit hat SPACH diese beiden *Grandifloren* nicht unterschieden, obgleich sie einander durchaus unähnlich sind.

Diese beiden fraglichen Specimina sind identisch mit der in Gärten unter dem Namen *O. grandiflora Ait.* = *O. suaveolens Desf.* häufig cultivirten Form, welche ich mehrfach auch unter den Namen *O. macrantha Hort.* und *O. odorata Hort.* erhielt (letzteres ist eine Verwechselung, verursacht durch den französischen Namen *Enothère odorante*).

Meine Untersuchung im Pariser Herbar hat mich also von der Identität der von mir als *O. suaveolens Desf.* (*O. macrantha Hort.*) cultivirten Form mit der von DESFONTAINES beschriebenen Art überzeugt. Sie hat ebenso grosse Blüthen wie *O. biennis*.

Früchte unbehaart. Diese Art scheint durch ihre Tracht der *Oen. longiflora* verwandt, unterscheidet sich aber durch mehrere auffallende Merkmale, namentlich durch verzweigte Stengel, uneingeschnittene Blätter, kurze und glatte Früchte. Die Stengel werden drei bis vier Fuss hoch, sind cylindrisch, spärlich behaart, röthlich braun, mit zahlreichen weit abstehenden Zweigen. Die Blätter sind grün, zerstreut, ei-lanzettlich, beiderseits unbehaart, ganzrandig; die unteren Blätter sind gestielt und am Grunde ein wenig gezähnt. Die Bracteen sind schmäler, spitzer und sitzend. Die Blüthen sind gipfelständig, zu einer breiten Krone vereinigt, sie stehen einzeln in den Achseln der Bracteen, aber dicht zusammen. Der Kelch ist gelb, die Röhre etwas länger als die vier lanzettlichen, an der Basis breiteren Zipfel, welche an der Spitze eine kurze, dicke, fadenförmige Verlängerung tragen. Die vier Blumenblätter sind eirund, sehr gross, gerundet, fast so lang wie die Kelchröhre, am Grunde keilförmig verschmälert. Die Frucht ist eine kurze Kapsel, sie ist cylindrisch, unbehaart, an der Spitze abgestutzt, viereckig und erreicht etwa den dritten Theil der Länge der Kelchröhre.[1]

Die Original-Exemplare von LAMARCK befinden sich jetzt noch im Herbar des *Muséum d'histoire naturelle*, und sind dort mit derselben Nummer 12 bezeichnet wie im Dictionnaire. Ich habe diese Exemplare ausführlich mit der Beschreibung und mit den von mir in meinem Versuchsgarten cultivirten Pflanzen verglichen und mich von der völligen Identität überzeugt.[2] Die Original-Exemplare vergegenwärtigen nicht in jeder Hinsicht den mittleren Typus der Art; die Beschreibung passt also nicht genau auf diesen, namentlich nicht in Bezug auf die Krone und die Früchte. Die Kronenblätter sind umgekehrt herzförmig, aber im Vergleich zur *O. longiflora* nur schwach ausgerandet; die Früchte sind ebenso gross und von derselben Form

[1] *Encyclopédie méthodique, Botanique par* LAMARCK. Tome IV. Paris An. IV. (1796) p. 550—554. Gewöhnlich citirt als LAM. *Dict.*

[2] Es scheint, dass nicht LAMARCK, sondern POIRET den Abschnitt über *Oenothera* im Dictionnaire geschrieben hat. Die Exemplare im Herbar tragen die Beischrift *O. grandiflora*, von POIRET geschrieben. In demselben Herbar befindet sich, im Umschlage der *O. biennis*, ein Exemplar von *Oenothera grandiflora Lam.*, und unter diesem Namen, welches aus der Sammlung des Abtes POURRET herrührt und mit dieser von DR. BARBIER im Jahre 1847 dem Museum geschenkt wurde. Diese Pflanze wurde wahrscheinlich von POURRET zur Zeit seines Besuches in Paris 1788 im Garten des Museums gesammelt. SPACH hat später neben dieses Specimen geschrieben: *Onagra vulgaris grandiflora Spach*, was die Identität dieses Namens mit *O. Lamarckiana Ser.* beweist. Auch diese Pflanze stimmt mit meinen Culturen genau überein.

wie bei *O. biennis* und stimmen mit dieser auch in der Behaarung überein.[1]

Die Untergattung *Onagra*, zu der die *O. Lamarckiana* gehört, umfasst fast ausschliesslich nordamerikanische Arten. Die jetzt in Europa wildwachsenden Formen sind von dorther eingeführt. Die *Oenothera biennis* aus Virginien um 1614, die *O. muricata* aus Canada im Jahre 1789 durch John Hunnemann, die *Oenothera suaveolens* im Jahre 1778 durch John Fothergill.[2] Die beiden ersteren wachsen in den Niederlanden, namentlich in den Dünen, welche sich der Küste entlang erstrecken, sehr häufig, und bestehen dort, soviel mir bekannt, nur aus je einer Unterart. Sie sind auch sonst in Europa weit verbreitet. Die *O. suaveolens* ist jetzt im westlichen Theile Frankreichs an zahlreichen Stellen verwildert.[3] Wo die *Oenothera Lamarckiana* ihre Heimath hat, habe ich nicht ausfindig machen können. Bei uns kommt sie nur aus Gärten verwildert vor.

Zu den Merkmalen der *O. Lamarckiana* gehört auch der symmetrische Bau der Blüthen, welcher namentlich in den Staubfäden ausgeprägt ist.[4] Die Blüthen stehen seitwärts vom Stengel ab, oft in nahezu horizontaler Richtung. Die Staubfäden sind an ihrem Grunde abwärts gebogen, die oberen stärker als die unteren; in der oberen Hälfte richten sie sich wieder etwas auf. Diese symmetrische Krümmung wird, wie Vöchting fand, von der Schwerkraft ausgelöst. Er beobachtete, dass, wenn Zweige am Klinostat der Drehung ausgesetzt werden, die Blüthen sich in normaler Weise entfalten, dass aber die Filamente gerade bleiben. Ein Einfluss des Lichtes oder der Finsterniss macht sich dabei nicht geltend. Die Krümmung der Filamente tritt erst kurz vor oder während der Entfaltung der Blüthen ein. Oeffnet man am Vormittag solche Knospen, welche sich am Abend desselben Tages entfalten würden, so findet man die Filamente noch völlig gerade.[5]

[1] Für eine kritische Auseinandersetzung der Synonymie und der Merkmale der hier in Betracht kommenden Arten von *Oenothera* verweise ich ferner auf „*Sur l'introduction de l'Oenothera Lamarckiana dans les Pays-Bas*“, Nederlandsch Kruidkundig Archief. Aug. 1895.

[2] W. T. Aiton, *Hortus Kewensis*. 2. Ed. Vol. II. 1810. S. 341.

[3] Gillot, *Soc. Bot. France.* 1893. p. 197. Vergl. ferner Tom. III. S. 437.

[4] H. Vöchting, Ueber Zygomorphie und deren Ursachen in Pringsh. *Jahrb. f. wiss. Bot.* Bd. XVII. 1886. S. 311. Vergl. namentlich Tafel XVI, Fig. 14.

Ferner über geotropische Krümmungen der *Oenothera*-Blüthen: Hanstein, *Beiträge zur allg. Morphologie.* IV. 3. S. 151.

[5] Vergl. die Abbildung auf S. 152.

Es ergiebt sich hieraus, dass der Grad der Krümmung der Filamente von dem Winkel abhängen muss, den die geöffnete Blüthe mit der Lothlinie bildet. Je geringer dieser Winkel, um so schwächer ist die Krümmung.

In den beschriebenen Beziehungen verhält sich unsere Pflanze wie die *O. biennis*. Dagegen unterscheiden sich *O. muricata* und *O. parviflora* bekanntlich durch die nicht gekrümmten Staubfäden.[1] Das Fehlen dieser Krümmung hängt aber offenbar mit dem Stande dieser Blüthen zusammen, denn diese sind hier am Stengel aufgerichtet, statt abstehend. Auch fehlt die Krümmung keineswegs gänzlich; ich fand sie stets, wenn auch oft in geringerem Grade ausgebildet.

§ 27. Uebersicht der Merkmale der neuen Arten.

Meine neuen Arten besitzen ohne Ausnahme die Merkmale der *Biennis*-Gruppe, zu der die *O. Lamarckiana* gehört. Im Anschluss an WATSON's Monographie hebe ich folgende gemeinschaftliche Charaktere hervor.[2]

Pflanzen ein- oder zweijährig, einen meist reich verzweigten, senkrecht aufwachsenden Hauptstamm bildend. Blüthen gelb, Blüthenknospen aufgerichtet, von den vier Kelchzipfeln gekrönt. Antheren linearisch, in der Mitte befestigt, Filamente von gleicher Grösse. Narbe aus vier oder mehr freien oder mehr oder weniger seitlich verwachsenen, langen, cylindrischen Lappen gebildet. Kelchröhre dünn, am Schlunde ein wenig verbreitert. Früchte sitzend, oblong, im oberen Theile deutlich verjüngt, Samen in zwei Reihen in jedem Fach, Samenhaut etwas zu gross für den Kern, dadurch runzelig.

Es reichen diese Angaben, namentlich wenn man die folgenden Tabellen vergleicht, hin, um die Zugehörigkeit der neuen Arten zu einer Grossart morphologisch und systematisch zu beweisen.

Dass sie mit *O. Lamarckiana* näher verwandt sind, als mit *O. biennis*, *O. muricata*, *O. suaveolens* und den sonstigen in systematischen Werken beschriebenen Arten dieser Gruppe, ergiebt sich, ausser aus ihrer Abstammung, eigentlich nur aus den Eigenschaften der Blüthe. Diese sind erstens viel grösser als bei den verwandten Formen, und zweitens haben sie längere Griffel. Der Griffel erhebt die Narben bereits in den Knospen oberhalb der Spitze der Antheren. Wenn sich die Blüthe öffnet, breiten sich die vier Narben im Kreuz aus,

---

[1] *Bull. Soc. Bot. France.* T. III. p. 437.

[2] SERENO WATSON, Revision of the extra-tropical North American Species of the genus *Oenothera. Proceedings, American Acad. of Arts and Sciences* Mai 13, 1873. Vol. VIII. S. 573—618.

dabei die Antheren in der Regel nicht berührend. Bei *O. biennis* dagegen liegen die Narben in der Knospe mitten zwischen den Antheren und überragen diese zur Blüthezeit nicht.

Dieser Umstand ist für die Befruchtung sehr wichtig. Bei *O. biennis* findet diese bereits in der Knospe statt, indem die Antheren sich einen Tag vor der Entfaltung der Krone öffnen. Oft fängt dieses bereits früher an, oft ein wenig später. Diese Erscheinung erschwert bei Kreuzungsversuchen offenbar die vorzunehmenden Operationen sehr, da man diese an noch ziemlich jungen Knospen ausführen muss. Dagegen erleichtert sie die Selbstbefruchtung, bei der weiter nichts

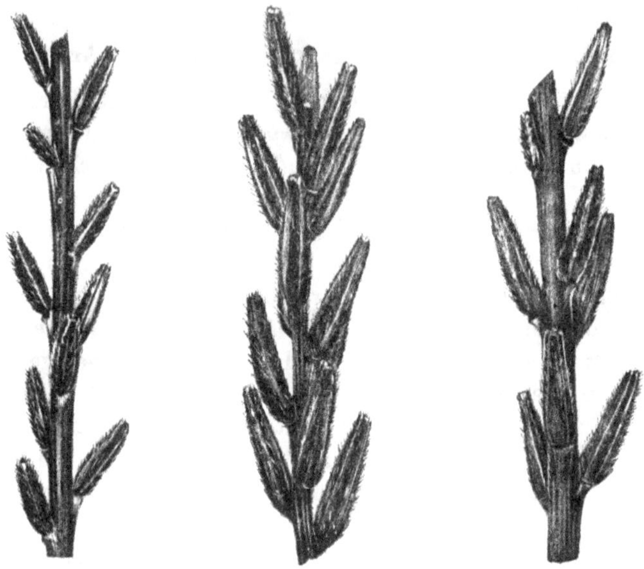

A R L

Fig. 99. Reife Früchte, kurz vor dem Vertrocknen, in halber natürlicher Grösse. *L Oenothera Lamarckiana*; *R O. rubrinervis*; *A O. albida.*

erforderlich ist, als dass man den Besuch der Insecten ausschliesst. Ganz anders bei der *O. Lamarckiana.* Diese ist leicht und sicher und in ziemlich grossen Knospen zu castriren, erfordert aber bei Selbstbefruchtung stets die künstliche Uebertragung des Blüthenstaubes. In dieser Beziehung verhalten sich, abgesehen von *O. lata* und *O. brevistylis,* und von den sterilen Formen, die in meinem Versuchsgarten aufgetretenen neuen Arten alle wie die *O. Lamarckiana,* und nicht wie die *O. biennis.* Die Nothwendigkeit, alljährlich alle Blüthen, deren Samen ich ernten wollte, mit eigenen Händen zu befruchten, hat mir in dieser Beziehung ausreichende Erfahrung gegeben.

Bei der Beschreibung meiner neuen Arten § 10—23 habe ich bisweilen auf atavistische Erscheinungen aufmerksam gemacht. So bildet die *O. nanella* in der ersten Jugend einige wenige langgestielte Blätter aus, so sieht man bisweilen Buckel auf den sonst glatten Blättern von *O. laevifolia* und *O. scintillans* u. s. w. In dieser Beziehung verhalten sie sich wie sehr viele Arten, auch aus anderen Familien, welche namentlich in der Jugend Eigenschaften ihrer Vorfahren wiederholen (z. B. *Acacia, Ulex, Sium* u. s. w.).

Ich werde jetzt versuchen, die Merkmale der neuen Arten in Uebersichtstabellen zusammen zu stellen, um sie im nächsten Para-

O *S*

Fig. 100. Reife Früchte, kurz vor dem Vertrocknen, in halber natürlicher Grösse, noch in den Achseln ihrer Bracteen. *O Oenothera oblonga; S O. scintillans.*

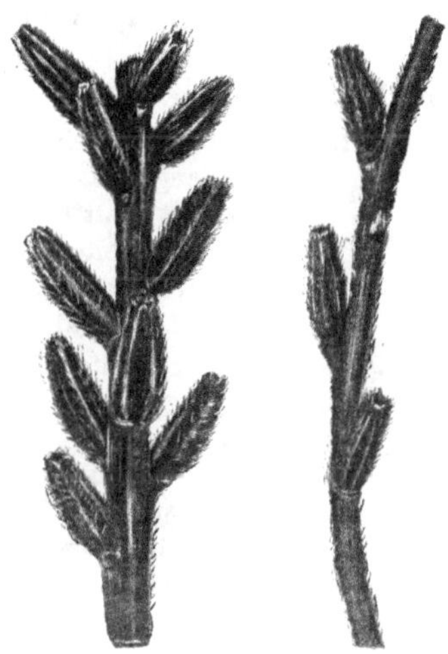

G *Lt*

Fig. 101. Reife Früchte, kurz vor dem Vertrocknen, in halber natürlicher Grösse. *G Oenothera gigas*; *Lt O. lata.*

graphen besser mit den Eigenschaften der älteren Arten vergleichen zu können. Um mich dabei möglichst einfach auszudrücken, werde ich die Eigenschaften der Mutterart, *O. Lamarckiana,* als normal bezeichnen und bei Vergleichungen mich stets auf diese beziehen.

Ferner trenne ich die einzelnen Organe und Entwickelungsstadien in den Tabellen und fange mit den Keimpflanzen an, in jenem Alter (2—3 Monate), in welchem ich sie gewöhnlich ausgesucht und gezählt habe. Es enthält die erstere Tabelle somit die Merkmale, welche bei diesem Sortiren benutzt wurden.

Analytische Tabelle der Keimpflanzen.

I. Blätter gestielt.	
A. Blätter von derselben Breite oder breiter.[1]	
1. Von derselben Breite, von derselben Form, an den Keimpflanzen nicht zu unterscheiden.	
a) (Figg. 48, 51, 52, 64, 65, 66, 72, 95) . .	1. *O. Lamarckiana.*
b)	2. *O. brevistylis.*
c)	3. *O. leptocarpa.*
2. Breiter, zugespitzt mit vielen Buckeln.	
a) (Figg. 52, 63, 65, 66)	4. *O. gigas.*
3. Breiter, am Gipfel abgerundet, mit sehr starken Buckeln, Rand umgebogen.	
a) (Fig. 48. 51, 52, 91, 92, 95)	5. *O. lata.*
b)	6. *O. semilata.*
B. Blätter schmäler.	
1. In der Mitte am breitesten.	
a) Sehr lang, langgestielt, mit schmalen Nerven, fast glatt (Fig. 83)	7. *O. elliptica.*
b) Klein, mit breitem Stiele und breiten Hauptnerven, sehr glatt, glänzend, dunkelgrün (Fig. 52, 81, 82)	8. *O. scintillans.*
2. Von gleicher Breite über den grösseren Theil der Länge.	
a) grün.	
a) 1. Nur wenig schmäler, glatt, ohne oder fast ohne Buckeln	9. *O. laevifolia.*
a) 2. Sehr schmal, mit breitem Stiel und breitem Hauptnerven, Nerv röthlich; runzelig (Figg. 48, 53, 72, 73, 74, 95)	10. *O. oblonga.*
b) weisslich.	
b) 1. Mit vielen Buckeln, zugespitzt, in den Stiel verschmälert (Figg. 48, 72, 75, 76, 95)	11. *O. albida.*
b) 2. Mit wenigen Buckeln, in den Stiel verschmälert, wellig, spröde, Nerv röthlich (Figg. 52, 68)	12. *O. rubrinervis.*
b) 3. Mit wenigen Buckeln, kaum in den Stiel verschmälert, fast grasartig .	13. *O. sublinearis.*
II. Blätter sitzend, kurz und breit, fast herzförmig, mit Buckeln (Figg. 51, 52, 78, 79)	14. *O. nanella.*

Am meisten verschieden ist bei den neuen Arten wohl die Tracht oder der sogenannte Habitus. Dieser ist, wie bei der *O. Lamarckiana* selbst, in hohem Grade von der Cultur abhängig. In erster Linie

[1] „(wie bei *Lamarckiana*)“, wie später überall in den Tabellen.

sind zweijährige Pflanzen selbstverständlich in der Regel viel stärker als einjährige. Erstere werden bisweilen weit über zwei Meter hoch, letztere oft nur wenig über einen Meter. In beiden Fällen hat die Zeit der Aussaat einen Einfluss; je früher die Pflanzen keimen, um so mehr Zeit haben sie zu ihrer völligen Ausbildung. Weiterer oder dichterer Stand, ausreichende Besonnung u. s. w. sind von Einfluss auf Höhe und Verzweigung.

Es ergiebt sich hieraus, dass man, wenn man verschiedenartige Culturen verwandter Arten vergleicht, Unterschiede beobachten wird, welche nicht oder nur mittelbar mit den wirklichen Charakteren zusammenhängen, und dass andererseits wirkliche Verschiedenheiten verwischt werden können. Aber bei möglichst gleicher Behandlung sind die Beete meiner neuen Arten schon von Ferne typisch verschieden und leicht zu erkennen.

Die jetzt folgende Tabelle bezieht sich vorwiegend auf einjährig blühende Exemplare.

Analytische Tabelle der blühenden Pflanzen auf Grund ihrer Höhe und Verzweigung.

I. Von derselben oder nahezu derselben Höhe (1·5—1·8 m).

A. Inflorescenz im October erschöpft, verblüht. Stengel gerade, steif.

1. Von derselben Stärke.

a) Nebenstengel stark, Stengeläste meist kurz. Locker beblättert (Fig. 55) . . . . . 1. *O. Lamarckiana.*

b) Nebenstengel schwach, Hauptstamm stark verzweigt. Fruchtähren lockerer. Stengel röthlich, zerbrechlich, oft wellig gebogen (Figg. 49, 67, 69, 70) . . . . 2. *O. rubrinervis.*

2. Etwas schwächer.

a) Schmalblätterig, der *O. Lam.* sehr ähnlich (Fig. 56) . . . . 3. *O. laevifolia.*

b) Breitblätterig, der *O. lata* ähnlich, aber höher . . . . 4. *O. semilata.*

3. Sehr stark, Stengel dick und sehr gerade, dicht beblättert, Internodien kurz; Zweige meist kurz und rosettenbildend. Inflorescenz dichter und voller . . . . 5. *O. gigas.*

B. Inflorescenz bis in den Winter blühend, dann sehr lang, schwach gebogen.

1. Stark verzweigt, reichblüthig. Knospengruppe oberhalb der Blüthe klein . . . . 6. *O. brevistylis.*

2. Wenig verzweigt, armblüthig. Knospengruppe oberhalb der Blüthen sehr lang . . . . . . 7. *O. leptocarpa.*

II. Niedriger (etwa 1 Meter oder weniger).
- A. Stark verzweigt.
  - 1. Aeste angedrückt, das Ganze daher steif. Knospentragender Theil oberhalb der Blüthen lang . 8. *O. scintillans.*
  - 2. Aeste abstehend, steif.
    - *a*) Hauptstamm dick, über die Zweige emporragend . . . . 9. *O. albida.*
    - *b*) Niedrig, schwach . . . . 10. *O. elliptica.*
    - *c*) Meist sehr schwach . . . . 11. *O. sublinearis.*
  - 3. Aeste schlaff, daher abwärts gebogen; Gipfel gleichweise schwach . . . . 12. *O. lata.*
- B. Fast unverzweigt, Zweiglein meist nur rosettenartig, Stengel sehr dünn (Figg. 50, 71) . . . 13. *O. oblonga.*

III. Zwergform, oft bei 10—20 cm Höhe bereits blühend (Figg. 45, 77) . . . . 14. *O. nanella.*

Die Blätter der *Oenothera Lamarckiana* wechseln ihre Form von der ersten Jugend an bis in die Gipfel der Inflorescenzen. Ebenso verhalten sich die aus ihr entstandenen neuen Arten. Die Wurzelblätter der völlig erwachsenen Rosetten gehen allmählich in die unteren Stengelblätter über, anfangs mit fast unveränderter Form. Am Stengel hinauf werden die Blätter allmählich kürzer und von kleineren Stielen getragen, bis sie in der Inflorescenz, an deren Anfang oder etwas später, ganz sitzend werden. In der jungen Inflorescenz überragen sie die Blüthen noch, später sind sie in Bezug auf diese und die Früchte ganz klein. Ihre grösste Breite, welche anfangs ungefähr in der Mitte liegt, verschiebt sich dabei allmählich nach der Basis.

Man darf somit bei einer Beschreibung der verschiedenen Arten nur Blätter von derselben Stengelhöhe mit einander vergleichen.

Analytische Tabelle der Blätter.

I. Von normaler Breite.
- A. Von normaler Länge und Form.
  - 1. Zugespitzt.
    - *a*) (Figg. 62, 89) . . . . 1. *O. Lamarckiana.*
    - *b*) . . . . 2. *O. leptocarpa.*
  - 2. Gerundet . . . . 3. *O. brevistylis.*
- B. Rundlich . . . . 4. *O. semilata.*
- C. Kurz, sitzend oder kurz gestielt; am Grunde breit, oft geöhrt bis herzförmig . . . . 5. *O. nanella.*

II. Breiter.
- A. Von derselben Form, doch sehr variabel, Zähne gross, zahlreich, namentlich am Grunde. Am Stengel abwärts gedrückt (Figg. 54, 62) . . . 6. *O. gigas.*
- B. Rundlich, stumpf, wenig gezähnt, aber meist mit umgebogenem Rand (Figg. 57, 58, 88, 89) . . 7. *O. lata.*

III. Wenig schmäler.
- A. Grün.
  - 1. Glatt, ohne Buckeln.
    - *a*) Von normaler Länge, flach . . . . . 8. *O. laevifolia.*
    - *b*) Klein, Mittelnerv breit, weisslich (Fig. 54) 9. *O. scintillans.*
  - 2. Runzelig. Wurzelblätter schmal mit breitem Nerv; Stengelblätter mit breitem Grunde sitzend (Fig. 54) . . . . 10. *O. oblonga.*
- B. Weisslich.
  - 1. Oft mit röthlichen Nerven, in der Mitte am breitesten, Bracteen der Länge nach gefaltet (Fig. 54) . . . . 11. *O. rubrinervis.*
  - 2. Sitzend mit schmalem Fuss, nur die unteren gestielt (Figg. 54, 57) . . . . 12. *O. albida.*

IV. Sehr schmal.
- A. Lanzettlich, lang, oft zehnmal länger als breit (Fig. 83). . . . . 13. *O. elliptica.*
- B. Linealisch, klein (Figg. 85, 86) . . . . 14. *O. sublinearis.*

In Bezug auf die Blüthen habe ich bereits oben bemerkt, dass ihre Grösse sehr wesentlich von der individuellen Kraft der sie tragenden Pflanze abhängt. Sie sind sowohl individuell wie partiell variabel, dabei dem bekannten QUETELET'schen Gesetze folgend. Namentlich auffallend ist, dass ihre Grösse zur Blüthezeit auf dem Stengel allmählich abnimmt, vom Juli bis in den October, oft bis auf $^2/_3$ oder fast die Hälfte sinkend. Es hängt dieses offenbar mit der Erschöpfung der Pflanze durch die reichliche Fruchtbildung zusammen, denn die *O. brevistylis*, welche fast keine Samen trägt, blüht oft bis tief in den November mit sehr grossen, leuchtenden Blumen. An Seitenzweigen sind die Blüthen kleiner, wenn der Hauptstengel mit Früchten beladen ist; war dieser früh, ganz oder theilweise abgeschnitten, wie letzteres für die künstlichen Befruchtungen zu geschehen pflegt, so tragen die späten Seitenzweige oft auffallend grosse und schöne Blumen.

Es hängt offenbar mit Obigem zusammen, dass die neuen Arten, welche von schwachem Wuchs sind, auch etwas kleinere Blumen tragen.

Analytische Tabelle über die Blüthen, Früchte und Samen.

(Figg. 98—101.)

I. Blüthen ebenso gross oder grösser, Petalen im Mittel 3—4 cm lang (Pflanzen gross).
- A. Früchte und Samen normal, Blüthenknospen dünn, keglich (Fig. 99)
  - 1. Kelch und Früchte grün, bisweilen schwach röthlich (Fig. 61) . . . . 1. *O. Lamarckiana.*

2. Kelch röthlich, Früchte roth gestreift, Petalen oft falzlich, breit, beim Verblühen dunkler . . 2. *O. rubrinervis.*
3. Blassgelb; die späteren Blüthen mit eilänglichen Blättern (Figg. 59, 60) . . . . 3. *O. laevifolia.*

B. Früchte kurz und dick (Fig. 101).
1. Samen gross, dunkelbraun, reichlich. Petalen sehr breit, Knospen dick . . . . 4. *O. gigas.*
2. Samen gross, spärlich. Knospen dick, Petalen runzelig. Staubbeutel steril (Fig. 46). . . . 5. *O. lata.*
3. Weniger abweichend, Blüthenstaub fertil . . 6. *O. semilata.*

C. Früchte kurz und dünn, Blüthen kurzgriffelig, halbunterständig . . . . 7. *O. brevistylis.*

D. Früchte lang und dünn. Die Blüthe fängt erst spät im Sommer an und dauert bis in den Herbst 8. *O. leptocarpa.*

II. Blüthen fast ebenso gross oder kleiner, Petalen meist etwa 3 cm (Pflanzen niedrig).

A. Früchte lang und dünn, Blüthen ausgebreitet, Petalen elliptisch.
a) (Fig. 84) 9. *O. elliptica.*
b) (Fig. 87) . . . . 10. *O. sublinearis.*

B. Früchte von fast normaler Grösse.
a) Samen reichlich, von fast normaler Grösse, Knospen oft seitlich gebogen . . . . . 11. *O. nanella.*
b) Früchte dünner, samenarm, Blüthen blassgelb, Krone wenig ausgebreitet (Figg. 88, 89) 12. *O. albida.*

C. Früchte kurz und dick, von halber normaler Grösse oder weniger.
a) Blüthen aufstehend, Samen klein, Früchte glatt . . . . 13. *O. scintillans.*
b) Blüthen abstehend, Früchte weniger dick, samenarm . . . . 14. *O. oblonga.*

Die in diesen Tabellen mitgetheilten Merkmale sind jene, nach welchen ich meine Pflanzen in der Regel sortirt und ausgezählt habe. Die feineren Differenzen, welche man bei einiger Uebung leicht beobachtet und mittelst deren sich mit voller Sicherheit arbeiten lässt, lassen sich bekanntlich nur schwer in Worten ausdrücken. Und der bereits hervorgehobene Umstand, dass der Grad der Entwickelung aller Organe mit der individuellen Kraft des Ganzen nach den Gesetzen der correlativen Variabilität verbunden ist, lässt Beschreibungen stets unvollständig erscheinen, erleichtert aber auf der anderen Seite die Beurtheilung des lebenden Materiales sehr wesentlich.

§ 28. Vergleichung der Merkmale älterer und neuer Arten.

Die aus *Oenothera Lamarckiana* in meinem Versuchsgarten entstandenen Arten unterscheiden sich von einander im Allgemeinen in derselben Weise, wie die bekannten Arten der *Biennis*-Gruppe unter sich. Diesen wichtigen, bereits oben hervorgehobenen Satz werde ich jetzt durch eine genaue Vergleichung zu beweisen versuchen.

Leider ist eine solche Beweisführung durch die Unvollständigkeit der in der Literatur vorhandenen Beschreibungen sehr erschwert. Die Diagnosen sind meist kurz, sehr häufig nach einzelnen Herbar-Exemplaren aufgestellt, von denen man nicht weiss, in welchen Charakteren sie den mittleren Typus der Form zur Schau tragen, und in welchen sie vielleicht mehr oder weniger stark von diesem mittleren Typus abweichen. Angaben über die Keimpflanzen, welche gerade so besonders wichtig sein würden, fehlen fast durchaus, u. s. w.

Diese Unvollständigkeit der Literatur lässt sich selbstverständlich durch Cultur der betreffenden Arten am besten beseitigen, und ich habe die bei uns wildwachsenden und einige andere Formen während vieler Jahre und unter verschiedenen Umständen in grösseren Mengen von Individuen cultivirt, um sie mit den meinigen vergleichen zu können. Im Jahre 1895 habe ich im Tausch der botanischen Gärten mir alle verfügbaren Proben von Samen aus der Untergattung *Onagra* verschafft und diese so vollständig wie möglich ausgesät. Auch später habe ich mir, wo sich die Gelegenheit dazu bot, *Onagra*-Samen verschafft.

Am besten bekannt sind mir selbstverständlich die bei uns wildwachsenden Arten *O. muricata* und *O. biennis*; von beiden besitze ich nur je eine Form. Ferner die in Frankreich verbreitete *O. suaveolens*, von der ich zwei oder drei Unterarten erhielt, *O. hirsutissima (O. biennis hirsutissima Torrey and Gray)*, *O. parviflora L.* und *O. cruciata Nutt.* und einige andere. Unbekannt oder nur aus Abbildungen und Herbar-Material bekannt sind mir *O. spectabilis Spach* (= *O. corymbosa*), *O. elata Kunth*, *O. media Link*, *O. erosa Lehm.* u. s. w. Ihre Merkmale liegen aber, soweit es sich beurtheilen lässt, zwischen denen der erstgenannten Arten; sie schliessen diese noch enger an einander an.

Aus diesen Gründen werde ich mich im Wesentlichen auf die Vergleichung der neuen Arten mit *O. biennis*, *O. muricata*, *O. Lamarckiana*, *O. cruciata* und *O. suaveolens* beschränken. Es wird dieses genügen, um zu zeigen, dass die Differenzen zwischen den ersteren grösser sind, als zwischen den letzteren. Und das Studium der übrigen älteren Arten kann selbstverständlich diesen Schluss nur erhärten.

Fangen wir mit den Keimpflanzen an. Diese bilden zwei Gruppen. *O. biennis* und *O. Lamarckiana* haben breite Blätter (Fig. 102 *A*), *O. muricata*, *O. cruciata* und *O. suaveolens* schmale (Fig. 102 *B*).

Namentlich in den ganz kleinen Rosetten sieht man diese Unterschiede deutlich; wenn aber das Wachsthum im Juni rascher zu werden anfängt, werden alle Blätter länger und ihre Merkmale dadurch weniger auffallend (Fig. 103), um aber später wieder deutlicher zu werden. Ich habe mehrfach die Rosetten der verschiedenen neuen und alten Arten reihenweise neben einander cultivirt, um 10—20 und oft viel mehr Individuen im gleichen Alter und bei gleicher Cultur vergleichen zu können. An der Seite der schmalen Blätter weichen *O. muricata* und *O. scintillans* am stärksten ab; beide mit glatten glänzenden, erstere aber mit blassgrünen langen, letztere mit dunkelgrünen kurzen Blättern. Wellig gekrümmte, weissliche Blätter haben

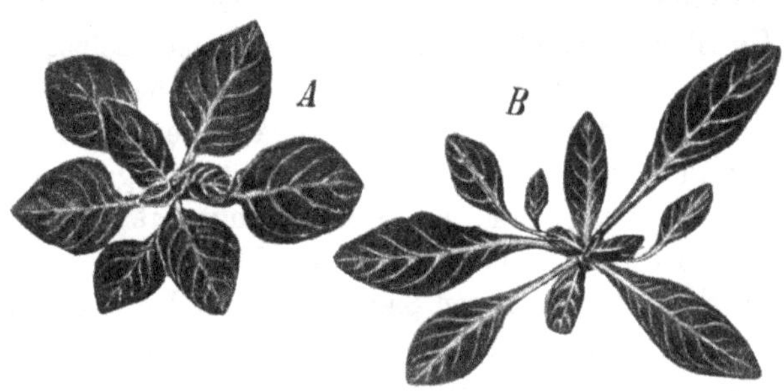

Fig. 102. Keimpflanzen. *A* von *Oenothera biennis L.*, *B* von *O. muricata L.*, zwei Monate alt.

O. rubrinervis, *O. suaveolens* und *O. hirsutissima*; sie sehen sich in der Jugend sehr ähnlich, aber die erstere ist weit früher und sicherer von anderen beigemischten Sorten zu unterscheiden als die beiden letzteren (z. B. in Bastardaussaaten). Rosetten von *O. gigas* sind viel grösser und stärker wie die von *O. Lamarckiana*; letztere sind etwa ebenso stark wie *O. biennis*, aber nicht glattblätterig wie diese, sondern runzelig. *O. elliptica* sieht oft der *O. cruciata* zum Verwechseln ähnlich und *O. sublinearis* hat die schmalsten Blätter aus der ganzen Gruppe. Zwischen dieser und *O. gigas* liegen die sämmtlichen älteren und neueren Arten in bunter Reihe durch einander.

Obgleich einzelne Individuen oder ihre Abbildungen stets nur ein unvollständiges Bild geben, so bitte ich doch die Figuren 102 und 103 mit den früher gegebenen Darstellungen entsprechender Rosetten und Blätter zu vergleichen. So erstens mit den Blättergruppen der Rosetten vom Juni (Fig. 52 S. 207 und Fig. 53 S. 208). Dann am besten mit den Rosetten von *O. gigas* (Fig. 63 S. 229), *O. lata* (Fig. 92 S. 295), *O. scintillans* (Fig. 82 S. 273), *O. oblonga* (Fig. 74 S. 244) u. s. w.

Die Wurzelblätter der erwachsenen Rosetten und die Stengelblätter verhalten sich in derselben Weise. Die der *O. biennis* und der *O. Lamarckiana* (Fig. 104 *B* und *L*) unterscheiden sich in der Form fast nicht; die ersteren sind glatt, mit wenigen Buckeln, mit röthlichen Hauptnerven und oft vielen zerstreuten braunen Pünktchen; die letzteren sind sehr runzelig, ohne rothen Farbstoff oder mit nur sehr vereinzelten rothen Punkten. In der Form unterscheidet sich die *O. gigas* etwas mehr (Fig. 62 auf S. 228) und die *O. lata* bedeutend mehr (Fig. 58 S. 220 und Fig. 89 S. 289).

Fig. 105 S. 331 giebt eine Gruppe von Stengelblättern zum Vergleich mit der entsprechenden Fig. 54 auf S. 209. Die Unterschiede sind offenbar von derselben Ordnung; für *O. cruciata* und *O. muricata* (Fig. 105 *p* und *m*) sind sie etwas grösser, doch werden diese wieder von *O. elliptica* und *O. sublinearis* übertroffen.

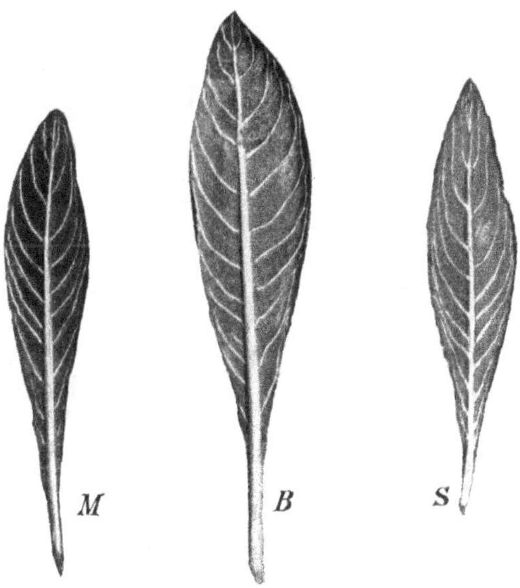

Fig. 103. Erwachsene Blätter junger Rosetten im Juni, im Alter von drei Monaten. *B O. biennis*; *M O. muricata*; *S O. suaveolens*.

In Bezug auf den Habitus weichen die meisten älteren Arten nur unwesentlich von einander ab. *O. muricata* hat meist etwas stärkere Seitenzweige als *O. biennis; O. Lamarckiana* hat eine längere Traube als diese beiden. *O. cruciata* ist niedriger und *O. suaveolens* und *O. hirsutissima* sehen der *O. biennis* sehr ähnlich, sind aber etwas schwächer. Alles selbstverständlich bei Vergleichung von Gruppen von Pflanzen unter denselben Culturbedingungen. Unter diesen weichen *O. rubrinervis*, *O. gigas*, *O. laevifolia* und *O. brevistylis* nicht stärker von der *Lamarckiana* ab, wohl aber die niedrigeren Formen, welche einen ganz anderen Habitus besitzen. Unter ihnen ist namentlich *O. lata* breit, dicht und gedrungen, und bilden *O. oblonga* und *O. scintillans* schmale, steife, dünne, nicht oder wenig verzweigte engbeblätterte Stengel.

Die bläulich grüne Farbe von *O. muricata* ist für diese Art charakteristisch; die weisslich grüne findet sich bei *O. albida* etwas stärker, bei *O. rubrinervis* ungefähr ebenso stark ausgebildet als bei *O. suaveolens* und *O. hirsutissima*. Diese vier Formen gleichen sich, abgesehen von den Blüthen und Früchten, sehr stark.

In Bezug auf die Blüthen sind die Unterschiede bei den älteren Arten weit grösser als bei den neuen. Die Blumen sind klein bei *O. muricata*, *O. parviflora*, *O. cruciata*; mittelgross bei *O. biennis*, *O. suaveolens* und *O. hirsutissima*, sehr gross bei *O. Lamarckiana*. Bei der ersteren Gruppe sind sie aufgerichtet, ihre Staubfäden daher nicht oder fast nicht gebogen (vergl. S. 318); bei den beiden letzteren Gruppen sind sie abstehend, das Androeceum dementsprechend symmetrisch ausgebildet. Die *Lamarckiana* hat die Narben über den Antheren hinausragend; die anderen haben die Narben auf derselben Höhe als die Antheren.

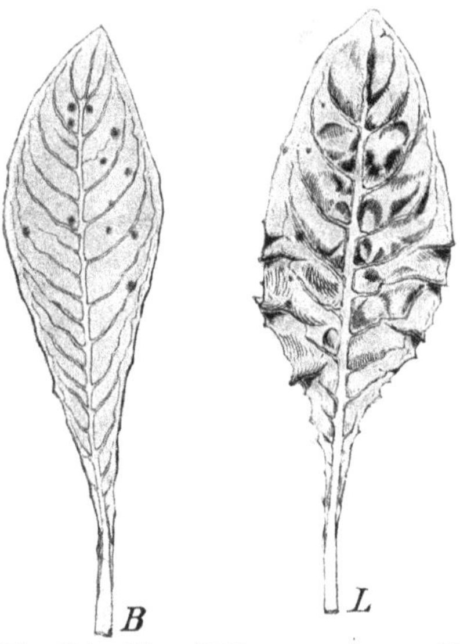

Fig. 104. Wurzelblätter erwachsener Rosetten; *B* von *Oenothera biennis*; *L* von *O. Lamarckiana*. Die Punkte auf beiden Blättern sind im Leben braun.

In allen diesen und den weiteren Einzelheiten haben meine neuen Arten *Lamarckiana*-Blüthen. In den beiden letzten Jahren haben meine Mutanten aber auch diese Grenze überschritten und ist eine mit *Biennis*-Blüthen und eine mit *Muricata*-Blüthen aufgetreten. Beide aber nicht in reinen, sondern in gekreuzten Rassen.[1]

Hervorzuheben ist hier aber *Oenothera cruciata Nuttall*, eine von vielen Systematikern als Art beschriebene, von Anderen als Varietät zu *O. parviflora L.* gerechnete Form. Sie unterscheidet sich von dieser durch die schmalen, linearischen Petalen, und sonst in keiner Hinsicht. Sie ist der *O. parviflora* somit in erheblich engerer Weise ver-

[1] Vergl. hierüber den zweiten Band.

wandt, als je zwei beliebige neue Arten unter sich. Dennoch ist sie ursprünglich als eigene Art beschrieben worden.

Schliesslich betrachten wir die Früchte. Hier ist unter den

Fig. 105. Stengelblätter von *Oenothera biennis* (*b*); *O. suaveolens* (*s*); *O. hirsutissima* (*h*); *O. cruciata* (*p*); *O. muricata* (*m*); zum Vergleich mit Fig. 54 auf S. 209.

älteren Arten eigentlich nur *O. parviflora* verschieden, weil ihre Kapsel achtspaltig, statt vierspaltig aufspringt. Die übrigen angeblichen Unterschiede, wie die cylindrische oder conische Form, die stärkere oder schwächere Behaarung, die Länge und Dicke u. s. w. sind individuellen Schwankungen sehr stark unterworfen, scheinen aber keine Unterschiede zwischen den Arten zu bilden.

Dagegen sind gerade in den Früchten und Samen die neuen Arten sehr stark verschieden, wie die Tabelle auf S. 325 und die Figuren 98 (Samengruppe, S. 314) und 99—101 (Früchte, S. 320—321) deutlich zeigen.

Zusammenfassend sehen wir, dass die bekannten systematischen Arten der Untergattung *Onagra* sich von einander principiell nicht in anderer Weise unterscheiden, als die aus *O. Lamarckiana* neu aufgetretenen Formen. Beide Gruppen sind durchaus analog. Die Gruppe der *Onagra*-Arten verhält sich zu *O. biennis*, wie die Gruppe der *Lamarckiana*-Mutanten zu dieser.

IV. Ueber die latente Fähigkeit zu mutiren.

§ 29. Gleichnamige Mutationen beruhen auf gemeinschaftlicher innerer Ursache.

Bis jetzt habe ich den Vorgang der Mutation in der Gattung *Oenothera* beschrieben, wie er sich der directen Beobachtung darbot. Es erübrigt jetzt noch, uns über die Ursachen der besprochenen Erscheinungen eine Vorstellung zu machen.

Diese Aufgabe ist nicht nur offenbar eine völlig berechtigte, sondern jeder Leser würde meine Darstellung als unvollständig betrachten und sie unbefriedigt zur Seite legen, wenn diese Frage nicht so eingehend wie nur irgendwie möglich behandelt würde.

Die Lösung dieser Aufgabe soll aber zunächst nur an der Hand der Thatsachen versucht werden. Zu diesem Zwecke trenne ich meine Erörterungen in zwei Theile. Am leichtesten zugänglich sind selbstverständlich die während meiner Versuchsjahre wirksamen Ursachen, d. h. also die inneren Ursachen der jedesmaligen Mutationen. Anderer Natur ist aber die Frage nach der Ursache der ganzen Erscheinung, nach dem Eintreten einer Mutationsperiode. Diese verschiebe ich auf den letzten Paragraphen dieses Kapitels.

Die im vorigen und in diesem Abschnitt zusammengestellten Thatsachen des wiederholten Auftretens der in meinen Culturen beobachteten Mutationen lassen offenbar nur eine einzige Erklärung zu, nämlich die Annahme der Anwesenheit der Anlage zu jenen Mutationen im latenten Zustande in den anscheinend normalen Individuen meiner Culturen.

Nehmen wir als Beispiel die *Lamarckiana*-Familie (S. 157), von der ich in vielen auf einander folgenden Generationen Aussaaten gemacht habe. Die erste Aussaat gab zwei Mutationen (*Lata* und *Nanella*); die folgende Generation gab wiederum dieselben Abweichungen, nebst einer anderen. Diese Aussaat stammte von sechs Samenträgern, welche weit von anderen Oenotheren entfernt geblüht hatten, und also nur unter sich befruchtet sein konnten. Sie waren selbstverständlich ohne Rücksicht auf ihre Aussicht, Mutanten zu liefern, gewählt worden. Dass nun diese sechs Samenträger wieder dieselben Ungleichzeugungen in ihren Samen hervorbrachten, wie ihre Mütter, beweist offenbar das Vorhandensein einer im latenten Zustande vererbten Eigenschaft.

Dasselbe gilt von den späteren Generationen und den übrigen Cultur-Familien. Jedesmal traten, aus anscheinend normalen Vorfahren, wieder dieselben Mutationen auf. Das Vermögen, diese hervorzubringen, muss also im latenten Zustande vererbt worden sein.

Wäre ein solches, latentes, Vermögen nicht vorhanden, so wären drei Thatsachen durchaus unerklärlich.

Erstens der Umstand, dass in derselben Aussaat dieselbe Mutation gar häufig in zwei oder mehreren oder gar in zahlreichen Individuen auftritt, sei es aus den Samen einer einzigen Mutter, sei es aus denjenigen mehrerer Samenträger.

Zweitens die mehrfach (Abschnitt II S. 191 u. s. w.) hervorgehobene Beobachtung, dass es wesentlich nur von dem Umfange einer Aussaat abzuhängen scheint, ob sie Mutanten enthält oder nicht. Jedesmal, wo ich die Gelegenheit zu einer grösseren Aussaat hatte, entweder mit Samen von dem Hilversumer Felde (1880) oder in meinen Familien aus den Samen einiger weniger Samenträger, namentlich im Jahre 1895 (S. 157 und S. 184), traten die üblichen Ungleichzeugungen auf. Ihre Seltenheit in anderen Jahren und Culturen ist daher nur auf deren geringen Umfang zurückzuführen, denn auf einigen Quadratmetern kann man nur bei sehr dichter Aussaat unter fast täglicher Auswahl zahlreiche Mutanten erwarten.

Drittens die beschränkte Zahl der überhaupt auftretenden Mutationen. Bei Weitem nicht jede denkbare Abweichung tritt auf. So entstanden keine weissen Blumen, keine unbehaarten oder unverzweigten Individuen, keine linealischen Petalen,[1] von Petalomanie oder Apetalie

[1] „*Forma cruciata*“ für *Oenothera cruciata Nutt.* am längsten bekannt.

war nie eine Spur zu finden, u. s. w. Ja sogar von den beiden auf dem Hilversumer Felde gefundenen neuen Arten, der *O. brevistylis* und der *O. laevifolia*, trat in meinen Culturen nie ein Exemplar auf.

Man darf also schliessen, dass, was nicht latent vorhanden ist, auch nicht sichtbar wird.

Genau zu derselben Folgerung führen die mehr oder weniger unvollständig ausgebildeten Individuen der einzelnen neuen Arten, welche bisweilen wie Zwischenformen aussehen. Denn diese entstanden in meinen Culturen nicht vor den Mutanten, sondern entweder gleichzeitig mit diesen oder meist erst später. Jede Mutation ist, wenn sie zum ersten Male auftritt, ebenso vollständig ausgebildet als später. Auch wenn man sie durch mehrere Generationen cultivirt und in grossem Maassstabe vermehrt hat, bleibt sie genau demselben Typus erhalten. Ich besitze von meinen Mutationen aus den Jahren ihres ersten Auftretens sowohl Photographien als Beschreibungen, finde aber keine Zu- oder Abnahme in der Ausbildung des Typus. Ich habe mehrfach in meinem Garten neben einander *Lata*-Individuen von zwei- oder dreierlei verschiedener Herkunft gehabt, z. B. in erster, zweiter und fünfter Generation; sie waren unter einander aber durchaus gleich.

Scheinbare Zwischenformen sind je nach der Mutation mehr oder weniger zahlreich. Sehr selten sind sie bei den Zwergen, am zahlreichsten bei der *O. laevifolia*. Bisweilen bilden die Zwischenformen in den Seitenstämmen, welche sie aus den Achseln der Rosettenblätter treiben, den Typus ihrer Art wieder vollständig aus (z. B. *O. laevifolia*, wenn die Blätter des Hauptstammes zu viele Buckeln hatten), dann ergeben sie sich unmittelbar als Individuen, in denen die Abweichung anfangs mehr oder weniger latent vorhanden war.

Diese scheinbaren Zwischenformen sind somit nicht etwa die Entwickelungsstufen, mittelst deren eine neue Art ihre völlige Ausbildung erlangt hat. Sie sind vielmehr nur unvollständige Copien des bereits in vollkommenem Zustande vorhandenen Vorbildes. Sie sind, um es kurz zu sagen, nur extreme Varianten des völlig constanten neuen Typus (vergl. § 24 und 25).

Gerade in dieser Beziehung verhalten sich die neugebildeten Arten durchaus anders, als die durch Accumulation gebildeten Rassen (Abschn. I, § 7, S. 52) und gerade dadurch beweisen sie die volle Berechtigung ihres Namens.

Als allgemeinen Schluss aus diesen Erwägungen erhalten wir also den Satz:

Beim Anfange meiner Beobachtungen im Jahre 1886

waren die Eigenschaften der später in meinen Culturen aufgetretenen neuen Arten in den Pflanzen des Hilversumer Standortes bereits im latenten Zustande vorhanden. Sie blieben während vieler Generationen dort und in meinen verschiedenen Cultur-Familien latent, und traten nur von Zeit zu Zeit, vorwiegend bei grösseren Aussaaten an's Licht.

Für die häufigeren, meist in messbaren Verhältnissen (z. B. 1 % oder 0·1 %) auftretenden Arten scheint mir dieser Schluss unabweisbar. Ob er auch für die sehr seltenen oder erst spät aufgetretenen gilt, soll einstweilen als gleichgültig dahingestellt bleiben.

Wenn aber die latente Anwesenheit im Jahre 1886 durch meine Culturen erwiesen ist, so lässt sich daraus wohl folgern, dass auch vor jenem Jahre alle oder doch die meisten meiner neuen Arten bereits latent vorhanden waren.

Die latente Fähigkeit zu mutiren, und dabei ganz bestimmte, sich jedesmal wiederholende Mutationen hervorzubringen, ist somit bei meiner *Oenothera Lamarckiana* eine erbliche Eigenschaft. Oder vielmehr, es muss für jede einzelne Mutation die betreffende Eigenschaft gesondert vorhanden sein. Und es ist anzunehmen, dass die verschiedenen Mutationen, obgleich sie derselben Gruppe oder derselben Periode angehören, dennoch von einander unabhängig sind.

Soweit die Beobachtung reicht, ererbt sich dieses Vermögen stets und auf alle Individuen. Ohne Zweifel hat mir manche Aussaat keine Mutanten geliefert, oder fehlten in anderen Aussaaten bestimmte Mutationen. Solches war aber wohl stets nur die Folge des geringen Versuchsumfanges, sei es, dass die Ernte zu klein ausgefallen, sei es, dass zu dem betreffenden Zwecke nur eine kleine Cultur erforderlich war. Bei grösseren Aussaaten traten die üblichen Ungleichzeugungen in der Regel alle auf. Solch grössere Culturen erforderten die Samen vielfach von etwa vier, bisweilen von 12—20 Samenträgern. Ich habe dann stets diese Samenproben einzeln ausgesät, und es ergab sich nie, dass die Nachkommenschaft irgend eines Samenträgers ohne Mutanten wäre. Fehlten bisweilen einzelne Mutationen, so waren andere dafür um so zahlreicher.

Ebenso vererbt sich das Vermögen zu mutiren auf die neuen Arten. Wir haben davon in § 8 und später in §§ 10—23 zahlreiche Beispiele kennen gelernt. Zunächst ist *O. scintillans* sehr mutabel; sie bringt ausser 10—20 % *Oblonga* ziemlich regelmässig etwa $^2/_3$ % *O. lata* und etwa $^1/_3$ % *O. nanella* hervor (S. 210). Ebenso entstanden aus *O. oblonga*, *O. nanella*, *O. leptocarpa* und anderen ziemlich regelmässig die verschiedenen übrigen Mutationsformen, und zwar in Verhältnisszahlen, welche nicht auffallend kleiner sind als für die *O. Lamarckiana* selbst (§ 8). Und dasselbe findet man bei Kreuzungen, z. B. von *O. lata* mit *O. nanella*, von *O. rubrinervis* mit *O. nanella* u. s. w.

Wenn somit, bei einer Mutation, eine Eigenschaft aus dem latenten in den activen Zustand übergeht, so bleiben die anderen, anscheinend alle, latent. Sie gehen dabei nicht verloren.

Können sie überhaupt nicht verloren gehen?

Eine Antwort auf diese Frage geben die *O. laevifolia* und *O. brevistylis*. Sie wuchsen 1887 auf dem Hilversumer Felde, sind sonst nirgendwo bekannt, und sind — und darauf kommt es an — in meinen Culturen, auch in Aussaaten von mehreren Tausend Individuen kein einziges Mal als Mutanten beobachtet worden. Ich folgere also, dass ihre Eigenschaften in den von mir cultivirten Familien nicht mehr latent vorhanden waren.

Es ist nun allerdings möglich, dass meine Pflanzen zufällig nicht von denjenigen Vorfahren abstammen, in denen die beiden fraglichen Eigenschaften zuerst entstanden sind. Einen absoluten Beweis für den Verlust enthält die Beobachtung nicht. Da aber die ganze Menge der Oenotheren auf dem wilden Standort nur aus einigen wenigen Individuen hervorgegangen ist, scheint mir die Folgerung doch sehr wahrscheinlich.

Ob in meinen Culturen in einzelnen Individuen das Vermögen, einzelne besondere Mutationen hervorzubringen, bisweilen verloren gegangen sein mag, lässt sich ebenso wenig entscheiden. Die negativen Versuchsresultate sind dazu zu unverlässig. Es würde viel umfangreichere Culturen erfordern, um diese Frage völlig experimentell zu lösen.

Einstweilen muss ich es aber als wahrscheinlich betrachten, dass die einzelnen latenten Eigenschaften, welche bei Mutationen sichtbar werden, früher oder später auch verloren gehen können.

§ 30. Die latente Erblichkeit anderer Eigenschaften bei Oenothera Lamarckiana.

Nach den Auseinandersetzungen des vorigen Paragraphen ist das Vermögen zu mutiren eine erbliche latente Eigenschaft. Die Merkmale der neuen Arten sind der Anlage nach in der Mutterart vorhanden, bleiben aber unsichtbar, bis sie durch bestimmte Ursachen zur activen Thätigkeit aufgerufen werden.[1]

[1] Variabilité et Mutabilité. *Rapport du Congrès international de botanique.* Oct. 1900. Paris. S. 1.

Es leuchtet ein, dass dieser Satz für die Theorie des Mutirens, sowie für unsere ganze Auffassung von der Natur der erblichen Eigenschaften von principieller Bedeutung ist.[1]

Aus diesem Grunde habe ich mich vielfach bemüht, die Erblichkeit latenter Eigenschaften dem experimentellen Studium auch auf anderen Gebieten zugänglich zu machen. Am besten eignen sich dazu die Monstrositäten oder teratologischen Erscheinungen, welche man früher für etwas Zufälliges hielt, welche jetzt aber wohl allgemein als Aeusserungen erblicher, latenter Anlagen erkannt werden.

In den Gliedern bestimmter, grosser oder kleiner Familien werden die nämlichen Abweichungen so zahlreiche Male sichtbar, dass die Annahme einer gemeinschaftlichen inneren Ursache ganz unumgänglich wird. Und andererseits sind die monströsen Individuen so oft im Stammbaume durch völlig normale von einander geschieden, dass die Ursache, wenn sie continuirlich, d. h. eine einzige sein soll, wohl zumeist unwirksam sein muss. Endlich hängt es von äusseren Einflüssen und namentlich von Ernährungsbedingungen ab, ob in bestimmten Exemplaren die Monstrosität auftreten wird oder nicht. Und diese letztere Thatsache scheint mir ohne Weiteres geeignet, das latente Vorhandensein und somit auch die Erblichkeit im latenten Zustande zu beweisen.

In allen diesen Beziehungen sind Monstrositäten viel günstiger als Mutationen. Denn sie sind Jedem bequem zugänglich und in ihrem Auftreten und ihrer Ausbildung von der Lebenslage in leicht zu erforschender Weise abhängig. Abgesehen von den Bastarden bilden sie vielleicht weitaus das beste Material, um die Gesetze der latenten Eigenschaften zu studiren und an's Licht zu bringen.

Von den Mutationen unterscheiden sich die Monstrositäten namentlich dadurch, dass sie partiell auftreten. Ich meine, dass sie nicht an allen gleichnamigen Organen derselben Pflanze, sondern nur an einigen, meist wenigen, gesehen werden, während die in diesem Abschnitt beschriebenen Mutationen ganz individuell sind. Monströs brauchen sie gar nicht zu sein. Die Bezeichnung als Monstrositäten ist in ihrer Allgemeinheit eine durchaus unglückliche, denn viele Teratologica sind bei anderen Arten ganz normale Merkmale.[2] Ich führe als Beispiel die Becherbildungen oder Ascidien an, welche den schildförmigen Blättern (*folia peltata*) analog sind. Zwar haben die Becher meist die Form einer Düte und sind dann der Assimilations-

[1] Vergl. *Intracellulare Pangenesis* S. 16 und den zweiten Band des vorliegenden Werkes.

[2] *Monstruosités taxinomiques*, nach CASIMIR DE CANDOLLE.

thätigkeit des Blattes schädlich, das hängt aber nur von der Gestalt des normalen Blattes der fraglichen Art ab. Ist dieses geöhrt, so können die Ascidien flach oder nahezu flach sein und ganz typische *Folia peltata* darstellen. So z. B. bei einem becherbildenden *Pelargonium zonale*, welches ich seit Jahren in Cultur habe und durch Stecklinge vermehre, und welches jährlich, namentlich an den kurzen Trieben, solche schildförmige Blätter in ziemlich erheblicher Anzahl bildet. Ebenso sind die ersten Blätter der Zweiglein von *Tilia parvifolia*, wenn sie in Ascidien umgebildet sind, nahezu flach ausgebreitete Schilder (Fig. 106 C).

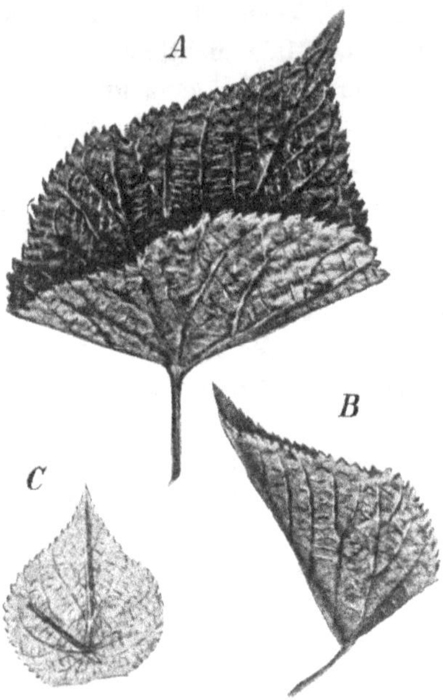

Fig. 106. *Tilia parvifolia*. Becherbildung aus Blättern. *A*, *B* gewöhnliche Ascidien, *C* ein schildförmiges Blatt („flacher Becher"), von unten gesehen.

In Bezug auf die Erblichkeit der Monstrositäten möchte ich hier hervorheben, dass meine Ueberzeugung vorwiegend auf Untersuchungen an anderen Pflanzenarten beruht, über welche ich theils bereits früher berichtet habe,[1] welche aber zum anderen Theil erst im zweiten Bande behandelt werden sollen. Doch schliessen sich die hier mitzutheilenden Thatsachen an diese so eng an, dass die Gültigkeit des allgemeinen Gesetzes auch für die Oenotheren ohne Weiteres klar ist.

Ueber die Erblichkeit solcher Abweichungen habe ich bei der *Oenothera Lamarckiana* nur wenige directe Versuche angestellt. Diese beziehen sich auf Tricotylie und bunte Blätter und sollen in anderen Abschnitten besprochen werden. Dagegen habe ich ein ziemlich umfangreiches Material von Beobachtungen gesammelt, welche ein Argument für diese Erblichkeit liefern. Sowohl auf dem ursprünglichen Fundort bei Hilversum, als in meinen verschiedenen Cultur-Familien haben sich eine Reihe von Abweichungen

[1] *Ueber die Erblichkeit der Zwangsdrehungen*. Ber. d. d. bot. Gesellsch. 1889. Bd. VII. S. 291; *Eine Methode, Zwangsdrehungen aufzusuchen*, ibid. 1894. Bd. XII. S. 25; *Ueber halbe Galton-Curven*, ibid. 1894. Bd. XII. S. 197; *Monographie der Zwangsdrehungen* in PRINGSH. Jahrb. f. wiss. Bot. Bd. XXIII. S. 14, und *Overde erfelykheid van fasciatiën* in Kruidk. Jaarboek Gent 1894. IV. Jaargang. S. 72.

im Laufe der Jahre von Zeit zu Zeit wiederholt, die einen häufiger, die anderen seltener. Alle jedoch so, dass über ihre Erblichkeit kein Zweifel bestehen konnte.[1]

Eine Ausnahme bildet in dieser Hinsicht nur die Vergrünung. Ich fand sie an den Oenotheren bei Hilversum nie, und in meinen Culturen nur einmal in einem einzigen Exemplare. Es war dies ein zweijähriger, blühender Zwerg im Sommer 1890, dessen Samenertrag dadurch nahezu völlig verloren ging. Ich halte diese Vergrünung für eine ansteckende Krankheit,[2] nach Analogie jener Fälle, wo Parasiten als Ursachen von Vergrünungen beobachtet worden sind.

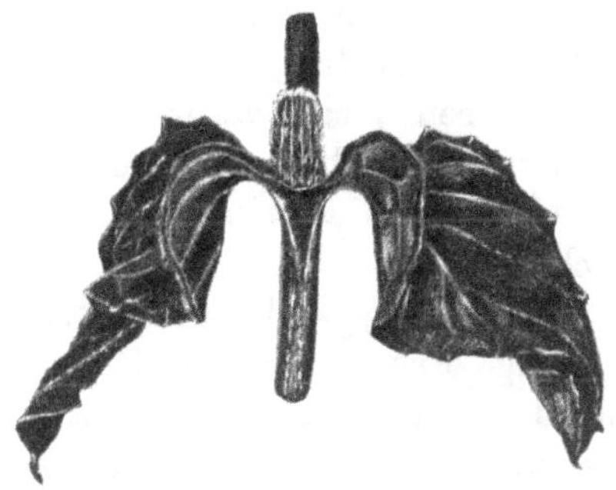

Fig. 107. *Oenothera Lamarckiana.* Frucht in der Achsel eines tief gespaltenen, verdoppelten Blattes; die Blüthe, auf der diese Frucht entstand, hatte die doppelte Anzahl Kelch- und Kronenblätter und Staubfäden wie eine normale Blume, und war im Querschnitt länglich.

Die Monstrositäten unterscheiden sich von den gewöhnlichen individuellen Variationen oft dadurch, dass sie sich als einseitige Abweichungen vom Typus der Art darstellen, während die letzteren um den Typus herum beiderseits schwanken. Es entstehen dadurch, wenn man die Gelegenheit hat eine gewisse Anzahl Abweichungen derselben Art zu untersuchen, die bekannten halben Galton-Curven.[3] Polymere Blüthen, 5—9 fächerige Früchte, die Spaltung der Narben, ja sogar die Verbänderung folgen diesem Gesetze.[4] Aber weitaus die meisten monströsen Abweichungen sind zu selten, um ohne Züchtungsversuche in dieser Hinsicht das

[1] Ueber die Erblichkeit von Monstrositäten vergleiche man: *Erfelyke Monstrositeiten*, Kruidkundig Jaarboek Dodonaea. 1897. S. 62; *Over de erfelykheid van Synfisen*, ibid. 1895. S. 129; *Sur la periodicité des anomalies dans les plantes monstrueuses*, Archiv. Néerl. d. Sc. exactes et nat. Serie II. T. III. S. 371; *Ueber die Abhängigkeit der Fasciation vom Alter bei zweijährigen Pflanzen*, Botan. Centralbl. Bd. 77. 1899; *On Biastrepsis in its relation to cultivation*, Annals of Botany. 1899. Vol. XIII. Nr. 51. S. 395; *Sur la culture des monstruosités*, Comptes rendus de l'Acad. d. Sc. Paris. Janv. 1899; *Sur la culture des fasciations des espèces annuelles et bisannuelles*; Revue générale de botanique. T. XI. 1899. S. 136; *Ernährung und Zuchtwahl*, Biolog. Centralblatt. Bd. XX. Nr. 6. 1900. S. 193.

[2] *Een epidemie van vergroeningen*, Kruidkundig Jaarboek. Gent. T. VIII. 1896. S. 66.

[3] *Berichte d. deutsch. Bot. Gesellsch.* Bd. XII. 1894. S. 197—207, mit Taf. X.

[4] Vergl. *Sur les courbes galtoniennes des monstruosités.* Bull. scientif. de la France et de la Belgique, publié par A. Giard. T. XXVII. p. 396. Avril 1896.

erforderliche Material zu geben. Ich werde eine Reihe von vereinzelten Beobachtungen in die Detailbeschreibungen einzuschalten haben, welche hoffentlich zu weiteren Untersuchungen auf diesem Felde Anregung geben werden.

In PENZIG's vorzüglicher Teratologie (Bd. I, S. 481) nimmt die Gattung *Oenothera* überhaupt nur eine gute halbe Seite ein. Unsere *O. Lamarckiana* ist dort nicht erwähnt, von ihr sind also keine Monstrositäten beschrieben. Wichtig für unseren Zweck ist nur die Zusammenstellung der Abnormalitäten von *O. biennis*. Diese Art hat eine auffallende Neigung zur Verbänderung, oft pentamere Blüthen und 5—9 fächerige Früchte. Diese Angaben kann ich nach vielfachen eigenen Beobachtungen bestätigen; auch fand ich die Zahl der Narben in derselben Weise variirend wie bei der *Lamarckiana*. Ein siebengliederiges Pistill erwähnt CLOS für *O. campylocalyx* (*ibid.*) und Synanthien von *Oenothera* sind von MASTERS namhaft gemacht worden (vergl. auch Fig. 107).

Nun bilden Verbänderungen, penta- und polymere Blüthen, 5—9-fächerige Fruchtknoten und vermehrte Zahl der Narben für unseren Standort und meine davon abgeleiteten Culturen gerade auch den Hauptbestandtheil der auftretenden Monstrositäten. Mit Buntblätterigkeit und Tricotylie der Keimpflanzen, welche beide auch wohl bei den übrigen Oenotheren nicht fehlen, sind sie die gewöhnlichen Abweichungen, alle übrigen beobachtete ich im Verhältniss zu ihnen sehr selten. Ich werde deshalb die zu besprechenden Einzelfälle in zwei Gruppen eintheilen: die allgemeinen und die seltenen.

Die seltenen Monstrositäten sind auf dem Hilversumer Fundort im Verhältniss zu anderen wildwachsenden Arten ziemlich stark vertreten. Gerade dieses war eine der Ursachen des lebhaften Eindruckes, den die grosse Veränderlichkeit unserer Pflanze im Anfang auf mich machte. Ich war damals geneigt, diese Erscheinung für local zu halten, wie die eigentlichen Mutationen, habe aber keine Gelegenheit gehabt, vergleichende Untersuchungen darüber anzustellen. Vielleicht werden andere Beobachter in anderen Gegenden diese Lücke ausfüllen können. Hauptsache ist mir ja auch nur der Nachweis, dass ein hoher Grad von erblicher Veränderlichkeit auf dem Hilversumer Felde thatsächlich vorhanden war.

Tricotylie.[1] Tricotyle Keimpflanzen kommen in meinen Culturen ziemlich häufig vor; hemitricotyle, d. h. solche mit einem gespaltenen Samenlappen, etwas seltener. Ich habe diese beiden Ab-

[1] Vergl. auch den zweiten Band.

weichungen, im Gegensatz zu den übrigen, nur gelegentlich notirt, weil ich anfangs darauf kein Gewicht legte. Die folgende Uebersicht der notirten Fälle wird aber doch ihre Häufigkeit und ihr Vorkommen in den verschiedenen Familien beweisen.

Ueber die Erblichkeit dieser Abweichungen habe ich drei Male einen Versuch gemacht durch Aussaat von Samen von tricotylen Pflanzen, und zwar in drei verschiedenen Familien, von *O. nanella, O. laevifolia* und *O. rubrinervis*, aber nur in der letzteren Familie wurde der Versuch durch weitere Generationen fortgesetzt.

In der folgenden Uebersicht beziehen sich die Jahreszahlen auf den Frühling der Aussaat, nicht etwa auf den Herbst der vorangegangenen Ernte.

In Samen, welche auf dem Hilversumer Fundorte gesammelt wurden, fand ich 1887 zwei Tricotylen, welche ich weiter cultivirte; der eine stellte sich später als eine *O. lata* heraus, reifte aber keine Samen.

In der *Lamarckiana*-Familie (S. 157) hatte ich 1890 sowohl in der Hauptaussaat, wie aus den Samen der Unterfamilie *Nanella* je eine tricotyle Keimpflanze; die letztere blieb ein Zwerg.

In der *Laevifolia*-Familie (S. 192) hatte ich 1890 zwei Tricotylen. Im Frühling 1892 säte ich den Samen des vorigen Herbstes im Gewächshaus meines Laboratoriums im grossem Maassstabe. Aus vielen Tausenden von Keimpflanzen suchte ich die Tricotylen heraus, versetzte diese in Töpfe und pflanzte sie Mitte Mai aus. Es waren 71 Tricotylen. Von diesen trugen 63 in demselben Jahre Samen, welche für jede Pflanze getrennt eingesammelt und ausgesät wurden. Aus dieser Aussaat (März 1893) zählte ich die Tricotylen auf je 100—200 Keimpflanzen. Im Ganzen zählte ich etwas über 13 000 Keimlinge und fand darunter im Mittel etwa 1 % Tricotylen. In den einzelnen Samenträgern wechselte der Gehalt meist zwischen 0 und 2 %; nur fünf waren reichhaltiger und enthielten 2·5—2·7—3·3—3·4 und 3·8 % tricotyler Keimlinge. Ganz vereinzelte Hemitricotylen fanden sich bei dieser umfangreichen Durchmusterung vor, ebenso eine einzige syncotyle Pflanze. Von dieser Aussaat ist nichts ausgepflanzt worden.

Aus *O. nanella* hatte ich 1889 gleichzeitig mit dem Auftreten der ersten *Nanella* eine tricotyle Pflanze; ebenso 1892 aus den Samen der bereits gut fixirten Rasse drei Tricotylen, welche sämmtlich Zwerge blieben und von denen ich Samen erntete. Dieser Samen lieferte April 1893 auf 800 Keimlingen vier Tricotylen, also 0·5 %, und daneben einen hemitricotylen. Die Tricotylen blieben in der weiteren Entwickelung wiederum Zwerge; das hemitricotyle wurde nicht ausgepflanzt.

In der *Lata*-Familie (S. 204) hatte ich in der Aussaat von 1890 eine tricotyle Pflanze.

In der *Rubrinervis*-Familie (S. 192) hatte ich im Jahre 1890 einen Hemitricotylen, 1891 einen Tricotylen und 1892 bei umfangreicherer Aussaat zahlreiche Tricotylen. Aus diesen letzteren habe ich seitdem eine tricotyle Unterfamilie gegründet, welche ich jetzt noch fortsetze, deren Gehalt an Tricotylen sich vorläufig aber nur langsam steigern lässt. Im Jahre 1892 hatte ich neben 20 Tricotylen auch sechs Hemitricotylen, welche ich aber nicht weiter cultivirte. Von den Tricotylen wurde der Samen von jeder Pflanze einzeln gesammelt und ausgesät; die besten unter ihnen lieferten 2·6—2·8 % Tricotylen, die meisten weniger als 1·5 %. Im Ganzen hatte ich auf 8000 Keimlingen 0·7 % Tricotylen; dazu 7 Hemitricotylen und 2 Syncotylen.

Von den fünf Samenträgern, welche 1·5—2·8 % Tricotylen lieferten, wurden 1893 zusammen 70 Keimlinge ausgepflanzt. Ihre Ernte, in der oben angedeuteten Weise behandelt, lieferte 1894 aber einen geringeren Gehalt an Tricotylen, dieser war in den besten Samenträgern auf etwa 1 % zurückgegangen. Etwa 90 der besten Sämlinge pflanzte ich aus, um von ihnen wiederum in derselben Weise Samen zu ernten. Unter der 1894er Aussaat fand ich neben den erwähnten Tricotylen mehrere Hemitricotylen und einen einzigen Tetracotylen. Ferner eine nicht unbedeutende Anzahl von Syncotylen und eine mit beiderseits verwachsenen Samenlappen oder Amphisyncotyle.

Aus dieser Uebersicht geht hervor, dass die Tricotylie erblich ist und dass sie in meinen verschiedenen Familien auch von den Pflanzen mit normalen Cotylen, also latent, aus der einen Generation in die andere übertragen wurde.

Verbänderung. Gespaltene und verbänderte Stengel bringt die *Oenothera Lamarckiana* fast jährlich hervor.[1] Und zwar liegt die Abnormalität fast immer in der Achse der Inflorescenz, sehr selten tiefer im Stengel oder sogar schon in der Rosette. Mit unerheblichen Ausnahmen traten in jeder meiner Culturfamilien solche Individuen auf, obgleich sie soviel wie möglich nie als Samenträger gewählt wurden.

Gespaltene Stengel sind die schwächste Form der Ausbildung der Verbänderung, dementsprechend sind sie am häufigsten. Ich

[1] *Over de erfelykheid van fasciatiën*, in *Botanisch Jaarboek Dodonaea*. VI. 1894. S. 92 und 95.

habe in den ersten Jahren meiner Beobachtungen im Freien die Art der Verbänderung regelmässig notirt. Es waren 20 Fälle. Unter diesen waren 14 gespaltene Stengel (von denen einer zwei Mal gespalten war); fünf bildeten schmale Bänder und nur einer war ein auffallend verbreiterter Stammgipfel. Diese Zahlen zeigen jedenfalls klar, dass auch hier eine halbe GALTON-Curve vorliegt.

Verbänderungen fand ich zuerst auf dem Hilversumer Fundorte 1886 an einer blühenden Pflanze und gleichzeitig an einem vertrockneten Exemplare des vorigen Jahres (1885). Ferner fand ich solche 1887, 1888, 1889, 1892, 1893, zusammen 15 Exemplare, welche stets an einer und derselben Ecke des Feldes gefunden wurden. 1894 waren die Verbänderungen viel häufiger und über das ganze Feld zerstreut; ich beobachtete selbst sechs Fälle, während von Anderen noch weitere Beispiele notirt wurden. Im Jahre 1888 hatte ich aus einem Samen von 1886, der 1887 eine tricotyle Keimpflanze geliefert hatte, in meinem damaligen Garten in Hilversum eine Pflanze, deren Stamm sich zwei Mal hinter einander spaltete, und gleichzeitig daselbst eine Verbänderung in der Inflorescenz eines dreijährigen, als Rosette anfangs 1887 in den Garten gepflanzten Individuums.

Im Jahre 1894 fand ich ein Exemplar der *O. brevistylis* mit einer schmalen Verbänderung, und wurde mir auch ein solcher Fall von der *O. laevifolia* gebracht.

In meinen Cultur-Familien traten folgende Fälle auf. In der *Lamarckiana*-Familie (S. 157) hatte ich drei Verbänderungen und zwar 1888 und 1890 jedesmal an einem einjährigen Zwerge; keinen von beiden liess ich Samen tragen. Im Jahre 1889 gab es in dieser Familie auch eine zweijährige blühende *O. lata*, welche zwei gespaltene Seitenzweige trug. In der *Lata*-Familie selbst (S. 202) trat die Verbänderung gleichfalls auf, aber erst in der dritten Generation im Jahre 1894, in welcher drei von den sechszehn Individuen schon ganz jung ihre Rosetten spalteten und somit je zwei gleich kräftige und gleich hohe blühende Stengel emportrieben. Hier und dort wiederholte sich an diesen die Verbänderung.

Bei meinen späteren Culturen (1895—1900) hat sich allmählich eine Vorliebe der Verbänderungen für zwei bestimmte Lebensperioden gezeigt. Erstens für die Keimpflanzen. In diesen spaltet sich nicht allzu selten die Achse, meist oberhalb der Cotylen oder oberhalb der ersten Blätter. Es entstehen dann zwei Rosetten, deren Blätter durch einander wachsen, indem die Achsen dicht an einander angeschmiegt sind. In der Fig. 108 habe ich sie etwas aus einander gebogen und die Blätter der beiden Gruppen möglichst getrennt, bevor ich sie photographirte, und zwar nur, um das Bild deutlicher zu machen. Wächst eine solche Pflanze weiter heran, so pflegt sie zwei gleich starke Stengel zu tragen, welche meist auch dieselbe Höhe erreichen und zu gleicher Zeit zu blühen anfangen. Ich habe solche Individuen nur dann künstlich befruchtet, wenn solches, behufs Beurtheilung des Samens, mit allen Individuen eines Beetes zu geschehen hatte. Sonst habe ich sie selbstverständlich vermieden, gerade wegen der Erblichkeit und der Aussicht, die Anzahl solcher Exemplare in den Culturen in hinderlicher Weise zu vermehren.

Verdoppelte Rosetten wie die abgebildete sind seit dem ersten Anfang meiner Cultur fast alljährlich und oft in grösserer Anzahl aufgetreten. Ich fand sie am meisten bei der *O. Lamarckiana,* aber auch bei *O. lata, O. nanella, O. hirtella* u. s. w.

Fig. 108. *Oenothera Lamarckiana.* Eine verdoppelte Rosette von Wurzelblättern im Anfang des Juli. Die Cotylen sind noch anwesend.

Die zweite, besonders zu Verbänderungen geneigte Lebensperiode ist der Herbst. Lässt man die Hauptstengel bis zu dieser Zeit blühen, so verbreitern sie ihre Gipfel sehr oft. Aber die meisten Pflanzen in meinen Culturen blühen um diese Zeit nicht mehr. Die überflüssigen oder abgezählten sind ausgerodet, die Samenträger sind entgipfelt, die frei befruchteten meist so stark mit Früchten beladen, dass sie selbst ihre Inflorescenz abschliessen. Diesen gegenüber verhält sich die *O. brevistylis* besonders günstig, da sie fast keine Früchte und Samen macht, und daran auch nach dem Verblühen leicht kenntlich ist. Ich habe von ihr mehrfach die ganzen Beete bis in den November hinein blühen lassen. Es fingen dann theils im September, theils im October, die Gipfel an sich zu verbreitern, und zwar rasch, derart, dass sie in wenigen Wochen eine Kammesbreite von 1—2 cm erreichten. Die fächerförmigen Gipfeltheile waren dann oft nicht länger als breit, und dabei sehr zahlreich. Ich hatte z. B. 1898 auf einem Beete unter 49 blühenden Pflanzen von *O. brevistylis* 20 fasciirte, also etwa 40 %; und in einer anderen Cultur derselben Art 63 verbänderte und 11 nicht verbreiterte Exemplare, somit etwa 73 %.

Auch andere, neue und alte Arten sind reich an Verbänderungen. So waren solche z. B. im October 1899 äusserst zahlreich an *O. hirtella* und einigen ihrer Bastarde; so hatten *O. lata* und *O. albida* deren viele im Jahre 1897, *O. nanella* ebenso 1895. *O. muricata* erreichte in einer Cultur von 1896 80% verbänderte Individuen, *O. muricata* × *nnis* 30% (1896) und 25% (1898) u. s. w.

Nach allen diesen und zahlreichen, kaum der Erwähnung werthen vereinzelten Beobachtungen in meinen Culturen und im Freien scheint es mir völlig sicher, dass die Fähigkeit, sich unter geeigneten Bedingungen zu verbändern, in der Gattung *Oenothera*, oder doch in der Gruppe der *Biennis*-Arten (Untergattung *Onagra*) im latenten Zustande erblich ist.

Buntblätterigkeit. Nur wenige Male fand ich Exemplare mit gelbgeränderten Blättern (zuerst 1887), sonst waren die bunten Blätter in der gewöhnlichen Weise gescheckt. Solche fand ich in Hilversum 1887 und 1893, jedesmal in zwei Exemplaren; von den ersteren säte ich den Samen aus und hatte 1888 unter vielen grünen wiederum einige bunte Keimlinge. Samen aus Hilversum, 1888 gesammelt, gaben eine bunte einjährige Pflanze.

In meinen Culturen trat Buntblätterigkeit gleichfalls von Zeit zu Zeit auf. So in der *Lata*-Familie 1888, 1890 und 1899; in der *Laevifolia*-Familie 1889 in sechs Exemplaren, ferner 1891, 1894 und 1899. In der *Rubrinervis*-Familie 1893 und 1894, bei *O. nanella* 1899 und unter den *Scintillans* 1890.

Die *Lamarckiana*-Familie lieferte 1888 und 1890 jedesmal zwei bunte; von den ersteren war einer einjährig und trug Samen, aus denen ich im nächsten Jahre, 1889, eine ziemliche Anzahl schöner bunter Rosetten hatte.

In der *Rubrinervis*-Familie trat bisweilen der Fall völlig gelber Keimlinge auf. Solche Keimlinge enthalten anscheinend kein Chlorophyll und sterben demzufolge nothwendig nach der Entfaltung der Keimblätter ab. Es lohnt sich, hier auf diesen Fall etwas näher einzugehen. Unter den tricotylen *Rubrinervis*-Pflanzen, deren Samen 1892 für jede Pflanze einzeln eingesammelt war, gab es mehrere, welche einzelne gelbe Keimlinge hervorbrachten. Eine einzige Mutterpflanze aber war daran besonders reich. Sie lieferte 498 Keimlinge, von denen 95 rein gelb waren, und drei buntcotylig. Die übrigen waren rein grün; ihre Cotylen wuchsen kräftig heran, während die gelben klein blieben. Der Gehalt an gelben und bunten Exemplaren war somit 20%. Die bunten und gelben Keimlinge gingen bald ein; von den grünen cultivirte ich 64 Exemplare weiter, einige bis zur

Fruchtreife, aber unter ihnen kam die Buntblätterigkeit nicht wieder.

Da mit Ausnahme von zu besonderen Versuchen angestellten Aussaaten die bunten Pflanzen nie als Samenträger gewählt und meist vor der Blüthe entfernt wurden, so ergiebt sich aus diesen Beobachtungen, dass diese Abweichung nicht nur erblich ist, sondern sich in den verschiedenen Familien durch eine Reihe von Generationen latent erhält.

Buntblätterige Exemplare traten ausser bei *O. Lamarckiana* selbst, von Zeit zu Zeit, wie erwähnt, in anderen Culturen auf. Dasselbe war in meinen Kreuzungsversuchen mehrfach der Fall, sowohl bei Kreuzungen zwischen *O. Lamarckiana* und ihren Unterarten, als zwischen ersterer und anderen älteren Species. Es würde zu weit führen, die einzelnen Beobachtungen namhaft zu machen.

Polymerie der Blüthen ist in Hilversum, so lange ich den Standort kenne, keineswegs selten. Wenn man einige Hunderte von Blumen genau betrachtet, so findet man immer wohl eine polymere. Auch in meinen Culturen war dies der Fall. Ich habe in den ersten Culturjahren gelegentlich etwa dreissig polymere Blumen theils im Freien, theils in der *Laevifolia*-Familie notirt. Diese Fälle stelle ich hier zusammen mit dem Jahre und dem Orte bezw. der Familie, in der sie beobachtet wurden. Die Zahl der Narben (N) ist besonders angegeben, die Fächer des Fruchtknotens (O) sind in einigen Fällen nicht notirt worden.

Anzahl	Formel	Jahr	Fundort
1	$K_4C_5S_8N_5O_4$	1887	Hilversum.
1	$K_4C_5S_8N_6O_4$	„	„
1	$K_4C_5S_9$	1894	*laevifolia.*
1	$K_4C_5S_{10}N_6O_4$	1888	Hilversum.
1	$K_4C_6S_{10}N_8$	1887	*laevifolia.*
1	$K_5C_{4^1/_2}S_8N_5O_5$	„	Hilversum.
1	$K_5C_{4^1/_2}S_{10}N_8O_5$	„	„
1	$K_5C_5S_9N_7O_5$	„	„
1	$K_5C_5S_{10}N_4O_5$	„	„
3	$K_5C_5S_{10}N_5O_5$	„	„
1	$K_5C_5S_{10}N_5O_5$	1888	Aus Hilvers. Samen.
2	$K_5C_5S_{10}$	1886, 1887	Hilversum.
1	$K_5C_5S_{10}$	1890	*laevifolia.*
4	$K_5C_5S_{10}N_6O_5$	1887	Hilversum.
1	$K_5C_5S_{10}N_6O_5$	1894	*laevifolia.*
4	$K_5C_5S_{10}N_7O_5$	1887	Hilversum.
1	$K_6C_{4^1/_2}S_{10}N_8O_6$	„	„

Anzahl	Formel	Jahr	Fundort
1	$K_6C_5S_{11}N_5O_6$	1887	Hilversum.
1	$K_6C_6S_{12}N_8O_6$	„	„
1	$K_6C_7S_{12}N_8O_5$	„	„
1	$K_7C_7S_{14}N_7O_7$	„	„
1	$K_7C_7S_{14}N_{11}$	1890	*laevifolia.*

Aus obiger, wenn auch unvollständigen Uebersicht ergiebt sich, dass diese Abweichungen nach dem Gesetze der halben GALTON-Curven stattfinden. Erstens habe ich nie weniger als vier Kelch- oder Kronenblätter bezw. Fächer im Ovarium beobachtet, und auch nie weniger Staubgefässe als acht. Die Variation ist rein einseitig, und ist so durch die neun Jahre der oben mitgetheilten Beobachtungen und später bis auf den heutigen Tag geblieben. Dreizählige Blüthen würden auch bei dem oberflächlichsten Besuche aufgefallen sein, solche sind sicherlich nicht vorhanden gewesen.[1] Die halben GALTON-Curven ergeben sich, wenn man die Zahl der Fälle für Kelch, Krone u. s. w. einzeln zusammenstellt.

Für den Kelch:

21 K_5 4 K_6 2 K_7 Summa 27 Blüthen.

Für die Krone:

23 C_5 3 C_6 3 C_7 Summa 29 Blüthen.

Für den Fruchtknoten:

18 O_5 3 O_6 1 O_7 Summa 22 Blüthen.

Fünffächerige Früchte habe ich auch sonst vielfach beobachtet, sowohl in Hilversum als bei den Samenernten meiner Culturen. Namentlich bei *O. Lamarckiana* und *O. laevifolia*, aber auch bei den anderen Arten fand ich sie häufig. Sechs- und siebenfächerige Früchte fand ich nur selten, achtfächerige bis jetzt keine.

Für die Staubgefässe stellte sich in obiger Tabelle die Curve etwas anders heraus:

2 S_9 21 S_{10} 1 S_{11} 2 S_{12} 2 S_{14} Summa 28 Blüthen.

Dabei ist zu berücksichtigen, dass die Staubgefässe vorzugsweise in geraden Zahlen auftreten, und wenn man die ungeraden weglässt, wie wir oben auch gespaltene Blumenblätter weggelassen haben, so erhält man die reine halbe GALTON-Curve: 21 S_{10} — 2 S_{12} — 2 S_{14}.

[1] Bei *O. biennis* fand ich, obgleich sehr selten, bisweilen dreizählige und sogar zweizählige Blüthen. Ebenso in meinen Bastardculturen. Vergl. auch A. WEISSE, über *O. biennis* ($K_3C_3S_6G_3$) in *Verhandl. Brandenb.* Jahrg. 39. 1897. p. XCIV mit Figur.

Genau so verhält es sich mit den Narben, deren Curve:

$6\ N_5 \quad 7\ N_6 \quad 5\ N_8 \quad 1\ N_{11}$ Summa 19 Blüthen

in derselben Weise zu reduciren sein würde. Eine vermehrte Zahl der Narben, bezw. deren Spaltung tritt aber auch an den vierzähligen Blumen so zahlreich auf, dass die obigen Fälle diesen gegenüber gar nicht mehr in's Gewicht fallen. Blumen mit 5—8 Narben sind häufig; oft haben sogar alle oder doch die meisten Blumen auf einer Pflanze diese hohen Zahlen; Blumen mit 9, 10 und 11 Narben fand ich nur selten. Auch für die Narben gilt somit das Gesetz der halben GALTON-Curven.

Die Fähigkeit, die Blüthenkreise zu polymerisiren, ist somit offenbar bei der *Oenothera Lamarckiana* während der ganzen Zeit meiner Untersuchungen, und in den verschiedenen Familien, latent vorhanden gewesen.

Fig. 109. *Oenothera Lamarckiana.* Becherbildung an einer fasciirter Pflanze, 1892. Der Becher ist in der Nähe des unteren Blattes eingepflanzt, aber über die Hälfte seines Stieles dem Stengel angewachsen.

Seltenere partielle Mutationen an vegetativen Theilen.

Zweigipflige Blätter mit gespaltenen Hauptnerven fand ich in den Jahren 1887 und 1888 auf dem Hilversumer Felde, 1887 an einer tricotylen *O. lata* und 1892 an einer tricotylen *O. laevifolia*, und später wiederholt in den verschiedensten Culturen.

Becherbildung fand ich im Ganzen zehn Mal und zwar 1887 und 1892 auf dem Hilversumer Felde, 1889 und später in meinen Culturen. Die beiden ersteren Becher befanden sich auf verbänderten Stengeln (Fig. 109), die dritte an einer *O. lata*, zwei auf *O. laevifolia* (1891, 1895), zwei auf *O. albida* (1898), zwei auf *O. Lamarckiana* (1891, 1895), eine auf *O. nanella* (1897). In diesen Fällen nahmen die Becher zumeist die Stelle eines Blattes, etwa in der Mitte des blühenden Stengels, also unterhalb der Inflorescenz ein, doch schien der Ort der Einpflanzung am Stengel dabei mehr oder weniger in verticaler Richtung verschoben. Die Becher waren klein, 1—3 cm lang, die Rückenseite etwa drei Mal so lang wie die Bauchseite. Sie sassen auf (etwa 3 cm) langen, dünnen Stielen.

In anderen Fällen wurde Becherbildung unter den ersten Blättern junger Keimpflanzen beobachtet. Auch *O. biennis* bildete bisweilen

Ascidien (1895), ebenso *O. Lamarckiana* × *biennis* (1896) und *O. Lamarckiana* × *suaveolens* (1897). An *O. hirtella* fand ich im Jahre 1897 in einer ziemlich kleinen Cultur fünf Ascidien, welche den Gipfel der Stengel abschlossen und somit das Blühen am Hauptspross verhinderten.

Trotz der Seltenheit der Ascidien spricht das wiederholte und in den einzelnen Familien sehr zerstreute Vorkommen dennoch deutlich für latente Erblichkeit. [1]

Fig. 110. *Oenothera rubrinervis.* Eine Blüthe mit zwei Hochblättern, das untere grösste auf dem Fruchtstiel, das obere am Fruchtknoten. Das Tragblatt, in dessen Achsel die Blüthe stand, ist nicht gezeichnet.

Verwachsung zweier am Stengel auf einander folgender Blätter fand ich ebenfalls bisweilen, wenn auch selten, zuerst 1887. Synanthien in den Achseln verwachsener oder doch einander zu sehr genäherter Blätter kommen bisweilen vor, oft prachtvolle, wie gefüllt aussehende Blumen bildend. Ebenso Verwachsung eines Blattes mit dem Stengel selbst, eine Strecke aufwärts. Durch das angewachsene Blatt an seiner Streckung gehindert, krümmte sich hier der Stengel in auffallender Weise. Eine Adnation eines Achselsprosses an den Stengel beobachtete ich 1899.

Fig. 111. *Oenothera Lamarckiana.* Zwei Früchte in einer Blattachsel. Die untere, äussere ist die jüngere.

Seltenere partielle Variationen an den Blüthen.

Einen beblätterten, gestielten Fruchtknoten fand ich einmal und zwar 1893 in der tricotylen Cultur aus der *O. rubrinervis*-Familie (Fig. 110). Der Stiel war 5 mm lang und trug das eine Blatt (*a*), dessen Medianebene mit der des Tragblattes, in dessen Achsel die Blüthe stand, zusammenfiel. Dieses Blatt, auf der vom Stengel abgekehrten Seite eingepflanzt, war 7 cm lang und 1·5 cm breit. Das zweite Blatt war etwa in der Mitte der Länge des

[1] *Over de erfelykheid van Synfisen*, Kruidkundig Jaarboek Dodonaea. T. VII. S. 129, für *Oenothera* S. 165.

Fruchtknotens, auf der etwas concaven, dem Stengel zugekehrten Seite eingepflanzt und ganz klein (*b*) nur 2 cm lang und 4 mm breit.[1] Tragblatt und Blüthe waren sonst normal.

Weniger selten kommt es vor, dass ein Blatt in seiner Achsel zwei Blüthen bezw. Früchte trägt, von denen die eine obere meist grössere die normale ist, während die untere meist kleinere und später blühende als aus einer serialen Achselknospe entsprungen zu erklären ist (Fig. 111). Ob diese überzählige Blüthe als Achselproduct eines in seiner Stellung dem oben beschriebenen überzähligen Blatte entsprechenden, nicht entwickelten Blattes zu betrachten ist, muss einstweilen dahingestellt bleiben.[2]

Diesen Fall von serialen Achselblüthen beobachtete ich sowohl auf dem Hilversumer Felde (1887), als in meinen Culturen, sowohl bei *O. Lamarckiana* als bei *O. laevifolia* und einigen anderen neuen Arten und Kreuzungsproducten. Bei letzteren namentlich mehrfach im Jahre 1900.

Fig. 112. *Oenothera Lamarckiana.* Knospen in den Gabelungen gespaltenen Cotylen.

Die freien Zipfel des Kelches sind bisweilen blattartig ausgebreitet und grün, statt walzlich. Ich notirte dieses in meinen Culturen 1889, 1894 und später. Andererseits sind die Kelchzipfel bisweilen am einen Rande blumenblattartig ausgebildet (1889). Die Blumenblätter tragen bisweilen auf ihrer Mittellinie der Länge nach hervortretende Auswüchse (1887). Nicht gerade selten sind Fälle, in denen überzählige Blumenblätter derart ausgebildet sind, dass eine Längshälfte eines Staubgefässes der Länge nach mit einer Längshälfte eines Blumenblattes verwachsen scheint. Ich fand dieses 1886 und 1887 in Hilversum, und nachher in meinen Culturen. Meist ist nur ein einziges derartiges Organ in einer Blüthe vorhanden, bisweilen mehr, einmal sogar vier (1894). Auch petalodisch verbreiterte Staubgefässe fehlen nicht, sowohl mit blumenblattartiger Verbreiterung der Anthere als des Filamentes (1887, 1888 und später in den Culturen). Dagegen ist der Fall, dass zwei Filamente der Länge nach verwachsen,

[1] Es ist vielleicht nicht überflüssig daran zu erinnern, dass *Oenothera* keine Vorblätter hat (Eichler, *Blüthendiagramme.* II. 458); und dass normale Vorblätter nicht median, sondern seitlich von der Mediane stehen.

[2] Russell, *Recherches sur les bourgeons multiples.* Annales des Sc. nat. 7. Serie. T. VII.

oder dass ein Filament der Länge nach an den Griffel angewachsen ist, ziemlich selten. Ersteres beobachtete ich 1887, letzteres 1894.

Wie sich aus dieser Uebersicht ergiebt, sind namentlich die gewöhnlichen Blüthenmissbildungen auch hier vertreten. Ich erwähne sie nur kurz und habe auch bei meinen Beobachtungen kein grosses Gewicht darauf gelegt, sonst hätte ich die Liste leicht bedeutend vergrössern können.

Als letztes Beispiel sich von Zeit zu Zeit wiederholender Anomalien nenne ich das Vorkommen von Knospen auf den Cotylen. Die jungen Pflänzchen keimen bisweilen mit drei Keimblättern (S. 340), bisweilen mit zwei, von denen eins mehr oder weniger tief gespalten ist. Im letzteren Falle kommt es vor, dass sich in der Gabelung eine kleine Knospe bildet, was namentlich auffällt, wenn der ungespaltene Theil des Keimblattes ziemlich gross ist. Auf diese Erscheinung bin ich erst im Jahre 1897 aufmerksam geworden; ich habe sie seitdem in etwa ein Dutzend Exemplaren beobachtet (Fig. 112). Bisweilen gelang es mir, solche Pflänzchen weiter zu cultiviren und die adventiven Knospen zur Entwickelung zu bringen; sie verhielten sich dann als gewöhnliche Rosetten, und es war bisweilen schwer, sie von durch Fasciation verdoppelten Rosetten (Fig. 108) zu unterscheiden, ohne die betreffenden Theile völlig bloss zu legen.

Fig. 113. *Oenothera Lamarckiana.* Knospe in der Gabelung eines gespaltenen Keimblattes. Die Knospe ist zu einer kräftigen Nebenrosette herangewachsen; ihre Basis demzufolge stark angeschwollen.

Unsere Fig. 113 zeigt eine solche adventive Rosette im Juli, also etwa drei Monate nach der Aussaat (1900). Das Keimblatt war tief gespalten, ist aber noch erhalten. Der Grund der Rosette und ihre Verbindung mit dem Keimblatt sind stark angeschwollen; sie erscheint dadurch der Hauptgruppe von Blättern dicht genähert, ist aber von dieser noch scharf getrennt.

Auch diese latente Fähigkeit, Adventiv-Knospen hervorzubringen, scheint in meinen Culturen weit verbreitet zu sein.

Es geht aus den mitgetheilten Thatsachen meiner Ansicht nach klar hervor, dass die Anlagen zu einer Reihe von Anomalien in meinen Oenotheren im latenten Zustande vererbt werden.

§ 31. Die Hypothese der Prämutationsperiode.

Die in diesem ganzen Abschnitt beschriebenen Mutationen von *Oenothera Lamarckiana* bilden eine so eng in sich geschlossene Gruppe von Erscheinungen, dass die Frage nach ihrem vermuthlichen Anfang und nach dessen Ursache nicht von der Hand zu weisen ist.

Aber es scheint mir völlig klar, dass ich von jenen Mutationen weder diesen Anfang, noch auch das Ende beobachtet habe. Ich habe offenbar nur einen Theil der ganzen Mutationsperiode verfolgen können.

Wollen wir versuchen, uns über den Anfang eine Vorstellung zu machen, so verlassen wir also das Gebiet der Beobachtungen und begeben uns auf dasjenige der Hypothesen. Und wenn es sich nur um die Aufstellung theoretischer Vorstellungen handelte, so würde ich solches gewiss an dieser Stelle unterlassen. Aber es fragt sich, ob Arbeitshypothesen zu finden sind, um hoffentlich einmal auch diesen Anfang in das Bereich experimenteller Untersuchung herein zu ziehen.

Um das Auffinden solcher Arbeitshypothesen zu ermöglichen, ist aus den Thatsachen so viel wie thunlich abzuleiten, was man zu finden erwarten darf, was man also zu suchen hat.

Nach den Auseinandersetzungen der beiden vorigen Paragraphen beruht eine Mutation nicht auf der jedesmaligen neuen Entstehung einer Eigenschaft, sondern auf dem Sichtbarwerden bereits latent vorhandener. Während der ganzen Mutationsperiode ist in anscheinend allen Individuen die Fähigkeit latent anwesend, Zwerge hervorzubringen. Ebenso die, um *Lata*-Exemplare entstehen zu lassen, u. s. w. Auf der anderen Seite fehlte während der ganzen Dauer meiner Versuche das Vermögen, um durch Mutation *O. brevistylis* oder *O. laevifolia* zum Erscheinen zu bringen. Ebenso entstanden allerhand andere möglichen oder doch wenigstens denkbaren Abweichungen nicht.

Wir folgern also, dass, was latent vorhanden ist, während der Mutationsperiode an's Licht treten kann, nicht aber, was nicht bereits im latenten Zustande da war.

Die *Oenothera Lamarckiana* erscheint für uns also als beladen mit einer gewissen Anzahl von latenten Eigenschaften; sie kann diese von Zeit zu Zeit abspalten, wenn man es so ausdrücken darf. Ebenso kann sie vielleicht auch von Zeit zu Zeit Exemplare „abspalten", denen eine oder einige solcher latenten Anlagen fehlen, und welche also in Bezug auf diese aus der Mutationsperiode heraustreten. Ueberleben dann schliesslich nur solche Individuen, so kann dieses das Ende der ganzen Periode herbeiführen.

Wann und wie sind die latenten Eigenschaften entstanden? Offenbar bildete ihre Entstehung den Anfang der Mutationsperiode. Ich werde sie deshalb, um einen kurzen Ausdruck zu haben, Prämutation nennen. Diese Prämutation, oder die erste Entstehung der Anlagen zu den späteren Mutationen, ist somit zweifelsohne ein Vorgang, der sich völlig im latenten Zustande abspielt. Sie kann von Mutationen begleitet sein, braucht das aber gar nicht. Freilich wird sie uns erst durch solche kenntlich, aber sie kann ganz gut völlig fertig da sein, bevor wir davon auch nur die Spur bemerken.

Man kann annehmen, dass die sämmtlichen Anlagen, welche in einer Mutationsperiode zur Schau treten, nach und nach entstehen, oder dass solches mit einem Male stattfindet. Es wäre möglich, dass die ganze Gruppe von neuen Anlagen im Leben eines einzigen Individuums ausgebildet würde, vielleicht gar in der kurzen Zeit seines sexuellen Lebens. Es wäre aber auch möglich, dass mehrere Individuen oder Generationen dazu erforderlich wären.

Die älteren Pflanzenzüchter meinten, dass es möglich wäre, eine Pflanze in ihrem inneren Wesen derart zu erschüttern, dass sie veränderlich, mutabel, würde. Louis Vilmorin, der für diese Operation den französischen Ausdruck *affoler* benutzt,[1] schlug Folgendes vor: Man suche in einer Aussaat die am stärksten, in beliebigen Richtungen abweichenden Individuen aus, unabhängig von der Frage, ob die Richtung gerade eine für die Cultur gewünschte sei. Nur von ihnen säe man die Samen, und in der Aussaat suche man nun nicht, wie bei der Selection, die in derselben Richtung abweichenden Exemplare, sondern solche, die in ganz anderen Beziehungen abnormal sind. Diese Art der Auswahl wiederhole man durch eine Reihe von Generationen, und es ist zu erwarten, sagt Vilmorin, dass dadurch die Veränderlichkeit sich allmählich steigere, bis sie schliesslich so gross werde, dass sie jede gewünschte neue Eigenschaft hervorbringe.

Es scheint nicht, dass Vilmorin solche Versuche wirklich ausgeführt, noch weniger, dass er davon den erwarteten Erfolg gesehen habe.

Dennoch verdient seine Vorschrift Beachtung; sie enthält vielleicht einen Kern von Wahrheit. Und jedenfalls wird die Methode zur Aufdeckung etwa vorhandener Mutationsanlagen führen.

Die Ursachen einer Prämutation müssen theils innere, theils

[1] Louis Vilmorin, *Notice sur l'amélioration des plantes par le semis.* Nouv. Edition. 1886. p. 36.

äussere sein. Was entstehen kann, wird vorwiegend von den ersteren, wann es entsteht, vorwiegend von den letzteren abhängen.

Die äusseren Ursachen müssen andere sein, als die gewöhnlichen Lebensbedingungen, unter denen die Arten constant bleiben. Andererseits müssen sie solche sein, als von Zeit zu Zeit, und wohl nicht all zu selten, in der freien Natur eintreten können. Ich denke mir diese Ursachen als eine Combination extrem günstiger mit extrem ungünstigen Einflüssen. Dieser scheinbare Widerspruch würde dann die Seltenheit des Auftretens erklären.

Man würde also experimentell die Verbindung dieser beiden Extreme zu versuchen haben. Ich halte solches gar nicht für unmöglich. Man wähle z. B. sehr schwache Knospen und deren Triebe, oder sehr schwache Blüthen und ernähre diese möglichst kräftig. Aehnlich wie die Wassersprosse, diese äusserst starken Sprosse aus kleinen ruhenden Knospen, oft sonst latente Merkmale zur Schau bringen (wie die bekannten Zwischenformen zwischen Blättern und Dornen bei der gewöhnlichen Berberitze), so könnten sie auch vielleicht in Bezug auf die Mutabilität sich besonders verhalten. Eine sehr starke Vermehrung wird allgemein als eine wirksame Veranlassung zur Mutabilität betrachtet; sie beruht aber darauf, dass auch solche Samen, welche sonst bei oder bald nach der Keimung zu Grunde gehen würden, die erforderlichen Bedingungen zu kräftigem Wachsthum finden. Die betreffenden Samen aber waren durch ungünstige Umstände schwach ausgebildet und der oben genannte Gegensatz trifft also auch hier ein. Versuchsweise würde man also seine Samen auf kleinen, späten Seitenzweiglein hoher Ordnung zu sammeln und diese mit aller Sorgfalt auszusäen haben.[1]

Nehmen wir an, dass eine Prämutationsperiode wirklich herbeigeführt oder aufgefunden wäre. Was liesse sich dann erwarten? Mit anderen Worten, wir stellen uns vor, dass in einer Pflanze oder in einer Gruppe von Pflanzen die Anlagen zu einer ganzen Reihe von Mutationen entstanden wären. Wird es jede Anlage thatsächlich zu einer Mutation, und durch diese zu einer (guten oder unfähigen) neuen Art bringen? Offenbar wird dabei der Zufall sehr wesentlich mitspielen. Die latenten Anlagen legen natürlich im Kampf um's Dasein, auch in dem alltäglichen, kein Gewicht in die Schale, sie hängen ganz von ihren Trägern ab. Mit diesen vermehren sie sich oder gehen sie

[1] Solche Versuche sind offenbar durch eine Reihe von Jahren fortzusetzen; die grösste Schwierigkeit bildet dabei die Wahl geeigneter Pflanzen. Ich beabsichtige sie anzufangen, sobald die vorliegende Untersuchung abgeschlossen ist.

zu Grunde. Aber eine *Oenothera*-Frucht kann 100—200 Samen geben und eine kräftige Pflanze trägt Hunderte von Früchten. Auch bei sehr bedeutender Vermehrung können somit nicht alle Samen zu blühenden Pflanzen werden. Welchen dieses gelingt, hängt zum grossen Theile vom Zufall ab, damit aber auch, welche Mutationsanlagen fortbestehen und welche zu Grunde gehen werden.

Ich folgere hieraus, dass die Anzahl der thatsächlich beobachteten verschiedenen Mutationen kein Maass ist für die Anzahl der vermuthlich bei der Prämutation entstandenen.

Der Mutationsperiode von *Oenothera Lamarckiana* völlig analog hat man sich die Entstehung von Gruppen eng verwandter Arten auch in anderen Gattungen und Familien zu denken. Einerseits die langen Reihen von elementaren Arten, deren Kenntniss wir den Versuchen JORDAN's und seiner Schüler verdanken, andererseits die berühmten Nebelflecke der älteren Systematiker, wie FRIES, NÄGELI u. A. So liegt z. B. für *Draba verna* auf der Hand anzunehmen, dass ihre zahlreichen elementaren Arten in einer einzigen Periode an einem kleinen Fundorte entstanden sind und sich von dort aus über ganz Europa verbreitet haben, die eine hierhin, die andere dorthin.[1] Ebenso für *Viola tricolor, Helianthemum vulgare* u. s. w. Die ganze Erscheinungsweise der jetzigen *Draba verna* deutet auf eine ähnliche Mutationsperiode mit denselben Gesetzen als wie bei *Oenothera Lamarckiana* hin.

Die Gattungen *Rosa*, *Rubus*, *Hieracium*, *Salix* und einige andere artenreiche Typen bildeten für die älteren Systematiker Nebelflecke, in denen die klare Trennung der Arten fehlte. Ohne Cultur kann man hier die Arten nur vorläufig kennen lernen, und die Cultur, welche durch wenigstens einige Generationen fortzusetzen wäre, ist hier offenbar keine leichte Aufgabe. Doch ist der Formenreichthum (sofern Bastarde ausgeschlossen sind) derjenigen der *Draba verna* und der *Oenothera Lamarckiana* durchaus ähnlich, und deutet somit ganz gewiss auf eine frühere Mutationsperiode hin.

Am allerdeutlichsten aber ist die Nothwendigkeit der Annahme einer solchen Periode für die Gruppe der *Oenothera biennis* (der Untergattung *Onagra*), welche durchaus der *Lamarckiana*-Gruppe analog ist (vergl. S. 315).

Zum Schlusse sind einige Worte der Frage zu widmen, wann in unserem speciellen Fall der Hilversumer *Oenothera Lamarckiana*

[1] Es sollten in jedem botanischen Garten einige Arten von *Draba verna* neben einander cultivirt werden. Ihre Unterschiede und ihre Constanz sind ganz deutliche, jedem Besucher sofort auffallende Erscheinungen. Ich habe erst zwei solche Arten in Cultur; aber bereits diese finden allgemeines Interesse.

die Prämutationsperiode gewesen ist. Zwei Möglichkeiten bieten sich dar. Erstens die Pflanze verkehrte schon in der Mutationsperiode, als ihre Samen dort zum ersten Male von Herrn SIX ausgesät wurden (etwa 1870, vergl. S. 187). Oder die Mutationsperiode hat an Ort und Stelle angefangen. Im ersteren Falle wird die *Oenothera* auch sonst wohl mutabel gewesen sein, und ist diese Eigenschaft einfach bis jetzt der Beobachtung entgangen. Es wäre dieses allerdings kaum zu erwarten, da *O. nanella*, *O. gigas* und auch wohl *O. laevifolia*, wenn sie sich bei Züchtern oder bei Liebhabern gezeigt hätten, wohl gewiss als der Cultur werth betrachtet und in den Handel gebracht sein würden. Aber weder in beschreibenden Werken, noch in Samencatalogen kommen „Varietäten" von *O. Lamarckiana* vor.

Im zweiten Falle würde die Vermuthung nahe liegen, dass die rasche Vermehrung unserer *Oenotheren*, zwischen den Jahren 1870 bis 1886, welche wir § 6 (S. 187) beschrieben haben, die Ursache des Eintretens der Prämutationsperiode und also des Anfanges der Mutabilität gewesen ist.[1] Und diese Annahme schliesst sich an das Wenige, was wir über die äusseren Ursachen der Entstehung neuer Arten im Allgemeinen wissen, so gut an, dass ihr bis auf Weiteres jedenfalls besondere Aufmerksamkeit zu schenken ist.

Zusammenfassend gelangen wir somit zu dem Satze, dass jeder Mutationsperiode eine Prämutationsperiode vorangegangen sein muss, in der die fraglichen neuen Eigenschaften, unter dem Einflusse äusserer Umstände, latent entstanden sein müssen.

V. Schluss.

Fassen wir jetzt unsere Beobachtungen über die Entstehung von Arten in der Gattung *Oenothera* zusammen, so zeigt sich als wichtigstes Ergebniss der Nachweis, dass dieser Vorgang der experimentellen Behandlung fähig ist. Bis jetzt glaubte man allgemein, dass diese wichtige Erscheinung weder dem Versuche, noch auch der directen Beobachtung zugänglich sei. Dass neue Formen bisweilen, und zwar nicht all zu selten, aus anderen entstehen, lehrt die

[1] Nach einer Mittheilung von M. T. MASTERS in GARDENER's *Chronicle* vom 1. Dec. 1900 kommt *Oenothera Lamarckiana* auch unweit London im Freien vor, zeigt dort aber keine Mutationen (Vol. 28 Nr. 727 S. 393).

Erfahrung namentlich im Gartenbau, wo sie in der Regel plötzlich und unvermittelt auftreten. Sind sie aber da, so ist es zu spät; wie sie entstanden sind, kann man zwar versuchen sich klar zu legen, aber nicht mehr experimentell nachweisen.

Für diesen letzteren Zweck ist es erforderlich, eine Pflanze zu haben, welche sich gerade in einer Mutationsperiode befindet, d. h. welche in der Lage ist, eine oder mehrere neue Arten wiederholt hervorzubringen. Solche Pflanzen waren bis jetzt noch nicht aufgefunden.

Die Methode, mutable Pflanzen aufzusuchen, besteht in Aussaaten von grossem Umfange. Man wählt die Samen am liebsten von wildwachsenden Pflanzen, oder von verwilderten Arten, oder endlich von solchen Culturpflanzen, welche man hinreichend lange aus eigener Cultur kennt, um sicher zu sein, dass sie von den Folgen etwaiger früherer zufälliger Bastardirungen rein sind. Ich habe entweder die Samen direct im Freien eingesammelt, oder einige Pflanzen in den Garten übergebracht und sie, hinreichend isolirt, Früchte tragen lassen. Man kann sich in der Wahl der Arten von Beobachtungen im Freien leiten lassen, und zwar, wo es etwa vorkommt, von dem Auffinden neuer Varietäten oder Unterarten, oder anderenfalls von einem gewissen Reichthum an partiellen Mutationen, sogenannten Monstrositäten. Die letzteren beruhen auf latenten erblichen Anlagen, welche sich von Zeit zu Zeit, in einzelnen Zweigen oder Blättern u. s. w. äussern. Es liegt der Schluss nahe, dass, wo solche latente erbliche Anlagen in ungewöhnlich grosser Menge vorkommen, auch andere latente Anlagen erwartet werden dürfen, und unter ihnen die gesuchten.

Zu Anfang meiner Versuche, und bisweilen auch nachher, habe ich solche Aussaaten in ziemlich bedeutender Menge ausgeführt. Vorwiegend mit Arten aus der hiesigen Flora, und zwar stets in so grossem Umfange, wie die jedesmal erreichbare Ernte dies gestattete. So säte ich z. B. *Capsella Bursa Pastoris*, *Sisymbrium Alliaria*, *Daucus Carota*, *Cynoglossum officinale*, *Verbascum thapsiforme*, *Aster Tripolium*, *Bidens cernua*, *Thrincia hirta*, *Crepis biennis*, *Centaurea nigra* und eine Reihe anderer wildwachsender Arten. Es waren meist Formen, welche durch Fasciation, Synfise oder irgend eine sonstige Abweichung auffielen und von denen ich nachher die betreffenden Monstrositäten auch während einer längeren oder kürzeren Reihe von Jahren als erbliche Rassen cultivirt habe.

Fast alle untersuchten Arten ergaben sich als immutabel.[1] Ich

[1] Vergl. auch den vierten Abschnitt dieses Bandes.

folgere daraus, dass wohl die meisten wildwachsenden Arten in unserer Gegend sich in einer immutablen Periode befinden. An anderen Orten können dieselben Arten selbstverständlich doch mutabel sein,[1] denn die Mutabilität gehört der Theorie nach nicht zum Wesen der speciellen Art, sondern bildet nur einen vorübergehenden Zustand, in welchem sich z. B. die Pflanzen eines einzigen Standortes befinden können.

Nur eine einzige Art entsprach meinen Erwartungen. Es war dieses die *Oenothera Lamarckiana.* Schon auf dem Fundorte schien sie mehr Aussicht auf ein günstiges Ergebniss zu bieten als alle anderen. Erstens war sie nicht eigentlich eine wildwachsende, sondern eine verwilderte Form, welche sich von einer Anlage aus auf ein benachbartes, verlassenes Feld ausbreitete und sich dabei stark vermehrte. Eine solche rasche Vermehrung ist aber bekanntlich eine der vermuthlichen Ursachen eintretender Mutabilität. Zweitens zeigte sie sich reich an partiellen Abänderungen, sowohl an den gewöhnlichen wie Blüthenanomalien, Becherbildung, Verbänderung, Adnationen, als auch an selteneren, wie die Ausbildung von secundären Achselknospen in der Inflorescenz. Drittens aber fand ich einzelne schmalblätterige, schwache Pflänzchen, welche nur Rosetten von Wurzelblättern bildeten und bald zu Grunde gingen. Sie entzogen sich damals dem weiteren Studium, haben sich aber später zum Theil als eine gute neue Art ergeben (*O. elliptica*). Und viertens fand ich auf dem fraglichen Standorte zwei wohl charakterisirte Formen, welche bis dahin unbekannt waren und welche sich später als samenbeständig ergeben haben (*O. laevifolia* und *O. brevistylis*).

Eine völlige Entscheidung bot aber erst die Aussaat im Garten von den im Freien eingesammelten Samen. Diese geschah zuerst 1887, später zu wiederholten Malen, namentlich aber 1889. Bereits die erstere Cultur gab mir was ich wünschte, eine deutlich und fast in jeder Hinsicht abweichende Form, welche bis dahin nicht auf dem Felde gesehen und auch sonst völlig unbekannt war. Es war die *Oenothera lata.* Im folgenden Jahre säte ich Samen von Pflanzen, welche ich im Herbst 1886 als Rosetten von Wurzelblättern vom wilden Fundort mitgebracht hatte; sie lieferten mir dieselbe Form *O. lata* und daneben eine andere, *O. nanella*, und zwar beide in mehreren Exemplaren (S. 157). Und als ich nun 1889 wiederum im Freien eingesammelte Samen und jetzt in grösserem Maassstabe säte,

[1] Solches scheint z. B. für *Capsella Bursa Pastoris* unweit Landau der Fall zu sein, vergl. Solms-Laubach, *Bot. Zeitung* 1900. Octoberheft.

erhielt ich wieder diese beiden Formen, daneben aber noch eine dritte, bis dahin unbekannte, *O. rubrinervis* (S. 215). Später fand ich die beiden ersteren (*O. lata* und *O. nanella*) auch auf dem Felde (1894).

Alle diese auf einander folgenden Beobachtungen reiften allmählich den Entschluss, die versuchsweisen Aussaaten anderer Arten der Hauptsache nach aufzugeben, und die *Oenothera Lamarckiana* so gründlich wie möglich zu studiren. Es standen dazu zwei Wege offen. Einerseits die Beobachtung im Freien, in Verbindung mit jährlicher Aussaat von im Freien gesammelten Samen. Andererseits die Cultur im Garten, durch eine Reihe von Generationen, also von sogenannten Familien. Ohne den ersten Weg ganz zu vernachlässigen, habe ich den zweiten gewählt. Es soll daher ausdrücklich betont werden, dass meine Culturen nur eine Wiederholung von dem sind, was auch im Freien vor sich geht. Es handelte sich nur darum, den natürlichen Process der Artentstehung möglichst genau verfolgen zu können und dabei die Fehlerquellen und Unsicherheiten, welche die freie Bestäubung durch Insecten unvermeidlich herbeiführt, überall, wo nöthig, auszuschliessen.

Beobachtungen auf dem Felde sind seit 1886 alljährlich gemacht worden; sie lehrten das Auftreten neuer Formen, welche aber meist bald zu Grunde gingen. Es waren im Wesentlichen dieselben, wie in meinen Culturen. Es liegt kein Grund vor, anzunehmen, dass in meinem Garten Formen aufgetreten sind, welche im Freien unter hinreichend günstigen Bedingungen nicht auch entstanden sein würden. Dort aber mangelt der Raum für die Ausbildung aller Samen; die selteneren oder schwächeren gehen demzufolge meist bald ein, während sie in meinem Garten vorsichtig herausgehoben, einzeln verpflanzt und möglichst gut versorgt werden. Nur hierin und in der reinen Befruchtung liegen die Vorzüge der Cultur.

Der Versuch schafft nichts Neues. Er gestattet nur zu sehen und zu studiren, was auch in der Natur geschieht.

Ein Ueberblick über meine Culturen lässt die untersuchte Mutationsperiode als ein in sich abgeschlossenes Ganzes erscheinen. Sie umfasst eine scharf umschriebene Gruppe von Vorgängen, in jeder Hinsicht eng begrenzt. Dieselben Erscheinungen wiederholen sich jedesmal, neue kommen nur selten hinzu und fügen sich dann den bereits bekannten Regeln. Es entsteht weder ein unentwirrbarer Chaos in einander übergehender Formen, noch auch ist die Veränderlichkeit eine unbegrenzte. Im Gegentheil, es ist eine verhältnissmässig kleine Anzahl von wohl unterschiedenen und in sich sehr constanten Formen, welche man immer und immer wieder auftreten sieht.

Allerdings habe ich weder den Anfang, noch auch das Ende der Periode gesehen. Alles spricht dafür, dass sie bei meinem ersten Besuche auf dem Standort bereits in vollem Gange war, und dass schon damals in der Anlage alles vorhanden war, was sich später zeigen würde. Die meisten Formen habe ich in den ersten Jahren nicht gesehen, aber ganz offenbar nur deshalb, weil ich noch nicht auf sie aufmerksam geworden war. Denn hatte ich einmal eine Form kennen gelernt, so fand ich sie mit wenigen Ausnahmen fast in jedem späteren Jahre wieder.

Es ist nicht anzunehmen, dass ich den ganzen Reichthum meiner *Oenothera* an latenten Anlagen bereits erschöpft haben würde. Im Gegentheil ist es sehr möglich, dass gerade die schönsten und wichtigsten, am stärksten vom Typus abweichenden Mutationen mir bis jetzt entgangen sind. Ich habe bisher nur mit gewöhnlichen Aussaaten experimentirt, und mein Zweck war mehr, die Gesetze des Mutirens, als der, eine möglichst lange Reihe neuer Formen kennen zu lernen.

Gelegentliche Beobachtungen zeigten, dass die Methode, Mutationen aufzusuchen, sich in vielen Hinsichten wird verbessern lassen. Es scheint dazu vorwiegend zwei Mittel zu geben: die Wahl der Samen und die Kreuzung. Fällt die Ernte aus gewissen Gründen zu klein aus, oder geht die Keimkraft der Samen stark zurück, indem nur ein kleiner Procentsatz keimfähig bleibt, so scheint die Aussicht auf Mutationen im Allgemeinen, oder wenigstens auf bestimmte neue Formen erheblich zuzunehmen. So war in einer Samenprobe, welche durch $5^1/_2$ Jahre aufbewahrt war, die Keimkraft von 70 auf 5 Samen pro Cubikcentimeter heruntergegangen; dem entsprechend der Gehalt an Mutanten aber von etwa 1—5 % auf 40 % gestiegen (S. 185). In einer anderen Cultur keimten aus der ganzen Ernte nur etwa 30 Samen, von denen 12 oder gleichfalls 40 % zu Mutanten wurden. Und dass Kreuzung die Variabilität erhöhe, ist ein bekannter Ausspruch, welcher auch hier, nach einigen gelegentlichen Funden, volle Gültigkeit zu haben scheint.

In ihren grossen Zügen fanden meine Culturen in der folgenden Weise statt. Aus Samen oder Pflanzen, welche vom wilden Standort herrührten, wurden sogenannte Familien abgeleitet, d. h. dass jährlich die Samen auf einzelnen (z. B. 4—10) Individuen gesammelt wurden. Diese Exemplare waren als typische Representanten der betreffenden Familie gewählt und entweder an einer isolirten Stelle unter sich der Bestäubung durch Insecten überlassen (1887—1894) oder später unter Ausschluss von Insectenbesuch in Pergaminbeuteln mit ihrem eigenen Blüthenstaub künstlich befruchtet. Nur bei den *Lata*-Familien fand stets Kreuzung statt, da diese Form weiblich ist; sie wurde mit dem Staub der *O. Lamarckiana* belegt.

Jede Familie hat somit einen reinen, geradlinigen Hauptstamm. Seitenzweige aus dieser sind als besondere Familien zu behandeln. Aus dem Hauptstamm entstanden die Mutanten.

Es hat diese Methode den wichtigen Vorzug, dass man für jede Mutation die Vorfahren durch eine oder mehrere Generationen genau kennt. Und gerade dieses fehlt bei den Beobachtungen im Freien und bei den Erfahrungen des Gartenbaues. Die Anzahl der bekannten Generationen ist um so grösser, je später das Jahr einer fraglichen Mutation. Aus unseren Stammbäumen kann man die Vorfahrenreihe für jede einzelne Mutation ableiten und erschliessen, dass diese reine und rein befruchtete *Lamarckiana*, oder *Laevifolia*, *Rubrinervis*, *Lata* u. s. w. gewesen sind, je nach den Gruppen.[1] Es liegt der Wunsch auf der Hand, die Ahnenreihe auch für frühere Zeiten zu vervollständigen, also vor dem Jahre 1886, in welchem ich meine ersten Samen und Pflanzen sammelte. Directe Beobachtungen liegen für diesen Zweck nicht vor; nur ist bekannt, dass die Verbreitung auf dem Fundort erst etwa 1870 angefangen hat. Es ist nicht wahrscheinlich, dass in diesen Jahren Formen geblüht haben würden, welche später auf dem Felde, nach der sehr starken Vermehrung, niemals blühend gefunden wurden. Es ist somit wohl gestattet, den Stammbaum als hinreichend reine Linie bis zu jenem Jahre in Gedanken zu ergänzen.

Die einzelnen Mutationen in den verschiedenen Familien entstehen von einander durchaus unabhängig, d. h. dass jede von ihnen unvermittelt aus dem Hauptstamme hervorgeht. Erntet man die Samen von den Mutanten, oder befruchtet man andere Pflanzen mit ihrem Pollen, so entstehen neue Seitenzweige aus der Familie; die Glieder solcher Seitenlinien heissen aber fernerhin nicht Mutanten. Jene Unabhängigkeit ist aber nur eine äussere; sie verhalten sich zu einander wie Schwestern, oder wie Nichten und Tanten u. s. w., verdanken aber offenbar die Uebereinstimmung ihrer Eigenschaften denselben, bereits im Hauptstamm latent anwesenden Anlagen.

[1] Die Stammbäume findet man für:
Die *Lamarckiana*-Familie: S. 157 und 184.
Die *Laevifolia*-Familie: S. 192.
Die *Lata*-Familie: S. 202 und 204.

Aus diesem Hauptstamme aber entsteht jede von ihnen plötzlich, ohne sichtbare Vorbereitung, unvermittelt, und mit allen ihren Eigenschaften.[1] Jeder neu auftretende Zwerg ist ebenso klein wie die Zwerge vierter und fünfter und noch späterer Generationen. Jede *Lata*-Mutante ist ebenso rein weiblich wie die *Lata* jetzt, nach zehnjähriger Cultur. Die zahlreichen *Rubrinervis*-Pflanzen, welche ich im Laufe der Jahre zu verschiedenen Versuchszwecken cultivirt habe, sind in ihren Merkmalen von neu auftretenden Mutanten dieser Form gar nicht zu unterscheiden. *O. gigas* entstand nur drei Mal, *O. scintillans* 14 Mal. Jedesmal aber mit genau denselben sichtbaren Merkmalen.

Eine sehr wichtige Frage ist die nach dem etwaigen Vorkommen von Uebergängen und Zwischenformen. Solche fehlen allerdings nicht, sie gehören aber dem Gebiete der eigentlichen Variabilität, nicht jenem der Mutabilität an. Denn erstens treten die Uebergänge nicht vor der neuen Art auf, höchstens gleichzeitig mit dieser, meist aber erst, wenn sie bereits fertig dasteht. Die Uebergänge sind somit keine Vermittler oder Vorbereitungen zum Auftreten der neuen Form; die Entstehung geschieht nicht durch sie, sondern ganz unabhängig. Die Zwischenformen sind nicht im eigentlichen Sinne solche, sie sind nur mehr oder weniger unvollkommene Ausbildungen des bereits fertig vorhandenen Vorbildes. Sie können genau ebenso gut in jeder späteren Generation als in der ersten beobachtet werden. Die Aussicht auf sie ist aber im Anfang stets klein, wegen der geringen Anzahl der Individuen. Erst wenn diese durch Samen unbeschränkt vermehrt werden können, kann man vollständigere Reihen von Uebergangsformen erwarten.

Diese Uebergänge sind theils atavistische Erscheinungen, theils gehören sie der gewöhnlichen und theils der transgressiven Variabilität an. Als Atavismus betrachte ich den Fall der *O. nanella,* welche sich im ganzen Leben durch ungestielte Blätter kennzeichnet, welche aber durch eine kurze Zeit ihres Jugendlebens die gestielten Blätter ihrer Vorfahren zur Schau trägt (vergl. Fig. 78 auf S. 257). Dieser Fall ist den bekannten Jugendformen zahlreicher anderer Pflanzen durchaus analog. Atavismus durch Variabilität bedingt zeigt die *O. laevifolia,* wenn sie an einzelnen Blättern oder kümmerlichen Exemplaren die sonst fehlenden Buckeln ausbildet. Transgressiv variiren mehr oder

[1] Diese Eigenschaften sind somit als Aeusserungen einer einzigen Umwandlung zu betrachten. Vergl. § 13 S. 231—233. — Ueber die relative Häufigkeit des Auftretens der einzelnen Mutationen, den sogenannten Mutationscoëfficienten, vergl. § 14 S. 239—240.

weniger die meisten Merkmale, doch liegt z. B. zwischen den grössten *O. nanella* und den kleinsten blühenden *O. Lamarckiana* wohl stets noch eine weite Kluft. Stark transgressiv variiren namentlich die Blätter von *O. gigas*, welche sowohl breiter als schmäler als diejenigen der Mutterart sein können, und bisweilen die der *Rubrinervis* und anderer schmalblätteriger Formen durchaus erreichen. Ferner variirt die Grösse der Blüthen in Abhängigkeit von der individuellen Kraft der betreffenden Unterart; je schwächer diese, um so kleiner sind ihre Blüthen.

Ohne Zweifel kann man für die *O. Lamarckiana* und die sämmtlichen aus ihr abstammenden Arten ununterbrochene Reihen für die einzelnen Merkmale herstellen. So z. B. für die Breite der Blätter, die Länge der Früchte, die Grösse der Blüthen u. s. w. Aber genau dasselbe kann man für ältere, von den besten Systematikern als echte Arten anerkannte Formen thun, und zwar selbst für diejenigen Eigenschaften, welche die besten Unterscheidungsmerkmale liefern, wie z. B. für die Blüthengrösse von *Oenothera biennis L.* und *O. muricata L.*

Durch diese transgressive Variabilität werden die Grenzen zwischen meinen neuen Arten ebenso wenig verwischt, wie zwischen älteren Typen. Die Erscheinung ist im ganzen Thier- und Pflanzenreich eine sehr allgemeine; sie führt bekanntlich leicht zu Täuschungen, wenn die Untersuchung auf einzelne Merkmale beschränkt ist. Auf der Grenze hat die Vergleichung der übrigen Eigenschaften einzutreten, denn trotz der meist starken Correlationen weisen die anderen Organe fast stets an, zu welchem Typus die anscheinenden „Grenzbewohner“ gehören. Und wo diese Vergleichung nicht ausreicht, hat man sich zu Aussaatversuchen zu wenden; in diesen wird das Gesetz der Regression die Nachkommenschaft eines jeden Individuums bald in die Richtung des mittleren Arttypus zurückschreiten lassen.

In dieser Beziehung wie in allen anderen sind die neuen Formen von *Oenothera* Arten und keine Varietäten, wie bereits in § 18 S. 255 bis 257 anlässlich der *O. nanella* besprochen wurde.[1] Wenn man zwischen diesen beiden vieldeutigen Begriffen eine klare Unterscheidung machen will, so sind die Varietäten je durch ein einzelnes scharfes Merkmal gekennzeichnet, die Arten oder Unterarten aber von ihren nächsten Verwandten in fast allen ihren Theilen verschieden. Mangel der Farbe, Behaarung, Bewaffnung, der Verzweigung von Blättern oder Stengeln, stärkere Ausbildung dieser Eigenschaften, geschlitzte Blätter und Blumenblätter u. s. w. bilden die Merkmale echter Varietäten.

[1] Vergl. hierüber aber namentlich den vierten Abschnitt.

Dabei sieht man zweierlei. Erstens bleibt der ganze Habitus der Pflanze, soweit er nicht direct verändert wird, von dem Varietätsmerkmal unberührt; die Farbvarietäten sind nur an der Farbe, die dornlosen nur am Mangel der Dornen zu erkennen u. s. w. Echte Arten aber sind fast an jedem Organe und in jedem Alter von einander zu unterscheiden. Zweitens variirt das betreffende Merkmal meist nicht transgressiv. Mögen auch weissblüthige Varietäten einen bläulichen oder röthlichen Widerschein in ihren Kronen haben, sie sind wohl stets viel blasser als die blassesten Varianten der echten Art. Gerade umgekehrt verhalten sich die guten Artmerkmale; die mittleren Werthe sind durchaus und constant verschieden, die extremen Varianten aber erreichen einander oder schreiten sogar an einander vorbei.

Noch in einer anderen Hinsicht unterscheiden sich neue Arten von echten Varietäten. Die letzteren kehren gewöhnlich in mehreren Gattungen und Familien in derselben Weise wieder; sie werden dann meist mit denselben oder doch mit gleichbedeutenden Namen belegt. In meinen neuen Arten habe ich aber vergeblich nach analogen Typen gesucht, mit der einzigen, auffallenden Ausnahme der Zwerge. Vielleicht sind *O. laevifolia*, deren Merkmal in dem Mangel der Buckeln liegt, und *O. brevistylis*, mit dem theilweisen Verluste des unterständigen Fruchtknotens, den echten Varietäten anzureihen; sie sind gerade die beiden Formen, welche in meinen Culturen niemals als Mutanten aufgetreten sind. Sonst aber sind die neuen Arten ohne Vorbild; weder bei anderen Arten der Gattung *Oenothera* noch sonst im Pflanzenreich.

Betrachtet man Varietäten als durch Verlust (bezw. Latenz) einer Eigenschaft entstanden, so liegt es auf der Hand, das Auftreten der neuen Arten der Entstehung einer neuen Eigenschaft zuzuschreiben.

Von ganz principieller Bedeutung ist die Frage nach der Samenbeständigkeit der neuen Formen. Dabei ist in erster Linie zu bemerken, dass diese Eigenschaft keine solche ist, welche erst durch allmähliche Selection erreicht werden muss. Ziemlich allgemein ist zwar die irrthümliche Meinung verbreitet, dass wenigstens viele Unterarten und Varietäten nicht oder doch noch nicht samenbeständig seien, dass sie häufig, oder doch wenigstens von Zeit zu Zeit zu der Mutterart zurückkehren. Betrachtet man die „Varietäten" als beginnende Arten, so wird gerade die Samenbeständigkeit als eine der Eigenschaften angedeutet, welche sie noch zu erwerben hätten.

Meine neuen Arten sind aber entweder von Anfang an vollkommen samenbeständig, ohne jegliche Spur von Rückschlag, oder wenn sie das nicht sind, so zeigen sie auch keine Zunahme ihrer Constanz durch künstliche Zuchtwahl.

Um die anfängliche Constanz zu prüfen, müssen die aus der *O. Lamarckiana* oder aus anderen Familien unvermittelt aufgetretenen Mutanten sofort künstlich mit dem eigenen Blüthenstaub befruchtet werden. Man kann die Samen dann in grosser Menge aussäen, und da die neue Art meist bereits in den ersten Monaten des Lebens, bevor sie Stengel treibt, leicht und sicher zu erkennen ist, bequem einige Hunderte oder einige Tausende von Keimlingen untersuchen. Aus ihnen wird nun ein Theil, ohne Auswahl, bis zur Blüthe und zur Fruchtreife weiter cultivirt, und zwar so viele, wie es der verfügbare Raum nur gestattet. Und indem man dieselbe Operation durch eine Reihe von Generationen wiederholt, überzeugt man sich, ob die neue Form fortwährend constant bleibt. Vom Anfang an constant waren *O. gigas*, *O. rubrinervis*. *O. oblonga*, *O. albida*, *O. leptocarpa*, *O. semilata* und *O. nanella*, während sich die Frage für die weibliche *O. lata* nicht experimentell beantworten liess.

Dagegen zeigten sich *O. scintillans*, *O. elliptica* und *O. sublinearis* als nicht beständig. Aus ihren Samen wiederholen sie ihren Typus zwar, aber nur zu einem kleinen Theile. Die übrigen kehren entweder zu *O. Lamarckiana* zurück oder bilden andere Mutationen. Die *O. scintillans* war zumeist zu etwa 30 % erblich, und blieb solches trotz wiederholter Selection; die anderen lieferten bisher zu wenig Samen für entsprechende Versuche.

Nichtconstante Arten[1] scheinen in der Natur nicht vorzukommen. Auch müssen sie fast nothwendig früher oder später zu Grunde gehen, da die Atavisten, welche sie jährlich hervorbringen, wohl samenbeständig sein und die Art bald überwuchern würden.

Wir erfahren also, dass bei der Entstehung neuer Arten auch solche auftreten können, welche auf die Dauer nicht existenzfähig sind. Dieses geschieht auch in anderen Hinsichten. Die Natur bringt nicht nur das Zweckmässige hervor, sondern sie scheint in ihrer schaffenden Kraft geradezu unbeschränkt zu sein. Sie bildet so zu sagen alles Mögliche und überlässt es ferner der Lebenslage, das gerade für sie Passende auszuwählen. Die Mutabilität ist, wie man es nennt, eine richtungslose.

Ob die neuen Arten von *Oenothera* im Freien sich behaupten würden? Ich habe in dieser Richtung noch keine Versuche angestellt. Thatsache ist, dass die *O. laevifolia* und die *O. brevistylis* auf dem

[1] Ueber die Berechtigung dieses Ausdruckes vergl. § 19 S. 268—272.

wilden Fundorte bereits während einer langen Reihe von Jahren den Kampf um's Dasein aushalten. In meinem Garten zeigen sich die Pflanzen gewiss als weniger widerstandsfähig, als sie im Freien sein würden, theils wegen der reichlichen Düngung, theils wegen des Mangels an Selection, die ja im Freien die meisten Schwächlinge in früher Jugend vernichtet, theils aber und vorwiegend wegen meiner Vorliebe für einjährige Cultur. So sind z. B. einjährige *Oblonga* stets viel zu arm an Samen; zweijährige pflegen aber eine gute Ernte zu geben. *O. rubrinervis* ist als einjährige Pflanze sehr spröde, als zweijährige aber sehr kräftig u. s. w. Diese beiden und *O. gigas* würden im Freien, wenn sie in den meisten Individuen zweijährig sein würden, wohl aushalten; vielleicht ebenso gute neue Arten bilden, wie zur Zeit die aus Amerika eingeführten *O. biennis* und *O. muricata*. *O. albida* wird wohl stets zu schwach sein, und die nichtconstanten oder gar die ganz oder theilweise sterilen Formen würden selbstverständlich früher oder später zu Grunde gehen.

Doch bedarf es directer Versuche, um sich über diese Fragen ein Urtheil zu bilden.

Betrachten wir jetzt zum Schlusse die gemachten Erfahrungen von einem theoretischen Standpunkt, so drängen sich zwei Punkte in den Vordergrund. Erstens die Frage nach dem Anfange der ganzen Mutationsperiode, und zweitens die nach der Analogie der beobachteten Vorgänge mit der Entstehung von Arten in der Natur im Allgemeinen.

Den Anfang der Mutationsperiode denken wir uns als die Zeit, in der die in dieser Periode latent vorhandenen Anlagen für die neuen Arten zuerst entstanden sind. Denn offenbar ist das Vermögen, *Gigas* hervorzubringen, nicht sämmtlichen Vorfahren meiner *Lamarckiana* eigen gewesen; es muss einmal entstanden sein. Ebenso die Anlagen zu den übrigen Arten. Sind sie ebenso alt oder vielleicht gar älter als die *Lamarckiana* selbst? Wahrscheinlich nicht. Einfacher ist es, anzunehmen, dass sie entweder an Ort und Stelle entstanden sind, wo sie sich zeigten, oder doch in Bezug auf die Lebensdauer einer Art nur wenig früher.

Die Entstehung der latenten Anlage nenne ich Prämutation; die Mutationen sind nur das Sichtbarwerden derselben. Es ist eine hohe Aufgabe für die weitere Forschung, die Bedingungen dieser Prämutation zu ermitteln und sie, wo möglich, willkürlich herbeizuführen.

Mutationsperioden müssen in der Natur ohne Zweifel gar häufig vorkommen oder doch vorgekommen sein. Denn Gruppen von verwandten Arten, die sich zu einander, soviel man es beurtheilen kann, genau so verhalten, wie meine Oenotheren, findet man überall, sowohl im Pflanzenreich als im Thierreich. Wo solche Arten in Culturen auf ihre Constanz und auf ihre Merkmale geprüft sind, bilden sie die *espèces affines*, deren allgemeines Vorkommen JORDAN uns kennen lehrte. Ich habe *Draba verna, Viola tricolor, Helianthemum vulgare* u. s. w. bereits oft als die bekanntesten Beispiele genannt. Wo die Arten aber nicht künstlich auf ihre Constanz geprüft wurden, oder wo ihr Studium durch zahllose Bastarde in der Natur erschwert wird, bilden sie die Nebelgruppen der Systematiker, Gruppen, in denen oft die eine Autorität die Beschreibungen der anderen nicht würdigen kann. *Salix, Rubus, Rosa, Hieracium* bilden die Jedem bekannten Beispiele.

Wichtig für uns ist aber die fast vollständige Uebereinstimmung der neuen *Lamarckiana*-Gruppe mit der älteren *Biennis*-Gruppe. Die Formen dieser Gruppe, von einigen Autoren als Arten, von anderen als Varietäten betrachtet, machen ganz den Eindruck, als ob sie die Ueberreste einer früheren Mutationsperiode wären. Sie gehören offenbar zusammen, weichen in ähnlichen Merkmalen von einander ab, als die neueren Arten, sind samenbeständig, bei Kreuzungen unter sich fruchtbar, und in vielen Eigenschaften derart transgressiv mutabel, dass sie auf den ersten Blick nur unscharf geschieden scheinen. Dennoch sind sie völlig samenbeständig.

Diese vermuthliche Mutationsperiode der *Oenothera biennis* muss selbstverständlich in ihrer amerikanischen Heimath stattgefunden haben; von dort aus haben sich ihre Producte, die jetzigen LINNÉ'schen Arten, über einen grossen Theil der Erde verbreitet.

Und wenn man seiner Phantasie freies Spiel lässt, so erblickt man leicht für jede Gattung und jede grössere Gruppe eine anfängliche Mutationsperiode!

Dritter Abschnitt.

Ernährung und Zuchtwahl.

I. Die gleichzeitige Beeinflussung einzelner Merkmale durch die Ernährung und die Zuchtwahl.

§ 1. Die Variabilität als Ernährungserscheinung.

Wenn eine neue Wissenschaft sich Bahn bricht, so zeigt es sich gewöhnlich, dass gewisse Gruppen von Erscheinungen, welche bis dahin in anderen Disciplinen behandelt wurden, zu ihr gehören. So verhält es sich gegenwärtig mit der Lehre von der Variabilität und der Abhängigkeit des Wachsthumes und der Entwickelung bestimmter Organe und Eigenschaften von der Ernährung. Diese Abhängigkeit ist bis jetzt vorwiegend vom experimentellen und vom biologischen Gesichtspunkt aus studirt worden, während die statistischen Methoden die nämlichen Processe von einer anderen Seite angegriffen haben.

Neue Grenzen sind schwer zu ziehen, und so wird es wohl noch lange dauern, ehe man sich darüber wird einigen können, welche Abtheilungen aus der Ernährungslehre der Wissenschaft der Variabilität zuzuweisen sind.

Im historischen und kritischen Theile (Abschnitt I, S. 94—96 u. s. w.) habe ich bereits darauf hingewiesen, dass es unerlässlich ist, die Frage nach den Ursachen der fluctuirenden Unterschiede sowohl zwischen den Individuen, als auch zwischen den gleichnamigen Organen eines und desselben Individuums, wenigstens aufzuwerfen. Die Lehre von der Variabilität im engeren Sinne kann sich nicht damit begnügen, eine rein beschreibende, statistische Wissenschaft zu sein; sie hat wie jede andere auch den Ursachen der beobachteten Vorgänge nachzuforschen.

Sind einerseits die Polymorphie und andererseits die Mutabilität ausgeschlossen, so wird die ganze Lehre von der Variabilität durch das Quetelet'sche Gesetz beherrscht. Daneben steht die Erblichkeit.

Die Abweichungen der einzelnen Individuen vom Mittel sind erblich. Aber nicht in vollem Maasse, nur unter theilweisem Verlust. Es findet stets eine Regression statt, und diese beträgt gewöhnlich mehr als die Hälfte, oft etwa zwei Drittel der ursprünglichen Abweichung. Hieraus ergiebt sich das dritte Hauptgesetz aus der Variabilitätslehre: die stetige Zunahme der Abweichung mittelst Selection. Diese Zunahme, welche oft auch als Häufung kleiner gleichsinniger Differenzen bezeichnet wird, führt zu dem sogenannten Accumuliren und Fixiren der Merkmale, und somit zu den veredelten Rassen.

Genau dieselben Abweichungen vom Mittel, welche die Statistik uns kennen lehrt, können zufällig oder durch Versuche von wechselnden Ernährungsverhältnissen herbeigeführt werden. Eigenschaften und Organe, deren Maasse durch Zuchtwahl gesteigert oder herabgesetzt werden können, sind gleichfalls von der Lebenslage abhängig, und in vielen Fällen dürfte es schwer sein, zu entscheiden, welche Ursache die am meisten wirksame ist.

Die neueren Untersuchungen von Mac Leod und Anderen deuten immer mehr auf eine ganz enge Beziehung zwischen Ernährung und Variabilität hin. Denn im Grossen und Ganzen liegt der Grund der Variabilitätserscheinungen in dem Wechsel der sogenannten individuellen Kraft. Je kräftiger die Pflanzen, bezw. bestimmte Zweige auf ihnen sind, um so grösser ist die Aussicht auf Abweichungen im positiven Sinne; Schwächlinge und kümmerliche Zweiglein neigen stets zu negativen Schwankungen.

Die individuelle Kraft aber deutet klar auf die Ernährung hin, wenn man dieses Wort in seinem weitesten Sinne benutzt, und wenn man namentlich die Gelegenheit, sich besser zu ernähren durch freieren Stand, ausgiebigere Beleuchtung u. s. w. darunter begreift.

Ueberblickt man das ganze Gebiet der Ernährungserscheinungen und dasjenige der fluctuirenden Variabilität,[1] so scheinen sie nur zum Theil in einander zu greifen. Manches schöne variationsstatistische Studium deutet ebenso wenig auf eine Beziehung hin, als andererseits das übermässig starke oder schwache Wachsthum von Unkräutern und Culturpflanzen unter extremen Bedingungen. Doch giebt es Anzeichen genug, dass auch hier die verbindenden Glieder nicht fehlen. So beobachtete Goebel, dass bei *Agrimonia Eupatorium* die untersten, am besten ernährten Blüthen der Inflorescenz viel mehr Staubgefässe enthalten, als die oberen, schwächer ernährten.[2] So sind bei der

[1] Vergl. C. Fruwirth, *Die Züchtung der landwirthschaftlichen Culturpflanzen.* 1901.

[2] Goebel in *Bot. Zeitung* 1882. S. 357.

Zuckerrübe die unteren Knäuel des Stammes vielsamig, die oberen und die auf den kleinen Nebenzweigen dagegen wenigsamig. Manches Varietätsmerkmal entspricht nur in starken Individuen den Anforderungen der Gärtner, während es in schwächeren zu wenig oder sogar bisweilen gar nicht entwickelt ist (z. B. *Celosia cristata*).

Es handelt sich also einerseits darum, die Folgen besserer und geringerer Ernährung nach der statistischen Methode zu studiren, andererseits bei den Ermittelungen der QUETELET'schen Curven auch die Lebenslagen der einzelnen Gruppen von Individuen zu beachten.

Eine solche Behandlung würde namentlich auch das Gute haben, dass sie den principiellen Gegensatz von Variabilität und Mutabilität immer klarer an's Licht würde treten lassen. Es giebt noch so viele Fälle, in denen es schwierig oder vorläufig sogar unmöglich ist, die Grenzen dieser beiden, an sich grundverschiedenen, Principien anzuweisen, dass jeder Beitrag zur Klärung des Problems von Nutzen ist.

Aus diesem Grunde ist es für die Lehre von der Mutabilität durchaus erforderlich, sich über das Wesen der Variabilität im engeren Sinne eine richtige Vorstellung zu machen. Absolute Constanz und höchste Variabilität werden von Vielen als schroffer Gegensatz betrachtet, und nach der herrschenden Selectionslehre führt gerade die Variabilität zur Inconstanz, d. h. zur Production neuer Formen. Nach der Mutationstheorie aber sind Constanz und Variabilität durchaus vereinbar, und in den gewöhnlichen Fällen durchgehends verbunden. Denn der Typus oder das Mittel ist constant, um dieses herum schwanken aber die Abweichungen hin und her.

Die Randblüthen der gewöhnlichen Kornblume sind ihrer Zahl nach variabel; je schwächer die Pflanze oder der Zweig, um so geringer fand MAC LEOD ihre Anzahl.[1] Die Nebenfrüchte des *Papaver somniferum polycephalum* zeigen dasselbe Verhältniss,[2] die Köpfchen der *Othonna crassifolia* vermindern ihre Zungenblüthen, wenn die Ernährung der Pflanze künstlich herabgesetzt wird.[3] Ebenso bei *Chrysanthemum segetum*[4] und anderen Compositen.[5] Und sehr leicht kann jeder auf

[1] S. 95. [2] S. 98—100.

[3] S. 103 und: *Othonna crassifolia*, in Kruidk. Jaarboek. Gent 1900. S. 20.

[4] Over het periodisch optreden van anomalien, *Kruidkundig Jaarboek Dodonaea* T. XI. 1899. S. 54; Sur la périodicité des anomalies dans les plantes monstrueuses, *Archiv. Néerland. d. Sc. exactes et nat.* 2. Serie. T. 3. p. 403; Ueber Curvenselection bei *Chrysanthemum segetum*, *Berichte d. d. bot. Ges.* Bd. XVII. 1899. S. 84; Ueber die Periodicität der partiellen Variationen; ibid. Bd. XVII. S. 45.

[5] A. WEISSE, *Die Zahl der Randblüthen am Compositenköpfchen.* Jahrb. f. wiss. Bot. Bd. 30. 1897. S. 453 und W. HAACKE, *Entwickelungsmechanische Untersuchungen.* Biolog. Centralblatt 1900.

den meisten Umbelliferen beobachten, wie die Anzahl der Schirmstrahlen im Allgemeinen um so kleiner ist, je schwächere Zweiglein man auswählt.

In Bezug auf *Papaver somniferum polycephalum* haben wir im ersten Abschnitt gesehen, dass es nicht gelingt, die Zuchtwahl von der Ernährung zu trennen. Wählt man seine Samenträger nach der mehr oder weniger schönen Ausbildung des Kranzes der Nebenfrüchte, so wählt man unvermeidlich einerseits die stärksten, andererseits die kümmerlichsten Exemplare. Und so gelangt man zu der Ueberzeugung, dass die Variabilität dieses Kranzes einfach eine Ernährungserscheinung ist und dass die Zuchtwahl nur die am besten ernährten Individuen auswählt. Oder bei Selection nach der negativen Seite die am schlechtesten ernährten.

Allerdings muss man dabei der empfindlichen Periode Rechnung tragen. Das eine Organ durchläuft diesen Zeitabschnitt früher, das andere später, wie wir es auch für das genannte Papaver aus einander gesetzt haben. So verhält es sich z. B. mit Hafer und Sommerweizen in Bezug auf den Wassergehalt des Bodens. In der ersten Vegetationszeit beeinflusst dieser die Zahl der Internodien sowohl im Halm, als namentlich auch in der Rispe bezw. der Aehre. Zur Zeit des Schossens bedingt der Wassergehalt des Bodens die Länge der Internodien und die Grösse der dann bereits angelegten Theile der Inflorescenz, sowie auch die mehr oder weniger vollständige Ausbildung der Aehrchen bezw. die Taubblüthigkeit. Viel Wasser zur Zeit des Schossens vermehrt die Strohmenge wie auch die Kornernte.[1]

Die von Schindler und von Proskowetz aufgestellte Lehre von der Unvereinbarkeit mehrerer guter Eigenschaften hängt theilweise mit der absoluten Leistungsfähigkeit, theilweise aber mit der richtigen Ernährung in den empfindlichen Perioden der Entwickelung der einzelnen Eigenschaften zusammen. Die sehr ausführlichen und bahnbrechenden Untersuchungen Johannsen's über die Correlation zwischen Körnergewicht und Stickstoffgehalt bei der Gerste deuten auf ähnliche Beziehungen. Je höher das Körnergewicht, desto grösser ist der hier für die Praxis nachtheilige Stickstoffgehalt.[2] Beide variiren offenbar unter dem Einflusse guter Ernährung in demselben Sinne. Aber wenn die empfindlichen Perioden nicht zusammenfallen, muss die Ernährung

---

[1] von Seelhorst, *Journal für Landwirthschaft.* Bd. 48, S. 163; Ref. in *Botan. Centralbl.* 1900. Nr. 41, Bd. 84, S. 54.

[2] W. Johannsen, *Ueber die Variabilität der Gerste mit besonderer Rücksicht auf das Verhältniss zwischen Körnergewicht und Stickstoffprocent. Meddelelser fra Carlsberg Laboratoriet.* 4. Bd. Heft 4. 1899.

so eingerichtet werden können, dass sie das Körnergewicht erhöht, ohne eine entsprechende Vermehrung der stickstoffreichen Bestandtheile herbeizuführen. Vorläufig ist es nicht möglich, solches direct zu bewirken, aber JOHANNSEN gelang es durch eine Selection, welche für den einen Werth positiv, für den anderen negativ war, eine Rasse herzustellen, welche eine bedeutend bessere Ernte, ohne erhöhten Stickstoffgehalt lieferte.

Zur Begründung dieser Auffassung der sowohl für die Wissenschaft als auch für die Praxis hochwichtigen Ergebnisse bedarf es noch einer langen Reihe von Untersuchungen. Wir beschränken uns zunächst auf den einfachen Nachweis der vorausgesetzten Beziehung zwischen Ernährung und Zuchtwahl im Allgemeinen.

Denn es giebt noch eine andere Methode, das Zusammenwirken von Düngung und Auslese zu studiren. Man kann dazu beide Factoren willkürlich abändern. Dabei kann man sie entweder gleichsinnig oder im entgegengesetzten Sinne arbeiten lassen. Man kann so zu sagen ihre Wirkungen addiren oder von einander subtrahiren. Gelingt solches, so ist es ein Beweis dafür, dass sie gleicher Ordnung sind, und es wird fernerhin möglich sein, sich über ihre relative Grösse ein Urtheil zu bilden.

Aus diesem Grunde werde ich in diesem Kapitel eine Gruppe von Versuchen besprechen, welche ich nach obigem Prinzipe ausgeführt habe. Es handelt sich um messbare bezw. zählbare Eigenschaften, welche sowohl einer experimentellen, als auch einer statistischen Behandlung fähig sind. Ich wählte dazu einerseits die Länge der Früchte der gewöhnlichen *Oenothera Lamarckiana* (Fig. 114 und 115 auf S. 378), andererseits das durch LUDWIG's Studien berühmte Material zu statistischen Studien, welches die Strahlenblüthen der Compositen und die Schirmstrahlen der Umbelliferen liefern (Fig. 117—119 auf S. 401, 404). Für die namhaft gemachten Früchte habe ich sowohl die Addition wie die Subtraction beider Factoren untersucht, für die Strahlencurven aber nur die gleichzeitige, entgegengesetzte Einwirkung von starker Düngung und negativer Zuchtwahl. Es ergab sich dabei, dass je nach Umständen das eine Mal der eine, das andere Mal der andere Factor überwiegt.

In Bezug auf die Wirkung der Ernährung (Düngung, weiter Stand, gute Beleuchtung und Bewässerung u. s. w.) ergaben sich bei diesem Studium zwei Sätze, welche ich zum klaren Verständniss des Ganzen glaube vorausschicken zu müssen, und welche zum Theil bereits bei den kritischen Auseinandersetzungen des ersten Abschnittes (S. 96) Verwendung gefunden haben.

Diese beiden Sätze sind die folgenden:

1. **Je jünger eine Pflanze ist, desto grösser ist der Einfluss äusserer Umstände auf ihre Variabilität,** d. h. auf den Platz, den ihre einzelnen Eigenschaften in den Variabilitätscurven der ganzen Cultur oder Rasse einnehmen werden.

2. In Verbindung damit **hat die Ernährung des Samens auf der Mutterpflanze,** wenigstens sehr oft,[1] **einen grösseren Einfluss auf die Variabilität, als die Ernährung während der Keimung und des vegetativen Lebens.**

Es scheint mir, dass diese Principien, welche ich erst durch eine vieljährige Cultur kennen gelernt habe, an sich völlig klar und einleuchtend sind.

Aus ihnen ergiebt sich für die experimentelle Methode, was ich nennen möchte **das Princip der Düngung der Mutterpflanze,** d. h.: Nicht nur an den Pflanzen, welche man stark düngt, sondern vorwiegend in der nächsten, aus ihren Samen hervorgehenden Generation, ist der Einfluss der Düngung auf die Variabilität zu studiren.

In theoretischer Hinsicht führen diese Principien ferner zu einer Frage, deren Lösung vielleicht von principieller Bedeutung für die Selectionslehre sein wird. Denn es ist klar, dass das Princip der Düngung der Mutterpflanzen nicht auf **eine** Generation beschränkt ist. Die am besten ernährten Samen wird man offenbar nicht von schwachen Eltern ernten, d. h. von Eltern, welche selbst aus schwachen Samen hervorgegangen sind. Im Gegentheil, es muss sich die Wirkung der kräftigen Ernährung der Samen während einiger Generationen häufen können. Dasselbe gilt andererseits von schwacher oder mangelhafter Ernährung. Da nun aber im Allgemeinen[2] die Individuen, welche die untersuchte Eigenschaft im höchsten Grade aufweisen, zu den am besten ernährten gehören, so wählt man offenbar, bei einer Selection nach irgend einer Eigenschaft, immer vorzüglich ernährte Exemplare als Samenträger aus. Im Laufe der Generationen häuft sich die Wirkung der Ernährung somit, und es wird dadurch an sich die Abweichung der fraglichen Eigenschaft vom ursprünglichen Typus in günstiger Richtung immer mehr gesteigert. Es entsteht somit die Frage, welchen Antheil diese Häufung der Ernährung oder allgemein der günstigen bezw. ungünstigen Lebensbedingungen während einiger Generationen an dem Erfolg der Selection haben wird?

[1] Bisweilen kann man durch gute und schlechte Pflege der Keimpflanzen einer und derselben Aussaat grösseren Einfluss auf das Variiren ausüben, als durch die Wahl der Samen (z. B. *Papaver somniferum polycephalum*).

[2] Nach den von Galton entwickelten Principien der Correlation.

Alle diese Ueberlegungen führen dazu, zwischen Selection und Ernährung immer engere Beziehungen zu vermuthen. Die Art und Weise der Ernährung scheint erst in zweiter Linie in Betracht zu kommen; in erster Linie aber die Ernährung während bestimmter besonders empfindlicher Entwickelungsperioden und die Häufung dieser Wirkung im Laufe einiger Generationen. Und wie die Ernährung offenbar in wenigen Generationen ihr Maximum wenigstens in praktischer Hinsicht erreicht haben kann, so ist auch die Dauer des Selectionsverfahrens keineswegs eine unbeschränkte.[1] Es macht im Gegentheil den Eindruck, dass auch hier ein deutlicher Parallelismus obwaltet.

Je enger aber die Beziehung zwischen Variabilität und Ernährung sich zeigt, um so schärfer wird der Unterschied zwischen der ersteren und der Mutabilität.

§ 2. Methode der Untersuchung.

Die Wirkung der Ernährung und der Zuchtwahl soll entweder gleichmässig oder in entgegengesetzter Richtung combinirt werden; die Summe oder die Differenz ihrer Wirkungen ist dabei zu ermitteln.

An und für sich sind die Erfolge beider Factoren wohl bekannt. Es handelt sich nicht um den Nachweis, dass bessere Ernährung grössere und ungenügende Düngung kleinere Früchte u. s. w. hervorruft. Wichtiger wäre es schon zu zeigen, dass die Selection die Anzahl der Strahlen vermehren bezw. vermindern kann, aber auch darüber besteht kaum ein Zweifel. Es fragt sich nur, welcher von den beiden Factoren in den gegebenen Fällen überwiegen wird.

Die Ernährung bildet die experimentelle Seite; es handelt sich um die Herstellung günstiger Culturbedingungen. Die Ergebnisse aber sind nach der statistischen Methode zu ermitteln, wie sie von QUETELET und GALTON[2] begründet und in der letzten Zeit namentlich von PEARSON, LUDWIG, DUNCKER, DAVENPORT und AMANN entwickelt worden ist.[3]

Fangen wir mit dem letzteren Punkte an und versuchen wir es, die Hauptzüge dieser Methode noch einmal in möglichst kurzen Sätzen

[1] Abschn. I, § 9, S. 62.

[2] GALTON's Buch über *Natural inheritance* ist für das richtige Verständniss der Grundlagen dieser Methode durchaus unerlässlich, es sei deshalb für dieses ganze Kapitel darauf verwiesen.

[3] Meine Versuche wurden 1892—1894 angestellt, also vor dem Erscheinen der Publikationen der genannten Forscher.

zusammen zu fassen, um dadurch sowohl die Art und Weise, wie die Resultate ermittelt wurden, als namentlich auch die Form der Darstellung klar zu legen. Denn zu dem letzteren Zwecke habe ich die Methode GALTON's als die einfachste und bequemste ausgewählt.

QUETELET und GALTON haben gezeigt, dass die individuellen Variationen bei Menschen und Thieren den Gesetzen der Wahrscheinlichkeitsrechnung folgen. Für jede einzelne fluktuirende Eigenschaft lassen sich die Abweichungen vom Typus in einer Curve zusammenstellen, indem sie sich um diesen Typus als um ein Centrum grösster Dichte symmetrisch gruppiren. Je zahlreicher die Beobachtungen, um so genauer fällt die Variabilitätscurve mit der bekannten Wahrscheinlichkeitscurve zusammen. Die Ursache ist offenbar die, dass die betreffenden Abweichungen von der Norm durch eine grosse Zahl von verschiedenen inneren und äusseren Einflüssen bestimmt werden.

Dass dasselbe Gesetz auch für Pflanzen gilt, wurde bereits von QUETELET ausgesprochen, von GALTON durch einige Versuche erwiesen. Bei meinen Culturen von Rassen und Varietäten hatte ich seit vielen Jahren die Gelegenheit, mich von der allgemeinen Gültigkeit dieses Gesetzes im Pflanzenreich zu überzeugen.[1]

Ist einmal der Nachweis geliefert, dass die empirischen Fluktuationscurven bei Pflanzen mit der theoretischen Curve der Wahrscheinlichkeit soweit zusammenfallen, wie es die unvermeidlichen Beobachtungsfehler gestatten, so darf man offenbar die Eigenschaften der letzteren auf die ersteren anwenden.

Die wichtigste Eigenschaft der Curve für uns ist nun, dass sie durch zwei Grössen völlig bestimmt wird. Es sind dies der mittlere Werth des betreffenden Merkmals und die Amplitude oder Weite der Variation. Als mittleren Werth benutzt GALTON jene Grösse, welche von der Hälfte der Individuen überschritten, von der anderen Hälfte aber nicht erreicht wird. Er nennt sie die Mediane. Sie braucht nicht eine wirklich vorkommende Grösse zu sein, sondern wird, unter der Annahme ununterbrochener, continuirlicher Variation, durch Interpolation gefunden.

Vor dem gewöhnlichen Mittel, dem Quotient der Summe aller Werthe durch die Zahl der Beobachtungen, hat GALTON's Methode den Vorzug der bequemeren Ermittelung. Sie hat genau dieselbe Berechtigung, und bei symmetrischen Curven fallen beide Werthe nothwendig zusammen.

[1] Vergl. *Ber. d. d. bot. Gesellsch.* Bd. XII. 1894. S. 197, wo auch die ältere Literatur citirt ist.

Der zweite Factor ist die Variationsweite, welche in der Grösse der extremen Abweichungen auf einer gegebenen nicht zu kleinen Anzahl von Individuen ihren klarsten Ausdruck findet. Wegen der Seltenheit dieser Extreme ist aber eine genaue Feststellung dieser Grenzen durch die Beobachtung zu sehr vom Zufall abhängig. Deshalb benutzt GALTON als Maass der Amplitude, in Uebereinstimmung mit der Wahrscheinlichkeitslehre, einen anderen Werth. Dieser ist die Grösse der Abweichung vom Mittel, welche gerade von einem Viertel der Individuen überschritten wird, also analog dem sogenannten „wahrscheinlichen Fehler". Er nennt sie das Quartil (Q). Offenbar giebt es auf beiden Seiten der Mediane (M) ein Quartil; diese werden durch Q_1 und Q_2 angedeutet. Ist die Curve völlig symmetrisch, so sind die beiden Quartile einander gleich; andererseits ist die Gleichwerthigkeit der empirisch bestimmten Q_1 und Q_2 ein Maass für die Symmetrie der Curve. Weichen sie nur innerhalb des Gebietes der Beobachtungsfehler von einander ab, so ist ihr mittlerer Werth $Q = \frac{Q_1 + Q_2}{2}$, das Maass für die Variationsweite des untersuchten Merkmales.

Will man schliesslich die Variationsweite verschiedener Merkmale mit einander vergleichen, so muss man sie auf ein gemeinschaftliches Maass reduciren. Es geschieht dieses, indem man Q durch M dividirt.[1]

Aus diesen Auseinandersetzungen ergiebt sich, dass Q_1, M und Q_2 die Zahlen sind, welche durch Beobachtungen gefunden werden müssen. Durch sie ist die Curve völlig bestimmt und die etwaigen Abweichungen der so bestimmten Curve von den einzelnen beobachteten Zahlen müssen, für normale Curven, einstweilen als Beobachtungsfehler betrachtet werden. Je grösser die Anzahl der einzelnen Beobachtungen für eine Curve ist, um so geringer werden diese Differenzen.

In den folgenden Paragraphen werde ich stets diese Werthe aus den gefundenen Zahlenreihen ableiten und die Betrachtungen hauptsächlich an sie anknüpfen. Es hat dieses den Vortheil, dass Zeichnungen der Curven fast überflüssig oder doch nur zum Zwecke der Demonstration erforderlich werden, und dass das Zahlenmaterial auf einige wenige Werthe zusammengedrückt werden kann.

In Bezug auf die Construction der Curven (Fig. 115—118) ist

[1] ED. VERSCHAFFELT, Ueber graduelle Variabilität von pflanzlichen Eigenschaften. *Ber. d. d. bot. Gesellsch.* Bd. XII. 1894. S. 350.

dabei Folgendes zu bemerken: Die Anzahl der Ordinaten ist keineswegs nothwendig dieselbe als die Zahl der Gruppen in den Tabellen. Es leuchtet dieses sofort ein, wo es sich um völlig continuirliche, z. B. nach Längenmaass stattfindende, Variationen handelt. Denn hier ist die gewählte Einheit eine rein willkürliche. Hätte ich z. B. die Früchte von *Oenothera* nur auf 2 mm genau gemessen (oder die Messungen z. B. mit englischen Inches ausgeführt), so hätte ich weniger Ordinaten, bei Messung bis auf halbe Millimeter aber doppelt so viel Ordinaten erhalten. Und genau ebenso gut kann man bei der Ermittelung der Strahlen auf Einheiten oder auf Paare oder auf grössere Gruppen achten. Oder vielmehr man kann die durch Beobachtung gefundenen Zahlen in jeder beliebigen Weise zu Gruppen vereinigen.

Welche Anzahl von Ordinaten man bei der Construction einer Curve wählen soll, hängt im Prinzip von der Anzahl der Individuen ab. Ist diese klein, so muss erstere entsprechend geringer gemacht werden. Man vereinigt dabei zunächst die zwei oder drei Zahlengruppen, zwischen denen der interpolirte Werth von M liegt, zu einer einzigen Ordinate; diese bildet dann den Gipfel der Curve. Darauf schreitet man in derselben Weise nach links und rechts fort. Nur so verschwinden die von ungenügender Beobachtungszahl herrührenden Schwankungen der Curven.

Wünscht man schliesslich verschiedene Curven mit einander zu vergleichen, so sind offenbar die empirisch gefundenen Zahlen in Procente umzurechnen.

II. Die Fruchtlänge von Oenothera Lamarckiana.

§ 3. Die Correlation zwischen der individuellen Kraft und der Fruchtlänge.

Theils als Beispiel für die im vorigen Paragraphen behandelte Methode der Darstellung der Messungsresultate, theils wegen der principiellen Bedeutung der Frage, betrachten wir zunächst die Beziehung der individuellen Kraft der Pflanze zu irgend einer, nach der variationsstatistischen Methode bequem studirbaren Eigenschaft. Im Anschluss an den vorigen Abschnitt wähle ich dazu die Länge der reifen Früchte unserer Nachtkerzen (Fig. 114).

Diese Früchte sind sehr stark variabel, sowohl auf den einzelnen Exemplaren derselben Cultur, als auch bei verschiedener Behandlung.

Es ist in der Regel nicht schwer, unter den längsten solche zu finden, welche etwa die doppelte Länge der kürzesten haben (Fig. 114 *A* und *C*). Solche Früchte sind aber, der grossen Menge gegenüber, selten; die mittleren (Fig. 114 *B*) sind stets weitaus die häufigsten. Man überzeugt sich leicht, dass die verschiedenen Werthe dabei das Quetelet-Galton'sche Gesetz erkennen lassen, und zwar um so klarer, je grösser die Zahl der untersuchten Exemplare ist.

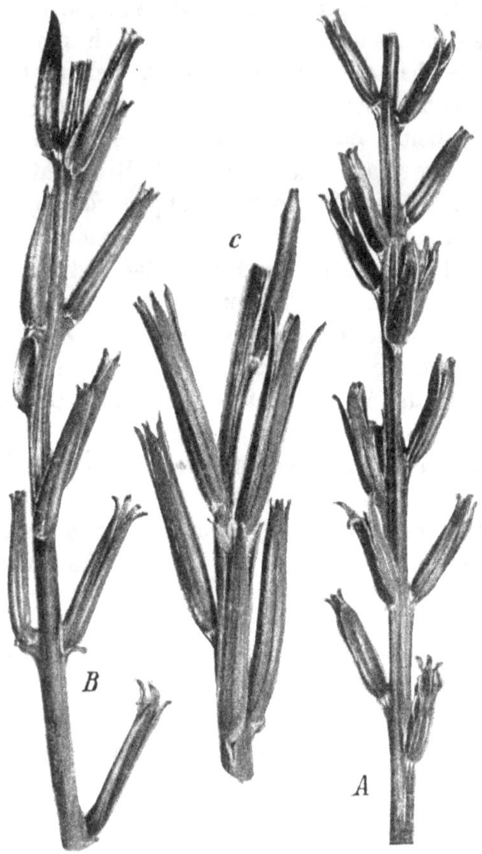

Fig. 114. *Oenothera Lamarckiana.* Untere Theile dreier Fruchtstände, vom Hauptstengel dreier Pflanzen genommen, in natürlicher Grösse. *A* kleine, *B* mittlere, *C* lange Früchte. Cultur von 1899.

Die Fig. 115[1] stellt diese Werthe graphisch dar. Die Messungen wurden an 568 Pflanzen gemacht, indem von jeder die untere gute Frucht im reifen Zustande abgepflückt wurde. Die Längen dieser Früchte schwankten zwischen 15 und 34 mm und betrugen im Mittel etwa 24 mm. Sie schliessen sich, wie eine Vergleichung mit der punktirten Linie zeigt, hinreichend genau der Wahrscheinlichkeitscurve an.

Berechnet man aus der betreffenden Zahlenreihe die im vorigen Paragraphen besprochenen Galton'schen Werthe, so findet man Folgendes, in Millimetern:

Minimum	*Qo*	*M*	*Qp*	Maximum
15	22·2	24·1	26·1	34.

[1] Ueber halbe Galton-Curven als Zeichen discontinuirlicher Variation. *Ber. d. d. bot. Gesellsch.* Bd. XII. 1894. Taf. X, Fig. 1. Die betreffende Zahlenreihe ibid. S. 200. Es ist diese Figur die erste, in der überhaupt auf botanischem Gebiete die Gültigkeit des Quetelet-Galton'schen Gesetzes dargethan wurde.

Maximum und Minimum geben einfach die Länge der längsten und der kürzesten Frucht wieder. M ist GALTON's Mediane oder das Mittel, der Werth, der von der einen Hälfte nicht erreicht, von der anderen aber überschritten wird.

Die Zahl ist durch Interpolation gefunden unter der Annahme, dass die Früchte, deren Länge gleich 24 mm gemessen wurde, continuirlich zwischen 23·5 und 24·5 mm in Länge variiren. Qo und Qp sind die Ordinaten, welche um je ein Viertel der Individuenzahl von M entfernt sind. Sie sind in ähnlicher Weise durch Interpolation berechnet.

Es sind somit die Quartile GALTON's $Q_1 = M - Qo$ und $Q_2 = Qp - M$.

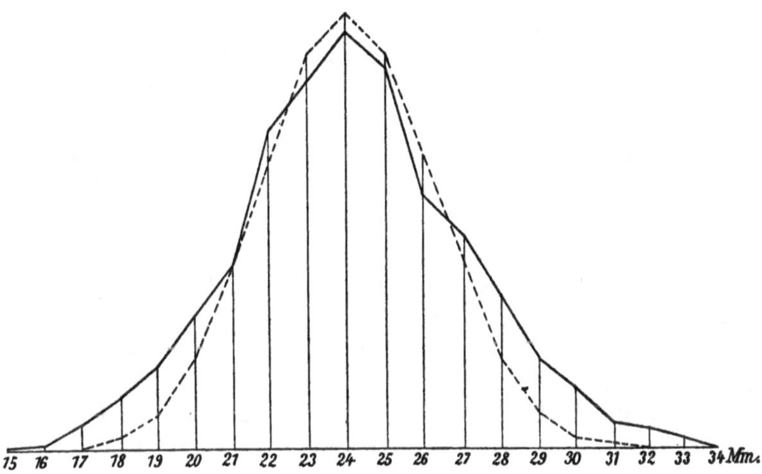

Fig. 115. *Oenothera Lamarckiana.* Curve der Fruchtlänge für 568 Pflanzen. Die punktirte Linie ist die Curve des QUETELET-GALTON'schen Gesetzes. Hilversum 1893.

Ferner ist $\frac{Q_1 + Q_2}{2} = Q$ das Maass der Amplitude oder der Variationsweite der Curve. Endlich ist $\frac{Q}{M}$ ein Maass für diesen Werth, unabhängig von der Grösse von M und von der Natur der variirenden Eigenschaft; eine Zahl somit, mit deren Hülfe die Variation der Fruchtlänge bei *Oenothera* mit der Variation anderer Eigenschaften bei anderen Pflanzen verglichen werden kann.

Aus den obigen Zahlen berechnen sich diese Werthe für die vorliegende Curve wie folgt:

Q_1	Q_2	Q	$\frac{Q}{M}$
1·9	2·0	1·95	0·08

Bei der Beschreibung der Versuche können jetzt *Qo* und *Qp* weggelassen werden, indem Q_1, M und Q_2 als die direct aus den empirischen Zahlen abzuleitenden Werthe gelten.

Eine grössere Genauigkeit in diesen Versuchen kann man erreichen, indem man für jede Pflanze nicht die Länge einer einzigen Frucht, sondern die mittlere Fruchtlänge ermittelt. Dabei entsteht aber die Frage, aus welcher Anzahl von Früchten es zweckmässig ist, diesen mittleren Werth zu bestimmen. Ich habe diese Zahl auf fünf bestimmt, und wähle sowohl in dem Versuche dieses Paragraphen als sonst und namentlich im folgenden das Mittel der Länge der fünf unteren guten Früchte des Hauptfruchtstandes als Maass für die Fruchtlänge des betreffenden Individuums.

Die Gründe, welche mich zu dieser Wahl führten, sind im Wesentlichen die folgenden. Meine Zuchtwahl war stets eine individuelle, d. h. ich suchte nicht etwa, in der Ernte, unter den reifen Früchten die längsten und die kürzesten aus, sondern ermittelte stets die Individuen, welche im Mittel die grössten oder die kleinsten Früchte hatten. Auf jeder Inflorescenz nimmt aber die Grösse der Früchte von unten nach oben mit der allmählichen Erschöpfung der Pflanze stetig ab. Seitenzweige haben oft kleinere Kapseln; diese liess ich aber überhaupt nicht zur Entwickelung kommen; die Zweige wurden stets ganz jung ausgebrochen. Denn nur in solcher Weise war es möglich, auf den verfügbaren Beeten eine möglichst grosse Anzahl kräftiger Individuen zu haben.

Selbstverständlich ist die mittlere Länge der fünf untersten Früchte nur ein mehr oder weniger willkürliches Maass für die mittlere Fruchtlänge der ganzen Pflanze. Es wäre genauer, zehn oder zwanzig Früchte zu messen. Auf viel mehr als zwanzig reife Früchte pro Pflanze kann man nicht mit hinreichender Sicherheit rechnen; viele Individuen erreichen diese Zahl überhaupt nicht, denn die Früchte der nach dem 1. September blühenden Blüthen reifen bei uns nur selten. Die mittlere Länge aller Früchte einer Pflanze zu messen, würde erfordern, dass man alle Seitenzweige zur Blüthe gelangen lassen könnte und dass man von allen Blüthen die Früchte im reifen Zustande würde messen können. Dieses ist aber, wenigstens unter unserem Klima und bei einjähriger Cultur überhaupt nicht zu erreichen.

Glücklicherweise giebt die Messung der fünf unteren Früchte Zahlen, deren Genauigkeit für unsere Versuche völlig hinreicht. Um den Beweis für diesen Satz durch einen directen Versuch zu liefern, habe ich im November 1893 auf 38 Pflanzen sowohl die mittlere

Länge der fünf unteren, als die mittlere Länge der zwanzig unteren Früchte gemessen.

Um die mittlere Länge der Früchte zu finden, wird die Summe ihrer Länge gemessen und durch ihre Anzahl dividirt. Dazu werden die Früchte genau an ihrer Basis (welche an der Verbindungsstelle mit dem Tragblatte durch eine Einschnürung bezeichnet ist und also stets in derselben Lage genommen wird) quer durchschnitten, der Reihe nach hinter einander gelegt, für genaue Berührung ohne Druck Sorge getragen und die Länge der ganzen Reihe abgelesen. In dieser Weise wird eine grössere Genauigkeit der Messungen erreicht, während für jede Pflanze deren nur eine erforderlich ist.

Wählen wir zunächst ein Beispiel. An einer Pflanze betrug die Gesammtlänge der fünf unteren Früchte 167 mm, die der zwanzig unteren Früchte aber 688 mm. Die mittleren Zahlen waren also 33·4 und 34·4 mm. Differenz = 1·0 mm.

In dieser Weise wurden die Differenzen für die 38 Exemplare ermittelt. Einige waren positiv, andere negativ. Ohne auf dieses Zeichen zu achten, wurden nun die Differenzen in der Reihenfolge ihrer Grösse neben einander geschrieben. Es ergab sich, dass in der Hälfte der Individuen die Differenz kleiner war als 1·25 mm, in der anderen Hälfte aber grösser. Nur in einem Falle erreichte sie 4 mm. Der wahrscheinliche Fehler ist somit 1·25 mm.

Mit anderen Worten. Für den äusserst unwahrscheinlichen Fall, dass in einer Versuchsreihe die Differenzen alle positiv oder alle negativ ausfallen würden, würden die Zahlen unserer Tabellen sich um 1·25 mm genauer gestaltet haben, wenn ich stets 20 statt 5 Früchte gemessen hätte. Unterschiede von 1·25 mm oder weniger dürfen somit als innerhalb des Bereiches der Beobachtungsfehler angesehen werden; die in den zu beschreibenden Versuchen auftretenden Unterschiede sind aber fast ausnahmslos erheblich grösser.

Für das Studium der Correlation zwischen der individuellen Kraft und der Fruchtlänge[1] habe ich an denselben 38 Pflanzen ausserdem die Länge und Dicke des Stengels und die Dicke der Früchte gemessen. Die Dicke des Stengels wurde einerseits am Wurzelhalse, andererseits am untersten fruchttragenden Internodium gemessen. Die Länge des Stengels zeigte ein abweichendes Verhalten, weil die spätkeimenden Exemplare, indem sie zwischen

[1] Die Methode, um die Correlationen im Variiren verschiedener Organe zu messen und zu beurtheilen, wurde von F. Galton begründet. Vergl. *Correlations and their measurements* in *Proceed. Roy. Soc.* Bd. 45 (1888), S. 135. Vergl. ferner Galton, ibid. Bd. 40, S. 42 und Weldon, ibid. Bd. 51 (1892), S. 3.

ihren bereits höheren Nachbarn emporwachsen, mehr oder weniger Ueberverlängerung zeigen, als Folge der Verminderung des Lichtzutrittes. Ich werde daher auf diese Eigenschaft nicht weiter eingehen.

Stellen wir jetzt die gefundenen Zahlen in eine Tabelle zusammen. Um diese zu verkürzen, vereinigen wir die Individuen mit gleicher Stengeldicke zu kleinen Gruppen, für welche die Maasse der Früchte als mittlere Werthe berechnet werden. Die Anzahl der Individuen pro Gruppe ist in der letzten Spalte angegeben. Länge und Dicke der Früchte sind für jedes Individuum, in der oben angegebenen Weise, an den zwanzig untersten gut entwickelten Früchten gemessen. Alle Werthe sind in Millimetern ausgedrückt.

Correlation zwischen Stengeldicke und Fruchtlänge bei *Oenothera Lamarckiana.*

Dicke des Stengels		Mittlere		Anzahl der Individuen
unten	oben	Dicke der Früchte	Länge derselben	
16	12	3·85	38·6	2
15	9	3·5	35·0	2
14	9	3·7	31·8	2
12	8	3·5	34·1	3
11	9	3·2	30·2	2
11	8	3·3	32·7	2
11	7	3·4	31·6	3
10	8	3·1	31·9	2
10	7	3·0	30·6	9
9	7	2·9	29·2	2
8	7	3·1	29·7	3
8	6	3·0	29·9	3
7	5	3·1	30·1	3

Aus dieser Tabelle ergiebt sich eine deutliche Beziehung zwischen der Dicke des Stengels und der Dicke und Länge der Früchte. Denn abgesehen von geringen individuellen Abweichungen sind die Früchte um so länger und um so dicker, je dicker die Stämme sind. Für eine genaue Bestimmung der Beziehung zwischen diesen Grössen, des GALTON'schen Werthes r,[1] reichen diese Zahlen nicht aus; für den vorliegenden Zweck genügen sie aber.

[1] r = ratio = Maass der Correlation.

Denn in Verbindung mit den übrigen Erfahrungen der Ernährung und des Wachsthums unserer Pflanze lehren sie, dass die Früchte im Allgemeinen um so länger sind, je kräftiger die Pflanze gewachsen ist, und dass speciell die längsten Früchte nur auf den kräftigsten Pflanzen gefunden werden. Die Zuchtwahl in der langfrüchtigen Richtung wählt also die stärksten Exemplare, während die Zuchtwahl in der kurzfrüchtigen Richtung gezwungen ist, die Samenträger unter den schwächsten Stengeln zu suchen.[1]

Es soll nicht unterlassen werden zu bemerken, dass Samenwerth und Düngung nicht allein die Stärke einer Pflanze bestimmen. Einen sehr grossen Antheil daran nimmt die Entfernung der Individuen von einander, namentlich in der Jugend. Vereinzelt stehende Exemplare werden meist sehr stark; je mehr Individuen man pro Quadratmeter wachsen lässt, um so schwächer werden sie. Eine andere Methode, die individuelle Kraft bedeutend zu erhöhen, werden wir im nächsten Paragraphen, unter dem Namen Keimtopfcultur, kennen lernen.

§ 4. Das Zusammenwirken zwischen Ernährung und Zuchtwahl.

Die Länge der Früchte der grossblumigen Nachtkerze (Fig. 114 und 115) soll uns als Beispiel dienen, um in das Zusammenwirken von Ernährung und Zuchtwahl eine Einsicht zu gewinnen. In Bezug auf die Ernährung habe ich mich auf positive Abweichungen vom Mittel beschränkt, in Bezug auf die Zuchtwahl aber sowohl positive als negative studirt, und daneben auch den Einfluss kräftiger Ernährung ohne Zuchtwahl durch einige Generationen verfolgt.

Gute Ernährung hat sich dabei ergeben als der schärfsten Zuchtwahl überlegen (Fig. 116). In Verbindung mit negativer Selection hat sie dennoch das Mittel verbessert (Fig. 116 *B*) und positive Selection hat in Verbindung mit ihr nur wenig mehr leisten können (Fig. 116 *C*). Und ohne Selection hat ganz besonders günstige Ernährung weit mehr geleistet als die beiden ersteren Combinationen (Fig. 116 *D*).

Unsere Curvenfigur zeigt dieses Ergebniss der ganzen Versuchsreihe in seinen Hauptzügen. Allerdings sind die Curven *B* (negative Selection) und *C* (positive Selection) dem ersten Jahre entnommen; dieses geschah deshalb, weil die beiden folgenden Jahre, bei fort-

[1] Auf die Uebereinstimmung dieses Satzes mit den Auseinandersetzungen des kritischen Theiles soll hier nur hingewiesen werden. Vergl. namentlich *Papaver somniferum polycephalum* S. 98—100.

gesetzter Auswahl in derselben Richtung keinen weiteren Fortschritt gebracht haben. Die Versuche erstrecken sich je über drei Generationen; die sämmtlichen neun Curven einzutragen, würde die Figur aber undeutlich machen.

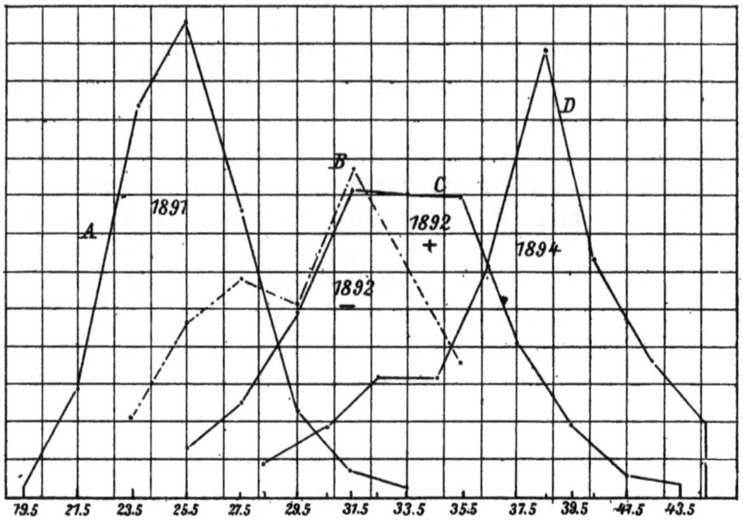

Fig. 116. *A*, *B*, *C* *Oenothera Lamarckiana.* Verschiebung der Variationscurven durch Ernährung und Zuchtwahl. Graphische Darstellung der Tabellen dieses Paragraphen. Curve *D*, *Oenothera rubrinervis*, stellt das Ergebniss des nächsten Paragraphen, den Erfolg sehr starker Ernährung ohne Selection, dar. Unter den Abscissen stehen die mittleren Fruchtlängen in Millimetern.[1]

Für diesen Versuch wurde Samen aus der *Laevifolia*-Familie (S. 192) im Jahre 1891 besonders ausgesät und theilweise mit stickstoffreicher Nahrung (Hornmehl) stark gedüngt. Aus der Ernte wurden,

[1] Für die Construction der Curven aus den im Text gegebenen Tabellen ist die Zahl der Ordinaten in dieser Figur auf die Hälfte reducirt. Alle Zahlen sind in Procente umgerechnet. Die Entfernung der Ordinaten ist 7·5 mm. Die Höhe der Ordinaten ist $1\,^0/_0 = 2$ mm.

A (123 Ex.) die ursprüngliche Curve der mittleren Fruchtlänge für meine Cultur, nach der ersten Hornmehldüngung 1891.

B und *C*. Die Folgen der Mutterpflanzendüngung des Jahres 1891.

B (78 Ex.). Die nächstfolgende Generation, bei Selection von kurzfrüchtigen Samenträgern. Die Curve ist dennoch bedeutend nach rechts verschoben. 1892.

C (147 Ex.). Dieselbe Generation wie *B*, jedoch bei Selection von langfrüchtigen Samenträgern. Die Curve ist nur wenig mehr verschoben als *B*. 1892.

D (88 Ex.). Nach dreijähriger Keimtopfcultur, also bei äusserst kräftiger Ernährung, aber ohne Selection. Die Curve ist viel mehr nach rechts verschoben als *C*. 1894.

nachdem die Curve (Fig. 116 *A*) bestimmt war, ein Exemplar mit sehr langen Früchten und zwei mit sehr kurzen Früchten ausgewählt. Ihre Samen wurden 1892 unter mässiger Düngung getrennt ausgesät und in den Ernten wiederum die Curven bestimmt.

Es ergab sich, wie die Fig. 116 zeigt, dass in beiden Fällen die Fruchtlänge bedeutend zugenommen hatte, also in der zweiten Hälfte des Versuches trotz der Wahl kurzfrüchtiger Samenträger. Es überwog somit der Einfluss der Düngung denjenigen der Selection (Fig. 116 *A*, *B* und *C*).

Auf die Einzelheiten des Versuches eingehend, ist zunächst zu bemerken, dass ich die betreffende Familie 1887—1890 zwar auf sehr kräftigem Boden, aber ohne Düngung gezogen hatte. Von den im Jahre 1890 geernteten gut gemischten Samen säte ich für diesen Versuch zwei Proben. Die eine wurde auf zwei Beete von je 2 Quadratmetern ausgesät und erhielt die sehr starke Düngung von $^1/_2$ bezw. 5 Kilo Hornmehl pro Quadratmeter, also 1 bezw. 10 Kilo auf jedem Beete. Diese Cultur lieferte 123 kräftig wachsende Individuen mit reifen Früchten. Der grösste Theil der Samen wurde aber auf fünf Beeten von je 2 Quadratmetern ausgesät, erhielt theilweise keinen Dünger, theilweise $^1/_2$—$2^1/_2$ Kilo gewöhnlichen Guano pro Quadratmeter. Von dieser Aussaat wurden von jedem Beete 14—15 Exemplare bei der Fruchtreife ohne Wahl geerntet und für die Bestimmung einer zweiten Curve verwandt.

Von jeder Pflanze wurde die Gesammtlänge der fünf unteren Früchte in ganzen Millimetern gemessen (vergl. S. 380), und daraus die mittlere Fruchtlänge in ganzen Millimetern berechnet.

Ich fand in dieser Weise die folgenden Zahlen:

Ernte von 1891.

Mittlere Fruchtlänge mm	Anzahl der Exemplare		Mittlere Frnchtlänge mm	Anzahl der Exemplare	
	mit Hornmehl	ohne Hornmehl		mit Hornmehl	ohne Hornmehl
20	1	0	28	10	11
21	4	0	29	3	4
22	7	0	30	4	5
23	11	5	31	1	4
24	21	5	32	1	3
25	25	10	33	1	4
26	20	8	34	0	2
27	14	10	Summa	123	71

Aus dieser Tabelle ergiebt sich für die erste, aus demselben Samen erzogene Generation dieses Versuches (1891):

	Q_I	M	Q_{II}
Mit Hornmehl:	1·3	25·2	1·5
Ohne „	1·9	27·2	2·4
Hilversum:	1·9	24·1	2·0

Den gefundenen Zahlen habe ich in der dritten Zeile die oben besprochenen Werthe für *O. Lamarckiana* (1893) beigefügt behufs bequemerer Vergleichung (vergl. S. 378, 379 und Fig. 115).

Wie man sieht, zeigen die cultivirten Pflanzen gegenüber den wilden einen kleinen Vorsprung, der aber bei den mit Hornmehl gedüngten etwas kleiner ist als bei dem Controlversuche. In Bezug auf die Variationsweite zeigt die Hornmehlcultur eine kleine Abnahme, der Controlversuch eine ganz unbedeutende Zunahme.

Nur die Hornmehlcultur diente als Ausgangspunkt für meinen Versuch. Aus ihr wurden drei Individuen als Samenträger ausgewählt, deren mittlere Fruchtlänge, in obiger Weise an den fünf unteren Früchten gemessen, 20·6, 20·6 und 32·6 mm betrug. Zur grösseren Sicherheit maass ich auf diesen Stengeln auch sämmtliche reife Früchte (je 27—33 Stück), und fand daraus für die mittleren Fruchtlängen 19·0, 19·2, und 31·3 mm. Der Same des einen langfrüchtigen Stengels genügte für die Cultur von 1892, von den kurzfrüchtigen musste ich zwei Individuen nehmen, um ein hinreichendes Quantum Samen aussäen zu können.

Für jede dieser beiden neuen Rassen bestimmte ich 1892 ein Beet von 4 Quadratmetern, welches mit $^1/_3$ Kilo getrocknetem Rinderguano nebst $^1/_6$ Kilo gedämpftem Hornmehl pro Quadratmeter gedüngt wurde. Diese Düngung hat sich bei meinen Versuchen im Allgemeinen als die vortheilhafteste ergeben: auf grössere Mengen reagiren die Pflanzen auf die Dauer nur wenig.

Sonst war die Behandlung der Pflanzen dieselbe, wie im vorigen Jahre; sie wuchsen kräftig und lieferten bei der Fruchtreife 147 Individuen aus langfrüchtigem und 78 aus kurzfrüchtigem Samen. Die Fruchtlängen wurden in der beschriebenen Weise ermittelt und die Individuen, nach aufsteigender Fruchtlänge geordnet, erreichten in den einzelnen Gruppen gleicher Länge die folgenden Anzahlen. In der Tabelle bedeutet K die Ernte der kurzfrüchtigen, L diejenige der langfrüchtigen Aussaat.

Ernte von 1892.

Mittlere Fruchtlänge mm	Anzahl der Exemplare		Mittlere Fruchtlänge mm	Anzahl der Exemplare	
	K	*L*		*K*	*L*
23	2	0	34	6	16
24	2	0	35	5	16
25	4	0	36	2	13
26	5	5	37	0	5
27	7	5	38	0	10
28	12	4	39	0	6
29	5	8	40	0	1
30	5	10	41	0	2
31	5	17	42	0	0
32	12	13	43	0	3
33	6	13	Summa	78	147

Aus dieser Tabelle lassen sich, in Verbindung mit der Aussaat von 1891 und mit der unter *S* angedeuteten Fruchtlänge der Samenträger, die folgenden Werthe ableiten:

	S	Q_1	M	Q_2	
Ernte von 1891	—	1·3	25·2	1·5	(Fig. 116 *A*)
1892. Kurzfrüchtige Cultur	20·6	2·5	29·9	2·6	(Fig. 116 *B*)
1892. Langfrüchtige Cultur	32·6	2·6	33·4	2·4	(Fig. 116 *C*)

Und ferner:

	Minimum	Maximum
Ernte von 1891	20 mm	33 mm
1892. Kurzfrüchtige Cultur	23 „	36 „
1892. Langfrüchtige Cultur	26 „	43 „

Es ergiebt sich also, dass die mittlere Fruchtlänge in beiden Culturen von 1892 wesentlich zugenommen hat, und zwar ist diese Zunahme bei der Wahl eines langfrüchtigen Samenträgers viel bedeutender als bei derjenigen von kurzfrüchtigen Individuen. Dasselbe gilt von den Extremen der Ernte: so kleine Früchte wie im Jahre 1891 wurden in beiden Culturen von 1892 nicht erhalten, dagegen nahm die Grösse der grössten Früchte ganz bedeutend zu (im Maximum um fast ein Drittel der früheren Länge).

Zur ferneren Betrachtung fassen wir dieses Resultat möglichst kurz in zwei Sätze zusammen:

1. In beiden Fällen hat die Fruchtlänge zugenommen.
2. Bei der Selection eines langfrüchtigen Samenträgers war diese Zunahme bedeutender als bei der Wahl kurzfrüchtiger.

Es leuchtet ein, dass das unter 2. genannte Resultat einfach die Folge der Selection war. Alle übrigen Bedingungen waren in beiden Culturen dieselben, und die Differenz ist genau so, wie man sie als Folge der Selection erwarten darf. Wir brauchen auf dieses Ergebniss also nicht weiter einzugehen.

Anders verhält es sich mit der Thatsache, dass die Fruchtlänge in beiden Culturen zunahm, und namentlich, dass solches auch bei der Auswahl kurzfrüchtiger Samenträger stattgefunden hat. Solches kann unmöglich eine Folge der Selection sein, und es bleibt dafür also nur als mögliche Ursache die starke Düngung der Mutterpflanzen mit Hornmehl übrig.

Bei der langfrüchtigen Cultur war die mittlere Fruchtlänge (33·4 mm) grösser als der entsprechende Werth im Samenträger (32·6 mm). Auch dieses kann, nach den bekannten Regeln der Selection, und namentlich nach den Untersuchungen GALTON's über die Regression, nicht eine Folge der Zuchtwahl sein. Diese muss wohl eine Zunahme der Fruchtlänge bewirken, aber der neue Werth müsste zwischen dem ursprünglichen Mittelwerthe und der Fruchtlänge des gewählten Samenträgers liegen. Das hier gefundene Mehr kommt also offenbar wieder auf die Rechnung der starken Düngung der Mutterpflanzen.[1]

Wenden wir uns jetzt zur Variationsweite (Q). Diese war, wie oben aus der Tabelle abgeleitet wurde, 1892 in beiden Culturen dieselbe, und zwar doppelt so gross, wie in der Hornmehlcultur von 1891. In dieser letzteren war sie aber kleiner als in den gewöhnlichen Culturen (S. 386). Die Amplitude der Fluktuation wird bekanntlich bedingt durch die Mannigfaltigkeit der äusseren und inneren Versuchsbedingungen, und es liegt auf der Hand, dass bei starker Düngung die Unterschiede im Wachsthum zwischen den einzelnen Individuen mehr oder weniger ausgeglichen werden, dass die Variationsweite also abnehmen wird. Ein übereinstimmendes Resultat werden wir bei der Besprechung der Fortsetzung der kurzfrüchtigen Rasse zu erwähnen haben.

Schliesslich ist hervorzuheben, dass Q_1 und Q_2 einander gleich geblieben sind, dass die Curve somit, trotz der sehr erheblichen Verschiebung ihres Gipfels, doch symmetrisch geblieben ist.

In methodologischer Hinsicht enthält dieser Versuch die Warnung, bei wissenschaftlichen Züchtungsversuchen die äusseren Be-

[1] Diese Wirkung der Düngung der Mutterpflanzen habe ich auch mehrfach in Culturen mit anderen Arten beobachtet, so z. B. bei *Ranunculus bulbosus* auf die Pleiopetalie. Vergl. den vierten Abschnitt.

dingungen, und namentlich die Düngung, möglichst constant zu erhalten, und Folgen etwaiger Aenderungen in den äusseren Umständen nicht etwa auf die Rechnung der Selection zu schreiben.

Wie bereits erwähnt, habe ich die beiden Rassen noch während zwei weiterer Jahre, unter denselben Bedingungen von Düngung und Selection, und auch sonst unter genau gleicher Behandlung fortgesetzt (1893, 1894). Die langfrüchtige Rasse hat dabei eine Verbesserung nicht erfahren; sie ist eher etwas zurückgegangen. Dieser Versuch entspricht im Wesentlichen dem Principe HALLET's (vergl. S. 79), welcher bei der Ausbildung seiner neuen Getreidevarietäten im ersten Jahre durch starke Düngung einen bedeutenden Fortschritt bewirkte, dann aber durch Selection nur ganz allmählich weiter kam, oder wohl überhaupt nur das Erreichte fixirte.

In den Jahren 1891—1892 überliess ich die Bestäubung den Insecten, im Sommer 1893 führte ich künstliche Befruchtung unter Ausschluss des Insectenbesuches ein. Einen wesentlichen Unterschied in dem Erfolge habe ich dabei nicht bemerkt. Die Bedeutung der freien Kreuzung durch Insecten wird gewöhnlich sehr stark überschätzt. Die Befruchtung der Nachtkerze geschieht vorwiegend durch Hummeln, doch betheiligten sich in meinem Garten daran *Plusia Gamma*, *Agrotis segetum* und verwandte Nachtfalter wohl stets, aber nur in untergeordneter Menge. Die Thierchen, namentlich die Hummeln, pflegen nach einander die verschiedenen Blumen desselben Stengels zu besuchen, und hierdurch nimmt die Aussicht auf Selbstbefruchtung zu.

Im Jahre 1892 habe ich die einzelnen Culturen in solche Entfernungen von einander gestellt, dazu noch durch Gebüsch getrennt, dass zwischen ihnen öftere Kreuzungen nicht wohl möglich waren. Die künstliche Befruchtung hat in diesen Versuchen den grossen Nachtheil, dass man seine Samenträger während der Blüthe, und somit lange Zeit vor der völligen Ausbildung der Früchte wählen muss; die Wahl ist somit keine so freie wie bei der Insectenbestäubung.

Die jetzt folgende Beschreibung meiner Versuche soll möglichst kurz gehalten werden. Ich fange mit der langfrüchtigen Rasse an.

Samenträger waren im Jahre 1892 zwei Pflanzen mit einer mittleren Fruchtlänge von 42·6 bezw. 43·0 mm. Samenträger im Jahre 1893 waren drei Pflanzen mit 37·0, 37·0 und 41·0 mm mittlerer Fruchtlänge. Im ersten Jahre gab es also einen wesentlichen Fortschritt gegenüber der Fruchtlänge der ausgewählten Exemplare von 1891 (32·6 mm), im letzten Jahre aber einen kleinen Rückschritt, welcher bedingt war durch die soeben betonte Nothwendigkeit, die Wahl schon vor der Fruchtreife zu treffen.

Die Ernte wurde in beiden Jahren genau in derselben Weise behandelt und gemessen wie 1892. Es ergaben sich daraus die folgenden Anzahlen von Individuen für jede in der ersten Spalte genannte mittlere Fruchtlänge:

Langfrüchtige Rasse in den Jahren 1893 und 1894.

Mittlere Fruchtlänge mm	Anzahl der Exemplare		Mittlere Fruchtlänge mm	Anzahl der Exemplare	
	1893	1894		1893	1894
23	0	2	33	14	9
24	1	3	34	10	14
25	3	2	35	10	6
26	5	2	36	6	5
27	7	9	37	5	3
28	6	8	38	2	1
29	15	9	39	0	1
30	12	8	40	2	1
31	15	6	41	1	1
32	11	11	Summa	125	101

Die aus dieser Tabelle berechneten Werthe von Q und M stelle ich jetzt mit den entsprechenden Werthen der Vorfahren von 1891 und 1892 zusammen, und füge wiederum die Fruchtlänge der Individuen zu, welche den Samen zur Aussaat lieferten (S = Samenträger). Es steht somit unter S in jeder Zeile die Fruchtlänge der im vorigen Herbst gewählten Samenträger; ihre Samen lieferten die in derselben Zeile genannte Ernte.

	S	Q_1	M	Q_2
Ernte von 1891	—	1·3	25·2	1·5
„ „ 1892	32·6	2·6	33·4	2·4
„ „ 1893	42·6—43·0	2·3	31·4	2·6
„ „ 1894	37·0—41·0	3·2	31·6	2·4

Die mittlere Fruchtlänge hat somit, trotz der sehr scharfen Zuchtwahl, in den beiden letzten Jahren nicht mehr zugenommen, sondern eher etwas abgenommen. Die durch kräftige Ernährung erreichte grössere mittlere Fruchtlänge liess sich somit, um im Sinne Hallet's zu reden, durch Zuchtwahl zunächst nur ungefähr fixiren.

Die Quartile haben sich gleichfalls seit 1892 ziemlich constant erhalten; die Curve ist der Hauptsache nach symmetrisch geblieben; die Variationsweite hat nicht wesentlich zu- oder abgenommen.

Die Zunahme der mittleren Fruchtlänge durch die Ernährung war im Jahre 1892 ohne Regression vor sich gegangen; bei der Zuchtwahl war aber wieder eine starke Regression eingetreten, d. h. der Werth von *M* erreichte in den Jahren 1893 und 1894 bei Weitem nicht den entsprechenden Werth der gewählten Samenträger (*S*).

Wir gelangen jetzt zu der Fortsetzung der kurzfrüchtigen Rasse in den beiden Jahren 1893—1894.

Wie die langfrüchtige Cultur wurde auch diese noch während zweier Jahre fortgesetzt und zwar unter normaler Düngung und Auswahl der Samen sehr kurzfrüchtiger Individuen für die beiden Aussaaten. In § 3 wurde gezeigt, dass die kurzfrüchtigen Individuen in der Regel zu den schwachen, also zu den am wenigsten gut ernährten gehören. Es wird somit durch diese Wahl der Einfluss der starken Düngung von 1891 so rasch wie möglich vermindert. Dementsprechend hat in diesen zwei Jahren die mittlere Fruchtlänge merklich abgenommen, während dagegen die Variationsweite erheblich grösser geworden ist.

Der Umfang der Cultur war im Jahre 1893 vier, 1894 sechs Quadratmeter. Düngung mit Rinderguano und etwas Hornmehl wie sonst. Für die Aussaat im Jahre 1893 wurden zwei Pflanzen gewählt, deren mittlere Fruchtlänge 23·2 und 23·4 mm war. In diesem Jahre lieferten die kleinfrüchtigen Pflanzen, theilweise eben wegen der kleinen Früchte, theilweise in Folge der geringen Anzahl künstlich befruchteter Blüthen, so wenig Samen, dass die ganze Ernte von sechs Individuen zur Aussaat erforderlich war (8·6 ccm Samen). Die mittlere Fruchtlänge war für diese sechs Samenträger 15·6, 17·0, 18·2, 19·2, 20·2 und 21·4 mm. Im Mittel also 18·6 mm.

Gegenüber der Fruchtlänge des 1891 gewählten Samenträgers (20·6 mm) bedeuten diese Zahlen also nur ein Schwanken ohne wesentlichen Fortschritt.

Die Ernte wurde wiederum in der üblichen Weise behandelt; für jede Pflanze ist die mittlere Fruchtlänge aus der Gesammtlänge der fünf untersten guten Früchte in ganzen Millimetern berechnet worden; nachher sind die Individuen nach diesen Zahlen gruppirt. Es ergaben sich die folgenden Gruppen:

Kurzfrüchtige Rasse in den Jahren 1893 und 1894.

Mittlere Fruchtlänge mm	Anzahl der Exemplare 1893	Anzahl der Exemplare 1894	Mittlere Fruchtlänge mm	Anzahl der Exemplare 1993	Anzahl der Exemplare 1894
16	1	0	29	9	8
17	1	1	30	7	4
18	4	2	31	10	7
19	4	3	32	13	6
20	2	11	33	1	4
21	9	12	34	2	3
22	13	12	35	0	0
23	8	11	36	2	4
24	7	10	37	1	1
25	11	5	38	0	0
26	9	8	39	1	0
27	15	4	Summa	139	118
28	9	2			

Die aus dieser Tabelle berechneten Werthe stelle ich wiederum mit denen der Vorfahren und mit den jedes Jahr ausgewählten Samenträgern (S) zusammen.

	S	Q_1	M	Q_2
Ernte von 1891	—	1·3	25·2	1·5
„ „ 1892	20·6	2·5	29·9	2·6
„ „ 1893	23·2—23·4	3·9	26·5	3·3
„ „ 1894	15·6—21·4	2·7	24·2	5·2

Es ergiebt sich aus dieser Uebersicht, dass die mittlere Fruchtlänge durch die dreimalige Zuchtwahl ungefähr ebensoviel verloren hat, als sie im Jahre 1892 durch die starke Düngung von 1891 gewonnen hatte. Regression fand, wie zu erwarten, in den beiden Versuchsjahren statt. Die Amplitude der Variation hat in diesem Versuche auffallend zugenommen; offenbar wird der Wechsel in den inneren und äusseren Bedingungen des Variirens durch die Wahl schwacher Individuen bei möglichst guter Cultur erheblich gesteigert. Mit anderen Worten: Es wirken hier Zuchtwahl und Cultur in entgegengesetztem Sinne, während sie bei der langfrüchtigen Rasse gleichsinnig wirkten; deshalb nimmt hier die Variationsweite $\left(Q = \frac{Q_1 + Q_2}{2}\right)$ zu, dort aber nicht.

Es sei mir gestattet, an diese Erfahrungen über Q noch zwei weitere Betrachtungen über Zuchtwahl bei continuirlicher Variation anzuknüpfen.

Erstens findet sowohl die landwirthschaftliche wie die gärtnerische Zuchtwahl gewöhnlich unter mässiger Düngung statt, während die besten Erben im Allgemeinen unter den kräftigsten Individuen gefunden werden. Sofern hier also zwischen Ernährung und Zuchtwahl ein ähnlicher, aber im umgekehrten Sinne wirkender Gegensatz vorkommt, als wie in unserem Versuche, darf eine Zunahme der Variationsweite, also des Variirens, als Folge davon erwartet werden.

Zweitens, wenn ich die Ernten meiner beiden Rassen im Jahre 1894 gemischt hätte, bezw. die Zahlen in den Tabellen auf S. 390 und 392 zusammenzähle und daraus Q_1, M und Q_2 für das Gemisch berechne, so erhalte ich (für 118 + 101 = 219 Individuen):

	Q_1	M_1	Q_2	$Q = \frac{Q_1 + Q_2}{2}$
1894	5·0	28·6	3·8	4·4

Während Q für die kurzfrüchtige Rasse allein $\frac{2 \cdot 7 + 5 \cdot 2}{2} = 4 \cdot 0$ war. Es wird somit die durch den Gegensatz von Ernährung und Zuchtwahl gesteigerte Amplitude durch die Mischung der extremen Varianten in beiden Richtungen nur noch unbedeutend vergrössert. Mit anderen Worten, es wird Q (im vorliegenden Fall) weit mehr von den wechselnden Ernährungsverhältnissen der einzelnen Individuen auf demselben Beete, als von einer Zuchtwahl nach zwei entgegengesetzten Richtungen vergrössert.

Zusammenfassung. Ich stelle jetzt die in den obigen Versuchen gefundenen Werthe von Q_1, M und Q_2 mit denen der Samenträger übersichtlich alle in eine Tabelle zusammen. Die Zahlen bedeuten Millimeter, wie früher.

Fruchtlänge von *Oenothera Lamarckiana.*

	Jahr	S	Q_1	M	Q_2
Ursprüngliche Form, Hilversum	1893	—	1·9	24·1	2·0
„ „ Cultur	1891	—	1·3	25·2	1·5
Langfrüchtige Rasse	1892	32·6	2·6	33·4	2·4
„ „	1893	42·6—43·0	2·3	31·4	2·6
„ „	1894	37·0—41·0	3·2	31·6	2·4
Kurzfrüchtige Rasse	1892	20·6	2·5	29·9	2·6
„ „	1893	23·2—23·4	3·9	26·5	3·3
„ „	1894	15·6—21·4	2·7	24·2	5·2

Als wichtigste Resultate dieser Züchtungsversuche, in Verbindung mit denen des nächsten Paragraphen (Fig. 116 *D*), betrachte ich die folgenden Sätze:

1. Die Variation der Fruchtlänge folgt dem QUETELET-GALTON'schen Gesetze (Fig. 116 *A—D*). Jede Zahlenreihe (Curve) wird also von drei Werthen bestimmt. Es sind dies die Mediane, *M*, oder der mittlere Werth, und die beiden Quartile, Q_1 und Q_2, innerhalb deren für die Hälfte der Individuen die Abweichungen vom Mittel fallen.

2. Die mittlere Fruchtlänge wird sowohl durch Ernährung wie durch Selection stark beeinflusst, und zwar durch einmalige starke Düngung der Mutterpflanzen mehr als durch 1—3 malige Selection langfrüchtiger Exemplare als Samenträger (langfrüchtige Rasse 1891—1894). Am stärksten aber durch mehrjährige Keimtopfcultur und Zugabe von vielem Dünger in die Töpfe der Keimlinge (Keimtopfcultur ohne Zuchtwahl 1892—1894, § 5).

3. Die Amplitude der Variation $\left(Q = \frac{Q_1 + Q_2}{2}\right)$ nimmt nur unbedeutend zu, solange Ernährung und Selection in demselben Sinne wirken. Sobald diese aber in entgegengesetztem Sinne arbeiten, nimmt offenbar der Wechsel der Lebensbedingungen und damit die Variationsweite zu (kurzfrüchtige Rasse 1891—1894).

4. Die Variationscurven bleiben, trotz der sehr bedeutenden Verschiebungen ihrer Gipfel, der Hauptsache nach symmetrisch ($Q_1 = Q_2$). Die Abweichungen fallen mit wenigen Ausnahmen innerhalb der unvermeidlichen Beobachtungsfehler.

§ 5. Verschiebung von Variationscurven durch die Ernährung.

Ein ganz erheblich rascheres und kräftigeres Wachsthum erhält man bei *Oenothera Lamarckiana* sowie bei anderen Pflanzen, wenn man die Samen in Samenschüsseln aussät und die jungen Keimlinge bald nach der Entfaltung der Cotylen einzeln in nicht zu kleine Töpfe mit sehr stark gedüngter Gartenerde auspflanzt. Setzt man diese Culturperiode während einiger Generationen fort, so muss sich, kraft des Princips der Ernährung der Mutterpflanzen, die mittlere Fruchtlänge auch ohne Zuchtwahl erheblich steigern lassen.

Der jetzt zu beschreibende Versuch bestätigt diese Erwartung; die in drei Jahren (1892—1894) erreichte Zunahme übertrifft bei Weitem das in den beschriebenen Selectionsversuchen erhaltene Ergebniss bei der Aussaat im Garten (Fig. 116).

Geben wir zunächst eine Beschreibung des Versuches in den einzelnen Jahren. Er fing im Frühjahr 1892 an und zwar mit Samen der in meinem Versuchsgarten im Jahre 1889 entstandenen Art, *Oenothera rubrinervis* (S. 192), deren Fruchtlänge dieselbe ist wie bei der *Oenothera Lamarckiana* (Fig. 99 S. 320).

Im Jahre 1890 waren die Samen ohne Rücksicht auf die Fruchtlänge von einer Anzahl Individuen durch einander geerntet; 1891 waren die Individuen mit kurzen Früchten aber vor der Samenreife ausgerodet worden. Der Same der übrigen wurde gemischt und in hölzerne Schalen ausgesät, und zwar im Februar im Gewächshaus meines Laboratoriums. Sobald die Cotylen völlig entfaltet waren, wurden eine Anzahl, ohne Rücksicht auf etwaige (in diesem Grade der Entwickelung auch kaum noch wahrnehmbare) Differenzen in der Entwickelung, einzeln in Töpfe von 9—10 cm Durchmesser ausgepflanzt. Die Erde war eine gute Blatterde, der auf das Liter 10 g trockener und gemahlener Rinderguano und 10 g gedämpftes Hornmehl zugesetzt war, eine sehr starke Düngung, welche ich auch zur Förderung von Zwangsdrehungen, Fasciationen und anderweitigen Bildungsabweichungen bei anderen Arten mit dem besten Erfolge verwandte.[1] Die jungen Pflänzchen wurden anfangs unter Glas gehalten, bis die Rosetten sehr stark waren und anfingen Stengel zu treiben. Ende Mai wurden sie auf ein Beet meines Versuchsgartens, weit von den übrigen Culturen entfernt, ausgepflanzt. Wie diese, wurden die Pflanzen der sämmtlichen Seitenzweige beraubt; sie blühten nur am Hauptstengel.

Der frühen Aussaat und dem beschleunigten anfänglichen Wachsthum zufolge, blühte diese Cultur um einige Wochen früher als die übrigen; ebenso reifte sie ihre Früchte bedeutend früher. Ich hatte im Ganzen 22 Exemplare, deren Samen getrennt geerntet wurden. Darunter wählte ich, nachdem die Ernte längst abgelaufen und die Früchte selbst nicht mehr aufbewahrt waren, fünf für die Aussaat des nächsten Jahres aus. Also ohne Rücksicht auf die Fruchtlänge, welche auch nicht gemessen worden war.

Im nächsten Jahre (1893) fand die Aussaat Mitte März genau in derselben Weise statt wie oben beschrieben; die Keimlinge wurden gleich nach dem völligen Entfalten der Cotylen in dieselbe Erdmischung wie 1892 ausgepflanzt und auch fernerhin so behandelt. Gegen Ende September hatte ich 69 Exemplare mit reifen Früchten. Ihre Fruchtlänge wurde in der üblichen Weise an den fünf untersten guten Früchten gemessen, die gefundenen Zahlen sind in der Tabelle in der Spalte 1893 angegeben.

[1] *Eine Methode, Zwangsdrehungen aufzusuchen; Ber. d. d. bot. Gesellschaft.* Bd. XII. 1894. S. 25.

Es galt nun im nächsten Jahre eine Aussaat zu machen ohne Rücksicht auf die Fruchtlänge. Ich säte den Samen von neun Pflanzen aus, deren mittlere Fruchtlänge 24·2, 26·2, 26·8, 27·0, 27·4, 29·0, 32·4, 34·6, 35·2 mm betrug. Im Mittel also 28·1 mm, welcher Werth unterhalb der Mediane für die ganze 1893er Ernte liegt (vergl. unten), während nur die zwei letzten Werthe oberhalb des oberen Quartils liegen.

Aussaat, Auspflanzen, Düngung und Cultur waren 1894 dieselben, wie in den beiden vorigen Jahren. Ich hatte bei der Ernte 88 fruchtreife Pflanzen, und zwar von jeder Mutterpflanze 7—19 Exemplare, mit Ausnahme der drei Muttern mit den längsten Früchten, welche nur 4, 5 und 6 Exemplare lieferten, wodurch ihr Einfluss auf die Curve wesentlich vermindert wurde. Die Messung der mittleren Fruchtlängen geschah wiederum in der früheren Weise.

Ich fasse jetzt die gefundenen Anzahlen von Individuen in den einzelnen Gruppen mit gleicher Fruchtlänge in die folgende Tabelle zusammen.

Keimtopfcultur von *Oenothera rubrinervis.*

Mittlere Fruchtlänge mm	Anzahl der Exemplare		Mittlere Fruchtlänge mm	Anzahl der Exemplare	
	1893	1894		1893	1894
24	2	0	35	7	5
25	2	0	36	1	4
26	2	0	37	0	10
27	4	0	38	0	10
28	5	1	39	0	**16**
29	5	1	40	0	7
30	7	1	41	0	9
31	10	3	42	0	7
32	**15**	2	43	0	1
33	7	5	44	0	4
34	2	2	Summa	69	88

Hieraus berechnen sich die folgenden Werthe für Q_1, M und Q_2:

Keimtopfcultur:	Jahr	Q_1	M	Q_2	Min.	Max.
2. Generation	1893	2·2	31·2	1·3	24	36
3. „	1894	2·5	38·3	2·2	28	44

Die mittlere Fruchtlänge hat also bedeutend zugenommen, was auch bei der Betrachtung der Curve *D* in Fig. 116 sofort auffällt, wenn man diese mit den entsprechenden Curven von *O. Lamarckiana* vergleicht, was wohl gestattet ist, da ja beide Arten unter gleichen Umständen dieselbe Länge der Früchte aufweisen. Die höchste für sie erhaltene Ziffer in den Versuchen mit *O. Lamarckiana* war 33·4 mm, was durch Düngung der Mutterpflanzen bei Gartenaussaat und Selection des langfrüchtigsten Individuums als Samenträger erreicht war.

Diese gewaltige Zunahme gilt nicht nur für das Mittel, sondern so gut wie für sämmtliche Individuen. Denn die Amplitude der Variation (Q_1, Q_2) hat nicht wesentlich zugenommen, ist sogar etwas geringer als in den Versuchen mit Selection. Dementsprechend sind Minimum und Maximum der Fruchtlänge in auffälliger Weise in demselben Grade verschoben: kleine Früchte fehlen der dreijährigen Keimtopfcultur, während ihre längsten Früchte bedeutend an Länge gewonnen haben.

III. Die Strahlencurven der Compositen und Umbelliferen.

§ 6. Aufhebung der Selectionswirkung durch die Ernährung.

Es gilt jetzt zu untersuchen, ob die für die Fruchtlänge von *Oenothera Lamarckiana* gefundenen Resultate auch für andere Arten und andere Eigenschaften gültig sind. Dabei beschränke ich mich auf einen einzigen Fall und wähle den Gegensatz von Ernährung und Selection, wie er auch in der Zucht der kurzfrüchtigen *Oenothera*-Rasse vorliegt. Die Wirkung der Selection ist im Allgemeinen bekannt; es kann also aus dem Versuchsresultat ohne Weiteres abgeleitet werden, wie sich die entgegengesetzten Wirkungen von Selection und Ernährung verhielten. Es handelt sich somit um eine Selection nach der Minus-Richtung, und um die Frage, wie sich eine Eigenschaft verhalten wird, wenn man sie durch Selection zu verringern, aber gleichzeitig durch Ernährung zu verbessern sucht.

Um die Bedeutung dieser Fragestellung klarer zu machen, schicke ich gleich das Ergebniss dieses und der beiden folgenden Paragraphen hier zusammenfassend voraus. Sie lehren, dass unter den gewählten Versuchsbedingungen der Einfluss der Ernährung den der Selection bisweilen überwog, bei *Anethum graveolens* (§ 6), dass in anderen Fällen beide Einflüsse sich nahezu das Gleichgewicht hielten, bei *Chrysanthemum segetum, Coreopsis tinctoria* und *Bidens grandiflora* (§ 7), und dass schliesslich bei *Coriandrum sativum* und *Madia elegans* die Selection deutlich einen grösseren Einfluss hatte (§ 8). Man sieht daraus, dass in solchen Versuchen Selection und Ernährung Factoren gleicher Ordnung sind, dass also, bei Züchtungsversuchen über einen einzelnen dieser Factoren, möglichst völlige Constanz des anderen die erste, allerdings oft schwierig zu erfüllende Bedingung ist.

Als Eigenschaften, deren Variation zu studiren war, wählte ich die Anzahl der Strahlen des Schirmes bei *Anethum* und *Coriandrum*, die Anzahl der Strahlenblüthen des Köpfchens bei *Chrysanthemum*, *Coreopsis*, *Bidens* und *Madia*. Diese Zahlen variiren ziemlich bedeutend und folgen dabei in klarer Weise dem von QUETELET aufgestellten Gesetze,[1] wie auch bei einem Blicke auf unsere Figuren sofort ersichtlich ist. Die Ermittelung der Curven und die Wahl der Samenträger fanden in der Weise statt, dass die Zahl der Strahlen des Endschirmes bezw. des Endköpfchens des Hauptstammes als Maass für das betreffende Individuum galten; auf die Seitenschirme und zweigständigen Köpfchen wurde für die Curven gar nicht Acht gegeben; für die Wahl der Samenträger nur insoweit, dass, unter einer grösseren Zahl von nach ersterem Merkmal ausgewählten, diejenigen so bald wie möglich ausgerodet wurden, welche in den secundären und tertiären Schirmen oder Köpfchen keinen entsprechenden Vorsprung zeigten.

Die Versuche fingen im Frühling 1892 an. Zur Aussaat wurde der Samen theils von Handelsgärtnern bezogen, theils aus verschiedenen botanischen Gärten erhalten (*Chrysanthemum*). Solcher Samen stammt also aus mässig gedüngten Culturen, er wurde bei mir auf gut, wenn auch nicht übermässig gedüngte Gartenerde im Freien ausgesät. Während der drei Versuchsjahre blieben Düngung und Behandlung sich gleich. Die Düngung aber war dieselbe, welche in den nämlichen Jahren auch den *Oenotheren* gegeben wurde, also $^1/_8$ Kilo getrockneten Rinderguanos nebst $^1/_6$ Kilo gedämpften Hornmehles pro Quadratmeter. Diese Mischung wurde stets wenige Tage vor der Aussaat möglichst gleichmässig ausgestreut und gut untergegraben. Die viel stärkere Hornmehldüngung, welche ich 1891 den *Oenotheren* gegeben hatte, hielt ich bei diesen Versuchen für überflüssig.

Diese, während der drei Versuchsjahre constante kräftige Ernährung musste also einen steten Fortschritt des *M.*, die Selection einen steten Rückschritt desselben Werthes erwarten lassen.

Als Samenträger wählte ich die Individuen mit der geringsten

---

[1] *Berichte d. d. bot. Gesellschaft.* Bd. XII. 1894. S. 200 (*Coreopsis* und *Anethum*).

Strahlenzahl im primären Schirm oder Köpfchen. Bei den Umbelliferen konnte dieses vor der Blüthe ermittelt werden, und indem alle übrigen Exemplare ausgerodet wurden, bevor die gewählten Samenträger zu blühen anfingen, konnte ich eine Kreuzung verhüten. Die Compositen fingen auf demselben Beete nur nach und nach an zu blühen; jede Pflanze wurde notirt, sobald sie ihre Ziffer zu ermitteln gestattete, und ausgerodet, falls diese sie nicht zum Samenträger wählen liess. Es wurde dadurch die Kreuzung so viel wie möglich vermindert; wo irgend möglich wurden sonst die Samenträger, nach Ablauf der Selection, gänzlich ihrer blühenden und verblühten Köpfchen beraubt, um nur rein befruchteten Samen zur Aussaat zu erhalten. Vielfache Krankheiten und Gefahren drohen solchen Culturen und lassen nur zu oft sämmtliche ausgewählte Samenträger nach dem Ausroden der übrigen Pflanzen und vor der Fruchtreife verloren gehen. So z. B. bei *Coriandrum sativum* im Jahre 1894, wo mir dadurch die beabsichtigte Fortsetzung des Versuches unmöglich gemacht wurde. Dieser Umstand zwang mich, stets eine grössere Reihe von Samenträgern zu sparen, als sonst erforderlich wäre. Sie können einander also gelegentlich befruchten. Aus ihnen wählte ich nach der Ernte die besten in solcher Anzahl aus, dass ich gerade Samen genug erhielt für die nächste Aussaat.

Nach dieser Uebersicht der Versuchsanstellung schreiten wir jetzt zu der Beschreibung unserer Selection bei dem Dill (*Anethum graveolens*, Fig. 117).

Zu diesem wurden Samen aus dem Handel bezogen und 1892 im Umfange von 1 Quadratmeter ausgesät. Die Anzahl der Exemplare bei der Ernte war 56. Die Zahl der Strahlen des Endschirmes wechselt zwischen 12—38 und ist im Allgemeinen um so geringer, je schwächer das Individuum ist. Sechs Pflanzen mit je 12—16 Strahlen im Endschirm wurden als Samenträger ausgewählt und ihre Samen 1893 auf einer Fläche im Umfang von 8 Quadratmetern ausgesät. Die Anzahl der Exemplare bei der Auswahl war jetzt 541, dementsprechend liegen Minimum und Maximum etwas weiter aus einander wie im vorigen Jahre (9—43). Ausgewählt wurden fünf Samenträger mit 10—13 Strahlen im Endschirm, also ein Fortschritt in der Minus-Richtung gegenüber 1892.

Im Jahre 1894 war der Umfang 6 Quadratmeter, und die Anzahl der Exemplare bei der Auswahl 162.

Die folgende Tabelle enthält für jede der drei Ernten die Anzahl der Individuen, deren Endschirm die in der ersten Spalte angegebene Strahlenzahl hatte.

Anethum graveolens.

Anzahl der Strahlen	Anzahl der Exemplare			Anzahl der Strahlen	Anzahl der Exemplare		
	1892	1893	1894		1892	1893	1894
9	0	4	0	26	1	25	15
10	0	4	0	27	0	25	10
11	0	4	0	28	1	12	7
12	1	6	1	29	1	11	5
13	1	18	3	30	0	4	8
14	0	15	1	31	1	5	6
15	3	23	5	32	1	8	6
16	7	29	4	33	0	4	4
17	6	26	3	34	1	7	3
18	12	42	9	35	0	5	5
19	6	32	6	36	0	4	1
20	3	40	6	37	0	1	4
21	1	38	11	38	1	0	0
22	5	43	10	39	0	2	4
23	3	44	9	40	0	0	0
24	0	33	7	41	0	1	0
25	1	24	9	42	0	1	0
				43	0	1	0

Aus dieser Tabelle ergiebt sich:

	Jahr	Samenträger	Q_1	M	Q_2	$\frac{Q}{M}$
	1892	—	1·5	18·3	3·6	0·14
	1893	12—16	3·6	21·2	3·5	0·17
	1894	10—13	4·5	25·2	4·4	0·18
Zunahme	1892—1893		+2·1	+2·9	−0·1	
„	1893—1894		+0·9	+4·0	+0·9	

Daraus ersieht man:

Trotzdem in beiden Jahren als Samenträger Pflanzen ausgewählt wurden mit bedeutend geringerer Strahlenzahl, als das Mittel des entsprechenden Jahrganges, nahm die mittlere Strahlenzahl doch während des Versuches merklich zu. Die bessere Düngung hatte also grösseren Einfluss als die Selection schwacher Exemplare. Die Variationsweite nahm gleichfalls zu, was mit dem Ergebnisse der kurzfrüchtigen Rasse von *Oenothera Lamarckiana* übereinstimmt.

Der Werth $\frac{Q}{M}$ gestattet die Variationsweite mit derjenigen der Fruchtlänge von *Oenothera Lamarckiana* zu vergleichen, wo wir ihn = 0·08 fanden (S. 379). Die Anzahl der Schirmstrahlen ist hier also nach diesem Maassstabe doppelt so variabel, wie die Fruchtlänge von *Oenothera*.

Die im Jahre 1892 asymmetrische Curve ($Q_2 > Q_1$) ist in den beiden folgenden Jahren symmetrisch geworden, wie man auch durch die Vergleichung der Curven *A* (1892) und *B* (1893) in Fig. 117 deutlich erkennt.

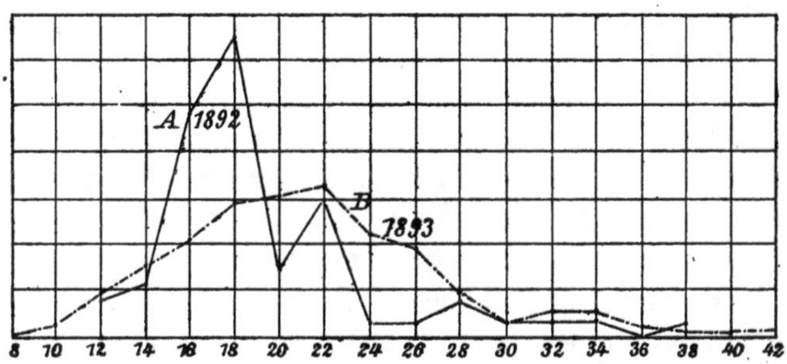

Fig. 117. *Anethum graveolens*. Curven der Strahlen des Endschirmes. Die Zahlen unter der Abscisse bedeuten die Anzahlen der Strahlen des primären Schirmes. Der S. 377 erörterten Regel gemäss ist die Anzahl der Ordinaten halb so gross genommen, wie die Anzahl der Gruppen in der Tabelle. Es bedeutet somit 8: acht oder neun Strahlen, u. s. w.

A (56 Ex.) Curve von 1892, unregelmässig wegen der kleinen Anzahl der Individuen. Curve asymmetrisch, nach Rechts stark ausgezogen.

B (518 Ex.) Curve der folgenden Generation, 1893. Durch Zuchtwahl und Ernährung ist die Curve jetzt nahezu symmetrisch geworden.

§ 7. Gleichgewicht zwischen Ernährung und Zuchtwahl.

Die Versuche wurden mit *Chrysanthemum segetum* (Fig. 118), *Coreopsis tinctoria* und *Bidens grandiflora* (Fig. 119) ausgeführt. Von der ersteren erhielt ich durch den Samenaustausch der botanischen Gärten eine gewisse Anzahl von Packetchen verschiedenen Ursprunges, deren Inhalt bei der Aussaat durch einander gemischt wurde. Dieser verschiedene Ursprung zeigte sich deutlich beim Zählen der Zungenblüthen, denn die erhaltene Zahlenreihe (Curve) war nicht homogen, wie gewöhnlich, sondern zweigipfelig (Fig. 118 *A*). Der eine Gipfel lag bei 13—14 Zungenblüthen, der andere bei 21. Es waren hier also offenbar zwei verschiedene Rassen durch einander gemischt.[1]

[1] *Eine zweigipfelige Variationscurve*, Roux' Archiv für Entwickelungsmechanik. II. Band. 1895. S. 52. Vergl. auch den vierten Abschnitt.

Diese Auffassung bestätigte sich im nächsten Jahre (1893), als in Folge der Auswahl von Samenträgern aus der einen vermutheten Rasse (13 blüthige Exemplare) jede Spur des zweiten Gipfels verschwunden war (Fig. 118 *B*). Auch 1894 zeigte sich der zweite Gipfel nicht wieder.

Zweigipfelige Curven kommen auch beim Menschen vor und werden hier als die Folgen unvollständiger Verschmelzung von während vieler Jahrhunderte gemischten Typen betrachtet.[1] Ferner wurden solche Curven von Bateson[2] und von Weldon[3] bei ihren wichtigen Ermittelungen von Variabilitätscurven bei verschiedenen Thieren (*Forficula, Carcinus, Xylotrupes* u. s. w.), und bei Pflanzen namentlich von Ludwig wiederholt beobachtet. Auf die hohe Bedeutung solcher Fälle für die Lehre von der Variabilität hat dann Bateson in seinem Werke über discontinuirliche Variation hingewiesen,[4] wo auch die Curven der betreffenden Fälle dargestellt sind. Die zweigipfeligen Curven werden als Fälle von Dimorphismus den gewöhnlichen monomorphen Curven gegenübergestellt.

Die Zweigipfeligkeit der Curven kann durch die verschiedensten Ursachen bedingt werden. So hat Giard z. B. die merkwürdige Entdeckung gemacht, dass ein solcher Dimorphismus auftreten kann, wenn ein Theil der Individuen eines Fundortes von Parasiten heimgesucht wird. So weichen z. B. die von *Sacculina carcini* oder von *Portunion moenadis* befallenen Exemplare von *Carcinus moenas* weit von den normalen ab.[5]

Es sind aber die zweigipfeligen Curven bei Pflanzen viel besser einer experimentellen Behandlung fähig als bei Thieren, oder gar beim Menschen.

Gehen wir jetzt zu der Beschreibung des Versuches mit *Chrysanthemum segetum* über. Dieser hatte im Jahre 1892 einen Umfang von 2 Quadratmetern. Die Anzahl der Individuen betrug bei der Auswahl 97. Für die Ermittelung der Curve diente nur ein Köpfchen auf jedem Individuum, und zwar das sogenannte primäre, auf dem Hauptstamme entständige. Alle Individuen, deren Endköpfchen 14 oder mehr Zungenblüthen hatten, wurden sofort gerodet; gespart wurden 14 mit je dreizehn und eins mit zwölf Strahlblüthen.

[1] Otto Ammon, *Die natürliche Auslese beim Menschen.* 1893.
[2] Bateson, *Proceed. Zool. Soc. London.* 1892. S. 585.
[3] Weldon, l. c.
[4] W. Bateson, *Materials for the study of variation.* London. 1894. S. 39—41.
[5] *Comptes rendus.* T. CXVIII. 1894. Nr. 16 (16. April). S. 870.

Im Jahre 1893 wurden dann die Samen der genannten 15 Pflanzen auf 8 Quadratmeter ausgesät; sie lieferten 162 Exemplare. Bei der Wahl wurde alles ausgerodet mit Ausnahme von zwölf Pflanzen, deren Endköpfchen 11—12 Strahlenblüthen hatten. Also ein Fortschritt in den Samenträgern, im negativen Sinne, verglichen mit dem vorigen Jahre.

Im dritten Jahre, 1894, war der Umfang 6 Quadratmeter und rührten die Samen von drei Exemplaren von 1893 her, welche je 12 Strahlenblüthen im Endköpfchen, und in den späteren Köpfchen fast nur 13 Strahlen hatten. Die Anzahl der Exemplare war bei der Auswahl 338.

Während dieser drei Jahre nahm sowohl die Keimkraft, als auch die individuelle Kraft der ganzen Cultur bedeutend zu. Im ersten Jahre hatte ich eine normale Individuenzahl pro Quadratmeter nur durch überstarke Aussaat erhalten; im folgenden war die Aussaat weniger stark und die Ernte entsprechend gering; im Jahre 1894 war die Aussaat reicher, es mussten aber sehr viele Keimpflanzen ausgerodet werden.

Ich fasse das Resultat meiner Zählungen in die folgende Tabelle zusammen (Fig. 118).

Chrysanthemum segetum.

Anzahl der Zungenblüthen	Anzahl der Exemplare			Anzahl der Zungenblüthen	Anzahl der Exemplare		
	1892	1893	1894		1892	1893	1894
8	0	2	0	16	6	7	5
9	0	1	1	17	9	1	4
10	0	0	3	18	7	2	3
11	0	7	8	19	10	0	1
12	1	13	31	20	12	3	2
13	**14**	**94**	**221**	21	**20**	0	1
14	**13**	25	50	22	1	0	0
15	4	7	8				

Die Curve von 1892 war somit zweigipfelig, die von 1893 und 1894 waren monomorph. Für diese beide berechnen sich:

Jahr	Samenträger	Q_1	M	Q_2	$\frac{Q}{M}$
1893	12—13	0·4	13·1	0·6	0·04
1894	12	0·4	13·1	0·4	0·03
Zunahme	—	0·0	0·0	−0·2	

Die Selection hat also weder im Mittel, noch in der Variationsweite eine weitere Veränderung bewirken können. Sie hat einfach das Erreichte in gleicher Höhe gehalten.

Wir kommen jetzt zu *Coreopsis tinctoria* (Fig. 119 *C*). Die Köpfchen dieser schönen Composite tragen in der Regel acht Zungen-

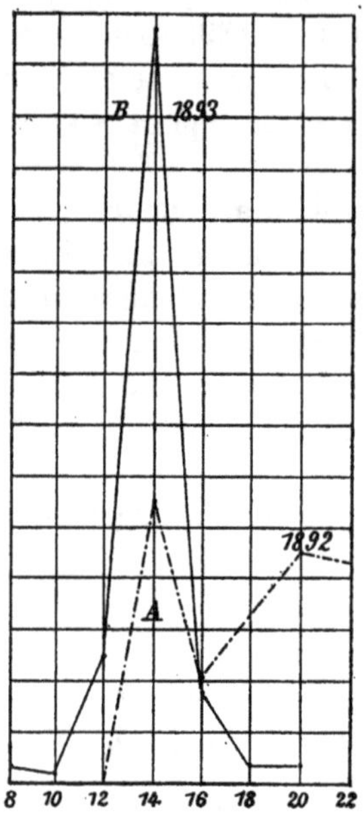

Fig. 118. *Chrysanthemum segetum*. Curven der Zungenblüthen auf den Endköpfchen. Unter der Abscisse die Zahl dieser Blüthen. Die Anzahl der Ordinaten ist auf die Hälfte reducirt; 8 bedeutet somit: 7—8 Zungenblüthen u. s. w. (Höhe: 1 mm = 1 %).

A (97 Ex.). Zweigipfelige Curve aus einer gemischten Saat, 1892.

B (162 Ex.). Durch Auswahl von Individuen, welche der Gruppe mit 13—14 Zungenblüthen angehören, für die Aussaat, ist die Curve der nächsten Generation eingipfelig geworden, 1893. — Die Curve von 1894 fiel nahezu mit dieser zusammen.

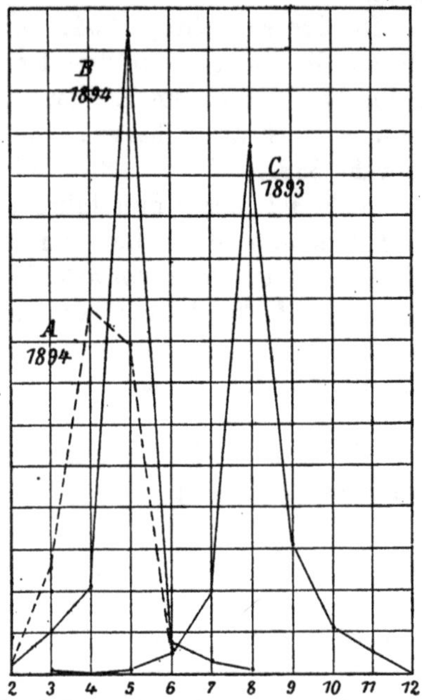

Fig. 119. *A Coriandrum sativum* (334 Ex.). Curve von 1894. Die Zahlen unter der Abscisse bedeuten die Anzahl der Strahlen des primären Schirmes. Höhe der Ordinaten: 1 mm = 1 % der Individuen.

B Bidens grandiflora (152 Ex.). Curve von 1894. Die Zahlen unter der Abscisse bedeuten für die Curven *B* und *C* die Anzahl der Zungenblüthen der primären Köpfchen. Höhe wie bei *A*.

C Coreopsis tinctoria (495 Ex.). Curve von 1893.

blüthen. Doch variirt diese Zahl sowohl auf demselben Individuum, als auf verschiedenen Exemplaren. Ich bezog im Winter 1891/92 meine Samen von VILMORIN-ANDRIEUX & Cie. in Paris und versuchte die mittlere Zahl durch Düngung zu vergrössern und gleichzeitig durch Selection zu verringern. Das Resultat war, dass sie sich nahezu unverändert auf acht erhielt, dass somit die Wirkungen der beiden entgegengesetzten Factoren einander aufhoben.

Der Umfang meiner Cultur betrug in den drei Jahren 1892 bis 1894 etwa 1, 8 und 6 Quadratmeter. Im ersten Jahre habe ich keine Curve bestimmt; weitaus die meisten Exemplare hatten acht Zungenblüthen, einzelne deren 9—10, sehr vereinzelte sogar 11—13. Diese wurden alle ausgerodet; gespart wurden nur einige Individuen, deren meiste Köpfchen je sieben Zungenblüthen hatten.

Im Jahre 1893 hatte ich 495 Exemplare; alle diejenigen, welche im Endköpfchen acht oder mehr Zungenblüthen hatten, wurden, sobald solches kenntlich war, notirt und ausgerodet. Es blieben etwa 60 Exemplare übrig, mit 5, 6 und 7 Zungenblüthen. Unter diesen wurden fernerhin diejenigen ausgewählt, deren secundäre und tertiäre Zweige am reichsten an 5—7 strahligen Köpfchen waren. Sie wurden sofort nach dem Ausroden der übrigen von sämmtlichen blühenden und verblühten Köpfchen beraubt, damit die Samenernte nachher nur von rein befruchteten Blüthen stammen würde. Unter diesen zwölf Exemplaren wählte ich bei der Samenernte die vier kräftigsten und samenreichsten für die Aussaat des nächsten Jahres aus; sie hatten 5, 5, 6 und 7 Zungenblüthen im Endköpfchen gehabt und waren auch sonst am reichsten an wenigstrahligen Inflorescenzen. Aus ihren Samen hatte ich 1894 im Ganzen 256 blühreife Pflanzen, für welche ich die Curve der Endköpfchen wiederum in derselben Weise bestimmte.

Ich fasse jetzt die erhaltenen Zahlen in der Tabelle auf S. 406 zusammen (Fig. 119 *C*).

Der dritte Versuch wurde mit *Bidens grandiflora* angestellt (Fig. 119 *D*). Bei dieser Art sind die Köpfchen regelmässig fünfstrahlig, doch auch hier ist diese Zahl wechselnd, und zwar innerhalb ähnlicher Grenzen wie bei *Coreopsis*.

In den Blüthen der Dicotylen ist die Fünfzahl sonst auffallend wenig veränderlich, vielleicht in sehr zahlreichen Einzelfällen gar nicht fluctuirend variabel. Es erhebt sich also die Frage, weshalb dieselbe Zahl hier so sehr unbeständig ist. Diese Frage, deren Beantwortung für die Variabilitätslehre offenbar sehr wichtige Aufschlüsse verspricht, ist aber bis jetzt noch nicht in Angriff genommen worden.[1]

[1] Es handelt sich somit um die Frage, ob cyclische Anordnung die Variabilität der Anzahl der betreffenden Organe vermindert, und weshalb.

Coreopsis tinctoria.

Anzahl der Zungenblüthen	Anzahl der Exemplare 1893	Anzahl der Exemplare 1894	Anzahl der Zungenblüthen	Anzahl der Exemplare 1893	Anzahl der Exemplare 1894
1	0	2	8	311	191
2	0	0	9	76	14
3	1	1	10	28	5
4	0	3	11	12	2
5	2	5	12	3	0
6	13	10	13	0	0
7	49	53			

Hieraus berechnet sich:

Jahr	Samenträger	Q_1	M	Q_2	$\frac{Q}{M}$
1893	7	0·4	8·1	0·3	0·04
1894	5, 5, 6 und 7	0·5	7·9	0·3	0·05
	Zunahme	0·1	−0·2	0·0	

Ich bezog meine Samen im Winter 1891/92 von Haage und Schmidt in Erfurt, besäte 1892 einen Quadratmeter und wählte als Samenträger einige Exemplare, auf denen ich drei und vierstrahlige Köpfchen gesehen hatte.

Im Jahre 1893 besäte ich acht Quadratmeter mit ihrem Samen und hatte 557 blühreife Exemplare, für deren Endköpfchen ich die Curve der Anzahl der Zungenblüthen ermittelte. Als Samenträger wählte ich eine Reihe von Exemplaren mit vierstrahligem Endköpfchen und darunter bei der Samenreife jene drei aus, welche auch in den sonstigen Köpfchen die kleinsten Ziffern aufgewiesen hatten.

Aus ihrem Samen hatte ich 1894 sechs Quadratmeter mit 152 blühreifen Individuen, deren Endköpfchen wiederum für die Curve dienten.

Ich fand in diesen beiden Jahren die in der Tabelle auf S. 407 angegebenen Zahlen.

Also auch hier, wie bei *Chrysanthemum* und *Coreopsis,* kein merklicher Einfluss auf die Curve, während Düngung und Selection im entgegengesetzten Sinne wirken.

Bidens grandiflora.

Anzahl der Zungenblüthen	Anzahl der Exemplare		Anzahl der Zungenblüthen	Anzahl der Exemplare	
	1893	1894		1893	1894
2	1	2	7	40	2
3	10	8	8	6	1
4	31	16	9	1	0
5	355	117	10	0	0
6	113	6	Summa	557	152

Hieraus berechnet sich:

Jahr	Samenträger	Q_1	M	Q_2	$\frac{Q}{M}$
1893	4	0·4	5·2	0·5	0·09
1894	4	0·3	4·9	0·4	0·07
	Zunahme	−0·1	−0·3	−0·1	

§ 8. Aufhebung des Einflusses der Ernährung durch die Auslese.

Die Versuche wurden theils mit *Coriandrum sativum*, dem gemeinen Coriander, theils mit *Madia elegans*, einer der Oelmadie (*Madia sativa*) verwandten Pflanze, angestellt.

Die Samen der ersteren waren von Vilmorin-Andrieux & Cie. in Paris bezogen und wurden 1892 auf einem Beet von einem Quadratmeter ausgesät. Bei der Auswahl betrug die Anzahl der Pflanzen 45; weitaus die meisten hatten fünf Strahlen im primären Schirm, einige sechs, sehr einzelne 7—8, keine einzige mehr. Zwei Pflanzen hatten vierstrahlige Endschirme, eine von ihnen war auch an den meisten übrigen Schirmen vierstrahlig. Nur von diesen letzteren wurden Samen geerntet. Eine Curve wurde nicht ermittelt.

Im nächsten Jahre, 1893, war der Umfang der Cultur zwei Quadratmeter und die Anzahl der Individuen bei der Wahl 52. Von diesen waren die meisten wiederum im Endschirm fünfstrahlig. Als Samenträger wurden die Pflanzen gewählt, deren eine dreistrahlig, die beiden anderen vierstrahlig im Endschirm waren.

Der Samen der drei obigen Pflanzen wurde 1894 getrennt ausgesät, je auf zwei Quadratmeter. Die Anzahl der Individuen bei der Wahl war jetzt 334, darunter zwei mit zweistrahligem Endschirm, was also den beiden vorigen Jahren gegenüber einen Fortschritt im negativen Sinne bedeutet, welcher aber wenigstens theilweise der grösseren Individuenzahl zuzuschreiben ist. Die Ernte fand auf den drei Beeten getrennt statt, ist aber in der Tabelle einheitlich angegeben. Wichtig scheint es mir aber mitzutheilen, dass die Kinder der dreistrahligen Mutter im Mittel eine grössere Strahlenzahl aufwiesen, als die von einer der beiden vierstrahligen Mütter. Das Merkmal der Mutter ist also nur ein unvollständiges Maass für den Werth der Kinder.

Coriandrum sativum (Fig. 119 *A*).

Strahlen im Endschirm	Anzahl der Individuen	
	1893	1894
2	0	2
3	1	43
4	8	**146**
5	**30**	133
6	12	10
7	1	0
Summa	52	334

Hieraus ergiebt sich:

Jahr	Samenträger	Q_1	M	Q_2	$\frac{Q}{M}$
1893	4	0·5	5·1	0·4	0·09
1894	3, 4 und 4	0·5	4·3	0·6	0·13
	Zunahme	0·0	−0·8	+0·2	

Es ist somit, trotz der starken Düngung, durch die Selection gelungen, die Anzahl der Schirmstrahlen um nahezu eine ganze Einheit herabzusetzen.

Die Variationsweite $\frac{Q}{M}$ liegt zwischen den entsprechenden Werthen für *Oenothera* (0·08) und *Anethum* (0·16).

Wir kommen jetzt zu der zweiten Versuchsreihe, welche mit *Madia elegans* angestellt wurde.

Diese Art empfiehlt sich zu Selectionsversuchen aus vielen Gründen besser als *Bidens* und *Coreopsis*. Einerseits ist das Wachsthum ein viel gleichmässigeres, namentlich in der Jugend; zweitens ist die Zahl der Zungenblüthen eine erheblich grössere und drittens, was wohl am wichtigsten ist, ist hier die partielle Variabilität bedeutend geringer. Das heisst, dass die einzelnen Inflorescenzen auf derselben Pflanze in der Zahl ihrer Zungenblüthen nur wenig von einander abweichen (wenigstens in meiner Rasse), wodurch die Ziffer des Endköpfchens mit grösserer Sicherheit als individuelles Merkmal für die Pflanze betrachtet werden kann.

Die Samen bezog ich von HAAGE und SCHMIDT in Erfurt. 1892 säte ich sie auf einen Quadratmeter aus und hatte etwa 60 blühreife Pflanzen. Im Endköpfchen hatten die meisten Individuen 21 Zungenblüthen, viele hatten deren 20 oder 22, einzelne 23—25. Diese wurden alle ausgerodet. Es erübrigten 6 Exemplare mit 16—19 Strahlenblüthen im Endköpfchen, deren Samen im Herbst geerntet wurden.

1893 hatte ich acht Quadratmeter, welche mir 411 blühreife Pflanzen lieferten, für deren Endköpfchen ich die Curve der Zungenblüthen bestimmte. Es wurden 8 Exemplare als Samenträger ausgewählt (mit 13—15 Zungenblüthen im Endköpfchen).

Für die Aussaat von 1894 wählte ich unter diesen die drei besten, mit 13 strahligen Endköpfchen aus, säte deren Samen auf sechs Quadratmeter und hatte, da mir ein Theil durch einen Zufall verloren ging, nur 213 blühreife Exemplare. Die Curve ihrer Endköpfchen ist in der Tabelle mit derjenigen von 1893 zusammengestellt.

Madia elegans.

Anzahl der Strahlenblüthen	Anzahl der Exemplare 1893	Anzahl der Exemplare 1894	Anzahl der Strahlenblüthen	Anzahl der Exemplare 1893	Anzahl der Exemplare 1894
12	1	0	18	63	32
13	15	12	19	101	50
14	11	16	20	82	23
15	18	18	21	54	12
16	18	20	22	5	1
17	43	29	Summa	411	213

Hieraus ergiebt sich:

Jahr	Samenträger	Q_1	M	Q_2	$\frac{Q}{M}$
1893	16—19	1·5	18·9	1·1	0·07
1894	13	21·0	17·9	1·3	0·09
	Zunahme	0·6	−1·0	0·2	

Somit eine deutliche, wenn auch geringe, Abnahme in der Mittelzahl als Folge der ziemlich scharfen Selection.

§ 9. Zusammenfassung.

Zum Schlusse fassen wir die Ergebnisse aus den drei letzten Paragraphen zu einer kurzen Uebersicht zusammen.

Im Allgemeinen ergiebt sich dabei, dass sie mit den für *Oenothera Lamarckiana* und *O. rubrinervis* erhaltenen (§ 4—5) hinreichend im Einklang stehen, um als eine Bestätigung jener gelten zu können.

Namentlich zeigen sie, dass, wenn Ernährung und Selection mit einander in Gegensatz gebracht werden, je nach den Einzelfällen, hier die Ernährung und dort die Selection das Uebergewicht bekommt. Bei *Anethum* überwog die Ernährung, bei *Coriandrum* und *Madia* die Selection, bei *Chrysanthemum*, *Coreopsis* und *Bidens* keine von beiden. Die Unterschiede zwischen diesen Einzelversuchen hängen zweifelsohne mehr von der relativen Grösse dieser beiden Factoren ab, als von den untersuchten Pflanzenarten. Denn offenbar bedeutet dieselbe Düngung pro Quadratmeter für verschiedene Pflanzen eine sehr ungleiche Ernährung; und andererseits richtete sich die Selection jedesmal nach dem gerade Erreichbaren und war also von wechselnder Stärke.

Wir folgern also, dass Selection und Ernährung die Pflanzen in demselben Sinne beeinflussen, und dass je nach Umständen, das eine Mal die erstere, das andere Mal die letztere überwiegt.

Die Berechtigung dieses Satzes geht am einfachsten und klarsten aus einer Zusammenstellung der Mittelwerthe für die Strahlen- bezw. Zungenblüthen der primären Inflorescenzen aller untersuchten Arten hervor:

	1892	1893	1894	Zunahme 1893—1894
Anethum graveolens	18·3	21·2	25·2	+4·0
Chrysanthemum segetum	13—14	13·1	13·1	0·0
Coreopsis tinctoria	± 8	8·1	7·9	−0·2
Bidens grandiflora	± 5	5·2	4·9	−0·3
Coriandrum sativum	± 5	5·1	4·3	−0·8
Madia elegans	±21	18·9	17·9	−1·0

Der wechselnde Erfolg des Gegensatzes zwischen kräftiger Düngung während drei Jahre und Selection der Individuen mit geringer Anzahl von Schirmstrahlen bezw. Zungenblüthen zeigt sich in den Zahlen der letzten Spalte.

Daneben stelle ich die Werthe für $\frac{Q}{M}$ zusammen. Durch Division mit M werden die Werthe für Q unabhängig von der Natur der variirenden Eigenschaft und können also die Variationsweiten verschiedener Eigenschaften mit einander verglichen werden. Ich füge den im ersten Versuch für *Oenothera* erhaltenen Werth hinzu und nehme übrigens einfach die Mittelzahlen aus den oben angeführten Tabellen.

	$\frac{Q}{M}$
Anethum graveolens .	0·16
Coriandrum sativum .	0·11
Oenothera Lamarckiana	0·08
Madia elegans . .	0·08
Bidens grandiflora	0·08
Coreopsis tinctoria . .	0·04
Chrysanthemum segetum .	0·03

Die beobachteten Variationsweiten weichen somit, nach diesem Maassstabe beurtheilt, ziemlich bedeutend von einander ab. Aber auch sie stehen unter dem Einflusse von Selection und Ernährung.

Von diesen beiden Factoren werden also überhaupt die Erscheinungen der fluctuirenden Variabilität bedingt. Die Frage, ob irgend eine Eigenschaft in irgend einem Maasse von ihrem mittleren Werthe abweicht, hängt einerseits von der Selection, d. h. also von den Eigenschaften der Eltern und Grosseltern, andererseits von der Ernährung, d. h. also von der Einwirkung äusserer Umstände auf das Individuum selbst ab. Die Eigenschaften der Vorfahren wurden aber in derselben Weise von der Lebenslage bestimmt, und so ergiebt sich der Satz, dass die Erscheinungen der Variabilität im engeren Sinne, d. h. die individuellen Abweichungen vom Mittel der Art, ganz von den Lebensbedingungen abhängen. Nur ist dabei zu berücksichtigen, dass die Ernährungseinflüsse ihre Wirkung im Laufe einiger Generationen häufen können, da ja im Allgemeinen nur die besten Individuen die besten Samen hervorbringen werden.

Die fluktuirende Variabilität ist also eine Erscheinung der Ernährungsphysiologie, während von der Mutabilität die äusseren Ursachen noch völlig unbekannt sind.

Vierter Abschnitt.

Die Entstehung von Gartenvarietäten.

I. Die Bedeutung der Gartenvarietäten für die Selectionslehre.

§ 1. Die Variabilität im Gartenbau.

Durch das Aufsuchen kleiner Abweichungen kann man, mittelst Isolirung und Selection, neue Varietäten gewinnen. So lautet ein in der gärtnerischen Praxis sehr bekannter Satz. Und auf diesen hat DARWIN zum guten Theile seine Selectionslehre gegründet. Anfangs fast unmerkliche Variationen können durch die Kunst des Gärtners aufgearbeitet werden; die Variabilität nimmt dabei zu und in günstigen Fällen sogar sehr rasch. Bald entsteht eine neue, den Erwartungen der Züchter entsprechende und seine Arbeit lohnende Form.

Jedem ist das übliche Beispiel geläufig, dass aus einer ganz vereinzelt auftretenden Blüthe, in der nur ein Staubfaden und dieser nur theilweise und in geringem Grade in ein Blumenblatt umgewandelt erscheint, oft eine schön gefüllte Varietät erhalten werden kann.

In unserem ersten Abschnitte haben wir diese Erfahrung mehrfach berührt und betont, in welcher Weise sie zu Täuschungen Veranlassung geben kann, wenn man versucht, sie für die Erklärung der Entstehung der Arten zu verwenden (§ 23 S. 124—131). Es soll die Aufgabe des vorliegenden Abschnittes sein, die einschlägigen Thatsachen übersichtlich darzustellen und zu zeigen, was sie uns in dieser Hauptfrage lehren können. Freilich nur, insoweit das sehr unvollständige und für die wissenschaftliche Behandlung höchst dürftige Thatsachenmaterial dieses zulässt.

Die nach DARWIN erfolgte Entwickelung der statistischen Behandlung der Variation gestattet jetzt eine ganz andere Einsicht in die betreffenden Vorgänge, als vor etwa einem halben Jahrhundert. Sie hat uns das Fluktuiren der Eigenschaften kennen gelehrt als einen Vorgang, der diese stärker oder schwächer zu Tage treten lässt.

Aber nach einer anderen als diesen beiden Richtungen variirt die betreffende Eigenschaft nicht. Die Variation ist eine lineare (S. 83); sie vergrössert oder verringert, schafft aber nichts Neues. Daneben können allerdings neue Eigenschaften auftreten, aber es geschieht solches unabhängig von dem Fluktuiren der älteren (a. a. O.).

So verhält es sich auch in dem vorliegenden Falle. Die Variationen, die der Gärtner aufsucht und aufarbeitet, sind keine Varianten der alten Eigenschaften; diese führen bei der Selection zu den veredelten Rassen, nicht aber zu neuen Typen (S. 60). Die erforderlichen Abweichungen sind Anomalien, wie im angeführten Beispiele der Entstehung gefüllter Blumen. Wo eine solche auftaucht, liegt im inneren Wesen der Pflanze die neue Eigenschaft bereits vor. Wo sie herrührt und wie sie entstanden ist, ist für die Praxis gleichgültig: man hat sie und kann sie aufarbeiten. Oder kurz gesagt: „Die erste Bedingung eine Neuheit hervorzubringen ist, sie bereits zu besitzen" (S. 131).

Dabei unterscheidet die Praxis zwei Fälle, je nachdem es sich um anscheinend invariable oder um stark fluktuirende neue Formen handelt. Im ersteren Falle braucht man die Neuheit nur zu isoliren und von etwaigen, durch Kreuzung entstandenen Verunreinigungen zu säubern. Gelingt solches leicht, so ist sie von Anfang an fertig und constant, und braucht nur einige Jahre der Vermehrung, um in den Handel gebracht zu werden (S. 56—58). Viele weissblüthige Varietäten geben hierzu bekannte Beispiele.

Im zweiten Falle verhält es sich aber anders. Eine stark fluktuirend variable Neuheit wird selten zum ersten Male in voller Ausbildung erscheinen. Viel häufiger ist es, dass sie im Anfange nur sehr wenig entwickelt ist. Die Neuheit verräth sich oft, wie man sagt, durch eine ganz geringe Spur oder Andeutung. Betrachten wir diese aber vom wissenschaftlichen Standpunkte, so müssen wir sie offenbar als einen Minus-Varianten, als einen extremen Varianten der neuen Eigenschaft in der ungünstigen Richtung auffassen (S. 38). Und es leuchtet ein, dass ein solcher Variant des neuen Merkmales bei der Aussaat im Garten bald zu dem mittleren Werthe seines Abänderungsspielraumes gelangen wird.

Dieser Process ist, wie man leicht einsieht, im Grunde eine Regression (Figg. 18 und 19 S. 53 und 61); für die Praxis aber ein Fortschritt, und zwar ein sehr wesentlicher, von dem das Gelingen der Operation in erster Linie abhängt. Dieser scheinbare Widerspruch erschwert aber das Verständniss der fraglichen Erscheinungen sehr. Andererseits erklärt er uns in einfacher Weise die anfängliche

Zunahme in der Geschwindigkeit des Variirens, denn es leuchtet ein, dass eine Annäherung an den mittleren Werth viel leichter und rascher vor sich gehen wird, als eine Entfernung von demselben.

Die Praxis kann nun mit diesem „regressiven Fortschritte" zufrieden sein. Oder sie kann die neue Form über das mittlere Maass hinaus zu verbessern suchen, indem sie die Plus-Varianten aussucht und als Samenträger auswählt. Dann bleibt aber die Güte der neuen Form auf die Dauer von dieser jährlich zu wiederholenden Wahl abhängig (S. 58).

Die Angaben über diese Züchtungsprocesse sind in der gärtnerischen Literatur zwar ziemlich zahlreich, aber meist kurz und selten sehr scharf, den genauen Beschreibungen der künstlichen Bastardirungen meist weit nachstehend. Das Wichtigste, was ich finden konnte, werde ich im nächsten Paragraphen zusammenstellen.

Um tiefer in die betreffenden Erscheinungen einzudringen, habe ich versucht, die Methode selbst auf eine Reihe von Fällen anzuwenden. Durch genaue Controle und ausführliche Buchhaltung gelang es mir dabei zu sehen, wie sich solche Neuheiten zu bilden pflegen. Wie in der Praxis gelang mir die Zucht in einzelnen Fällen, nicht aber in anderen. Und die Uebereinstimmung meiner Ergebnisse mit den Erfahrungen der Gärtner scheint mir eine so vollständige zu sein, dass meine Versuche ohne Weiteres als Beispiele für die behandelte Zuchtmethode gelten dürfen.

Diesen Erörterungen entsprechend unterscheide ich also die stark variablen und die nur wenig variablen Neuheiten. Von den letzteren wird wohl allgemein angenommen, dass sie gewöhnlich *single variations* sind, d. h. stossweise entstehen. Für diese werde ich also nur dieses Auftreten und die Frage nach ihrer Constanz zu besprechen haben (Kap. IV dieses Abschnittes). Viel wichtiger sind, in kritischer Hinsicht, die stark fluktuirenden Varietäten, die Fälle also, in denen man früher meinte, dass durch Selection neue Eigenschaften erhalten werden könnten (Kap. II und VIII). Als Beispiele nenne ich hier die buntblätterigen Gewächse, die gefüllten Blüthen und Compositen und die gestreiften Blumen.

Vergleichen wir jetzt, von einem theoretischen Gesichtspunkte, diese grosse Variabilität mit den früher behandelten, normalen Beispielen (S. 34—38 u. s. w.), so werden wir zu der Ansicht gelangen, dass beide nicht genau dasselbe sind. In bunten Blättern wechselt das Gelb mit dem Grün, in den halbgefüllten Blüthen wechseln die petaloiden Staubfäden mit den normalen u. s. w. Es handelt sich hier also nicht um den variablen Werth einer einzigen Eigenschaft, sondern um das Zusammenwirken oder vielmehr um den Kampf zweier. Je nachdem die eine oder die andere vorwaltet, ist die Pflanze mehr oder weniger bunt, gefüllt u. s. w. Die eine Eigenschaft ist die alte, normale, jene der ursprünglichen Art. Die andere ist die neue, abnormale, jene der sich bildenden Varietät, mit einem Worte die Anomalie. Und die Wechselwirkung dieser beiden antagonistischen Typen erklärt wenigstens zu einem guten Theile den ausserordentlichen Grad der Variabilität.

Die grüne Farbe an sich ist nur wenig variabel, und ebenso einförmig sind die rein gelben oder goldgelben Varietäten, denen das Grün vollständig fehlt (*Varietates aureae,* z. B. *Pyrethrum Parthenium aureum*). Den gewöhnlichen, mehr oder weniger gefüllten Sorten stehen die in allen Blüthen völlig gefüllten Varietäten gegenüber, als eine äusserst wenig variable (aber sterile) Form (vergl. *Ranunculus acris petalomana,* Fig. 40 S. 137). Die höchst variablen Formen stehen hier in der Mitte zwischen je zweien fast nicht fluktuirenden, reinen Typen.

Nehmen wir dieses Prinzip für die betreffenden Fälle als Erklärung an, so gelangen wir also zu der Erkenntniss von Zwischenformen mit zwei um den Vorzug streitenden, antagonistischen Eigenschaften, und mit auffallend starker, durch diesen Streit bedingter Variabilität. Je nach den einzelnen Beispielen kann diese Variabilität eine mehr oder weniger weitgehende sein; im äussersten Falle kann sie einzelne Organe oder gar Individuen äusserlich völlig einem der beiden Typen, zwischen denen sie schwankt, ähnlich machen. Rein grüne und andererseits rein gelbe bezw. rein weisse Blätter oder Keimpflanzen sind bei bunten Sorten bekannt und nicht gerade selten. Die Aehnlichkeit ist aber nur eine äussere. Der grüne Minus-Variant der bunten Sorte gehört nicht der ursprünglichen Art, der rein gelbe Plus-Variant nicht der goldgelben Varietät an. Solches lehrt namentlich die Aussaat der Samen jedesmal, wo der Versuch sich ausführen lässt.

Solche Varietäten werde ich Zwischenrassen nennen, und wenn von den beiden antagonistischen Eigenschaften keine zu stark vorwiegt, Mittelrassen (vergl. § 3).

Versucht man es, die Variabilität solcher Zwischenformen statistisch zu studiren und graphisch darzustellen, so darf man offenbar keine so einfachen und reinen Curven erwarten, als bei der Variabilität normaler Eigenschaften (S. 34). Im Prinzipe wird man stets Figuren erhalten, welche durch Combination der beiden Grössen entstanden sind, also Combinationscurven, wie sie von Ludwig,

Bateson, Pearson, Davenport und Anderen studirt worden sind. Es leuchtet ein, dass dabei, je nach dem gegenseitigen Verhältniss der beiden Eigenschaften, sehr verschiedene Formen werden auftreten können (vergl. unten, § 3—5). Es leuchtet gleichfalls ein, dass die Selection in solchen Fällen ganz besondere Folgen wird haben können, welche namentlich oft bedingt sein werden durch die Unmöglichkeit, die beiden Grenztypen zu überschreiten (§ 5 und Fig. 122).

Fassen wir das Ergebniss dieser Erörterungen kurz zusammen, so gelangen wir zu den folgenden Sätzen:

1. Gartenvarietäten sind theils einfache, durch je eine neue Eigenschaft bedingte. Solche sind meist nicht wesentlich stärker variabel als die ursprüngliche Art und meist aus Samen constant, wie diese. Ganz gewöhnlich beruht die Neuheit auf Verlust, bezw. Latenz einer Eigenschaft der Mutterart. Wo ihre Entstehung ausreichend bekannt ist, fand diese stossweise statt. Ueber Combinationen mehrerer Merkmale in derselben Varietät vergl. S. 139.

2. Zum anderen Theile sind Gartenvarietäten Combinationstypen, durch Verbindung zweier (oder mehrerer) antagonistischer Merkmale entstanden. Die beiden Merkmale schliessen einander mehr oder weniger vollständig aus und streiten um den Vorrang; daher eine äusserst grosse Abwechslung in der Erscheinungsweise (bunt, gestreift, gefüllt u. s. w.). Diese Formen tauchen in sehr geringer Ausbildung, als Minus-Varianten, auf, werden als solche aufgesucht und dann isolirt und durch Selection verbessert. Ihre künstliche Production geschieht also nicht stossweise, aber unter allmählichem Fortschritt. Der erste Anfang bleibt aber unbekannt.

§ 2. Die Lehre von der einseitigen Steigerung der Variabilität durch Auslese.

Zu den anziehendsten Abschnitten der Selectionslehre gehört bekanntlich der Satz, dass die Variabilität sich durch Zuchtwahl erstarken lasse. Zahllose Erfahrungen namentlich im Gartenbau scheinen diese Lehre zu beweisen, und wäre sie richtig, so würde sie wohl eine unerschütterliche Stütze bilden für den jetzt so beliebten Glauben an die Allmacht der Naturzüchtung (S. 84).

Varietäten sollen beginnende Arten sein. Durch Auswahl der am meisten vom Typus der Art abweichenden Individuen soll man erst zu Variationen, dann zu Varietäten gelangen. Diese sollen das Bestreben haben, sich zu befestigen und in Rassen überzugehen und auf dieselbe Weise sollen die Rassen später zu neuen Arten werden. — So lautet die herrschende Meinung.

Diese Meinung gründet sich, wie ich im ersten Abschnitt ausführlich zu beweisen versucht habe, auf einer einseitig übertriebenen Ausbildung von DARWIN's Selectionslehre. DARWIN stützt sich auf die Erfahrungen des Gartenbaues; diese aber scheinen mir, wenigstens in den Werken der besseren Autoritäten, eine solche Uebertreibung nicht zu rechtfertigen.

Der herrschenden Meinung gemäss hätte der Mensch jeden willkürlichen Fortschritt irgend einer gegebenen Art in seiner Hand. Alle Merkmale variiren, man brauche nur die extremen Varianten zu isoliren und von ihnen weiter zu züchten. Allerdings geht es langsam voran, aber in zahlreichen Sorten dauert der Versuch schon ein kleines halbes Jahrhundert. Und die wirklich erreichten Fortschritte, so hochwichtig sie auch für die Praxis sind, entsprechen diesen theoretischen Erwartungen nicht. Ganz im Gegentheil lehren sie, dass der Mensch zwar Vieles vermag, vieles Andere aber nicht.

Die vergleichenden Betrachtungen der Systematiker lehren uns fast überall von den kleinsten Abweichungen zu wohl unterschiedenen Arten ganz allmähliche Uebergangsreihen kennen. Sie bilden somit für die besprochene herrschende Meinung eine sehr wichtige Stütze, aber noch keinen Beweis. Denn hier greift die transgressive Variabilität ein (Abschn. II, § 25 S. 408) und verwischt die Grenzen zwischen verwandten Gruppen.

Im vorigen Paragraphen habe ich die Prinzipien angedeutet, auf denen meiner Meinung nach eine Erklärung der fraglichen Beobachtungen beruhen muss. Wenn man in irgend einer wilden oder cultivirten Art eine kleine Anomalie findet, und es gelingt, aus dieser durch Auslese eine neue, beträchtlich abweichende und constante Form zu gewinnen, so kann es den Anschein haben, dass alles allmählich und nach dem freien Willen des Versuchsanstellers vor sich gehe, während dennoch nur ein glücklicher Zufall den Erfolg bedingte.

Durchsucht man die Gartenbaulitteratur, so gelangt man bald zu der Ansicht, dass dieser Schein jedenfalls die tüchtigen Züchter nicht getäuscht hat. Weder der Anfang, noch das Ende einer Wahlcultur stehen in der Macht des Gärtners, sagen sie. Nur zwischen diesen beiden Grenzen hänge alles von seiner Thätigkeit ab.

Aus einer reinen Art entsteht die erste Andeutung der Anomalie durch Zufall, und eine der bekanntesten Vorschriften im Gartenbau lautet, dass ein Jeder nach solchen zufälligen Vorkommnissen fleissig — manche sagen sogar ängstlich und peinlich — zu suchen habe.

Wie klein die Abweichung ist, darauf kommt es gar nicht an, wenn sie nur eine Anomalie ist (S. 413). Hat man eine solche einmal aufgefunden, so hat man es in der Hand, sie weiter auszubilden und zu ihrer vollen Entwickelung zu bringen. Aber die stets vorhandenen mehr oder weniger beträchtlichen fluktuirenden Variationen normaler Eigenschaften leisten dieses nicht; mittelst dieser kann man die einzelnen Sorten schöner und besser machen, aber etwas eigentlich Neues bekommt man dabei nicht.

Die besten gärtnerischen Autoritäten sind in dieser Beziehung alle derselben Meinung. So sagt CARRIÈRE: „*L'horticulteur ne peut faire naître les variétés*" und ausführlicher über gefüllte Blumen: „*Le point de départ des fleurs doubles est en dehors de notre puissance comme de nos calculs; nous ne pouvons rien, ou à peu près rien, sur le fait initiatif; nous ne pouvons que le saisir lorsqu'il se présente; nous ne pouvons pas le provoquer; c'est un effet, dont la cause nous est inconnue.*"[1] Ein bekannter englischer Züchter, WILLIAM PAUL, sagt:[2] „*He, who is seeking to improve any class of plants, should watch narrowly and seize with alacrity any deviation from the fixed character.*" „*However unpromising in appearance at the outset, he knows not what issues may lie concealed in a variation.*" Ebenso sagte bekanntlich bereits SALTER, dass die grösste Schwierigkeit darin liege, eine kleine anfängliche Abweichung zu finden; hat man diese aber einmal gefunden, so hat man das Uebrige ganz in seiner Macht, wie gering die Variation auch sein mag. Und DARWIN, der dieses citirt,[3] hat die grosse Bedeutung dieses Satzes, jedesmal wo er den Gegenstand behandelte, scharf hervorgehoben.

Mit anderen Worten, wie bereits mehrfach (u. a. S. 131) erinnert wurde: Die erste Bedingung, eine Neuheit hervorzubringen, ist, ihren Kern bereits zu besitzen.

Doch gelingt solches bekanntlich auch dann noch keineswegs immer. Bisweilen verschwindet die Variation, ohne eine sichtbare Spur zu hinterlassen. Alle Mühe, sie zu züchten, ist dann vergeblich.

Solche nicht fixirbare Abweichungen sind meiner Erfahrung nach die gelegentlichen Aeusserungen latenter Eigenschaften. Was der Züchter zu finden wünscht, sind die Fälle, wo die zufällige Anomalie im Verborgenen bereits zu einer erblichen Rasse geworden ist. Ist

---

[1] E. A. CARRIÈRE, *Production et fixation des variétés dans les végétaux.* 1865. S. 64 und S. 15.

[2] *Contributions to horticultural literature.* 1892. Nature. Vol. 46 S. 583.

[3] *Variations of animals and plants.* II. S. 249; oder S. 346 der deutschen Ausgabe. Vergl. auch Part. I. S. 267 u. s. w.

solches geschehen, so wird einerseits die Anomalie sich auch unter nicht ganz günstigen Bedingungen leicht äussern, andererseits wird sie sich bald zu der vollen Höhe einer guten Gartenvarietät entwickeln lassen.

Soweit die vorhandenen Erfahrungen zu urtheilen gestatten, verlaufen solche Zuchtculturen alle im Wesentlichen in derselben Weise. Ueberall kann man die Beispiele finden. Ausgedehnte und durch viele Jahre wiederholte Aussaaten helfen nichts, wenn nicht der Zufall mitwirkt. Die *Anemone coronaria plena* ist in einem einzigen Exemplare auf der Gärtnerei von WILLIAMSON in England entstanden;[1] dieses zeigte an einem Staubfaden eine geringe petaloide Verbreiterung. Als aber davon ausgesät wurde, erhöhte sich allmählich die Zahl der blumenblattartigen Staubfäden und im Laufe einiger Generationen wurden die Blüthen ganz gefüllt. So sind Rosen, *Campanula* und viele andere Gartenpflanzen gefüllt gemacht worden. Auf einer Gärtnerei in Erfurt sah ich ein Beet *Reseda odorata* mit „gefüllten" Trauben. Die Trauben waren verbändert, die Blüthen verbreitert, das Ganze war voller, gedrungener und schöner als die Art. Das Beet war aus den Samen zweier, im vorigen Jahre zufällig aufgefundener fasciirter Exemplare aufgegangen. Die „falschen" wurden ausgerodet, die „echten" gespart, um Samen zu tragen und in dieser Weise eine neue Sorte in den Handel zu bringen.

Die Züchtung hat in diesen Fällen einen doppelten Zweck. Einmal muss die Sorte isolirt, d. h. wie jede neue Varietät von den Unreinheiten, welche durch die freie Kreuzung entstehen, gesäubert werden. Dann aber muss sie auch wirklich durch Selection verbessert werden. Die ersten Andeutungen der Füllung sind, wie erwähnt, einzelne überzählige Blumenblätter, oder bei Compositen einzelne überzählige Strahlenblüthen zwischen den Scheibenblüthen; die erste Andeutung einer neuen Farbe ist oft sehr blass; geschlitzte Blätter und Blumenblätter kennzeichnen sich durch kleine Einschnitte, Kämme (S. 135) durch geringe Auswüchse u. s. w. Alle diese Eigenschaften werden durch Auslese zunächst auf das ihnen entsprechende Mittel, dann aber auch darüber hinaus verbessert.

Eine solche Verbesserung geschieht, wenn sie einmal möglich ist, rasch und mit zunehmender Geschwindigkeit. Daher die Vorstellung von der zunehmenden Variabilität. Die Erklärung liegt aber einfach darin, dass man, wie im vorigen Paragraphen erörtert wurde, in Bezug auf das neue Merkmal anfänglich Minus-

[1] DARWIN, l. c. II. S. 269.

Varianten findet, welche, sobald sie isolirt sind, in Folge des Regressionsgesetzes, sich nicht dem Merkmal der Art, sondern dem Mittelwerth der neuen Varietät nähern. Und solches geschieht bekanntlich leicht und rasch, denn hier verhält sich die neue Varietät genau so wie eine alte veredelte Rasse beim Aufhören der Selection oder bei rückschreitender Auslese (I. § 14 S. 86).

Reinigung von Kreuzungsbeimischungen und diese Verbesserung zusammen lassen den Fortschritt nicht selten fast in geometrischem Maasse zunehmen. Es liegt dabei selbstverständlich nicht ein Gesetz vor, doch dürfte die Anführung eines Beispieles wesentlich zur Klärung beitragen. HOFMEISTER säte Samen von *Papaver somniferum polycephalum*,[1] und zwar von Exemplaren, welche er zwischen normalen Pflanzen gefunden hatte. Durch Auslese der schönsten, an Nebenkarpellen reichsten Früchte, aber ohne Isolirung, fand er den Procentsatz an anomalen Exemplaren in den nächsten Generationen wie folgt:

Jahr:	1863	1864	1865	1866	1867
Procentsatz:	6 %	17 %	27 %	69 %	97 %
Geometrische Reihe:	8	16	32	64	(100)

Wie man sieht, weichen diese Zahlen nicht all zu sehr von einer geometrischen Reihe ab. Ohne darauf viel Gewicht zu legen, möchte ich doch hieran anschliessen, dass ich sehr oft in entsprechenden Züchtungsversuchen ähnliche Zahlenreihen bekommen habe.

Ebenso wenig wie der Ausgangspunkt liegt auch die Grenze des Erreichbaren in der Macht des Züchters. Dieses geht am klarsten daraus hervor, dass die meisten Gartenvarietäten jetzt noch auf derselben Höhe stehen wie bei ihrer ersten Einfuhr. Trotz der eifrigsten Auslese und der grössten Ausdauer ist nur in seltenen Fällen ein fernerer Fortschritt in derselben Richtung erhalten worden. Zahllose Pflanzen kennt man bunt, nur sehr wenige als *Aurea*-Varietät. Die petalomanen Blumen sind steril und können also nur auf vegetativem Wege vermehrt werden. Aber es ist ganz klar, dass diese Schwierigkeit bei Weitem nicht die Ursache ihrer Seltenheit ist. Auf Compositen findet man nicht selten einzelne Köpfchen ohne Zungenblüthen, aber wie gering ist die Anzahl der discoiden Varietäten. Ich fand einmal ein solches an Strahlenblüthen sehr armes Exemplar von *Coreopsis tinctoria* in meinen Culturen, aber trotz Isolirung wiederholte sich die Erscheinung bei der Aussaat nicht. Die Catacorolla (äussere

[1] *Allgemeine Morphologie* S. 565. Vergl. unsere Fig. 27 auf S. 98; ferner HOFFMANN, *Bot. Zeitg.* 1881. S. 397, und VERLOT, l. c. S. 88.

Verdoppelung der Krone in Lappen) spielt im Gartenbau nur bei *Gloxinia superba* eine Rolle. Fistulose Compositen sind selten; von monophyllen und geschlitztblätterigen Varietäten sowie von vielen anderen Abarten könnte der Handel noch eine ganze Reihe verwenden, wenn man sie nur machen könnte. Aber so lange der Zufall sie nicht irgend Einem in die Hände spielt, ist jede Mühe vergeblich.

Dennoch besitzen wohl alle Pflanzen zahllose latente Eigenschaften. Irgend welche umfangreichere und durch eine Reihe von Jahren fortgesetzte Cultur giebt davon die Ueberzeugung. Es ist oft sehr schwer, seine Rassen rein von Anomalien zu machen. *Agrostemma Githago* bot mir eine fast unabsehbare Reihe, ebenso *Raphanus, Raphanistrum* und viele andere. Bei den Gartenpflanzen sind die wünschenswerthen selbstverständlich jetzt selten, da sie ja vorher schon ausgebeutet sind; nutzlose und unschöne Anomalien bringen sie aber stets zahlreich hervor, um so mehr, je ausgedehnter ihre Cultur ist.

Ist eine neu gefundene Gartenvarietät einmal isolirt und „fixirt", d. h. durch Kunst in einer kleinen Reihe von Jahren gereinigt und verbessert, so ist von ihr in dieser Weise ein weiterer wesentlicher Fortschritt also nicht mehr zu erwarten. Dazu giebt es dann nur zwei Wege. Erstens das zufällige Auftreten einer neuen Anomalie in derselben Rasse, zweitens aber die Combination der neu gewonnenen Eigenschaften mit anderen durch Kreuzung. Der erstere Weg ist schwer zu benutzen, da man ganz vom Zufall abhängig ist. Der zweite aber um so leichter; auch wird er stets eingeschlagen. Jede neue Eigenschaft wird sofort auf möglichst viele vorhandene Varietäten der betreffenden Art übertragen; sie giebt dann eine entsprechende Anzahl von Neuheiten. So hat Lemoine die gefüllten Blüthen eines einzigen Flieders auf mehrere Dutzend Varietäten gebracht, so ist die *Cactus-Dahlia* sofort nach ihrer Entdeckung mit fast allen Farb- und Füllungs-Varietäten der Georginen verbunden u. s. w. In der Regel stellt man dabei die Sache von der anderen Seite vor und bringt die Eigenschaften der älteren Varietäten auf den neuen Typus über; es tritt dann diese neue Form sofort in einem grossen Reichthum von Varietäten auf, neben dem alten Gebiet der Art ein neues von gleicher Ausdehnung darstellend. Eine einzige neue Eigenschaft kann somit die Reihe der Varietäten verdoppeln. *Petunia, Zinnia, Fuchsia* gehören zu den älteren, *Gladiolus, Begonia* und viele andere zu den neueren sehr bekannten Beispielen dieser Methode. Die Straussfeder-Chrysanthen (mit bewimperten Blumenblättern) entstanden vor einigen Jahrzehnten in einer einzigen Sorte *(Alph. Hardy)*, haben aber jetzt eine stattliche Reihe von Varietäten aufzuweisen u. s. w.

Die Lehre von der einseitigen Steigerung der Variabilität durch Auslese beruht somit, soweit die vorhandenen Erfahrungen ein Urtheil gestatten, wesentlich auf der Gewinnung erblicher Rassen mit bis dahin latenten Eigenschaften. Solche Rassen sind höchst variabel und verrathen sich, wenn sie zufällig entstanden sind, durch geringe Anomalien, welche sich durch „Zuchtwahl" leicht „aufarbeiten" lassen. Sie entfernen sich dabei rasch vom Typus der Art, aber nur deshalb, weil sie sich dadurch ihrem neuen Typus nähern; sobald sie diesen durch Isolirung erreicht und durch Selection überschritten haben, ist es ebenso schwer, sie weiter zu verbessern, wie bei jeder anderen veredelten Rasse. Willkürlich hervorrufen kann man diese Varietäten nicht, man muss abwarten, bis sie sich zufällig zeigen. Und ebenso wenig kann man aus ihnen willkürlich zu höheren Stufen aufsteigen. Nur der Zufall, d. h. eine uns unbekannte Einwirkung, überschreitet bis jetzt diese beiden Grenzen; keine Auslese vermag mehr als den leeren Schein eines eigenmächtigen Eingreifens zu bewirken.

II. Latente und semilatente Eigenschaften.

§ 3. Mittelrassen und Halbrassen.

Bevor ich die Erfahrungen des Gartenbaues auf dem Gebiete der sehr variablen Varietäten sowie meine eigenen Versuche beschreibe, ist es erforderlich, zur Klärung der Begriffe die Zwischenstufen, welche sich zwischen einer Art und einer von ihr abgeleiteten einfachen und reinen Varietät darbieten können, eingehender zu unterscheiden.

Wir wollen dabei von der Erfahrung ausgehen, dass das zufällige Auftreten einer Anomalie bei Weitem nicht immer den Weg eröffnet, um zu einer neuen Sorte zu gelangen. Ein Beispiel aus vielen. Becher (Figg. 16, 106 und 109, S. 45, 338 und 348) findet man als seltene Abweichung, ganz vereinzelt, aber doch bei ziemlich vielen Pflanzenarten,[1] bei einzelnen, wie *Magnolia* und *Tilia* sogar ziemlich häufig. Aber eine Varietät, welche an solchen Bildungen eben so reich wäre, wie z. B. *Trifolium pratense quinquefolium* an vier- und fünfscheibigen Blättern, hat man nicht, obgleich sie offenbar Aufsehen erregen und also die Mühe des Zuchtversuches gewiss lohnen würde.

[1] *Over de erfelykheid van synfisen*, Kruidkundig Jaarboek, Gent. 1895. S. 129.

Es geht hieraus hervor, dass eine zufällig gefundene Anomalie die Aeusserung einer sonst latenten Eigenschaft sein kann, welche man nicht zu activiren vermag. Neben dieser extremen, aber sehr gewöhnlichen Weise des Auftretens sind, meiner Erfahrung nach, zwei andere Fälle möglich:

Erstens. Bei der Aussaat von Samen der abweichenden Exemplare wiederholt sich die Anomalie, und zwar von Zeit zu Zeit, in einzelnen oder mehreren Exemplaren; sie bleibt aber selten oder tritt doch nur meist in geringer Ausbildung auf. Selection verbessert sie, aber nicht sehr wesentlich.

Zweitens. Bei entsprechender Aussaat sieht man die Anomalie sowohl im Grade der Entwickelung, als auch in der Anzahl der Individuen rasch und stark zunehmen. Es „bildet sich“ im Laufe weniger Generationen eine sogenannte erbliche Rasse. Diese zeigt in Bezug auf das fragliche Merkmal starke Fluktuation und deutliche Abhängigkeit von der Cultur..

Ich werde im ersteren Falle die fragliche Eigenschaft semilatent nennen und unterscheide somit unter den latenten Eigenschaften die eigentlichen, durchgehends latenten von den mehr oder weniger oft in die Erscheinung tretenden oder semilatenten. Letztere Bezeichnung bezieht sich somit auf das Verhalten der Eigenschaft in der ganzen Rasse; eine semilatente Eigenschaft kann in vielen Exemplaren und Organen latent bleiben, während sie in anderen activ wird. Eine eigentliche latente Eigenschaft wird dagegen nur höchst selten activ.

Untersucht man die drei unterschiedenen Fälle statistisch, indem man für die Anomalie eine empirische Curve aufzustellen versucht (S. 415), so findet man in der Regel Folgendes:

Erster Fall: Die eigentlich latenten Eigenschaften äussern sich zu selten, um ausreichendes Material für eine Curve zu bieten.

Zweiter Fall: Die semilatenten Eigenschaften zeigen, in Verbindung mit der antagonistischen activen Eigenschaft, halbe Curven (Fig. 120 S. 429), aus diesen lässt sich durch Selection eine zweischenklige Curve ableiten (Fig. 121 S. 434), welche aber sich nicht erheblich vom Gipfel der halben Curve entfernt.

Dritter Fall: Die fraglichen Eigenschaften zeigen beim Anfang, weil sie als Minus-Varianten aufgefunden werden, gleichfalls halbe Curven, welche nach Isolirung leicht und rasch in zweischenklige mit einem neuen Gipfel übergehen. Man erreicht die erwartete erbliche Rasse, welche sich dann ohne weitere Selection erhält.

Versucht man ferner, aus diesen Daten zu einer schematischen Vorstellung der Wechselwirkung zweier antagonistischen Eigenschaften in Gartenvarietäten zu gelangen, so erhält man die folgende Uebersicht:

	Die normale Eigenschaft sei:	Die Anomalie sei:
I.	activ	latent.
II.	activ	semilatent.
III.	Beide halten sich ungefähr	das Gleichgewicht.
IV.	semilatent	activ.
V.	latent	activ.

Selbstverständlich behaupte ich nicht, dass keine weiteren Fälle möglich sind, dass die Semilatenz nicht noch in Abstufungen vorkommen kann. Zu einem solchen Ausspruche fehlt augenblicklich die thatsächliche Grundlage durchaus. Auf der anderen Seite muss ich hervorheben, dass das gegebene Schema für die jetzt vorhandenen Beobachtungen ausreicht; von den fraglichen Zwischenformen werden wir eine ausreichende Anzahl von Beispielen kennen lernen, während ich andere bis jetzt nicht aufgefunden habe.

Es leuchtet in obiger Tabelle ein, dass I einfach die normale, ursprüngliche Art, und V eine von ihr abgeleitete, wenig variable und constante Varietät aufzeigt. Die drei anderen Nummern sind die fraglichen Zwischenformen, von denen die beiden ersteren (II und III) den obigen Erörterungen entsprechen, und die vierte sich aus dem Schema ergiebt. Doch scheint mir dessen Vorkommen in der Natur noch fraglich.

Es wird nothwendig sein, für die beiden ersteren Zwischenformen besondere Namen einzuführen. Und so werde ich sie zusammen Zwischenrassen nennen, und ferner Nr. II Halbrasse (mit halber Curve), und Nr. III Mittelrasse. Das Wort Rasse ist hier selbstverständlich nicht im Sinne einer veredelten Rasse (S. 58) oder Zuchtrasse, sondern in jenem einer erblichen Form benutzt worden.

Ich führe zum besseren Verständniss hier sogleich ein paar Beispiele an; es sind dieselben, welche schon oben mehrfach genannt wurden.

Beispiele.

		Bunte Blätter	Gefüllte Blüthen
I	Ursprüngliche Art.	Grün.	Einfach.
II	Halbrasse	Seltenes bunt.	Einzelne petaloide Staubfäden.
III	Mittelrasse	*Var. variegata.*	*Var. plena.*
V	Constante Varietät	*Var. aurea.*	*Var. petalomana.*

Ich nehme zum Zwecke dieses Beispieles somit an, dass dieselbe Eigenschaft, rein auftretend, die constanten goldgelben bezw. völlig gefüllten Varietäten giebt,[1] während durch ihre Mischung mit der antagonistischen Eigenschaft die gelbbunten und halbgefüllten Sorten entstehen. Die Annahme hat nur den Zweck, die Sachlage möglichst klar zu machen, denn bei Spaltungen verhalten sich die Eigenschaften in etwas anderer Weise (vergl. S. 497).

Halbrassen und Mittelrassen giebt es gar viele, die ersteren liefern einen sehr wichtigen Theil des teratologischen Materiales, und namentlich eignen sie sich besonders für experimentelle teratologische Studien. Dasselbe leisten auch viele Mittelrassen, und im zweiten Bande werde ich auf diesen Punkt, namentlich für die erblichen Rassen mit Zwangsdrehung und Verbänderung zurück zu kommen haben. Für den Gartenbau zeigen die Halbrassen ihre Anomalie im Allgemeinen zu selten und haben sie also keinen, oder nur einen untergeordneten Werth. Dagegen bilden die Mittelrassen hier einen sehr wesentlichen Theil des Formenreichthums. Zahllose Varietäten mit bunten Blättern, gestreiften oder gefüllten Blumen, bezw. gefüllten Körbchen bei den Compositen gehören hierzu. Ferner die *Formae cristatae* vieler Farne, die Kämme auf den Blüthen von *Primula sinensis*, von *Cyclamen persicum*, *Begonia* u. s. w., die Polycephalie von *Papaver*, die Catacorolla von *Gloxinia superba*, und eine Reihe anderer mehr oder weniger seltener Beispiele.

Selbstverständlich ist es keineswegs erforderlich, dass von einem bestimmten Paare antagonistischer Merkmale auch alle die genannten Formen existiren. In vielen Fällen fehlen ja die Zwischenrassen überhaupt, in anderen fehlt eine oder zwei von ihnen. Ebenso ist es nicht erforderlich, dass neben einer Zwischenrasse auch die reinen Typen vorkommen, wenn wir auch in solchen Fällen darauf beschränkt sind, unsere Auffassung auf Analogieschlüsse zu gründen. Ich nenne als Beispiele die folgenden, in diesem Abschnitte ausführlicher zu besprechenden Fälle, in denen mir die entsprechende constante Varietät noch unbekannt ist.

Art.	Halbrasse.	Mittelrasse.
Trifolium pratense	vierblätteriger Klee im Freien	*T. p. quinquefolium.*
Trifolium incarnatum	*T. i. quadrifolium*	unbekannt.
Ranunculus bulbosus	*R. b. semiplenus*	„
Chrysanthemum inodorum	unbekannt	*C. i. plenissimum.*
Chrysanthemum segetum	*C. s. grandiflorum*	*C. s. plenum.*

[1] Vergl. § 19 und namentlich § 24 (Ueber Buntblätterigkeit).

Als fernere Beispiele nenne ich *Caltha palustris,* von der im Freien die Halbrasse mit überzähligen Blumenblättern, und im Handel die wenig variable, sterile petalomane Varietät vorkommt. *Camellia japonica* mit beiden Formen der Füllung. Auch gehören wohl zu den Zwischenrassen (Mittelrassen) die durch partiellen Atavismus auffallenden monophyllen und fistulosen Varietäten (Fig. 38 S. 136 und Fig. 134), die viviparen Gräser (*Poa alpina vivipara, Poa bulbosa vivipara* u. s. w.) und viele andere viviparen Formen (*Agave vivipara* u. s. w.)[1] Kommt neben einer Zwischenrasse die entsprechende constante Varietät nicht vor, so gilt erstere ohne Weiteres als Varietät, wie zumal für die Mittelrassen selbstverständlich ist. Die Halbrasse gilt dann meist als erbliche Anomalie.

Es ist ferner sehr wahrscheinlich, dass in der Natur eine Reihe von Arten, welche durch grosse Variabilität einer Eigenschaft auffallen, in der Weise der Zwischenrassen aufgebaut sind, d. h. der Verbindung zweier antagonistischer Merkmale ihren Formenreichthum verdanken. Statt auf diese sehr anziehende Frage weiter einzugehen nenne ich *Acacia diversifolia,* welche ihren Namen und ihre Eigenschaft dem Hin- und Herschwanken zwischen doppelt gefiederten Blättern und Phyllodien verdankt.

Eine sehr wichtige Frage ist die nach der Constanz der Zwischenrassen. Ich werde diese bei den einzelnen Beispielen ausführlich behandeln, hebe aber bereits jetzt hervor, dass sowohl constante als auch inconstante Zwischenrassen vorkommen. Einerseits giebt es Fälle, wo eine Ueberschreitung der Grenzen zwischen diesen Rassen anscheinend ebenso selten ist, als die Mutationen, durch welche neue Arten entstehen, wo es mir jedenfalls bisher nicht gelang, trotz aller Mühe und Sorgfalt, aus der einen Rasse die andere zu bekommen (*Trifolium incarnatum quadrifolium, T. pratense quinquefolium, Ranunculus bulbosus semiplenus*). Andererseits aber giebt es Beispiele inconstanter Zwischenrassen, in denen bei genügend umfangreichen Culturen jährlich einzelne Exemplare die sonst feste Grenze überschreiten. Solche Erscheinungen gehören offenbar zum Atavismus, falls sie, wie in meinen Beobachtungen, aus einer Mittelrasse zu dem Typus der ursprünglichen Art zurückkehren, wenn sie auch dabei nicht deren Constanz erlangen, sondern nur zu Halb-

---

[1] Vergl. GOEBEL, *Organographie.* I. S. 153—159; E. H. HUNGER, *Ueber einige vivipare Pflanzen.* Diss. Rostock 1887. Bot. Jahresber. 1888. T. XVI, 1, S. 421 und namentlich CLOS in den *Actes du congrès international de botanique.* Paris. Sept. 1900. S. 7.

rassen werden. Solche atavistische Erscheinungen sind bei gestreiften Blüthen und wohl auch bei bunten Blättern sehr bekannt, ferner fand ich in *Linaria vulgaris peloria* und *Plantago lanceolata ramosa* auffallend deutliche Beispiele (§ 20 und § 17).

Neben diesen beiden Kategorien gelang es mir eine dritte aufzufinden, in der ganz vereinzelt und selten die eine Zwischenrasse aus der anderen entstand. Ich beobachtete davon bis jetzt nur zwei Fälle. Erstens die Entstehung der *Linaria vulgaris peloria* aus der *L. v. hemipeloria* (§ 20) und zweitens die Bildung des normal gefüllten *Chrysanthemum segetum plenum* (Taf. VIII) aus dem *C. s. grandiflorum* mit 21 statt 13 Zungenblüthen (§ 18). Die *Linaria vulg. peloria* betrachte ich wegen ihrer Inconstanz als eine Zwischenrasse, während die *L. vulg. hemipeloria* (mit vereinzelten pelorischen Blüthen) offenbar zu den Halbrassen gehört. Die Entstehung der ersteren aus der letzteren findet vermuthlich in der Natur von Zeit zu Zeit statt. Mein *Chrysanthemum segetum plenum* ist eine Neuheit im gärtnerischen Sinne, ebenso gefüllt wie die gefüllten Varietäten anderer Compositen; sie entstand bis jetzt, soviel bekannt, anderswo nicht. Sie bildet eine Mittelrasse wie die zahlreichen analogen gefüllten Compositen, und nahm in meinem Versuchsgarten ihren Ursprung nicht aus der reinen Art, sondern aus der Handelsvarietät *C. s. grandiflorum*, welche sich in Bezug auf die Anzahl ihrer Zungenblüthen als eine niedere Stufe verhält und somit den Halbrassen[1] zuzuzählen ist.[2]

Fassen wir jetzt die Erörterungen dieses Paragraphen kurz zusammen, so finden wir:

1. Es kommen sowohl im Gartenbau als auch im Freien eine Reihe von Formen vor, welche entweder inconstant oder höchst variabel sind, und dabei eine Wechselwirkung zweier antagonistischer Eigenschaften verrathen.

2. Von diesen beiden Eigenschaften ist die eine als die normale, von der Mutterart herrührende zu betrachten, die andere aber als die Anomalie.

3. Ueberwiegt erstere, so hat man die teratologischen Halbrassen mit ihren halben Curven.

---

[1] Die mehrgipfelige Form der Strahlencurven der Compositen, deren Erklärung bis jetzt fehlt, erschwert hier allerdings diese Auffassung.

[2] Vergl. ferner die Entstehung der *Dahlia variabilis fistulosa* in meinen Culturen (§ 11 S. 480).

4. Halten beide einander im Wesentlichen das Gleichgewicht, so entstehen die stark variablen Mittelrassen, zu denen zahlreiche Gartenvarietäten und manche „erbliche" teratologische Rassen gehören.
5. Die starke Fluktuation der Mittelrasse, ihr zufälliges Auffinden im Freien oder in der Cultur, ihr Aufarbeiten zu wichtigen Neuheiten durch Isolirung und Zuchtwahl geben die Erklärung der Erscheinungen, welche Darwin auf diesem Gebiete zu seiner Meinung über die langsame Umwandlung der Arten leiteten. Damals meinte man, dass der Anfang dieses Processes in der Variation einer älteren Eigenschaft zu suchen sei, während thatsächlich die fragliche Variation von dem Fluktuiren der älteren Eigenschaften unabhängig ist.
6. Man könnte sich die Entstehung einer constanten Varietät oder neuen Arten wohl so vorstellen, dass man annimmt, dass zunächst aus der reinen Art eine Halbrasse, dann aus dieser eine Mittelrasse, und ferner die neue constante Form entstünde. Doch fehlt es augenblicklich an der ausreichenden thatsächlichen Grundlage zu einer solchen Ansicht. Namentlich fehlen in sehr zahlreichen Fällen die Zwischenstufen gänzlich.

§ 4. Halbrassen und halbe Curven.

Die Lehre von den Anomalien wird in erster Linie durch den Satz beherrscht, dass äussere Factoren sich nur dann für die Aenderung der Pflanzengestalt geltend machen können, wenn die Fähigkeit darauf zu reagiren, d. h. also die innere Anlage, bereits vorhanden ist.[1] „Wo äussere Ursachen Missbildungen hervorrufen, handelt es sich nur um ein Zutagetreten latenter Anlagen," sagt Goebel.[2]

Jede Pflanze besitzt eine ganze Menge solcher latenter Anlagen. Eine einzelne Pflanze von *Plantago lanceolata* kann zugleich *ramosa*, *stipitata*, *bracteata* sein, gespaltene Blätter und ein- oder zweiblätterige Ascidien tragen, abnormale Torsionen, zwei- bis mehrfach gespaltene Aehren und eine Reihe anderer Anomalien zeigen. Ebenso sieht man bei Aussaat der Samen einer einzigen, rein befruchteten Pflanze oft eine ganze Reihe von Missbildungen auftreten. Viele Culturgewächse wie *Cyclamen*, *Pelargonium* und *Fuchsia* bringen fast unaufhörlich Missbildungen hervor.

[1] Vergl. *Intracellulare Pangenesis.* S. 194.

[2] K. Goebel, *Organographie.* S. 158.

Die inneren Anlagen können dabei latent oder semilatent sein. Im ersteren Falle äussern sie sich nicht oder nur ausnahmsweise, wie z. B. die gefiederten Blätter des Rothklee's (Fig. 165) und die zahlreichen Beispiele von einmal oder fast nur einmal bei einer Art gefundenen Bechern. Im anderen Falle äussern sie sich mehr oder weniger regelmässig, fast jährlich und an vielen Exemplaren. So sah ich in den verschiedenen botanischen Gärten, die ich besuchte, Becherbildung an *Magnolia obovata*, und trägt diese Art sowie ihre Verwandten bei uns jährlich mehrere solche Blätter.[1]

In beiden Fällen sind die Anlagen erblich. Für die semilatenten ist solches bei ihrer Häufigkeit ohne weiteres klar, aber auch bei den übrigen weisen die gelegentlichen Wiederholungen mit völliger Bestimmtheit darauf hin.

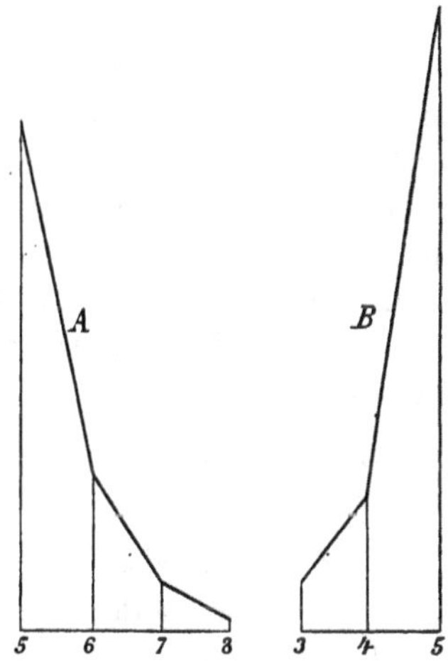

Fig. 120. Halbe Curven. *A Caltha palustris*, Curve der Zahl der Blumenblätter für 416 Blüthen. *B Weigelia amabilis*, Curve der Zipfel der Krone für 1145 Blüthen.[2]

L a t e n t e und s e m i l a t e n t e E i g e n s c h a f t e n bilden, was man den ä u s s e r e n F o r m e n k r e i s der Art nennen kann. Die im gewöhnlichen Leben einer Art sich an jedem Individuum äussernden, oder die nur als Reaction auf gelegentliche Einwirkungen wie Verwundung, Verstümmelung, Verdunkelung, Entblössung unterirdischer Organe u. s. w. eintretenden normalen Eigenschaften bilden den inneren Formenkreis, sie gehören zum innersten Wesen der Art. Aber die zahllosen latenten Eigenschaften gehören ebenso gut zum Wesen der Art, namentlich dann, wenn sie unter den Vorfahren schon einen Theil des inneren Kreises gebildet haben und somit atavistische sind. Und gerade dieser bis jetzt viel zu wenig studirte äussere Kreis enthält die besten Anweisungen über die Abstammung und somit über die systematische Verwandtschaft, wie namentlich die musterhaften Arbeiten Čelakowsky's lehren. Nur sollte man, nach dem Vorgange Heinricher's, sich mehr bemühen, sie durch Cultur dem Studium näher zugänglich zu machen und einen immer grösseren Theil dieser latenten Anlagen an's Licht zu bringen.

[1] *Over de erfelykheid van synfisen*, Bot. Jaarb. d. Gesellsch. Dodonaea. Gent 1895. S. 129. Im Laufe von 10 Jahren habe ich etwa 100 *Magnolia*-Becher beobachtet.

[2] *Ber. d. d. bot. Ges.* Bd. XII. 1894. S. 197. Taf. X.

Die Aeusserungen latenter Merkmale sind so selten, dass sie sich fast stets einer statistischen Behandlung entziehen (S. 423). Wiederholen sie sich, so pflegen sie sich als sehr variabel zu erkennen zu geben, denn auch die seltensten Anomalien bleiben sich dabei gewöhnlich nicht gleich. Man erkennt dann, dass die Variabilität eine sogenannte einseitige ist; Curven zu construiren, gelingt aber in der Regel, wegen der grossen Spärlichkeit des Materiales, nicht.

Viel günstiger stehen in dieser Beziehung die Halbrassen. Hier sind die Abweichungen nicht mehr so seltene. Allerdings überwiegt die normale Eigenschaft noch, aber man findet meist leicht ein genügendes Material für statistische Studien. Dann ergiebt sich klar, dass die Variabilität eine einseitige ist. Die Curve gipfelt in der normalen Eigenschaft, die Abweichungen liegen alle auf derselben Seite. Und in den gewöhnlichen Fällen sind sie um so weniger zahlreich, je weiter sie sich vom Typus der Art entfernen. Unsere Fig. 120 giebt in *A* und *B* ein paar Beispiele. *A* giebt die Anzahl der Blumenblätter von *Caltha palustris* an einem Standorte unweit Hilversum an; die Blumen sind, wo die Art rein ist, fünfzählig. Hier fanden sie sich aber mit 5—8 Blumenblättern, und zwar in der folgenden Vertheilung:

Blüthen mit	5	6	7	8 Kronenblättern.
Anzahl	72 %	21 %	6 %	1 %

Weigelia amabilis hat gleichfalls als Norm fünfzählige Blüthen; sie variiren aber häufig in der Minusrichtung. Ich fand in 1167 Blüthen von 3 Sträuchern unseres Gartens (Fig. 120 *B*):

Zipfel der Krone	3	4	5
Zahl der Blüthen	61	196	888.

Die halben Curven sind nicht der Hälfte einer normalen Curve gleich, dazu ist die Höhe des Gipfels, d. h. die Anzahl der normalen Fälle eine zu grosse. Es handelt sich ja nicht um die Variabilität der auf der grössten Ordinate verzeichneten Eigenschaft, sondern um die Abwechselung einer anderen, in jenen Blüthen gänzlich verborgenen.[1]

[1] Die halben Curven sind somit Combinationscurven. Ihren Gipfel bildet der mittlere Werth der normalen Eigenschaft; ihr einseitiger Schenkel wird von der semilatenten Eigenschaft bedingt. Ist die normale Eigenschaft innerhalb des Beobachtungsmateriales invariabel, so hat sie selbst keine Curve, daher das völlige Fehlen eines Schenkels auf der einen Seite. So z. B. bei auf Zahlen gegründeten Curven, wenn die normale Zahl constant oder so gut wie constant ist, wie im Falle des dreiblätterigen Klees oder fünfzähliger Blüthen. Ist die normale Eigen-

Die halben oder einseitigen Curven sind in der Natur weit verbreitet. Wo sie vorkommen, deuten sie meist die Existenz von Halbrassen an. Jedoch können, wie wir bereits erörtert haben (S. 423), unter Umständen auch Mittelrassen halbe Curven aufweisen, wie auf der anderen Seite durch Selection und gute Ernährung die halbe Curve einer Halbrasse in eine zweischenkelige umgewandelt werden kann. Doch komme ich hierauf demnächst zurück.

Beispiele halber Curven und halber Rassen bieten die älteren Untersuchungen von Fritz Müller mit *Abutilon,*[1] deren Blüthen in einer Zuchtcultur aus Samen sechsblätteriger Blumen, die folgende Zahlenreihe aufwiesen: 145 (5 Pet.), 103 (6 Pet.), 13 (7 Pet.) Eingeklammert ist die Anzahl der Petalen für jede der drei Gruppen von Blüthen. Von den neueren Untersuchungen sind diejenigen von Bateson und Pertz mit *Veronica Buxbaumii* anzuführen, in denen trotz Selection bei den verschiedensten Abweichungen in dem Zahlenverhältniss der Blüthentheile die normalen Fälle stets etwa 70—90 $^0/_0$ betrugen, während sich daneben die abnormen in abnehmender Reihe anordneten.[2] Die Früchte von *Aquilegia* sind fünf in der Blüthe, daneben kommen einige zu 6 und andere wenigere zu 7 vor. Die Frucht der Baumwolle ist fünffächerig, doch fand ich mehrere darunter mit 4 und einzelne mit 3 Fächern. *Papaver Argemone* hat vierzählige Blüthen, doch giebt es bisweilen solche mit 5 und wenige mit 6 Kronenblättern; als ich die Samen der letzteren aussäte, erhielt ich keine Verbesserung.

Blattverdoppelungen, Connation von Schirmstrahlen bei Umbelliferen, von Fruchtstielen bei Cruciferen, von Früchtchen bei Compositen u. s. w., Adnation von Achselsprossen an ihre Tragsprosse, und zahlreiche andere Anomalien verhalten sich wie Halbrassen: neben massenhaft vorwiegenden normalen Fällen kommen die anormalen um so seltener vor, je weiter sie von der Norm abweichen. Es wäre überflüssig, hier eine längere Liste zusammenzustellen. Nur führe ich noch die Catacorollarlappen auf der Aussenseite der Krone einer

schaft an sich merklich variabel, wenn auch wenig, wie bei auf Messungen gegründeten Statistiken, so hat die halbe Curve auch auf der anderen Seite einen Schenkel, dieser ist aber sehr steil. Es lohnt sich nicht, diesen Punkt hier weiter auszuarbeiten; es sollte nur hervorgehoben werden, dass die halben Curven nur ein specieller Fall ungleichschenkliger oder asymmetrischer Curven sind.

[1] Hermann Müller, *Die Befruchtung der Blumen.* S. 450.

[2] W. Bateson and Miss D. F. M. Pertz, *Notes on the inheritance of Variation in the Corolla of Veronica Buxbaumii.* Proceed. Cambridg. Phil. Soc. Vol. X. Pt. II. S. 78.

Halbrasse von *Linaria vulgaris* an, welche ich selbst durch einige Generationen cultivirt habe, und für welche die halben Curven jüngst von GARJEANNE aufgestellt und studirt worden sind.[1]

Jedermann weiss, dass jede Art eine Neigung hat, wie man zu sagen pflegt, um in bestimmten Richtungen zu variiren; in diesen thut sie solches öfters, in anderen entweder gar nicht oder höchst selten. Die Anzahl der Anomalien ist für jede Art eine begrenzte, keineswegs eine unbegrenzte. Dabei bringt die eine Art vorwiegend diese, die andere am zahlreichsten jene Abweichung hervor. Diese allgemeine, aber in etwas vagen Ausdrücken geläufige Erfahrung kann der Ausgangspunkt für eingehende experimentelle Studien werden. Denn was ist in diesen Fällen unter „Neigung“ zu verstehen? Meiner Ansicht nach einfach die Existenz einer Halbrasse, bisweilen sogar die Existenz einer Mittelrasse. Diese beiden Rassen sind, soweit meine Erfahrung reicht, scharf geschiedene, und in zahlreichen Fällen dem experimentellen Studium zugängliche Sachen, welche in ihrem Wesen nichts Vages haben, deren Erscheinung aber durch ihre sehr stark fluktuirende Variabilität für die oberflächliche Betrachtung mehr oder weniger getrübt wird.

Nimmt man Pflanzen, welche eine solche besondere Neigung zu irgend welcher Anomalie haben, in Cultur, und isolirt man sie in entsprechender Weise, so findet man wohl stets, dass man eine besondere Rasse vor sich hat. Ein Beispiel werde ich im nächsten Paragraphen besprechen; daneben giebt es aber eine lange Reihe anderer. Mehrfach aber ist es, wenigstens vorläufig, unsicher, ob neben der Halbrasse auch noch die „Art“ selbst vorkommt, d. h. eine Rasse, in der das fragliche Merkmal latent, und nicht semilatent ist. Wenn aber, wie ja so oft, die Art sehr verbreitet ist, die Halbrasse aber nur local beobachtet wurde, liegt es auf der Hand, die getrennte Existenz beider anzunehmen.

Anomalien, welche sehr häufig im Freien beobachtet werden, deuten auf Mittelrassen, die selteneren aber auf Halbrassen. Im ersteren Falle werden sie nicht selten zu den Artmerkmalen gerechnet, wie die merkwürdigen Seitenfrüchtchen auf den Früchten von *Tetragonia expansa*, welche bereits DE CANDOLLE im Prodromus in seine Diagnose aufnahm.[2] Sehr bekannt ist die unvollständige Apetalie

[1] A. J. M. GARJEANNE, *Beobachtungen und Culturversuche über eine Blüthenanomalie von Linaria vulgaris.* Flora 1901. Bd. 88. S. 78 mit Taf. IX und X.

[2] A. DE CANDOLLE, *Prodromus Regni Vegetabilis.* Vergl. ferner EICHLER, *Blüthendiagramme.* II. S. 120.

von *Ranunculus auricomus*,[1] ebenso die verzweigten Aehren von *Lolium perenne ramosum*, welche in meinem Vaterlande fast überall verhältnissmässig häufig zu sein scheinen. Linden, mit 20—30 % ihrer Blätter in Ascidien umgewandelt, erwähnt LENECEK[2] und auch bei uns kommen theils Bäume mit ganz vereinzelten Bechern, theils solche, welche daran jährlich reich sind, vor (Fig. 106 S. 338).

In mehreren Fällen kennt man neben einander die Halbrasse und die Mittelrasse, sei es bei derselben, sei es bei verwandten Arten. So wächst bei uns häufig eine Form von *Plantago major* (*f. bracteata*), welche im unteren Theile der Aehre mehr oder weniger zahlreiche grüne Bracteen trägt. Die bekannte *Plantago major rosea* unserer Gärten, deren sämmtliche Bracteen grün und meist ziemlich gross sind, bildet dazu die samenbeständige Mittelrasse. Neben *Papaver somniferum polycephalum* (Figg. 27—28 S. 98—99), welche als Mittelrasse aufzufassen ist, kommen polycephale Halbrassen von *P. commutatum* und mehreren anderen Arten vor. Sie verhielten sich, in meinen Versuchen, der Selection gegenüber durchaus anders als jene. Neben den so sehr beliebten *Varietates cristatae* unserer cultivirten Farne findet man im Freien gelegentlich wilde Arten mit einem gespaltenen Blatte. *Celosia cristata*, der Hahnenkamm ist eine höchst interessante Mittelrasse,[3] neben der fasciirte Halbrassen in zahlreichen anderen Gattungen sehr bekannt sind.[4] Aber ich muss hier auf die Aufzählung weiterer Beispiele verzichten.

Wie eine Art sich durch zwei und mehrere Merkmale von ihren nächsten Verwandten unterscheiden kann, ebenso kann eine Halbrasse zwei oder mehrere Eigenschaften, welche in der betreffenden Art latent sind, als semilatente Anomalien zur Schau tragen. Solches kommt ja keineswegs selten vor. Wenn es sich dann um Merkmale handelt, welche von der Norm der Art in entgegengesetzter Richtung abweichen, so können „doppelte halbe Curven" gebildet werden, welche dann zweischenkelige, aber abnormal geformte Curven bilden. So variirt z. B. bei uns die Zahl der Blumenblätter von *Hypericum perforatum* um die Norm 5, einerseits häufig zu 4 und selten zu 3, andererseits selten zu 6. Ebenso variirt die Krone von *Campa-*

[1] WINTER, *Journ. of Bot.* Vol. 35. 1897. S. 406. Auch in unserem Garten und in der hiesigen Gegend im Freien wächst diese Form.

[2] O. LENECEK, *Mitth. d. naturw. Vereins.* Wien 1893. S. 19. Gefunden unweit Leitmeritz.

[3] Vergl. den zweiten Band.

[4] *Botanisch Jaarboek Gent.* Jahrg. 1894. S. 72.

nula rotundifolia vielfach von 5 nach 6 und 7, und selten von 5 nach 4 und 3.[1]

Selection und Ernährung haben auf Halbrassen ihren gewöhnlichen, grossen Einfluss. Ich werde hierüber allerdings erst am Schlusse dieses Abschnittes ausführlich handeln können, glaube aber, zum richtigen Verständniss des Ganzen, wenigstens das Prinzip voranschicken zu sollen.

Nach unseren Auseinandersetzungen über die fluktuirende Variabilität im dritten Abschnitte pflegen die Auslese und die Ernährung gleichsinnig auf die einzelnen Merkmale der Pflanzen einzuwirken. Durch positive Auslese und gute Ernährung erhöht man die Ausbildung einer Eigenschaft, während Selection nach der Minus-Richtung oder mangelhafte Versorgung in der entgegengesetzten Richtung wirken. So verhält es sich mit der Polycephalie von *Papaver somniferum*[3] und, wie wir nachher sehen werden, mit allen darauf geprüften Anomalien. Halbe Curven können dadurch in zweischenkelige umgewandelt werden (Fig. 121), sei es, dass man für die besten, an der Anomalie reichsten Exemplare eine besondere Curve aufstellt, sei es, dass man von diesen ausgehend eine veredelte Rasse züchtet. Aber eine solche veredelte Rasse bleibt von der Selection und der Ernährung abhängig, sie verliert sich, wenn diese aufhören.[4] Ein Beispiel möge genügen. Die *Achillea Millefolium* blüht weiss, bildet aber stellenweise einzelne röthliche Inflorescenzen aus. Aus dieser habe ich eine roth blühende Rasse gezüchtet, mit theilweise dunkelweinrothen Blüthen. Nach vierjähriger scharfer Selection blühten bei guter Cultur sogar alle Exemplare mehr oder weniger roth. Bei gedrungenem Stande oder

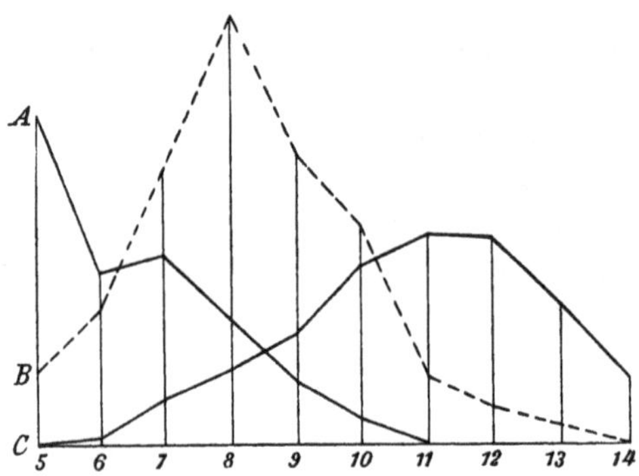

Fig. 121. Einfluss von Selection und Ernährung auf die Halbrasse *Ranunculus bulbosus semiplenus*. *A* Halbe Curve nach mehrjähriger Cultur. *B* Curve der 12 besten (d. h. an Blumenblättern reichsten) Individuen. *C* Curve der allerbesten Pflanze.[2]

[1] Vergl. auch *Ber. d. d. bot. Ges.* Bd. XII. 1894. S. 202; daselbst weitere Beispiele.

[2] *Ber. d. d. bot. Ges.* Bd. XII. 1894. Taf. X Fig. 4.

[3] Abschnitt I. S. 95—100.

[4] Abschnitt I. § 14 S. 86.

auf schlechtem Boden waren aber mehr als die Hälfte weiss, und als ich dann ohne Selection weiter säte, ging der Gehalt an rothen bald auf das ursprüngliche ganz geringe Maass zurück. Dem gegenüber steht bekanntlich die *Begonia semperflorens atropurpurea Vernon* des Handels als eine samenbeständige dunkelbraunrothe Rasse.

Mittelrassen gehen durch Minus-Selection leicht und stark zurück, doch gelingt es nicht oder doch sehr selten, ihr Merkmal nahezu vollständig auszuroden, wie ich solches z. B. bei *Aster Tripolium* und *Bidens grandiflora* in Bezug auf die Adnation der Achselsprosse an den Tragspross erfuhr, und wie ich es später für *Celosia cristata* ausführlicher erörtern werde (Band II).

Zusammenfassend sehen wir, dass es in der Natur sowie in der Cultur in Bezug auf Gartenvarietäten und sonstige Anomalien häufig zwischen einer ursprünglichen Art und einer constanten Varietät Zwischenstufen giebt. Namentlich häufig sind die Halbrasse und die Mittelrasse. Die ersteren haben eine halbe Curve, die Curve der letzteren ist eine zweischenkelige. Beide kommen in sehr zahlreichen Arten und Gattungen vor, entweder zusammen oder nur die eine von ihnen. Beide lassen sich durch Ernährung und Selection leicht beeinflussen, sind aber gewöhnlich scharf getrennt und nur scheinbar durch Uebergänge vielfach verbunden.

§ 5. Trifolium pratense quinquefolium, eine Mittelrasse.

So selten die Vierkleeblätter im Freien sind, so leicht ist es, deren viele Hunderte zu haben, wenn man nur erst im Besitz der erblichen Rasse ist. Von dieser Rasse scheinen im Freien gelegentlich vereinzelte Exemplare vorzukommen; es gilt nur sie aufzufinden, zu isoliren und zu vermehren (Fig. 122).

In diesem Paragraphen werde ich die Geschichte einer solchen Rasse beschreiben. Es geschieht dieses hauptsächlich mit dem Zweck, um den Gegensatz zwischen einer Mittelrasse und den im vorigen Paragraphen besprochenen Halbrassen um so schärfer an's Licht treten zu lassen. In einer Halbrasse wird die latente oder semilatente Eigenschaft oft nur selten sichtbar, in einem Blatt oder auf einer Pflanze unter vielen Tausenden, und nach mehrjähriger Selection giebt es oft nur noch einzelne Individuen, welche mehr als zwei oder drei Exemplare der Anomalie zur Schau tragen.

In der erblichen Rasse, der Mittelrasse, wie ich sie im Gegensatz zu der Halbrasse nenne, tritt die Anomalie aber überwiegend auf.

Die meisten Blätter haben 4—7 Scheiben, und Pflanzen ohne solche entstehen auch bei völligem Mangel von Samenauswahl kaum jemals. Dreiblätter fehlen nicht und wohl auf keinem einzigen Individuum, namentlich in der Jugend und auf schwachen Aesten.

Andererseits existiren rein fünfblätterige und rein siebenblätterige Rassen bis jetzt nicht. Ich meine solche ohne[1] Rückschläge, d. h. echte Arten. Es liegt kein Grund vor, anzunehmen, dass es nicht später einmal gelingen wird, wenigstens eine constante siebenblätterige Varietät zu erhalten. Dazu ist aber, nach den Erörterungen des § 2, ein glücklicher Zufall, d. h. eine Combination uns unbekannter Ursachen erforderlich, und einen solchen gab es bis jetzt in diesem Falle nicht.

Fig. 122. *Trifolium pratense quinquefolium.* Fünf- und siebenscheibige Kleeblätter. Das linke Blatt *A* zeigt in der Spaltung eines der Seitenblättchen einen Uebergang zur Sechsblättrigkeit.

Wenn man eine variable Rasse im Freien aufgefunden hat, handelt es sich zunächst darum, sie zu isoliren. Und ist die Art, wie es beim Rothklee der Fall ist, in vereinzelten Individuen unfruchtbar, so hat man deren zwei oder drei zusammen zu cultiviren, oder wenn man diese nicht hat, so sind eine oder mehrere Generationen dazu erforderlich, die Rasse von etwaigen Kreuzungseinflüssen zu reinigen. Doch geschieht solches in der Regel leicht. Ferner lässt sich, innerhalb des Formenkreises der neuen Rasse, das Merkmal durch Selection verbessern, wie es ja auch bei den reinen Artmerkmalen der Fall ist. Hat man erreicht, was in dieser Richtung zu erreichen ist — und solches tritt meist nach wenigen Generationen ein —, so sind weitere Verbesserungen nur von einer entsprechenden Erhöhung der günstigen Culturbedingungen zu erwarten. In dieser Weise gelang es mir anfangs meinen Vierblattklee allmählich zu verbessern, aber seit 1895

[1] Ohne Rückschläge, oder doch mit so seltenen, als beim gewöhnlichen Klee die Vierblätter, welche ja auch partielle Atavismen sind, vorkommen.

ist, trotz anhaltender scharfer Selection, kein Fortschritt mehr bemerkbar gewesen. Ich beschränke mich deshalb auf die Beschreibung der sieben ersten Generationen. Diese waren:

1. Generation.	1886—89.	Zwei Pflanzen aus Loosdrecht.
2. „	1890.	Vier Pflanzen mit 4—5 scheibigen Blättern.
3. „	1891.	Mit bis 36 % abnormalen Blättern pro Pflanze.
4.[1] „	1892.	*F* Mit einzelnen abnormalen Keimpflanzen. *E* Mit 60 % Keimpflanzen, deren 1., 2. oder 3. Blatt vierscheibig war.
5. „	1893.	*E* Mit 55 % Keimpflanzen mit zusammengesetztem Primordialblatt.
6. „	1894.	*E* Mit 96—98 % Keimpflanzen mit zusammengesetztem Primordialblatt.
7. „	1895.	*E* Mit 95—97 % Keimpflanzen mit zusammengesetztem Primordialblatt.

Zur eingehenderen Beschreibung übergehend, fange ich mit den im Freien aufgefundenen Exemplaren an.[2] Ich fand sie unweit Loosdrecht auf einem mit Gras bewachsenen Wegrande. Sie trugen einige vierscheibige und ein fünfscheibiges Blatt, und schienen also günstiger gestellt zu sein, als die mehr gewöhnlichen Funde, welche oft ja nur ein Vierkleeblatt auf einer Wiese ergeben. Ich verpflanzte sie in meinen Versuchsgarten; sie lebten dort noch drei Jahre und wiederholten die Anomalie alljährlich, und zwar, wegen der besseren Lebenslage, in zunehmendem Maasse. Im Juli und September 1889 zählte ich 46 vierscheibige und 19 fünfscheibige Blätter unter einer viel grösseren Menge normaler. Sechs- oder siebenscheibige Blätter haben diese Exemplare aber überhaupt nicht hervorgebracht.

Im Herbst 1889 sammelte ich ihre Samen und säte sie im nächsten Frühling auf einem Beete meines Versuchsgartens aus. Ich erhielt etwas über 100 Pflanzen, unter denen die Hälfte vierscheibige Blätter trug. Die übrigen wurden ausgerodet, theils im Juli vor der Blüthe, theils während der Blüthe. Am 1. September sparte ich nur die vier Pflanzen, welche am reichsten an anormalen Blättern waren, und entfernte alle übrigen. Jene vier trugen zusammen 64 vierscheibige und 44 fünfscheibige Blätter. Von den

[1] Für dieses Jahr ist die Angabe eine doppelte. *F* (Frühling) bezieht sich auf die Cultur von 1892 selbst. *E* auf die Beurtheilung der Samenträger dieses Jahres auf Grund der aus ihren Samen hervorgehenden Keimpflanzen (vergl. S. 438).
Ebenso für die folgenden Jahre.

[2] *Over het omkeeren van halve Galton-curven.* Kruidkundig Jaarboek. Gent. Bd. X. 1898. S. 27—54 mit Tafel I.

übrigen Pflanzen hatten die besten im Mittel nur fünf anormale Blätter pro Pflanze. Sechs- und siebenscheibige gab es auch dieses Jahr noch nicht.

Aus den Samen dieser vier auserwählten Pflanzen erhielt ich 1891 die dritte Generation, wiederum durch Aussaat im Garten. Sie umfasste 300 Pflanzen, auf welchen ich beim Anfang der Blüthe 8366 Blätter untersuchte. Von diesen hatten 1177 oder 14 % vier oder fünf Blättchen. Solche mit 6—7 Scheiben gab es damals noch nicht; diese erschienen erst im August und September. Auch in Bezug auf die „Erben", d. h. die Pflanzen mit wenigstens einem vierscheibigen Blatte war ein Fortschritt zu bemerken. Es gab deren 1890 etwa 50 %, jetzt aber nahezu 80 %. Diese trugen im Mittel je 4 vier- und ebenso viele fünfscheibige Blätter. Anfang August wählte ich die zwanzig besten Erben aus und entfernte alle übrigen. Unter ihnen erntete ich nur Samen von neun Pflanzen, welche wiederum die besten waren, und säte im nächsten Frühling nur die Samen einer einzigen Mutter, welche mir die allerbeste zu sein schien. Sie hatte unter ihren Blättern deren 36 % mit mehr als drei Blattscheiben getragen.

Im Frühling 1892 machte ich meine Aussaat in Schüsseln im Gewächshaus des Laboratoriums, anstatt auf den Beeten wie bis dahin. Dieses hatte den Vortheil einer mehr vollständigen Keimung, namentlich aber den der bequemeren Beurtheilung der Keimpflanzen. Diese blieben bis zur Entfaltung des dritten Blattes in den Schüsseln, wurden dann ausgesucht, und die besten einzeln in kleine Töpfe mit gedüngter Gartenerde versetzt. Es zeigte sich, dass es unter mehreren Hunderten von normalen Keimlingen achtzehn Exemplare gab, bei denen die Vierscheibigkeit bereits an den ersten Blättern sichtbar war. Nur diese wurden ausgepflanzt; sie waren den ganzen Sommer überaus reich an 4—5scheibigen Blättern und auch 6—7scheibige waren an ihnen, zum ersten Male in diesem Versuche, in grösserer Menge zu beobachten.

Damit war die Isolirung der fünfblätterigen Kleerasse abgeschlossen. Die Ausbildung des sonst latenten oder semilatenten Merkmales hatte ihre volle Höhe erreicht. Durch Selection konnte die Rasse, wie jede andere, noch etwas weiter verbessert werden, ihren Typus würde sie aber dabei behalten.

Ich habe es selbstverständlich nicht unterlassen, auch diese weitere Verbesserung in meiner Rasse anzubringen. Auf die Merkmale der erwachsenen Pflanzen brauchte dabei weiter nicht Acht gegeben zu werden. Denn hier würden nur durch genaues Auszählen aller Blätter Unterschiede gefunden werden können. Und ein solches Auszählen ist praktisch nicht mit der erforderlichen Genauigkeit ausführbar. Denn die Pflanzen sind zu stark, um noch in Töpfen zu wachsen; auch darf man ihre Blätter weder abbrechen, noch auch sonst beschädigen. Gilt es, Curven zu machen, so muss man die Pflanzen dazu aufopfern, und solches kann selbstverständlich erst nach der Wahl der Samenträger geschehen.

Aus diesen Gründen empfiehlt es sich, die Wahl bereits an den Keimpflanzen machen zu können, und zwar am besten so früh wie möglich, jedenfalls vor dem Auspflanzen. Solches hatte bereits im Frühling 1892 stattgefunden, brauchte also nur noch durch fortgesetzte Selection ausgearbeitet zu werden. Und das Ergebniss hat diese Erwartungen bestätigt.

Von den oben erwähnten 18 Pflanzen von 1892 konnte ich im nächsten Frühling die Samen aussäen, und zwar für jede Mutter besonders. Als die Keimlinge das dritte Blatt entfaltet hatten, zählte ich sie. Waren die Blätter alle normal, so rodete ich sie ohne Weiteres aus; hatte wenigstens eins dieser Blätter eine überzählige Scheibe, so betrachtete ich sie als gute Erben. Im Ganzen fand ich auf 3409 Keimpflanzen 2471 normale und 938, also etwa 30 % solcher Erben.[1] Allerdings waren die übrigen 70 % ebenfalls Erben, nur in diesem Alter noch nicht als solche kenntlich. Denn einige von ihnen, welche ich versuchsweise ausgepflanzt habe, trugen später noch 4—7 scheibige Blätter in grosser Menge.

Für 16 der genannten 18 Samenträger bestimmte ich nach diesem Merkmal den procentischen Gehalt an guten Erben; ich fand diese Erbziffer in der folgenden Weise vertheilt. Sie lag zwischen:

	10—20 %	21—30 %	31—40 %	41—50 %	51—60 %	61—70 %
bei	1	7	3	2	2	1

Samenträgern.

Ferner wählte ich in dieser Reihe eine Pflanze mit 60 % solcher Erben aus; sie hatte selbst in ihrer Jugend ein zusammengesetztes Primordialblatt gehabt, und empfahl sich somit auch aus diesem Grunde für die Fortsetzung der Rasse. Man findet sie in der Tabelle auf S. 437 unter 1892 *E* genannt.

Unter den Keimlingen aus den Samen dieses Stammhalters fanden sich jetzt mehrere mit dreischeibigem (statt einfachem) Primordialblatt

[1] *Botan. Jaarboek Gent.* T. X. S. 37, wo die beiden Zahlen durch ein Versehen verwechselt worden sind.

(Fig. 123). Ich wählte nur diese als Samenträger, zum Auspflanzen, aus. Und indem ich dieses Merkmal auch später als Bedingung für die Wahl als Samenträger festhielt, konnte ich meine Culturen in erheblicher Weise vereinfachen. Denn bereits 2—3 Wochen nach der Aussaat konnte jetzt die endgültige Wahl vorgenommen werden, und es brauchte auf die weitere Entfaltung der Eigenschaft gar nicht mehr Acht gegeben zu werden; diese war völlig versichert. Doch unterliess ich es nicht, mich durch weitere Versuche zu überzeugen, dass zwischen dem Reichthum an 4—7 scheibigen Blättern und der Erbziffer ein hinreichend genaues Verhältniss obwaltet.

Im Juli 1893 hatte ich, aus den Samen der 1892er Pflanzen mit 60 % guter Erben, nur die zwölf besten behalten. Mit Ausnahme von zwei Exemplaren trugen sie alle nicht nur 4—6 scheibige, sondern auch 7 scheibige Blätter. Die vier besten hatten deren 27—30—33 und 34. Blätter mit mehr als sieben Blättchen gab es nicht.

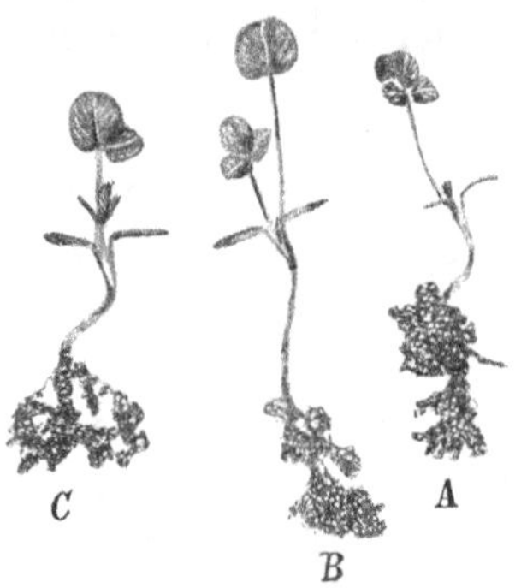

Fig. 123.
Trifolium pratense quinquefolium. *A* Keimpflanze mit dreischeibigem Primordialblatt. *B*, *C* solche mit einfachem und mit zweischeibigem Primordialblatt; diese beiden Typen wurden als Atavisten der Rasse betrachtet.

Die Pflanze mit 34 siebenscheibigen Blättern hatte in ihren Samen auch den höchsten Gehalt an Erben, wie sich im Frühling 1894 ergab. Sie hatte auf 209 Keimlingen 51 mit zweischeibigem und 64 mit dreischeibigem Primordialblatt, zusammen also 55 %. Sie wurde deshalb als Samenträger auserwählt (vergl. S. 437). Zu bemerken ist, dass in früheren Jahren Keimlinge mit einem zusammengesetzten Primordialblatt entweder völlig fehlten oder doch sehr selten gewesen waren.[1]

Im Sommer 1894 erzog ich nur Kinder von jener Pflanze mit 55 % Erben, und zwar von diesen nur die zwanzig besten mit dreizähligem Primordialblatt und mit dem nächsten Blatte 4—5 scheibig. Nur diese liess ich blühen und Samen tragen; ihre Ernte wurde im Frühjahr nach denselben Merkmalen beurtheilt. Sie enthielt für 11 Pflanzen 70—90 %, für fünf andere 91—96 % und für die zwei besten 98—99 % Keimlinge mit zusammengesetztem Primordialblatt.

[1] Vergl. das für *Trifolium incarnatum* (§ 22) in Bezug auf die Samengrösse mitgetheilte. Beim fünfblätterigen Rothklee hatten, namentlich später, fast alle Keime zusammengesetzte Primordialblätter, und hing diese Eigenschaft also nicht von der Samengrösse ab.

Und je höher diese Zahl, um so ausschliesslicher waren diese Blätter dreischeibig, um so seltener waren die zweischeibigen.

Die Cultur des nächsten Jahres (1895), die siebente Generation meines Versuches, erhielt sich auf etwa derselben Höhe, und so blieb meine Rasse seitdem, bei entsprechender Auslese, constant.

Diese constante, an der betreffenden Anomalie so überaus reiche Rasse habe ich zu einer Reihe von Beobachtungen und Versuchen benutzt, deren wichtigste hier kurz erwähnt werden mögen.[1] Denn sie sind geeignet, uns eine klare Einsicht in das Wesen einer solchen Rasse zu geben. Diese hat einen hohen Grad von Variabilität und verdankt diese dem Besitze einer semilatenten Eigenschaft neben derjenigen, welche sie offenbar von der Mutterart vererbt hat. Je nach der Lebenslage gelingt es diesem mütterlichen Erbtheil, den dreizähligen Blättern, mehr oder weniger zur Geltung zu kommen. Und im Allgemeinen sind günstige Umstände dem Rassenmerkmal, ungünstige dem Artmerkmal vortheilhaft (siehe unten § 26).

Es ist dieses nur ein specieller Fall des bekannten Satzes: jede Beeinträchtigung erhöht die Neigung zum Atavismus.[2]

Zunächst besprechen wir die Periodicität. Mit zunehmender individueller Kraft nimmt sowohl an der ganzen Pflanze als an den einzelnen Aesten die Aussicht auf mehrscheibige Blätter zu. Tritt am Ende wiederum Schwäche ein, so nimmt auch dieser Reichthum wiederum ab.

Betrachten wir zunächst die Fig. 124. Sie ist eine Photographie eines jungen, kräftigen Astes, und wurde am 1. August 1900 aufgenommen. Das untere Blatt war nahezu verwelkt; es war klein und hatte die umgekehrt-eirunde Form der Blättchen, welche den Blättern der jungen Rothkleepflanzen eigen ist. Es hatte nur drei Scheiben. Die beiden folgenden Blätter sind erheblich grösser und kräftiger, von mehr elliptischer Form und vierzählig. Dann folgt ein 6- und darauf ein 7scheibiges Blatt, bis schliesslich der Ast wieder zu schmächtigeren Typen zurückkehrt.

Der photographirte Zweig war ein ausgesucht regelmässiger; doch fehlte ihm in der aufsteigenden Reihe ein fünfscheibiges Blatt. Die meisten Zweige sind, auch auf den schönsten Pflanzen, weniger

[1] Für die ausführliche Beschreibung vergleiche man meinen mehrfach erwähnten Aufsatz in *Kruidkundig Jaarboek.* Bd. X.

[2] D. h. Rückschlag der Rasse zu ihrer Mutterart; denn das Rassenmerkmal selbst stellt ja einen Atavismus zu früheren Vorfahren dar.

regelmässig; auch kommt es nicht selten vor, dass auf die vierblätterigen Blätter zunächst wiederum Dreiblätter folgen u. s. w.[1]

Was von den Seitenzweigen gilt, gilt auch von der Rosette der Wurzelblätter, deren Achse ja den primären Stamm der ganzen Pflanze darstellt. Auch hier nimmt im Grossen und Ganzen die Anzahl der Scheiben pro Blatt anfangs zu, und später wiederum ab, aber mit vielfachen Störungen. Auch die Aeste selbst zeigen eine gewisse Periodicität, denn die unteren sind weniger reich an anormalen Blättern, als die nächst oberen, während die am höchsten inserirten wiederum ärmer sind.

Fig. 124. *Trifolium pratense quinquefolium*, 1900, die Periodicität der Anomalie auf einem Aste zeigend. Von unten anfangend haben die Blätter 3—4—4—6—7—5 Scheiben.

Wenn nun, bei einer solchen Vertheilung, für eine Achse die Lebensbedingungen in der frühesten Jugend günstige sind, wird sie demzufolge mehr 4—7 scheibige Blätter ausbilden. Und es leuchtet ein, dass diese sich vom Maximum der Periode um so weiter nach oben und nach unten erstrecken werden, je grösser ihre Anzahl ist. Daraus folgt aber wiederum, dass bei besserer Ernährung die Erscheinung in früherer Jugend sichtbar werden wird, als bei schlechterer. Und solches gilt sowohl von den einzelnen Zweigen, als auch von der Rosette der Wurzelblätter, also von der ganzen Pflanze.

Umgekehrt ergiebt sich hieraus die Regel, dass man von einer

[1] Für Zahlenbelege verweise ich auf: *Ueber die Periodicität der partiellen Variationen*, in Ber. d. d. bot. Ges. 1899. Bd. XVII. S. 48.

jungen Pflanze einen um so grösseren Reichthum an anormalen Blättern erwarten darf, je früher sie ihr erstes vierscheibiges Blatt hervorbringt. Und die besten Erben werden somit die Keimpflanzen mit zusammengesetztem Primordialblatt sein. Solches hat sich denn auch im Allgemeinen in meiner Cultur bestätigt.

Ueberblickt man nun noch einmal die Tabelle auf S. 437, so ersieht man, dass das Merkmal der Beurtheilung im Laufe der Generationen und in Folge der Selection sich allmählich verschoben hat. Je weiter die Verbesserung vorgeschritten war, um so früher konnte die Auslese stattfinden. In der dritten Generation erzog ich auf den Beeten noch 300 Pflanzen für die Auswahl; seit der vierten wählte ich in den Keimschüsseln und pflanzte nur die wenigen (z. B. 10—20) besten Individuen aus, um Samen zu tragen.

Innerhalb der erblichen Rasse kann man somit einerseits durch Auswahl den Gehalt an mehrscheibigen Blättern zunehmen, oder ihn andererseits durch sogenannte Retourselection oder Rückwahl abnehmen lassen. In beiden Fällen entfernt man sich soweit wie möglich vom Mittel der Rasse, ohne dabei bestimmte Grenzen überschreiten zu können. Sehen wir zu, was die Auslese in beiden Fällen zu leisten vermag, und fangen wir mit dem ersteren an. Es gilt somit die Anomalie bis an ihre äusserste Grenze zu verstärken.

Eine auffallende Eigenthümlichkeit meiner Rasse ist, dass sie nie oder nur äusserst selten Blätter mit mehr als sieben Scheiben hervorbringt. Allerdings kommt auch in dieser Rasse die auch sonst nicht seltene Verdoppelung der Blätter durch Spaltung[1] bisweilen vor, und trifft diese ein fünfscheibiges Blatt, so kann dieses zehnscheibig werden. Das ist aber die Aeusserung einer anderen latenten Eigenschaft, welche wir hier nicht zu besprechen haben. Aber abgesehen davon habe ich in meinen Culturen, trotz fleissigen Suchens, bis jetzt keine Blätter mit mehr als sieben Scheiben angetroffen.

Das Merkmal meiner Rasse sind die fünfscheibigen Blätter, diese bilden gewöhnlich die Mehrzahl, und um sie gruppiren sich die übrigen nach dem QUETELET'schen Gesetze, soweit es der Vorzug der Symmetrie gestattet. Denn es ist klar, dass dieser Vorzug der regelmässigen Ausbildung der Variationscurve entgegenwirkt. Die Vermehrung der Scheibenzahl von drei auf vier beruht darauf, dass eins der beiden Seitenblättchen sich seitlich spaltet (vergl. Fig. 122 *A*), indem einer der Seitennerven zum Hauptnerven der neuen Scheibe

[1] DELPINO, *Teoria generale della Fillotassi.* 1883. S. 197.

wird. Uebergänge, wie der abgebildete, sind allerdings ziemlich selten, kommen aber in jedem Grade der Spaltung, bis in den partiellen Blattstiel hinein, von Zeit zu Zeit vor. Erfährt nur eine Scheibe Spaltung, so wird das Blatt unsymmetrisch; spalten sich dagegen die beiden Seitenblättchen, so kann das Ganze symmetrisch bleiben. Die Verdoppelung kann sich auch auf das Endblättchen erstrecken und von diesem entweder einerseits oder beiderseits einen Nerv zum Hauptnerven der neuen Spreite machen. So entstehen die sechs- und die siebenzähligen Blätter; die ersteren sind wiederum asymmetrisch, die letzteren symmetrisch.

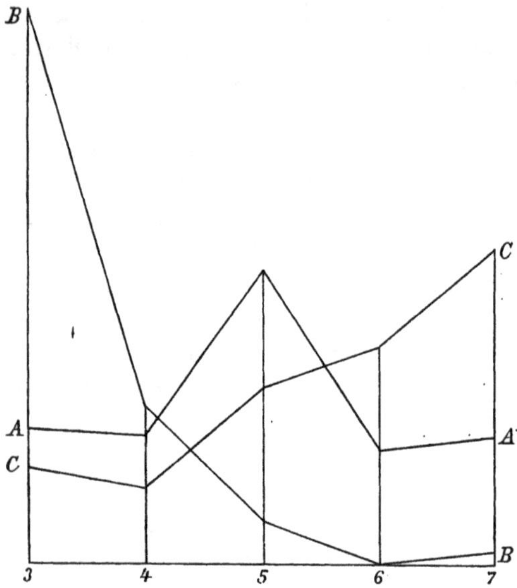

Fig. 125. *Trifolium pratense quinquefolium.* *A* Normale Curve der Scheibenzahl der Blätter. *B* Curve eines atavistischen Individuums. *C* Curve bei maximaler Vielscheibigkeit. 1894.

Die Erfahrung lehrt nun, dass bei grösseren Zählungen die asymmetrischen Blätter stets den anderen gegenüber zurücktreten. Die Pflanze zieht es offenbar vor, die Symmetrie zu behalten, auch in den Anomalien. Dem entsprechend findet man in der Regel die Curven an den Stellen der vier- und sechszähligen Blätter mehr oder weniger abwärts gedrückt.

Kehren wir jetzt zu den Auslese-Processen zurück. Die Rasse hat im Mittel fünfscheibige Blätter; sie variirt dabei zwischen ziemlich engen Grenzen, indem sie nie oder fast nie Blätter mit weniger als drei oder mit mehr als sieben Scheiben hervorbringt. Die Auslese kann also einerseits die Siebenzahl, andererseits die Dreizahl bevorzugen. In beiden Fällen wird die ursprünglich symmetrische Curve einseitig werden. Aber im ersteren wird die Leistung der Rasse so stark wie möglich gesteigert, im letzteren herabgesetzt, bis sie sich von dem gewöhnlichen Vorkommen seltener Vierkleeblätter äusserlich nicht merklich mehr unterscheidet.

Aus der Betrachtung der Uebersichtstabelle auf S. 437 geht hervor, dass meine Rasse anfänglich nur sehr schwach ausgebildet war, und erst durch Isolirung und Selection auf die normale Höhe gebracht werden musste. Trotz dieser Selection ist sie aber doch nicht so constant, dass sie nicht von Zeit zu Zeit atavistische Individuen hervorbringen würde. Auf der anderen Seite bringt sie auch bisweilen Exemplare mit maximaler Ausbildung des Rassenmerkmales hervor. Und bisweilen findet man diese Extreme in einer einzelnen Cultur zusammen.

Dieses beobachtete ich im Jahre 1894 an Pflanzen, welche aus Samen eines Exemplares der dritten Generation (1891 S. 437) gezogen waren. Die betreffende Mutter war überwintert worden und hatte die Ernte erst in ihrem zweiten Jahre getragen. Es waren im Juli 1894 eine grosse Anzahl kräftiger Pflanzen gleichen Alters, von denen ich die sieben anscheinend besten behufs der genauen Auszählung aller ihrer Blätter ausrodete. Einzelne der ältesten Blätter waren bereits verfault; die allerjüngsten noch nicht entfaltet; diese wurden nicht mitgezählt. Diese sieben Pflanzen gaben deutliche Curven, eine (Fig. 125 *A*) war die normale Form der Rasse, eine andere (*B*) war atavistisch und die übrigen gipfelten auf sieben Blattscheiben (*C*). Für die fünf letzteren theile ich also nur die mittleren Werthe mit.

In Procenten umgerechnet gaben diese drei Gruppen die folgenden Anzahlen von Blättern mit der darüber angedeuteten Scheibenzahl.

Anzahl der Blattscheiben:	3	4	5	6	7	Anzahl der gezählten Blätter
A Normales Exemplar:	17	16	37	14	16	172
B Atavistisches „	75	19	5	0	1	216
C Extreme Varianten:	12	9	22	7	40	97[1]

Diese Zahlen sind in Fig. 125 graphisch dargestellt. Man ersieht, dass die normale Curve eine symmetrische ist, nur auf den Ordinaten der oberen Nummern, wegen der oben angegebenen Gründe der Symmetrie, etwas stark herabgedrückt. Die beiden anderen Linien stellen halbe Curven dar; ihr Gipfel fällt mit dem einen Ende zusammen. Die Curve *B* des atavistischen Individuums ist nahezu dieselbe, welche in den ersten Jahren meiner Cultur, als es noch keine 6—7 scheibigen Blätter gab, die herrschende war (S. 437). Sie ist eine gewöhnliche halbe Variationscurve, wie sie auch in den Halbrassen den semilatenten Anomalien allgemein zukommt. Die Curve *C* aber ist eine umgekehrte Curve, sie giebt das Vorherrschen des Rassenmerkmales über die antagonistische, die ursprüngliche Art kennzeichnende Eigenschaft an. Auch hier findet man eine ausgesprochene Vorliebe für die symmetrischen Blätter.

[1] Im Mittel pro Pflanze.

Wählt man atavistische Individuen als Samenträger aus, so kann man in kurzer Zeit die Eigenschaft der Rasse zurückgehen sehen. Ich habe in den Jahren 1896—1898 einen solchen Versuch gemacht, nachdem die Rasse in den Jahren 1894 und 1895 die S. 437 beschriebene maximale Höhe der Entwickelung erreicht hatte. Innerhalb dreier Generationen ging sie soweit herunter, dass die Pflanzen gar nicht mehr dieser Rasse anzugehören schienen. Aus den Samen der auserwählten, an 5—7scheibigen Blättern überaus reichen Pflanzen von 1895 (S. 437) wählte ich behufs dieser Retourselection diejenigen Keimpflanzen aus, deren Primordialblatt einfach und deren erste Blätter dreizählig waren. Mit wenigen Ausnahmen entfalteten sie alle bis Mitte Juni einige 4—5scheibige Blätter; darauf wurden von diesen Ausnahmen drei sehr kräftige Exemplare zum Zwecke der Blüthe isolirt; auch sie bildeten nachher einige mehrscheibige Blätter aus. Bei der Keimung ihrer Samen zeigten sie sich aber an Keimlingen mit zusammengesetztem Blatt nicht ärmer, sondern eher etwas reicher als die übrigen, und aus diesem Grunde wurden sie für die Fortsetzung des Versuches nicht gewählt. Ich wählte die Samen von drei Pflanzen von 1896, welche nur 2—3 % „Erben" unter den Keimlingen hatten, und pflanzte nur atavistische Keimpflanzen aus. Aber auch diese trugen im Sommer 1897 fast ohne Ausnahme einige 4—5-scheibige Blätter. Dagegen fehlten 6—7scheibige nahezu ganz und war die Cultur somit zu der einseitigen Curve der ersten Versuchsjahre (1891—1892) zurückgekehrt. Einige Exemplare bildeten im ganzen Sommer und ebenso im nächsten Frühling ausschliesslich dreizählige Blätter aus.

Im Jahre 1898 machte ich wiederum eine Cultur von Atavisten aus den Samen von 1897. Es war somit die dritte atavistische Generation. Sie bildete noch in etwa zwei Drittel der Pflanzen 4—5scheibige Blätter aus, war daran also unverhältnissmässig viel reicher als gewöhnlicher Rothklee. Die dreimalige, sehr scharfe Retourselection hatte also die Ausbildung der Anomalie in hohem Maasse beeinträchtigt, aber die Zugehörigkeit der Cultur zu der fünfscheibigen Rasse nicht aufzuheben oder unkenntlich zu machen vermocht.

Schliesslich habe ich einen Versuch über den Einfluss der Lebenslage auf die Ausbildung mehrscheibiger Blätter gemacht. Es handelt sich bei solchen Versuchen bekanntlich um eine doppelte Frage. Einerseits kann man die verschiedenen Theile derselben Pflanze unter verschiedene Bedingungen bringen, andererseits aber gleiche Samenproben von der Keimung ab verschiedenen Umständen aussetzen.

Im ersteren Falle lernt man den Einfluss auf die erwachsene Pflanze kennen. Dieser Einfluss ist aber kein sehr grosser, da die Pflanze in der frühen Jugend am empfindlichsten ist. Es sind sozusagen nur die letzten Ueberreste ihrer einstmaligen Empfindlichkeit, welche man in solchen Versuchen studirt. Weit grössere Ergebnisse darf man von Aussaaten erwarten, diese aber erfordern sehr gleiche Samenproben, um ganz fehlerfrei zu sein. Es reicht meist nicht aus, die Samen gut zu mischen, sondern es empfiehlt sich stets, die Samen von einigen oder wenigen Samenträgern gleicher Abstammung oder von einer einzigen Pflanze bekannter und reiner Herkunft zu ernten. Noch besser ist es aber, wenn man die zu untersuchenden Einflüsse bereits während der Ausbildung der Samen auf der Mutterpflanze einwirken lässt.

Diesen Erwägungen entsprechend habe ich eine Pflanze meiner Rasse in zwei Theile zerschnitten, die eine auf armem Sandboden, die andere aber auf guter Gartenerde cultivirt und beide Samen tragen lassen. Ich konnte dadurch einerseits den directen Einfluss schlechter Ernährung auf die Pflanze, andererseits deren Einfluss auf die nächste Generation kennen lernen (vergl. Abschnitt III S. 373).

Den Versuch führte ich 1892—1894 aus, und zwar mit einem Exemplar, welches von dem S. 437 für 1891 erwähnten Stammhalter meiner Cultur abstammte. Diese Pflanze hatte bei der Keimung im Jahre 1892 ein zweischeibiges Primordialblatt gehabt und trug in demselben Jahre Samen, welche bei der Aussaat im Frühling 1893 etwa 40 % Keimpflanzen mit einem vierscheibigen Blatte lieferten. Sobald solches in der Keimschüssel sichtbar war, wurde die Wahl bestimmt und die Mutter, welche ich auf dem Beete überwintert hatte, in zwei Theile gespalten, um sie sofort in die oben erwähnten Bodenarten zu pflanzen. Beide Hälften wuchsen kräftig, wenn auch nicht in gleicher Ueppigkeit heran, blühten im Juli, wurden von den zahlreichen Pflanzen der zwischen ihnen befindlichen Hauptcultur jenes Jahres befruchtet und trugen im August Samen.

Zur Zeit der Ernte zählte ich auf beiden Hälften eine gleiche Anzahl von Blättern und fand:

Anzahl der Spreiten:	3	4	5	6	7
Auf Gartenerde:	12	25	34	20	18
Auf Sandboden:	18	19	35	19	17

Beide Hälften verhielten sich also gleich; ein Einfluss des verschiedenartigen Bodens zeigte sich nicht. Auch waren die Samen auf beiden von derselben Grösse und in etwa gleicher Menge ausgebildet. Beide Proben wurden gesondert geerntet und im nächsten Frühling (1894) ausgesät. Letzteres fand in Schüsseln statt; als die jungen Pflänzchen je etwa drei Blätter hatten, wurden sie untersucht. Nennt man diejenigen mit einem vier- oder fünfscheibigen Blatt Erben, so erhielt ich:

Samen von Gartenboden	30 %	Erben,
„ „ Sandboden	24 %	„

Der Versuch umfasste 150 und 200 Keimlinge. Die Erben wurden jetzt weiter sortirt und zwar nach der Zusammensetzung ihres Primordialblattes.

Blattscheiben	1	2	3	Summa
Samen von Sandboden	24	10	13	47 Ex.
„ „ Gartenboden	16	12	13	41 „

Beide Zählungen ergaben somit eine Differenz zu Gunsten der besser ernährten Samen. Zur ferneren Untersuchung wählte ich aus beiden Reihen die anscheinend besten Erben, d. h. die Keimlinge mit dreispreitigem Primordialblatt, und pflanzte sie unter gleichen Bedingungen aus. Als sie im Juli je 20 und mehr Stengel hatten, rodete ich sie und untersuchte sie auf ihre Blätter, und zwar von jeder Gruppe die zehn besten Exemplare, welche im Mittel etwas über 100 Blätter pro Pflanze trugen. Die Blätter wurden für jede Pflanze besonders sortirt und gezählt, und als sich ergab, dass zwischen den einzelnen Individuen in jeder Gruppe kein erheblicher Unterschied obwaltete, berechnete ich das Mittel für beide Proben in Procenten:

Anzahl der Spreiten pro Blatt	3	4	5	6	7
Aus Samen vom Gartenboden	14	13	25	16	32
„ „ „ Sandboden	39	13	23	10	15
Differenz	−25	0	+2	+6	+17

Jetzt trat also der Einfluss der Behandlung im vorigen Jahre sehr deutlich zu Tage. In beiden Gruppen war die Curve eine einseitige geworden, aber für die besser ernährten Samen lag der Gipfel auf sieben, für die schlecht ernährten im Gegentheil auf drei Scheiben pro Blatt.

Aus diesen Resultaten darf man umgekehrt schliessen, dass in dem S. 445 beschriebenen und in Fig. 125 graphisch dargestellten Versuch die Atavisten aus schlecht, die maximalen Varianten aber aus gut ernährten Samen hervorgegangen waren. Und im Allgemeinen wird im Gebiete der Anomalien wohl der Schluss berechtigt sein, dass die Ernährung der Samen auf der Mutterpflanze für die Ausbildung der fraglichen Eigenschaft von prinzipieller Wichtigkeit ist (S. 373).

Fassen wir die Ergebnisse dieser Cultur kurz zusammen, so ergiebt sich, dass ich anfangs im Freien eine der fünfblätterigen Rasse angehörige Pflanze aufgefunden hatte, welche aber, wohl in Folge schlechter Ernährung durch mehrere Generationen, nur wenige 4—5- und keine 6—7 scheibige Blätter bildete. Durch bessere Cultur und stetige Auswahl der besten Erben, also wohl der zufällig am besten ernährten Individuen, gelang es im Laufe einiger weniger Generationen, die Rasse zu normaler Ausbildung mit 4—7 scheibigen und vorwiegend fünfscheibigen Blättern zu bringen. Bereits nach vier- und fünfmaliger Zuchtwahl brachte sie auch maximale Varianten hervor, deren meiste Blätter siebenscheibig waren: gleichzeitig bildete sie auch in der siebenten Generation noch „Atavisten", deren Curve auf drei Spreiten gipfelte. Diese Atavisten bleiben aber der Rasse angehörig und bilden auch nach wiederholter Selection in atavistischer Richtung weit mehr vierscheibige Blätter, als der normale Rothklee (oder genauer die entsprechende wilde Halbrasse des Rothklee's).

Je besser die Samen auf der Mutterpflanze ernährt werden, um so schöner bilden die aus ihnen hervorgehenden Individuen die Anomalie aus. Schlechte Samen geben Atavisten, sehr gute aber extreme Varianten.

Meine Cultur erstreckt sich über zehn Generationen. Sie giebt keinen Grund für die Vermuthung, dass die fünfblätterige Rasse in der Ausbildung ihres Merkmales begriffen sei, oder ohne eine weitere Mutation zu einem höheren Formencentrum heransteigen könnte. Sie ist nach wie vor dieselbe.

III. Die verschiedenen Entstehungsweisen neuer Arten.

§ 6. Gartenvarietäten, systematische Varietäten und elementare Arten.

Es ist in der letzten Zeit vielfach, und namentlich von VON WETTSTEIN, hervorgehoben worden, dass kein Grund vorliegt, anzunehmen dass alle Arten in derselben Weise entstanden sein sollten.[1] Dieser Ausspruch behält seine volle Gültigkeit auch für die Mutationstheorie.

[1] R. v. WETTSTEIN, *Der Saison-Dimorphismus als Ausgangspunkt für die Bildung neuer Arten im Pflanzenreich*, Ber. d. d. bot. Ges. Bd. XIII. 1895. S. 303, und namentlich dessen *Descendenztheoretische Untersuchungen*. I. Untersuchungen über den Saison-Dimorphismus im Pflanzenreich. Denkschr. d. Mat.-Naturw. Classe d. k. Akad. d. Wiss. Wien. 1900.

Allerdings betrachte ich es als eine Aufgabe des vorliegenden Buches, zu zeigen, dass die gewöhnliche fluktuirende oder individuelle Variabilität nicht das Material für die Entstehung neuer Arten bildet. Aber auch auf dem Gebiete der Mutationslehre sind die verschiedensten Weisen der Entstehung neuer Arten möglich. Die gleichzeitige Entstehung von Arten in Gruppen, in bestimmten Perioden, wie ich sie für die *Oenothera Lamarckiana* geschildert habe, bildet für mich den Haupttypus,[1] namentlich so lange, bis es gelingt, in anderen Fällen die Entstehung von Arten experimentell zu studiren, d. h. vor und während des ersten Sichtbarwerdens der neuen Typen, und nicht aus Schlüssen aus den nach dem Auftreten festgestellten Umständen.

Dieser Haupttypus gilt nach meiner Ansicht zunächst für die progressive Artbildung, für die Bildung neuer Merkmale, auf der der Stammbaum des Pflanzenreiches in seinen Hauptlinien beruht. Daneben giebt es eine ganze Reihe anderer Typen, welche sich, so viel es sich jetzt beurtheilen lässt, vorwiegend auf die Nebenäste des Stammbaumes beziehen. In Bezug auf diese muss man sich aber einstweilen mit der indirecten Forschungsmethode begnügen.

Es ist ein oft wiederholter Ausspruch DARWIN's, dass Varietäten beginnende Arten seien. Ebenso bekannt ist der Ausspruch einer der berühmtesten gärtnerischen Autoritäten,[2] VERLOT: *Toute variété a d'abord existé à l'état de variation.* Die Verbindung dieser beiden Sätze weist auf eine ganz andere Entstehungsweise von Arten hin, als wir sie bei der *Oenothera* haben kennen gelernt. Sie bildet so zu sagen das andere Extrem der Reihe.

Es ist somit meine Aufgabe, zu untersuchen, in welcher Weise „Variationen", d. h. hier die sogenannten Bildungsabweichungen oder Anomalien (und nicht die nach dem QUETELET'schen Gesetze vom Mittel abweichenden Einzelfälle) und „Varietäten" entstehen, und zur Bildung von „Arten" Veranlassung geben können. Versuchen wir solches, so ergiebt sich aber sehr bald, dass auch hier das Studium durch die Vieldeutigkeit des Wortes Varietät[3] erschwert wird, und dass wir namentlich die systematischen Varietäten und die Gartenvarietäten als Gruppen eines ganz verschiedenen Werthes zu betrachten

[1] Vergl. S. 182.

[2] B. VERLOT, *Production und fixation der variétés.* 1865. S. 100.

[3] Die allgemeine Auffassung dieses Begriffes ist wohl diejenige, welche CARRIÈRE in dem folgenden Satze formulirt: „*On nomme variété tout individu qui, par quelque caractère que ce soit, se distingue d'un ou de plusieurs autres avec lesquels on le compare et qu'on considère comme appartenant à un même type spécifique* (*Production et fixation des variétés.* 1865. S. 6).

haben. Die citirten Aussprüche DARWIN's und VERLOT's gründen sich aber auf die an den letzteren gemachten Erfahrungen; es fragt sich, in wie weit ihre Uebertragung auf systematische Varietäten erlaubt ist.[1]

Die Entstehung von Gartenvarietäten soll somit einem kritischen und experimentellen Studium unterworfen werden. Diesem hat aber einerseits eine Schilderung des Varietätsbegriffes in den systematischen Werken, und eine theoretische Betrachtung über die verschiedenen Weisen, in denen Arten im Allgemeinen entstehen können, voranzugehen. Es wird sich daraus ergeben, dass die Entstehungsweise der Varietäten im Gartenbau ohne Zweifel ihre Analoga in der Entstehung sogenannter guter Arten hat, dass diese Uebereinstimmung aber doch viel seltener zutrifft, als die herrschende Auffassung der Descendenzlehre solches annimmt.

Fangen wir also mit dem systematischen Varietätsbegriffe an, so handelt es sich wesentlich um eine möglichst naturgetreue Unterscheidung von dem, was man elementare Arten, und dem, was man systematische Varietäten zu nennen hat.

Dabei wird es sich, in Verbindung mit unseren im ersten Abschnitt gegebenen Erörterungen,[2] ergeben, dass es zweckmässig wäre, diese Begriffe scharf aus einander zu halten. LINNÉ und seine Schüler behandeln die elementaren Arten als Varietäten; JORDAN, DE BARY und die übrigen Forscher, welche sich dabei auf Culturversuche stützen, beschreiben sämmtliche Formen als Arten.

Die Begriffe Art und Varietät sind jetzt so allgemein angenommen, dass sich an ihrer Umschreibung im Ganzen und Grossen nichts mehr ändern lässt. Um sie genau kennen zu lernen, hat man auf die Werke von LINNÉ selbst zurück zu gehen. Wie er sie aufgestellt hat, sind sie jetzt Gemeingut geworden, und meiner Ansicht nach würde man am besten thun, sie so viel wie möglich unverändert zu lassen.

Es ist zunächst festzustellen, dass zwischen Varianten und Variationen der Unterschied immer allgemeiner anerkannt wird. Varianten sind das, was man auch individuelle Abweichungen nennt; sie gehören dem Gebiete der fluktuirenden Variabilität an. Ihre Merkmale verschwinden bei geeigneter Cultur; sie sind in

[1] Ueber die Entstehung neuer Formen vergl. die Aufsätze von F. KRASAN in ENGLER's *Botanischen Jahrbüchern.* Bd. XIII. Heft 3—4; Bd. XXVIII. Heft 1, 2 und 5, und ferner dessen *Mittheilungen über Culturversuche mit Potentilla arenaria.* Graz 1900.

[2] Vergl. I. § 7 „Arten, Unterarten und Varietäten", namentlich S. 118—120.

dieser Hinsicht als unbeständige Formen zu betrachten. Sie werden in den systematischen Werken meist nicht aufgeführt, oder doch nur kurz erwähnt, oder endlich als „Forma", z. B. „Forma alpestris," „Forma aquatica" u. s. w., als niederste Stufen des Systems behandelt. Solches kann aber offenbar nur dann geschehen, wenn die Zusammengehörigkeit der Formen bekannt ist; anfangs, oder beim Mangel ausreichenden Materiales im Falle exotischer Pflanzen ist dieses nicht der Fall, und werden daher häufig solche Formen als Varietäten oder gar als Arten unterschieden.[1] In vielen Fällen dürfte auch jetzt noch das wahre Verhältniss unbekannt und die systematische Gruppirung also eigentlich nur eine vorläufige sein, wie z. B. bei *Anthyllis Vulneraria alpestris*, *Limosella aquatica caulescens*, *Carlina acaulis caulescens* u. s. w.

Bonnier's oben (S. 102) ausführlich mitgetheilte Untersuchungen über Alpenpflanzen haben gelehrt, dass es sich hier oft nicht einmal um individuelle, sondern um rein partielle Verschiedenheiten handelt. Die beiden Hälften eines einzigen Individuums können eine Form der Ebene und eine *Forma montana* bilden.

Aber die sehr zahlreichen, vorläufig als Varietäten unterschiedenen Formen, von denen man nicht weiss, ob sie vielleicht nur Varianten sind, erschweren das Studium sehr.

Untersucht man, welche Regeln Linné bei der Untervertheilung seiner Arten befolgt hat, so findet man zwei verschiedene Fälle. In dem einen wird die Art als Typus betrachtet, von dem die Varietäten abgeleitet sind; in dem anderen ist aber die Art eine Collectiv-Form, welche eine gewisse Anzahl ebenbürtig neben einander stehender Einheiten zusammen umfasst. Die Unterscheidung ist scharf und deutlich und war offenbar eine völlig bewusste. Bei den abgeleiteten Varietäten beginnt die Reihe mit β, dann folgen γ, δ, ε u. s. w.; es wird als selbstverständlich vorausgesetzt, dass die Hauptform die α oder *Forma genuina* ist. Bei den ebenbürtigen Varietäten giebt es eine solche *Forma genuina* nicht, und deshalb fängt die Reihe der Varietäten mit α an.

Betrachten wir beide Fälle getrennt und fangen wir mit dem zweiten an.

Die ebenbürtigen Varietäten Linné's stehen entweder einfach als α, β, γ u. s. w. neben einander (z. B. *Teucrium Polium*, *Lavandula Spica* u. s. w.) oder sie sind noch in Gruppen verbunden. Die ganze

[1] Z. B. *Ranunculus aconitifolius L.* in alpibus minor, caule 3—5 floro; *R. aconitifolius altior* Koch, caule multifloro, fol. laciniis longius acuminatis, in montibus humilioribus = *R. platanifolius L.* mant. 79 (Koch, *Synopsis* S. 12).

Art zerfällt dann in eine oder mehrere Unterarten; in jeder von diesen werden eine oder mehrere Varietäten aufgezählt. So hat z. B. *Euphorbia exigua* die beiden Unterarten *acuta* und *retusa*, deren erste eine, deren letzte zwei Varietäten umfasst. *Beta vulgaris* hat die bekannten Unterarten *rubra* und *Cicla*; die erstere hat fünf, die zweite zwei Varietäten u. s. w. Eine *Forma typica* oder *Forma genuina* giebt es dabei nicht; die zuerst genannte Varietät hat vor den übrigen nichts voraus.

In solchen Fällen ist die Art eine Gruppe von ähnlicher Zusammensetzung wie eine Gattung und eine Familie, in denen man auch nicht eine besondere Art oder Gattung als den Typus und die übrigen nur als abgeleitete Formen betrachtet. Solche Arten sind somit offenbar und eingestandenermaassen Collectivarten.

Das Prinzip der Collectivarten ohne *Forma typica* halten LINDLEY, A. P. DE CANDOLLE, ALPHONSE DE CANDOLLE und andere berühmte Systematiker für das einzig richtige. Die Arten sind genau in derselben Weise in Unterabtheilungen zu zerlegen, wie die Gattungen, sagt der Letztere in seiner Phytographie.[1] LINDLEY theilt die Arten seiner Rosen nach diesem Prinzipe ein, z. B. *Rosa rubiginosa* mit 8, *R. spinosissima* mit 9 Varietäten. Ebenso DE CANDOLLE für die sehr zahlreichen und schwierigen Untergattungen und elementaren Formen von *Brassica* im zweiten Bande des *Systema Vegetabilium* u. s. w.

DE CANDOLLE nennt die Einheiten, welche in solchen Fällen als Varietäten behandelt werden, „*les éléments de l'espèce*";[2] sie verhalten sich zu den Arten wie diese zu den Gattungen und wie die Gattungen zu den Familien.

Die meisten Botaniker fassen aber die Varietäten als von den Arten abgeleitete Formen auf. Die Art ist für sie das Typische, wirklich Bestehende, aus der die Varietäten durch unbedeutende Veränderungen hervorgegangen sind. Sie folgen hierin dem Vorgange LINNÉ's, der seine Diagnose in weitaus den meisten Fällen auf eine der Formen der Art gründete und dieser die übrigen unterordnete. Die Abstammung der Varietäten von der Art wurde dabei nur aus dogmatischen Gründen angenommen, wie ich bereits im ersten Abschnitt auseinandergesetzt habe; Beobachtungsthatsache war sie nur in ganz vereinzelten Fällen gärtnerischer Producte. Denn sehr viele und namentlich die wichtigsten Culturvarietäten sind ja so alt, als die Cultur selbst oder gar noch älter.

---

[1] ALPH. DE CANDOLLE, *la Phytographie ou l'art de décrire les végétaux.* 1880. S. 74—82, welchem ausgezeichneten Artikel mehrere der obigen Angaben entnommen sind.

[2] l. c. S. 80.

Suchen wir in irgend einer Flora diese abgeleiteten Varietäten zusammen, so fällt sofort auf, dass dieselbe Abweichung in den verschiedensten Familien, Gattungen und Arten wiederkehrt. Ueberall bilden die Varietäten Reihen von parallelen Formen. Für die weissblüthigen Varietäten blauer und rother Blumen ist dieses so allgemein bekannt, dass sie oft gar nicht mehr angeführt werden. Bereits LINNÉ wusste, dass fast alle solche Arten eine weisse Varietät aufzuweisen haben. Ist die Farbe einer Blüthe eine zusammengesetzte und fehlt eins der Elemente, so entstehen häufig weisse Blumen mit dunklem Herzen, welche als *Var. bicolor* bekannt sind (z. B. *Cynoglossum officinale bicolor, Agrostemma coronaria bicolor*). Oder es fehlt die dunkle Punktirung wie in *Gentiana punctata concolor*, welcher Fall dem *Arum maculatum immaculatum* ganz analog ist.

Häufig fehlt die Behaarung entweder auf der ganzen Pflanze oder, wenn nur einzelne Theile in der „Art" auffallend behaart sind, auf diesen. Hier ist die Nomenclatur dieser Parallelformen reich an im Grunde gleichbedeutenden Namen, wie z. B. *Papaver dubium glabrum, Biscutella laevigata glabra, Arabis ciliata glabrata, Arabis hirsuta glaberrima, Veronica spicata nitens, Amygdalus Persica laevis, Eritrichium nanum leiospermum, Paeonia corallina (peregrina) leiocarpa* u. s. w.

Unbewaffnete Formen heissen meist *inermis*, man findet sie bei *Ranunculus arvensis, Genista germanica, Robinia Pseud-Acacia* und vielen anderen. So findet man die *Varietas ciliata* z. B. bei *Cytisus prostratus* und *C. spinescens*, ferner bei *Lotus corniculatus* u. s. w. Grössere Behaarung ist Merkmal von *Solanum Dulcamara tomentosum, Veronica scutellata pubescens, Melissa officinalis villosa, Galeopsis Ladanum canescens, Vicia lutea hirta, Lotus corniculatus hirsutus* u. s. w.

Die Herzflecken am Grunde der Blumenblätter fehlen häufig bei *Papaver orientale*, bei *Erodium cicutarium* und vielen anderen Gewächsen. Namen wie *ochroleuca, purpurascens, integrifolia, serratifolia, angustifolia, latifolia* bezeichnen in vielen Gruppen gleichartige Varietäten u. s. w. Schliesslich nenne ich die rothen Beeren, welche als Varietätsmerkmal bei *Empetrum nigrum* und den rothen Stachelbeeren vorkommen; die gelben Beeren von *Atropa Belladonna lutea* und *Daphne Mezereum album*, welche ja nur Beispiele aus langen Reihen von gleichartigen Varietäten sind.

Alle diese Formen unterscheiden sich von ihrer Art dadurch, dass irgend eine Eigenschaft entweder in stärkerem Grade (*hirsuta, ciliata, purpurascens*) oder meist in geringerem Grade ausgebildet ist, oder auch wohl gänzlich fehlt.

Ein solcher Mangel kann auch eine im ganzen Pflanzenreich sehr seltene Erscheinung sein, wie die Erdbeeren ohne Ausläufer, und wie der sonderbare *Pinus Abies aclada*, ein hoher, ganz unverzweigter Stamm, den SCHRÖTER abbildet.[1] Hierher gehören ferner *Fragaria vesca monophylla* (Fig. 38), *Robinia Pseud-Acacia monophylla*, *Fraxinus Ornus monophylla*,[2] dem sich eine einblätterige Form von *Melilotus coerulea* anreiht (Fig. 131).

Die aufgezählten Varietätsnamen gehören in den Floren fast stets zu denjenigen Formen, deren Reihe nicht mit α, sondern mit β anfängt, welche also als von der *Forma typica* oder *genuina* abgeleitet und nicht als mit dieser ebenbürtig betrachtet werden. Worauf beruht diese Auffassung? Sie ist wohl im Allgemeinen ein Analogieschluss, dem die Gartenvarietäten als Ausgangspunkt dienen. Und zwar eigentlich nur diejenigen verhältnissmässig seltenen Fälle, in denen nachgewiesenermaassen die Varietäten jünger sind als die Arten. Ferner wird zumeist die geographische Verbreitung in Betracht gezogen bei der Beantwortung der Frage, welche von den verschiedenen Formen die Art und welche die Varietäten seien. Es liegt auf der Hand, sobald eine Form sehr allgemein ist und die andere nur local oder sporadisch auftritt, die erstere für die ältere und somit für die Art anzusehen. Häufig fällt dieses auch damit zusammen, dass die Art früher entdeckt wurde als die Varietät, und dann hat es seine grosse Bequemlichkeit, letztere einfach hinter der Art im System einzureihen, ohne an dieser selbst etwas zu verändern zu brauchen.

Es würde mich zu weit führen, hier noch mehr Einzelheiten anzugeben. Das Mitgetheilte möge genügen, um zu zeigen, dass der systematische Begriff der Varietät, sowohl bei LINNÉ als auch bei den späteren Systematikern, zwei ganz verschiedene Sachen umfasst, nämlich:

1. Ebenbürtige Formen, zwischen denen sogar LINNÉ nicht eine als Typus für die übrigen wählen konnte: „*Éléments de l'espèce*“ (DE CANDOLLE) oder Elementare Arten.
2. Abgeleitete Formen, welche sich nur durch geringere oder stärkere Ausbildung irgend einer besonderen Eigenschaft oder durch deren gänzliches Fehlen von der typischen Art unterscheiden: Echte Varietäten.[3]

Es scheint mir in vielen Hinsichten sehr erwünscht, diese beiden Gruppen von Unterabtheilungen der Art nicht länger mit demselben

[1] C. SCHRÖTER, *Die Vielgestaltigkeit der Fichte*. 1898. S. 52—53.

[2] A. BRAUN, Verjüngung § 332; hier auch die ältere Literatur, sowie über *Rubus Idaeus monophyllus*.

[3] Unter diesen sind dann ferner die einfachen, invariablen Typen von den gemischten oder Zwischenrassen zu unterscheiden. Vergl. § 3—4.

Namen zu belegen. Am einfachsten wäre es, nur die ersteren als elementare Arten und die letzteren als Varietäten aufzuführen, doch eine solche Regel hätte nur dann einen wesentlichen Vortheil, wenn sie allgemein angenommen würde.

Dazu kommt, dass die Frage eine rein systematische, der beschreibenden Wissenschaft angehörige ist. Denn sobald man die Sache vom experimentellen Standpunkte aus betrachtet, fällt der ganze Unterschied wiederum weg. Bei Aussaaten sind viele der besten Varietäten ebenso selbstständig wie die elementaren Arten; darauf ist somit eine Unterscheidung gar nicht zu basiren.

Auf Grund dieser Auseinandersetzungen behandle ich die ebenbürtigen Unterabtheilungen der Linné'schen Arten als elementare Arten, und bezeichne ich sie vorzugsweise, wie jene, mit binären Namen. Für die abgeleiteten Varietäten aber möchte ich keine bestimmte Wahl treffen; ich halte z. B. *Chelidonium laciniatum* Miller und *Chelidonium majus laciniatum* für völlig gleichberechtigt. Und wenn in derselben Gattung mehrere Arten weissblüthige, unbehaarte Varietäten u. s. w. haben, würde eine binäre Nomenclatur offenbar viel zu unbequem sein.[1]

§ 7. Progressive, retrogressive und degressive Artbildung.

Ueberblickt man den Stammbaum des Pflanzenreiches, so sieht man sofort, dass nicht alle Arten in derselben Weise entstanden sein können. Die fortschreitende Entwickelung beruht auf der stetigen Neubildung von Merkmalen, der zunehmenden Differenzirung. Die grosse Mannigfaltigkeit der Arten innerhalb der Ordnungen und Familien beruht nur zum Theil auf diesem progressiven Vorgang, zu einem sehr grossen Theil aber auf den mannigfachsten Combinationen der bereits vorhandenen Eigenschaften. Dazu kommt in zahllosen Fällen ein gewisser Rückschritt, d. h. das Fehlen von Merkmalen, welche der Gruppe, zu der eine gewisse Art gehört, sonst gemeinschaftlich sind. *Sium* und *Berula* haben z. B. einfach gefiederte Blätter inmitten der Gruppe von Umbelliferen mit doppelt gefiederten Blättern, und man nimmt an, dass sie aus solchen unter Verlust entstanden sind. Aehnlich steht *Primula acaulis* in der Mitte einer Gruppe von Primeln, von *Androsace* u. s. w. mit schirmartigen Inflorescenzen, und es gilt die gleiche Annahme. Ebenso in zahllosen Fällen, selbst

[1] Z. B. wenn das Beispiel *Agrostemma nicaeensis* für *Agrostemma Githago pallida* allgemein für blassblüthige Varietäten befolgt werden würde.

für ganz grosse Gruppen. So nimmt bekanntlich DELPINO an, dass die Monocotylen durch Verlust einer ganzen Reihe von Eigenschaften aus den niedersten Dicotylen hervorgegangen seien.

Man spricht in solchen Fällen von retrogressiver Metamorphose. Und es scheint kaum gewagt, zu behaupten, dass es vielleicht jetzt auf der Erde mehr auf retrogressivem als auf progressivem Wege entstandene Einzelarten giebt.

Eine vielfach ventilirte Frage ist die, ob bei der Retrogression die betreffenden Eigenschaften auch innerlich verloren gehen, oder ob sie nur unsichtbar, latent, werden. Zahlreiche Beweise existiren für die letztere Meinung, namentlich die so sehr verschiedenartigen Gruppen atavistischer Bildungen (Jugendformen, Subvariationen an den unteren Internodien von Seitentrieben, Blattform der Wasserschösslinge, Wirkungen von Parasiten, Anomalien, Rückschläge durch Knospenvariation auf die Stammform u. s. w.). Ohne Zweifel ist das Latentwerden der allgemeine Fall; dass daneben auch ein wirklicher innerlicher Verlust vorkommen kann, dürfte im Allgemeinen selbstverständlich, in den einzelnen Fällen aber oft schwer nachzuweisen sein. Denn jede positive Erfahrung deutet selbstverständlich auf Latenz, und nur der absolute Mangel solcher bei ausgedehnten Untersuchungen würde das innerliche Fehlen einer Eigenschaft begründen können.

Die Mannigfaltigkeit der Arten innerhalb der grösseren Gruppen beruht zu einem anderen Theile auf einer Erscheinung, welche DARWIN parallele Anpassung nennt. Ich meine die Entstehung derselben neuen Eigenschaft, zu wiederholten Malen, in verwandten oder auch in entfernten Gruppen.[1] Schling- und Rankenpflanzen, Parasiten und Saprophyten, insectivore Gewächse, decussirte Blattstellung sind einzelne Namen aus einer unabsehbaren Liste von Beispielen. Hierher gehört auch jene grosse Schwierigkeit der Systematik, die Frage nach dem mono- oder polyphyletischen Ursprung bestimmter Merkmale. Sind z. B. die Schoten und Schötchen, oder die Keimlagen bei den Cruciferen mono- oder polyphyletisch? Stammen die oberständigen Sympetalen von Sympetalen oder von oberständigen Choripetalen ab? Sind die Gymnospermen einmal oder in getrennten Gruppen aus den Gefässkryptogamen entstanden? Man weiss es nicht, denn die besten Autoritäten sind auf solchen Punkten entgegengesetzter Meinung. Und so lange diese Differenzen nicht beseitigt sind, dürfte es schwer sein, der Frage nach den inneren Ursachen der parallelen Artbildung

[1] Vergl. hierüber meine *Intracellulare Pangenesis.*

— ob aus gemeinschaftlichen latenten, oder aus jedesmal neugebildeten inneren Anlagen — mit Aussicht auf Erfolg näher zu treten.

Auf retrogressiver Entwickelung oder Latenz beruht wohl in weitaus den meisten Fällen die Entstehung der systematischen und Garten-Varietäten, wie sie im vorigen Paragraphen geschildert wurde.

Hier besteht eine weitgehende Analogie zwischen der Bildung dieser Varietäten und derjenigen bestimmter Arten. Daneben kommt, viel seltener, die Gründung von Varietäten auf einer Verstärkung von Merkmalen vor, wie z. B. die erwähnten *Var. hirsutissima, spinosissima, ciliata* u. s. w. Ich möchte diese, wie es scheint, für die Hauptzüge des Systems sehr nebensächliche Form subprogressiv und die entsprechende Entstehung von Arten somit **subprogressive Artbildung** nennen.

Die parallele, retrogressive und subprogressive Entstehungsweisen haben das gemeinschaftlich, dass sie nur neue Verbindungen, aber keine neuen Einheiten, keine wesentlich neuen Elemente für den Fortschritt der Entwickelung des ganzen Pflanzenreiches bilden. In dieser Beziehung stehen sie der progressiven Artbildung schroff gegenüber. Und hier reihen sich ihnen noch andere Formen dieses Processes, ich möchte fast sagen in absteigender Bedeutung für das System, an.

Unter diesen nenne ich in erster Linie das Activwerden alter latenter Eigenschaften. Eine ganze Reihe von Eigenschaften kommen im Pflanzenreiche, oder doch unter den Blüthenpflanzen, in so weiter Verbreitung hier und dort als Anomalien vor, dass es sich kaum abweisen lässt, dafür eine gemeinschaftliche Ursache anzunehmen. Diese wäre dann aber eine latente, von den gemeinschaftlichen Vorfahren herrührende und somit sehr alte Eigenschaft. Das allgemeinste und bekannteste Beispiel einer solchen weit verbreiteten Anomalie ist wohl die Verbänderung, von der man, wenn man während einiger Jahre darauf achtet, Beispiele in so zahlreichen Arten zusammenbringen kann, dass man bald aufhören muss, sie aufzubewahren, weil sonst die Sammlung viel zu gross werden würde. Es scheint, dass fast jede Art, sowohl unter den Coniferen und Monocotylen, als namentlich unter den Dicotylen solche Fasciationen bilden kann.[1] Als erbliche Gartenvarietät kennt man sie bei *Celosia cristata*; als Artmerkmal findet man sie, so viel mir bekannt, nicht. Solches gilt aber wohl von den fast ebenso verbreiteten gespaltenen Blättern (vergl. *Boehmeria biloba*), von den Adnationen (*Solanum*), von den

[1] Vergl. Figg. 34—35 auf S. 128—129.

Blüthen auf Blättern (*Helwingia rusciflora* u. a.) und zahlreichen anderen Anomalien, über welche CASIMIR DE CANDOLLE eine zusammenfassende Uebersicht von grosser Tragweite gegeben hat.[1] Er nennt sie *Variations taxinomiques*, während er die als Artmerkmale nicht auftretenden Anomalien (Verbänderung, Zwangsdrehung, Vergrünung, sterile Varietäten u. s. w.) ataxinom nennt. Seiner Liste entnehme ich noch die folgenden Beispiele: Connation opponirter Blätter, wie sie normal bei *Dipsacus*, *Lonicera* u. s. w. vorkommt, oder der Cotylen (Amphisyncotylie, normal bei *Sicyos*), Ascidien, normal bei *Sarracenia* u. s. w. und in den schildförmigen Blättern, z. B. *Eucalyptus citrina*, Auswüchse auf Blättern, normal bei *Senecio sagittifolius* aus Uruguay, und auf Petalen, normal bei *Petaquia saniculaefolia* und teratologisch bei *Clarkia elegans*, Synanthie bei *Lonicera* u. a.

Für unsere Auseinandersetzungen aber ist es nicht die Hauptsache, welche Anomalien auch als Artmerkmale, sondern umgekehrt, welche Artmerkmale auch als Anomalien bei anderen Arten vorkommen können. Denn es handelt sich um die Erklärung der Arten, und im Besonderen um die Frage, in wie weit ihre Merkmale aus alten latenten, im Pflanzenreiche oder in bestimmten Gruppen mehr oder weniger verbreiteten Eigenschaften abgeleitet werden können. Aus diesem Grunde möchte ich den genannten Beispielen noch einige weitere beifügen; sie zeigen, wie ganz allgemein dieser Parallelismus zwischen Anomalien und Artmerkmalen ist. So führen z. B. *Polygonum viviparum* und *Agave vivipara L.* normal Brutknospen in den Inflorescenzen, und fand ich solche als Anomalie bei *Aloe verrucosa* und *Saxifraga umbrosa*. Spiralige Einrollung von Stengelgebilden zeigen in den Blüthenstielen *Vallisneria* und *Cyclamen*, als Varietät die Stengel von *Juncus spiralis*, als Anomalie fand ich dasselbe sehr schön bei *Scirpus lacustris*. Hypocotyle Knospen haben z. B. *Linaria* und *Linum*, als Anomalie erwähnt BRAUN sie bei *Siegesbeckia*[2] und beobachtete ich sie selbst bei *Phaseolus multiflorus*. Den auf den Internodien zerstreuten Knospen von *Begonia phyllomaniaca* sind die von CASPARY beschriebenen zahllosen Blüthenknospen auf einem Blattstiele von *Cucumis sativus* analog.[3] Die Zwiebeln von *Gladiolus* tragen ihre Seitenzwiebeln bekanntlich auf Stielchen; Aehnliches beobachtete ich als Anomalie bei *Hyacinthus orientalis*. Von Knospen auf Blättern

---

[1] C. DE CANDOLLE, *Remarques sur la Tératologie végétale.* 1896. S. 5—6.

[2] A. BRAUN, *Verh. d. bot. Vereins Brandenb.* XII. 1870. S. 151.

[3] CASPARY, *Ueber Blüthensprosse auf Blättern.* Schriften d. phys. Gesellsch. Königsberg. 1874. S. 99 und Taf. II.

nennt MASTERS eine Reihe teratologischer Fälle,[1] denen *Bryophyllum* als normales Beispiel an die Seite gestellt werden kann, u. s. w.

Zahllose Artmerkmale finden also ihre Analoga in taxinomen Anomalien. Und diese kommen zum Theil bei verwandten Formen, zum grösseren Theil in mehr oder weniger entfernten Gruppen vor. Soweit sie auf gemeinschaftlicher Ursache beruhen, deuten sie auf das sehr verbreitete Vorkommen latenter Eigenschaften hin. Ich möchte diese Form degressive Artbildung nennen. Es entsteht dabei jedesmal allerdings etwas Neues, oft sogar etwas auffallend Neues, aber meist ohne eine klare Beziehung zum Fortschritt des ganzen Stammbaumes. Es sind sozusagen seitliche Verbesserungen der vorhandenen Typen.

Die degressive Artbildung beruht somit auf dem Activwerden alter latenter Eigenschaften. Dabei sind, wie von GOEBEL in seiner Organographie hervorgehoben wurde, zwei Fälle zu unterscheiden.[2] Entweder war die betreffende Eigenschaft bereits in früheren Vorfahren activ, oder nicht. In dem ersteren Falle hat man einen sogenannten Rückschlag oder Atavismus vor sich, und zwar einen echten, systematischen Rückschlag, wenigstens insoweit sich die Abstammung mit Sicherheit nachweisen lässt. Im anderen Falle haben wir nur die Entwickelung einer taxinomen Anomalie zu einem Artmerkmale.

Es braucht kaum hervorgehoben zu werden, dass die Anwendung der vorgeschlagenen Unterscheidungen augenblicklich sich nur erst in einer verhältnissmässig geringen Anzahl von Fällen durchführen lässt. Die vorhandenen Kenntnisse entsprechen den Anforderungen eines solchen Systems durchaus nicht. Für die physiologische Seite der Frage ist aber die Unterscheidung der Hauptgruppen von principieller Bedeutung, und nur darauf ist somit hier der Nachdruck zu legen.

Fassen wir unter dieser Einschränkung das Gesagte kurz zusammen, so können wir die folgende Uebersicht aufstellen:

Entstehung neuer Arten:

A. Unter Bildung neuer Eigenschaften: Progressive Artbildung.

B. Ohne Bildung neuer Eigenschaften.

B_1. Durch das Latentwerden vorhandener Eigenschaften: Retrogressive Artbildung, Atavismus zum Theil.

---

[1] MASTERS *Vegetable Teratology.* S. 170.

[2] K. GOEBEL, *Organographie.* Bd. I. S. 170.

B_2. Durch Activirung latenter Eigenschaften: Degressive Artbildung.

a. Aus taxinomen (ev. latenten) Anomalien.

b. Als eigentlicher Atavismus.

B_3. Aus Bastarden.

Es ist selbstverständlich, dass diese Zusammenstellung keine vollständige zu sein beansprucht. Es giebt ohne Zweifel noch eine Reihe weiterer Typen, welche sich diesen Abtheilungen mehr oder weniger leicht werden unterordnen oder anreihen lassen. Auf der anderen Seite ist es aber ohne Weiteres klar, dass die Unterscheidung von A. und B. beim jetzigen Stande der Wissenschaft die Hauptsache ist, und dass namentlich für das experimentelle Studium diese Unterscheidung einstweilen genügen würde. Ehe ich aber dazu übergehe, diesen Gegensatz näher zu beleuchten, möchte ich Einiges über die letzte Abtheilung (B_3) vorausschicken.

Aus Bastarden können neue Arten entstehen, nicht aber durch Bastardirung neue Artmerkmale. Oder vielmehr in Bezug auf das Auftreten von Mutationen verhalten sich Bastarde wie gewöhnliche Arten, nur sind sie dazu, nach der herrschenden Meinung, etwas mehr geneigt. Zahllose Arten beruhen aber einfach auf verschiedenen Combinationen derselben Merkmale wie andere, oft nahe verwandte, oft entferntere Arten. Und durch Kreuzungen können offenbar Merkmale combinirt werden, welche nicht in derselben genealogischen Linie, sondern in verschiedenen Arten einer solchen neben einander aufgetreten sind. So erhielt ich z. B. durch Kreuzung von *Oenothera rubrinervis* mit *O. nanella* eine samenfeste *O. rubrinervis-nanella*, welche bis jetzt in mehreren Generationen sich ohne Spaltung und ohne Rückschlag erhielt. Und in ähnlicher Weise sind zweifelsohne vielfach neue Arten entstanden.[1]

Kommen wir jetzt zu der Besprechung des Unterschiedes unserer beiden Hauptgruppen A und B, so unterscheiden wir also die progressive Artbildung oder die Entstehung neuer Artmerkmale von der retrogressiven und degressiven Artbildung, bei denen es sich um Latenz oder Activirung bereits vorhandener Anlagen handelt.

Offenbar ist für die progressive Artbildung eine Prämutation erforderlich, für die retrogressive und degressive

[1] Die eingehende Erörterung dieser Frage ist aber erst im zweiten Bande zu geben.

aber nicht. Denn für die erstere müssen die neuen Anlagen zuerst entstehen, bevor sie sich äussern können, während bei den beiden letzteren nur bereits existirende Anlagen in Frage kommen. Ich erlaube mir deshalb hier die bei *Oenothera Lamarckiana* gemachten Erfahrungen und die dort gegebenen Erörterungen über die Prämutationsperiode anzuwenden.[1] Es handelt sich dabei selbstverständlich nur um eine hypothetische Erörterung, welche aber, wie mir scheint, zur Klärung der Sachlage wesentlich beitragen kann. Ich möchte deshalb hier vorauschicken, dass diese Auseinandersetzung in den in diesem Abschnitte mitzutheilenden Versuchen, und am klarsten in der Geschichte meiner *Linaria vulgaris peloria* (vergl. § 20) ihre Stützen finden wird.

Im zweiten Abschnitt wurde bereits betont, dass ich annehme, dass die Mutationsperiode der *Oenothera Lamarckiana* für die Entstehung von Arten überhaupt, das heisst für die wesentlichste Form derselben, die progressive Artbildung, als Typus zu betrachten ist.[2] Vielfach sehen wir im Pflanzenreiche ähnliche Gruppen nahe verwandter Arten, meist als elementare Arten bestimmten Grossarten untergeordnet, oder aber theilweise von den besten Autoritäten als gute Arten unterschieden. Am nächsten mit unserem experimentellen Beispiel verwandt ist die Gruppe der *Oenothera biennis*, oder der Untergattung *Onagra*;[3] etwas entferntere Verwandtschaft weisen die Gruppen von *Hieracium, Rosa* u. a., oder von *Draba verna, Viola tricolor* u. s. f. auf. Solche Gruppen scheinen uns Ueberreste vergangener Mutationsperioden zu sein. Im Anschluss an die Erörterungen des vorigen Paragraphen sind die aus solchen periodischen Mutationen entstandenen neuen Formen als ebenbürtige Unterabtheilungen der älteren Arten oder als elementare Arten zu bezeichnen.

Dass in solchen Perioden nicht nur neue Artmerkmale auftreten, sondern auch alte latente leichter an's Licht kommen als sonst, kann kein Wunder nehmen, und bei den Mutationen von *Oenothera Lamarckiana* war die *O. nanella* den typischen Gartenvarietäten und die *O. laevifolia* den durch Verlust einer Eigenschaft entstandenen systematischen Varietäten ohne Zweifel analog.

Mit diesen letzteren und ähnlichen retrogressiven und degressiven Artbildungen verhält es sich aber ganz anders. Ihre innere Bedingung ist stets vorhanden, es bedarf nur der äusseren, die Mutation selbst veranlassenden Einwirkung. Diese braucht weder periodisch einzu-

[1] Vergl. Abschnitt II und namentlich § 31 S. 352.
[2] S. 182.
[3] Vergl. S. 315 und § 31 S. 352.

treten, noch auch gleichzeitig mehrere Eigenschaften zu beeinflussen. Ab und zu, ohne bestimmte Intervallen, im Laufe der Jahre ebenso unregelmässig zerstreut als im Culturgebiete der betreffenden Arten, sieht man im Gartenbau die neuen Formen erscheinen. Aber ebenso klar ist es, dass es sich hier ausschliesslich oder doch fast ausschliesslich nur um retrogressive und degressive Artbildung handelt.[1] Analogie und Parallelismus herrschen überall, und solches geht so weit, dass oft die eigentlichen Artmerkmale in den Hintergrund treten. Gutgefüllte Blumen sehen sich so ähnlich, dass man an den besten Abbildungen oft nicht sehen kann, zu welcher Gattung oder Familie sie gehören.

Aus diesem Grunde werde ich in diesem Abschnitte die Entstehung von Gartenvarietäten möglichst ausführlich zu schildern versuchen. Sie sind für mich, beim jetzigen Zustande unserer Wissenschaft, das Muster der retrogressiven und der degressiven Artbildung. Sie bilden also ein Seitenstück zu der progressiven Artbildung in der Gattung *Oenothera.* Zusammen umfassen beide, soweit ich jetzt urtheilen kann, die Hauptzüge, nach denen die Artbildung muthmasslich auch in früheren Zeiten vor sich gegangen ist.

Der Fortschritt im Stammbaume beruht nothwendiger Weise auf Progression, auf der Bildung neuer Eigenschaften; der überwältigende Formenreichthum aber beruht daneben auf dem gelegentlichen Verschwinden bereits vorhandener, und der Activirung latenter Eigenschaften (Retrogression, Degression, Atavismus).

IV. Das plötzliche Auftreten und die Constanz neuer Varietäten.

§ 8. Beispiele constanter Rassen.

Die Varietäten des Gartenbaues sind in der Regel constant; Ausnahmen pflegen in den grösseren Werken ausdrücklich als solche bezeichnet zu werden. Die meisten Sorten sind nicht nur samenbeständig, sondern auch samenrein. Samenbeständig nennt man sie, wenn sie praktisch rein sind, d. h. bei der gewöhnlichen Cultur nicht mehr Verunreinigungen aufweisen, als unvermeidlich ist (also meist

[1] Die Bastardirungen schliesse ich hier selbstverständlich aus.

zu 97—99 % rein). Samenrein nennt man sie, wenn die Samen versuchsweise isolirter Exemplare nur die Varietät geben und zwar ohne Ausnahme. Die Constanz ist dann eine völlige. Die Praxis hat aber fast nie ein Interesse dabei, ihre älteren Sorten oder ihre Neuheiten auf diesen Grad der Reinheit zu prüfen oder zu bringen.

Solches ist aber zu wiederholten Malen von den verschiedensten Forschern gethan worden, namentlich von DARWIN und von HOFFMANN.[1] Unvollständige Bekanntschaft mit den Gefahren zufälliger Kreuzungen und mit deren Folgen ist allerdings die Ursache, dass vielen dieser älteren Versuchen keine völlige Beweiskraft mehr zukommt, aber wo das Resultat ein positives war, ist dieser Einwurf selbstverständlich ausgeschlossen. Die zahllosen Beobachtungen völliger Constanz sind offenbar von Kreuzungseinflüssen rein gewesen, denn solche bewirken ja nur anscheinende Inconstanz.

Trotz des vorliegenden Versuchsmateriales ist doch jetzt noch die allgemeine Meinung diese, dass Varietäten inconstante Bildungen seien. Gerade darin sollen sie sich von den echten Arten unterscheiden, dass sie von Zeit zu Zeit, und nicht gerade allzu selten, zum Typus der Art zurückkehren. Und eben dadurch sollen sie ihre Zugehörigkeit zu der betreffenden Art beweisen.

Offenbar steht es Jedem frei, seine Definition einer Varietät so zu wählen, wie er will. Wer aber die Inconstanz als zum Wesen derselben gehörig annimmt, wird sehr zahlreiche, und vielleicht die meisten und wichtigsten Gartenvarietäten auszuschliessen und als elementare Arten zu betrachten haben.

Ich habe mich vielfach bemüht, sowohl Gartenvarietäten als wildwachsende auf ihre Constanz zu prüfen, theils um persönlich Gewissheit über ihre völlige Reinheit zu erlangen, theils aber auch um etwaige inconstante Formen für spätere Versuche herauszufinden. Ich bin dabei meist von Samen ausgegangen, theilweise auch, bei perennirenden Sorten, von käuflich bezogenen Pflanzen. Wo möglich wurden die Exemplare unter Ausschluss des Insectenbesuches künstlich befruchtet; in weitaus den meisten Fällen muss man aber die Bestäubung den Hummeln und Faltern überlassen, und kann man nur für vollständige Isolirung sorgen.

Der wichtigste Punkt ist schliesslich der Umfang der Aussaat. Absolute Constanz kann man selbstverständlich praktisch nie beweisen.

---

[1] Vergl. dessen *Rückblick auf meine Culturversuche* in der Botanischen Zeitung 1881 und die dort citirte Literatur. Eine vollständige Uebersicht über HOFFMANN's Schriften gaben IHNE und SCHRÖTER im Nachrufe auf HOFFMANN in den *Berichten d. d. bot. Gesellsch.* Bd. X. 1892. S. 18 des Schlussheftes.

Viel mehr als einige Tausend Exemplare einer Sorte zur Blüthe zu bringen, lassen die Anforderungen der übrigen Versuche nur sehr selten zu. Und auch wenn man solches durch einige Jahre fortsetzt, ist die Möglichkeit eines seltenen Atavismus (z. B. von einem Individuum in der Million) doch nicht ausgeschlossen. Dieses kann also überhaupt nicht Aufgabe der Culturen sein. Meist thut man am besten, mit einigen Hunderten von Exemplaren zufrieden zu sein; oft gelingt es nicht einmal, soviel Samen zu erlangen. Kleinere Versuche dienen dann nur zur Bestätigung der bei anderen bereits gefundenen, und können unter dieser Beschränkung meiner Ansicht nach ihren Werth haben.

Dem Nachweise absoluter Constanz kommen die Beobachtungen solcher Rassen am nächsten, welche in gewissen Gegenden im Freien wachsen, und dort sehr zahlreich und dennoch sortenrein sind. Hier ist die Constanz eine so auffallende, dass sie manchen Systematiker veranlasst, die Form als Art zu betrachten. Zu den bekanntesten Beispielen gehören die *Discoidea*-Formen mancher Compositen.

Fig. 126. *Bidens tripartia.* Typus ohne Strahlenblumen.

Moquin Tandon betrachtete die *Discoidea*, d. h. die Form ohne Zungenblüthen, als die *Peloria* der Compositen.[1] Allgemein werden sie wohl als aus den Radiaten hervorgegangen angesehen. Bisweilen ist die zungenlose Form häufiger als jene mit Strahlen, und dann wird bisweilen die *Discoidea* in den systematischen Werken als Art, die *Radiata* als Varietät beschrieben. So z. B. bei *Bidens tripartita* (Fig. 126) und *B. cernua*,[2] obgleich *B. grandiflora*, *B. bipinnata*, *B. atro-*

[1] *Tératologie végétale* S. 179.

[2] Koch, *Synopsis Florae Germanicae* S. 309.

purpurea bekannte Arten mit Strahlenblüthen sind. In meinem Vaterlande wachsen *B. tripartita* und *B. cernua* sehr allgemein; ich habe mich vielfach bemüht, Exemplare mit Zungenblüthen zu finden oder zu bekommen, aber vergeblich. Die beiden Formen sind in dieser Hinsicht so constant wie überhaupt nur möglich. In anderen Ländern kommen die betreffenden *Varietates radiatae* aber bekanntlich vor.

Fig. 127.
Senecio Jacobaea L. (*f. radiata*).

Fig. 128.
Senecio Jacobaea discoideus. KOCH.

Senecio Jacobaea hat gleichfalls eine *Forma radiata* und eine *F. discoidea*[1] (Figg. 127 und 128), welche beide bei uns vorkommen und völlig constant sind. In den Dünen der Provinz Nord-Holland wächst der *Discoideus* überall und zu Tausenden, in jenen der Provinz Süd-Holland aber die *F. radiata*, und zwar ebenso zahlreich; beide gehören

[1] Vergl. S. 138.

zu den allgemeinsten und verbreitetsten Arten unserer Flora. Aber Jahrzehnte hindurch habe ich nie eine Vermischung oder einen möglichen Fall von Rückschlag beobachtet; die beiden Sorten waren an ihren betreffenden Standörtern stets völlig rein. Erst in den letzten Jahren treten sie auf den Grenzen ihrer Gebiete hier und dort vermischt auf, ohne Zweifel in Folge eines Samentransportes. Die beiden Sorten sind also in dieser Gegend als absolut constant zu betrachten.[1] Ebenso constant ist auch in meinen Versuchen *Matricaria Chamomilla discoidea*,[2] von der aber MURR das gelegentliche Vorkommen von Blüthenköpfchen mit Strahlen erwähnt.[3] Von einer Pflanze von *M. discoidea* hatte ich 1897 575 Exemplare, alle ohne Zungen. Ich erntete nur die Samen der schwächsten Zweige höherer Ordnung, und hatte 1898 wiederum 460 Pflanzen, alle ohne Zungenblüthe. Ich erntete dann, nach häufigem Wegschneiden des Hauptstammes und der kräftigsten Zweige, nur die allerschwächsten Samen von kleinen Spättrieben, aber auch aus diesen kamen nur echte *Discoidea* hervor (750 Exemplare 1899).

Ausser den constanten strahlenlosen Rassen kommen auch gelegentlich Blüthenköpfchen ohne oder doch fast ohne Strahlen in sonst normalen Rassen vor, wie solche z. B. in meiner Cultur bei *Chrysanthemum coronarium*, *Coreopsis tinctoria*, *Dahlia striata nana* u. a. gesehen wurden.[4]

Im ersten Abschnitt habe ich zu wiederholten Malen Beispiele völlig constanter Varietäten aus der Literatur angeführt[5] und gezeigt,[6] dass viele gewiss ein oder zwei Jahrhunderte alt sind; ja so alt als, oder noch wahrscheinlicher sogar älter als die Cultur selbst. Die Varietäten sind im Allgemeinen ebenso constant wie die wilden ele-

[1] Eine sehr wichtige Zusammenstellung giebt J. MURR: *Strahllose Blüthen bei heimischen Kompositen.* Deutsche Bot. Monatsschr. Bd. 14. 1896. S. 161—164. Vergl. *Botan. Jahresber.* T. 24, 2. S. 11, wo von einigen discoiden Formen seltene Beispiele mit Strahlen, und von radiaten Formen ausnahmsweise strahlenlose Blüthen angeführt werden. Zu den letzteren zählt in dortiger Gegend *Senecio Jacobaea.* Die Unterscheidung von Halbrassen (vergl. § 3 S. 422) würde hier vermuthlich zu wichtigen Ergebnissen führen.

[2] Ueber deren rasche Verbreitung in Norwegen vergl. JENS HOLMBOE, *Nogle Ugraesplanters Invandring i Norge.* 1900 (*Nyt Magax. f. Naturv.* Bd. XXXVIII). S. 187. Mit einer Karte. Auch dort ist die Sorte völlig constant.

[3] J. MURR, l. c. S. 161—164.

[4] Weitere Beispiele bei MURR l. c.

[5] Vergl. S. 138, ferner die GAILLON-Erdbeeren (Fig. 7 S. 25), *Chelidonium laciniatum* (Fig. 36 S. 134).

[6] Vergl. Abschnitt I S. 129 die Liste der schon MUNTING (1671) bekannten und noch jetzt cultivirten Abarten.

mentaren Arten, von denen *Draba verna*, *Viola tricolor*[1] u. a. besprochen wurden. Die beiden merkwürdigen, von HERMANN MÜLLER unterschiedenen Typen von *Iris Pseudacorus*, deren einer mit engen Blütheneingängen der Befruchtung durch *Rhingia*, der andere aber den Hummeln angepasst ist,[2] gehören wohl zu derselben Gruppe. Eine sehr inhaltsreiche und wichtige Liste samenbeständiger Sorten hat neuerdings IRWIN LYNCH, nach den Angaben mehrerer Gärtner und Botaniker, sowie nach eigener Erfahrung zusammengestellt.[3]

Unter den Gärtnern ist die Meinung sehr verbreitet, dass die weissblühenden Varietäten zu den am meisten constanten gehören. Sie sind überaus zahlreich und sehr leicht zu controliren. Nach bekannten Analogien[4] ist als Regel anzunehmen, dass ihre Bastarde mit der gefärbten Sorte gleichfalls gefärbt und also bald und leicht kenntlich sein würden. Sie werden somit beim Reinigen oder Fixiren früh und vollständig entfernt, was für die Constanz der Sorten sehr wichtig ist. Mehrere Forscher haben weisse Sorten auf ihre Reinheit geprüft. So untersuchte HILDEBRAND[5] weisse Hyacinthen, *Delphinium Consolida*, *Matthiola incana* und *Lathyrus odoratus*.[6] HOFFMANN *Linum usitatissimum album*, HOFMEISTER während dreissig Jahre *Digitalis parviflora alba*,[7] PREHN *Centaurea Scabiosa alba*[8] u. s. w.

Von einer Reihe weissblühender Varietäten perennirender Arten habe ich einige wenige Pflanzen aus dem Handel bezogen, diese isolirt blühen lassen und die Samen ausgesät. Soweit die Isolirung eine ausreichende war, war die Nachkommenschaft, mit einer einzigen Ausnahme (*Aquilegia chrysantha*) völlig einfarbig weiss und also samenrein. Die in dieser Weise untersuchten Arten waren die folgenden (ich gebe zwischen Klammern die Anzahl der von ihnen gewonnenen und in der Blüthe beobachteten Nachkommen): *Campanula pyramidalis alba* (26), *C. persicifolia alba* (1044), *Catananche coerulea alba* (5), *Hys-*

[1] Vergl. Figg. 3 und 4 S. 15 und 16. Ueber die Constanz elementarer Arten von *Viola tricolor* vergl. auch V. B. WITTROCK, *Viola Studier* Acta Horti Bergiani. Bd. II. Nr. 1. 1897 (dreijährige Culturen).

[2] H. MÜLLER, *Die Befruchtung der Blumen* S. 68.

[3] IRWIN LYNCH, *The evolution of plnnts*. Journ. Roy. Hort. Soc. Vol. XXV. Part. I. S. 34—37. Nov. 1900.

[4] Vergl. den zweiten Band.

[5] HILDEBRAND, *Die Farben der Bluthen* S. 79.

[6] HOFFMANN, *Botan. Zeitung*. 1876. S. 566. Vergl. ferner die ausführliche Liste samenfester weisser Varietäten bei CARRIÈRE a. a. O. S. 12—13, und die sonstige Literatur.

[7] HOFMEISTER, *Allgemeine Morphologie* S. 556.

[8] J. PREHN, *Schr. Naturw. Vereins Holstein*. Bd. X. 1895. S. 259.

sopus officinalis albus (198), *Lobelia syphilitica alba* (537), *Lychnis chalcedonica alba* (401), *Polemonium dissectum album* (126), *Salvia sylvestris alba* (296). Von einjährigen Sorten fand ich ferner völlig samenrein *Chrysanthemum coronarium album* (400), *Godetia amoena*, weisse Perle (15), *Linum usitatissimum album* (779), *Phlox Drummondi alba* (50), *Silene Armeria alba* (617). Von wilden Sorten prüfte ich ausführlich *Erodium cicutarium album*, welches bei uns sehr verbreitet ist. Ihm fehlt der rothe Farbstoff der Art sowohl in den Blättern als in den Blüthen. Ich fand die Varietät durch fünf Generationen im Garten samenrein, nie entstand, trotz grösseren Aussaaten, ein rothes Exemplar. Ich sammelte später noch Samen von einem anderen Fundorte und fand auch hier die *Alba* samenrein (43 Exemplare).

Andere Farbenvarietäten pflegen gleichfalls rein zu sein, wenn man die Samen isolirter Exemplare untersucht. Für einige ist solches so allgemein bekannt, dass die betreffenden Formen aus diesem Grunde zu Arten „erhoben“ worden sind, wie z. B. *Anagallis (arvensis) coerulea*. Von dieser habe ich 1897 25 Exemplare an einer isolirten Stelle blühen lassen und hatte 1898 866 Pflanzen, welche ohne Ausnahme blau bühten. Von *Tetragonia expansa*, welche in ihrer ganzen Belaubung sowie in den Blüthen rothbraun ist, giebt es eine rein grüne Form, welche als Art *T. crystallina* heisst. Letztere fand ich völlig samenrein. Ich säte 1898 etwa 600 Früchte aus einer Cultur von 1897; jede Frucht enthält 6—10 und oft mehr Samen, deren einige früher und andere später, oft erst nach Jahren keimen. Es keimten im Laufe des ersten Sommers 3975, im Laufe des zweiten 1082, im dritten 88 und im vierten 90 Samen. Zusammen also 5235 Keimpflanzen, welche sämmtlich grün, ohne Spur von rother Farbe, und also der *T. crystallina* angehörig waren. Es sind also in diesem Falle auch die spät keimenden Samen ebenso sortentreu als die ersten.[1]

In anderen Fällen, wo die Constanz ebenso vollständig, aber zufällig weniger bekannt ist, werden die betreffenden Sorten „nur“ als Varietäten behandelt. Einige dieser Formen scheinen sogar in botanischen Kreisen völlig unbekannt zu sein,[2] wie z. B. die *Silene Armeria rosea*, deren Farbe die Mitte hält zwischen der Art und der weissen Varietät, welche aber nicht etwa ein Bastard, sondern eine alte, völlig samenfeste Sorte ist, ebenso gut wie die beiden anderen.

[1] Anders verhält es sich z. B. bei *Trifolium incarnatum quadrifolium* (vergl. § 22).

[2] Vergl. Bot. Zeitung. 1900. S. 234.

Fig. 129. *Madia elegans.*

Im Jahre 1898 hatte ich aus Samen der *Var. flore roseo*, nach isolirter Blüthe im Jahre 1897, über 4000 Pflanzen in Blüthe, sämmtlich von der Farbe der Mutter. Ebenso in kleinerem Umfange in anderen Jahren. Desgleichen bei anderen Arten z. B. *Clarkia pulchella carnea* (50 Exemplare). Ebenso fand ich die blassblüthige *Agrostemma Githago nicaeensis* samenrein (im Laufe von 10 Jahren), ferner *Agrostemma coronaria bicolor* (349 Ex.) und *Hyoscyamus (niger) pallidus* (40 Ex.). Ferner das gelbe *Chrysanthemum coronarium* (228 Ex.), die Varietäten des Leins mit weissen und mit gelben Samen, manche Varietäten ohne die dunklen Herzflecken ihrer Arten am Grunde der Petalen, wie *Papaver somniferum Danebrog, Papaver commutatum, Madia elegans* (Fig. 129) u. s. w.

Eine interessante samenreine Varietät ist auch *Chelidonium majus latipetalum* (Fig. 130), welche ich der Güte des Herrn Prof. J. W. Moll in Groningen verdanke. Es unterscheidet sich von *C. majus* durch die Blumenblätter, welche so breit sind, dass sie sich an den Rändern überdecken, und so eine geschlossene Krone, statt eines offenen Kreuzes bilden. Ich fand es durch einige Generationen samenrein.

Fig. 130. *A B Chelidonium majus latipetalum. C D Chelid. majus.*

Sehr bekannt ist die Constanz der fasciirten Varietät von *Myosotis alpestris: Victoria*, mit den weiten, vielblätterigen centralen Blumen, ferner von *Linaria vulgaris tricalcarea*,[1] von vielen unbehaarten Formen wie *Lychnis vespertina glabra*, von unbedornten Typen wie *Datura Stramonium inermis*[2] u. s. w., welche ich alle

[1] J. H. Wakker, *Linaria vulgaris*. Nederl. Kruidk. Archief 1889 mit Tafel X.

[2] Vergl. Fig. 5 auf S. 22.

auch selbst geprüft habe. Es würde viel zu weit führen, die Liste der constanten Varietäten auch nur annähernd vollständig machen zu wollen.

Ich führe nur zum Schlusse noch eine Rasse von *Melilotus coerulea* an, welche ich der Freundlichkeit des Herrn Prof. M. W. Beyerinck verdanke (S. 455). Ihre Blättchen[1] sind zu einer einzigen Spreite zusammengewachsen, in der die drei Hauptnerven noch vom Grunde aus vereinzelt laufen. Auch ist die Spreite dreigipfelig, und zwar mit einer sehr grossen fluktuirenden Variabilität in der Tiefe der Einschnitte zwischen den drei Abtheilungen. Mehrfach sind diese nur halbwegs verbunden, oder noch weniger, bisweilen sogar fast bis unten, in seltenen Fällen auch wohl gänzlich getrennt. Alle diese Formen können auf derselben Pflanze vorkommen. Aber bei meinen Aussaaten fand ich keine Rückschläge; jedes Exemplar zeigt in höherem oder geringerem Grade diese Monophyllie.

Fig. 131. *Melilotus coerulea monophylla.* Sämmtliche Blätter sind einscheibig, aber mehr oder weniger tief gespalten. Im mittleren Blatt auf der rechten Seite der Figur scheint sogar das eine Seitenblättchen ganz frei zu sein.
A Hochblatt aus der Inflorescenz; hier sind die Blätter am wenigsten gespalten.

§ 9. Sterile Varietäten.

Im ersten Abschnitt habe ich mehrfach hervorgehoben, dass eine der grössten Schwierigkeiten der Selectionslehre darin liegt, dass das

[1] Bereits beschrieben von Wydler, *Flora.* 1860. S. 56, und nach ihm nicht selten.

von ihr angenommene allmähliche Entstehen von Arten niemals beobachtet wurde. Ueberall, wo die Beobachtungen dem Ursprunge einer neuen Form hinreichend nahe kommen, deuten sie auf einen Sprung hin. Wo man nach der Selectionslehre allmähliche Uebergänge erwarten sollte, findet man solche nicht. Die neue Form mag in hohem Grade variabel sein, und dabei die Grenzen zwischen ihr und ihrer Mutterart gelegentlich überschreiten, solche transgressive Variabilität stellt aber nur in morphologischer und nicht in genetischer Hinsicht eine Entwickelungsreihe vor (vergl. II. § 25 S. 408).

Fig. 132. Eine Blüthe von *Lilium candidum plenum*. Der Blüthenboden bildet einen langen Stiel, auf welchem die schmalen, völlig weissen Blumenblätter in spiraliger Anordnung stehen.

Es ist in diesem Kapitel meine Aufgabe, eine Reihe weiterer Beispiele, theils aus der Literatur, theils aus eigener Erfahrung zusammenzustellen, um die dort gemachten Aussprüche näher zu begründen.

Allerdings wird ein solcher Nachweis dadurch erschwert, dass es, wenigstens vorläufig, nicht möglich ist, in den einzelnen Fällen, in denen andere Forscher geglaubt haben Uebergänge zu finden, zu zeigen, in welcher Weise ihre Beobachtungen nach der Mutationslehre zu erklären sind. Solches gilt namentlich überall dort, wo nur vergleichende Studien vorliegen. Diese können wohl überall durch die Annahme einer transgressiven Variabilität erklärt werden, doch erlangt eine solche Annahme offenbar erst dann wissenschaftlichen Werth, wenn die betreffenden Erscheinungen auch wirklich nach der statistischen Methode untersucht werden.

Solchen zweideutigen Fällen steht aber eine lange Reihe von Beobachtungen gegenüber, in denen das Fehlen von Uebergängen mehr oder weniger gesichert ist. Unter diesen bilden die sterilen Varietäten einen der bekanntesten Einwürfe gegen die Selectionslehre, wenigstens gegen die ausschliessliche Anwendung dieser Lehre. Als solche sind sie namentlich von DARWIN selbst vielfach hervorgehoben und ausführlich besprochen worden.

Von den meisten unfruchtbaren Sorten weiss man allerdings gar nicht, wie, wann und wo sie entstanden sind. Sie sind da, seit Urzeiten cultivirt und auf vegetativem Wege vermehrt. Sie unterscheiden sich aber von ihrer muthmaasslichen Mutterart in so scharfer Weise, dass sie den besten Varietäten ebenbürtig sind. Eine allmähliche Entstehung nimmt für sie wohl Niemand an.

Als erstes Beispiel führe ich das *Lilium candidum plenum* des Handels an. Es ist eine sehr bekannte Varietät, deren Zwiebeln noch jährlich von den Zwiebelhändlern in ihren Catalogen angeboten werden. Statt der Blüthen hat es beblätterte Zweiglein (Fig. 132). Der Zweig ist der verlängerte Blüthenboden; die Blättchen sind schmal und rein weiss, von der Farbe und der Structur der Petalen anderer weisser Lilien. Sie entwickeln sich in jeder Blüthe im Laufe einiger Wochen fortwährend; die untersten können lange Zeit braun und verwelkt sein, bevor die obersten sich entfaltet haben. Unsere Fig. 132 stellt eine ziemlich kurze Blume dar; sie werden oft doppelt so lang. Staubfäden und Carpelle werden nie gebildet; am Scheitel findet man die jüngsten Petalen zu einer dicht gedrängten Knospe zusammengefügt.

Wie diese Varietät entstanden ist, weiss man nicht. Sie wurde zum ersten Male 1827 von G. Vrolik beschrieben, nachdem er sie bereits während zwanzig Jahre im botanischen Garten zu Amsterdam hatte blühen sehen.[1] Ihr Alter erreicht also jedenfalls nahezu ein Jahrhundert. Sie blüht auch jetzt noch regelmässig jedes Jahr in unserem Garten. In der Gartenbau-Literatur findet man sie erst viel später, seit etwa 1840, erwähnt.[2]

Zu den bekanntesten sterilen Gartenpflanzen gehören die grünen Georginen (*Dahlia variabilis viridiflora*). Ihre Körbchen sind ohne Blüthen, und die sonst dünnen durchscheinenden Bracteen sind in grüne Blättchen umgebildet. Sie werden in Gärten vielfach cultivirt, theils als Merkwürdigkeit, theils deshalb, weil ihre grünen „Blumen" nicht verwelken, sondern frisch an der Pflanze bleiben; diese ziert sich also bis zum Herbst mit einer stetig anwachsenden Zahl solcher Blumen.[3] Die Varietät ist um die Mitte des vorigen Jahrhunderts in Boskoop in Holland in einer Aussaat entstanden und seitdem durch

[1] G. Vrolik, *Over een rankvormige ontwikkeling van witte leliebloemen.* Nieuwe Verhandelingen der eerste klasse v. h. k. Nederl. Instituut van Wet. te Amsterdam. Dl. I. 1827. S. 295—301, mit einer Tafel. Der dort abgebildete Zweig mit fünf Blumen befindet sich noch, in Spiritus aufbewahrt, in unserer Sammlung.

[2] Bei Mérat, *Ann. Soc. d'hortic. de Paris* 1841—1845, und Verlot, l. c. 1865. S. 91.

[3] Vergl. die Literatur in Penzig's *Teratologie.* II. S. 71.

ihre Knollen vermehrt. Sie bildet von Zeit zu Zeit einzelne (rothe) Strahlenblüthen aus, trägt aber, soviel mir bekannt, niemals Samen.

Fig. 133. Grüne Georgine, eine neue Varietät.

Eine neue und, wie es scheint, noch nicht beschriebene grüne Georgine erhielt ich vor einigen Jahren durch die Güte der Herren ZOCHER & Co. in Haarlem. Woher die Sorte stammt, ist unbekannt, da sie anfangs mit der vorhergenannten verwechselt wurde. Von dieser unterscheidet sie sich dadurch, dass die grünen Köpfchen nicht von der normalen Form und Grösse sind, sondern umgewandelt in lange grün beblätterte Stiele, ähnlich wie in Fig. 133 mit Ausnahme des oberen Köpfchens.

In der Handelsgärtnerei bilden sie solche verlängerte Blüthen in grosser Menge; diese bringen es an ihrem oberen Ende aber nie zu einem Abschluss. Sie wachsen bis zum Herbst stetig weiter und erreichen oft eine Länge von 30 cm und darüber. Genau so verhielten sie sich in meinem Garten, bis ich sie im vorigen Jahre übermässig stark düngte. Dann brachten sie, aber nur spät und aus wenigen grünen „Blumen", am oberen Ende ein kleines Köpfchen hervor (Fig. 133). Dieses entfaltete sich, bestand aber nur aus grünen Bracteen, ohne Blüthen und ohne Samen. Die Pflanze ist somit völlig steril.

Dieser Varietät am ähnlichsten ist die oft citirte weizenährige Nelke (Wheat-ear-Carnation, *Dianthus barbatus var.*). An Stelle der Blüthen findet man hier kleine grüne Aehrchen, welche aus grünen, kreuzweis gestellten Bracteen gebildet sind. Diese Form scheint nicht regelmässig in Cultur zu sein, da sie in der Regel steril ist, und zweijährig; dagegen tritt sie hier und dort zufällig in Aussaaten, namentlich gemischter Sorten auf. In dieser Weise zeigte sie sich auch in meinem Garten; die meisten Aehrchen waren wie gewöhnlich steril, eine bildete aber an ihrem Gipfel eine Blüthe, aus der ich auch einige keimfähige Samen erhalten habe.

Die grüne Rose ist seit alten Zeiten allgemein bekannt, dagegen gehört das grüne *Pelargonium zonale* der neueren Zeit an. In beiden sind es die Blüthentheile, welche in grüne Blättchen umgewandelt sind. Sie sollen völlig steril sein und nur durch Stecklinge vermehrt werden.

Manche gefüllte Gartenblumen bilden nie Samen, namentlich die Formen, welche keine Mittelformen zwischen Staubfäden und Blumenblätter aufweisen, sondern als Petalomanie beschrieben werden.[1] *Ranunculus acris* (Fig. 40 S. 137), *Caltha palustris, Anemone nemorosa, Hepatica triloba, Tropaeolum majus flore pleno, Clematis recta, Barbarea vulgaris floribus plenis* und viele andere werden in der Gartenbauliteratur als völlig steril aufgeführt. Ebenso von Compositen gefüllte Varietäten von *Achillea Ptarmica, Ageratum mexicanum* (einzelne Var.), *Pyrethrum roseum* u. s. w. Andere geben bekanntlich von Zeit zu Zeit Samen, wie *Anthemis nobilis,* und gehören also nicht hierher.

Durch Umwandlung ihrer geschlechtlichen Blüthen in sterile Schaublumen sind *Viburnum Opulus, Hydrangea hortensea* und andere steril geworden, ebenso *Muscari comosum plumosum* u. s. w. Bananen und andere Früchte ohne Samen wurden schon im ersten Abschnitt S. 137 aufgezählt.

Manche Varietäten des Zuckerrohres tragen nie Samen, wie z. B. die zuckerreichste Sorte, das Cheribonrohr. Die über ausgedehnte Gegenden verbreitete Varietät bildet nur ein Individuum, d. h. ist von einer einzigen, unbekannten Stammpflanze herzuleiten, da sie stets nur durch Stecklinge, sogenannte *Bibits,* vermehrt wurde.

Die Kugel-Acacia (*Robinia Pseud-acacia inermis*)[2] soll gleichfalls niemals blühen und nur durch Propfen vermehrt werden.

Trifft die Sterilität einjährige Arten, oder doch solche, welche nicht auf die Dauer vegetativ vermehrt werden können, so stirbt die sterile Varietät bald aus. Es lohnt sich dann kaum, von einer Varietät zu reden, und die betreffenden Exemplare werden nur als Monstrositäten angesprochen. Doch sind sie ihrer Entstehung nach eigentlich den bisher behandelten sterilen Formen durchaus gleich. Im ersten Abschnitt (S. 138 Fig. 41) habe ich als Beispiel den sterilen Mais vorgeführt. Merkwürdiger noch ist die astlose Fichte (*Pinus excelsa aclada* oder *monocaulis*), welche Schröter in seiner vorzüglichen Monographie der Fichte beschreibt. Die ganze Pflanze stellt

[1] K. Goebel, *Beiträge zur Kenntniss gefüllter Blüthen.* Jahrb. f. wiss. Bot. Bd. XVII. S. 217—219 u. a. a. St.

[2] de Candolle, *Physiologie.* II. S. 735.

einen vollkommen astlosen Spiess ohne irgend welche Verzweigung dar, der an den Enden der Jahrestriebe nur ein wenig angeschwollen ist; die Nadeln bleiben lange sitzen.[1] Die Form ist an den verschiedensten Oertern aufgetreten. SCHRÖTER zählt 4 Exemplare in Italien, eins in Baden, einige aus Westfalen, Mittelfranken und Böhmen, und einige von Mariabrunn bei Wien auf. Manche dieser Exemplare erreichten 1—2, einzelne 5—6 Meter Höhe; einige von ihnen sind jetzt noch am Leben.

Steriler Roggen wurde von RIMPAU beschrieben.[2] Es fanden sich während mehr als einem Jahrzehnt fast alljährlich solche Aehren, meist verzweigt und nicht selten sogar sehr stark verästelt, besonders in Jahren und an Stellen, wo der Roggen sehr dünn stand. Da aber solche Aehren mit normalen an derselben Pflanze vorzukommen pflegen, so beruht das alljährliche Vorkommen vielleicht dennoch auf Vererbung.

Schliesslich ist hier noch, statt einer weiteren Aufzählung der sehr zahlreichen sterilen Monstrositäten auf die von A. ERNST jüngst beschriebene *Nitella syncarpa* hinzuweisen, welche statt der Oögonien kümmerlich entwickelte Antheridien trägt, welche es nicht zur Ausbildung von Spermatozoiden bringen.[3] Die betreffenden Exemplare wurden bei Zürich beobachtet und waren völlig steril.

§ 10. Beispiele im Freien plötzlich entstandener Rassen.

In der freien Natur sind bekanntlich die elementaren Arten mit ihren nächsten Verwandten durch Uebergänge nicht verbunden. Allerdings bewirken die fluktuirende und die transgressive Variabilität mehrfach den Schein continuirlicher Reihen; bei genauerer und namentlich statistischer Untersuchung lösen sich diese Reihen aber in ihre einzelnen, wohl unterschiedenen Componenten auf.[4] In sehr zahlreichen Fällen aber fehlen die Uebergänge durchaus, und gerade in diesem Fehlen ist die systematische Unterscheidung als Varietät,

[1] Vergl. S. 455 und C. SCHRÖTER, *Ueber die Fichte (Picea excelsa Link)* in Vierteljahrsschr. d. nat. Ges. in Zürich. Jahrg. XLIII. 1898. Heft 2 und 3. S. 50—53, Fig. 18. In diesem wichtigen Werke findet man eine sehr vollständige Uebersicht über die Varietäten, Formen und Monstrositäten dieses so höchst „variablen" Baumes.

[2] *Deutsche landwirthschaftliche Presse.* Berlin, 4. October 1899; mit photographischen Abbildungen monströser Roggenähren.

[3] ALFRED ERNST, *Ueber Pseudo-Hermaphroditismus bei Nitella syncarpa.* Flora 1901. Bd. 88. Heft I. Mit Tafel I—III.

[4] Vergl. den zweiten Abschnitt § 25 S. 408.

Unterart, elementare Art, oder sogar einfach als Art für die betreffenden Formen begründet.

Wo es sich um längst bekannte und weit verbreitete Formen handelt, lehrt uns dieser Mangel der Uebergänge über die Entstehungsweise offenbar nur wenig. Günstiger verhalten sich die Fälle, wo die fraglichen Typen nur local vorkommen und wo man also, wenn es überhaupt Uebergänge geben würde, sie an dem Standorte der Pflanze zu finden erwarten könnte. In einigen Fällen gelang es einem gründlichen und kritischen Studium der geographischen Verbreitung für bestimmte Varietäten das Verbreitungscentrum nachzuweisen, wie solches für die hellfrüchtigen Spielarten der europäischen Vaccinien und einigen verwandten Ericaceen durch Ascherson und Magnus geschehen ist.[1] Auch in solchen Studien deutet der jetzige Mangel der Uebergänge darauf hin, dass es solche überhaupt nicht gegeben hat.

Neben diesen mehr verbreiteten Varietäten sind in der Literatur eine Reihe von Beobachtungen beschrieben, in denen eine neue Form an einem einzigen Fundorte unter solchen Umständen gefunden wurde, dass man schliessen durfte, dass sie an Ort und Stelle und vor nicht allzu langer Zeit entstanden sei. Dann fehlten stets die Uebergänge, und es wies dieses Fehlen auf ein sprungweises Auftreten hin, und zwar mit einem so hohen Grade wissenschaftlicher Sicherheit, als überhaupt nur verlangt werden konnte. Im zweiten Abschnitt sind für die *Oenothera Lamarckiana* zwei solche Fälle ausführlich beschrieben worden: das Auftreten von *O. brevistylis* und *O. laevifola* auf dem ursprünglichen Fundorte bei Hilversum. Beide Arten zeigten sich, sobald sie darauf untersucht werden konnten, als samenrein, d. h. ohne Atavismus, und Uebergänge fanden sich nicht vor. Sind sie an Ort und Stelle entstanden, so liegt der Zeitpunkt für diese Entstehung zwischen dem Jahre der Einfuhr und dem ersten Beobachtungsjahre, also etwa zwischen 1870 und 1886 (vergl. S. 187).

Die wichtigste und ausführlichste einschlägige Beobachtung ist die erst vor Kurzem von Solms-Laubach beschriebene, welche sich auf eine neue, aus *Capsella Bursa Pastoris* entstandene Art bezieht.[2] Diese wurde von Prof. Heeger auf dem Messplatze bei Lindau zwischen dem gewöhnlichen Taschenkraut gefunden und ihm zu Ehren von Solms *C. Heegeri* genannt. Sie fand sich 1897 und 1898 in wenigen

[1] P. Ascherson und P. Magnus, *Verhandl. d. k. k. zool.-botan. Gesellschaft in Wien.* 1891. S. 677.

[2] H. Graf zu Solms-Laubach, *Cruciferen-Studien.* Botan. Zeitung. 1900. Heft X. 1. Oct. 1900. S. 167—190, Taf. VIII.

Exemplaren vor, und zwar nur an dieser einen Stelle. Sie ist in ihrem vegetativen Theile der *C. Bursa* durchaus ähnlich und unterscheidet sich nur durch die Früchte. Hier sind die neuen Merkmale derartige, wie sie sonst in der Familie der Cruciferen wohl als Gattungsmerkmale gelten.

Die Früchte der *Capsella Heegeri* sind eiförmig, etwa ebenso dick als breit. Die Samen sind notorrhiz. Den Klappen fehlt der feste anatomische Bau, sie sind weich und saftreich, und können als eine Hemmungsbildung im jugendlichen Alter aufgefasst werden. An Spätknospen treten Abweichungen auf, welche mehr oder weniger zu der Form der *C. Bursa* zurückkehren; ebenso unterliegen Blüthe und Fruchtknoten unter dem Einflusse des *Cystopus candidus* monströsen Veränderungen, welche sie den entsprechenden Bildungen von *C. Bursa* nähern.

Aus Samen geht *C. Heegeri* rein auf (382 Exemplare), ohne Rückschlag auf *C. Bursa*, wenn man die Pflanzen vor Kreuzung mit dieser schützt.

Es kann somit keinem Zweifel unterliegen, dass *Capsella Heegeri* eine gute elementare Art ist, welch im Jahre 1897 oder einige Jahre vorher unweit Lindau aus *C. Bursa* entstanden ist. Und zwar eine Art, welche sich von ihren nächsten Verwandten durch systematisch viel wichtigere Merkmale unterscheidet, als weitaus die meisten, sonst ihrer Entstehung nach bekannten Arten.

Unter ähnlichen Umständen fand ich unweit Wageningen eine *Stellaria Holostea apetala* (1889), und in demselben Jahre nahe bei Horn in Lippe die auch sonst bekannte *Capsella Bursa Pastoris apetala.*[1] Von beiden konnte ich aber keine Samen gewinnen. Ebenso sammelte ich unweit Hilversum im Jahre 1888 Samen von *Lychnis vespertina*, aus denen zum Theil völlig unbehaarte Exemplare aufgingen. Die neue Varietät *L. v. glabra* zeigte sich, sobald ich sie isoliren konnte, als gänzlich samenrein, und erhielt sich bis jetzt ohne Rückschlag.

Soweit Angaben in der Literatur vorliegen, zeigen sich im Freien neu aufgetretene, oder doch vorher nicht beobachtete Formen in der Regel als samenrein, wenn sie wenigstens nicht der Gefahr von Kreuzungen ausgesetzt sind. Sonst wird die Rasse rein oder fixirt, sobald man sie isoliren kann. Eine der ältesten einschlägigen Angaben ist die Constanz von *Ranunculus arvensis inermis*, welche von Hoffmann nachgewiesen wurde.[2] Die meisten Beobachtungen beziehen sich auf

[1] Vergl. Penzig, *Teratologie.* I. S. 267.

[2] Hoffmann, *Bot. Zeitung* 1878. S. 273. Dort auch weitere Beispiele.

Bäume, von denen sehr viele Varietäten, wenn nicht alle, auch nach DARWIN plötzlich entstanden sein sollen,[1] wie die Trauereiche, Trauerweissdorn u. s. w.[2] *Fagus sylvatica asplenifolia*, in einem Exemplar[3] in Lippe-Detmold in einem Walde gefunden, konnte sofort durch Samen vermehrt werden. Von *Taxus baccata fastigiata*, welche nach LOUDON im Jahre 1780 in Irland wild gefunden wurde, hat man bis jetzt keine echten Sämlinge, da es nur ein Exemplar (ein weibliches) gab.[4]

Die hier gegebene Zusammenstellung ist keine reichhaltige; sie soll aber auch auf Vollständigkeit keinen Anspruch machen. Die einschlägigen Beobachtungen sind mit wenigen Ausnahmen mehr oder weniger unvollständig, indem selbstverständlich die Möglichkeit stets offen bleibt, dass dem ersten Funde einer neuen Art oder Varietät thatsächlich bereits eine längere Entwickelungsperiode vorangegangen ist. Nimmt man eine solche an, so sprechen nur der Mangel an Uebergängen und die Samenbeständigkeit für ein sprungweises Auftreten.

§ 11. Plötzlich entstandene Gartenvarietäten.

Dass Gartenvarietäten sehr häufig stossweise entstanden sind, weiss ein Jeder. Auf diesem Gebiete differiren die Meinungen nur in Bezug auf zwei Punkte. Und zwar in empirischer Hinsicht in Bezug auf die Frage nach der Samenbeständigkeit, in formeller Hinsicht über die Bedeutung des Wortes Varietät. Beide Punkte hängen eng zusammen. Ist die Sorte nicht samenrein, sondern geht sie durch Rückschläge häufig auf ihre Mutterart zurück, so soll sie als von dieser abgeleitet und ihr untergeordnet behandelt werden. Ist die Sorte aber ebenso samenrein als die Mutterart selbst, so fehlt jedes empirische Mittel, die Zusammengehörigkeit zu beweisen, und beruhen die diesbezüglichen Auffassungen nur auf den historischen Nachrichten und auf dem vergleichenden Studium. Und dass letzteres gar häufig zu Meinungsdifferenzen führt, ist allgemein bekannt.

Es handelt sich also neben den historischen Angaben stets um den Nachweis der Samenreinheit. Da aber die Praktiker nur dafür Interesse haben, ob die Sorte sich aus Samen bequem vermehren

---

[1] DARWIN, *Variations*. I. S. 461—463.

[2] Weitere Beispiele bei BRAUN, *Verjüngung*. S. 333 (plötzliches Entstehen rothblätteriger Sorten von *Quercus*, *Corylus* u. s. w.).

[3] RATZEBURG, citirt von BRAUN in *Abh. d. k. Akad. Berlin*. 1859. S. 217.

[4] L. BEISSNER, *Handbuch der Nadelholzkunde*. 1891. S. 169. In diesem Werke noch eine Anzahl weiterer Beispiele.

lässt, und nicht dafür, ob sie vielleicht gelegentlich Rückschläge giebt, so dürfen die vorhandenen Angaben, und namentlich die älteren, nur mit Vorsicht aufgenommen werden.

Unter dieser Reserve wünsche ich einige der bekanntesten Beispiele hier zusammenzustellen. Vorher führe ich aber einen Fall einer sehr schönen Varietät an, welche ich bis jetzt in der Literatur noch nicht beschrieben und in Handelscatalogen noch nicht angeboten fand, welche aber in meinen eigenen Culturen auftrat.

Die Fig. 134 stellt eine Georgine vor von einer sogenannten einfachen Sorte, deren Strahlenblüthen sämmtlich in lange, weite, oben offene Röhren umgewandelt sind. Aehnliches kommt bei manchen anderen Compositen vor, z. B. bei *Chrysanthemum segetum fistulosum*, *Coreopsis tinctoria fistulosa* u. s. w. Diesen entsprechend ist die neue Form *Dahlia variabilis fistulosa* zu nennen. Diese Varietät entstand in einer Aussaat von Samen von *D. var. Jul. Chrétien*, einer einfach blühenden, mennigrothen, zwergigen Form aus Lyon, von der ich 1892 Knollen gekauft hatte. Aus den in diesem Jahre von mir geernteten Samen dieser Varietät hatte ich 1893 unter vielen Pflanzen von derselben Farbe eine weisse Blüthe, und nur von dieser säte ich 1894 die Samen.[1] In dieser Saat trat die Pflanze auf, welche das in Fig. 134 abgebildete Köpfchen trug. Die Farbe war dunkelkarminroth (nicht mennigroth). Die Köpfchen waren sämmtlich fistulös, von Anfang Juni bis in den October; aber die späteren zeigten die Abweichung in wechselnden Graden. Entweder war die Röhre nur im unteren Theile geschlossen, oder es waren nicht alle Strahlenblüthen röhrig. Die Pflanze musste der freien

Fig. 134. *Dahlia variabilis fistulosa*, eine neue in meinen Culturen aufgetretene Abart.

[1] Künstliche Befruchtung von Georginen mit ihrem eigenen Blüthenstaub ist mir bis jetzt leider noch nicht gelungen.

Kreuzung mit ihren Nachbarn überlassen werden, über die Constanz lassen sich also keine genauen Angaben machen. Diese war aber jedenfalls eine sehr bedeutende. Denn aus den Samen meines Conquestes erhielt ich im Jahre 1895 43 Pflanzen, von denen 25, also mehr als die Hälfte, das Merkmal der neuen Varietät wiederholten.

Die Entstehung des *Chelidonium laciniatum* aus *C. majus* wurde im ersten Abschnitt ausführlich besprochen (S. 134 Figg. 36 und 37); dort wurden auch eine Reihe anderer einschlägiger Beispiele vorgeführt. VERLOT (l. c. S. 34) nennt *Ageratum coeruleum nanum* als eine bisweilen steril auftretende, in anderen Fällen aber samenbeständige Neuheit. *Verbena hybrida „à fleur couronnée"* entstand etwa 1889 aus der Varietät *„à fleur d'auricule"*, war sofort samenbeständig und wurde bereits nach zwei Jahren von E. FOURGEOT in Paris in den Handel gebracht.[1] *Robinia Pseud-Acacia rosea* wurde von DECAISNE in einer Aussaat der gewöhnlichen Akazien gefunden, und in ähnlicher Weise ist auch *Gleditschia sinensis inermis* entstanden; ferner *Sophora japonica pendula*, welche etwa 1800 in der Gärtnerei des Herrn JOLY in Paris auftrat, u. s. w.[2] Im Jahre 1860 trat in Boskoop eine neue Erdbeere, *„Reus van Zuidwyk"*, auf, welche in Blättern und Früchten bedeutend grösser und besser ausgestattet war, als die damals bekannten Sorten; sie war sofort samenbeständig und fand eine rasche Verbreitung.

Ich schliesse diese Uebersicht mit den neuen Arten von Tomaten, welche BAILEY jüngst beschrieben hat.[3] Er beschreibt die Entstehung zweier neuen Formen, welche er *Upright* und *Mikado* genannt hat und welche in seinen Culturen entstanden sind. Sie sind sowohl unter einander als auch von ihrer Mutterart schärfer und vielseitiger unterschieden, als manche ältere und allgemein als gute Arten anerkannte Typen in der Gattung *Lycopersicum*. Sie traten in der gewöhnlichen Weise unvermittelt auf und wurden durch Samen vermehrt.

Aus den in diesem und in den beiden vorhergehenden Paragraphen mitgetheilten Beobachtungen, welche ja bei Weitem keine vollständigen Listen sind, darf man folgern, dass die Entstehung von Varietäten und elementaren Arten, sowohl in den Culturen als im Freien, ganz gut dem experimentellen Studium zugänglich ist. Die Erscheinung ist nicht eine so seltene, wie man vielfach glaubt. Der Botaniker wird ja unschöne und nutzlose Formen

[1] Vergl. dessen Samencatalog von 1891.

[2] VERLOT, l. c. S. 59 und 92, 93.

[3] L. H. BAILEY, *Survival of the unlike.*

mit demselben Nutzen studiren, als die viel geringere Anzahl der vortheilhaften, welche der Praktiker selbstverständlich ausschliesslich berücksichtigt. Die Culturen brauchen gar nicht sehr umfangreich zu sein, um von Zeit zu Zeit, wenn auch nicht gleich anfangs und nicht jedes Jahr, Neuheiten hervorzubringen. Nur kommt es darauf an, die Neuheiten sofort bei ihrem Auftreten zu isoliren oder künstlich zu befruchten. Noch wichtiger ist es aber, auf die Vorfahren zurückgehen zu können, theils des historischen Nachweises wegen, theils aber, um ihre Samen nochmals aussäen zu können, und zu untersuchen, ob die Neuheit sich etwa wiederholen wird, und wenn möglich, von welchen Bedingungen ihr Sichtbarwerden abhängt. Leider eignen sich viele Pflanzen zu solchen Versuchen nicht, entweder, da sie mit ihrem eigenen Pollen keine oder doch zu wenig Samen bilden, oder weil sie sich im Grossen nicht künstlich befruchten lassen, oder weil überhaupt ihre Ernte zu klein ist, u. s. w. Auch ist man fast ausschliesslich auf ein- oder zweijährige Arten, und auf solche perennirende, welche im ersten Jahre üppig blühen können, beschränkt.

Trotz aller dieser Schwierigkeiten, und trotz der Unvollständigkeit fast aller vorliegenden Beobachtungen ist an der Möglichkeit eines experimentellen Studiums der Entstehung von Gartenvarietäten meines Erachtens kein Zweifel mehr erlaubt.[1]

V. Der Atavismus.

§ 12. Atavismus durch Samen und durch Knospen.

In seiner Allgemeinen Morphologie definirt Hofmeister den Atavismus, indem er sagt: „das Vorkommen von Rückschlägen: Nachkommen einer Varietät bekannter Abstammung, welche der Stammform ähnlich sind“ (S. 559).

Je nach der Bedeutung, welche man in diesem Satze dem Worte „bekannt“ giebt, umfasst der Atavismus eine Reihe von Erscheinungen von verschiedenartiger Wichtigkeit. Man kann die Anforderung stellen, dass die Abstammung historisch bekannt sei, oder aber, dass sie sich mit ausreichender Sicherheit aus vergleichenden und systematischen Studien ableiten lasse. So lange es sich um morphologische Fragen handelt, mag diese Unterscheidung eine unwesentliche scheinen, sobald

[1] Einen derartigen Versuch werde ich in § 20 für *Linaria vulgaris peloria* beschreiben.

es aber das Ziel der Studien ist, die erhaltenen Resultate durch das Experiment direct zu beweisen, ist sie von durchschlagender Bedeutung. Denn um den Atavismus experimentell als solchen beweisen zu können, muss selbstverständlich die Abstammung Beobachtungsthatsache sein.

Die Abstammung einer Reihe von Varietäten und elementaren Arten von den entsprechenden älteren und allgemein verbreiteten Formen ist aber in genügender Weise durch die historischen Thatsachen über ihr erstes Auftreten gesichert. Es erscheint daher ausführbar, physiologische Studien auf solche Fälle zu beschränken und somit eine Trennung durchzuführen zwischen dem physiologischen und dem phylogenetischen Atavismus. Ersterer ist dann der Rückschlag auf die historisch bekannten, letzterer derjenige auf die systematischen Voreltern.

Ehe ich dazu übergehe, das Wesen dieser beiden Abtheilungen näher zu besprechen, habe ich hervorzuheben, dass das Wort Atavismus hier in seinem engeren Sinne benutzt wird. Denn in seinem weiteren Sinne umfasst es eine so grosse Gruppe von Erscheinungen, dass es nicht möglich ist, diese in einem kurzen Umriss alle zusammenzufassen. Es lohnt sich aber, die wichtigsten dieser Formen einzeln anzudeuten, weil sie oft mit einander verwechselt werden, und weil namentlich oft Erfahrungen und Beobachtungen, an der einen Form gemacht, auf eine andere übertragen werden, einfach weil man gewohnt ist, beide mit demselben Namen zu belegen.

Scharf zu trennen sind zu allererst der Atavismus auf dem Gebiete der Variabilität und jener auf dem der Mutabilität. Im ersteren Falle handelt es sich um die Erscheinungsweise einer einzelnen erblichen Eigenschaft; im letzteren um den Gegensatz zweier oder mehrerer. Beim Veredeln der Rassen gleichen die Kinder der ausgesuchten Eltern diesen nicht, sie gehen im Mittel stets erheblich auf das grosselterliche Maass zurück. Es gilt hier die im ersten Abschnitt bereits ausführlich behandelte Regression (S. 60 und 84), und man sollte alle die minderwerthigen Individuen, welche man bei der Selection ausrodet, eigentlich Regressisten nennen, und diejenigen, welche das Merkmal der Eltern übertreffen, Progressisten. Es ist aber üblich, die ersteren als Atavisten zu bezeichnen, und thatsächlich zeigen sie, in der fraglichen Eigenschaft, den Grad der Entwickelung ihrer Grosseltern und Ahnen, und nicht denjenigen ihrer Eltern. Aber die Bedeutung solcher „Curven-Atavisten" erstreckt sich nicht weiter, als die Grenzen der Curve, zu der sie gehören.[1]

[1] Vergl. den Stammbaum des vielreihigen Mais auf S. 53 Fig. 18.

Das am meisten anziehende Gebiet der Lehre vom Atavismus bilden die sogenannten Jugendformen und die verwandten Erscheinungen. Die mustergültigen Forschungen GOEBEL's[1] haben die weite Verbreitung und die grosse Bedeutung dieser Bildungen für die Abstammungslehre klargelegt. Jedermann weiss jetzt, dass zahlreiche Pflanzen, und sogar ganze Gruppen von Arten, in ihrer Jugend Merkmale aufweisen, welche ihnen im späteren Leben fehlen, oder welche dann doch nur unter ganz bestimmten Bedingungen auftreten. BEISSNER's Nachweis, dass ganze Gattungen cultivirter Coniferen, wie z. B. *Retinospora*, nur jugendliche Formen von anderen bekannten Typen, wie z. B. *Thuya*, sind,[2] REINKE's Studien über die Jugend der Leguminosen[3] und die Arbeiten vieler anderer Forscher haben hier eine grosse Menge von Thatsachen angehäuft. *Sium* und *Berula* haben in ihrer Jugend die doppeltgefiederten, feingeschlitzten Blätter ihrer Verwandten, die Dornen von *Berberis* kehren an den sogenannten Wassertrieben zur Blattform zurück u. s. w. Diese Erscheinungen gehören aber im Wesentlichen der systematischen Botanik an, und der Variabilitätslehre nur insofern sie von äusseren Einflüssen in ihrem Auftreten abhängig sind.

Auszuschliessen von unseren Betrachtungen sind ferner die Folgen von Kreuzungen, welche wir im zweiten Bande ausführlicher zu behandeln haben werden. Zwar spielen diese in der Praxis sogenannten „Rückschläge", welche entweder durch Kreuzung mit der Mutterform bedingt werden, oder an Bastarden auftreten, im Gartenbau und in der Literatur eine sehr hervorragende Rolle, von wissenschaftlichen Betrachtungen sind sie aber durchaus fern zu halten. Und solches sowohl dort, wo ihre Ursache klar zu Tage tritt, als auch überall da, wo die Beobachtungsumstände auch nur eine Vermuthung einer Kreuzung, sei es in der vorigen, sei es in einer noch früheren Generation, zulassen. Durch eine solche Beschränkung wird allerdings das anscheinend so reiche Gebiet des experimentellen Atavismus äusserst arm an Thatsachen; es ist aber offenbar besser, auf wenigen gut begründeten Beobachtungen weiter zu bauen, als auf dem bisherigen, höchst unsicheren Boden.

[1] K. GOEBEL, *Ueber Jugendformen von Pflanzen und deren künstliche Wiederhervorrufung.* Sitzungsber. d. k. bayr. Akad. d. Wiss. Bd. 26. 1896. Heft III. Vergl. die fernere Literatur in GOEBEL's *Organographie der Pflanzen.* I. Theil. 1898.

[2] L. BEISSNER, *Handbuch der Nadelholzkunde.* 1891.

[3] J. REINKE, *Untersuchungen über die Assimilationsorgane der Leguminosen.* I—III und IV—VII. Jahrbücher f. wissensch. Botan. Bd. XXX. Heft 1. u. 4. S. 1. und 71.. 1897.

Nach diesen Beschränkungen kehre ich zu der Unterscheidung des physiologischen und des phylogenetischen Atavismus zurück. Beide haben ihr eigenes Gebiet. Aufgabe des ersteren ist es, die Gesetze dieser Form des Variirens kennen zu lernen. Aufgabe des letzteren ist es vorwiegend, sei es durch Beobachtung zufälliger Funde, sei es durch Cultur und Selection, Aufschlüsse über die systematischen Vorfahren der untersuchten Arten zu erhalten.

Von wie grosser Wichtigkeit in letzterer Richtung die Anwendung des Selectionsverfahrens ist, lehren uns namentlich die umfassenden Studien HEINRICHER's in der Gattung *Iris*. Die cultivirten Pflanzen dieser Gruppe sind bekanntlich äusserst variabel,[1] und die jetzt so sehr beliebte grossblumige *Iris Kaempferi* bietet jedem die Gelegenheit, vier- und fünfzählige Blüthen sowie allerhand andere Abweichungen zu studiren. HEINRICHER aber hat durch eine methodische Zuchtwahl mit *Iris pallida*, ausgehend von vereinzelten Anomalien, eine atavistische Rasse erzogen, welche er *Iris pallida abavia* nennt.[2] Trotz einer Auslese durch drei Generationen liessen sich die einzelnen Anomalien zwar nicht fixiren, aber es traten allmählich eine ganze Reihe neuer Typen an's Licht, welche einen bestimmten Schluss auf die vermuthlichen Vorfahren ermöglichten. Als solche ist eine ausgestorbene Form mit einem sechsblätterigen Perigon von unter sich gleichen Blättchen und mit sechs Staubfäden anzunehmen. Ein solches Perigon, aber mit nur drei Staubfäden, besitzt gegenwärtig die *Iris falcifolia*.

Indem ich den Leser für diese specielle Versuchsrichtung und die höchst wichtigen Resultate, welche sie bis jetzt geliefert hat, auf die Untersuchungen des genannten Forschers verweise, kehre ich jetzt zu meinem eigentlichen Gegenstande, dem physiologischen Atavismus zurück.

Es handelt sich somit nicht um den Gewinn neuer Formen, sondern um die Gesetze, welche das Wiedererscheinen einer früheren Gestalt beherrschen. Und zwar ist die betreffende Eigenschaft eine solche, welche noch in derjenigen Art, von der die zu untersuchende abstammt, erhalten ist. Der Atavismus ist hier also ein Schwanken zwischen zwei empirisch bekannten Extremen. Der Abänderungsspielraum kann dabei offenbar kein sehr bedeutender sein,

---

[1] CARRIÈRE, *Production et fixation des variétés*. 1865. S. 65.

[2] E. HEINRICHER, *Versuche über die Vererbung von Rückschlagserscheinungen*. Jahrb. f. wiss. Bot. Bd. 24. Heft I. 1892, und *Iris pallida abavia* im Biolog. Centralbl. Bd. XVI. Nr. 1. S. 13. 1896.

denn nur bei ganz enger Verwandtschaft ist die gemeinschaftliche Abstammung zweier Formen uns historisch bekannt.

Auch in diesem beschränkten Gebiete kann der Atavismus sowohl durch Variation als auch durch Mutation eintreten. Im ersteren Falle ist er nur eine vorübergehende, von der Lebenslage abhängige Erscheinung; im zweiten führt er zur Entstehung einer Rasse, welche äusserlich den betreffenden Vorfahren ähnlich ist. Variationsatavismus scheint auf dem Gebiete der semilatenten Eigenschaften eine sehr verbreitete Erscheinung zu sein. Als Beispiel nenne ich den oben beschriebenen fünfblätterigen Rothklee (dieser Abschnitt § 5 S. 435), der stets eine gewisse Anzahl dreizähliger Blätter hervorbringt, und zwar um so mehr, je ungünstiger die Lebenslage ist. Offenbar bilden die dreischeibigen Blätter einen Rückschlag auf das normale Kleeblatt, andererseits stellen sie aber einfach die extremen Varianten der Curve unserer fünfblätterigen Rasse dar (Fig. 125 S. 444). Und ähnlich verhält es sich in zahllosen Fällen von Semilatenz, wenn die Variationsweite eines Merkmales durch den Antagonismus zweier Eigenschaften bedingt wird.

Fig. 135. *Cephalotaxus pedunculata fastigiata.* Der Stamm trägt die aufrechten und allseitig beblätterten Aeste der Varietät, hat aber bei *A*, aus dem Grunde eines abgeschnittenen Astes einige Zweige mit flach ausgebreiteten zweizeiligen Blättern gebildet, wie sie für die Mutterart normal sind.

Mutationsatavismus muss offenbar ebenso selten sein, wie die Mutationen überhaupt. Die Rückschläge gestreifter Blumen zu einfarbigen, der erbliche Atavismus von *Plantago lanceolata ramosa* und die Inconstanz der pelorischen *Linaria* sind Beispiele, welche wir unten behandeln werden.

Der physiologische Atavismus kann sowohl bei der Fortpflanzung durch Samen als bei der Vermehrung durch Knospen auftreten. Im ersteren Falle aber ist der völlige Nachweis nur unter besonders günstigen Umständen möglich, im zweiten springt er sofort in die Augen (Fig. 135 bei *A*). Fast immer unterliegen die in der Literatur vorhandenen Angaben über Atavismus durch Aussaat den Bedenken, welche wir oben entwickelt haben; sie sind so äusserst selten und treten in so vereinzelten Individuen auf, dass die Möglichkeit einer Kreuzung durch Hülfe der Insecten mit dem Staube weit entfernt wachsender Verwandten immer zugegeben werden muss. Nur wenn, wie bei *Oenothera scintillans* (S. 172 und 268), eine Art jährlich eine grössere Menge von atavistischen Individuen hervorbringt, ist die Erscheinung dem experimentellen Studium ohne Weiteres zugänglich.

Ob der Atavismus durch Samen häufig oder selten vorkommt, lässt sich unter den besprochenen Umständen nicht entscheiden. Jedenfalls ist er sehr viel seltener, als man dieses in der gärtnerischen Praxis anzunehmen pflegt. In meinen Culturen habe ich mehrfach Fälle beobachtet, welche mit grösserer oder geringerer Sicherheit als Atavismus zu deuten wären. Aber nur die regelmässig inconstanten Rassen, wie die oben genannten von *Plantago* und *Linaria* und die demnächst zu beschreibenden Erscheinungen an gestreiften Blüthen scheinen mir hinreichend gesichert, um als Atavismus vorgeführt zu werden.

Atavismus durch Knospenvariation ist dagegen eine sehr bekannte Erscheinung. Eins der besten Beispiele ist in Fig. 135 abgebildet. Sie stellt einen senkrecht aufsteigenden Ast eines Bäumchens von *Cephalotaxus pedunculata fastigiata (Podocarpus Koraiana Hort.)* vor. Unterhalb der Mitte der Figur sieht man einen abgehauenen, nach vorne gerichteten Zweig, aus dessen Grunde seitlich bei *A* Seitenzweige mit flach ausgebreiteten Blättern entspringen. Die Varietät *Fastigiata* hat nur aufsteigende Aeste, deren Blätter nach allen Seiten ausstehen; die Zweige bei *A* haben den Bau der Mutterart *C. pedunculata*; ihre Blätter stehen nach links und rechts; ihre Verzweigung liegt in einer Ebene; das Ganze ist flach mit ausgesprochener Ober- und Unterseite. Das Bäumchen wächst in unserem Garten und trägt mehrere Aeste mit solcher Knospenvariation; ich verdanke es der Freundlichkeit der Herren ZOCHER & Co., Kunst- und Handelsgärtner in Haarlem. Die Varietät wird nur durch Stecklinge vermehrt, da sie nie blüht,[1] und diese bilden, sowohl in jener Gärtnerei als auch sonst, fast regelmässig solche Rückschläge. Zuerst scheint dieses im Jahre 1863 von CARRIÈRE in Paris beobachtet worden zu sein,[2] und später

[1] BEISSNER, *Handbuch*, l. c. S. 181.

[2] E. A. CARRIÈRE, l. c. S. 44 mit Fig. 1 u. 2; vergl. ferner CARRIÈRE, *Traité général des Conifères.* S. 717 und JAMES VEITCH AND SONS, *A manual of the Coniferae.* 1881. S. 308.

von vielen Anderen. Merkwürdig und näherer Forschung wohl würdig ist dieser Pflanze gegenüber die sonst völlig entsprechende Varietät *Taxus baccata fastigiata*, welche, soviel mir bekannt, nie Atavismus durch Knospenvariation zeigt.[1]

Die Erscheinungen der Knospenvariation sind von botanischer Seite bis jetzt viel zu wenig berücksichtigt worden. Nur in wenigen Fällen weiss man, dass ihr eine sectoriale Spaltung der Eigenschaften vorangegangen ist, wie bei gestreiften Blumen (§ 13) und bunten Blättern (§ 24); in den meisten Fällen liegen hierüber keine Beobachtungen vor. Wie sich die Samen der Knospenvarianten bei Selbstbefruchtung verhalten, ist gleichfalls noch zu erforschen.[2] Dass neue Typen bisweilen in dieser Weise entstehen, scheint gewiss, doch sind viele der angeführten Belege nicht ausreichend gesichert. Unter diesen Umständen lohnt es sich, die Aufmerksamkeit auf die fragliche Erscheinung des Weiteren zu lenken, und dazu noch einige vereinzelte Beispiele anzuführen.[3] Sie sind vorwiegend holzigen Gewächsen entnommen, weil Kräuter und namentlich einjährige Pflanzen, mit Ausnahme der genannten Beispiele und der Bastarde, nur sehr selten durch Knospen variiren.

Grüne Zweige an rothblätterigen Sträuchern und Bäumen sind gar nicht selten, und werden namentlich bei *Corylus Avellana*, *C. tubulosa*, *Betula alba*, an den Varietäten *Atropurpurea*, sowie bei der Blutbuche gesehen. Auch die rothen Bananen mit rothen Früchten haben, trotzdem sie steril sind, eine grüne Varietät mit gelben Früchten hervorgebracht.[4]

Braun erwähnt ein Exemplar von *Kerria japonica plena*, welches an einzelnen Zweigen ungefüllte Blüthen trug.[5] Focke beobachtete an einer Garten-*Hortensia* mit nur grossen sterilen Blüthen einen Zweig, dessen Inflorescenzen in der Mitte kleine fruchtbare Blüthen und nur am Rande die Schaublumen trug, wie die wilde Form.[6]

Vielfache Rückschläge an einzelnen Aesten pflegen die geschlitztblätterigen Bäume zu bilden, wie z. B. *Fagus sylvatica aspleniifolia*,

[1] Vergl. Carrière, l. c. und Beissner, *Handbuch*, l. c. S. 169.

[2] Bei älteren Angaben ist nur selten auf die Bestäubung Rücksicht genommen, vergl. die Literatur bei Carrière, l. c. S. 59 und Darwin, *Animals and plants.* I. 525, II. 442 u. s. w.

[3] Eine sehr ausführliche Liste giebt Carrière, l. c. S. 42—56, ferner Hoffmann, *Bot. Zeitung* 1881. S. 395, Darwin, l. c. I. S. 476—530, Hofmeister, *Allgemeine Morphologie.* S. 560, u. A.

[4] Fr. Müller, *Flora.* Bd. 84. 1897. S. 96—99.

[5] *Abh. d. k. Akad. Berlin.* 1859. S. 219.

[6] *Abh. d. Naturf. Vereins Bremen.* Bd. 14. 1897. S. 276.

Carpinus Betulus heterophylla, Sambucus nigra laciniata, Cytisus Laburnum quercifolia, Vitis u. a. (Braun a. a. O.). Ebenso *Salix babylonica crispa,* die Petersilientraube, die Nektarinen, ferner namentlich die Rosen und viele Zwiebelgewächse (*Hyacinthus, Gladiolus* u. s. w.), doch ist die Frage nach etwaigen Kreuzungen in den letzteren Fällen noch eine offene.

Ich schliesse hier diese Aufzählung. Sie zeigt, dass die Reihe von Fällen, welche dem experimentellen Studium zugänglich sind, keine allzu kleine ist. Andererseits reichen die Beispiele völlig aus, um das ziemlich allgemeine Vorkommen von Rückschlägen von Varietäten auf ihre Mutterarten zu beweisen und somit darzuthun, dass die betreffenden Eigenschaften der letzteren bei der Bildung der ersteren nicht etwa verloren gegangen, sondern nur latent geworden sind.

§ 13. Vilmorin's Meinung über die Entstehung gestreifter Blumen.

Eins der ältesten und am meisten bekannten Beispiele, sowohl von Knospenvariation, als auch von sectorialer Spaltung liefern uns gewisse sogenannte bunte Blumen unserer Gärten und namentlich die einjährig cultivirten Rittersporne *Delphinium Ajacis* und *D. Consolida.* Alle einschlägigen Erscheinungen kann man hier leicht verfolgen. Denn seit uralten Zeiten tragen diese Varietäten Blüthen, welche in den verschiedensten Weisen auf andersfarbigem Grunde gestreift sind, und bringen sie auch Blüthen hervor, welche zu einem Drittel, oder zur Hälfte, oder zu einem anderen Abschnitt die Farbe, welche sonst nur in Streifen auftritt, rein und ausschliesslich führen (Fig. 138). Solche Blüthen stehen oft zerstreut auf den Trauben, häufig aber so, dass eine Seite der Traube einfarbig, die andere aber gestreift ist. Blüthen, welche auf der Grenze der beiden Sectoren eingepflanzt sind, pflegen dann zum Theile dem einen, zum übrigen Theile dem anderen Sector in ihrer Farbe zu entsprechen. Entwirft man dann von einem solchen Ast ein Diagramm oder eine Projection, so erhält man ein Bild wie Fig. 137, auf welchem Aste die Blüthen Nr. 1, 4, 6, 9, 11 dunkelblau, Nr. 2, 5, 7, 10, 12 und 13 blassröthlich mit zerstreuten blauen Streifen, und Nr. 3 und 8 halbwegs blau und halbwegs röthlich waren. Diesen Ast fand ich in meiner Cultur von 1899; ähnliche Fälle sind gar nicht selten. Auch Zweige mit ausschliesslich blauen Blüthen treten auf, aber aus solchen Blüthen bei künstlicher Selbstbefruchtung gewonnene Samen gaben mir bis jetzt wieder die gestreifte Varietät und nicht eine rein blaue Nachkommenschaft. Dagegen befindet sich unter den Samen der gestreiften und namentlich unter denen der sectorialen Zweige stets ein gewisser Procentsatz (z. B. 6 % und mehr), welche sich zu solchen rein blauen Exemplaren entfalten.[1]

Die beschriebenen Erscheinungen der Spaltung sind bei gestreiften Blumen etwas ganz Gewöhnliches, und bei *Dahlia variabilis striata*

Fig. 136. *Delphinium Consolida striatum plenum.* Eine blühende Pflanze.

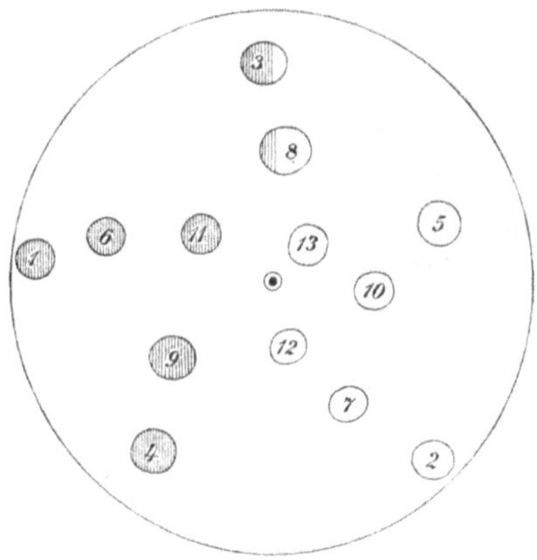

Fig. 137. *Delphinium Consolida striatum plenum.* Diagramm eines Zweiges, dessen linke Hälfte blaublüthig, dessen rechte Hälfte aber fein gestreifte Blumen auf blassröthlichem Grunde trug. 1899.

Fig. 138. Eine sectoriale Blüthe derselben Varietät. Die ganze rechte Hälfte war dunkelblau, die linke blassröthlich mit zerstreuten blauen Streifen.

(Fig. 14 S. 40), *Mirabilis Jalapa, Verbena* und vielen anderen beliebten Gartenpflanzen kann jeder sie leicht beobachten. Die sectorial gefärbten Blüthen scheinen eine Vorliebe für einfache Verhältnisse

[1] Es wäre vom grössten Interesse, die Beziehungen der sectorialen Variabilität zu den Zelltheilungen am Vegetationspunkt zu erforschen; denn es sind hier ohne Zweifel wichtige Aufklärungen über viele Fragen zu erwarten.

zwischen ihren beiden Theilen zu haben. Sehr häufig ist genau die Hälfte des Blüthenumfanges atavistisch, oft ein Viertel oder drei Viertel, $^3/_8$ sah ich bei weiss- und rothgestreiften Tulpen, bei abwechselnd dunkeln und blassblauen Blumen von *Iris xiphioides* u. s. w. Dabei kommen die einzelnen Fälle oft auf derselben Pflanze, oder bei Zwiebelgewächsen an den durch Theilung vermehrten Sorten zusammen vor, z. B. bei den namhaft gemachten Beispielen von Tulpen und *Iris* auch zur Hälfte atavistische Blüthen u. s. w.

Sectoriale Variabilität trat in meinen Culturen mehrfach auf, so z. B. an den Köpfchen von *Helichrysum bracteatum* und an den Blüthen von *Papaver nudicaule* (Fig. 139), in beiden Fällen die dunklen Sectoren oder Streifen der Farbe der Mutterart auf den Köpfchen oder Blüthen der blasseren Varietät zeigend. Einen Zweig mit nur rothen Blumen bildete in meinem Garten eine gewöhnliche Balsamine (*Impatiens Balsamina*), deren Blumen sonst weiss mit feinen rothen Strichen waren. *Celosia cristata variegata* zeigt über den ganzen verbänderten Stengel breite, in der Längenrichtung laufende Streifen von verschiedener Farbe, z. B. gelb und roth, je nach der Sorte. Georginen aber zeigen die reichste Abwechselung von allen buntblüthigen Arten, namentlich die unter dem Namen *Fancy-flowers* angedeuteten Sorten.[1] Hier verbindet sich die Farbe mit der Füllung, welche gleichfalls oft, und meist gleichzeitig, sectorial und durch sogenannte Knospenvariation abgeändert wird.[2] Die gestreiften Dahlien bilden diese partiellen Varianten bisweilen selten, bisweilen aber so zahlreich, dass ganze Sorten zu verlaufen scheinen, und nur mit Mühe echt erhalten werden. Fast stets handelt es sich hier um zwei Typen, welche in verschiedener Weise verbunden oder getrennt auftreten. Fälle, in denen mehr als zwei Formen vorkommen, und durch Knospenvariation

Fig. 139. *Papaver nudicaule.* Gelbe Varietät mit dunklen orangefarbigen Streifen.

[1] Groombridge's *Treatises on florist's flowers, The Dahlia* 1853, und die spätere, sehr ausgedehnte Literatur.

[2] Vilmorin-Andrieux, *Les fleurs de pleine terre* S. 340.

also auf derselben Pflanze neben dem Haupttypus zwei oder mehr andere gesehen werden, findet man zwar beschrieben, doch scheint es sich dann um Bastarde zu handeln. Centrale Spaltung scheint sehr selten zu sein. Ich sah von *Mad. H. Vourchy*, welche Sorte sonst rothgestreifte weisse Blumen trägt, ein Köpfchen, dessen äussere Strahlenblüthen dunkelroth waren, während die inneren eine Scheibe von rein weisser Farbe mit ganz vereinzelten feinen rothen Streifchen bildeten. Im Herzen lagen dann die fruchtbaren gelben unveränderten Scheibenblüthen. Und ähnlich in anderen, aber sehr seltenen Fällen.

Cyclamen persicum soll nicht selten in den gestreiften Varietäten das eine Jahr nur solche und das andere Jahr auf derselben Knolle nur einfarbige atavistische Blüthen tragen.

Centaurea Cyanus, die blaue Kornblume, hat eine braune Varietät mit gefüllten Körbchen, welche in der Farbe sehr stark variirt, „noch bei Weitem nicht fixirt, ist", wie ein Erfurter Züchter mir sagte. Ich cultivirte sie während fünf Jahre, indem ich stets die am reinsten und am dunkelsten braungefärbten Exemplare in geringer Anzahl als Samenträger auswählte. Die Rasse gab alljährlich einzelne Rückschläge auf die blaue Form. Einzelne Pflanzen trugen nur blaue Blumen, in anderen trat die blaue Farbe an einzelnen Köpfchen segmentweise oder in Streifen auf. Irgend ein Fortschritt wurde dabei durch die Selection nicht erzielt.

Die angeführten Beispiele mögen genügen, um die Bedeutung der gestreiften Blumen im Gartenbau nachzuweisen. Von vielen Arten wird eine *Var. striata* in den Handelscatalogen angeführt; ein Jeder kann sie also leicht cultiviren. Von vielen anderen Arten zeigt die *Var. alba* bei genauerem Zusehen hier und dort Streifchen von der Farbe der Mutterart; durch Isolirung und Selection lassen diese Streifen sich oft leicht vermehren, wie ich in einem der nächsten Paragraphen zeigen werde.

Auch für die Theorie der Variabilität und Mutabilität haben die gestreiften Blüthen[1] eine hohe Bedeutung, und namentlich für die Lehre vom Atavismus, in der sie vielleicht das schönste und beste Beispiel bilden. Als solches sind sie namentlich von Louis Vilmorin behandelt worden, dessen Theorie wir somit jetzt zu besprechen haben.[2]

Vilmorin geht von der Beobachtung aus, dass gestreifte Blumen

[1] Punktirte Blüthen verhalten sich vielleicht anders; ich habe solche bis jetzt noch nicht cultivirt.

[2] *Société Philomatique de Paris, Séance du 17. janvier 1852, Procès-verbaux* p. 9; *Notices sur l'amélioration des plantes par le semis.* 1886. p. 39, und B. Verlot, *Sur la production et la fixation des variétés.* 1865. p. 62—66.

nur an solchen Arten vorkommen, welche selbst gefärbt sind, daneben aber eine weisse Abart besitzen. Oder wenn die Blüthenfarbe aus roth und gelb zusammengesetzt ist, so verhält sich die einförmig gelbe Varietät in diesen Fällen wie die weisse (*Mirabilis*, *Antirrhinum*). Zuerst entsteht die weisse (bezw. gelbe) Varietät, viel später soll aus dieser, durch Rückschlag zu der Mutterart, die gestreifte sich bilden.

Die weissen Varietäten vieler Gartenpflanzen sind in der Cultur aufgetreten, nicht wenige sehr beliebte in der Gärtnerei des Herrn VILMORIN. Sie lassen sich in der Regel leicht im Laufe einiger Jahre „fixiren", d. h. sie sind in der Regel von Anfang an völlig constant, müssen aber von den Folgen der unvermeidlichen Kreuzungen gesäubert werden, was gewöhnlich einige wenige Jahre beansprucht. In dieser Periode entstehen die gestreiften Sorten nicht, die Kreuzungsproducte sind der Mutterart gleich, und spalten sich in diese und die rein weisse Varietät. Die Panachirung der Blüthen ist somit nicht das Resultat von Kreuzungen; auch haben directe Versuche in solchen Fällen nur einfarbige und keine bunten Blumen gegeben. Sogar bei sectorialer Variation solcher Bastarde trennen sich die beiden Farben rein, ohne Streifung.

Erst wenn die weissen Varietäten völlig gereinigt sind und sie sich durch eine Reihe von Generationen als constant erwiesen haben, fängt die Panachirung an, und zwar, wie es scheint, ganz allgemein, fast mit Nothwendigkeit jede cultivirte weisse oder gelbe Varietät treffend. Von einigen lohnt es sich, sie in den Handel zu bringen, von anderen aber nicht. Unter den letzteren nennt VILMORIN (1852) bereits die *Clarkia pulchella*, von der aus käuflichen Samen der weissen Varietät auch bei mir die gestreifte Form aufging (vergl. § 16). Ferner *Browallia erecta* und *Commelina tuberosa*. Von *Geranium pratense*, welche im Handel nur weiss oder blau zu haben ist, gewann ich Samen von zwei als *Var. alba* gekauften Pflanzen, und erhielt aus ihnen neben rein weissen Exemplaren solche mit Blüthen mit allen Graden der Streifung und sectorialen Variation bis zu ganz blauen (Fig. 140).

Lohnt es sich, die gestreifte Varietät in den Handel zu bringen, so muss sie durch Selection gereinigt werden. Anfangs findet man nur auf grossen Beeten ganz einzelne Blüthen mit einem einzelnen sehr feinen Streifchen. Isolirt man diese Exemplare und sät man ihre Samen für sich, so sind weitaus die meisten Pflanzen rein weiss, aber es wird doch einzelne geben mit breiteren und etwas zahlreicheren Streifen. Von diesen gewinnt man wieder die Samen und so weiter. Es handelt sich darum, die gestreifte Rasse von der weissen zu isoliren, und solches lässt sich in wenigen Jahren vollständig erreichen. Andererseits aber liegt daran, auch die Neigung der gestreiften zu bekämpfen, um, sei es durch Knospen oder durch Samen, in die blaue oder rothe Form überzugehen. VILMORIN schreibt deshalb vor, die Samen stets auf den weissesten Exemplaren der gestreiften Sorte zu wählen.

Fig. 140. *Geranium pratense album* mit blaupanachirten Blumen. Die dunklen Partieen der Petalen waren blau, die übrigen weiss.

Convolvulus tricolor war die erste Art, an der diese Entstehung der gestreiften Form beobachtet wurde (1840). Ihr folgten: *Gomphrena globosa*, *Antirrhinum majus album* und *luteum*, *Nemophila insignis*, *Portulacca grandiflora* und andere. In späteren Jahren sind auf verschiedenen Gärtnereien noch eine grosse Anzahl weiterer panachirter Blüthenvarietäten gewonnen worden, und zwar, so weit bekannt, stets nach derselben Regel, d. h. aus der weissen oder gelben Varietät in Rückschlag auf die rothe oder blaue Farbe der Mutterart.

In den folgenden Paragraphen wollen wir dementsprechend einige Fälle von gestreiften Blüthen als Beispiele des physiologischen Atavismus näher untersuchen.

§ 14. Antirrhinum majus striatum.

(Mit Tafel VII.)

Unter den sehr zahlreichen Varietäten des cultivirten Löwenmauls giebt es eine Gruppe, welche sich durch gestreifte Blumen auszeichnet. Ihre Beete bieten einen bunten Wechsel der Farben. Daneben geben die gärtnerischen Handbücher von ihnen an, dass sie, während die übrigen Sorten meist genügend samenbeständig sind, in dieser Hinsicht zu wünschen übrig lassen.[1] Gerade diese Angabe ladet den Forscher zu einem eingehenden Studium ihrer Erblichkeitsverhältnisse ein.

Die gestreiften Varietäten verdanken diese Eigenschaft dem Umstande, dass die normale rothe Blüthenfarbe des wilden Löwenmauls hier auf schmälere oder breitere Längsstreifen beschränkt ist. Wo das Roth fehlt, kommt dann die Farbe des Grundes rein zum Vorschein. Diese aber kann weiss, rosa, gelb oder schwefelgelb sein,

[1] VILMORIN's *Blumengärtnerei*; deutsche Ausgabe. 3. Aufl. Bd. I. 1896. S. 756.

wie in den gleichnamigen, einfarbigen Varietäten.[1] Schliesslich ist zu erwähnen, dass von jedem dieser Typen wieder eine hohe, eine mittlere und eine Zwergform vorkommt. Für die unten zu besprechenden Versuche habe ich das *Antirrhinum majus luteum rubro-striatum* von mittlerer Höhe benutzt.

Die Mannigfaltigkeit der Zeichnungen dieser gestreiften Varietäten ist eine sehr grosse. Die Streifen können spärlich und sehr fein sein, die Blüthen daher auf den ersten Blick fast einfarbig gelb oder weiss; andererseits können die Streifen grob und breit und sehr zahlreich sein, derart, dass gelb, bezw. weiss, und roth zu gleichen Theilen vertreten scheinen. Oft ist eine Blüthe zur Hälfte roth ohne Streifen und auf der anderen Längshälfte gestreift, u. s. w.[2]

Kauft man Samen der gestreiften Sorten, so findet man die Aussaat beträchtlich weniger rein, als es sonst in käuflichen Samenproben der Fall zu sein pflegt. Ich säte 1899 solche Samenproben von sechs verschiedenen Varietäten von *Antirrhinum majus* und fand für *A. m. album rubro-striatum* 26 % und *A. m. luteum rubro-striatum* 19 % ungestreifte Individuen. Sonst ist die Reinheit gewöhnlich eine viel bessere, so fand ich z. B. für *A. m. luteum* nur 2 % Beimischungen.

Diese überzähligen Beimischungen waren zum weitaus grössten Theile einfarbig roth und also der gestreiften Sorte nahe verwandt. Andere Abweichungen waren bei diesen nicht zahlreicher vorhanden als bei beliebigen sonstigen Varietäten. Die Ursache der Häufigkeit jener rothblumigen Individuen ergiebt sich bei der fortgesetzten Cultur; sie ist in der unvollkommenen Erblichkeit der gestreiften Sorte zu suchen. Denn wenn man die Samen gestreifter Individuen nach künstlicher Selbstbefruchtung erntet und aussät, so bekommt man daraus in der Regel wiederum einige einfarbig rothe Exemplare.

Die gestreifte Sorte bringt somit von Zeit zu Zeit rothe Pflanzen hervor, und in meinen Culturen, welche sich über etwa acht Jahre erstrecken, that das *A. m. luteum rubro-striatum* solches fast jährlich, trotz der Selbstbefruchtung. Da die ursprüngliche wilde Form einfarbig ist (d. h. nicht gestreift; denn die Farbe selbst ist eine aus weiss, roth und gelb zusammengesetzte), kann der Verlust der Streifung als Atavismus bezeichnet werden.

Diesen Atavismus zeigen die Aussaaten noch in zwei anderen Formen (Tafel VII). Einerseits als Knospenvariation, indem ganze

[1] *A. m. album rubro-striatum*, *A. m. sulphureum rubro-venosum*, *A. m. pumilum roseum rubro-striatum* u. s. w.

[2] Vilmorin, *Fleurs de pleine terre* p. 723.

Zweige eines gestreiftblüthigen Exemplares zum rothen Typus zurückkehren. Andererseits als laterale oder sectoriale Variation, wie wir sie mit HEINSIUS nennen,[1] wenn eine Seite einer Traube einfarbig wird, während die andere Seite gestreifte Blüthen trägt. Betrachten wir zunächst diese beiden Fälle etwas eingehender.

Im Falle der Knospenvariation trägt eine gestreifte Pflanze einen Zweig, dessen sämmtliche Blumen roth sind, ohne Streifung. Wenn die Pflanze, wie gewöhnlich, auf 6—8 oder mehr Seitenzweigen blüht, fällt diese Abweichung sofort auf. Sehr selten trägt dieselbe Pflanze zwei rothblühende Aeste, noch seltener, vielleicht nie, kommt es vor, dass die gipfelständige Traube roth ist, während auf den Seitenzweigen gestreifte Blumen sich ausbilden. Meist ist es einer der untersten stärkeren Aeste, der atavistisch wird, selten einer der höheren, schwächeren. Bisweilen fand ich auch ein tertiäres Zweiglein rothblumig; es war dann ein Seitenzweig eines gestreiften Astes. Im Allgemeinen haben, wie zu erwarten, die grobstreifigen Exemplare mehr Aussicht auf Knospenvariationen, als wie die feinstreifigen.

Die sectoriale Variation ist äusserst wechselnd. Ich fand sie meist an der centralen Traube, aber doch auch an den Aesten. Betrachtet man die Inflorescenz von oben, also in der Projection, so ist ein Sector roth, während die übrigen gestreift sind. Oft umfasst der rothe Sector nur einen schmalen Streifen, oft die Hälfte, oft drei Viertel des Ganzen. Fast stets erstreckt er sich von unten bis oben in der Traube; er kann aber auch auf einen Theil beschränkt sein, namentlich wenn er auch sonst nur schmal ist. Nicht selten ist eine einzige Blüthe in einer übrigens gestreiften Traube einfarbig roth. Auf den Grenzen der Sectoren sind mehrfach die Blüthen einerseits roth, andererseits gestreift. Wie bei der Knospenvariation sind es vorzugsweise die grobstreifigen Individuen, welche sectoriale Farbspaltung zeigen.

Die rothe Farbe erstreckt sich nicht nur auf die Krone, sondern auch auf die Staubgefässe. In den feinstreifigen Blüthen sind die Filamente meist gelb, in den breitstreifigen gestreift oder ganz roth. Die einzelnen Staubfäden derselben Blüthe sind in dieser Beziehung einander meist ungleich, doch hält es sehr schwer, in derselben Blüthe hinreichenden Gegensatz zu finden, z. B. einen fast gelben und einen fast rothen Staubfaden. Ich habe mir mehrfach viele Mühe gegeben, solche Blüthen aufzusuchen, namentlich unter solchen, deren eine

[1] H. W. HEINSIUS, *Over bonte bladeren*, Genootschap v. Natuur-, Genees- en Heelkunde, Biologische Sectie, Sitzung 7. Mai 1898, S. 2.

Längshälfte völlig oder nahezu völlig ohne Streifen war. Eine deutliche Beziehung zwischen der Streifung auf den Staubgefässen und dem entsprechenden Theile der Krone fand ich nicht.

Es ist hier der Ort hervorzuheben, dass rein gelbe Blumen nicht auftreten. Allerdings hat es oft den Anschein, dass sie gar nicht selten sind, dass sogar auf ganzen Trauben und Pflanzen die rothen Streifen fehlen. Aber das ist nur Schein; sieht man genau zu, so findet man hin und wieder feine rothe Streifchen. Ich fand nie eine Traube, auf der diese gänzlich fehlten, nie eine Pflanze oder einen Ast, der zu der reinen Sorte *A. m. luteum* übergegangen wäre. Auf sehr streifenarmen Inflorescenzen mag es immerhin vorkommen, dass man an einer einzigen Blüthe keine Streifen finden kann; dann ist aber eine solche einfach ein extremer Fall der überall vorhandenen partiellen Variabilität.

Es ist diese, auf achtjährige Erfahrung sich stützende negative Beobachtung deshalb wichtig, weil sie uns zeigt, dass es sich hier nicht um eine gleichwerthige Spaltung in die beiden Componenten *A. majus rubrum* und *A. majus luteum* handelt. Wünscht man von einer Spaltung zu reden, so sind die beiden Componenten die rothgestreifte und die einfarbig rothe Form.

Dass die Breite der rothen Streifen individuellen Schwankungen unterliegt, sieht man auf den Beeten beim ersten Blick; ebenso dass, wie zu erwarten, die extrem feinen und die extrem groben Streifen verhältnissmässig am seltensten sind. Im Jahre 1897 habe ich versucht, ob es gelingen würde, diese Variabilität in Curven auszudrücken. Auf den ersten Blick schien dieses unmöglich, da ein genaues Maass der Streifung nicht vorliegt. Denn die Summe der Breite aller Streifen in einer Blüthe zu ermitteln und in Theilen des Kronenumfanges auszudrücken, zeigte sich bald als völlig unerreichbar. In der folgenden Weise gelangte ich zu meinem Ziel. Ich liess von einem Gehülfen von der Endtraube jeder Pflanze eines Beetes eine mittlere Blüthe abpflücken, und versuchte dann diese nach ihrer Farbe in einer Reihe anzuordnen, von den fast gelben zu den einfarbig rothen aufsteigend. Mit einer Gruppe von 100—200 Blüthen gelang solches über Erwartung, es ergaben sich dabei aber von selbst gewisse Gruppen, welche hinreichend gleiche Stufen der Skala bezeichneten, um sie als Ordinaten zu wählen. Ich gestehe, dass diese Methode nicht frei von persönlichen Fehlern ist, für den betreffenden Fall reichte sie aber aus. Namentlich ergab sie bei Wiederholung der Sortirung derselben Blüthengruppe hinreichend übereinstimmende Resultate.

Ich habe in dieser Weise im Jahre 1897 drei Curven ermittelt; jede umfasste sämmtliche blühende Pflanzen eines Beetes, und aus jeder Endtraube eine einzige Blüthe. Die drei Beete trugen die Nachkommenschaft von drei verschiedenen gestreiftblüthigen Pflanzen von 1894, deren Samen für jede getrennt geerntet und ausgesät, deren Blüthen aber inmitten einer grösseren Cultur von Insecten befruchtet worden waren. Auch waren die drei Samenträger nicht in Bezug auf den Grad ihrer Streifung ausgewählt. Die Curven geben somit die mittlere Zusammensetzung der Handelsrasse an.

Ich erhielt in dieser Weise die folgende Tabelle:

Streifen	Farben-Effect	*A*	*B*	*C*
Fast fehlend	citronengelb (*g*)	0	6	4
Sehr fein	gelb	0	9	18
Schmal	dunkelgelb	2	12	30
1—2 mm breit	rothgelb	5	15	53
1—3 „ „	schmal gestreift (*s*)	18	22	84
1—5 „ „	grobstreifig	28	22	31
1—6 „ „	breitstreifig (*b*)	42	21	16
Breite Felder	halb gelb, halb roth	26	12	10
Einfarbig roth	roth (*R*)	37	9	15
	Anzahl der Individuen	158	128	261

Diese Zahlen sind in Fig. 141 in der Form von Curven dargestellt; für die Zahlen unter *C* ist die Einheit der Ordinaten halb so gross gewählt wie für *A* und *B*.

Es ergiebt sich bei dieser Untersuchung zunächst, dass die acht ersten Gruppen continuirlich in einander übergehen; dass aber zwischen den gestreiften Blüthen und den rothen eine scharfe, weite Kluft vorhanden ist. Die rothen sind nicht durch Uebergänge mit den gestreiften verbunden, wie die citronengelben es mit den grobstreifigen sind; rothe Blumen mit ganz kleinen gelben Feldern sind, wenn vorhanden, höchst selten.

Der Verlauf der Curven ist ein so regelmässiger, als kaum erwartet werden konnte; aber die rothen fügen sich dem Curvengesetze nicht; sie sind verhältnissmässig viel zu zahlreich. Sie sind somit offenbar nicht einfach die extremen Varianten der Reihe, sondern bilden eine besondere, von den gestreiften getrennte Gruppe. Diese Gruppe ist um so grösser, je reicher an Streifen die andere ist.

Nachdem in dieser Weise die Zusammensetzung der Handelsrasse ermittelt war, ergab sich die Aufgabe, die Nachkommenschaft der einzelnen Componenten dieser buntfarbigen Mischung bei Selbstbefruchtung kennen zu lernen. Die Lösung dieser Aufgabe habe ich zunächst auf die drei Haupttypen beschränkt: die feinstreifigen, die grobstreifigen und die einfarbig rothen. Fangen wir mit den beiden ersteren Gruppen an.

Die Nachkommenschaft der Mutter *A* (Fig. 141 und Tabelle S. 498) war reich an grobstreifigen (Fig. 141 *b*); aus ihr verpflanzte ich zur Zeit der Blüthe eine Reihe sehr grobstreifiger Pflanzen auf ein besonderes Beet, beraubte sie aller Blüthen und Früchte und bestäubte die später sich öffnenden Knospen in Pergaminbeuteln mit ihrem eigenen Pollen. Ebenso behandelte ich aus dem Beete *B* (Fig. 141 *B*) einige fast rein gelbblüthige Exemplare. Von jeder Pflanze erntete und säte ich die Samen getrennt.

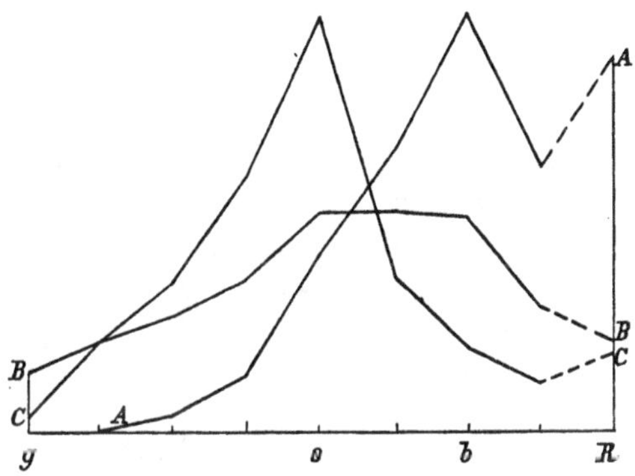

Fig. 141. *Antirrhinum majus luteum rubro-striatum.* *A*, *B*, *C* Curven über den Grad der Streifung unter den Nachkommen dreier frei befruchteter Individuen. 1897. *g* citronengelb, fast ohne rothe Streifen; *s* schmal gestreift; *b* breit gestreift; *R* einfarbig roth. Vergl. die Tabelle auf S. 498.

Im August 1898, als die Beete in voller Blüthe waren, bestimmte ich den Grad ihrer Streifung in derselben Weise, wie im vorigen Jahre, indem ich möglichst genau dieselben Grenzen zwischen den einzelnen Gruppen beibehielt. Von vier breitstreifigen Müttern konnte ich die Nachkommen untersuchen, wenn auch in ziemlich geringer Anzahl. Sie ergaben Folgendes: (Die einzelnen Samenträger von 1897 sind als A_1—A_4 bezeichnet.)

Nachkommenschaft der breitstreifigen Mütter.

Streifen:	A_1	A_2	A_3	A_4	Summa
Weniger als 4 mm breit	0	0	0	0	
1—5 mm breit	3	2	6	8	19
1—6 „ „	5	4	6	9	24
Breite Felder	7	8	5	6	26
Einfarbig roth	2	0	2	5	9
Summa	17	14	19	28	78

Diese Zahlen sind in Fig. 142 *B* versinnbildlicht.

Da der Umfang dieses Versuches ein verhältnissmässig kleiner war, und mir namentlich der Gehalt an einfarbigen Pflanzen sehr klein schien, habe ich ihn im nächsten Jahre wiederholt. Ich wählte in dem breitstreifigen Beete dieser Cultur eine sehr schöne typisiche Pflanze, mit breiten Streifen, aber ohne breite Felder auf der Krone, und befruchtete sie mit sich selbst in Pergamin. Aus ihren Samen hatte ich 1899 ein Beet von etwa 4 Quadratmetern mit über 250 blühenden Pflanzen, welche fast alle auf dem Hauptstengel und mehreren Seitenzweigen Trauben bildeten. Feinstreifige gab es unter ihnen nur sehr wenige, die meisten waren sehr grob gestreift. Der Gehalt an einfarbig rothen war aber ein sehr bedeutender:

Gestreifte	Individuen	160	64 %
Rothe	„	91	36 %
	Summa	251	

Es war somit etwa ein Drittel der Pflanzen zur gleichmässigen Farbe zurückgekehrt.

Die Nachkommen der fast gelben Mütter von 1897 (*B* in Fig. 141 und in der Tabelle S. 498) ergaben bei der Ermittelung ihrer Farbentöne im Jahre 1898 das Folgende (B_1—B_4 bedeuten die einzelnen Samenträger und die aus ihnen hervorgegangenen Gruppen von Nachkommen):

Nachkommenschaft der gelben Mütter:

Streifen:	B_1	B_2	B_3	B_4	Summa
Fast fehlend	6	5	12	1	24
Sehr fein	3	7	18	2	30
Schmal	3	6	12	2	23
1—2 mm breit	9	7	18	3	37
1—3 „ „	7	4	22	2	35
1—5 „ „	0	0	3	1	4
1—6 „ „	0	0	0	0	0
Breite Felder	0	0	0	0	0
Einfarbig roth	0	0	0	0	0
Summa	28	29	85	11	153

Vergl. Fig. 142 *A*.

Aus diesen Tabellen und der daraus construirten Fig. 142 ersieht man sofort, dass durch die Selbstbefruchtung der extremen Varianten zwei Selectionsrassen hervorgetreten sind. Die eine, *A*, hat fast nur feinstreifige Individuen und auch keine rothen, die andere, *B*, hat fast nur breitstreifige und dazu etwa 11—36 % einfarbig rothe. Die Trennung ist keine so scharfe als zwischen den gestreiften einerseits und den einfarbigen andererseits, da die beiden Curven über einander greifen.

Wir kommen jetzt zu dem wichtigsten Theile dieser Versuchsreihe, der Frage nach der Erblichkeit der rothen Individuen. Gerade wegen ihrer hohen Bedeutung hatte ich diese bereits früher in Angriff genommen.

Es handelt sich dabei nicht nur um die Erblichkeit der rothen Blumen im Allgemeinen, sondern diese sind je nach ihrer Herkunft einzeln zu studiren. Zuerst die rothen Samenvarianten, dann die Knospenvarianten, ferner die einzelnen rothen Blumen an gestreiftblüthigen Trauben. Endlich könnte man auch die rothen Staubfäden aus gestreiften Blüthen untersuchen, doch habe ich dazu bis jetzt das geeignete Material nicht in Händen gehabt.

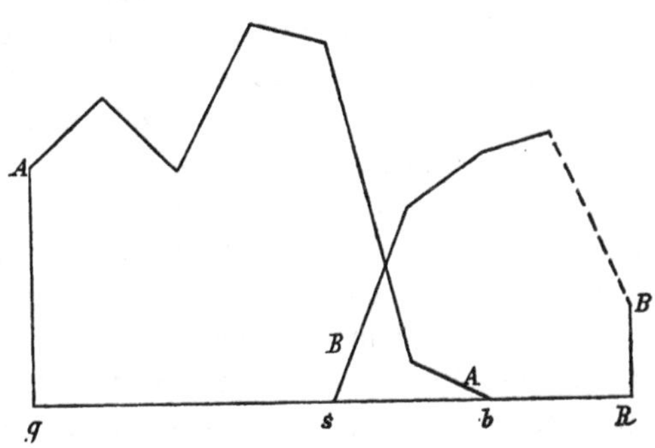

Fig. 142. ***Antirrhinum majus luteum rubro-striatum.*** **Farbencurven über die Nachkommen selbstbefruchteter Individuen aus der in Fig. 141 dargestellten Cultur. Selectionsversuch der breit- und schmalgestreiften Exemplare. Curven über die Nachkommen: *A* der feinstreifigen Mütter B_1—B_4; *B* der breitstreifigen Mütter A_1—A_4. Vergl. die Tabellen auf S. 499 u. 500. Die Bedeutung von *g*, *s*, *b*, *R* wie bei der vorigen Figur.**

Aus käuflichen Samen des *A. majus luteum rubrostriatum* hatte ich 1892 ein grösseres Beet von Pflanzen, deren Blüthen sämmtlich gestreift waren. Ich wählte die Samen eines einzelnen Individuums zur nächstjährigen Aussaat (1893). Diese gab mir etwa 40 blühende Pflanzen; die meisten trugen feingestreifte Blüthen, einzelne Exemplare hatten aber grobgestreifte und hier und dort eine Blume, welche zur Hälfte gleichmässig roth war. Vier Pflanzen waren ohne Streifen, mit einfarbig rothen Blumen. Von ihnen wählte ich die stärksten, umhüllte ihre Traube mit Pergamin und befruchtete die Blüthen mit ihrem eigenen Pollen. In derselben Weise behandelte ich zwei gestreifte Exemplare, mit feinen und nicht zahlreichen rothen Streifen auf den Kronen.

Schon während der Keimung im nächsten Frühling zeigte sich der Unterschied: die Keimlinge aus Samen der gestreifen Pflanzen hatten grünes Laub, die der rothen aber rothbraunes. Namentlich auf der Unterseite der späteren Blätter der jungen Pflanzen war dieser Unterschied auffallend. Es gelangten zur Blüthe auf ersterem Beete 152, auf letzterem 71 Exemplare. In beiden Gruppen gab es theils Pflanzen mit gestreiften, theils solche mit rothen Blüthen, aber, wie zu erwarten, in sehr verschiedenen Verhältnissen. Diese waren für die Nachkommen der

	Gestreift	Roth
feinstreifigen Mütter	98 %	2 %
rothblühenden Mutter	24 %	76 %

Die gestreiften waren zumeist feinstreifig; die grobstreifigen waren nur zu 7 % bezw. 6 % vertreten.

Beide Rassen sind also erblich, aber in unvollkommener Weise. Man kann das Hervorbringen von Individuen der anderen Rasse in beiden Fällen als Atavismus bezeichnen. Die gestreiften Kinder der rothen Mütter gleichen ihren Grosseltern. Die rothen Kinder der gestreiften Mütter aber der ursprünglichen wilden Sorte, also sehr entfernten Vorfahren. Und die Differenz in dem Grade der Erblichkeit liesse sich dann derart bezeichnen, dass man sagte, dass der Einfluss der näheren Vorfahren ein stärkerer sei, als derjenige der entfernteren. Doch ist das nur eine Umschreibung der Thatsache, welche sich der üblichen Terminologie anschliesst. Es soll damit keineswegs ein Grund der Erklärung angedeutet werden.

Unter den feinstreifigen Exemplaren der besprochenen Cultur gab es dreizehn, welche neben der gestreiften Endtraube und neben mehreren gestreiften Seitenästen einen oder zwei Zweige mit lauter rothen Blumen trugen. Ich hatte hier also eine schöne Gelegenheit, die Erblichkeit der Knospenvarianten zu studiren; ich verdankte sie der frühen Aussaat und dem weiten Stande auf gut gedüngtem Boden, welche fast sämmtliche Pflanzen zu sehr reicher Verzweigung gebracht hatte. Ich versetzte die betreffenden Individuen an eine besondere Stelle, beraubte sie aller blühenden Blüthen und jungen Früchte, sowie der überzähligen Zweige und wickelte von jeder 1—2 gestreifte und 1—2 rothe Trauben in Pergamin zur Selbstbefruchtung.

Eine ausreichende Ernte von den gestreiften und den rothen Trauben derselben Pflanze hatte ich nur auf drei Exemplaren. Diese ergaben im Sommer 1895:

	Pflanze Nr.	Roth	Gestreift	Summa	In Procenten Roth	In Procenten Gestreift
Von den rothen Trauben	1	73	27	100	73	27
	2	21	12	33	63	37
	3	25	5	30	77	23
Von den gestreiften Trauben	1	3	93	96	4	96
	2	0	75	75	0	100
	3	1	36	37	3	97

Oder im Mittel erreichte die Erblichkeit für die gestreiften Trauben 98 %, für die rothen Zweige 71 %.

Vergleichen wir diese Zahlen mit denen der vorigen Generation, so finden wir keinen merklichen Unterschied. Oder mit anderen Worten:

Der Grad der Erblichkeit ist für die rothen Knospenvarianten im Wesentlichen derselbe wie für die rothen Samenvarianten.

Im nächsten Jahre habe ich diesen Versuch noch durch eine weitere Generation fortgesetzt, indem ich unter den Kindern der Knospenvarianten theils rothe, theils feinstreifige mit dem eigenen Pollen befruchtete. Die Samen von drei gestreiften Müttern lieferten 67 blühende Kinder, von denen nur 5 $^0/_0$ roth waren; die Samen der fünf rothen Samenträger aber 127 Individuen mit 84 $^0/_0$ rothen Pflanzen. (Die Procentzahlen der einzelnen Familien waren 71 — 78 — 84 — 88 — 100.) Also wiederum ähnliche Verhältnisse wie im vorigen Jahre.

Ich fasse jetzt, zur besseren Uebersicht, diesen ganzen Versuch in der Form eines Stammbaumes zusammen:

Antirrhinum majus luteum rubro-striatum.

Samen- und Knospenvariation (bei einjähriger Cultur).

Jahr		
1896.	95 $^0/_0$ Gestreift	84 $^0/_0$ Roth.
(1895.)	Gestreifte Ex.	Rothe Ex.
1895.	98 $^0/_0$ Gestreift	71 $^0/_0$ Roth.
(1894.)	Gestreifte Zweige	Rothe Zweige.
1894.	98 $^0/_0$ Gestreift	76 $^0/_0$ Roth.
1893.	90 $^0/_0$ Gestreifte Ex.	10 $^0/_0$ Rothe Ex.
1892.	Gestreifte Pflanze.	

Das Resultat unseres Versuches können wir auch noch in einer anderen Form darstellen. Es betrug die Erblichkeit für die feinstreifigen Trauben in den auf einander folgenden Generationen bei Selbstbefruchtung stets etwa 95—98 $^0/_0$. Für die rothblühenden Nebenzweige aus dieser Cultur aber betrug die Erblichkeit:

1. Für Samenvarianten	76 $^0/_0$
2. Für Knospenvarianten	71 $^0/_0$
3. Für die Kinder der Knospenvarianten . .	84 $^0/_0$
Im Mittel	77 $^0/_0$

Schliesslich habe ich versucht, die Erblichkeit im Falle der sectorialen Variation, d. h. also der gestreiften, aber einseitig rothen Trauben zu ermitteln. Es leuchtet ein, dass diese Erscheinung durch zwei verschiedene Ursachen bedingt sein kann. Erstens können die rothen Blüthen wirkliche Knospenvariationen sein; sie werden dann voraussichtlich einen den oben behandelten Knospenvarianten entsprechenden Grad von Erblichkeit besitzen. Aber es kann auch vorkommen, dass an einer sehr grobstreifigen Traube einzelne Blüthen eine derart extreme Streifung haben, dass sie einfarbig roth scheinen. Ihre Erblichkeit wird dann voraussichtlich nicht wesentlich von derjenigen der übrigen Blüthen derselben Traube abweichen.

Das letztere war der Fall in dem einzigen Versuche, den ich bis jetzt die Gelegenheit hatte auszuführen. Ich benutzte dazu im Sommer 1898 eine breitstreifige Pflanze aus der S. 500 besprochenen Aussaat, deren Endtraube einerseits nur rothe, andererseits aber gestreifte Blüthen trug. Von den ersteren 8, von den letzteren 7; zusammen 15.

Die ganze Traube umhüllte ich vor der Blüthe mit Pergamin, bestäubte jede Blume mit ihrem eigenen Staube und sammelte die Samen getrennt. Von jeder Farbe reiften fünf Früchte, wenn auch theils mit nur wenigen Samen. Diese säte ich 1899 auf zehn Beeten getrennt aus; sie blühten im Juli. Auf jedem Beete sah man auf den ersten Blick, dass nahezu die Hälfte der Pflanzen nur rothe, die andere etwas grössere Hälfte aber gestreifte Blumen trug. Ich zählte sie für die zehn Gruppen getrennt aus; glaube aber die einzelnen Zahlen nicht mittheilen zu brauchen. Es blühten:

Aus Samen der	Pflanzen	Rothe Ex.	Im Mittel
1. rothen Blumen	67	33 %	42 %
2. gestreiften Blumen	137	46 %	

Fassen wir jetzt die Ergebnisse dieser Versuche zusammen, so finden wir Folgendes:

1. *Antirrhinum majus luteum rubro-striatum* (Tafel VII) bildet eine inconstante Rasse, welche theils gestreifte, theils rothblüthige Exemplare hervorbringt.

2. Die Streifung in der Handelsrasse variirt continuirlich, aber nicht bis zum Roth; die Rothen sind durch eine Kluft von den Gestreiften getrennt (Fig. 141).

3. Die feinstreifigen Pflanzen sind zu etwa 95—98 % erblich.

Sie gehen theils durch Samen, theils durch Knospen in die rothe Rasse über. Solches geschieht stossweise.

4. Die breitstreifigen bringen in derselben Weise vielmehr rothe Exemplare hervor; im Mittel aus drei Versuchen (11 — 36 — 42) etwa 30 %.

5. Die rothen Pflanzen sind äusserlich der wilden Stammform ähnlich, aber nicht constant wie diese. Sie sind nur zu etwa 70—85 % erblich, und kehren in den übrigen Exemplaren sprungweise zu der gestreiften Rasse zurück. Durch Knospenvariation sah ich dies bis jetzt noch nicht geschehen.

6. Das *Antirrhinum majus luteum* entsteht aus diesen gestreiften und rothen Rassen nicht.

7. Vergleichen wir die besprochenen Formen[1] mit den in § 3 dieses Abschnittes S. 422 unterschiedenen Halbrassen und Mittelrassen, so ergiebt sich, dass zwischen den beiden völlig constanten elementaren Arten (der systematischen Art. *A. majus* und der systematischen Varietät *A. majus luteum*) zwei Zwischenformen bestehen, welche von jenen beiden scharf getrennt sind, unter sich aber nicht. Wir unterscheiden:

a) Die Mittelrasse: *A. majus luteum striatum*, mit gestreiften Blumen und starker fluktuirender Variabilität, aus der durch Selection eine armstreifige und eine breitstreifige Zuchtrasse erhalten werden können. Diese gehen aber continuirlich in einander über.

b) Die Halbrasse, hier einfarbig roth, aber mit unvollkommener Erblichkeit, und bei reiner Befruchtung in jeder Generation aus den rothen Individuen etwa 25 % gestreifte Exemplare liefernd.

Der Uebergang der Halbrasse in die Mittelrasse sowie der umgekehrte finden hier jährlich statt, aber stets mit einem kleinen Sprunge. Aus der Mittelrasse entsteht die rothe Halbrasse durch Samen und durch Knospen, aus der Halbrasse die gestreifte Mittelrasse bis jetzt nur durch Samen. Der Uebergang der rothen in die gestreifte schwankt um etwa 25 %, der Uebergang der gestreiften in die rothen ist aber in hohem Maasse von dem Grade der Streifung abhängig, und dieses deutet auf bis jetzt noch unbekannte Beziehungen hin.

---

[1] Die Eblichkeitsverhältnisse der grobstreifigen Exemplare sind noch näher zu untersuchen. Ebenso bei der sectorialen Variation. Auch sind die Versuche mit anderen gestreiften Varietäten zu wiederholen, und die getuschten Formen zu prüfen, ob sie sich ähnlich verhalten. Namentlich aber wäre eine Reinzucht der einzelnen Typen durch eine längere Reihe von Generationen vorzunehmen. NB. Man wähle dazu die hohen Varietäten; sie geben weit bessere Samenernten als die mittlere, mit der ich meine Versuche gemacht habe.

Vorausgreifend ist hier zu erwähnen, dass die gestreiftblumigen Varietäten von *Hesperis* und *Clarkia* (§ 15 und § 16) sich in derselben Weise verhalten, während auch bei *Plantago* (§ 17) und *Linaria vulgaris peloria* (§ 20) die Mittelrasse inconstant ist und mehr oder weniger leicht in die Halbrasse zurückschlägt.

§ 15. Hesperis matronalis.

Die Blüthen der gemeinen Nachtviole sind violett. Von ihr kommen im Handel eine weissblühende, eine gefüllte und eine zwergige Varietät vor, welche, so viel bekannt, samenbeständig sind. Ausserdem werden in den Handelscatalogen eine *Forma lilacina* und eine „gemischte" Sorte angeboten. Die Pflanzen sind perennirend; wenn man sie im Frühling aussät, blühen sie meist erst im zweiten Jahre; wenn man die Samen frei herabfallen lässt, oder sie doch sofort nach der Ernte in die Erde legt, blühen sie zu einem sehr grossen Theile im nächsten Jahre. Ich habe diese beiden Methoden abwechselnd benutzt.

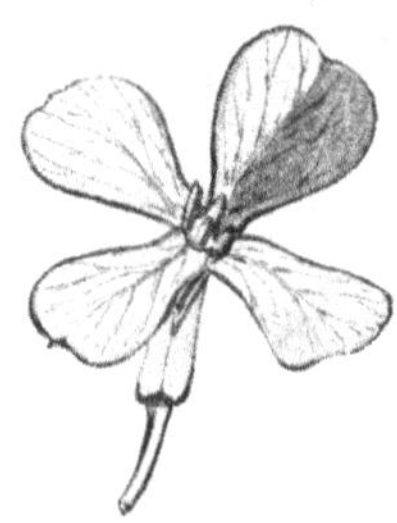

Fig. 143. *Hesperis matronalis.* Eine Blüthe der blassfarbigen, feingestreiften Form mit einem halben dunkelvioletten Blumenblatte.

Meine Samen erhielt ich von einer gemischten Gruppe von theils weisslich, theils violett blühenden Pflanzen aus dem hiesigen botanischen Garten im Jahre 1890. Ich cultivirte sie durch zwei Generationen und fand, dass die „weissen" nicht rein weiss, sondern blass lila waren. Ich überwinterte dann nur solche, und untersuchte sie zuerst 1894 bei voller Blüthe. Sie blühten völlig isolirt, befruchteten sich theils selbst, theils mit Hülfe der Insecten. Auch in späteren Jahren habe ich die Pflanzen nicht in Pergaminbeutel gebunden, sondern sie entweder isolirt und der Insectenbestäubung übergeben, oder in einem kleinen, völlig aus feiner Metallgaze gebildeten Gewächshause blühen lassen.

Es handelte sich darum, den Grad der Erblichkeit der weisslichen, der lilablüthigen und der violetten getrennt zu untersuchen. Ich gebe zunächst eine Uebersicht über meinen Versuch. In diesem bedeutet *W* weisslich, *L* Lila und *V* Violett (das heisst also die Farbe der wildwachsenden Art). Die Zahlen sind Procente der ganzen Cultur; wo die Cultur zu klein war, habe ich die Zahlen weggelassen.

Hesperis matronalis.

(Weisslich, lila und violett in Procenten.)

1900, 1899 ein- und zweijährig	38 *W.* 30 *L.* 32 *V.*	50 *W.* 28 *L.* 22 *V.*	
1898 einjährig	92 *W.* 6 *L.* 2 *V.*		
1897 einjährig	*W.*		*V.*
1895 ein- und zweijährig	29 *W.*	57 *L.*	14 *V.*
1894		*L.*	

Bevor ich zu der Beschreibung dieser Versuche übergehe, ist es erforderlich, die Variabilität in der Blüthenfarbe eingehender darzulegen.

Reine weissblühende Exemplare wie diejenigen der Varietät *Alba* gab es in meinen Culturen nicht. Ich habe sowohl die *Alba* selbst, als auch die *Alba plena* mit meinen Pflanzen verglichen. Allerdings ist der Unterschied oft ein sehr geringer, namentlich da auch die Petalen der *Alba* beim Verblühen blass-lila-farbig werden. Zwischen den weissesten Exemplaren und den schön lila gefärbten giebt es alle Uebergänge; hier ist die Variabilität völlig continuirlich. Zwischen diesen und den violetten giebt es aber stets eine Lücke; die dunkelsten lilafarbigen sind anscheinend nur halb so dunkel gefärbt wie die violetten; Zwischenstufen findet man nicht.

Weitaus die meisten Exemplare haben gleichmässig gefärbte Kronen, doch kommen auch bunte vor. Und zwar, wie sonst, gestreifte, sectoriale und Knospenvariationen. Beispiele jeder dieser drei Gruppen traten in meiner Cultur in verschiedenen Jahren auf, jedoch stets nur selten. Auf den gestreiften Petalen trugen die Streifen die violette Farbe der ursprünglichen Art; sie waren fein und meist spärlich. Von sectorialer Variation hatte ich bis jetzt theils einzelne dunkle Blüthen auf blassen Trauben, theils Blumen, an denen von einem Blumenblatte die eine Längshälfte weiss, die andere violett war (Fig. 143). Die Knospenvariationen traten an sehr blassblüthigen Individuen auf, wenn solche reich verzweigt waren und bis in den Herbst blühten. Es waren stets einzelne Zweige am untersten Theile der Hauptstengel; ihre Blüthen waren sämmtlich normal violett. Samen habe ich von ihnen leider noch nicht gewinnen können.

Auf grösseren Beeten orientirt man sich leicht über den Farbenwechsel. Man sieht auf den ersten Blick, dass die blassfarbigen die Mehrzahl bilden; die weisslichen einerseits, die lilafarbigen andererseits sind auffallend seltener. Die violetten heben sich scharf ab, weil die Uebergänge fehlen. Sonst ist der Wechsel ein so continuirlicher, dass es fast unmöglich ist, die Variabilität in Zahlen darzustellen. Ich habe es versucht, Gruppen zu bilden und die Glieder der einzelnen Gruppen zu zählen. Ich theile die gefundenen Zahlen nur zu dem Zwecke mit, den Eindruck, den die Beete auf den Besucher machen, wiederzugeben, denn es ist unvermeidlich, dass die Grenzen mehr oder weniger willkürliche sind. Doch glaube ich in den auf einander folgenden Jahren der Hauptsache nach dieselben Grenzen beibehalten zu haben.

Behufs dieser Farbenschätzungen habe ich von jedem Beet von jeder Pflanze eine blühende Traube, womöglich die Endtraube, mit nach Hause gebracht, und diese dann sortirt. Es bildeten sich mehr oder weniger deutliche Gruppen. Ich konnte die folgenden unterscheiden:

W. Weisslich, stets ohne Streifen.
- W_1. Fast weiss; Knospen und welkende Petalen fast weiss.
- W_2. Weiss mit Lila-Anflug, beim Verwelken nicht dunkler.
- W_3. Sehr blass lila, Knospen lila, beim Verwelken nur wenig dunkler.

L. Lila, bisweilen gestreift oder fleckig.
- L_1. Deutlich lila, wenn auch blass; dunkler als wie W_3.
- L_2. Lila, halb so dunkel als V.

V. Violett, die Farbe der typischen Art.

Ich gebe jetzt zunächst die Zusammenstellung der Cultur von 1898, welche aus den Samen weisslich blühender Pflanzen erhalten worden war. Ich sortirte am 14. Juli 250 Individuen in der angegebenen Weise und fand:

Hesperis aus Samen der weisslichen.

W_1	5 %	92 % W.
W_2	57 „	
W_3	30 „	
L_1	4 „	6 % L.
L_2	2 „	
V	2 „	2 % V.

In derselben Weise habe ich die Zusammenstellung ermittelt für die Culturen von 1899, welche beide aus Samen von lilafarbigen Pflanzen stammten. Die eine (5. Generation) blühte zum Theil 1899, zum Theil 1900, die andere nur 1899. Es ergab sich das Folgende:

Hesperis aus Samen der lilafarbigen.

Farbe	1. Versuch (5. Gen.)		2. Versuch (3. Gen.)	
W_1	3 %		4 %	
W_2	15 „	38 % *W*	22 „	50 % *W*.
W_3	20 „		24 „	
L_1	17 „	30 % *L*	22 „	28 % *L*.
L_2	13 „		6 „	
V	32 „	= 32 % *V*	22 „	= 22 % *V*.

Der erstere Versuch umfasste 155, der zweite 219 blühende Pflanzen.

Die Samen der weisslichen Nachtviolen dieser Cultur bringen also vorwiegend nur ihresgleichen hervor, mit wenigen Procenten von lilaer und violetter Farbe. Die Samen der lilafarbigen aber bringen drei Typen zu nahezu gleichen Theilen hervor, doch ist die Grenze zwischen W_3 und L_1 eine ziemlich willkürliche.

Ueber die Erblichkeit der violetten habe ich noch keine hinreichende Erfahrung. Der einzige ausgeführte Versuch lieferte nur fünf blühende Pflanzen, diese hatten aber alle denselben Farbenton wie die Eltern.

Uebergehend zu der Einzelbeschreibung des Versuches erinnere ich daran, dass dieser 1894 mit sieben Pflanzen anfing, welche bereits 1893 geblüht und sich als lilafarbig erwiesen hatten. Viele ihrer Blüthen waren mehr oder weniger gestreift, einige bildeten im August die bereits erwähnten violettblüthigen Zweige als Knospenvarianten aus, zu einer Zeit, wo die übrige Blüthe bereits längst beendigt war. Samen wurden nur von den lilablüthigen Zweigen geerntet; ein Theil wurde bereits im August gesät, die übrigen aber jedesmal, sobald sie reif waren. Die meisten keimten im Februar und März des nächsten Jahres (1895), etwas mehr als die Hälfte trieben Stengel und blühten bereits im August. Ich hatte im Ganzen 234 blühende Pflanzen, von denen 29 % weisslich, 57 % lila und 14 % normal violett blühten. Aus den drei Gruppen wählte ich die am meisten typischen unter den kräftigsten Pflanzen aus und versetzte sie im Herbst an möglichst entfernte Stellen meines Gartens, wo sie sich reichlich verzweigten und im nächsten Jahre (1895) wiederum blühten.

Die violetten waren drei Exemplare, welche nur wenig Samen brachten; sie sind sofort gesät worden und blühten im Sommer 1897 in einem Gewächshaus; ich sorgte dafür, dass sie von Insecten nicht besucht werden konnten, um etwaige Uebertragung ihres Blüthenstaubes auf die anderen Pflanzen unmöglich zu machen. Sobald ihre Blumenfarbe völlig sicher ermittelt war, wurden sie ausgerodet. Es waren, wie bereits erwähnt, nur fünf Pflanzen; sie blühten violett.

Die lilafarbigen liess ich in diesem Jahre nicht zur Blüthe gelangen, sondern bewahrte sie für das nächste Jahr. Von den weisslichen, welche im Herbst 1895 gesondert verpflanzt waren, blühte 1896 nur ein Exemplar; seine Samen wurden sofort gesät und lieferten 12 Pflanzen, welche bereits im Sommer 1897 ihre Blumen entfalteten; sie waren alle weisslich mit meist nur schwacher Andeutung der lila Farbe. Die Samen wurden im Herbst in Schüsseln ausgesät, im November wurden die Keimpflanzen pikirt und im April 1898 auf ein grösseres Beet ausgepflanzt. Im Juni blühten 250 Individuen, und wurde die oben mitgetheilte procentische Zusammensetzung der Farbenmischung ermittelt. Darauf wurden die vier lilafarbigen, der Gruppe L_3 angehörigen Individuen ausgehoben und möglichst vorsichtig in das Gewächshaus von Metallgaze verpflanzt. Selbstverständlich wurden sie dabei aller geöffneten Blüthen und jungen Früchte beraubt. Dabei ist zu bemerken, dass bei dieser Cultur die lilablüthigen Exemplare alle auffallend später zu blühen angefangen hatten, als die weisslichen und die violetten.

Die Samen der vier isolirten Individuen wurden theils im October, theils im November ausgelegt, und zwar für jede Mutter getrennt. Es blühte von den vier so erhaltenen Gruppen im nächsten Jahre (1899) nur eine; die übrigen blieben Rosetten und blühten 1900. Die Farbenmischung war in den vier Gruppen eine sehr übereinstimmende; ich habe für jede die Zahlen gesondert ermittelt, finde aber keine erwähnenswerthen Unterschiede. Die Zusammensetzung der gesammten Cultur geben die auf S. 509 in der ersten Spalte (1. Versuch, 5. Generation) bereits mitgetheilten Zahlen.

Aus der ersten Aussaat (1895) habe ich einige lilafarbige Pflanzen ausgepflanzt, behielt aber von diesen nur ein einziges, das sich durch schön gestreifte Blumen empfahl. Es wuchs zu einer sehr kräftigen Staude heran, blühte 1898 an einer isolirten Stelle und trug reichlich Samen. Dieser lieferte 1898 219 blühende Pflanzen, über deren Farbe die letzte Spalte der Tabelle auf S. 509 (2. Versuch, 3. Generation) berichtet.

Fassen wir die Ergebnisse dieses siebenjährigen Versuches mit den sonstigen bekannten Thatsachen zusammen, so haben wir die folgenden Rassen zu unterscheiden:

1. *Hesperis matronalis alba*, die samenbeständige Sorte des Handels.
2a. Weissliche, blasslila, selten oder nie gestreifte Sorte (W_1—W_3), welche durch sectoriale, Knospen- und Samenvariation die violette Farbe wieder herstellen kann; Samenvariation zu etwa 2 %; lilafarbige Nachkommen zu etwa 6 %.
2b. Lilafarbige, oft gestreifte oder fleckige Rasse, welche wechselnde, aber sehr erhebliche Mengen weisslicher und violetter Nachkommen bildet. Ihre Farbe geht in diejenige von Nr. 2a continuirlich über, ist aber von Nr. 3 durch eine scharfe Kluft getrennt.
3. Violette Sorte, aus 2a und 2b entstanden, und nach Analogie von *Antirrhinum majus* vermuthlich inconstant.
4. *Hesperis matronalis*, die ursprüngliche, violette, samenbeständige Art.

Die Analogie mit den entsprechenden Rassen von *Antirrhinum majus* scheint mir jetzt völlig auf der Hand zu liegen, und lässt sich folgendermaassen darstellen:

1. Die systematische Varietät, welche völlig samenbeständig ist (*H. m. alba, A. maj. luteum*).
2. Die Mittelrasse mit lila oder gestreiften Blumen (*H. m. liliacina, A. maj. luteum striatum*); sie zerfällt durch Auslese nach Plus oder nach Minus in die blasslila bezw. feinstreifige Zuchtrasse einerseits, und andererseits in die dunkler lilafarbige, oft gestreifte Nachtviole und das breitstreifige Löwenmaul.
3. Die einfarbige, aber inconstante Halbrasse, welche die Farbe der ursprünglichen Art hat, aber nicht deren Samenreinheit.
4. Die ursprüngliche violette bezw. rothe, völlig samenfeste Art (*Hesperis matronalis, Antirrhinum majus*).

§ 16. Clarkia pulchella.

Von dieser zierlichen rothblühenden Art ist eine weisse Varietät im Handel.[1] Man trifft mitunter auch eine gestreifte Abart an, welche auf den weissen Blumenblättern mehr oder weniger zahlreiche und mehr oder weniger breite rothe Streifen trägt.[2] Das Roth hat in diesen Fällen dieselbe Intensität wie bei der Art. Ausserdem sind die weissen Blumen nicht völlig rein weiss; hat man von ihnen ein

[1] Auch giebt es eine Varietät *Carnea*, welche, soweit meine Erfahrung reicht, constant ist.

[2] Vergl. S. 493. Bereits erwähnt von VILMORIN und von B. VERLOT, *Production et fixation des variétés.* 1865. S. 64.

Beet in voller Blüthe, so sieht man einen sehr schwachen, aber doch deutlich erkennbaren röthlichen Anflug. Bisweilen sind einzelne Exemplare oder einzelne Blüthen etwas reicher an Farbstoff und ergeben sich dann ohne Weiteres als nicht vollkommen weiss.

Ich habe mit dieser Pflanze, welche für künstliche Befruchtungen sich äusserst wenig eignet, und auch ein Versetzen während der Blüthe meist nur schlecht erträgt, nur eine unvollständige Versuchsreihe machen können. Diese reicht aber meines Erachtens aus, um die Uebereinstimmung mit den für *Antirrhinum* und *Hesperis* festgestellten Thatsachen darzuthun.

Wie bei diesen kann man auch hier zwischen einer weisslichen, an Streifen armen, und einer reichlich gestreiften Zuchtrasse unterscheiden, und beide haben jenen Beispielen entsprechende Eigenschaften. Die breiten Streifen zeigen sich hier meist als rothe Sectoren, z. B. ganze oder halbe Petalen; aus diesem Grunde werde ich solche Blüthen und Pflanzen sectoriale nennen.

Fig. 144. *Clarkia pulchella.* Eine weisse Blüthe, von der $1^1/_2$ Blumenblatt dunkelroth sind, während die beiden anderen Petalen hier und dort dunkelrothe Streifen tragen.

Im Jahre 1896 hatte ich ein Beet von etwa 50 Pflanzen, welche alle weisslich blühten. Die meisten trugen keine rothen Streifen, oder so feine und seltene, dass sie übersehen wurden, was bei der grossen Zahl von Blüthen und deren raschem Wechsel immerhin möglich ist. Nur eine Pflanze zeichnete sich aus; sie trug Ende Juli eine Blüthe mit zwei rothen Petalen, und Anfang August ein Blumenblatt, dessen mittleres Drittel der Länge nach roth gefärbt war. Sonst war im ganzen Sommer alles nahezu weiss. Von diesen letzteren Pflanzen wurden keine Samen geerntet.

Samen von einem weisslich blühenden Individuum gaben 1897 eine Cultur von etwa 100 Pflanzen. Unter ihnen war wiederum nur ein sectoriales Exemplar; von diesem habe ich die Samen getrennt geerntet, aber sie waren inmitten der übrigen von Insecten befruchtet. Auf den meisten Exemplaren beobachtete ich keine rothen Streifen, auf einigen wenigen sah ich solche von meist geringer Bedeutung.

Die Samen der weisslichen wiederholten die Armuth an Streifen; auf dreissig Pflanzen sah ich 1898 nur eine gestreifte. Bei steter Auswahl fast weisser Exemplare erhielt sich diese Sorte somit arm an rothen Sectoren.

Aus den Samen der sectorialen Pflanze erhielt ich sofort eine an rothen Petalen und rothen Blumenblattabschnitten reiche Rasse, welche auch mehrfach ganz rothe Blumen sowie rothblühende Zweige hervorbrachte (Knospenvariation). Ich cultivirte sie durch zwei Genetionen (1898 und 1899). Die Samen für die erstere waren 1897 ohne Isolirung der Mutterpflanze gewonnen; im Jahre 1898 habe ich aber während der Blüthe alle nicht sectoriale Pflanzen ausgerodet und auf den übrigen nur die Samen der nach jener Operation blühenden Blüthen geerntet.

Die einzige sectoriale Pflanze von 1897 trug eine Blüthe mit einem, und eine andere mit zwei rothen Petalen. Ihre Samen wurden getrennt geerntet und ausgesät. Die sonstigen Blüthen waren weisslich; auch von ihnen behandelte ich die Ernte für sich. Die erstgenannten, selbstverständlich spärlichen Samen gaben (1898) etwa 40 blühende Pflanzen; die letztgenannten aber etwa 200. In beiden Gruppen waren die rothen Streifen und Sectoren auffallend zahlreich, im Vergleich mit dem vorigen Jahre. Ende Juli fand ich in der ersteren 25 %, in der letzteren 23 % sectoriale Pflanzen. Dazu ein völlig rothblühendes Exemplar in der ersteren Gruppe. Hätte ich die Beobachtungen fortgesetzt, so wären diese beiden Procentzahlen ohne Zweifel merklich höher ausgefallen. Aber behufs der Isolirung der sectorialen habe ich zu jener Zeit alle Exemplare, welche noch keine oder nur wenige und schmale Streifen gezeigt hatten, ausgerodet. Nur von den sich nachher öffnenden Blumen erntete ich, wie bereits erwähnt, Samen, und solches wiederum in zwei Mustern. Einerseits markirte ich eine Anzahl von sectorialen Blüthen auf einer grösseren Gruppe von Individuen und sammelte ihre Samen zusammen. Andererseits zeichnete ich eine besonders auffallende Pflanze aus, welche ziemlich viele sectoriale und einzelne völlig rothblühende Blumen trug und auch Knospenvariationen an den unteren Zweigen aufwies. Von dieser Pflanze erntete ich nur die Samen der schmalstreifigen Blüthen.

Ehe ich zur Mittheilung der Ergebnisse dieser Ernte übergehe, habe ich noch einen Fall von sectorialer Variation zu erwähnen. Auf einer sonst weissen oder feinstreifigen Pflanze zeigte ein grüner Seitenzweig in der Infloresceuz einen schmalen rothen Streifen, welcher nicht viel breiter war als ein Blüthenstielchen und sich über vier Internodien erstreckte. Auf dem Streifen standen die obere, untere und mittlere Blüthe dieser Strecke; die beiden ersteren waren völlig roth, die mittlere zum Theil roth. Die beiden zwischenstehenden Blüthen, auf der grünen Seite des Astes, waren nahezu weiss.

Die Cultur von 1899 war, wie wegen der Isolirung der Samenträger zu erwarten, reicher an sectorialen Exemplaren wie jene von 1898. Aus den erwähnten gemischten Samen hatte ich etwa 300 Pflanzen, unter denen fünf völlig roth waren, während die Zahl der sectorialen 40 % erreichte. Der auserwählte Samenträger aber gab nur 50 blühende Nachkommen, von denen wiederum einer roth war, während die Anzahl der sectorialen auf 70 % stieg. Im Mittel für beide Culturen somit 1—2 % rothe und etwa 45 % sectoriale Pflanzen.

Diese Versuche lehren also, dass die weisslichen bei der Auswahl als Samenträger eine ziemlich constante Nachkommenschaft geben, welche nur in ganz einzelnen Procenten zu den sectorialen übergeht.

Die Nachkommenschaft der sectorialen enthält aber etwa 45 % breitstreifige und 1—2 % rothe Pflanzen, während die übrigen weisslich mit rothem Anhauch oder doch sehr arm an Streifen sind.

Die Culturen der weisslichen blühen meist bereits einige Wochen, bevor die ersten Streifchen sich zeigen; auf den Beeten der sectorialen begegnet man der rothen Farbe meist bereits in den ersten Blüthen. Aber auch hier sind die weissen Blumen stets weitaus in der Mehrzahl; ich zählte auf 1000 Blumen dieser Rasse 34 gestreifte und 8 sectoriale, also zusammen nur 4 %.

§ 17. Plantago lanceolata ramosa.

Plantago lanceolata gehört zu den Pflanzen, welche an Anomalien besonders reich sind. Penzig erwähnt deren eine beträchtliche Anzahl, namentlich beblätterte Aeste, Aehren, deren Spitze einen Schopf von Laubblättern trägt,[1] zwei- bis mehrfach gabelig getheilte Aehren, Torsionen u. s. w. Diese und mehrere andere Missbildungen, wie gespaltene Blätter und ein- bis mehrblätterige Ascidien fand ich in hiesiger Gegend sowie in meinen Culturen häufig. Bemerkenswerth ist dabei, dass alle oder doch fast alle diese Abweichungen in derselben Rasse vorkommen können, nicht selten sogar in einem einzigen, besonders kräftigen Individuum. Jede Pflanze enthält hier offenbar eine Menge latenter oder semilatenter, ausserhalb ihres eigentlichen Formenkreises liegender Merkmale; sie bilden, wie bereits betont wurde, einen äusseren Formenkreis der Art (S. 429).

[1] Solche Schöpfe habe ich mehrfach abgepflückt und als Stecklinge benutzt; sie bewurzeln sich leicht und wachsen zu kräftigen Rosetten von Wurzelblättern aus, deren Aehren die Erscheinung der Schöpfe zum Theil wiederholen (*Plantago lanceolata coronata*).

Gleichfalls mehrfach in der Literatur erwähnt[1] ist eine Form mit verzweigten Aehren (*Plantago lanceolata ramosa*[2]). In den Achseln der Bracteen am Grunde der Hauptähre bilden sich sitzende, secundäre Aehrchen aus. Oft sind sie klein, bisweilen erreichen sie nahezu die Länge der Hauptähre. Ihre Anzahl auf einer Aehre ist höchst variabel. Bei guter Cultur haben die meisten Aehren oft 2—7 Seitenährchen, doch kann die Zahl bis zwanzig und mehr steigen (Figg. 145 und 146).

Mit dieser *Ramosa*-Rasse habe ich seit 1887 Versuche über die Erblichkeit angestellt. Diese ergab sich dabei als eine unvollkommene. Trotz sorgfältigster Auswahl und Isolirung während der Blüthezeit bringt die Rasse alljährlich Exemplare hervor, deren sämmtliche Aehren, auch wenn sie über 100 pro Pflanze betragen, ohne jegliche Spur von Verzweigung bleiben. Sie sind offenbar als Atavisten zu betrachten.

Das Verhältniss, in dem diese Atavisten entstehen, scheint ein ziemlich constantes, im Laufe der Jahre aber hin und her schwankendes zu sein. Es lässt sich durch die Wahl guter oder schlechter Samenträger etwas steigern oder etwas herabdrücken, es scheint aber durch mehrfach wiederholte Selection auf die Dauer nicht wesentlich verbessert werden zu können, wenigstens nicht derart, dass Aussicht bestände, in dieser Weise je den Atavismus zu beseitigen.

In den ersten Jahren meiner Cultur habe ich auf diese Erscheinung nicht besonders geachtet, auch war der Umfang meiner Versuche damals zu gering, um bestimmte Zahlen ermitteln zu können. Nur fand ich alljährlich sowohl *Ramosa*-Exemplare, als auch Atavisten, trotzdem ich die Samen stets nur von den ersteren sammelte. Erst in der fünften Generation (1892) habe ich angefangen, das Verhältniss zu ermitteln. Ich bemerke dazu, dass ich alljährlich meine Samenträger vor der Blüthe isolirte und auf ihnen, so vollständig wie irgend möglich, die nicht verzweigten Aehren vor der Blüthe abschnitt. Die Befruchtung, welche frei dem Winde überlassen wurde, war also eine möglichst reine zwischen den ausgewählten Samenträgern, deren Anzahl meist nur zehn oder weniger betrug.

Ich erhielt die folgenden Zahlen:

Generation	Procentischer Gehalt an Atavisten
5. — 1892	46 %
6. — 1894	50 %, 58 %, 59 %.
7. — 1897	47 %
8. — 1898	45 %, 56 %, 59 %.
8. — 1900	52 %

[1] Penzig, *Teratologie*. II. S. 252.

[2] *Kruidkundig Jaarboek*, Gent 1897. S. 76 und 91.

Die *Plantago lanceolata ramosa* bringt also in jeder Generation nahezu zur Hälfte atavistische Individuen hervor.

Die Variabilität in den angegebenen Zahlen hängt wenigstens zum Theil von äusseren Einflüssen (Ernährung und Auslese) ab. Dieses ergiebt sich aus einer näheren Betrachtung der einzelnen Versuchsjahre. Im Jahre 1892 hatte ich 48 blühende Exemplare; unter diesen waren beim Verpflanzen in der Jugend, etwa drei Wochen nach der Aussaat, neun Pflanzen als besonders bevorzugte ausgezeichnet, da sie theils gespaltene Blätter, theils Ascidien zeigten. Diese neun Exemplare ergaben sich später alle als *Ramosa*-Erben, und zwar mit sehr reichlich verzweigten Aehren. Sie wurden im nächsten Jahre weiter cultivirt. Die sechste Generation erzog ich theils aus ihren Samen, theils aus den 1892 auf zwei anderen Samenträgern geernteten. Letztere ergaben bei normaler Cultur 50 % auf 103 blühenden Pflanzen, und zwar für beide Samenträger nahezu dasselbe Verhältniss. Um dieses zu ermitteln, waren, wie stets, die Samen der einzelnen Mütter getrennt ausgesät worden. Die höheren Zahlen 58 % und 59 % rühren von den Kindern einer Pflanze her, welche 1893 in zwei Hälften zerrissen wurde. Die eine Hälfte wuchs dann auf Sand, die andere auf gewöhnlicher Gartenerde. Auf den Einfluss dieser Behandlung auf die Pflanze selbst komme ich unten zurück, auf den Nachkommen wurde, wie man sieht, ein Einfluss der verschiedenen Behandlung nicht beobachtet (Umfang der Culturen 57 und 60 Individuen).

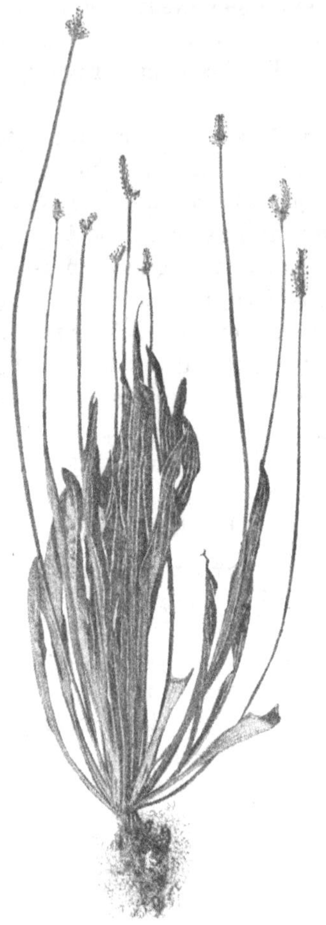

Fig. 145. *Plantago lanceolata ramosa.* Ganze Pflanze.

Samen von den Erben von 1894 säte ich erst 1897, und zwar unter normalen Bedingungen, wie sonst (Aussaat im Gewächshaus; Pikiren in Töpfe und Umpflanzen auf dem Beete). Es waren die Samen von zwei Müttern mit sehr stark verzweigten Aehren. Sie ergaben eine Cultur von 70 blühenden Pflanzen mit 47 % Atavisten. Aus dieser Cultur verpflanzte ich während der Blüthe alle Erben, welche nur wenige verzweigte Aehren hatten, und zeichnete ich andererseits eine Pflanze als die am reichlichsten verzweigte aus. Ich erntete nur Samen von Blüthen, welche nach dieser Trennung und nach dem Ausroden der Atavisten ihre Narben hervorgetrieben hatten, und zwar für jede Pflanze besonders. Im nächsten Sommer zeigte sich (1898, 8. Generation), dass die Samen des besten Samenträgers nur 45 % Atavisten gaben (auf 100 blühenden Pflanzen). Die Samen der mittleren Mütter gaben deren 56 %, diejenigen der schlechtesten Mütter aber 59 %. Die Auswahl hatte also einen merklichen, wenn auch nicht sehr grossen Erfolg gehabt. Zu bemerken ist noch, dass die Anzahl der mittleren Mütter 8, die der schlechtesten 10 betrug. Für jede wurde die Zusammensetzung der Nachkommenschaft einzeln ermittelt; die Unterschiede waren aber nicht grösser, als der Umfang des Versuches solches erwarten liess. Dieser erreichte für die mittleren Samenträger 1033, für die zehn schlechtesten 732 Pflanzen. Die am meisten abweichenden Einzelculturen zeigten 37 % bezw. 65 % Atavisten. Die derselben Generation angehörige Ziffer von 1900 — 52 %, soll weiter unten noch besprochen werden.

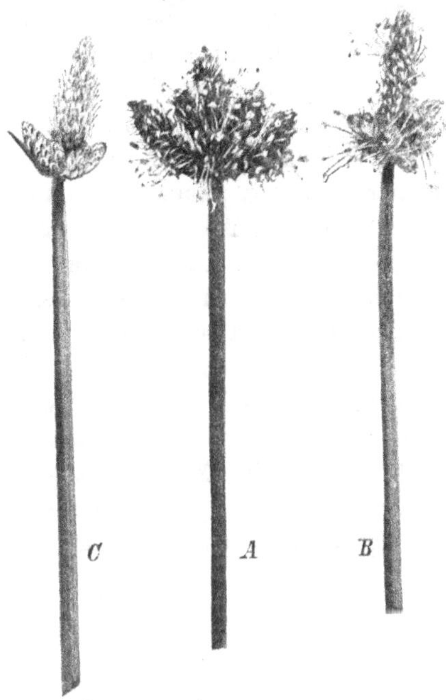

Fig. 146. *Plantago lanceolata ramosa.* *A, B, C* drei verzweigte Aehren.

Wie bei den inconstanten Rassen anderer Arten kommt auch hier Knospenvariation, wenn auch sehr selten vor. Es sind dann eine oder mehrere Seitenrosetten, welche abweichen. Der Bau unserer Pflanze ist ein sehr einfacher. Der Stengel der Keimpflanzen wächst zu einem kurzen, etwas schiefen Rhizom heran, das eine Rosette von Wurzelblättern bildet. In den Achseln der höheren Blätter stehen die Aehren, in den Achseln der unteren bilden sich Rosetten zweiter Ordnung, Nebenrosetten aus. Im zweiten Sommer verhält sich sowohl die Haupt-, als auch jede Nebenrosette ähnlich, oben Aehren und unten wiederum Rosetten treibend. Wächst die Pflanze sehr kräftig, so besteht sie oft aus 10—20 oder mehr Einzelrosetten. Ist sie eine *Ramosa*, so bildet jede Rosette, wenigstens zum Theil, verzweigte Aehren; bisweilen sind auch sämmtliche Aehren verzweigt, und dann sieht man auf den ersten Blick, dass keine Knospenvariation vorliegt. Im zweiten Jahre kann eine einzige Pflanze leicht 50 und mehr verzweigte Aehren treiben.

Die Cultur von 1897 enthielt eine Pflanze mit Knospenvariation. Die Samen ihrer verzweigten Aehren, im ersten Jahre geerntet, hatten 89 blühende Pflanzen gegeben, von denen 36, also 40 %, Atavisten waren. Die Pflanze selbst bestand im Herbst ihres zweiten Jahres aus über 25 einzelnen Rosetten, welche losgerissen und einzeln verpflanzt wurden. Nur die kräftigsten überlebten diese Operation. Ich hielt sie in ihren Töpfen, bis eine hinreichende Anzahl von Aehren sichtbar war, und pflanzte sie dann auf zwei weit von einander entfernten Beeten aus. Auf das eine kamen vier Rosetten mit unverzweigten, auf das andere drei mit verzweigten Aehren. Die vier ersteren bildeten zusammen über 200 kräftige Aehren, sämmtlich unverzweigt mit Ausnahme einer einzigen, welche an ihrem Grunde einen kleinen Seitenzweig trug. Die drei letzteren bildeten theils unverzweigte, theils mehr oder weniger reichlich verzweigte Inflorescenzen; die ersteren wurden den ganzen Sommer über vor der Blüthe abgebrochen. Die Ernte von beiden Beeten, getrennt gesammelt und getrennt ausgesät, gab im Jahre 1900 zwei Culturen. Diese hatten die folgende Zusammensetzung:

Mutterähren:	Umfang der Cultur	Atavisten	Erben
Verzweigte	44 Individuen	52 %	48 %.
Unverzweigte	206 „	92 „	8 „

Die Rosetten mit verzweigten Aehren ergaben jetzt etwas mehr Atavisten, als die Samen der verzweigten Inflorescenzen derselben Pflanze im ersten Jahre (52 % gegen 40 %), was wohl daher rührt, dass sie 1899 einen weniger sonnigen Stand hatten als 1897. Die Rosetten mit unverzweigten Aehren, obgleich sie 1899 an einem guten Orte standen und äusserst kräftig wuchsen, lieferten aber eine Nachkommenschaft, wie sie bis dahin von keinem Erben dieser Rasse gesehen war (vergl. Tabelle S. 515, welche die Ergebnisse von mehr als 25 Einzelaussaaten, je von einer besonderen Mutter, umfasst).

Die Rosetten mit unverzweigten Aehren bildeten hier also einen deutlichen Fall von Knospenvariation, mit Uebergang zu einer an verzweigten Aehren armen Rasse.

Eine wichtige Frage ist die nach der Samenbeständigkeit der Atavisten meiner Rasse. Ich fand sie bis jetzt völlig so. Für diesen Versuch habe ich im Jahre 1894 in der fünften Generation die Atavisten nicht ausgerodet, sondern sie nur vor der Blüthe der Erben aller Aehren beraubt, und diese Operation von Zeit zu Zeit, als sich neue Aehren zeigten, wiederholt, bevor diese ihre Staubfäden entfalten konnten. Nach der Ernte rodete ich die Erben aus; die meisten Atavisten überlebten den Winter und blühten 1895 sehr reichlich und völlig isolirt. Die meisten unter ihnen bildeten mehr als hundert Aehren pro Pflanze. Von jedem Exemplar erntete ich die Samen getrennt.

Die Aussaaten fanden theils 1896, theils 1897 statt. Sie lieferten drei, bezw. sechs Culturen, zusammen also die Samen von 9 Müttern. Jede Cultur umfasste 35 bis etwa 100 Pflanzen, zusammen 600 blühende Individuen mit 4000 Aehren. Diese waren ohne Ausnahme unverzweigt.

Es drängt sich die Frage auf, ob die Samen-Atavisten und die Knospen-Atavisten zu derselben Rasse gehören. Es ist ja einerseits möglich, dass die Samenbeständigkeit der ersteren keine so absolute ist, wie sie in meinem Versuche sich zeigte. Und andererseits könnte ja auch in dieser Rasse gelegentlich Knospenvariation auftreten, welche den Gehalt meiner Cultur von 1900 (8 %) an verzweigten Individuen erklären würde. Doch sind weitere Untersuchungen erforderlich, um diese Frage endgültig zu beantworten.

Die *Plantago lanceolata ramosa* bringt somit theils durch Samen (etwa 50 %), theils durch Knospen (selten) atavistische Individuen hervor, welche entweder völlig, oder doch in hohem Grade aus Samen beständig sind.

Es erübrigt uns jetzt noch, die fluktuirende Variabilität unserer Rasse kurz zu beschreiben. Sie ist eine ganz bedeutende und gehorcht den bekannten Gesetzen; namentlich ist sie in hohem Grade von der Lebenslage abhängig, und innerhalb gewisser Grenzen fähig, durch Selection abgeändert zu werden.

Die mitzutheilenden Beobachtungen beziehen sich auf echte *Ramosa*-Pflanzen, mit Ausschluss von Atavisten und Knospenvarianten.

Die Variabilität unserer Rasse schliesst sich insofern derjenigen anderer monströser Rassen an, als sie eine zweigipfelige Curve zeigt.[1] Ich pflückte im Juli und August 1893 allmählich sämmtliche Aehren von einer kleinen Gruppe von Pflanzen ab, und erhielt die folgenden Zahlen:

---

[1] *Sur les courbes galtoniennes des monstruosités*, Bull. Scientif. de la France et de la Belgique, publié par A. Giard. T. XXVII. 1896. S. 397.

Aehren ohne Verzweigung	191
Aehren mit 1 Seitenährchen . . .	80
„ „ 2 „ . . .	136
„ „ 3 „ . . .	93
„ „ 4 „ . . .	33
„ „ 5 „ . . .	12
Summe der Aehren	544

Die Verzweigung war in dieser Gruppe eine ziemlich geringe; dennoch war der Gipfel der atavistischen Aehren scharf von demjenigen der verzweigten getrennt. Auch ohne Zählung äussert sich die Erscheinung sehr leicht in der verhältnissmässigen Seltenheit der Aehren mit einer einzigen Seitenähre, was ich auch in späteren Jahren mehrfach bemerkte. Dadurch kennzeichnet sich die Mittelrasse. Und da man in der freien Natur, wo die *Ramosa*-Form keineswegs selten ist, häufig einästige Aehren findet, gehören solche Funde vermuthlich der Halbrasse an, doch habe ich dieses nicht weiter untersucht.

Sowohl die Anzahl der zusammengesetzten Aehren pro Pflanze, als auch der Grad ihrer Verzweigung sind in hohem Grade von der Lebenslage abhängig. Je kräftiger der Wuchs des Ganzen und je reicher die Beblätterung, desto üppiger pflegt die Anomalie ausgebildet zu sein. Dementsprechend geht eine stärkere Verzweigung der einzelnen Aehren meist mit einem grösseren Reichthum an verzweigten Inflorescenzen überhaupt Hand in Hand. Auch zeigt die Verzweigung eine deutliche Periodicität: die jungen Pflanzen fangen fast stets mit unverzweigten Aehren an und erst später tritt auf den Beeten die Monstrosität an's Licht, allmählich an Stärke zunehmend. Gegen den Spätsommer sah ich dann häufig die Verzweigung wieder abnehmen und zahlreichere unverzweigte Aehren sich bilden. Im zweiten Sommer findet man auf kräftigen Individuen oft ausschliesslich verzweigte Aehren, oder doch nahezu nur solche, auch wenn die Anzahl der Aehren 50—60 und mehr pro Pflanze beträgt. Im ersten Lebensjahre fand ich meist 10—20, bisweilen aber 30 und mehr verzweigte Aehren auf jeder Pflanze, und als Regel kann man wohl annehmen, dass im Mittel, bei gewöhnlicher Cultur, im ersten Sommer etwa ein Drittel der Aehren verzweigt sind. So fand ich z. B. 1898 auf 439 Aehren an 30 Pflanzen 136 mit Verästelungen, also 31 %. Selbstverständlich waren, wie ja auch bereits hervorgehoben, die atavistischen Individuen von dieser Zählung ausgeschlossen.

Um den Einfluss der individuellen Kraft auf die Ausbildung der Anomalie kennen zu lernen, habe ich auch einige directe Versuche gemacht. Erstens habe ich ganz schwache Exemplare erzogen und diese sich allmählich erstarken lassen. Ich benutzte dazu die bekannte Eigenschaft des Wegerichs, aus seinen Wurzeln Knospen zu machen. Da die Wurzeln sämmtlich sehr dünn sind, sind die so erhaltenen Pflänzchen anfangs ganz schwächlich; sie wachsen auch nicht so rasch heran wie Sämlinge.

Im März 1893 wählte ich zu diesem Versuche zehn Pflanzen, welche im Vorjahre meist je 10—25 verzweigte Aehren getragen hatten. Ich hob sie aus der Erde, schnitt die Masse der Wurzeln ab und pflanzte nur diese, während ich die Rosetten und alle etwa vorhandenen Blattknospen wegwarf. Von jedem Individuum setzte ich die Wurzeln zusammen in die Erde, ohne sie aus einander zu legen. Wurzelknospen entstanden zu Hunderten, oft so viele aus einem Wurzelbündel, dass sie nicht Raum hatten, sich alle zu entwickeln. Mitte Juni, also nach etwa 3 Monaten, fingen sie an zu blühen. Anfangs gab es nur etwa 40 % verzweigte Aehren, mit nur 1—2 Seitenährchen (auf den 46 ersten Aehren). Auf den 100 folgenden Aehren stieg das Verhältniss auf 60 % und kamen 3—4 fach verzweigte Inflorescenzen dazu. Nachher, also Mitte Juli, kamen die ersten Aehren mit 5 Seitenährchen und allmählich stieg die Zahl der verzweigten auf etwa 70 %. Und die kräftigste Rosette hatte, für sich allein untersucht, im August auf 67 Aehren 52 verzweigte, somit etwa 78 %.

In der älteren Literatur wurde vielfach die Frage besprochen, ob adventive Knospen im Stande sind, Variationen und Anomalien ihrer Mutterpflanze zu wiederholen. Damals aber hielt man diese Missbildungen nicht für erbliche Erscheinungen. Seitdem aber die Erblichkeit der Monstrositäten allgemein anerkannt worden ist,[1] dürfte es selbstverständlich sein, dass adventive Knospen sich im Grossen und Ganzen so verhalten wie die normalen Zweige; höchstens könnte die Frage aufgeworfen werden, ob sie eine grössere Aussicht auf Knospenvariationen bieten. Sind sie schwächer, so prägen sie das anormale Merkmal weniger aus; sind sie sonst den gewöhnlichen Knospen ebenbürtig, so sind sie es auch in dieser Beziehung. Es ist also eigentlich überflüssig, hier die Wiederholung der verzweigten Aehren auf dem Wurzelbrute unserer *Plantago* besonders zu betonen.

Meine übrigen Versuche habe ich mit getheilten Pflanzen gemacht. Ich benutzte dazu im Frühjahr 1893 zwei schöne überwinterte Rosetten, welche im Vorjahre sich an verzweigten Aehren besonders reich gezeigt hatten. Beide Pflanzen wurden in möglichst gleiche

[1] *Erfelyke Monstrositeiten*, Kruidkundig Jaarboek. Gent 1897. S. 62.

Hälften zerrissen, von der einen wurde ein Theil auf Sandboden, von der anderen ein Theil im Baumschatten gepflanzt, während die correspondirenden Theile als Vergleichsobjecte unter gewöhnlichen Bedingungen weiter cultivirt wurden. Zu Anfang der Blüthe zeigte sich in beiden Versuchen noch kein Unterschied zwischen den beiden Hälften, ein solcher wurde im Laufe des Sommers nur allmählich sichtbar. Für die Sandcultur habe ich Ende Juli und Ende August die sämmtlichen Aehren abgepflückt und gezählt; ich fand:

		Anzahl der Seitenährchen pro Aehre						Summa
		0	1	2	3	4	5	
28. Juli	Sand	3	3	4	6	3	1	17
	Controle	9	7	9	6	0	0	31
31. Aug.	Sand	14	10	12	8	3	1	48
	Controle	12	2	10	7	6	2	39

Also ein deutlicher, wenn auch geringer Unterschied. Dieser wird noch klarer, wenn man die mittlere Anzahl der Seitenzweige pro Aehre berechnet. Man findet dann im August auf Sand deren 1·5 und in der Vergleichshälfte 2·0.

In ähnlicher Weise wirkte der Schatten, der auf meine Versuchspflanzen in ihrem ganzen Wuchse sehr nachtheilig wirkte, wie sich sofort an der geringen Anzahl der ausgebildeten Aehren verräth. Ich ermittelte in derselben Weise wie im vorigen Versuche die folgenden Zahlen:

		Anzahl der Seitenährchen pro Aehre							Summa
		0	1	2	3	4	5	6	
28. Juli	Schatten	7	6	2	7	5	2	0	29
	Controle	1	1	2	8	19	20	1	52
31. Aug.	Schatten	15	1	1	2	0	0	0	19
	Controle	21	9	20	16	10	3	0	79

Mittlere Anzahl der Seitenährchen pro Aehre im August auf der Schattenhälfte 0·5, auf der Vergleichshälfte 2·0.

Fassen wir zum Schluss die Ergebnisse der ganzen mehr als zehnjährigen Versuchsreihe kurz zusammen, so finden wir das Folgende:

Die *Plantago lanceolata ramosa* meines Versuches bildet eine „inconstante Mittelrasse“, d. h. eine Rasse, welche in jeder Generation und in ziemlich constantem Verhältniss Atavisten hervorbringt. Dieses Verhältniss beträgt etwa 50%.

Die Abspaltung der Atavisten geschieht regelmässig durch Samen, bisweilen aber auch durch Knospenvariation. Die Atavisten sind ganz oder doch nahezu constant.

Die Erben, d. h. die echten Exemplare der Rasse (also sämmtliche mit Ausnahme der Atavisten), bilden sowohl unverzweigte, als auch mehr oder weniger reichlich verzweigte Aehren, und sind in dieser Beziehung sehr von ihrer Lebenslage und ihrer individuellen Kraft abhängig (fluctuirende Variabilität). Je kräftiger die Pflanze und je günstiger die Umstände, um so üppiger zeigt sich die Anomalie.[1]

VI. Experimentelle Beobachtung der Entstehung von Varietäten.

§ 18. Die Entstehung von Chrysanthemum segetum plenum.

(Siehe Tafel VIII.)

Die gefüllte Saatwucherblume bildet eine neue Varietät, welche erst vor Kurzem in meinen Culturen entstanden ist. Sie war bis jetzt völlig unbekannt. Allerdings ist *Chrysanthemum segetum* im Gartenbau als Zierpflanze beliebt, und findet man von ihr auch eine Varietät erwähnt, das *C. segetum grandiflorum.* Unter den diesjährigen Neuheiten befindet sich sogar ein *C. segetum Gloria,*[2] welches Blüthenköpfchen von bis zu 10 cm Durchmesser haben soll, aber ohne Füllung. Wäre je eine gefüllte Form aufgetreten, so würde sie ohne irgend einen Zweifel als wichtige Verbesserung in den Handel gebracht worden sein, wie denn auch von *Chrysanthemum inodorum* und anderen Verwandten gefüllte Varietäten allgemein verbreitet sind.

Mein Conquest, wie die Haarlemer Hyacinthenzüchter ihre Neuheiten nennen, ist dem *Chrysanthemum inodorum plenissimum* ebenbürtig. Er steht diesem nur in Bezug auf die Farbe nach, da die rein weissen Blumen wohl immer einen Vorzug vor den gelben behalten werden. Die Füllung ist bekanntlich nie eine so vollkommene, dass in allen Köpfchen alle Röhrenblüthen fehlen würden. Allerdings hat solches häufig den Anschein (Fig. 147); sucht man dann aber genauer, so findet man zwischen den Zungenblüthen doch immerhin mehr oder weniger zahlreiche Röhrenblüthen, welche nur von diesen verdeckt und dadurch unsichtbar waren. Dazu kommt, dass der Grad der Füllung einer bedeutenden fluctuirenden Variabilität unterliegt; die eine Pflanze hat mehr, die andere weniger stark umgewandelte Blüthen. Dies ist auch sehr wichtig, denn die weissen Zungenblüthen des *C. inodorum plenissimum* sind weiblich, und Köpfchen wie Fig. 147 und Fig. 153 *C* auf S. 540 geben überhaupt keinen Samen. Die Sorte wird somit durch Aussaat von Pflanzen wie Fig. 153 *A* und *B* S. 540 fortgepflanzt.

[1] Vergl. auch das Verhalten von *Papaver somniferum polycephalum* in Abschn. I. § 16 S. 98, sowie den Schluss dieses Bandes.

[2] Samencatalog von Haage und Schmidt in Erfurt. 1900.

Ebenso verhält es sich mit dem neuen *Chrysanthemum segetum plenum*. Manche Exemplare liefern überhaupt keinen Samen, da die Füllung zu stark ist. Andere liefern nur eine geringe Ernte aus demselben Grunde. Eine all zu scharfe Selection beim Anfang der Blüthe würde alle Aussicht auf reife Früchte vernichten und die Sorte völlig verschwinden lassen.

Die stark gefüllten Exemplare liefern auch keinen Pollen zur Befruchtung der anderen, da sie ja nahezu rein weiblich sind; sie betheiligen sich somit an der Fortpflanzung der Rasse auch in dieser Weise nicht.

Fig. 147. *Chrysanthemum inodorum plenissimum.* Ein Exemplar mit sehr stark gefüllten Köpfchen, und dadurch ganz steril.

Meine Neuheit dürfte die erste gärtnerische Varietät sein, welche in einer experimentellen Cultur entstanden ist. Ich meine damit, dass die Bestäubungsverhältnisse seit Anfang der Cultur rein gehalten sind, und dass jährlich genaue und ausführliche Notizen über den Gang des Versuches gemacht wurden. Dazu hat die Auswahl der Samenträger vom Anfang an stets in derselben Richtung stattgefunden. Die erste Selection fand 1897 statt, die gefüllte Rasse war 1900 erzielt. Somit eine dreijährige Auslese.

Die Saatwucherblume bietet, als Composite, den Vortheil einer bequemen variationsstatistischen Behandlung. Die Anzahl der Strahlenblüthen fluctuirt nach dem bekannten, auf der Braun-Schimper'schen Reihe gegründeten Gesetze Ludwig's. Durch Zählung einer hinreichenden Menge von Köpfchen lässt sich die ganze Zusammensetzung einer Cultur in Zahlen ausdrücken und graphisch darstellen. Der Verlauf des Ausleseversuches kann somit in allen seinen Einzelheiten klar vor Augen geführt werden. Allerdings fehlt uns noch die Erklärung der BRAUN-SCHIMPER'schen Reihe; jede ihrer Zahlen (z. B. s. S. 13, 21 u. s. w.) kann als Artmerkmal, d. h. als constantes Mittel für eine bestimmte Art auftreten; andererseits können sie Variationsstufen und sogar Rassen bilden, deren Natur uns noch unbekannt ist. Wir sind demnach auf eine rein empirische Beschreibung angewiesen.

Ehe ich zu den Einzelheiten meines Versuches übergehe, scheint es mir zweckmässig, seine Bedeutung in kurzen Zügen anzugeben.

Die Saatwucherblume ist in Getreidefeldern eine ganz allgemeine, über einen grossen Theil Europa's verbreitete Pflanze, wie auch ihr zweiter Name, gelbe Kornblume, andeutet. Sie hat dreizehn Strahlenblüthen im Köpfchen, und fluctuirt um diese Zahl nach QUETELET's Gesetz. Von ihr giebt es im Handel eine Varietät, *Chrysanthemum segetum grandiflorum*, deren Herkunft unbekannt ist. Sie zeichnet sich durch grössere und zahlreichere Zungenblüthchen aus.[1] Soweit meine Erfahrung reicht, bilden die aus dem Handel bezogenen Samen eine Mischung der beiden Sorten, was auch wohl zu erwarten, da beide auf den Handelsgärtnereien aus praktischen Rücksichten dicht neben einander cultivirt werden. Ebenso worden in den botanischen Gärten beide Sorten, oft durch einander und in der Regel nur unter dem Namen *C. segetum* gehalten.

Fig. 148. *Chrysanthemum segetum plenum.* Nahezu völlig gefülltes Körbchen. Vergl. auch Tafel VIII.

Diese Mischung hat eine zweigipfelige Curve,[2] aus ihr kann man aber leicht die den beiden Sorten angehörigen Individuen einzeln auslesen. Es zeigt sich dann, dass das *C. segetum grandiflorum* im Mittel 21 Zungenblüthen hat, dass es in der Hauptsache in derselben Weise variirt wie die 13strahlige Rasse (d. h. die wilde Art), dass es aber eine Neigung hat, die Zahl der Strahlen stärker zu vermehren,

[1] RÜMPLER, *Vilmorin's Blumengärtnerei.* 1896. II. S. 507.

[2] *Eine zweigipfelige Variationscurve, Archiv für Entwickelungsmechanik der Organismen.* Leipzig 1895. Bd. II. S. 52.

als dem QUETELET'schen Gesetze entspricht. Und dieses deutet auf eine discontinuirliche Variation.[1]

Diese geringe Andeutung war der Ausgangspunkt für meinen Versuch. Ich wählte 1897 einen Samenträger mit 34 Strahlen für die Aussaat von 1898 und erreichte 49 Strahlen.[2] In derselben Weise fortschreitend erzielte ich 1899 67 und 1900 etwa 90 Strahlen in den besten Köpfchen. Bis 1899 zeigten sich die Zungenblüthen nur im Umkreise, die Scheibe bestand völlig aus Röhrenblüthen. In diesem Jahre aber bildete eine einzige Pflanze auf einigen Köpfchen 2—3 Zungen inmitten der Scheibe. Es war dies die erste Andeutung der gefüllten Rasse. Ich säte dann 1900 nur von dieser einen Pflanze die Samen aus und fand, dass die Rasse völlig fertig dastand (Tafel VIII). Sie brauchte einer weiteren Auslese, abgesehen von den Folgen der Kreuzbefruchtung, nicht mehr, und war auch überhaupt für eine scharfe Wahl nicht zugänglich, wegen der Sterilität ihrer besten Erben.

Meine Culturen umfassten meist etwa Hundert oder doch nur einige Hunderte von Individuen. Es scheint mir ganz zweifellos, dass ich mit weit umfangreicheren Saaten das Ziel wohl um ein Jahr früher hätte erreichen können. Aber je schärfer die Auslese, um so kleiner ist die Ernte und somit auch die Aussaat.

Es wird sich jedem Leser die Frage aufdrängen: ist dieser Uebergang ein allmählicher oder ein stossweiser gewesen? Mir scheint das letztere der Fall zu sein, aber es hängt dabei viel ab von der Bedeutung, welche man den Wörtern giebt. Jedenfalls geschah die Umwandlung nicht im Laufe der Jahrhunderte, wie es die Selectionstheorie anzunehmen pflegt, nicht einmal brauchte es dazu Jahrzehnte. Drei Jahre genügten, und solches in einer Cultur von nur wenigen Quadratmetern Umfang.

Jetzt komme ich zu den Einzelheiten des Versuches und fange mit einer kurzen Beschreibung der ursprünglichen wilden Art an.

Diese wächst in der hiesigen Gegend nicht. Mein Herbarmaterial, in verschiedenen Provinzen der Niederlande von mir gesammelt, deutet auf das allgemeine Vorkommen der Mittelzahl 13 hin. HEINSIUS bestimmte im October 1895 die Curven für zwei Fundorte in der Provinz Nord-Brabant und fand die folgenden Zahlen. Die erste Zeile

[1] Ebenso wie die halben Curven S. 428 und die Note auf S. 430. Vergl. *Ueber halbe Galton-Curven als Zeichen discontinuirlicher Variation.* Berichte d. deutschen bot. Gesellschaft. Bd. XII. S. 197.

[2] *Ueber Curvenselection bei Chrysanthemum segetum.* Ebendaselbst. Jahrg. 1899. Bd. XVII. S. 84.

bezieht sich auf Pflanzen, welche unweit Vucht, die untere auf solche, welche bei Hintham gesammelt wurden:[1]

Anzahl der Zungenblüthen (Z.B.) in den Niederlanden:

Z.B.:	6	7	8	9	10	11	12	13	14	15	16	17	18	19	20	21
Vucht:	0	1	13	5	3	8	18	**78**	37	22	11	17	2	3	3	0
Hinth.:	1	0	9	9	8	15	14	**33**	9	4	1	0	1	0	0	0

Im Ganzen 221 und 104 Einzelzählungen. Die Curven sind eingipfelig und symmetrisch.

In Thüringen verhält sich die Sache genau so. Ludwig theilt von Brotterode die folgenden Zählungen von genau 1000 Blüthenköpfchen mit:[2]

Strahlencurve für Thüringen.

Z.B.:	7	8	9	10	11	12	13	14	15	16	17	18	19	20	21
Köpfchen:	1	6	3	25	46	141	**529**	129	47	30	15	12	8	6	2

Man darf somit annehmen, dass die mittlere Strahlenzahl für die wilde Saatwucherblume = 13 ist.

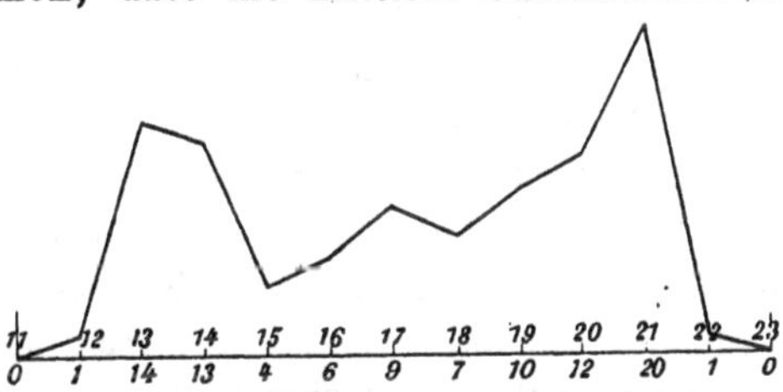

Fig. 149. *Chrysanthemum segetum.* Gemischte Saat. Curve der Strahlenblüthen im primären Köpfchen von 97 Individuen vom Jahre 1892. Die obere Zahlenreihe giebt die Anzahl der Strahlen, die untere die der Individuen mit dieser Strahlenzahl für jeden Ordinaten.[3]

Die gemischte Rasse der botanischen Gärten habe ich zuerst 1892 untersucht. Sie gab mir eine zweigipfelige Curve (Fig. 149), welche damals die erste derartige Combinationscurve auf botanischem Gebiete war.[4] Ich hatte die Samen, welche ich aus einer grösseren Anzahl botanischer Gärten durch Tausch erhalten hatte, durch einander gemischt und auf einem Beete ausgesät. Es gelangten im Ganzen

[1] *Ber. d. d. bot. Ges.* Bd. XVII. S. 87. Eine graphische Darstellung dieser Ergebnisse, für beide Standorte in eine einzige Curve gebracht, habe ich bereits oben, S. 107 Fig. 32 gegeben.

[2] F. Ludwig, *Ueber Variationscurven und Variationsflächen.* Botan. Centralbl. Bd. LXIV. 1895. S. 5. Ferner F. Ludwig, *Die pflanzlichen Variationscurven und die Gauss'sche Wahrscheinlichkeitscurve*; ebendaselbst Bd. LXXIII. 1898. S. 71 (S. 16 des Sonderabdruckes).

[3] Aus *Archiv f. Entwickelungsmechanik.* l. c. S. 58.

[4] *Archiv für Entwickelungsmechanik.* 1895 l. c. Vergl. auch Ludwig im *Botan. Centralbl.* Bd. LXIV. 1895. S. 71.

97 Pflanzen zur Blüthe. Von diesen habe ich jedesmal im Laufe des Sommers je ein Köpfchen abgepflückt und gezählt. Ich wählte stets das Endköpfchen des Hauptstengels; Individuen, welche dieses nicht entfalteten, wurden vor der Blüthe ausgerodet. Es wurden somit nur primäre Köpfchen benutzt und die erhaltene Curve war eine individuelle, d. h. jede Einheit in ihr stellte eine ganze Pflanze vor. Die erhaltenen Zahlen sind in der folgenden Reihe angegeben. Die obere Zeile bedeutet die Anzahl der Zungenblüthen pro Köpfchen (Z.B.); die untere die Anzahl der Individuen, welche diese Zahl in ihrem Endköpfchen hatten.

Strahlencurve für 1892.

Z.B.:	12	13	14	15	16	17	18	19	20	21	22
Individ.	1	14	13	4	6	9	7	10	12	20	1

Die aus dieser Reihe abgeleitete Curve ist in Fig. 149 abgebildet. Von ihren beiden Gipfeln entspricht der eine demjenigen der wildwachsenden Art, der andere den Gipfeln der Strahlencurven von *Chrysanthemum Leucanthemum* und *C. inodorum.*

Es handelte sich nun darum, aus dieser Mischung die Componenten nicht nur zu trennen, sondern solches derart zu thun, dass ihr Vorkommen in der Mischung klar bewiesen würde. Es schien mir wegen der unumgänglichen Mithülfe der Insecten für die Befruchtung nicht möglich, solches für beide vermuthete Rassen gleichzeitig auszuführen, und so entschloss ich mich, zuerst die 13strahlige Form und nachher, aus einer neuen gemischten Saat, die 21strahlige zu isoliren. Dem ersteren Versuch widmete ich die beiden Jahre 1893 und 1894.

In der gemischten Saat von 1892 habe ich dazu jedes Individuum, welches im Endköpfchen mehr als 13 Strahlen hatte, sofort nach der Zählung ausgerodet. Ich behielt somit nur 15 Pflanzen, von denen eine 12, die übrigen aber 13 Zungenblüthen hatten und entfernte alle übrigen so früh, dass eine Befruchtung der ausgewählten Exemplare nicht zu befürchten war. Diese Pflanzen blühten nachher aus ihren Seitenzweigen reichlich, zeigten aber auch dann keine Spur eines Curvengipfels auf 21. Sie waren also ausreichend reine Vertreter der vermutheten Rasse.

Von den gesparten 13strahligen Pflanzen erntete ich die Samen im September und säte davon die Hälfte im nächsten Frühling (1893). Es brachten 162 Individuen ihre Endköpfchen zur Entfaltung, und von diesen wurden die Strahlen gezählt. Sie ergaben jetzt eine sehr steile, eingipfelige und dazu symmetrische Curve (vergl. Fig. 150 *A* für 1893), welche in sehr befriedigender Weise mit den oben besprochenen Curven für die wilden Fundorte übereinstimmt (S. 527 und Fig. 32 S. 107). Es konnte also keinem Zweifel unterliegen, dass in der Samenmischung der botanischen Gärten auch die wildwachsende Form vertreten war. Um darüber aber jede Sicherheit zu haben, habe ich die isolirte Rasse noch während einer Generation weiter gezüchtet. Dazu wählte ich unter den Pflanzen von 1893 drei kräftige Exemplare, deren Endköpfchen 12 Strahlenblüthen aufgewiesen hatten und liess sie sich unter sich und mit ihresgleichen befruchten, nachdem alle Pflanzen mit 13 oder mehr Strahlen ausgerodet waren. Aus den

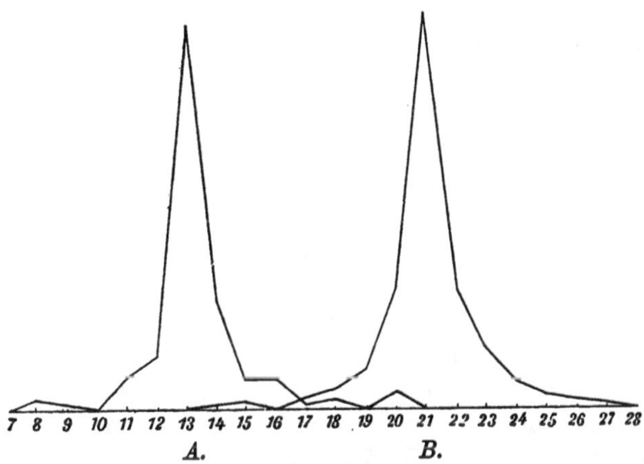

Fig. 150. *A. Chrysanthemum segetum.* *B. Chrysanthemum segetum grandiflorum* (nach Reinigung). Curven der beiden Rassen nach der Isolirung. *A.* Curve der 13 strahligen Rasse im Jahre 1893. *B.* Curve der 21 strahligen Rasse im Jahre 1897. Die Ordinaten geben die Anzahl der Individuen mit gleicher Zahl von Strahlenblüthen im primären Köpfchen der einzelnen Pflanzen. Diese Anzahl der Strahlenblüthen selbst ist unterhalb der Abscisse angegeben.

getrennt geernteten Samen dieser Samenträger erhielt ich 1894 drei Familien, welche ich bis zur vollen Blüthe jede für sich pflegte. Dann wurden die Strahlen der Endköpfchen gezählt und der Versuch abgeschlossen.

Ich gebe jetzt die Ergebnisse dieser drei Zählungen von 1894 mit derjenigen von 1893 zusammen. Man wird sehen, dass die einzelnen Zahlenreihen sich ganz genau entsprechen, jedenfalls so genau, als für den Zweck des Versuches erforderlich war. Die Zusammensetzung der vier Culturen in den zwei Generationen war also soweit dieselbe, als man solches von einer gewöhnlichen Art erwarten darf.

13strahlige Rasse.

Strahlencurve für zwei Generationen.

Strahlenblüthen:	8	9	10	11	12	13	14	15	16	17	18	19	20	21
1893	2	1	0	7	13	**94**	25	7	7	1	2	0	3	0
1894. Erste Familie	0	0	0	1	10	**59**	18	2	3	4	1	0	2	1
„ Zweite „	0	0	1	4	11	**89**	11	5	0	0	2	1	0	0
„ Dritte „	0	1	2	3	10	**73**	21	1	2	0	0	0	0	0
„ Summa	0	1	3	8	31	**221**	50	8	5	4	3	1	2	1

Es ist diese „Summe“ für 1894 in Fig. 150*A* graphisch dargestellt worden. Die ganze Anzahl der Individuen dieses Jahres betrug 338.[1]

Um aus derselben Mischung auch die 21strahlige Rasse zu isoliren, musste ich mir neuen Samen verschaffen, da der frühere Vorrath 1892 völlig verbraucht war. Ich bezog sie aus der nämlichen Quelle, dem Samentausch der botanischen Gärten, und zwar von einer etwa gleichen Zahl von Gärten (etwa 20). Es war selbstverständlich nicht zu erwarten, dass ich die nämliche Form der Curve wieder erhalten würde, da das Verhältniss der beiden Gipfel offenbar von der Mischung der beiden Bestandtheile abhängt, und diese völlig dem Zufall überlassen werden musste. Es lag mir aber daran, zu erfahren, ob vielleicht in einzelnen Gärten nur die 13strahlige, in anderen nur die 21strahlige Rasse cultivirt würde. Zu diesem Zwecke habe ich die einzelnen erhaltenen Proben getrennt ausgesät, und zwar möglichst breit, um für jede auch die Zählungen der Endköpfchen besonders vorzunehmen. Aus keinem Garten war eine reine Rasse zugesandt worden, weder eine solche mit auf 13 gipfelnder, noch auch eine mit auf 21 gipfelnder Curve. Beide Formen kamen überall durch einander und zwar in den verschiedensten Mischungen vor. Es wurde somit damals überall nur die gemengte Rasse cultivirt.

Die Endköpfchen der 589 Individuen der ganzen Cultur ergaben die folgende Reihe für diese Mischrasse der botanischen Gärten im Jahre 1895:

Z.B.:	8	9	10	11	12	13	14	15	16	17	18	19	20	21	22	23	24	25	26
Ind.:	7	3	3	5	14	**153**	77	60	55	31	33	39	41	**56**	10	1	0	0	1

Also dieselben Gipfel wie 1892, aber offenbar war jetzt die 13strahlige Rasse stärker vertreten als die andere.

[1] Für die eingehende Vergleichung der Curven der beiden Jahre vergleiche man: *Archiv f. Entwickelungsmech.* II. 1895. l. c. S. 62.

Um nun auch die im Handel unter dem Namen *Chrysanthemum segetum grandiflorum* käufliche Rasse kennen zu lernen, machte ich auch von dieser eine Aussaat. Als die Pflanzen im Juli blühten, zeigte sich eine ausserordentliche Mannigfaltigkeit in den Zungenblüthen. Diese waren oft sehr kurz, dann aber wieder auffallend lang; bisweilen so schmal, dass sie einander nicht berührten, bisweilen aber von mehr als der doppelten Breite der wilden Form. Die Farbe wechselte zwischen Goldgelb und Strohgelb, die Spitzen waren ganz oder zerschlitzt u. s. w. Es deutete solches bereits auf die Mischung verschiedener Rassen hin. In Bezug auf die Anzahl der Strahlenblüthen waren die Unterschiede aber nicht so gross, wie in den erstgenannten Mischungen. Es trat nur ein Gipfel klar hervor, und zwar derjenige auf 21. Der andere auf 13 war mehr oder weniger verdeckt. Es war deutlich, dass die Handelsrasse die 21strahlige war und dass sie durch Vermischung mit der anderen nur in soweit verunreinigt war, als solches bei der Cultur im Grossen nun einmal gestattet und praktisch unumgänglich ist.

Meine Zählungen erstreckten sich über 282 Pflanzen, von denen je nur das Endköpfchen berücksichtigt wurde. Sie ergaben für das *C. segetum grandiflorum*:

Z.B.:	8	9	10	11	12	13	14	15	16	17	18	19	20	21	22	23	24
Ind.:	1	0	0	1	1	27	27	24	31	30	21	29	24	58	7	0	1

Diese Zahlen bestätigen also das soeben Gesagte und zeigen, dass dem 21strahligen *C. s. grandiflorum* eine untergeordnete (und wahrscheinlich von Jahr zu Jahr wechselnde) Menge der 13strahligen Sorte beigemischt ist.

Es handelte sich nun darum, die bis dahin nur vermuthete 21-strahlige Rasse aus diesen Mischungen zu isoliren. Ich widmete diesem Versuche die beiden nächstfolgenden Jahre und suchte dazu im Sommer 1895 in der gemischten Saat die erforderlichen Samenträger aus.

Hier stossen wir auf eine Schwierigkeit, welche bereits früher als transgressive Variabilität besprochen wurde[1] und welche bei früheren Untersuchungen mehrfach zu Unklarheiten Veranlassung gegeben hat. Um sie möglichst scharf hervorzuheben, denken wir uns, dass die Isolirung bereits stattgefunden hatte und dass die neue Rasse bereits rein gewonnen war. Oder mit anderen Worten, wir beziehen uns auf die Fig. 150 (S. 529) und die dieser zu Grunde liegenden Zahlen. Betrachten wir die Ordinate 21. Sie enthält nur Individuen

[1] Vergl. Abschnitt I S. 41 und Abschnitt II § 25 S. 408.

der 21strahligen Rasse. Aber im Jahre 1894 trat ein einzelnes Individuum auf, das, obgleich es der 13strahligen Rasse angehörte, dennoch durch sehr starke Variation die Zahl 21 erreichte (S. 530). Wären die Culturen von 1893 und 1894 umfangreicher gewesen, so wäre die Anzahl dieser extremen Varianten offenbar grösser ausgefallen. Für die Ordinaten 20, 19, 18 u. s. w. gilt es noch mehr, dass auf ihnen Individuen von beiden Rassen werden vorkommen können.

Wählt man also aus einer gemischten Saat die Pflanzen, welche 21 und mehr Zungenblüthen im Endköpfchen haben, so hat man gar keine Sicherheit, dass diese auch alle der gesuchten Rasse angehören werden. Und lässt man sie sich unter sich befruchten, oder erntet man ihre Samen durch einander, so hat man nur eine geringe Aussicht auf eine reine Rasse. Es kommen auf der rassenreinen Mehrzahl einige minderwerthige Exemplare vor, und es handelt sich darum, diese sobald wie möglich und jedenfalls vor der Ernte, zu entfernen.

Die Möglichkeit dazu bieten die späteren Blüthen. Sie erlauben es, für jede Pflanze eine Curve zu ermitteln und dadurch diese zu beurtheilen, unabhängig von den Zufälligkeiten, welche stets einer einzelnen Zahl anhaften. Die Curve, welche die einzelnen Partien eines Individuums ergeben, nennt man seine Partialcurve. Ich habe somit für alle beim Anfang der Blüthe ausgewählten Exemplare mit 21 und mehr Strahlen im Endköpfchen, später auch die Partialcurven gewonnen. Es zeigte sich dabei die Richtigkeit der obigen Erörterung und die Nothwendigkeit der sich daraus ergebenden Correction. Denn es gab 22 Pflanzen, welche trotz eines 21—22strahligen Endkörbchens dennoch eine auf 13—14 gipfelnde Partialcurve hatten. Ich gebe hier die Summe dieser Curven, wie ich sie Ende August 1895 fand:

Z.B.:	12	13	14	15	16	17	18	19	20	21
Partialcurve für 22 Ind.:	2	54	58	51	28	19	19	12	2	2

Diese Pflanzen gehörten also der 13strahligen Rasse an und wurden dementsprechend ausgerodet.

Dann gab es fünf Pflanzen mit undeutlichen Curven, welche gleichfalls nicht beibehalten wurden. Schliesslich gab es nur sechs Individuen, deren Partialcurve mir hinreichend scharf und sicher schien, um ihre Samen zu ernten. Die Summe dieser Curven war:

Z.B.:	12	13	14	15	16	17	18	19	20	21	22
Partialcurve für 6 Ind.: .	0	1	3	5	4	6	11	21	30	29	1

Im Ganzen 111 Köpfchen.[1] Hätte man die Endköpfchen dieser

[1] Die Curve ist abgebildet in den *Ber. d. d. bot. Ges.* Bd. XVII, Tafel VII, Fig. 2*B*.

Pflanzen (5 mit 21, eins mit 26 Strahlen) mitgezählt, so wäre der Gipfel genau auf 21 gefallen. Nur von diesen sechs Pflanzen wurden die Samen behufs der Aussaat von 1896 geerntet, und zwar für jede getrennt.

Die Befruchtung dieser Pflanzen war keine völlig reine gewesen, weil die oben erwähnten minderwerthigen erst gegen Ende August erkannt und entfernt werden konnten, und Blüthen, welche sich im September öffnen, unter unserem Klima keinen oder doch fast keinen Samen mehr reifen. Zwar gab jede der sechs Aussaaten eine Curve, welche einen sehr ausgesprochenen Gipfel auf 21 hatte, aber nur bei einer von ihnen (Nr. 1) fehlte das andere Maximum, obgleich die Figur noch bei weitem keine symmetrische, die Rasse somit bei weitem noch nicht rein war. Ich theile deshalb nur die eine Curve für das beste Beet, also für die Nachkommen der besten Mutter (Nr. 1) besonders mit, und stelle darunter die Summe der fünf übrigen Mütter (Nr. 2—6). Die Curven beziehen sich somit auf die Anfangscultur der 21strahligen Rasse von 1896:

Z.B.:	9	10	11	12	13	14	15	16	17	18	19	20	21	22	23	24
Nr. 1:	0	1	0	3	9	15	15	22	30	33	36	64	**123**	15	5	0
„ 2—6:	1	5	11	12	70	84	69	92	79	77	114	150	**416**	46	3	1

Im Ganzen wurden für Nr. 1 370 und für Nr. 2—6 1220 Einzelpflanzen gezählt.

Nur die erstgenannte Gruppe, also die Nachkommenschaft von der im Jahre 1895 Nr. 1 genannten Pflanze wurde zur Fortsetzung des Versuches bestimmt, und unter dieser wurden nun, auf Grund von Zählungen an den Seitenzweigen, die besten Samenträger für die Reinigung der Rasse ausgesucht. Es waren dieses zwei Pflanzen mit den unterstehenden Partialcurven (1896).

Z.B.:	12	13	14	15	16	17	18	19	20	21	22
Nr. 1a:	0	1	1	4	3	2	2	0	3	3	0
„ 1b:	0	0	0	0	0	0	2	0	3	**14**	0

Namentlich Nr. 1b gehörte bereits deutlich der gesuchten Rasse an.

Nur von diesen beiden Pflanzen erntete ich die Samen für den fraglichen Zweck, und säte sie, jede Probe für sich, im nächsten Jahre aus. Ich hatte die Ernte dabei auf die Blüthen beschränkt, welche nach dem Ausroden der übrigen sich geöffnet hatten und welche somit möglichst rein befruchtet waren. Der Erfolg entsprach meiner Erwartung, denn im nächsten Sommer (1897) zeigte sich die Rasse auf beiden Beeten rein.

Dieses ersieht man sofort aus den beiden folgenden Zahlenreihen und aus der Fig. 150*B*, welche die zweite Gruppe graphisch darstellt. Die Zahlen wurden in derselben Weise gewonnen, wie in den vorigen Jahren, indem von jeder Pflanze nur das Endköpfchen des Hauptstengels berücksichtigt wurde. Es ergab sich somit für die zweite Generation der 21strahligen Rasse im Jahre 1897 Folgendes:

Z.B.:	14	15	16	17	18	19	20	21	22	23	24	25	26	27	28	32
Nr. 1a:	0	0	1	2	0	2	3	**41**	4	1	2	0	0	0	0	0
„ 1b:	1	3	0	3	7	14	43	**142**	43	21	11	5	3	1	0	1

Beide Gruppen sind sehr symmetrisch gebaut, was man auch sofort an der Fig. 150*B* sieht, welche ja noch regelmässiger ist, als die entsprechende Figur der 13strahligen Rasse (Fig. 150*A*). Es umfasste die Nachkommenschaft von Nr. 1a nur 56, die von Nr. 1b aber 298 blühende Pflanzen.

Hätte ich im Vorjahre meine Ernte nicht auf eine so geringe Zahl von Samen beschränken wollen, so hätte ich entweder auch von minderwerthigen Individuen, oder auf denselben Pflanzen auch von den früher geöffneten, also unrein befruchteten Blumen Samen aussäen müssen. Und dann würde meine Rasse auch im Jahre 1897 noch nicht völlig rein gewesen sein, ebenso wenig wie im Jahre 1896. Ich habe mich durch besondere Versuche mit den betreffenden Samen, welche ich getrennt geerntet hatte, von der Richtigkeit dieses Ausspruches überzeugt, unterlasse es aber, die Zahlenreihen anzuführen.[1]

Damit war die Isolirung der beiden in dem Gemische vermutheten Rassen erreicht. Betrachten wir deshalb noch einmal die Figuren 149 S. 527 und 150 S. 529. Zunächst fällt auf, dass die Gipfel dieselben sind, sie liegen in Fig. 149 wie in Fig. 150 auf 13 und 21. Die aus der doppelten Curve herausgelesene Erklärung hat sich somit durch den Versuch völlig bestätigt. In zweiter Linie aber sieht man, dass die zweigipfelige Curve keineswegs einfach der Summe der beiden eingipfeligen entspricht. Die Mischung enthält nicht einfach die beiden gemischten Rassen, weder in einer Mischung nach gleichen Theilen, noch in irgend einem anderen zufälligen Verhältniss. Sie lässt sich auch nicht aus ihren Componenten berechnen. Letzteres lehren namentlich zwei Umstände. Einerseits die Schienen ausserhalb der Gipfelordinaten, andererseits der mittlere Theil der Curve. Die beiden

[1] Durch Kreuzung vermischen sich die Strahlenrassen (*Ber. d. deutschen bot. Ges.* Bd. XVII. S. 92). Diese in vielen Beziehungen höchst wichtige Vermischung bedarf aber noch eines gründlichen Studiums.

Componenten fangen bei 7 an und endigen bei 28 (32), ihre Summe würde solches also offenbar auch thun. Dagegen liegt die Curve der gemischten Rasse zwischen 11 und 23. Noch deutlicher sieht man solches, wenn man die Ordinaten 12 und 22 betrachtet; auf ihnen weist Fig. 149 viel zu wenig Individuen auf. Die Grenzen werden bei der Vermischung somit „eingezogen". Dafür haben sich aber um so mehr Individuen zwischen den beiden Gipfeln angehäuft. Und hier bilden sie, auf 17, sogar ein secundäres Maximum, welches nach den für die Mischung von 1895 mitgetheilten Zahlen eher auf 16 fallen sollte.[1]

Wir kommen jetzt zu der gefüllten Rasse. Es ist im Gartenbau ein bekannter Satz, dass jeder, der Neuheiten hervorzubringen wünscht, eifrig nach kleinen Abwechselungen spüren soll (vergl. Abschnitt I S. 131 und IV § 2 S. 416). Sind diese Abweichungen keine Fälle der fluctuirenden Variabilität, sondern fallen sie dadurch auf, dass sie viel seltener sind als diese, so besteht die Aussicht, dass sie Aeusserungen einer semilatenten Eigenschaft sind. Und ist solches in der That der Fall, so besteht die fernere Aussicht, dass man durch Isolirung und Auslese diese Eigenschaft zum Vorherrschen, wenn nicht gar zur Alleinherrschaft wird bringen können. Ob der Versuch gelingen wird, das hängt freilich von uns noch unbekannten Umständen ab. Denn keineswegs gelingt es immer.

Durchdrungen von diesen, von Darwin mehrfach hervorgehobenen Prinzipien habe ich von Anfang an den Partialcurven, d. h. den aus den Seitenblüthen je einer einzelnen Pflanze abgeleiteten Curven in meinen Culturen besondere Aufmerksamkeit geschenkt. Es lohnt sich nicht, alle die Fälle anzuführen, welche mir keine Andeutung einer latenten Eigenschaft boten, und so komme ich sofort zu derjenigen Pflanze, welche dieses zuerst that. Es war ein Individuum der 21strahligen Rasse von 1896, welches im Endköpfchen 21 Zungenblüthen gehabt hatte und am 12. August die folgenden Zahlen in seinen Seitenköpfchen finden liess:

Z.B.:	14	15	16	17	18	19	20	21	22
Nr. 1c:	1	1	2	2	2	3	0	3	4

Ich bezeichne diese Pflanze als Nr. 1c,[2] um damit anzudeuten, dass sie derselben Cultur angehörte, wie die Nr. 1a und 1b, deren Zahlen-

[1] 16 (= 3 + 5 + 8) ist eine der Nebenzahlen des Ludwig'schen Gipfelgesetzes. Es entsteht die Frage, ob solche Nebenzahlen vielleicht auch sonst durch Kreuzung reiner Rassen hervortreten können.

[2] *Berichte d. d. bot. Ges.* Bd. XVII, S. 91, wo Nr. 1c als Nr. 12 in der dortigen Reihe steht.

reihen auf S. 533 angeführt worden sind. Mit jenen beiden Reihen stimmt diese darin überein, dass von einem Gipfel auf 13 keine Spur mehr vorkommt; von ihnen und von allen übrigen untersuchten Pflanzen jenes Beetes unterscheidet sie sich aber durch die vier Blüthen mit je 22 Strahlen. Denn allen anderen Exemplaren fehlten Seitenblüthen mit mehr als 21 Strahlen durchaus.

Chrysanthemum segetum plenum (zu S. 538).

Strahlencurven der Vorfahren-Generationen.[1]

(Für die Ermittelung der Curven ist von jedem Individuum nur das Endköpfchen des Hauptstammes berücksichtigt.)

Z.B.	14	15	16	17	18	19	20	21	22	23	24	25	26	27	28	29	30	31	32	33	34
1896[2]	15	15	22	30	33	36	64	**123**	15	5	0										
1897	2	1	2	1	0	12	10	**169**	102	45	30	19	12	3	1	2	1	1	0	0	1
1898						1	2	10	17	17	20	21	**30**	17	13	10	11	6	9	13	**21**
1899						1	1	1	0	0	3	2	**9**	6	6	7	3	8	12	13	12
1900																				1	0

Fortsetzung I.

Z.B.	35	36	37	38	39	40	41	42	43	44	45	46	47	48	49	50	51	52	53	54	55
1898	6	3	5	3	1	2	0	0	0	0	0	2	0	1							
1899	14	10	10	8	6	7	4	8	6	1	10	6	2	4	2	2	2	0	2	0	1
1900	0	1	1	1	0	0	1	0	1	2	1	0	4	0	0	2	0	1	1	2	0

Fortsetzung II.

Z.B.	56	57	58	59	60	61	62	63	64	65	66	67	68	69	70	71	72	74	75	99	101
1899	0	2	0	0	0	0	1	0	0	0	1	1									
1900	1	0	2	0	0	0	1	1	0	1	0	0	1	0	0	0	1	1	1	1	1

Diese Andeutung war allerdings eine äusserst geringe. Sie konnte überhaupt nur durch das Zählen der Zungenblüthen entdeckt werden. Ohne diese statistische Untersuchungsmethode wäre sie wohl niemals aufgefallen. Denn die Pflanze 1c wuchs in einer Gesammtcultur von etwa 1500 Pflanzen; sie zeichnete sich anfangs mit 500 anderen dadurch aus, dass ihr Endkörbchen 21 Strahlen führte, was in der

[1] Diese Zahlenreihen sind mit Ausnahme derjenigen von 1896 in Fig. 151 übersichtlich zusammengestellt.

[2] Für die vollständige Curve von 1896 vergl. S. 533. Die Individuen mit 10—13 Strahlen sind hier weggelassen.

betreffenden Rasse ja eben das Mittel sein sollte. Durch Gruppirung der Zahlen wurde zunächst die Nachkommenschaft einer Mutter (1895 Nr. 1, vergl. S. 533) isolirt, dann unter dieser die besten Erben und unter den allerbesten wurde wiederum die einzige aufgefunden, welche die fragliche leise Andeutung gab.

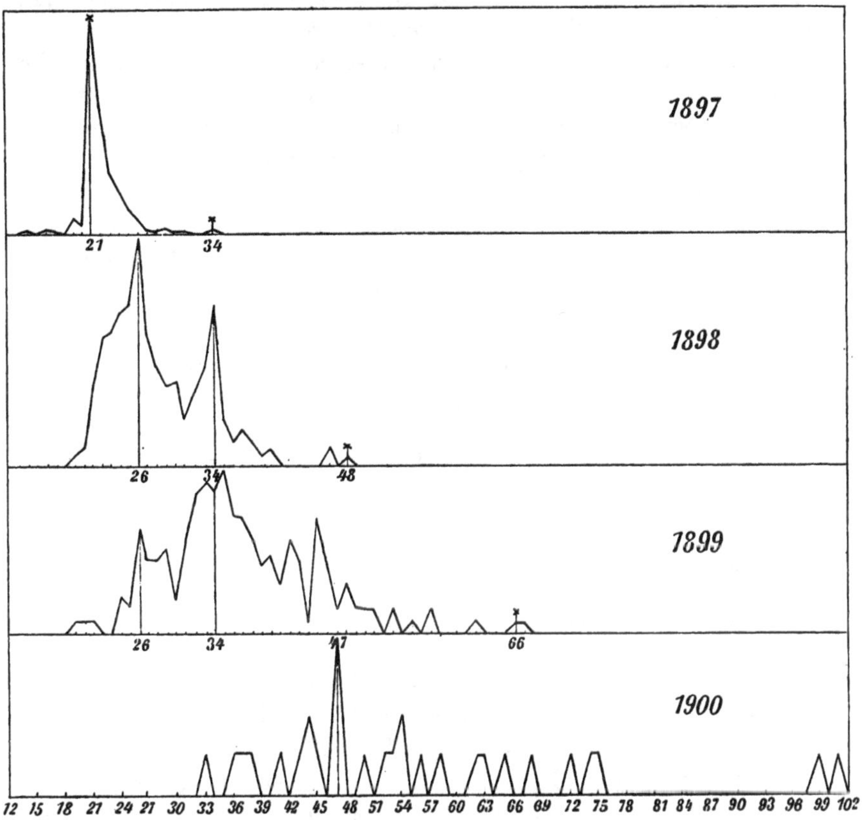

Fig. 151. Vorfahren-Generationen des *Chrysanthemum segetum plenum.* Curven der Endköpfchen der einzelnen Individuen der Generationen von 1897—1900. Für die Zahlen siehe S. 536. Der Samenträger von 1896 war 21 strahlig (× in 1897 oben); die übrigen Samenträger sind in den einzelnen Curven durch ein × auf der betreffenden Ordinate angewiesen. Urpflanze der Cultur war das Individuum von 1895 Nr. 1, aus diesem entstand 1896 Nr. 1c und aus dessen Samen die Cultur von 1897.

Aber so gering diese Andeutung auch war, so reichte sie doch völlig aus, um die latente Eigenschaft an's Licht zu bringen. Es war dazu weiter nichts erforderlich, als eine durch drei Jahre fortgesetzte Selection nach denselben Prinzipien und in derselben Richtung.

Jedes Jahr wählte ich nur einen Samenträger zur Fortsetzung

des Versuches aus, isolirte ihn mit einigen wenigen nächstbesten so früh wie möglich und erntete seine Samen getrennt von denen der Nachbarn. Völlig vereinzelte Pflanzen von *Chrysanthemum segetum* pflegen so wenig Samen anzusetzen, dass man sich darauf nicht verlassen kann. Die Befruchtung muss also zum Theil durch etwas minderwerthige Exemplare stattfinden. Wäre dieses nicht der Fall, so wäre das Ziel gewiss früher erreicht worden.

Auch insofern hängt man vom Zufall ab, dass häufig gerade die beste Pflanze nicht kräftig genug ist, um als Samenträger gewählt zu werden. Aber im vorliegenden Versuche trat dieser Umstand, zum Theil in Folge der günstigen Culturbedingungen, nicht ein.

Der Fortschritt war ein regelmässiger und ist am einfachsten durch das Merkmal der jeweiligen Samenträger anzugeben. Die Zahl der Strahlenblüthen in den Endköpfchen meiner auserwählten Pflanzen war in den einzelnen Jahren die folgende:

Chrysanthemum segetum grandiflorum.

Vorfahren der gefüllten Rasse.

Jahr	Pflanze	Anzahl der Strahlen im Endköpfchen	Fortschritt
1895	Nr. 1	21	—
1896	„ 1c	21	—
1897	—	34	13
1898	—	48	14
1899	—	66	18
1900	Maximum	101	35

Genauer ergiebt sich der Fortschritt aus den Curven, welche ich für die Endblüthen der verschiedenen Generationen ermittelt habe. Ich verweise jetzt auf die Tabelle auf S. 536 und Fig. 151 auf S. 537. Die Urpflanze von 1895 Nr. 1 war aus Samen entstanden, welche ich, wie oben erwähnt, durch Tausch aus einem botanischen Garten, und zwar aus Groningen erhalten hatte; sie fand sich in einer Mischung, für welche somit die Angabe der Curve keinen Werth haben würde. Die Culturen der nächstfolgenden Jahre sind aber stets Nachkommen eines einzelnen, möglichst, wenn auch nicht völlig, rein befruchteten Individuums.

Die Fig. 151 giebt zu den folgenden Betrachtungen Veranlassung.

Die Curve von 1897 war eingipfelig wie diejenige der typischen Exemplare der 21strahligen Rasse (Fig. 150 *B* auf S. 529). Aber sie war deutlich unsymmetrisch und dieses wies ohne Zweifel auf die Fähigkeit der Rasse hin, sich in dieser Richtung durch Selection verbessern zu lassen. Sie bestätigte somit die Aussicht, welche die Mutter dieser Cultur in ihrer Partialcurve gegeben hatte.

Die Curve von 1898 vereinigt die Kinder der 34strahligen Pflanze von 1897. In ihr treten neue Gipfel auf. Diese entsprechen dem LUDWIG'schen Gesetze, denn sie liegen auf den Zahlen der bekannten BRAUN-SCHIMPER'schen oder FIBONACCI-Reihe. Und zwar theils auf 34 (= 13 + 21), welches der Hauptreihe angehört, theils auf der Nebenzahl 26 (= 5 + 8 + 13). Das Maximum in diesem Jahre bildete eine Pflanze mit 48 Strahlen, welche als Samenträger gewählt werden konnte. Die Zahl 48 aber liegt einem neuen Gipfel der Reihe (13 + 34 = 47) sehr nahe. Der Gipfel auf 21 war 1898 verschwunden, aber nicht völlig, denn die Form der Curve deutet klar auf seine Betheiligung an der Zusammensetzung des Ganzen hin.

Im nächsten Jahre war der Fortschritt ein viel geringerer. Die Gipfel auf 26 und 34 und derjenige unweit 47 heben sich noch deutlich hervor. Aber das Maximum der Strahlenzahl hat zugenommen, da es in diesem Jahre 67 erreichte. Gleichzeitig trat aber eine weitere Aenderung ein. Denn zum ersten Male zeigten sich jetzt Zungenblüthen zwischen den Röhrenblüthen der Scheibe. Und zwar nur an einer einzigen Pflanze und erst im Anfang des Septembers. Diese Pflanze hatte im Endköpfchen 66 Strahlen getragen und war einer der beim Anfang der Blüthe ausgewählten und isolirten Samenträger. Sie wurde, mit Ausschluss aller übrigen, zur Fortsetzung der Cultur in 1900 gewählt.

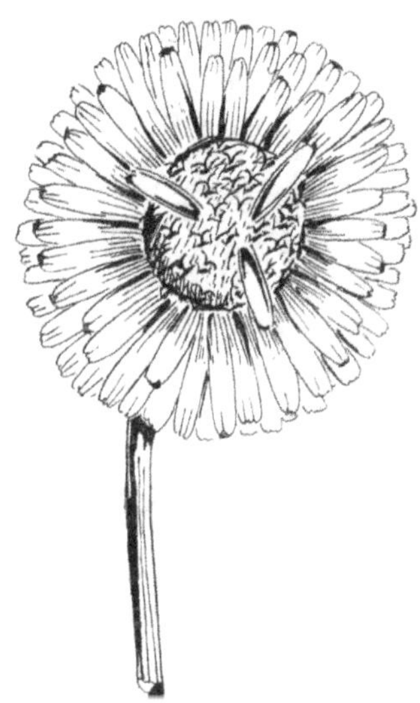

Fig. 152. *Chrysanthemum segetum plenum.* Eins der sechs Köpfchen, welche 1800 zuerst wirkliche Füllung zeigten. Von der Mutterpflanze der gefüllten Sorte.

Bekanntlich besteht die Füllung bei anderen Arten dieser Gattung, z. B. bei *Chrysanthemum indicum* und bei *C. inodorum* gerade in derselben Erscheinung (Fig. 153). Inmitten der Röhrenblüthen (Fig. 153 *A*) bilden sich Zungen aus (Fig. 153 *B*). Ist die Füllung sehr stark, so sind erstere von letzteren völlig verdeckt (Fig. 153 *C*), und sieht man sie nur, wenn man die Zungen einzeln ausreisst oder umbiegt. Fast stets findet man dann nicht vereinzelte, sondern sehr zahlreiche röhrenförmige und gelbe Kronen. Je schwächer die Füllung, um so deutlicher fallen diese auf, und nicht selten sieht man, bei beiden Arten, Körbchen mit einer breiten gelben Scheibe, in der einzelne weisse Zungenblüthen zerstreut stehen (Fig. 153 *B*). Diese sehen dann wie Anomalien aus, obgleich sie eigentlich weniger monströs sind, als die anscheinend völlig gefüllten.

Die 66strahlige Pflanze meiner Rasse verrieth somit zum ersten Male klar die Analogie mit jenen im Gartenbau so äusserst beliebten Varietäten. Die Erreichung des Zieles war von jenem Augenblick an für meinen Versuch gesichert.

Die erwähnten sechs ersten „gefüllten" Körbchen hatten im Umkreis meist etwa 40—50 Strahlenblüthen, und dazu in der Scheibe noch je eine bis drei. Da sie zu spät blühten, um Samen reifen zu können, habe ich sie photographirt und aufbewahrt (Fig. 152).

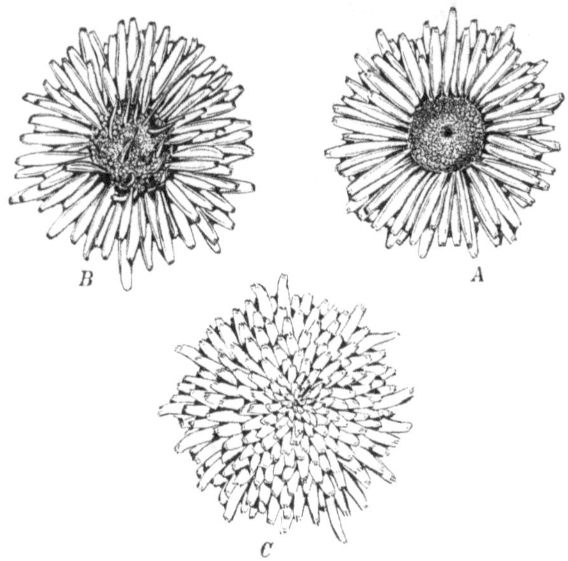

Fig. 153. *Chrysanthemum inodorum plenissimum.* *A* Blüthenköpfchen mit centraler Scheibe von Röhrenblüthen (fertil); *B* mit in der Scheibe zerstreuten Zungenblüthen (halb fertil); *C* höchster Grad der Füllung (steril).

Leider gab die Pflanze nur eine geringe Ernte. Diese lieferte mir nur 31 Pflanzen, welche ihre Endblüthe entfalteten. Die Strahlenlinie dieser Körbchen ist Fig. 151 unter 1900 abgebildet. Die Anzahl der Beobachtungen ist eine viel zu geringe, um eine Curve construiren zu können, und um Schlüsse über etwaige Gipfel zu gestatten. Im Ganzen und Grossen zeigt die Figur aber dennoch einen deutlichen Fortschritt gegenüber den früheren Jahren. Und dieser spricht sich namentlich darin aus, dass es unter dieser geringen Zahl zwei Pflanzen gab, welche im Endkörbchen alle früheren weit übertrafen. Sie hatten darin 99 bezw. 101 Strahlen, während der nächste zu erwartende Gipfel $34 + 55 = 89$ sein würde.

Die Füllung trat nun in dieser Cultur plötzlich in voller Ausbildung auf (Tafel VIII). Ich werde, um mich bequem ausdrücken zu können, die zungenförmigen, denen der Strahlen gleichgebauten Blüthen, welche zwischen den kleinen Röhrenblüthen stehen, Scheibenzungen nennen. Solche Scheibenzungen waren nun ganz allgemein. Sie fehlten, wenn man Endköpfchen und Seitenblumen zusammen berücksichtigte, wohl keiner Pflanze völlig. Doch war ihre Anzahl im höchsten Grade fluctuirend. Im Allgemeinen zeigten Körbchen mit weniger als 40 Strahlen keine Scheibenzungen, und nahm deren Zahl mit dem zunehmenden Reichthum der Strahlen selbst zu. So hatte das Endkörbchen mit 56 Strahlen deren 53 im Umkreis und 3 im Innern; dasjenige mit 74 Strahlen 58 im Rande und 16 im Herzen u. s. w. Für die Zählungen der Tabelle S. 536 und der Fig. 151 sind beide Sorten von Zungenblüthen zusammengezählt. Die beiden Endkörbchen mit 99 und 101 Zungen waren anscheinend fast ganz gefüllt.

Die Füllung wiederholte sich an den Seitenzweigen. Als diese in voller Blüthe waren, habe ich die 12 am besten gefüllten Exemplare ausgezeichnet und alles übrige gerodet. Die Seitenkörbchen der gerodeten ergaben eine Curve, deren Gipfel auf 47 (= 13 + 34) lag, entsprechend den oben besprochenen und in Fig. 151 ersichtlichen Andeutungen. Die schlechteste Blume hatte nur 28, die beste 94 Strahlen. Das Mittel von allen war 47; die Curve aber, trotz des Zusammenfallens von Mittel und Gipfel, nicht symmetrisch. Es sind im Ganzen die Strahlen von 378 Körbchen gezählt worden.

Die ausgewählten Samenträger zeigten sich, wie zu erwarten, in der Füllung der Seitenkörbchen sehr verschieden. Auf einigen war diese unbedeutend. Auf anderen wurden im Mittel 2—5, auf zwei Exemplaren im Mittel 11 Scheibenzungen pro Körbchen gezählt. Eine Pflanze trug nur völlig gefüllte Körbchen. Es wurden auf sieben Körbchen 279, also im Mittel 40 Scheibenzungen gezählt. Dementsprechend war diese Pflanze völlig steril, sie gab mir, trotz aller Sorge und sehr reichlicher Blüthe, keinen einzigen Samen. Aber bekanntlich liefern auch bei *C. inodorum plenissimum* die schönsten Exemplare keine Ernte. Ebenso gaben auch die beiden Pflanzen, deren Seitenkörbchen im Mittel 11 Scheibenzungen hatten, gar keine Ernte.

Hieraus ergiebt sich, dass die Grenze erreicht ist. Jede etwaige weitere Verbesserung der Rasse wird nur die Anzahl der ganz gefüllten und dadurch sterilen Pflanzen etwas vermehren können. Die Samenträger wird man aber stets unter Pflanzen mit demselben Grade der Füllung wählen müssen, als wie in diesem Jahre. In dieser Beziehung verhält sich meine neue Rasse sofort bei ihrem

Entstehen genau so wie das uralte *Chrysanthemum inodorum plenissimum.*[1]

Es erübrigt noch, die Bestäubungsverhältnisse der Samenträger in den einzelnen Jahren zu besprechen. Ohne Zweifel wäre der Versuch ein viel reinerer gewesen, wenn die Saatwucherblume sich selbst befruchten könnte. Solches ist aber entweder nicht oder doch nur in sehr ungenügendem Maasse der Fall. Ich habe somit jährlich eine Gruppe von einigen wenigen auserwählten Pflanzen, nach dem Ausroden der übrigen, zusammen blühen lassen, und mich damit begnügen müssen, dass ich die Samen von jeder in einem besonderen Beutel sammelte. Welchen Einfluss diese Kreuzung auf den Fortschritt der Rasse hatte, werden spätere Versuche ermitteln müssen. Einstweilen ist es von Interesse anzugeben, wie viele Pflanzen und mit welchem Grade der Selection jedes Jahr zusammen geblüht haben.

Im Sommer 1895 konnte die aus durch Tausch erhaltenem Samen aufgegangene Urmutterpflanze der ganzen Rasse (1895 Nr. 1) nur spät und unvollständig isolirt werden. Da aber die mitblühenden auch der 21strahligen Rasse angehörten, war die Curve ihrer Kinder im Jahre 1896 in dieser Beziehung eine sehr reine (S. 534). In diesem Jahre wurde Mitte August die Anzahl der Samenträger auf drei sehr kräftige Individuen beschränkt, welche 21, 21 und 22 Strahlen im Endkörbchen hatten. Eine mit 21 diente zur Fortsetzung des Versuches; alle drei hatten auch in ihren Seitenblumen entsprechend hohe Zahlen gezeigt. Die Bestäubung in diesem Jahre war also eine sehr reine.

Solches war im Jahre 1897 nicht der Fall. Der 34strahlige Samenträger jenes Jahres war anfangs inmitten aller anderen Pflanzen, später nur durch die übrigen ausgewählten, deren Anzahl aber 25 betrug, bestäubt worden. Er trug zu wenig Samen, um die Aussaat auf die letzten, am reinsten befruchteten beschränken zu können. Die beiden hohen Gipfel der Curve von 1898 werden also wenigstens zum Theil durch diese sehr gemischte Befruchtung bedingt worden sein (Fig. 151 unter 1898).

Im Jahre 1898 sammelte ich die Samen des Stammhalters meiner Rasse in zwei Perioden, nachdem ich für jede die Blüthen im Sommer gemerkt hatte. Die erste Ernte umfasste die Blumen, welche vor

[1] Die von MUNTING im Jahre 1671 beschriebene *Matricaria flore toto albo plenissimo*, welche in den besten Exemplaren auch keinen Samen gab, ist vermuthlich dieselbe Sorte (*Waare Oeffeninge der Planten.* S. 527).

dem Ausroden der übrigen geblüht hatten, die zweite die später geöffneten. Diese konnten also von den sieben übrigen Samenträgern befruchtet werden, welche aber sämmtlich mehr als 34 Strahlen im Endköpfchen führten (die Zahlen waren 35 — 36 — 37 — 38 — 39 — 40 und 46). Die beiden Proben wurden getrennt ausgesät und ihre Curven ermittelt; diese gaben weder in den Extremen, noch im Mittel, noch auch im ganzen Verlauf einen wesentlichen Unterschied. Der Stammhalter mit 66 Strahlen und mit den 1—3 Scheibenzungen in den Seitenköpfchen gehörte sogar der ersten Serie an (die 67strahlige Pflanze aber der zweiten).

Im Sommer 1899 sparte ich Ende Juli 17 Samenträger mit 48—67 Strahlen im Endköpfchen. Auf ihnen sammelte ich die Samen der im Juli blühenden Blumen getrennt von denen, welche sich nach der Selection geöffnet hatten; aus dem ersteren Samen blühten aber nur drei Exemplare (mit 41 — 44 — 47 Strahlen im Endkörbchen), welche somit auf das Bild der Gruppe keinen wesentlichen Einfluss hatten und bald ausgerodet wurden. Die Befruchtung im Jahre 1899 ist also wiederum als eine sehr reine zu betrachten.

Am Ende der Beschreibung unseres Versuches angelangt, erübrigt es uns, den Gang des Selectionsverfahrens in diesem Falle zu vergleichen mit der gewöhnlichen Selection beim Veredeln landwirthschaftlicher Culturgewächse. Ich verweise dazu auf das früher gewählte Beispiel, den Selectionsversuch von Fritz Müller mit dem vielreihigen Mais. Vergl. den Stammbaum in Fig. 18 auf S. 53.

Der principielle Unterschied wird nach unserer ganzen Darstellung klar sein. Beim Mais handelte es sich darum, das Rassenmerkmal (12—14 Reihen) durch Selection so weit wie möglich auszubilden; beim *Chrysanthemum* war die Aufgabe, ein latentes Merkmal hervorzuholen und zur vollen Entfaltung zu bringen. Im ersteren Falle sollte eine sichtbare, längst bekannte Eigenschaft möglichst erstarkt werden, im zweiten sollte, wenigstens nach der geläufigen Auffassung, eine neue Eigenschaft hervorgerufen werden. Die 26—28-reihigen Maiskolben gehören dem Fluctuationsspielraume der 12—14-strahligen Rasse an, sie würden innerhalb dieser auch ohne jegliche Züchtung zweifelsohne aufgetreten sein, wenn man der Aussaat nur den dazu erforderlichen, nach bekannten Regeln durch Rechnung leicht zu ermittelnden Umfang gegeben hätte (S. 114).

Ohne Zweifel würde meine Aussaat von 1897 (Fig. 151 S. 537) auch unmittelbar Blumen mit Scheibenzungen gebracht haben, wenn sie nur gross genug gewesen wäre. Aber voraussichtlich nicht in einer Menge, welche sich im Voraus aus dem Quetelet'schen Gesetze würde berechnen lassen, sondern nach den uns noch unbekannten Gesetzen der stossweisen Variation.

Der Gang des Fortschrittes ist in beiden Fällen ein verschiedener. Die Züchtung des Mais ist beherrscht vom Regressionsgesetze GALTON's; die Zunahme der Reihenzahl auf den Kolben wird um so schwieriger und um so langsamer, je weiter man sich vom Ausgangspunkte entfernt. Gerade umgekehrt beim *Chrysanthemum.* Der Fortschritt ist ein sehr stetiger, nicht nachlassender bis 1899, wo sich die ersten Scheibenzungen zeigen. Dann nimmt er aber einen Sprung; die Nachkommen dieser Pflanze haben alle mehr oder weniger gefüllte Blumen. Oder richtiger: es fand der Sprung schon vorher statt, die Pflanze mit den ersten Scheibenzungen (Fig. 152) hatte die Schwelle schon überschritten; ihre Nachkommenschaft verhielt sich ohne Weiteres wie die einer reinen Rasse, z. B. wie das mehrfach genannte *C. inodorum plenissimum.*

Es fand somit ein Sprung statt und zwar vor 1899, entweder bei der Entstehung des Samens im Jahre 1898, aus dem die fragliche Pflanze hervorging, oder bereits früher.

Und ebenso wie das *C. inodorum plenissimum* sich seit vielen Jahren ohne Selection erhält, ebenso wird es voraussichtlich auch das neue *C. segetum plenum* machen können. Nicht aber der 22reihige Mais, der schon wenige Jahre nach dem Aufhören der Selection auf die alte Form zurückgegangen ist (S. 88).

Bis jetzt habe ich nahezu ausschliesslich die Anzahl der Strahlenblüthen im Endköpfchen des Hauptstengels als Merkmal der ganzen Pflanze benutzt, und in dieser Weise die mitgetheilten Zahlenreihen ermittelt und die Curven construirt. Es giebt aber, wie bereits erwähnt, noch einen anderen Weg, um den individuellen Werth einer Pflanze zu bestimmen, nämlich den, dass man dazu das Mittel von möglichst vielen Blumen auf einem und demselben Individuum wählt. Hierbei kommen zwei Punkte in Betracht. Erstens die Verzweigungsweise der Saatwucherblume, und zweitens der Einfluss der Abweichung des Individuums vom Mittel seiner Rasse.

Die Verzweigungsweise ist bei *Chrysanthemum segetum* die folgende. Der aus der Plumula hervorgegangene Hauptstamm trägt seine Aeste in einer doppelten Periode, sehr starke am Fusse, aus den Achseln der Wurzelblätter hervorgehend, und höher hinauf schwächere, deren Stärke nach oben zuerst allmählich zu-, dann aber wieder abnimmt. Beides sowohl in Bezug auf die Länge, als auf die Zahl und Stärke ihrer Nebenzweige. Diese Nebenzweige gehören somit der dritten Ordnung an; sie tragen nicht selten Zweiglein vierter und sogar fünfter Ordnung. Im Juli blühen bei uns vorwiegend die Blumen zweiter, im August und September vorwiegend diejenigen dritter und vierter Ordnung.

Im Laufe des Sommers und bei zunehmender Höhe der Zweigordnungen nimmt nun im Allgemeinen die Variabilität ab. Es werden sozusagen die Schenkel der Curve eingezogen; diese selbst wird enger. Dabei nimmt dann die Abweichung der einzelnen Individuen vom Mittel ihrer Rasse ab, und es tritt demzufolge dieses Mittel schärfer und klarer zum Vorschein. Und solches ist namentlich dort von Bedeutung, wo durch die scharfe Selection die Curven einseitig verschoben sind, wie in Fig. 151 S. 537, und wo es eben fraglich bleiben kann, wie sich die Curven gestalten würden, wenn die Auslese nichts weiter gethan hätte, als nur die Individuen der neuen Rasse isolirt.

Wir haben somit die Spätsommercurven der 13strahligen, der 21strahligen und der gefüllten Rasse für sich zu betrachten. Fangen wir mit der ersteren an.

Die Curve dieser Rasse wechselte Anfang August zwischen 11 und 21 Strahlenblüthen als äussere Grenzen. Allmählich nahmen diese Zahlen ab, bis im September nur noch Köpfchen mit 13 und 14 Strahlen gebildet wurden. Im nächsten Jahre waren Ende Juli die Grenzen 10—19, im August aber 12—14.

Die 21strahlige Rasse habe ich in dieser Richtung im Sommer 1898 untersucht und zwar an den zum Zwecke des Samentragens gesparten Individuen. Ich fasse die für drei Pflanzen gewonnenen Curven[1] in der folgenden Tabelle zusammen.

Pflanze	Blüthen	Anzahl	Min.	Med.	Max.
A.	Endblüthe	1	—	48	—
	1. September	32	29	33	45
	10. October	42	18	27	36
	1. November	28	19	26	31
B.	Endblüthe	1	—	35	—
	1. September	36	24	28	36
	10. October	33	16	22	27
	1. November	23	15	21	25
C.	Endblüthe	1	—	46	—
	1. September	14	26	28	35
	10. October	18	18	26	30
	1. November	8	21	23	28

[1] *Over het periodisch optreden der anomalien op monstreuze planten.* Kruidkundig Jaarboek Gent. T. XI. 1899. S. 57—58.

Wie man sieht, ziehen sich die Zahlen allmählich in der Richtung des 21er Gipfels zurück, diesen mehr oder weniger vollständig erreichend, und ohne jegliche Andeutung des 13er Gipfels der anderen Rasse. Die betreffenden Pflanzen gehörten also deutlich der 21 strahligen Rasse an.

Solches war anscheinend im nächsten Sommer nicht mehr der Fall. Es ergaben die Spätsommerzählungen für fünf Pflanzen:

	Endblüthe	Min.	Med.	Max.
A	67	33	39	50
B	55	31	42	50
C	51	37	47	54
D	50	33	51	60
D′	—	33	40	51
E	66	38	47	62
E′	—	32	43	52

D′ und E′ sind 6 Wochen später auf denselben Pflanzen gezählt als D und E. Die Pflanze E ist der in Fig. 151 S. 537 für 1899 mit × angedeutete Stammhalter. Die mitgetheilten Zahlen dürfen, in Verbindung mit den übrigen gemachten Zählungen, als ein Zurückgreifen auf den Gipfel 47 (= 13 + 34) betrachtet werden.

Im nächsten Jahre (1900) lag der Gipfel der Seitenköpfchen noch höher. Ich führe die Zahlen für die drei, durch ihre Füllung sterilen, und für die vier nächstbesten, als Samenträger ausgewählten Exemplare an:

		Min.	Med.	Max.
Steril	I.	72	87	100
	II.	48	62	94
	III.	46	56	79
Samenträger	I.	47	63	76
	II.	51	62	91
	III.	44	60	94
	IV.	46	56	86

Die gefüllte Rasse scheint somit den Gipfel ihrer Curve auf etwa 55 (= 21 + 34) zu haben. Und die Erreichung höherer Mittelzahlen scheint durch die Sterilität der besser gefüllten Pflanzen ausgeschlossen zu sein.

Fassen wir jetzt das Ergebniss unseres Versuches kurz zusammen, so sehen wir, dass im Handel eine 21strahlige Rasse des sonst 13strahligen *Chrysanthemum segetum* vorkommt. Sie ist zwar nicht rein, kann aber leicht gereinigt werden und führt den Namen *C. segetum grandiflorum.* Aus einem durch Seitenköpfchen mit

22 Strahlen aufgefallenen Exemplare von 1895 gelang es mir, durch Selection eine bis dahin nicht vorhandene gefüllte Rasse zu bilden, das neue *C. segetum plenum* (Taf. VIII). Den Verlauf dieses Processes stellt die Fig. 151 auf S. 537 dar, in der ×××× die jedesmal als Samenträger gewählten Individuen anweisen. Das *C. segetum plenum* verhält sich, in Bezug auf die Füllung, genau so wie die gefüllten Handelssorten der übrigen Arten derselben Gattung (*C. inodorum*, *C. indicum* u. s. w.)

Die neue Sorte wurde somit dadurch gewonnen, dass eine, in *C. segetum grandiflorum* latente Eigenschaft zur Entfaltung gebracht wurde.

§ 19. Gefüllte Blumen und Blüthenkörbchen.

Der im vorigen Paragraphen beschriebene Versuch gestattet uns, uns eine Vorstellung darüber zu machen, wie die bei den cultivirten Compositen so sehr verbreitete Erscheinung der Füllung auch in den übrigen Fällen entstanden sein mag. Und sehen wir genauer zu, so finden wir fast überall eine bis in's Einzelne gehende Uebereinstimmung mit unserem Beispiel, wenigstens soweit es der Mangel an experimentellen Beobachtungen erlaubt.

Allerdings giebt es einige abweichende Arten der Füllung, wie die Ausbildung von Nebenköpfchen (*Cineraria*), die Umbildung der kleinen gelben Scheibenblüthen in lange weisse Röhrchen (*Pyrethrum*, vergl. Fig. 155) u. s. w. Diese sollen hier aber ausser Betrachtung bleiben und können einstweilen als uneigentliche Füllung ausgeschieden werden.

Der gewöhnliche Fall der Füllung bietet aber bei den verschiedensten Arten die grösstmögliche Uebereinstimmung mit den für *Chrysanthemum segetum* beschriebenen Verhältnissen. Andeutungen einer Neigung zur Füllung kommen sowohl bei solchen Arten vor, von denen eine gefüllte Varietät in den Handelscatalogen nicht aufgeführt wird, als namentlich bei solchen, von denen die betreffende Form bereits im Handel ist. So beobachtete ich 1892 in meiner Cultur von *Bidens grandiflora* vereinzelte, mehr oder weniger vollständig in Zungenblüthen umgewandelte Röhrenblüthen. In anderen Fällen sieht man die Variation nur, wenn man die Curven ermittelt. So fand ich für *Chrysanthemum coronarium*, eine äusserst beliebte Gartenpflanze (Fig. 154), von der man die gefüllte Form längst kennt, die folgende höchst ungleichschenkelige Curve. Es war die einfache Varietät. Es wurden 130 Blüthen auf 25 Pflanzen einer einzigen

Aussaat gezählt, und zwar nur die Endblüthen des Hauptstammes und der Aeste erster Ordnung. Ich fand:

Zungenbl.:	7	8	9	10	11	12	13	14	15	16	17	18	19	20	21.
Körbchen:	1	0	1	2	2	12	25	19	21	15	14	6	7	2	3.

Also auf dem einen Schenkel 18, auf dem anderen 87 Köpfchen und dazu eine sehr geringe Andeutung eines zweiten Gipfels auf der nächsten Zahl der BRAUN-SCHIMPER'schen Reihe: 21. Es liegt auf der Hand, dass man aus diesen Pflanzen in ähnlicher Weise wie beim *C. segetum* zu der gefüllten Varietät gelangen könnte.

Auch wird es wohl gestattet sein, in den Nebengipfeln der LUDWIG'schen Strahlencurven, soweit sie auf der positiven Seite des Hauptgipfels liegen,[1] im Allgemeinen Aeusserungen einer latenten Eigenschaft zu vermuthen, welche, wenn man sie activ machen könnte, vielleicht die entsprechenden gefüllten Varietäten liefern würde.

Fig. 154. *Chrysanthemum coronarium.*

Betrachten wir andererseits die gefüllten Varietäten der Compositen, so sehen wir, dass der Bau ihrer Körbchen bis in alle Einzelheiten mit denen des *Chrysanthemum segetum plenum* übereinstimmt. Stets ist die Füllung sehr variabel. Die schönsten Fälle bieten dem Auge keine Röhrenblüthen, ähnlich wie die Fig. 153 *C* auf S. 540 für *Chrysanthemum inodorum.* Schaut man aber zwischen die Zungen, so findet man die kleinen gelben Röhrenblüthen in gar nicht geringer Menge. So bei *Calendula officinalis* und vielen anderen Arten. Solche Köpfchen pflegen steril zu sein, denn die Zungenblüthen sind weiblich. Und da gar oft sämmtliche Köpfchen einer und derselben Pflanze diesen Grad der Füllung erreichen, so sind dann gerade die besten Varianten keine Samenträger. Stets findet man aber noch zwei andere Typen,

[1] Deuten die Nebengipfel auf der negativen Seite vielleicht in ähnlicher Weise auf eine Varietät ohne Strahlenblüthen, der Varietät *Discoidea*? (Vergl. § 8 S. 465 und Fig. 128 auf S. 466).

beide mit gelber Scheibe, sei es, dass diese rein ist (Fig. 153 *A*), sei es, dass sie zerstreute Zungen zwischen den Röhrchen führt, wie man solches namentlich bei *Chrysanthemum indicum* und *Zinnia elegans* so oft sieht. Auch die gefüllte *Bellis perennis* ist, falls aus Samen gezogen, in dieser Hinsicht sehr fluctuirend. Diese beiden Typen sind fertil und stellen somit die Samenträger der Varietät dar; liefern die Pflanzen mit Scheibenzungen (vergl. S. 541) ausreichenden Samen, so beschränkt man die Ernte auf sie; oft sind sie aber samenarm oder fast unfruchtbar.

Diese gezwungene Wahl der Samenträger und die oft unabweislichen Schwierigkeiten der Selection sind die Ursache, weshalb die Samenproben von gefüllten Compositen so häufig nur zum Theil die gewünschten Typen liefern, wie solches schon längst bekannt[1] und auch jetzt noch der Fall ist (*Chrysanthemum coronarium* bisweilen nur 50 %, *Centaurea Cyanus* 40—50 %, *Tagetes africana* mit seltenen Ausnahmen gefüllt, u. s. w.)[2]

Viele gefüllte Varietäten von Compositen scheinen fast so alt zu sein, als die Gartencultur überhaupt (vergl. S. 129); nach den ältesten Beschreibungen waren der Grad ihrer Füllung und ihre Variabilität damals dieselben als wie jetzt.

Schliesslich erwähne ich den Umstand, dass auch hier, wie sonst, nicht selten Knospen- und sectoriale Variation gefunden werden. Es möge genügen, von letzterer ein sehr schönes Beispiel anzuführen (Fig. 155), das ich der Freundlichkeit des Herrn Ernst H. Krelage in Haarlem verdanke.

In ähnlicher Weise wie das Auftreten gefüllter Körbchen dürfte auch die Entstehung gefüllter Varietäten bei anderen Blumenpflanzen aufzufassen sein. Ich beschränke mich dabei auf die Füllung durch Umwandlung der Staubfäden in Blumenblätter oder die Petalodie der Staubgefässe, indem ich für die übrigen Arten der Füllung auf die berühmte Monographie Goebel's verweise.[3]

Einzelne petalodische Staubgefässe kommen sowohl in den Culturen als im Freien gar nicht selten vor; sie sind zu bekannt, als dass es sich lohnen würde, Beispiele anzuführen. Sie bilden eine einseitige Variation, ihre statistische Curve ist eine sogenannte halbe,

---

[1] Z. B. *Pyrethrum roseum, Dahlia, Chrysanthemum indicum,* nach Verlot, *Production et fixation des variétés.* 1865. S. 83.

[2] Man vergl. die Handelscataloge von Veitch and Sons, London, Benary Erfurt, Haage und Schmidt, ebendaselbst, Sutton and Co., u. s. w.

[3] K. Goebel, *Beiträge zur Kenntniss gefüllter Blüthen,* in Pringsheim's Jahrb. f. wiss. Bot. Bd. 17. 1886. S. 207.

sie deuten dadurch auf eine latente oder semilatente Eigenschaft hin.[1] Diese kann man versuchen activ zu machen, und gelingt solches,[2] so darf man die Bildung einer gefüllten Varietät erwarten.

Solche gefüllte Varietäten pflegen in derselben Weise variabel zu sein, wie diejenigen der Compositen. Untersucht man die *Varietates plenae* des Handels z. B. bei *Clarkia pulchella, Clarkia elegans, Phlox Drummondi* u. a., so findet man fast alle Zwischenstufen zwischen kugelig gefüllten Blüthen und solchen mit nur normalen Staubfäden. Im Allgemeinen bemerkt man dabei, dass eine günstige Lebenslage die Füllung erhöht, wie das z. B. für *Anthemis nobilis,* für Arten von

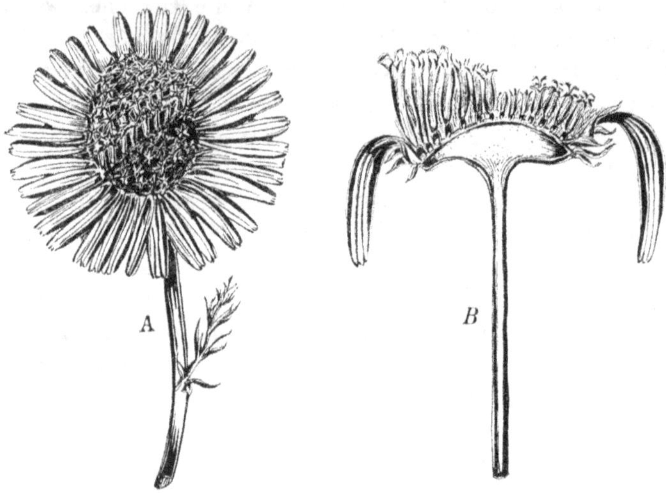

Fig. 155. *Pyrethrum roseum*, aus der Gärtnerei der Herren E. H. KRELAGE und SOHN in Haarlem (1899). In der einen Hälfte (der hinteren in *A*, der linken in *B*) ist das Körbchen durch Verlängerung der Röhrenblüthen „gefüllt", in der anderen Hälfte „einfach". *A* Ansicht; *B* Durchschnitt.

Narcissus und andere Zwiebelgewächse seit langer Zeit bekannt ist.[3] Ferner giebt es auch eine gewisse Periodicität: bisweilen sind die allerersten, häufiger aber die späteren Blumen weniger gefüllt als diejenigen, welche sich in der üppigsten Blüthezeit entfalten. Diese Beobachtung ist den Züchtern wohl bekannt,[4] namentlich bei ver-

[1] *Ueber halbe Galton-Curven als Zeichen discontinuirlicher Variation.* Ber. d. d. bot. Ges. Bd. XII. 1894. S. 197.

[2] Was übrigens gar nicht stets der Fall zu sein braucht. Vergl. den Versuch mit *Ranunculus bulbosus* in § 23 dieses Abschnittes.

[3] LINDLEY, *Theory of Horticulture.* S. 333.

[4] CARRIÈRE, *Production et fixation des variétés.* 1865. S. 66 u. 67 (*Camellia alba plena, incarnata, Fuchsia* u. s. w.).

schiedenen Sorten von *Begonia*, von denen man dann nur von den Herbstblumen Samen gewinnen kann.

Die meisten gefüllten Sorten sind samenbeständig, auch wenn es sich um Holzgewächse handelt (z. B. Pfirsich- und Apfelblüthe),[1] andere anscheinend nur wenig oder gar nicht (*Prunus spinosa*).[2] Für *Dianthus Caryophyllus* fand ich z. B. 80 % angegeben,[3] und gefüllte *Campanula*-Sorten sollen stets einige einfache Exemplare geben. Bei den gefüllten Levkojen kann man je nach der Behandlung und der Samenwahl entweder auf 50 %, oder — bei Topfcultur u. s. w. — bis 60 % gefüllter Exemplare rechnen.[4]

Oft geht die Umwandlung der Staubfäden in Blumenblätter so weit, dass gar kein Pollen mehr gebildet wird. Man muss dann die Narben der gefüllten Exemplare mit dem Staube einfacher Blumen derselben Sorte befruchten oder von Insecten befruchten lassen. Die Rasse bringt dann alljährlich beide Formen hervor. So z. B. *Papaver nudicaule aurantiacum plenum*, deren Samen in der Regel etwa 40—60 % gefüllte Exemplare geben. Umgekehrt verhält es sich bei den gefüllten Petunien, deren Fruchtknoten missgebildet zu sein pflegen, welche aber einzelne Staubfäden ausbilden. Mit diesen befruchtet man die Fruchtknoten einfacher Blumen, am besten nach Castration. Die nach dieser Operation gewonnenen Samen sollen etwa 25—40 % gefüllter Pflanzen geben, um so mehr, je grösser die Sorgfalt ist, welche auf die Castration verwandt wird.

Fig. 156. *Anemone coronaria* „the Bride". Einerseits gefüllt, andererseits einfach. Aus den Culturen der Herren E. H. Krelage und Sohn in Haarlem.

Sectoriale und Knospen-Variation giebt es auch bei gefüllten Blüthen. Der Genfer Kastanienbaum (*Aesculus Hippocastanum*), der während vieler Jahrzehnte einen einzelnen Zweig mit gefüllten Blumen

[1] Verlot, l. c. S. 83. [2] Ibid.

[3] Samencatalog von D. Sachs, Quedlinburg. 1890/91. (*Dianthus Caryophyllus c. fl. Margaritae*, Neuheit 1889.)

[4] Chaté, *Culture pratique des Giroflées*. Nobbe, *Botan. Centralblatt*. Bd. 32. 1887. S. 253.

trug,[1] ist wohl das bekannteste Beispiel der letzteren, und für die ersten giebt unsere Fig. 156 einen interessanten Fall. Es ist eine Blume der rein weissen *Anemone coronaria „the Bride"*, welche ich, wie das *Pyrethrum*, der Güte des Herrn KRELAGE verdanke. Sie wuchs in einem Beete der einfachen Varietät; die Pflanze, welche sie trug, hatte ausserdem nur noch einfache Blumen. Zur einen Hälfte hatte sie nur Staubgefässe; es ist, wie man sieht, die vordere Hälfte in der Figur. In der anderen waren aber weitaus die meisten Staubfäden in schmale Blumenblätter umgewandelt, wie solches, bei der gefüllten Form, rings um die Fruchtknoten herum der Fall zu sein pflegt. Die einfache Varietät bietet häufig kleinere oder grössere Spuren von Füllung dar, und es ist den Herren KRELAGE und SOHN auch gelungen, daraus eine gefüllte Sorte herzustellen und in den Handel zu bringen. Eine sectoriale Variation wie die abgebildete wurde dabei im Laufe der Jahre nur dieses eine Mal beobachtet.

§ 20. Die Entstehung von Linaria vulgaris peloria.

Etwa zehn Jahre nach dem Erscheinen der ersten Auflage von DARWIN's *Origin of species* (1859) schrieb HOFMEISTER am Schlusse seiner Besprechung der Pelorien Folgendes:[2]

„Einer der auffälligsten und merkwürdigsten Züge des Variirens der Pflanzen ist ohne Frage die Plötzlichkeit und Unvermitteltheit des Auftretens weitgreifender Abweichungen der Formenbildung von der gewohnten, wie sie in den zuletzt erwähnten Erscheinungen und ihnen analogen, sowie bei der Bildung der Monstrositäten im Allgemeinen vorkommt. Nicht dadurch, dass kleine Differenzen von der gewohnten Entwickelung, die sämmtlich nach derselben Richtung hin liegen, Generationen hindurch sich summiren, kommt die neue Form zu Stande; sie tritt mit einem Schlage, vollendet in ihrer weiten Abweichung von der Stammform, in die Erscheinung."

Dieser hochwichtige und ohne Zweifel durchaus richtige Ausspruch beruht aber auch jetzt noch einfach auf dem Fehlen der Uebergangsformen und nicht auf directer Beobachtung. Hätte das Auftreten der Pelorien allmählich stattgefunden, so dürfte man annehmen, dass auch die Zwischenstufen aufgefunden sein würden; da solches, trotz des verhältnissmässig häufigen Vorkommens der Monstrosität

[1] A. P. DE CANDOLLE, *Physiologie végétale.* 1832. II. S. 479 und ALPH. DE CANDOLLE, *Géographie botanique.* 1855. II. S. 1080. Dieser Baum stand im Garten des Herrn SALADIN DE BUDÉ unweit Genf. Der gefülltblüthige Ast wurde durch Stecklinge vielfach vermehrt.

[2] W. HOFMEISTER, *Allgemeine Morphologie der Gewächse.* 1868. S. 564.

nicht der Fall war, so folgerte man, dass sie auch nicht da gewesen wären, dass die Entstehung somit eine unvermittelte sei.[1]

Es leuchtet aber ein, dass die directe Beobachtung einzig und allein im Stande ist, den endgültigen Nachweis zu liefern. Und ferner, dass sie das Studium dieser merkwürdigen Erscheinung in ein neues Stadium überführen wird, indem einerseits die Art und Weise der Entstehung, und andererseits ihre äusseren Bedingungen oder richtiger Veranlassungen der Forschung zugänglich gemacht werden.

Aus diesem Grunde habe ich mich bemüht, die Entstehung der *Peloria* aus der gewöhnlichen Form in meinem Versuchsgarten herbeizuführen. Ohne Zweifel hängt das Gelingen eines solchen Versuches, wenigstens zum ersten Male, wesentlich vom Zufall ab, und dieser lässt sich nur durch umfangreiche Culturen und möglichst abgewechselte Lebensbedingungen beeinflussen. Mir aber hat das Glück insoweit gedient, dass ich nach siebenjähriger Arbeit mein Ziel erreicht habe. In der fünften und sechsten Generation meiner Cultur trat die *Peloria* auf, und zwar unvermittelt.

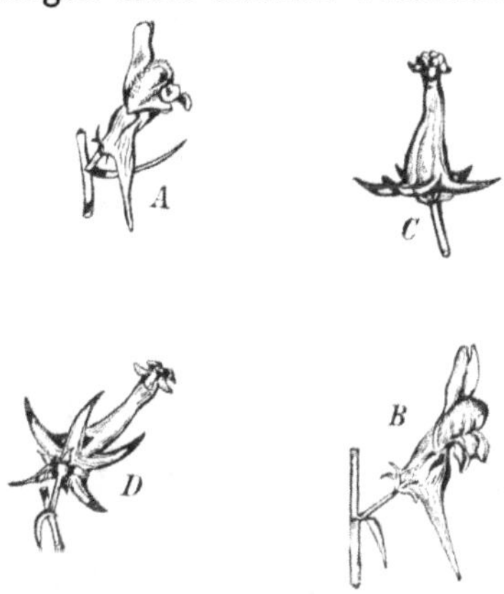

Fig. 157. *A, B Linaria vulgaris. C, D* Pelorische Blüthen derselben.

Zum richtigen Verständniss dieser Beobachtung schicke ich eine kurze Darstellung der Sachlage voraus, indem ich für die vollständige Zusammenstellung der Literatur auf den folgenden Paragraphen und auf PENZIG's *Teratologie* verweise.[2]

Bekanntlich wurden die Pelorien von *Linaria vulgaris*[3] zum ersten

[1] Ueber Pelorien von *Linaria*, namentlich von *L. spuria*, vergleiche man H. VÖCHTING, *Ueber Blüthenanomalien.* Jahrb. für wiss. Bot. Bd. XXXI. Heft 3. 1893 und L. JOST, *Blüthenanomalien bei Linaria spuria.* Biolog. Centralblatt. Bd. XIX. 1899. S. 145. Ferner J. H. WAKKER, *Over pelorien, Ned. Kruidk. Archief.* 2. V. p. 1, Juli 1889 m. Pl. X. P. VUILLEMIN, *Monstruosités chez le Linaria vulgaris*, Bull. Soc. Sc. Nancy. Dec. 1893 avec 1 Planche (T. 13. 1894. p. 33). W. and A. BATESON, *On variations in the floral symmetry.* Journ. Linn. Soc. Bot. Vol. 28. 1871. p. 381.

[2] O. PENZIG, *Pflanzen-Teratologie.* Bd. II. S. 195.

[3] Die Pelorien haben fünf Sporne: *Peloria nectaria.* Es kommt aber auch eine *Peloria anectaria* vor, deren sämmtliche Blüthen regelmässig sind, aber ohne Sporne. Vergl. PENZIG, l. c. und VERLOT, *Production des variétés* p. 90. Auch diese Varietät ist nahezu steril, mit seltenen Samen, aus denen aber wiederum die *Peloria anectaria* erhalten wurde.

Male im Jahre 1742 von ZIOBERG auf einer Insel unweit Upsala entdeckt und in den *Amoenitates academicae* von LINNÉ beschrieben.[1] Sie wuchsen dort mit der gewöhnlichen *Linaria* zusammen und bildeten eine sich durch Wurzelbrut vermehrende „constante“ Rasse. Sämmtliche Blumen dieser Pflanze waren pelorisch ausgebildet (Fig. 158).

Fig. 158. *Linaria vulgaris peloria.* Ein reichverzweigter Stengel einer Pflanze der zweiten Generation. Aus Samen der ersten Generation von 1897 im Jahre 1898 gekeimt und im August 1900 photographirt. Sämmtliche Blüthen sind pelorisch.

Fig. 159. *Linaria vulgaris.* Normal blühender Stengel.

LINNÉ beschrieb diese damals neue Form unter dem Namen *Peloria*, vom griechischen πέλωρ, Monstrum.

[1] *Amoen. acad.* I. p. 55. p. 280 (1744). Vergl. MOQUIN-TANDON, *Pflanzen-Teratologie.* 1842. S. 170, und W. HOFMEISTER, l. c. S. 563.

Erst später entdeckte man, dass auch an der gewöhnlichen *Linaria vulgaris* von Zeit zu Zeit vereinzelte pelorische Blüthen gefunden werden. Auch wurden ausser dem ersten im Laufe der Jahre noch eine Reihe weiterer über die meisten Länder Europas zerstreuter Fundorte der echten *Peloria* entdeckt.

Mehrere Forscher haben solche Pflanzen in Cultur genommen; sie erhielten sich dort constant und vermehrten sich durch die zahlreichen Wurzelknospen. In den vereinzelten Fällen, wo die Exemplare anscheinend zu der einspornigen Form zurückkehrten, bleibt es unsicher, ob zwischen den Wurzeln der *Peloria* vielleicht einzelne Wurzeln der *L. vulgaris* mit übergepflanzt würden. Beschreibungen der Blüthen liegen so zahlreich in der Literatur vor, dass ich auf ihre Anführung oder Wiedergabe glaube verzichten zu dürfen. Die Fig. 158 giebt aber ein Bild unserer Pflanze, und zwar von einem sehr reichlich verzweigten Exemplar. Zum Vergleich gebe ich in Fig. 159 eine normale Traube der *Linaria vulgaris.*

Nach der übereinstimmenden Erfahrung aller Forscher sind die Blüthen der *Peloria* in hohem Grade steril. Der Pollen ist schlecht ausgebildet, aber auch der Fruchtknoten ist meist atrophisch. Jedoch nicht in solchem Grade, dass nie keimfähige Samen entstehen würden, wie einige Forscher meinen.[1] Denn es gelang bisweilen, solche Samen zu ernten. WILLDENOW berichtet über einen Versuch, in welchem aus diesem Samen fast ausschliesslich reine Pelorien hervorgegangen sind.[2]

Die *Peloria*, oder *Linaria vulgaris peloria*, zeichnet sich dadurch aus, dass sämmtliche Blüthen pelorisch sind. Freilich ist dieses Merkmal bedeutender fluctuirender Variation unterworfen, indem namentlich in der Zahl und der Ausbildung der Sporne viel Abwechselung herrscht. Normale einspornige Blüthen fand ich aber darunter nicht, obgleich ich seit 1894 jährlich einige Hunderte, in den besten Jahren mehrere Tausend pelorische Blüthen in meinen Culturen beobachten konnte.

Neben dieser *Peloria* findet man, wie erwähnt, auf der gewöhnlichen *Linaria vulgaris* bisweilen einzelne pelorische Bildungen, gleichfalls mit starker fluctuirender Variabilität (Fig. 160). Meist ist es nur eine einzige Blüthe auf einer ganzen Pflanze, und wiederholt sich die Erscheinung im Laufe des Sommers nicht wieder. Bisweilen fand ich auf derselben Pflanze zwei oder gar drei Pelorien, sowohl im

[1] VERLOT, *Production et fixation des variétés*, p. 90.

[2] DE CANDOLLE, *Physiologie végétale.* T. II. p. 692. Mit WILLDENOW's Erfahrung stimmt die meinige völlig überein. Vergl. S. 562.

Freien als in meinen Culturen, selten mehr. Oft bildet ein Individuum, welches im ersten Jahre eine solche Verbildung zeigte, im zweiten Jahre, trotz reicherer Verzweigung und viel reicherer Blüthe, keine einzige aus; oft aber auch wiederholt sich die Erscheinung. Die vereinzelten Pelorien sind an keine bestimmte Stellung gebunden,[1] doch kamen sie bei mir vorzugsweise am höchsten Seitenzweige unterhalb der endständigen Traube vor.

Ist das Vermögen, vereinzelte pelorische Blüthen hervorzubringen, allen Exemplaren der *Linaria vulgaris* inhärent? Oder giebt es zwei Rassen, eine ohne, und eine mit facultativer Pelorienbildung? Diese Frage scheint bis jetzt nicht untersucht zu sein. Aus den soeben angeführten Beobachtungen ergiebt sich, dass sie im Freien wohl nie sicher zu entscheiden sein wird. Denn das Fehlen der Verbildung an einzelnen Tagen oder in einzelnen Jahren beweist an sich nichts. Ich halte es für wahrscheinlich, dass beide Sorten existiren, und dass es Gegenden giebt, wo man auf der *Linaria vulgaris* nie diese Missbildungen findet.

Fig. 160. *Linaria vulgaris hemipeloria.* Zweig einer normalblüthigen Pflanze mit einer einzigen pelorischen Blüthe. Zandpoort, August 1900. *a* Normale, einspornige Blume. *b* Eine Pelorie.

Mein Vaterland gehört aber nicht zu diesen. Wenn man auf Excursionen darauf Acht giebt, so findet man verhältnissmässig häufig einzelne pelorische Blüthen, und zwar an den verschiedensten Standorten. Als ich zu der Fig. 160 eine solche als Vorlage zum Photographiren brauchte, bat ich meine Frau, mir eine solche in der hiesigen Gegend zu suchen, und erhielt ich sie sofort. Das Vermögen, sie zu bilden, ist somit in unserem Lande weit verbreitet und offenbar erblich, wenn auch zumeist latent. Ob es hier und dort Fundorte ohne diese Eigenschaft giebt, weiss ich nicht.

So lange nicht entschieden ist, ob es eine *Linaria vulgaris apeloria* giebt, werde ich die Pflanzen mit diesem Vermögen vorläufig *L. vulgaris hemipeloria* nennen (Fig. 160). Ich bezeichne als solche somit theils die Pflanzen, an denen einzelne Pelorien beobachtet wurden, theils aber auch ihre Nachkommenschaft.

[1] Vergl. Penzig, l. c. S. 195.

In meinem Vaterlande wird auch die echte, vollständige *Peloria* (Fig. 158) von Zeit zu Zeit im Freien beobachtet. In den Floren finden sich einige wenige Fundorte aufgezählt. Ich selbst erhielt solche Pflanzen nur im Jahre 1874 und zwar von einer Stelle unweit Zandvoort; seitdem sind sie dort aber nicht wieder gefunden. In den letzten Jahrzehnten ist mir nur ein Fund bekannt geworden, dieser lag in der Nähe von Oldenzaal (1896). Ob an diesen verschiedenen Stellen die *Peloria* spontan, d. h. unabhängig von anderen Fundorten entstanden ist, weiss man selbstverständlich nicht, aber wegen der grossen Schwierigkeit der Samenbildung darf es ohne Zweifel als sehr wahrscheinlich betrachtet werden.

Zu meinen Versuchen habe ich im Sommer 1886 Exemplare aus dem Freien in meinen Garten übergepflanzt. Ich wählte solche mit einzelnen pelorischen Blüthen und reinigte ihre Wurzeln möglichst sorgfältig von solchen Wurzeltheilen, deren Herkunft von der *Hemipeloria* nicht sicher war. Die Pflanzen stammten aus dem Gooiland. Gleichzeitig sammelte ich auch die *Linaria vulgaris* mit *Catacorolla*,[1] und erhielt von Herrn Dr. Wakker die dreispornige Varietät (vergl. § 8 S. 470). Diese drei Formen blühten im nächsten Sommer zusammen in meinem Garten.

Die zweite Generation säte ich aus den 1887 gesammelten Samen im Frühling 1888; die Pflanzen blühten aber erst 1889, und ebenso 1890. Sie trugen neben den zahllosen einspornigen Blüthen im ersten Blüthenjahre eine einzelne, im zweiten aber zwei pelorische Bildungen. Die Samen sammelte ich 1889.

Aus diesen erhielt ich die dritte Generation im Jahre 1890. Auch jetzt trat das Blühen erst im zweiten Jahre ein, und gab es unter einigen Tausenden von normalen Blumen wiederum eine pelorische. Von dieser sammelte ich die Frucht getrennt, sie lieferte mir hinreichenden Samen für die Cultur von 1892.

In diesem Jahre habe ich zum ersten Male die Aussaat in einer Schüssel mit guter Gartenerde im Gewächshaus meines Laboratoriums vorgenommen. Bis dahin hatte ich einfach im Freien ausgesät; dazu bedarf man aber ein viel grösseres Quantum von Samen. Die Keimlinge wurden, sobald sich eine hypocotyle Knospe zu entwickeln anfing, einzeln in Töpfe mit stark gedüngter Erde ausgepflanzt, zunächst unter Glas gehalten und erst im Juni auf das Beet gebracht. Die Folge war, dass sie bereits im ersten Jahre blühten, und zwar sehr üppig. Es waren im Ganzen etwa zwanzig Individuen. Auf diesen

[1] Vergl. Kap. II. dieses Abschnittes § 4 S. 432.

sah ich Ende August eine einzige pelorische Blüthe. Ich habe dann im Herbst sämmtliche Pflanzen ausgerodet mit Ausnahme derjenigen, welche diese Pelorie trug. Diese Pflanze liess ich im nächsten Jahre völlig isolirt blühen, was aus zahlreichen reich verzweigten Stengeln sehr üppig stattfand. Sie bildete aber in diesem Jahre keine einzige pelorische Blüthe aus. Sie trug 13 ccm Samen, somit eine überaus reichliche Ernte. Von dieser säte ich einen kleinen Theil im nächsten Jahre, und als ich darunter die gewünschte *Linaria vulgaris peloria* gefunden hatte, den Rest theils 1896, theils 1899.

Bevor wir zu der Besprechung dieses Hauptabschnittes der Versuchsreihe übergehen, fassen wir die Ergebnisse der Jahre 1886—1893 kurz zusammen. Sie umfassen vier Generationen, deren jede unter vielen Hunderten oder Tausenden von normalen Blüthen eine oder einzelne pelorische Blumen zeigte. Die Anomalie kehrte somit alljährlich zurück, sie beruht offenbar auf der Anwesenheit einer erblichen semilatenten Anlage, welche nur äusserst selten an's Licht tritt.

Der Versuch bestätigt die Folgerung, welche man aus dem öfteren Vorkommen vereinzelter pelorischer Blüthen im Freien ziehen durfte. Die *Linaria vulgaris hemipeloria* ist somit eine erbliche Form. Ob sie mit der *Linaria vulgaris* selbst identisch ist, oder eine Varietät oder Rasse von dieser darstellt, muss, wie bereits bemerkt, einstweilen dahingestellt bleiben. Von ihr stammt meine *L. vulgaris peloria* ab, wie ich jetzt beschreiben werde.

Um diesen Theil meines Versuches leichter verständlich zu machen, schicke ich zunächst eine Uebersicht in Form eines Stammbaumes voraus. Dieser enthält die vier bereits beschriebenen und zwei weitere Generationen der *Hemipeloria* (1—6) und dazu die erste, zweite und dritte Generation der total pelorischen Pflanzen (I—III). Es bedeuten:

h und *H*: *Linaria vulgaris hemipeloria.*
p: „ „ *peloria*, erste Generation.
P: „ „ „ 2. und 3. „

Wo es nützlich schien, ist diesen Buchstaben die Anzahl der Versuchspflanzen vorangesetzt, sei es in absoluten Zahlen, sei es nach Procenten. Für die fünfte und sechste Generation habe ich, wie man sieht, wiederholte Aussaaten in verschiedenen Jahren gemacht. Die Ziffer ② bedeutet, dass die betreffenden Exemplare dieselben waren, wie im vorigen Jahre, und zum zweiten Male Samen trugen. Endlich habe ich mit *H* die überwinterte Pflanze von 1893 angewiesen, aus deren Samen zum ersten Male in diesem Versuche die *L. vulgaris peloria* hervorging, welche also die Mutterpflanze dieser Rasse war.

Stammbaum

über die

Entstehung von *Linaria vulgaris peloria.*

Generation		*H* und *h* = Hemipeloria; *p* und *P* = Peloria.		
III.	1899 einjährig		28 *P* + 4 *h*	
II.	1898 einjährig		75 *P* + 4 *h*	
I—II.	1897 ein- und zweijährig	3 *P* + 5 *h*	②	
6.	1895, 1897 einjährig	15 *h* + 2 *p* (1895)	6 *h* + 1 *p* (1897)	
5.	1894, 1896, 1899 einjährig	57 *h* + 1 *p* (1894)	*h* + 1 % *p* (1896)	*h* + 1 % *p* (1899)
4.	1892—93 zweijährig		*H*	
3.	1890—91 zweijährig		*h*	
2.	1888—89 zweijährig		*h*	
1.	1886—87 zweijährig		*h*	

Die weitere Beschreibung des Versuches fängt somit mit der Mutterpflanze der pelorischen Rasse *H* an (1893). Da ich selbstverständlich bis dahin noch nichts Besonderes bemerkt hatte, säte ich von ihren Samen nur einen kleinen Theil aus. Es geschah dieses, wie später auch stets, in Schüsseln im Gewächshaus; die jungen Pflänzchen kamen in Töpfe mit gedüngter Erde, bis sie im Juni ausgepflanzt wurden. Sie blühten demzufolge sämmtlich im ersten Jahre. Es blühten 58 Pflanzen; von ihnen waren 45 dicotyl und 13 tricotyl. Unter den Dicotylen gab es elf Exemplare, welche je eine, zwei oder drei pelorische Blüthen trugen; in einem Falle ersetzte eine solche

Blüthe eine ganze Traube. Unter den Tricotylen fand ich solche Blumen nicht, doch wurden die meisten bereits Mitte August entfernt. Unter ihnen trat aber eine Pflanze auf, welche ausschliesslich pelorische Blüthen trug, und zwar auf mehreren Stengeln und deren Aesten. Sie trug keinen Samen trotz vielfacher Bestäubung, auch mit dem Pollen ihrer Nachbarn, wurde überwintert und blühte im nächsten Jahre wiederum reichlich, und zwar ebenfalls mit ausschliesslich pelorischen Blüthen.

Es liess sich aus diesem Versuche ableiten, dass die *Peloria* etwa in einem Verhältniss von 1—2 $^0/_0$ aus ihrer hemipelorischen Mutter hervorgegangen war. Um dieses Verhältniss genauer kennen zu lernen, habe ich dann 1896 von derselben Samenernte eine grössere Aussaat gemacht, und von dieser sämmtliche Keimpflanzen, etwa 1850 Stück, in Töpfe ausgepflanzt. Bereits Mitte Juli zeigten sich darunter einige total pelorische Individuen; sie wurden sofort aufgenommen und an einer entfernten Stelle des Gartens gepflanzt. Neben sie stellte ich von Zeit zu Zeit die weiteren Individuen der *Peloria*. Mitte August waren alle kräftigen Pflanzen in Blüthe und wurden sie ausgezählt. Es zeigten sich 16 total pelorische Pflanzen, und 1759 Exemplare mit gewöhnlichen Blumen, unter denen hier und dort vereinzelte pelorische Bildungen angetroffen wurden. Zusammen also 1775 blühende Exemplare, von denen 1 $^0/_0$ (genauer 0·9 $^0/_0$) *Peloria* waren.

Für die Ernte wurden die besten Pelorien in Pergaminbeuteln eingehüllt und jede mit dem Blüthenstaub einer anderen *Peloria* bebefruchtet. Ferner wählte ich ein schönes hemipelorisches Exemplar, welches reichlich blühte, nachdem es früh eine einzige pelorische Blüthe gebildet hatte. Es gab bei Selbstbefruchtung[1] eine hinreichende Ernte.

Denselben Versuch habe ich 1899 noch einmal mit dem Rest der Ernte der Mutterpflanze *H* ausgeführt, und wie zu erwarten, mit demselben Erfolge. Ich erhielt etwas über 300 blühende Pflanzen, unter denen 3' total pelorisch waren. Also wiederum 1 $^0/_0$. Unter den übrigen beobachtete ich im Laufe etwa zweier Monate und bei sehr reichlicher Blüthe eine nicht unerhebliche Anzahl vereinzelter pelorischer Blumen.

Die drei beschriebenen Culturen bildeten somit die fünfte Generation meines Versuches. Aus ihren Samen konnte also, sofern sie von hemipelorischen Pflanzen geerntet waren, die sechste Generation

[1] Diese gelingt bei *Linaria vulgaris* häufig nicht, bisweilen aber, namentlich an sehr kräftigen Pflanzen, mehr oder weniger vollständig.

dieser Familie erhalten werden. Ich habe dieses theils 1895 aus den Pflanzen von 1894, theils 1897 aus denen von 1896 gemacht; die Samenträger hatten dazu in Pergaminbeutelchen geblüht und waren theils mit ihrem eigenen Pollen, theils unter sich künstlich von mir befruchtet worden.

In beiden Fällen hat sich die Mutation wiederholt. Es sind aus hemipelorischen Vorfahren wiederum total pelorische Individuen entstanden. Und zwar trotz der, durch die geringen Ernten bedingten, ganz kleinen Aussaaten.

Im Jahre 1895 erhielt ich aus den Samen einer der S. 559 erwähnten dicotylen Pflanzen 17 blühende Individuen, von denen zwei völlig pelorisch waren; ihre sämmtlichen Blüthen gehörten diesem Typus an. Im Jahre 1897 säte ich Samen einer sehr schönen, oben erwähnten hemipelorischen Pflanze von 1896 und erhielt nur sieben blühende Exemplare, unter diesen war wiederum eine total pelorisch, die übrigen einspornig.

Ich komme jetzt zur Behandlung der Frage, ob die Mutanten sofort samenbeständig sind. Die Beantwortung dieser Frage stösst auf die äusserst geringe Fruchtbarkeit, die nahezu völlige Sterilität der *Peloria*. Mit ihrem eigenen Blüthenstaub ist fast nichts zu machen, unter sich künstlich bestäubt setzen weitaus die meisten Blüthen dennoch keine Frucht an. Tausende von Blüthen habe ich im Laufe einiger Jahre befruchtet, um im Ganzen wenig über hundert keimfähige Samen zu erhalten. Unter diesen Umständen sind Fehler offenbar äusserst schwer zu vermeiden und können mitunter einzelne Pollenkörner von entfernten Gruppen normaler Pflanzen durch Insecten oder beim Ausführen der Operation auf die Narben gelangen.[1] Auf unvollständige Erblichkeit darf somit nur mit dieser Reserve geschlossen werden.

Von den total pelorischen Pflanzen von 1896 bildeten nur drei in demselben Jahre Samen. Daraus gingen acht Pflanzen hervor, fünf einspornige und drei total pelorische. Ich habe dann die *Peloria* von 1896 überwintert und mir 1897, wie erwähnt, viele Mühe gegeben, sie unter sich zu befruchten. Jeden zweiten Tag befruchtete ich sämmtliche geöffnete Blumen mit dem Staube ihrer Nachbarn. Ich erhielt eine geringe Samenernte, grösstentheils taub (0·2 ccm). Es keimten etwa 100; einige Pflänzchen waren aber so schwach, dass sie bald zu Grunde gingen. 79 Exemplare gelangten zur Blüthe, die meisten von ihnen waren äusserst kräftig und reich an Stengeln. Es waren 75 völlig pelorische und 4 einspornige Pflanzen, welche

[1] Solche Befruchtungen geben einspornige Pflanzen, vergl. den zweiten Band.

sobald wie möglich entfernt wurden. Die ersteren zeigten sich in Bezug auf den Blüthenbau sehr variabel, brachten aber keine einspornigen Blüthen hervor. Sie bildeten ein Beet von über drei Quadratmeter, welches während der Monate Juli und August völlig mit üppigen Trauben von ausschliesslich pelorischen Blüthen bedeckt war.

Von diesem Beete erhielt ich wiederum nur eine ganz kleine Ernte, welche aber nur zum Theil durch künstliche, zum Theil durch Insectenbestäubung bei isolirter Lage bewirkt war (0·3 ccm). Es keimten daraus 1899 wenige Samen, von denen 32 zur Blüthe gelangten. Unter ihnen waren 28 total pelorisch und vier einspornig.

Die Nachkommenschaft der *Peloria* war somit in den drei Versuchen, welche zwei Generationen umfassten, eine gemischte. Sie bestand im Ganzen aus $3 + 75 + 28 = 106$ total pelorischen und $5 + 4 + 4 = 13$ einspornigen (hemipelorischen) Individuen. Zusammen 119, mit etwa 10 % Atavisten. Ebenso fand Willdenow (vergl. S. 555) die *Peloria* erblich, aber nur unvollständig. An dieser unvollkommenen Reinheit der Nachkommenschaft können immerhin, wie erwähnt, Fehler der Isolirung einen Antheil gehabt haben, jedoch kaum einen solchen, dass man nach diesen Versuchen auf eine völlige Constanz schliessen dürfte.

Ueberblicken wir jetzt den ganzen dreizehnjährigen Versuch noch einmal, so finden wir:

1. Die *Linaria vulgaris hemipeloria* ist eine erbliche Rasse mit semilatentem Merkmal, welches sich unter Tausenden von Blüthen meist nur ganz einzelne Male äussert. Sie ist im wilden Zustande weit verbreitet.
2. Aus ihr kann die *Linaria vulgaris peloria* entstehen, und zwar unter bis jetzt noch unbekannten Bedingungen.
3. Diese Entstehung ist eine Mutation, sie geschieht unvermittelt und ohne sichtbare Vorbereitung; namentlich bricht in den Exemplaren, deren Samen die Mutation zeigen, das latente Merkmal gar nicht öfter oder stärker hervor, als sonst in der Rasse.
4. Die Mutation kann sich in den auf einander folgenden Generationen wiederholen. Ich beobachtete sie in zwei Jahrgängen, habe sie dann aber nicht weiter verfolgt.
5. Die Mutation trat in etwa 1 % der Individuen auf.
6. Die Mutanten zeigen das betreffende Merkmal sofort in völliger Ausbildung, in allen ihren Blüthen, wenn auch mit erheblicher fluctuirender Variabilität.

7. **Die Mutanten sind in hohem Grade, aber nicht völlig, samenbeständig.** Der Grad der Erblichkeit betrug etwa 90 %, vielleicht mehr.

Wir wenden diese Ergebnisse zunächst an zur Erklärung des Vorkommens der *Peloria* in der freien Natur. Hier wurde sie von zahlreichen Botanikern und in den verschiedensten Gegenden gefunden. Aber soweit die Angaben in der Literatur es zu beurtheilen gestatten, stets nur vereinzelt und vorübergehend. Sie erhält sich während einer längeren oder kürzeren Reihe von Jahren durch ihre Wurzelknospen, bildet vielleicht einen spärlichen Samen aus, kann sich aber mittels dieser nicht verbreiten oder einen neuen Standort gewinnen. Wo man sie findet, muss sie also autochthon sein, d. h. an Ort und Stelle entstanden.

Ich denke mir, dass dieses Auftreten im Grossen und Ganzen überall denselben Gesetzen gehorcht, und dass es also in derselben Weise stattfindet, wie in dem einzelnen, von mir beobachteten Falle, d. h. also aus der *Linaria vulgaris hemipeloria*, und aus dieser jedesmal plötzlich. Dazu stimmt erstens das sehr allgemeine Vorkommen dieser Rasse, und zweitens die Thatsache, dass Zwischenformen zwischen ihr und der völlig ausgebildeten *Peloria* von keinem Forscher erwähnt worden sind.

Ist diese Auffassung richtig, so **haben wir hier eine Mutation vor uns, welche nicht an eine Periode gebunden ist,** sondern im Laufe der Jahrhunderte von Zeit zu Zeit, und, was die äusseren Ursachen anbelangt, gewiss unabhängig von den anderen Fällen und somit polyphyletisch auftritt.

Dafür spricht auch, dass sie nicht ein Glied aus einer bestimmten Gruppe von Mutationen darstellt, wie die Unterarten von *Draba verna, Viola tricolor* und anderen bekannten Beispielen. Allerdings kommen auch andere Abweichungen von *Linaria vulgaris* ziemlich häufig vor, wie die *Peloria anectaria* und die *Catacorolla*, welche beide auch in meinen Culturen mehrfach an einzelnen Blüthen auftraten. Jedoch ist von einer Beziehung zwischen diesen und der beschriebenen *Peloria nectaria* nichts bekannt.

Vergleichen wir unsere Ergebnisse mit denjenigen, welche wir oben für *Antirrhinum majus striatum* (§ 14 S. 504) beschrieben haben, so haben wir die *Linaria vulg. hemipeloria* offenbar als eine Halbrasse und die *L. vulg. peloria* wegen ihrer unvollkommenen Samenbeständigkeit als dem gestreiften Löwenmaul analog und also als eine Mittelrasse zu betrachten. Beide variiren so zu sagen gegen einander hin, dabei die gemeinschaftliche Grenzlinie, sei es in einzelnen Blüthen (*L. vulg. hemipeloria*), sei es in einzelnen ganzen Individuen (*L. vulg. peloria*) überschreitend.

Wir kommen jetzt zu der wichtigsten Aufgabe, zu der die mitgetheilten Versuche und Folgerungen Veranlassung geben, der Vergleichung dieser Mutation mit denjenigen von *Oenothera Lamarckiana*. Mehrere Züge haben diese beiden Vorgänge mit einander gemeinschaftlich, in anderen sind sie sich aber mehr oder weniger vollständig entgegengesetzt.

Uebereinstimmung findet sich in der plötzlichen, unvermittelten Entstehung, in dem wiederholten Auftreten, in dem Mutationscoëfficienten von etwa 1 % (vergl. II. § 14 S. 239), in der Vollendung des neuen Typus und dessen hohem Grade von Erblichkeit.

Diese gemeinschaftlichen Züge berechtigen dazu, auch die Entstehung der *Linaria vulgaris peloria* als Mutation zu bezeichnen.[1]

Aber es ist eine Mutation eigener Art. Die Umgestaltung erstreckt sich nicht auf alle Theile der Pflanze, sondern beschränkt sich auf die Blüthen; in der Jugend sind die beiden Typen gar nicht zu unterscheiden. Bei den Mutationen von *Oenothera Lamarckiana* fanden die neuen Eigenschaften ihre Analoga in den Artmerkmalen der verwandten älteren Arten; bei *Linaria* besteht eine solche Analogie nicht. Im Gegentheil kommt das

---

[1] Bekanntlich hat Linné die Meinung ausgesprochen, dass die *Peloria* ein Bastard von der gewöhnlichen *Linaria vulgaris* mit irgend einer anderen unbekannten Pflanze sei. Ihre sehr geringe Fruchtbarkeit sprach dafür. Doch hat man den zweiten der beiden Eltern nicht finden können, und somit die Meinung aufgegeben. Andererseits lohnt es sich, hier die Möglichkeit hervorzuheben, dass die *L. vulg. hemipeloria* ein Bastard sei von der *L. vulg. (apeloria)* und der *L. vulgaris peloria*. In diesem Falle wäre das Auftreten der letzteren aus der ersteren nicht als Mutation, sondern als Bastardspaltung aufzufassen. Die *Peloria* müsste dann anfangs aus der *Apeloria*, ohne Vermittelung durch die *Hemipeloria*, entstanden sein, und es würde sich die Aufgabe ergeben, diese Entstehung zu beobachten. Es ist aber eine reine Vermuthung, dass ein eventueller Bastard *Apeloria* × *Peloria* eine *Hemipeloria* sein würde; nach unseren bisherigen Kenntnissen (vergl. den zweiten Band) würde man eher vermuthen, dass sie einem der beiden Eltern, und zwar der *Apeloria* gleich sein würde. Und so lange über diese verschiedenen Punkte keine directe Erfahrung vorliegt, scheint mir eine Discussion über diese Auffassung gegenstandslos. Auch ist es keineswegs sicher, dass die *Linaria vulgaris apeloria* überhaupt besteht oder je bestanden hat; die Varietät kann, namentlich in dieser Gattung, ganz gut älter sein als wie die Art.

neue Merkmal der letzteren als „Varietät“ bei sehr zahlreichen anderen, theils gar nicht verwandten Pflanzen vor. Endlich tritt die Mutation der *Linaria* nicht mit anderen zugleich, örtlich und zeitlich beschränkt auf, sondern vereinzelt und zerstreut über vielleicht das ganze Gebiet der Mutterform, und wahrscheinlich über die ganze Dauer des Lebens dieser Rasse.

Die Mutationen von *Oenothera Lamarckiana* erforderten die Annahme einer bestimmten Prämutation, die Entstehung der *Peloria* verhält sich offenbar anders.

Die Pelorien werden häufig als Beispiele von Atavismus betrachtet.[1] Die Berechtigung dieser Auffassungsweise hängt offenbar zunächst davon ab, ob man diese Bezeichnung in einem engeren oder in einem weiteren Sinne nimmt. Der Atavismus ist der Rückschlag zu vorelterlichen Merkmalen; im engeren Sinne zu dem vollständigen Typus bestimmter Vorfahren, im weiteren bezieht er sich nur auf einzelne Eigenschaften. Nun ist es klar, dass die Sporne, welche ein Merkmal der Gattung *Linaria* sind, viel älter sind, als die Art *L. vulgaris*; Vorfahren ohne Sporne und mit den sonstigen Eigenschaften der Art kann diese somit nicht gehabt haben; somit kann der *L. vulgaris anectaria* kein Platz in der Vorfahrenreihe zukommen. Viel älter ist die Symmetrie; reguläre *L. vulgaris* hat es unter den Vorfahren gewiss nie gegeben. Schliesslich widerspricht auch die Sterilität dieser Annahme.

Will man die Pelorien als Atavismus auffassen, so heisst das somit weiter nichts, als die Behauptung, dass sie durch Verlust oder Latenz eines Merkmales aus der gewöhnlichen *Linaria* entstanden sind. Es handelt sich somit um eine retrogressive Mutation und es fragt sich dann, in wie weit die Unterschiede von den progressiven Mutationen, wie wir sie bei *Oenothera* kennen gelernt haben, darin ihre Erklärung finden. Diese ist nun eine so auffallend einfache, dass sie sich aus der oben gegebenen Zusammenstellung von selbst ergiebt. Hervorzuheben ist nur, dass die wichtigste Vorbedingung zu einem Latentwerden der Besitz des fraglichen Merkmales ist, und dieses erklärt, weshalb die *Peloria* im ganzen Verbreitungsbezirke der Art so wiederholt auftritt. Weder eine Prämutation, noch eine Mutationsperiode ist dazu erforderlich.

Trifft der Verlust oder die Latenz (denn die innere Anlage geht offenbar nicht verloren, sondern wird nur inactiv) einzelne Blüthen,

[1] Vergl. hierüber L. Jost, *Biolog. Centralbl.* 1899. S. 149.

so haben wir partiellen Atavismus, trifft er die ganze Pflanze, so haben wir die erbliche *Peloria* vor uns.

In dieser Beziehung stehen somit die atavistischen Erscheinungen der gestreiften Blumen, der vielährigen *Plantago* (§ 17 S. 514) und der pelorischen *Linaria* auf einer Linie. Sie sind retrogressive Vorgänge, ein Zurückgreifen auf ältere, äusserlich verlorene, innerlich noch latent vorhandene Eigenschaften. Ihre Uebereinstimmung unter sich einerseits, und der Gegensatz zu den progressiven Mutationen der *Oenothera Lamarckiana* finden darin ihre ausreichende Erklärung.

§ 21. Erbliche Pelorien.

Als Artmerkmal begegnen wir den Pelorien in der freien Natur äusserst selten. Ich nenne als Beispiele *Mentha aquatica,* deren Gipfelblüthen nach SCHIMPER's Entdeckung stets regulär und also pelorisch gebildet sind,[1] und die Orchidee *Uropedium Lindenii,* welche als die pelorische Form von *Cypripedium caudatum* betrachtet wird.[2] Ebenso sind pelorische Rassen im Gartenbau höchst spärlich, und ist die gewöhnliche *Gloxinia superba erecta* mit ihren zahlreichen Farbvarietäten und Hybriden wohl die einzige mehr allgemein cultivirte und bekannte.[3]

Die im vorigen Paragraphen beobachtete Entstehung der *Linaria vulgaris peloria* erlaubt also, uns in diesen ganz bestimmten Fällen eine Vorstellung über die Entstehung solcher Formen zu machen und diese Vorstellung, ohne den Boden der Thatsachen zu verlassen, bis in ihre Einzelheiten auszumalen.

Doch giebt es auch hier noch Schwierigkeiten. Namentlich die sehr geringe Fertilität und die nicht völlige Constanz unterscheiden die *Peloria* von einer echten Art.[4] Auch würden die meisten Systematiker sie erst dann als gute Art anerkennen, wenn die gewöhnliche *Linaria vulgaris* ausgestorben wäre.

---

[1] A. BRAUN, *Abh. d. Berliner Akad.* 1859. S. 112 und *Delpino*, Mém. R. Instit. di Sci. Bologna. 5. Série. T. I. 1890. p. 269.

[2] A. BROGNIART, *Ann. Sc. nat.* 3. Série. T. 13. S. 113 (Tafel 2) und J. M. JANSE, *Maandblad voor Natuurwetenschappen.* T. XIV. Nr. 3. 1887. S. 29. *Uropedium Lindenii* scheint in Colombien (Nordamerika) keineswegs selten zu sein, sie wurde dort 1843 von LINDEN entdeckt (*Pescatorea, Iconographie des Orchidées* par LINDEN. 1860. Pl. II.).

[3] Auch die spornlosen Varietäten gewisser Arten von *Viola* und *Tropaeolum* sind wohl als Pelorien zu betrachten, vergl. die folgende Seite.

[4] Es wäre für diese Fragen wichtig festzustellen, ob die erwähnten *Mentha* und *Uropedium* völlig samenrein sind, d. h. nie Atavisten ohne Pelorien bilden.

Neben den genannten Beispielen giebt es eine sehr grosse Reihe von erblichen Pelorien, welche theils als seltene Anomalien auftreten, theils bekannte Culturrassen sind, welche die Abweichung regelmässig und in einer grösseren Anzahl von Exemplaren jährlich wiederholen.[1] In beiden Fällen ist aber, wie gewöhnlich so auch hier, die Ausbildung der Anomalie in hohem Grade von äusseren Einflüssen abhängig.

Wie im vorigen Paragraphen bereits hervorgehoben wurde, giebt es verschiedene Sorten von Pelorien, je nachdem die eine oder die andere Petalenform der Mutterart in der Abart die ausschliessliche geworden ist. Bei den sporntragenden Arten unterscheidet man sie als *Peloria nectaria* und *anectaria*. Beide sind von äusserst geringer Fertilität, aber, soviel man weiss, erblich. Pelorien ohne Sporne kennt man namentlich von *Linaria*[2] und *Antirrhinum*,[3] ferner von *Viola*[4] und *Tropaeolum*[5] u. a.[6]

Erbliche pelorische Rassen giebt es ausser den genannten eigentlich nur wenige. Die bekanntesten sind die *Corydalis solida peloria*, welche in den Versuchen GODRON's sich durch eine Reihe von Generationen erblich zeigte[7] und *Digitalis purpurea monstrosa* (Fig. 161). Diese letztere, die pelorische Glockenblume, ist seit alten Zeiten eine beliebte Culturrasse und war zu wiederholten Malen Gegenstand morphologischer Untersuchungen. Die ältesten Beschreibungen und Abbildungen rühren wohl von meinem Vorgänger G. VROLIK her, dessen Präparate auch jetzt noch eine Zierde der Amsterdamer Sammlung sind.[8] In unserem botanischen Garten ist die Sorte seitdem mehr oder weniger regelmässig cultivirt und auch jetzt noch vor-

[1] Ob es daneben auch Pelorien giebt, welche ihr Auftreten nur äusseren Einflüssen, ohne Mitwirkung einer entsprechenden inneren Anlage, verdanken, ist wenigstens sehr fraglich.

[2] C. BILLOT, *Annotations à la Flore de France et d'Allemagne*, citirt in *Bot. Zeitung*. 1872. S. 278.

[3] J. T. C. RATZEBURG, *Animadversiones ad peloriarum indolem*. 1825. Taf. I, Fig. 64—76.

[4] J. C. COSTERUS, *Pélories du Viola tricolor*, Archiv Néerl. T. 24. S. 142. Taf. II; DE CANDOLLE, *Organographie*. Pl. 45.

[5] E. v. FREYHOLD, *Ueber Pelorienbildung bei Tropaeolum aduncum*. Botan. Zeitung. 1872. S. 725 und Tafel IX.

[6] D. A. GODRON, *Mém. Acad. Stanislas*. 1865 u. 1868 (*Delphinium chinense* u. a.).

[7] GODRON, l. c. 1868. S. 3—8, Culturen von 1862—68 mit über fünfzig pelorischen Pflanzen.

[8] G. VROLIK, *Ueber eine sonderbare Wucherung der Blumen bei Digitalis purpurea*, Flora 1844. S. 1. Taf. I u. II. — Derselbe, *Fortgesetzte Beobachtungen über die Prolification von Digitalis purpurea*. Flora 1846. S. 97. Taf. I u. II.

handen.[1] Sie ist in hohem Grade samenbeständig; ihre Pelorien sind aber höchst variabel und nur zu häufig von anderen Monstrositäten begleitet. Vermehrung der Anzahl der Organe in den einzelnen Kreisen, Catacorollarbildungen und floripare Durchwachsung der Achse sind dabei die gewöhnlichsten. Auch sind diese in der Literatur am häufigsten beschrieben und abgebildet. Um schöne regelmässige, durchaus fünfzählige Blüthen zu haben, muss man die Gipfelblüthen der schwachen Seitentriebe kräftiger Pflanzen wählen (Fig. 161); diese sind fast nie durchwachsen, oft noch mehrzählig, aber nicht selten findet man unter ihnen Glocken mit fünflappiger Krone und fünf aufrecht wachsenden Staubfäden.

Fig. 161. *Digitalis purpurea monstrosa*, ein Seitenzweig mit einer gipfelständigen fünfzähligen Pelorie.

Die Pelorien der *Digitalis purpurea* sind stets endständig, sei es am Hauptstamme, sei es an den Zweigen. Ebenso bei den meisten anderen Scrophularineen[2] und vielen anderen Familien, namentlich bei den Orchideen.[3] Die Beziehungen dieser Stellung zu der regelmässigen Blüthenform bedürfen noch der endgültigen Aufklärung, namentlich die Frage, ob es sich hier vorwiegend um bessere Ernährung oder um den Mangel der bestimmenden Ursache für die Symmetrieebene handelt. Seitenständige Pelorien sind zwar selten, fehlen aber nicht, wie die

[1] Aus der umfangreichen Literatur hebe ich hervor:

W. F. R. Suringar, *Plantaardige Monstruositeiten.* K. Akad. v. Wetensch. Amsterdam. 1873. 2. R. T. VII. Taf. I—II.

P. Magnus, *Digitalis purpurea.* Sitzungsber. Prov. Brandenb. T. 22. 1880. S. 8.

J. C. Costerus, *Teratologische Verschynselen by Digitalis purpurea.* Ned. Kruidk. Archief. 1885. Pl. VII.

Angel Gallardo, *Fasciacion, Proliferacion y Sinantia.* Ann. Mus. Nacion. Buenos Aires. T. VI. p. 37. Taf. 3. Derselbe: *Sobre algunas anomalias de Digitalis purpurea L.* (mit ausführlichem Literaturverzeichniss). Ebendaselbst. T. VII. p. 37—72.

[2] Eichler, *Blüthendiagramme,* I. S. 208.

[3] Pfitzer in Engler u. Prantl's *Natürl. Pflanzen-Familien: Orchid.* S. 61. Vergl. ferner über Pelorien und Orchideen Penzig, *Mém. Soc. nat. Sc. Cherbourg.* T. 29. 1894. S. 79—104.

Linaria vulgaris hemipeloria (Fig. 160 S. 556), *Antirrhinum majus* (Fig. 162) u. a. lehren. Wichtig ist auch der bis jetzt noch wenig berücksichtigte Umstand, dass bei *Digitalis* und einigen anderen die pelorische Endblüthe sich zu allererst öffnet, während sonst die Blüthenfolge der Traube eine normale, acropetale ist.

Als zufällige Anomalien kommen Pelorien bei einer grossen Zahl von Pflanzen vor. Aeusserst zahlreich trägt sie eine seit einem Jahrzehnt von mir cultivirte Pflanze von *Scrophularia nodosa.* Dagegen lieferten meine Culturen von *Antirrhinum majus* trotz zwölfjähriger Dauer und beträchtlicher Ausdehnung nur zwei pelorische Blumen, von denen eine in Fig. 162 *A* abgebildet ist. Beide sassen in der Mitte ihrer Traube, also seitenständig. Gelegentliche Pelorien beobachtete ich ferner an *Aesculus Hippocastanum*, *Melampyrum pratense*, *Orobanche Galii*,[1] *Cytisus Laburnum* u. a. In meinen Culturen trat 1892 eine pelorische Blüthe an einer Traube von *Lupinus luteus* auf. Sehr bekannt sind auch die röhrenförmigen Pelorien der cultivirten *Calceolarien.* Untersuchungen über die Erblichkeit sind über diese und ähnliche Fälle noch anzustellen. Wichtig ist in dieser Hinsicht die Beobachtung von PEYRITSCH, dass die Pelorien von *Leonurus Cardiaca,* einer einjährigen Labiate, aus Samen sich wiederholen, und zwar sowohl aus den Samen der pelorischen, als auch aus jenen der normalen Blüthen.

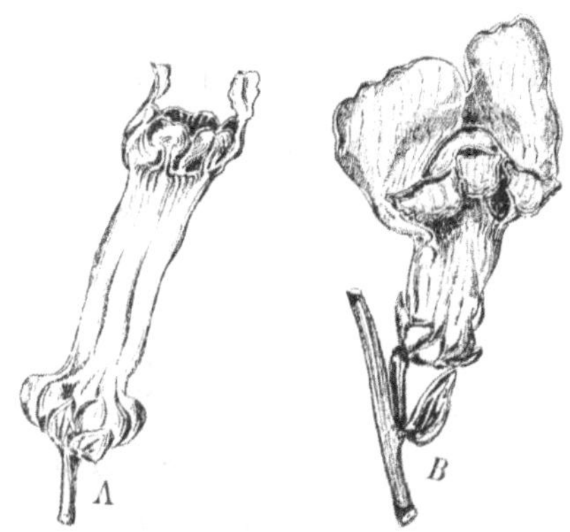

Fig. 162. *Antirrhinum majus.* *A* Pelorische Blüthe aus der Mitte einer sonst normalen Traube, August 1899. Zwei Zipfel der Krone stehen aufrecht, die drei anderen sind umgebogen. *B* Eine normale Blüthe derselben Traube.

Zu den besten und wichtigsten Arbeiten über die Pelorien gehören diejenigen von PEYRITSCH, welche namentlich für die Labiaten eine fast vollständige Monographie bilden.[2] In seinen Werken ist auch der Einfluss der Lebenslage auf diese Anomalien, namentlich

[1] Vergl. auch W. F. R. SURINGAR, *Orobanche Galii.* Ned. Kruidk. Archief. 1874. T. I. S. 330. Taf. 18.

[2] J. PEYRITSCH, *Ueber Pelorien bei Labiaten.* Sitzber. d. k. Akad. d. Wiss. Wien. Bd. 40, I. Abth. 1869. S. 343. Taf. I—VI und Bd. 42, 1. Abth. 1870. S. 497. Taf. I—VIII.

für eine Reihe von Labiaten untersucht worden.[1] Ich entnehme diesen Aufsätzen das Folgende:

Lamium maculatum und *Galeobdolon luteum* kommen bei Wien häufig mit Pelorien vor; sie bilden solche oft alljährlich auf derselben Pflanze, mitunter werden aber auch ein oder mehrere Jahre überschlagen. Eine sonnige Lage erhöht die Zahl der anomalen Blüthen, während zu dichter Schatten sie herabsetzt; dementsprechend tragen oft an einem und demselben Fundorte mehrere Arten von Labiaten (z. B. *Calamintha* u. a.) Pelorien, während dieselben Arten an anderen Stellen zusammen wachsend keine oder nur wenige regelmässige Blumen bilden. Verbessert sich die Lage einer Pflanze durch Abholzen einer Waldstelle, so trägt sie nachher die Pelorien in reichlicherer Menge, und ebenso rief das Verpflanzen an sonnige Stellen des Gartens die Anomalie zum Vorschein. Auch andere Verfasser, namentlich Vuillemin,[2] schreiben der Lebenslage einen grossen Einfluss auf die Ausbildung von Pelorien zu, vorausgesetzt, dass die erbliche Anlage dazu vorhanden sei.

VII. Nicht isolirbare Rassen.

§ 22. Trifolium incarnatum quadrifolium.

Wenige Erfahrungen sind so geeignet, uns eine Einsicht in das Wesen der Artmerkmale zu geben, als das Misslingen eines Selectionsversuches. Ich meine nicht eines praktischen Versuches, denn sehr oft täuscht den Praktiker das Resultat dadurch, dass es dem bereits vorher Vorhandenen nicht überlegen oder doch sonst für den Grossbetrieb ungeeignet ist. Bei der wissenschaftlichen Forschung fällt diese Rücksicht durchaus weg, denn sie gehört nun der angewandten Wissenschaft an. Es handelt sich einfach darum, zu erfahren, ob irgend eine im Voraus bestimmte Rasse erhalten werden kann oder nicht.

Nach der Selectionstheorie sollte fast alles möglich sein. Fast alle Eigenschaften fluctuiren in dem Grade, der für die Zuchtwahl erforderlich ist. Ist die Variationsweite eine bedeutende, so schreitet die Selection, nach ihr, rasch voran; ist der Spielraum ein enger, so bedarf es einer längeren Reihe von Generationen. Und nimmt

[1] J. Peyritsch, *Untersuch. über die Aetiologie pelorischer Blüthenbildungen.* Denkschr. d. k. Akad. Wien. Bd. 38, 2. Abth. 1877. Mit Taf. I—VIII. Vergl. auch Goebel, *Organographie.* I. S. 163.

[2] l. c. 1894. S. 33.

man dabei den bekannten, aber unbewiesenen Hülfssatz an, dass die fluctuirende Variabilität in Folge des Selectionsverfahrens zunehme, so ist gar nicht einzusehen, weshalb in einem gegebenen Falle die Züchtung einer gewünschten Rasse nicht gelingen würde.

Aber diese Betrachtungen sind nach meiner Ansicht auf die Lehre von der gewöhnlichen, fluctuirenden Variabilität zu beschränken; hier stimme ich gern der herrschenden Meinung bei. Anders verhält es sich in dem Reiche der Mutabilität. Hier entstehen die Arten, Unterarten, Varietäten, Rassen u. s. w. durch Mutationen, deren Charakter darin liegt, dass eine bis dahin latente oder semilatente Eigenschaft activ gemacht wird. Es ist somit für eine gewünschte Mutation eine erste Bedingung, dass die fragliche Eigenschaft bereits latent oder semilatent da sei. Ohne dieses kann man, wenigstens beim jetzigen Stande der Wissenschaft, nichts machen. Und nur im Falle der Semilatenz können wir uns stets von der Anwesenheit der gewünschten Eigenschaft überzeugen. Im Gartenbau geben die Züchter bekanntlich fortwährend darauf Acht, ob sich irgendwo eine solche Andeutung erkennen lasse.[1]

Die Anwesenheit einer latenten Eigenschaft genügt aber nach meinen Erfahrungen an sich keineswegs als Ausgangspunkt eines glücklichen Selectionsversuches. Denn mancher Versuch misslingt, trotz vieljähriger Arbeit.

Das würde allerdings nichts beweisen, da es ja oft durch Mangel an ausreichender Erfahrung bedingt sein kann. Und diese Erfahrung erzielt man eigentlich nur dadurch, dass man in einem entsprechenden Falle bereits einen gelungenen Züchtungsversuch gemacht hat. Mit anderen Worten, wenn man genau denselben Versuch bereits mit einer verwandten Pflanze, am liebsten mit einer anderen Art derselben Gattung, durchführen konnte.

Aus diesem Grunde habe ich mir mehrfach zur Aufgabe gestellt, solche Rassen durch Züchtung zu gewinnen, wie sie bei verwandten Arten derselben Gruppe entweder bereits im Handel sind, oder doch schon in meinen Culturen aufgetreten waren. Die Erfahrung hat mich gelehrt, dass die Aufgabe sich, je nach Umständen, das eine Mal mehr, das andere Mal weniger leicht lösen lässt, dass sie aber in vielen Fällen auf, wenigstens anscheinend, unüberwindliche Schwierigkeiten stösst.

Einen sehr klaren und einfachen Fall bildet die Aufgabe, eine fünfblätterige Rasse des Inkarnatklees (*Trifolium incarnatum*) herzustellen, analog meinem, in § 5 S. 435 beschriebenen fünfblätterigen

---

[1] Vergl. den ersten Abschnitt § 25 S. 133 und § 2 dieses Abschnittes S. 416.

Rothklee (*Trifolium pratense*). Diese Aufgabe habe ich mir 1894 gestellt; seitdem habe ich mir die grösste Mühe gegeben, ihr gerecht zu werden, aber ohne Erfolg, bis ich schliesslich, im Jahre 1900, die Sache habe aufgeben müssen. Sie gelingt nicht, wenigstens nicht mit meinem Material.

Fig. 163. *Trifolium incarnatum.* Ein blühender Ast mit einem einzigen vierzähligen Blatte, als Resultat eines sechsjährigen Züchtungsversuches. Aug. 1900.

Die Aufgabe war aller Anstrengung werth. Ich glaubte anfangs, dass ich den fünfblätterigen Rothklee künstlich gemacht, oder wie man wohl zu sagen pflegt, geschaffen hatte. Die Ausbildung meiner Theorie führte mich aber dazu, an der Richtigkeit dieser Meinung zu zweifeln; es wäre ja möglich, dass ich die schöne Rasse ganz fertig, aber nur in einem als solchen nicht kenntlichen Zustande im Freien aufgefunden hätte. Aber seit dem Anfang jener Cultur waren damals schon acht Jahre vergangen, es war somit aussichtslos, darauf zurück zu kommen. Ich fasste somit den Entschluss, zu versuchen, eine neue fünfblätterige Kleeart zu gewinnen, und wählte den Inkarnatklee. Entscheidend für diese Wahl war namentlich der Umstand, dass vier- oder fünfscheibige Blätter von dieser Pflanze in der Literatur nicht erwähnt sind,[1] dass sie also, wenn latent vorhanden, jedenfalls viel seltener sein würden, als beim Rothklee.

Es sei mir gestattet, hier den unschätzbaren Werth von Penzig's Teratologie dankbar hervorzuheben. Dieser liegt vielleicht noch mehr auf der negativen, als auf der positiven Seite. Denn die hauptsächlichste Literatur über eine gegebene Frage konnte man, wenn auch mit viel grösserem Zeitverlust, auch früher wohl zusammenbringen. Aber wenn man nicht Teratologe von Fach ist, scheint es

[1] O. Penzig, *Pflanzenteratologie.* Bd. I. 1890. S. 385, wo *T. incarnatum* gar nicht erwähnt wird.

mir unmöglich, ohne solche Hülfe zu der Ueberzeugung zu gelangen, dass über irgend eine Erscheinung auch keine einzige Erwähnung gemacht würde.

Bei der Aufgabe, für rein wissenschaftliche Zwecke künstlich Rassen und Varietäten zu erzeugen, handelt es sich offenbar in erster Linie darum, zu wissen, ob eine fragliche Abweichung bereits beobachtet wurde, und falls ja, ob sie selten oder häufig ist. Ich vertrete in diesem Buche die Ansicht, dass die häufigeren Anomalien erbliche Rassen mit oft hoher Erblichkeitsziffer (oft etwa 30—40 % oder mehr) darstellen, dass die selteneren aber die gelegentlichen Aeusserungen latenter bezw. semilatenter Eigenschaften sind. Auch diese sind in ihrem latenten Zustande erblich, und wenn sie sich hier und dort zeigen, weist dieses auf ein sehr verbreitetes Vorkommen hin.

Wäre das *Trifolium incarnatum* mehrfach mit vierzähligen Blättern erwähnt worden, so würde die Möglichkeit vorliegen, dass auch von ihm eine erbliche fünfblätterige Rasse in der Natur vorhanden sei, wenn auch ebenso wenig vom gewöhnlichen Inkarnatklee getrennt, als dieses beim Rothklee der Fall ist. Solches schien mir aber durch PENZIG's Riesenarbeit ausgeschlossen.

Fig. 164. *Trifolium incarnatum.* Vierzählige Blätter, das mittlere mit unvollkommener Abspaltung eines Seitenblättchens.

Meiner Meinung nach sind latente Eigenschaften häufig älter als die Arten, welche sie tragen. Im gegebenen Falle halte ich die Vierblätterigkeit für eine sogenannte atavistische Erscheinung, und denke ich, dass das latente Vermögen so alt ist, als die ganze Gruppe der Kleearten mit ihren Dreiblättern (*Trifolium*, *Medicago*, *Melilotus* u. s. w.), somit älter als die einzelnen Gattungen dieser Gruppe. In vielen Arten mag das Vermögen, vierblätterige Blätter hervorzubringen, gänzlich verloren gegangen sein, denn von verhältnissmässig sehr wenigen Arten ist es in PENZIG's Buch erwähnt worden. In anderen ist es aber bis auf den heutigen Tag geblieben. Sind die dreiblätterigen Kleeformen von Papilionaceen mit gefiederten Blättern abzuleiten, so sind ihre gelegentlichen mehrscheibigen Blätter atavistische Erscheinungen. Und die Richtigkeit dieser Auffassung zeigt sich in den viel selteneren Fällen, wo statt der gewöhnlichen mehrscheibigen Blätter in den betreffenden Rassen gefiederte auftreten. Solches habe ich von Zeit zu Zeit bei meinem *Trifolium pratense quinquefolium* beobachtet (Fig. 165), und dasselbe wurde von anderen Autoren bei *Trifolium minus* und *Trifolium repens* gefunden.

Vier- und fünfzählige Blätter fand ich selbst bei *Medicago lupulina,* während BRAUN sie für *M. sativa* erwähnt. Für *T. pratense* und *T. repens* sind sie allgemein bekannt, und WYDLER führt vierscheibige Blätter von *Lotus major* und *Tetragonolobus biflorus* an. Bei *Medicago lupulina* fand ich die Erscheinung bei wiederholter Aussaat erblich, wenn auch in geringem Grade; ich habe sie aber nicht weiter verfolgt.

Doch kehren wir zu unserer Aufgabe zurück. Es fragt sich, welche Aussichten beim Anfang des Versuches vorhanden waren, und was man überhaupt von solchen Versuchen erwarten darf. Es sind namentlich drei Möglichkeiten in Betracht zu ziehen. Man kann gleich beim Anfange zufällig finden (vergl. § 3 S. 424):

1. eine erbliche, an der fraglichen Anomalie reiche Rasse, also eine Mittelrasse;
2. eine Halbrasse, mit semilatenter, sich nur bisweilen zeigender Anomalie;
3. eine gewöhnliche Pflanze der Species mit dem fraglichen Merkmal im latenten Zustande.

Fig. 165. *Trifolium pratense.* Ein gefiedertes, atavistisches Blatt.

Im ersteren Falle ist die Rasse von Anfang an fertig, man hat sie nur noch zu isoliren. Im zweiten kann man sie vielleicht machen, im dritten ist die Aussicht darauf eine sehr geringe.

Um das gegenseitige Verhältniss dieser verschiedenen Fälle zu einander klarer zu machen, betrachten wir zunächst *Trifolium repens* und *T. pratense.* An beiden Arten lässt sich die fragliche Erscheinung beobachten, wie aus der gewöhnlichen Erfahrung und der Volksüberzeugung des sogenannten Glücksklees allgemein bekannt ist. Sucht man auf einem Kleefelde, auf einer Wiese, oder am Wege entlang, so findet man bekanntlich von Zeit zu Zeit ein einzelnes Vierkleeblatt. Achtet man regelmässig darauf, so bleiben sie selten, aber doch nicht so selten, wie man anfangs meinte. Ich traf fast jährlich welche an, mehrfach innerhalb kurzer Frist, als mir eine Bitte um ein solches Blatt gemacht wurde. Andererseits giebt es im Handel das fünfzählige *T. repens atropurpureum,* welches wegen seiner dunkelbraunen Blätter vielfach in Gärten cultivirt wird. Und von *T. pratense* habe ich in § 5 die entsprechende Form ausführlich beschrieben.

Bisweilen findet man im Freien Pflanzen von *T. pratense,* welche zwei oder mehr vier- und mehrscheibige Blätter tragen. Ich fand eine solche im Jahre 1866 auf dem Gute Cronesteyn unweit Leiden, und später, 1886, ein anderes Exemplar unweit Loosdrecht. Das erstere hatte mehrere Vierkleeblätter, dazu auch 5—6scheibige. Ich habe es zwar gesammelt, aber nicht cultivirt. Das letztere bildete den Ausgangspunkt meiner Rasse. Und nach den später gemachten Erfahrungen nehme ich an, dass ich in beiden Fällen die Rasse fertig im Freien vorgefunden habe. Der herrschenden Betrachtungsweise gemäss ist ferner anzunehmen, dass die Rasse vermuthlich an Ort und Stelle neu gebildet worden war, oder wenigstens doch in nicht all zu grosser Entfernung.[1]

Ob man nun aus den seltenen Funden von vereinzelten Vierkleeblättern auch diese Rasse erhalten könnte, weiss ich nicht. Ich vermuthe, dass solches bisweilen gelingen würde, bisweilen aber nicht. Werden spätere Versuche diese Meinung bestätigen, so wird man innerhalb derselben Art die beiden Rassen nachweislich neben einander haben. Vorläufig muss es genügen, die an anomalen Blättern reiche Rasse beim Rothklee und beim Weissklee, die das Merkmal nur semilatent führende Rasse beim Inkarnatklee zu kennen.

Zu der Beschreibung dieser letzteren gehe ich also jetzt über.

Im Winter 1894/95 kaufte ich ein Kilo Samen vom gewöhnlichen Inkarnatklee, und säte davon einen Theil auf einem Beete von etwa 5 Quadratmetern. Es zeigten sich zwei tricotyle und eine tetracotyle Keimpflanze, welche sobald wie möglich auf ein besonderes Beet gepflanzt wurden, in der Hoffnung, dass gerade sie die gewünschte Abweichung zeigen würden. Diese Hoffnung begründet sich in den Prinzipien der Correlation zwischen verschiedenartigen Anomalien;[2] zeigt eine Pflanze in früher Jugend eine solche, so darf man erwarten, dass sie, leichter als ein beliebiges anderes Exemplar derselben Cultur, später auch andere Abweichungen hervorbringen wird. Im gegebenen Falle hat diese Erwartung mich nicht getäuscht, denn das tetracotyle Exemplar entwickelte im Laufe des Sommers ein vierscheibiges und ein fünfscheibiges Blatt. Solche wurden auf keiner anderen Pflanze gefunden, weder während der Cultur, noch als diese Ende Juli in voller Blüthe ausgerodet und genau ausgesucht wurde. Es waren etwa tausend Pflanzen.

Die drei ausgewählten Pflanzen liess ich zusammen blühen und

[1] Also eine polyphyletische Entstehung, wie bei der *Linaria vulgaris peloria.* S. 563.

[2] *Eine Methode, Zwangsdrehungen aufzusuchen.* Ber. d. d. bot. Ges. Bd. XII. 1894. S. 25.

säte ihre Samen im April 1896. Ich hatte etwas über 600 Keimpflanzen, sämmtlich mit nur zwei Samenlappen. In allen war das erste Blatt einfach, wie es bei den Kleepflanzen im Allgemeinen zu sein pflegt (Fig. 166*A*). Das zweite und das dritte Blatt entfalteten sich im Mai; sie waren durchaus normal dreizählig, mit Ausnahme eines Exemplares, auf dem eine der drei Scheiben seitlich gespalten; wenn auch nicht ganz getheilt war. Die Form dieses Foliolums war ähnlich der Fig. 164 *B* abgebildeten. Von der ganzen Gruppe wurden etwa 250 Exemplare ausgepflanzt. — Die Aussaat hatte in Schüsseln stattgefunden; die jungen Pflanzen waren in Töpfe versetzt worden und wurden mit dem Erdballen Mitte Mai auf's Beet gesetzt. Ende Juni, beim Anfang der Blüthe, zeigten sich an mehreren Exemplaren eine oder einige vierscheibige Blätter; die Anomalie war somit eine erbliche.

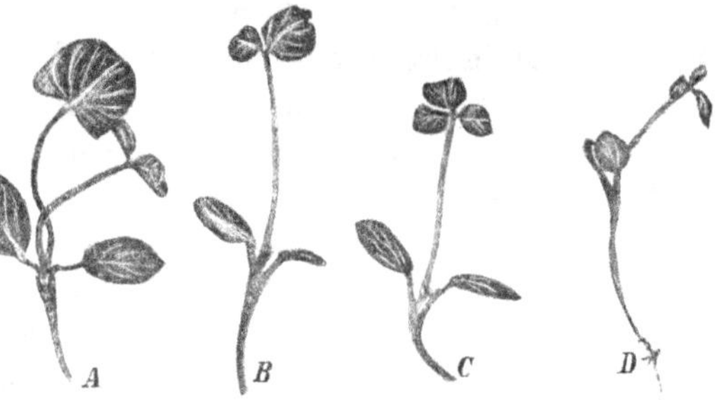

Fig. 166. *Trifolium incarnatum.* *A* Keimpflanze mit normalem Primordialblatt. *B—D* solche mit zwei- bis dreischeibigem Primordialblatt. Die ersteren entstehen vorwiegend aus den grossen, die letzteren aus den kleinsten Samen.

Auch hatte die Scheibenverdoppelung durch die Selection bedeutend zugenommen, wie man aus den folgenden Zahlen ersieht. Diese beziehen sich auf die Nachkommen derjenigen Mutter, welche im vorigen Jahre die Anomalie bereits gezeigt hatte. Ihre Zahl war 90; den Kindern der tricotylen Mütter fehlten die Vierkleeblätter zwar nicht, sie waren daran aber verhältnissmässig ärmer und wurden deshalb sofort beim Anfang der Blüthe ausgerodet. Von den übrigen waren etwa zwei Drittel (58 Exemplare auf 90) völlig normal, ohne Scheibenverdoppelung. Sie hatten im Mittel etwa 10 Stengel und 100 Blätter pro Pflanze. Die übrigen Pflanzen bildeten eine halbe Curve[1] von der folgenden Zusammensetzung. Die erste Zeile enthält die Anzahl der vier- bis fünfscheibigen Blätter pro Pflanze; die zweite giebt an, auf wie vielen Individuen die einzelnen Anzahlen beobachtet wurden (Cultur von 1896):

Anormale Blätter:	0	1	2	3	4	5	6	7	8	9
Individuen:	58	10	12	4	2	2	1	0	0	1.

[1] § 4 S. 428 und *Ueber halbe Galton-Curven.* Berichte d. d. bot. Gesellsch. 1894. Bd. XII. S. 197.

Die 58 normalen Pflanzen wurden ausgerodet; von den übrigen fielen vier Exemplare weg, da sie zu schwach waren, und es blieben 28, welche zusammen blühten, deren Samen aber für jede Pflanze und unter Angabe der Anzahl der von ihr getragenen vier- bis fünfscheibigen Blätter geerntet wurden.

Im März 1897 säte ich einen Theil dieser Samen in Schüsseln aus, und zwar für jede Mutter besonders. Es hatte dies den Zweck, zu ermitteln, ob in der Ernte der einzelnen Samenträger sich ein Unterschied im Gehalt an Erben, d. h. an solchen Exemplaren, welche die Anomalie wiederholen, finden würde. In den Schüsseln zeigte es sich, dass schon an dem ersten Blatte der Keimpflanze, dem sogenannten Primordialblatte, die Abweichung hier und dort entwickelt war. In der übergrossen Mehrzahl der Fälle war dieses allerdings normal, einscheibig, wie in der ganzen vorhergehenden Generation. In einigen Fällen trug es aber zwei oder drei Blättchen (Fig. 166 *B—C*). Solches kam in der Ernte von 6 der 21 Pflanzen vor, von denen Samen ausgesät waren. Auf je etwa 300 Keimpflanzen hatten fünf Proben deren 1—2; nur eine hatte auffallend viele und zwar 14 auf 335 Keimlingen, also etwa 4 %. Merkwürdig war, dass die Mutter dieser Samenprobe selbst nur zwei vierscheibige Blätter getragen hatte, und also durch Nichts eine so auffallend bessere Nachkommenschaft hatte erwarten lassen. Ueberhaupt fand ich zwischen der Anzahl der anormalen Blätter auf den Samenträgern und dem Procentgehalt ihrer Samen an Erben keine Beziehung. Die Pflanze mit neun vier- bis fünfscheibigen Blättern gab auf 300 Keimpflanzen keine einzige Anomalie.

In der Thierzucht ist es allgemein bekannt, dass die sichtbaren Eigenschaften eines Individuums in Bezug auf den Werth für die Züchtung nur in zweiter Linie in Betracht kommen, trotzdem sie chronologisch die ersteren sind. Weit wichtiger für die Bestimmung des Werthes eines Zuchtthieres sind die Eigenschaften der Kinder, welche es bis dahin hatte.

Nach der Wahl der Keimpflanzen wurden im Juni 1897 auf das Beet die 14 Erben der Mutter mit 4 %, und ferner sieben der sonst besten Pflanzen ausgepflanzt. Die letzteren bildeten sehr wenig, die ersteren 0—1, in drei Fällen aber 9—9 und 4 vier- bis fünfscheibige Blätter pro Pflanze. Ein Fortschritt war also in dieser Beziehung dem Vorjahre gegenüber nicht bemerklich.

Ebenso wenig fand sich ein wesentlicher Fortschritt in der Ernte jenes Jahres. Der Procentgehalt an Erben unter den Keimlingen schwankte 1898 zwischen 1—4 % und erreichte in einem Falle 6 %.

Dagegen hatten jetzt alle (19) untersuchten Mütter wenigstens eine, meist aber zwei oder mehr Keimpflanzen mit verdoppeltem Primordialblatte. Eine Beziehung zwischen diesen Erbziffern und der Anzahl der vier- bis fünfscheibigen Blätter auf den Mutterpflanzen während der Blüthe gab es auch dieses Mal nicht.

Ausgepflanzt wurden 227 Exemplare, von denen während der Blüthe die meisten völlig normal waren. Ich ermittelte die folgende halbe Curve (1898):

Anzahl der mehrzähligen Blätter pro Pflanze:	0	1	2	3	4	5
Individuen:	188	29	7	1	1	1

Also etwa 20 % Individuen mit der erblichen Anomalie in einem bis fünf ihrer sämmtlichen, etwa 100 pro Pflanze zählenden Blätter. Die Verhältnisse waren somit ungünstiger als im Vorjahre.

Für diese Cultur hatte ich theils normale und anormale Keimpflanzen der besten Mutter, theils anormale der übrigen Mütter ausgepflanzt. Bei den Zählungen während der Blüthe ergab sich zwischen diesen drei Gruppen kein merklicher Unterschied.

Ascidienbildung wurde sowohl an den Keimpflanzen, als auch im späteren Leben beobachtet; es deutet dieses wiederum auf eine Correlation der verschiedenen latenten Eigenschaften hin.

Im Sommer 1898 bildeten 41 auserwählte Pflanzen ein ausreichendes Samenquantum aus. Für jede dieser Proben ermittelte ich im nächsten Frühling den Gehalt an Keimpflanzen mit zusammengesetztem Primordialblatt, und berechnete diesen in Procenten. Ich fand für die Ernte von 1898:

Procente an Erben:	0	1	2	3	4	5	8	11	15	16	20	24	27
Mütter:	3	12	7	5	4	2	1	2	1	1	1	1	1

Also ein bedeutender Fortschritt, den man sofort sieht, wenn man diese Zahlenreihe mit den oben für die Ernte von 1897 gegebenen Werthen (1—4 und 6 %) vergleicht. Und solches trotz des Rückschrittes im Gehalt an vierzähligen Blättern auf den Mutterpflanzen.

Im Frühling 1899 wählte ich nun für das Auspflanzen ausschliesslich Keimlinge mit dreizähligem Primordialblatt aus (vergl. Fig. 166 *C*) und zwar nur von den vier Müttern mit 15—24 % Erben. Zur Zeit der Blüthe erfüllte sich aber meine Hoffnung nicht. Mitte Juli gab es zwar unter 120 reich verzweigten blühenden Pflanzen 45 % ohne Anomalie, 27 % mit je einem einzigen anormalen Blatte und 28 % mit je 2—4 vier- bis fünfscheibigen Blättern. Also 55 % Erben gegen 20 % im vorigen Jahre, und somit ein merklicher Fortschritt.

Aber in Bezug auf die Bildung von Blättern mit mehr als fünf Scheiben blieb meine Hoffnung unerfüllt. Solche erhielt ich, trotz wiederholten, fleissigen Suchens nicht. Und ebenso wenig Individuen, welche reich an Vierkleeblättern sein würden, denn es gab deren nicht mehr als vier pro Pflanze.

Aus diesen Gründen habe ich dann die Aussicht aufgegeben, aus diesem Material eine an Vierkleeblättern reiche Rasse, entsprechend meinem *Trifolium pratense quinquefolium*, zu gewinnen.

Es fällt in diesem Versuche auf, dass zwischen dem Fortschritt der Anomalie auf den erwachsenen Pflanzen und demjenigen auf den Keimpflanzen ein anscheinend ganz irrationelles Verhältniss besteht. Denn dem Reichthum an mehrscheibigen Primordialblättern entspricht die Armuth an späteren Vierkleeblättern durchaus nicht.

Dieses Missverhältniss hat mich zu der Entdeckung einer äusserst merkwürdigen Beziehung zwischen der Grösse der Samen und der Variabilität geführt. Denn die kleinsten Samen sind diejenigen, welche am zahlreichsten die zusammengesetzten Primordialblätter enthalten.

Die kleinen Samen keimen etwas später als die grösseren, auch liefern sie schwächere Pflänzchen. Es war mir nun wiederholt aufgefallen, dass die Wahl der schönsten Erben unter den Keimpflanzen mehrfach dadurch erschwert wurde, dass viele Exemplare mit zusammengesetztem Primordialblatt zu schwach waren, um ausgepflanzt zu werden, oder doch bald nach dem Versetzen eingingen. Ferner fiel mir auf, dass die Keimpflanzen einer Schüssel nicht alle zu derselben Zeit beurtheilt werden können. Anscheinend keimen die Pflänzchen sehr regelmässig und zu Hunderten entfalten sie in derselben Schüssel gleichzeitig ihr erstes Blatt. Sodann werden sie gezählt und, sofern dieses Blatt einfach ist, in der Regel alle ausgezogen. Die gesparten sind dann meist schwächer, niedriger, etwas später erwachsen. Mehrere haben das erste Blatt noch nicht entfaltet, und unter diesen findet man, wenn man die Prüfung nach einigen Tagen wiederholt, die meisten der gewünschten Erben.

Sodann habe ich mich durch einen einfachen Versuch von der Richtigkeit dieser Folgerungen überzeugt. Es kam ja nur darauf an, die grossen und die kleinen Samen in einer Probe auszusuchen und getrennt zu säen. Aber da es zwischen beiden gar keine Grenze giebt, musste man im Voraus wissen, wie viel Samen als die kleinsten auszuscheiden seien. Und dieses konnte nur durch den Gehalt an Erben, d. h. an Samen mit zusammengesetztem Primordialblatt geschehen. Ich wählte daher eine Samenprobe, von der ich den Gehalt an Erben bereits bestimmt hatte. Dieser war 15 %, die Probe war von einem einzigen Samenträger geerntet. Um sicherer zu gehen, trennte ich sie in drei Partien: kleine, mittlere und grosse. Es waren 217 Samen, von denen 17 nicht keimten. Es keimten:

	Anzahl der Scheiben des Primordialblattes			
	1	2	3	2—3
Kleine Samen	31	9	16	12·5 %
Mittlere Samen	50	2	1	1·5 „
Grosse Samen	88	2	1	1·5 „
Zusammen	169	13	18	15·5 %

Man ersieht hieraus, dass die „Erben“ fast ausschliesslich in den kleinsten Samen zu finden sind. Die grossen Samen hatten mit einer einzigen Ausnahme (welche ein Erbe war) innerhalb 14 Tagen nach der Aussaat, im Mai, ihr Primordialblatt entfaltet; die mittleren Samen mit Ausnahme von 2 Erben und zwei normalen gleichfalls. Von den kleinsten Samen keimten 22 normale Pflänzchen in der genannten Zeit, die neun übrigen und alle 25 Erben brauchten zur Entfaltung des ersten Blattes drei Wochen.[1]

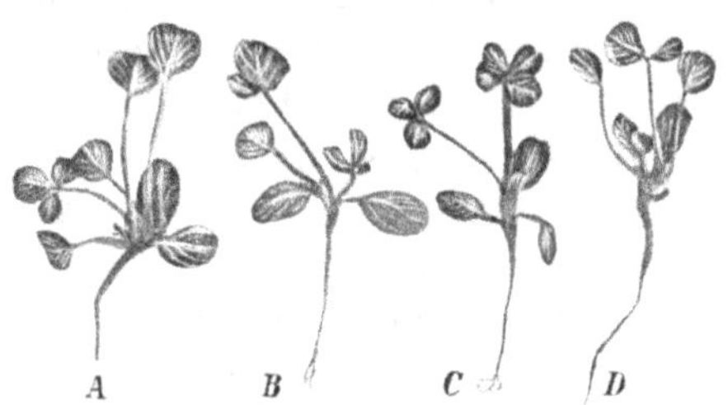

Fig. 167. *Trifolium incarnatum.* Monströse Keimpflanzen aus den kleineren Samen. *A, B, D* mit 2—4 Primordialblättern, *C* mit einem verdoppelten Blatt mit breitem, flachem Blattstiel.

Es leuchtet jetzt ferner ein, dass der procentische Gehalt einer Samenprobe an am Primordialblatt kenntlichen Erben nicht einfach von dem Grade der Fixirung der Varietät abhängt. Er hängt ja wesentlich von dem Gehalt an kleinen Samen ab. Dieser aber hängt selbst wiederum von der Grösse der Ernte ab. In den 41 Proben der Ernte von 1898 gab es acht Proben mit 8—27 % Erben; diese Proben umfassten 0·3 bis 1·5 ccm Samen. Die übrigen Proben hatten 2—5 ccm Samen, und ihr Gehalt an Erben wechselte nur zwischen 0—5 % ab. Es brachten somit die schwächeren Individuen, welche eine geringe Ernte gaben, die grösste Anzahl von „Erben“ in ihren Keimlingen.

[1] Auch bei den Levkojen haben die Samen, welche zu gefülltblüthigen Pflanzen werden, und jene, welche später einfach blühen sollen, bekanntlich ungleiche Keimgeschwindigkeit. Samenuntersuchungen inconstanter, oder wie man zu sagen pflegt, „noch“ nicht fixirter Varietäten sind wohl überhaupt noch eine Fundgrube neuer Entdeckungen.

Ich habe mit der Ernte von 1899 den erwähnten Versuch wiederholt, und zwar mit den Samen von vier verschiedenen Müttern. Da ich aber den Gehalt jetzt im Voraus nicht kannte, fiel der Unterschied nicht so bedeutend aus. Die grossen Samen gaben 2—4, die kleinen 3—13 % Erben. Im Ganzen wurden die Keimpflanzen von 2758 grossen und 617 kleinen Samen gezählt.

Es drängen sich bei der Besprechung dieser Versuche zwei Fragen auf. Erstens, lässt sich der Ort ermitteln, wo die kleinen Samen an der Pflanze vorwiegend entstehen? Und zweitens, werden die Keime der kleinen Samen vielleicht besser ernährt, erhalten sie z. B. ebenso viele Nährstoffe zugeführt, als die grösseren Keime, müssen sie diese aber, wegen des engen Raumes, in anderer Weise verwerthen?[1]

Indem ich diese Fragen für das weitere Studium empfehle, bemerke ich nur, dass beim Inkarnatklee unter den kleineren Samen viel zahlreichere monströse Exemplare gefunden werden, als unter den grösseren. Die letzteren sind meist fast alle durchaus normal entwickelt. Die kleinen Samen bringen aber oft Pflänzchen mit überzähligen Samenlappen, oder mit zwei bis mehreren einfachen Primordialblättern (statt eines einzigen) oder mit Gabelungen der Achse, Blattsymphysen und sonstigen Missbildungen hervor (Fig. 167). Leider hält es meist schwer, solche Individuen am Leben zu erhalten und zur Blüthe zu bringen.

Ueberblicken wir zum Schluss noch einmal unseren ganzen Versuch.

Durch die Wahl von tricotylen und tetracotylen Keimlingen liess sich, den Correlationsgesetzen entsprechend, eine Pflanze mit Vierkleeblättern auffinden. Diese Anomalie ergab sich als erblich und erhielt sich bis jetzt in sechs Generationen (1895—1900). Sie liess sich durch Selection verbessern, jedoch innerhalb sehr enger Grenzen. Pflanzen mit mehr als fünf Scheiben auf einem Blatte entstanden bis jetzt nicht, ebenso wenig Individuen mit zehn oder mehr vier- bis fünfscheibigen Blättern. Und unter den Samen sind es fast nur die „kleinen", welche Keimlinge mit zusammengesetztem Primordialblatt enthalten.

Namentlich aber entstand das, nach Analogie mit *Trifolium pratense quinquefolium* gewiss mögliche, an Vierkleeblättern reiche „*T. incarnatum quinquefolium*" nicht.[2]

[1] Bei den Levkojen entstehen nach Chaté, *Culture des Giroflées*, die Samen für die gefülltblüthigen Exemplare in grösserer Menge in der unteren Hälfte der Schoten der kräftigsten Trauben, als sonst auf der Pflanze.

[2] Ebenso verhält es sich gewiss in vielen anderen Fällen. Bisweilen gelingt es, aus gelegentlichen Anomalien erbliche, an der betreffenden Abweichung reiche

§ 23. Ranunculus bulbosus semiplenus.

Gefüllte Blumen sind bei den Hahnenfüssen eine gewöhnliche Erscheinung.[1] Sie kommen sowohl bei den cultivirten Ranunkeln (*R. asiaticus*) als auch bei mehreren wildwachsenden Arten vor. Die Füllung ist theils eine vollständige, durch Petalomanie bedingte, wie sie für *Ranunculus acris* auf S. 137 in Fig. 40 abgebildet wurde, theils eine mehr oder weniger unvollständige, wenn sie auf Umwandlung einer schwankenden Anzahl von Staubgefässen in Blumenblätter beruht (*R. acris*, *R. auricomus*, *R. Philonotis*, *R. repens* u. s. w.).

Fig. 168. *Ranunculus bulbosus semiplenus.* *A* die Knolle, *A'* und *A''* ihre Blätter, in deren Achseln die blühenden Stengel *S* stehen. *E* Endblüthe des Hauptstammes. *S'* Secundärblüthen, theilweise abgebrochen. *T* Tertiärblüthen. Vergl. S. 591.

Bei *Ranunculus bulbosus*, dem knolligen Hahnenfuss, sind die Stamina häufig (zum Theil oder alle) in Petalen umgewandelt, so dass dicht gefüllte Blüthen entstehen.[2] Solche sind von verschiedenen Autoren beschrieben worden.[3] In der Umgebung

Rassen heranzubilden; in anderen Fällen wiederum nicht. So habe ich mich während einiger Jahre vergeblich bemüht, aus der gelegentlich auftretenden Polycephalie von *Papaver commutatum* eine Form mit so schönen Kränzen zu erzeugen, als sie bekanntlich das *Papaver somniferum polycephalum* bietet (vergl. Fig. 27 S. 98).

[1] Vergl. Penzig, *Pflanzen-Teratologie.* Bd. I. S. 181—189.

[2] Ibid. S. 185. Fasciirte Stengel mit verbänderten Blüthen kommen bei *R. bulbosus* auch in hiesiger Gegend nicht gerade selten vor.

[3] Vergl. *Ranunculus bulbosus Aleae* von Neapel, beschrieben von Terracciano, N. Atti. d. R. Instit. Napoli. 1895. Vol. 8, Nr. 7.

von Amsterdam fehlt, soweit mir bekannt, diese Varietät. Dagegen findet man gewöhnlich, in sandigen Gegenden, wo die Pflanze sehr häufig zu wachsen pflegt, Blüthen mit in geringem Maasse erhöhter Anzahl von Blumenblättern.

In solchen abweichenden Blüthen sieht man meist sechs, selten sieben, und noch seltener mehr Petalen; mehr als 10—12 fand ich bis jetzt äusserst selten. Es sind meist gewöhnliche Blumenblätter, bisweilen kommen aber auch viel schmälere und kleinere vor, welche offenbar durch Umwandlung der Staubblätter gebildet wurden. Diese Umwandlung ist oft nur eine theilweise, die bekannten Zwischenbildungen darbietend. Die verbildeten Staubgefässe gehören den äusseren Kreisen an, sind aber nicht nothwendiger Weise die äussersten, auf die Petalen zunächst folgenden.[1]

Fig. 169. *Ranunculus bulbosus semiplenus.* Eine Blüthe mit 31 Blumenblättern (theilweise petalodischen Staubblättern). Die einzige auf 4425 Blüthen: Sie fand sich auf einem quaternären Zweige meiner Cultur im October 1892. Vergl. die Zahlenreihe auf S. 588.

Das Vermögen der Füllung ist somit in den wildwachsenden Pflanzen der fraglichen Art in unserer Gegend in semilatentem Zustande vorhanden. Ich nenne sie somit in dieser Beziehung eine Halbrasse, im Gegensatz zu der, mir nur aus der Literatur bekannten, normal gefüllten Rasse. Offenbar sind beide durch dieselbe Eigenschaft gekennzeichnet; diese ist aber in der einen activ, in der anderen latent oder semilatent.

Es schien mir eine wichtige Aufgabe, zu untersuchen, ob es gelingen würde, aus der Halbrasse die gefüllte Rasse durch Züchtung zu gewinnen. Der in diesem Werke vertretenen Ansicht nach muss solches möglich sein, es braucht aber nicht bei jedem Versuche zu gelingen. Wenn es aber gelingt, muss die Umwandlung plötzlich stattfinden, und also, unter gewöhnlichen Culturbedingungen, im Laufe weniger Jahre sich völlig zeigen. So muss nach meiner Ueberzeugung im Freien von Zeit zu Zeit die gefüllte Sorte entstanden sein, so würde auch vielleicht, bei genügender Ausdauer, die hiesige Halbrasse sich umbilden lassen.

Diese Umbildung aber kann nicht einfach das Resultat sorgfältiger Züchtung sein. Sie würde eine Mutation darstellen. Ueber ihre Ursachen wissen wir ebenso wenig, als über die Mittel, sie

[1] Vergl. Goebel, *Jahrb. f. wiss. Bot.* Bd. XVII. S. 217—219.

künstlich herbeizuführen. Die Mutationen zeigen sich bekanntlich in Züchtungsversuchen sowohl als im Freien nicht all zu selten, aber bis jetzt hängt ihr Eintreten vom Zufall ab (§ 10 und 11, S. 476—482).

In meinem Versuche, der sich über fünf Generationen erstreckt, ist eine solche Mutation nicht eingetreten.[1] Die Halbrasse ist, durch wiederholte sehr scharfe Selection, erheblich verbessert worden; sie war schliesslich an extremen oder fast extremen Varianten übermässig reich, zeigte sich aber gerade in diesen als sehr constant. Sie hat in jenen fünf Generationen eine Höhe erreicht, welche durch weitere Auslese, wie es mir schien, nicht mehr wesentlich zu verbessern war. Sie hat einzelne Blumen mit über 15 Petalen, und eine einzige sogar mit 31 Blumenblättern (Fig. 169) hervorgebracht, ist aber im Mittel ihrer auserwählten Individuen auf 9—10 Petalen geblieben.

Die gefüllte Sorte entstand aus ihr nicht, trotz aller Mühe.

Ich schliesse daraus, dass in diesem Falle, in Uebereinstimmung mit den obigen Erörterungen, die Halbrasse nicht durch einfache Züchtung, sondern durch eine, uns in ihren äusseren Ursachen noch unbekannte Umwandlung — durch eine Mutation — in die gefüllte Rasse übergehen kann.

Uebergehend zu der Einzelbeschreibung meines Versuches fange ich mit der Halbrasse in jenem Zustande an, in dem ich sie im Freien vorgefunden habe.

In den Jahren 1886 und 1887 und seitdem zu wiederholten Malen beobachtete ich die Halbrasse an einem kleinen sandigen und sonnigen Standort unweit Hilversum. Der knollige Hahnenfuss wuchs dort in Menge, die meisten Blumen waren normal, viele aber mit mehr als fünf Blumenblättern. Ich werde solche, um einen bequemen Ausdruck zu haben, mehrblätterige oder pleiopetale nennen.

In mehreren Jahren habe ich die Blüthen an jenem Standorte gezählt. Ich führe die Zählungen von 1886 und 1887, welche je 300—400 Blüthen umfassten, in Procenten berechnet an.

Anzahl der Blumenblätter:	5	6	7	8	9	10	11	12	13	14
Blumen in 1886: . . .	91·5	5·5	1·2	0·6	0·6	0	0	0·3	0	0·3
„ „ 1887: .	90	7	2	0	0·5	0	0·5	0	0	0

[1] Die fluctuirende Variabilität des semilatenten Merkmales umfasst bei *Ranunculus bulbosus semiplenus* einen anscheinend viel weiteren Formenkreis als bei *Trifolium*. Dort sind die Extreme 3 und 7 Blattscheiben; beim Hahnenfuss 5 und 31 und vielleicht mehr Petalen. Es geht daraus nicht hervor, dass die Fluctuation im einen Falle eine weitere sei als im anderen, sondern nur, dass mehr Stufen sich der Beobachtung darbieten. Diese kann also auch in mehr Einzelheiten eindringen.

Beide Reihen[1] stimmen so genau überein, wie man es nur erwarten kann, und ebenso war es in den anderen Jahren. Die Curve (vergl. Fig. 170 *H*) gipfelt auf der normalen Blumenblätterzahl, und fällt dann sehr steil herab. Sie bildet eine halbe GALTON-Curve. Blüthen mit weniger als fünf Petalen kommen an jenem Standorte nicht vor.

Der sehr steile Gipfel dieser Curve rührt daher, dass an vielen Pflanzen an den Beobachtungstagen überhaupt keine pleiopetalen Blüthen gefunden wurden. Solches ist aber nicht so aufzufassen, dass etwa die Halbrasse mit einer rein fünfpetaligen Sorte vermischt wäre. Denn die betreffenden Pflanzen sind entweder Schwächlinge, oder sie zeigen an anderen Tagen pleiopetale Blumen. Häufig konnte ich beobachten, dass an vielen Exemplaren die sechsblätterigen Blumen den einen Tag vorkommen und den anderen nicht. Die 6—7petaligen Blüthen findet man schon von Anfang der Blüthezeit an, die höheren Zahlen kommen erst später, wie Aehnliches ja auch bei anderen gefüllten Blüthen der Fall zu sein pflegt.

Im Jahre 1887 pflanzte ich einige Exemplare mit gut ausgebildeter Anomalie in meinen Garten über, wo sie im nächsten Sommer wiederum blühten und Samen trugen. Sie bildeten die erste Generation meiner Cultur. Seitdem säte ich jährlich. Allerdings treibt nur ein Theil der Pflanzen, bisweilen die Hälfte, bisweilen zwei Drittel, im ersten Jahre Stengel, und habe ich mich stets auf diese beschränkt, und die nicht blühenden im Laufe des Sommers ausgerodet. Von den besten Exemplaren der Halbrasse habe ich bisweilen einige zu Nebenversuchen überwintert, doch komme ich hierauf bald zurück.

In den Jahren 1889—1892 hatte ich in dieser Weise die zweite bis fünfte Generation der Halbrasse, und zwar bei allmählich zunehmendem Umfang der Cultur. Ich erntete meine Samen stets von den besten Erben, und suchte diese in der Art aus, dass ich die fünfpetaligen Blumen sämmtlich abschnitt. Je nach dem Jahre wurden diese dabei für die einzelnen Pflanzen aufgeschrieben oder nicht. Die Befruchtung überliess ich den Hummeln und Bienen, irgend ein wesentlicher Einfluss der Kreuzbefruchtung auf die Versuchsergebnisse hat sich dabei nicht gezeigt.

Die beiden ersten Selectionsjahre (1889, 1890) bedürfen nur einer kurzen Erwähnung. Die Pflanzen ohne oder mit nur wenigen pleio-

[1] *Ueber halbe Galton-Curven als Zeichen discontinuirlicher Variation.* Ber. d. d. bot. Gesellsch. Bd. XII. 1894. S. 197, wo auch einige der unten vorzuführenden Zahlenreihen mitgetheilt sind.

petalen Blüthen wurden so bald wie möglich entfernt, oder aller Blüthen beraubt; von den übrigen nur die Samen der sechs- bis mehrblätterigen Blumen gesammelt. Letzteres ist aber keine Selection, wie aus später angestellten Versuchen hervorgegangen ist.

Das Ergebniss der Selection zeigte sich im Jahre 1891 in den besten Exemplaren der Halbrasse, im Jahre 1892 (5. Generation der Cultur) in nahezu allen Pflanzen. Die Anzahl der Blumenblätter nahm in jeder Hinsicht zu, der Gipfel der Curve verschob sich nach neun und zehn Petalen und sogar noch etwas weiter hinaus. Es trennte sich somit, durch die Cultur und die Auslese, das Mittel der Halbrasse (9—10 Petalen) von demjenigen der reinen Art (5 Blumenblätter), was namentlich auch deshalb hervorzuheben ist, weil solches in unserem Versuche mit *Trifolium incarnatum* nicht erreicht wurde.

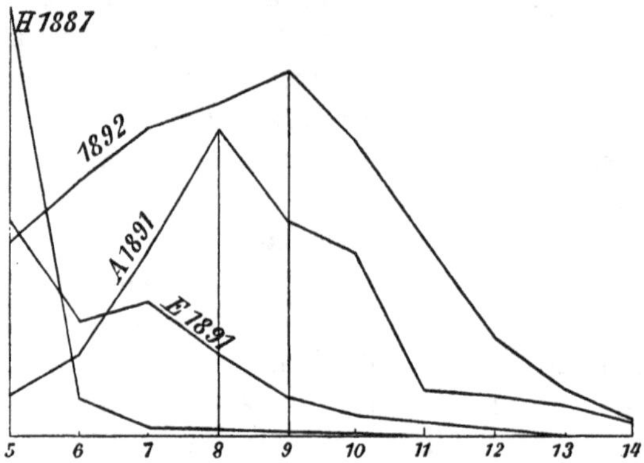

Fig. 170. *Ranunculus bulbosus semiplenus.* Selectionsversuche von 1887—1892. *H* 1887 Curve der wildwachsenden Form; *E* 1891 Curve der Erben im Jahre 1891; *A* 1891 Curve der auserwählten Samenträger im Jahre 1891. 1892 Curve der ganzen Aussaat, im August 1892. Die Zahlen am Fusse bedeuten die Anzahl der Blumenblätter pro Blume.

Der Verlauf des ganzen Versuches ist in der Fig. 170 graphisch dargestellt. Diese enthält vier Curven. Und zwar erstens (*H* 1887) das bereits oben mitgetheilte Ergebniss der Zählungen an dem ursprünglichen Fundorte. Ferner zwei Curven für 1891. In diesem Jahre hatte ich eine Cultur von etwa 4 Quadratmetern, in der ich Anfang August alle blühenden Exemplare, welche noch keine pleiopetalen Blüthen gebildet hatten, sowie alle noch nicht blühenden ausrodete. Ich zählte darauf während 14 Tage alle sich öffnenden Blüthen, es waren deren 128, welche in folgender Weise die einzelnen Grade der Anomalie darboten:

Anzahl der Blumenblätter:	5	6	7	8	9	10	11	12	13
„ „ Blumen:	45	24	28	17	8	4	0	1	1

Die Zahlenreihe ist in Fig. 170 bei *E* 1891 dargestellt. Sie ergiebt eine halbe Curve wie die vorhergehende, aber ohne den steilen Gipfel. Dieser verschwand, theils durch die Cultur und die wiederholte Selection, theils aber dadurch, dass vor dem Zählen die an pleiopetalen Blüthen ärmsten Exemplare ausgerodet worden waren.

Nachdem diese Curve ermittelt war, traf ich noch eine weitere Selection. Mehrere Exemplare hatten keine einzige Blüthe mit mehr als sieben Petalen aufgewiesen. Diese wurden Mitte August entfernt, und dann die Beobachtungen mit den übrigen fortgesetzt. Es waren 18 Pflanzen, welche als die besten Stammhalter der Rasse zu Samenträgern auserwählt wurden. Vom 15. bis 31. August zählte ich alle ihre Blüthen und fand die folgende Reihe:[1]

Anzahl der Petalen:	5	6	7	8	9	10	11	12	13	14
„ „ Blüthen:	9	17	39	**64**	45	37	15	9	6	2

Summa 243. Die Curve (Fig. 170 *A* 1891) ist jetzt eine zweischenkelige geworden. Sie hat keinen Gipfel mehr auf 5, sondern einen sehr deutlich ausgesprochenen auf 8 Petalen. Sie umfasst 18 Pflanzen, welche von einander nur wenig abweichen. Solche Individuen gab es weder auf dem wilden Standorte, noch auch im Anfange in meiner Cultur.

Die Aussaat von 1892, aus den Samen jener auserlesenen Individuen, gab etwa 300 Exemplare, welche vom 21. Juli bis zum 31. August zu blühen anfingen. Auf diese bezieht sich die Curve für 1892 in Fig. 170. Die später blühenden wurden gesondert untersucht und sollen nachher besprochen werden. Zwischen den genannten Tagen zählte ich auf allen sich öffnenden Blüthen die Petalen, und schrieb die Zahlen für jede Pflanze einzeln in mein Notizbuch ein. Ich gebe jetzt die Summe, welche 4425 Einzelblüthen umfasst. Auf diesen waren die Petalenzahlen in der folgenden Weise vertheilt:

Petalen:	5	6	7	8	9	10	11	12	13	14	15	16—31
Blüthen:	409	582	638	690	**764**	599	414	212	80	29	18	20

Diese Curve, welche jetzt den Entwickelungsgrad der g a n z e n Rasse vorstellt, stimmt ziemlich genau mit derjenigen der auserwählten Samenträger des vorigen Jahres (1891) überein, wie die Fig. 170 in *A* 1891 und 1892 ohne Weiteres zeigt. Aber der Gipfel ist um ein ganzes Blumenblatt vorgerückt. Es hat keine Regression stattgefunden, wie bei der Selection activer Eigenschaften, sondern eine Progression, wie sie ja der Auslese semilatenter Merkmale eigenthümlich ist.

Wichtig ist auch die Veränderung im rechten Schenkel der Curve,

[1] In der oben erwähnten vorläufigen Mittheilung ist diese Gruppe in zwei Curven getrennt, indem der beste Erbe von den übrigen gesondert wurde.

d. h. in dem Vorkommen extremer Varianten. In der vorigen Generation gab es keine Blüthen mit mehr als 14 Blumenblättern. Jetzt fand ich deren 38, und zwar in folgender Vertheilung:

Blumenblätter:	15	16	17	18	19	20	21	22	23	31
Anzahl der Blumen:	18	8	5	2	1	1	1	0	1	1

Dabei ist aber zu berücksichtigen, dass sie unter 4425 Zählungen gefunden wurden, und zusammen also nur etwa 1 % (0·86 %) betragen. Da aber im Jahre 1891 auf 243 Blüthen keine einzige solche beobachtet wurde, so fand offenbar ein wirklicher Fortschritt, wenn auch kein sehr erheblicher, statt.

Die Cultur von 1892 bestand für weitaus den grössten Theil der 295 im August blühenden Exemplare aus solchen, deren Curve, für jede Pflanze gesondert betrachtet, auf etwa 9 Petalen gipfelte. Aber es gab unter ihnen auch Varianten und extreme Varianten. Einerseits die „Atavisten“, deren Curve auf 5 Petalen gipfelte, und somit eine einschenkelige war, wie auf dem ursprünglichen Fundorte. Andererseits aber auch Varianten nach der Plus-Seite, deren Mittel etwa 11 Petalen pro Blume war, in einem einzelnen Falle sogar einen Gipfel auf 13 Blumenblättern erreichte. Diese Curven waren zweischenkelig, und nicht, wie bei der fünfblätterigen Rasse des Rothklees, umgekehrt einschenkelig. Aber es gilt hier auch nur eine Accumulation in der Halbrasse, und keine isolirte volle Rasse. Ich habe für beide Gruppen von Varianten eine gewisse Anzahl ausgewählt und ihre Blüthenzahlen addirt; dieses ergab die folgenden Zahlenreihen:

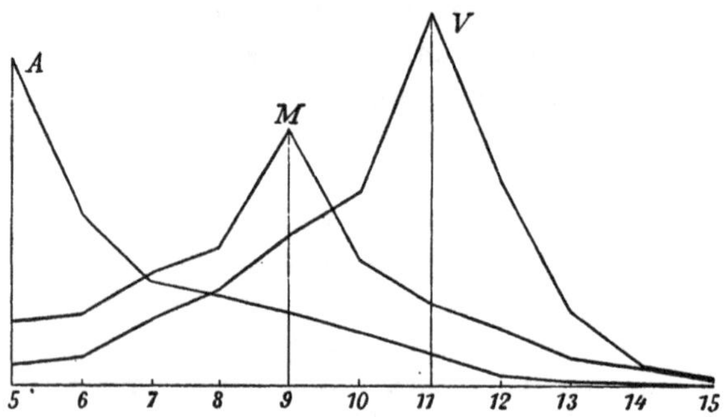

Fig. 171. *Ranunculus bulbosus semiplenus.* Zusammensetzung der fünften Generation im Jahre 1892. *A* die Curve einiger „Atavisten“. *M* die Curve mittlerer Individuen. *V* die Gruppe extremer Varianten. Die Zahlen bedeuten die Anzahl der Blumenblätter pro Blume.

Blumenblätter:	5	6	7	8	9	10	11	12	13	14	15	16	17	18	23
Anzahl der Blumen *A*:	**66**	34	21	18	15	11	7	2	0	0	1	0	0	0	0
„ „ „ *M*:	13	14	22	28	**51**	26	16	12	6	4	2	1	0	1	0
„ „ „ *V*:	9	11	26	39	62	79	**148**	84	30	8	4	3	2	1	1

Diese Zahlenreihen sind in Fig. 171 graphisch dargestellt. Sie beziehen sich auf drei kleine Gruppen von Individuen, derart ausgewählt, dass die Curven der einzelnen Pflanzen innerhalb der Gruppe keine erheblichen Abweichungen vom Mittel zeigten. *A* ist die Curve von zwölf Atavisten, aus der ganzen Beobachtungsreihe ausgesucht; alle hatten den Gipfel auf 5 Blumenblättern. *M* ist die Curve für zehn Pflanzen, welche aus den Samen einer einzigen Mutter hervorgewachsen waren. *V* ist die Curve von allen Pflanzen, deren Gipfel oberhalb zehn lag; im Ganzen 22 Exemplare; sie gipfelten mit nur drei Ausnahmen auf 11; diese drei gipfelten auf 12 und 13, hatten aber keinen merklichen Einfluss auf den Lauf der mittleren Curve für die ganze Gruppe.

Vergleicht man die Fig. 171 mit der Fig. 170, so sieht man eine sehr auffallende Uebereinstimmung. Die eine Figur giebt die Zusammensetzung meiner Culturrasse nach viermaliger Selection an, die andere aber ihre Entwickelungsgeschichte während jener Periode. Beide sind namentlich darin einander ähnlich, dass die anfängliche halbe Curve (Fig. 170 *H* 1887) auch später in der Rasse vertreten bleibt; wenn auch etwas abgeflacht; sie findet sich noch im Jahre 1891 (Fig. 170 *E* 1891) und ebenso 1892 (Fig. 171 *A*). Die atavistische Fluctuation bleibt somit, trotz der wiederholten Auslese, in der Rasse vorhanden.[1] Die Curve *M* hat eine mehr normale Form, als die entsprechende Curve „1892“ in der Fig. 170, was offenbar daher rührt, dass die erstere eine einheitliche Gruppe vertritt, während die letztere eine alle Gruppen umfassende Summationscurve ist. Die Curve *V* verhält sich zu *M* in der auch für die gewöhnliche Variabilität üblichen Weise, sie ist einfach durch die Selection seitwärts verschoben.[2]

Ohne Zweifel würde man, durch Aussaat der Samen der auf 11 gipfelnden Samenträger, die Rasse noch etwas verbessern, d. h. ihre Curve noch etwas weiter nach rechts verschieben können. Ich habe solche Aussaaten seit 1892, wenn auch mit Unterbrechungen, gemacht, aber stets in einem kleinen Maassstabe, und nicht zu dem Zwecke der Fortsetzung des Versuches. Der Reichthum an Blumenblättern nahm dabei noch etwas zu, aber ohne den Typus wesentlich zu ändern. Von einem Auftreten von wirklich gefüllten Blüthen sah ich dabei niemals eine Spur.

Um zu erfahren, ob irgend welche ausreichende Aussicht vor-

---

[1] Während bei der Selection activer Merkmale einfach die ganze Curve verschoben wird, vergl. S. 53 Fig. 18 und den dritten Abschnitt.

[2] Vergl. die Fig. 116 auf S. 384.

handen war, bald den Typus meiner Rasse sich wesentlich verbessern zu sehen, habe ich die folgende Berechnung angestellt. Die 295 Pflanzen meiner Beobachtungsreihe stammten aus den Samen von 21 Müttern. Von diesen Gruppen wählte ich die zehn besten aus, und berechnete die Curve für die sämmtlichen Kinder je einer Mutter. Es zeigte sich, dass diese Curven sehr wenig von einander abwichen. Sie gipfelten sämmtlich auf neun Petalen, mit Ausnahme einer einzigen, welche auf zehn gipfelte. Dabei lasse ich die Gruppen, welche weniger als je 300 Blüthen umfassten, ausser Acht, doch zeigten auch diese keine grösseren Abweichungen. Ich verglich dann diese zehn Curven mit den für die Mütter selbst ermittelten Partial-Curven (d. h. mit den auf der Mutter ausgeführten Blüthenzählungen) und fand keine Beziehung. Gerade die Mutter mit den am wenigsten pleiopetalen Blüthen hatte die beste Nachkommenschaft. Aus meiner Tabelle seien die folgenden vier Curven, für die Nachkommenschaft von vier Müttern, angeführt. *M* bedeutet die Anzahl der Petalen auf den betreffenden Müttern im Jahre 1891.

M	Anzahl der Blumenblätter pro Blume													
—	5	6	7	8	9	10	11	12	13	14	15	16	17	18—23	Summa
C 5—10	37	47	81	81	85	**102**	47	31	6	3	4	1	0	0	526
C 6—10	25	67	80	75	**117**	77	75	45	30	10	6	1	2	3	612
C 6—11	54	53	62	78	**87**	60	59	37	10	4	4	1	1	1	501
C 7—11	52	57	76	77	**95**	64	26	13	0	0	0	0	0	0	484

Mit diesen Zahlen stimmt überein, dass die Pflanze, welche im Sommer 1891 weitaus die beste zu sein schien, da sie eine Curve aufwies, welche auf 11 und 12 Blumenblättern gipfelte, in ihrer Nachkommenschaft genau mit dem Mittel der ganzen Cultur von 1892 übereinstimmte. Ihr besseres Merkmal deutete also keinen zu erwartenden Fortschritt an.

Aus diesen Gründen habe ich dann meinen Versuch eingestellt, denn es schien mir jetzt über allen Zweifel erhoben, dass durch einfache Selection aus meiner Halbrasse die gefüllte Rasse nicht hervorgehen würde. Solches könnte nur von einer weiteren Mutation erwartet werden.

Das umfangreiche Material meiner Cultur habe ich in den verschiedenen Versuchsjahren dazu benutzt, um zu erfahren, in wie fern die Anzahl der Blumenblätter einer Blüthe in der Halbrasse, ausser von der Selection, von inneren und von äusseren Ursachen bestimmt wird. Ich fand sie von ersteren nicht in einem merklichen Grade, von letzteren dagegen in sehr hohem Maasse abhängig.

Zuerst fragte es sich, welchen Gesetzen die Vertheilung der

Blumenblätterzahl auf der einzelnen Pflanze gehorcht. Ist diese Zahl durch den Sitz der Blüthe oder durch äussere Einflüsse, oder durch beides bestimmt? In Bezug auf den Sitz der Blüthe unterschied bereits BRAUN in seiner „Verjüngung“ das erstarkende und das erschwachende Verzweigungssystem. Im ersteren nehmen die Sprosse mit zunehmendem Grade der Verzweigung an Stärke zu, wenn auch oft nur wenig; im letzteren ist jeder Seitenzweig im Mittel schwächer als der Ast, von dem er getragen wird. *Ranunculus bulbosus* gehört zu dem ersteren System (vergl. Fig. 168 auf S. 582). Der Hauptstengel (*E*) wird überragt von den kräftigen Seitenstengeln (*S*), welche direct aus der Knolle hervorgehen, und diese wiederum von ihren eigenen (tertiären) Zweigen (*T* in der Figur). Beim weiteren Wachsthum verhält es sich ebenso, bis zuletzt wiederum schwächere Zweiglein hervorbrechen. Je kräftiger ein Zweig, um so grösser und stärker ist im Allgemeinen die Blüthe, welche er trägt.

Vergleicht man nun den Reichthum der Blüthen der Halbrasse an Petalen mit ihrem Sitz auf den Zweigen verschiedener Ordnung, so glaubt man oft auf den ersten Blick eine bestimmte Beziehung zu finden. Solches rührt aber nur daher, dass solche Fälle einen lebhafteren Eindruck zu machen pflegen, als die entgegengesetzten. Denn bei genauerem Zusehen kommen die anderen wenigstens ebenso häufig vor. Im September 1892 habe ich auf 82 Pflanzen meiner Beete für 1197 Einzelblüthen ihren Sitz und die Anzahl ihrer Blumenblätter notirt, und für jeden „Sitz“ eine Curve construirt. Ich gebe hier aber nur die Mittelzahlen.

	Blüthen	Anzahl der Petalen	pro Blüthe
A. Am Hauptstengel:			
1. Endblüthe	75	697	9·3
2. Secundäre Blüthen	221	2005	9·1
3. Tertiäre „	184	1287	9·3
B. Aus der Knolle:			
4. Secundäre Blüthen	259	2419	9·3
5. Tertiäre „	397	3716	9·4
6. Quaternäre „	111	1014	9·1
Summa	1197	11118	9·3

Wie man sieht, ist keine Gruppe vor den anderen in Bezug auf die Anzahl der Petalen bevorzugt.[1]

[1] Bei erschwachender Verzweigung pflegt solches im Gegentheil wohl der Fall zu sein, z. B. in meinen Culturen, bei *Saponaria officinalis* mit 5—10 Blumenblättern, bei *Chrysanthemum segetum* (§ 18) u. s. w.

Auch die Samen der pleiopetalen Blüthen sind in keiner merklichen Weise bevorzugt. Im Sommer 1891 habe ich meine Samen derart gesammelt, dass ich für jede Pflanze die Samen ihrer Blumen mit gleicher Petalenzahl besonders erntete. Die Blumen wurden dazu selbstverständlich während der Blüthezeit etiquettirt. In der Cultur von 1892 standen die Pflanzen somit in Gruppen, erstens nach den Müttern, und zweitens nach der Petalenzahl ihrer Blüthen. Ich habe dann alle Zahlenreihen nach letzterem Merkmal gruppirt und addirt, und erhielt schliesslich das folgende Resultat:

Blumenblätterzahl der Blüthen, welche die Samen lieferten	Mittlere Petalenzahl der Nachkommen[1]	Anzahl der gezählten Blüthen
C 5—7	8·3	932
C 8	8·7	1072
C 9	8·5	1217
C 10—11	8·6	1420
C 12—14	8·7	919
	Mittel 8·6	Summa 5560

Also auch hier wieder keine merkliche Beziehung. Dasselbe Resultat erhielt ich auch in anderen Jahren. Es ergiebt sich hieraus, dass es in diesem Falle bei der Selection nicht auf die Wahl der Blüthen auf der Pflanze, sondern auf die Wahl der Pflanzen ankommt. Doch habe ich den Einfluss der Verzweigungsordnung, abgesehen von der Petalenzahl, auf die Nachkommenschaft noch nicht untersucht.

Liessen sich keine inneren Ursachen für die Bestimmung der Pleiopetalie in jeder einzelnen Blüthe auffinden, um so leichter lassen sich die äusseren Ursachen dafür nachweisen. Diese folgen wiederum der allgemeinen Regel, denn je besser die Ernährung und die Lebenslage, um so zahlreichere Blumenblätter werden angelegt. Die folgenden Versuche und Beobachtungen werden dieses beweisen.

Zunächst eine Beobachtung, für welche ich leider keine Zahlenbelege anführen kann, welche aber auf die Unabhängigkeit der Blüthen von der Zweigordnung ein Licht zu werfen im Stande ist. Als ich im Sommer 1892 zweimal wöchentlich sämmtliche Blüthen meiner Cultur auf ihre Petalen prüfte und deren Zahl notirte, fiel es mir auf, dass die hohen Zahlen auf bestimmte Tage zusammenfallen, während sonst nur niedere oder mittlere Zahlen notirt wurden. Es würde dieses darauf hinweisen, dass während der Anlage der Blüthen,

[1] Das Mittel ist hier etwas niedriger als in der vorigen Tabelle, weil jene sich nur auf Zählungen im September bezieht. Vergl. später.

im Mai und Juni, die Pleiopetalie vom Witterungszustande beeinflusst wird, dass namentlich bei schönem Wetter die Blüthenanlagen, welche sich gerade in der empfindlichen Periode ihrer Ausbildung befinden, mehr Blumenblätter bekommen würden. Und solches unabhängig von der Ordnung des Zweiges, auf dem sie stehen.

Zu derselben Folgerung führt noch eine andere Beobachtung. Im September 1892 waren die Blüthen im Allgemeinen reicher an Petalen, als im August desselben Jahres. Oder richtiger gesagt, es war dieser Reichthum grösser auf jenen Pflanzen, welche ihre erste Blume erst im September öffneten, als auf jenen, welche schon im Juli und August zu blühen angefangen hatten. Die Anzahl der Individuen der ersteren Gruppe betrug 77, sie öffneten bis Anfang November, d. h. bis zum Schlusse meiner Zählungen 1134 Blüthen. Die erstblühenden waren 295 an der Zahl, mit 4425 Blumen. Die Vertheilung war die folgende:[1]

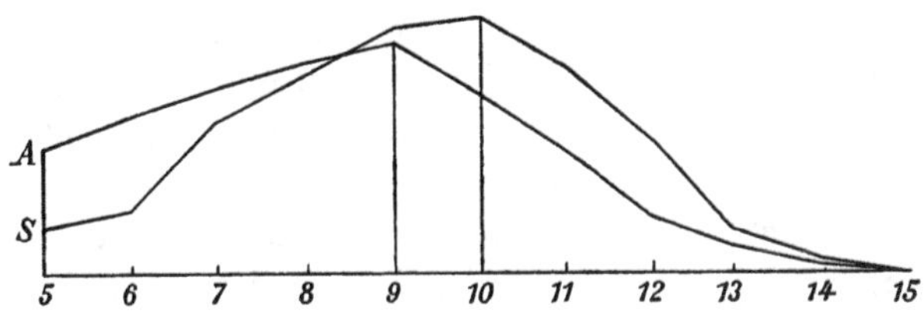

Fig. 172. *Ranunculus bulbosus semiplenus.* *A* Curve der im August blühenden Pflanzen. *S* Curve der im September blühenden. Die Zahlen am Fusse geben die Anzahl der Blumenblätter pro Blume an.

Blumenblätter:	5	6	7	8	9	10	11	12	13	14	15	16—31
Aelteste Pflanzen:	409	532	638	690	**764**	599	414	212	80	29	18	20
September-Pflanzen:	40	52	126	165	204	**215**	177	104	35	8	4	0

Diese Zahlen sind in Fig. 172 graphisch dargestellt, wobei sie, zur bequemeren Vergleichung, auf eine ungefähr gleich grosse Anzahl von Beobachtungen reducirt worden sind. Der Gipfel liegt für die erstblühenden Pflanzen auf neun; es ist dieselbe Curve, welche schon in Fig. 170 auf S. 586 für das Jahr 1892 gegeben wurde. Die andere aber erhebt sich bis zur Ordinate von zehn Blumenblättern, und bleibt auch weiterhin oberhalb der ersteren.

Die Ursache dieses Unterschiedes kann nur in der späteren Keimung gelegen sein. Entweder sind die später keimenden Samen an sich bessere Erben,[2] wie die kleinen spätkeimenden Körner des Incarnatklees, oder die Keimung im Hochsommer, bei besserem und

[1] Vergl. oben S. 587 und Fig. 170 (1892).

[2] Es wäre in dieser Hinsicht von Interesse, bei dieser und bei anderen Pflanzen den Grad der Anomalie bei solchen Individuen zu kennen, welche erst im zweiten oder dritten Jahre nach der Aussaat keimten.

namentlich wärmerem Wetter begünstigt die Entwickelung derart, dass die Blüthen reicher ausgestattet werden. Denn die im Juli und August blühenden Pflanzen waren, nach der Aussaat im Anfang Mai, wohl zumeist im Laufe desselben Monats, bei kaltem, ungünstigem Wetter gekeimt.

Ueber den Einfluss der Ernährung auf die Pleiopetalie habe ich zuerst 1890 einen Versuch gemacht. Ich hatte die auserwählten Pflanzen von 1889 überwintert und verpflanzte im März die eine Hälfte auf ein Beet mit reinem Sandboden, die andere aber auf ein Beet mit gewöhnlicher Gartenerde. Von der ersteren Cultur blühten nur zwei Drittel der Pflanzen (12 Exemplare), von der letzteren alle (20 Exemplare). Auf dem Sandbeete zählte ich die Petalen aller Blumen, auf dem Controlbeet etwa die doppelte Anzahl, indem an abwechselnden Tagen die sich öffnenden Blüthen ohne nähere Prüfung abgepflückt wurden. Es wurden im Ganzen 75 bezw. 147 Blüthen untersucht. Zur besseren Vergleichung in Procente umgerechnet gaben sie das folgende Resultat:

Anzahl der Blumenblätter:	5	6	7	8	9	10
Auf dem Sandbeete:	**73**	23	4	0	0	0
Auf Gartenboden:	**53**	26	14	5	1	1

Es bringt somit der bessere Boden weniger fünfzählige und erheblich mehr 7—10zählige Blüthen hervor. Man darf hieraus ableiten, dass das steile Herabfallen der Curve auf dem wilden Standort, auf Sandboden, wenigstens zu einem wesentlichen Theile von der geringen Ernährung bedingt wird. Denn vermuthlich würden, ebenso wie in diesem Versuche, dieselben Pflanzen auf besserem Boden die Pleiopetalie in höherem Maasse zeigen, und somit eine weniger steile Curve bilden.

Einen entsprechenden Versuch habe ich im Sommer 1891, diesmal auf gedüngtem und ungedüngtem Gartenboden, und mit der damals schon wesentlich verbesserten Rasse (Fig. 170 auf S. 586) gemacht. Die Düngung fand mit Guano statt; die beiden Beete lagen neben einander und waren gleich gross. Es wurde auf ihnen je die Hälfte der Ernte einiger an mehrblätterigen Blumen reichen Exemplare von 1890 ausgesät. Im Laufe des Sommers konnte ich auf dem ungedüngten Beete 159, auf dem gedüngten 376 Blüthen zählen. Das Verhältniss dieser beiden Zahlen ist das beste Maass für die Wirkung des Düngers. Die Ergebnisse, in Procente umgerechnet, waren die folgenden:

Blumenblätter:	5	6	7	8	9	10	11	12	13	14
Ohne Dünger:	12	15	25	21	12	10	3	1	1	0
Mit Guano:	14	15	17	21	14	9	4	3	2	1

Ohne Dünger lag der Gipfel der Curve auf sieben Petalen und gab es nur wenige Blüthen mit mehr als elf Blättern; mit Dünger lag der Gipfel auf acht, und gab es merklich mehr reich ausgestattete Blüthen.

Die Control-Exemplare waren in diesen beiden Versuchen andere Pflanzen als die der Hauptreihe. Man kann aber auch dieselbe Pflanze abwechselnd günstigen oder ungünstigen Einflüssen aussetzen, und erhält dann wiederum dasselbe Resultat. Zu diesem Zwecke habe ich im Frühjahr 1893 eine Reihe der besten Pflanzen von 1892 in einen trockenen Boden übergepflanzt und sie, bei anhaltend trockenem Wetter, ohne Begiessen sich selbst überlassen. Sie litten hierunter sichtlich und brachten zum Theil sogar weniger Blüthen hervor wie in dem vorigen Sommer. Aus meinen oben besprochenen Tabellen kannte ich für jede Pflanze von 1892 die Petalenzahl aller einzelnen Blumen; in derselben Weise wurden sie 1893 untersucht. Ich gebe aber hier nur die mittleren Zahlen der Blumenblätter pro Blüthe.

Pflanze	Anzahl der Blüthen		Mittlere Anzahl der Petalen pro Blüthe		Differenz
	1892	1893	1892	1893	
Nr. 1	25	14	11	9	2
„ 2	43	9	9	5	4
„ 3	9	14	10	6	4
„ 4	44	5	8	5	3
„ 5	12	18	10	8	2
„ 6	16	21	9	8	1

Auf jeder einzelnen Pflanze hatte die Anomalie somit in Folge des Verpflanzens auf trockenen Boden sehr wesentlich abgenommen.

Blicken wir jetzt auf diese Versuche zurück, so ergiebt sich, dass die Hervorbringung von mehr als fünf Blumenblättern in einer Blüthe von dem Sitze dieser Blüthe auf der Pflanze im Wesentlichen unabhängig ist, dagegen im höchsten Grade abhängig von den äusseren Einflüssen, unter denen die betreffende Blüthe ihre früheste Jugend, d. h. die empfindliche Periode ihrer Entwickelung durchläuft. Je kräftiger die Pflanze, je günstiger der Boden in Bezug auf Feuchtigkeit und Ernährung, je milder die Jahreszeit, und wohl auch je sonniger die Tage in jener Periode sind, um so höher fällt die Zahl der Petalen aus.

Durch die Cultur im Garten muss somit die steile halbe Curve des wilden Fundortes (Fig. 170 für 1887) in eine flachere übergehen, welche sich auf höhere Blumenblätterzahlen erstrecken und schliesslich auf diesen einen neuen Gipfel bilden wird.

Solches geschieht aber bequemer und sicherer, wenn mit der besseren Cultur die Selection verbunden wird (vergl. dieselbe Figur). Diese wählt die Pflanzen aus, welche die Anomalie am häufigsten und am stärksten zeigen; das sind aber, nach dem Obigen, im Allgemeinen die am besten ernährten, d. h. die von ihrer Lebenslage am meisten bevorzugten. Denn auf demselben, möglichst gleichmässig vorbereiteten Beete sind ja die Umstände sogar bei benachbarten Pflanzen oft äusserst verschieden. Der eine Same keimt an einer Stelle, wo sich gerade das Regenwasser am längsten erhielt; der andere keimt fast trocken. Einige keimen an warmen und schönen Tagen, sie sind dadurch für ihr ganzes Leben ihren weniger begünstigten Brüdern voraus, u. s. w.[1] Die einzelnen Pflanzen, aus Samen derselben Mutter an demselben Tage auf demselben Beete ausgesät, sind also nothwendiger Weise verschiedenen Bedingungen ausgesetzt. Unter ihnen wählt die Selection die besten, und somit, wenigstens in der Hauptsache, die am besten ernährten. Sie beschleunigt so zu sagen nur die Wirkung der Lebensumstände, wie wir dies ja auch früher, gelegentlich des *Papaver somniferum polycephalum* aus einander gesetzt haben.[2]

Selection und Cultur haben also in meinem Versuche während vier Generationen in derselben Richtung zusammengewirkt. Sie haben die mittlere Anzahl der Blätter pro Blüthe etwa verdoppelt, indem sie sie auf 9—10 brachten; sie haben auf mehreren Hundert Pflanzen und mehreren Tausend Blüthen nur drei solche mit mehr als zwanzig Petalen (C21, C23 und C31) hervorgebracht, also jedenfalls nicht wesentlich mehr, als sich bei jener Mittelzahl und der vorhandenen Variationsweite der ganzen Cultur nach dem Queteletschen Gesetze erwarten lässt. Diese Blüthen befanden sich rein zufällig an sonst nicht erheblich bevorzugten Pflanzen, denn die drei Zahlencurven der betreffenden Individuen gipfelten alle auf 10. Es geht hieraus hervor, dass durch Auswahl dieser Exemplare als Samenträger der Gipfel der Curve sich im Laufe der Jahre wohl noch um etwas hätte verbessern lassen, dass aber diese extremen Variationen keine besondere Aussicht auf die Gewinnung einer gefülltblüthigen Sorte eröffneten.

[1] Vergl. S. 97.
[2] Vergl. S. 99.

Cultur und Selection wirken in der Richtung des Zieles; sie führen die Halbrasse in dieser Richtung messbar weiter, sie sind aber an sich nicht im Stande, das Ziel zu erreichen. Die Halbrasse bleibt Halbrasse, trotz aller Mühe und Sorgfalt, die semilatente Eigenschaft äussert sich öfter und öfter, es gelingt ihr aber nicht, den normalen, activen Eigenschaften ebenbürtig zu werden, d. h. sich ohne Hülfe weiterer Selection und weiterer günstiger Culturbedingungen als mittlere Eigenschaft der Rasse auszuprägen und zu behaupten.

Dazu bedarf es also eines ganz anderen Vorganges. Die Selectionstheorie nimmt an, dass man das Ziel erreichen würde, wenn man den Versuch in derselben Weise durch Jahrzehnte oder Jahrhunderte fortsetzen könnte. Dafür spricht aber der Verlauf des Versuches nicht; dieser deutet vielmehr darauf hin, dass dasjenige, was durch Selection und Ernährung überhaupt erreicht werden kann, thatsächlich in den fünf Culturgenerationen im Wesentlichen erreicht wurde. Und erreicht wurde eine „Zuchtrasse“, deren Blüthen im Mittel unter den obwaltenden günstigen Culturbedingungen neun Petalen führen, welche aber je nach der Lebenslage einerseits bessere Varianten (mit im Mittel 11—13 und wohl vielleicht etwas mehr Petalen) und andererseits Atavisten mit halber GALTON-Curve hervorbringt (vergl. Fig. 171 auf S. 588).

Meines Erachtens aber würde, bei fortgesetzter Cultur der Halbrasse, die gefüllte Rasse einmal plötzlich auftreten, und dann nach kurzer, entsprechender Isolirung wiederum als constante, wenn auch sehr variable Rasse dastehen.[1]

§ 24. Die Buntblätterigkeit.

Zu den beliebtesten Varietäten des Gartenbaues gehören ohne Zweifel die buntblätterigen Gewächse. Dabei haben sie, durch ihre grosse Unbeständigkeit, sehr viel zur Ausbildung des gärtnerischen Begriffes der Varietäten beigetragen. Denn sie wechseln ihre bunte Mannigfaltigkeit stets und in jeder Beziehung. Fast keine zwei Blätter derselben Pflanze sind einander gleich, und manche Art hat eine ganze Reihe verschiedener gescheckter und gefleckter Varietäten. Auch haben sie das Typische, dass sie fortwährend und unter den Augen eines Jeden zu der Art, zu der sie gehören, zurückkehren.

[1] Ich meine als eine Mittelrasse mit grosser Variationsamplitude, welche aber im Laufe der Generationen sich nicht ändert.

Sie thun solches sowohl aus Samen, als auch durch Zweige. Und da diese letzteren an den Sträuchern und den Bäumen viele Jahre, oft Jahrzehnte sichtbar bleiben, und die Erscheinung sich dazu mehrfach an demselben Gewächs wiederholt, so sieht man sie überall und betrachtet Mancher sie als ausreichende Beweise für den Satz, dass Varietäten unbeständige, abgeleitete, und zu ihrer Art von Zeit zu Zeit zurückkehrende Gebilde sind.

Namentlich in der ersten Hälfte des achtzehnten Jahrhunderts waren die Pflanzen mit gesprenkelten oder gebänderten Blättern sehr in der Mode.[1] Zu jener Zeit hatte der bekannte englische Gärtner Thomas Fairchild in seinem Garten bereits mehr als hundert solcher Arten, und etwa hundert Jahre später gab Schlechtendahl eine Liste, aus der hervorgeht, dass buntblätterige Gewächse über das ganze Pflanzenreich verbreitet sind, und in allen grösseren Gruppen, ja in den meisten Familien der Blüthenpflanzen vorkommen.[2]

Am weitesten verbreitet war damals die Cultur des Bandgrases, *Phragmites arundinacea variegata* und der bunten Stechpalme oder Hülse (*Ilex Aquifolium*). Beide sind jetzt noch in Gärten sehr beliebt, das Bandgras verhältnissmässig einförmig, die Stechpalmen äusserst wechselnd. Von diesen giebt es namentlich eine Varietät mit weissgeränderten Blättern neben der gewöhnlichen gefleckten. Erstere gehört eigentlich nicht zu der Gruppe der *Plantae variegatae*, auch ist sie in jeder Hinsicht viel weniger unbeständig. Letztere ist höchst variabel und treibt besonders gerne grüne Triebe, welche, da sie sich besser ernähren können, bald die bunten überwuchern. Mancher schöne bunte Strauch, sowohl von der Hülse als auch aus anderen Gattungen, kann dadurch ganz grün werden, wenn nicht jährlich die grünen Aeste vom Gärtner zurückgeschnitten werden. Umgekehrt darf man von gar vielen Exemplaren der Stechpalme, welche jetzt grün sind, annehmen, dass sie ursprünglich bunt waren, und wohl auch als solche gekauft und gepflanzt worden sind. Häufig findet man denn auch, bei genauerem Zusehen, hier und dort noch einen bunten Ast, der die Richtigkeit dieser Auffassung bestätigt. Genau so verhält es sich mit der Rosskastanie, deren ältere, jetzt lebende Bäume zu einer Zeit gepflanzt wurden, als man mit Vorliebe gesprenkelt-blätterige Exemplare kaufte. Seitdem sind ihre Kronen grün geworden, und sieht man ihre ursprüngliche Natur nicht mehr.

---

[1] Meyen, *Pflanzen-Pathologie.* 1841. S. 282.

[2] Schlechtendahl, *Linnaea.* 1830. V. S. 494. Ueber bunte Moose und Thallophyten scheint äusserst wenig bekannt zu sein.

Aber hier und dort ein gescheckter Ast, und namentlich die bunten, meist fast völlig weissblätterigen Stammesausschläge verrathen, dass die betreffende Pflanze anfänglich eine buntblätterige war. Ueberhaupt sind in zahlreichen Fällen vereinzelte bunte Zweige an grünen Sträuchern und Bäumen nicht als etwas Neues, sondern als eine Erinnerung an längst vergangene Zeiten, an eine frühere, sehr allgemeine Mode aufzufassen.

Man unterscheidet verschiedene Sorten von Buntblätterigkeit. Erstens die gelbbunten und die weissbunten Varietäten. Den ersteren fehlt nur die genügende Ausbildung des Chlorophylls, den letzteren auch jene des Xanthophylls oder Carotins,[1] und mit dem Mangel beider Farbstoffe geht häufig eine mehr oder weniger kümmerliche Ausbildung der Chlorophyllkörner selbst Hand in Hand.[2]

Ferner unterscheidet man buntgeränderte, buntfleckige und buntgestreifte Sorten. Die ersteren scheinen eine Varietät für sich zu bilden, welche viel seltener ist als die letztere; sie scheinen gute Rassen zu sein, so beständig wie andere gute Gartenvarietäten. Auf sie werde ich in diesem Paragraphen nicht oder doch nur sehr gelegentlich Rücksicht nehmen; das beste und am meisten bekannte Beispiel für sie liefert die bereits oben besprochene geränderte Stechpalme.[3]

Ob eine Pflanze buntfleckig oder buntgestreift erscheint, hängt im Allgemeinen von der Nervatur ihrer Blätter ab. Viele bunte Monocotylen haben gestreifte Blätter (*Agave, Convallaria majalis, Phormium tenax, Tradescantia repens* u. s. w.), während die Dicotylen meist gescheckt oder gesprenkelt sind. Ob die mosaikartige Buntblätterigkeit der *Abutilon*-Blätter eine andere Ursache hat, als das gewöhnliche Bunt, ist noch zu untersuchen.

Die mangelhafte Ausbildung des Chlorophyllfarbstoffes bedingt selbstverständlich eine ungenügende Assimilation der Kohlensäure.

---

[1] Vergl. T. Tammes, *Ueber Carotin.* Flora 1900.

[2] Ueber die anatomischen Verhältnisse vergleiche man die ausführlichen Studien von A. Zimmermann, *Ueber die Chromatophoren in panachirten Blättern,* in den Beiträgen zur Morphologie und Physiologie der Pflanzenzelle. Heft II. 1891. S. 81—111, und Ber. d. d. bot. Ges. VIII. 1890. p. 95 und H. Timpe, *Beiträge zur Kenntniss der Panachirung.* Inaug.-Diss. Göttingen 1900.

[3] Es ist eine geläufige Behauptung, dass geränderte Sorten beständiger sind als gefleckte. Bereits Morren (*Hérédité de la panachure,* Bull. Acad. roy. Belg. T. XIX, 2. Serie, p. 225) hat solches betont (1865). Jedoch ist Verlot (*Des Variétés.* 1865. p. 74) anderer Meinung. Vergl. über die bunten Hülsensorten (*Ilex*) auch Focke, *Abh. d. Naturw. Ver. zu Bremen.* Bd. V. S. 401—404.

Die bunten Theile wachsen weniger kräftig und sind weniger widerstandsfähig, als die entsprechenden grünen. Der *Cyperus alternifolius* unserer Gewächshäuser, die *Aspidistra elatior* und viele andere beliebte Sorten zeigen dies auf's deutlichste. *Arundo donax* erreicht oft drei Meter Höhe und mehr; seine gestreifte Varietät wird kaum halb so hoch. Blätter der bunten *Aspidistra* sind nicht selten in der einen Längshälfte grün, in der anderen farblos; dann ist das Blatt gekrümmt, das Zurückbleiben der letzteren im Wachsthum anzeigend. Und ähnlich in zahlreichen Fällen.

Jedoch fehlt den gelben Blättern und Blatttheilen weder der grüne Farbstoff, noch auch das Vermögen der Assimilation gänzlich. An Alkohol geben sie meist einen grünen Auszug ab, und auch unter dem Mikroskop findet man hier und dort, besonders in der Nähe der Nerven, noch die Spuren grüner Körner. Oft aber genügt die Thätigkeit nicht, sie am Leben zu erhalten, und gehen sie, nachdem sie ihr Wachsthum vollendet, früher oder später ein. Starke Grade der Anomalie sind dadurch unbeliebt, mehrfach werden sie bereits früh durch braune Ränder unschön. Manches Individuum, das zu stark bunt ist, geht in frühester Jugend zu Grunde, andere werden nicht kräftig genug, um zu blühen und Samen zu tragen. Gerade dieser letztere Umstand ist von grossem Interesse, da er die Ursache ist, dass die besten Erben in der Regel von der Fortpflanzung der Varietät ausgeschlossen sind.[1] Ferner hängt damit zusammen, wenigstens nach der Meinung vieler Autoren, dass Varietäten, welche gleichzeitig bunte Blätter und gefüllte Blüthen tragen, weit seltener sind, als man solches bei dem Vorherrschen dieser beiden Anomalien im Gartenbau erwarten würde.[2]

An panachirten Pflanzen sind bekanntlich nicht nur die Blätter gefleckt. Solches gilt sehr häufig auch von den Stengeln und vom Blüthenkelche, oft sogar auch von den Früchten (Birnen, Trauben, Kohlschoten, *Barbarea vulgaris*, *Cheiranthus Cheiri*, *Alyssum maritimum*, *Acer*, *Ilex*, *Aegopodium*, *Ligusticum* u. s. w.[3]). Auch Gallen auf bunten Eichen fand ich bisweilen buntfleckig, so namentlich die schönen kugeligen Gallen des *Cynips Kollari*.

---

[1] Es ist wohl überflüssig zu bemerken, dass rothgefleckte, braune und purpurne Blätter u. s. w. von den obigen Auseinandersetzungen ausgeschlossen sind. Vergl. über diese die schöne Arbeit Stahl's *Ueber bunte Laubblätter*, Ann. Jard. Bot. Buitenzorg. Vol. XIII. Heft 2. 1896. p. 137.

[2] B. Verlot, *Sur la production et la fixation des variétés dans les plantes d'ornement*. 1865. S. 75. Morren, *Hérédité de la panachure*, l. c. p. 226.

[3] Morren, l. c. p. 233.

Wir gelangen jetzt zu der wichtigen Frage der Erblichkeit, dem Grade der Fixirung, wie man es gewöhnlich nennt. Dabei schliesse ich, wie bereits hervorgehoben, weissbunte[1] und geränderte Sorten aus, und beschränke mich auf den gewöhnlichen Fall gelbgescheckter Blätter. Und indem ich erst weiter unten die zahlenmässigen Belege geben werde, ist hier zunächst Stellung zu nehmen zu der Frage, ob die buntblätterigen Sorten Halbrassen oder Mittelrassen seien, im oben angedeuteten Sinne (Kap. II dieses Abschnittes).

Nach meiner Ueberzeugung handelt es sich bei den Gartenvarietäten meist um Mittelrassen (z. B. *Barbarea vulgaris*), bei den zufällig bunt gefundenen Pflanzen aber gewöhnlich um Halbrassen. Dafür spricht namentlich die Mannigfaltigkeit und Unbeständigkeit der Formen. Und nur die Häufigkeit gescheckter Sorten und das hervorragende Interesse, das sich an sie knüpft, scheinen mir die Ursachen zu sein, weshalb sie gewöhnlich als den besten Varietäten ebenbürtig behandelt werden. Dazu kommt die allgemein herrschende Meinung, dass eine völlige Ausbildung der gelben Farbe zwar den Typus der constanten Varietät darstellen, aber gleichzeitig die Pflanze nothwendig zum Tode verurtheilen würde. Fast überall betrachtet man die Buntblätterigkeit als eine unvollendete Anomalie, deren vollendeter Zustand auf die Dauer existenzunfähig sein würde.

Aber mit Unrecht.[2] Völlig gelbe Varietäten sind nicht nur möglich und existenzfähig, sondern auch im Gartenbau wohlbekannt. Allerdings in einer verhältnissmässig kleinen Reihe von Beispielen. Die Samen- und Pflanzencataloge führen vor allen *Sambucus nigra aurea* und *Fraxinus excelsior aurea* an, ferner die *Aurea*-Varietäten von *Chrysanthemum carinatum*, *Mirabilis Jalapa*, *Scabiosa atropurpurea*, *Humulus japonicus (lutescens)* u. s. w. Diese Pflanzen sind, soweit ich sie kenne, meist gelbgrün bis goldgelb.[3] Auch scheinen sie sehr beständig zu sein, und nicht oder nur selten zum grünen Typus zurückzukehren. So säte ich in verschiedenen Jahren versuchsweise im Gewächshause meines Laboratoriums grössere Mengen von Samen von dem gewöhnlichen goldgelben *Chrysanthemum Parthenium*[4] (*Matricaria eximia nana*

[1] Ueber diese — *Albicatio*, *Albinismus* — habe ich selbst keine Versuche gemacht, und die Literatur reicht zu einem sicheren Urtheile nicht aus. Vielleicht würde sich für Versuche der prachtvolle weissbunte *Humulus japonicus variegatus* empfehlen.

[2] Vergl. § 3 dieses Abschnittes (S. 422—428).

[3] Einige der Genannten habe ich noch nicht cultivirt; auch deutet der Name *aureus* nicht immer auf einfarbige Sorten, z. B. *Agave striata aurea*.

[4] Vilmorin's *Blumengärtnerei*. Bd. II. S. 509.

compacta fol. aureis Hort.), und fand auf vielen Hunderten von Exemplaren nie eine Ausnahme von der goldgelben, gleichmässigen Farbe. Weder grüne noch auch bunte Keimlinge kamen vor. Bei Aussaaten käuflicher Samen anderer Arten fand ich keine so völlige Reinheit, aber nur so viele Beimischungen grüner Pflanzen, als überhaupt in Handelssamen zu erwarten sind. So z. B. *Stellaria graminea aurea* mit 28 $^0/_0$ und *Myosotis alpestris compacta foliis aureis* mit nur 3 $^0/_0$ grünen Keimlingen. Buntblätterige Exemplare fehlten aber auch in diesen Culturen durchaus.

Dass die *Aurea*-Varietäten in Alkohol einen grünen Auszug geben,

Fig. 173. *Thymus Serpyllum.* Der gewöhnliche Thymian; ein Exemplar mit einem bunten Zweiglein *B.*

und hinreichend Chlorophyll enthalten, um sich zu ernähren, braucht wohl nicht besonders betont zu werden.

Die *Aurea*-Varietäten und die gelb parachirten Sorten beruhen beide auf dem Vorherrschen des gelben Farbstoffes vor dem grünen. Diese Eigenschaft ist in den ersteren überall, in den letzteren nur fleckenweise ausgebildet. Die meisten bunten Pflanzen sind jenen zahllosen Halbrassen analog, welche ihre Anomalie — sei es Füllung, Becherbildung, Vierblätterigkeit, oder was man will — nur in einzelnen Organen und Theilen von Organen vorzeigen. Einzelne Sorten möchte ich als den gefüllten Varietäten ebenbürtig erachten, während die *Aureae* vielleicht ebenso constant sind, wie die *Varietates discoideae* und überhaupt wie die besten elementaren Arten.

Das sehr verbreitete Vorkommen bunter Pflanzen spricht dafür, dass das latente Vermögen der Panachirung im Pflanzenreich ganz allgemein verbreitet sei. Noch mehr spricht dafür der Umstand, dass man sowohl im Freien als im Garten alljährlich bei neuen Arten bunte Triebe oder bunte Exemplare antrifft. Dabei sind weiss oder gelb geränderte sowie weissbunte verhältnissmässig sehr selten. Ich beobachtete von ersterer Sorte ein Beispiel im Freien an der *Oenothera Lamarckiana* (1887, vergl. S. 345), und fand von der letzteren z. B. *Spiraea Ulmaria, Calluna vulgaris, Trifolium pratense, Lychnis diurna,* in den Jahren 1886 und 1887 in der Umgebung von Hilversum. Von gelbbunten Pflanzen fand ich daselbst in den beiden genannten Jahren: *Plantago major, Phalaris arundinacea, Rhinanthus major, Erica Tetralix, Urtica urens, Hypericum perforatum, Trifolium pratense, Hieracium Pilosella, Rubus fruticosus, Polygonum Convolvulus* und *Geum urbanum.* Von *Arnica montana* fand ich 1869 ein schön buntes Exemplar im Thüringerwald, und später von *Plantago lanceolata* in der Sächsischen Schweiz und von *Thymus Serpyllum* unweit Wyk aan zee (Fig. 173). Auch später habe ich sehr häufig einzelne bunte Exemplare von wildwachsenden Arten beobachtet. Genau so traten sie in meinen Culturen auf, wo es sicher ist, dass sie durch Reihen von Generationen nur grüne Vorfahren hatten. So z. B. *Chrysanthemum segetum, Antirrhinum majus, Polygonum Fagopyrum, Linaria vulgaris, Silene noctiflora* u. s. w.

Wegen der sehr ansehnlichen Ausdehnung meiner Culturen habe ich namentlich bei *Oenothera Lamarckiana* das Auftreten bunter Exemplare verfolgen können. Sie erscheinen hier, aus grünen Vorfahrenreihen, fast alljährlich und in den verschiedensten Culturfamilien und elementaren Arten.[1] Ich fand sie in dieser Weise in den Hauptfamilien der *Lamarckiana* erstens im Freien am ursprünglichen Fundorte, dann 1889, 1890, 1892, 1895, 1898, 1899 in meinen Culturen, deren Samenträger stets grüne Pflanzen waren. Ebenso in *O. rubrinervis* 1891, 1893, 1894; in *O. laevifolia* 1891, 1894 und 1899; in *O. sublinearis* 1896; in *O. lata* 1890 und 1899; in *O. nanella* 1890, 1896 und 1899; in *O. scintillans* 1898, u. s. w. Ferner aus Kreuzungen von *O. lata* × *O. cruciata*, von *O. Lamarckiana* × *O. Lam. cruciata*, u. s. w. Im Jahre 1899 entstanden in meiner ganzen Cultur von über 5000 *Oenothera*-Pflanzen acht bunte Exemplare, somit

[1] Vergl. auch Abschn. II S. 345.

etwa 0·1 bis 0·2 %. Aber im Freien beobachtet man die Anomalie jedenfalls viel seltener.

Eine der auffallendsten Erscheinungen an bunten Gewächsen ist die sogenannte Zweig- oder Knospenvariation. Aus einer Knospe entsteht ein Ast, welcher in Bezug auf die Panachirung sich sämmtlichen übrigen Theilen der Pflanze entgegengesetzt verhält. Und zwar kommt es einerseits vor, dass bunte Pflanzen rein grüne Triebe, andererseits, dass bis dahin grüne Pflanzen einen buntgescheckten Zweig hervorbringen. In beiden Fällen äussert sich eine bis dahin latente Eigenschaft.

Das Hervortreten von grünen Zweigen an bunten Gewächsen wird allgemein als Atavismus, als Rückschlag auf die Stammesform betrachtet. Es kommt namentlich an holzigen Arten und Stauden sehr häufig vor. *Evonymus japonica, Ilex Aquifolium, Buxus sempervirens, Aucuba japonica, Quercus pedunculata, Weigelia amabilis, Cornus sanguinea* und viele andere bilden allbekannte Beispiele; ferner wird es unter den perennirenden Kräutern wohl am meisten bei *Arabis alpina* gesehen. Als weitere Beispiele führe ich theils aus der Literatur, theils aus eigener Erfahrung *Castanea vesca, Kerria japonica, Aesculus Hippocastanum, Yucca pendula aurea, Ulmus campestris, Zea Mays, Rubus fruticosus* an, und es wäre ein Leichtes, die Liste noch bedeutend zu vergrössern.

Die grünen Aeste können sich besser ernähren als die bunten, und wachsen daher kräftiger, erhalten sich und erstarken im Laufe der Jahre, und überwuchern häufig die anderen. Dabei bleiben sie in der Regel in allen ihren Blättern und Verzweigungen rein grün und machen den Eindruck, als ob sie die Fähigkeit zur Panachirung vollständig verloren hätten. Dem ist aber nicht so, denn von Zeit zu Zeit sieht man an solchen grünen Abschnitten wiederum einzelne bunte Zweiglein sich bilden. Namentlich *Arabis alpina* ist hier lehrreich, da sie aus sehr zahlreichen Knospen zu variiren pflegt, und man die einzelnen Theile leicht trennen und getrennt weiter cultiviren kann. Aehnliche Fälle von doppeltem Rückschlage beobachtete ich 1893 an *Castanea vesca variegata* und *Kerria japonica variegata*, welche auf einem grünen Aste wiederum je ein kleines buntes Zweiglein trugen. Und ähnlich in anderen Fällen.

Die mangelhafte Ernährung macht die bunten Blätter häufig kleiner als die grünen. Fehlt der Farbstoff namentlich in den Randpartien, so werden diese zu klein für die mittleren Theile der Spreite und es wölbt sich das Ganze. Einseitiges Zurückbleiben des Wachsthums führt zu Krümmungen. Diesen Erscheinungen verdanken bunte

Gewächse häufig ein Aeusseres, das von demjenigen ihrer Mutterart durchaus verschieden ist. Tritt dann Rückschlag durch Knospenvariation ein, so verschwinden alle diese abgeleiteten Merkmale wie mit einem Schlage; die grünen Blätter sind flach ausgebreitet, von normaler Gestalt und oft doppelt so gross als wie die bunten. Sie fallen dann bereits von Weitem auf. Solches beobachtete ich in sehr schöner Weise namentlich bei *Castanea vesca* und *Ulmus campestris*, aber auch *Kerria japonica* und viele andere Arten zeigen dasselbe.

Es ist vielfach die Frage ventilirt worden, welche Knospen vorzugsweise zu atavistischen Trieben werden. Namentlich die Rhizomknospen und die Adventivknospen auf Wurzeln wurden dabei berücksichtigt. So bildet *Glechoma hederaceum variegatum* oft grüne Ausläufer,[1] während das bunte *Tussilago Farfara* aus seinen Ausläufern sich echt erhält. Von *Rubus fruticosus* besitze ich seit mehr als zehn Jahren ein buntes Exemplar, welches aus seinen Wurzelknospen, je nach Umständen und je nach den Jahren, das eine Mal vorwiegend grüne, das andere Mal vorwiegend bunte Pflänzchen emporspriessen lässt. Es ist mir wahrscheinlich, dass die schwächeren Knospen im Allgemeinen zum Atavismus neigen; da sie dann aber grüne Triebe hervorbringen, welche viel kräftiger wachsen, als ihre bunten Nachbarn, entzieht sich dieses Verhältniss meist der Beobachtung.[2]

Bunte Zweige an grünen Pflanzen kommen fast ebenso häufig vor. Im Gartenbau nimmt man allgemein an, dass die zahlreichen buntblätterigen Varietäten von Holzgewächsen mit nur wenigen Ausnahmen in dieser Weise entstanden sind. Zu diesen Ausnahmen zählt *Weigelia amabilis variegata*, welche von van Houtte aus Samen der grünen Sorte erzogen wurde,[3] und ebenso ein bunter Weinstock, den Knight gewann.[4] In vielen Fällen ist der erste Fund aufgezeichnet. So beschreibt Wolff,[5] dass er an einem Strauche von *Spiraea opulifolia* einen buntblätterigen Trieb fand. Die Blätter waren weisslichgrün mit schwefelgelbem, häufig durch dunkelgrüne Flecken unterbrochenem Rande. Die neue Form war durch Stecklinge leicht zu vermehren und kam als *Sp. op. heterophylla fol. aur. marg.* in den Handel.

---

[1] Verlot, l. c. S. 78.

[2] In der Literatur findet man vielfach die Meinung, dass gerade die stärksten Triebe grün werden würden; solches beruht aber wohl grossentheils auf der oben angedeuteten Verwechselung von Ursache und Folge.

[3] Verlot, l. c. S. 74.

[4] de Candolle, *Physiologie.* II. S. 734.

[5] *Gartenflora.* Vol. 39. 1890. S. 9.

Auch im Freien beobachtet man von Zeit zu Zeit bunte Knospenvariation, und wie es scheint, ist dieses nahezu die einzige Knospenvariation, welche an wildwachsenden Pflanzen angetroffen wird. Denn sonst tritt diese Erscheinung wenigstens vorwiegend als Rückschlag an cultivirten Varietäten oder an Bastarden auf. Ich selbst fand sehr schöne und reich beblätterte bunte Zweige an *Quercus pedunculata, Betula alba* und *Fagus sylvatica* in den Forsten unweit Hilversum, je einen bereits verzweigten Ast an einem sonst grünen Bäumchen, unter Hunderten bezw. Tausenden von völlig grünen Exemplaren.

An bunten Zweigen tritt die Buntblätterigkeit häufig nur einseitig auf. Die Anomalie ist lateral oder unilateral ausgebildet, oder noch besser gesagt sectorial. Denn in der verticalen Projection des Zweiges ist es meist ein einziger Sector, der bunt ist, oft die Hälfte, oft ein Drittel, vielfach auch einen kleineren Theil des Stengelumfanges beeinflussend.[1] Die sectoriale Variation verhält sich hier ähnlich wie bei den gestreiften Blumen. Die Knospen in den Achseln der Blätter auf den bunten Sectoren pflegen zu bunten Trieben, diejenigen auf den grünen Sectoren zu grünen Trieben auszuwachsen. Die Züchter berücksichtigen dieses bei der Vermehrung bunter Sorten durch Stecklinge, wie wir bereits früher gesehen haben.[2] Es scheint, dass die Knospenvariation, sowohl die progressive (Bunt hervorbringende), als die retrogressive oder atavistische, allgemein an eine vorangegangene sectoriale Variation gebunden ist. Nur lässt sich dieses in den meisten Fällen nicht mehr nachweisen. Bei *Quercus pedunculata* beobachtete ich, wie oben erwähnt, auf einem grünen Strauche einen buntblätterigen Zweig. Hier erstreckte sich das Bunt auch auf die Rinde, und war die Farbe der vorjährigen Aeste somit noch zu erkennen. Der Tragast ergab sich als einseitig bunt, und auf dieser Seite war der bunte Zweig eingepflanzt; die Zweige der anderen Seiten waren grün (Hilversum 1886). Bei Pflanzen mit zweizeiligen Blättern, wie *Castanea vesca, Ulmus campestris* u. s. w. ist oft die eine Blätterreihe eines Zweiges bunt, die andere grün. In solchen Fällen fand ich an den älteren Theilen auf der grünen Seite die Seitenzweige völlig grün, auf der bunten Seite aber bunt. Ich wiederhole hier, dass den grünen Zweigen in solchen Fällen immer eine, wenn auch sehr stark geschwächte „Neigung“ innewohnt, um wiederum bunte Blätter hervorzubringen. Der Gegensatz zwischen grün und

[1] Es wäre von höchstem Interesse, das sectoriale Bunt bei den Coniferen und Gefässcryptogamen (z. B. *Juniperus, Adianthum, Selaginella* u. s. w.) in Beziehung zu den Theilungen der Scheitelzelle zu studiren.

[2] Vergl. Salter's Methode. Abschnitt I. S. 104.

bunt ist hier in Wirklichkeit nicht so gross, wie er auf den ersten Blick zu sein scheint.

Wir kommen jetzt zu der Besprechung des Einflusses äusserer Umstände auf den Grad der Buntblätterigkeit.[1] Die Literatur ist hier überaus reich an sich widersprechenden Angaben. Diese rühren, wie schon erwähnt, hauptsächlich daher, dass die grünen Theile so erheblich kräftiger wachsen, als die bunten. Es muss Jedem sofort auffallen, dass sie die stärkeren sind, und die Folgerung liegt somit nahe, zu meinen, dass die kräftigsten Theile der bunten Pflanzen am leichtesten grün, die schwächsten Triebe grüner Gewächse am ehesten bunt werden. Jedoch täuscht hier die Schlussfolgerung. Die beobachteten Verhältnisse werden von der Anomalie bedingt, ob sie diese auch selber bedingen, geht daraus keineswegs hervor. Soweit meine Erfahrung reicht, ist das Umgekehrte der Fall, und bildet die Buntblätterigkeit keine Ausnahme von der allgemeinen Regel für semilatente Eigenschaften, dass günstige Lebensbedingungen den Grad der Anomalie erhöhen.

Das schönste Beispiel bildet der bunte Meerrettig (*Cochlearia Armoracea variegata*), der bekanntlich bei schlechter Behandlung nahezu grün, unter Glas oder im warmen Mistbeet häufig völlig weiss austreibt. Freiland-Pflanzen sind an sonnigen Stellen oft schön bunt, während sie an beschatteten Orten viel stärker grün sind. Solches berichtet z. B. SCHLECHTENDAHL von *Plectogyne variegata*, auf deren Blättern durch Versetzen willkürlich mehr oder weniger schöne weisse Streifen hervorgerufen werden können.[2] *Fragaria indica variegata* ist eine beliebte Hangpflanze; wünscht man sie schön bunt zu haben, so muss sie in gute trockene, nicht zu lehmige oder in kalkhaltige Erde gepflanzt werden.[3] Dasselbe gilt von den panachirten Sorten gewöhnlicher Erdbeeren, bei denen „*la panachure peut s'obstenir pour ainsi dire à volonté*“, wie VERLOT sagt,[4] es kommt nur darauf an, sie in trockener Lage zu cultiviren. Die trockene Lage ist aber zu gleicher Zeit die sonnige, die feuchte aber die schattige. Versuche, welche ich mit dieser und mehreren anderen buntblätterigen Sorten der verschiedensten Arten anstellte, um in voller Sonne durch täglich reichliche Bewässerung einen Einfluss auf die Buntblätterigkeit auszuüben, blieben durchaus ohne Erfolg. Dagegen gelang es mir

---

[1] E. LAURENT, *Sur l'origine des variétés panachées.* Bull. Soc. R. Bot. Belgique. T. 39. 1900. S. 6—9.

[2] *Bot. Zeitung.* 1855. S. 558.

[3] VILMORIN-ANDRIEUX, *Fleurs de pleine terre.* S. 408.

[4] VERLOT, l. c. S. 76.

mit der bunten *Tradescantia repens*, welche ich zu diesem Zwecke in einer Anzahl von Töpfen cultivirte, durch einfaches Versetzen an besser oder weniger gut beleuchtete Stellen der Gewächshäuser, ohne Aenderung des Bodens oder der Bewässerung das Verhältniss zwischen den grünen und den gelben Streifen abzuändern. Je intensiver das Licht, um so bunter wurden die neu sich bildenden Blätter.[1]

An bunten Sträuchern sieht man häufig, dass die besser beleuchteten Theile stärker bunt, die beschatteten aber grüner sind. Sogar die bunten Coniferen zeigen solches, z. B. *Juniperus*, und von *Sambucus nigra* ist es allgemein bekannt. Auch Myrten mit gestreiften Blättern sind in ihrer Panachirung von der Ernährung abhängig,[2] und von verschiedenen Autoren und Gärtnern wird dem Boden und der Lage ein mehr oder weniger bedeutender begünstigender Einfluss auf den Grad der Panachirung zugeschrieben.[3] Als Beispiele werden *Pelargonium zonale, Convallaria majalis, Mentha aquatica, Phalaris arundinacea, Phlox decussata* u. a. genannt. Mehrfach sind solche Gewächse bei ungenügender Behandlung durch ein oder zwei Jahre völlig grün, um dann, bei besserer Sorgfalt wieder schön bunt zu werden.[5]

Wie von der Lebenslage, so hängt die Buntblätterigkeit auch von der Jahreszeit ab. Giebt man genau Acht, so sieht man in den Gewächshäusern an bunten Sorten die Triebe, welche im Sommer entstehen, schöner gefleckt, diejenigen, welche sich in der lichtärmeren Winterszeit bilden, grüner, bisweilen fast ganz grün. So verhält es sich wenigstens in unserem Klima. Nur muss man darauf achten, dass die im Sommer gebildeten Blätter den Winter über an den Sträuchern bleiben, und in ihrer Gelbfleckigkeit nicht mehr verändert werden; es ist somit nicht das ganze Bild der Pflanze von der Jahreszeit abhängig. *Quercus pedunculata argenteo-picta* treibt im Frühjahr grün, später aber weiss oder bunt aus.[6] Junge Pflänzchen im Frühjahr sind oft noch grün, wenn sie später bunt werden sollen, z. B. *Symphytum*, *Barbarea vulgaris* u. s. w.[7] An einer Cultur von *Geum urbanum* habe ich durch eine Reihe von Jahren feststellen können, dass meine bunten Exemplare im Herbst allmählich grüne Blätter

[1] Ueber den Einfluss von Gallen auf Buntblätterigkeit bei *Eupatorium cannabinum* vergl. S. 291.

[2] MEYEN, *Pflanzen-Pathologie*. S. 287.

[3] So von SALTER in DARWIN, *Variations*. II. S. 263—264.

[4] DARWIN, l. c. I. S. 390. II. S. 263.

[5] VERLOT, l. c. S. 75.

[6] L. BEISSNER, *Knospenvariation*. Mittheilungen d. d. Dendrolog. Gesellsch. Nr. 4. 1895.

[7] VERLOT, l. c. S. 76.

trieben, während die bunten abstarben. Im Winter waren sie dann stets völlig grün, aber sobald im Frühling das Leben wieder erwachte, fingen sie wieder an gefleckte Blätter zu treiben, und den ganzen Sommer über waren sie dann wieder schön bunt. So verhielten sie sich jeden Winter ihres Lebens. Umgekehrt ist eine Varietät des Zierkohles mit gelbgeaderten Blättern im Spätherbst und im Winter schön bunt, im Frühling und Sommer aber völlig grün.[1]

Bei allen diesen Beobachtungen war die Knospenvariation ausgeschlossen. Ueber ihre Ursachen weiss man sehr wenig. Dagegen ist es Jedem bekannt, dass, wenn ruhende Knospen an bunten Pflanzen zum Austreiben und zum kräftigen Wachsthum gebracht werden, sie gar häufig zu völlig weissen oder gelben, sogenannten chlorotischen Zweigen auswachsen. Es sind dieselben Knospen, welche unter ähnlichen Veranlassungen an grünen Sorten zu kräftigen Wassertrieben werden würden. Aber die Chlorose stellt bald ihrer Entwickelung ein Ziel. Adventive Knospen am Stamme wenig oberhalb des Bodens bilden gerne solche chlorotische Triebe, sei es, dass der Stamm abgehauen war, sei es, dass er von Schnecken oder anderen thierischen Feinden entblättert war, sei es, dass eine andere Ursache die Veranlassung zu ihrem Wachsthume gab. *Aesculus Hippocastanum* ist wohl das bekannteste Beispiel, ebenso *Evonymus japonicus, Pelargonium zonale, Azalia japonica, Aucuba japonica, Ilex Aquifolium.* Ferner *Spiraea callosa, Kerria japonica, Vinca major,*[2] *Hydrangea hortensis,*[3] *Fagus sylvatica,*[4] *Ulmus campestris,*[5] *Cornus sanguinea,*[5] *Sambucus nigra,*[5] *Myrtus communis tarantina,*[6] *Zea Mays* u. a.[7]

Die Vererbung der Buntblätterigkeit durch Samen gehört zu den interessantesten Erscheinungen, welche die ganze Gruppe uns bietet. Die bunten Sorten sind wohl alle mehr oder weniger erblich, oft in

[1] H. Molisch, *Ueber die Panachüre des Kohls.* Berichte d. d. bot. Gesellsch. Bd. XIX. 1901. S. 32.

[2] Verlot, l. c. S. 75, hier auch *Glechoma hederacea.*

[3] Morren, *Hérédité,* l. c. S. 230, hier auch *Pelargonium inquinans.*

[4] Nach Schleiden, nach Beschädigung durch Schnecken, citirt von Morren, l. c. S. 227.

[5] *Ulmus, Cornus* und *Sambucus* nach eigener Beobachtung. Ich sah solche Triebe selbst auch mehrfach bei den meisten oben genannten Sorten.

[6] G. Arcangeli, *Bull. Soc. Bot. Ital.* 1895. S. 16—18.

[7] Ueber die beim Propfen bunter Sorten vielfach beschriebenen Ansteckungserscheinungen zwischen Edelreis und Wildstamm vergleiche man den zweiten Band. Es ist nicht unmöglich, dass die Vertheilung der gelben Flecken in einem und demselben Blatte auch zum Theil auf Ansteckung beruht, und nur zum anderen Theil auf ontogenetischem Wege zu erklären ist. Doch sind hier eingehende entwickelungsgeschichtliche Untersuchungen ein dringendes Bedürfniss.

sehr geringem, oft aber in hohem Grade. Dazu kommt, dass sie so zu sagen von selbst selectirt werden, denn jeder Gärtner pflanzt selbstverständlich nur bunte Exemplare aus und verwirft die grünen; ebenso pflegt man stets die durch Knospenvariation entstehenden grünen Zweige zurückzuschneiden. Es liegt hier eine Art unbewusster Auslese vor, welche aber in sich völlig gleichbleibender Richtung durch viele Jahrzehnte, und in manchen Fällen durch Jahrhunderte ihren Einfluss auf die Pflanzen ausgeübt hat.

Und was hat diese fortwährende Auslese geleistet? Gar nichts. Wenigstens, so viel wir wissen, weiter nichts, als dass sie die bunten Sorten erhalten und uns in ziemlich reinem Zustande überliefert hat. Von einer Fixirung ist übrigens nirgendwo die Rede, weder davon, dass die Sorten sich ohne oder fast ohne Atavismus durch Samen vermehren würden, noch auch davon, dass sie die ihnen entsprechenden reinen und constanten Varietäten hervorgebracht hätten. Denn als solche betrachtet man, wie oben bereits aus einander gesetzt wurde, rein gelbe Varietäten, denen unter den bekannten Sorten des Gartenbaues die *Aurea*-Formen am meisten entsprechen würden.

Solche *Aurea*-Formen giebt es aber in unseren Gärten vielleicht zwanzig oder dreissig, oder doch nur wenig mehr, und dieses bedeutet gegenüber der fast unendlichen Reihe bunter Sorten so gut wie nichts. Auch haben gerade die am längsten und am meisten cultivirten bunten Typen keine *Aurea*-Varietäten hervorgebracht.[1]

Ich folgere daraus, dass fortgesetzte Selection aus den buntblätterigen Gewächsen, ohne Weiteres, keine constanten Formen zu bilden im Stande ist. Dazu ist noch etwas Anderes erforderlich, und dieses Andere lieferte bis jetzt nur ein sehr seltener Zufall. — Und was dieser lieferte, ist der Uebergang einer Rasse in eine andere, ein Uebergang, der nach meiner Auffassung nicht allmählich bewirkt werden kann, sondern der plötzlich aus unbekannten Gründen eintritt. Also im vollen Sinne des Wortes eine Mutation.

Je älter die bunten Pflanzen in der Cultur sind, um so deutlicher spricht der Mangel jeglichen Fortschrittes sich aus. Das beste Beispiel bietet hier das alte Sanct-Barbara-Kraut,[2] eines der ältesten, beliebtesten und am weitesten verbreiteten bunten Gewächse, das jetzt noch so häufig cultivirt wird, dass man es gar oft in verwildertem Zustande beobachtet (*Barbarea vulgaris variegata*). Die Pflanze wird, obgleich sie eine Art Kresse ist, fast nur wegen der schönen bunten

[1] Vergl. die Liste auf S. 601.

[2] Vilmorin-Andrieux, *Fleurs de pleine terre.* S. 387.

Blätter cultivirt. Sie ist zweijährig und ausreichend samenbeständig, und wird gewöhnlich durch Samen vermehrt, obgleich man dazu auch ihre Wurzelschösslinge verwenden kann. Sät man den Samen aus, so findet man nur einen geringen Procentsatz der Keimlinge bunt. Ich fand auf einige Tausend Keimlinge, aus Samen, welche ich selbst von isolirten schön bunten Exemplaren geerntet hatte, nur 1 % bunte, keine weissen oder gelben, und 99 % Exemplare, deren Cotylen und erste Blätter rein grün waren. Von den grünen entwickeln sich selbstverständlich eine grössere Menge später noch zu bunten Pflanzen.[1] Aber völlig fixirt kann man die Sorte bei Weitem nicht nennen.

Zahllose buntblätterige Varietäten, namentlich von ein- und zweijährigen Pflanzen, sind samenbeständig. Morren, Carrière[2] und andere Autoren haben darüber Listen zusammengestellt, in den Handelscatalogen kann man jährlich ausgedehnte Angaben finden. Es handelt sich dann selbstverständlich nur um praktische, nicht um absolute Constanz: die Ernten geben eine hinreichende Sicherheit, unter den Keimpflanzen eine gewisse Menge bunter Individuen zu finden. Angaben über die Grösse dieses Verhältnisses sind selten. Godron fand *Acer striatum variegatum* nur in $^1/_3$ der Keimpflanzen erblich.[3] Viviand-Morel fand auf 500 Keimlingen von *Hedera Helix variegata* und auf 50 von bunten *Yucca* nur einzelne bunt, die meisten blieben grün.[4] Pépin sagt, dass von *Sophora japonica foliis variegatis* die Samen stets mehr bunte als grüne Pflanzen geben.[5] Bei diesen und ähnlichen Angaben weiss man in der Regel aber nichts über die Frage nach der Isolirung der die Samen liefernden Individuen. Pollock säte Samen einer im Freien gefundenen bunten Pflanze von *Ballota nigra*; er erhielt 30 % bunte Keimpflanzen. Aus deren Samen aber ergab die folgende Generation 60 % panachirte Individuen.[6] Jetzt ist die Pflanze im Handel, und aus den Handelssamen erhielt ich 25 % bunte und 75 % grüne Pflanzen. Die Samen eines in der Nähe von Amsterdam gesammelten bunten Exemplares von *Chrysanthemum inodorum* lieferten mir auf 65 Pflanzen 5 % bunte Keimpflanzen und 17 % Exemplare, welche im Laufe des Sommers noch gefleckte Blätter

[1] Nach Morren, *Hérédité,* l. c. S. 229 werden etwa 70—90 % der Sämlinge im späteren Leben bunt.

[2] E. A. Carrière, *Production et fixation des variétés.* 1865. S. 14.

[3] *Mém. Acad. Stanislas.* 1873.

[4] *Lyon horticole.* 1893. S. 144.

[5] Verlot, l. c. S. 75.

[6] Darwin, *Variations of Animals and plants.* I. S. 409.

hervorbrachten; die übrigen blieben grün (1893). Aus Samen bunter *Lunaria biennis* erhielt ich (1893) nur grüne Pflanzen; ebenso 1896 aus einer selbstbefruchteten bunten *Oenothera Lamarckiana*; doch in gewöhnlichen Fällen sind diese beiden Sorten samenbeständig. Bunte *Oenothera rubrinervis* gaben 20% bunte Keimpflanzen (1892), bei einer Wiederholung mit einem anderen Exemplare (1893) aber nur grüne.

Beim sectorialen Bunt liegt es auf der Hand zu erwarten, dass die Samen der bunten Sectoren mehr gefleckte Pflanzen geben werden als diejenigen der grünen Sectoren. Die einzige mir bekannte diesbezügliche Angabe in der Literatur rührt von Heinsius[1] her. Er beobachtete einen Stengel von *Dianthus barbathus*, dessen eine Längshälfte bunt war, während die andere sich in der gewöhnlichen Weise grün gefärbt zeigte. Während der Blüthezeit wurde die Pflanze durch Gaze gegen Insectenbesuch geschützt und künstlich befruchtet, und zwar jede Blüthe mit dem Pollen einer Blüthe derselben Längshälfte. Auf der einen waren die Früchte weiss, auf der anderen grün; beide bildeten reife Samen aus. Die Samen der weissen Früchte keimten ohne Chlorophyll, diejenigen der grünen Kapseln aber waren normal grün. Im Jahre 1888 sammelte ich von einem sectorialen Hauptstengel von *Oenothera Lamarckiana* die grünen und die bunten Früchte besonders; die Samen der ersteren lieferten fast nur grüne, die der letzteren vorwiegend bunte Pflanzen. Im Sommer 1895 sammelte ich von derselben Art die Früchte eines grünen und eines bunten Zweiges derselben Pflanze; die beiden Samenproben ergaben aber gleichviel bunte Exemplare, und zwar sehr wenige, etwa 2%.

Im Sommer 1898 habe ich über das sectoriale Bunt von *Oenothera Lamarckiana* einen ausführlicheren Versuch gemacht. Zufällig in den normalen Familien meiner Culturen bunt gewordene Exemplare hatten bei künstlicher Selbstbefruchtung nur etwa 2% bunte Kinder gegeben, und bei derselben Sorgfalt ebenso viele bunte Enkel. Aus diesen wählte ich 1898 die vier schönsten jungen Pflanzen aus, pflanzte sie in gegenseitiger Entfernung von etwa 1 Meter, und erhielt kräftige, reich verzweigte, zum Theil schwach, zum Theil stark bunte Exemplare, an denen die Blüthen, von denen ich Samen zu ernten wünschte, unter Ausschluss des Insectenbesuches mit ihrem eigenen Pollen befruchtet wurden. Auf jeder der vier Pflanzen befruchtete ich zunächst Blüthen auf rein grünen, und solche auf bunten Seitenzweigen. Die Samen ergaben, auf 675 Keimlinge der ersteren und

[1] H. W. Heinsius im Sitzungsbericht des *Genootschap ter bevordering der Natuur-Genees- en Heelkunde te Amsterdam.* Sitzung vom 7. Mai 1898.

1300 der zweiten Gruppe, folgende Procente an gelben oder bunten Keimpflanzen:

Pflanze	Procentgehalt an bunten Keimen: Grüne Zweige	Bunte Zweige
Nr. 1	0—0	1
„ 2	—	3
„ 3	0—0	4—12—18
„ 4	0—0	6—9—45—100

Jede Zahl bezieht sich auf einen besonderen Ast. Die sechs grünen ergaben also nur grüne Keimlinge; die bunten aber alle mehr oder weniger bunte Pflänzchen. Die Zahlen 1 — 3 — 4 und 45 % beziehen sich auf schwach bunte Zweige; die übrigen auf stark bunte; die letzteren gaben also einen grösseren Procentgehalt an bunten Nachkommen. Die „bunten“ Keimlinge hatten theils gelbe, theils gefleckte Cotylen, theils grüne Cotylen und gefleckte Blätter, und zwar im Ganzen 68 % der ersteren, 12 % der zweiten und 20 % der dritten Gruppe. Je mehr eine Samenprobe von den gelben Keimen enthielt, um so mehr bunte Keime führte sie in der Regel daneben. Von einer gelben Frucht sammelte ich die Samen für sich; es keimten deren nur elf, diese hatten aber alle rein gelbe Cotylen. Grün gestreifte Früchte hatten dagegen sehr wechselnde Procente an bunten Keimen, ebenso gestreifte Fruchtfächer, wenn ich ihre Samen getrennt geerntet hatte. Dagegen gaben die Samen grüner Fruchtfächer bis jetzt nur grüne Keime.

Die Farbe der Keime wird somit sehr wesentlich von der Farbe des Theiles der Mutterpflanze bedingt, auf dem der Same (und der Blüthenstaub) entstanden waren.

Ich untersuchte ferner bei verschiedenen Arten die Keimlinge aus Samen von grünen und von bunten Zweigen derselben Pflanze bei künstlicher Isolirung, sei es mittels Pergaminbeuteln, sei es durch Verpflanzen der Theile in ausreichender Entfernung, sei es durch ungleichzeitiges Blühen.[1] Ich fand die folgenden Procente an bunten und chlorophylllosen Keimlingen:

	Samen von grünen Zweigen	Samen von bunten Zweigen
A. Käufliche bunte Rassen:		
Arabis alpina	2—10 %	90 %
Helianthus annuus	0 „	100 „
B. Zufällige Funde:		
Lamium album	0 „	3 „
Geum urbanum	0·3 „	4 „
Silene noctiflora	(5 „)	(34 „)

[1] Nur bei *Silene noctiflora* war die Bestäubung eine freie.

Der hohe Gehalt der grünen Theile von *Arabis alpina* hängt vermuthlich mit der grossen Leichtigkeit zusammen, mit der diese Art Knospenvariationen hervorbringt, sowohl bunte Zweige aus grünen, als auch grüne aus bunten.

Schliesslich sind die gelben Keimpflanzen der bunten Pflanzen zu besprechen. Diese scheinen allerdings Mutanten, sind aber nur die extremen Varianten der Rasse, welche jedoch das Ziel nicht erreichen, sondern vorbei streben. Denn sie sind zu arm an Chlorophyll, und somit dem Tode gewidmet. Sie sterben fast ausnahmslos, ohne es zur Entfaltung ihrer ersten Blätter zu bringen, bisweilen sogar ohne die Samenlappen ausbreiten zu können. Sie sind das äusserste Glied der langen Reihe bunter Formen, aber in einer falschen Richtung. Sie sind gar nicht selten; im Gartenbau z. B. für die Stechpalme (*Ilex Aquifolium*) wohl bekannt; sie bedingen oft einen ganz bedeutenden Verlust an Keimpflanzen, wenn man die Samen bunter Exemplare aussät.

Aber nicht nur bunte Gewächse bringen solche Keime hervor, auch grüne thun dieses nur zu oft, und zwar in zu experimentellen Zwecken cultivirten Familien auch dann, wenn die Culturen alljährlich rein grün sind, oder nur ganz gelegentlich ein vereinzeltes buntes Blatt oder ein geflecktes Zweiglein ausbilden. Sät man dabei die Samen der einzelnen Samenträger gesondert, so findet man sehr wechselnde Gehalte an bunten Keimen.

Einige Arten scheinen solche nicht hervorzubringen, so z. B. die von mir cultivirten tricotylen Rassen von *Cannabis sativa, Mercurialis annua* und *Phacelia tanacetifolia,* obgleich ich im Laufe der Jahre von mehreren Hundert Einzelpflanzen die Samen getrennt ausgesät habe. In anderen Arten sind sie sehr selten, in noch anderen aber steigt der Procentgehalt an gelben Keimen oft zu einer bedenklichen Höhe. So fand ich z. B. in den Samen je eines einzelnen Samenträgers als höchste Zahlen, neben viel zahlreicheren niedrigeren, für:

	Gelbe oder weisse Keime
Antirrhinum majus	5—6 %
Clarkia pulchella	9—13 „
Papaver Rhoeas	15—30 „
Polygonum Fagopyrum	8—12 „
Scrophularia nodosa	10—15 „
Trifolium incarnatum	4—6 „
Chrysanthemum segetum	13 „
Linaria vulgaris	25 „
Trifolium pratense	13 „
Oenothera Lamarckiana	20 „

Bei vielen anderen Arten fand ich bis jetzt nur etwa 1—2 $^0/_0$ gelber Keime in den Samen einzelner Samenträger. Vermuthlich wird diese extreme Variation, neben der erblichen Anlage, von ähnlichen Ursachen bedingt, wie die Varianten in den kleinen Samen von *Trifolium incarnatum* (S. 579).

In einigen Fällen, z. B. *Polygonum Fagopyrum* und *Trifolium incarnatum* fiel es mir auf, dass die höheren Erbzahlen häufiger waren als die niederen. Namentlich war dies der Fall bei *Papaver rupifragum*, unter den Kindern einer einzigen Mutter. Diese Mutter war aus durch Tausch erhaltenem Samen als tricotyle Pflanze ausgewählt, blühte 1898 völlig isolirt und gab in ihrer Ernte 6 $^0/_0$ gelbe Keime. Von den grünen pflanzte ich etwa 60 aus, welche 1899 zum grössten Theile blühten. Ich überliess die Befruchtung den Insecten, sammelte die Samen aber für jede Pflanze getrennt, und zählte dann auf je 300 Keimlingen die Zahl der gelben. Ich fand:

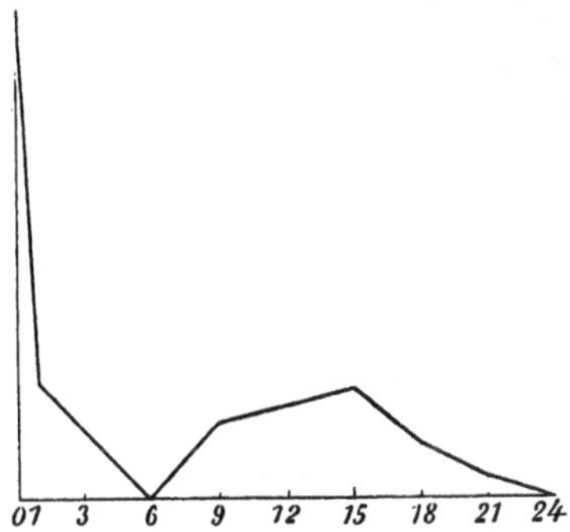

Fig. 174. *Papaver rupifragum.* Gehalt der Samen von 54 grünen Pflanzen an gelben Keimen. Die Pflanzen selbst waren Kinder einer einzigen grünen Mutter. Die beiden ersten Ordinaten sind in etwas abweichendem Maassstabe gezeichnet. Die Zahlen 3—6—9 u.s.w. bedeuten 2—4, 5—7, 8—9 $^0/_0$ gelbe Keimlinge u. s. w.

G. K.:	0	1	2	3	4	5	6	7	8	9	10	11	12	13	14	15	16	17	22	24	27	30
Ex.:	27	6	1	1	1	0	0	0	1	1	2	3	1	1	2	4	0	3	1	0	0	1
Oder:	27	6		3			0			4			5			6		3	1	0	0	1

Es bedeutet G. K. Gelbe Keime pro Samenprobe und Ex. die Anzahl der Exemplare, welche in ihrer Ernte diesen Gehalt aufwiesen. In der unteren Linie sind diese von 2 $^0/_0$ an in Gruppen von je drei zusammengefasst, um die Uebersicht zu erleichtern. Die Zahlen dieser letzteren Zeile sind in Fig. 174 graphisch dargestellt worden. Diese Curve stimmt mit derjenigen der Monstrositäten nach mehrjähriger Selection überein,[1] sie besteht wie diese in einer halben und einer zweischenkeligen Curve. Sie deutet somit auf eine Auslese einer latenten Eigenschaft hin, welche Auslese in der Wahl einer tricotylen Pflanze,[2] verbunden mit einem glücklichen Zufall, ihren Ausgangspunkt hatte.

[1] Vergl. den zweiten Band und *Sur les courbes galtoniennes des monstruosités. Bull. Sc. de la France et de la Belgique*, publié par A. Giard. T. 27, Avril 1896. p. 396.

[2] Vergl.: *Ueber eine Methode, Zwangsdrehungen aufzusuchen.* Ber. d. d. bot. Ges. Bd. XII. 1894. S. 25.

Nach den mitgetheilten Beobachtungen und Versuchen stellen die bunten Gewächse eine Gruppe von Formen dar, welche es trotz einer durch Jahrzehnte und Jahrhunderte fortgesetzte Selection nicht weiter gebracht haben, als viele der neuesten bunten Varietäten. Sie sind im höchsten Grade variabel; liefern meist fast alljährlich einerseits grüne Nachkommen, andererseits rein gelbe Keime. Die ersteren werden als Atavisten betrachtet, die letzteren aber sind nur Varianten und keine Mutanten; soweit die Beobachtungen reichen, haben sie keine Aussicht, je eine rein gelbe Rasse zu begründen. Auch sind solche, die echten *Aurea*-Varietäten, nur in verhältnissmässig äusserst seltenen Fällen entstanden. Möglicherweise aus bunten Typen, aber ohne dass Thatsachen vorlägen, um diese Vermuthung zu begründen.

Das Vermögen, bunte Blätter oder gelbe Keime hervorzubringen, ist im latenten und semilatenten Zustande im Pflanzenreiche so weit verbreitet, als kaum irgend eine andere Eigenschaft.

§ 25. Facultative Ein- und Zweijährigkeit.

Zu den wichtigsten Stützen für die Mutationslehre gehört die Erscheinung, welche man bei den Rüben das Aufschiessen nennt. Man sieht es fast auf jedem Rübenacker; einzelne Exemplare treiben bereits im ersten Jahre einen Stengel, blühen und tragen Samen. Sie lagern keinen Zucker und keine sonstigen Nährstoffe, oder doch einen ungenügenden Vorrath in ihrer Wurzel ab, welche dazu meist ziemlich holzig wird. Sie sind für die Cultur verloren. Auf guten Aeckern bilden sie meist etwa 1 % oder wenig mehr, selten einen kleineren Theil der ganzen Pflanzung. Unter ungünstigen Bedingungen steigt ihre Zahl aber oft erheblich, bis 10—20 % und bisweilen noch höher.

Kein Landwirth wird Samen von solchen einjährigen Rüben zur Aussaat verwenden; sie bieten offenbar eine zu grosse Aussicht auf eine Wiederholung und Steigerung des Uebels. Auch können nicht durch Zufall oder Nachlässigkeit die Samen der Schösslinge mit denen der zweijährigen Rüben vermischt werden, da sie ja um ein Jahr früher reifen. Es findet also in jeder Generation eine absolute Selection zweijähriger Exemplare als Samenträger statt, und es muss eine solche stattgefunden haben, so lange es überhaupt eine rationelle Rübencultur gegeben hat.

Dennoch sind die Schösslinge nicht verschwunden. Die scharfe Selection hat nicht vermocht, sie auszumerzen. Ja, soviel die historischen

Angaben darüber zu entscheiden gestatten, ist das Verhältniss der Schösslinge stets annähernd dasselbe geblieben. Wir dürfen also wenigstens für diesen Fall wohl behaupten, dass die Selection, was sie in wenigen Jahren nicht zu erreichen vermag, auch auf die Dauer nicht zu Stande bringen kann.

Diese Ueberzeugung ist bei den praktischen Landwirthen sehr verbreitet. Sie suchen stets nach Mitteln, um das Samenschiessen zu bekämpfen, aber die einfache Selection zweijähriger Rüben scheint ihnen dabei aussichtslos. RIMPAU hat es versucht, das Ziel zu erreichen, indem er aus einzelnen Exemplaren, welche im zweiten Jahre noch nicht geblüht hatten, den sogenannten Trotzern, eine dreijährige Rasse züchtete,[1] die meisten Landwirthe begnügen sich damit, die Culturbedingungen für das Aufschiessen möglichst ungünstig zu machen.[2]

Die erwähnten Trotzer bilden gewissermaassen ein Seitenstück zu den Schösslingen, da sie bei der normalen Selection seit den ersten Zeiten der Cultur ebenso vollständig ausgeschlossen und dennoch nicht ausgerottet worden sind.

Nach der jetzt herrschenden Auffassung des Stammbaumes des Pflanzenreiches ist anzunehmen, dass die Vertreter der grossen Linien dieses Baumes zumeist perennirende Gewächse waren. Aus ihnen müssen in den verschiedenen Familien und Gruppen, unabhängig von einander, die zwei- und einjährigen Formen entstanden sein. Es liegt dabei auf der Hand vorauszusetzen, dass zuerst die ersteren, und aus ihnen die einjährigen sich gebildet haben. Dieser Auffassung gemäss wäre ein Variiren von einjährigen Pflanzen zur Zweijährigkeit, und von den einmal Frucht tragenden Sorten zu den mehrjährigen als Atavismus zu betrachten.[3] Solcher Atavismus scheint im Pflanzenreiche sehr allgemein vorzukommen, aber auch die fortschreitenden Uebergänge, d. h. jene in der umgekehrten Richtung, sind nicht all zu selten.[4]

[1] W. RIMPAU, *Das Aufschiessen der Runkelrüben.* Landwirthsch. Jahrbücher. Bd. V. 1876. S. 31 und Bd. IX. 1880. S. 191. Derselbe, *Das Samenschiessen der Rüben.* Deutsche Landw. Presse. Jahrg. XXI. Nr. 102. 22. Dec. 1894. S. 984.

[2] Die wichtigste Literatur findet sich zusammengestellt in VON RÜMKER, *Die Zuckerrübenzüchtung der Gegenwart.* Blätter für Zuckerrübenbau. 1894. S. 22—23.

[3] Doch findet auch die entgegengesetzte Ansicht mehrere Vertreter. Vergl. DARWIN, *Das Variiren.* II. S. 41 und RIMPAU, a. a. O.

[4] Vergl. namentlich die einschlägigen Arbeiten von IRMISCH und WARMING. Ferner HILDEBRAND in ENGLER's *botan. Jahrb.* II. 1882. S. 51—135. In Bezug auf die Runkel- und Zuckerrübe: F. SCHINDLER in dem *Botan. Centralbl.* 1891. Nr. 14 u. 15, und die dort angeführte Literatur.

Aus der reichhaltigen Literatur hebe ich hier zwei Fälle hervor, welche mir die wichtigsten zu sein scheinen. *Phaseolus multiflorus* (*Ph. coccineus L.*) ist bei uns eine einjährige Pflanze, welche aber bisweilen eine knollige Wurzel bildet, die man überwintern und durch die man die Pflanze ausdauernd machen kann. Von WETTSTEIN, dem wir die Kenntniss dieser Erscheinung verdanken, hat bis vierjährige Exemplare gewonnen,[1] und in meinem Versuchsgarten habe ich gleichfalls mehrfach solche *Phaseolus*-Rübchen überwintert. VON WETTSTEIN folgert hieraus, dass wir hier den Fall der Umprägung einer perennen Art in eine annuelle vor uns haben.[2] Zu demselben Schlusse führen die schönen Versuche BRIEM's, dem es gelang, Zuckerrüben nach dem Samentragen zu überwintern und so dieselbe Pflanze zum zweiten, ja bisweilen zum dritten und zum vierten Male Samen tragen zu lassen.[3] Es war dazu wesentlich nur erforderlich, dass die samentragende Rübe auch noch in die Dicke wuchs,[4] und in ihren neuen Geweberingen die erforderlichen Mengen von Zucker und anderen Nährstoffen in sich anhäufte.

Dass Sommerweizen in Winterweizen[5] durch Auslese umgewandelt werden kann, und umgekehrt, ist bekannt,[6] ebenso dass vom sonst einjährigen Roggen hier und dort in Russland noch eine mehrjährige Sorte gebaut wird.[7] Von vielen einjährigen Arten kommen auch zweijährige und perennirende Formen vor, wie z. B. von *Arabis dentata* und *Delphinium Consolida.*[8] Ueberhaupt scheinen die verschiedenartigsten Störungen des normalen Lebensprocesses Pflanzen zum Trotzen, d. h. zum Mehrjährigwerden bringen zu können.[9]

[1] R. v. WETTSTEIN, *Die Innovationsverhältnisse von Phaseolus coccineus L.* (= *Ph. multiflorus Willd.*). Oesterr. bot. Zeitschr. 1897. Nr. 12. 1898. Nr. 1.

[2] l. c. S. 11.

[3] F. STROHMER, H. BRIEM und A. STIFT, *Ueber mehrjährige Zuckerrüben und deren Nachzucht.* Oesterr.-Ungar. Zeitschr. für Zuckerindustrie. 4. Heft. 1900. Mit Tafel XV.

[4] Ueber dieses Dickenwachsthum vergl.: *Die abnormale Entstehung secundärer Gewebe* in PRINGSH. Jahrb. f. wissensch. Bot. Bd. XXII. 1890. S. 35 und Tafel III Fig. 14.

[5] Zahlreiche Beispiele für die im Text behandelten Fragen giebt aus der landwirthschaftlichen Praxis: C. FRUWIRTH, *Die Züchtung der landwirthschaftlichen Culturpflanzen.* 1901. S. 146.

[6] DARWIN, *Animals and plants.* I. S. 333.

[7] A. BATALIN, *Das Perenniren des Roggens.* Sehr wichtig in Bezug auf die sich hier ergebenden Fragen ist ferner H. C. SCHELLENBERG, *Graubündens Getreidevarietäten.* Ber. d. Schweiz. bot. Gesellsch. Heft X. 1900.

[8] THEOD. HOLM, *On the vitality of some annual plants.* Americ. Journ. of Science. Vol. 42. 1891. S. 304.

[9] W. BARTOS, *Zeitschr. f. Zuckerindustrie in Böhmen.* Bd. XII. 1898. S. 456.

Umgekehrt können viele perennirende Pflanzen, welche unter normalen Bedingungen im Freien im zweiten Jahre nach der Aussaat zu blühen pflegen, durch eine gute Cultur veranlasst werden, bereits im ersten Sommer zu blühen, sei es in allen, oder doch in einer erheblichen Zahl der Individuen. In dieser Weise werden im Gartenbau viele ausdauernde Arten als einjährig behandelt, und habe ich selbst in meinen Versuchen eine ganze Reihe mehr oder weniger regelmässig als solche cultivirt, z. B. *Achillea Millefolium, Hesperis matronalis, Lychnis vespertina glabra, Picris hieracioides, Trifolium pratense quinquefolium* u. a.

Nach diesen Auseinandersetzungen komme ich jetzt zu meinem eigentlichen Gegenstande, der Erscheinung, dass viele Arten theils in einjährigen, theils in zweijährigen Individuen vorkommen. Von den beschreibenden Systematikern werden solche Pflanzen als zweijährige betrachtet, wie dieses z. B. der Name *Oenothera biennis L.* beweist. Denn bei der im Allgemeinen wenig günstigen Lebenslage im Freien sind weitaus ihre meisten Exemplare zweijährig.

Nach meiner Meinung ist diese Auffassung durchaus richtig, besitzen aber die betreffenden, zweijährigen Arten das Vermögen der Einjährigkeit im semilatenten Zustande. Auch scheinen sie dieses Vermögen keineswegs ausnahmslos, sondern nur in bestimmten, localen Rassen zu besitzen. So nennen z. B. Koch's *Synopsis Florae Germanicae et Helveticae* (3. Aufl. 1857) und Grenier & Godron, *Flore de France* (1852) *Dipsacus sylvestris* einjährig, während ich bis jetzt aus Samen der verschiedensten Bezugsquellen nur eine zweijährige Rasse habe erziehen können, ohne jegliche Spur einjähriger Exemplare. Und solches trotzdem ich die Cultur in jeder denkbaren Richtung abgewechselt habe, um sie einjährig zu machen. Ohne Zweifel giebt es von vielen anderen Arten in bestimmten Gegenden rein zweijährige, in anderen gemischte, und wiederum in anderen vielleicht auch rein einjährige Rassen.[1]

Soweit somit die Zweijährigkeit als das Merkmal der Art, und die Einjährigkeit als die Anomalie zu betrachten ist, muss letztere der allgemeinen Regel folgen, nach der die Ausbildung der Anomalie durch die bessere Lebenslage begünstigt wird. Und die Versuche, welche ich in diesem Paragraphen zu beschreiben habe, bestätigen die Richtigkeit dieses Ausspruches.

Allerdings giebt es hier scheinbar einen Widerspruch. Denn

[1] Beispiele bei J. Costantin, *Les végétaux et les milieux cosmiques.* Paris 1898. S. 28 folg.

bekanntlich hat RIMPAU für die Rüben bewiesen, dass jedwede Verlangsamung oder Unterbrechung des Wachsthums, sei es während der Keimung oder gleich nach dem Aufgange, oder in späteren Entwickelungsstadien der Pflanze, den Samentrieb im ersten Vegetationsjahre begünstigt.[1]

Aber in diesem Falle handelt es sich nur scheinbar um die Begünstigung der Anomalie, in der That aber um den Reiz, dessen Wirkung für das Samenschiessen überhaupt erforderlich ist. Da es nicht sehr leicht ist, diesen Unterschied klar zu machen, so wähle ich zunächst ein Beispiel einer rein zweijährigen Sorte,[2] der das Vermögen, einjährige Exemplare zu bilden, überhaupt abgeht. Ich beziehe mich auf meine Culturen von *Dipsacus sylvestris.* Man kann diese Rasse zu jeder beliebigen Jahreszeit aussäen, stets bleiben die Pflanzen Rosetten bis in den Winter, und treiben sie im Frühling des zweiten Jahres ihre Stengel. Jenachdem die Aussaat früh, oder im Sommer, oder erst gegen den Herbst stattfand, sind die Rosetten stärker oder schwächer, aber auf den Zeitpunkt des Aufschiessens hat solches keinen Einfluss. Sät man im März im Gewächshaus, versetzt man die Keimlinge früh einzeln in Töpfe und pflanzt man sie im Mai oder Juni aus, so bekommt man schwere, reich beblätterte Rosetten, aber keinen einzigen Stengel im ersten Jahre. Sät man im September, bald nach der Samenreife, im Gewächshause, so bleiben die Rosetten bis zum Winter nur ganz schwach, treiben aber dennoch ihre Stengel im nächsten Frühjahr. Nur wenn man im Spätherbst im Freien aussät, und die Pflänzchen vor dem Winter nur ein Blattpaar oberhalb der Cotylen entfalten können, überwintern sie, ohne im Frühling zu treiben. Sie bleiben dann den ganzen nächsten Sommer über Rosetten von Wurzelblättern, werden äusserst stark, schiessen aber erst nach dem zweiten Winter empor.

Es geht aus diesen Versuchen hervor, dass es zum Aufschiessen eines gewissen Reizes bedarf. Unter den Bedingungen meiner Versuche ist es der Winter, der diesen Reiz ausübt, und zwar in jedem Alter mit Ausnahme der noch allzu jungen, erst zweiblätterigen Pflänzchen. Ohne diesen Reiz giebt es keine Stengelbildung.

Die Erfahrungen des Rübenbaues lehren, dass das Aufschiessen wesentlich von den Nachtfrösten des Frühjahrs bedingt wird. Diese üben offenbar auf die jungen Pflänzchen einen ähnlichen Reiz aus

[1] *Landw. Jahrbücher*, a. a. O. 1880. S. 194.

[2] *On Biastrepsis and its relation to Cultivation*, Annals of Botany. Vol. XIII. Nr. LI. Sept. 1899. S. 395.

wie der Winter. Allgemein ist es bekannt, dass der Procentsatz an Schösslingen um so höher ausfällt, je früher man seine Aecker bestellt; spät besäte Aecker sind mitunter von diesem Uebel ganz frei. RIMPAU zeigte, dass, wenn man auf einem früh bestellten Acker auf einem kleinen Theil in jeder Nacht, welche auf einen Frost Aussicht giebt, mit einem Laken die jungen Pflänzchen bedeckt, das Vorkommen von Schösslingen ganz erheblich vermindert wird. In einem Versuche von etwa 7 % auf 4 %.[1] Andere Erfahrungen sind damit in Uebereinstimmung.

HEUZÉ, in seinem sehr lesenswerthen Büchlein über die Oelpflanzen,[2] sagt vom Raps (*Brassica Napus oleifera*), dass man ihn in Nord-Frankreich nicht vor Mitte Juli und nicht nach Mitte August säen darf. Denn im letzteren Falle würden die Pflanzen zu schwach sein, um den Winter zu überleben; im ersteren würde ein erheblicher Theil schon im ersten Jahre in Samen schiessen. So verhält es sich bei einer ganzen Reihe weiterer zweijähriger Arten, sowohl unter den cultivirten als unter den wilden Pflanzen: die spätkeimenden werden zweijährig, von den frühkeimenden aber wird ein um so grösserer Theil einjährig, je früher die Aussaat, bezw. das Keimen stattfand.

In diesen Fällen handelt es sich nicht um eine Auslösung des Aufschiessens durch Nachtfröste oder durch irgend einen anderen Reiz. Wir haben hier einen Fall erblicher Variabilität vor uns. Auch die Rübe besitzt diese Variabilität, bei ihr sind die Verhältnisse dadurch sehr complicirt. Dass es sich um eine erbliche Erscheinung handelt, ergiebt sich daraus, dass die einjährige Form durch Selection leicht fixirt werden kann, wenn auch nicht bis zur völligen Reinheit. RIMPAU säte die Samen von Schösslingen[3] und erzielte durch Fortzucht von einjährig gereiften Samen in vierter Generation eine Rübe, welche bei Bestellung am 31. März völlig einjährig und in fünfter Generation bei Bestellung am 5. April fast ebenso constant einjährig, wie die gleichzeitig bestellte normale Rübe zweijährig war. Ebenso verhält es sich mit anderen Arten. Samen vom wilden *Daucus Carota*, auf einjährigen Pflanzen gesammelt, gaben mir vorwiegend einjährige, von überwinterten Exemplaren geerntet aber grossentheils zweijährige Individuen. Andererseits scheint Selection nicht zu rein einjährigen Rassen ohne Atavismus zu führen. Meine *Oenothera Lamarckiana* und

[1] W. RIMPAU, *Das Aufschiessen der Runkelrüben.* Landwirthsch. Jahrbücher. 1880. S. 192.

[2] L. HEUZÉ, *Les plantes oléagineuses* in Bibliothèque du cultivateur, Paris, 2. Éd. S. 16.

[3] A. a. O. S. 197.

die aus ihr entstandenen Arten cultivire ich zumeist einjährig. Viele dieser Culturen sind während sechs oder mehr Generationen nur aus den Samen solcher Schösslinge fortgepflanzt; dennoch kommen alljährlich einzelne, bisweilen mehrere zweijährige Exemplare vor.

Aster Tripolium wird gewöhnlich in den Floren zweijährig genannt,[1] bei uns besteht er zum Theil aus überwinternden, zum Theil aus im ersten Sommer blühenden Exemplaren. Bei Aussaat im Garten erhielt ich meist von beiden Typen etwa gleichviel Individuen. Säte ich aber im März oder April im Gewächshaus aus, so trieben die Pflanzen fast ausnahmslos im ersten Jahre Stengel. Sie wurden dazu bis in den Juni Nachts unter Glas gehalten und gegen Nachtfröste geschützt, aber möglichst gut behandelt, und namentlich bald nach beendigter Keimung in gute, stark gedüngte Gartenerde versetzt. Ueberhaupt ist starke Düngung nach meiner Erfahrung eins der besten Mittel, um zweijährige Arten, vorausgesetzt dass das Vermögen, einjährig zu werden, in ihnen semilatent ist, dazu zu veranlassen.[2]

Ausführlichere Untersuchungen über die Begünstigung des Aufschiessens durch die bessere Lebenslage habe ich mit *Oenothera Lamarckiana* gemacht. Diese Pflanze besteht im Freien zumeist aus zweijährigen, theilweise aber auch aus ein- und dreijährigen Individuen. Sie scheint aber, in den Versuchen, in Bezug auf ihre Lebensdauer weit mehr von äusseren Einflüssen als von der Wahl der Samen abzuhängen. Namentlich sind es die Saatweite, die mehr oder weniger sonnige Lage und die Nährkraft des Bodens, welche ich in dieser Hinsicht geprüft habe.

Für das Studium des Einflusses der Saatweite bestimmte ich 1888 die Samen meiner zweijährigen Stammpflanzen der *Lamarckiana*-Familie von 1886/87 aus (S. 157). Ich wählte dazu vier Beete neben einander und von gleichen Bodenverhältnissen und Düngung, streute die Samen Mitte April in Reihen, aber ziemlich dicht aus, und jätete während der Keimung derart, dass auf zwei Beeten ein mittlerer, auf einem Beete ein sehr weiter, und auf dem vierten ein sehr gedrängter Stand resultirte. Im Sommer, bis Mitte September, zählte ich dann die Schösslinge und die Rosetten; die Summe beider ist offenbar das

[1] Koch, *Synopsis Florae Germanicae et Helveticae.* S. 361. Grenier et Godron, *Flore de France* T. II. S. 102. Karsch, *Vademecum botanicum* u. s. w.

[2] *Sur la culture des monstruosités*, Comptes rendus de l'Ac. d. Sc. Paris. Janvier 1899; *Sur la culture des fasciations des espèces annuelles et bisannuelles*, Revue générale de botanique. T. XI. 1899. S. 136, und *Ueber die Abhängigkeit der Fasciation vom Alter bei zweijährigen Pflanzen*, Botanisches Centralblatt. Bd. 77. 1899.

Maass für die Dichte des Standes. Jedes Beet umfasste 13 Quadratmeter. Es wurden gezählt:

Beet	Pflanzen	Pflanzen pro Quadratmeter	Procent Schösslinge
Nr. 1	1350	± 100	23 %
„ 2 u. 3	630 + 650	± 50	43 „
„ 4	380	± 30	58 „

Also je dichter die Pflanzen bei einander stehen und je weniger Raum jede einzelne dadurch zu der Entfaltung ihrer Blätter hat, um so geringer ist die Zahl der einjährig blühenden Individuen.

Im nächsten Jahre habe ich diesen Versuch wiederholt, jetzt aber mit Samen von einjährigen Exemplaren. Das Resultat war aber dasselbe. Auf dem einen Beet von 13 Quadratmetern standen 1188 Pflanzen, also etwa 90 pro Quadratmeter. Davon waren 20 % einjährig. Auf dem anderen ebenso grossen Beete standen 348 Pflanzen (oder 27 pro Quadratmeter) mit etwa 54 % Schösslingen.

Ebenso 1890, aus den Samen einer einjährigen Pflanze von 1889. Auf dem einen Beete wuchsen etwa 40 Exemplare pro Quadratmeter; darunter waren 17 % einjährig. Auf dem Controlebeete standen auf gleicher Fläche nur 10 Pflanzen, von denen 72 % im ersten Sommer einen Stengel bildeten. Umfang der Beete je 5 Quadratmeter.

In einem Versuche mit *Oenothera laevifolia* untersuchte ich 1891 den Einfluss eines sehr dichten Standes auf Pflanzen, welche aus Samen einer durch drei Generationen selectirten einjährigen Rasse (S. 192) aufgingen. Die beiden Beete waren gleich gross, hatten dieselbe Lage und denselben Boden und erhielten beide einen gleichen, ausgiebigen Zusatz von Guano als Düngung. Sie wurden Mitte Mai an demselben Tage bestellt, hatten aber Ende Juli 195 bezw. 638 Pflanzen (auf je 6·5 Quadratmeter). Dementsprechend hatte das Beet mit dem weiten Stande 162, dasjenige mit dem engen Stande aber nur 145 Schösslinge. In Procenten der ganzen Cultur ist der Unterschied selbstverständlich ein viel bedeutenderer, 83 % gegenüber etwa 20 %. Aber man sieht, dass pro Quadratmeter bei einer weiteren Saat absolut mehr einjährige Exemplare erhalten werden, als bei grösserem Quantum. Und in dieser Form enthält das Ergebniss eine wichtige Vorschrift für die Saatweite der Versuchsculturen überhaupt.

Versuche über die Beschattung stossen auf die Schwierigkeit, dass die jungen Pflanzen diese nicht gut ertragen, auch wenn es sich nur, wie in meinem Versuche, um Baumschatten handelt. Der Versuch wurde gleichzeitig mit dem obigen von 1890 und in ähnlicher Ausdehnung angestellt und gab bei sehr weitem Stande etwa 46 % Schösslinge (gegen 72 % im Controleversuch, wie erwähnt).

Weitaus das beste Mittel, um den Procentsatz an einjährigen Individuen zu erhöhen, ja um fast ausschliesslich solche Pflanzen zu bekommen, ist die Aussaat und die Cultur der jungen Pflanzen unter Glas. Man kann dann im März oder im April aussäen und die Keimpflanzen, welche bis dahin in ungedüngter sterilisirter Erde wachsen müssen, beim Erscheinen des dritten oder vierten Blattes einzeln in Töpfe mit stark gedüngter Erde übersetzen. Sie bleiben dann bis Ende Mai unter Glas, wenigstens des Nachts und an trüben Tagen, und werden dann, ohne die Töpfe, aber auch ohne Brechen des Erdballens, an Ort und Stelle versetzt. In dieser Weise behandelt werden gewöhnlich fast alle Exemplare einjährig, und meine meisten Culturen habe ich entweder so, oder mit geringen Abweichungen in der Behandlung ausgeführt.

Versuche, um den Einfluss des Bodens auf das Aufschiessen zu ermitteln, habe ich theilweise auf gedüngten und ungedüngten Beeten des Gartens gemacht, theilweise aber durch eine Vergleichung des Wachsthums auf sterilem Sande mit demjenigen auf einem fruchtbaren Boden. Ich beschreibe zunächst den erstgenannten Versuch.

Diesen stellte ich mit *Oenothera laevifolia* an und zwar mit Samen, den ich 1890 von der dritten einjährigen Generation meiner Familie gesammelt hatte (S. 192). Die Samen wurden Mitte Mai auf drei Beeten ausgesät, deren jedes drei und ein Viertel Quadratmeter umfasste. Sie lagen neben einander, hatten denselben Boden und gleiche Lage in Bezug auf Besonnung u. s. w. Die Keimlinge wurden bald nach dem Aufgehen durch Ausjäten auf etwa 100 pro Beet, mit möglichst gleichförmigem Stande, gebracht. Die einzige Differenz lag in der Düngung, welche auf Nr. 1 unterblieb, auf Nr. 2 ein Viertel Kilo Guano und auf Nr. 3 ein Viertel Kilo Hornmehl betrug. Auf dem zweiten Beete war die Düngung somit reich an Phosphaten, auf dem dritten aber an Stickstoff. Am 30. Juli zählte ich die Pflanzen und fand:

		Pflanzen	Einjährig
Nr. 1.	Ohne Dünger	100	77
„ 2.	Mit Guano	98	90
„ 3.	Mit Hornmehl	108	94

Trotz der dreijährigen Selection der Rasse war also der Gehalt an einjährigen Pflanzen ohne Düngung nur 77 %, während er durch solche bedeutend erhöht wurde, und zwar etwas mehr durch Stickstoff- als durch Phosphat-Düngung. Weitere Versuche mit anderen Gaben derselben Düngemittel lehrten, dass die angewandten Mengen (etwa 80 Gramm pro Quadratmeter) maximale waren, d. h. dass durch erheblich grössere Dosen das Resultat nicht merklich erhöht wurde.

Für die Sandcultur habe ich in meinem Versuchsgarten ein Beet von 13 Quadratmetern einen halben Meter tief ausgraben und mit gewöhnlichem feinen Sand ausfüllen lassen. Auf diesem Beete und auf dem gleichgrossen benachbarten wurde im Sommer 1889 eine vergleichende Cultur mit *Oenothera Lamarckiana* ausgeführt. Das Controlebeet wurde nicht gedüngt, bestand aber aus sehr fruchtbarer Erde. Die Aussaat fand Mitte April statt.

Der Sand des Beetes grenzte unmittelbar an die gute Erde des umgebenden Pfades.[1] Die Pflanzen, welche am Rande standen, konnten also ihre Seitenwurzeln theilweise in diese hineinschicken und sich somit besser ernähren als die mittleren Reihen. Dieser Umstand zeigte sich im Laufe des Juni als sehr wichtig, denn im Rande sah man viele, in der Mitte fast keine Stengel. Erst im Juli fing auch hier das Durchschiessen an, und zwar plötzlich, in nahezu allen Schösslingen zu gleicher Zeit. Mitte August waren von den Pflanzen des Randes (82 Ex.) etwa 60 % geschosst, während in der Mitte auf 203 Pflanzen 133 Rosetten von Wurzelblättern vorkamen. Also etwa 34 % Einjährige. Wie man sieht, war der Stand in diesem Versuche ein äusserst weiter und günstiger, denn es gab auf 13 Quadratmeter nur 285 Pflanzen. Diese berührten einander, auch am Ende des Sommers, so gut wie gar nicht. Im Controlversuche gab es bei nahezu gleichweitem Stande etwa ebenso viele Schösslinge wie am Rande des Sandbeetes, sogar noch etwas weniger (53 % auf 348 Ex.).

Betrachten wir noch einmal diesen Versuch, so bildet der Gegensatz zwischen den centralen Pflanzen des Sandbeetes einerseits und den Randpflanzen dieses Beetes mit der Controlcultur zusammen das Hauptergebniss (34 % gegenüber 53—60 % Schösslinge). Aber ebenso auffallend war die plötzliche Veränderung in dem Benehmen der centralen Pflanzen im Juli. Diese deutete auf eine bestimmte Ursache hin. Ich vermuthete, dass sie mit dem Längenwachsthum der Wurzeln zusammenhing und dass diese etwa um jene Zeit die Sandschicht bis unten durchlaufen und in die fruchtbare Erde darunter sich verzweigt und ausgebreitet hatten. Als ich dann die Wurzeln am Schlusse des Versuches ausgrub, konnte ich mich überzeugen, dass sie thatsächlich länger als $^1/_2$ Meter und unterhalb des Sandes reichlich verzweigt waren.

Um nun zu erfahren, ob dieses wirklich die Ursache des Schossens war, habe ich 1891 einen Versuch angestellt mit einem Beete, dessen

[1] In späteren Jahren habe ich Sand und Erde durch eine Wand von Brettern getrennt.

Sandschicht viel tiefer war, und zwar 1 Meter tief. Ein Theil des früheren Beetes mit einer Sandschicht von $^1/_2$ Meter sowie ein Beet auf gewöhnlicher guter Gartenerde dienten als Controle. Die Sandbeete waren jetzt mit Brettern umgeben; demzufolge zeigte sich der frühere Unterschied zwischen den centralen und den Randpflanzen nicht wieder. Als Versuchspflanze benutzte ich *Oenothera rubrinervis*, und zwar Samen einer durch zwei Generationen einjährig cultivirten Familie (Samen von 1890, S. 192; Aussaat am 13. Mai 1891). Ende Juli 1891 zählte ich die Pflanzen auf den drei gleich grossen, je 3 Quadratmeter umfassenden Beeten.

	Pflanzen	Einjährig
Sandbeet, 1 Meter tief	161	21 %
„ $^1/_2$ „ „	226	50 „
Gartenerde	131	98 „

Auf dem Controlbeete standen die Pflanzen etwas weiter, da sie sich aber auf dem Sandbeete so gut wie gar nicht berührten, hat solches keine Bedeutung.

Die gewählte Samensorte war reicher an einjährigen Individuen als diejenige des vorigen Versuches. Das Resultat lässt sich so fassen, dass durch Cultur auf $^1/_2$ Meter Sand die Zahl der Schösslinge auf etwa die Hälfte, und durch Cultur auf 1 Meter Sand auf weniger als ein Viertel herabgesetzt wurde.

Aus den mitgetheilten Versuchen ergiebt sich, dass zweijährige Arten, wenn in der betreffenden Rasse das Vermögen, einjährige Exemplare hervorzubringen, im semilatenten Zustande vorhanden ist, durch bessere Ernährung zu stärkerer Ausbildung dieser Anomalie veranlasst werden. Dichter Stand, Beschattung, Mangel an Dünger oder gar Sandboden begünstigen die Zweijährigkeit; je mehr Raum, Licht und Bodennährstoffe den einzelnen Individuen zur Verfügung stehen, um so grösser wird die Zahl derjenigen, welche im ersten Sommer einen Stengel bilden und es zur Blüthe und zur Samenreife bringen. Der Reiz des Winters oder der Frühlungsnachtfröste, der sonst die jungen Pflanzen zum Schossen bringt, fällt hier ganz weg, denn bei entsprechender Cultur können die Mitte Mai auf dem Beete gesäten Samen noch alle oder doch fast alle zu einjährigen Individuen werden.

Fortwährende Selection reinigt aber weder die zweijährige Rasse von Schösslingen, noch auch die einjährige von Trotzern, d. h. erst im zweiten Jahre blühenden Individuen.

VIII. Ernährung und Zuchtwahl semilatenter Eigenschaften.

§ 26. Gute Ernährung begünstigt die Anomalie.

Die fluctuirende Variabilität ist eine Ernährungserscheinung, die Mutabilität wird von derzeit unbekannten Ursachen bedingt (S. 411). Diesen Ausspruch, der den Gegensatz zwischen der fluctuirenden oder continuirlichen Variabilität und den gelegentlichen stossweisen Uebergängen von der einen Art in eine andere neue wohl am schärfsten betont, habe ich im Laufe meiner Erörterungen bereits zu wiederholten Malen berührt. Er gilt ebenso gut für die Variabilität der semilatenten als für jene der normalen Eigenschaften. Auch hierauf habe ich schon mehrfach hingewiesen, und namentlich in diesem vierten Abschnitte manche Beispiele dafür besprochen. Ernährung und Variabilität hängen ja überall so innig zusammen, dass eine physiologische Behandlung der letzteren ohne gleichzeitige Berührung der ersteren kaum möglich erscheint.

Die Zuchtwahl ist die Wahl der am besten ernährten Individuen, wenn man wenigstens nicht nach der negativen Seite, rückwärts, züchtet (S. 100). Ich habe für unsere erste Beweisführung über diesen Satz im ersten Abschnitt gerade einen Versuch mit einer semilatenten Eigenschaft angeführt. Die Anzahl der Nebencarpelle von *Papaver somniferum polycephalum* war einerseits von der Auslese, aber andererseits wenigstens ebenso deutlich von der Ernährung abhängig. Im dritten Abschnitt wurde dann für die Curve der Fruchtlänge von *Oenothera,* sowie für die Strahlencurven einiger Umbelliferen und Compositen, die ganz gleichsinnige Wirkung der beiden fraglichen Factoren dargethan. Active und semilatente Eigenschaften verhalten sich ihnen gegenüber somit in derselben Weise.

Da aber die ausserordentliche Variabilität semilatenter Eigenschaften, wie in § 2 dieses Abschnittes S. 416 aus einander gesetzt wurde, eine sehr wichtige Stütze der Selectionslehre ist, so scheint es mir keineswegs überflüssig, ihre Beziehung zur Ernährung noch ausführlicher klar zu legen. Ich werde deshalb in diesem letzten Kapitel eine Reihe von Thatsachen, theils aus der Literatur, theils aus meiner eigenen Erfahrung vorführen, welche alle mit geringerer oder grösserer Bestimmtheit die Abhängigkeit semilatenter Merkmale von der Lebenslage darthun.

Aeussere Einflüsse wirken auf die Ausbildung der Organe während deren Jugend, in der sogenannten empfindlichen Periode. Ist in dieser die Entscheidung getroffen, so ändert die spätere Entwickelung daran nichts. Die Anzahl der Scheiben eines Kleeblattes, der Blumenblätter von *Ranunculus bulbosus*, der Nebencarpelle von *Papaver* wird in dieser Periode endgültig bestimmt. Zu jener Zeit wirkt mit der Lebenslage des betreffenden Augenblickes auch der angehäufte Erfolg der vorhergehenden Einflüsse ein, welche zusammen die individuelle Kraft des Organes oder des Individuums bedingen. Auch dieser Factor entscheidet über die Ausbildung der fraglichen Eigenschaft, und zwar das eine Mal kräftiger, das andere Mal weniger kräftig, als die augenblickliche äussere Lebenslage.

Fig. 175. Keimpflanze einer Kartoffel, aus Samen, unter ungünstigen Beleuchtungsverhältnissen. Von 1—5 nimmt die Blattform an Differenzirung zu, von 6—12 aber wieder ab. Zimmercultur 1876.

Am empfindlichsten scheint der junge Keim im reifenden Samen zu sein, denn die äusseren Einflüsse wirken auf Saatculturen am stärksten. Aber auch bei vegetativer Vermehrung wirken sie, und zwar in derselben Richtung, wenn auch meist mit geringerer Intensität.

Zwischen den Anomalien und den activen normalen Eigenschaften bilden die normalen latenten Merkmale eine lange Reihe von allmählichen Uebergängen. Auch diese hängen von der Lebenslage ab, und zwar in ähnlicher Weise wie die beiden anderen Gruppen. Ganz allgemein wird die Form eines Organes innerhalb des specifisch gegebenen Formenkreises von äusseren, physikalischen Einflüssen bestimmt.[1]

Als Beispiel führe ich zunächst die Keimung der Kartoffelsamen an.[2] Die ersten Blätter der Keimpflanze sind einfach (Fig. 175); die folgenden nähern sich allmählich der eigenthümlichen, unterbrochen gefiederten Gestalt der erwachsenen Pflanze. Findet die Keimung im Garten, an voller Sonne statt, so erstarkt die Pflanze rasch, und die verschiedenen Stufen der Blattform folgen schnell auf einander. Ist aber die Lebenslage eine ungünstige, wie bei der Cultur im Zimmer, so schreitet die Differenzirung nur langsam voran; die Internodien

[1] *Keimungsgeschichte der Kartoffelsamen* in Landwirthsch. Jahrb. VII. Jahrg. 1878. S. 35.

[2] l. c. S. 35.

zeigen Ueberverlängerung und zu geringes Holzwachsthum, die Blätter bilden nur kleine Fiederblättchen aus, und bei ganz ungünstigen Bedingungen beobachtete ich nicht selten eine Unterbrechung in der Blattformenreihe am Stengel; es wurden oberhalb von leierförmigen Blättern wieder einfache gebildet, und es fing die Reihe so zu sagen wieder von vorne an.[1]

Viel schöner gestalten sich dieselben Verhältnisse in jenen Fällen, wo die ersten Blätter mehr zusammengesetzt sind als die späteren. So z. B. bei den phyllodientragenden Acacien, wo die wichtigen Untersuchungen GOEBEL's uns ausführlich über die Beziehung der Jugendformen zu der Lebenslage belehrt haben.[2] Ich habe hierauf schon oben hingewiesen, erinnere aber jetzt an die Figur einer Keimpflanze von *Acacia verticillata*, welche, nachdem sie bereits zur Phyllodienbildung gelangt war, unter ungünstigen Bedingungen die doppeltgefiederte Form der Jugendblätter wiederholte. Ebenso hängt die Ausbildung von linearen oder pfeilförmigen Blättern bei *Sagittaria sagittifolia*, die Ausbildung der durchlöcherten Blätter von *Monstera deliciosa* u. s. w. von der Lebenslage ab. Schlechte Ernährung erhöht dabei stets die Aussicht, zur Jugendform zurückzukehren, und es ist dabei Nebensache, ob diese die einfachere oder die complicirtere ist. Die von GOEBEL studirte *Campanula rotundifolia*, deren Blüthenstengel aus der schmalen zu der herzförmigen Blattgestalt zurückkehren,[3] dürfte jetzt wohl das am allgemeinsten bekannte Beispiel sein. Für die Coniferen hat ferner BEISSNER gezeigt, dass sie bei schlechter Ernährung, z. B. bei Topfcultur, zeitlebens ihre Jugendformen behalten können.[4] Bei *Eucalyptus Globulus* und *Acacia cornigera* treiben die Stämme nach Beschneiden Sprosse, welche die Jugendform mit ungestielten bezw. ungedornten und ameisenbrotlosen Blättern wiederholen.[5]

Genau so verhält es sich mit den Anomalien, d. h. jenen Eigenschaften, welche sich im gewöhnlichen Leben nicht, oder nur ausnahmsweise zeigen. Auch hier scheint es ganz gleichgültig, welcher Natur sie sind. Sowohl schädliche als unschädliche werden durch die gute Lebenslage in ihrer Ausbildung gefördert; von ersteren bilden

[1] Vergl. auch E. ROGE, *La transmission des formes ancestrales dans les végétaux.* Journ. d. Bot. Année X. Nr. 1, 2. 1896.

[2] K. GOEBEL, *Organographie der Pflanzen.* I. S. 150 Fig. 105.

[3] GOEBEL, *Flora.* 1896. Bd. 62. Heft I.

[4] L. BEISSNER, *Handbuch der Nadelholzkunde.* Vergl. auch *Bot. Zeitung.* 1890. S. 589.

[5] F. HILDEBRAND, *Botan. Zeitung.* 1892. S. 5.

die bunten Blätter und die durch Füllung steril werdenden Blüthen und Blüthenköpfchen Beispiele (vergl. § 19 und 24). Es gilt sogar genau dasselbe von den eigentlichen Monstrositäten, z. B. den Fasciationen und Zwangsdrehungen, wie wir im zweiten Bande sehen werden. Es gilt von neuen Eigenschaften wie von Rückschlagserscheinungen, von in Bezug auf die Artmerkmale höheren oder geringeren Differenzirungen, wie ich im nächsten Paragraphen an einer Reihe von Beispielen zeigen werde. Es gilt ferner sowohl für die Halbrassen als für die Mittelrassen. In beiden ist es das ältere „Artmerkmal", das durch ungünstige Bedingungen, die Anomalie oder das jüngere Merkmal, welches durch günstige Bedingungen gefördert wird. Von diesen beiden, durch die Semilatenz des ersteren oder des zweiten Merkmales gekennzeichneten Rassen zu den echten elementaren Arten, in denen das Merkmal der Mutterart ganz latent geworden ist, ist

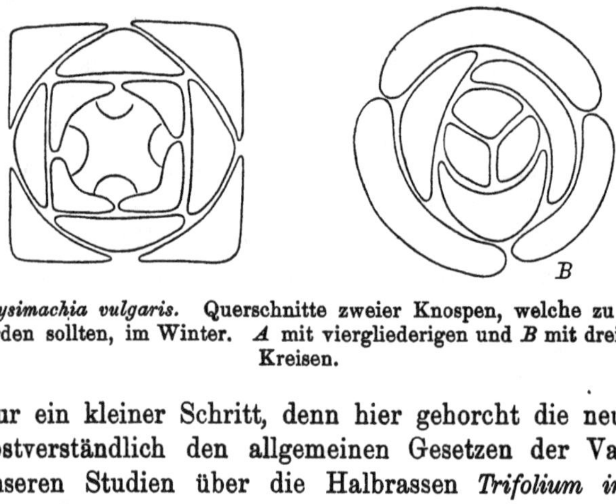

Fig. 176. *Lysimachia vulgaris.* Querschnitte zweier Knospen, welche zu aufrechten Stengeln werden sollten, im Winter. *A* mit viergliederigen und *B* mit dreigliederigen Kreisen.

offenbar nur ein kleiner Schritt, denn hier gehorcht die neue Eigenschaft selbstverständlich den allgemeinen Gesetzen der Variabilität.

In unseren Studien über die Halbrassen *Trifolium incarnatum quadrifolium* und *Ranunculus bulbosus semiplenus*, namentlich aber für die echten Mittelrassen *Trifolium pratense quinquefolium* und *Chrysanthemum segetum plenum*, sowie für die damit analogen Gruppen haben wir diese Beziehung der Variabilität zu der Ernährung von den verschiedensten Seiten kennen gelernt.

Es ist dabei hervorzuheben, dass es sich in allen diesen Fällen um Variabilität im engeren Sinne und nicht um Mutabilität handelt. Wie die eine Rasse in die andere übergeht, wissen wir nicht; die Erscheinung ist bis jetzt eine viel zu seltene; sie entzieht sich vorläufig in dieser Beziehung der Forschung. Die Variabilität der Halb- und Mittelrassen ist zwar eine transgressive, zur Mutabilität führt sie aber in der Regel nicht.

Ich möchte zum Schlusse die Beziehung zwischen der Variabilität semilatenter Eigenschaften und der Lebenslage noch durch ein Schema erläutern, und wähle dazu als Beispiel die Blattstellung von *Lysimachia vulgaris* (Fig. 176—178). Bekanntlich ist diese normal eine kreuzweise, wechselt aber vielfach mit dreigliederigen und viergliederigen Wirteln ab. In Bezug auf diese Eigenschaft verhält sich diese Art also, wenigstens in hiesiger Gegend, als eine Halbrasse.

Untersucht man im Frühling das Rhizom, so findet man die Knospen für die Stengel aufrecht unter der Erdkruste, oder im Moos, und ganz fertig ausgebildet. Man überzeugt sich dann, dass sie sämmtlich am unteren Ende kreuzweis gestellte Blattschuppen tragen (Fig. 178). Aber oben, innerhalb der Knospen, ist die Blattstellung eine verschiedene; hier ist sie jene, welche der erwachsene Stengel

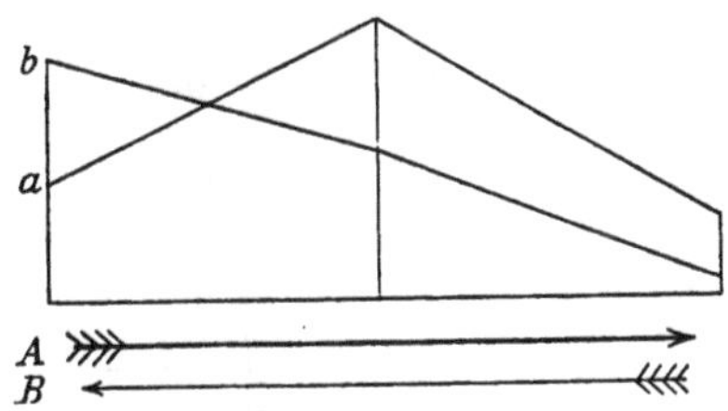

Fig. 177. Schema für die Beziehung zwischen Lebenslage und Anomalie. Verschiebung des Gipfels der Curve. *A* Wirkung guter Ernährung. *B* Wirkung ungünstiger Einflüsse. *a*, *b* Curven der Blattstellung an den Stengeln von *Lysimachia vulgaris*, *a* nach guter, *b* nach schlechter Ernährung. Vergl. die Zahlen auf S. 632.

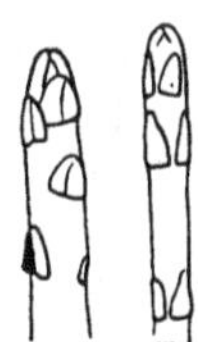

Fig. 178. *Lysimachia vulgaris.* Rhizomknospen, welche zu Stengeln auswachsen würden. *A* Dick, mit viergliederiger Endknospe. *B* Dünner, mit dreizähligen Kränzen im Inneren der Knospe. Die sichtbaren Schuppen sind in beiden kreuzweise gestellt.

im Sommer zur Schau tragen wird. Je nach der Dicke des senkrechten unterirdischen Sprosses wird auch der betreffende Stengel verschieden stark sein, und damit hängt wiederum die Blattstellung eng zusammen. Die schwächeren Triebe sind zweizählig, die stärkeren dreizählig, die stärksten aber haben die Blätter in vierzähligen Wirteln. Man kann an der Dicke des Sprosstheiles fast mit Sicherheit im Voraus bestimmen, was die mikroskopische Prüfung der Knospe ergeben wird. Genau so verhält es sich selbstverständlich im Sommer, wo die fraglichen Beziehungen Einem sofort auffallen. Dabei sieht man dann, dass die Seitenzweige auch der drei- und vierzähligen Stämme fast ausnahmslos zweizählig sind; sie sind ja viel schwächer als jene.

Nimmt man die Pflanze in Cultur, so gelingt es leicht, durch gute Behandlung das Verhältniss der verschiedenen Sorten von Stengeln zu Gunsten der mehrgliederigen umzuändern, und zwar ohne Aussaat, bei rein vegetativer Vermehrung. Dabei ist aber zu beachten, dass die Knospen für das nächste Jahr bereits im October fertig angelegt, und ihre Blattstellung somit endgültig entschieden ist. Die Beobachtung der Blattstellung in dem einen Jahre bezieht sich somit stets auf die Lebenslage im Vorjahre.

Die Curven in Fig. 177 sind nach Zählungen entworfen, welche das Folgende ergaben. Im März 1890 pflanzte ich eine Gruppe von Rhizomen nach einer guten Stelle meines Gartens über und zählte im Juni die zwei-, drei- und viergliederigen Stengel, welche also unter dem Einflusse der schlechteren Lebenslage im Jahre 1889 angelegt waren. Im nächsten Sommer wiederholte ich die Zählung und konnte somit ein Urtheil über die Versetzung unter besseren Bedingungen (besserer Boden und bessere Besonnung) fällen. Ich fand:

Zählung im	Wirtel zwei-	drei-	viergliederig	Summa
Sommer 1890	35	21	2	58
„ 1891	17	40	10	67

Der Gipfel war somit von den Stengeln mit zweigliederigen auf jenen mit dreigliederigen Wirteln hinübergeschoben (Fig. 177*a* und *b*).

Der Pfeil *A* deutet somit in unserer Figur 177 die Wirkung der besseren, der Pfeil *B* jene der schlechteren Lebenslage an.

Diese Figur ist also, abgesehen von dem besonderen ihr zu Grunde gelegten Fall, einfach eine bildliche Darstellung unseres Satzes, dass gute Ernährung die Anomalie begünstigt.

Dieses Schema lässt sich auf eine lange Reihe von Fällen anwenden, theils von wildwachsenden Anomalien, theils von den höchst variablen Gartenvarietäten. Das bekannteste Beispiel bilden wohl die dreifarbigen Veilchen (*Viola tricolor maxima*). Hier haben die Frühlings- und die ersten Sommerblumen grössere, merklich breitere und beträchtlich stärker gefärbte Kronblätter als die Hochsommerblüthen, wie jeder Gärtner weiss.[1] Die grössere Trockenheit und der allmähliche Verbrauch des Düngers seitens der Pflanzen sind davon die bekannten Ursachen. Und so geht es in zahllosen Fällen, von denen wir im nächsten Paragraphen eine Reihe weiterer Beispiele zu besprechen haben.

[1] V. B. Wittrock, *Viola-Studier. Acta Horti Bergiani.* Bd. II. 1897. Nr. 1 und 2. Vergl. auch Verlot, l. c. S. 46—47.

§ 27. Einfluss der Lebenslage und der Düngung.

J. COSTANTIN hat in einem gediegenen Werke die Beziehungen zwischen der Pflanze und ihrer Umgebung ausführlich geschildert.[1] Er hat dabei den Einfluss des *Monde ambiant* sowohl auf die normalen Eigenschaften der Pflanzen, als auch auf die Varietäten und Anomalien behandelt. Es ist ein unabsehbares Feld von Thatsachen und Beobachtungen, welches sich dem Leser eröffnet.

Wir beschränken uns hier auf die eigentlichen Anomalien, d. h. die semilatenten Eigenschaften,[2] und fangen mit einigen Beispielen an, welche sich auf vegetative Vermehrung, ohne Aussaaten, beziehen. Als erstes wählen wir die Durchwachsung der Blüthenstände des Weissklees (Fig. 179), eine in hiesiger Gegend ziemlich seltene Anomalie, welche sich aber in meinem Garten durch gute Cultur erheblich steigern liess. Einzelne Beispiele aus dem grossen Formenreichthum dieser Anomalie bietet uns die Fig. 179.[3] Verlängerung eines Blüthenköpfchens zu einem ährenförmigen Blüthenstand, Prolification oder Bildung zweier Köpfchen über einander an demselben Stiel und Auftreten von kleinen Träubchen an Stelle der Einzelblüthen oft mit Vergrösserung der Bracteen sind die wichtigsten.

Im Sommer 1890 fand ich unweit Hilversum ein Exemplar, welches an einem Schirme eine einzelne Blüthe auf durchwachsenem Stiele trug. Ich verpflanzte es in meinen Garten, säte im nächsten Jahre seine Samen, hatte einige wenige perumbellate Inflorescenzen, sammelte wiederum die besten Samen und säte 1891 noch einmal. Als nun die Pflanzen blühten, zeigten sie auf mehreren Tausend Schirmen etwa 2 % durchwachsene, und darunter meist den Typus Fig. 179 *B*, theilweise auch die selteneren Formen *A*, *C* und *D*. Ich wählte jetzt die beste Pflanze aus, isolirte sie völlig und überzeugte mich genau, dass alle Zweige organisch zusammenhingen, zertheilte und verpflanzte sie und liess sie möglichst kräftig wachsen. Im Sommer 1892 hatte ich zwei Beete von je nahezu 2 Quadratmetern. Sie ergaben eine sehr deutliche halbe Curve, als ich Anfang August

[1] J. COSTANTIN, *Les végétaux et les milieux cosmiques*. Bibl. Scientif. internationale. 1898. Die älteren Studien desselben Forschers wurden bereits in unserem ersten Abschnitte (S. 71) verwerthet.

[2] Auf die Culturmethoden, welche aus gefärbten Varietäten des Flieders (*Syringa*) im Winter rein weisse Blüthentrauben in den Handel bringen, sowie auf die bekannte Blaufärbung der Hortensien sei hier nur hingewiesen (vergl. u. A. VERLOT, l. c. S. 60—61).

[3] Die nämlichen Anomalien sind bereits in der Literatur erwähnt und von PENZIG, *Teratologie*. I. S. 387 zusammengestellt worden.

die Schirme nach der Anzahl der auf dem durchwachsenen Theile der Achse befindlichen Blüthen ordnete. Diese Zahl wechselte von 0 bis 10 in folgender Vertheilung:

	Anzahl der Blüthen auf der Verlängerung der Achse											
Schirme	0	1	2	3	4	5	6	7	8	9	10	11	Summa
auf dem 1. Beet	325	83	66	51	36	36	18	7	6	1	1	0	630
„ „ 2. „	402	97	62	35	46	20	20	14	11	3	2	1	721

Es waren jetzt also auf dieser Pflanze nahezu die Hälfte der Schirme durchwachsen, theils in Folge der Auslese, theils als Resultat der besseren Cultur. Dabei zeigten sich die meisten perumbellaten Schirme im Juli, und zwar vor Juli 21 %, im Juli 47 %, im August 38 %, letzteres auf etwas über 500 Schirmen.

Fig. 179. *Trifolium repens perumbellatum.* Vier verschiedene Blüthenstände aus der nämlichen Cultur (1891). *A* mit dicker durchwachsener Hauptachse; *B* der durchwachsene Theil dünn und arm an Blüthen; *C, D* mit dreifacher Durchwachsung.

Darauf habe ich aus einer Gruppe der kriechenden Stengel dieser Pflanze einen Theil auf zwei andere Beete versetzt; deren eines aus guter Gartenerde bestand, während das andere einen dürren Sandboden hatte. In diesem Jahre war der Gehalt an Anomalien bei schlechterem Wachsthum überhaupt ein kleinerer. Es gab, auf etwas über 300 Schirmen auf jedem Beete, 6 % durchwachsene auf dem Sandbeete und 12 % auf dem Controlebeete. Auf ersterem waren die Pflanzen klein, mit kleineren, blasseren und weniger zahlreichen Blättern.

Wie man sieht, hängt der Gehalt an anomalen Schirmen, auch bei rein vegetativer Vermehrung, in diesem Versuche sehr wesentlich von der Lebenslage ab.

Bisweilen begegnet man in der Literatur der Ansicht, dass Anomalien deshalb durch die besseren Lebenslagen begünstigt werden, weil zu ihrer Ausbildung mehr Nährstoffe erforderlich seien, wie bei der Verbänderung, bei der Vermehrung der Anzahl der Blätter,

Blattscheiben, Blüthentheile u. s. w. Aber auch wenn die Anomalie in einer Reduction besteht, waltet dieselbe Beziehung ob. Es geht dieses aus unserem zweiten Beispiele hervor. Ich wähle dazu die *Potentilla anserina*, von der ich 1889 unweit Hilversum Pflanzen mit einzelnen vierzähligen Blüthen zwischen den zahlreichen normalen mit fünf Kelch- und Kronblättern fand. Ich verpflanzte und vermehrte sie und suchte im Sommer 1891 das beste Exemplar aus, an welchem alle Stengel noch organisch zusammenhingen. Von diesem versetzte ich dann 1892 die eine Hälfte auf ein gedüngtes, die andere auf ein daneben liegendes ungedüngtes Beet.

Von Mitte Juni bis Anfang August zählte ich die Kelchblätter aller Blüthen; es waren auf dem gedüngten Beete etwa 2500, auf dem ungedüngten etwa 1500 Blumen. Es gab deren viele mit 5 und 4, etwa 20 Stück mit 3, keine mit weniger als 3 oder mehr als 5 Sepalen. Also wiederum eine ausgesprochene halbe Curve. Ich habe für die einzelnen Zählungstage den Procentgehalt an 3- und 4zähligen Blüthen zusammen berechnet, und an jedem Zählungstage alles abgepflückt, was seit dem vorhergehenden geblüht hatte. Die Zählungen fanden wo möglich jeden vierten Tag statt, oder bei zu kleiner Blüthenzahl in grösseren Intervallen. Ich fand:

Procentgehalt an 3—4zähligen Blüthen

	Juni			Juli								August
Tag:	19.	23.	27.	1.	5.	9.	13.	17.	21.	25.	29.	2.
Gedüngt:	7	13	24	28	34	39	50	**65**	49	49	43	27 %
Ungedüngt:	—	—	7	—	20	33	39	—	42	**49**	46	44 %

Der Gehalt an Anomalien stieg somit auf beiden Beeten allmählich heran, um im Hochsommer, in der zweiten Hälfte des Juli, sein Maximum zu erreichen und von da an wieder zu sinken. Er erreichte dabei auf dem gedüngten Beete 65 %, auf dem ungedüngten aber nur 49 % aller Blüthen der betreffenden viertägigen Zählungsperiode (160 bezw. 224 Einzelblüthen).

Sowohl die Periodicität wie die Beziehung zu der Lebenslage sind also hier im Wesentlichen dieselben wie beim Weissklee. Dort diente als Material ein Exemplar, das ich aus Samen erhalten hatte; bei der Potentilla aber direct ein im Freien gesammeltes Individuum.

Ich werde jetzt eine Reihe von weiteren Beispielen möglichst kurz zusammenstellen, betone dabei aber nochmals, dass die äusseren Einwirkungen nur dann die fraglichen Folgen haben, wenn die betreffenden Eigenschaften als Anlagen vorhanden sind. Sogar auf rein latente Eigenschaften kann man so gut wie keine Wirkung ausüben, es gilt nur von den Halbrassen und den Mittelrassen. „Bei anderen Exemplaren aber ist dies offenbar nicht der Fall,“ sagt GOEBEL, „sie behalten auch im üppigsten Boden ihre normale Form; die üppige Ernährung wirkt auf das Auftreten der Missbildung nicht als verursachender, sondern lediglich als auslösender Factor.“[1]

Jedermann weiss, dass viele Gartenvarietäten zurückgehen, wenn sie lange Zeit an derselben Stelle stehen bleiben. Sie erschöpfen ihren Boden und müssen deshalb von Zeit zu Zeit versetzt werden. So z. B. die Pensées, die Anemonen,[2] *Dahlia*, *Petunia*,[3] die cristaten Varietäten vieler Farne,[4] u. s. w. MORREN hat *Saxifraga decipiens*, welche bis dahin an steiniger Stelle normale Blüthen trug, in gute Gartenerde versetzen lassen; sie wuchsen dort äusserst kräftig, bildeten grössere Blumen als vorher, und zeigten dabei eine anfangs geringe, im Laufe des Sommers aber allmählich zunehmende Umwandlung der Staubfäden in Blumenblätter, bis die Blüthen ganz gefüllt wurden.[5] Auch bei *Hedychium coronarium* hängt der Blüthenbau von der Ernährung ab.[6] Wilde Aepfel und Mispeln verlieren in wenigen Jahren ihre Dornen, wenn sie in Gärten übergepflanzt werden[7] und *Carlina acaulis* wird in üppigem Boden zur sogenannten *Var. caulescens*, wie bereits WOLFF in seiner *Theoria generationis* lehrte. Die Verzweigung der Aehren von *Triticum turgidum compositum* (S. 87) und die Carpellomanie von *Papaver somniferum* (S. 98) sind im höchsten Grade von der Lebenslage abhängig. Gefüllte Papaver sind bei schlechter Behandlung oft fast ungefüllt, wie z. B. das *Papaver somniferum nanum album* in meinen Culturen. Sogar die stark gefüllte *Saponaria officinalis plena* scheint nach Verpflanzen vorübergehend einfach zu werden, sich dann aber wieder zu erholen.[8] Die gewöhnliche *Saponaria officinalis* bildet in hiesiger Gegend oft sechszählige Blüthen, diese waren aber in meinen Versuchen bei guter Cultur zahlreicher als bei dürftiger Ernährung. PEYRITSCH's Studien über den Einfluss des Umhauens von Waldungen auf pelorische Formen wurden oben (§ 21 S. 569) schon angeführt. An einem Lindenbaume in der

[1] K. GOEBEL, *Organographie*. I. S. 159. Verschiedene Beispiele giebt auch BURKILL, *Journ. Linn. Soc. Bot.* Vol. 31. 1895. S. 218 u. s. w.

[2] VILMORIN-ANDRIEUX, *Les fleurs de pleine terre*. S. 87.

[3] HILDEBRAND, *Ber. d. d. bot. Ges.* Bd. XIV. 1896. S. 327.

[4] LÖWE, citirt bei GOEBEL, l. c.

[5] *Bull. Acad. R. Belg.* T. XVII. 1. partie. S. 424.

[6] FR. MÜLLER, *Flora*. 1889. Heft III. S. 348—352. Taf. 16.

[7] DE CANDOLLE, *Physiologie végétale*. II. S. 721.

[8] MUNTING, *Waare Oeffeninge der Planten*. 1671. S. 588. Ebenso in meinem Garten.

Gegend von Baarn treten jährlich Becher auf (Fig. 106 S. 338), bisweilen mehrere Hundert in demselben Jahre; ich sah sie aber stets nur auf der freien, besonnten Seite, nicht dort, wo die Aeste von den benachbarten Bäumen beschattet werden.

Sehr abhängig von der Lebenslage ist bekanntlich die Farbe. *Achillea Millefolium rosea* bildet nur in sonniger Lage schön rothe Schirme aus, sonst ist die Farbe blass oder fehlend, wie ich bei vieljähriger Cultur gesehen habe; im Dunkeln gewachsene Inflorescenzen blieben ganz weiss, auch wenn sie sonst roth geworden sein würden. Ebenso verhält sich *Begonia semperflorens atropurpurea Vernon*, deren braunrothe Belaubung so zu sagen den leisesten Schatten nicht erträgt. Durch Vorsetzen eines Schirmes auf der Südseite in der Jugend konnte ich die Pflanzen fast rein grün machen. Auch die Farbe von *Amarantus tricolor*, welche nur ihres Farbenspieles halber beliebt ist, hängt sehr von der Lebenslage ab.[1]

Zea Mays bildet mehr zweigeschlechtliche Rispen und Kolben, wenn man sie bei hoher Temperatur keimen lässt; *Ranunculus bulbosus semiplenus* (§ 23 S. 593) bildet mehr Blumenblätter, wenn er im Sommer keimt, als im Frühjahr. Sommerweizen kann bekanntlich durch Herbstaussaat in Winterweizen umgewandelt werden, wenn auch, wie es scheint, stets nur in wenigen Exemplaren.[2]

An den cultivirten Begonien begegnet man nicht selten Zwitterblüthen, welche durch Auftreten von Staubfäden in den weiblichen Blüthen hervorgebracht werden, dabei werden dann die unterständigen Fruchtknoten mehr oder weniger vollkommen oberständig und treten auch andere Anomalien auf.[3] Ich besitze seit 12 Jahren ein solches Exemplar von *Begonia Sedeni* (*B. boliviensis* × *B. Pearcei*), welches ich durch Theilung der Knollen allmählich vermehrt habe. Im Sommer 1890 markirte ich die Knollen, welche die geringste Anzahl solcher umgewandelter Blüthen hatten und pflanzte sie 1891 an einer besseren Stelle und mit reichlicherer Düngung aus, als wie die übrigen. Demzufolge trugen sie nun (1891) verhältnissmässig bedeutend mehr anomale Blüthen als die Controle-Exemplare. *Lupinus luteus* bildet bisweilen zwangsgedrehte Inflorescenzen.[4] Samen von solchen, auf einem Acker gesammelt und im Garten cultivirt, wiederholten die Erscheinung

---

[1] Vilmorin-Andrieux, *Les fleurs de pleine terre.* S. 64.

[2] Monnier, citirt bei Darwin, *Variations.* I. S. 333.

[3] P. Magnus, *Sitzber. d. bot. Ver. d. Prov. Brandenburg.* XXVI. 1884. S. 72. Tab. II, und Penzig, *Teratologie.* I. S. 500.

[4] *Monographie der Zwangsdrehungen* im Jahrb. f. wiss. Bot. 1891. Bd. XXIII. S. 107. Taf. IX.

nicht, wohl aber kehrte sie in der nächsten Generation bei üppigerer Düngung und besserer Behandlung (1890—1892) wieder.

Hierher gehört endlich auch die bekannte Erscheinung, dass verschiedene Jahre in sehr verschiedenem Grade reich an Anomalien sind. Solches fand bereits MUNTING für die Füllung von *Lilium cruentum plenum*[1] und KICKX erwähnt es für Ascidien, welche z. B. 1848 in der Umgebung von Gent in Belgien auf Tabakfeldern, 1851 auf *Rosa gallica* und *R. centifolia* fast epidemisch auftraten.[2] Um Freiburg war der Sommer 1866 auffallend reich an Blüthenmissbildungen[3]. In Frankreich war der trockene und heisse Sommer von 1893 daran besonders reich, und GAGNEPAIN zählt eine lange Reihe damals beobachteter Anomalien auf.[4] Bekannt sind ferner die Jahre 1845 für Pelorien an *Calceolaria*, 1862 für centrale Schirme der *Auricula* (England) und andere. An *Magnolia obovata* beobachtete ich während zehn Jahren die Becherbildung, an einer Weide mit Zwitterblüthen (*Salix aurita*) diese Missbildung; in beiden Fällen war die Häufigkeit stets nach den Jahren eine sehr verschiedene, obgleich es dieselben, in unserem Garten wachsenden Exemplare waren, welche jährlich genau durchmustert wurden.

Ich schliesse hier diese Liste, welche Jeder leicht aus eigener Erfahrung und aus der sehr reichhaltigen Literatur wird vervollständigen können.

§ 28. Die Periodicität semilatenter Eigenschaften.

Ueber die grössere oder geringere Häufigkeit des Sichtbarwerdens semilatenter Eigenschaften entscheidet nicht nur die augenblickliche Lebenslage, d. h. die äusseren Einflüsse während der empfindlichen Periode der Entwickelung. Fast ebenso gross ist die Bedeutung der individuellen Kraft des jungen Pflanzentheiles, diese aber ist das Ergebniss der Wirkung der äusseren Factoren in den vorhergehenden Zeitabschnitten, theils nach Wochen und Monaten, theils nach Jahren gerechnet. Je kräftiger eine Knospe, um so mehr ist sie zu Anomalien „geneigt“.

Diese Erscheinung tritt am deutlichsten zu Tage in der Periodicität der Anomalien auf der Pflanze und in ihrem Parallelismus mit der allmähligen Erstarkung und dem späteren Rückgang des ganzen

[1] MUNTING, l. c. S. 501.
[2] J. KICKX, *Bull. Acad. Roy. Belgique.* T. XVIII. 1. partie. 1851. S. 591.
[3] HILDEBRAND, *Botan. Zeitung.* 1866. S. 239.
[4] *Bull. Soc. Bot. France.* T. 40. 1893. S. 309—312.

Individuums sowie seiner einzelnen Sprosssysteme.[1] Beim fünfblätterigen Rothklee haben wir diese Periodicität ausführlich studirt, und in mehreren anderen Fällen haben wir Beispiele kennen gelernt. Es handelt sich jetzt aber darum, über das Wesen dieses Vorganges eine mehr allseitige Uebersicht zu entwerfen.

Wählen wir dazu zunächst ein Beispiel. Von *Chelidonium majus* kommt in Gärten nicht selten eine gefüllte Form vor, deren Füllung in der Regel aber eine schwache bleibt und 16—20 Petalen pro Blüthe nur selten erreicht (Fig. 180). An diesen Pflanzen nimmt in meinen Culturen die Füllung regelmässig vom Frühling bis in den Sommer hinein zu, und zwar sowohl auf den Hauptstengeln der einjährigen Exemplare, als namentlich auf den Seitenstengeln der überwinterten Pflanzen. So waren z. B. im Mai alle Blüthen einfach, mit 4 Kronblättern (Fig. 180 *A*). Anfang Juni nahm die Zahl zu und gab es vorwiegend Blüthen mit C 6 bis C 7, einzelne mit bis C 10, während in der zweiten Hälfte des Juni hauptsächlich C 12 bis C 14 und einige mit C 15 bis C 16 gesehen wurden. In jedem Jahre kehrte dann die zunehmende Füllung in derselben Folge zurück.

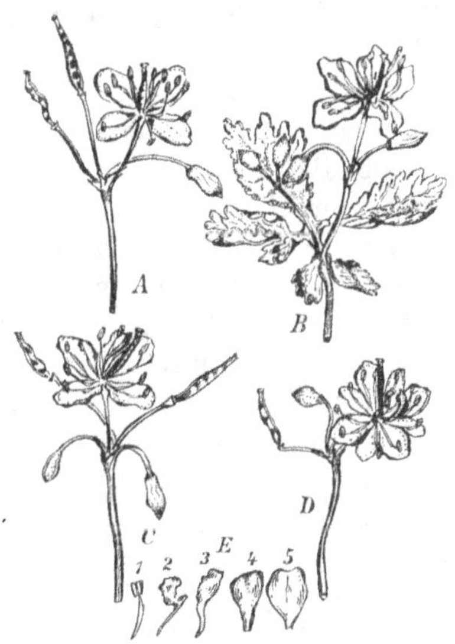

Fig. 180. *Chelidonium majus plenum.* *A* Einfache Blüthe mit 4 Kronblättern. *B* und *C* Blüthen mit 5 Petalen. *D* Blüthe mit 8 gut ausgebildeten Petalen und 2 petaloiden Staubfäden. 1—5 Uebergänge von Staubfäden in Blumenblätter.

In seinem bekannten Werke über die Verjüngung der Pflanzen hat Braun die Periodicität in der Entwickelung für das normale Leben ausführlich und klar geschildert.[2] Sowohl an der ganzen Pflanze als an den einzelnen Sprosssystemen schwankt das Leben auf und nieder. Nichts ist in Ruhe, alles schwankt, fortwährend heben und senken sich die Wellen. Es ist die individuelle Kraft, welche diese stetigen Wandlungen zeigt,

[1] *Over het periodisch optreden der anomalien op monstreuze planten.* Botan. Jaarb. Gent. T. XI. 1899. S. 46, und *Ueber die Periodicität der partiellen Variationen.* Ber. d. d. bot. Ges. Bd. XVII. 1899. S. 45.

[2] A. Braun, *Verjüngung.* S. 23—55, 75—76, 90 u. s. w. Vergl. ferner Heinricher, *Biolog. Centralblatt.* Bd. XVI. Nr. 1. S. 13—14. Pokorny, *Sitzber. d. Acad. d. Wiss. Wien.* 1875. Bd. 72. S. 527—547.

und mit ihr die Grösse der Blätter, die Länge und Dicke der Internodien, die Zahl der Blättchen an zusammengesetzten Blättern, der Strahlen in den Schirmen, der Verzweigungen der Inflorescenzen, der Einzelblüthen in den Körbchen der Compositen u. s. w. Jeder Spross hat seine Periode, er fängt mit einfacheren oder atavistischen Gestalten an, um erst allmählich die typischen Merkmale zur vollen Ausbildung zu bringen und dann wieder nachzulassen. Vom Spross überträgt sich die Periode auf die Nebensprosse, von diesen auf die Zweige u. s. w. Dabei können diese in Bezug auf den Tragspross stärker oder schwächer, oder auch von gleicher Kraft sein. Gewöhnlich sind die Zweige schwächer als der Tragspross; die übrigen nennt Braun theils Erstarkungssprosse, theils Wiederholungssprosse.[1] Aehren und Trauben sind bekannte Beispiele erschwachender Sprosse; ihre Gipfelblüthe, wenn eine solche vorhanden ist, eilt allen übrigen in der Entwickelung voran, wie z. B. bei der pelorischen *Digitalis*. Beim Rothklee bleibt der Hauptspross ein kurzes senkrechtes Rhizom: die Seitenzweige erstarken in zunehmender Reihenfolge und werden zu blühenden Stengeln. Bei *Tetragonia expansa* ist der Hauptspross stets kurz, aufrechtstrebend, sich mit einer Blüthe abschliessend; die Nebensprosse werden über meterlang und viel stärker. Wiederholungssprosse sind die Seitenzweige aus den Achseln der Wurzelblätter sehr vieler Pflanzen, und zwar in allen Graden (*Ranunculus bulbosus, Chrysanthemum segetum, Trifolium incarnatum*), ferner die gabeligen Inflorescenzen, wie *Saponaria officinalis*. Sind die Wiederholungssprosse Ausläufer, so entstehen Braun's Wiederholungsgenerationen, wie bei *Valeriana officinalis, Lysimachia vulgaris* u. s. w.

Es würde mich zu weit führen, dieses Bild weiter auszumalen.[2] Auch kommt es mir nur darauf an zu zeigen, dass es für die Anomalien das Schema der Verbreitung auf der Pflanze bildet. Allerdings ist das Schema in der Ausführung vielfach gestört, weil ja die jedesmaligen äusseren Einflüsse entscheidend mit eingreifen. Jeder Spross und jedes Sprosssystem hat seine empfindliche Periode, wie eine Keimpflanze, in jedem Zweige begünstigen die augenblicklich herrschenden Factoren die Anomalie oder den Typus der Art. Aber abgesehen von diesen zahlreichen Schwankungen zeigt sich die Regel doch überall dort, wo das Material ausreicht, um Ausnahmen zu beseitigen.

---

[1] Vergl. § 23 S. 591.

[2] Ueber die Periodicität bei der Bestockung des Getreides vergl. Schribaux im *Journal d'Agriculture pratique*. 1899 und Rimpau in den *Landwirthsch. Jahrbüchern*. Bd. XXIX. S. 589.

An *Specularia Speculum* fand ich in einer Cultur von 1892 die Blüthen theils vier-, theils fünfzählig. Die fünfzähligen standen am Gipfel des Stammes und der kräftigsten Sprosse zweiter Ordnung, alle übrigen Blüthen waren vierzählig. Einen ähnlichen Unterschied zwischen Gipfel- und Seitenblüthen zeigen bekanntlich als normale Eigenschaft *Adoxa Moschatellina* und viele andere Pflanzen. *Pinus sylvestris* hat in der hiesigen Gegend sehr oft einzelne Nadeln in Gruppen von drei statt von zwei zusammengefügt, jede Gruppe bezeichnet bekanntlich einen kleinen Kurztrieb. Die dreigliederigen fand ich überall fast nur an den sehr starken Trieben, und an diesen fast nur am oberen Ende, dort aber oft zahlreich und dicht gehäuft. Es sind vorwiegend die Stämme selbst, welche sie führen, theils aber auch die kräftigsten Aeste. Es kamen bis 15 dreiblätterige Kurztriebe an einem Jahrestriebe eines Stammes vor, alle dicht um den Gipfel herum, zwischen zahlreichen zweiblätterigen gruppirt. Aehnliches zeigt auch *Pinus Pinaster*. In den einzelnen Jahren fand ich die Häufigkeit dieser Anomalie sehr wechselnd.

Camellia japonica mit gestreiften Blumen bildet solche im November und December, aber, wenn sie im April blüht, bringt sie nur einfarbige Blumen hervor.[1] Eine Form von *Trifolium repens* bildete in meinem Garten jährlich Ascidien in nicht unerheblicher Menge und in grosser Abwechselung der Gestalt. Aber stets nur im Frühjahr,[2] ebenso wie die Linde ihre Becher vorwiegend aus den ersten Blättern der Triebe, und *Saxifraga crassifolia* die Ascidien (Fig. 16 S. 45) hauptsächlich am unteren kurzen beblätterten Theil der Blüthenschäfte trägt.[3] *Ulmus campestris* bildet seine Becher dagegen vorwiegend aus den kräftigsten Blättern im mittleren und oberen Theil der Sprosse.

In dieser mittleren Gegend der Sprosse findet man die Anomalien häufig, sei es ausschliesslich, sei es vorwiegend. So beschreibt Fritz Müller eine *Begonia* von Manneshöhe aus Brasilien, welche kleine Nebenblättchen am Grunde der Blattscheibe trug,[4] meist nur 1—3, bisweilen 5—50 mm lang. Sie fanden sich am 4.—10., in einem Falle am 2.—5. Blatte der senkrechten Stämme, und zwar an jedem anomalen Stengel, sowohl im Garten als im Freien, in derselben Höhe.

Im Mai 1890 beobachtete ich eine Gruppe von *Epilobium hirsutum*, deren zahlreiche, noch junge Stengel zu einem grossen Theile gabelig

[1] Verlot, l. c. S. 67.

[2] J. C. Costerus, *Bekertjes aan de eindblaadjes van Trifolium repens.* Botan. Jaarboek Gent. 1892. S. 13 Taf. I.

[3] Diese Erscheinung wurde in meinem Institut näher untersucht von T. Tammes.

[4] Fr. Müller, *Ber. d. d. bot. Ges.* T. V. S. 44.

gespalten waren. Die Spaltungen fanden sich alle in derselben Höhe und wiederholten sich auch nachher im Laufe des Sommers nicht. Es waren gespaltene Verbänderungen, die Spaltung jedoch tiefer eingerissen, wie an einzelnen Blättern zu sehen war, welche, von unten her aufgerissen, mit ihrer einen Hälfte auf dem einen, mit der anderen Hälfte auf dem anderen Gabelaste eingepflanzt waren. Solche gab es an mehreren Sprossen, aber stets nur in derselben, bereits erwähnten Höhe.

Das untere Ende mancher traubigen Inflorescenzen ist für Anomalien oft besonders günstig. So führen schwachgefüllte *Gladiolus* fast nur hier gefüllte Blumen, so bilden die Trauben von *Prunus Padus* fast nur hier Seitentrauben, und in anderen Fällen ebenso nur hier vierzählige Blüthen aus. Manche gefüllte Varietäten bilden bekanntlich oft am Ende der Blüthenperiode, bisweilen aber auch beim Anfang (*Begonia*) einfachere Blumen aus, welche Samen liefern, auch wenn die gefüllten steril sind.

Es ist im Gartenbau eine sehr bekannte Erfahrung, dass beim Aussäen von Stauden- und Zwiebelgewächsen der Werth der Exemplare im ersten Blühjahre sich noch nicht richtig beurtheilen lässt. Erst im zweiten oder dritten Jahre des Blühens entfalten sie ihre Vorzüge in voller Pracht. Viele Exemplare von *Chrysanthemum indicum*, welche, aus Samen gezogen, im ersten Jahre halbgefüllt blühen, werden im zweiten Jahre als Steckling gefüllte Blüthen entwickeln.[1] Die dreifarbigen Blattvarietäten von *Pelargonium zonale tricolor* zeigen erst im zweiten Jahre nach der Aussaat ihre volle Farbenpracht.[2] Bei Tulpen, Hyacinthen und anderen Blumenzwiebeln ist die Regel jedem Züchter bekannt.

Für die Fälle gewöhnlicher Verzweigung gilt die Regel, dass mit zunehmender Zweigordnung die Anomalie im Allgemeinen abnimmt. Dabei ist von Verstärkungs- und Wiederholungssprossen selbstverständlich abgesehen. Jedermann kennt das hübsche Beispiel der *Myosotis azorica Victoria* (*M. alpestris var.*). Diese seit Jahrzehnten im Handel befindliche, erbliche Anomalie, welche namentlich Magnus beschrieben hat,[3] hat am Ende der Hauptachse eine stark verbreiterte Blüthe, welche oft weit über zehn, nicht selten 20 und mehr Kronblätter in einem Kreise trägt. Entsprechend hat die Zahl der Kelchblätter und der Staubfäden zugenommen. Die nächst-

[1] Katalog von Reid und Bornemann. 1891. S. 20.

[2] Katalog von Sutton. 1891. S. 77.

[3] *Verhandl. d. Bot. Ver. d. Prov. Brandenburg.* XXIV. 1882. S. 119. Taf. IV.

folgenden Blüthen der Inflorescenz sind nun bedeutend weniger zusammengesetzt, und die Zahl der Kronblätter nimmt im Laufe des Blühens allmählich ab, bis schliesslich meist nur noch 5—6zählige Blumen gebildet werden. *Chrysanthemum inodorum plenissimum* zeigt eine ähnliche Periodicität, *Ficaria ranunculoides* und *Centaurea Cyanus* sind in derselben Weise in Bezug auf die Anzahl ihrer Petalen vom Verzweigungsgrade abhängig.[1] *Veronica Buxbaumii* trägt die zahlreichsten anomalen Blüthen, nach BATESON und PERTZ, am Anfang der Blüthezeit, kurz vor der reichlichsten Blüthe.[2] *Myosurus minimus* hat um so einfachere Blüthen, je schwächer diese sind.[3] Zahlreiche solche Fälle sind bereits in alter Zeit von MUNTING und neuerlich namentlich von BURKILL zusammengestellt worden.[4]

Tagetes africana und *T. signata* zeigen oft auf derselben Pflanze anfangs nur einfache Körbchen, später aber in zunehmendem Grade gefüllte. Aehnliches sieht man auch bei *Zinnia elegans* und an *Althaea rosea* sieht man bisweilen an demselben Stamme die Blüthen bei zunehmender Höhe immer mehr gefüllt werden.

Schwache Seitenknospen haben im Allgemeinen, bei variablen Rassen, eine besondere Neigung zu atavistischen Abweichungen. Es gilt solches von den Zweiglein höchster Ordnung, von den accessorischen Knospen, welche neben der Achselknospe sich bilden, von den ruhenden Knospen u. s. w. Nur ist dabei zu berücksichtigen, dass gerade solche Knospen häufig zu sehr kräftigen Trieben, den sogenannten Wasserschösslingen werden, und dann die Anomalie und nicht den Typus der Art bevorzugen. Auf diese Ausnahme habe ich bereits oben hingewiesen.

Capsella Heegeri, die neue von SOLMS beschriebene Art,[5] bildet an den schwachen Seitenzweigen Rückschläge zu der *C. Bursa pastoris*, aus der sie entstanden ist, und ähnliches zeigen die als Gattung *Tetrapoma* zusammengefassten Varietäten von *Nasturtium palustre* nach demselben Autor. *Papaver somniferum polycephalum* bildet an den sehr schwachen Zweiglein, welche durch das Abschneiden der Seitenäste

[1] J. MAC LEOD, *Botanisch Jaarboek, Gent.* 1899. T. XI.

[2] W. BATESON and MISS PERTZ, *Notes on the inheritance of Variation in the Corolla of Veronica Buxbaumii*, Proceed. Cambridge Phil. Soc. X. P. 2. S. 78. (1898.)

[3] H. MÜLLER, Nature. Vol. 26. 1882. S. 81.

[4] A. MUNTING, *Waare Oeffeninge.* 1671. J. H. BURKILL, *Linnaean Soc. Journ. Bot.* Vol. 31. 1895. S. 216.

[5] H. GRAF ZU SOLMS-LAUBACH, *Cruciferenstudien.* Botan. Zeitung. 1900. Heft X. S. 167.

aus dem Hauptstamme im Spätjahr entstehen, fast nur Blüthen ohne Nebencarpelle. Die Pelorien von *Digitalis purpurea* sind am Stammesgipfel und auf den stärksten Zweigen monströs, auf den schwächeren aber einfach und sehr regelmässig gebildet (Fig. 161 S. 568).

Durch Beschneiden kann man solche Knospen vielfach zur Entwickelung zwingen und bekommt dann, wie namentlich GOEBEL gelehrt hat, sehr oft die entsprechenden Variationen, wenn nicht durch sehr kräftiges Wachsthum gerade die Anomalie begünstigt wird.

§ 29. Die Wahl der Samen bei der Selection.

Wechselt auf der Pflanze die Neigung, Anomalien zu bilden, periodisch, so wird man eine entsprechende Periodicität auch für die Samen erwarten dürfen.[1] Die Samen der begünstigten Blüthen sollen im Allgemeinen mehr anomale, diejenigen der schwächeren Triebe mehr atavistische Individuen liefern. Diese Erwartung geht aber nur in sehr beschränkter Weise in Erfüllung, und es scheinen die Samen weit mehr von anderen Einflüssen, als von jener Periodicität auf der Mutterpflanze beherrscht zu werden. Auch sind unsere Kenntnisse auf diesem Gebiete noch erst in ihrem Anfange.

Dennoch liegen eine Reihe von Erfahrungen vor, welche es sich lohnt, hier zusammenzustellen, da sie geeignet sind, zu weiterer Forschung anzuregen. Ich hebe dabei hervor, dass es sich bei der Wahl der Samen um Variabilität und nicht um Mutabilität handelt, und in den meisten Fällen um die starke fluctuirende Variabilität semilatenter Eigenschaften.

Nur ein kräftiger, gut entwickelter, mit starkem Keime ausgestatteter und reichlich mit Nährstoffen beladener Same kann die allerstärkste Pflanze einer guten Cultur liefern. Ohne Zweifel werden gewöhnlich die Unterschiede zwischen den einzelnen Samen in den ersten Wochen nach der Aussaat grossentheils ausgeglichen, aber solches braucht nicht immer der Fall zu sein. Und eine maximal günstige Lebenslage wird offenbar nur in Verbindung mit höchster Keimentwickelung zur grösstmöglichen Leistung führen.

Aus diesem Grunde wird in der Landwirthschaft, und zum Theil auch im Gartenbau, oft den einzelnen Samen eine besondere Aufmerksamkeit gewidmet. Es wird dabei im Allgemeinen einerseits die Grösse und das Gewicht der einzelnen Samen, andererseits der Ort ihrer Entstehung auf der Pflanze berücksichtigt. Das Selections-

[1] C. FRUWIRTH, *Die Züchtung der landwirthschaftlichen Culturpflanzen.* 1901. S. 102.

verfahren beim Getreide beruht zu einem wesentlichen Theile auf der Auswahl der grössten und schwersten Körner, oder richtiger auf der Beseitigung der kleineren Samen, sei es durch Centrifugen, durch Trieur- oder durch Blaseeinrichtungen.[1] Wo es auf die Züchtung kleinerer Familien als Stämme für neue Rassen ankommt, empfehlen die besten Autoritäten das Messen und Wägen der einzelnen Körner, und sind namentlich Wagen zur Bestimmung ihres Gewichtes construirt worden.[2]

Sehr wichtig sind für die Methode der Selection die Beziehungen zwischen der Grösse der Samen und der Geschwindigkeit der Keimung, welche in letzter Zeit namentlich von VAN DE VELDE gründlich studirt worden sind.[3] Im Allgemeinen keimen die grösseren Samen rascher als die kleineren, und begünstigt dadurch ihr Gewicht in doppelter Weise die Entwickelung kräftiger Pflanzen. Dazu kommt, dass die Erfahrung im Gartenbau seit alten Zeiten gelehrt hat, dass die erstkeimenden Samen die besten sind und die schönsten Pflanzen liefern. Bei der Ernte im Grossen auf den Blumenäckern fallen gar oft die ersten Samen vor der Ernte ab; sie keimen leicht und vielfach sofort, und Jeder weiss, dass aus solchen Samen, wo sie zur Blüthe gelangen, gerade die besten Exemplare aufgehen. Von manchen Arten empfehlen die Handbücher, die Samen von selbst abfallen zu lassen zum Zwecke der nächsten Generation; diese Selbstsaat giebt ganz allgemein bessere Resultate als die rechtzeitige und vorschriftsmässige Saat geernteter Samen.

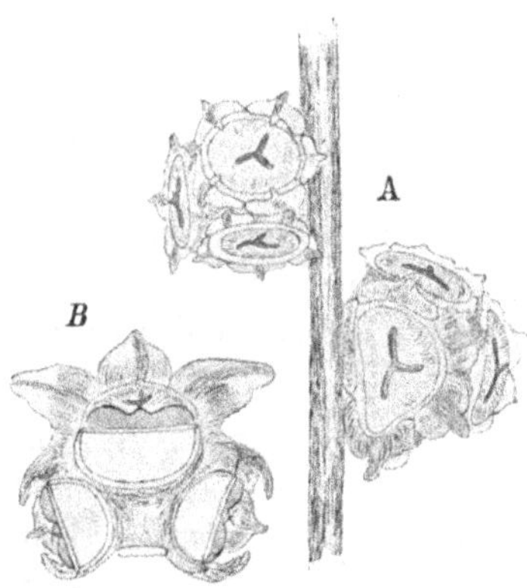

Fig. 181. Knäuel der Zuckerrübe, halbschematisch. *A* Zwei reife Knäuel an einem Stengel. *B* ein solcher, der Länge nach durchschnitten, die drei Samen in den betreffenden Fruchthöhlungen zeigend.[4]

[1] Vergl. v. RÜMKER, *Getreidezüchtung.* 1889 und v. RÜMKER, *Der wirthschaftliche Mehrwerth guter Culturvarietäten und ausgelesenen Saatgutes.* Arbeiten der D. Landw. Gesellsch. 1898. Heft 36. S. 127.

[2] v. RÜMKER, *Journ. für Landwirthschaft.* 39. Jahrg. Heft 2. S. 129.

[3] VAN DE VELDE, *Invloed van de grootte der zaden op de kieming.* Botanisch Jaarboek. Gent 1898. S. 109—131.

[4] Das Material zu dieser Zeichnung verdanke ich der Güte der Herren KÜHN & Co., Zuckerrübensamenzüchter in Naarden (Holland). Es stammt von einzelnen auserwählten Rüben mit dem sehr hohen Gehalt von 18·9—20·1 % Zucker und 900—1100 Gramm Wurzelgewicht.

Der Sitz des schwersten Kornes an der Pflanze ist eine vielfach ventilirte Frage. Betrachten wir als erstes Beispiel die Zuckerrübe. Hier sind je 2—5, bisweilen mehrere Früchtchen zu einem sogenannten Knäuel verwachsen (Fig. 181), an dem die obere Blüthe den grössten Samen bildet (Fig. 181 *B*), während die Seitenfrüchte derselben Knäuel weniger schön und bedeutend kleiner und unter sich sehr verschieden in der Ausbildung sind.[1] Diese Erscheinung ist in der neuesten Zeit von Briem sehr ausführlich untersucht worden.[2] Er säte die Knäuel aus und pflanzte ihre einzelnen Keime getrennt auf einer Reihe. Es konnten somit die Pflänzchen eines Knäuels während ihrer ganzen Entwickelung mit einander verglichen werden. Der grösste Same wird zur grössten Keimpflanze, diese zur grössten Rübe und eventuell zum reichsten Samenträger. Das Gewicht der fünf Keimpflanzen einer Rübe verhielt sich z. B. am Ende der Keimung wie folgt: 100:74:67:51:46. Der grösste Keimling wog dabei 5·8 Milligramm. Die erwachsenen Rüben eines Knäuels wogen in einem Falle z. B. 1156—859—574—344—310 Gramm und sie lieferten 241—167—202—239—104 Gramm Samenernte am Schlusse ihres zweiten Jahres.

E. Schaaf betrachtet es als einen wichtigen Vorzug der sogenannten Stecklingsculturen bei den Zuckerrüben, dass durch den engen Stand die Nebenkeime jedes Knäuels in ihrer Entwickelung gehemmt und so fast nur die grössten Samen jedes Knäuels keimfähig werden.[3]

Beim Getreide ist die Sache am ausführlichsten untersucht und verweise ich auf die bereits mehrfach citirte Literatur. Die schwersten Körner sitzen in der Mitte oder etwas unterhalb der Mitte der Aehren. Fruwirth zeigte dieses für Gerste, Roggen, Weizen, Spelt und auch für den Mais;[4] es ergaben sich dabei je nach den verschiedenen Sorten und Unterarten auch untergeordnete Verschiedenheiten.[5] Bruyning fand, dass beim Hafer die unteren Körner der einzelnen Aehrchen weit besser sind als die Oberkörner,[6] und ähnliches gilt auch in Bezug auf die anderen Getreidearten.

Schliesslich möchte ich auf jene Fälle aufmerksam machen, wo

---

[1] *Keimungsgeschichte der Zuckerrübe.* Landw. Jahrb. Bd. VIII. 1879. S. 14.

[2] H. Briem, *Studien über Samenrüben, einem Rübenknäuel entstammend.* Oesterr.-Ungar. Zeitschr. f. Zuckerindustr. u. Landwirthsch. 1900. Heft II, IV u. VI.

[3] E. Schaaf, *Blätter für Zuckerrübenbau.* Jahrg. VII. Nr. 24. Dec. 1900.

[4] C. Fruwirth, *Ueber den Sitz des schwersten Kornes in den Fruchtständen beim Getreide,* in Wollny's Forschungen auf d. Gebiete d. Agric.-Physik. XV. 1892. S. 49.

[5] E. Nothwang, *Unters. über die Vertheilung d. Körnergewichtes an Roggenähren.* Diss. Leipzig 1893. Bot. Centralblatt 1895. II. S. 263.

[6] F. F. Bruyning, *Proefnemingen met havervarieteiten,* Wageningen 1900.

einzelne Samen von der Natur dazu bestimmt sind, später zu keimen als andere, und ein oder mehrere Jahre im Boden ruhen, wie z. B. bei den Kleearten die kleinen Körner. Bei *Xanthium canadense* enthält jede Frucht zwei Samen und öffnet sich nicht. Der eine Same keimt nach dem ersten, der andere aber erst nach dem zweiten Winter.[1]

Wo es sich um semilatente oder im Allgemeinen um stark variable Eigenschaften handelt, wird in vielen Fällen eine Auswahl der Samen, sei es nach Grösse und Gewicht, sei es nach dem Orte der Entstehung auf der Pflanze, empfohlen. Und es scheint dann wohl immer sich so zu verhalten, dass dort, wo die besten Samen entstehen, auch die grösste Aussicht auf die gewünschten Varianten vorhanden ist. Nur ist dabei von speciellen Anpassungen abzusehen, wie wir beim *Trifolium incarnatum* gesehen haben, wo gerade die kleinsten, trägkeimenden Samen die Erben der vierblätterigen Rasse enthalten.

Bei *Chelidonium majus plenum* blühen, wie wir im vorigen Paragraphen gesehen haben, zuerst die einfachen und später die gefüllten Blüthen. Ich habe von beiden die Samen getrennt geerntet und gesät, fand aber in Bezug auf die Füllung der Nachkommen keinen Unterschied. Ebenso wenig fanden Bateson und Miss Pertz einen Unterschied in den Nachkommen[2] der normalen und der anomalen Blüthen derselben Pflanze von *Veronica Buxbaumii.* Bei *Oenothera Lamarckiana* erhielt ich aus den unteren und den oberen Früchten derselben Traube gleich viel Procente an ein- und an zweijährigen Individuen. Bei *Viola tricolor maxima* liefern die kleinen Sommerblüthen den meisten Samen; es fällt keinem Samenzüchter ein, sie für schlechter als die ersten Samen zu halten. Und bei manchen gefüllten Pflanzen, namentlich bei Begonien, liefern fast nur die allerspätesten Blüthen Pollen und Samen, und sät man von ihnen, ohne davon je einen Nachtheil zu erfahren.

Dagegen wird allgemein empfohlen, vom Hahnenkamm, *Celosia cristata,* nur die unteren Samen der Inflorescenz zu ernten und sollen bei zerschlitzten Farnsorten (*Varietates cristatae*) die auf den zerschlitzten Blättern, sogar auf den zerschlitzten Blattzipfeln befindlichen Sporen die besten sein, wenn auch auf anderen Blättern die Sporen gleichfalls zu Erben auswachsen können.[3] Ein anderes von vielen Forschern studirtes Beispiel liefern die Levkojen, deren gefüllte Varietäten bekanntlich seit alten Zeiten, jedenfalls wohl seit einem Jahrhundert, in jeder

[1] J. C. Arthur, *Proceed. Ann. Meeting Soc. Agric. Science.* August 1895.

[2] W. Bateson und Miss Pertz, l. c. S. 79.

[3] Vergl. die ausgedehnte Literatur bei Goebel, *Organographie.* I. S. 158; Verlot, l. c. S. 97; Carrière, l. c. S. 67; Kencely Bridgmann, *Ann. Sc. nat.* 4°. Serie T. XVI. S. 367; C. T. Druery, *Journ. Roy. Hort. Soc.* Vol. XII. III. 1890. S. 517, u. s. w.

Generation zur einen Hälfte aus gefüllten, zur anderen Hälfte aus einfachblühenden Individuen bestehen.[1] Die ersteren sind völlig steril, auch ohne Pollen, wegen der Petalomanie (vergl. S. 137), nur die letzteren dienen zur Fortsetzung der Rasse. Die Samen für die einfachen und gefüllten Exemplare unterscheiden sich von einander mehr oder weniger; die letzteren sind schwerer und keimen rascher,[2] auch sollen auf den Beeten die jungen Pflänzchen sortirt werden können, lange bevor sich die Knospen zeigen.[3] An der Pflanze liefern die unteren Schoten jeder Traube am Stengel und an den Hauptästen, sowie die unteren zwei Drittel einer jeden Schote im Mittel mehr gefüllte als einfache Keime; die oberen Theile und die Schoten schwächerer Zweiglein liefern mehr einfache. Man kann dadurch, sei es durch Beschränkung der Samenbildung durch Topfcultur, sei es durch Beschneiden, den Gehalt der Ernte an gefüllten bis etwa 60 % steigern, und solches geschieht bei den feineren Sorten wohl auf jeder guten Gärtnerei. Beim Aufbewahren der Samen nimmt der Gehalt an gefüllten Keimen allmählich zu, weil die einfacheren früher absterben.

Von Balsaminen und vielen anderen gefülltblüthigen Varietäten wird angegeben, dass die Samen runder und voller, oft auch glätter sind als diejenigen der entsprechenden einfachen Sorten. Die gefüllten Samen von *Petunia* sollen später keimen als die einfachen, wie mir Erfurter Züchter versicherten; bei Compositen sollen die centralen Samen der Köpfchen bei den gefüllten Varietäten mehr Aussicht auf gute Erben bieten u. s. w. Doch bedürfen alle diese Angaben einer kritischen, auf genauen Versuchen gegründeten Sichtung sehr.[4]

Jedenfalls steht es im Allgemeinen fest, dass die einzelnen Samen einer Pflanze, je nach dem Orte ihrer Entstehung und je nach ihrer Grösse und ihrem Gewichte zu Exemplaren von sehr verschiedener individueller Kraft werden können, und dass, den früher besprochenen Regeln entsprechend, bei stark variablen Sorten damit nicht selten eine geringere oder vollere Entfaltung des Sortenmerkmales zusammengeht.

---

[1] E. Chaté fils, *Culture pratique des giroflées*, Paris. Biblioth. de l'horticulteur praticien.

[2] Nobbe, *Botan. Centralblatt.* Bd. 32. 1887. S. 253.

[3] Die Franzosen nennen diese von Kindern ausgeführte Manipulation *ésimpler*, das Aussuchen der Einfachen. Doch bedarf die Sache gründlicher Untersuchung.

[4] Eine Zusammenstellung älterer Angaben befindet sich bei Peyritsch, *Zur Aetiologie pelorischer Blüthenbildungen.* Abhandl. k. k. Akad. Wien. 1877. S. 135—136.

Oenothera Lamarckiana,
eine mutirende Pflanze.

Oenothera Gigas,
entstanden 1895.

Verlag von Veit & Comp. in Leipzig.

Oenothera albida,
eine jährlich auftretende Art.

Verlag von Veit & Comp. in Leipzig.

Eine Mutation in der Oenothera-lata-Familie.
Entstehung von Oenothera albida.

Verlag von Veit & Comp. in Leipzig.

Oenothera scintillans.

Verlag von Veit & Comp. in Leipzig.

Oenothera oblonga.

Verlag von Veit & Comp. in Leipzig.

Antirrhinum majus luteum rubro-striatum.
Mit Knospenvariation.

Verlag von Veit & Comp. in Leipzig.

D *A* *C*

***A—C.* Chrysanthemum segetum plenum.**
***D.* Chrysanthemum segetum.**

Verlag von Veit & Comp. in Leipzig.

Druck von Metzger & Wittig in Leipzig.

www.ingramcontent.com/pod-product-compliance
Lightning Source LLC
LaVergne TN
LVHW060619300926
849162LV00008B/1657